Zhuce Yantu Gongchengshi Zhuanye Kaoshi Anli Fenxi
Linian Kaoti ji Moniti Xiangjie

注册岩土工程师专业考试案例分析 历年考题及模拟题详解

《2017 注册岩土工程师专业考试案例分析历年考题及模拟题详解》编委会 / 编

人民交通出版社股份有限公司
China Communications Press Co.,Ltd.

内 容 提 要

本书根据人力资源和社会保障部、住房和城乡建设部颁布的注册岩土工程师执业资格考试的专业大纲要求，针对专业考试案例分析的命题内容和形式编写而成。全书分为岩土工程勘察，浅基础，深基础，地基处理，土工结构与边坡防护，基坑与地下工程，特殊条件下的岩土工程，地震工程，工程经济与管理，岩土工程检测与监测九个部分。每道案例分析题都有详细求解过程，且注明规范出处，以便专业考试人员进行复习和演练。

本书既可作为注册岩土工程师专业考试的复习资料，也可作为工程设计人员、高等院校师生的参考用书。

图书在版编目(CIP)数据

注册岩土工程师专业考试案例分析历年考题及模拟题详解：2017版/《注册岩土工程师专业考试案例分析历年考题及模拟题详解(2017版)》编委会著. — 8版. — 北京：人民交通出版社股份有限公司，2017.3
 ISBN 978-7-114-13695-5

Ⅰ.①注… Ⅱ.①注… Ⅲ.①岩土工程—资格考试—题解 Ⅳ.①TU4-44

中国版本图书馆 CIP 数据核字(2017)第 034879 号

书 名：	注册岩土工程师专业考试案例分析历年考题及模拟题详解(2017版)
著 作 者：	《注册岩土工程师专业考试案例分析历年考题及模拟题详解》编委会
责任编辑：	王 霞
出版发行：	人民交通出版社股份有限公司
地 址：	(100011)北京市朝阳区安定门外外馆斜街3号
网 址：	http://www.ccpress.com.cn
销售电话：	(010)59757973
总 经 销：	人民交通出版社股份有限公司发行部
经 销：	各地新华书店
印 刷：	中国电影出版社印刷厂
开 本：	787×1092 1/16
印 张：	35
插 页：	1
字 数：	850千
版 次：	2009年4月 第1版 2017年2月 第8版
印 次：	2017年2月 第1次印刷 总第10次印刷
书 号：	ISBN 978-7-114-13695-5
定 价：	118.00元

(有印刷、装订质量问题的图书由本公司负责调换)

前 言

自 2002 年起,我国开始进行注册土木工程师(岩土)(以下简称注册岩土工程师)执业资格考试,并于 2009 年 9 月 1 日起实施注册土木工程师(岩土)执业签字签章制度,经过近 3 年的过渡期后,于 2012 年起正式实施。

众所周知,成为注册岩土工程师是从事岩土工程的技术人员的职业追求,但专业考试难度大,通过率较低。因此,如何做好考试准备,尤其是案例分析题的复习备考,成为大家普遍关心的一个问题。

为此,人民交通出版社特组织专家为考生编写了这本《注册岩土工程师专业考试案例分析历年考题及模拟题详解》。本书自 2009 年 4 月出版后深受广大读者和考生欢迎,参加专业考试的人员几乎人手一册,将其作为复习必备用书,很多考生都是在详细复习、演练书中的题目后通过考试的。

本书对注册岩土工程师专业考试案例分析题进行了详细解答,其中约 70% 的题目为历年考题,约 30% 的题目是根据考试大纲要求,由有经验的专家针对案例分析题的命题内容和形式设计而成,每道题都有详细的求解过程,以便考生复习和演练。全书题目包括:岩土工程勘察 176 道,浅基础 203 道,深基础 130 道,地基处理 149 道,土工结构与边坡防护、基坑与地下工程 199 道,特殊条件下岩土工程 84 道,地震工程 83 道,工程经济与管理 3 道,岩土工程检测与监测 62 道,共九个部分 978 道案例分析题。新版将 2014 年考题列于书后作为模拟试卷供读者演练并附详尽解答,有些题目提供了两种解法,以便于举一反三,触类旁通。

建议考生在复习时,对本书所列题目逐一复习和演练。不仅要看懂求解过程,而且对不同类型的题都务必亲手做一做,以提高解题能力和熟练程度。提高做题速度对参加考试非常有帮助。若能遵循我们的建议,考试第二天的案例分析题应该可以取得良好的成绩。如有疑难,请参考相关专业书籍、规范,或加入 QQ 讨论群 278634223 共同交流。

凡考题和模拟题涉及规范之处,全部按截至 2015 年的新版规范进行了解答。同时,为满足复习、考试需要,我们还为考生配备了新版《注册岩土工程师执业资格专业考试规范汇编(公路、铁路、港口部分)》和《注册岩土工程师执业资格专业考试法律法规汇编》两本汇编,以及《注册岩土工程师执业资格考试专业考试复习教程》(高大钊、李广信)、《注册岩土工程师执业资格考试专业考试考题十讲》(李广信)两本辅导用书。

本书第 8 版在第 7 版的基础上,由清华大学介玉新教授、建设综合勘察研究设计院有限公司傅志斌教授级高级工程师和徐前副研究员主持修订。修订的内容包括:依据现行新版规范对练习题及考题重新进行了解答;修订了上一版存在的解答错误;增加了部分题目的视频讲解,可扫描二维码观看。同时,约请李自伟、严开涛和吴连杰、陈天慧、李跃、孙元、刘军辉、刘发兵等对本书解题错漏之处进行了细致校正,修正了部分解题思路,对部分题目的解答增加了点评提示。本书内容更为丰富,解题过程更为详细、严谨,相信能够更好地帮助考生做好考试准备。

限于作者的水平,书中疏漏和错误或不当之处在所难免,请读者不吝指出。

编　者

2017 年 1 月

微信公众号

目　　录

- 一、岩土工程勘察 ………………………………………………………………… 1
- 二、浅基础 ………………………………………………………………………… 70
- 三、深基础 ………………………………………………………………………… 182
- 四、地基处理 ……………………………………………………………………… 257
- 五、土工结构与边坡防护、基坑与地下工程 …………………………………… 326
- 六、特殊条件下的岩土工程 ……………………………………………………… 425
- 七、地震工程 ……………………………………………………………………… 466
- 八、工程经济与管理 ……………………………………………………………… 514
- 九、岩土工程检测与监测 ………………………………………………………… 515
- 附录1　注册土木工程师（岩土）专业考试大纲（最新版） …………………… 542
- 附录2　全国注册岩土工程师执业资格专业考试科目、分值、时间分配及题型特点 … 548
- 附录3　注册土木工程师（岩土）执业资格制度暂行规定 ……………………… 549
- 附录4　注册土木工程师（岩土）执业资格考试实施办法 ……………………… 552
- 参考文献 …………………………………………………………………………… 554

一、岩土工程勘察

1-1［2004年考题］ 某工厂拟建一露天龙门吊,起重量150kN,轨道长200m,基础采用条形基础,基础宽1.5m,埋深1.5m,场地平坦,土层为硬塑黏土和密实卵石互层分布,厚薄不一,基岩埋深7~8m,地下水埋深3.0m。对该地基基础的下面四种情况,哪种情况为评价重点?并说明理由:(1)地基承载力;(2)地基均匀性;(3)岩面深度及起伏;(4)地下水埋藏条件及变化幅度。

解 龙门吊起重量150kN,考虑吊钩处于最不利位置,且不考虑吊车和龙门架自重,基础底面的平均压力为

$$p_k = \frac{F_k + G_k}{A} = \frac{150}{1.5 \times 1.0} = 100 \text{kPa}(忽略 G_k) \leqslant f_{ak}$$

(1)基底持力层为硬塑黏土和卵石互层,其地基承载力特征值 $f_{ak} \geqslant 100$kPa,地基承载力肯定满足要求。

(2)根据《建筑地基基础设计规范》(GB 50007—2011),地基主要受力层,对条形基础为基础底面下 $3b$(b 为基础底面宽度),即 $3 \times 1.5 = 4.5$m,且不小于5m,自然地面下 $5.0 + 1.5 = 6.5$m,基岩埋深7~8m,与基岩关系不大。

(3)地下水埋藏条件及变化对地基承载力影响不大。

(4)该龙门吊的地基基础主要应考虑地基均匀性引起的差异沉降。按规范 GB 50007—2011,桥式吊车轨面的倾斜,纵向允许 0.4%,横向允许 0.3%,地基硬塑黏土和卵石层厚薄不一,其压缩模量差别较大,所以应重点考虑地基均匀性引起的差异沉降。

1-2［2004年考题］ 某土样固结试验结果见表,土样天然孔隙比 $e_0 = 0.656$,试求土样在 100~200kPa 压力下的压缩系数和压缩模量,并判断该土层的压缩性。

题 1-2 表

压力 p(kPa)	50	100	200
变形量 Δh(mm)	0.155	0.263	0.565

解 根据《土工试验方法标准》14.1.8条、14.1.9条、14.1.10条。

孔隙比 $e_i = e_0 - \dfrac{\Delta H_i}{H_0}(1+e_0)$,$H_0 = 20$mm

$$e_1 = 0.656 - \frac{0.263}{20} \times (1+0.656) = 0.634$$

$$e_2 = 0.656 - \frac{0.565}{20} \times (1+0.656) = 0.609$$

(1)压缩系数

$$a_{1\text{-}2} = \frac{e_1 - e_2}{p_2 - p_1} = \frac{0.634 - 0.609}{200 - 100} = 0.25 \text{MPa}^{-1}$$

（2）压缩模量

$$E_s = \frac{1+e_1}{a} = \frac{1+0.634}{0.25} = 6.54 \text{MPa}$$

（3）该土层的压缩系数 $a_{1-2} = 0.25 \text{MPa}^{-1}$，为中压缩性土。

1-3 [2004年考题] 某粉质黏土土层进行旁压试验，结果为测量腔初始固有体积 $V_c = 491.0 \text{cm}^3$，初始压力对应的体积 $V_0 = 134.5 \text{cm}^3$，临塑压力对应的体积 $V_f = 217.0 \text{cm}^3$，直线段压力增量 $\Delta p = 0.29 \text{MPa}$，泊松比 $\mu = 0.38$，试计算土层的旁压模量。

解 根据《岩土工程勘察规范》(GB 50021—2001)(2009年版)❶第10.7.4条，其旁压模量按下式计算

$$E_m = 2(1+\mu)\left(V_c + \frac{V_0+V_f}{2}\right)\frac{\Delta p}{\Delta V}$$

$$\Delta V = V_f - V_0 = 217 - 134.5 = 82.5 \text{cm}^3$$

$$E_m = 2 \times (1+0.38) \times \left(491 + \frac{217+134.5}{2}\right) \times \frac{0.29}{82.5} = 6.47 \text{MPa}$$

1-4 [2004年考题] 某黏性土进行三轴的固结不排水压缩试验(CU)，三个土样的大、小主应力和孔隙水压力如表所示，按有效应力法求莫尔圆的圆心坐标和半径，以及该黏性土的有效应力强度指标 c'、φ'。

题1-4表

土样	应力		
	大主应力 σ_1(kPa)	小主应力 σ_3(kPa)	孔隙水压力 u(kPa)
1	77	24	11
2	131	60	32
3	161	80	43

解 有效应力

土样1　$\sigma_1' = \sigma_1 - u = 77 - 11 = 66 \text{kPa}$
　　　　$\sigma_3' = \sigma_3 - u = 24 - 11 = 13 \text{kPa}$

土样2　$\sigma_1' = 131 - 32 = 99 \text{kPa}$
　　　　$\sigma_3' = 60 - 32 = 28 \text{kPa}$

土样3　$\sigma_1' = 161 - 43 = 118 \text{kPa}$
　　　　$\sigma_3' = 80 - 43 = 37 \text{kPa}$

圆心坐标和半径

土样1　$O_1 = \frac{\sigma_1' + \sigma_3'}{2} = 39.5 \text{kPa}$

半径　$r_1 = \frac{1}{2}(\sigma_1' - \sigma_3') = \frac{1}{2} \times (66-13) = 26.5 \text{kPa}$

土样2　$O_2 = \frac{1}{2}(99+28) = 63.5 \text{kPa}$

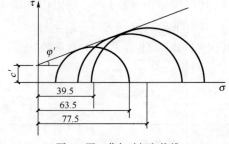

题1-4图　莫尔破坏包络线

---

❶本书涉及《岩土工程勘察规范》(GB 50021—2001)均指2009年版，下同。编辑注

半径　$r_2 = \frac{1}{2}(\sigma_1' - \sigma_3') = \frac{1}{2} \times (99-28) = 35.5\text{kPa}$

土样3　$O_3 = \frac{1}{2}(118-37) + 37 = 40.5 + 37 = 77.5\text{kPa}$

半径　$r_3 = \frac{1}{2}(\sigma_1' - \sigma_3') = \frac{1}{2} \times (118-37) = 40.5\text{kPa}$

将三轴压缩结果绘制一组极限应力圆（莫尔圆），如图所示，由此得到有效应力强度指标 $c' = 12\text{kPa}, \varphi' = 21.8°$。

1-5 [2004年考题]　某场地地基处理，采用水泥土搅拌桩法，桩径 0.5m，桩长 12m，矩形布桩，桩间距 $1.2\text{m} \times 1.6\text{m}$，按《建筑地基处理技术规范》（JGJ 79—2002）规定复合地基竣工验收时，承载力检验应采用复合地基载荷试验。试求单桩复合地基载荷试验的压板面积为多少？

解　单桩复合地基载荷试验压板面积为一根桩所承担的处理面积。

$$A_e = \frac{A_p}{m}, \quad m = \frac{d^2}{d_e^2}$$

$$d_e = 1.13 \times \sqrt{1.2 \times 1.6} = 1.566\text{m}$$

$$m = \frac{d^2}{d_e^2} = \frac{0.5^2}{1.566^2} = 0.102$$

$$A_e = \frac{A_p}{m} = \frac{\pi \times 0.25^2}{0.102} = 1.92\text{m}^2$$

点评：矩形和方形布桩最简单。此类题目画图求解较为方便。

1-6 [2004年考题]　按《岩土工程勘察规范》（GB 50021—2001）规定，对原状土取土器，外径 $D_w = 75\text{mm}$，内径 $D_s = 71.3\text{mm}$，刃口内径 $D_e = 70.6\text{mm}$，取土器具有延伸至地面的活塞杆。试求取土器面积比、内间隙比、外间隙比，并判定属于什么取土器。

解　根据《岩土工程勘察规范》（GB 50021—2001）附录F取土器技术标准。

$$\text{面积比} = \frac{D_w^2 - D_e^2}{D_e^2} = \frac{75^2 - 70.6^2}{70.6^2} = 12.85\%$$

$$\text{内间隙比} = \frac{D_s - D_e}{D_e} = \frac{71.3 - 70.6}{70.6} = 0.99\%$$

$$\text{外间隙比} = \frac{D_w - D_t}{D_t} = 0$$

$10\% < $ 面积比 $= 12.85\% < 13\%$，$0 <$ 内间隙比 $= 0.99\% < 1\%$，外间隙比 $= 0$，故属于固定活塞薄壁取土器。

1-7 [2004年考题]　某建筑场地土层为稍密砂层，用方形板面积 0.5m^2 进行浅层平板载荷试验，压力和相应沉降见表，试求变形模量（土泊松比 $\mu = 0.33$）。

题 1-7 表

压力 p(kPa)	25	50	100	125	150	175	200	225	250	275
沉降 s(mm)	0.88	1.76	3.53	4.41	5.30	6.13	7.05	8.00	10.54	15.80

解　根据《岩土工程勘察规范》（GB 50021—2001）第 10.2.5 条，$P = 175\text{kPa}$ 之前 $P\text{-}S$ 曲线为直线段。

$$E_0 = I_0(1-\mu^2)\frac{pd}{s}$$
$$= 0.886\times(1-0.33^2)\times\frac{25\times0.707}{0.88} = 15.9\text{MPa}$$

点评：E_0 计算核心就是获得直线段上某点的 $\frac{p}{s}$，简略计算直接取表中直线范围内一对值即可。

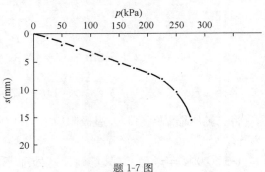

题 1-7 图

1-8 [2004 年考题] 某钻孔进行压水试验，钻孔半径 $r=0.5$m，试验段位于水位以上，采用安设在与试验段连通的侧压管上的压力表测得水压力为 0.75MPa，压力表中心至压力计算零线的水柱压力为 0.25MPa，试验段长 5.0m，试验时稳定流量为 50L/min，试验段底部距离隔水层厚度大于 5m，试求透水率。

解 根据《工程地质手册》第四版第九篇第三章第三节压水试验，如图所示。

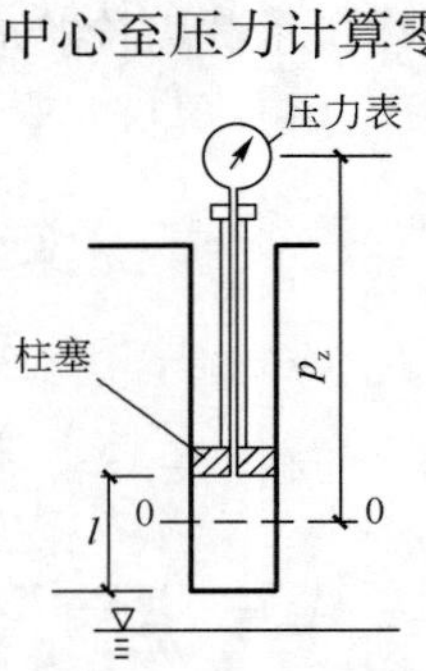

$$p = p_p + p_z = 0.75 + 0.25 = 1.0\text{MPa}$$

$$q = \frac{Q}{lp} = \frac{50}{5\times1.0} = 10\text{Lu}$$

题 1-8 图

1-9 [2004 年考题] 某轻型建筑物采用条形基础，单层砌体结构严重开裂，外墙窗台附近有水平裂缝，墙角附近有倒八字裂缝，有的中间走廊地坪有纵向开裂，试分析建筑物开裂属以下哪种原因，并说明理由：(1)湿陷黄土浸水；(2)膨胀土胀缩；(3)不均匀地基差异沉降；(4)水平滑移拉裂。

解 从建筑物裂缝特征看，是由于膨胀土胀缩引起，如墙角附近出现倒八字形裂缝，是由于房屋不均匀上升才能出现倒八字裂缝；中间走廊地坪开裂也是由于膨胀土遇水膨胀，使地坪隆起开裂。

膨胀土地基引起房屋开裂的情况类似冻土胀缩情况，房屋裂缝特点是：(1)房屋成群开裂，裂缝上大下小，常见于角端及横隔墙上，并随季节变化张大或缩小；(2)墙面出现十字交叉裂缝；(3)外廊式房屋砖柱断裂或柱基转动下沉；(4)地坪隆起开裂。

1-10 [2005 年考题] 钻机立轴升至最高时其上口为 1.5m，取样用钻杆总长 21.0m，取土器全长 1.0m，下至孔底后机上残尺 1.10m，钻孔用套管护壁，套管总长 18.5m，另有管靴与孔口护箍各高 0.15m，套管口露出地面 0.4m，试求取样位置至套管口的距离为多少？

解 取样位置至套管口的距离为
$$l = [(21+1.0)-(1.5+1.1)] - [(18.5+0.15+0.15)-0.4]$$
$$= 1.0\text{m}$$

1-11 [2004 年考题] 某黏性土做不同围压的常规三轴压缩试验，试验结果的莫尔圆包线前段弯曲，后段基本水平，试解释该结果属于下列哪种试验：(1)饱和正常固结土的不固结不排水试验;(2)未饱和土的不固结不排水试验;(3)超固结土的固结不排水试验;(4)超固结土的固结排水试验。

解 (1)饱和正常固结黏性土的不固结不排水试验的莫尔圆包线应为一水平线,因试样围压 σ_3 不同,但破坏时的主应力差相等,三个总应力圆直径相同,破坏包线为一条水平线。

(2)超固结饱和黏性土的固结不排水试验的破坏包线应为两条折线,实用上用一直线代替折线。

(3)超固结饱和黏性土的固结排水试验的破坏包线略弯曲,实用上近似取为一直线代替。

(4)据题意的破坏包线,前段弯曲,后段基本水平应为未饱和黏土的不固结不排水试验结果。

1-12 [2005 年考题] 某场地进行压水试验,压力和流量关系见表,试验段位于地下水位以下,试验段长 5.0m,地下水位埋藏深度为 50m,压水试验结果如下表,试计算试验段的透水率。

题 1-12 表

压力 p(MPa)	0.3	0.6	1.0
水流量 Q(L/min)	30	65	100

解 根据《工程地质手册》(第四版)第九篇第三节公式,透水率

$$q_3 = \frac{Q_3}{lp_3} = \frac{100}{5 \times 1.0} = 20 \text{Lu}$$

1-13 [2005 年考题] 地下水绕过隔水帷幕向集水构筑物渗流,为计算流量和不同部位的水力梯度进行了流网分析,取某剖面划分流槽数 $N_1=12$ 个,等势线间隔数 $N_D=15$ 个,各流槽的流量和等势线间的水头差均相等,两个网格的流线平均距离 b_i 与等势线平均距离 l_i 的比值均为 1,总水头差 $\Delta H=5.0$m,某段自第 3 条等势线至第 6 条等势线的流线长 10m,交于第 4 条等势线。试计算该段流线上的平均水力梯度。

解 $\Delta h = \dfrac{\Delta H}{N_D} = \dfrac{5.0}{15} = \dfrac{1}{3}$

$i = \dfrac{\Delta h'}{l} = \dfrac{3\Delta h}{l} = \dfrac{3 \times \dfrac{1}{3}}{10} = 0.1$

1-14 [2005 年考题] 在一盐渍土地段,地表下 1.0m 深度内分层取样,化验含盐成分见表,试按《岩土工程勘察规范》(GB 50021—2001)计算该深度范围内加权平均盐分比值,并判断该盐渍土属哪种盐渍土。

题 1-14 表

取样深度(m)	盐分摩尔浓度(mol/100g)	
	$c(Cl^-)$	$c(SO_4^{2-})$
0~0.05	78.43	111.32
0.05~0.25	35.81	81.15
0.25~0.5	6.58	13.92
0.5~0.75	5.97	13.80
0.75~1.0	5.31	11.89

解 根据《岩土工程勘察规范》表 6.8.2-1

$$D_1 = \frac{c(\text{Cl}^-)}{2c(\text{SO}_4^{2-})}$$

盐渍土的平均含盐量,含盐成分应按取样厚度加权平均计算:

$$D_1 = \frac{c(\text{Cl}^-)}{2c(\text{SO}_4^{2-})} = \frac{78.43 \times 0.05 + 35.81 \times 0.20 + (6.58 + 5.97 + 5.31) \times 0.25}{2 \times [111.32 \times 0.05 + 81.15 \times 0.20 + (13.92 + 13.80 + 11.89) \times 0.25]}$$

$$= 0.245$$

查规范 GB 50021—2001 表 6.8.2-1,$D_1 = 0.245 < 0.3$,该盐渍土属于硫酸盐渍土。

1-15 [2005 年考题] 现场用灌砂法测定某土层的干密度,试验参数见表,试计算该土层的干密度。

题 1-15 表

试坑用标准砂质量 m_s(g)	标准砂密度 ρ_s(g/cm³)	土样质量 m_p(g)	土样含水率 $w(q_0)$
12566.40	1.6	15315.3	14.5

解 方法一 标准砂质量 $m_s = 12566.4$g

标准砂密度 $\rho_s = 1.6$g/cm³

标准砂体积 $V = \dfrac{m_s}{\rho_s} = \dfrac{12566.4}{1.6} = 7854$cm³

土样密度 $\rho = \dfrac{15315.3}{7854} = 1.95$g/cm³

土样干密度 $\rho_d = \dfrac{\rho}{1+w} = \dfrac{1.95}{1+0.145} = 1.70$g/cm³

方法二 《土工试验方法标准》(GB/T 20123—1999)第 5.4.8 条

$$\rho_d = \frac{\dfrac{m_p}{1+0.01w}}{\dfrac{m_s}{\rho_s}} = \frac{\dfrac{15315.3}{1+0.01 \times 14.5}}{\dfrac{12566.4}{1.6}} = 1.70\text{g/cm}^3$$

1-16 [2005 年考题] 某岸边工程场地细砂含水层的流线上 A、B 两点,A 点水位标高 2.5m,B 点水位标高 3.0 m,两点间流线长度为 10m,试计算两点间的平均渗透力。

解 水力梯度为单位渗流长度上的水头损失。

$$i = \frac{\Delta h}{L} = \frac{3.0 - 2.5}{10} = 0.05$$

$$j = \gamma_w i = 10 \times 0.05 = 0.5\text{kN/m}^3$$

1-17 [2005 年考题] 某滞洪区滞洪后沉积泥沙层厚 3.0m,地下水位由原地面下 1.0m 升至现地面下 1.0m,原地面下有厚 5.0m 可压缩层,平均压缩模量为 0.5MPa,滞洪之前沉降已经完成,为简化计算,所有土层的天然重度都以 18kN/m³ 计,试计算由滞洪引起的原地面下沉值。

一、岩土工程勘察

现有土自重应力－原有土自重应力＝新增附加压力

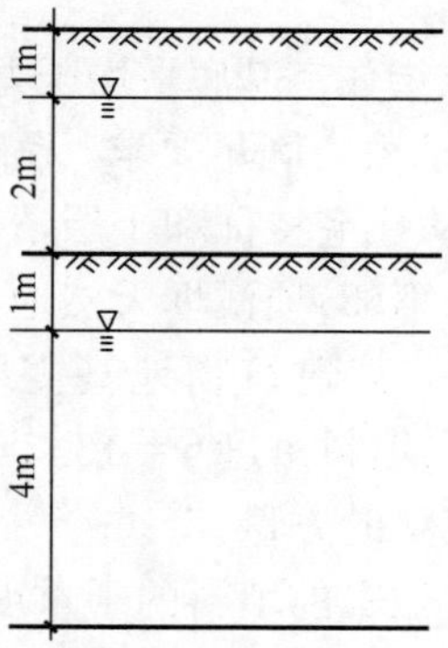

解 由于填土和水位上升引起原地面有效应力增量 Δp_1
$$\Delta p_1 = 1 \times 18 + 2 \times 8 - 0 = 34 \text{kPa}$$
原水位处有效应力增量 Δp_2
$$\Delta p_2 = 1 \times 18 + 8 \times 3 - 1 \times 18 = 24 \text{kPa}$$
原地面下 5.0m 处有效应力增量 Δp_3
$$\Delta p_3 = 1 \times 18 + 7 \times 8 - (1 \times 18 + 4 \times 8) = 24 \text{kPa}$$
由于填土和水位上升引起原地面沉降为

$$s = s_1 + s_2 = \sum \frac{\Delta p}{E_{si}} h_i$$

$$= \frac{\frac{1}{2} \times (34 + 24)}{500} \times 1000 + \frac{\frac{1}{2} \times (24 + 24)}{500} \times 4000 = 250 \text{mm}$$

题 1-17 图

1-18 [2002年考题] 某坝基由 a、b、c 三层水平土层组成，层厚分别为 8m、5m 和 7m，三层土都是各向异性，a、b、c 三层土的垂直渗透系数为 $K_{av}=0.01 \text{m/s}$，$K_{bv}=0.02 \text{m/s}$，$K_{cv}=0.03 \text{m/s}$，水平渗透系数为 $K_{ah}=0.04 \text{m/s}$，$K_{bh}=0.05 \text{m/s}$，$K_{ch}=0.09 \text{m/s}$，试求水垂直于土层层面渗流和平行于土层层面渗流时的平均渗透系数。

解 垂直平均渗透系数

$$K_{vave} = \frac{8+5+7}{\frac{8}{0.01}+\frac{5}{0.02}+\frac{7}{0.03}} = \frac{20}{800+250+233.3} = 0.0156 \text{m/s}$$

水平平均渗透系数

$$K_{have} = \frac{8 \times 0.04 + 5 \times 0.05 + 7 \times 0.09}{8+5+7}$$

$$= \frac{1.2}{20} = 0.06 \text{m/s}$$

1-19 6层普通住宅砌体结构无地下室，平面尺寸为 9m×24m，季节冻土设计冻深 0.5m，地下水埋深 7.0m，布孔均匀，孔距 10.0m，相邻钻孔间基岩面起伏可达 7.0m，基岩浅的代表性钻孔资料是：0～3.0m 中密中砂，3.0～5.5m 为硬塑黏土，以下为薄层泥质灰岩；基岩深的代表性钻孔资料为 0～3.0m 为中密中砂，3.0～5.5m 为硬塑黏土，5.5～14m 为可塑黏土，以下为薄层泥质灰岩。根据以上资料，下列哪项是正确的和合理的？并说明理由。

（1）先做物探查明地基内的溶洞分布情况；
（2）优先考虑地基处理，加固浅部土层；
（3）优先考虑浅埋天然地基，验算软弱下卧层承载力和沉降计算；
（4）优先考虑桩基，以基岩为持力层。

解 （1）6 层砌体结构住宅，假设为条形基础，基础宽度 1.5～2.0m，基础埋深 0.5～1.0m，其受力层深为 $3b$（b 为基础宽度）。

受力层深 $1.0+3\times 2=7\text{m}$

土层 5.5～14m 为可塑黏土，以下为泥质灰岩，若有岩溶也在受力层以下无需用物探查明

7

溶洞分布。

(2)6层住宅基底平均压力约100~150kPa,以中密中砂为持力层,承载力特征值可达180~250kPa,承载力满足要求,无需地基处理。

(3)从住宅特征和土层情况可采用天然地基的浅基础无需用桩基。

所以第(3)项浅埋天然地基,验算软弱下卧层承载力和沉降计算是正确和合理的。

1-20 某建筑物地基需要压实填土 $8000m^3$,控制压实后的含水率 $w_1=14\%$,饱和度 $S_r=90\%$、填料重度 $\gamma=15.5kN/m^3$、天然含水率 $w_0=10\%$,土粒相对密度为 $G_s=2.72$。试计算需要填料的方量。

解 压实前填料的干重度

$$\gamma_{d1}=\frac{\gamma}{1+w}=\frac{15.5}{1+0.1}=14.1kN/m^3$$

压实后填土的干重度

$$\gamma_{d2}=\frac{G_s}{1+e}\gamma_w$$

其中:$S_r=\frac{wG_s}{e}$,$e=\frac{wG_s}{S_r}=\frac{0.14\times2.72}{0.9}=0.423$

$$\gamma_{d2}=\frac{2.72}{1+0.423}\times10=19.1kN/m^3$$

根据压实前后土体干质量相等原则计算填料方量为

$$V_1\gamma_{d1}=V_2\gamma_{d2}$$

$$V_1=\frac{V_2\gamma_{d2}}{\gamma_{d1}}=\frac{8000\times19.1}{14.1}=10836.9m^3$$

点评:此题可用三相图求出压实前后的孔隙比,然后用万能公式 $\frac{V_1}{V_2}=\frac{(1+e_1)}{(1+e_2)}$ 进行计算。

1-21 在水平均质具有潜水自由面的含水层中进行单孔抽水试验,如图所示,已知水井半径 $r=0.15m$,影响半径 $R=60m$,含水层厚度 $H=10m$,水位降深 $S=3.0m$,渗透系数 $k=25m/d$,试求流量 Q。

解 潜水完整井

$$Q=1.366k\frac{(2H-S)S}{\lg\frac{R}{r}}$$

$$=1.366\times25\times\frac{(2\times10-3)\times3}{\lg\frac{60}{0.15}}$$

$$=669m^3/d$$

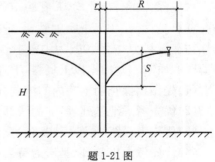

题1-21图

1-22 在裂隙岩体中滑面 S 倾角为30°,已知岩体重力为1200kN/m,当后缘垂直裂隙充水高度 $h=10m$ 时,试求下滑力。

解 根据《铁路工程不良地质勘察规程》(TB 10027—2012)附录A。

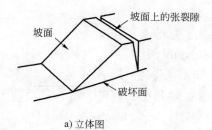 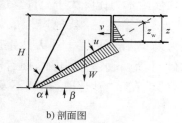

a) 立体图 b) 剖面图

题 1-22 图 直线滑坡稳定系数计算

下滑力 $T = W\sin\beta + V\cos\beta$

$V = \frac{1}{2}\gamma_w z_w^2 = \frac{1}{2} \times 10 \times 10^2 = 500 \text{kN/m}$

$T = 1200 \times \sin30° + 500 \times \cos30° = 1033 \text{kN/m}$

1-23 某土石坝坝基表层土的平均渗透系数为 $k_1 = 10^{-5}$ cm/s,其下的土层渗透系数为 $k_2 = 10^{-3}$ cm/s,坝下游各段的孔隙率见表,设计抗渗透变形的安全系数采用 1.75,试判断实测水力比降大于允许渗透比降的土层分段。

允许渗透比降计算表　　　　　　　　　　　　题 1-23 表

地基土层分段	表层土的土粒比重 G_s	表层土的孔隙率 n	实测水力比降 J_i	表层土的允许渗透比降
Ⅰ	2.70	0.524	0.42	
Ⅱ	2.70	0.535	0.43	
Ⅲ	2.72	0.524	0.41	
Ⅳ	2.70	0.545	0.48	

解 根据《水利水电工程地质勘察规范》(GB 50487—2008),土的渗透变形判别中对土的允许水力比降的确定方法,流土型的流土临界水力比降为

$J_{cr} = (G_s - 1)(1 - n)$

Ⅰ段

$J_{cr} = (G_s - 1)(1 - n) = (2.7 - 1) \times (1 - 0.524) = 0.8092$

允许渗透比降 $J = \frac{J_{cr}}{k} = \frac{0.8092}{1.75} = 0.46 >$ 实际 $J_i = 0.42$。

Ⅱ段

$J_{cr} = (2.7 - 1) \times (1 - 0.535) = 0.7905$

允许 $J = \frac{J_{cr}}{k} = \frac{0.7905}{1.75} = 0.45 >$ 实际 $J_i = 0.43$。

Ⅲ段

$J_{cr} = (2.72 - 1) \times (1 - 0.524) = 0.8187$

允许 $J = \frac{J_{cr}}{k} = \frac{0.8187}{1.75} = 0.47 >$ 实际 $J_i = 0.41$。

Ⅳ段

$J_{cr} = (2.7 - 1) \times (1 - 0.545) = 0.7735$

允许 $J = \frac{0.7735}{1.75} = 0.44 <$ 实际 $J_i = 0.48$。

所以Ⅳ段实际水力比降大于允许渗透比降。

1-24［2006年考题］ 某地层构成如下：第一层为粉土5m，第二层为黏土4m，两层土的天然重度均为$18kN/m^3$，其下为强透水砂层，地下水为承压水，赋存于砂层中，承压水头与地面持平，试求在该场地开挖基坑不发生突涌的临界开挖深度。

解 $j = \gamma_w i = \dfrac{10h}{9-h}$

$\gamma' = 18 - 10 = 8 kN/m^3$

$j = \gamma'$

$\dfrac{10h}{9-h} = 8$

$h = 4m$

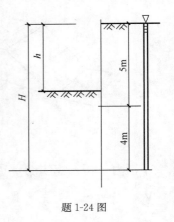

题1-24图

1-25［2006年考题］ 用高度为20mm的试样做固结试验，各压力作用下的压缩量见表，用时间平方根法求得固结度达到90%时的时间为9min，试计算$p=200kPa$压力下的固结系数C_v值。

题1-25表

压力 p(kPa)	0	50	100	200	400
压缩量 d(mm)	0	0.95	1.25	1.95	2.5

解 根据《土工试验方法标准》(GB/T 50123—1999)14.1.16条。

$$C_v = \dfrac{0.848\bar{h}^2}{t_{90}} = \dfrac{0.848 \times \left[\dfrac{(2.0-0.125)+(2.0-0.195)}{2 \times 2}\right]^2}{9 \times 60} = 1.33 \times 10^{-3} cm^2/s$$

1-26［2006年考题］ 如图所示，一组不同成孔质量的预钻式旁压试验曲线，请分析哪条曲线是正常的旁压曲线，并分别说明其他几条曲线不正常的原因。

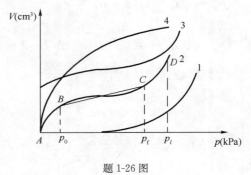

题1-26图

解 曲线2为正常旁压曲线，其中：

AB段为初始段，反映孔壁被扰动土的压缩；

BC段为似弹性段，体积与压力变化近似直线关系，B点对应的压力p_0为临界压力；

CD段为塑性段，V与p成曲线关系，随着压力增大体积变化愈来愈大，最后急剧增大，达破坏极限，C点对应压力p_f为临塑压力，D点对应的压力p_l为极限压力；

曲线1反映孔径太小或有缩孔现象，旁压探头强行压入钻孔，曲线前段消失；

曲线3反映孔壁严重扰动，形成很厚的扰动圈，曲线前段消失，后段呈弧形上弯，说明扰动土被压密过程；

曲线4反映孔径太大，使测管中相当一部分水消耗在充填膜与孔壁间的空隙上。

1-27［2006 年考题］ 已知粉质黏土的土粒相对密度为 2.73，含水率为 30%，土的密度为 1.85g/cm³，试求浸水饱和后该土的水下有效重度。

解 $e = \dfrac{G_s(1+w)\rho_w}{\rho} - 1 = \dfrac{2.73 \times (1+0.3) \times 1.0}{1.85} - 1 = 0.9184$

$\gamma' = \dfrac{G_s - 1}{1+e}\gamma_w = \dfrac{2.73 - 1}{1 + 0.9184} \times 10 = 9.02 \text{kN/m}^3$

1-28［2006 年考题］ 在钻孔内做波速测试，测得中等风化花岗岩岩体的压缩波速度 $v_p = 2777$m/s，剪切波速度 $v_s = 1410$m/s，已知相应岩石的压缩波速度 $v_p = 5067$m/s，剪切波速度 $v_s = 2251$m/s，质量密度 $\gamma = 2.23$g/cm³，饱和单轴抗压强度 $R_c = 40$MPa，试求该岩体基本质量指标（BQ）及质量级别。

解 根据《工程岩体分级标准》（GB/T 50218—2014）附录 B、第 4.2.2 条。

$K_v = \left(\dfrac{V_{pm}}{V_{pr}}\right)^2 = \left(\dfrac{2777}{5067}\right)^2 = 0.30$

$90K_v + 30 = 57 > R_c = 40$，取 $R_c = 40$

$0.04R_c + 0.4 = 2 > K_v = 0.30$，取 $K_v = 0.3$

$BQ = 100 + 3R_c + 250K_v = 100 + 3 \times 40 + 250 \times 0.3 = 295$

根据规范中表 4.1.1 得，该岩体基本质量级别为Ⅳ级。

1-29［2006 年考题］ 已知花岗岩残积土土样的天然含水率 $w = 30.6\%$，粒径小于 0.5mm 细粒土的液限 $w_L = 50\%$，塑限 $w_P = 30\%$，粒径大于 0.5mm 的颗粒质量占总质量的百分比 $P_{0.5} = 40\%$，试计算该土样的液性指数 I_L。

解 计算根据《岩土工程勘察规范》（GB 50021—2001）第 6.9.4 条条文说明。

$w_f = \dfrac{w - 0.01 w_A P_{0.5}}{1 - 0.01 P_{0.5}}$

$I_P = w_L - w_P$

$I_L = \dfrac{w_f - w_P}{I_P}$

$w_f = \dfrac{30.6 - 0.01 \times 5 \times 40}{1 - 0.01 \times 40} = 47.7$

$I_P = w_L - w_P = 50 - 30 = 20$

$I_L = \dfrac{47.7 - 30}{20} = 0.885$

1-30［2006 年考题］ 在均质厚层软土地基上修筑铁路路堤，当软土的不排水抗剪强度 $c_u = 8$kPa，路堤填料压实后的重度为 18.5kN/m³ 时，如不考虑列车荷载影响和地基处理，路堤可能填筑的临界高度接近多少？

解 根据《铁路工程特殊岩土勘察规程》（TB 10038—2012）第 6.2.4 条的条文说明。

$H_c = 5.52 \times \dfrac{c_u}{\gamma} = 5.52 \times \dfrac{8}{18.5} = 2.387$m

1-31［2006 年考题］ 某 10～18 层的高层建筑场地，抗震设防烈度为 7 度。地形平坦，非岸边和陡坡地段，基岩为粉砂岩和花岗岩，岩面起伏很大，土层等效剪切波速为 180m/s，勘察发现有一走向 NW 的正断层,见有微胶结的断层角砾岩,不属于全新世活动断裂,试判别该场地对建筑抗震属于下列什么地段类别(有利地段;不利地段;危险地段;可进行建设的一般场地),并简单说明判定依据。

解 根据《建筑抗震设计规范》(GB 50011—2010):
(1)基岩起伏大,有一断层,不属于有利地段;
(2)地形平坦,非岸边及陡坡地段,不属于不利地段;
(3)断层角砾岩有胶结,不属于全新世活动断裂,非危险地段;
(4)所以该场地为可进行建设的一般场地。

1-32 [2006 年考题] 某工程场地有一厚 11.5m 砂土含水层,其下为基岩,为测砂土的渗透系数打一钻孔到基岩顶面,并以 $1.5×10^3 cm^3/s$ 的流量从孔中抽水,距抽水孔 4.5m 和 10.0m 处各打一观测孔,当抽水孔水位降深为 3.0m 时,测得观测孔的降深分别为 0.75m 和 0.45m,用潜水完整井公式计算砂土层渗透系数 k 值。

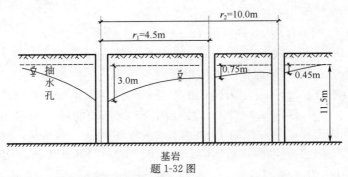

题 1-32 图

解 有两个观测孔的潜水完整井的渗透系数按以下公式计算

$$k = \frac{0.732Q}{(2H-S_1-S_2)(S_1-S_2)} \lg \frac{r_2}{r_1}$$

式中:S_1、S_2——分别为两个观测孔水降深(m);
　　　　H——透水层厚度(m);
　　　　r_1、r_2——观测孔与抽水孔距离(m);
　　　　Q——抽水流量(m^3/d)。
$Q = 1.5×10^3 cm^3/s = 1.5×10^3×10^{-6} m^3/s = 1.5×10^{-3}×24×60×60 m^3/d = 129.6 m^3/d$

$$k = \frac{0.732×129.6}{(2×11.5-0.75-0.45)×(0.75-0.45)} \lg \frac{10}{4.5} = 5.03 \text{m/d}$$

注:潜水完整井抽水试验公式见《岩土工程手册》地下水一章。

1-33 [2007 年考题] 土工试验颗粒分析的留筛质量见表,底盘内试样质量 20g,试计算试样的不均匀系数 C_u 和曲率系数 C_c。

题 1-33 表

筛孔孔径(mm)	2.0	1.0	0.5	0.25	0.075
留筛质量(g)	50	150	150	100	30

解 根据《土工试验方法标准》(GB/T 50123—1999)第 7.1.8 条。

土不均匀系数 $C_u = \dfrac{d_{60}}{d_{10}}$

土曲率系数 $C_c = \dfrac{d_{30}^2}{d_{10}} \times d_{60}$

其中,d_{60}、d_{30} 和 d_{10} 分别相当于小于某粒径土重累计百分含量为 60%、30% 和 10% 对应的粒径。d_{60} 称为限制粒径,d_{30} 称为中值粒径,d_{10} 称为有效粒径,$d_{60} > d_{30} > d_{10}$。

土的总质量为 $50+150+150+100+30+20=500$g

粒径<2.0mm　$1-50/500=0.9=90\%$

粒径<1.0mm　$1-(50+150)/500=0.6=60\%$

粒径<0.5mm　$1-(50+150+150)/500=0.3=30\%$

粒径<0.25mm　$1-(50+150+150+100)/500=0.1=10\%$

粒径<0.075mm　$1-(50+150+150+100+30)/500=0.04=4\%$

所以 $d_{60}=1.0$mm,$d_{30}=0.5$mm,$d_{10}=0.25$mm

$C_u = \dfrac{d_{60}}{d_{10}} = \dfrac{1.0}{0.25} = 4$

$C_c = \dfrac{d_{30}^2}{d_{10}} \times d_{60} = \dfrac{0.5^2}{0.25} \times 1.0 = 1.0$

不均匀系数 C_u 反映不同粒组的分布情况,C_u 越大表示土粒大小的分布范围越大,其级配良好,一般 $C_u < 5$ 的属级配不良;$C_u > 10$ 的土属级配良好,级配良好的土作为填料,容易获得较大的密实度。

曲率系数 C_c 反映累积曲线的分布范围,曲线的整体形状。砂类土同时满足 $C_u \geq 5$,$C_c = 1 \sim 3$ 时为级配良好的砂或砾。

1-34 [2007年考题] 某软黏土的十字板剪切试验结果见表,试计算土的灵敏度。

题 1-34 表

顺序		1	2	3	4	5	6	7	8	9	10	11	12	13
τ (kPa)	原状土	20	41	65	89	114	153	187	192	185	173	148	135	100
	扰动土	11	21	33	46	58	69	70	68	63	57			

解　软黏土的灵敏度 S_t

$S_t = \dfrac{\tau_f}{\tau_0} = \dfrac{192}{70} = 2.74$

$2 < S_t \leq 4$,中灵敏度;

$4 < S_t \leq 8$,高灵敏度;

$S_t \geq 8$,极灵敏度。

土的灵敏度越高,其结构性越强,土受扰动后强度降低越多。

点评:注意十字板剪切试验对原状土和扰动土是分别两轮测试完成的,每一轮中的峰值才是抗剪强度值,而不是上表中取对应值。

1-35 [2007年考题] 某建筑场地位于湿润区,基础埋深 2.5m,地基持力层为黏性土,含水率 $w=31\%$,地下水位埋深 1.5m,年变幅 1.0m,取地下水样进行化学分析结果见表,试判定地下水对基础混凝土的腐蚀性。

题 1-35 表

离子	Cl^-	SO_4^{2-}	pH	侵蚀性 CO_2	Mg^{2+}	NH_4^+	OH^-	总矿化度
含量(mg/L)	85	1600	5.5	12	530	510	3000	15000

解 根据《岩土工程勘察规范》(GB 50021—2001)附录 G.0.1 条及表 12.2.1,场地为湿润区,环境类别为Ⅱ类。

查规范 GB 50021—2001 表 12.2.1,硫酸盐含量 SO_4^{2-} 为 1600mg/L,中等腐蚀等级;铵盐含量 NH_4^+ 为 510mg/L,弱腐蚀等级;镁盐含量 Mg^{2+} 为 530mg/L,微腐蚀性;苛性碱含量 OH^- 为 3000mg/L,微腐蚀性;总矿化度为 15000mg/L,微腐蚀性;侵蚀性 CO_2 为 12mg/L,微腐蚀性;pH 值为 5.5mg/L,弱腐蚀性。

因此综合判定为中等腐蚀性。

1-36 [2007 年考题] 某饱和软土的无侧限抗压强度试验的不排水抗剪强度 $C_u=20$kPa,如在同一土样上进行三轴不固结不排水试验,施加围压 $\sigma_3=150$kPa。试求试样发生破坏时的轴向应力 σ_1 为多少?

解 饱和软土的无侧限抗压强度试验相当于在三轴仪中进行 $\sigma_3=0$ 的不排水剪切试验,$\varphi \approx 0°$。

$$C_u = \frac{\sigma_1 - \sigma_3}{2}$$

$$\sigma_1 = 2C_u + \sigma_3 = 2 \times 20 + 150 = 190\text{kPa}$$

1-37 [2007 年考题] 现场取环刀试样测定土的干密度,环刀容积 200cm³,环刀内湿土质量 380g,从环刀内取湿土 32g,烘干后干土质量为 28g,试求土的干密度为多少?

解 土样质量密度 ρ

$$\rho = \frac{m}{V} = \frac{380}{200} = 1.9\text{g/cm}^3$$

土样含水率 w

$$w = \frac{m_w}{m_s} = \frac{(32-28)}{28} = 0.143$$

土样干密度 ρ_d

$$\rho_d = \frac{\rho}{1+w} = \frac{1.9}{1+0.143} = 1.66\text{g/cm}^3$$

1-38 [2007 年考题] 某深层载荷试验,承压板直径 0.79m,承压板底埋深 15.8m,持力层为砾砂层,泊松比 0.3,试验 p-s 曲线见图,试求持力层的变形模量为多少?

解 依据《岩土工程勘察规范》(GB 50021—2001) 10.2.5 条,深层平板载荷试验变形模量 E_0

$$E_0 = w\frac{pd}{s}$$

$\frac{d}{z} = \frac{0.79}{15.8} = 0.05$,据规范表 10.2.5 得 $w=0.437$。

$$E_0 = 0.437 \times \frac{3 \times 10^3 \times 0.79}{20 \times 10^{-3}} = 5.18 \times 10^4\text{kPa} = 51.8\text{MPa}$$

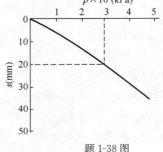

题 1-38 图

1-39 [2007 年考题] 某水利工程有可能产生流土破坏的地表土层,经取土试验,土粒比重 $G_s=2.7$,$w=22\%$,$\gamma=19$kN/m³,试计算该土层发生流土破坏的临界水力坡降为多少?

解 使土开始发生流沙现象时的水力坡降称为临界水力坡降 i_{cr}。

当渗流力 j 等于土的浮重度 γ' 时,土处于流土的临界状态

$$j = i_{cr} \times \gamma_w = \gamma' = \frac{G_s - 1}{1 + e} \gamma_w$$

$$e = \frac{G_s(1+w)\rho_w}{\rho} - 1 = \frac{2.7 \times (1+0.22) \times 1000}{1900} - 1 = 0.73$$

$$i_{cr} = \frac{G_s - 1}{1 + e} = \frac{2.7 - 1}{1 + 0.73} = 0.983$$

1-40 [2007年考题] 某场地属煤矿采空区范围,煤层倾角15°,开采深度 $H=110\text{m}$,移动角(主要影响角)$\beta=60°$,地面最大下沉值 $u_{max}=1250\text{mm}$,如拟作为一级建筑物建筑场地,试按《岩土工程勘察规范》(GB 50021—2001)判定该场地的适宜性。

解 地表影响半径 r

$$r = \frac{H}{\tan\beta} = \frac{110}{\tan 60°} = \frac{110}{1.73} = 63.58\text{m}$$

倾斜率 $i = \dfrac{u_{max}}{r} = \dfrac{1250}{63.58} = 19.7\text{mm/m}$

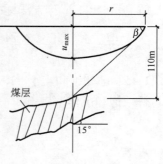

题 1-40 图

根据规范 GB 500201—2001 第 5.5.5.条,地表倾斜大于 10mm/m,不宜作为建筑场地。

$i=19.7\text{mm/m} > 10\text{mm/m}$,该场地不宜作为建筑场地。

点评:本题考查的是不良地质作用和地质灾害下的岩土工程评价,不同行业背景的考生熟悉程度不同,需要知道资料出处。

1-41 已知土的天然重度 $\gamma=17\text{kN/m}^3$,土粒相对密度 d_s(比重 G_s)❶=2.72,含水率 $w=10\%$,试求土的孔隙比 e、饱和度 S_r、干密度 ρ_d 和质量密度 ρ。

解法一 依据《土工试验方法标准》(GB/T 50123—1999)3.2.3条、5.1.5条

$$\rho = \frac{\gamma}{g} = \frac{17}{9.8}\left(\frac{\text{kN/m}^3}{\text{m/s}^2}\right) = 1.73\left(\frac{\text{kN/m}^3 \cdot \text{kg}}{\text{m/s}^2 \cdot \text{kg}}\right)$$

$$= 1730\left(\frac{\text{N/m}^3 \cdot \text{kg}}{\text{N}}\right) = 1730\text{kg/m}^3$$

$$\rho_d = \frac{\rho}{1+w} = \frac{1730}{1+0.1} = 1570\text{kg/m}^3$$

$$e = \frac{d_s \rho_w}{\rho_d} - 1 = \frac{2.72 \times 1000}{1570} - 1 = 0.73$$

$$S_r = \frac{w d_s}{e} = \frac{0.1 \times 2.72}{0.73} = 37\%$$

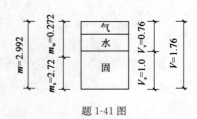

题 1-41 图

解法二 如图所示,$e = \dfrac{V_v}{V_s} = \dfrac{0.76}{1.0} = 0.76$

---

❶比重(G_s)一词作为物理量已取消,本书中以相对密度替代,符号为 d_s。D_r 为土的相对密实度。

$$V_w = \frac{m_w}{\rho_w} = \frac{0.272}{1.0} = 0.272$$

$$S_r = \frac{V_w}{V_v} = \frac{0.272}{0.76} = 0.36 = 36\%$$

$$\rho_d = \frac{m_s}{V} = \frac{2.72}{1.76} = 1.55 \text{g/cm}^3$$

$$\rho = \frac{r}{g} = \frac{17}{10} = 1.7 \text{g/cm}^2$$

点评：应熟练掌握三相图，便于加强理解各物理指标。

1-42 已知饱和黏性土，$d_s = 2.74$，$w = 36\%$，求孔隙比。

解 由《土工试验方法标准》(GB/T 50123—1999)3.2.3 条

$$e = \frac{wd_s}{S_r} = \frac{0.36 \times 2.74}{1.0} = 0.99$$

1-43 已知饱和土 $\gamma = 19.5 \text{kN/m}^3$，$d_s = 2.7$，试根据土指标定义求 γ_d。

解 饱和土体 $V_a = 0$，$V = V_s + V_v = V_s + V_w$，所以

$$\gamma = \gamma_{sat} = 19.5 \text{kN/m}^3$$

$$\gamma_{sat} = \frac{V_s d_s \gamma_w + V_v \gamma_w}{V}$$

土粒重＋水重＝土体重

设土粒体积 $V_s = 1$，孔隙体积 $V_v = e$，总体积 $V = 1 + e$，得

$$\gamma_{sat} = \frac{d_s \gamma_w + e \gamma_w}{1+e} = \frac{\gamma_w(d_s + e)}{1+e}$$

$$\gamma_{sat} - \gamma_w = \frac{\gamma_w(d_s+e)}{1+e} - \gamma_w = \frac{\gamma_w(d_s+e) - \gamma_w(1+e)}{1+e}$$

$$= \frac{(d_s - 1)\gamma_w}{1+e} = \frac{d_s(d_s-1)\gamma_w}{d_s(1+e)}$$

$$= \frac{d_s}{1+e}\gamma_w \times \frac{(d_s-1)}{d_s} = \gamma_d \times \frac{(d_s-1)}{d_s}$$

$$\gamma_d = \frac{(\gamma_{sat} - \gamma_w)d_s}{d_s - 1} = \frac{(19.5 - 10) \times 2.7}{2.7 - 1} = 15.1 \text{kN/m}^3$$

1-44 已知某土样液限 $w_L = 41\%$，塑限 $w_P = 22\%$，饱和度 $S_r = 0.98$，孔隙比 $e = 1.55$，$d_s = 2.7$，试计算塑性指数 I_P、液性指数 I_L，并判断土性和状态。

解 $I_P = w_L - w_P = 41 - 22 = 19$

$$w = \frac{S_r e}{d_s} = \frac{0.98 \times 1.55}{2.7} = 56.2\%$$

$$I_L = \frac{w - w_P}{w_L - w_P} = \frac{56.2 - 22}{41 - 22} = 1.8$$

根据《岩土工程勘察规范》(GB 50021—2001)第 3.3.5 条及表 3.3.11：

$I_P = 19 > 17$，该土为黏土；

$I_L = 1.8 > 1.0$，黏土为流塑状态。

1-45 某饱和黏土试件,进行无侧限抗压强度试验的抗剪强度 $c_u=70\text{kPa}$,如果对同一试件进行三轴不固结不排水试验,施加周围压力 $\sigma_3=150\text{kPa}$。当轴向压力为 300kPa 时,试件是否发生破坏?

解 试件破坏时其主应力为 $\sigma_1=\sigma_3+\Delta\sigma_1$

$\Delta\sigma_1$ 为剪切破坏时由传力杆加在试件上的竖向压应力增量,无侧限抗压强度 $q_u=2c_u$

$\sigma_1=\sigma_3+2c_u=150+2\times70=290\text{kPa}$

施加轴向压力为 300kPa>290kPa,试件破坏。

1-46 某土样进行应变式直剪试验,数据见题 1-46 表 1,已知剪力盒面积 $A=30\text{cm}^2$,应力环系数 $K=0.2\text{kPa}/0.01\text{mm}$,百分表 0.01mm/格,试求该土样抗剪强度指标。

题 1-46 表 1

垂直荷载(kN)	0.15	0.30	0.60	0.90	1.20
应力环百分表格数	120	160	280	380	480

解 根据《土工试验方法标准》(GB/T 50123—1999)18.1.4 条,由题 1-46 表 1 的数据可以得到其竖向应力 σ 和剪应力 τ 的值(见题 1-46 表 2),如 $\sigma=0.15/0.003=50\text{kPa}$,$\tau=120\times0.01\times0.2/0.01=24\text{kPa}$。

题 1-46 表 2

$\sigma(\text{kPa})$	50	100	200	300	400
$\tau(\text{kPa})$	24	32	56	76	96

以 τ 为纵坐标,σ 为横坐标绘制 σ-τ 关系曲线,得 $c=13\text{kPa}$,$m_s=\varphi=12°$。

1-47 某饱和原状土,体积 $V=100\text{cm}^3$,湿土质量 $m=0.185\text{kg}$,烘干后质量 $m_s=0.145\text{kg}$,$d_s=2.7$,$w_L=35\%$,$w_P=17\%$,试求:(1)I_P、I_L 并确定土名称和状态;(2)若将土压密使其 $\gamma_d=16.5\text{kN/m}^3$,此时孔隙比减少多少?

解 (1) $\rho=\dfrac{m}{V}=\dfrac{0.185}{100}=0.00185\text{kg/cm}^3=1.85\text{t/m}^3$

$w=\dfrac{m_w}{m_s}=\dfrac{m-m_s}{m_s}=\dfrac{0.185-0.145}{0.145}=27.6\%$

$\rho_d=\dfrac{m_s}{V}=\dfrac{0.145}{100}=1.45\text{t/m}^3$

$e=\dfrac{d_s\rho_w}{\rho_d}-1=\dfrac{2.7\times1}{1.45}-1=0.86$

$I_P=w_L-w_P=35-17=18$

$I_L=\dfrac{w-w_P}{I_P}=\dfrac{27.6-17}{18}=0.59$

根据《岩土工程勘察规范》第 3.3.5 条及表 3.3.1:

$I_P=18>17$,该土为黏土;$0.25<I_L<0.75$,黏土为可塑。

(2) $\gamma_d=16.5\text{kN/m}^3$

$$e = \frac{d_s \gamma_w}{\gamma_d} - 1 = \frac{2.7 \times 10}{16.5} - 1 = 0.64$$

压缩后孔隙比减小　$\Delta e = 0.86 - 0.64 = 0.22$

1-48　某一湿土样重 200g，含水率 $w=15\%$，若要将其配制成含水率 $w=20\%$ 的土样，试计算需加多少水？

解　根据《土工试验方法标准》(GB/T 50123—1999)3.1.6 条。

$$m_w = \frac{m_0}{1+0.01 w_0} \times 0.01 (w_1 - w_0) = \frac{200}{1+0.01 \times 15} \times 0.014 \times (20-15) = 8.7 \text{g}$$

点评：关于加水量的计算可以直接代入规范公式计算，节约时间。

1-49　某工程填土经室内击实试验，得到含水率和干密度见表，试绘制击实曲线，并求最大干密度和最佳含水率。

解　根据不同含水率所对应的干密度可绘制击实曲线见图，由曲线峰值点对应的纵坐标为最大干密度 $\rho_{dmax}=1.53 \text{g/cm}^3$，$\rho_{dmax}$ 对应的横坐标为最佳含水率 $w_{op}=23.6\%$。

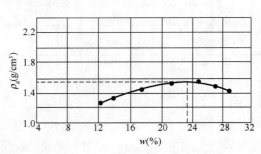

题 1-49 图

题 1-49 表

$w(\%)$	12.2	14	17.7	21.6	25.0	26.5	29.3
$\rho_d(\text{g/cm}^3)$	1.203	1.330	1.45	1.484	1.522	1.50	1.436

1-50　某饱和黏性土的无侧限抗压强度 $q_u=20$kPa，试绘制极限应力圆和土的抗剪强度曲线，求破坏面和大主应力面的夹角。

解　$\sigma_1=q_u=20$kPa，$\sigma_3=0$，绘制极限应力圆如图所示，其抗剪强度 $c_u = \frac{q_u}{2} = \frac{20}{2} = 10$kPa，$\varphi_u=0°$，试件破坏面与大主应力面夹角为 $45° + \frac{\varphi_u}{2} = 45° + 0 = 45°$。

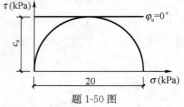

题 1-50 图

1-51　某砂土进行三轴剪切试验，在 $\sigma_1=30$kPa，$\sigma_3=10$kPa 时破坏，试求该土样抗剪强度指标和破坏面位置。

解　$\sigma_1=30$kPa，$\sigma_3=10$kPa，在 σ 坐标上，$\frac{\sigma_1+\sigma_3}{2} = \frac{30+10}{2} = 20$kPa，$\frac{\sigma_1-\sigma_3}{2} = \frac{30-10}{2} = 10$kPa。以 20kPa 处为圆心，以 10kPa 为半径绘制极限应力圆如图所示，$\sin\varphi = \frac{10}{20} = 0.5$，$\varphi=30°$，试件抗剪强度指标，$c=0$，$\varphi=30°$，破坏面与最大主应力面夹角为 $45° + \frac{\varphi}{2} = 45° + \frac{30°}{2} = 60°$。

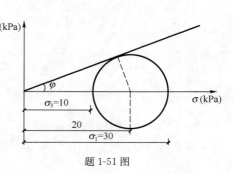

题 1-51 图

1-52 某完整井进行抽水试验,其中一口抽水井,两口观测井,观测井与抽水井距 $r_1=4.3\text{m}, r_2=9.95\text{m}$(见题图),含水层厚度为 12.34m,当抽水量 $q=57.89\text{m}^3/\text{d}$ 时,第一口观测井降深 0.43m,第二口观测井降深 0.31m。试计算土层的渗透系数。

解 当井底钻至不透水层时称为完整井,完整井的土层渗透系数 k 可由下式计算

$$k=\frac{0.732Q}{(2H-s_1-s_2)(s_1-s_2)}\lg\frac{r_2}{r_1}$$

$$=\frac{0.732\times 57.89}{(2\times 12.34-0.43-0.31)(0.43-0.31)}\lg\frac{9.95}{4.3}$$

$$=5.37\text{m/d}$$

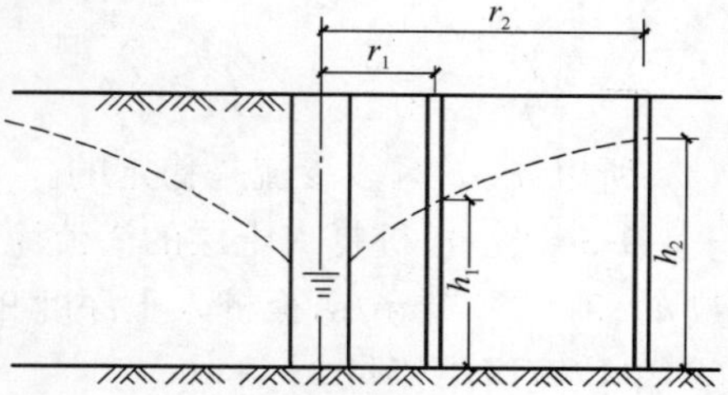

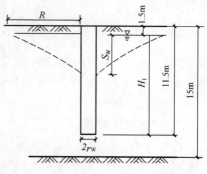

题 1-52 图

点评:潜水完井整单孔、一个观测孔、二个观测孔的三个公式是需要掌握的。多次抽水测试时 k 取平均值。本题与 1-32 题是同一类型,可对照学习。

1-53 某潜水非完整井进行抽水试验,水位 1.5m,井直径 $D=0.8\text{m}$(见图),假设影响半径 $R=100\text{m}$,当抽水量为 $760\text{m}^3/\text{d}$,降深 3.0m,试计算土层渗透系数。

解 当井底未钻至不透水层时称为非完整井。
非完整井土层渗透系数可用下式计算

$$k=\frac{0.366Q(\lg R-\lg r_w)}{H_1 S_w}$$

$$k=\frac{0.366\times 760\times(\lg 100-\lg 0.4)}{(11.5-1.5)\times 3.0}=22.2\text{m/d}$$

点评:这是数据齐全时最简单的单孔潜水非完整井抽水公式,应予掌握。

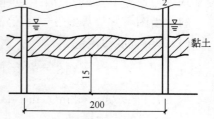

题 1-53 图

1-54 某厚度 $h=15\text{m}$ 的含水层,两口观测井(距离 200m),测得 1 号井水位 64.22m,2 号井水位 63.44m,土层渗透系数 $k=45\text{m/d}$,试求含水层单位宽度的渗流量。

解 $q=kiA$

$$i=\frac{64.22-63.44}{200}=0.0039$$

$$A=15\times 1=15\text{m}^2$$

$$q=45\times 0.0039\times 15=2.63\text{m}^3/\text{d}$$

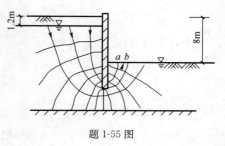

题 1-54 图(尺寸单位:m)

1-55 某地下连续墙支护结构,其渗流流网如图所示。已知土的孔隙比 $e=0.92$,土粒相对密度 $d_s=2.65$,坑外地下水位距地表 1.2m,基坑开挖深度 8.0m,a、b 点所在流网网格长度 $L=1.8\text{m}$,试判断 $a\sim b$ 区段的渗流稳定性。(安全系数 $k=2$)

解 $\gamma'=\dfrac{d_s-1}{1+e}\gamma_w$

$$=\frac{2.65-1}{1+0.92}\times 10=8.6\text{kN/m}^3$$

题 1-55 图

19

$$\Delta h = \frac{\Delta H}{n-1} = \frac{8-1.2}{13-1} = 0.57$$

$$j = \gamma_w i = \gamma_w \frac{\Delta h}{l} = 10 \times \frac{0.57}{1.8} = 3.2$$

$$k = \frac{\gamma'}{j} = \frac{8.6}{3.2} = 2.7 > 2$$

所以 $a \sim b$ 区段渗流是稳定的。

1-56 一板桩打入土层的渗流流网如图所示,网格长度和宽度 $l=b=3.0\mathrm{m}$,土层渗透系数 $k=3\times10^{-4}\mathrm{mm/s}$,板桩入土深度 $9.0\mathrm{m}$。试求:(1)图中所示 a、b、c、d、e 各点的孔隙水压力;(2)单位宽度渗流量。

解 (1) a 点 $u_a = 0$

b 点 $u_b = \gamma_w h = 10 \times 9 = 90\mathrm{kPa}$

由流网知,等势线 9 条,流线 5 条,任意两等势线间的水头差为

$$\Delta h' = \frac{\Delta H}{n-1} = \frac{8}{9-1} = 1.0\mathrm{m}$$

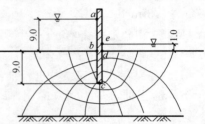

题 1-56 图(尺寸单位:m)

c 点 $u_c = \gamma_w h = 10 \times (18 - 1.0 \times 4) = 140\mathrm{kPa}$

d 点 $u_d = \gamma_w h = 10 \times 1.0 = 10\mathrm{kPa}$

e 点 $u_e = 0$

(2) 单位宽度渗流量

$$q = mk\Delta h = (5-1) \times 3 \times 10^{-4} \times 1.0 \times 10^3 = 1.2\mathrm{mm}^3/\mathrm{s/m}$$

1-57 某水闸上游水深 $h_1 = 18.0\mathrm{m}$,下游水深 $h_2 = 6\mathrm{m}$,渗流流网如图所示。已知土层的渗透系数 $k = 1.2 \times 10^{-2}\mathrm{cm/s}$,$a$、$b$、$c$ 三点分别位于地面以下 $3.5\mathrm{m}$、$3.0\mathrm{m}$、$2.0\mathrm{m}$。试求:(1)整个渗流区的单宽流量;(2) ab 段平均渗流速度 V_{ab};(3) a、b、c 三点的孔隙水压力。

解 由图可知等势线 $n=11$,等流线 $m=6$

(1)单位宽度渗流量

$$q = 1.2 \times 10^{-2} \times (18-6) \times 10^2 \times \frac{6-1}{11-1}$$

$$= 7.2\mathrm{cm}^2/\mathrm{s} = 62\mathrm{m}^3/(\mathrm{m} \cdot \mathrm{d})$$

(2) ad 段的水力梯度

$$i = \frac{\Delta h}{\Delta l} = \frac{\frac{18-6}{11-1}}{1} = 1.2$$

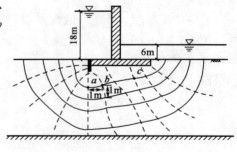

题 1-57 图

ab 段的平均渗透速度

$$V_{ab} = \frac{q}{A} = ki = 1.2 \times 10^2 \times 1.2 = 0.0144\mathrm{cm/s}$$

(3)孔隙水压力

$$u_a = (18 + 3.5 - 4\Delta h)\gamma_w = 167\mathrm{kPa}$$

$$u_b = (18 + 3 - 5\Delta h)\gamma_w = 150\mathrm{kPa}$$

$$u_c = (18+2-7\Delta h)\gamma_w = 116\text{kPa}$$

1-58 某止水帷幕如图所示,上游土中最高水位为 0.00m,下游地面 −8.0m,土的天然重度 $\gamma = 18\text{kN/m}^3$,安全系数 $K=2$,试求止水帷幕合理深度。

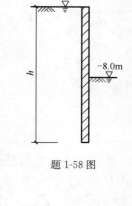

题 1-58 图

解 水在土中渗流的渗流力为
$$j = i\gamma_w$$
当 $j = \gamma'$ 时,临界水力梯度为
$$i_{cr} = \frac{\gamma'}{\gamma_w}$$
$$i \leqslant [i] = \frac{i_{cr}}{K}$$
$$i = \frac{8}{h+(h-8)} = \frac{8}{2h-8}, \quad i_{cr} = \frac{8}{10}$$
$$\frac{8}{2h-8} = \frac{8}{10} \times \frac{1}{2} = 0.4, \quad 0.8h-3.2=8, \quad h=14\text{m}$$

止水帷幕合理深度为 14m。

1-59 某河流,河水深 2m,河床土层为细砂,其 $d_s = 2.7, e=0.8$,抽水管插入土层 3m,管内进行抽水,试问管内水位降低几米会引起流沙?

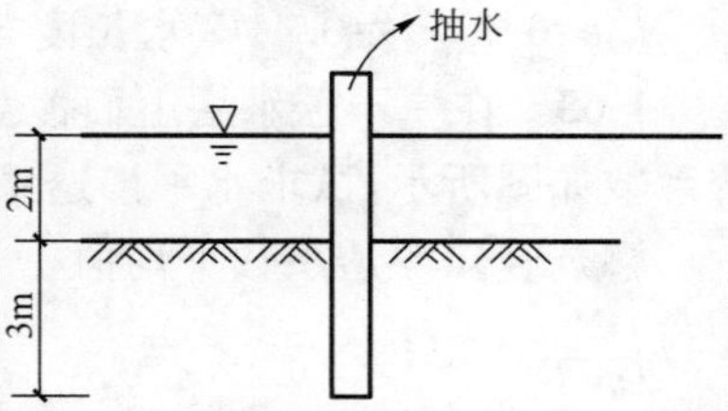

解 当渗流力 j 等于土的浮重度 γ' 时,土处于产生流沙临界状态。

渗流力和水力梯度 i 的大小成正比。
$$j = i\gamma_w, \quad j = i\gamma_w = \gamma', \quad i = \frac{\gamma'}{\gamma_w}$$

水力梯度 i 为单位渗流长度上的水头损失
$$i = \frac{\Delta h}{3}$$

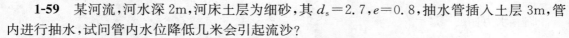

题 1-59 图

$$\gamma' = \frac{\gamma_w(d_s-1)}{1+e} = \frac{10\times(2.7-1)}{1+0.8} = 9.44\text{kN/m}^3$$
$$i = \frac{\Delta h}{3} = \frac{9.44}{10}, \quad \Delta h = \frac{9.44\times 3}{10} = 2.83\text{m}$$

当水位降低 2.83m 时会产生流沙。

1-60 某基坑深 6.0m,土层分布为粉土、砂土和基岩,粉土 $\gamma_{sat} = 20\text{kN/m}^3$,砂土层含有承压水,水头高出砂土顶面 7.0m,为使基坑底土不致因渗流而破坏,试求坑内水位应多高?

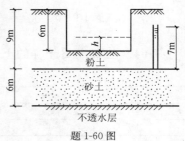

题 1-60 图

解 $i = \dfrac{7-h-3}{9-6}$

$i_{cr} = \dfrac{\gamma'}{\gamma_w}, \quad i \leqslant i_{cr},$ 即 $\dfrac{7-h-3}{9-6} \leqslant \dfrac{20-10}{10}$

$h \geqslant 1.0\text{m}$,坑内水位 $\geqslant 1.0\text{m}$,基坑不会因渗流而破坏。

1-61 如图所示,土样高 25cm,$e=0.75, d_s = 2.68$,试求渗透的水力梯度达到临界时的总水头差。

解 $\gamma' = \dfrac{\gamma_w(d_s-1)}{1+e} = \dfrac{10\times(2.68-1)}{1+0.75} = 9.6\text{kN/m}^3$

$j = \gamma_w i = 10\times\dfrac{\Delta h}{0.25}$

$\gamma' = j$

临界状态

$\dfrac{10\Delta h}{0.25} = 9.6$

$\Delta h = 0.24\text{m}$

题 1-61 图

1-62 某基坑采用板桩作为支护结构，地下水位平地面，坑底用集水池进行排水，试计算集水池的截水长度为 3m 是否满足要求。

解 水力梯度 $i = \dfrac{\Delta h}{L} = \dfrac{4}{4+3+3} = 0.4$

临界水力梯度 $i_{cr} = \dfrac{\gamma'}{\gamma_w} = \dfrac{19-10}{10} = 0.9$

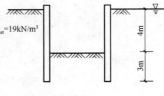

题 1-62 图

$i_{cr} = 0.9 > i = 0.4$，截水长度 3m 满足要求。

1-63 在一不透水层上面覆盖有 4 层土，各土层的厚度和渗透系数如图所示，试求水平渗透系数和竖向渗透系数的平均值。

解 竖向渗透系数平均值

$K_v = \dfrac{H}{\sum\limits_{i=1}^{4} H_i/K_i}$

$= \dfrac{500}{\dfrac{100}{1.3\times 10^{-2}} + \dfrac{150}{2.7\times 10^{-4}} + \dfrac{150}{1.9\times 10^{-4}} + \dfrac{100}{3.5\times 10^{-4}}}$

$= 3.05\times 10^{-4}\text{cm/s}$

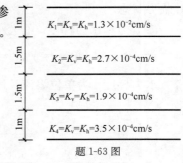

题 1-63 图

水平渗透系数平均值

$K_h = \dfrac{1}{H}\sum\limits_{i=1}^{4} K_i H_i = \dfrac{1}{500}\times(1.3\times 10^{-2}\times 100 + 2.7\times 10^{-4}\times 150 + 1.9\times 10^{-4}\times 150 +$

$3.5\times 10^{-4}\times 100) = \dfrac{1}{500}\times 1.404 = 2.81\times 10^{-3}\text{cm/s}$

1-64 已知 A、B 土样的土工试验结果见表，试问下列结论中哪几个是正确的？

题 1-64 表

土 样	w_L	w_P	$w(\%)$	d_s	S_r
A	30	12.5	28	2.75	1.0
B	14	6.3	26	2.70	1.0

(1) A 土样比 B 土样的黏粒($d<0.005$mm)含量多；

(2) A 土样重度大于 B 土样；

(3) A 土样干密度大于 B 土样；

(4) A 土样孔隙率大于 B 土样。

解 (1) A 土样 $I_P = w_L - w_P = 30 - 12.5 = 17.5$

B 土样 $I_P = 14 - 6.3 = 7.7$

I_P 值，$A > B$。A 为黏土，B 为粉土，因此 A 土样比 B 土样黏粒含量多。

(2) A 土样 $e = \dfrac{wd_s}{S_r} = \dfrac{0.28 \times 2.75}{1.0} = 0.77$

$\gamma = \dfrac{d_s(1+w)}{1+e}\gamma_w = \dfrac{2.75(1+0.28)}{1+0.77} \times 10 = 19.9 \text{kN/m}^3$

B 土样 $e = \dfrac{0.26 \times 2.70}{1.0} = 0.7$，$\gamma = \dfrac{2.70(1+0.26)}{1+0.7} \times 10 = 20 \text{kN/m}^3$，$\gamma$ 值 $A < B$。

(3) A 土样 $\gamma_d = \dfrac{d_s}{1+e}\gamma_w = \dfrac{2.75}{1+0.77} \times 10 = 15.5 \text{kN/m}^3$

B 土样 $\gamma_d = \dfrac{2.7}{1+0.7} \times 10 = 15.9 \text{kN/m}^3$

γ_d 值，$A < B$。

(4) A 土样 $n = \dfrac{e}{1+e} = \dfrac{0.77}{1+0.77} = 0.44$

B 土样 $n = \dfrac{0.7}{1+0.7} = 0.41$

n 值，$A > B$。

所以(1)、(4)结论正确，(2)、(3)结论错误。

1-65 某土样进行室内压缩试验(环刀高 2cm)结果见题 1-65 表 1，试求：(1) 各压力段的压缩系数和压缩模量；(2) 当 $p = 100$kPa 增至 $p = 200$kPa 时，土样的变形。

题 1-65 表 1

p(kPa)	0	50	100	200	300
e	1.05	0.95	0.9	0.85	0.72

解 (1) 各压力段的压缩系数

$a = \dfrac{e_1 - e_2}{p_2 - p_1}$

压缩模量 $E_s = \dfrac{1+e_1}{a}$

如 $a_{0-50} = \dfrac{1.05 - 0.95}{50 - 0} = 0.002 \text{kPa}^{-1} = 2\text{MPa}^{-1}$

$E_s = \dfrac{1+1.05}{2} = 1.025 \text{MPa}$

计算结果见题 1-65 表 2。

题 1-65 表 2

压力段(kPa)	0~50	50~100	100~200	200~300
a(MPa^{-1})	2	1	0.5	1.3
E_s(MPa)	1.025	1.95	3.8	1.42

(2) 土样变形

$$\frac{H_1}{1+e_1}=\frac{H_0}{1+e_0}, H_1=H_0\frac{1+e_1}{1+e_0}$$

$$\Delta s=\frac{e_1-e_2}{1+e_1}H_1=\frac{e_1-e_2}{1+e_0}H_0=\frac{0.9-0.85}{1+1.05}\times 20=0.49\text{mm}$$

1-66 已知土样土粒相对密度 $d_s=2.7$,孔隙率 $n=50\%$、$w=20\%$,若将 10m^3 土体加水至完全饱和,问需加多少水?

解 $n=\dfrac{e}{1+e}=0.5, e=1.0$

$e=\dfrac{V_v}{V_s}, V_v=eV_s=1.0V_s$

$V=V_v+V_s=10\text{m}^3, V_v=V_s=5\text{m}^3$

$S_r=\dfrac{wd_s}{e}=\dfrac{0.2\times 2.7}{1.0}=0.54$

$S_r=0.54$ 时 $V_w=S_rV_v=0.54\times 5=2.7\text{m}^3$

完全饱和时($S_r=1$) $V_w=1\times 5=5\text{m}^3$

应加水 $\Delta m_w=\rho_w\Delta V_w=1\times(5-2.7)=2.3\text{t}$

1-67 一湿土样质量100g,含水率16%,若要制备含水率25%的土样,问需加多少水?

解 $m_w+m_s=m=100\text{g}$

$m_w=100-m_s$

$w_1=\dfrac{m_w}{m_s}=\dfrac{100-m_s}{m_s}=0.16$

$m_s=86.2\text{g}$

当含水率增加至25%时,需加水

$\Delta m_w=m_s(w_2-w_1)=86.2\times(0.25-0.16)=7.76\text{g}$

1-68 某饱和土 $\gamma_{sat}=15.9\text{kN/m}^3, w=65\%$,试计算土粒相对密度 d_s 和孔隙比 e。

解 $S_r=\dfrac{wd_s}{e}=100\%$

$e=wd_s=0.65d_s$

$\dfrac{d_s+0.65d_s}{1+0.65d_s}\times 10=15.9$

$(1+0.65d_s)\times 15.9=(d_s+0.65d_s)\times 10=16.5d_s$

$d_s=\dfrac{15.9}{6.16}=2.6$

$e=0.65\times 2.6=1.69$

1-69 某土料 $d_s=2.71, w=20\%$,室内击实试验得最大干密度 $\rho_{dmax}=1.85\text{g/cm}^3$,要求压实系数 $\lambda_c=0.95$,压实后饱和度 $S_r\leq 85\%$,土料含水率是否合适?

解 $\lambda_c = \dfrac{\rho_d}{\rho_{dmax}}$，$\rho_d = \lambda_c \rho_{dmax} = 0.95 \times 1.85 = 1.76 \text{g/cm}^3$

$e = \dfrac{d_s \rho_w}{\rho_d} - 1 = \dfrac{2.71 \times 1}{1.76} - 1 = 0.54$

$S_r = 0.85$，$S_r = \dfrac{w d_s}{e}$，$w = \dfrac{S_r e}{d_s} = 0.85 \times 0.54 / 2.71 = 0.17 = 17\%$

现有土料 $w = 20\% > 17\%$，含水率偏大，应进行翻晒。

1-70 完全饱和土样，高 2cm，环刀面积 30cm²，进行压缩试验，试验结束后称土质量为 100g，烘干后土质量为 80g，设土 $d_s = 2.65$，试求：

(1) 压缩前土质量；
(2) 压缩前后土孔隙比减小多少；
(3) 压缩量是多少。

解 土体积 $V = 30 \times 2 = 60 \text{cm}^3$

$m_s = 80 \text{g}$

$d_s = 2.65$

$d_s = \dfrac{m_s}{V_s \rho_w}$

$V_s = \dfrac{m_s}{d_s \rho_w} = \dfrac{80}{2.65 \times 1} = 30.2 \text{cm}^3$

$V_w = V - V_s = 60 - 30.2 = 29.8 \text{cm}^3$，水质量 $m_w = 29.8 \times 1 = 29.8 \text{g}$

(1) 压缩前土质量 $80 + 29.8 = 109.8 \text{g}$

(2) 压缩前孔隙比 $e = \dfrac{V_v}{V_s} = \dfrac{V_w}{V_s} = \dfrac{29.8}{30.2} = 0.987$（完全饱和，$V_v = V_w$）

压缩后孔隙体积 $V_v = V_w = \dfrac{m_w}{\rho_w} = \dfrac{100 - 80}{1} = 20 \text{cm}^3$

压缩后孔隙比 $e = \dfrac{V_v}{V_s} = \dfrac{20}{30.2} = 0.662$

压缩前后孔隙减少 $\Delta e = 0.987 - 0.662 = 0.325$

(3) 压缩后水排出体积 $29.8 - 20 = 9.8 \text{cm}^3$

土样压缩量 $s = \dfrac{9.8}{30} = 0.33 \text{cm}$

1-71 某土层十字板剪切试验，得土抗剪强度 $\tau = 50 \text{kPa}$，取土进行重塑土无侧限抗压强度试验得 $q'_u = 40 \text{kPa}$，试求土的灵敏度。

解 十字板现场试验测定土的抗剪强度，属不排水剪切试验条件，其结果接近无侧限抗压强度试验结果的 1/2。

$\tau = \dfrac{q_u}{2}$，$q_u = 2\tau = 2 \times 50 = 100 \text{kPa}$

重塑土样无侧限抗压强度 $q'_u = 40 \text{kPa}$

土的灵敏度为原状土样的无侧限抗压强度与重塑土样无侧限抗压强度之比

$S_t = \dfrac{q_u}{q'_u} = \dfrac{100}{40} = 2.5$，$2 < S_t \leq 4$

该土为中灵敏度土。

1-72 用土粒相对密度 $d_s=2.7$、$e=0.8$ 的土料做路基,要求填筑干密度 $\rho_d=1700\text{kg/m}^3$,试求填筑 1.0m^3 土需要原状土体积。

解 原状土干密度

$$\rho_d=\frac{d_s}{1+e}\rho_w=\frac{2.7}{1+0.8}\times 1.0\times 10^3=1500\text{kg/m}^3$$

设填筑 1.0m^3 土需原状土体积为 V
$1500V=1700\times 1.0$
$V=\dfrac{1700}{1500}=1.13\text{m}^3$

1-73 某饱和黏性土试样在三轴仪中进行压缩试验,$\sigma_1=480\text{kPa}$,$\sigma_3=200\text{kPa}$,土样达极限平衡状态时,破坏面与大主应力作用面的夹角 $\alpha_f=57°$,试求该土样抗剪强度指标。

解 $\alpha_f=45°+\dfrac{\varphi}{2}$

$\varphi=(57°-45°)\times 2=12°\times 2=24°$

$\sin\varphi=\dfrac{AD}{RD}$

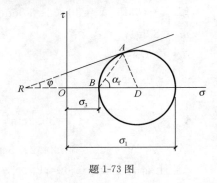

题 1-73 图

$RD=\dfrac{AD}{\sin\varphi}=\dfrac{\frac{1}{2}\times(\sigma_1-\sigma_3)}{\sin 24°}=344.2\text{kPa}$

$\tan\varphi=\dfrac{c}{RO}=\dfrac{c}{RD-\frac{1}{2}(\sigma_1+\sigma_3)}=\dfrac{c}{344.2-340}=\dfrac{c}{4.2}$

$c=\tan\varphi\times 4.2=\tan 24°\times 4.2=1.9\text{kPa}$

该土样达极限平衡状态时的抗剪强度指标
$\varphi=24°$,$c=1.9\text{kPa}$

1-74 某矩形基坑采用在基坑外围均匀等距布置多井点同时抽水进行降水,井点围成的矩形平面尺寸为 $50\text{m}\times 80\text{m}$,按无压潜水完整井进行降水设计,已知含水层厚度 $H=20\text{m}$,降水井影响半径 $R=100\text{m}$,渗透系数 $k=8\text{m/d}$,如果要求水位降深 $s=4\text{m}$,试计算井点系统降水涌水量。

解 根据《建筑基坑支护技术规程》(JGJ 120—2012),涌水量

$$Q=\pi k\frac{(2H-S_d)S_d}{\ln\left(1+\dfrac{R}{r_0}\right)}$$

矩形基坑等效半径 r_0

$r_0=\sqrt{\dfrac{A}{\pi}}=\sqrt{\dfrac{50\times 80}{\pi}}=35.7\text{m}$

$Q=\pi\times 8\times\dfrac{(2\times 20-4)\times 4}{\ln\left(1+\dfrac{100}{35.7}\right)}=2709\text{m}^3/\text{d}$

1-75 某欠固结黏土层厚 2.0m,先期固结压力 $p_c=100\text{kPa}$,平均自重应力 $p_1=200\text{kPa}$,附加压力 $\Delta p=80\text{kPa}$,初始孔隙比 $e_0=0.7$,取土进行高压固结试验结果见表。试计算:(1) 土的压缩指数;(2) 土层最终沉降。

一、岩土工程勘察

题 1-75 表

压力 p(kPa)	25	50	100	200	400	800	1600	3200
孔隙比 e	0.916	0.913	0.903	0.883	0.838	0.757	0.677	0.599

解 （1）e-$\lg p$ 曲线直线段的斜率为土的压缩指数

$$C_c = \frac{e_1-e_2}{\lg p_2-\lg p_1} = \frac{0.677-0.599}{\lg 3.2-\lg 1.6} = 0.26$$

（2）欠固结土层的最终沉降量

$$s_c = \frac{H_i}{1+e_0} \times C_c \lg\left(\frac{p_1+\Delta p}{p_c}\right)$$

$$= \frac{2000}{1+0.7} \times 0.262 \times \lg\left(\frac{200+80}{100}\right)$$

$$= 137.8 \text{mm}$$

1-76 在某砂层中做浅层平板载荷试验，承压板面积 0.5m^2（方形），各级荷载和对应的沉降量见表。试求：（1）砂土的承载力特征值；（2）土层变形模量。

题 1-76 表

p(kPa)	25	50	75	100	125	150	175	200	225	250	275
s(mm)	0.88	1.76	2.65	3.53	4.41	5.30	6.13	7.05	8.50	10.54	15.80

解 （1）绘制 p-s 曲线，由曲线判断其比例界限对应的荷载为 200kPa，但最大加载量为 275kPa，还未到极限荷载，该砂层承载力特征值，$f_{ak} = \frac{275}{2} = 138$kPa。

（2）土层的变形模量，根据《岩土工程勘察规范》10.2.5 条。

$$E_0 = I_0(1-\mu^2)\frac{pd}{s}$$

$$= 0.886 \times (1-0.3^2) \times \frac{25 \times 0.707}{0.88} = 16.2 \text{MPa}$$

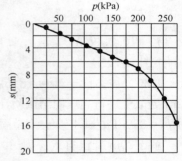

题 1-76 图

1-77 某软土用十字板剪切试验，十字板高 $H=0.2$m，直径 $D=0.1$m，剪切破坏时扭矩 $M=0.5$kN·m，在同样深度取土进行重塑土的无侧限抗压强度试验，无侧限抗压强度 $q_u=200$kPa。试计算：（1）软土抗剪强度；（2）土的灵敏度；（3）判断灵敏度等级。

解 （1）软土抗剪强度

$$\tau_f = \frac{2M}{\pi D^2\left(H+\frac{D}{3}\right)} = \frac{2 \times 0.5}{\pi \times 0.1^2 \left(0.2+\frac{0.1}{3}\right)} = 136.6 \text{kPa}$$

（2）土的灵敏度

$$\tau_f' = \frac{q_u}{2} = \frac{200}{2} = 100 \text{kPa}$$

27

$$S_t = \frac{\tau_f}{\tau_f'} = \frac{136.6}{100} = 1.37$$

(3) $S_t = 1.37$，$1 < S_t \leq 2$

饱和黏土属低灵敏度。

1-78 某软土用十字板剪力仪剪切试验，测得量表最大读数 $R_y = 215(0.01\text{mm})$，轴杆与土摩擦时量表最大读数 $R_g = 20(0.01\text{mm})$；重塑土最大读数 $R_y' = 64(0.01\text{mm})$，$R_g' = 10(0.01\text{mm})$，板头系数 $K = 129.4\text{m}^{-2}$，钢环系数 $C = 1.288\text{N}/0.01\text{mm}$，试判断土灵敏度等级。

解 原状土

$$c_u = K \cdot C(R_y - R_g) = 129.4 \times 1.288 \times 10^{-3} \times (215 - 20) = 32.5\text{kN/m}^2$$

重塑土

$$c_u' = K \cdot C(R_y' - R_g') = 129.4 \times 1.288 \times 10^{-3} \times (64 - 10) = 9\text{kN/m}^2$$

$$S_t = \frac{c_u}{c_u'} = \frac{32.5}{9} = 3.61$$

$2 < S_t \leq 4$，属中灵敏度土。

1-79 某排水基槽，地下水由下往上流动，水头差 70cm，水流途径为 60cm，砂土 $\gamma_{sat} = 20.2\text{kN/m}^3$，试判断是否会产生流沙？

解 水力梯度

$$i = \frac{\Delta h}{L} = \frac{70}{60} = 1.17$$

$\gamma' = 10.2\text{kN/m}^3 \leq i\gamma_w = 1.17 \times 10\text{kN/m}^3 = 11.7\text{kN/m}^3$

产生流沙。

1-80 某黏性土，$\gamma = 18.5\text{kN/m}^3$，$\gamma_{sat} = 19.5\text{kN/m}^3$，地下水位位于地面下 5.0m，在深 20m 处取土进行高压固结试验，由试验结果作 $e\text{-lg}p$ 曲线，用卡萨格兰德作图法得到先期固结压力 $p_c = 350\text{kPa}$，试求该土的超固结比（OCR）。

解 20m 处土自重应力

$$p_s = 5 \times 18.5 + 15 \times 9.5 = 235\text{kPa}$$

$$\text{OCR} = \frac{p_c}{p_s} = \frac{350}{235} = 1.49 > 1，属超固结土。$$

1-81 某钻机取土器管靴外径 $D_w = 89\text{mm}$，刃口内径 $D_e = 82\text{mm}$，试问该取土器属厚壁还是薄壁取土器？

解 该取土器的面积比为

$$\frac{D_w^2 - D_e^2}{D_e^2} \times 100\% = \frac{89^2 - 82^2}{82^2} \times 100\% = 17.8\%$$

根据《岩土工程勘察规范》（GB 50021—2001）表 F.0.1，面积比在 13%～20% 范围，属厚壁取土器。

1-82 某钢筋混凝土水池，长×宽×高＝50m×20m×4m，池底与侧壁厚均为 0.3m，水池顶面与地面平,侧壁与土间摩擦力水上 10kPa,水下 8kPa,地下水埋深 2.5m,试问水池未装水时是否安全?(钢筋混凝土重度为 24.5kN/m³)

解 水池受水浮力

$F_1 = 50 \times 20 \times 1.5 \times 10 = 15000 \text{kN}$

水池受土摩阻力

$F_2 = 50 \times 1.5 \times 2 \times 8 + 50 \times 2.5 \times 2 \times 10 + 20 \times 1.5 \times 2 \times 8 + 20 \times 2.5 \times 2 \times 10 = 5180 \text{kN}$

水池自重

$F_3 = (50 \times 20 \times 4 - 49.4 \times 19.4 \times 3.7) \times 24.5 = 11124.7 \text{kN}$

$F_2 + F_3 = 5180 + 11124.7 = 16304.7 \text{kN} > 1.05 F_1 = 1.05 \times 15000 = 15750 \text{kN}$

水池不会上浮,安全。

1-83 某土样经颗粒分析结果,粒径小于 6mm 土重占 60%,粒径小于 1mm 的占 30%,粒径小于 0.2mm 的占 10%,试判断该土级配好坏。

解 土的不均匀系数及曲率系数为

$C_u = \dfrac{d_{60}}{d_{10}} = \dfrac{6}{0.2} = 30, C_c = \dfrac{d_{30}^2}{d_{60} \times d_{10}} = \dfrac{1 \times 1}{6 \times 0.2} = 0.83$

$C_u > 5, C_c < 1$,属级配不良土。

1-84 某砂土试样,经筛析后各颗粒粒组含量见表,试确定该砂土的名称。

题 1-84 表

粒组(mm)	<0.075	0.075~0.25	0.25~0.5	0.5~1.0	>1.0
含量(%)	8	57	24	9	2

解 (1)粒径大于 2.0mm 含量占总质量的 2%;
(2)粒径大于 0.5mm 含量占总质量的(9+2)%=11%;
(3)粒径大于 0.25mm 含量占总质量的(24+9+2)%=35%;
(4)粒径大于 0.075mm 含量占总质量的(35+57)%=92%。

粒径大于 0.075mm 的颗粒含量为 92%,超过全重 85%,该土为细砂。

1-85 某砂土,其颗粒分析结果见表,现场标准贯入试验 $N=32$,试确定该土的名称和状态。

题 1-85 表

粒组(mm)	2~0.5	0.5~0.25	0.25~0.075	<0.075
含量(g)	7.4	19.1	28.6	44.9

解 总质量=7.4+19.1+28.6+44.9=100g

颗粒大于 0.5mm 的占总质量的 $\dfrac{7.4}{100} = 7.4\%$

颗粒大于 0.25mm 的占总质量的 $\dfrac{19.1+7.4}{100} = 26.5\%$

颗粒大于 0.075mm 的占总质量的 $\dfrac{7.4+19.1+28.6}{100} = 55.1\%$

颗粒大于 0.075mm 占总质量的 55.1%＞50%，该土属粉砂。
根据《岩土工程勘察规范》(GB 50021—2001)表 3.3.9，$N=32>30$，属密实状态。

1-86 某花岗岩风化层，进行标准贯入试验，$N=30、29、31、28、32、27$，试判断该风化岩的风化程度。

解 据《岩土工程勘察规范》(GB 50021—2001)14.2.2 条、14.2.3 条、14.2.4 条。

$$N_m = \frac{30+29+31+28+32+27}{6} = 29.5$$

为残积土。

1-87 某场地的粉土层取 6 个土样进行直剪试验，得 $c(kPa)=15、13、16、18、23、21$，$\varphi(°)=25、23、21、20、23、22$，试计算 c 和 φ 的标准值 $c_k、\varphi_k$。

解 据《岩土工程勘察规范》14.2.2 条、14.2.3 条、14.2.4 条。

$c_m = (15+13+16+18+23+21)/6 = 17.67\text{kPa}$

$\varphi_m = (25+23+21+20+23+22)/6 = 22.33°$

$$\sigma_c = \sqrt{\frac{15^2+13^2+16^2+18^2+23^2+21^2-6\times17.67^2}{6-1}} = 3.758$$

$$\sigma_\varphi = \sqrt{\frac{25^2+23^2+21^2+20^2+23^2+22^2-6\times22.33^2}{6-1}} = 1.801$$

$$\delta_c = \frac{\sigma_m}{c_m} = \frac{3.758}{17.67} = 0.212$$

$$\delta_\varphi = \frac{1.801}{22.33} = 0.081$$

$$\gamma_c = 1 - \left(\frac{1.704}{\sqrt{6}} + \frac{4.678}{6^2}\right) \times 0.212 = 0.825$$

$$\gamma_\varphi = 1 - \left(\frac{1.704}{\sqrt{6}} + \frac{4.678}{6^2}\right) \times 0.081 = 0.933$$

$c_k = \gamma_c c_m = 0.825 \times 17.67 = 14.6\text{kPa}$

$\varphi_k = \gamma_\varphi \cdot \varphi_m = 0.933 \times 22.33° = 20.8°$

1-88 某工程进行单孔抽水试验，滤水管上下均设止水装置，抽水参数：钻孔深 12m，承压水位 1.5m，抽水井直径 0.8m，影响半径 100m。

第一次降深 2.1m，涌水量 510m³/d；

第二次降深 3.0m，涌水量 760m³/d；

第三次降深 4.2m，涌水量 1050m³/d。

试计算含水层的平均渗透系数。

解 $k = \dfrac{0.366Q}{Ms} \lg \dfrac{R}{r}$

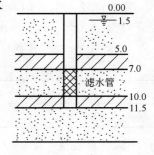

题 1-88 图

第一次降深

$$k_1 = \frac{0.366 \times 510}{3 \times 2.1} \times \lg\frac{100}{0.4} = 71.0\text{m/d}$$

第二次降深

$$k_2 = \frac{0.366 \times 760}{3 \times 3} \times \lg\frac{100}{0.4} = 74.1\text{m/d}$$

第三次降深
$$k_3 = \frac{0.366 \times 1050}{3 \times 4.2} \times \lg \frac{100}{0.4} = 73.1 \text{m/d}$$

平均渗透系数
$$K = \frac{(k_1 + k_2 + k_3)}{3} = \frac{(71.0 + 74.1 + 73.1)}{3} = 72.7 \text{m/d}$$

1-89 某堤坝上游水深12m,下游水深2m,土渗透系数$k=0.6$m/d,流网格为正方形,宽度1.0m,其中流线5条,等势线9条,试估算坝宽1.0m的渗流量。

解 $\Delta h = \dfrac{\Delta H}{n-1} = \dfrac{12-2}{9-1} = 1.25$

$q = mk\Delta h$

$= 4 \times 0.6 \times 1.25$

$= 3\text{m}^2/\text{d}$

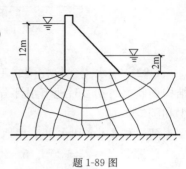

题 1-89 图

1-90 某场地为了降低地下水位,在水平不透水层上修建一条长100m的地下水廊道,然后经排水沟排走,距廊道边缘$l=80$m处水位开始下降。该处水深$H=7.6$m,廊道中水深$h=3.6$m,由廊道排出总流量$Q=2.23\text{m}^3/\text{s}$,试求土层渗透系数。

解 廊道中所集地下水流量系由两侧土层中渗出,故每一侧渗出的单位宽流量为

$q = \dfrac{Q}{2b} = \dfrac{2.23}{2 \times 100} = 0.0112 \text{m}^3/\text{s} \cdot \text{m}$

$q = \dfrac{k(h_2^2 - h_1^2)}{2l}, h_2 = 7.6\text{m}, h_1 = 3.6\text{m}, l = 80\text{m}$

$k = \dfrac{2ql}{h_2^2 - h_1^2} = \dfrac{2 \times 0.0112 \times 80}{7.6^2 - 3.6^2} = \dfrac{1.792}{44.8} = 0.04 \text{m/s}$

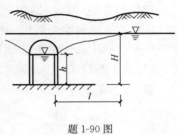

题 1-90 图

1-91 某场地60m×40m,共布置8口潜水井,已知总抽水量$Q=5.0\text{m}^3/\text{s}$,每口井半径$r_0=0.1$m,土渗透系数$k=0.1$m/s,含水层厚度$H=10$m,井群抽水影响半径$R=500$m,试求O、a两点水位降深。

解 根据《建筑基坑支护技术规程》(JGJ 120—2012) 7.3.5条、第7.3.6条得

O点:$\gamma_{01} = \gamma_{05} = 30\text{m}, \gamma_{03} = \gamma_{07} = 20\text{m}, \gamma_{02} = \gamma_{04} = \gamma_{06} = \gamma_{08} = 36.1\text{m}$

$S_O = H - \sqrt{H^2 - \sum_{j=1}^{n} \dfrac{q_j}{\pi k} \ln \dfrac{R}{\gamma_{ij}}}$

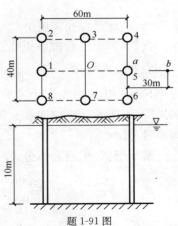

题 1-91 图

$$=10-\sqrt{10^2-\frac{5.0}{8\times3.14\times0.1}\times\left(2\ln\frac{500}{30}+2\ln\frac{500}{20}+4\ln\frac{500}{36.1}\right)}=2.6\text{m}$$

a 点:$\gamma_{15}=60\text{m},\gamma_{25}=\gamma_{85}=63.2\text{m},\gamma_{35}=\gamma_{75}=36.1\text{m},\gamma_{45}=\gamma_{65}=20\text{m},\gamma_{55}=0.1\text{m}$

$$S_{w5}=H-\sqrt{H^2-\sum_{j=1}^{n}\frac{q_j}{\pi k}\ln\frac{R}{\gamma_{jm}}}$$

$$=10-\sqrt{10^2-\frac{5.0}{8\times3.14\times0.1}\left(\ln\frac{500}{60}+2\ln\frac{500}{63.2}+2\ln\frac{500}{36.1}+2\ln\frac{500}{20}+\ln\frac{500}{0.1}\right)}$$

$$=3.1\text{m}$$

1-92 按水工建筑物围岩工程地质分类法,已知岩石强度评分25,岩体完整程度评分30,结构面状态评分15,地下水评分-2,主要结构面评分-5,围岩应力比 $s<2$,试求其总评分多少和围岩类别。

解 根据《水利水电工程地质勘察规范》(GB 50487—2008)附录表 N.0.7。

总评分 $T=25+30+15-2-5=63$

$65\geqslant T>45$,Ⅲ类

初判为Ⅲ类,但 $s<2$,围岩类别降低一级,所以该围岩属Ⅳ类。

1-93 某建筑物为条形基础,埋深1.5m,地基土重度 $\gamma=18\text{kN/m}^3$,修正后地基承载力特征值 $f_a=200\text{kPa}$,作用于基础顶面的竖向荷载 $F_k=400\text{kN/m}$,地基无明显软弱或坚硬下卧层,进行该工程详勘时,试确定勘探孔深度。

解 (1)基底平均压力

$$p_k=\frac{F_k+G_k}{A}=\frac{400+A\times1.5\times20}{A}=\frac{400}{A}+30$$

(2)计算条基宽度

$$p_k\leqslant f_a,\frac{400}{A}+30=200,A=2.35\text{m}^2$$

$$b=\frac{A}{l}=\frac{2.35}{1.0}=2.35\text{m}$$

(3)确定勘探孔深度

根据《岩土工程勘察规范》(GB 50021—2001)第4.1.18条,该工程勘探孔深度应为

$2.35\times3+1.5=8.6\text{m}$

1-94 某石油液化气洞库工程,在160m深度取岩体进行单轴饱和抗压强度试验得 $R_c=50\text{MPa}$,岩体弹性纵波速度 $v_{pm}=2000\text{m/s}$,岩石弹性纵波速度 $v_{pr}=3500\text{m/s}$,试判断该岩体基本质量分级。

解 根据《工程岩体分级标准》(GB/T 50218—2014)附录B、第4.2.2条。

$$K_v=\left(\frac{V_{pm}}{V_{pr}}\right)^2=\left(\frac{2000}{3500}\right)^2=0.33$$

$90K_v+30=59.7>R_c=50$,取 $R_c=50$

$0.04R_c+0.4=2.4>K_v=0.33$,取 $K_v=0.33$
$BQ=100+3R_c+250K_v=100+3\times50+250\times0.33=332.5$
根据规范中表 4.1.1 得,该岩体基本质量级别为Ⅳ级。

1-95 某土样 $d_s=2.7$,$\gamma=19kN/m^3$,$w=22\%$,环刀高 2cm,进行室内压缩试验,$p_1=100kPa$,$s_1=0.8mm$,$p_2=200kPa$,$s_2=1mm$。试求土样初始孔隙比 e_0、p_1 和 p_2 对应的孔隙比 e_1、e_2,a_{1-2} 和 E_s。

解 $e_0=\dfrac{d_s(1+w)\gamma_w}{\gamma}-1=\dfrac{2.7(1+0.22)\times10}{19}-1=0.734$

土样压缩、高度减低相当孔隙比减小

$$\dfrac{H_0}{1+e_0}=\dfrac{H_0-s}{1+e}$$

$$e=e_0-\dfrac{s}{H_0}(1+e_0)$$

$$e_1=0.734-\dfrac{0.8}{20}\times(1+0.734)=0.665$$

$$e_2=0.734-\dfrac{1}{20}\times(1+0.734)=0.647$$

$$a_{1-2}=\dfrac{e_1-e_2}{p_2-p_1}=\dfrac{0.665-0.647}{200-100}=0.18MPa^{-1}$$

$$E_s=\dfrac{1+e_0}{a_{1-2}}=\dfrac{1+0.665}{0.18}=9.3MPa$$

1-96 某一黄土场地进行初步勘察,在一探井中取样进行湿陷性试验,结果见表。试计算黄土的总湿陷量 Δ_s($\beta_0=0.5$,不考虑地质分层)。

题 1-96 表

取样深度(m)	自重湿陷系数 δ_{zs}	湿陷系数 δ_s	取样深度(m)	自重湿陷系数 δ_{zs}	湿陷系数 δ_s
1.0	0.032	0.044	5.0	0.001	0.012
2.0	0.027	0.036	6.0	0.005	0.022
3.0	0.022	0.038	7.0	0.004	0.020
4.0	0.02	0.030	8.0	0.001	0.006

解 $\delta_s<0.015$ 为非湿性黄土,$\delta_s<0.015$ 的土层不累计。
自重湿陷量的计算值 Δ_{zs},从自然地面起算,对 $\delta_{zs}<0.015$ 的土层不累计

$\Delta_{zs}=\beta_0\sum\limits_{i=1}^{n}\delta_{zsi}h_i=0.5\times(0.032\times1500+0.027\times1000+0.022\times1000+0.020\times1000)$
$=58.5mm<70mm$

属非自重湿陷性黄土。
计算总湿陷量 Δ_s,从地面下 1.5m 算至基底下 10m,即地面下 1.5~11.5m。

$$\Delta_s = \beta \sum_{i=1}^{n} \delta_{si} h_i$$
$$= 1.5 \times (0.036 \times 1000 + 0.038 \times 1000 + 0.030 \times 1000 + 0.022 \times 1000) + 1 \times 0.02 \times 1000$$
$$= 209 \text{mm}$$

1-97 某土层天然孔隙比 $e_0 = 0.85$，进行压缩试验，各级压力下的孔隙比见表，试判断该土的压缩性和计算压缩模量 $E_{s1\sim2}$。

题 1-97 表

p(kPa)	50	100	200	300	400
e	0.84	0.835	0.820	0.795	0.780

解 据《土工试验方法标准》第 14.1.9 条、第 14.1.10 条

$$a_{1\text{-}2} = \frac{e_1 - e_2}{p_2 - p_1} = \frac{0.835 - 0.820}{0.2 - 0.1} = 0.15 \text{MPa}^{-1}$$

根据《建筑地基基础设计规范》(GB 50007—2011) 第 4.2.6 条
$0.1 \text{MPa}^{-1} \leqslant a_{1\text{-}2} < 0.5 \text{MPa}^{-1}$，该土属中压缩性土。

$$E_s = \frac{1 + e_1}{a_{1\text{-}2}} = \frac{1 + 0.835}{0.15} = 12.2 \text{MPa}$$

1-98 [2003 年考题] 某黄土试样，室内双线法压缩试验的成果见表，试求黄土的起始压力 p_{sh}。

题 1-98 表

p(kPa)	0	50	100	150	200	300
天然高度 h_p(mm)	20	19.81	19.55	19.28	19.01	18.75
浸水后高度 h_p'(mm)	20	19.61	19.28	18.95	18.64	18.38

解 根据《湿陷性黄土地区建筑规范》(GB 50025—2004) 第 4.3.3 条、4.4.6 条，取湿陷系数 $\delta_s = 0.015$ 时，压力为湿陷起始压力。湿陷系数

$$\delta_s = \frac{h_p - h_p'}{h_0} = 0.015$$

$$h_p - h_p' = 0.015 h_0 = 0.015 \times 20 = 0.3 \text{mm}$$

当 $p = 100$ kPa 时 $h_p - h_p' = 19.55 - 19.28 = 0.27$
当 $p = 150$ kPa 时 $h_p - h_p' = 19.28 - 18.95 = 0.33$

$$\frac{p_{sh} - 100}{150 - 100} = \frac{0.30 - 0.27}{0.33 - 0.27}$$

$h_p - h_p' = 0.3$ mm 时，$p_{sh} = 125$ kPa

1-99 甲、乙两地土样，液限和塑限相同，$w_L = 43\%$，$w_P = 22\%$，但甲地土 $w = 50\%$，乙地土 $w = 20\%$，试求甲、乙土样的 I_L、土名称、状态。

解 据《岩土工程勘察规范》(GB 50021—2001) 3.3.5 条、表 3.3.11

甲地土　$I_L = \dfrac{w-w_P}{w_L-w_P} = \dfrac{50-22}{43-22} = 1.33$，$I_L > 1$，属流塑状。

乙地土　$I_L = \dfrac{20-22}{21} = -0.095$，$I_L < 0$，属坚硬状。

甲、乙地土　$I_P = w_L - w_P = 43 - 22 = 21 > 17$，均为黏土。

1-100　已知地基土中某点的最大主应力 $\sigma_1 = 600\text{kPa}$，最小主应力 $\sigma_3 = 200\text{kPa}$，试求最大剪应力 $\tau_{\max}$ 及其作用方向，与大主应面成夹角 $\alpha = 15°$ 的斜面上的正应力和剪应力。

解　$\sigma_1 = 600\text{kPa}$，$\sigma_3 = 200\text{kPa}$，绘制莫尔应力圆（见题图）。

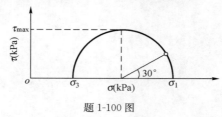

题 1-100 图

$$\tau = \dfrac{\sigma_1 - \sigma_3}{2} \times \sin 2\alpha = \dfrac{600-200}{2} \times \sin 2\alpha = 200 \times \sin 2\alpha$$

当 $2\alpha = 90°$ 时　$\tau = \tau_{\max} = 200\text{kPa}$

当 $\alpha = 15°$ 时

$$\sigma = \dfrac{\sigma_1 + \sigma_3}{2} + \dfrac{\sigma_1 - \sigma_3}{2}\cos 2\alpha = \dfrac{600+200}{2} + \dfrac{600-200}{2} \times \cos 30° = 573\text{kPa}$$

$$\tau = \dfrac{\sigma_1 - \sigma_3}{2}\sin 2\alpha = \dfrac{600-200}{2} \times \sin 30° = 100\text{kPa}$$

1-101　某岩块测得点载荷强度指数 $I_{s(50)} = 2.8\text{MN/m}^2$，试按《工程岩体分级标准》(GB 50218—94) 推荐的公式计算岩石的单轴饱和抗压强度。

解　根据《工程岩体分级标准》(GB/T 50218—2014) 第 3.3.1 条。

$$R_c = 22.82 I_{s(50)}^{0.75} = 22.82 \times 2.8^{0.75} = 49.4\text{MPa}$$

1-102　某公路填料进行重型击实试验，土的 $d_s = 2.66$，击实筒重 2258g，击实筒容积 1000cm^3，击实结果见题 1-102 表 1。

题 1-102 表 1

$w(\%)$	击实筒和土质量总和(kg)	$w(\%)$	击实筒和土质量总和(kg)
12.2	3.720	25.0	4.160
14.0	3.774	26.5	4.155
17.7	3.900	29.3	4.115
21.6	4.063		

试求：(1) 绘制 w-ρ_s（湿密度）曲线，确定最大密实度和相应含水率；
(2) 绘制 w-ρ_d（干密度）曲线，确定最大干密度和最优含水率；

(3)在 w-ρ_s 曲线上示出饱和度 $S_r=100\%$ 时的曲线;

(4)如果重型击实试验改为轻型击实,分析最大干密度和最优含水率的变化;

(5)如果要求压实系数 $\lambda=0.95$,施工机械碾压功能与重型击实试验功能相同,估算碾压时的填料含水率。

解 $\rho_s = \dfrac{\text{筒和土质量}-\text{筒质量}}{\text{筒容积}}$

$\rho_d = \dfrac{\rho_s}{1+w}$

$S_r=100\%$ 时的 ρ'_d

$S_r = \dfrac{w\rho_d}{n\rho_w}, n = 1 - \dfrac{\rho_d}{d_s\rho_w}$

$\rho'_d = \dfrac{d_s\rho_w}{1+wd_s}, \rho_w = 1\text{g/cm}^3$

计算结果见题 1-102 表 2。

题 1-102 表 2

$w(\%)$	$\rho_s(\text{g/cm}^3)$	$\rho_d(\text{g/cm}^3)$	$\rho'_d(\text{g/cm}^3)$
12.2	1.462	1.303	
14.0	1.516	1.330	
17.7	1.642	1.395	1.809
21.6	1.805	1.484	1.689
25.0	1.902	1.522	1.598
26.5	1.897	1.500	1.560
29.3	1.857	1.436	1.495

(1)$\rho_s=1.903\text{g/cm}^3$,相应 $w=25.2\%$(见题图);

(2)$\rho_d=1.522\text{g/cm}^3$,最优含水率 $w_{op}=24.4\%$(见题图);

(3)$S_r=100\%$ 的曲线为 ρ'_d(见题图);

(4)改用轻型击实仪,ρ_d 减小,w_{op} 增大;

(5)压实系数 $\lambda=0.95$

$\rho_d = 1.522 \times 0.95 = 1.446\text{g/cm}^3$

则

$w=20\% \sim 27.5\%, w=w_{op} \pm 2\% \sim 3\%$

含水率控制在 $22.4\% \sim 26.4\%$ 范围。

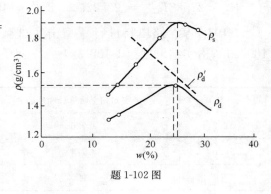

题 1-102 图

1-103 在黏土中进行平板载荷试验,方形承压板面积 0.25m^2,各级荷载及相应的累计沉降见表,若按 $s/b=1\%$,所对应荷载为地基承载力特征值,试确定该载荷试验的地基承载力特征值。

题 1-103 表

p(kPa)	54	81	108	135	162	189	216	243
s(mm)	2.15	5.01	8.95	13.9	21.05	30.55	40.35	48.50

解 根据题中各级荷载及相应累计沉降表，$\frac{s}{b}=0.01, b=0.5\text{m}$

$$s=0.01\times b=0.01\times 0.5=0.005\text{m}=5\text{mm}$$

地基承载力特征值

$$f_{ak}=81<\frac{243}{2}=121.5\text{kPa},\text{取 }f_{ak}=81\text{kPa}$$

1-104 某条形基础宽 $b=2\text{m}$，埋深 1.5m，基底平均压力 $p_k=350\text{kPa}$，土层分布：$0\sim 3\text{m}$ 中砂，$\gamma=20\text{kN/m}^3$，$E_s=12\text{MPa}$；$3\sim 5\text{m}$ 黏土，$\gamma=18\text{kN/m}^3$，$E_s=4\text{MPa}$。试求软弱层顶面附加压力。

解 据《建筑地基基础设计规范》(GB 50007—2011) 5.2.7 条

$$\frac{z}{b}=\frac{1.5}{2}=0.75$$

$$\frac{E_{s1}}{E_{s2}}=\frac{12}{4}=3, \theta=23°$$

附加压力

$$p_z=\frac{b(p_k-p_c)}{b+2z\tan\theta}$$

$$=\frac{2\times(350-1.5\times 20)}{2+2\times 1.5\times\tan 23°}$$

$$=195.5\text{kPa}$$

1-105 某铁路上的一非浸水、基底面为水平的重力式挡土墙，作用于基底上的总垂直力 $N=192\text{kN}$，墙后主动土压力总水平分力 $E_x=75\text{kN}$，基底与地层间摩擦系数 $f=0.5$，试计算挡土墙沿基底的抗滑动稳定系数 K_c。(墙前土压力水平分力略。)

解 根据《铁路路基支挡结构设计规范》(TB 10025—2006) 第 3.3.1 条

$$K_c=\frac{[\sum N+(\sum E_x-E_x')\times\tan\alpha_0]\times f+E_x'}{\sum E_x-\sum N\tan\alpha_0}$$

基底水平

$\alpha_0=0°, E_x'=0$

$$K_c=\frac{(192+75\times\tan 0°)\times 0.5}{75}$$

$$=\frac{192\times 0.5}{75}=1.28<1.3,\text{不满足}。$$

1-106 某岩体的岩石单轴饱和抗压强度为 10MPa，岩体波速 $v_{pm}=4\text{km/s}$，岩块波速 $v_{pr}=5.2\text{km/s}$，如不考虑地下水，软弱结构面及初始应力影响，试计算岩体基本质量指标 BQ 值和判断基本质量级别。

解 根据《工程岩体分级标准》(GB/T 50218—2014) 附录 B、第 4.2.2 条。

$$K_v = \left(\frac{V_{pm}}{V_{pr}}\right)^2 = \left(\frac{4}{5.2}\right)^2 = 0.59$$

$90K_v + 30 = 83.1 > R_c = 10$,取 $R_c = 10$

$0.04R_c + 0.4 = 0.8 > K_v = 0.59$,取 $K_v = 0.59$

$BQ = 100 + 3R_c + 250K_v = 100 + 3 \times 10 + 250 \times 0.59 = 277.5$

根据规范中表 4.1.1 得,该岩体基本质量级别为Ⅳ级。

1-107 某水利水电地下工程围岩为花岗岩,岩石饱和单轴抗压强度 $R_b = 83$MPa。岩体完整性系数 $K_v = 0.78$,围岩最大主应力 $\sigma_m = 25$MPa,试求围岩应力比和应力状态。

解 根据《水利水电工程地质勘察规范》(GB 50487—2008)附录 N.0.8 条,围岩强度应力比

$$S = \frac{R_b \times K_v}{\sigma_m} = \frac{83 \times 0.78}{25} = 2.589$$

围岩强度应力比在 2～4 之间,属中等初始应力状态,岩壁会产生破坏。

1-108 某水利水电地下工程,围岩岩石强度评分为 25,岩体完整程度评分为 30,结构面状态评分为 15,地下水评分为 -2,主要结构面评分为 -5,试判断围岩类别(围岩强度应力比 $S > 2$)。

解 根据《水利水电工程地质勘察规范》(GB 50487—2008)附录表 N.0.7,围岩地质总评分

$$T = A + B + C + D + E = 25 + 30 + 15 - 2 - 5 = 63$$

$65 \geq T > 45, S > 2$

因此围岩类别为Ⅲ类。

1-109 [2012 年考题] 某滨海盐渍土地区修建一级公路,料场土料为细粒氯盐渍土或亚氯盐渍土,对料场深度 2.5m 以内采取土样进行含盐量测定,结果见下表。根据《公路工程地质勘察规范》(JTG C20—2011),判断料场盐渍土作为路基填料的可用性为下列哪项?(　　)

题 1-109 表

取样深度(m)	0～0.05	0.05～0.25	0.25～0.5	0.5～0.75	0.75～1.0	1.0～1.5	1.5～2.0	2.0～2.5
含盐量(%)	6.2	4.1	3.1	2.7	2.1	1.7	0.8	1.1

注:离子含量以 100g 干土内的含盐量计。

A. 0～0.80m 可用　　　　　　　　B. 0.80～1.50m 可用
C. 1.50m 以下可用　　　　　　　 D. 不可用

解 据《公路工程地质勘察规范》(JTG C20—2011)第 8.4.9 条(8.4.9-1)公式。

计算料土中易溶盐平均含量 DT

$$DT = \frac{0.05 \times 6.2 + 0.2 \times 4.1 + 0.25 \times 3.1 + 0.25 \times 2.7 + 0.25 \times 2.1 + 0.5 \times 1.7 + 0.5 \times 0.8 + 0.5 \times 1.1}{2.5}$$

$$= 1.96$$

根据土料含盐量及盐渍土名称,按该规范表8.4.4对盐渍土进行分类,属中盐渍土。

按表8.4.9-2判定细粒氯盐亚氯盐中盐渍土土料作为一级公路路基的可用性为1.5m以下可用。

答案:(C)

1-110 [2007年考题] 在某单斜构造地区,剖面方向与岩层走向垂直,煤层倾向与地面坡向相同,剖面上煤头露头的出露宽度为16.5m,煤层倾角45°,地面坡角30°,在煤层露头下方不远处的钻孔中,煤层岩芯长度为6.04m(假设岩芯采取率为100%),下面哪个选项的说法最符合露头与钻孔中煤层实际厚度的变化情况?( )

    A. 煤层厚度不同,分别为14.29m和4.27m

    B. 煤层厚度相同,为3.02m

    C. 煤层厚度相同,为4.27m

    D. 煤层厚度不同,为4.27m和1.56m

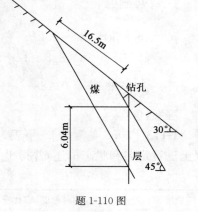

题1-110图

解 露头处煤层实际厚度

$H_1 = l_1 \sin(45° - 30°) = 16.5 \times \sin 15° = 4.27\text{m}$

钻孔中煤层实际厚度

$H_2 = l_2 \sin 45° = 6.04 \times \sin 45° = 4.27\text{m}$

$H_1 = H_2 = 4.27\text{m}$

答案:(C)

1-111 [2008年考题] 下图为某地质图一部分,图中虚线为地形等高线,实线为一倾斜岩面的初露界限。a、b、c、d为岩面界限与等高线的交点,直线ab平行于cd,和正北方向夹角为15°,两线在水平面上的投影距离为100m,下面关于岩面产状说法正确的是( )

    A. NE75°∠27°

    B. NE75°∠63°

    C. SW75°∠27°

    D. SW75°∠63°

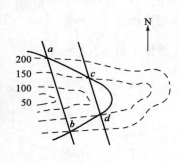

解 走向为NW345°,倾向NE75°,ab与cd线水平距离为100m,竖向距离为50m倾角为α

$\tan\alpha = \dfrac{50}{100} = 0.5$

$\alpha = 26.6° \approx 27°$

题1-111图

答案:(A)

1-112 [2008年考题] 在地面下8.0m处进行扁铲侧胀试验,地下水位2.0m,水位以上土的重度为18.5kN/m³。试验前率定时膨胀至0.05mm及1.10mm的气压实测值分别为$\Delta A=10\text{kPa}$及$\Delta B=65\text{kPa}$,试验时膜片膨胀至0.05mm及1.10mm和回到0.05mm的压力分别为$A=70\text{kPa}$及$B=220\text{kPa}$和$C=65\text{kPa}$。压力表初读数$z_m=5\text{kPa}$,计算该试验点的侧胀水平应力指数与下列哪个选项最为接近?( )

    A. 0.07   B. 0.09   C. 0.11   D. 0.13

解 根据《岩土工程勘察规范》(GB 50021—2001)10.8.3 条：

膜片膨胀至 0.05mm 的气压实测值 $\Delta A=5\sim25\text{kPa}$

膜片膨胀至 1.1mm 的气压实测值 $\Delta B=10\sim110\text{kPa}$

膜片刚度修正

$p_0=1.05(A-z_m+\Delta A)-0.05(B-z_m-\Delta B)$

$p_0=1.05\times(70-5+10)-0.05\times(220-5-65)=71.25\text{kPa}$

$K_D=\dfrac{p_0-u_0}{\sigma_{v0}}$

$p_0=86.25\text{kPa},u_0=60\text{kPa}$

$\sigma_{v0}=2\times18.5+6\times8.5=37+51=88\text{kPa}$

$K_D=\dfrac{71.25-60}{88}=0.128$

答案：(D)

1-113 [2008 年考题] 下表为某建筑地基中细粒土层的部分物理性质指标，据此请对该层土进行定名和状态描述，并指出下列哪一选项是正确的？（ ）

题 1-113 表

密度 ρ(g/cm³)	相对密度 d_s(比重)	含水率 w(%)	液限 w_L(%)	塑限 w_P(%)
1.95	2.70	23	21	12

A. 粉质黏土，流塑 B. 粉质黏土，硬塑
C. 粉土，稍湿，中密 D. 粉土，湿，密实

解 根据《土工试验方法标准》(GB 50123—1999)3.3.4 条、《岩土工程勘察规范》3.3.10 条：

塑性指数 $I_P=w_L-w_P=21-12=9\leqslant10$，土性为粉土。

液性指数 $I_L=\dfrac{w-w_P}{I_P}=\dfrac{23-12}{9}=1.22>1.0$，流塑

$\rho_d=\dfrac{\rho}{1+w}=\dfrac{1.95}{1+0.23}=1.58\text{g/cm}^3$

$e=\dfrac{d_s\rho_w}{\rho_d}-1=\dfrac{2.7\times1.0}{1.58}-1=0.7$

$e=0.7<0.75$，为密实

$w=23\%,20\leqslant w\leqslant30$，湿度为湿，该土为湿、密实的粉土。

答案：(D)

1-114 [2008 年考题] 进行海上标贯试验时共用钻杆 9 根，其中 1 根钻杆长 1.20m，其余 8 根钻杆，每根长 4.1m，标贯器长 0.55m。实测水深 0.5m，标贯试验结束时水面以上钻杆余尺 2.45m。标贯试验结果为：预击 15cm，6 击；后 30cm，10cm，击数分别为 7、8、9 击。问标贯试验段深度（从水底算起）及标贯击数应为下列哪个选项？（ ）

A. 20.8～21.1m，24 击 B. 20.65～21.1m，30 击
C. 31.3～31.6m，24 击 D. 27.15～21.1m，30 击

解 钻杆总长＝1.2＋8×4.1＝34m

钻杆＋标贯器长＝34＋0.55＝34.55m

钻杆入土深度＝34.55－2.45－0.5＝31.6m

标贯深度(从水底算起)为31.3～31.6m

30cm击数＝7＋8＋9＝24

答案:(C)

1-115 [2008年考题] 为求取有关水文地质参数,带两个观察孔的潜水完整井,进行3次降深抽水试验,其地层和井壁结构如图所示。已知 $H=15.8$m, $r_1=10.6$m, $r_2=20.5$m, 抽水试验成果见下表。问渗透系数 k 最接近如下选项。(　　)

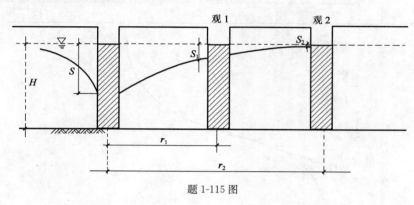

题 1-115 图

题 1-115 表

水位降深 S(m)	抽水量 Q(m³/d)	观1水位降深 S_1(m)	观2水位降深 S_2(m)
5.6	1490	2.2	1.8
4.1	1218	1.8	1.5
2.0	817	0.9	0.7

A. 25.6m/d　　B. 28.9m/d　　C. 31.7m/d　　D. 35.2m/d

解 当井底钻至不透水层时为完整井,潜水完整井渗透系数 k:

$$k=\frac{0.732Q}{(2H-S_1-S_2)(S_1-S_2)}\lg\frac{r_2}{r_1}$$

第1次抽水

$$k_1=\frac{0.732\times1490}{(2\times15.8-2.2-1.8)(2.2-1.8)}\lg\frac{20.5}{10.6}=28.2\text{m/d}$$

第2次抽水

$$k_2=\frac{0.732\times1218}{(2\times15.8-1.8-1.5)(1.8-1.5)}\times0.286=30\text{m/d}$$

第3次抽水

$$k_3=\frac{0.732\times817}{(2\times15.8-0.9-0.7)(0.9-0.7)}\times0.286=28.5\text{m/d}$$

平均渗透系数
$$k=\frac{1}{3}(k_1+k_2+k_3)=\frac{1}{3}\times(28.2+30+28.5)=29.0\text{m/d}$$

答案：(B)

1-116 [2008年考题] 预钻式旁压试验得压力 $P\text{-}V$ 的数据，据此绘制 $P\text{-}V$ 曲线如下表和图所示，图中 ab 为直线段，采用旁压试验临塑荷载法确定，该试验土层的 f_{ak} 值与下列哪一选项最接近？（　　）

题 1-116 表

压力 P(kPa)	30	60	90	120	150	180	210	240	270
变形 V(cm³)	70	90	100	110	120	130	140	170	240

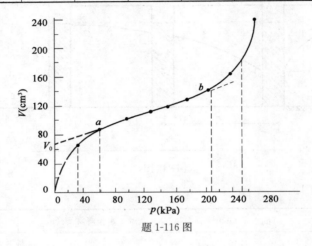

题 1-116 图

A. 120kPa　120kPa　　　　　　B. 150kPa　120kPa
C. 180kPa　120kPa　　　　　　D. 210kPa　180kPa

解 根据《港口岩土工程勘察规范》(JTS 133—1—2010)，由旁压试验压力和体积变形量关系曲线 $P\text{—}V$，曲线直线段和曲线第一个切点对应的压力值（初始压力）为 P_{0m}，$P_{0m}=60\text{kPa}$；

曲线直线段延长与纵坐标交点 V_0，由 V_0 作 P 轴的平行线，交于曲线的点对应的压力为 P_0，$P_0=30\text{kPa}$；

曲线直线段的终点对应的压力为临塑压力 P_f，$P_f=210\text{kPa}$；

曲线过临塑压力后，趋向于与纵轴平行的渐近线对应的压力为极限压力 P_L，$P_L=270\text{kPa}$。

地基土的承载力特征值为：

(1)临塑压力法

$f_{ak}=P_f-P_0=210-30=180\text{kPa}$

(2)极限压力法

$f_{ak}=\dfrac{P_L-P_0}{K}$　　K 为安全系数，K 取 2

$f_{ak}=\dfrac{270-30}{2}=120\text{kPa}$

答案：(C)

1-117 [2009 年考题] 某工程水质分析试验成果见下表(mg/L)：

题 1-117 表

Na$^+$	K$^+$	Ca^{2+}	Mg^{2+}	NH$_4^+$	Cl$^-$	SO$_4^{2-}$	HCO$_3^-$	游离 CO$_2$	侵蚀性 CO$_2$
51.39	28.78	75.43	20.23	10.80	83.47	27.19	366.00	22.75	1.48

试问其总矿化度最接近下列哪个选项的数值？(   )

    A. 480mg/L   B. 585mg/L

    C. 660mg/L   D. 690mg/L

解 地下水含离子、分子与化合物的总量称为总矿化度，矿化度包括全部的溶解组分和胶体物质，但不包括游离气体(即不计侵蚀性 CO$_2$ 及游离 CO$_2$)，通常以可滤性蒸发残渣表示，可按水分析所得的全部阴阳离子含量的总和(HCO$_3^-$ 含量取一半)表示残渣量[详见《工程地质手册》第四版第九篇第二章第二节(P483)]。

总矿化度 $51.39+28.78+75.43+20.23+10.8+83.47+27.19+\dfrac{366}{2}=480.29$

答案：(A)

1-118 [2009 年考题] 某常水头渗透试验装置如图所示，土样Ⅰ的渗透系数 $k_1=0.2\text{cm/s}$，土样Ⅱ的渗透系数 $k_2=0.1\text{cm/s}$，土样横截面积 $A=200\text{cm}^2$。如果保持图中水位恒定，则该试验的流量 q 应保持为下列哪个选项？(   )

    A. 10.0cm^3/s   B. 11.1cm^3/s

    C. 13.3cm^3/s   D. 15.0cm^3/s

解 方法一 根据《土工试验方法标准》，两个土样渗流流量应相等。

$q_1=q_2 \Rightarrow k_1 i_1 A_1=k_2 i_2 A_2 \qquad A_1=A_2$

设土样Ⅰ和土样Ⅱ水头损失分别为 Δh_1 和 Δh_2

$\Delta h_1+\Delta h_2=30\text{cm}$

$i_1=\dfrac{\Delta h_1}{l_1}=\dfrac{\Delta h_1}{30}$，$i_2=\dfrac{\Delta h_2}{l_2}=\dfrac{\Delta h_2}{30}$

$0.2\times\dfrac{\Delta h_1}{30}=0.1\times\dfrac{\Delta h_2}{30}$，$\Delta h_1=0.5\Delta h_2$

解得 $\Delta h_2=20\text{cm}$，$\Delta h_1=10\text{cm}$

流量 $q=0.2\times\dfrac{10}{30}\times200=13.3\text{cm}^3/\text{s}$

方法二

$i=\dfrac{\Delta h}{l}=\dfrac{30}{60}=0.5$

平均渗透系数 $k=\dfrac{h}{\dfrac{h_1}{k_1}+\dfrac{h_2}{k_2}}=\dfrac{60}{\dfrac{30}{0.2}+\dfrac{30}{0.1}}=0.133\text{cm/s}$

$q=kAi=0.133\times200\times0.5=13.3\text{cm}^3/\text{s}$

答案：(C)

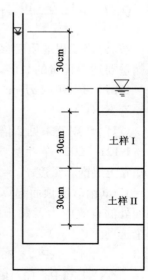

题 1-118 图

1-119 [2009年考题] 取直径为50mm、长度为70mm的标准岩石试件,进行径向点荷载强度试验,测得破坏时的极限荷载为4000N,破坏瞬间加荷点未发生贯入现象。试分析判断该岩石的坚硬程度属于下列哪个选项?( )

  A. 软岩   B. 较软岩   C. 较坚硬岩   D. 坚硬岩

解 根据《工程岩体分级标准》(GB/T 50218—2014)附录A、第3.3.1条、第3.3.3条。

(1)首先计算岩石的点荷载强度指数

$$I_{s(50)} = \frac{P}{D^2} = \frac{4000}{50^2} = 1.6\text{MPa}$$

(2)计算单轴饱和单轴抗压强度

$$R_c = 22.82 I_{s(50)}^{0.75} = 22.82 \times 1.6^{0.75} = 32.46\text{MPa}$$

查表3.3.3,该岩石属于较坚硬岩。

1-120 [2009年考题] 某公路需填方,要求填土干重度为$\gamma_d = 17.8\text{kN/m}^3$,需填方量为40万$\text{m}^3$。对某料场的勘察结果为:其土粒比重$G_s = 2.7$,含水率$w = 15.2\%$,孔隙比$e = 0.823$。问该料场储量至少要达到下列哪个选项(以万$\text{m}^3$计)才能满足要求?( )

  A. 48   B. 72   C. 96   D. 144

解 填料所能达到的干重度

$$\gamma_d' = \frac{G_s \rho_w}{1+e} = \frac{2.7 \times 10}{1+0.823} = 14.8\text{kN/m}^3$$

达到干重度$\gamma_d = 17.8\text{kN/m}^3$的土粒质量$m_s$

$$m_s = \rho_d V = 17.8 \times 40$$

所需填料

$$V = \frac{m_s}{\rho_d} = \frac{17.8 \times 40}{14.8} = 1.2 \times 40 = 48.1 \text{万 m}^3$$

按《公路工程地质勘察规范》第5.5.1条第4款,填料储量要达设计量的2倍,料场储量为

$$48.1 \times 2 = 96.2 \text{万 m}^3$$

答案:(C)

点评:新规范未见2倍的字样。

1-121 [2009年考题] 某场地地下水位如图所示,已知黏土层饱和重度$\gamma_{sat} = 19.2\text{kN/m}^3$,砂层中承压水头$h_w = 15\text{m}$(由砂层顶面起算),$h_1 = 4\text{m}$,$h_2 = 8\text{m}$。问砂层顶面处的有效应力及黏土中的单位渗流力最接近下列哪个选项?( )

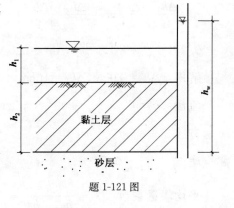

题1-121图

  A. 43.6kPa,3.75kN/m³   B. 88.2kPa,7.6kN/m³

  C. 150kPa,10.1kN/m³   D. 193.6kPa,15.5kN/m³

解 砂层顶面

$$\sigma = h_1\gamma_w + h_2\gamma_{sat} = 4\times 10 + 8\times 19.2 = 193.6\text{kPa}$$
$$u = h_w\times 10 = 15\times 10 = 150\text{kPa}$$
$$\sigma' = \sigma - u = 193.6 - 150 = 43.6\text{kPa}$$
$$i = \frac{15-(8+4)}{8} = 0.375$$
$$j = \gamma_w i = 10\times 0.375 = 3.75\text{kN/m}^3$$

答案：(A)

1-122 [2009年考题] 对饱和软黏土进行开口钢环式十字板剪切试验，十字板常数为 129.41m^{-2}，钢环系数为 $0.00386\text{kN}/0.01\text{mm}$。某一试验点的测试钢环读数记录如下表所示。该试验点处土的灵敏度最接近下列哪个选项？（　　）

题 1-122 表

原状土读数 (0.01mm)	2.5	7.6	12.6	17.8	23.0	27.6	31.2	32.5	35.4	36.5	34.0	30.8	30.0
重塑土读数 (0.01mm)	1.0	3.6	6.2	8.7	11.2	13.5	14.5	14.8	14.6	13.8	13.2	13.0	—
轴杆读数 (0.01mm)	0.2	0.8	1.3	1.8	2.3	2.6	2.8	2.6	2.5	2.5	2.5	—	—

A．2.5　　　　B．2.8　　　　C．3.3　　　　D．3.8

解 $S_t = \dfrac{C_u}{C_u'} = \dfrac{KC(R_y-R_g)}{KC(R_c-R_g)} = \dfrac{R_y-R_g}{R_c-R_g} = \dfrac{36.5-2.8}{14.8-2.8} = 2.8$

答案：(B)

1-123 [2009年考题] 用内径为 79.8mm、高 20mm 的环刀切取未扰动饱和黏性土试样，相对密度 $G_s=2.70$，含水率 $w=40.3\%$，湿土质量 184g。现作侧限压缩试验，在压力 100kPa 和 200kPa 作用下，试样总压缩量分别为 $s_1=1.4\text{mm}$ 和 $s_2=2.0\text{mm}$，其压缩系数 $a_{1\sim 2}(\text{MPa}^{-1})$ 最接近下列哪个选项？（　　）

A．0.40　　　　B．0.50　　　　C．0.60　　　　D．0.70

解 土质量密度

$$\rho = \frac{m}{V} = \frac{184}{(\pi r^2\times h)} = \frac{184}{\pi}\times 3.99^2\times 2 = 1.84\text{g/cm}^3$$

土干密度

$$\rho_d = \frac{\rho}{1+w} = \frac{1.84}{1+0.403} = 1.31\text{g/cm}^3$$

初始孔隙比

$$e_1 = \frac{G_s\rho_w}{\rho_d} - 1 = \frac{2.7\times 1.0}{1.31} - 1 = 1.061$$

在 $p=100\text{kPa}$ 压力下孔隙比 e_2

$$s = \frac{e_1-e_2}{1+e_1}\times H$$

$$e_2 = e_1 - \frac{s}{H}(1+e_1) = 1.061 - \frac{1.4}{20} \times (1+1.061) = 0.9167$$

在 $p = 200\text{kPa}$ 压力下孔隙比 e_2'

$$e_2' = 1.061 - \frac{2.0}{20} \times (1+1.061) = 0.8549$$

$$a_{1-2} = \frac{e_2 - e_2'}{p_2 - p_1} = \frac{0.9167 - 0.8549}{0.2 - 0.1} = 0.62\text{MPa}^{-1}$$

答案：(C)

1-124 [2009 年考题] 某基坑的地基土层分布如图所示，地下水位在地表以下 0.5m。其中第①、②层的天然重度 $\gamma = 19\text{kN/m}^3$，第③层淤泥质土的天然重度为 17.1kN/m^3，三轴固结不排水强度指标为：$c_{cu} = 17.8\text{kPa}$，$\varphi_{cu} = 13.2°$。如在第③层上部取土样，在其有效自重压力下固结（固结时各向等压的主应力 $\sigma_3 = 68\text{kPa}$）以后进行不固结不排水三轴试验（UU），试问其 c_u 值最接近于下列哪个选项的数值？（　　）

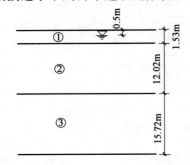
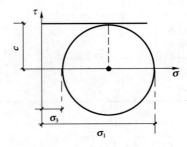

题 1-124 图

A. 18kPa　　　B. 29kPa　　　C. 42kPa　　　D. 77kPa

解　第③层为饱和淤泥质土，土样在自重压力下固结，$\sigma_3 = 68\text{kPa}$。

根据黏性土极限平衡条件

$$\sigma_1 = \sigma_3 \tan^2\left(45° + \frac{\varphi}{2}\right) + 2c\tan\left(45° + \frac{\varphi}{2}\right)$$

$$= 68 \times \tan^2\left(45° + \frac{13.2°}{2}\right) + 2 \times 17.8 \times \tan\left(45° + \frac{13.2°}{2}\right)$$

$$= 153.1\text{kPa}$$

饱和软土进行 UU 试验，其中 $\varphi \approx 0°$。

$$c_u = \frac{1}{2}(\sigma_1 - \sigma_3) = \frac{1}{2} \times (153.1 - 68) = 42.6\text{kPa}$$

答案：(C)

1-125 [2009 年考题] 均匀砂土地基基坑，地下水位与地面齐平，开挖深 12m，采用坑内排水，渗流流网如图所示。各相邻等势线之间的水头损失 Δh 都相等，试问基底处的最大平均水力梯度最接近于下面哪一个选项的数值？（　　）

A. 0.44　　　B. 0.55　　　C. 0.80　　　D. 1.00

解　由流网图知其等势线为 $n = 10$ 条，任意两等势线间水头差为：

$$\Delta h = \frac{\Delta H}{n-1} = \frac{12}{10-1} = 1.33\text{m}$$

一、岩土工程勘察

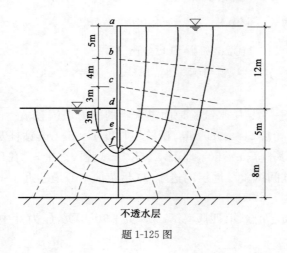

题 1-125 图

$$i=\frac{\Delta h}{l}=\frac{1.33}{3}=0.44$$

答案：(A)

1-126 [2008 年考题] 土坝因坝基渗漏严重,拟在坝顶采用旋喷桩技术做一道沿坝轴方向的垂直防渗心墙,墙身伸到坝基下伏的不透水层中。已知坝基基底为砂土层,厚度 10m,沿坝轴长度为 100m,旋喷桩墙体的渗透系数为 $1×10^{-7}$ cm/s,墙宽 2m。问当上游水位高度 40m,下游水位高度 10m 时,加固后该土石坝坝基的渗漏量最接近下列哪个数值(不考虑土坝坝身的渗漏量)？(   )

  A. 0.9m³/d   B. 1.1m³/d   C. 1.3m³/d   D. 1.5m³/d

解 根据《土力学》教材

$$i=\frac{\Delta h}{l}=\frac{40-10}{2}=15$$

$$q=kiA=1×10^{-7}×10^{-2}×24×3600×15×100×10$$

$$=1.3m^3/d$$

答案：(C)

1-127 [2009 年考题] 小型均质土坝的蓄水高度为 16m,流网如图所示。流网中水头梯度等势线间隔数均分为 $m=22$(从下游算起的等势线编号见图所示)。土坝中 G 点处于第 20 条等势线上,其位置在地面以上 11.5m。试问 G 点的孔隙水压力最接近于下列哪个选项的数值？(   )

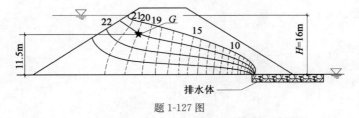

题 1-127 图

  A. 30kPa   B. 45kPa   C. 115kPa   D. 145kPa

解 等势线 22 条,$n=22$,任意两条等势线间的水头差为

47

$$\Delta h = \frac{\Delta H}{n-1} = \frac{16}{22-1} = 0.762\text{m}$$

G 点的水头高　　$h_G = 16 - 0.762 \times 2 = 14.48\text{m}$

G 点孔隙水压力为　　$p_w = \gamma_w h = 10 \times (14.48 - 11.5) = 29.8\text{kPa}$

答案：(A)

1-128 [2010 年考题]　某压水试验地面进水管的压力表读数 $p_3 = 0.90\text{MPa}$，压力表中心高于孔口 0.5m，压入流孔量 $Q = 80\text{L/min}$，试验段长度 $L = 5.1\text{m}$，钻杆及接头的压力总损失为 0.04MPa，钻孔为斜孔，其倾角 $\alpha = 60°$，地下水位位于试验段之上，自孔口至地下水位沿钻孔的实际长度 $H = 24.8\text{m}$，试问试验段地层的透水率(吕荣值 Lu)最接近于下列何项数值？（　　）

  A. 14.0   B. 14.5   C. 15.6   D. 16.1

解　根据《工程地质手册》(第四版)第 1003 页~1009 页，压力计中心至压力计算零线的水柱压力

$$p_z = 10 \times (0.5 + 24.8 \times \sin 60°) = 220\text{kPa} = 0.22\text{MPa}$$

根据第 6.0.5 条，试验段最大压力阶段

试段压力　$p = p_3 + p_z - p_s = 0.90 + 0.22 - 0.04 = 1.08\text{MPa}$

则透水率

$$q = \frac{Q_3}{Lp_3} = \frac{80}{5.1 \times 1.08} = 14.5\text{Lu}$$

答案：(B)

1-129 [2010 年考题]　某公路工程，承载比(CBR)三次平行试验成果如下表所示。上述三次平行试验土的干密度满足规范要求，则据上述资料确定的 CBR 值应为下列何项数值？（　　）

题 1-129 表

贯入量(0.01mm)		100	150	200	250	300	400	500	750
荷载强度(kPa)	试件 1	164	224	273	308	338	393	442	496
	试件 2	136	182	236	280	307	362	410	460
	试件 3	183	245	313	357	384	449	493	532

  A. 4.0%   B. 4.2%   C. 4.4%   D. 4.5%

解　根据《土工试验方法标准》(GB T50123—1999)第 11.0.5~6 条，当贯入量为 2.5mm 时，三个试件的承载比分别为：

$$\text{CBR}_{2.5}^{(1)} = \frac{p_1}{7000} \times 100 = \frac{308}{7000} \times 100 = 4.4\%$$

$$\text{CBR}_{2.5}^{(2)} = \frac{p_2}{7000} \times 100 = \frac{280}{7000} \times 100 = 4.0\%$$

$$\text{CBR}_{2.5}^{(3)} = \frac{p_3}{7000} \times 100 = \frac{357}{7000} \times 100 = 5.1\%$$

当贯入量为 5.0mm 时，三个试件的承载比分别为

$$\text{CBR}_{5.0}^{(1)} = \frac{p_1}{10500} \times 100 = \frac{442}{10500} \times 100 = 4.2\%$$

$$\mathrm{CBR}_{5.0}^{(2)} = \frac{p_2}{10500} \times 100 = \frac{410}{10500} \times 100 = 3.9\%$$

$$\mathrm{CBR}_{5.0}^{(3)} = \frac{p_3}{10500} \times 100 = \frac{493}{10500} \times 100 = 4.7\%$$

3个平行试验，$\mathrm{CBR}_{5.0}$均小于$\mathrm{CBR}_{2.5}$，则采用$\mathrm{CBR}_{2.5}$进行计算

$$\overline{\mathrm{CBR}_{2.5}} = \frac{4.4\% + 4.0\% + 5.1\%}{3} = 4.5\%$$

$$S = \sqrt{\frac{1}{3-1}[(4.4\% - 4.5\%)^2 + (4.0\% - 4.5\%)^2 + (5.1\% - 4.5\%)^2]}$$
$$= 0.557\%$$

$$C_v = \frac{S}{\overline{X}} = \frac{0.557\%}{4.5\%} = 12.4\% > 12\%，则舍弃最大值$$

$$\overline{\mathrm{CBR}_{2.5}} = \frac{4.4\% + 4.0\%}{2} = 4.2\%$$

答案：(B)

1-130 [2010年考题] 某工程测得中等风化岩体压缩波波速 v_{pm}=3185m/s，剪切波波速 v_s=1603m/s，相应岩块的压缩波波速 v_{pr}=5067m/s，剪切波波速 v_s=2438m/s；岩石质量密度 ρ=2.64g/cm³，饱和单轴抗压强度 R_c=40MPa。则该岩体基本质量指标 BQ 为下列何项数值？( )

  A. 255   B. 310   C. 491   D. 714

解 根据《工程岩体分级标准》(GB/T 50218—2014)附录B、第4.2.2条。

$$K_v = \left(\frac{V_{pm}}{V_{pr}}\right)^2 = \left(\frac{3185}{5067}\right)^2 = 0.395$$

$90K_v + 30 = 65.55 > R_c = 40$，取 $R_c = 40$

$0.04R_c + 0.4 = 2 > K_v = 0.395$，取 $K_v = 0.395$

$BQ = 100 + 3R_c + 250K_v = 100 + 3 \times 40 + 250 \times 0.395 = 318.75$

1-131 [2010年考题] 已知某地区淤泥土标准固结试验 $e\text{-}\log p$ 曲线上直线段起点在 50~100kPa 之间。该地区某淤泥土样测得 100~200kPa 压力段压缩系数 a_{1-2} 为 1.66MPa^{-1}，试问其压缩指数 C_c 值最接近于下列何项数值？( )

  A. 0.40   B. 0.45   C. 0.50   D. 0.55

解 根据《土工试验方法标准》(GB/T 50123—1999)第14.1.9条、14.1.12条，

压缩系数 $a_{1-2} = \dfrac{e_1 - e_2}{p_2 - p_1}$

则该淤泥土样 $e_1 - e_2 = a_{1-2} \times (p_2 - p_1) = 1.66 \times (0.2 - 0.1) = 0.166$

故该土样在 $p_2 - p_1$ 的作用下的压缩指数 $C_c = \dfrac{e_1 - e_2}{\lg p_2 - \lg p_1} = \dfrac{0.166}{\lg 2} = 0.551$

答案：(D)

1-132 [2010年考题] 水电站的地下厂房围岩为白云质灰岩，饱和单轴抗压强度为

50MPa，围岩岩体完整性系数 $K_v=0.50$。结构面宽度 3mm，充填物为岩屑，裂隙面平直光滑，结构面延伸长度 7m。岩壁渗水。围岩的最大主应力为 8MPa。根据《水利水电工程地质勘察规范》(GB 50487—2008)，该厂房围岩的工程地质类别应为下列何项所述？（　　）

  A．Ⅰ类   B．Ⅱ类   C．Ⅲ类   D．Ⅳ类

解 根据《水利水电工程地质勘察规范》(GB 50487—2008)式(N.0.8)，计算岩体围岩强度应力比：

$$S=\frac{R_b K_v}{\sigma_m}=\frac{50\times 0.5}{8}=3.125$$

根据附录 N.0.9 计算围岩总评分：

①岩石强度评分 A $R_b=50$MPa 查表 N.0.9-1，得 $A=16.7$。
②岩体完整程度评分 B $K_v=0.50$ 查表 N.0.9-2，得 $B=20$。
③结构面状态评分 C $W=3$mm，岩屑，平直光滑，硬质岩 查表 N.0.9-3，得 $C=12$。
④地下水状态评分 D $T'=A+B+C=16.7+20+12=48.7$，渗水井查表 N.0.9-4，得 $D=-6$。

$$T=A+B+C+D=48.7-6=42.7$$

$25<T=42.7<45$，$S=3.125>2$ 查表 N.0.7，围岩为Ⅳ类。

答案：(D)

1-133［2010 年考题］ 某工程采用灌砂法测定表层土的干密度，注满试坑用标准砂质量 5625g，标准砂密度 1.55g/cm³。试坑采取的土试样质量 6898g，含水率 17.8%，该土层的干密度数值接近下列哪个选项？（　　）

  A．1.60g/cm³ B．1.65g/cm³ C．1.70g/cm³ D．1.75g/cm³

解 方法一 根据《土工试验方法标准》(GB T50123—1999)第 5.4.8 条，该土层的干密度：

试坑体积 $V=\dfrac{5625}{1.55}=3629.03\text{cm}^3$

土的密度 $\rho=\dfrac{6898}{3629.03}=1.90\text{g/cm}^3$

干密度 $\rho_d=\dfrac{1.90}{1+0.178}=1.61\text{g/cm}^3$

方法二 $m_p=6898$，$w_L=17.8\%$，$m_z=5625$，$\rho_z=1.55$

$$\rho_d=\frac{m_p}{1+0.01 w_L}\bigg/\frac{m_z}{\rho_z}=\frac{\dfrac{6898}{1+0.01\times 17.8\%}}{\dfrac{5625}{1.55}}=1.61\text{g/cm}^3$$

答案：(A)

1-134［2010 年考题］ 已知一砂土层中某点应力达到极限平衡时，过该点的最大剪应力平面上的法向应力和剪应力分别为 264kPa 和 132kPa，问关于该点处的大主应力 σ_1、小主应力 σ_3 以及该砂土内摩擦角 φ 的值，下列哪个选项是

正确的？（　　）

  A. $\sigma_1=396\text{kPa}, \sigma_3=132\text{kPa}, \varphi=28°$ B. $\sigma_1=264\text{kPa}, \sigma_3=132\text{kPa}, \varphi=30°$

  C. $\sigma_1=396\text{kPa}, \sigma_3=132\text{kPa}, \varphi=30°$ D. $\sigma_1=396\text{kPa}, \sigma_3=264\text{kPa}, \varphi=28°$

解 **解法一** 如图最大剪应力对应图中 A 点。

由图知：$\sigma_A=\dfrac{\sigma_1+\sigma_3}{2}=264\text{kPa}$

$\tau_A=\dfrac{\sigma_1-\sigma_3}{2}=132\text{kPa}$

于是 $\sigma_1=396\text{kPa}, \sigma_3=132\text{kPa}$

极限平衡状态下

$\sigma_3=\sigma_1\tan^2\left(45°-\dfrac{\varphi}{2}\right)$

代入数值，解得 $\varphi=30°$

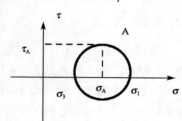

题 1-134　方法 1 图

解法二 A 为最大剪应力点

$AB=AC=OD=\tau_A=132\text{kPa}$

$\sigma_3=OA-AC=264-132=132\text{kPa}$

$\sigma_1=OA+AC=264+132=396\text{kPa}$

$\varphi=\arcsin\dfrac{AB}{OA}=\arcsin\dfrac{132}{264}=30°$

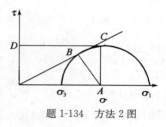

题 1-134　方法 2 图

答案：(C)

1-135 ［2010 年考题］　某工地需进行夯实填土。经试验得知，所用土料的天然含水率为 5%，最优含水率为 15%，为使填土在最优含水率状态下夯实，1000kg 原土料中应加入下列哪个选项的水量？（　　）

  A. 95kg   B. 100kg   C. 115kg   D. 145kg

解 假设天然土体中的水量和固体土质量分别为 m_w、m_s，1000kg 需填加水量为 x，则有

$$\begin{cases} \dfrac{m_w}{m_s}=0.05 \\ m_w+m_s=1000 \\ \dfrac{m_w+x}{m_s}=0.15 \end{cases}$$

解此方程，得 $x=95.2\text{kg}$

答案：(A)

1-136 ［2010 年考题］　在某建筑地基中存在一细粒土层，该层土的天然含水率为 24.0%。经液、塑限联合测定法试验求得：对应圆锥下沉深度 2mm、10mm、17mm 时的含水率分别为 16.0%、27.0%、34.%。请分析判断，根据《岩土工程勘察规范》（GB 50021—2001）对本层土的定名和状态描述，下列哪一选项是正确的？（　　）

  A. 粉土、湿   B. 粉质黏土、可塑

  C. 粉质黏土、软塑   D. 黏土、可塑

解 根据《岩土工程勘察规范》（GB 50021—2001）（2009 年版）第 3.3.5 条，塑性指数应由

圆锥下沉深度为 10mm 时测定的液限计算,塑限为 2mm 时,对应的 $w_p=16\%$;液限为 10mm 时对应的 $w_L=27\%$。即塑性指数:$I_p=w_L-w_p=27-16=11$,该层土的塑性指数大于 10 且小于 17,可定名为粉质黏土。

液性指数:$I_L=\dfrac{w_0-w_p}{I_p}=\dfrac{24-16}{11}=0.73$,查表 3.3.11 可知,该层土的状态为可塑。

答案:(B)

1-137[2010 年考题] 某松散砂土地基,砂土初始孔隙比 $e_0=0.850$,最大孔隙比 $e_{max}=0.900$,最小孔隙比 $e_{min}=0.550$;采用不加填料振冲振密处理,处理深度 8.00m,振密处理后地面平均下沉 0.80m,此时处理范围内砂土的相对密实度 D_r 最接近下列哪一项?(　　)

  A. 0.76　　　　　B. 0.72　　　　　C. 0.66　　　　　D. 0.62

解　$\dfrac{h_0}{h_1}=\dfrac{1+e_0}{1+e_1}$

$e_1=(1+e_0)\dfrac{h_1}{h_0}-1=(1+0.850)\times\dfrac{8-0.8}{8}-1=0.665$

$D_r=\dfrac{e_{max}-e_1}{e_{max}-e_{min}}=\dfrac{0.900-0.665}{0.900-0.550}=0.67$

答案:(C)

1-138[2010 年考题] 某洞段围岩,由厚层砂岩组成,围岩总评分 T 为 80。岩石的饱和单轴抗压强度 R_b 为 55MPa,围岩的最大主应力 σ_m 为 9MPa。岩体的纵波速度为 3000m/s,岩石的纵波速度为 4000m/s。按照《水利水电工程地质勘察规范》(GB 50487—2008),该洞段围岩的类别是下列哪一选项?(　　)

  A. Ⅰ 类围岩　　　B. Ⅱ 类围岩　　　C. Ⅲ 类围岩　　　D. Ⅳ 类围岩

解　根据《水利水电工程地质勘察规范》(GB 50487—2008)附录 N 计算,岩体完整性系数:

$K_v=\dfrac{v_{pm}^2}{v_{pr}^2}=\dfrac{3000^2}{4000^2}=0.5625$

则根据式(N.0.8)计算岩体强度应力比:

$S=\dfrac{R_b K_v}{\sigma_m}=\dfrac{55\times0.5625}{9}=3.44,65<T=80\leqslant85$,查表 N.0.7,围岩类别可以初步定为 Ⅱ 类。

$S=3.44<4$,围岩类别宜相应降低一级,围岩类别为 Ⅲ 类。

答案:(C)

1-139[2010 年考题] 某非自重湿陷性黄土试样含水率 $w=15.6\%$,土粒相对密度(比重)$D_r=2.70$,质量密度 $\rho=1.60\text{g/cm}^3$,液限 $w_L=30.0\%$,塑限 $w_p=17.9\%$,桩基设计时需要根据饱和状态下的液性指数查取设计参数,该试样饱和度达 85% 时的液性指数最接近下列哪一选项?(　　)

  A. 0.85　　　　　B. 0.92　　　　　C. 0.99　　　　　D. 1.06

解　**方法一**　设土粒体积为 V_s,则土粒质量为 $m_s=2.7V_s$

根据含水率 $w=15.6\%$,可计算出试样中水的质量为

$m_w=0.156\times2.7V_s=0.421V_s$

根据质量密度 1.60g/cm^3,可计算出试样总体积为

$$V=\frac{m}{\rho}=\frac{m_s+m_w}{\rho}=\frac{2.7V_s+0.421V_s}{1.60}=1.951V_s$$

孔隙体积

$$V_v=V-V_s=0.951V_s$$

饱和度85%时,水的质量

$$m'_w=0.85\times V_v\times 1=0.808V_s$$

对应的含水率

$$w'=\frac{0.808V_s}{2.7V_s}=29.93\%$$

液性指数

$$I_L=\frac{w'-w_p}{w_L-w_p}=\frac{29.93-17.9}{30.0-17.9}=0.994$$

方法二 根据《湿陷性黄土地区建筑规范》第5.7.4条

$$I_L=\frac{S_r e/D_r-w_P}{w_L-w_P}$$

$$e=\frac{d_s\rho_w(1+w)}{\rho}-1=\frac{2.7\times 1\times(1+0.156)}{1.6}-1=0.957$$

$$I_L=\frac{0.85\times 0.951/2.7-0.179}{0.3-0.179}=0.994$$

答案:(C)

点评:三相换算要记住指标的含义。另外,假设土粒体积V_s来计算其他量往往会比较简便。

1-140 [2010年考题] 某建筑地基处理采用3:7灰土垫层换填,该3:7灰土击实试验结果见下表。采用环刀法对刚施工完毕的第一层灰土进行施工质量检验,测得试样的湿密度为1.78g/cm³,含水率为19.3%,其压实系数最接近下列哪个选项?(　　)

题1-140表

湿密度(g/cm³)	1.59	1.76	1.85	1.79	1.63
含水率(%)	17.0	19.0	21.0	23.0	25.0

　　A. 0.94　　　　B. 0.95　　　　C. 0.97　　　　D. 0.99

解 根据《土工试验方法标准》(GB/T 50123—1999)第10.0.6条。根据湿密度和含水率可以计算出干密度:

$$\rho_d=\frac{\rho}{1+0.01w}=\frac{1.78}{1+0.193}=1.492\text{g/cm}^3$$

表中五组数据对应的干密度分别为:1.359g/cm³、1.479g/cm³、1.529g/cm³、1.455g/cm³、1.304g/cm³。

由此得到最大干密度$\rho_{dmax}=1.529\text{g/cm}^3$

则压实系数 $\lambda_c=\dfrac{\rho_d}{\rho_{dmax}}=\dfrac{1.492}{1.529}=0.976$

答案:(C)

1-141 [2011年考题] 某建筑基坑宽5m,长20m,基坑深度为6m,基底以下为粉质黏土,在基槽底面中间进行平板载荷试验,采用直径为800mm的圆形承压板。载荷试验结果显示,在 p-s 曲线线性段对应 100kPa 压力的沉降量为 6mm。试计算,基底土层的变形模量 E_0 值最接近下列哪个选项?(　　)

  A. 6.3MPa   B. 9.0MPa   C. 12.3MPa   D. 14.1MPa

解 试验深度为 6m,但是基槽宽度 5m 已经大于承压板直径的 3 倍,属于浅层平板载荷试验。根据《岩土工程勘察规范》(GB 50021—2001)公式(10.2.5-1)

$$E_0 = I_0(1-\mu^2)\frac{pd}{s} = 0.785 \times (1-0.38^2) \times \frac{100 \times 0.8}{6} = 8.96\text{MPa}$$

答案:(B)

点评:该题的要点是需要记住相应的计算公式。土的泊松比一般在 0.3～0.4 之间,但即使记不住泊松比也不会影响对本题答案的选择。比如,泊松比 ν 即使取为 0.2 或 0.4,也能得到答案 B。

1-143 [2011 年考题] 取网状构造冻土试样 500g,等冻土样完全融化后,加水调成均匀的糊状,糊状土质量为 560g,经试验测得糊状土的含水率为 60%。总冻土试样的含水率最接近下列哪个选项?(　　)

  A. 43%   B. 48%   C. 54%   D. 60%

解 方法一　根据《土工试验方法标准》(GB/T 50123—1999)第 4.0.6 条公式(4.0.6)

$$w = \left[\frac{m_1}{m_2}(1+0.01w_h) - 1\right] \times 100\%$$

$$= \left[\frac{500}{560} \times (1+0.01 \times 60) - 1\right] \times 100\%$$

$$= 42.9\%$$

方法二　假定冻土中土的质量为 S,水的质量为 W,则 $S+W=500$g,冻土的含水率为 $w=W/S$。

加水后质量变为 560g,则加水的质量为 560－500=60g。按照含水率的定义,加水后的含水率为

$$\frac{W+60}{S} = 60\%$$

联合 $S+W=500$g 解方程,可以得到冻土中土的质量为 $S=350$g,水的质量为 $W=150$g,因而冻土含水率为 42.9%。

答案:(A)

点评:该题的要点是选择质量为未知量,而不直接选择含水率为未知量。这种做法虽然朴实,但思路清晰,不容易出错。在做类似三相换算的问题时,最关键的问题不是不会做,而是做错,选择恰当的未知数能够减少出错概率。

1-143 [2011 年考题] 取某土试样 2000g,进行颗粒分析试验,测得各筛上质量见下表,筛底质量为 560g。已知土样中的粗颗粒以棱角形为主,细颗粒为黏土。问下列哪一选项对该土样的定名最准确?(　　)

题 1-143 表

孔径(mm)	20	10	5	2.0	1.0	0.5	0.25	0.075
筛上质量(g)	0	100	600	400	100	50	40	150

A. 角砾   B. 砾砂

C. 含黏土角砾   D. 角砾混黏土

解 根据《岩土工程勘察规范》表 3.3.2,粒径大于 2mm 的颗粒占全重的比例:

$$\frac{100+600+400}{2000}=55\% > 50\%$$

粗颗粒以棱角形为主,所以可以初步判断为角砾。

粒径小于 0.075mm 的颗粒占全重的比例

$$\frac{560}{2000}=28\% > 25\%,属混合土$$

细颗粒为黏土,所以判断为含黏土角砾。

答案:(C)

点评:该题的要点是记住土的分类标准。解题思路可以反过来,即根据提供的备选答案反向选择,这样能够加快答题速度。在本题中,只有角砾和砾砂出现,所以可以在角砾和砾砂中做选择。进一步看,三个答案均含角砾,只有一个为砾砂可很快对照规范标准排除,而 D 混合土名称不对,所以重点应在 A 和 C 中做选择,这样就大大缩小选择判断的范围。

1-144 [2011 年考题] 题 1-144 图为一工程地质剖面图,图中虚线为潜水位线。已知:$h_1=15\text{m},h_2=10\text{m},M=5\text{m},l=50\text{m}$,第①层土的渗透系数 $k_1=5\text{m/d}$,第②层土的渗透系数 $k_2=50\text{m/d}$,其下为不透水层。问通过 1、2 断面之间的宽度(每米)平均水平渗流流量最接近下列哪个选项的数值?(   )

A. 6.25m³/d   B. 15.25m³/d

C. 25.00m³/d   D. 31.25m³/d

解 从题目中可以得到 1、2 断面间的平均水力坡降为

$$i=\frac{h_1-h_2}{l}=\frac{15-10}{50}=0.1$$

通过第②层土的流量

$$q_2=k_2 i M=50\times 0.1 \times 5=25\text{m}^3/\text{d}$$

通过第①层土的平均流量

$$q_1=k_1 i \frac{h_1+h_2}{2}=5\times 0.1 \times 12.5=6.25\text{m}^3/\text{d}$$

通过两层土的总流量为 $q=q_1+q_2=25+6.25=31.25\text{m}^3/\text{d}$

答案:(D)

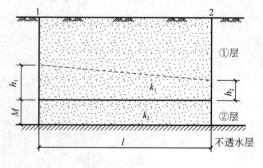

题 1-144 图

点评:该题的要点是水平渗流时不同土层的水力坡降相等,与之类似的问题是垂直渗流时不同土层的流量相等。抓住问题要点能够使解答大大简化,不要习惯性地去求分层土的平均渗透系数。

1-145 [2011 年考题] 某砂土试样高度 $H=30\text{cm}$,初始孔隙比 $e_0=0.803$,相对密度 $G_s=2.71$,进行渗透试验(见题图)。渗透水力梯度达到流土的临界水力梯度时,总水头差 Δh 应为下列哪个选项?(   )

A. 13.7cm   B. 19.4cm

题 1-145 图

C. 28.5cm   D. 37.6cm

解 $I_{cr}=\dfrac{(G_s-1)}{(1+e_0)}=\dfrac{(2.71-1)}{(1+0.803)}=0.9484$

$\Delta h=I_{cr}\times H=0.9484\times 30$

$=28.452\text{cm}$

答案：(C)

1-146 [2011年考题] 用内径8.0cm、高2.0cm的环刀切取饱和原状土样，湿土质量$m_1=183$g，进行固结试验后湿土的质量$m_2=171.0$g，烘干后土的质量$m_3=131.4$g，土的相对密度$G_s=2.70$。则经压缩后，土孔隙比变化量Δe最接近下列哪个选项？（　　）

　　A. 0.137   B. 0.250   C. 0.354   D. 0.503

解 固结试验前后土颗粒的体积不变，为：$131.4/2.70=48.67\text{cm}^3$。

固结前孔隙体积（等于水的体积）：$(183-131.4)/1.0=51.6\text{cm}^3$。

固结后孔隙体积（等于水的体积）：$(171-131.4)/1.0=39.6\text{cm}^3$。

孔隙比变化为

$$\Delta e=\dfrac{51.6}{48.67}-\dfrac{39.6}{48.67}=0.247$$

答案：(B)

点评：本题的要点是记住各个指标的含义，计算中抓住饱和状态下孔隙体积等于水的体积，以及试验过程中土颗粒的质量和体积不变等要点。环刀的尺寸和体积在这里只是干扰，计算中是不需要用到的。将固结前计算的土颗粒的体积与水的体积相加，得到$48.67+51.6=100.27\text{cm}^3$，与根据所给几何尺寸计算得到的环刀体积$100.53\text{cm}^3$是很接近的。

1-147 [2011年考题] 某土层颗粒级配曲线如图所示，试用《水利水电工程地质勘察规范》(GB 50487—2008)，判别其渗透变形最有可能是下列哪一选项？（　　）

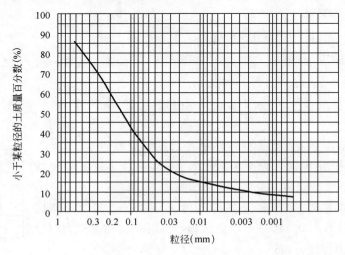

题1-147图

A. 流土 B. 管涌 C. 接触冲刷 D. 接触流失

解 按曲线所示：$d_{10}=0.002$，$d_{60}=0.2$，$d_{70}=0.3$，按《水利水电工程地质勘察规范》(GB 50487—2008)附录 G 求不均匀系数：

$$C_u = \frac{d_{60}}{d_{10}} = \frac{0.2}{0.002} = 100，C_u > 5，则须求细粒含量 P。$$

图示曲线为级配连续的土，其粗、细颗粒的区分粒径 d 为：

$$d = \sqrt{d_{70} \cdot d_{10}} = \sqrt{0.3 \times 0.002} = 0.024$$

其中细颗粒含量从曲线中求取 $P \approx 20\% < 25\%$，故判别为管涌。

答案：(B)

1-148 [2011 年考题] 某新建铁路隧道埋深较大，其围岩的勘察资料如下：①岩石饱和单轴抗压强度 $R_c=55\text{MPa}$，岩体纵波波速 3800m/s，岩石纵波波速 4200m/s；②围岩中地下水水量较大；③围岩的应力状态为极高应力。试问其围岩的级别为下列哪个选项？（ ）

A. Ⅰ级 B. Ⅱ级 C. Ⅲ级 D. Ⅳ级

解 根据《铁路隧道设计规范》(TB 10003—2005)附录 A

(1) 基本分数

$R_c=55\text{MPa}$，属硬质岩。

$$K_v = \left(\frac{3800}{4200}\right)^2 = 0.82 > 0.75，属完整岩石。$$

岩体纵波波速 3800m/s，故围岩基本分级为Ⅱ级。

(2) 围岩分级修正

①地下水修正，地下水水量较大，Ⅱ级修正为Ⅲ级。

②应力状态为极高应力，Ⅱ级不修正。

③综合修正为Ⅲ级。

答案：(C)

1-149 [2012 年考题] 某工程场地进行十字板剪切试验，测定的 8m 以内土层的不排水抗剪强度如下：

题 1-149 表

试验深度 H(m)	1.0	2.0	3.0	4.0	5.0	6.0	7.0	8.0
不排水抗剪强度 C_u(kPa)	38.6	35.3	7.0	9.6	12.3	14.4	16.7	19.0

其中软土层的十字板剪切强度与深度呈线性相关（相关系数 $r=0.98$），最能代表试验深度范围内软土不排水抗剪强度标准值的是下列哪个选项？（ ）

A. 9.5kPa B. 12.5kPa C. 13.9kPa D. 17.5kPa

解 根据《岩土工程勘察规范》14.2 节

(1) 由各深度的十字板抗剪峰值强度值可知，深度 1.0m、2.0m 为浅部硬壳层，不应参加统计。

(2) 软土十字板抗剪强度平均值：

$$C_{um}=\frac{\sum\limits_{i=1}^{n} C_{ui}}{n}=\frac{7.0+9.6+12.3+14.4+16.7+19.0}{6}=13.2\text{kPa}$$

(3) 计算标准差：

$$\sigma_f=\left\{\frac{1}{n-1}\left[\sum_{i=1}^{n} C_{ui}^2-\frac{(\sum\limits_{i=1}^{n} C_{ui})^2}{n}\right]\right\}^{\frac{1}{2}}$$

$$=\left\{\frac{1}{6-1}\times\left[(7.0^2+9.6^2+12.3^2+14.4^2+16.7^2+19.0^2)-\frac{(7.0^2+9.6^2+12.3^2+14.4^2+16.7^2+19.0^2)^2}{6}\right]\right\}^{\frac{1}{2}}$$

$$=4.46$$

由于软土十字板抗剪强度与深度呈线性相关，剩余标准差为

$$\sigma_r=\sigma_f\sqrt{1-r^2}=4.46\times\sqrt{1-0.98^2}=0.8875$$

其变异系数为 $\delta=\dfrac{\sigma_r}{\varphi_m}=\dfrac{0.8875}{13.2}=0.067$

(4) 抗剪强度修正时按不利组合考虑取负值，计算统计修正系数：

$$\gamma=1-\left(\frac{1.704}{\sqrt{n}}+\frac{4.678}{n^2}\right)\delta=1-\left(\frac{1.704}{\sqrt{6}}+\frac{4.678}{6^2}\right)\times 0.067=0.945$$

(5) 该场地软土的十字板峰值抗剪强度标准值 $C_{uk}=\gamma_s C_{um}=0.945\times 13.2=12.5\text{kPa}$

答案：(B)

1-150 [2012年考题] 某勘察场地地下水为潜水，布置 k_1、k_2、k_3 三个水位观测孔，同时观测稳定水位埋深分别为 2.70m、3.10m、2.30m，观测孔坐标和高程数据如下表所示。地下水流向正确的选项是哪一个？(   )

题1-150表

观测孔号	坐标		孔口高程(m)
	X(m)	Y(m)	
k_1	25818.00	29705.00	12.70
k_2	25818.00	29755.00	15.60
k_3	25868.00	29705.00	9.80

A. 45°　　B. 135°　　C. 225°　　D. 315°

解 (1) 计算三个观测孔的稳定水位高程：

k_1 孔为 $12.70-2.70=10.00\text{m}$

k_2 孔为 $15.60-3.10=12.50\text{m}$

k_3 孔为 $9.80-2.30=7.50\text{m}$

(2) 根据观测孔坐标绘制平面草图：k_1、k_2、k_3 三点构成一个直角三角形，k_1 孔为直角角点，直角边 k_1k_2 为 EW 方向，k_1k_3 为 SN 方向，边长均为 50m。

(3) 求 k_2、k_3 孔斜边上稳定水位高程为 10m 的点：

由于 $\dfrac{12.50+7.50}{2}=10.00\text{m}$，$k_2$、$k_3$ 孔斜边中点稳

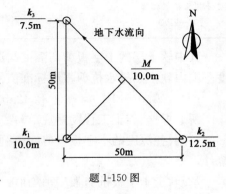

题1-150图

定水位高程为10m。

(4)地下水流向判断：

K_1M 为等水位线，等直于等水位线方向为水的流向，而且是从高到低，也就是 K_2 到 K_3 的方向，正北向为 $0°$，顺时针转 $315°$ 为 K_2K_3 方向。

地下水流向为：$225°+90°=315°$。

答案：(D)

1-151 [2012年考题] 某场地位于水面以下，表层10m为粉质黏土，土的天然含水率为 31.3%，天然重度为 17.8kN/m³，天然孔隙比为0.98，土粒相对密度为2.74，在地表下8m深度取土样测的先期固结压力为76kPa，该深度处土的超固结比接近下列哪一选项？（　　）

　　A. 0.9　　　B. 1.1　　　C. 1.3　　　D. 1.5

解 $\rho_{饱和}=\dfrac{(G_s+0.01eS_r)\gamma_w}{1+e}=\dfrac{(2.74+0.01\times0.98\times100)\times9.8}{1+0.98}=18.4\text{kN/m}^3$

$\gamma'=\gamma_{饱和}-\gamma_w=18.4-10=8.4$

计算自重应力　$P_0=\gamma'h$，$P_0=\gamma'h=8.4\times8=67.2\text{kPa}$

计算超固结比　$\text{OCR}=\dfrac{P_c}{P_0}=\dfrac{76}{67.2}=1.13$

答案：(B)

1-152 [2012年考题] 某地下车库采用筏板基础，基础宽35m，长50m，地下车库自重作用于基底的平均压力 $p_k=70\text{kPa}$，埋深10.0m，地面下15m范围内土的重度为18kN/m³（回填前后相同），抗浮设计地下水位埋深1.0m。若要满足抗浮安全系数1.05的要求，需用钢渣替换地下车库顶面一定厚度的覆土，计算钢渣的最小厚度接近下列哪个选项？（　　）

　　A. 0.22m　　　B. 0.33m
　　C. 0.38m　　　D. 0.70m

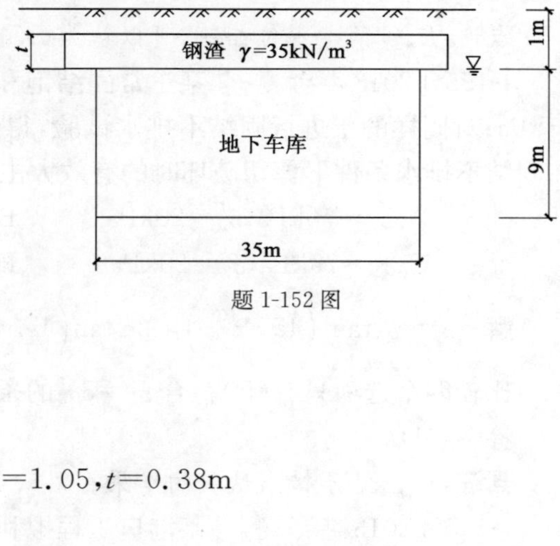

题1-152图

解　(1)基底平均压力　$p_k=70\text{kPa}$

(2)需覆盖钢渣的厚度假设为 t，则覆盖层平均压力　$p_t=35t+18\times(1-t)(\text{kPa})$

(3)地下室底面浮力　$p_f=9\times10=90\text{kPa}$

抗浮安全性验算　$k_s=\dfrac{70+35t+18\times(1-t)}{90}=1.05,t=0.38\text{m}$

答案：(C)

1-153 [2013年考题] 某多层框架建筑位于河流阶地上，采用独立基础，基础埋深2.0m，基础平面尺寸 $2.5\text{m}\times3.0\text{m}$，基础下影响深度范围内地基土均为粉砂，在基底标高进行平板载荷试验，采用 $0.3\text{m}\times0.3\text{m}$ 的方形载荷板，各级试验荷载下的沉降数据如下表所示。

题1-153表

荷载 P(kPa)	40	80	120	160	200	240	280	320
沉降量 s(mm)	0.9	1.8	2.7	3.6	4.5	5.6	6.9	9.2

问实际基础下的基床系数最接近下列哪一项？（　　）

  A. 13938kN/m³　　　　　　　B. 27484kN/m³
  C. 44444kN/m³　　　　　　　D. 89640kN/m³

解　根据《工程地质手册》（第四版）232 页

对于砂土地基基床系数 $K_s = \left(\dfrac{B+0.3}{2B}\right)^2 K_v = \left(\dfrac{2.5+0.3}{2\times 2.5}\right)^2 \times \dfrac{40}{0.9\times 10^{-3}} = 13938 \text{kN/m}^3$

答案：(A)

1-154　[2013 年考题]　某场地冲积砂层内需测定地下水的流向和流速，呈等边三角形布置，3 个钻孔如图所示，钻孔孔距为 60.0m，测得 A、B、C 三孔的地下水位标高分别为 28.0m、24.0m、24.0m，地层的渗透系数为 1.8×10^{-3} cm/s，则地下水的流速接近下列哪一项？（　　）

  A. 1.20×10^{-4} cm/s
  B. 1.40×10^{-4} cm/s
  C. 1.60×10^{-4} cm/s
  D. 1.80×10^{-4} cm/s

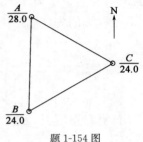

题 1-154 图

解　地下水流速 $v = ki = 1.8\times 10^{-3}\times \dfrac{28-24}{60\times \sin 60°} = 1.39\times 10^{-4}$ cm/s

答案：(B)

点评： B、C 两点水位相等，可以认为 BC 为一条水头等值线。流线与 BC 垂直。

1-155　[2013 年考题]　某正常固结饱和黏性土试样进行不固结不排试验得：$\varphi_u=0$，$c_u=25$kPa；对同样的土进行固结不排水试验，得到有效抗剪强度指标：$c'=0$，$\varphi'=30°$。问该试样在固结不排水条件下剪切破坏时的有效大主应力和有效小主应力为下列哪一项？（　　）

  A. $\sigma_1'=50$kPa，$\sigma_3'=20$kPa　　　　B. $\sigma_1'=50$kPa，$\sigma_3'=25$kPa
  C. $\sigma_1'=75$kPa，$\sigma_3'=20$kPa　　　　D. $\sigma_1'=75$kPa，$\sigma_3'=25$kPa

解　$\sigma_1' = \sigma_3'\tan^2\left(45°+\dfrac{\varphi'}{2}\right) + 2c'\tan\left(45°+\dfrac{\varphi'}{2}\right) = \sigma_3'\tan^2\left(45°+\dfrac{30°}{2}\right) = 3\sigma_3'$

比较四个选项只有(D)符合 $\sigma_1'=3\sigma_3'$ 的条件。

答案：(D)

点评： 不固结不排水试验的结果可以认为是干扰条件，其实用不上。

1-156　[2013 年考题]　某港口工程拟利用港池航道疏浚土进行冲填造陆，冲填区需填方量为 10000m³，疏浚土的天然含水率为 31.0%，天然重度为 18.9kN/m³，冲填施工完成后冲填土的含水率为 62.6%，重度为 16.4kN/m³，不考虑沉降和土颗粒流失，使用的疏浚土方量接近下列哪一选项？（　　）

  A. 5000m³　　　　B. 6000m³　　　　C. 7000m³　　　　D. 8000m³

解　疏浚土与冲填土的土颗粒本身总质量不变。

疏浚土的干密度　$\rho_{d1} = \dfrac{\rho_1}{1+\omega} = \dfrac{1.89}{1+0.31} = 1.443$

冲填土的干密度 $\rho_{d2} = \dfrac{\rho_2}{1+\omega} = \dfrac{1.64}{1+0.626} = 1.009$

考虑 $\rho_{d1}V_1 = \rho_{d2}V_2$，可得 $V_1 = 6992.4 \mathrm{m}^3$

答案：(C)

1-157［2013年考题］ 某工程勘察场地地下水位埋藏较深，基础埋深范围为砂土，取砂土样进行腐蚀性测试，其中一个土样的测试结果见下表，按Ⅱ类环境、无干湿交替考虑，此土样对基础混凝土结构腐蚀性正确的选项是哪一个？（　　）

题1-157表

腐蚀介质	SO_4^{2-}	Mg^{2+}	NH_4^+	OH^-	总矿化度	pH值
含量(mg/kg)	4551	3183	16	42	20152	6.85

A. 微腐蚀　　B. 弱腐蚀　　C. 中等腐蚀　　D. 强腐蚀

解 根据《岩土工程勘察规范》(GB 50021—2001)表12.2.1，表注

> 注：1 表中的数值适用于有干湿交替作用的情况，Ⅰ、Ⅱ类腐蚀环境无干湿交替作用时，表中硫酸盐含量数值应乘以1.3的系数；
> 2 表中数值适用于水的腐蚀性评价，对土的腐蚀性评价，应乘以1.5的系数；单位mg/kg。

SO_4^{2-} 为中等腐蚀性，Mg^{2+} 为弱腐蚀性，NH_4^+ 为微腐蚀性，OH^- 为微腐蚀性，总矿化度微腐蚀性，pH值微腐蚀性，综上土对混凝土结构为中等腐蚀。

答案：(C)

1-158［2013年考题］ 在某花岗岩岩体中进行钻孔压水试验，钻孔孔径为110mm，地下水位以下试段长度为5.0m。资料整理显示，该压水试验 $P-Q$ 曲线为A(层流)型，第三(最大)压力阶段试验压力为1.0MPa，压入流量为7.5L/min。问该岩体的渗透系数最接近下列哪个选项？（　　）

A. 1.4×10^{-5} cm/s　　B. 1.8×10^{-5} cm/s

C. 2.2×10^{-5} cm/s　　D. 2.6×10^{-5} cm/s

解 该压水试验 $P-Q$ 曲线为A(层流)型：$q = \dfrac{Q_3}{Lp_3} = \dfrac{7.5}{5 \times 1} = 1.5 < 10\mathrm{Lu}$

$k = \dfrac{Q}{2\pi HL} \ln \dfrac{L}{r_0} = \dfrac{7.5 \times 60 \times 24/1000}{2 \times 3.14 \times 100 \times 5} \times \ln \dfrac{5}{0.055} = 0.0155 \mathrm{m/d} = 1.794 \times 10^{-5} \mathrm{cm/s}$

答案：(B)

1-159［2013年考题］ 某粉质黏土土样中混有粒径大于5mm的颗粒，占总质量的20%，对其进行轻型击实试验，干密度 ρ_d 和含水率 w，数据如表2所示，该土样的最大干密度最接近的选项是哪个？（注：粒径大于5mm的土颗粒的饱和面干比重取值2.60)（　　）

题1-159表

$w(\%)$	16.9	18.9	20.0	21.1	23.1
ρ_d (g/cm³)	1.62	1.66	1.67	1.66	1.62

A. 1.61g/cm³　　B. 1.67g/cm³　　C. 1.74g/cm³　　D. 1.80g/cm³

解　$\rho'_{dmax} = \dfrac{1}{\dfrac{1-P_5}{\rho_{dmax}} + \dfrac{P_5}{\rho_w \cdot G_{s2}}} = \dfrac{1}{\dfrac{1-0.2}{1.67} + \dfrac{0.2}{1\times 2.6}} = 1.799 \text{g/cm}^3$

答案：(D)

1-160　[2013 年考题]　某岩石地基进行了 8 个试样的饱和单轴抗压强度试验，试验值分别为：15MPa、13MPa、17MPa、13MPa、15MPa、12MPa、14MPa、15MPa。问该岩基的岩石饱和单轴抗压强度标准值最接近下列何值？(　　)

A. 12.3MPa　　　　B. 13.2MPa　　　C. 14.3MPa　　D. 15.3MPa

解　平均值 $\varphi_m = \dfrac{\sum\limits_{i=1}^{n}\varphi_i}{n} = \dfrac{15+13+17+13+15+12+14+15}{8} = 14.25$

$\sigma_f = \sqrt{\dfrac{1}{n-1}\left[\sum\limits_{i=1}^{n}\varphi_i^2 - \dfrac{(\sum\limits_{i=1}^{n}\varphi_i)^2}{n}\right]}$

$= \sqrt{\dfrac{1}{8-1}\left[(15^2+13^2+17^2+13^2+15^2+12^2+14^2+15^2) - \dfrac{(14.25\times 8)^2}{8}\right]}$

$= 1.58$

$\delta = \dfrac{\sigma_f}{\varphi_m} = \dfrac{1.58}{14.25} = 0.111 < 0.2$，符合异常要求

$\gamma_s = 1 \pm \left(\dfrac{1.704}{\sqrt{n}} + \dfrac{4.678}{n^2}\right)\delta = 1 - 0.6755 \times 0.111 = 0.925$

$\varphi_k = \gamma_s \varphi_m = 0.925 \times 14.25 = 13.18$

答案：(B)

1-161　[2014 年考题]　某饱和黏性土样，测定土粒比重为 2.70，含水量为 31.2%，湿密度为 1.85g/cm³，环刀切取高 20mm 的试样，进行侧限压缩试验，在压力 100kPa 和 200kPa 作用下，试样总压缩量分别为 $S_1 = 1.4$mm 和 $S_2 = 1.8$mm，问其体积压缩系数 m_{v1-2}(MPa^{-1})最接近下列哪个选项？(　　)

A. 0.30　　　　　　　　　　　B. 0.25
C. 0.20　　　　　　　　　　　D. 0.15

解法一　体积压缩系数　$m_{v1-2} = \dfrac{1}{E_s} = \dfrac{a_{1-2}}{1+e_0}$

其中，a_{1-2} 为压缩系数　$a_{1-2} = -\dfrac{\Delta e}{\Delta p} = \dfrac{e_1 - e_2}{p_2 - p_1}$

根据土的三相关系可以得到土的孔隙比：$e = \dfrac{\rho_s(1+w)}{\rho} - 1 = \dfrac{G_s \rho_w (1+w)}{\rho} - 1$

初始孔隙比：

$e_0 = \dfrac{2.70 \times 1 \times (1+0.312)}{1.85} - 1 = 0.915$

在 100kPa 和 200kPa 荷载作用下，湿密度可以根据压缩量变化计算出来，进而可以计算出孔隙比。

100kPa 荷载下

$$e_1 = \frac{2.70 \times 1 \times (1+0.312)}{1.85 \times \frac{20}{(20-1.4)}} - 1 = 0.781$$

200kPa 荷载下

$$e_2 = \frac{2.70 \times 1 \times (1+0.312)}{1.85 \times \frac{20}{(20-1.8)}} - 1 = 0.742$$

由此可以计算出压缩系数

$$a_{1-2} = \frac{0.781 - 0.742}{200 - 100} = 0.39 \text{MPa}^{-1}$$

于是体积压缩系数为 $m_{v1-2} = \frac{a_{1-2}}{1+e_0} = \frac{0.39}{1+0.915} = 0.20 \text{MPa}^{-1}$

点评：该题难度极小。关键是要熟悉各个公式，这样在解答时可以直接套用公式进行计算，大大节省答题时间。如果现场临时利用三相关系推导相关公式，会浪费不少时间。一般土力学教材中都有这样的公式，平时学习时注意校核一下书中公式是否有笔误，避免引用错误。

解法二 根据《土工试验方法标准》(GB/T 50123—1999)第14.1.6条、14.1.8条、14.1.9条、14.1.11条

$$e_0 = \frac{(1+w_0)G_s\rho_w}{\rho_0} - 1 = \frac{(1+0.312) \times 2.7 \times 1.0}{1.85} - 1 = 0.915$$

$$e_1 = e_0 - \frac{1+e_0}{h_0}\Delta h_1 = 0.915 - \frac{1+0.915}{20} \times 1.4 = 0.781$$

$$e_2 = e_0 - \frac{1+e_0}{h_0}\Delta h_2 = 0.915 - \frac{1+0.915}{20} \times 1.8 = 0.743$$

$$a_{v1-2} = \frac{e_1 - e_2}{p_2 - p_1} = \frac{0.781 - 0.743}{0.2 - 0.1} = 0.38$$

$$m_{v1-2} = \frac{a_{v1-2}}{1+e_0} = \frac{0.38}{1+0.915} = 0.20$$

答案：(C)

1-162 [2014年考题] 在地面下7m处进行扁铲侧胀试验，地下水位埋深1.0m，试验前率定时膨胀至0.05mm及1.10mm时的气压实测值分别为10kPa和80kPa，试验时膜片膨胀至0.05mm、1.10mm和回到0.05mm的压力值分别为100kPa、260Pa和90kPa，调零前压力表初始读数8kPa，请计算该试验点的侧胀孔压指数为下列哪项？（　　）

A. 0.16　　　　　　　　　　B. 0.48
C. 0.65　　　　　　　　　　D. 0.83

解 根据《岩土工程勘察规范》(GB 50021—2001)(2009年版)10.8.3条

$p_0 = 1.05(A - z_m + \Delta A) - 0.05(B - z_m - \Delta B)$
$\quad = 1.05 \times (100 - 8 + 10) - 0.05 \times (260 - 8 - 80) = 98.5 \text{kPa}$

$p_2 = C - z_m + \Delta A = 90 - 8 + 10 = 92 \text{kPa}$

$u_0 = 10 \times (7-1) = 60 \text{kPa}$

$U_D = \frac{(p_2 - u_0)}{(p_0 - u_0)} = \frac{(92-60)}{(98.5-60)} = 0.83$

答案：(D)

1-163 [2014年考题] 某公路隧道走向80°，其围岩产状50°∠30°，欲作沿隧道走向的工程地质剖面(垂直比例与水平比例比值为2)，问在剖面图上地层倾角取值最接近下列哪一值？(　　)

　　A. 27°　　　　　　　　　　　　B. 30°
　　C. 38°　　　　　　　　　　　　D. 45°

解 根据《铁路工程地质手册》(1999年修订版)附录Ⅰ

$\tan\beta = \eta \cdot \tan\delta \cdot \sin\alpha = 2 \times \tan30° \times \sin60° = 1.0$

解得 $\beta = 45°$

答案：(D)

1-164 [2014年考题] 某港口工程，基岩为页岩，试验测得其风化岩体纵波速度为2.5km/s，风化岩块纵波速度为3.2km/s，新鲜岩体纵波速度为5.6km/s。根据《港口岩土工程勘察规范》(JTS 133—1—2010)判断，该基岩的风化程度(按波速风化折减系数评价)和完整程度分类为下列哪个选项？(　　)

　　A. 中等风化、较破碎　　　　　　B. 中等风化、较完整
　　C. 强风化、较完整　　　　　　　D. 强风化、较破碎

解 根据《港口岩土工程勘察规范》(JTS 133-1—2010)附录A、第4.1.2条

$K_{vp} = \dfrac{2.5}{5.6} = 0.446$，页岩属软质岩石，查表A.0.1-2，属中等风化；

$K_v = \left(\dfrac{2.5}{3.2}\right)^2 = 0.61$，查表属较完整岩体。

答案：(B)

1-165 [2014年考题] 某小型土石坝坝基土的颗粒分析成果见下表，该土属级配连续的土，孔隙率为0.33，土粒比重为2.66，根据区分粒径确定的细颗粒含量为32%。试根据《水利水电工程地质勘察规范》(GB 50487—2008)确定坝基渗透变形类型及估算最大允许水力比降值为哪一选项？(安全系数取1.5)(　　)

题1-165表

土粒直径(mm)	0.025	0.038	0.07	0.31	0.40	0.7
小于某粒径的土质量百分比(%)	5	10	20	60	70	100

　　A. 流土型、0.74　　　　　　　　B. 管涌型、0.58
　　C. 过渡型、0.58　　　　　　　　D. 过渡型、0.39

解 根据《水利水电工程地质勘察规范》(GB 50487—2008)附录G

$C_u = \dfrac{d_{60}}{d_{10}} = \dfrac{0.31}{0.038} = 8.16 > 5$

$25\% \leqslant P = 32\% < 35\%$，过渡型

$J_{cr} = 2.2(G_s - 1)(1-n)^2 \dfrac{d_5}{d_{20}} = 2.2 \times (2.66-1) \times (1-0.33)^2 \times \dfrac{0.025}{0.07} = 0.585$

$J_{允许} = \dfrac{J_{cr}}{1.5} = \dfrac{0.585}{1.5} = 0.39$

答案：D

1-166［2014年考题］ 某天然岩块质量为134.00g，在105～110℃温度下烘干24h后，质量为128.00kg。然后对岩块进行蜡封，蜡封后试样的质量为135.00g，蜡封试样沉入水中的质量为80.00g。试计算该岩块的干密度最接近下列哪个选项？（注：水的密度取1.0g/cm³，蜡的密度取0.85g/cm³）（　　）

  A. 2.33g/cm³   B. 2.52g/cm³
  C. 2.74g/cm³   D. 2.87g/cm³

解 根据《工程岩体试验方法标准》（GB/T 50266—2013）第2.3.9条

$$\rho_d = \frac{m_s}{\dfrac{m_1-m_2}{\rho_w}-\dfrac{m_1-m_s}{\rho_p}} = \frac{128.00}{\dfrac{135.00-80.00}{1.00}-\dfrac{135.00-128.00}{0.85}} = 2.74\text{g/cm}^3$$

答案：(C)

1-167［2014年考题］ 在某碎石土地层中进行超重型圆锥动力触探试验，在8m深度处测得贯入10cm的$N_{120}=25$击，已知圆锥探头及杆件系统的质量为150kg，请采用荷兰公式计算该深度处的动贯入阻力最接近下列何值？（　　）

  A. 3.0MPa   B. 9.0MPa
  C. 21.0MPa   D. 30.0MPa

解 根据《岩土工程勘察规范》（GB 50021—2001）（2009年版）10.4.1条条文说明

$$q_d = \frac{M}{M+m}\cdot\frac{M\cdot g\cdot H}{A\cdot e} = \frac{120}{120+150}\times\frac{120\times9.81\times1.0}{\dfrac{3.14\times7.4^2}{4}\times\dfrac{10}{25}} = 30.4\text{MPa}$$

答案：(D)

1-168［2014年考题］ 某大型水电站地基位于花岗岩上，其饱和单轴抗压强度为50MPa，岩体弹性纵波波速4200m/s，岩块弹性纵波波速4800m/s，岩石质量指标RQD=80%。地基岩体结构面平直且闭合，不发育，勘探时未见地下水。根据《水利水电工程地质勘察规范》（GB 50487—2008），该坝基岩体的工程地质类别为下列哪个选项？（　　）

  A. Ⅰ   B. Ⅱ
  C. Ⅲ   D. Ⅳ

解 根据《水利水电工程地质勘察规范》（GB 50487—2008）附录V

$R_b=50$MPa，属中硬岩；

$K_v = \left(\dfrac{4200}{4800}\right)^2 = 0.766 > 0.75$，岩体完整；

RQD=80%>70%，查表可知该坝基岩体工程地质分类为Ⅱ类

答案：(B)

1-169［2016年考题］ 在均匀砂土地层进行自钻式旁压试验，某试验点深度为7.0m，地下水位埋深为1.0m，测得原位水平应力$\sigma_h=93.6$kPa；地下水位以上砂土的相对密度$d_s=2.65$，含水量$w=15\%$，天然重度$\gamma=19.0$kN/m³，请计算试验点处的侧压力系数K_0最接近下列哪个选项？（水的重度$\gamma_w=10$kN/m³） （　　）

  A. 0.37   B. 0.42   C. 0.55   D. 0.59

解 《工程地质手册》(第四版)第262页。

$$e = \frac{G_s\gamma_w(1+w)}{\gamma} - 1 = \frac{2.65 \times 10 \times (1+0.15)}{19.0} - 1 = 0.604$$

$$\gamma' = \frac{G_s - 1}{1+e}\gamma_w = \frac{2.65-1}{1+0.604} \times 10 = 10.29$$

$$\sigma'_h = \sigma_h - u = 93.6 - 6 \times 10 = 33.60 \text{kPa}$$

$$\sigma'_v = \gamma_1 h_1 + \gamma' h_2 = 19.0 \times 1.0 + 10.29 \times 6.0 = 80.74 \text{kPa}$$

$$K_0 = \frac{\sigma'_h}{\sigma'_v} = \frac{33.60}{80.74} = 0.42$$

答案：(B)

1-170 [2016年考题] 某风化岩石用点荷载试验求得的点荷载强度指数 $I_{s(50)} = 1.28$MPa，其新鲜岩石的单轴饱和抗压强度 $f_r = 42.8$MPa。试根据给定条件判定该岩石的风化程度为下列哪一项？ ( )

A. 未风化　　　　B. 微风化　　　　C. 中等风化　　　　D. 强风化

解 《工程岩体分级标准》(GB/T 50218—2014)第3.3.1条。

$$R_c = 22.82 I_{s(50)}^{0.75} = 22.82 \times 1.28^{0.75} = 27.46 \text{MPa}$$

$$K_f = \frac{R_c}{f_r} = \frac{27.46}{42.8} = 0.64$$

$0.4 < K_f = 0.64 < 0.8$

由《岩土工程勘察规范》(GB 50021—2001)(2009年版)表A.0.3得：风化程度为中等风化。

答案：(C)

1-171 [2016年考题] 某建筑场地进行浅层平板载荷试验，方形承压板，面积 0.5m^2，加载至375kPa时，承压板周围土体明显侧向挤出，实测数据如下：

题1-171表

p(kPa)	25	50	75	100	125	150	175	200	225	250	275	300	325	350	375
s(mm)	0.80	1.60	2.41	3.20	4.00	4.80	5.60	6.40	7.85	9.80	12.1	16.4	21.5	26.6	43.5

根据该试验分析确定的土层承载力特征值是哪一选项？ ( )

A. 175kPa　　　　B. 188kPa　　　　C. 200kPa　　　　D. 225kPa

解 《建筑地基基础设计规范》(GB 50007—2011)附录C。

加载至375kPa时，承压板周围土明显侧向挤出，则极限荷载为350kPa。

由 p-s 曲线得，比例界限为200kPa。

$350 < 2 \times 200 = 400$

则土层承载力特征值为 $\dfrac{350}{2} = 175$kPa。

答案：(A)

1-172 [2016年考题] 某污染土场地，土层中检测出的重金属及含量见下表：

题 1-172 表(1)

重金属名称	Pb	Cd	Cu	Zn	As	Hg
含量 (mg/kg)	47.56	0.54	21.51	93.56	21.95	0.23

土中重金属含量的标准值按下表取值：

题 1-172 表(2)

重金属名称	Pb	Cd	Cu	Zn	As	Hg
含量 (mg/kg)	250	0.3	50	200	30	0.3

根据《岩土工程勘察规范》(GB 50021—2001)(2009 年版)，按内梅罗污染指数评价，该场地的污染等级符合下列哪个选项？ （　　）

A. Ⅱ级，尚清洁　　　　　　　　B. Ⅲ级，轻度污染
C. Ⅳ级，中度污染　　　　　　　D. Ⅴ级，重度污染

解　《岩土工程勘察规范》(GB 50021—2001)(2009 年版)第 6.10.13 条条文说明。

Pb 单项污染指数：$\frac{47.56}{250} = 0.19$

Cd 单项污染指数：$\frac{0.54}{0.3} = 1.80$

Cu 单项污染指数：$\frac{20.51}{50} = 0.41$

Zn 单项污染指数：$\frac{93.56}{200} = 0.47$

As 单项污染指数：$\frac{21.95}{30} = 0.73$

Hg 单项污染指数：$\frac{0.23}{0.3} = 0.77$

$Pl_{均} = \frac{0.19 + 1.80 + 0.41 + 0.47 + 0.73 + 0.77}{6} = 0.73$

$Pl_{最大} = 1.80$

$P_N = \left(\frac{Pl_{均}^2 + Pl_{最大}^2}{2}\right)^{\frac{1}{2}} = \left(\frac{0.73^2 + 1.80^2}{2}\right)^{\frac{1}{2}} = 1.37$

$1.0 < P_N = 1.37 < 2.0$

由表 6.3 得，污染等级为Ⅲ级，轻度污染。

答案：(B)

1-173　[2016 年考题]　在某场地采用对称四极剖面法进行电阻率测试，四个电极的布置如图所示，两个供电电极 A、B 之间的距离为 20m，两个测量电极 M、N 之间的距离为 6m。在一次测试中，供电回路的电流强度为 240mA，测量电极间的电位差为 360mV。请根据本次测试的视电阻率值，按《岩土工程勘察规范》(GB 50021—2001)(2009 年版)，判断场地土对钢结构的腐蚀性等级属于下列哪个选项？ （　　）

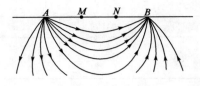

题1图

  A. 微   B. 弱   C. 中   D. 强

解 《工程地质手册》(第四版)第77页。

$$K = \pi \frac{AM \cdot AN}{MN} = 3.14 \times \frac{7 \times 13}{6} = 47.62$$

$$\rho = K \frac{\Delta V}{I} = 47.62 \times \frac{360}{240} = 71.43$$

$$50 < \rho = 71.43 \leqslant 100$$

由《岩土工程勘察规范》(GB 50021—2001)(2009年版)第12.2.5条知：土对钢结构的腐蚀等级为弱。

答案：(B)

1-174 [2016年考题] 取黏土试样测得：质量密度 $\rho=1.80\text{g/cm}^3$，土粒比重 $G_s=2.70$，含水量 $w=30\%$。拟使用该黏土制造比重为1.2的泥浆，问制造 1m^3 泥浆所需的黏土质量为下列哪个选项？   ( )

  A. 0.41t   B. 0.67t   C. 0.75t   D. 0.90t

解 解法一 《工程地质手册》(第四版)第113页。

$$Q = V\rho_1 \frac{\rho_2 - \rho_3}{\rho_1 - \rho_3} = 1 \times 1.8 \times \frac{1.2 - 1.0}{1.8 - 1.0} = 0.45\text{t}$$

解法二 根据三项换算。

$$V_1 \rho_{d1} = V_2 \rho_{d2}$$

$$\rho_{d1} = \frac{\rho_0}{1 + 0.01w} = \frac{1.8}{1 + 0.01 \times 30} = 1.38$$

$$\rho_{d2} = \frac{d_s(\rho - 0.01 S_r \rho_w)}{d_s - 0.01 S_r} = \frac{2.7 \times (1.2 - 0.01 \times 100 \times 1.0)}{2.7 - 0.01 \times 100} = 0.32$$

$$V_1 = \frac{V_2 \rho_{d2}}{\rho_{d1}} = \frac{1 \times 0.32}{1.38} = 0.23$$

$$m = \rho V_1 = 1.8 \times 0.23 = 0.41\text{t}$$

答案：(A)

1-175 [2016年考题] 某饱和黏性土试样，在水温15℃的条件下进行变水头渗透试验，四次试验实测渗透系数如表所示，问该土样在标准温度下的渗透系数为下列哪个选项？ ( )

题1-175表

试 验 次 数	渗透系数(cm/s)	试 验 次 数	渗透系数(cm/s)
第一次	3.79×10^{-5}	第三次	1.47×10^{-5}
第二次	1.55×10^{-5}	第四次	1.71×10^{-5}

A. 1.58×10^{-5} cm/s B. 1.79×10^{-5} cm/s
C. 2.13×10^{-5} cm/s D. 2.42×10^{-5} cm/s

解 《土工试验方法标准》(GB/T 50123—1999)第13.1.3条。

第一次试验：$k_{20} = k_T \dfrac{\eta_T}{\eta_{20}} = 3.79 \times 10^{-5} \times 1.133 = 4.29 \times 10^{-5}$

第二次试验：$k_{20} = k_T \dfrac{\eta_T}{\eta_{20}} = 1.55 \times 10^{-5} \times 1.133 = 1.76 \times 10^{-5}$

第三次试验：$k_{20} = k_T \dfrac{\eta_T}{\eta_{20}} = 1.47 \times 10^{-5} \times 1.133 = 1.67 \times 10^{-5}$

第四次试验：$k_{20} = k_T \dfrac{\eta_T}{\eta_{20}} = 1.71 \times 10^{-5} \times 1.133 = 1.94 \times 10^{-5}$

根据第13.1.3条，第一次试验与其他三次试验偏差大于2×10^{-5}，故舍弃该数值。

$k_{20} = \dfrac{1.76 \times 10^{-5} + 1.67 \times 10^{-5} + 1.94 \times 10^{-5}}{3} = 1.79 \times 10^{-5}$ cm/s

答案：(B)

1-176 [2016年考题] 某洞室轴线走向为南北向，岩体实测弹性波速度为3800m/s，主要软弱结构面产状为：倾向NE68°，倾角59°；岩石单轴饱和抗压强度$R_c = 72$MPa，岩块弹性波速度为4500m/s，垂直洞室轴线方向的最大初始应力为12MPa；洞室地下水成淋雨状出水，水量为8L/min·m，根据《工程岩体分级标准》(GB/T 50218—2014)，则该工程岩体的级别可确定为下列哪个选项？ ( )

A. Ⅰ级 B. Ⅱ级 C. Ⅲ级 D. Ⅳ级

解 《工程岩体分级标准》(GB/T 50218—2014)第4.1.1条、4.2.2条、5.2.2条。

$K_v = \left(\dfrac{V_{pm}}{V_{pr}}\right)^2 = \left(\dfrac{3800}{4500}\right)^2 = 0.71$

$90K_v + 30 = 93.9 > R_c = 72$，取$R_c = 72$

$0.04R_c + 0.4 = 3.28 > K_v = 0.71$，取$K_v = 0.71$

$BQ = 100 + 3R_c + 250K_v = 100 + 3 \times 72 + 250 \times 0.71 = 493.5$，查表可知岩体基本质量分级为Ⅱ级。

地下水影响修正系数：查表5.2.2-1，$K_1 = 0.1$

主要结构面产状影响修正系数：查表5.2.2-2，$K_2 = 0.4 \sim 0.6$

初始应力状态影响修正系数：$\dfrac{R_c}{\sigma_{max}} = \dfrac{72}{12} = 6$，查表5.2.2-3，$K_2 = 0.5$

岩体质量指标：
$[BQ] = BQ - 100(K_1 + K_2 + K_3)$
$= 493.5 - 100 \times [0.1 + (0.4 \sim 0.6) + 0.5]$
$= 373.5 \sim 393.5$

故确定该岩体质量等级为Ⅲ级。

答案：(C)

二、浅 基 础

2-1 [2004年考题] 某厂房柱基础如图所示，$b×l=2×3$m，受力层范围内有淤泥质土层③，该层修正后的地基承载力特征值为135kPa，荷载标准组合时基底平均压力 $p_k=202$kPa，试验算淤泥质土层顶面处承载力是否满足要求。

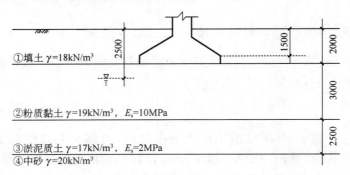

题 2-1 图

解 淤泥质土顶面处的自重压力值
$$p_{cz} = \gamma_1 h_1 + \gamma_2 h_2 = 18×2.0 + 19×0.5 + 9×2.5 = 68\text{kPa}$$
矩形基础淤泥质土顶面处的附加压力值
$$p_z = \frac{lb(p_k - p_c)}{(b+2z\tan\theta)(l+2z\tan\theta)}$$
式中：p_c——基础底面处土的自重压力值。
$$p_c = 18×2.0 = 36\text{kPa}$$
$$z = 3.0\text{m}, \frac{z}{b} = \frac{3}{2} = 1.5, \frac{E_{s1}}{E_{s2}} = \frac{10}{2} = 5,\text{则}$$
$$\theta = 25°$$
$$p_z = \frac{3×2×(202-36)}{(2+2×3\tan25°)×(3+2×3\tan25°)} = \frac{996}{4.798×5.798} = 35.8\text{kPa}$$
$$p_z + p_{cz} = 35.8 + 68 = 103.8\text{kPa} < 135\text{kPa}，满足。$$

2-2 [2004年考题] 某正常固结土层厚2.0m，其下为不可压缩层，平均自重应力 $p_{cz}=100$kPa；压缩试验数据见表，建筑物平均附加应力 $p_0=200$kPa，试求该土层最终沉降量。

题 2-2 表

压力 p(kPa)	0	50	100	200	300	400
孔隙比 e	0.984	0.900	0.828	0.752	0.710	0.680

解 土层厚度为2.0m，其下为不可压缩层，当土层厚度 H 小于基底宽度 b 的1/2时，由于基础底面和不可压缩层顶面的摩阻力对土层的限制作用，土层压缩时只出现很少的侧向变形，因而认为它和固结仪中土样的受力和变形条件很相近，其沉降量可用下式计算

$$s = \frac{e_1 - e_2}{1 + e_1} H$$

式中：H——土层厚度；

e_1——土层顶、底处自重应力平均值 σ_c，即原始压应力 $p_1 = \sigma_c$，从 e-p 曲线得到的孔隙比；

e_2——土层顶、底自重应力平均值 σ_c 与附加应力平均值 σ_z 之和 $p_2 = \sigma_c + \sigma_z$ 所对应的孔隙比。

当 $p_{cz} = \sigma_c = 100\text{kPa}$ 时　$e_1 = 0.828$

当 $p = \sigma_c + p_{cz} = 100 + 200 = 300\text{kPa}$ 时　$e_2 = 0.710$

$$s = \frac{e_1 - e_2}{1 + e_1} H = \frac{0.828 - 0.710}{1 + 0.828} \times 2000 = 129.1\text{mm}$$

点评：沉降计算方法有两种，一种是直接通过孔隙比变化计算，另一种是附加应力面积/压缩模量。

2-3［2004年考题］　某地下车库位于地下活动区，平面面积为 4000m^2，顶板上覆土层厚 1.0m，重度 $\gamma = 18\text{kN/m}^3$，公共活动区可变荷载为 10kPa，顶板厚度为 30cm，顶板顶面标高与地面标高相等，底板厚度 50cm，混凝土重度为 25kN/m^3，侧墙及梁柱总重 10MN，车库净空为 4.0m，水位为地面下 1.0m，下列对设计工作的判断中不正确的是哪项？

(1) 抗浮验算不满足要求，应设抗浮桩；
(2) 不设抗浮桩，但在覆土以前不应停止降水；
(3) 按使用期的荷载条件不需设置抗浮桩；
(4) 不需验算地基承载力及最终沉降量。

解　地下车库受的浮力 $F_浮$

$F_浮 = 4000 \times (4 + 0.3 + 0.5 - 1.0) \times 10$
　　$= 152000\text{kN}$

基础底面以上标准组合荷载

$S_K = S_{GK} + \varphi_c S_{QK}$

式中：S_K——荷载效应标准组合；

S_{GK}——永久荷载标准值；

S_{QK}——可变荷载标准值；

φ_c——可变荷载组合系数，设 $\varphi_c = 1.0$。

$S_K = 1 \times 4000 \times 18 + 4000 \times 25 \times (0.3 + 0.5) +$
　　　10×1000
　　$= 162000\text{kN}$

所以 (1) 抗浮验算满足要求。

覆土前地下车库重 N

$N = 4000 \times 25(0.3 + 0.5) + 10 \times 1000 = 90000\text{kN}$

所以 (2) $N < F_浮$，在覆土前不能停止降水。

使用期荷载大于浮力，$S_K = 162000\text{kN} > F_浮 =$

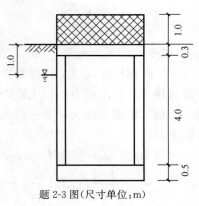

题 2-3 图（尺寸单位：m）

152000kN，所以（3）使用期不需设抗浮桩。

基础底面实际压力为

$$p_k = \frac{S_K - F_{浮}}{A} = \frac{162000 - 152000}{4000} = 2.5\text{kPa}$$

所以（4）基底压力很小，可不进行承载力和沉降计算。

所以设计工作中的判断不正确的是第（1）项。

点评：抗浮验算中，应不包括活荷载。

2-4 ［2004 年考题］ 相邻两座 A、B 楼，由于建 B 楼对 A 楼产生影响，如图所示，试计算建 B 楼后 A 楼的附加沉降量。

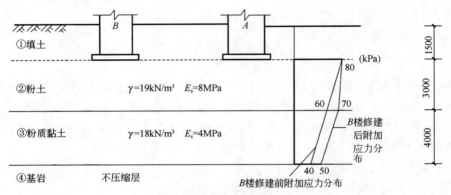

题 2-4 图（尺寸单位：mm）

解 从题 2-4 图的附加应力曲线知，由于建 B 楼后 A 楼产生附加应力增量为

①基底处　$\Delta p_1 = 80 - 80 = 0$

②层土底处　$\Delta p_2 = 70 - 60 = 10\text{kPa}$

③层土底处　$\Delta p_3 = 50 - 40 = 10\text{kPa}$

建 B 楼后使 A 楼产生的附加沉降为

$$s = \frac{(\Delta p_1 + \Delta p_2) \times \frac{1}{2}}{E_{s1}} \times h_1 + \frac{(\Delta p_2 + \Delta p_3) \times \frac{1}{2}}{E_{s3}} \times h_3$$

$$= \frac{(10+0) \times \frac{1}{2}}{8000} \times 3000 + \frac{(10+10) \times \frac{1}{2}}{4000} \times 4000$$

$$= 11.875\text{mm}$$

2-5 ［2004 年考题］ 超固结黏土层厚度为 4.0m，前期固结压力 $p_c = 400\text{kPa}$，压缩指数 $C_c = 0.3$，再压缩曲线上回弹指数 $C_e = 0.1$，平均自重压力 $p_{cz} = 200\text{kPa}$，天然孔隙比 $e_0 = 0.8$，建筑物平均附加应力在该土层中为 $p_0 = 300\text{kPa}$，试计算该黏土层最终沉降量。

解 根据东南大学等四校编的《土力学》教材第 5 章地基沉降，超固结土的沉降计算方法如下：

当 $\Delta p > (p_c - p_{cz})$ 时　$\Delta p = 300\text{kPa} > p_c - p_{cz} = 400 - 200 = 200\text{kPa}$

$$s_{cn} = \sum_{i=1}^{n} \frac{H_i}{1+e_{0i}} \left[C_{ei} \lg\left(\frac{p_{ci}}{p_{1i}}\right) + C_{ci} \lg\left(\frac{p_{1i} + \Delta p_i}{p_{ci}}\right) \right]$$

式中：H_i——第 i 层土厚度；

e_{0i}——第 i 层土的初始孔隙比；

C_{ei}、C_{ci}——第 i 层土的回弹指数和压缩指数；

p_{ci}——第 i 层土先期固结压力；

p_{1i}——第 i 层土自重应力平均值，$p_{1i} = \dfrac{\sigma_{ci} + \sigma_{c(i-1)}}{2}$；

Δp_i——第 i 层土附加应力平均值，有效应力增量 $\Delta p_i = \dfrac{\sigma_{zi} + \sigma_{z(i-1)}}{2}$。

$$s_{cn} = \dfrac{4000}{1+0.8}\left[0.1 \times \lg\left(\dfrac{400}{200}\right) + 0.3 \times \lg\left(\dfrac{200+300}{400}\right)\right]$$

$$= 131.3 \text{mm}$$

2-6 [2004 年考题] 柱下独立基础底面尺寸为 $3m \times 5m$，$F_1 = 300kN$，$F_2 = 1500kN$，$M = 900kN \cdot m$，$F_H = 200kN$，如图所示，基础埋深 $d = 1.5m$，承台及填土平均重度 $\gamma = 20kN/m^3$，试计算基础底面偏心距和基底最大压力。

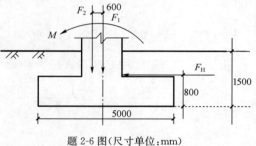

题 2-6 图（尺寸单位：mm）

解 （1）基础底面偏心距为

$$e = \dfrac{\sum M}{\sum N}$$

$\sum M = 900 + 1500 \times 0.6 + 200 \times 0.8$
$= 1960 kN \cdot m$

$\sum N = 300 + 1500 + 3 \times 5 \times 1.5 \times 20$
$= 2250 kN$

$e = \dfrac{1960}{2250} = 0.87 m$

（2）$e = 0.87m > \dfrac{b}{6} = \dfrac{5}{6} = 0.83m$

基底最大压力值为

$$p_{kmax} = \dfrac{2(F_k + G_k)}{3la}$$

式中：l——垂直于力矩作用方向的基础底面边长，$l = 3m$；

a——合力作用点至基础底面最大压力边缘的距离，$a = \dfrac{5}{2} - 0.87 = 1.63m$。

$$p_{kmax} = \dfrac{2 \times (300 + 1500 + 450)}{3 \times 3 \times 1.63} = 306.7 kPa$$

2-7 [2005 年考题] 条形基础宽度为 3.0m，由上部结构传至基础底面的最大边缘压力为 80kPa，最小边缘力为 0，基础埋置深度为 2.0m，基础及台阶上土自重的平均重度为 $20kN/m^3$，指出下列论述中哪项是错的。

（1）计算基础结构内力时，基础底面压力的分布符合小偏心 $\left(e \leqslant \dfrac{b}{6}\right)$ 的规定；

(2)按地基承载力验算基础底面尺寸时,基础底面压力分布的偏心已经超过了现行《建筑地基基础设计规范》(GB 50007—2011)中根据土的抗剪强度指标确定地基承载力特征值的规定;

(3)作用于基础底面上的合力为240kN/m;

(4)考虑偏心荷载时,地基承载力特征值应不小于120kPa才能满足设计要求。

解 $G_k = b \times l \times d \times \gamma_d = 3 \times 1.0 \times 2 \times 20 = 120$kN

由于上部结构F_k的偏心传至基底的最大边缘压力为80kPa,最小边缘压力为0。

$$p'_{kmax} = \frac{F_k}{A} + \frac{M_k}{W} = 80 \tag{1}$$

$$p'_{kmin} = \frac{F_k}{A} - \frac{M_k}{W} = 0 \tag{2}$$

式(1)+式(2)得 $2 \times \frac{F_k}{A} = 80, F_k = \frac{80A}{2} = \frac{80 \times 3 \times 1}{2} = 120$kN/m

式(1)-式(2)得 $2 \times \frac{M_k}{W} = 80, M_k = \frac{80 \times \frac{3^2}{6}}{2} = 60$kN·m

由于F_k和G_k作用基底最大压力和最小压力为

$$p_{kmax} = \frac{F_k + G_k}{A} + \frac{M_k}{W} = \frac{120 + 120}{3 \times 1} + \frac{60}{\frac{1}{6} \times 3^2} = 120 \text{kPa}$$

$$p_{kmin} = \frac{F_k + G_k}{A} - \frac{M_k}{W} = 80 - 40 = 40 \text{kPa}$$

$$e = \frac{M}{N} = \frac{60}{120 + 120} = 0.25 \text{m}$$

基底平均压力为

$$p_k = \frac{1}{2}(p_{kmax} + p_{kmin}) = \frac{1}{2} \times (120 + 40) = 80 \text{kPa}$$

(1)$e = 0.25\text{m} \leqslant \frac{b}{6} = \frac{3}{6} = 0.5$m,正确;

(2)$e = 0.25\text{m} > 0.033b = 0.033 \times 3 = 0.099$m,正确;

(3)作用基础底面合力为240kN/m,正确;

(4)$p_{kmax} \leqslant 1.2f_a, f_a \geqslant \frac{p_{kmax}}{1.2} = \frac{120}{1.2} = 100$kPa,不正确。

所以以上4项中第4项错误。

2-8[2005年考题] 某采用筏基的高层建筑,地下室2层,按分层总和法计算出的地基变形量为160mm,沉降计算经验系数取1.2,计算的地基回弹变形量为18mm,试求地基最终沉降量。

解 沉降计算深度可按现行国家标准《建筑地基基础设计规范》(GB 50007—2011)确定。

$$s = \sum_{i=1}^{n} \left(\psi_c \frac{p_c}{E_{ci}} + \psi_s \frac{p_0}{E_{si}} \right)(z_i \bar{\alpha}_i - z_{i-1} \bar{\alpha}_{i-1})$$

$$= \sum_{i=1}^{n} \left[\psi_c \frac{p_c}{E_{ci}} (z_i \bar{\alpha}_i - z_{i-1} \bar{\alpha}_{i-1}) + \psi_s \frac{p_0}{E_{si}} (z_i \bar{\alpha}_i - z_{i-1} \bar{\alpha}_{i-1}) \right]$$

式中，第一项为基坑开挖地基土的回弹变形量；第二项为基础底面处附加压力引起的地基变形量。

$s = 1.2 \times 160 + 18 \times 1.0 = 210 \text{mm}$

点评：在需要考虑回弹的沉降计算中，总沉降量应该为附加应力引起的地基变形量加上回弹量。

2-9 [2005年考题] 某高层筏板式住宅楼的一侧设有地下车库，两部分地下结构相互连接，均采用筏基，基础宽12m，基础埋深在室外地面以下10m，住宅楼基底平均压力为260kN/m²，地下车库基底平均压力为60kN/m²，场区地下水位埋深在室外地面以下3.0m，为解决基础抗浮问题，在地下车库底板以上再回填厚度约0.5m，重度为35kN/m³的钢渣，场区土层的重度均按20kN/m³考虑，地下水重度按10kN/m³取值，根据《建筑地基基础设计规范》(GB 50007—2002)计算，试计算住宅楼地基承载力 f_a。

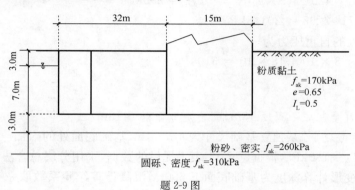

题 2-9 图

解 按《建筑地基基础设计规范》(GB 50007—2011)，当住宅和裙楼或地下车库连成一体的工程。其基础为同一筏基，对主体结构地基承载力深度修正时，可将超载折算成土层厚度作为基础埋深。10m 以上土的平均重度 γ_m

$$\gamma_m = \frac{h_1 \gamma_1 + h_2 \gamma_2}{h_1 + h_2} = \frac{3 \times 20 + 7 \times 10}{3 + 7} = 13 \text{kPa}$$

车库基底总压力

$$p = p_k + \gamma h = 60 + 35 \times 0.5 = 77.5 \text{kPa}$$

基底压力折算成土层厚度

$$p = \gamma_m h, \quad h = \frac{p}{\gamma_m} = \frac{77.5}{13} = 5.96 \text{m}, \quad d = 5.96 \text{m}$$

主楼修正后地基承载力 f_a 为

$$f_a = f_{ak} + \eta_b \gamma (b-3) + \eta_d \gamma_m (d - 0.5)$$

$e = 0.65$，液性指数 $I_L = 0.5$，e 和 I_L 均小于 0.85 的黏性土，$\eta_b = 0.3$，$\eta_d = 1.6$，$\gamma = $

10kN/m^3, $b=12\text{m}$, b 按 6m 计

$$f_a = 170 + 0.3 \times 10 \times (6-3) + 1.6 \times 13 \times (5.96 - 0.5)$$
$$= 292.5\text{kPa}$$

2-10 [2005年考题] 某办公楼基础尺寸 $42\text{m} \times 30\text{m}$，采用箱形基础，基础埋深在室外地面以下 8m，基底平均压力 425kN/m^2，场区土层的重度为 20kN/m^3，地下水水位埋深在室外地面以下 5.0m，地下水的重度为 10kN/m^3，试计算基础底面中心点以下深度 18m 处的附加应力与土的有效自重应力的比值。

解 $b=30\text{m}$, $l=42\text{m}$

$\dfrac{l}{b} = \dfrac{42}{30} = 1.4$, $\dfrac{z}{b} = \dfrac{18}{15} = 1.2$，查规范 GB 50007—2002 表 K.0.1-1，$\alpha = 0.171$。

基底下 18m 处的附加应力为

$p_z = 4\alpha p_0$
$p_0 = p_k - \gamma h = 425 - (5 \times 20 + 3 \times 10) = 295\text{kPa}$
$p_z = 4 \times 0.171 \times 295 = 201.8\text{kPa}$

基底下 18m 处的自重压力为

$p_{cz} = 5 \times 20 + 3 \times 10 + 18 \times 10 = 310\text{kPa}$

$\dfrac{p_z}{p_{cz}} = \dfrac{201.8}{310} = 0.65$

点评：注意题目是基底下深度 18m，而不是地面以下 18m。

2-11 [2005年考题] 某独立基础尺寸为 $4\text{m} \times 4\text{m}$，基础底面处的附加压力为 130kPa，地基承载力特征值 $f_{ak} = 180\text{kPa}$，根据题 2-11 表 1 提供的数据，采用分层总合法计算独立柱基的地基最终变形量，变形计算深度为基础底面下 6.0m，沉降计算经验系数取 $\psi_s = 0.4$，根据以上条件试计算地基最终变形量。

题 2-11 表 1

第 i 土层	基底至第 i 土层底面距离 z_i(m)	E_{si}(MPa)
1	1.6	16
2	3.2	11
3	6.0	25
4	30	60

解 基础中心点的最终变形量计算如题 2-11 表 2 所示。

变 形 计 算　　　　　　　　　　　　　　题 2-11 表 2

z(cm)	l/b	z/b	$\bar{\alpha}$	$z\bar{\alpha}$	$z_i\bar{\alpha}_i - z_{i-1}\bar{\alpha}_{i-1}$	E_{si}(MPa)	$\Delta s'$(mm)	$\sum \Delta s'$(mm)
1.6	1.0	0.8	$4 \times 0.2346 = 0.9384$	1.5014	1.5014	16	12.2	12.2
3.2	1.0	1.6	$4 \times 0.1939 = 0.7756$	2.4819	0.9805	11	11.59	23.79
6.0	1.0	3.0	$4 \times 0.1369 = 0.5476$	3.2856	0.8037	25	4.18	27.97

$$\sum \Delta s' = \sum \dfrac{p_0}{E_{si}}(z_i\bar{\alpha}_i - z_{i-1}\bar{\alpha}_{i-1})$$

$s = \psi_s \sum \Delta s' = 0.4 \times 27.97 = 11.2\text{mm}$

基础中点最终沉降为 11.2mm。

点评：本题中第 4 层土的压缩模量为 60MPa，但土层性质不明确，若为黏土层，根据《建筑地基基础设计规范》(GB 50007—2011) 5.3.8 条，可能还需考虑下卧刚性层的影响。

2-12［2004 年考题］ 某建筑物基础宽 $b=3.0$m，基础埋深 $d=1.5$m，建于 $\varphi=0$ 的软土层上，土层无侧限抗压强度标准值 $q_u=6.6$kPa，基础底面上下的软土重度均为 18kN/m³，按《建筑地基基础设计规范》(GB 50007—2011) 试计算地基承载力特征值。

解 按照《建筑地基基础设计规范》(GB 50007—2011)，根据土的抗剪强度指标确定地基承载力特征值按下式计算

$$f_a = M_b \gamma b + M_d \gamma_m d + M_c c_k$$

$\varphi = 0°, M_b = 0, M_d = 1.0, M_c = 3.14$

γ 为基础底面处的重度，γ_m 为基底以上土的加权平均重度，c_k 为基底下一倍短边宽深度内土的黏聚力标准值。

对于软土

$$c_k = c_u (土的不排水抗剪强度) = \frac{q_u}{2} = \frac{6.6}{2} = 3.3\text{kPa}$$

$$f_a = 0 + 1.0 \times 1.5 \times 18 + 3.14 \times 3.3 = 37.4\text{kPa}$$

2-13［2004 年考题］ 某住宅采用墙下条形基础，建于粉质黏土地基上，未见地下水，由载荷试验确定的承载力特征值为 220kPa，基础埋深 $d=1.0$m 基础底面以上土的平均重度 $\gamma_m = 18$kN/m³，天然孔隙比 $e=0.70$，液性指数 $I_L = 0.80$，基础底面以下土的平均重度 $\gamma = 18.5$kN/m³，基底荷载标准值为 $p_k = 300$kN/m，试计算修正后的地基承载力。

解 修正后地基承载力为

$$f_a = f_{ak} + \eta_b \gamma (b-3) + \eta_d \gamma_m (d-0.5)$$

由 $e = 0.7, I_L = 0.8$，查规范 GB 50007—2011 表 5.2.4 得

$\eta_b = 0.3, \eta_d = 1.6$

$f_{ak} = 220\text{kPa}, \gamma = 18.5\text{kN/m}^3, \gamma_m = 18\text{kN/m}^3$

$d = 1.0$m，条形基础宽度小于 3m 时按 3m 计，$b = 3.0$m

$f_a = 220 + 0.3 \times 18.5 \times (3-3) + 1.6 \times 18 \times (1.0 - 0.5)$

$\quad = 234.4\text{kPa}$

$p_k = b f_a, b = \dfrac{p_k}{f_a} = \dfrac{300}{234.4} = 1.28\text{m} < 3.0\text{m}$，满足。

2-14［2004 年考题］ 偏心距 $e < 0.01$m 的条形基础底面宽 $b=3$m，基础埋深 $d=1.5$m，土层为粉质黏土，基础底面以上土层平均重度 $\gamma_m = 18.5$kN/m³，基础底面以下土层重度 $\gamma = 19$kN/m³，饱和重度 $\gamma_{sat} = 20$kN/m³，内摩擦角标准值 $\varphi_k = 20°$，黏聚力标准值 $c_k = 10$kPa，当地下水从基底下很深处上升至基底面时（不考虑地下水位对抗剪强度参数的影响）地基承载力有什么变化（$M_b = 0.51, M_d = 3.06, M_c = 5.66$）。

解 偏心距 $e < 0.01\text{m} < 0.033b = 0.033 \times 3 = 0.099$m，可根据地基土抗剪强度计算地基承载力特征值

$$f_{a1} = M_b \gamma b + M_d \gamma_m d + M_c c_k$$

77

$$= 0.51 \times 19 \times 3 + 3.06 \times 18.5 \times 1.5 + 5.66 \times 10$$
$$= 170.6 \text{kPa}$$

当地下水位上升至基础底时,其基底土有效重度 $\gamma' = \gamma - 10 = 20 - 10 = 10 \text{kN/m}^3$,承载力特征值为

$$f_{a2} = 0.51 \times 10 \times 3 + 3.06 \times 18.5 \times 1.5 + 5.66 \times 10$$
$$= 156.82 \text{kPa}$$

$$\frac{f_{a1} - f_{a2}}{f_{a1}} = \frac{170.6 - 156.82}{170.6} = 8.07\%$$

地下水位上升至基底后其地基承载力特征值降低 8.07%。

2-15 [2004年考题] 某直径为 10.0m 的油罐基底附加压力为 100kPa,油罐轴线上罐底面以下 10m 处附加应力系数 $\alpha = 0.285$,由观测得到油罐中心的底板沉降为 200mm,深度 10m 处的深层沉降为 40mm,试求 10m 范围内土层的平均沉降反算压缩模量。

解 油罐基底至 10m 土层的平均附加压力值为

$$p = \frac{1}{2} \times (1.0 + 0.285) \times 100 = 64.25 \text{kPa}$$

10m 土层的压缩变形 $s = 200 - 40 = 160 \text{mm}$

$$s = \frac{p}{E_s} h = \frac{64.25}{E_s} \times 10 = 0.16$$

$$E_s = \frac{642.5}{0.16} = 4015.6 \text{kPa} \approx 4.02 \text{MPa}$$

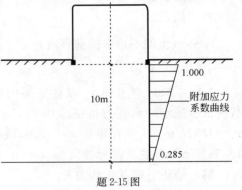

题 2-15 图

2-16 [2004年考题] 一高度为 30m 的塔桅结构,刚性连接设置在宽度 $b = 10\text{m}$,长度 $l = 11\text{m}$,埋深 $d = 2.0\text{m}$ 的基础板上,包括基础自重的总重 $W = 7.5 \text{MN}$,地基土为内摩擦角 $\varphi = 35°$ 的砂土,如已知产生失稳极限状态的偏心距为 $e = 4.8\text{m}$,基础侧面抗力不计,试计算作用于塔顶的水平力接近何值时,结构将出现失稳而倾倒的临界状态。

解 偏心距 $e = \frac{\sum M}{\sum N} = \frac{H \times (30+2)}{7500} = 4.8 \text{m}$

H 为作用于塔顶的水平力

$$H = \frac{7500 \times 4.8}{32} = 1125 \text{kN}$$

所以当塔顶作用水平力 1125kN 时,结构将出现失稳(倾倒)的临界状态。

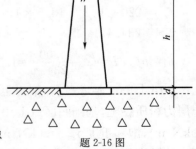

题 2-16 图

2-17 [2004年考题] 建筑物基础底面积为 4m×8m,荷载效应准永久组合时上部结构传下来的基础底面处的竖向力 $F = 1920 \text{kN}$,基础埋深 $d = 1.0\text{m}$,土层天然重度 $\gamma = 18 \text{kN/m}^3$,地下水位埋深为 1.0m,基础底面以下平均附加应力系数见表,沉降计算经验系数 $\psi_s = 1.1$,试按《建筑地基基础设计规范》(GB 50007—2011)计算最终沉降量。

二、浅 基 础

题 2-17 表

z_i(m)	l/b	z_i/b	$\bar{\alpha}_i$	$\bar{\alpha}=4\bar{\alpha}_i$	$z_i\bar{\alpha}$	E_s(MPa)	$z_i\bar{\alpha}_i-z_{i-1}\bar{\alpha}_{i-1}$
0	2	0	0.25	1	0		
2	2	1	0.234	0.9360	1.872	10.2	1.872
6	2	3	0.1619	0.6476	3.886	3.4	2.014

解 基础底面平均压力 p_k

$$p=\frac{F+G}{A}=\frac{1920}{4\times 8}=60\text{kPa}$$

基底附加压力 p_0

$$p_0=p-\gamma h=60-18\times 1.0=42\text{kPa}$$

$$s'=\sum\frac{p_0}{E_{si}}(z_i\bar{\alpha}_i-z_{i-1}\bar{\alpha}_{i-1})=\frac{42}{10.2}\times 1.872+\frac{42}{3.4}\times 2.014$$

$$=32.6\text{mm}$$

$$s=\psi_s s'=1.1\times 32.6=35.9\text{mm}$$

2-18 ［2004 年考题］ 某厂房采用柱下独立基础，基础尺寸 $4\text{m}\times 6\text{m}$，基础埋深为 2.0m，地下水位埋深 1.0m，持力层为粉质黏土（天然孔隙比为 0.8，液性指数为 0.75，天然重度为 18kN/m^3）。在该土层上进行三个静载荷试验，实测承载力特征值分别为 130kPa、110kPa 和 135kPa，试计算按《建筑地基基础设计规范》(GB 50007—2011)作深、宽修正后的地基承载力特征值。

解 三个承载力特征值的平均值为

$$f_{akm}=\frac{1}{3}\times(130+110+135)=125\text{kPa}$$

试验实测值极差

$$135-110=25\text{kPa}<30\% f_{akm}=0.3\times 125=37.5\text{kPa}$$

该土层的地基承载力特征值的统计值为

$$f_{ak}=125\text{kPa}$$

$$f_a=f_{ak}+\eta_b\gamma(b-3)+\eta_d\gamma_m(d-0.5)$$

持力层黏性土的 $e=0.8$，$I_L=0.75$，e、I_L 均小于 0.85，$\eta_b=0.3$，$\eta_d=1.6$

$$f_a=125+0.3\times 8\times(4-3)+1.6\times\frac{1.0\times 18+1.0\times 8}{2}\times(2-0.5)$$

$$=158.6\text{kPa}$$

2-19 条形基础的宽度为 3.0m，已知偏心距为 0.7m，最大边缘压力等于 140kPa，试计算作用于基础底面的合力。

解 偏心距 $e=0.7\text{m}>\frac{b}{6}=\frac{3.0}{6}=0.5\text{m}$

基础底面边缘最大压力为

$$p_{kmax} = \frac{2(F_k + G_k)}{3la}$$

式中：l——垂直于力矩作用方向的基础底面边长 $l = 1.0$m；

a——合力作用点至基础底面最大压力边缘距离，$a = 1.5 - 0.7 = 0.8$m。

$$p_{kmax} = \frac{2(F_k + G_k)}{3 \times 1.0 \times 0.8} = 140\text{kPa}, \quad F_k + G_k = \frac{140 \times 2.4}{2} = 168\text{kN/m}$$

2-20 [2005 年考题] 大面积堆载试验时,在堆载中心点下用分层沉降仪测得各土层顶面的最终沉降量和用孔隙水压力计测得的各土层中部加载时的起始孔隙水压力值均见表,根据实测数据可以反算各土层的平均模量,试计算第③层土的反算平均模量。

题 2-20 表

土层编号	土层名称	层顶深度(m)	土层厚度(m)	实测层顶沉降(mm)	起始超孔隙水压力值(kPa)
①	填土		2		
②	粉质黏土	2	3	460	380
③	黏土	5	10	400	240
④	黏质粉土	15	5	100	140

解 $s = \frac{\Delta p}{E_s} \times h$

假设堆载瞬间,荷载全由孔隙水压力承担,第③层土,$\Delta p = u = 240$kPa。

$$E_s = \frac{\Delta p \times h}{s} = \frac{240 \times 10 \times 10^3}{400 - 100} = 8000\text{kPa}$$

点评：应该理解孔隙水压力的概念。

2-21 [2005 年考题] 某厂房柱基础建于如图所示的地基上,基础底面尺寸为 $b = 2.5$m, $l = 5.0$m,基础埋深为室外地坪下 1.4m,相应荷载效应标准组合时基础底面平均压力 $p_k = 145$kPa,试对软弱下弱层②进行承载力验算。

解 软弱下卧层顶面的附加压力和自重压力之和应小于或等于软弱下层顶面处经深度修正后的地基承载力特征值。

$$p_z + p_{cz} \leqslant f_{az}$$

$$p_{cz} = 18 \times 1.4 + 8 \times 3$$
$$= 49.2\text{kPa}$$

$$p_z = \frac{lb(p_k - p_c)}{(b + 2z\tan\theta)(l + 2z\tan\theta)}$$

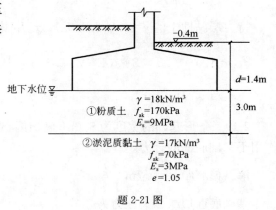

题 2-21 图

$p_c = 18 \times 1.4 = 25.2 \text{kPa}$

$\dfrac{E_{s1}}{E_{s2}} = \dfrac{9}{3} = 3, \dfrac{z}{b} = \dfrac{3}{2.5} = 1.2$，地基压力扩散角 $\theta = 23°$。

$p_z = \dfrac{2.5 \times 5 \times (145 - 25.2)}{(2.5 + 2 \times 3\tan23°) \times (5 + 2 \times 3\tan23°)}$

$\quad = 39.3 \text{kPa}$

$p_z + p_{cz} = 39.3 + 49.2 = 88.5 \text{kPa}$

由于宽度小于 $3m$，因此 $f_{az} = f_{ak} + \eta_d \gamma_m (d - 0.5)$，淤泥质黏土 $\eta_d = 1.0$

$f_{az} = 70 + 1.0 \times \dfrac{49.2}{3 + 1.4} \times (1.4 + 3.0 - 0.5)$

$\quad = 113.6 \text{kPa}$

$p_z + p_{cz} = 88.5 \text{kPa} < f_{az} = 113.6 \text{kPa}$，满足。

2-22[2005 年考题] 某场地作为地基的岩体结构面组数为 2 组，控制性结构面平均间距为 1.5m，室内 9 个饱和单轴抗压强度的平均值为 26.5MPa，变异系数为 0.2，按《建筑地基基础设计规范》(GB 50007—2011)，试确定岩石地基承载力特征值。

解 统计修正系数 ψ

$\psi = 1 - \left(\dfrac{1.704}{\sqrt{n}} + \dfrac{4.678}{n^2}\right)\delta = 1 - \left(\dfrac{1.704}{\sqrt{9}} + \dfrac{4.678}{9^2}\right) \times 0.2$

$\quad = 0.875$

岩石饱和单轴抗压强度标准值

$f_{rk} = \psi f_{rm} = 0.875 \times 26.5 = 23.1875 \text{MPa}$

根据《岩土工程勘察规范》(GB 50021—2001) 附录 A，当结构面发育程度组数 1～2 组，平均间距 $> 1.0 m$，岩体完整程度定为完整。

根据《建筑地基基础设计规范》(GB 50007—2011) 第 5.2.6 条，完整岩体，由饱和单轴抗压强度计算岩石地基承载力特征值的折减系数 $\psi_r = 0.5$。

岩石地基承载力特征值为

$f_a = \psi_r f_{rk} = 0.5 \times 23.1875 = 11.6 \text{MPa}$

2-23[2005 年考题] 某积水低洼场地进行地面排水后在天然土层上回填厚度 5.0m 的压实粉土，以此时的回填面标高为准下挖 2.0m，利用压实粉土作为独立方形基础的持力层，方形基础边长 4.5m，在完成基础及地上结构施工后，在室外地面上再回填 2.0m 厚的压实粉土，达到室外设计地坪标高，回填材料为粉土，载荷试验得到压实粉土的承载力特征值为 150kPa，其他参数见图，若基础施工完成时地下水位已恢复到室外设计地坪下 3.0m (如图所示)，地下水位上下土的重度分别为 18.5kN/m^3 和 20.5kN/m^3，请按《建筑地基基础设计规范》(GB

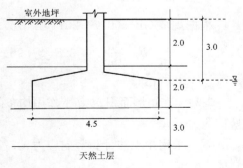

题 2-23 图 (尺寸单位: m)

50007—2011)试求深度修正后地基承载力的特征值。(承载力宽度修正系数 $\eta_b=0$,深度修正系数 $\eta_d=1.5$)

解 根据《建筑地基基础设计规范》(GB 50007—2011)第 5.2.4 条,基础埋深 d,填土在上部结构施工完后完成的,d 应从天然地面标高算起,所以 $d=2.0$m。

$$f_a = f_{ak} + \eta_b \gamma (b-3) + \eta_d \gamma_m (d-0.5)$$
$$= 150 + 0 + 1.5 \times \frac{18.5 \times 1 + (20.5-10) \times 1}{2} \times (2-0.5)$$
$$= 182.6 \text{kPa}$$

2-24 [2005 年考题] 某稳定土坡的坡角为 30°,坡高 3.5m,现拟在坡顶部建一幢办公楼,该办公楼拟采用墙下钢筋混凝土条形基础,上部结构传至基础顶面的竖向力 $F_k=300$kN/m,基础砌置深度在室外地面以下 1.8m,地基土为粉土,其黏粒含量 $\rho_c=11.5\%$,重度 $\gamma=20$kN/m³,$f_{ak}=150$kPa,场区无地下水,根据以上条件,为确保地基基础的稳定性,试求基础底面外缘线距离坡顶的最小水平距离 a。

(注:为简化计算,基础结构的重度按地基土的重度取值)

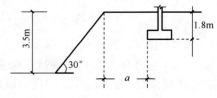

题 2-24 图

解 经深、宽修正后的地基承载力特征值为
$$f_a = f_{ak} + \eta_b \gamma (b-3) + \eta_d \gamma_m (d-0.5)$$
根据规范 GB 50007—2011 表 5.2.4,黏土黏粒含量 $\rho_c \geq 10\%$ 时,$\eta_b=0.3$,$\eta_d=1.5$。
设基础宽度 $b < 3$m
$$f_a = 150 + 0.3 \times 20 \times (3-3) + 1.5 \times 20 \times (1.8-0.5) = 189 \text{kPa}$$

$$p_k = \frac{F_k + G_k}{A} \leq f_a, \quad \frac{F_k + b \times 1.8 \times 20}{b \times 1.0} \leq f_a$$

$$\frac{F_k}{b} + 36 \leq f_a, \quad \frac{F_k}{b} \leq f_a - 36 = 189 - 36 = 153$$

$$b \geq \frac{F_k}{153} = \frac{300}{153} = 1.96 \text{m}$$

根据规范 GB 50007—2011 第 5.4.2 条
$$a \geq 3.5 \times b - \frac{d}{\tan \beta} = 3.5 \times 1.96 - \frac{1.8}{\tan 30°}$$
$$= 3.74 \text{m}$$

2-25 在矩形面积 $abcd$ 上作用均布荷载 $p=150$kPa,如图所示,试计算 g 点下深度 6m 处的竖向应力 σ_z 值。

解 采用角点法计算竖向应力 σ_z,各块面积计算参数见题 2-25 表。
$$\sigma_{gm} = (\sigma_{aegh} - \sigma_{begi} - \sigma_{dfgh} + \sigma_{cfgh})p$$
$$= (0.218 - 0.093 - 0.135 + 0.061) \times 150$$

= 7.65kPa

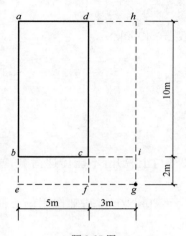

题 2-25 图

应力系数　　　　题 2-25 表

编号	荷载面积	l/b	z/b	α_i
1	$aegh$	1.5	0.75	0.218
	$begi$	4	3	0.093
	$dfgh$	4	2	0.135
	$cfgi$	1.5	3	0.061

2-26 某土层及其物理指标如图所示,试计算土中自重应力。

解 土中自重应力为 $\sigma_c = \sum\limits_{i=1}^{n} \gamma_i h_i$

细砂 $\gamma' = \dfrac{G_s - 1}{1 + e}\gamma_w = \dfrac{2.65 - 1}{1 + 0.8} \times 10 = 9.2 \text{kN/m}^3$

黏土 $e = \dfrac{G_s \gamma_w}{\gamma_d} - 1 = \dfrac{2.7 \times 10}{18} - 1 = 0.5$

$\gamma' = \dfrac{G_s - 1}{1 + e}\gamma_w = \dfrac{2.7 - 1}{1 + 0.5} \times 10 = 11.3 \text{kN/m}^3$

自重应力　a 点　$\sigma_z = \gamma z = 19 \times 2 = 38 \text{kPa}$

　　　　　b 点　$\sigma_z = 19 \times 2 + 9.2 \times 3 = 65.6 \text{kPa}$

c 点　$\sigma_z = 19 \times 2 + 9.2 \times 3 + 11.3 \times 4$
　　　$= 110.8 \text{kPa}$

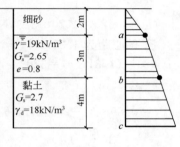

题 2-26 图

2-27 某桥墩基础,基础尺寸 $b = 4\text{m}, l = 10\text{m}$,基础埋深 $d = 2.0\text{m}$,土层重度 $\gamma = 19 \text{kN/m}^3$,作用轴力 $F_k = 4000 \text{kN}$,弯矩 $M_k = 2800 \text{kN} \cdot \text{m}$。试计算当外力作用在基础顶上和基础底面时的基底压力。

解　(1)外力作用在基础顶上,基底压力为

$p_k = \dfrac{F_k + G_k}{A} = \dfrac{4000 + 4 \times 10 \times 2 \times 20}{4 \times 10}$
　　$= 140 \text{kPa}$

$p_{k\max} = p_k + \dfrac{M_k}{W} = 140 + \dfrac{2800}{\dfrac{1}{6} \times 4^2 \times 10}$

　　　$= 245 \text{kPa}$

$p_{k\min} = 140 - 105 = 35 \text{kPa}$

(2)外力作用在基础底面,基底压力为

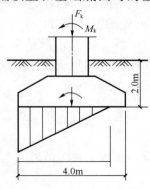

题 2-27 图

$$p_k = \frac{F_k + G_k}{A} = \frac{4000}{4 \times 10} = 100 \text{kPa}$$

$$e = \frac{M}{F_k} = \frac{2800}{4000} = 0.7\text{m} > \frac{b}{6} = \frac{4}{6} = 0.67\text{m}, F_k + G_k = 4000\text{kN}$$

此时基底压力分布为三角形分布

$$p_{k\max} = \frac{2(F_k + G_k)}{3la} = \frac{2 \times 4000}{3 \times 10 \times (2 - 0.7)} = 205.13 \text{kPa}$$

式中：l——垂直于力矩作用方向的基础底面边长；

　　a——合力作用点至基础底面最大压力边缘的距离。

基底与土之间是不能承受拉力的，产生拉力部分的基底将与土脱开，不能传递荷载，基底压力将由梯形分布变为三角形分布。

2-28 某构筑物基础尺寸 $4\text{m} \times 2\text{m}$，埋深 2m，土层重度 $\gamma = 20\text{kN/m}^3$，基础作用偏心荷载 $F_k = 680\text{kN}$，偏心距 1.31m，试求基底平均压力和边缘最大压力。

解 $p_k = \dfrac{F_k + G_k}{A} = \dfrac{680 + 4 \times 2 \times 2 \times 20}{4 \times 2} = 125\text{kPa}$

$G_k = 4 \times 2 \times 2 \times 20 = 320\text{kN}$

F_k 偏心距为 1.31m，$F_k + G_k$ 偏心距为 e

$680 \times (1.31 - e) = 320 \times e$，$890.8 - 680e = 320e$

$e = 0.89\text{m}$

$e = 0.89\text{m} > \dfrac{b}{6} = 0.67\text{m}, b = 4\text{m}, l = 2\text{m}$

$$p_{k\max} = \frac{2(F_k + G_k)}{3la}$$

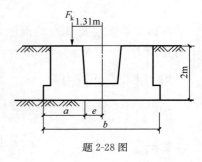

题 2-28 图

式中：l——垂直于力矩方向的基础底面边长；

　　a——合力作用点至基础底面最大压力边缘的距离。

$a = 2 - 0.89 = 1.11\text{m}$

$$p_{k\max} = \frac{2 \times 1000}{3 \times 2 \times 1.11} = 300.3 \text{kPa}$$

2-29 某矩形面积（$b \times l = 3\text{m} \times 5\text{m}$）三角形分布的荷载作用在地基表面，荷载最大值 $p = 100\text{kPa}$，试计算面积内 O 点下深度 $z = 3\text{m}$ 处的竖向应力。

解 将三角形荷载 abd 分成矩形 $Obce$ 和两个三角形 ecd、aOe，然后用角点法计算 M 点竖向应力。

矩形 $Obce$

$\dfrac{l}{b} = \dfrac{2}{1} = 2, \dfrac{z}{b} = \dfrac{3}{1} = 3$，查规范 GB 50007—2011 附录 K，附加应力系数 $\alpha_1 = 0.073$

$\dfrac{l}{b} = \dfrac{4}{2} = 2, \dfrac{z}{b} = \dfrac{3}{2} = 1.5, \alpha_2 = 0.156$

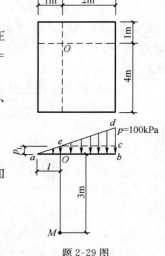

题 2-29 图

△ecd

$\dfrac{l}{b}=\dfrac{1}{2}=0.5, \dfrac{z}{b}=\dfrac{3}{2}=1.5, \alpha_3=0.0312$

$\dfrac{l}{b}=\dfrac{4}{2}=2$

$\dfrac{z}{b}=\dfrac{3}{2}=1.5, \alpha_4=0.0682$

△aOe

$\dfrac{l}{b}=\dfrac{1}{1}=1, \dfrac{z}{b}=\dfrac{3}{1}=3, \alpha_5=0.0233$

$\dfrac{l}{b}=\dfrac{4}{1}=4, \dfrac{z}{b}=\dfrac{3}{1}=3, \alpha_6=0.0482$

$\sigma_{ZM}=p_1(\alpha_1+\alpha_2)+(p-p_1)(\alpha_3+\alpha_4)+p_1(\alpha_5+\alpha_6)$
$\quad=33.3\times(0.073+0.156)+66.7\times(0.0312+0.0682)+33.3\times(0.0233+0.0482)$
$\quad=16.64\text{kPa}$

2-30 某条形分布荷载 $p=150\text{kPa}$，如图所示。试计算 O 点下 3m 处的竖向应力。

解 矩形荷载 $Oabd$

$\dfrac{z}{b}=\dfrac{3}{5}=0.6, \alpha_1=0.234$

矩形 $Oecd$，$\dfrac{z}{b}=\dfrac{3}{3}=1, \alpha_2=0.205$

三角形荷载 Oec

$\dfrac{z}{b}=\dfrac{3}{3}=1, \alpha_3=0.079$

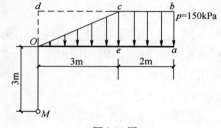
题 2-30 图

$\sigma_{ZM}=150(\alpha_1-\alpha_2)+150\times\alpha_3$
$\quad=150\times(0.234-0.205)+150\times0.079=16.29\text{kPa}$

2-31 某场地土层分布如图所示，已知总应力为自重应力，试求总应力，孔隙水压力和有效应力。

解 （1）总应力计算

0 层面　$\sigma_0=0$
1 层面　$\sigma_1=\gamma h=16.5\times1.5=24.75\text{kPa}$
2 层面　$\sigma_2=24.75+18.8\times1.5=52.95\text{kPa}$
3 层面　$\sigma_3=52.95+17.3\times3=104.85\text{kPa}$
4 层面　$\sigma_4=104.85+18.8\times3=161.25\text{kPa}$

（2）孔隙水压力计算

0、1 层面　$u_0=u_1=0$

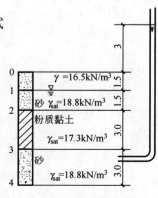
题 2-31 图

2 层面　$u_2 = \gamma_w h = 10 \times 1.5 = 15$ kPa

3 层面　$u_3 = 9 \times 10 = 90$ kPa

4 层面　$u_4 = 10 \times 12 = 120$ kPa

(3) 有效应力计算

0 层面　$\sigma'_0 = 0$

1 层面　$\sigma'_1 = \sigma_1 - u_1 = 24.75$ kPa

2 层面　$\sigma'_2 = \sigma_2 - u_2 = 52.95 - 15 = 37.95$ kPa

3 层面　$\sigma'_3 = \sigma_3 - u_3 = 104.85 - 90 = 14.85$ kPa

4 层面　$\sigma'_4 = \sigma_4 - u_4 = 161.25 - 120 = 41.25$ kPa

2-32　某场地为砂土，如图所示。地下水位于地面下 2.0m 渗透 1 点比 2 点总水头高 0.5m，试绘制土中总应力、孔隙水压力和有效应力。

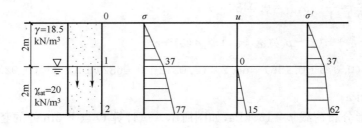

题 2-32 图

解　土中的渗流对土颗粒作用为渗透力，渗透力不影响总应力值，但土中的孔隙水压力和有效应力将发生变化。当水向下渗流时，渗透力和土重力方向一致，于是有效应力增加，孔隙水压力减小。

(1) 总应力

1 层面　$\sigma = \gamma h = 18.5 \times 2 = 37$ kPa

2 层面　$\sigma = 37 + 20 \times 2.0 = 77$ kPa

(2) 孔隙水压力

0、1 层面　$u = 0$

2 层面　$u = \gamma_w (2.0 - 0.5) = 10 \times 1.5 = 15$ kPa

(3) 有效应力

0 层面　$\sigma' = 0$

1 层面　$\sigma' = 37 - 0 = 37$ kPa

2 层面　$\sigma' = 77 - 15 = 62$ kPa

2-33　某场地为砂土，如图所示。水由下向上渗流，由于渗流力作用，使得 1 点和 2 点水头差 0.5m，试计算总应力、孔隙水压力和有效应力。

解　(1) 总应力

1 层面　$\sigma_1 = \gamma h = 18.5 \times 2 = 37$ kPa

2 层面　$\sigma_2 = \gamma h_1 + \gamma_{sat} h_2 = 77$ kPa

(2) 孔隙水压力

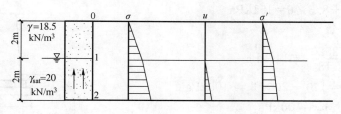

题 2-33 图

0、1 层面　$u=0$

2 层　$u=\gamma_w(2+0.5)=10×2.5=25\text{kPa}$

(3)有效应力

0 层面　$\sigma'=0$

1 层面　$\sigma'=37-0=37\text{kPa}$

2 层面　$\sigma'=77-25=52\text{kPa}$

2-34　某场地为粉土,如图所示。地下水位位于地面下 2.0m,毛细水上升区 $h_c=0.5$m,试计算总应力和孔隙水压力。

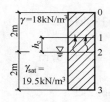 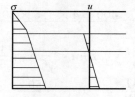

题 2-34 图

解　由于土中毛细水上升高度 $h_c=0.5$m,在 h_c 范围,水表面张力作用使孔隙水压力为负值,使土有效应力增加,在地下水位以下,由于水对土颗粒的浮力作用,使土的有效应力减小。

(1)总应力

1 层面　$\sigma=\gamma h=18×(2-0.5)=18×1.5=27\text{kPa}$

2 层面　$\sigma=18×1.5+\gamma_{sat}h_c=27+19.5×0.5=36.75\text{kPa}$

3 层面　$\sigma=27+19.5×(0.5+2)=75.75\text{kPa}$

(2)孔隙水压力

1 层面　$u=-\gamma_w h_c=-10×0.5=-5\text{kPa}$

2 层面　$u=0$

3 层面　$u=\gamma_w h=10×2.0=20\text{kPa}$

2-35　某桥墩,作用在基础底面的中心荷载 $F_k=2520$kN,基础尺寸 6m×3m,土层分布和土性指标如图所示,试计算自重应力及附加应力。

解　粉质黏土

$$\gamma'=\frac{G_s-1}{1+e}\gamma_w=\frac{2.74-1}{1+1.045}×10=8.5\text{kN/m}^3$$

(1)自重应力计算

1 点　$\sigma_1=5×20=100\text{kPa}$

2 点　$\sigma_2 = 100 + 8.5 \times 6 = 151\text{kPa}$

(2) 附加应力计算

$$p_k = \frac{F_k}{6 \times 3} = \frac{2520}{18} = 140\text{kPa}$$

$$p_0 = p_k - \gamma h = 140 - 20 \times 2 = 100\text{kPa}$$

基底附加压力　$p_0 = 100\text{kPa}$

1 点　$\frac{l}{b} = \frac{3}{1.5} = 2, \frac{z}{b} = \frac{3}{1.5} = 2, \alpha_1 = 0.12$

$p_1 = 4p_0\alpha_1 = 4 \times 100 \times 0.12 = 48\text{kPa}$

2 点　$\frac{l}{b} = 2, \frac{z}{b} = \frac{9}{1.5} = 6, \alpha_2 = 0.024$

$p_2 = 4p_0\alpha_2 = 4 \times 100 \times 0.024 = 9.6\text{kPa}$

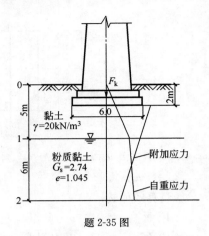

题 2-35 图

2-36 某条形基础宽 4m，基础埋深 1.5m，地下水位在地面下 1.5m，基础顶面作用竖向力 $F_k = 400\text{kN}$，弯矩 $M_k = 150\text{kN} \cdot \text{m}$，土层分布：$0 \sim 2.2\text{m}$ 粉土，$\gamma = 18\text{kN/m}^3$，不固结不排水剪 $c_k = 15\text{kPa}, \varphi_k = 16°, E_s = 6\text{MPa}$；2.2m 以下淤泥质黏土，$\gamma = 17\text{kN/m}^3, E_s = 2\text{MPa}, f_{ak} = 105\text{kPa}$，试验算地基承载力。

解　$p_k = \dfrac{F_k + G_k}{A} = \dfrac{400 + 4 \times 1.5 \times 20}{4} = 130\text{kPa}$

$e = \dfrac{M}{N} = \dfrac{150}{400 + 120} = 0.29\text{m} < \dfrac{1}{6}b = \dfrac{1}{6} \times 4 = 0.67\text{m}$

$p_{k\max} = \dfrac{F_k + G_k}{A} + \dfrac{M_k}{W} = 130 + \dfrac{150}{\frac{1}{6} \times 4^2} = 186.2\text{kPa}$

持力层地基承载力特征值

$f_a = M_b \gamma b + M_d \gamma_m d + M_c c_k$

$\varphi = 16°, M_b = 0.36, M_d = 2.43, M_c = 5.0$

$f_a = 0.36 \times 8 \times 4 + 2.43 \times 18 \times 1.5 + 5.0 \times 15 = 152.1\text{kPa}$

$p_k = 130\text{kPa} < f_a = 152.1\text{kPa}$，满足。

$p_{k\max} = 186.2\text{kPa} > 1.2f_a = 1.2 \times 152.1 = 182.6\text{kPa}$，不满足。

软弱下卧层承载力经深度修正后

$f_a = f_{ak} + \eta_b \gamma (b - 3) + \eta_d \gamma_m (d - 0.5)$

$\eta_d = 1.0, \eta_b = 0$

$f_a = 105 + 1.0 \times \dfrac{1.5 \times 18 + 0.7 \times 8}{2.2} \times (2.2 - 0.5) = 130\text{kPa}$

$p_z = \dfrac{b(p_k - p_c)}{b + 2z\tan\theta}$

$p_k = 130\text{kPa}, b = 4\text{m}, p_c = 18 \times 1.5 = 27\text{kPa}$

$z = 0.7\text{m}, \dfrac{E_{s1}}{E_{s2}} = \dfrac{6}{2} = 3, \dfrac{z}{b} = \dfrac{0.7}{4} = 0.18 < 0.25, \theta = 0°$

$p_z = \dfrac{4 \times (130 - 27)}{4} = 103\text{kPa}$

$$p_{cz} = 18 \times 1.5 + 8 \times 0.7 = 32.6 \text{kPa}$$
$$p_z + p_{cz} = 103 + 32.6 = 135.6 \text{kPa}$$
$$p_z + p_{cz} = 135.6 \text{kPa} > f_a = 130 \text{kPa}, 不满足。$$

结论:持力层承载力和软弱下卧层承载力均不满足要求。

点评:此题不满足 $e < 0.033b$。

2-37 某港口重力式沉箱码头,沉箱底面积受压宽度和长度分别为 $B_{rl} = 10\text{m}, L_{rl} = 170\text{m}$,抛石基床厚 $d_1 = 2\text{m}$,作用于基础抛石基床底面上的合力标准值在宽度和长度方向偏心距为 $e'_B = 0.5\text{m}, e'_L = 0\text{m}$,试计算基床底面处的有效受压宽度 B'_{re} 和长度 L'_{re}。

解 根据《港口工程地基规范》(JTS 147-1—2010)附录 G 计算。

抛石基床底面受压宽度和长度
$$B'_{rl} = B_{rl} + 2d_1 = 10 + 2 \times 2 = 14\text{m}$$
$$L'_{rl} = L_{rl} + 2d_1 = 170 + 2 \times 2 = 174\text{m}$$

抛石基床底面有效受压宽度和长度
$$B'_{re} = B'_{rl} - 2e'_B = 14 - 2 \times 0.5 = 13\text{m}$$
$$L'_{re} = L'_{rl} - 2e'_L = 174 - 2 \times 0 = 174\text{m}$$

2-38 某公路桥台基础 $b \times l = 4.3\text{m} \times 6\text{m}$,基础埋深 3.0m,土的重度 $\gamma = 19 \text{kN/m}^3$。作用在基底的合力竖向分力 $N = 7620 \text{kN}$,对基底重心轴的弯矩 $M = 4204 \text{kN} \cdot \text{m}$,试计算桥台基础的合力偏心距 e,并与桥台基底截面核心半径 ρ 相比较。

解 根据《公路桥涵地基与基础设计规范》(JTG D63—2007)计算 $e = \dfrac{M}{N} = \dfrac{4204}{7620} = 0.55\text{m}$

截面核心半径

$$\rho = \frac{W}{A} = \frac{\frac{1}{6} \times b^2 l}{bl} = \frac{\frac{1}{6} \times 4.3^2 \times 6}{4.3 \times 6} = 0.717\text{m}$$

$$e = 0.55\text{m} < \rho = \frac{b}{6} = \frac{4.3}{6} = 0.717\text{m}$$

2-39 某路堤填土高 8m,如题 2-45 图所示。填土 $\gamma = 18.8 \text{kN/m}^3, c = 33.4 \text{kPa}, \varphi = 20°$,地基为饱和黏土,$\gamma = 15.7 \text{kN/m}^3$,土的不排水抗剪强度 $c_u = 22 \text{kPa}, \varphi_u = 0$,土的固结排水抗剪强度 $c_d = 4 \text{kPa}, \varphi_d = 22°$,试用太沙基公式计算以下两种工况的地基极限荷载(安全系数 $K = 3$):(1)路堤填土速度很快,使得地基土中孔隙水压力来不及消散;(2)填土速度很慢,地基土不产生起静孔隙水压力。

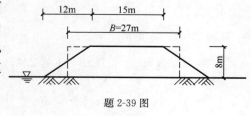

题 2-39 图

解 根据《工程地质手册》第 387 页。

$$f_u = c_k N_c + \gamma_0 d N_d + \frac{1}{2} \gamma b N_b$$

(1)工况 1,采用土的不排水抗剪强度指标 $c_u = 22 \text{kPa}, \varphi_u = 0$

$N_c = 5.14, N_d = 1.0, N_b = 0$

$$f_u = 22 \times 5.14 + 0 + \frac{1}{2} \times 5.7 \times 27 \times 0 = 113.1 \text{kPa}$$

$$f_a = \frac{f_u}{K} = \frac{113.1}{3} = 37.7 \text{kPa} < p_k = 18.8 \times 8 = 150.4 \text{kPa}, \text{不满足。}$$

(2)工况 2,采用土的排水抗剪强度指标 $c_d = 4\text{kPa}, \varphi_d = 22°$

$$N_c = 16.88, N_d = 7.82, N_b = 7.13$$

$$f_u = 4 \times 16.88 + 0 + \frac{1}{2} \times 5.7 \times 27 \times 7.13 = 616.2 \text{kPa}$$

$$f_a = \frac{f_u}{K} = \frac{616.2}{3} = 205.4 \text{kPa} > p_k = 18.8 \times 8 = 150.4 \text{kPa}, \text{满足。}$$

2-40 某路堤高 8m,路堤填土 $\gamma = 18.8\text{kN/m}^3$,地基土 $\gamma = 16.0\text{kN/m}^3, \varphi = 10°, c = 8.7\text{kPa}$,试计算:

(1)用太沙基公式验算路堤下地基承载力是否满足($K = 3$);

(2)采用路堤两侧填土压实方法,以提高地基承载力,填土高度需多少才能满足(填土重度与路堤填土相同)?

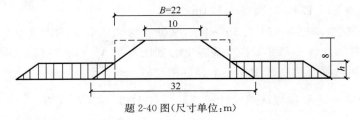

题 2-40 图(尺寸单位:m)

解 根据《工程地质手册》第 387 页。

(1)验算承载力

$$f_u = c_k N_c + \gamma_0 d N_d + \frac{1}{2} \gamma b N_b$$

$$N_c = 8.35, N_d = 2.47, N_b = 1.22$$

$$f_u = 8.7 \times 8.35 + 0 + \frac{1}{2} \times 16.0 \times 22 \times 1.22 = 287.4 \text{kPa}$$

$$f_a = \frac{f_u}{K} = \frac{287.4}{3} = 95.8 \text{kPa} < p_k = 18.8 \times 8 = 150.4 \text{kPa}, \text{不满足。}$$

(2)求填土高度 h

$$f_u = 8.7 \times 8.35 + 18.8 \times h \times 2.47 + \frac{1}{2} \times 16.0 \times 22 \times 1.22 = 287.4 + 46.4h$$

$$f_a = \frac{f_u}{K} = \frac{287.4 + 46.4h}{3} > p_k = 18.8 \times 8 = 150.4$$

解得: $h > 3.53 \text{m}$

2-41 某桥墩基础,$b \times l = 5\text{m} \times 10\text{m}$,埋深 4.0m,作用于基底中心竖向荷载 $N = 8000\text{kN}$,如图所示。试按《公路桥涵地基与基础设计规范》(JTG D63—2007)验算地基承载力。

解 根据规范 JTG D63—2007,地基土为粉砂、中密,其容许承载力 $[f_{a0}] = 110\text{kPa}$

经深、宽修正后的地基容许承载力

$$[f_a] = [f_{a0}] + k_1\gamma_1(b-2) + k_2\gamma_2(h-3)$$

式中：$[f_a]$——经基础的深、宽修正后地基容许承载力；

$[f_{a0}]$——查规范 JTG D63—2007 地基承载力表的地基容许承载力；

b——基础宽度，当 $b<2m$，取 $b=2m$，$b>10m$ 按 $b=10m$ 计算；

h——基础埋深，对于受水流冲刷的基础，由冲刷线算起，不受冲刷的，由天然地面算起，当 $h<3m$ 时，按 $h=3m$ 算；当 $h/b>4$，取 $h=4b$；

γ_1——基底下持力层土重度，如持力层在水下且为透水的按浮重度；

γ_2——基底以上土的加权平均重度，如持力层在水下且不透水的，则不论基底以上土的透水性如何，一律采用饱和重度，如持力层透水的，则水中部分土层采用浮重度；

k_1、k_2——宽、深修正系数。

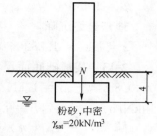

题 2-41 图（尺寸单位：m）

查规范 JTG D63—2007，中密粉砂，$k_1=1.0, k_2=2.0$

$$[f_a] = 110 + 1.0 \times 10 \times (5-2) + 2.0 \times 20 \times (4-3) = 180\text{kPa}$$

基底压力 $p = \dfrac{N}{b \times l} = \dfrac{8000}{5 \times 10} = 160\text{kPa} < [f_a] = 180\text{kPa}$，满足。

2-42 某矩形基础底面尺寸为 $2m \times 2m$，基底附加压力 $p_0 = 185\text{kPa}$，基础埋深 3.0m，土层分布：0～4.0m 粉质黏土，$\gamma = 18\text{kN/m}^3$，$E_s = 3.3\text{MPa}$，$f_{ak} = 185\text{kPa}$；4.0～7.0m 粉土，$E_s = 5.5\text{MPa}$，7m 以下中砂，$E_s = 7.8\text{MPa}$，有关数据见表，按照《建筑地基基础设计规范》（GB 50007—2011），当地基变形计算深度 $z_n = 4.5m$ 时试计算地基最终变形量。

题 2-42 表

$z(m)$	$z_i\bar{\alpha}_i - z_{i-1}\bar{\alpha}_{i-1}$	E_s(MPa)	$\Delta s'$(mm)	$s' = \sum \Delta s'$(mm)
0	0	—	—	—
1	0.225×4	3.3	50.5	50.5
4	0.219×4	5.5	29.5	80.0
4.5	0.015×4	7.8	1.4	81.4

解 计算 z_n 深度范围内压缩模量的当量值 $\bar{E}_s$

$$\bar{E}_s = \dfrac{\sum_{i=1}^{n}\Delta A_i}{\sum_{i=1}^{n}\dfrac{\Delta A_i}{E_{si}}}$$

$$= \dfrac{p_0(z_3\bar{\alpha}_3 - 0 \times \bar{\alpha}_0)}{p_0\left[\dfrac{z_1\bar{\alpha}_1 - 0 \times \bar{\alpha}_0}{E_{s1}} + \dfrac{z_2\bar{\alpha}_2 - z_1\bar{\alpha}_1}{E_{s2}} + \dfrac{z_3\bar{\alpha}_3 - z_2\bar{\alpha}_2}{E_{s3}}\right]}$$

$$= \dfrac{0.225 + 0.219 + 0.015}{\dfrac{0.225}{3.3} + \dfrac{0.219}{5.5} + \dfrac{0.015}{7.8}} = 4.18$$

$p_0 = 185\text{kPa} = f_{ak}, \psi_s = 1.282$

地基最终沉降

$s = \psi_s s' = 1.282 \times 81.4 = 104.4\text{mm}$

2-43 某基础底面尺寸 $3.2\text{m} \times 3.6\text{m}$,埋深 2.0m,地下水位在地面下 1.0m,土层分布: $0\sim0.8\text{m}$ 填土,$\gamma=17\text{kN/m}^3$;$0.8\sim2.0\text{m}$ 为粉土,$\gamma=18\text{kN/m}^3$;2.0m 以下为黏土,$\gamma=19\text{kN/m}^3$,$e_0=0.7$,$I_L=0.6$,$f_{ak}=280\text{kPa}$,试计算修正后地基承载力特征值。

解 $f_a = f_{ak} + \eta_b \gamma(b-3) + \eta_d \gamma_m (d-0.5)$

$\eta_b = 0.3, \eta_d = 1.6, \gamma = 9\text{kN/m}^3$

$\gamma_m = \dfrac{17 \times 0.8 + 18 \times 0.2 + 8 \times 1.0}{2.0} = 12.6\text{kN/m}^3$

$f_a = 280 + 0.3 \times 9 \times (3.2 - 3) + 1.6 \times 12.6 \times (2 - 0.5)$
$= 310.8\text{kPa}$

2-44 某矩形基础尺寸 $4\text{m} \times 2.5\text{m}$,基础埋深 1.0m,地下水位位于基底标高,室内压缩试验结果见题 2-44 表1,基础顶作用荷载效应准永久组合 $F=920\text{kN}$,用分层总和法计算基础中点沉降。

室内压缩试验 e-p 关系值　　　　　　　　题 2-44 表1

土层	e				
	$p(\text{kPa})$				
	0	50	100	200	300
粉质黏土	0.942	0.889	0.855	0.807	0.773
淤泥质黏土	1.045	0.925	0.891	0.830	0.812

解 (1)将土层分层,厚度为 1.0m

(2)计算分层处自重应力

如 0 点处自重应力

$\sigma_{c0} = \gamma h = 18 \times 1 = 18\text{kPa}$

1 点处自重应力

$\sigma_{c1} = \gamma_1 h_1 + \gamma_2 h_2 = 18 \times 1 + 9.1 \times 1$
$= 27.1\text{kPa}$

(3)计算竖向附加压力

基底平均附加压力

$p_0 = p_k - \gamma h$
$= \dfrac{F_k + G_k}{A} - \gamma h$
$= \dfrac{920 + 4 \times 2.5 \times 1 \times 20}{4 \times 2.5} - 18 \times 1$
$= 94\text{kPa}$

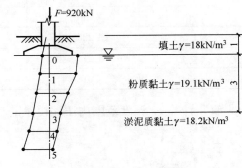

题 2-44 图(尺寸单位:m)

如 1 点　$\sigma_{z1} = 4\alpha p_0 = 4 \times 0.215 \times 94 = 80.84\text{kPa}$

(4)确定压缩层深度

当 $z=6\text{m}$ 时,$\sigma_z = 10.90\text{kPa} < 69.9 \times 0.2 = 13.98\text{kPa}$,所以压缩层深度定为 6.0m。

(5)沉降计算过程见题 2-44 表2,计算基础平均最终沉降量

$s = \sum \Delta s_i = 35.5 + 27.3 + 17.4 + 9.9 + 6.8 + 4.7 = 101.6\text{mm}$

沉 降 计 算

题 2-44 表 2

分层点	深度 z_n (m)	自重应力 σ_c (kPa)	附加应力 σ_z(kPa)计算				层厚 (m)	自重应力平均值 $\frac{\sigma_{c(i-1)}+\sigma_{ci}}{2}$ (kPa)	附加应力平均值 $\frac{\sigma_{z(i-1)}+\sigma_{zi}}{2}$ (kPa)	总应力平均值 (kPa)	受压前孔隙比 e_1	受压后孔隙比 e_2	分层压缩量 $\Delta s_i = \frac{e_1-e_2}{1+e_1}H_i$ (mm)	$\sum \Delta s_i$ (mm)
			l/b	z/b	α	$\sigma_z = 4\alpha p_0$								
0	0	18	1.6	0	0.25	94.00	—	—	—	—	—	—	—	—
1	1	27.1	1.6	0.8	0.215	80.84	1	22.6	87.4	110.0	0.918	0.850	35.5	35.5
2	2	36.2	1.6	1.6	0.140	52.64	1	31.7	66.7	98.4	0.908	0.856	27.3	62.8
3	3	45.3	1.6	2.4	0.088	33.09	1	40.8	42.9	83.6	0.899	0.866	17.4	80.2
4	4	53.5	1.6	3.2	0.058	21.81	1	49.4	27.4	76.8	0.926	0.907	9.9	90.1
5	5	61.7	1.6	4.0	0.040	15.04	1	57.6	18.4	76.0	0.920	0.907	6.8	96.9
6	6	69.9	1.6	4.8	0.029	10.90	1	65.8	13.0	78.8	0.914	0.905	4.7	101.6

2-45 根据《建筑地基基础设计规范》(GB 50007—2011)计算题 2-44 基础中点的沉降量(粉质黏土 $f_{ak}=120$kPa)。

解 (1)土层压缩模量确定

土的压缩系数采用压力段 $p_1=100$kPa 至 $p_2=200$kPa 时的压缩系数

粉质黏土 $a_{1-2}=\dfrac{e_1-e_2}{p_1-p_2}=\dfrac{0.855-0.807}{0.2-0.1}=0.48\text{MPa}^{-1}$

淤泥质黏土 $a_{1-2}=\dfrac{0.891-0.830}{0.2-0.1}=0.61\text{MPa}^{-1}$

土层压缩模量

粉质黏土 $E_s=\dfrac{1+e_1}{a}=\dfrac{1+0.855}{0.48}=3.86\text{MPa}$

淤泥质黏土 $E_s=\dfrac{1+0.891}{0.61}=3.1\text{MPa}$

(2)基底附加压力

$p_0=74$kPa

(3)确定沉降计算深度 z_n

根据规范 GB 50007—2011 表 5.3.6,$b=2.5$m,$\Delta z=0.6$m,往上取 0.6m 其沉降为 0.596mm≤$0.025\times 57.35=1.43$mm,满足要求,故沉降计算深度 $z_n=7.2$m。

(4)确定 ψ_c

$$\overline{E}_s=\dfrac{\sum\limits_{i=1}^{n}A_i}{\sum\limits_{i=1}^{n}\dfrac{A_i}{E_{si}}}$$

$$=\dfrac{2.7677\times p_0}{p_0\left(\dfrac{0.5925}{3.86}+\dfrac{0.5307}{3.86}+\dfrac{0.4327}{3.86}+\dfrac{0.3113}{3.86}+\dfrac{0.2412}{3.86}+\dfrac{0.1742}{3.86}+\dfrac{0.0859}{3.10}+\dfrac{0.0927}{3.10}+\dfrac{0.0782}{3.10}+\dfrac{0.0667}{3.10}+\dfrac{0.0254}{3.10}\right)}$$

$=3.84$MPa

由规范 GB 50007—2011 表 5.3.5,$p_0=74$kPa≤$0.75f_{ak}=0.75\times 120=90$kPa

得 $\psi_s=1.004$。

(5)沉降计算过程见题 2-45 表,计算基础中点最终沉降量

沉 降 计 算　　　　　　　　　　题 2-45 表

z_i(m)	l/b	z/b	$\bar{\alpha}$	$z_i\bar{\alpha}_i$	$z_i\bar{\alpha}_i - z_{i-1}\bar{\alpha}_{i-1}$	E_{si}(MPa)	Δs_i(mm)	$\sum \Delta s_i$(mm)
0	1.6	0	4×0.25=1.0	0	—	—	—	—
0.6	1.6	0.48	4×0.2469=0.9876	0.5925	0.5925	3.86	11.36	11.36
1.2	1.6	0.96	4×0.2340=0.936	1.1232	0.5307	3.86	10.17	21.53
1.8	1.6	1.44	4×0.2161=0.8644	1.5559	0.4327	3.86	8.29	29.82
2.4	1.6	1.92	4×0.1945=0.778	1.8672	0.3113	3.86	5.97	35.79
3.0	1.6	2.40	4×0.1757=0.7028	2.1084	0.2412	3.86	4.62	40.41
3.6	1.6	2.88	4×0.1594=0.6376	2.2954	0.1870	3.10	4.46	44.87
4.2	1.6	3.36	4×0.1452=0.5808	2.4696	0.1742	3.10	4.16	49.03
4.8	1.6	3.84	4×0.1331=0.5324	2.5555	0.0859	3.10	2.05	51.08
5.4	1.6	4.32	4×0.1226=0.4904	2.6482	0.0927	3.10	2.21	53.29
6.0	1.6	4.80	4×0.1136=0.4544	2.7264	0.0782	3.10	1.87	55.16
6.6	1.6	5.28	4×0.1058=0.4232	2.7931	0.0667	3.10	1.59	56.75
7.2	1.6	5.76	4×0.0961=0.3844	2.7677	0.0254	3.10	0.596	57.35

$$s = \psi_s \sum \Delta s_i = 1.004 \times 57.35 = 57.58 \text{mm}$$

根据规范 GB 50007—2011 的地基沉降量计算,是修正的分层总和法,也就是应力面积法,与分层总和法比较有以下特点:

①附加应力沿深度分布是非线性的,如果分层总和法中分层厚度太大,用分层的上下层面附加应力平均值作为分层平均附加应力将产生较大误差,而应力面积法更精确些;

②z_n 的确定方法比分层总和法更合理;

③沉降经验系数 ψ_s,是大量工程实际沉降观测资料的统计分析得出,是一个综合的经验系数,如侧限条件假定(已确定 E_s 时),计算附加应力时,地基土均质假定,地基土实际是成层的,对附加应力分布影响,不同压缩性的地基土沉降计算与实测值差异等。

2-46 某基础尺寸 16m×32m,埋深 4.4m,基底以上土的加权平均重度 $\gamma_m = 13.3\text{N/m}^3$,持力层为粉质黏土,$\gamma' = 9.0\text{kN/m}^3$,$\varphi_k = 18°$,$c_k = 30\text{kPa}$,试用《建筑地基基础设计规范》(GB 50007—2011)的计算公式确定该持力层的地基承载力特征值。

解　　$f_a = M_b \gamma b + M_d \gamma_m d + M_c c_k$
$\varphi = 18°, M_b = 0.43, M_d = 2.72, M_c = 5.31$
b 大于 6m,取 $b = 6$m
$f_a = 0.43 \times 9 \times 6 + 2.72 \times 13.3 \times 4.4 + 5.31 \times 30$
$\quad = 341.7\text{kPa}$

2-47 某建筑为条形基础,基础宽 1.2m,埋深 1.2m,基础作用竖向荷载效应标准值 $F_k = 155\text{kN/m}$,土层分布为:0~1.2m 填土,$\gamma = 18\text{kN/m}^3$;1.2~1.8m 粉质黏土,$f_{ak} = 155\text{kPa}$,$e = 0.7$,$I_L = 0.6$,$E_s = 8.1\text{MPa}$,$\gamma = 19\text{kN/m}^3$;1.8m 以下为淤泥质黏土,$f_{ak} = 102\text{kPa}$,$E_s = 2.7\text{MPa}$。试验算基底压力和软弱下卧层的承载力。当基础加宽至 1.4m,埋深加深至 1.5m 试验算软弱下

卧层承载力。

解 (1)基底平均压力 p_k

$$p_k = \frac{F_k + G_k}{A} = \frac{155 + 20 \times 1.2 \times 1.2}{1.2} = 153.2 \text{kPa}$$

$$< f_a = 155 + 0 + 1.6 \times 18 \times (1.2 - 0.5) = 175.2 \text{kPa},满足。$$

(2)基底附加压力 p_0

$$p_0 = p_k - \gamma_m h = 153.2 - 18 \times 1.2 = 131.6 \text{kPa}$$

(3)验算软弱下卧层地基承载力

软弱下卧层顶附加压力为

$$p_z = \frac{b(p_k - p_c)}{b + 2z\tan\theta}, \frac{E_{s1}}{E_{s2}} = \frac{8.1}{2.7} = 3, \frac{z}{b} = \frac{0.6}{1.2} = 0.5$$

查规范《建筑地基基础设计规范》(GB 50007—2011)表 5.2.7,得地基压力扩散角 $\theta = 23°$。

$$p_z = \frac{bp_0}{b + 2z\tan\theta} = \frac{1.2 \times 131.6}{1.2 + 2 \times 0.6\tan23°} = 92.4 \text{kPa}$$

$$p_{cz} = 1.2 \times 18 + 0.6 \times 19 = 33 \text{kPa}$$

$$p_z + p_{cz} = 92.4 + 33 = 125.4 \text{kPa}$$

经深度修正后软弱下卧层地基承载力特征值为

$$f_{az} = f_{ak} + \eta_d \gamma_m (d - 0.5) = 102 + 1.0 \times \frac{18 \times 1.2 + 19 \times 0.6}{1.8} \times (1.8 - 0.5)$$

$$= 125.8 \text{kPa}$$

$p_z + p_{cz} = 125.4 \text{kPa} \leqslant f_{az} = 125.8 \text{kPa}$,满足。

当该基础加宽至 1.4m、埋深加深至 1.5m 时,试验算基底压力和软弱下卧层地基承载力

(1)基底平均压力 p_k

$$p_k = \frac{F_k + G_k}{A} = \frac{155 + 20 \times 1.5 \times 1.4}{1.4} = 140.7 \text{kPa} < f_a = 175.2 \text{kPa},满足。$$

(2)基底附加压力 p_0

$$p_0 = p_k - \gamma_m h = 140.7 - (18 \times 1.2 + 19 \times 0.3) = 113.4 \text{kPa}$$

(3)验算软弱下卧层地基承载力

$$p_z = \frac{b(p_k - p_c)}{b + 2z\tan\theta}, \frac{E_{s1}}{E_{s2}} = \frac{8.1}{2.7} = 3, \frac{z}{b} = \frac{0.3}{1.4} = 0.21 < 0.25, \theta = 0°$$

$$p_z = \frac{1.4 \times 113.4}{1.4 + 0} = 113.4 \text{kPa}$$

$$p_z + p_{cz} = 113.4 + 1.2 \times 18 + 0.6 \times 19 = 146.4 \text{kPa}$$

经深度修正后软弱下卧层地基承载力特征值为

$$f_{az} = f_{ak} + \eta_d \gamma_m (d - 0.5) = 102 + 1.0 \times \frac{18 \times 1.2 + 19 \times 0.6}{1.8} \times (1.8 - 0.5)$$

$$= 125.8 \text{kPa}$$

$p_z + p_{cz} = 146.4 \text{kPa} > f_{az} = 125.8 \text{kPa}$,不满足。

所以在有软弱下卧层情况下,将基础加宽加深是不利的,应使基底尽量远离软弱下卧层,

同时持力层太薄时,基础不宜太宽。

2-48 某基础尺寸 16m×32m,从天然地面算起基础埋深 3.4m,地下水位在地面下 1.0m,基础底面以上填土 $\gamma=19\text{kN/m}^3$,作用于基础底面相应于荷载效应标准组合和准永久组合的竖向荷载值分别为 153600kN 和 122880kN,根据设计要求,室外地面将在上部结构施工完后普遍提高 1.5m,试计算地基变形用的基底附加压力。

解 当填土 1.5m 是在上部结构施工完后,基础埋深 d 应从天然地面起算

$$p_c = 19 \times 1.0 + 9 \times 2.4 = 40.6\text{kPa}$$

$$p = \frac{F+G}{A} = \frac{122880}{16 \times 32} = 240\text{kPa}$$

基底附加压力 $p_0 = p - p_c = 240 - 40.6 = 199.4\text{kPa}$

2-49 某建筑室内地坪 ±0.00 相当于高程 5.6m,室外地坪高程 4.6m,天然地面高程 3.6m,地下室净高 4.0m,顶板厚 0.3m,底板厚 1.0m,垫层厚 0.1m,试确定坑底的高程。

解 坑底面高程为

$$5.6 - (0.3 + 4 + 1.0 + 0.1) = 0.2\text{m}$$

2-50 某基础尺寸为 16m×32m,基础埋深 4.4m,基础底面以上土的加权平均重度 $\gamma_m = 13.3\text{kN/m}^3$,作用于基础底面相应于荷载效应准永久组合和标准组合竖向荷载值分别为 122880kN 和 153600kN,在深度 12.4m 以下有软弱下卧层,$f_{ak}=146\text{kPa}$,深度 12.4m 以上土的加权平均重度 $\gamma_m=10.5\text{kN/m}^3$,试验算软弱下卧层地基承载力(设地基压力扩散角 $\theta=23°$)。

解 $p_k = \dfrac{F_k+G_k}{A} = \dfrac{153600}{16 \times 32} = 300\text{kPa}$

$$p_c = \gamma_m h = 13.3 \times 4.4 = 58.5\text{kPa}$$

$$p_z = \frac{lb(p_k - p_c)}{(b+2z\tan\theta)(l+2z\tan\theta)}$$

$$= \frac{32 \times 16(300-58.5)}{(16+2 \times 8\tan23°)(32+2 \times 8\tan23°)} = 139.8\text{kPa}$$

$$p_{cz} = \gamma_m h = 10.5 \times 12.4 = 130.2\text{kPa}$$

软弱下卧层顶面经深度修正后地基承载力特征值

$$f_a = f_{ak} + \eta_b \gamma(b-3) + \eta_d \gamma_m(d-0.5)$$

$$\eta_b = 0, \eta_d = 1.0$$

$$f_a = 146 + 1.0 \times 10.5 \times (12.4 - 0.5) = 271\text{kPa}$$

$p_z + p_{cz} = 139.8 + 130.2 = 270\text{kPa} \leqslant f_a = 271\text{kPa}$,满足。

2-51 某工程采用箱形基础,基础平面尺寸为 64.8m×12.8m,基础埋深 5.7m,土层分布为:0~5.7m,粉质黏土,$\gamma=18.9\text{kN/m}^3$;5.7~7.5m,粉土,$\gamma=18.9\text{kN/m}^3$;7.5~12.6m,粉质黏土,$\gamma=18.9\text{kN/m}^3$;12.6~19.3m,卵石,基础底面以下各土层按《土工试验方法标准》(GB/T 50123—1999)进行回弹试验,测得回弹模量见题 2-51 表1。试计算基础中点最大回弹变形量。

二、浅 基 础

土 的 回 弹 模 量 题2-51表1

土 层	深度(m)	厚度(m)	E_{ci}(MPa)			
			$E_{0\sim0.25}$	$E_{0.25\sim0.5}$	$E_{0.5\sim1.0}$	$E_{1.0\sim2.0}$
粉质黏土	5.7	5.7	—	—	—	—
粉土	7.5	1.8	28.7	30.2	49.1	57.0
粉质黏土	12.6	5.1	12.8	14.1	22.3	28.0
卵石	19.3	6.7	100(估算值)			

解 根据规范《建筑地基基础设计规范》(GB 50007—2011),基坑开挖回弹变形按下式计算

$$s_c = \psi_c \sum_{i=1}^{n} \frac{p_c}{E_{ci}}(z_i \bar{\alpha}_i - z_{i-1}\bar{\alpha}_{i-1})$$

式中:s_c——地基回弹变形量;

ψ_c——考虑回弹影响的沉降计算经验系数,ψ_c取1.0;

p_c——基坑底面以上土的自重压力,地下水位以下取浮重度,$p_c = \gamma h = 18.9 \times 5.7 = 108$kPa;

E_{ci}——土的回弹模量。

(1)不同深度土层的自重应力和附加应力计算见题2-51表2

土层自重应力和附加应力 题2-51表2

z_i (m)	σ_c (kPa)	$4\alpha_i$	σ_z (kPa)	$\dfrac{\sigma_{c(i-1)}+\sigma_{ci}}{2}$ (kPa)	$\dfrac{\sigma_{z(i-1)}+\sigma_{zi}}{2}$ (kPa)	自重应力+附加应力 (kPa)	E_{ci} (MPa)
0	108	1.000	−108	—	—	—	—
1.8	141.8	0.988	−106.7	124.9	−107.4	17.6	28.7
4.9	200.3	0.8912	−96.2	171.1	−101.5	69.6	22.3
5.9	219.2	0.8416	−90.9	209.75	−93.6	116.2	28
6.9	238.1	0.792	−85.5	228.6	−88.2	140.4	28

(2)基坑回弹变形计算见题2-51表3

回弹变形量计算 题2-51表3

z_i(m)	l/b	z/b	$\bar{\alpha}_i$	$z_i\bar{\alpha}_i$	$z_i\bar{\alpha}_i - z_{i-1}\bar{\alpha}_{i-1}$	E_{ci}(MPa)	$\Delta s'_i$(mm)	$\sum\Delta s'_i$(mm)
0	5	0	1.000	0	—	—	—	—
1.8	5	0.28	0.9970	1.7946	1.7946	28.7	6.75	6.75
4.9	5	0.76	0.9676	4.7412	2.9466	22.3	14.27	21.02
5.9	5	0.92	0.9503	5.6068	0.8655	28	3.34	24.36
6.9	5	1.08	0.9308	6.4225	0.8157	28	3.15	27.51

基坑开挖地基土回弹变形量为27.51mm。

2-52 某基础尺寸为4m×5m,埋深1.5m,作用于基础底面附加压力$p_0=100$kPa,基础底面下4m内为粉质黏土,$E_s=4.12$MPa,4~10m为黏土,$E_s=3.72$MPa,试计算基础中点沉降($\psi_s=0.9$)。

解 沉降计算见题 2-52 表。

$Z_n = b(2.5 - 0.4\ln b) = 4 \times (2.5 - 0.4 \times \ln 4) = 7.8\text{m}$,取 $Z_n = 8\text{m}$。

题 2-52 表

z(m)	l/b	z/b	$\bar{\alpha}_i$	$z\bar{\alpha}_i$	$z_i\bar{\alpha}_i - z_{i-1}\bar{\alpha}_{i-1}$	E_s(MPa)	$\Delta s_i'$(mm)	$\sum \Delta s_i'$(mm)
0	1.25	0	$4\times 0.25=1.0$	0	—	—	—	—
4	1.25	2	$4\times 0.1835=0.734$	2.936	2.936	4.12	71.3	71.3
7.4	1.25	3.7	$4\times 0.1288=0.5152$	3.812	0.876	3.72	23.55	94.8
8.0	1.25	4	$4\times 0.1204=0.4816$	3.853	0.041	3.72	1.10	95.9

基础宽度 $b=4\text{m}$,由计算深度 8.0m 向上取 $\Delta z = 0.6\text{m}$。

$z = 7.4\text{m} \sim 8.0\text{m}, \Delta s' = 1.10\text{mm} \leqslant 0.025\sum \Delta s_i' = 0.025 \times 95.9 = 2.4\text{mm}$

满足规范要求,z_n 取 8.0m。

基础中点最终沉降

$$s = \psi_s s' = \psi_s \sum_1^n \Delta s_i' = 0.9 \times 95.9 = 86.3\text{mm}$$

2-53 某相邻基础,作用基础底面处附加压力:甲基础 $p_{01} = 200\text{kPa}$,乙基础 $p_{02} = 100\text{kPa}$,试计算甲基础中点 O 及角点 m 以下深度 2m 处的竖向附加应力。

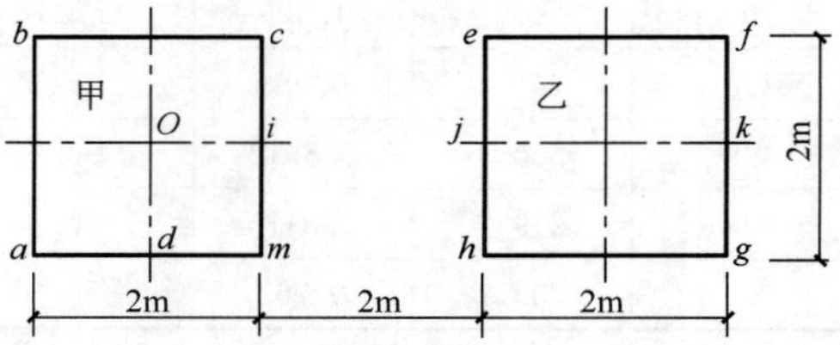

解 甲基础 O 点下 2m,$\dfrac{l}{b}=1, \dfrac{z}{b}=\dfrac{2}{1}=2, \alpha=0.084$

乙基础对甲基础影响

矩形 $Okgd$ $\quad \dfrac{l}{b}=\dfrac{5}{1}=5, \dfrac{z}{b}=\dfrac{2}{1}=2, \alpha=0.136$

矩形 $Ojhd$ $\quad \dfrac{l}{b}=\dfrac{3}{1}=3, \dfrac{z}{b}=\dfrac{2}{1}=2, \alpha=0.131$

O 点下深度 2m 附加应力为

$\sigma_O = p_O \alpha$
$ = 4 \times 0.084 \times 200 + 2 \times (0.136 - 0.131) \times 100$
$ = 67.2 + 1 = 68.2\text{kPa}$

甲基础 m 点下深度 2m

甲基础 $mabc$ $\quad \dfrac{l}{b}=\dfrac{2}{2}=1, \dfrac{z}{b}=\dfrac{2}{2}=1, \alpha=0.175$

乙基础的影响

矩形 $mgfc$ $\quad \dfrac{l}{b}=\dfrac{4}{2}=2, \dfrac{z}{b}=\dfrac{2}{2}=1, \alpha=0.2$

矩形 $mhec$ $\quad \dfrac{l}{b}=\dfrac{2}{2}=1, \dfrac{z}{b}=\dfrac{2}{2}=1, \alpha=0.175$

m 点下深度 2m 处附加应力为

$\sigma_m = 200 \times 0.175 + 100 \times (0.2 - 0.175) = 35 + 2.5 = 37.5\text{kPa}$

题 2-53 图

2-54 某矩形基础尺寸为 $2.4\text{m} \times 4.0\text{m}$,设计地面下埋深 1.2m(高于自然地面 0.2m),作

用在基础顶面荷载 1200kN，土的重度 $\gamma=18kN/m^3$，试求基底水平面 1 点和 2 点下各 3.6m 深度处 M_1 和 M_2 的竖向附加应力。

解 $p_k = \dfrac{F_k+G_k}{A} = \dfrac{1200+4\times2.4\times1.1\times20}{4\times2.4} = 147kPa$

$p_c = 18\times1.0 = 18kPa$

$p_0 = p_k - p_c = 147 - 18 = 129kPa$

M_1 点 $\dfrac{l}{b} = \dfrac{2.4}{2} = 1.2, \dfrac{z}{b} = \dfrac{3.6}{2} = 1.8$

$\alpha = 0.108$

$\sigma_{M1} = p_0\alpha = 129\times0.108\times2 = 27.9kPa$

M_2 点 $\dfrac{l}{b} = \dfrac{6}{2} = 3, \dfrac{z}{b} = \dfrac{3.6}{2} = 1.8, \alpha = 0.143$

$\dfrac{l}{b} = \dfrac{3.6}{2} = 1.8, \dfrac{z}{b} = \dfrac{3.6}{2} = 1.8, \alpha = 0.129$

$\sigma_{M2} = p_0\alpha = 129\times(0.143 - 0.129)\times2 = 3.6kPa$

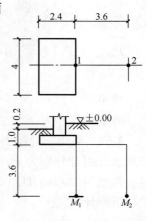

题 2-54 图(尺寸单位：m)

2-55 某内纵墙基础埋深 $d=1.8m$，相应荷载效应标准组合传至基础顶面轴力 $F_k=280kN/m$，基础埋深范围内土的重度 $\gamma=18kN/m^3$，地基持力层为中砂，地基承载力特征值 $f_{ak}=170kN/m^2$，试确定基础底面宽度。

解 假设 $b\leqslant3$
地基持力层为中砂 $\eta_b=3,\eta_d=4.4$
$b<3m$，按 3m 算
$f_a = f_{ak} + \eta_b\gamma(b-3) + \eta_d\gamma_m(d-0.5) = 170 + 4.4\times18\times(1.8-0.5) = 273kPa$
$b \geqslant \dfrac{F_k}{f_a-\gamma_G d} = \dfrac{280}{273-20\times1.8} = 1.2m < 3m$
假设成立，$b=1.2m$。

2-56 某柱下钢筋混凝土独立基础，已知 $F_k=380kN$，$M_k=38kN\cdot m, H=32kN$，试确定基础尺寸。

解 假设 $b\leqslant3$
经深、宽修正后地基承载力特征值
$f_a = f_{ak} + \eta_b\gamma(b-3) + \eta_d\gamma_m(d-0.5)$
e 和 I_L 均小于 0.85，$\eta_b=0.3,\eta_d=1.6$
$f_a = 190 + 1.6\times19\times(1.2-0.5) = 211.3kPa$
(1) 先不考虑偏心
$A \geqslant \dfrac{F_k}{f_a-\gamma_G d} = \dfrac{380}{211.3-20\times1.2} = 2.03m^2$
(2) 考虑偏心，A 增加 20%，取 $2.5m^2$，设 $b=2.0m, l=1.25m$
$P_k = \dfrac{380}{1.5} + 20\times1.2 = 176 < f_a = 211$

$e = \dfrac{\sum M}{\sum N} = \dfrac{38+0.45\times32}{380+2.5\times1.2\times20} = 0.12$

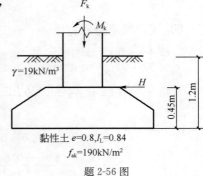

黏性土 $e=0.8, I_L=0.84$
$f_{ak}=190kN/m^2$

题 2-56 图

$e < \dfrac{b}{6}$，为小偏心

$$P_{k\max} = P_k\left(1+\dfrac{6e}{b}\right) = 176 \times \left(1+\dfrac{6\times 0.12}{2}\right)$$
$$= 239.4 < 1.2f_a = 253.6$$

满足要求。

故基础尺寸为：$b=2.0\text{m}$，$l=1.25\text{m}$。

2-57 某钢筋混凝土条形基础，由砖墙上部结构传来的相应荷载效应标准组合、基本组合和准永久组合分别为 $F_k=230\text{kN/m}$、$F=280\text{kN/m}$ 和 $F=200\text{kN/m}$，基础埋深 $d=0.8\text{m}$，混凝土强度等级 C30，HRB335 钢筋，$f_y=300\text{N/mm}^2$，保护层厚度 40mm，试设计该条形基础并进行沉降计算。

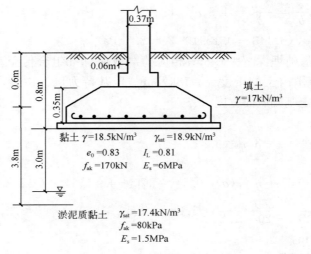

题 2-57 图

解 （1）确定基础宽度

假定 $b \leqslant 3\text{m}$

$$f_a = f_{ak} + \eta_b\gamma(b-3) + \eta_d\gamma_m(d-0.5)$$
$$= 170 + 0 + 1.6 \times \dfrac{17\times 0.6 + 18.5\times 0.2}{0.8} \times (0.8-0.5) = 178.3\text{kPa}$$

$$b \geqslant \dfrac{F_k}{f_a-\gamma_G d} = \dfrac{230}{178.3-20\times 0.8} = 1.42\text{m}，假设成立，取 b=1.5\text{m}。$$

$$p_k = \dfrac{F_k+G_k}{b} = \dfrac{230+0.8\times 1.5\times 20}{1.5}$$
$$= 169.3\text{kPa} < f_a = 178.3\text{kPa}，满足。$$

（2）弯矩设计值

砖墙 $M_1 = \dfrac{1}{6}a_1^2\left(2p_{\max}+p-\dfrac{3G}{A}\right)$

$$p_{\max} = p = \dfrac{280}{1.5} = 186.7$$

$a_1 = b_1 + 0.06$,b_1 为基础边缘至砖墙脚的距离。

$$b_1 = \frac{1.5}{2} - \frac{0.37}{2} - 0.06 = 0.505\text{m}$$

$$M_1 = \frac{1}{6} \times (0.505 + 0.06)^2 \times (3 \times 186.7)$$
$$= 29.8\text{kN} \cdot \text{m}$$

(3)配筋计算

按《建筑地基基础设计规范》(GB 50007—2011)第 8.2.12 条进行配筋计算。

$$A_s = \frac{M}{0.9 f_y h_0}, \text{HRB335 钢筋}, f_y = 300\text{N/mm}^2$$

$$h_0 = 0.35 - 0.04 = 0.31\text{m}$$

$$A_s = \frac{29.8 \times 1000 \times 1000}{0.9 \times 300 \times 310} = 356\text{mm}^2$$

按规范 8.2.1 条第三款,计算最小配筋量。

$0.15\% \times 310 \times 1000 = 465\text{mm}^2$

两者取大值,则 $A_s = 465\text{mm}^2$

配 $\underline{\Phi}12@200(A_s = 565\text{mm}^2)$

(4)软弱下卧层承载力验算

淤泥质黏土　　$\eta_b = 0, \eta_d = 1.0$

$$\gamma_m = \frac{17 \times 0.6 + 18.5 \times 0.2 + 18.5 \times 3.0 + 8.9 \times 0.6}{4.4} = 16.99\text{kN/m}^3$$

$$f_a = f_{ak} + \eta_d \gamma_m (d - 0.5) = 80 + 1.0 \times 16.99 \times (4.4 - 0.5)$$
$$= 146.3\text{kPa}$$

下卧层顶面压力

自重压力　　$p_{cz} = 17 \times 0.6 + 18.5 \times 0.2 + 18.5 \times 3 + 8.9 \times 0.6 = 74.8\text{kPa}$

$$\frac{E_{s1}}{E_{s2}} = \frac{6}{1.5} = 4, \frac{z}{b} = \frac{3.6}{1.5} = 2.4, \theta = 24°$$

附加压力　　$p_z = \dfrac{b(p_k - p_c)}{b + 2z\tan\theta} = \dfrac{1.5(169.3 - 17 \times 0.8)}{1.5 + 2 \times 3.6 \times \tan 24°} = 49.6\text{kPa}$

$p_z + p_{cz} = 49.6 + 74.8 = 124.4\text{kPa} < f_a = 146.3\text{kPa}$,满足。

(5)沉降计算

基底附加压力

$$p_0 = p - \gamma h = \frac{200 + 0.8 \times 1.5 \times 20}{1.5} - 17 \times 0.6 - 18.5 \times 0.2$$
$$= 135.4\text{kPa}$$

计算参数见题 2-57 表。

沉 降 计 算　　　　　　　　　　　　题 2-57 表

$z(m)$	l/b	z/b	$\bar{\alpha}_i$	$z_i\bar{\alpha}_i$	$z_i\bar{\alpha}_i - \bar{z}_{i-1}\bar{\alpha}_{i-1}$	E_{si}(MPa)	$\Delta s'$(mm)	$\sum \Delta s'_i$(mm)
0	10	0	$4\times 0.25=1.0$	0	—	—	—	—
3.6	10	2.4	$4\times 0.1895=0.758$	2.73	2.73	6.0	61.74	61.74
13.3	10	8.9	$4\times 0.0952=0.381$	5.07	2.34	1.5	211.69	273.43
13.6	10	9.1	$4\times 0.0938=0.375$	5.10	0.03	1.5	2.71	276.14

$b=1.5m \leqslant 2.0m, \Delta z=0.3m$

13.6m 向上取 0.3m, $\Delta s'=2.71mm \leqslant 0.025\sum\Delta s'=0.025\times 276.14=6.9mm$

$z_n=13.6m$，满足。

$$\bar{E}_s=\frac{\sum_{i=1}^{n}A_i}{\sum_{i=1}^{n}\frac{A_i}{E_{si}}}=\frac{p_0\times 5.10}{p_0\left(\frac{2.73}{6}+\frac{2.34}{1.5}+\frac{0.03}{1.5}\right)}=2.5$$

$p_0=135.4kPa \leqslant 0.75f_{ak} \approx 0.75\times 180=135kPa, \psi_s=1.1$

$s=\psi_s\sum\Delta s'_i=1.1\times 276.14=303.8mm$

2-58　某混凝土承重墙下条形基础，墙厚 0.4m，上部结构传来荷载 $F_k=290kN/m, M_k=10.4kN\cdot m$，基础埋深 $d=1.2m$ 地基承载力特征值 $f_{ak}=140kN/m^2$，试设计该基础。

解　(1)确定基础宽度

假定 $b\leqslant 3m$

$f_a=f_{ak}+n_b\gamma(b-3)+n_d\gamma_m(d-0.5)$
$=140+0+1.5\times 18\times(1.2-0.5)$
$=159kPa$

按轴心荷载初估基础宽度

$b\geqslant \dfrac{F_k}{f_a-\gamma_G d}=\dfrac{290}{159-20\times 1.2}=2.15m$

考虑偏心荷载作用，基础宽度扩大 20%，取 $b=2.6m$，假设成立。

$p_k=\dfrac{F_k+G_k}{A}=\dfrac{290+2.6\times 1.2\times 20}{2.6}$
$=135.5kPa$。

$p_k=135.5kPa \leqslant f_a=159$，满足。

$p_{kmax}=\dfrac{F_k+G_k}{A}+\dfrac{M_k}{W}$

$=135.5+\dfrac{10.4}{\frac{1}{6}\times 2.6^2\times 1.0}$

$=144.7kPa \leqslant 1.2f_a$
$=1.2\times 159=190.7kPa$，满足。

(2)确定基础高度

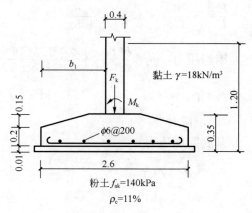

题 2-58 图(尺寸单位:m)

设基础高 $h=0.35\text{m}$,基础有效高度 $h_0=0.35-0.04=0.31\text{m}$
基础采用 C20 混凝土,$f_c=7.2\text{N/mm}^2$,Ⅲ级钢筋,$f_y=360\text{N/mm}^2$
$$b_1=\frac{b}{2}-\frac{b'}{2}=\frac{2.6}{2}-\frac{0.4}{2}=1.1\text{m}$$

地基净反力
$$e=\frac{M_k}{F_k}=\frac{10.4}{290}=0.036\text{m}$$
$$p_{n\max}=\frac{F_k}{b}\left(1+\frac{6e}{b}\right)=\frac{290}{2.6}\times\left(1+\frac{6\times0.036}{2.6}\right)=120.8\text{kPa}$$
$$p_{n\min}=\frac{290}{2.6}\times\left(1-\frac{6\times0.036}{2.6}\right)=102.3\text{kPa}$$

墙边处净反力
$$p_{nI}=102.3+\frac{\left(2.6-\frac{2.6}{2}-0.2\right)\times(120.8-102.3)}{2.6}$$
$$=110.1\text{kPa}$$
$$p_n=\frac{1}{2}(p_{n\max}+p_{nI})=\frac{1}{2}(120.8+110.1)=115.5\text{kPa}$$

墙边处基础剪力设计值
$$V_s=p_n lb_1\times1.35=115.5\times1.0\times1.1\times1.35=171.5\text{kN}$$

根据《建筑地基基础设计规范》(GB 50007—2011)8.2.10 条,条形基础抗剪应满足
$$V_s\leqslant0.7\beta_{hs}f_tA_0$$
$\beta_{hs}=1.0 \quad f_t=1100\text{kN/m}^2$
$0.7\beta_{hs}f_tA_0=0.7\times1.0\times1100\times0.31\times1.0=238.7\text{kN}$
$V_s=171.5\text{kN}<238.7\text{kN}$,基础高度满足。

(3)配筋计算
$$M_I=\frac{1}{12}a_I^2\left[(2l+a')\left(p_{\max}+p-\frac{2G}{A}\right)+(p_{\max}-p)l\right]$$

条形基础 $l=a'=1.0\text{m}$,混凝土墙体 $a_1=b_1$
$p_{k\max}=144.7\text{kPa},p_{k\min}=135.5-9.2=126.3\text{kPa}$
墙边处 $p=126.3+\dfrac{1.1\times(144.7-126.3)}{2.6}=126.3+7.78=134.1\text{kPa}$
$$M_1=\frac{1}{6}a_1^2\left(2p_{\max}+p-\frac{3G}{A}\right)$$
$$=\frac{1}{6}\times1.1^2\times\left(2\times144.7\times1.35+134.1\times1.35-\frac{3\times2.6\times1.2\times20\times1.35}{2.6}\right)$$
$$=95.7\text{kN}\cdot\text{m}$$
$$A_s=\frac{M_1}{0.9f_yh_0}=\frac{95.7\times10^6}{0.9\times360\times310}=953\text{mm}^2$$

按规范 8.2.1 条第三款,计算最小配筋量。

$0.15\% \times 310 \times 1000 = 465 \text{mm}^2$

两者取大值，则 $A_s = 953 \text{mm}^2$

配 $\phi 14@150 (A_s = 1026 \text{mm}^2)$。

2-59 某锥形基础，尺寸 $2.5\text{m} \times 2.5\text{m}$，C20 混凝土，保护层厚度 40mm，作用在基础顶轴心荷载 $F_k = 556\text{kN}$，弯矩 $M_k = 80\text{kN} \cdot \text{m}$，柱截面尺寸$0.4\text{m} \times 0.4\text{m}$，基础高 $h = 0.5\text{m}$，试验算基础受冲切承载力。

解 基础受冲切承载力

$$F_l \leq 0.7\beta_{hp} f_t a_m h_0$$

$$F_l = p_j A_l$$

$$a_m = \frac{1}{2}(a_t + a_b)$$

基础底净反力

$$p_{jmax} = \frac{F_k \times 1.35}{A} + \frac{M_k \times 1.35}{\frac{b^2 l}{6}} = \frac{5.56 \times 1.35}{2.5 \times 2.5} + \frac{80 \times 1.35}{\frac{2.5^2 \times 2.5}{6}}$$

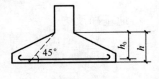

题 2-59 图(尺寸单位：m)

$= 161.6 \text{kPa}$

$p_{jmin} = 120.1 - 41.5 = 78.6 \text{kPa}$

正方形柱和正方形基础，$b = 2.5\text{m} > b_c + 2h_0 = 0.4 + 2 \times (0.5 - 0.04) = 1.32\text{m}$

$$A_l = \left(\frac{l}{2} - \frac{a_c}{2} - h_0\right)\left(\frac{l}{2} + \frac{a_c}{2} + h_0\right)$$

$$= \left(\frac{2.5}{2} - \frac{0.4}{2} - 0.46\right) \times \left(\frac{2.5}{2} + \frac{0.4}{2} + 0.46\right)$$

$$= 1.13 \text{m}^2$$

$F_l = p_j A_l = 161.6 \times 1.13 = 182.6 \text{kN}$

$\beta_{hp} = 1.0 (h = 0.5\text{m} < 0.8\text{m})$

C20 混凝土，$f_t = 1.1 \text{N/mm}^2 = 1100 \text{kPa}$

$h_0 = 0.5 - 0.04 = 0.46\text{m}$

$a_m = \frac{1}{2}(a_t + a_b) = \frac{1}{2}(0.4 + 2h_0 + 0.4) = 0.86\text{m}$

$0.7\beta_{hp} f_t a_m h_0 = 0.7 \times 1.0 \times 1100 \times 0.86 \times 0.46 = 304.6 \text{kN}$

$F_l = 182.6 \text{kN} \leq 0.7\beta_{hp} f_t a_m h_0 = 304.6 \text{kN}$，满足。

2-60 某独立基础，底面尺寸 $3.7\text{m} \times 2.2\text{m}$，基础高 $h = 0.95\text{m}$，柱边位置有效高度为 0.91m，基础边缘位置有效高度为 0.40m，柱截面尺寸$0.7\text{m} \times 0.4\text{m}$，基础顶作用 $F_k = 1900\text{kN}$，$M_k = 10\text{kN} \cdot \text{m}$，$H_k = 20\text{kN}$，C20 混凝土，$f_t = 1100 \text{kN/m}^2$，如图所示。试验算柱与基础交接处截面受剪承载力。

解 根据《建筑地基基础设计规范》(GB 50007—2011) 8.2.9 条及附录 U 得

当基础底面短边尺寸小于或等于柱宽加两倍基础有效高度时，应按下式验算柱与基础交接处截面受剪承载力

$$p_{mj} = \frac{F}{A} = \frac{1900 \times 1.35}{3.7 \times 2.2} = 315.1 \text{kPa}$$

$$V_s = 315.1 \times \frac{3.7-0.7}{2} \times 2.2 = 1040 \text{kN}$$

$$b_{y0} = \left[1 - 0.5 \frac{h_1}{h_0}\left(1 - \frac{b_{y2}}{b_{y1}}\right)\right] b_{y1}$$

$$= \left[1 - 0.5 \times \frac{0.91 - 0.40}{0.91}\left(1 - \frac{0.40}{2.2}\right)\right] \times 2.2$$

$$= 1.7 \text{m}$$

$$\beta_{hs} = \left(\frac{800}{h_0}\right)^{1/4} = \left(\frac{800}{910}\right)^{1/4} = 0.97$$

$$0.7\beta_{hs} f_t A_0 = 0.7 \times 0.97 \times 1100 \times 1.70 \times 0.91$$
$$= 1155 \text{kN} \geqslant V_s = 1040 \text{kN}$$

受剪承载力满足规范要求。

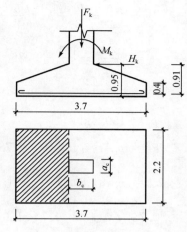

题 2-60 图(尺寸单位:m)

点评:根据《建筑地基基础设计规范》(GB 50007—2011),当基础底面短边尺寸小于或等于柱宽加 2 倍基础有效高度时,应验算交接处截面受剪承载力,具体见 8.2.9 条。

2-61 某独立基础,底面尺寸 2.4m×2.4m,基础高 0.6m,分两个台阶,基础埋深 1.2m,作用于基础顶面荷载 $F_k = 680 \text{kN}$,柱截面尺寸 0.4m×0.4m,如图所示。基础为 C20 混凝土,Ⅱ级钢筋,试验算台阶处和柱的冲切承载力。(保护层厚度 40mm)

解 柱边冲切承载力

$$F_l \leqslant 0.7\beta_{hp} f_t a_m h_0$$

$$A_l = \left(\frac{b}{2} - \frac{b_c}{2} - h_0\right)\left(\frac{b}{2} + \frac{b_c}{2} + h_0\right)$$

$$h_0 = 0.6 - 0.04 = 0.56 \text{m}$$

$$A_l = \left(\frac{2.4}{2} - \frac{0.4}{2} - 0.56\right)\left(\frac{2.4}{2} + \frac{0.4}{2} + 0.56\right)$$

$$= 0.86 \text{m}^2$$

$$F_l = p_j A_l, p_j = \frac{F_k \times 1.35}{l \times b} = \frac{680 \times 1.35}{2.4 \times 2.4} = 159.4 \text{kPa}$$

$$F_l = 159.4 \times 0.86 = 137.1 \text{kN}$$

$\beta_{hp} = 1.0$,C20 混凝土,$f_t = 1.10 \text{N/mm}^2$

$$a_m = \frac{1}{2}(a_t + a_b) = \frac{1}{2}(0.4 + 2h_0 + 0.4)$$

$$= \frac{1}{2}(0.8 + 2 \times 0.56) = 0.96 \text{m}$$

$$0.7\beta_{hp} f_t a_m h_0 = 0.7 \times 1.0 \times 1100 \times 0.56 \times 0.96 = 414 \text{kN}$$

$$F_l = 137.1 \text{kN} \leqslant 0.7\beta_{hp} f_t a_m h_0 = 414 \text{kN}, 满足。$$

台阶冲切承载力

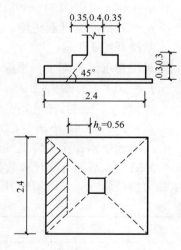

题 2-61 图(尺寸单位:m)

$$A_l = \left(\frac{b}{2} - \frac{b_c}{2} - h_0\right)\left(\frac{b}{2} + \frac{b_c}{2} + h_0\right)$$

$$= \left(\frac{2.4}{2} - \frac{1.1}{2} - 0.26\right) \times \left(\frac{2.4}{2} + \frac{1.1}{2} + 0.26\right)$$

$$= 0.784 \text{m}^2$$

$p_j = 159.4 \text{kN}$

$F_l = p_j A_l = 159.4 \times 0.784 = 125 \text{kN}$

$a_m = \frac{1}{2}(a_t + a_b) = \frac{1}{2}(1.1 + 1.1 + 2 \times 0.26) = 1.36 \text{m}$

$0.7\beta_{hp} f_t a_m h_0 = 0.7 \times 1.0 \times 1100 \times 1.36 \times 0.26 = 272.3 \text{kN}$

$F_l = 125 \text{kN} \leqslant 0.7\beta_{hp} f_t a_m h_0 = 272.3 \text{kN}$，满足。

2-62 某基础位于有承压水层位置如图所示，试问：(1)基槽开挖 1.0m 和 1.5m 槽底是否隆起；(2)基础埋深 1.5m，承压水位至少降低几米？

解 (1)基槽开挖 1.0m 承压含水层顶部土自重应力

$p_c = 20 \times 1 + 19 \times 2 = 58 \text{kPa}$

承压含水层水压力

$u = (2 + 4) \times 10 = 60 \text{kPa}$

$p_c < u$，槽底有隆起危险。

基槽开挖 1.5m

承压含水层顶部土自重应力

$p_c = 20 \times 0.5 + 19 \times 2 = 48 \text{kPa} < u$，槽底隆起

(2)当 $p_c \geqslant u$ 时，槽底不会隆起

$p_c = \gamma_w h$，$48 = 10h$，$h = 4.8 \text{m}$

所以承压水位至少降低 $6 - 4.8 = 1.2 \text{m}$。

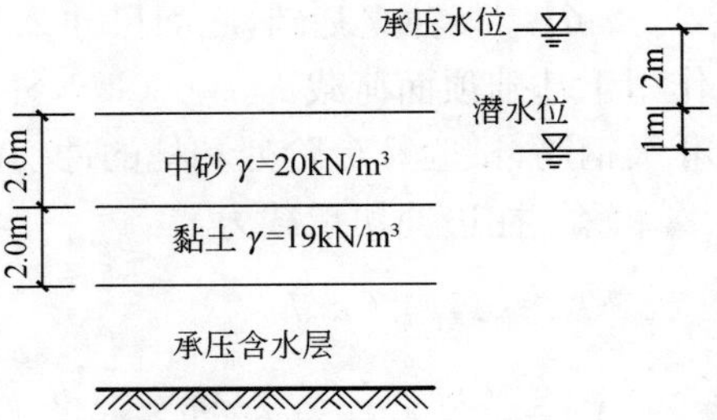

题 2-62 图

2-63 某基础沉降计算数据见表，假如作用于基础底面附加压力 $p_0 = 60 \text{kPa}$，持力层地基承载力特征值 $f_{ak} = 108 \text{kPa}$，压缩层厚度 5.2m，试确定沉降计算经验系数 ψ_s。

题 2-63 表

z(m)	l/b	z/b	$\bar{\alpha}$	$z\bar{\alpha}$	$z_i\bar{\alpha}_i - z_{i-1}\bar{\alpha}_{i-1}$	E_{si}(MPa)
0	1.5	0	$4 \times 0.25 = 1.0$	0	0	—
2.0	1.5	1.0	$4 \times 0.232 = 0.9280$	1.856	1.856	7.5
5.2	1.5	2.6	$4 \times 0.1664 = 0.6656$	3.461	1.605	2.4

解 计算深度 5.2m 范围内压缩模量当量值为

$$\bar{E}_s = \frac{\sum_{i=1}^{n} \Delta A_i}{\sum_{i=1}^{n} \frac{\Delta A_i}{E_{si}}}$$

$$=\frac{3.461}{\frac{1.856}{7.5}+\frac{1.605}{2.4}}=3.78$$

$p_0=60\text{kPa} \leqslant 0.75f_{ak}=0.75\times108=81\text{kPa}$

根据《建筑地基基础设计规范》(GB 50007—2011)表 5.3.5,$\psi_s=1.01$。

2-64 某独立基础 $4\text{m}\times6\text{m}$,埋深 $d=1.5\text{m}$,作用基础顶面准永久竖向力 $F=1728\text{kN}$,地下水位在地面下 1.0m,土层分布:$0\sim1.0\text{m}$ 填土 $\gamma=18\text{kN/m}^3$;$1.0\sim3.5\text{m}$,粉质黏土,$\gamma=18\text{kN/m}^3$,$E_s=7.5\text{MPa}$;$3.5\sim7.9\text{m}$ 淤泥质黏土,$\gamma=17\text{kN/m}^3$,$E_s=2.4\text{MPa}$;7.9m 以下黏土,$\gamma=19.7\text{kN/m}^3$,$E_s=9.9\text{MPa}$,该黏土为超固结土(OCR=1.5),可作为不压缩层,试计算基础最终沉降($\psi_s=1.0$)。

解 $p=\dfrac{F+G}{A}=\dfrac{1728+4\times6\times1.0\times20+4\times6\times0.5\times10}{4\times6}=97\text{kPa}$

$p_0=p-\gamma_m d=97-\dfrac{18\times1+8\times0.5}{1.5}\times1.5=75\text{kPa}$

沉降计算见题 2-64 表。

题 2-64 表

$z(\text{m})$	l/b	z/b	$\bar{\alpha}$	$z\bar{\alpha}$	$z_i\bar{\alpha}_i-z_{i-1}\bar{\alpha}_{i-1}$	$E_s(\text{MPa})$	$\Delta s'_i(\text{mm})$	$\sum\Delta s'_i(\text{mm})$
0	0	0	$4\times0.25=1.00$	0	—	—	—	—
2.0	1.5	1.0	$4\times0.232=0.928$	1.856	1.856	7.5	18.6	18.6
6.4	1.5	3.2	$4\times0.1474=0.5896$	3.773	1.917	2.4	59.9	78.5

基础最终沉降量

$s=\psi_s\sum\Delta s'_i=1.0\times78.5=78.5\text{mm}$

2-65 某柱下联合基础,作用在柱上荷载效应标准值 $F_{k1}=1000\text{kN}$,$F_{k2}=1500\text{kN}$,地基承载力特征值 $f_a=190\text{kPa}$,作用 F_{k1} 柱尺寸 $0.3\text{m}\times0.3\text{m}$,如图所示。试确定基础的尺寸和基础截面最大负弯矩。

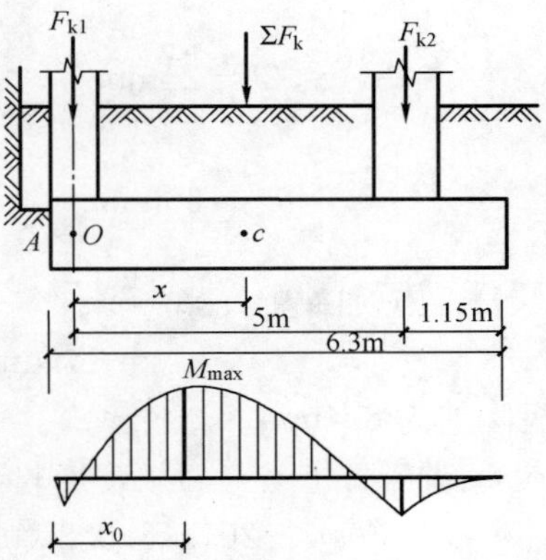

解 求 F_{k1} 和 F_{k2} 的合力作用点 c 与 O 点距离 x

$(1000+1500)x=1500\times5$

$x=\dfrac{7500}{2500}=3.0\text{m}$

为使基底反力均匀分布,合力作用点应通过基础中心,基础长度 l 取为

$l=2\times(3+0.15)=6.3\text{m}$

题 2-65 图

基础宽度 $b\geqslant\dfrac{\sum F_{ki}}{l\times(f_a-\gamma_G d)}=\dfrac{2500}{6.3\times(190-20\times1.5)}=2.48\text{m}\approx2.5\text{m}$

基础尺寸 长×宽 $=6.3\text{m}\times2.5\text{m}$

基础纵向每米净反力 $p_n = \dfrac{\sum F_{ki} \times 1.35}{l} = \dfrac{2500 \times 1.35}{6.3} = 535.7 \text{kN/m}$

设最大负弯矩截面与 A 点距离为 x_0，该截面剪力为 0

$535.7 x_0 - 1000 \times 1.35 = 0, x_0 = 2.52 \text{m}$

最大负弯矩 $M_{\max} = -1000 \times 1.35 \times (2.52 - 0.15) + 535.7 \times 2.52 \times \dfrac{2.52}{2}$

$= -1498.5 \text{kN} \cdot \text{m}$

2-66 某土样高 10cm，底面积 50cm²，在侧压条件下，$\sigma_1 = 100 \text{kPa}$，$\sigma_3 = 50 \text{kPa}$，若土样变形模量 $E_0 = 15 \text{MPa}$，试求当 σ_1 由 100kPa 增至 200kPa 时，土样竖向变形。

解 静压力系数 $K_0 = \dfrac{\sigma_3}{\sigma_1} = \dfrac{50}{100} = 0.5$

$\mu = \dfrac{K_0}{1 + K_0} = \dfrac{0.5}{1 + 0.5} = 0.33$

$E_0 = \beta E_s = \left(1 - \dfrac{2\mu^2}{1-\mu}\right) E_s = \left(1 - \dfrac{2 \times 0.33^2}{1 - 0.33}\right) E_s = 0.67 E_s$

$E_s = \dfrac{15}{0.67} = 22.4 \text{MPa}$

$s = \dfrac{\Delta p}{E_s} \times H = \dfrac{100}{22.4} \times 0.1 = 0.44 \text{mm}$

2-67 某场地大面积堆土高 2m，重度 $\gamma = 18 \text{kN/m}^3$，如图所示。试求 A、B 两点的沉降差。

解 $s_{A1} = \dfrac{\Delta p}{E_s} \times H = \dfrac{2 \times 18}{10} \times 3 = 10.8 \text{mm}$

$s_{B1} = \dfrac{2 \times 18}{10} \times 2 = 7.2 \text{mm}$

$s_{A2} = \dfrac{2 \times 18}{3} \times 2 = 24 \text{mm}$

$s_{B2} = \dfrac{2 \times 18}{3} \times 3 = 36 \text{mm}$

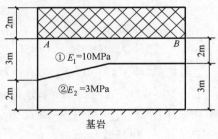

题 2-67 图

A、B 两点沉降差 $\Delta s = (s_{A1} + s_{A2}) - (s_{B1} + s_{B2}) = (10.8 + 24) - (7.2 + 36)$

$= -8.4 \text{mm}$

沉降差为 8.4mm。

点评：若下卧基岩表面坡度度较大，还应考虑下卧刚性层的影响，具体见《建筑地基基础设计规范》(GB 50007—2011) 5.3.8 条及 6.2.2 条。

2-68 某场地土层分布为：0～4m 淤泥质黏土，$\gamma = 16.8 \text{kN/m}^3$；4～11m 黏土，$\gamma_{sat} = 19.7 \text{kN/m}^3$，固结系数 $C_v = 1.6 \times 10^{-3} \text{cm}^2/\text{s}$，回弹指数 $C_e = 0.05$，压缩指数 $C_c = 0.2$，初始孔隙比 $e_0 = 0.72$，11～15m 砂卵石，如图所示，假设各土层完成固结后开挖一深 4m 的大面积基坑，待坑底土层充分回弹后建造建筑物，基础中心点以下附加应力近似为梯形分布，$\sigma_A = 120 \text{kPa}$，$\sigma_B = 60 \text{kPa}$，试求 A 点最终沉降量（忽略砂卵石层沉降）。

解 土层已完成固结,先期固结压力

$p_{cA} = 16.8 \times 4 = 67.2 \text{kPa}$

$p_{cB} = 67.2 + 9.7 \times 7 = 135.1 \text{kPa}$

$p_{cC} = 135.1 + 10 \times 4 = 175.1 \text{kPa}$

基坑开挖后自重应力

$\sigma_A = 0, \sigma_B = 9.7 \times 7 = 67.9, \sigma_C = 67.9 + 40 = 107.9 \text{kPa}$

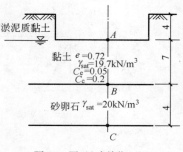

题 2-68 图(尺寸单位:m)

$p_c > \sigma$,属超固结土

黏土层,先期固结压力 $p_c = \dfrac{67.2 + 135.1}{2} = 101.2 \text{kPa}$

自重应力 $p_1 = \dfrac{0 + 67.9}{2} = 34 \text{kPa}$

附加应力 $\Delta p = \dfrac{120 + 60}{2} = 90 \text{kPa}$

$\Delta p = 90 \text{kPa} > (p_c - p_1) = 101.2 - 34 = 67.2 \text{kPa}$

黏土层沉降

$$s_{cn} = \sum_1^n \dfrac{H_i}{1 + e_{oi}} \left[c_{ei} \lg \left(\dfrac{p_{ci}}{p_{1i}} \right) + c_{ci} \lg \left(\dfrac{p_{1i} + \Delta p_i}{p_{ci}} \right) \right]$$

$= \dfrac{7000}{1 + 0.72} \times \left(0.05 \times \lg \dfrac{101.2}{34} + 0.2 \lg \dfrac{34 + 90}{101.2} \right)$

$= 170.9 \text{mm}$

2-69 试绘制如题 2-69 图 a)所示的土层,在填土前、刚填完土、填土后已固结地基的总应力、孔隙水压力和有效应力。

解 (1)填土前,总应力

$\sigma_0 = 0, \sigma_1 = 18 \times 2 = 36 \text{kPa}, \sigma_2 = 36 + 20 \times 2 = 76 \text{kPa}$

$\sigma_3 = 76 + 19 \times 2 = 114 \text{kPa}$

孔隙水压力 $u_0 = u_1 = 0, u_2 = 10 \times 2 = 20 \text{kPa}$,

$u_3 = 10 \times 4 = 40 \text{kPa}$

有效应力 $\sigma'_0 = 0$

$\sigma'_1 = 36 - 0 = 36 \text{kPa}$

$\sigma'_2 = 76 - 20 = 56 \text{kPa}$

$\sigma'_3 = 114 - 40 = 74 \text{kPa}$

(2)刚填完土,填土荷载

$\sigma = \gamma h = 18.7 \times 4.8 = 90 \text{kPa}$,全部由超静孔隙水压力承担荷载

$\sigma_0 = 90 \text{kPa}, \sigma_1 = 90 + 36 = 126 \text{kPa}, \sigma_2 = 90 + 76 = 166 \text{kPa}$

$\sigma_3 = 90 + 114 = 204 \text{kPa}$

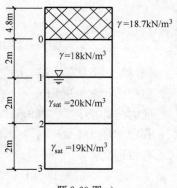

题 2-69 图 a)

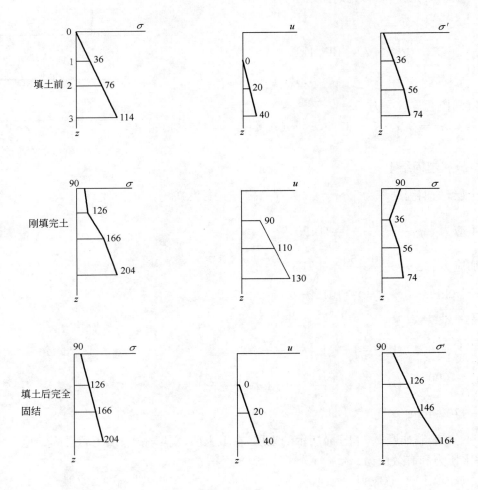

题 2-69 图 b)

孔隙水压力 $u_0=0, u_1=90\text{kPa}, u_2=110\text{kPa}, u_3=130\text{kPa}$
有效应力 $\sigma_0'=90-0=90\text{kPa}, \sigma_1'=126-90=36\text{kPa}$

$\sigma_2'=166-110=56\text{kPa}$

$\sigma_3'=204-130=74\text{kPa}$

(3) 填土后完全固结, 土中起静孔隙水压力 (90kPa) 消散
总应力 $\sigma_0=90\text{kPa}, \sigma_1=90+36=126, \sigma_2=90+76=166\text{kPa}, \sigma_3=90+114=204\text{kPa}$
应力分布图见题 2-69 图 b)。
孔隙水压力 $u_0=u_1=0, u_2=110-90=20\text{kPa}, u_3=130-90=40\text{kPa}$
有效应力 $\sigma_0'=90\text{kPa}$

$\sigma_1'=126\text{kPa}$

$\sigma_2'=166-20=146\text{kPa}$

$\sigma'_3 = 204 - 40 = 164 \text{kPa}$

2-70 A、B 基础尺寸相同，底面尺寸 4m×4m，A 基础作用竖向荷载 $F_k = 200 \text{kN}$，B 基础作用竖向荷载 $F_k = 200 \text{kN}$ 和弯矩 $M_k = 50 \text{kN} \cdot \text{m}$，如图所示。试求基础中心点以下各 z 处附加应力是否相同。

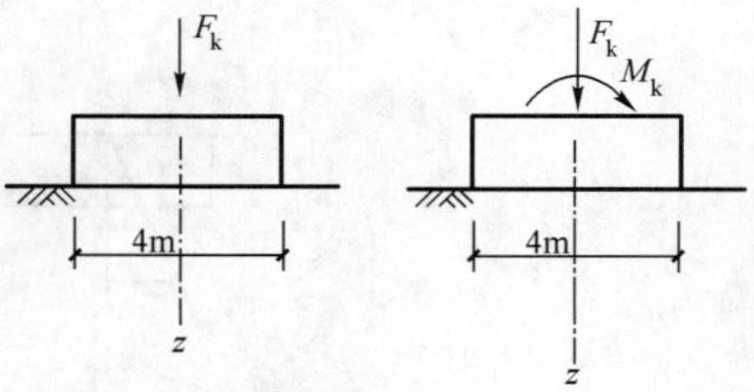

解 A 基础基底压力

$$p_k = \frac{F_k}{A} = \frac{200}{4 \times 4} = 12.5 \text{kPa}$$

B 基础基底压力

$$p_{k\max} = \frac{F_k}{A} + \frac{M_k}{\frac{1}{6} \times 4^2 \times 4} = 12.5 + \frac{50}{\frac{1}{6} \times 16 \times 4}$$

$$= 17.2 \text{kPa}$$

$p_{k\min} = 12.5 - 4.69 = 7.8 \text{kPa}$

基底压力平均值

$$p_{km} = \frac{17.2 + 7.8}{2} = 12.5 \text{kPa}$$

A、B 基础基底压力相同，均为 12.5kPa，所以两基础中点下各 z 处附加应力相同。

题 2-70 图

2-71 试计算如图所示，河床下 A 点的总竖向自重应力、孔隙水压力和有效竖向自重应力。

解 A 点

总竖向自重应力 $\sigma_c = \gamma_w h_w + \gamma h = 2 \times 10 + 20 \times 4 = 100 \text{kPa}$

孔隙水压力 $u_A = 10 \times 6 = 60 \text{kPa}$

有效竖向自重应力 $\sigma' = \sigma_c - u_A = 100 - 60 = 40 \text{kPa}$

题 2-71 图

2-72 试绘制题 2-72 图 a)中①、②（条基）的附加应力沿深度分布曲线，③、④的竖向自重应力沿深度分布曲线。

解 题 2-72 图 a)中①，p_0 分布为无穷大，沿深度附加应力为矩形，绘制的附加应力和竖向自重应力曲线如题 2-75 图 b)所示。

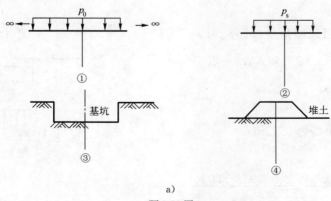

a)

题 2-72 图

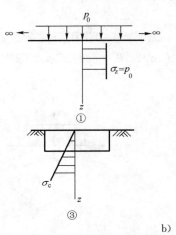

题 2-72 图

2-73 某场地有一 10m 厚黏土层,黏土层以下为中砂,砂层含有承压水,水头高 6m,现要在黏土层开挖基坑,试求基坑开挖深度 H 多深,坑底不会隆起破坏。

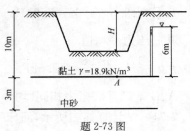

题 2-73 图

解 设基坑开挖深度为 H,黏土层底面 A 点总应力
$\sigma_A = \gamma_{sat}(10-H) = 18.9(10-H)$
孔隙水压力 $u = \gamma_w h_w = 10 \times 6 = 60 \text{kPa}$
若 A 点隆起,有效应力 $\sigma'_A = 0$。
$\sigma'_A = \sigma_A - u = 18.9(10-H) - 60 = 0$
$H = 6.82 \text{m}$

当基坑开挖深度大于 6.82m 时,A 点土层将隆起。

2-74 某挡土墙基础宽 $b=3$m,作用竖向力 $N=200$kN/m,N 的偏心距 $e=0.2$m,主动土压力 $E_a=50$kN/m,挡土墙重度 $\gamma=23$kN/m³,如图所示。试求基础作用力偏心距和基底压力分布。

解 挡土墙重力
$G = \left[1.2 \times 5 + \dfrac{1}{2} \times (2-1.2) \times 5 + 3 \times 1\right] \times 23$
$= 253 \text{kN/m}$

假设 G 作用位置离墙角点 O 距离为 x

$138 \times 1.9 + 46 \times 1.03 + 69 \times 1.5 = 253x$

$x = \dfrac{413.1}{253} = 1.63 \text{m}$

G 重心离轴线距离为 0.13m。
基础偏心距

$e' = \dfrac{M}{N} = \dfrac{253 \times 0.13 + 200 \times 0.2 - 50 \times 1.2}{200 + 253} = 0.028 \text{m}$

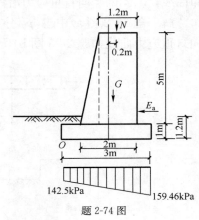

题 2-74 图

基础偏心距离轴线 28mm(右侧)。
基底压力分布

$$p_{\max}=\frac{N}{A}+\frac{M}{W}=\frac{453}{3\times1}+\frac{453\times0.028}{\frac{1}{6}\times3^2\times1}=159.46\text{kPa}$$

$$p_{\min}=\frac{N}{A}-\frac{M}{W}=\frac{453}{3\times1}-\frac{453\times0.028}{\frac{1}{6}\times3^2\times1}=142.5\text{kPa}$$

2-75 某基础 $b\times l=2.6\text{m}\times2.6\text{m}$，柱截面 $0.4\text{m}\times0.4\text{m}$，轴心荷载 $F_k=850\text{kN}$，如图所示，混凝土强度等级 C20，试验算基础变阶处的冲切承载力。

解 $F_l\leqslant0.7\beta_{hp}f_t a_m h_0$
$F_l=p_j A_l$

$$p_j=\frac{F_k\times1.35}{A}=\frac{850\times1.35}{2.6^2}=169.7\text{kPa}$$

$$a_m=\frac{a_t+a_b}{2}$$

$a_t=1.4\text{m}, a_b=a_t+2h_0=1.4+2\times0.26=1.92\text{m}$

$$a_m=\frac{1.4+1.92}{2}=1.66\text{m}$$

$$A_l=\frac{1}{2}[b+(a_t+2h_0)]\times\frac{b-a_t-2h_0}{2}$$
$$=\frac{1}{2}[2.6+(1.4+2\times0.26)]\times\frac{2.6-1.4-2\times0.26}{2}$$
$$=0.768\text{m}^2$$

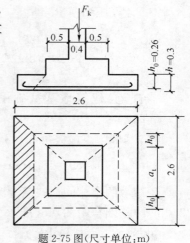

题 2-75 图(尺寸单位：m)

$F_l=p_j A_l=169.7\times0.768=130.4\text{kN}$

$h=0.3\text{m}<0.8\text{m}, \beta_{hp}=1.0$，C20 混凝土，$f_t=1100\text{kN/m}^2$

$0.7\times\beta_{hp}f_t a_m h_0=0.7\times1.0\times1100\times1.66\times0.26=332.3\text{kN}$

$F_l=130.3\text{kN}\leqslant0.7\beta_{hp}f_t a_m h_0=332.3\text{kN}$，满足。

2-76 一独立基础面积 $11.1\text{m}\times9.0\text{m}$，埋深 3.0m，作用在基础底面准永久组合压力 $p=300\text{kPa}$，各土层压缩模量如图所示，试计算基础中心点沉降。

解 (1)计算基底附加压力

$p_0=p-\gamma d=300-18\times3.0=246\text{kPa}$

(2)确定沉降计算深度
根据规范《建筑地基基础设计规范》(GB 50007—2011)第 5.3.8

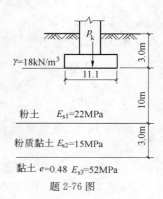

题 2-76 图

条,当孔隙比 $e<0.5$,压缩模量大于 50MPa 的黏性土,z_n 可取至该层土表面,所以 $z_n=13$m。

(3)基础中点沉降计算见题 2-76 表。

沉 降 计 算　　　　　　　　　　　　　　　　　题 2-76 表

z_i(m)	z_i/b	l/b	$\bar{\alpha}$	$z_i\bar{\alpha}_i$	$z_i\bar{\alpha}_i-z_{i-1}\bar{\alpha}_{i-1}$	E_{si}(MPa)	$\Delta s'_i$(mm)	$\sum\Delta s'_i$(mm)
0	0	1.2	4×0.25=1.00	0	—	—	—	—
10	2.22	1.2	4×0.1729=0.6916	6.9160	6.9160	22	77.30	77.3
13	2.89	1.2	4×0.1485=0.5939	7.7207	0.8047	15	13.20	90.50

(4)计算压缩模量当量

$$\bar{E}_s=\frac{\sum A_i}{\sum \frac{A_i}{E_{si}}}=\frac{7.7202}{\frac{6.916}{22}+\frac{0.8047}{15}}=20.98\text{MPa}$$

查规范《建筑地基基础设计规范》(GB 50007—2011)表 5.3.5,沉降计算经验系数 $\psi_s=0.2$。

(5)基础中点最终沉降计算

$s=0.2×90.50=18.1$mm

2-77　两个相同形式高 20m 的煤仓,采用 10m×10m 的钢筋混凝土基础,如图所示,埋深 2.0m,两基础净距 2.0m,准永久组合基底平均压力 $p=100$kPa,地基为均匀的淤泥质黏土,$\gamma=15$kN/m³,$E_s=3$MPa,$f_{ak}=100$kPa,试计算煤仓的倾斜。

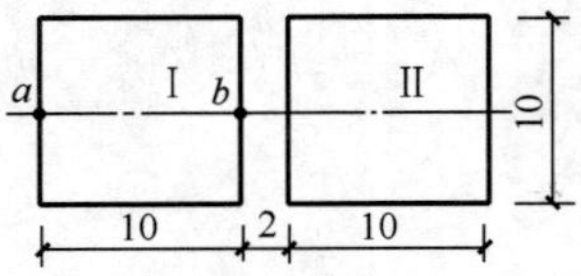

解　(1)基底的附加压力
$p_0=p-\gamma d=100-15×2=70$kPa
(2)基础沉降计算见题 2-77 表
(3)计算深度 z_n 确定
根据规范 GB 50007—2011 第 5.3.6 条
$b=10$m>8.0m,$\Delta z=1.0$m
18～19m,a 点　$s=131.9$mm×0.025=3.30mm⩾3.3mm
　　　　　　b 点　$s=187.9$mm×0.025=4.7mm⩾4.67mm
所以沉降计算深度 19m 满足要求。

题 2-77 图(尺寸单位:m)

(4)压缩模量当量计算

$$\bar{E}_s=\frac{\sum A_i}{\sum \frac{A_i}{E_{si}}}=\frac{5.654}{\frac{3.978+1.062+0.472+0.142}{3}}=\frac{5.654}{1.88}=3\text{MPa}$$

根据规范《建筑地基基础设计规范》(GB 50007—2011)第 5.3.5 条,沉降计算经验系数 $\psi_s=1.067$。

(5)基础 a 点和 b 点最终沉降量
a 点　$s=131.9×1.067=140.7$mm
b 点　$s=187.9×1.067=200.5$mm

二、浅 基 础

沉 降 计 算

题 2-77 表

计算点	z (m)	基础 I			II对I的影响			$\bar{\alpha}$	$z\bar{\alpha}$	$z_i\bar{\alpha_i}-z_{i-1}\bar{\alpha_{i-1}}$	E_{si} (MPa)	$\Delta s_i'$ (mm)	$\sum \Delta s_i'$ (mm)
		l/b	z/b	$\bar{\alpha_i}$	l/b	z/b	$\bar{\alpha_i}$						
a	0	2.0	0	—	4.4 2.4	0	—	—	0	—		0	0
	10	2.0	2	0.3916	4.4 2.4	2.0	0.00624	0.3978	3.978	3.978	3	92.8	92.8
	15	2.0	3.0	0.3238	4.4 2.4	3.0	0.0122	0.336	5.04	1.062	3	24.78	117.58
	18	2.0	3.6	0.2912	4.4 2.4	3.6	0.01504	0.3062	5.512	0.472	3	11.01	128.59
	19	2.0	3.8	0.2816	4.4 2.4	3.8	0.016	0.2976	5.654	0.142	3	3.30	131.9
b	0	2.0	0	—	2.4 2.5	0	—	—	0	—		—	—
	18	2.0	3.6	0.2912	2.4 2.5	3.6 9.0	0.1450	0.4362	7.852	7.852	3	183.2	183.2
	19	2.0	3.8	0.2816	2.4 2.5	3.8 9.5	0.1422	0.4238	8.052	0.2	3	4.67	187.9

(6) 煤仓的倾斜

$$\tan\beta = \frac{200.5-140.7}{10000} = 0.006$$

根据规范 GB 50007—2011 第 5.3.4 条,煤仓的地基变形允许值,当高度 $H_g \leqslant 20$m 时,其倾斜允许值为 8‰,实际值小于允许值,满足要求。

2-78 某 6 层砌体结构的住宅楼,基础为片筏基础,埋深 1.5m,准永久组合基底平均压力 $p=90$kPa,土层为淤泥质黏土和粉土两层土,第一层土不均匀,西边薄,东边厚,$\gamma=17$kN/m³,$E_s=3$MPa,第二层土,$E_s=10$MPa,试计算住宅局部倾斜是否满足规范要求。

解 (1) 基底附加压力计算。
$p_0 = p - \gamma d = 90 - 17 \times 1.5 = 64.5$kPa

(2) 砌体结构的局部倾斜为沿纵向 6~10m 内基础两点的沉降差与其距离的比值,根据土层分布,b 和 c 两点沉降差为最大,其间距为 10m,所以计算 b、c 两点的沉降。

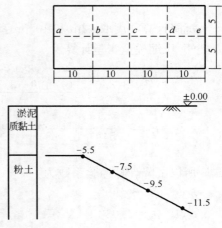

题 2-78 图(尺寸单位:m)

(3)b、c两点的沉降计算见题2-78表。

沉 降 计 算　　　　　　　　　　　　　题2-78表

计算点	z_i (m)	l/b	z/b	$\bar{\alpha}_i$	$z\bar{\alpha}_i$	$z_i\bar{\alpha}_i - z_{i-1}\bar{\alpha}_{i-1}$	E_{si} (MPa)	$\Delta s'_i$ (mm)	$\sum \Delta s'_i$ (mm)	$\dfrac{\Delta s'_i}{\sum \Delta s'_i}$
b	0	2.0 6.0	0	2×0.25=0.5	0	—				
	4	2.0 6.0	0.8	0.9626	3.8504	3.8504	3.0	82.78	82.78	
	5	2.0 6.0	1.0	0.9386	4.6930	0.8426	10.0	5.44	88.22	
	11	2.0 6.0	2.2	0.7670	8.4370	3.7440	10.0	24.15	112.37	
	12	2.0 6.0	2.4	0.7404	8.8848	0.4478	10.0	2.888	115.26	0.025
c	0	4.0	0	4×0.25=1.00	0	—		—	—	
	7.5	4.0	1.5	0.8732	6.5490	6.5490	3.0	140.8	140.8	
	8.5	4.0	1.7	0.8444	7.1774	0.6284	10.0	4.053	144.85	
	9.5	4.0	1.9	0.8180	7.7710	0.5936	10.0	3.829	148.68	
	10.5	4.0	2.1	0.7920	8.3160	0.5450	10.0	3.52	152.2	0.023

(4)沉降计算深度确定，$b=10$m，$\Delta z=1.0$m。

b点在11～12m土层内的沉降　$\Delta s'_i = 2.888$mm

$$\dfrac{\Delta s'_i}{\sum \Delta s'_i} = 0.025$$

c点在9.5～10.5m土层内的沉降　$\Delta s'_i = 3.52$mm

$$\dfrac{\Delta s'_i}{\sum \Delta s'_i} = 0.023$$

沉降计算深度取12m和10.5m，满足要求。

(5)压缩模量当量计算。

b点　$\bar{E}_s = \dfrac{8.8848}{\dfrac{3.8504}{3} + \dfrac{0.8426 + 3.744 + 0.4478}{10}} = 4.97$MPa

c点　$\bar{E}_s = \dfrac{8.316}{\dfrac{6.549}{3} + \dfrac{0.6284 + 0.5936 + 0.545}{10}} = 3.5$MPa

所以沉降计算经验系数为

b点　$\psi_s = 0.903$

c点　$\psi_s = 1.033$

(6)b、c点最终沉降量计算。

b点　$s = 115.26 \times 0.903 = 104.1$mm

c 点 $s = 152.2 \times 1.033 = 157.2 \text{mm}$

(7)局部倾斜计算。

$$\frac{157.2 - 104.1}{10000} = 0.0053$$

所以砌体结构住宅楼局部倾斜为 5.3‰，超过规范要求的 3‰，实际该住宅楼使用过程已多处开裂。

2-79 某柱基础，底面尺寸 3.7m×2.2m，柱截面尺寸 0.7m×0.4m，基础顶作用竖向力 F_k = 1900kN，弯矩 M_k = 10kN·m，水平力 H_k = 20kN，如图所示，试计算基础弯矩值。

解
$$p_{\max} = \frac{(F_k + G_k) \times 1.35}{A} + \frac{(M_k + H_k h) \times 1.35}{W}$$

$$= \frac{(1900 + 3.7 \times 2.2 \times 1.5 \times 20) \times 1.35}{3.7 \times 2.2} +$$

$$\frac{(10 + 20 \times 0.95) \times 1.35}{\frac{1}{6} \times 3.7^2 \times 2.2}$$

$$= 363.4 \text{kPa}$$

$p_{\min} = 355.6 - 7.8 = 347.8 \text{kPa}$

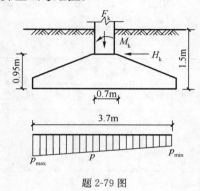

题 2-79 图

柱边地基反力设计值

$$p = \frac{(p_{\max} - p_{\min})(b - a_1)}{b} + p_{\min}$$

$$a_1 = \frac{b}{2} - \frac{0.7}{2} = \frac{3.7}{2} - \frac{0.7}{2} = 1.5 \text{m}$$

$$p = \frac{(363.4 - 347.8)(3.7 - 1.5)}{3.7} + 347.8 = 357.1 \text{kPa}$$

长边方向基础弯矩

$$M_{\mathrm{I}} = \frac{1}{12} a_1^2 \left[(2l + a') \left(p_{\max} + p - \frac{2G}{A} \right) + (p_{\max} - p) l \right]$$

$$= \frac{1}{12} \times 1.5^2 \times \left[(2 \times 2.2 + 0.4) \times \left(363.4 + 357.1 - \frac{2 \times 244.2 \times 1.35}{3.7 \times 2.2} \right) + (363.4 - 357.1) \times 2.2 \right]$$

$$= 578.1 \text{kN} \cdot \text{m}$$

短边方向基础弯矩

$$M_{\mathrm{II}} = \frac{1}{48} (l - a')^2 (2b + b') \left(p_{\max} + p_{\min} - \frac{2G}{A} \right)$$

$$= \frac{1}{48} \times (2.2 - 0.4)^2 (2 \times 3.7 + 0.7) \times (363.4 + 347.8 - 81)$$

$$= 344.6 \text{kN} \cdot \text{m}$$

2-80 某条形基础，如图所示，宽 1.5m，长 30m，埋深 1.5m，作用基础底面准永久荷载压力 120kPa，基础底面下土层为粉土，$\gamma = 17 \text{kN/m}^3$，$E_s = 6 \text{MPa}$，基础两侧大面积填土；填土高

$1.5\mathrm{m}, \gamma=18\mathrm{kN/m^3}$。已知在基底压力 $120\mathrm{kPa}$ 作用下基础中点沉降为 $59\mathrm{mm}$(沉降计算深度 $15\mathrm{m}$),试求:(1)条形基础底的附加压力;(2)填土引起的基础中点的附加沉降($z_n=15\mathrm{m}, \psi_s=1.0$)。

解 (1)基底附加压力计算

填土产生的基底平均压力 $p=\dfrac{1.5\times1.0\times1.5\times18}{1.5\times1.0}=27\mathrm{kPa}$

基底附加压力为 $p_0=120+27-1.5\times17=121.5\mathrm{kPa}$

(2)大面积填土引起基础中点附加沉降计算

填土产生的压力为 $1.5\times18=27\mathrm{kPa}$,填土引起基础中点附加沉降计算见题 2-80 表。

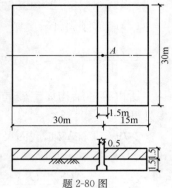

题 2-80 图

填土荷载对基础中点沉降影响计算　　　　题 2-80 表

z_i (m)	左侧填土影响			右侧填土影响			$\bar{\alpha}=\bar{\alpha}_1+\bar{\alpha}_2$	$z_i\bar{\alpha}_i$	$\dfrac{z_i\bar{\alpha}_i-z_{i-1}}{\bar{\alpha}_{i-1}}$	E_s (MPa)	$\Delta s'$ (mm)	$\sum\Delta s'$ (mm)
	l/b	z/b	$\bar{\alpha}_1$	l/b	z/b	$\bar{\alpha}_2$						
0	2.0 20	0.1 2.0	2(0.2499 −0.2018) =0.0962	1.0 20	0.1 2.7	2(0.2498 −0.1811) =0.1374	0.2236	0.3354	—		0	0
12	2.0 20	0.9 18	2(0.2372 −0.057) =0.3604	1.0 20	0.9 18	2(0.2299 −0.057) =0.3458	0.7062	8.4744	8.4744− 0.3354 =8.139	6	36	36
13	2.0 20	0.97 19.4	2(0.2398 −0.0539) =0.3718	1.0 20	0.97 19.4	2(0.2338 −0.0538) =0.360	0.7318	9.5134	9.5134− 0.3354 =9.178	1.039	6	4.68	40.7
14	2.0 20	1.0 20	2(0.2340 −0.0524) =0.3632	1.0 20	1.0 20	2(0.2252 −0.0524) =0.3456	0.7088	9.9232	9.9232− 0.3354 =9.5878	0.4098	6	1.840	42.5
15	2.0 20	1.1 22	2(0.2304 −0.0524) =0.356	1.0 20	1.1 22	2(0.2201 −0.0524) =0.3354	0.6914	10.371	10.371− 0.3354 =10.035	0.4472	6	2.01	44.5

注:基础沉降从基底起算($z_i=0$),填土引起应力从地面起算($z_i=-1.5\mathrm{m}$)。

条形基础两侧填土引起基础中点附加沉降为 $44.5\mathrm{mm}$,基础底在 $120\mathrm{kPa}$ 竖向压力作用下,基础中点沉降为 $59\mathrm{mm}$,所以基础中点总沉降 $s=\psi_s(59+44.5)=103.5\mathrm{mm}$。

2-81 某车间备料场,跨度 $l=24\mathrm{m}$,柱基础底面宽度 $b=4.0\mathrm{m}$,基础埋深 $d=2.0\mathrm{m}$,地基土压缩模量 $E_s=6.2\mathrm{MPa}$,堆载纵向长度 $a=48\mathrm{m}$,地面荷载大小和范围如图所示,试求由于地面荷载作用下柱基内侧边缘中点的地基附加沉降。

解 根据规范《建筑地基基础设计规范》(GB 50007—2011)进行地基附加沉降计算。

(1)计算等效均布地面荷载

将柱基内侧地面荷载按每段为 0.5 倍基础宽度分成 10 段，按下式计算等效均布地面荷载

$$q_{eq}=0.8\left(\sum_{i=0}^{10}\beta_i q_i - \sum_{i=0}^{10}\beta_i p_i\right)$$

式中：q_{eq}——等效均布地面荷载；
　　　β_i——第 i 区段地面荷载换算系数；
　　　q_i——柱内侧第 i 区段内的平均地面荷载；
　　　p_i——柱外侧第 i 区段内的平均地面荷载。

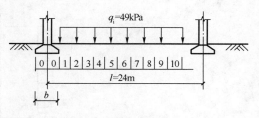

题 2-81 图

$\dfrac{a}{5b}=\dfrac{48}{5\times 4.0}=2.4>1$，所以地面荷载换算系数 β_i 按题 2-81 表 1 取值。

β_i 取 值　　　　　　　　　　　　　　　　　　　　　题 2-81 表 1

区段	0	1	2	3	4	5	6	7	8	9	10
$a/5b \geqslant 1$	0.30	0.29	0.22	0.15	0.10	0.08	0.06	0.04	0.03	0.02	0.01

$$q_{eq}=0.8\sum_{i=0}^{10}\beta_i q_i = 0.8(0.3\times 0+0.29\times 49+0.22\times 49+0.15\times 49+0.10\times 49+0.08\times 49+$$
$$0.06\times 49+0.04\times 49+0.03\times 49+0.02\times 49+0.01\times 49)$$
$$=39.2\text{kPa}$$

(2) 柱基内侧边缘中点地基附加沉降计算（题 2-81 表 2）

堆载长度　$\dfrac{48}{2}=24\text{m}$

宽　　　$10\times\dfrac{b}{2}=10\times\dfrac{4.0}{2}=20.0\text{m}$

沉 降 计 算　　　　　　　　　　　　　　　　　　　　　题 2-81 表 2

z_i (m)	l/b	z_i/b	$\bar{\alpha}_i$	$\bar{z}_i\bar{\alpha}_i$	$\bar{z}_i\bar{\alpha}_i-\bar{z}_{i-1}\bar{\alpha}_{i-1}$	E_s (MPa)	$\Delta s_i'$ (mm)	$\sum\Delta s_i'$ (mm)	$\dfrac{\Delta s_i'}{\sum\Delta s_i'}$
0	1.2	0	$2\times 0.25=0.5$	0					
29	1.2	1.45	$2\times 0.2078=0.4156$	12.05	12.05	6.2	76.2	76.2	
30	1.2	1.50	$2\times 0.2054=0.4108$	12.32	0.27	6.2	1.7	77.9	0.022

大面积填土引起柱基内侧边缘中点地基附加沉降 $s_g'=77.9$ mm，根据规范 GB 50007—2002 表 7.5.4，$b=4.0$ m，$a=48$ m，地基附加沉降量允许值 $[s_g']=79$ mm，$s_g'=77.9<[s_g']=79$ mm，满足。

2-82 某筏板基础，其地层资料如图所示，该 4 层建筑物建造后两年加层至 7 层，加层前基底附加压力 $p_0=60$ kPa，建造后两年固结度达 80%，加层后基底附加压力 $p_0=100$ kPa（加层荷载假设为瞬间加上，忽略加载过程，同时 E_s 近似不变），试求加层后建筑物基础中点增加的最终沉降值。

解　(1) 加层前基础中点最终沉降量

$$s_1=\sum\dfrac{\Delta p_i}{E_{si}}h_i=\dfrac{\dfrac{1}{2}\times(60+50)}{5.0}\times 5.0+\dfrac{\dfrac{1}{2}\times(50+30)}{6.0}\times 8.0=108.3\text{mm}$$

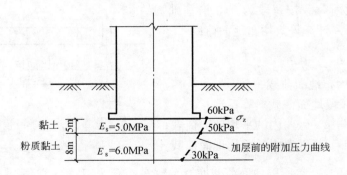

题 2-82 图

(2) 计算地基固结沉降量

$s_t = U_t s_1 = 0.8 \times 108.3 = 86.6 \text{mm}$

(3) 计算加层后基础中点最终沉降量

$s_2 = \sum \dfrac{\Delta p_i}{E_{si}} h_i = \dfrac{100}{60} \times 108.3 = 180.5 \text{mm}$

(4) 加层后建筑物基础中点增加的最终沉降量

$s = s_2 - s_t = 180.5 - 86.6 = 93.9 \text{mm}$

2-83 某钢筋混凝土条形基础,如题 2-83 图所示,混凝土墙厚 0.24m,作用基础顶部的轴心荷载 $F_k = 220\text{kN/m}$,弯矩 $M_k = 20\text{kN} \cdot \text{m}$,基础为 C20 混凝土,HRB400 钢筋,$f_y = 360\text{N/mm}^2$,保护层厚度 40mm,试计算基础底板配筋。

解 $p_{max} = \dfrac{(F_k + G_k) \times 1.35}{A} + \dfrac{M_k \times 1.35}{W}$

$= \dfrac{(220 + 2 \times 2 \times 20) \times 1.35}{2} + \dfrac{20 \times 1.35}{\dfrac{1}{6} \times 2^2}$

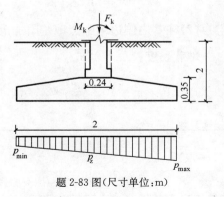

题 2-83 图(尺寸单位:m)

$= 243 \text{kPa}$

$p_{min} = 202.5 - 40.5 = 162 \text{kPa}$

墙边处基底反力设计值

$p = p_{min} + \dfrac{(p_{max} - p_{min})(b - a_1)}{b}$

$a_1 = \dfrac{b}{2} - \dfrac{0.24}{2} = 0.88 \text{m}$

$p = 162 + \dfrac{(243 - 162) \times (2 - 0.88)}{2} = 207.4 \text{kPa}$

$M_I = \dfrac{1}{6} a_1^2 \left(2 p_{max} + p - \dfrac{3G}{A}\right)$

$a_1 = \dfrac{b}{2} - \dfrac{0.24}{2} = 0.88$

条形基础 $l = a' = 1\text{m}$

$$M_{\mathrm{I}} = \frac{1}{6} \times 0.88^2 \times \left(2 \times 243 + 207.4 - \frac{3 \times 2 \times 2 \times 20 \times 1.35}{2}\right) = 68.6 \text{kN} \cdot \text{m/m}$$

$A_s = \dfrac{M}{0.9 h_0 f_y}$, C20 混凝土, $f_c = 9.6 \times 10^3 \text{kN/m}^2$

HRB400 钢筋,$f_y = 360 \text{N/mm}^2$, $h_0 = 0.35 - 0.04 = 0.31 \text{m}$

$$A_s = \frac{68.6 \times 10^6}{0.9 \times 0.31 \times 360} = 683 \text{mm}^2$$

按规范 8.2.1 条第三款,计算最小配筋量。

$0.15\% \times 310 \times 1000 = 465 \text{mm}^2$

两者取大值,则 $A_s = 683 \text{mm}^2$

2-84 某独立基础,底面积 1.8m×2.5m,埋深 1.3m,土层分布:0~1.3m 填土,$\gamma = 17.2 \text{kN/m}^3$;1.3m 以下粉砂,$\gamma_{\text{sat}} = 20 \text{kN/m}^3$,$\gamma = 18 \text{kN/m}^3$,$e = 1.0$,$\psi_k = 20°$,$c_k = 1 \text{kPa}$。当地下水位从地面下 5.0m 升至 0.7m 时,求地基承载力的变化(忽略水位上升对土坑剪强度的影响)。

解 地基承载特征值

$f_a = M_b \gamma b + M_d \gamma_m d + M_c c_k$

$\varphi = 20°$, $M_b = 0.51$, $M_d = 3.06$, $M_c = 5.66$

$f_a = 0.51 \times 18 \times 3.0 + 3.06 \times 17.2 \times 1.3 + 5.66 \times 1.0$

$\quad = 101.6 \text{kPa}$

水位上升后

$$f_a = 0.51 \times 10 \times 3.0 + 3.06 \times \frac{17.2 \times 0.7 + 7.2 \times 0.6}{1.3} \times 1.3 + 5.66 \times 1.0$$

$\quad = 71.0 \text{kPa}$

水位上升后使土有效重度减小,地基承载力特征值减小 30%。

2-85 某天然地基进行浅层平板载荷试验,承压板面积 0.5m^2,各级荷载及相应的沉降如图所示,试按 $s/b = 1.5\%$ 的相对变形量确定地基承载力特征值。

解 $s = 0.015 \times b = 0.015 \times 0.707 = 10.6 \text{mm}$

$s = 10.6 \text{mm}$,所对应的荷载为 122.7kPa。根据《建筑地基基础设计规范》(GB 50007—2011)第 C.0.6 条,按相对变形确定的地基承载力特征值,其值不应大于最大加载的一半。

最大加载 $p_{\max} = 243$,$\dfrac{p_{\max}}{2} = 121.5 \text{kPa}$,所以该浅层平板载荷试验结果的地基承载力特征值 $f_{ak} = 121.5 \text{kPa}$。

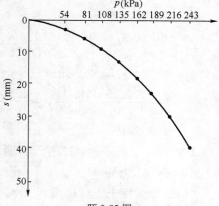

题 2-85 图

2-86 某条形基础,宽 $b = 2.0 \text{m}$,已知基底边缘的最大和最小压力为 $p_{\max} = 150 \text{kPa}$,$p_{\min} = 50 \text{kPa}$,试求基底压力和作用弯矩。

解 $p_k = \dfrac{p_{max} + p_{min}}{2} = \dfrac{150 + 50}{2} = 100 \text{kPa}$

$p_{max} = p_k + \dfrac{M_k}{W}, W = \dfrac{1}{6} \times b^2 l = \dfrac{1}{6} \times 2^2 \times 1.0 = \dfrac{2}{3}$

$150 = 100 + \dfrac{M_k}{2} \times 3$

$M_k = (150 - 100) \times \dfrac{2}{3} = 33.3 \text{kN} \cdot \text{m}$

2-87 某箱形基础,作用在基础底面压力 $p_k = 80 \text{kPa}$,地基土 $\gamma = 18 \text{kN/m}^3$,地下水位自然地面下 1.0m,试求当基底附加压力为零时,基础的埋深。

解 基底附加压力

$p_0 = p_k - \gamma_m d, \gamma_m = \dfrac{18 \times 1.0 + 8 \times (d-1.0)}{d} = \dfrac{18 + 8d - 8}{d} = \dfrac{10 + 8d}{d} = 8 + \dfrac{10}{d}$

$p_0 = 80 - \left(8 + \dfrac{10}{d}\right) \times d = 0$

$80 - 8d - 10 = 0, d = \dfrac{70}{8} = 8.75 \text{m}$

箱形基础埋深 $d = 8.75$m 时,基底附加压力为零。

2-88 某条形基础,宽度 $b = 2.0$m,埋深 1.5m,基础顶作用竖向荷载 $F_k = 350 \text{kN/m}$,土层分布:0~3.0m,黏土 $\gamma = 19.8 \text{kN/m}^3$, $E_s = 12 \text{MPa}$;3.0~5.0m 淤泥质黏土,$\gamma = 18 \text{kN/m}^3$,$E_s = 4 \text{MPa}$。试计算软弱下卧层地基压力扩散角和软弱下卧层顶面附加压力值。

解 (1) $\dfrac{z}{b} = \dfrac{1.5}{2.0} = 0.75, \dfrac{E_{s1}}{E_{s2}} = \dfrac{12}{4} = 3.0$

根据《建筑地基基础设计规范》(GB 50007—2011) 表 5.2.7 软弱下卧层地基压力扩散 $\theta = 23°$。

(2) 条形基础软弱下卧层顶面处的附加压力

$p_z = \dfrac{b(p_k - p_c)}{b + 2z\tan\theta}$

$p_k = \dfrac{F_k + G_k}{A} = \dfrac{350 + 2.0 \times 1.5 \times 20}{2.0 \times 1.0} = 205 \text{kPa}$

$p_c = 19.8 \times 1.5 = 29.7 \text{kPa}$

$p_z = \dfrac{2.0 \times (205 - 29.7)}{2.0 + 2 \times 1.5 \tan 23°} = \dfrac{350.6}{2.0 + 1.27}$

$= 107.2 \text{kPa}$

2-89 某条形基础,如图所示,墙宽 0.4m,基础混凝土强度等级 C20,传至基础顶面荷载 $F_k = 400 \text{kN/m}$,弯矩 $M_k = 30 \text{kN} \cdot \text{m/m}$,试回答下面问题:

(1) 已知黏性土土粒比重 $G_s = 2.65, w = 27\%$,求 e;
(2) 修正后持力层地基承载力特征值;
(3) 计算基础宽度;
(4) 按土的抗剪强度指标计算持力层地基承载力特征值;

(5)验算软弱下卧层地基承载力;
(6)验算基底压力;
(7)计算基础板最大剪力;
(8)计算地基沉降的附加压力;
(9)判断软弱下卧层的压缩性;
(10)计算底板最大弯矩。

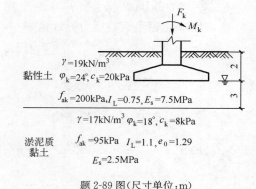

题 2-89 图(尺寸单位:m)

解 (1)$e = \dfrac{G_s \gamma_w (1+w)}{\gamma} - 1$

$= \dfrac{2.65 \times 10 \times (1+0.27)}{19} - 1$

$= 0.77$

(2)设条形基础宽度 $b < 3\text{m}$,$e = 0.77$,$I_L = 0.75$

$\eta_b = 0.3$,$\eta_d = 1.6$

$f_a = 200 + 0 + 1.6 \times 19 \times (2-0.5) = 245.6\text{kPa}$

(3) $b = \dfrac{F_k}{f_a - \gamma_G d} = \dfrac{400}{245.6 - 20 \times 2} = 1.95\text{m}$,取 $b = 2\text{m}$

(4) $f_a = M_b \gamma b + M_d \gamma_m d + M_c c_k$

$\varphi_k = 24°$,$M_b = 0.8$,$M_d = 3.87$,$M_c = 6.45$

$f_a = 0.8 \times 9 \times 2.0 + 3.87 \times 19 \times 2 + 6.45 \times 20 = 290.5\text{kPa}$

(5)验算软弱下卧层地基承载力特征值

$f_{az} = f_{ak} + \eta_d \gamma_m (d - 0.5)$

$= 95 + 0 + 1.0 \times \dfrac{19 \times 2 + 9 \times 3}{5} \times (5 - 0.5)$

$= 153.5\text{kPa}$

$p_{cz} = 19 \times 2 + 9 \times 3 = 65\text{kPa}$

$p_z = \dfrac{b(p_k - p_c)}{b + 2z\tan\theta}$

$p_k = \dfrac{F_k + G_k}{A} = \dfrac{400 + 2 \times 2 \times 20}{2} = 240\text{kPa}$,$p_c = 19 \times 2 = 38\text{kPa}$

$\dfrac{E_{s1}}{E_{s2}} = \dfrac{7.5}{2.5} = 3$,$\dfrac{z}{b} = \dfrac{3}{2} = 1.5$,$\theta = 23°$

$p_z = \dfrac{2 \times (240 - 2 \times 19)}{2 + 2 \times 3 \times \tan 23°} = 88.8\text{kPa}$

$p_z + p_{cz} = 88.8 + 65 = 153.8\text{kPa} \approx f_a = 153.5\text{kPa}$,基本满足。

(6) $p_{\max} = \dfrac{F_k + G_k}{A} + \dfrac{M_k}{W} = \dfrac{400 + 80}{2} + \dfrac{30}{0.67} = 284.8\text{kPa}$

$p_{\max} = 284.8\text{kPa} \leqslant 1.2 f_a = 1.2 \times 245.6 = 294.7\text{kPa}$,满足。

(7)净压力

$p_j = \dfrac{F_k \times 1.35}{A} \pm \dfrac{M_k \times 1.35}{W} = \left(\dfrac{400}{2} \pm \dfrac{30}{0.67}\right) \times 1.35$

$p_{jmax}=330.5\text{kPa}, p_{jmin}=209.5\text{kPa}$

墙边处基础底面地基反力设计值

$p_1 = p_{jmin} + \dfrac{(p_{jmax}-p_{jmin})\times(b-a_1)}{b} = 209.5 + \dfrac{121\times 1.2}{2} = 282.1\text{kPa}$

$a_1 = \dfrac{b-0.4}{2} = \dfrac{2-0.4}{2} = 0.8\text{m}$

最大压力一侧至墙边平均压力

$p_g = \dfrac{p_{jmax}+p_1}{2} = \dfrac{330.5+282.1}{2} = 306.3\text{kPa}$

剪力 $V_I = p_g a_1 = 306.3\times 0.8 = 245\text{kN/m}$

(8) 计算沉降附加压力，荷载应该用准永久组合值

(9) $a = \dfrac{1+e_0}{E_s} = \dfrac{1+1.29}{2.5} = 0.92\text{MPa}^{-1}$

$a \geq 0.5$，属高压缩性土。

(10) $M_I = \dfrac{1}{6}a_1^2\left(2p_{max}+p-\dfrac{3G}{A}\right)$

条形基础 $l=a'=1\text{m}$，墙体为混凝土 $a_1=b_1=\dfrac{b-0.4}{2}=\dfrac{2-0.4}{2}=0.8\text{m}$

$p_{max} = \dfrac{480\times 1.35}{2} + \dfrac{30\times 1.35}{0.67} = 384.4\text{kPa}$

$p_{min} = 263.5\text{kPa}$

$p = 263.5 + \dfrac{121\times 1.2}{2} = 336.0\text{kPa}$

$M_I = \dfrac{1}{6}\times 0.8^2\times\left(2\times 384.4+336.0-\dfrac{3\times 80\times 1.35}{2}\right)$

$= 100\text{kN}\cdot\text{m/m}$

2-90 某土样取土深度 22m，已知先期固结压力为 350kPa，地下水位 4m，水位以上土的密度为 1.85g/cm^3，水位以下土的密度为 1.90g/cm^3，试求该土样的超固结比。

解 现在覆盖土自重压力

$p_1 = 4\times 18.5 + 18\times 9 = 236\text{kPa}$

超固结比 $OCR = \dfrac{p_c}{p_1} = \dfrac{350}{236} = 1.48$

2-91 某高层建筑，地上 25 层，地下 2 层，采用筏板基础，底面尺寸 30m×25m，板厚 2.45m，竖向荷载 $F_k=3\times 10^5\text{kN}$，基础埋深 6.0m，地下水位 −6.0m，土层分布：0～2m 填土，$\gamma=15\text{kN/m}^3$；2～10m 粉土，$\gamma=17\text{kN/m}^3$；10～18m 黏质粉土，$\gamma=19\text{kN/m}^3$；18～26m 粉土，$\gamma=18\text{kN/m}^3$；26～35m 为卵石，$\gamma=21\text{kN/m}^3$。混凝土 $\gamma=24.5\text{kN/m}^3$。试求：(1) 基底平均压力；(2) 基底附加压力；(3) 在 22m 取土进行压缩试验，试验最大压力；(4) $\varphi_k=20°, c_k=15\text{kPa}$，计算地基承载力特征值。

解 (1) $p_k = \dfrac{F_k+G}{A} = \dfrac{3\times 10^5+30\times 25\times 2.45\times 24.5}{30\times 25} = 460\text{kPa}$

(2) $p_0 = p_k - \sum \gamma_i h_i = 460 - (15 \times 2 + 17 \times 4) = 362 \text{kPa}$

(3) $\dfrac{l}{b} = \dfrac{15}{12.5} = 1.2, \dfrac{z}{b} = \dfrac{16}{12.5} = 1.28, \alpha = 4 \times 0.1546 = 0.6184$

$\sigma_z = \alpha p_0 = 0.6184 \times 362 = 224 \text{kPa}$

$\sigma_c = \sum \gamma_i h_i = 2 \times 15 + 4 \times 17 + 4 \times 7 + 8 \times 9 + 4 \times 8 = 230 \text{kPa}$

压缩试验最大压力 $\sigma_z + \sigma_c = 224 + 230 = 454 \text{kPa}$

(4) $M_b = 0.51, M_d = 3.06, M_c = 5.66$

$f_a = M_b \gamma b + M_d \gamma_m d + M_c c_k$

$= 0.51 \times 7 \times 6 + 3.06 \times \dfrac{15 \times 2 + 17 \times 4}{6} \times 6 + 5.66 \times 15$

$= 406 \text{kPa}$

2-92 某条形基础,宽度 $b = 2\text{m}$,埋深 2m,已知基底最大压力 $p_{\max} = 150 \text{kPa}$,最小压力 $p_{\min} = 50 \text{kPa}$,试计算作用于基础顶的竖向力和弯矩。

解 $p_{\max} = 150 \text{kPa}, p_{\min} = 50 \text{kPa}$

$p_k = \dfrac{p_{\max} + p_{\min}}{2} = \dfrac{150 + 50}{2} = 100 \text{kPa}, p_k = \dfrac{F_k + G_k}{A}$

$F_k = p_k A - G_k$

$= 100 \times 2 - 2 \times 2 \times 20 = 120 \text{kN/m}$

$p_{\max} = p_k + \dfrac{M}{W}, W = \dfrac{b^2 \times l}{6} = \dfrac{2^2 \times 1.0}{6} = 0.67 \text{m}^3$

$150 = 100 + \dfrac{M}{0.67}, M = 50 \times 0.67 = 33.5 \text{kN} \cdot \text{m}$

2-93 某箱形基础,基底平均压力 $p_k = 80 \text{kPa}$,基底以上土的 $\gamma = 18 \text{kN/m}^3$,地下水位地面下 10m,试求当基底附加压力 $p_0 = 0$ 时的基础埋深。

解 基底附加压力

$p_0 = p_k - \gamma_m d = 0, 80 - 18 \times d = 0$

$d = \dfrac{80}{18} = 4.4 \text{m}$

要使基底附加压力为零,基础埋深不小于 4.4m。

2-94 [2006 年考题] 有一工业塔高 30m,正方形基础,边长 4.2m,埋置深度 2.0m,在工业塔自身的恒载和可变荷载作用下,基础底面均布压力为 200kPa,在离地面高 18m 处有一根与相邻构筑物连接的杆件,连接处为铰接支点,在相邻建筑物施加的水平力作用下,不计基础埋置范围内的水平土压力,为保持基底面压力分布不出现负值,试求该水平力最大值,及基底最大压力值。

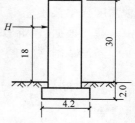

题 2-94 图(尺寸单位:m)

解 令 $p_{k\min} = 200 - \dfrac{H \times (18 + 2)}{\dfrac{4.2^3}{6}} = 0$

$20H = \dfrac{200 \times 4.2^3}{6} = 2469.6, H = \dfrac{2469.6}{20} = 123.5 \text{kN}$

$$p_{kmax} = \frac{F_k + G_k}{A} + \frac{M_k}{W} = 200 + \frac{H \times (18+2)}{\frac{4.2^2}{6} \times 4.2}$$

$$p_{kmax} = 200 + \frac{123.5 \times 20}{12.348} = 400 \text{kPa}$$

2-95 [2006年考题] 条形基础宽度为3.6m,合力偏心距为0.8m,基础自重和基础上的土重为100kN/m,相应于荷载效应标准组合时上部结构传至基础顶面的竖向力值为260kN/m,修正后的地基承载力特征值至少要达到多少才能满足承载力要求。

解 $p_k = \frac{F_k + G_k}{A} = \frac{260+100}{3.6 \times 1} = 100 \text{kPa}$

$e = 0.8 \text{m} > \frac{b}{6} = \frac{3.6}{6} = 0.6 \text{m}$

$p_{kmax} = \frac{2(F_k + G_k)}{3la} = \frac{2 \times 360}{3 \times 1.0 \times \left(\frac{b}{2} - e\right)} = \frac{720}{3 \times \left(\frac{3.6}{2} - 0.8\right)} = 240 \text{kPa}$

修正后的地基承载力特征值 $f_a > p_k = 100 \text{kPa}$

$p_{kmax} \geq 1.2 f_a$,$240 \geq 1.2 f_a$,$f_a = 200 \text{kPa}$

修正后地基承载力特征值至少要达到200kPa。

2-96 [2006年考题] 季节性冻土地区在城市近郊拟建一开发区,地基土主要为黏性土,冻胀性分类为强冻胀,采用方形基础,基底压力为130kPa,不采暖,若标准冻深为2.0m,试求基础的最小埋深。

解 根据《建筑地基基础设计规范》(GB 50007—2011)第5.1.7条,场地冻结深度(新提法)z_d

$z_d = z_0 \psi_{zs} \psi_{zw} \psi_{ze}$

式中:z_0——标准冻深,$z_0 = 2.0$m;

ψ_{zs}——土类别对冻深的影响系数,黏性土 $\psi_{zs} = 1.0$;

ψ_{zw}——土的冻胀性对冻深的影响系数,强冻胀 $\psi_{zw} = 0.85$;

ψ_{ze}——环境对冻深的影响系数,城市近郊,$\psi_{ze} = 0.95$。

$z_d = 2 \times 1.0 \times 0.85 \times 0.95 = 1.615$m

根据规范5.1.8条,$h_{max} = 0$m

$d_{min} = z_d - h_{max} = 1.615 - 0 = 1.615$m

2-97 [2006年考题] 某稳定边坡坡角为30°,坡高H为7.8m,条形基础长度方向与坡顶边缘线平行,基础宽度b为2.4m,若基础底面外缘线距坡顶的水平距离a为4.0m时,基础埋置深度d最浅不能小于多少?

解 根据《建筑地基基础设计规范》(GB 50007—2011)第5.4.2条。

条形基础

$a \geq 3.5b - \frac{d}{\tan\beta} = 2.5$

$3.5 \times 2.4 - \frac{d}{\tan 30°} = 4.0$

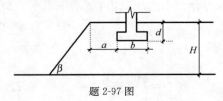

题2-97图

$$8.4 - \frac{d}{0.577} = 4.0$$

$$d = 4.4 \times 0.577 = 2.54 \text{m}$$

基础最小埋深不能小于 2.54m。

2-98 [2006年考题] 砌体结构由于不均匀沉降纵墙窗角产生的裂缝如图所示,试定性判断沉降情况。

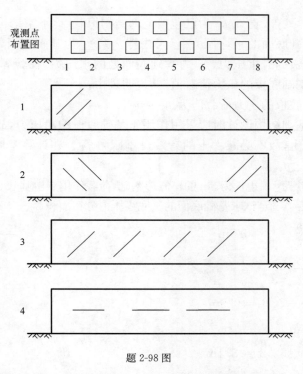

题 2-98 图

解 (1)1 的裂缝呈正八字形,说明房屋中间沉降大,两头沉降小;

(2)2 的裂缝呈倒八字形,说明房屋中部沉降小,两头沉降大;

(3)3 的裂缝为向左侧斜裂缝,说明房屋右侧沉降依次增大,左侧沉降依次减小;

(4)4 的水平裂缝为房屋受大的水平力作用引起。

2-99 [2006年考题] 基础的长边 $l=3.0$m,短边 $b=2.0$m,偏心荷载作用在长边方向,试计算最大边缘压力时所用的基础底面截面抵抗矩 W。

解 W 式中的平方项为基础底面宽度(最小边长),或为力矩作用方向的基础底面边长。

$$W = \frac{bl^2}{6} = \frac{2 \times 3^2}{6} = 3 \text{m}^3$$

2-100 [2006年考题] 已知建筑物基础的宽度 10m,作用于基底的轴心荷载 200MN,为满足偏心距 $e \leqslant 0.1 \dfrac{W}{A}$ 的条件,试求作用于基底的力矩最大值不能超过何值。(注:W 为基础

底面的抵抗矩，A 为基础底面面积）

解 $W=\dfrac{b^2 l}{6}, A=bl$

$e \leqslant 0.1 \dfrac{W}{A}=\dfrac{0.1 b^2 l}{bl 6}=\dfrac{0.1 \times 10}{6}=0.167\text{m}$

$e=\dfrac{M}{N}, M=eN=0.167 \times 200 \times 10^3=33400\text{kN} \cdot \text{m}$

2-101 ［2006年考题］ 已知 p_1 为已包括上部结构恒载、地下室结构永久荷载及可变荷载在内的总荷载传至基础底面的平均压力（已考虑浮力），p_2 为基础底面处的有效自重压力，p_3 为基底处筏形基础底板的自重压力，p_4 为基础底面处的水压力，在验算筏形基础底板的局部弯曲时，试求作用于基础底板的压力荷载值，并说明理由。

解 作用于基础底板的压力荷载值为 p_1-p_3

理由如下：筏形基础结构设计时应采用作用于基础底板的净压力，故需减去底板自重 p_3，由于底板之上无上覆土，故不必减去土的有效自重压力 p_2。在计算基底压力 p_1 时已考虑了浮力，所以就不必减去 p_4 了。

2-102 ［2006年考题］ 边长为 3m 的正方形基础，荷载作用点由基础形心沿 x 轴向右偏心 0.6m，试求基础底面的基底零压力分布面积。

解 $e=0.6\text{m} > \dfrac{b}{6}=\dfrac{3}{6}=0.5\text{m}$

$p_{k\max}=\dfrac{2(F_k+G_k)}{3al}$

$a=\dfrac{b}{2}-e=\dfrac{3}{2}-0.6=0.9\text{m}$

基底压力分布面积
$A=3al=3 \times 0.9 \times 3=8.1\text{m}^2$

基底零压力面积 $3 \times 3 - 8.1 = 0.9\text{m}^2$

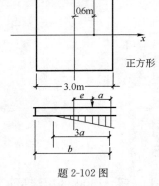

题 2-102 图

2-103 ［2006年考题］ 墙下条形基础的剖面见图，基础宽度 $b=3$m，基础埋深 2.0m，基础底面压力分布为梯形，最大边缘压力设计值 $P_{\max}=150$kPa，最小边缘压力设计值 $P_{\min}=60$kPa，已知验算截面 I-I 距最大边缘压力端的距离 $a_1=1.0$m，试求截面 I-I 处的弯矩设计值。

解 截面 I-I 处的基底压力 $p_{\text{I-I}}$

$\dfrac{p_{\text{I-I}}-60}{150-60}=\dfrac{2}{3}, 3p_{\text{I-I}}-3 \times 60=90 \times 2$

$p_{\text{I-I}}=\dfrac{180+180}{3}=120\text{kPa}$

$M_{\text{I}}=\dfrac{1}{12}a_1^2 \left[(2l+a')\left(p_{\max}+p_{\text{I-I}}-\dfrac{2G}{A}\right)+(p_{\max}-p_{\text{I-I}})l\right]$

$=\dfrac{1}{12} \times 1.0^2 \times \left[(2 \times 1.0+1.0) \times \left(150+120-\right.\right.$

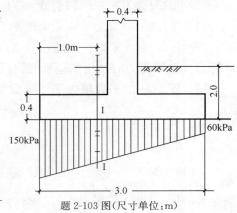

题 2-103 图（尺寸单位：m）

$$\frac{2\times 3\times 1\times 2\times 20\times 1.35}{3\times 1.0}\Big)+(150-120)\times 1.0\Big]$$

$$=\frac{516}{12}=43\text{kN}\cdot\text{m}$$

2-104 [2006 年考题] 已知基础宽 10m,长 20m,埋深 4m,地下水位距地表 1.5m,基础底面以上土的重度为 19kN/m³,在持力层以下有一软弱下卧层,该层顶面距地表 6m,土的重度 18kN/m³,已知软弱下卧层经深度修正的地基承载力为 130kPa,试计算基底总压力不超过何值时才能满足软弱下卧层强度要求。

解 $p_z+p_{cz}\leqslant f_{az}$

$$p_z=\frac{lb(p_k-p_c)}{(b+2z\tan\theta)(l+2z\tan\theta)}$$

$b=10\text{m},l=20\text{m}$

$\dfrac{z}{b}=\dfrac{2}{10}=0.2<0.25,\theta=0°$

$p_c=1.5\times 19+2.5\times 9=51\text{kPa}$

$p_z=\dfrac{20\times 10(p_k-51)}{10\times 20}=\dfrac{200}{200}\times(p_k-51)=p_k-51$

$p_{cz}=51+2\times 8=67\text{kPa}$

$p_k-51+67\leqslant 130$

$p_k=114\text{kPa}$

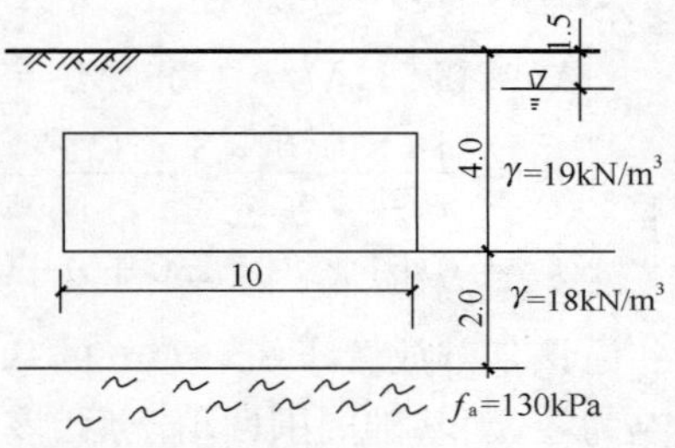

题 2-104 图(尺寸单位:m)

基底平均压力不超过 114kPa 才能满足软弱下卧层承载力要求。

2-105 [2006 年考题] 对强风化较破碎的砂岩采取岩块进行了室内饱和单轴抗压强度试验,其试验值为 9MPa、11MPa、13MPa、10MPa、15MPa、7MPa,据《建筑地基基础设计规范》(GB 50007—2011)确定岩石地基承载力特征值的最大取值。

解 (1)计算岩石饱和单轴抗压强度标准值

$$f_{\gamma m}=\frac{9+11+13+10+15+7}{6}=10.83\text{MPa}$$

标准差 $\sigma=\sqrt{\dfrac{\sum\limits_{1}^{n}f_{\gamma i}^{2}-nf_{\gamma m}^{2}}{n-1}}$

$$=\sqrt{\frac{9^2+11^2+13^2+10^2+15^2+7^2-6\times 10.83^2}{6-1}}$$

$$=2.873$$

变异系数 $\delta=\dfrac{\sigma}{f_{\gamma m}}=\dfrac{2.873}{10.83}=0.265$

统计修正系数 $\psi=1-\Big(\dfrac{1.704}{\sqrt{n}}+\dfrac{4.678}{n^2}\Big)\delta$

$$=1-\Big(\frac{1.704}{\sqrt{6}}+\frac{4.678}{6^2}\Big)\times 0.265$$

$$=0.7812$$

标准值　$f_{rk}=\psi \times f_{\gamma m}=0.7812\times 10.83=8.46$MPa

(2)岩石地基承载力特征值

$f_a=\psi_r f_{rk}$

较破碎　$\psi_r=0.1\sim 0.2$

最大取值　$\psi_r=0.2$

$f_a=0.2\times 8.46=1.69$MPa

2-106 [2007年考题] 某基础尺寸 1.0m×1.0m,埋深 2.0m,基础置于 3m×3m 的基坑中持力层为黏性土,黏聚力 $c_k=40$kPa,内摩擦角 $\varphi_k=20°$,土重度 $\gamma=18$kN/m³,地下水位埋深地面下 0.5m,试计算地基承载力特征值。

解　根据《建筑地基基础设计规范》(GB 50007—2011)计算。

$f_{ak}=M_b\gamma b+M_d\gamma_m d+M_c c_k$

查表 5.2.5,得

$M_b=0.51, M_d=3.06, M_c=5.66$

$\gamma_m=\dfrac{18\times 0.5+8\times 1.5}{2}=10.5$kN/m³

$f_a=0.51\times 8\times 1.0+0+5.66\times 40=230.5$kPa

该基础放置于 3m×3m 的基坑中,周围无回填土,公式中第 2 项基础以上土重对承载力影响为零,当基础周围回填土后,该承载力特征值可以进行深度修正。

点评:根据《建筑地基基础设计规范》(GB 50007—2011)附录 C.0.2 条,基坑宽度大于承压板宽度或直径的三倍,为浅层平板载荷,地基承载力修正时应同时考虑深度和宽度修正。

2-107 [2007年考题] 某山区地基,地面下 2m 深度内为岩性相同,风化程度一致的基岩,现场实测该岩体纵波速度为 2700m/s,室内测试岩块纵波波速为 4300m/s,从现场取 6 个试样进行饱和单轴抗压强度试验,得到饱和单轴抗压强度平均值为 13.6MPa,标准差 5.59MPa,试计算 2m 深度基岩地基承载力特征值。

解　岩石完整性系数 K_v

$K_v=\dfrac{v_{pm}^2}{v_{pr}^2}=\left(\dfrac{2700}{4300}\right)^2=0.39$

查规范表 4.1.4,岩体层较破碎。岩石饱和单轴抗压强度变异系数

$\delta=\dfrac{5.59}{13.6}=0.41$

统计修正系数 ψ

$\psi=1-\left(\dfrac{1.704}{\sqrt{n}}+\dfrac{4.678}{n^2}\right)\delta=1-\left(\dfrac{1.704}{\sqrt{6}}+\dfrac{4.678}{6^2}\right)\times 0.41=0.66$

$f_{rk}=\psi f_m=0.66\times 13.6=8.976$MPa

$f_a=\psi_r f_{rk}$

较破碎岩体　$\psi_r=0.1\sim 0.2$

$f_a=(0.1\sim 0.2)\times 8.976=0.9\sim 1.8$MPa。

二、浅 基 础

2-108［2007年考题］ 某宿舍楼采用墙下C15混凝土条形基础,基础顶面墙体宽度0.38m,基底平均压力为250kPa,基础底面宽为1.5m,试计算基础最小高度。

解 根据《建筑地基基础设计规范》(GB 50007—2011)墙下条形基础,基础高度 H_0。

$$H_0 \geqslant \frac{b-b_0}{2\tan\alpha}$$

基础台阶宽高比允许值,C15混凝土基础,$200 < p_k \leqslant 300$ 时,$\frac{b_2}{H_0} = \tan\alpha = \frac{1}{1.25}$

$$H_0 \geqslant \frac{1.5 - 0.38}{2 \times \frac{1}{1.25}} = 0.7\text{m}$$

2-109［2007年考题］ 在条形基础持力层下面有厚度2.0m的正常固结黏土层,已知黏土层中部的自重压力为50kPa,附加压力为100kPa,此土层取土做固结试验结果如表所示,试计算该土层的压缩变形量。

题2-109表

p(kPa)	0	50	100	200	300
e	1.04	1.00	0.97	0.93	0.90

解 黏土层中部自重压力加附加压力为 $50+100=150$ kPa,$p=150$ kPa,对应的孔隙比 $e=0.95$。

压缩系数 $a = \dfrac{e_1 - e_2}{p_2 - p_1} = \dfrac{1 - 0.95}{150 - 50} = 0.05 \times 10^{-2}\text{kPa}^{-1} = 0.5\text{MPa}^{-1}$

压缩模量 $E_s = \dfrac{1+e_1}{a} = \dfrac{1+1.0}{0.5} = 4\text{MPa}$

黏土层压缩变形 $s = \dfrac{\Delta p}{E_s}H = \dfrac{100}{4 \times 10^3} \times 2 \times 10^3 = 50\text{mm}$

2-110［2007年考题］ 已知墙下条形基础的底面宽度为2.5m,墙宽0.5m,基底压力在全断面分布为三角形,基底最大边缘压力为200kPa,求作用于每延米基底上的轴向力和弯矩。

解 $N = \dfrac{2.5 \times 200}{2} = 250\text{kN}$

$M = \dfrac{250 \times 2.5}{6} = 104.2 \text{ kN}$

2-111［2007年考题］ 某厂房为框架结构,基础位于高压缩性地基上,横断面A、B轴间距9.0m,B、C轴间距12m,C、D轴间距9.0m,A、B、C、D轴的边柱沉降分别为70mm、150mm、120mm和100mm。试问建筑物的地基变形是否在允许值范围内。

解 根据《建筑地基基础设计规范》(GB 50007—2011)框架结构地基变形允许值是控制相邻柱基的沉降差,对于高压缩性土,其值为0.003l,其中 l 为相邻柱基中心距离。

A、B轴边柱沉降差 $150-70=80$mm

$\dfrac{80}{9000} = 0.0089 > 0.003$,超过允许值。

B、C轴边柱沉降差 $150-120=30$mm

$\dfrac{30}{12000} = 0.0025 < 0.003$,满足。

C、D 轴边柱沉降差 $120-100=20\text{mm}$

$\dfrac{20}{9000}=0.0022<0.003$,满足。

2-112 [2007 年考题] 某条形基础宽 2.5m,埋深 2.0m,土层分布 $0\sim1.5\text{m}$ 为填土,$\gamma=17\text{kN/m}^3$;$1.5\sim7.5\text{m}$ 为细砂,$\gamma=19\text{kN/m}^3$,$c_k=0$,$\varphi_k=30°$。地下水位地面下 1.0m,试计算地基承载力特征值。

解 根据《建筑地基基础设计规范》(GB 50007—2011)由土的抗剪强度指标确定地基承载力特征值。

$$f_a = M_b \gamma_b b + M_d \gamma_m d + M_c c_k$$

$$\varphi = 30°, M_b = 1.9, M_d = 5.59, M_c = 7.95$$

$$\gamma_m = \dfrac{1.0 \times 17 + 0.5 \times 7 + 0.5 \times 9}{2} = 12.5\text{kN/m}^3$$

$$f_a = 1.9 \times 9 \times 3.0 + 5.59 \times 12.5 \times 2.0 + 7.95 \times 0 = 191.5\text{kPa}$$

2-113 [2007 年考题] 某天然稳定土坡,坡角 35°,坡高 5.0m,坡体土质均匀,无地下水,土的 e 和 I_L 均小于 0.85,$\gamma=18\text{kN/m}^3$,$f_{ak}=160\text{kPa}$,坡顶部位拟建工业厂房,采用条基,作用基础顶面竖向力 $F_k=350\text{kN/m}$,基础宽度 2.0m,按厂区整体规划,基础底面边缘距坡顶 4m。试问条基的埋深应多少才能满足要求。

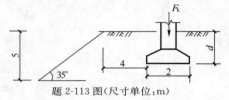

题 2-113 图(尺寸单位:m)

解 根据《建筑地基基础设计规范》(GB 50007—2011)计算。

对于稳定土坡坡顶上的建筑,当垂直于坡顶边缘线的基础底面边长小于或等于 3m 时,条形基础应满足下式且不得小于 2.5m。

$$a \geqslant 3.5b - \dfrac{d}{\tan\beta}$$

$$4 \geqslant 3.5 \times 2 - \dfrac{d}{\tan 35°}, d \geqslant (7-4) \times 0.7 = 2.1\text{m}$$

$$p_k \leqslant f_a$$

$$f_a = f_{ak} + \eta_b \gamma (b-3) + \eta_d \gamma_m (d-0.5)$$

$$\eta_b = 0.3, \eta_d = 1.6$$

$$f_a = 160 + 0 + 1.6 \times 18 \times (d-0.5) \geqslant p_k$$

$$p_k = \dfrac{F_k + G_k}{A} = \dfrac{350 + 2 \times d \times 20}{2} = \dfrac{350}{2} + 20d$$

$$160 + 28.8d - 14.4 \geqslant \dfrac{350}{2} + 20d$$

$$145.6 + 28.8d \geqslant 175 + 70d$$

$$8.8d \geqslant 29.4, d \geqslant 3.34\text{m}$$

基础埋深 $d=3.34\text{m}$

点评:此题地基承载力和边坡稳定性两项内容都要考虑。

2-114 [2007年考题] 某高低层一体的办公楼,采用整体筏形基础,基础埋深 7.0m,高层部分基础尺寸为 40m×40m,基底压力 430kPa,多层部分基础尺寸 40m×16m,土层重度 $\gamma=20kN/m^3$,地下水位埋深 3.0m,试求高层部分的荷载在多层建筑基底中心点以下深度 12m 处所引起的附加压力。

解 高层基底附加压力

$p_0 = p_k - \gamma h = 430 - (3 \times 20 + 4 \times 10) = 330\text{kPa}$

面积 $acoe$ $\quad \frac{l}{b} = \frac{48}{20} = 2.4, \frac{z}{b} = \frac{12}{20} = 0.6$

$\qquad \alpha_1 = 0.2334$

面积 $bcod$ $\quad \frac{l}{b} = \frac{20}{8} = 2.5, \frac{z}{b} = \frac{12}{8} = 1.5, \alpha_2 = 0.16$

$p = p_0(2\alpha_1 - 2\alpha_2) = 330 \times (2 \times 0.2334 - 2 \times 0.16)$
$\quad = 48.4\text{kPa}$

题 2-114 图

2-115 [2007年考题] 某条形基础原设计基础宽 2m,作用在基础顶面竖向力 $F_k = 320\text{kN/m}$,后发现在持力层以下有厚 2m 的淤泥质土层,地下水位埋深在室外地面下 2m,淤泥土层顶面的压力扩散角为 23°,根据软基下卧层承载力验算,基础宽度应为多少?

解 $p_z + p_{cz} \leq f_{az}$

$f_{az} = f_{ak} + \eta_d \gamma_m (d - 0.5)$

$\gamma_m = \dfrac{19 \times 1.0 + 19 \times 1.0 + 9 \times 2.5}{4.5}$

$\quad = 13.44\text{kN/m}^3$

$\eta_d = 1.0$

$f_{az} = 60 + 1.0 \times 13.4 \times (4.5 - 0.5) = 113.6\text{kPa}$

$p_z = \dfrac{b(p_k - p_c)}{b + 2z\tan\theta}$

$p_k = \dfrac{F_k + G_k}{A} = \dfrac{320 + 1.5b \times 20}{b} = \dfrac{320}{b} + 30$

$p_c = 1 \times 19 + 0.5 \times 19 = 28.5\text{kPa}$

$p_z = \dfrac{b\left(\dfrac{320}{b} + 30 - 28.5\right)}{b + 2 \times 3 \times \tan 23°} = \dfrac{320 + 30b - 28.5b}{b + 2.55}$

$p_{cz} = 1.0 \times 19 + 0.5 \times 19 + 0.5 \times 19 + 2.5 \times 9$
$\quad = 60.5\text{kPa}$

$\dfrac{320 + 1.5b}{b + 2.55} + 60.5 \leq 113.6\text{kPa}$

$\dfrac{320 + 1.5b}{b + 2.55} \leq 53.1\text{kPa}$

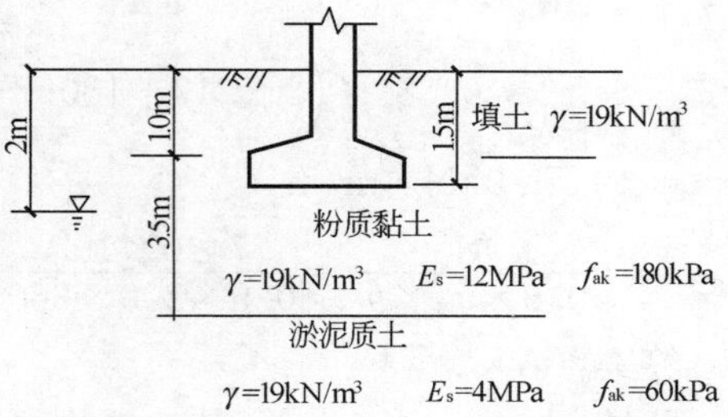

题 2-115 图

$$320+1.5b \leqslant 53.1b+135.2$$
$$51.6b \geqslant 184.76 \Rightarrow b \geqslant 3.58m$$

2-116 [2009年考题] 箱涵的外部尺寸为宽6m,高8m,四周壁厚均为0.4m,顶面距原地面1.0m,抗浮设计地下水位埋深1.0m,混凝土重度$25kN/m^3$,地基土及填土的重度均为$18kN/m^3$。若要满足抗浮安全系数1.05的要求时,地面以上覆土的最小厚度应接近于下列哪个选项?( )

  A. 1.2m   B. 1.4m
  C. 1.6m   D. 1.8m

解 箱涵自重G

$$G=[2\times 6\times 0.4+2\times (8-0.8)\times 0.4]\times 25=264kN/m$$

箱涵所受浮力:$6\times 8\times 10=480kN/m$

上覆土重:$(H+1)\times 6\times 18=108H+108$

由 $\dfrac{264+108H+108}{480}=1.05$

解得:$H=1.22m$

答案:(A)

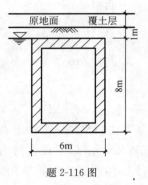

题 2-116 图

2-117 [2009年考题] 如图所示的条形基础宽度$b=2m,b_1=0.88m,h_0=260mm,p_{max}=217kPa,p_{min}=133kPa$,基础埋深0.5m,按$A_s=\dfrac{M}{0.9f_yh_0}$计算每延米基础的受力钢筋截面面积最接近于下列哪个选项?(钢筋抗拉强度设计值$f_y=300MPa$)( )

  A. $1030mm^2/m$ B. $860mm^2/m$
  C. $1230mm^2/m$ D. $1330mm^2/m$

解 根据《建筑地基基础设计规范》(GB 50007—2011),I-I剖面弯矩

$$p_I=p_{min}+\dfrac{(p_{max}-p_{min})(b-b_1)}{b}$$
$$=133+\dfrac{(217-133)(2-0.88)}{2}=180kPa$$

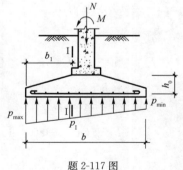

题 2-117 图

$$M_I=\dfrac{1}{6}a_1^2\left(2p_{max}+p-\dfrac{3G}{A}\right)$$
$$=\dfrac{1}{6}\times 0.88^2\times\left(2\times 217+180-\dfrac{3\times 0.5\times 2\times 20\times 1.35}{2}\right)$$
$$=74.0kN\cdot m/m$$

$$A_s=\dfrac{M_I}{0.9\times f_y\times h_0}=\dfrac{74.0\times 10^6}{0.9\times 300\times 260}=1054mm^2/m$$

答案:(A)

2-118 [2009年考题] 某建筑物的筏形基础,宽度15m,埋深10m,基底压力400kPa。地基土层见下表。

题 2-118 表 1

序号	岩土名称	层底埋深(m)	压缩模量(MPa)	基底至该层底的平均附加应力系数 $\bar{\alpha}$（基础中心点）
1	粉质黏土	10	12.0	—
2	粉土	20	15.0	0.8974
3	粉土	30	20.0	0.7281
4	基岩	—	—	—

按照《建筑地基基础设计规范》(GB 50007—2011)的规定,该建筑地基的压缩模量当量值最接近下列哪个选项？（ ）

  A. 15.0MPa   B. 16.6MPa   C. 17.5MPa   D. 20.0MPa

解

题 2-118 表 2

土性	z(m)	$\bar{\alpha}$	$z\bar{\alpha}$	$z_i\bar{\alpha}_i - z_{i-1}\bar{\alpha}_{i-1}$	E_s(MPa)
	0		0		
粉土	10	0.8974	8.974	8.974	15
粉土	20	0.7281	14.562	5.588	20

压缩模量当量

$$\bar{E}_s = \frac{14.562}{\dfrac{8.974}{15} + \dfrac{5.588}{20}} = 16.6\text{MPa}$$

答案：(B)

2-119［2009 年考题］ 建筑物长度 50m，宽度 10m，比较筏板基础和 1.5m 的条形基础两种方案。已分别求得筏板基础和条形基础中轴线上变形计算深度范围内(为简化计算，假定两种基础的变形计算深度相同)的附加应力随深度分布的曲线(近似为折线)如图所示。已知持力层的压缩模量 $E_s = 4$MPa，下卧层的压缩模量 $E_s = 2$MPa。估算由于这两层土的压缩变形引起的筏板基础沉降 s_f 与条形基础沉降 s_t 之比最接近于下列哪个选项？（ ）

  A. 1.23   B. 1.44   C. 1.65   D. 1.86

解 $s = \dfrac{\Delta p}{E_{si}} \times H_i$

筏板基础

$$s_f = \frac{\frac{1}{2} \times (45 + 42.1)}{4} \times 3 + \frac{\frac{1}{2} \times (42.1 + 26.5)}{2} \times 6 = 135.6\text{mm}$$

条形基础

$$s_t = \frac{\frac{1}{2} \times (100 + 30.4)}{4} \times 3 + \frac{\frac{1}{2} \times (30.4 + 10.4)}{2} \times 6 = 110.1\text{mm}$$

$$\frac{s_f}{s_t} = \frac{135.6}{110.1} = 1.23$$

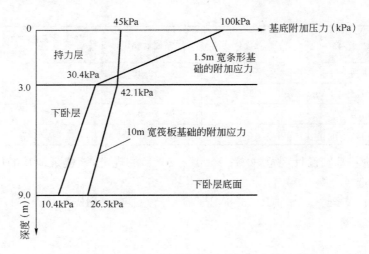

题 2-119 图

答案：(A)

2-120 [2009 年考题] 均匀土层上有一直径为 10m 的油罐，其基底平均压力为 100kPa。已知油罐中心轴线上，在油罐基础底面以下 10m 处的附加应力系数为 0.285。通过沉降观测得到油罐中心的底板沉降为 200mm，深度 10m 处的深层沉降为 40mm，则 10m 范围内土层用近似方法估算的反算压缩模量最接近于下列哪个选项？（　　）

  A. 2.5MPa   B. 4.0MPa   C. 3.5MPa   D. 5.0MPa

解 圆形面积上均布荷载作用下中点附加应力系数 α 值为

基底处 $\dfrac{z}{r}=0, \alpha=1.00$

基底下 10m 处 $\dfrac{z}{r}=\dfrac{10}{5}=2, \alpha=0.285$

基底处附加应力 $\sigma_0=p_0\alpha=100\times1.0=100\text{kPa}$

基底下 10m 处附加应力 $\sigma_1=p_0\alpha=100\times0.285=28.5\text{kPa}$

$$s=\dfrac{\Delta p}{E_s}\times H=\dfrac{\dfrac{1}{2}\times(100+28.5)}{E_s}\times 10=160$$

$$E_s=\dfrac{\Delta p}{s}H=\dfrac{642.5}{160}=4.0\text{MPa}$$

答案：(B)

2-121 [2009 年考题] 条形基础宽度 3m，基础埋深 2.0m，基础底面作用有偏心荷载，偏心距 0.6m。已知深宽修正后的地基承载力特征值为 200kPa，作用至基础底面的最大允许总竖向压力最接近下列哪个选项？（　　）

  A. 200kN/m   B. 270kN/m   C. 324kN/m   D. 600kN/m

解 根据《建筑地基基础设计规范》(GB 50007—2011)

$$e=0.6\text{m}>\dfrac{b}{6}=\dfrac{3}{6}=0.5\text{m}$$

$$p_{\max}=\frac{2(F_k+G_k)}{3la}$$

$p_{\max} \leqslant 1.2 f_a = 1.2 \times 200 = 240 \text{kPa}$

$G_k = 3 \times 2 \times 20 = 120 \text{kN/m}$

$$\frac{2(F_k+G_k)}{3 \times 1 \times (1.5-0.6)}=240 \Rightarrow \frac{2(F_k+120)}{2.7}=240 \Rightarrow F_k = 204 \text{kN/m}$$

所以作用至基础顶的竖向力为 204kN/m，作用至基础底的竖向力为 $F_k + G_k = \frac{240 \times 2.7}{2} = 324 \text{kN/m}$。

答案：(C)

2-122 [2009 年考题] 筏板基础宽度 10m，埋置深度 5m，地基土为厚层均质粉土层，地下水位在地面下 20m 处。在基底标高上用深层平板载荷试验得到的地基承载力特征值 $f_{ak} = 200 \text{kPa}$，地基土的重度 19kN/m³（查表可得地基承载力修正系数为：$\eta_b = 0.3$，$\eta_d = 1.5$）。试问筏板基础基底均布压力为下列何项数值时刚好满足地基承载力的设计要求？（　　）

  A. 345kPa   B. 284kPa   C. 217kPa   D. 167kPa

解 根据《建筑地基基础设计规范》(GB 50007—2011) 深层平板载荷试验，当承压板直径和孔径一样大，或承载板周围外侧的土层高度不少于 0.8m 时，其承载力结果不能进行深度修正。

$f_a = f_{ak} + \eta_b \gamma (b-3) + \eta_d \gamma_m (d-0.5) = 200 + 0.3 \times 19 \times (6-3) + 0 = 217.1 \text{kPa}$

基础宽度大于 6m 的按 6m 计。

答案：(C)

点评：根据《建筑地基基础设计规范》(GB 50007—2011) 表 5.2.4 注，地基承载力特征值按本规范附录 D 深层平板载荷试验确定时 η_d 取 0。

2-123 [2009 年考题] 某柱下独立基础底面尺寸为 3m×4m，传至基础底面的平均压力为 300kPa，基础埋深 3.0m，地下水位埋深 4m，地基土的天然重度为 20kN/m³，压缩模量 E_{s1} 为 15MPa，软弱下卧层层顶埋深 6m，压缩模量 E_{s2} 为 5MPa。试问在验算下卧层强度时，软弱下卧层层顶处附加应力与自重压力之和最接近于下列哪个选项的数值？（　　）

  A. 199kPa   B. 179kPa   C. 159kPa   D. 79kPa

解 软弱下卧层顶面附加压力为

$$p_z = \frac{lb(p_k - p_c)}{(b+2z\tan\theta)(l+2z\tan\theta)}$$

$p_k = 300 \text{kPa}, p_c = \gamma h = 20 \times 3 = 60 \text{kPa}, b = 3\text{m}, l = 4\text{m}$

$z = 3\text{m}, \frac{E_{s1}}{E_{s2}} = \frac{15}{5} = 3, \frac{z}{b} = \frac{3}{3} = 1, \theta = 23°$

$$p_z = \frac{4 \times 3 \times (300-60)}{(3+2\times3\times\tan23°)(4+2\times3\times\tan23°)} = 79 \text{kPa}$$

软弱下卧层顶面的自重压力为

$p_{cz} = 4 \times 20 + 2 \times 10 = 100 \text{kPa}$

$p_z + p_{cz} = 79 + 100 = 179 \text{kPa}$

答案：(B)

2-124［2009 年考题］ 某场地建筑地基岩石为花岗岩,块状结构。勘察时取试样 6 组,试验测得饱和单轴抗压强度的平均值为 29.1MPa,变异系数为 0.022。按照《建筑地基基础设计规范》(GB 50007—2011)的有关规定,该建筑地基的承载力特征值最大取值最接近于下列哪个选项的数值？( )

  A. 29.1MPa   B. 28.6MPa   C. 14.3MPa   D. 10.0MPa

解 统计修正系数 ψ 为

$$\psi = 1 - \left(\frac{1.704}{\sqrt{n}} + \frac{4.678}{n^2}\right)\delta_\psi = 1 - \left(\frac{1.704}{\sqrt{6}} + \frac{4.678}{6^2}\right) \times 0.022 = 0.982$$

岩石饱和单轴抗压强度标准值 f_{rk} 为

$f_{rk} = 29.1 \times 0.982 = 28.57\text{MPa}$

根据附录 A 表 A.0.2,块状结构为较完整,折减系数 $\psi_r = 0.2 \sim 0.5$,f_a 取最大值,$\psi_r = 0.5$。

$f_a = \psi_r \times f_{rk} = 0.5 \times 28.57 = 14.29\text{MPa}$

答案：(C)

2-125［2009 年考题］ 某场地三个浅层平板载荷试验,试验数据见下表。试问按照《建筑地基基础设计规范》(GB 50007—2011)确定的该土层的地基承载力特征值最接近于下列哪个选项的数值？( )

题 2-125 表

试验点号	1	2	3
比例界限对应的荷载值(kPa)	160	165	173
极限荷载(kPa)	300	340	330

  A. 170kPa   B. 165kPa   C. 160kPa   D. 150kPa

解 根据(GB 50007—2011)附录 C,当极限荷载小于对应比例界限的荷载值的 2 倍时取极限荷载的一半为地基承载力特征值。点 1,$f_{rk} = 150\text{kPa}$；点 2,$f_{rk} = 165\text{kPa}$；点 3,$f_{rk} = 165\text{kPa}$,f_{rk} 极差<15kPa,极差<$160 \times 30\% = 48\text{kPa}$,所以 $f_{ra} = \dfrac{150+165+165}{3} = 160\text{kPa}$。

答案：(C)

2-126［2009 年考题］ 某 25 万人口的城市,市区内某四层框架结构建筑物,有采暖,采用方形基础,基底平均压力为 130kPa。地面下 5m 范围内的黏性土为弱冻胀土。该地区的标准冻深为 2.2m。试问在考虑冻胀性情况下,按照《建筑地基基础设计规范》(GB 50007—2011),该建筑基础的最小埋深最接近于下列哪个选项？( )

  A. 0.8   B. 1.0m   C. 1.2m   D. 1.4m

解 $z_0 = 2.2$,黏性土,土类别对冻深影响系数 $\psi_{zs} = 1.0$；

土的冻胀性对冻深的影响系数,弱冻胀 $\psi_{zw} = 0.95$；

环境对冻深的影响系数,人口在 20 万～30 万时,按城市近郊取值 $\psi_{ze} = 0.95$；

季节性冻土地基的设计深度 z_d 为

$z_d = z_0 \psi_{zs} \psi_{zw} \psi_{ze} = 2.2 \times 1.0 \times 0.95 \times 0.95 = 1.986\text{m}$

由表 G.0.2,弱冻胀土、方形基础、采暖,$p_k = 130\text{kPa}$,基底下允许残留冻土厚度 $h_{max} = 0.95\text{m}$。

基础最小埋深 $d_{\min}$ 为

$d_{\min}=z_{\mathrm{d}}-h_{\max}=1.986-0.95=1.036\mathrm{m}\approx 1.0\mathrm{m}$

答案：(B)

2-127［2009 年考题］ 某稳定边坡，坡角 β 为 30°。矩形基础垂直于坡顶边缘线的底面边长 b 为 2.8m，基础埋置深度 d 为 3m。试问按照《建筑地基基础设计规范》(GB 50007—2011)，基础底面外边缘线至坡顶的水平距离 a 应大于下列哪个选项的数值？（ ）

  A. 1.8m   B. 2.5m

  C. 3.2m   D. 4.6m

解 $a \geqslant 2.5b - \dfrac{d}{\tan\beta} = 2.5 \times 2.8 - \dfrac{3}{\tan 30°} = 1.8\mathrm{m}$

但按 GB 50007—2011 规定，a 不得小于 2.5m。

答案：(B)

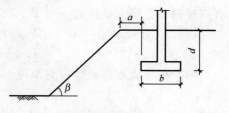

题 2-127 图

2-128［2008 年考题］ 如图所示，某砖混住宅条形基础，地层为黏粒含量小于 10% 的均质粉土，重度 19kN/m³，施工前用深层载荷试验实测基底标高处的地基承载力特征值为 350kPa。已知上部结构传至基础顶面荷载效应标准组合的竖向力为 260kN/m，基础和台阶上土平均重度为 20kN/m³，按现行《建筑地基基础设计规范》(GB 50007—2011)要求，基础宽度的设计结果接近下列哪个选项？（ ）

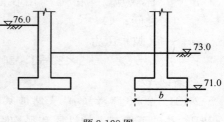

题 2-128 图

  A. 0.84m   B. 1.04m   C. 1.33m   D. 2.17m

解 根据《建筑地基基础设计规范》(GB 50007—2011)第 5.2.4 条，第 5.2.1 条。

(1) 反算实际埋深的地基承载力特征值

$f_{\mathrm{a}} = 350 - 2.0 \times (76-73) \times 19 = 236 \mathrm{kPa}$

(2) 计算基础宽度

$b = \dfrac{E}{f_{\mathrm{a}} - \gamma d} = \dfrac{260}{236 - 20 \times (73-71)} = 1.33 \mathrm{m}$

答案：(C)

2-129［2008 年考题］ 高速公路在桥头段软土地基上采用高填方路基，路基平均宽度 30m，路基自重及路面荷载传至路基底面的均布荷载为 120kPa，地基土均匀，平均 $E_{\mathrm{s}}=6\mathrm{MPa}$，沉降计算压缩层厚度按 24m 考虑，沉降计算修正系数取 1.2，桥头路基的最终沉降量最接近？（ ）

  A. 124mm   B. 248mm   C. 206mm   D. 495mm

解 路基沉降按条形基础计算。

$\dfrac{l}{b} \geqslant 10, \dfrac{z}{b} = \dfrac{24}{15} = 1.6, \bar{\alpha} = 0.2152$

$2\bar{\alpha} = 0.4304, z\bar{\alpha} = 24 \times 0.4304 = 10.33$

$s' = \dfrac{p_0}{E_{\mathrm{si}}}(z_i \bar{\alpha}_i - z_{i-1}\bar{\alpha}_{i-1}) = \dfrac{120}{6} \times 10.33 = 206.6 \mathrm{mm}$

$$s = \psi s' = 1.2 \times 206.6 = 247.9 \text{mm} \approx 248 \text{mm}$$

答案：(B)

点评：需要注意，此处是桥头路基，计算的是条形荷载起始位置的沉降，计算平均附加应力系数时查表值应乘以2，若乘4则得到错误选项(D)。

2-130 [2008年考题] 山前冲洪积场地，粉质黏土①层中潜水水位埋深1.0m，黏土②层，下卧砾砂③层，③层内存在承压水，水头高度和地面平齐。问地表下7.0m处地基土的有效竖向自重应力最接近下列哪个选项的数值？（　　）

  A. 66kPa   B. 76kPa
  C. 86kPa   D. 136kPa

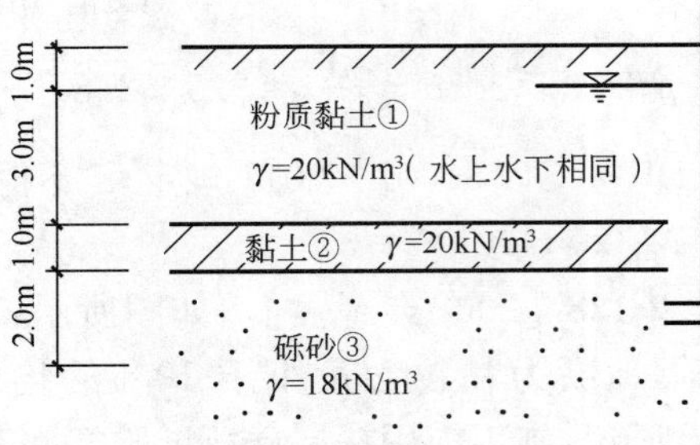

解 根据太沙基有效应力原理

$$\sigma = \sigma' + u$$

式中：σ——总应力，按题意为自重应力；

  σ'——有效应力，它是作用在土骨架的颗粒之间；

  u——孔隙水压力。

$$\sigma' = \sigma - u = 1 \times 20 + 3 \times 20 + 1 \times 20 + 2 \times 18 - 7 \times 10 = 66 \text{kPa}$$

答案：(A)

题2-130图

2-131 [2008年考题] 天然地基上的独立基础，基础平面尺寸5m×5m，基底附加压力180kPa，基础下地基土的性质和平均附加应力系数见下表。问地基压缩层的压缩模量当量值最接近下列哪个选项的数值？（　　）

题2-131表1

土　名　称	深度(m)	压缩模量(MPa)	平均附加应力系数
粉土	2.0	10	0.9385
粉质黏土	4.5	18	0.5224
基岩	>5		

  A. 11MPa   B. 12MPa   C. 15MPa   D. 17MPa

解 根据《建筑地基基础设计规范》(GB 50007—2011)计算如下

$$\overline{E}_i = \frac{\sum A_i}{\sum \frac{A_i}{E_{si}}} = \frac{2.3508}{\frac{1.8768}{10} + \frac{0.474}{18}} = 10.98 \approx 11 \text{MPa}$$

题2-131表2

z(m)	$\overline{\alpha}$	$\overline{z\alpha_i}$	$z_i\overline{\alpha}_i - z_{i-1}\overline{\alpha}_{i-1}$	E_s(MPa)
0	0.25	0	0	
2	0.9385	1.8768	1.8768	10
4.5	0.5224	2.3508	0.474	18

答案：(A)

2-132 [2008年考题]　条形基础底面处的平均压力为170kPa，基础宽度$b=3$m，在偏心荷载作用下，基底边缘处的最大压力值为280kPa，该基础合力偏心距最接近下列哪个选项的数值？（　　）

  A. 0.50m　　　　B. 0.33m　　　　C. 0.25m　　　　D. 0.20m

解　$p_{kmax}=\dfrac{F_k+G_k}{A}+\dfrac{M_k}{W}=p_k+\dfrac{M_k}{W}$

$W=\dfrac{b^2l}{6}=\dfrac{3^2\times 1.0}{6}=1.5\text{m}^3$

$p_k=170\text{kPa}$

$M_k=(280-170)\times 1.5=165\text{kN}\cdot\text{m}$

$M_k=e\times F_k\Rightarrow e=\dfrac{M_k}{F_k}=\dfrac{165}{170\times 3}=0.324\text{m}$

答案：(B)

2-133 [2008年考题]　柱下素混凝土方形基础顶面的竖向力(F_k)为570kN，基础宽度取为2.0m，柱脚宽度0.40m。室内地面以下6m深度内为均质粉土层，$\gamma=\gamma_m=20\text{kN/m}^3$，$f_{ak}=150\text{kPa}$，黏粒含量$\rho_c=7\%$。根据以上条件和《建筑地基基础设计规范》(GB 50007—2011)，柱基础埋深应不小于下列哪个选项的数值（基础与基础上土的平均重度γ取为20kN/m^3）？（　　）

  A. 0.50m　　　　B. 0.70m　　　　C. 0.80m　　　　D. 1.00m

解　$p_k=\dfrac{F_k+G_k}{A}=\dfrac{570+2\times 2\times 20\times d}{2\times 2}=142.5+20d$

$f_a=f_{ak}+\eta_b\gamma(b-3)+\eta_d\gamma_m(d-0.5)$

$\rho_c=7\%$的粉土，$\eta_b=0.5$，$\eta_d=2.0$

$f_a=150+0+2\times 20\times(d-0.5)=150+40(d-0.5)$

由$p_k\leqslant f_a$

$142.5+20d=40d+130$

$d=0.63\text{m}$

$H_0\geqslant\dfrac{b-b_0}{2\tan\alpha}=\dfrac{2-0.4}{2\times 1}=0.8\text{m}$，所以埋深不小于0.8m。

答案：(C)

2-134 [2008年考题]　某铁路工程勘察时要求采用K_{30}方法测定地基系数，下表为采用直径30cm的荷载板进行竖向载荷试验获得的一组数据。问试验所得K_{30}值与下列哪个选项的数据最为接近？（　　）

题2-134表

分级	1	2	3	4	5	6	7	8	9	10
荷载强度p(MPa)	0.01	0.02	0.03	0.04	0.05	0.06	0.07	0.08	0.09	0.10
下沉s(mm)	0.2675	0.5450	0.8550	1.0985	1.3695	1.6500	2.0700	2.4125	2.8375	3.3125

A. 12MPa/m　　　　B. 36MPa/m　　　　C. 46MPa/m　　　　D. 108MPa/m

解 根据《铁路路基设计规范》(TB 10001—2005)第2.0.7条，K_{30}为30cm直径荷载板试验得的地基系数，取下沉量为0.125cm的荷载强度。

地基系数为由平板载荷试验测得的荷载强度与其下沉量的比值。

由平板荷载试验所测得的地基系数是将土体的强度和变形合为一体的综合性指标，用它检查公路、铁路、机场跑道等填土的压实密度，即用K_{30}指标评价。

计算$s=1.25$mm时的荷载强度

$$\frac{1.3695-1.0985}{0.05-0.04}=\frac{1.25-1.0985}{p-0.04}, p=0.04559\text{MPa}$$

$$K_{30}=\frac{0.04559}{1.25\times10^{-3}}=36.47\text{MPa/m}$$

答案：(B)

2-135 [2008年考题] 如图所示，条形基础宽度2.0m，埋深2.5m，基底总压力200kPa，按照现行《建筑地基基础设计规范》(GB 50007—2011)，基底下淤泥质黏土层顶面的附加应力值最接近下列哪个选项的数值？（　　）

A. 89kPa　　　　　　B. 108kPa
C. 81kPa　　　　　　D. 200kPa

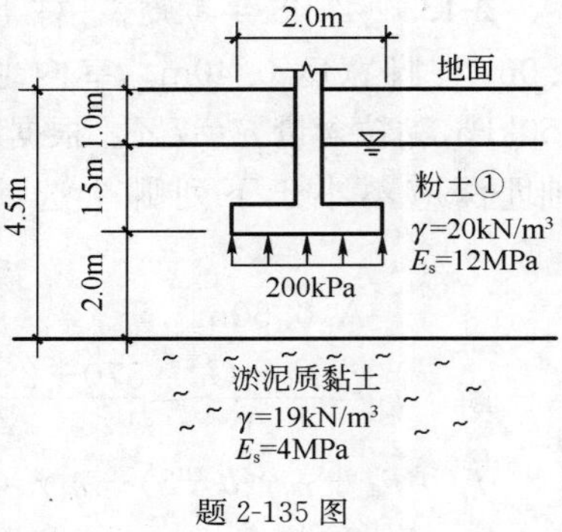

解 $\dfrac{E_{s1}}{E_{s2}}=\dfrac{12}{4}=3.0, \dfrac{z}{b}=\dfrac{2}{2}=1.0, \theta=23°$

软弱下卧层顶面附加压力

$$p_0=\frac{b(p_k-p_c)}{b+2z\tan\theta}=\frac{2\times[200-(1\times20+1.5\times10)]}{2+2\times2\tan23°}=89.2\text{kPa}$$

题2-135图

答案：(A)

2-136 [2008年考题] 某仓库外墙采用条形砖基础，墙厚240mm，基础埋深2.0m，已知作用于基础顶面标高处的上部结构荷载标准组合值为240kN/m。地基为人工压实填土，承载力特征值为160kPa，重度19kN/m³。按照现行《建筑地基基础设计规范》(GB 50007—2011)，基础最小高度最接近下列哪个选项的数值？（　　）

A. 0.5mm　　　　B. 0.6m　　　　C. 0.7m　　　　D. 1.1m

解 基底平均压力

$$p_k=\frac{F_k+G_k}{A}=\frac{240+b\times2\times20}{b}=\frac{240}{b}+40$$

人工填土$\eta_b=0, \eta_d=1.0$

$$f_a=f_{ak}+\eta_b\gamma(b-3)+\eta_d\gamma_m(d-0.5)$$

$$=160+0+1.0\times19(2-0.5)=188.5\text{kPa}$$

$$f_a \leqslant p_k \Rightarrow 188.5 = \frac{240}{b} + 40 \Rightarrow b = 1.62\text{m}$$

$$100 < p_k \leqslant 200, \frac{b_2}{H_0} = 1:1.5, \tan\alpha = \frac{b_2}{H_0}$$

$$H_0 \geqslant \frac{b-b_0}{2\tan\alpha} = \frac{1.62-0.24}{2 \times \frac{b_2}{H_0}} = \frac{1.38}{2 \times \frac{1}{1.5}} = 1.04\text{m}$$

答案：(D)

2-137 [2008年考题] 高速公路连接线路平均宽度25m，硬壳层厚5.0m，$f_{ak}=180\text{kPa}$，$E_s=12\text{MPa}$，重度$\gamma=19\text{kN/m}^3$，下卧淤泥质土，$f_{ak}=80\text{kPa}$，$E_s=4\text{MPa}$，路基重度20kN/m³。在充分利用硬壳层，满足强度条件下的路基填筑最大高度最接近下列哪个选项？( )

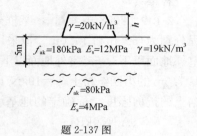

题 2-137 图

  A. 4.0m   B. 8.7m   C. 9.0m   D. 11.0m

解 根据《公路桥涵地基与基础设计规范》(JTG D63—2007)第3.3.5条
(1)对下卧淤泥质土层顶面进行承载力修正

$$[f_a] = [f_{a0}] + \gamma_2 h = 80 + 1.0 \times 19 \times 5.0 = 175 \text{ kPa}$$

(2)应力扩散角为0°
(3)假定填土高度为H

$$20H + 19 \times 5.0 = 175$$

解得 $H = 4.0\text{m}$

答案：(A)

2-138 [2008年考题] 某住宅楼采用$40\text{m} \times 40\text{m}$的筏形基础，埋深10m。基础底面平均总压力值为300kPa。室外地面以下土层重度γ为20kN/m³，地下水位在室外地面以下4m。根据下表数据计算基底下深度7~8m土层的变形值$\Delta s'_{7-8}$最接近于下列哪个选项的数值？( )

题 2-138 表1

第 i 层 土	基底至第 i 层土底面距离 z_i	E_{si}
1	4.0m	20MPa
2	8.0m	16MPa

  A. 7.0mm   B. 8.0mm   C. 9.0mm   D. 10.0mm

解 根据《建筑地基基础设计规范》(GB 50007—2011)
基底附加压力 $p_0 = p_k - \gamma h = 300 - (4 \times 20 + 6 \times 10) = 160\text{kPa}$
沉降计算如下表。

沉 降 计 算

题 2-138 表 2

z(m)	l/b	z/b	$\bar{\alpha}_i$	$\bar{z\alpha}_i$	$\bar{z}_i\bar{\alpha}_i - \bar{z}_{i-1}\bar{\alpha}_{i-1}$	E_s(MPa)	Δs_i(mm)	7~8m Δs
0	1.0		0.25×4=1.0	0	0			
7	1.0	0.35	0.24795×4=0.9918	6.9426	6.9426	16	69.43	9.742
8	1.0	0.4	0.2474×4=0.9896	7.9168	0.9742	16	9.742	

答案：(D)

2-139 [2008年考题] 某框架结构，1层地下室，室外与地下室室内地面高程分别为16.2m和14.0m。拟采用柱下方形基础，基础宽度2.5m，基础埋深在室外地面以下3.0m。室外地面以下为厚1.2m人工填土，$\gamma=17\text{kN/m}^3$；填土以下为厚7.5m的第四纪粉土，$\gamma=19\text{kN/m}^3$，$c_k=18\text{kPa}$，$\varphi_k=24°$，场区未见地下水。根据土的抗剪强度指标确定的地基承载力特征值最接近下列哪个选项的数值？（ ）

  A. 170kPa   B. 190kPa   C. 210kPa   D. 230kPa

解 根据《建筑地基基础设计规范》(GB 50007—2011)

$$f_a = M_b\gamma b + M_d\gamma_m d + M_c L_k$$

由 $\varphi_k=24°$，查表5.2.5，$M_b=0.8$，$M_d=3.87$，$M_c=6.45$

d 从室内地面起算，$d=0.8\text{m}$

$f_a = 0.8 \times 19 \times 2.5 + 3.87 \times 19 \times 0.8 + 6.45 \times 18$

  $= 212.9\text{kPa}$

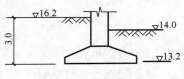

题 2-139 图（尺寸单位：m）

答案：(C)

2-140 [2008年考题] 某铁路涵洞基础位于深厚淤泥质黏土地基上，基础埋置深度1.0m，地基土不排水抗剪强度c_u为35kPa，地基土天然重度18kN/m³，按照《铁路桥涵地基和基础设计规范》(TB 10002.5—2005)，安全系数m'取2.5，涵洞基础地基容许承载力$[\sigma]$的最小值接近于下列哪个选项？（ ）

  A. 60kPa   B. 70kPa   C. 80kPa   D. 90kPa

解 根据《铁路桥涵地基基础设计规范》第4.1.4条涵洞基础地基容许承载力

$$[\sigma] = 5.14c_u \times \frac{1}{m'} + \gamma_2 h$$

$$= 5.14 \times 35 \times \frac{1}{2.5} + 18 \times 1.0 = 89.96\text{kPa}$$

答案：(D)

2-141 [2008年考题] 某公路桥梁嵌岩钻孔灌注桩基础，清孔良好，岩石较完整，河床岩层有冲刷，桩径$D=1000\text{mm}$，在基岩顶面处，桩承受的弯矩$M_H=500\text{kN·m}$，基岩的天然湿度单轴极限抗压强度$f_{rk}=40\text{MPa}$。按《公路桥涵地基与基础设计规范》(JTG D63—2007)计算，单桩轴向受压容许承载力$[R_a]$与下列哪个选项的数值最为接近？（取$\beta=0.6$，系数c_1，c_2不需考虑降低采用）（　　）

  A. 12350kN B. 16350kN C. 19350kN D. 22350kN

解 根据《公路桥涵地基与基础设计规范》(JTG D63—2007)，第5.3.5条和第5.3.4条，河床岩层有冲刷时，桩基须嵌入基岩，嵌入基岩深度h

$$h=\sqrt{\frac{M_H}{0.065\beta f_{rk}d}}$$

式中：M_H——基岩顶面处弯矩；

   β——系数，$\beta=0.5\sim1.0$；

   f_{rk}——岩石饱和单轴抗压强度标准值。

$$h=\sqrt{\frac{500}{0.065\times0.6\times40\times10^3\times1.0}}=0.57\text{m}$$

单桩轴向受压容许承载力$[R_a]$

$$[R_a]=c_1A_pf_{rk}+u\sum_{i=1}^{m}c_{2i}h_if_{rki}+\frac{1}{2}\xi_su\sum_{i=1}^{n}l_iq_{ik}$$

式中：c_1、c_{2i}——根据清孔情况、岩石破碎程度的端阻和侧阻系数，$c_1=0.6$，$c_2=0.05$；

   A_p——桩端截面面积；

   h_i——桩嵌入基岩厚度，不包括强风化和全风化岩层；

   l_i——各土层厚度；

   q_{ik}——i层土侧阻力标准值。

$[R_a]=0.6\times0.785\times40\times10^3+3.14\times0.05\times0.57\times40\times10^3=22400\text{kN}$

答案：(D)

2-142 [2009年考题] 某季节性冻土地基实测冻土层厚度为2.0m。冻前原地面标高为186.128m，冻后实测地面标高为186.288m。试问该土层的平均冻胀率最接近下列哪个选项的数值？（注：平均冻胀率为地表冻胀量与设计冻深的比值）（　　）

  A. 7.1% B. 8.0% C. 8.7% D. 9.5%

解 根据《建筑地基基础设计规范》(GB 50007—2011)，设计冻深

$$z_d=h'-\Delta z$$

式中：h'——实测冻土厚度，$h'=2.0$m；

 Δz——地表冻胀量，$\Delta z=186.288-186.128=0.16$m。

$z_d=2-0.16=1.84$m

平均冻胀率 $\eta=\dfrac{\Delta z}{z_d}=\dfrac{0.16}{1.84}=0.087=8.7\%$

答案：(C)

2-143 [2010年考题] 如图所示，某建筑采用柱下独立方形基础，基础底面尺寸为2.4m×2.4m，柱截面尺寸为0.4m×0.4m。基础顶面中心处作用的柱轴向力为$F=700$kN，力矩$M=0$，根据《建筑地基基础设计规范》(GB 5007—2011)，试问基础的柱边截面处的弯矩设计值最接近于下列何项数值？（　　）

A. 105kN·m B. 145kN·m
C. 185kN·m D. 225kN·m

解 根据《建筑地基基础设计规范》(GB 5007—2011)第8.2.7条第3款计算

$$M_1 = \frac{1}{12}a_1^2\left[(2l+a')\left(p_{max}+p-\frac{2G}{A}\right)+(p_{max}-p)l\right]$$

由图可知

$$a_1 = \frac{2.4-0.4}{2} = 1.0\text{m}, l=2.4\text{m}, a'=0.4\text{m}$$

$$p_{max}=p=\frac{F_k+G_k}{A}=\frac{700+20\times2.4\times2.4\times1.4}{2.4^2}$$
$$=149.5\text{kPa}$$

于是

$$M_1=\frac{1}{12}\times1.0^2\times[(2\times2.4+0.4)\times(149.5+$$
$$149.5-2\times1.4\times20)+0]=105.3\text{kN}\cdot\text{m}$$

答案：(A)

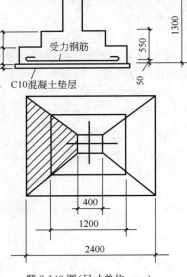

题 2-143 图(尺寸单位:mm)

2-144 [2010年考题] 某毛石基础如图所示,荷载效应标准组合时基础底面处的平均压力值为110kPa,基础中砂浆强度等级为M5,根据《建筑地基基础设计规范》(GB 50007—2011)设计,试问基础高度 H_0 至少应取下列何项数值？(　　)

A. 0.5m B. 0.75m
C. 1.0m D. 1.5m

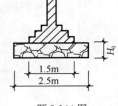

题 2-144 图

解 根据《建筑地基基础设计规范》(GB 50007—2011)第8.1.2条,基础高度

$$H_0=\frac{b-b_0}{2\tan\alpha}$$

查表8.1.2,毛石基础, $p_k=110$kPa 时,介于100～200kPa之间, $\tan\alpha$ 限值为1:50。另外, $b=2.5$m, $b_0=1.5$m,于是基础高度 $H_0\geq0.75$m。

答案：(B)

2-145 [2010年考题] 某条形基础,上部结构传至基础顶面的竖向荷载 $F_k=320$kN/m,基础宽度 $b=4$m,基础埋置深度 $d=2$m,基础底面以上土层的天然重度 $\gamma=18$kN/m³,基础及其上土的平均重度为20kN/m³,基础底面至软弱下卧层顶面 $z=2$m,已知扩散角 $\theta=25°$。试问,扩散到软弱下卧层顶面处的附加压力最接近于下列何项数值？(　　)

A. 35kPa B. 45kPa C. 57kPa D. 66kPa

解 根据《建筑地基基础设计规范》(GB 5007—2011)第5.2.7条之式(5.2.7-2)计算

$$p_z=\frac{b(p_k-p_c)}{b+2z\tan\theta}$$

基底压力 $p_k=\frac{(F_k+G_k)}{b}=\frac{(320+20\times4\times2)}{4}=120$kPa

基础底面处土的自重压力 $p_c = \gamma d = 18 \times 2 = 36$ kPa，于是，附加压力

$$p_z = 4 \times \frac{(120-36)}{(4+2\times 2 \times \tan 45°)^2} = 57 \text{ kPa}$$

答案：(C)

2-146 [2010 年考题] 某建筑方形基础，作用于基础底面的竖向力为 9200kN，基础底面尺寸为 6m×6m，基础埋深 2.5m，基础底面上下土层为均质粉质黏土，重度为 19kN/m³，综合 e-p 关系试验数据见下表，基础中心点下的附加应力系数 α 如图所示，已知沉降计算经验系数为 0.4，将粉质黏土按一层计算，问该基础中心点的最终沉降量最接近于下列哪个选项？（　　）

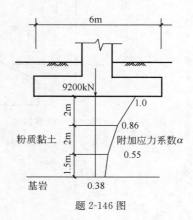

题 2-146 图

题 2-146 表

压力 p_f(kPa)	0	50	100	200	300	400
孔隙比 e	0.544	0.534	0.526	0.512	0.508	0.506

A. 10mm B. 23mm C. 35mm D. 57mm

解 (1)求基底附加压力 $p_0 = \frac{9200}{6\times 6} - 19 \times 2.5 = 208$ kPa

(2)求平均附加应力系数

$$\alpha = \left(\frac{1.0+0.86}{2}\times 2 + \frac{0.86+0.55}{2}\times 2 + \frac{0.55+0.38}{2}\times 1.5\right) \times \frac{1}{2+2+1.5} = 0.721$$

地基平均附加应力 $= \alpha p_0 = 0.721 \times 208 = 150$ kPa

(3)求平均自重压力 $\left(2.5+\frac{2+2+1.5}{2}\right) \times 19 = 100$ kPa

(4)自重对应的孔隙比 $e_1 = 0.526$

自重+附加 $= 100+150 = 250$ kPa 对应的 $e_2 = \frac{(0.512+0.508)}{2} = 0.51$

(5)最终沉降量 $S = \psi_s \frac{e_1-e_2}{1+e_1} H = 0.4 \times \frac{0.526-0.51}{1+0.526} \times 5500 = 23$ mm

答案：(B)

点评：此题需要熟悉附加应力系数和平均附加应力系数的含义及转换方法，由此计算孔隙比，沉降计算本身比较简单。

2-147 [2010 年考题] 某建筑物基础承受轴向压力，其矩形基础剖面及土层的指标如图所示。基础底面尺寸为 1.5m×2.5m。根据《建筑地基基础设计规范》(GB 50007—2011)由土的抗剪强度指标确定的地基承载力特征值 f_a，应与下列哪项数值最为接近？（　　）

A. 138kPa B. 143kPa

C. 148kPa   D. 153kPa

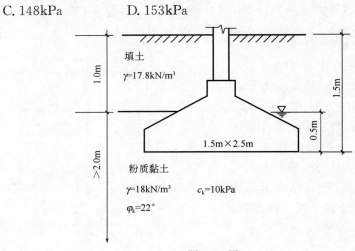

题 2-147 图

解 根据《建筑地基基础设计规范》(GB 50007—2011)第 5.2.5 条,即
$$f_a = M_b \gamma b + M_d \gamma_m d + M_c c_k$$
由 $\varphi_k = 22°$ 查表,$M_b = 0.61$,$M_d = 3.44$,$M_c = 6.04$

基础底面以上土的加权平均重度 $\gamma_m = \dfrac{17.8 \times 1.0 + 8 \times 0.5}{1.5} = 14.5 \text{kN/m}^3$,于是

$$f_a = 0.61 \times (18 - 10) \times 1.5 + 3.44 \times 14.5 \times 1.5 + 6.04 \times 10 = 143 \text{kPa}$$

答案:(B)

2-148 [2010 年考题] 某构筑物其基础底面尺寸为 3m×4m,埋深为 3m,基础及其上土的平均重度为 20kN/m³,构筑物传至基础顶面的偏心荷载 $F_k = 1200 \text{kN}$,距基底中心 1.2m,水平荷载 $H_k = 200 \text{kN}$,作用位置如图所示。试问,基础底面边缘的最大压力值 p_{kmax},与下列哪项数值最为接近?( )

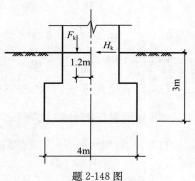

题 2-148 图

A. 265kPa   B. 341kPa
C. 415kPa   D. 454kPa

解 作用在基底的偏心矩为
$$e = \dfrac{1200 \times 1.2 + 200 \times 3}{1200 + 20 \times 3 \times 4 \times 3} = 1.06\text{m} > \dfrac{b}{6} = 0.67\text{m}$$

$$a = \dfrac{b}{2} - e = \dfrac{4}{2} - 1.06 = 0.94\text{m}$$

根据《建筑地基基础设计规范》(GB 50007—2011)第 5.2.2 条,偏心距 $e > \dfrac{b}{6}$ 时,则可用规范式(5.2.2-4)计算基底边缘的最大压力值

$$p_{kmax} = \dfrac{2(F_k + G_k)}{3la} = \dfrac{2 \times (1200 + 20 \times 3 \times 4 \times 3)}{3 \times 3 \times 0.94}$$
$$= 453.90 \text{kPa}.$$

答案：(D)

2-149 [2010年考题] 某筏基底板梁板布置如图所示，筏板混凝土强度等级为C35（$f_t=1.57\text{N/mm}^2$），根据《建筑地基基础设计规范》(GB 5007—2011)计算，该底板受冲切承载力最接近下列何项数值？（ ）

  A. $5.60×10^3\text{kN}$ B. $11.25×10^3\text{kN}$
  C. $16.08×10^3\text{kN}$ D. $19.70×10^3\text{kN}$

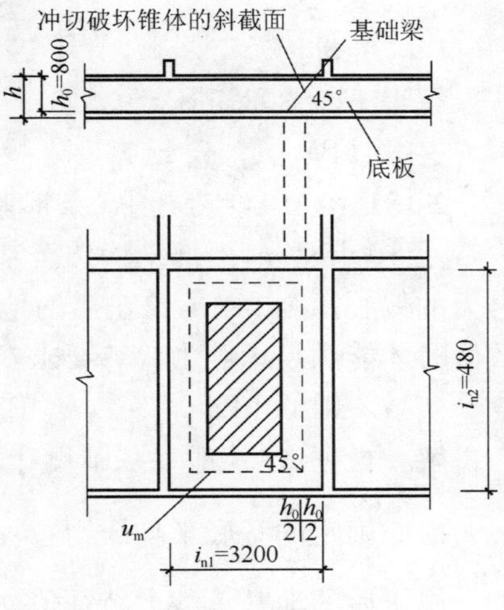

解 根据《建筑地基基础设计规范》(GB 5007—2011)第8.4.5条计算

$$F_l \leq 0.7\beta_{hp}f_t u_m h_0$$

β_{hp}为受冲切承载力截面高度影响系数；$h_0=800\text{mm}$，取为1.0。

$$u_m = (l_{n1}-h_0+l_{n2}-h_0)×2$$
$$=(3200-800+4800-800)×2=12800\text{mm}$$

代入得，$F_l \leq 0.7×1.0×1.57×12800×800$
$$=11.25×10^3\text{kN}$$

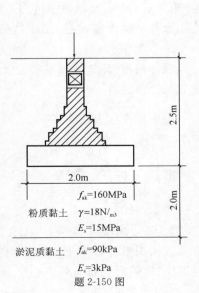

题2-149图

答案：(B)

2-150 [2010年考题] 某老建筑物采用条形基础，宽度2.0m，埋深2.5m，拟增层改造，探明基底以下2.0m深处下卧淤泥质粉土，$f_{ak}=90\text{kPa}$，$E_s=3\text{MPa}$，如图所示，已知上层土的重度为18kN/m^3，基础及其上土的平均重度为20kN/m^3。地基承载力特征值$f_{ak}=160\text{kPa}$，无地下水，试问基础顶面所允许的最大竖向力F_k与下列哪项数值最为接近？（ ）

  A. 180kN/m   B. 300kN/m
  C. 320kN/m   D. 340kN/m

解 根据《建筑地基基础设计规范》(GB 50007—2011)第5.2.2条、第5.2.4条和第5.2.7条计算如下

查表5.2.7，$\dfrac{E_{s1}}{E_{s2}}=\dfrac{15}{3}=5$，$\dfrac{z}{b}=\dfrac{2}{2}=1$，故$\theta=25°$。

条形基础基底压力 $p_k=\dfrac{F_k+G_k}{b}=\dfrac{F_k+20×2×2.5}{2}$
$$=\left(\dfrac{F_k}{2}+50\right)\text{kPa}$$

软弱下卧层验算要求 $p_z+p_{cz}\leq f_{az}$
其中
$$p_z=\dfrac{b(p_k-p_c)}{b+2z\tan\theta}=\dfrac{2.0×(p_k-18×2.5)}{2.0+2×2×2\tan25°}=\dfrac{F_k}{3.87}+2.587$$

软弱下卧层顶面处土的自重压力：$p_{cz}=18×4.5=81\text{kPa}$
又 $f_{az}=f_{ak}+\eta_d\gamma_m(d-0.5)$

题2-150图

$$= 90+1.0\times18\times(4.5-0.5)=162\text{kPa}$$

于是 $\dfrac{F_k}{3.87}+2.587+81\leqslant162\text{kPa}$

解得 $F_k=303.5\text{kPa}$

答案：(B)

2-151 [2010年考题] 条形基础宽度为3.6m，基础自重和基础上的土重为$G_k=100\text{kN/m}$，上部结构传至基础顶面的竖向力值$F_k=200\text{kN/m}$。F_k+G_k合力的偏心距为0.4m，修正后的地基承载力特征值至少要达到下列哪个选项的数值时才能满足承载力验算要求？（　　）

  A.68kPa   B.83kPa   C.116kPa   D.139kPa

解 根据《建筑地基基础设计规范》(GB 5007—2011)第5.2.1条和第5.2.2条计算

由此确定的基底平均压力：$p_k=\dfrac{F_k+G_k}{b}=\dfrac{200+100}{3.6}=83.3\text{kPa}$；

修正后的地基承载力特征值 $f_{a1}\geqslant p_k=83.3\text{kPa}$；

$$p_{k\max}=\dfrac{F_k+G_k}{b}\left(1+\dfrac{6e}{b}\right)$$

$$=83.3\times\left(1+\dfrac{6\times0.4}{3.6}\right)$$

$$=138.8\text{kPa}$$

由 $p_{k\max}\leqslant1.2f_a$ 得，地基承载力特征值 $f_{a2}\geqslant115.7\text{kPa}$，两者取大值。

答案：(C)

2-152 [2010年考题] 有一工业塔，刚性连续设置在宽度$b=6\text{m}$，长度$l=10\text{m}$，埋置深度$d=3\text{m}$的矩形基础板上，包括基础自重在内的总重为$N_k=20\text{MN}$，作用于塔身上部的水平合力$H_k=1.5\text{MN}$，基础侧面抗力不计，如图所示。为保证基底不出现零压力区，试问水平合力作用点与基底距离h最大值应与下列何项数值最为接近？（　　）

  A.15.2m   B.19.3m   C.21.5m   D.24.0m

解 根据《建筑地基基础设计规范》(GB 50007—2011)第5.2.1条和第5.2.2条计算

不出现零应力的临界状态，即$p_{k\min}=0$，则需要$e=\dfrac{l}{6}$。

即 $\dfrac{H_k(h+d)}{N_k}=\dfrac{l}{6}, h=\dfrac{\dfrac{l}{6}\times N_k}{H_k}-d=\dfrac{\dfrac{10}{6}\times20}{1.5}-3=19.2\text{m}$

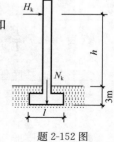

题2-152图

答案：(B)

2-153 [2011年考题] 在地面作用矩形均布荷载$p=400\text{kPa}$，承载面积为$4\text{m}\times4\text{m}$。试求承载面积中心O点下4m深处的附加应力与角点C下8m深处的附加应力比值，最接近下列何值？（矩形均布荷载中心点下竖向附加应力系数α_0可由下表查得）（　　）

二、浅 基 础

附加应力系数 α_0 题 2-153 表

z/b	l/b	
	1.0	2.0
0.0	1.000	1.000
0.5	0.701	0.800
1.0	0.336	0.481

A. $\dfrac{1}{2}$　　　B. 1　　　C. 2　　　D. 4

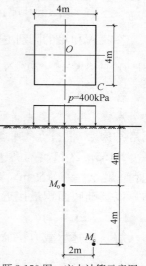

解 对于 O 点下 4m 深处的点 M_0：$\dfrac{l}{b}=1$，$\dfrac{z}{b}=1$，查表得附加应力系数 $\alpha_0=0.336$。

对于 C 点下 8m 深处的点 M_c：由于没有直接查角点的表，可以把 C 当成一个 8m×8m 大的矩形均布荷载的中心点，查表后，将附加应力系数除以 4 即可。对于 8m×8m 的矩形，$z=8$m，可得 $\dfrac{l}{b}=1$，$\dfrac{z}{b}=1$，查表得附加应力系数 $\alpha_0=0.336$。于是 M_c 的附加应力系数为 $\alpha_c=\dfrac{0.336}{4}$。

答案：(D)

点评：本题的要点是熟练掌握附加应力系数的查表方法和彼此关系。就本题来说，即使没有所附的表格，也能得到正确答案。

题 2-153 图　应力计算示意图

2-154［2011 年考题］ 如图所示柱基础底面尺寸为 1.8m×1.2m，作用在基础底面的偏心荷载 $F_k+G_k=300$kN，偏心距 $e=0.2$m，基础底面应力分布最接近下列哪个选项？（　　）

解 偏心距 $e=0.2<\dfrac{1.8}{6}=0.3$。

基底压力计算公式为

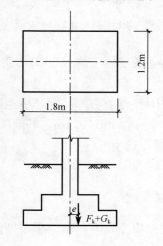

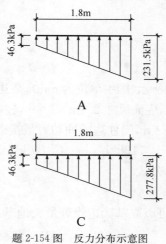

A

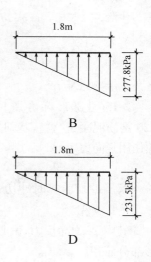

B

C

D

题 2-154 图　反力分布示意图

$$p_{\max}=\frac{F_k+G_k}{A}\left[1+\frac{6e}{l}\right]=\frac{300}{1.8\times 1.2}\left[1+\frac{6\times 0.2}{1.8}\right]=231.5\text{kPa}$$

$$p_{\min}=\frac{F_k+G_k}{A}\left[1-\frac{6e}{l}\right]=\frac{300}{1.8\times 1.2}\left[1-\frac{6\times 0.2}{1.8}\right]=46.3\text{kPa}$$

利用问题的特殊性，本题也可以这样判断：

答案 B 和 D 对应的是三角形荷载，合力作用点在三分点处，由此可以得到荷载的偏心距为 $\frac{1.8}{2}-\frac{1.8}{3}=0.3$m，与偏心距 $e=0.2$ 不等。所以 B 和 D 不是正确答案。

答案 A 和 C 的区别主要在荷载大小上，可以分别计算出两者对应的合力。答案 A 为 $(46.3+231.5)\times 1.8\times\frac{1.2}{2}=300$kN，答案 C 为 $(46.3+277.8)\times 1.8\times\frac{1.2}{2}=350$kN。因此选 A。

答案：(A)

点评：本题的要点是记住相关公式，如果没有记住公式，也不要轻易放弃，利用排除法，根据力的平衡可以迅速得到答案。

2-155［2011 年考题］ 如图所示矩形基础，地基土的天然重度 $\gamma=18$kN/m³，饱和重度 $\gamma_{sat}=20$kN/m³，基础及基础上土重度 $\gamma_G=20$kN/m³，$\eta_b=0$，$\eta_d=1.0$。估算该基础底面积最接近下列何值？（　　）

  A. 3.2m²   B. 3.6m²   C. 4.2m²   D. 4.6m²

解 地基承载力特征值

$$f_a=f_{ak}+\eta_b\gamma(b-3)+\eta_d\gamma_m(d-0.5)$$

由于 $\eta_b=0$，于是

$$f_a=f_{ak}+\eta_d\gamma_m(d-0.5)$$
$$=150+1.0\times 18\times(1.5-0.5)=168\text{kPa}$$

可以计算出基底面积

$$A=\frac{p}{f_a-\gamma_0 d}=\frac{500}{168-20\times 1.5}=3.62\text{m}^2$$

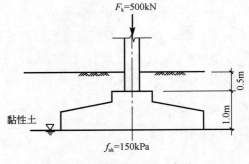

题 2-155 图　矩形基础示意图

答案：(B)

点评：该题的要点是看清题目，不要把几个重度弄混了。比如，不要把地基以上土的重度当成 $\gamma_0=20$kN/m³。

2-156［2011 年考题］ 如图所示（图中单位为 mm），某建筑采用柱下独立方形基础，拟采用 C20 钢筋混凝土材料，基础分二阶，底面尺寸 2.4m×2.4m，柱截面尺寸为 0.4m×0.4m。基础顶面作用竖向力 700kN，力矩 87.5kN·m，问柱边的冲切力最接近下列哪个选项？（　　）

  A. 95kN   B. 110kN   C. 140kN   D. 160kN

解 冲切验算时冲切力计算公式

$$F_l=p_j A_l$$

其中 p_j 为净反力，偏心荷载可以取基础边缘处最大地基土单位面积净反力。A_L 为图中阴影部分面积。

$$p_j = \frac{F}{A} + \frac{M}{W} = \frac{700}{2.4 \times 2.4} + \frac{87.5}{2.4 \times \frac{2.4^2}{6}} = 159.5 \text{kPa}$$

阴影部分底边长 2.4m，另一底边长 1.5m，高 $1.2 - (0.55 + 0.2) = 0.45$m。于是

$$A_l = \frac{(1.5 + 2.4) \times 0.45}{2} = 0.8775 \text{m}^2$$

则 $F_l = p_j A_l = 159.5 \times 0.8775 = 140$kN

答案：(C)

点评：该题的要点是几何计算，尤其底面边长计算容易出错。

2-157 [2011年考题] 某梁板式筏基底板区格如图所示，筏板混凝土强度等级为 C35（$f_t = 1.57 \text{N/mm}^2$），根据《建筑地基基础设计规范》（GB 50007—2011）计算，该区格底板斜截面受剪承载力最接近下列何值？（　　）

A. 5.60×10^3 kN　　B. 6.65×10^3 kN
C. 16.08×10^3 kN　　D. 119.70×10^3 kN

解 根据《建筑地基基础设计规范》第 8.4.5 条
$V_s \leq 0.7 \beta_{hs} f_t (l_{n2} - 2h_0) h_0$

$$\beta_{hs} = \left(\frac{800}{h_0}\right)^{1/4} = \left(\frac{800}{1200}\right)^{1/4} = 0.9$$

$0.7 \beta_{hs} f_t (l_{n2} - 2h_0) h_0$
$= 0.7 \times 0.9 \times 1.57 \times (8.0 - 2 \times 1.2) \times 1.2 \times 10^3$
$= 6.65 \times 10^3$ kN

答案：(B)

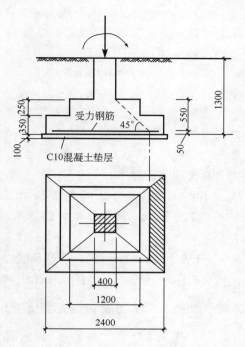

题 2-156 图　独立方形基础图（尺寸单位：mm）

2-158 [2011年考题] 甲建筑已沉降稳定，其东侧新建乙建筑，开挖基坑时采取降水措施，使甲建筑物东侧潜水地下水位由 -5.0m 下降至 -10.0m。基底以下地层参数及地下水位如图所示。估算甲建筑物东侧由降水引起的沉降量接近于下列何值？（　　）

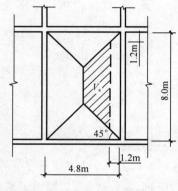

题 2-157 图　筏形基础平面图

A. 38mm　　B. 41mm　　C. 63mm　　D. 76mm

解 $-5.0 \sim -10.0$m 内平均孔压变化为 $10 \times \frac{5}{2} = 25$kPa，土层压缩量为

$$\frac{25}{6 \times 1000} \times 5 \times 1000 = 20.83 \text{mm}$$

$-10.0 \sim -12.0$m 内平均孔压变化为 $10 \times 5 = 50$kPa，土层压缩量为

$$\frac{50}{6 \times 1000} \times 2 \times 1000 = 16.67 \text{mm}$$

$-12.0\sim-15.0$m 内不透水黏土在基坑降水期间可以认为孔压不变,因此压缩量为 0。于是,总的沉降量(即土层压缩量)为

$20.83+16.67=37.5$mm

答案:(A)

点评:本题的要点是孔隙水压力降低导致有效应力增加,进而引起土层压缩。另外,对不透水黏土,基坑降水期间孔压不变,因而压缩量为 0。如果没有注意到该细节,计算中加上黏土层的压缩量 15mm,会得到总压缩量为 52.5mm,与备选答案中哪个都不一致。此时动脑筋想一想,就能得到正确答案。

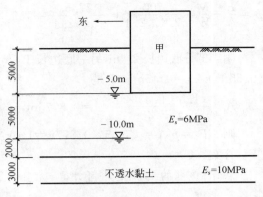

题 2-158 图 地层参数与地下水(尺寸单位:mm)

2-159 [2011 年考题] 从基础底面算起的风力发电塔高 30m,圆形平板基础直径 $d=6$m,侧向风压的合力为 15kN,合力作用点位于基础底面以上 10m 处,当基础底面的平均压力为 150kPa 时,基础边缘的最大与最小压力之比最接近于下列何值?$\left(\text{圆形板的抵抗矩}\ W=\dfrac{\pi d^3}{32}\right)$( )

A. 1.10   B. 1.15   C. 1.20   D. 1.25

解 弯矩 $M=10\times 15$kN·m

求基础底面抵抗矩 $W=\dfrac{\pi d^3}{32}=\dfrac{3.14\times 6^3}{32}=21.2$m^3

$p_{\max}=p_k+\dfrac{M}{W}=150+\dfrac{10\times 15}{21.2}=157.1$kPa

$p_{\min}=p_k-\dfrac{M}{W}=150-\dfrac{10\times 15}{21.2}=142.9$kPa

$\dfrac{p_{\max}}{p_{\min}}=\dfrac{157.1}{142.9}=1.1$

答案:(A)

2-160 [2011 年考题] 某条形基础宽度 2m,埋深 1m,地下水埋深 0.5m。承重墙位于基础中轴,宽度 0.37m,作用于基础顶面荷载 235kN/m,基础材料采用钢筋混凝土。问验算基础底板配筋时的弯矩最接近于下列哪个选项?( )

A. 35kN·m   B. 40kN·m   C. 55kN·m   D. 60kN·m

解 根据《建筑地基基础设计规范》(GB 50007—2011)第 8.2.7 条,公式(8.2.7-4)

$$M=\dfrac{1}{12}a_1^2\left[(2l+a')\left(p_{\max}+p-\dfrac{2G}{A}\right)+(p_{\max}-p)l\right] \tag{8.2.7-4}$$

$M=\dfrac{1}{12}\left(\dfrac{2-0.37}{2}\right)^2\left[(2\times 1+1)\left(p_{\max}+p-\dfrac{2G}{A}\right)+(p_{\max}-p)\times 1\right]$

$p_{\max}=p,\ p=\dfrac{F+G}{A}$

$G=1.35G_k=1.35\times[20\times 0.5+(20-10)\times 0.5]\times 2\times 1=40.5$kN

$$M = \frac{1}{12} \times 0.815^2 \times 3 \times \left(\frac{2 \times 235 + 2 \times 40.5}{2 \times 1} - \frac{2 \times 40.5}{2 \times 1}\right) = 39 \text{kN} \cdot \text{m}$$

答案：(B)

2-161 [2011年考题] 既有基础平面尺寸 4m×4m，埋深 2m，底面压力 150kPa，如图所示，新建基础紧贴既有基础修建，基础平面尺寸 4m×2m，埋深 2m，底面压力 100kPa。已知基础下地基土为均质粉土，重度 $\gamma = 20 \text{kN/m}^3$，压缩模量 $E_s = 10 \text{MPa}$，层底埋深 8m，下卧基岩。问新建基础的荷载引起的既有基础中心点的沉降量最接近下列哪个选项？（ ）

A. 1.8mm   B. 3.0mm   C. 3.3mm   D. 4.5mm

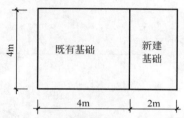
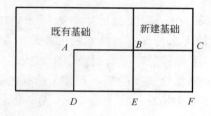

题 2-161 图 基础平面图

解 (1) 计算 $ABED$ 的角点 A 的平均附加应力系数 $\bar{\alpha}_A$
$\frac{l}{b} = 1.0$，$\frac{z}{2} = \frac{6}{2} = 3.0$，既有基础下（埋深 2~8m）平均附加应力系数 $\bar{\alpha}_A = 0.1369$

(2) 计算 $ACFD$ 的角点 A 的平均附加应力系数 $\bar{\alpha}_B$
$\frac{l}{b} = 2.0$，$\frac{z}{2} = \frac{6}{2} = 3.0$，既有基础下（埋深 2~8m）平均附加应力系数 $\bar{\alpha}_B = 0.1619$

(3) 计算 $BCFE$ 对 A 点的平均附加应力系数 $\bar{\alpha}_1$
$\bar{\alpha}_1 = \bar{\alpha}_B - \bar{\alpha}_A = 0.1619 - 0.1369 = 0.025$

(4) 计算沉降量：A 点的总沉降为荷载 $BCFE$ 产生的沉降的 2 倍
$$s = 2s_1 = 2 \times \psi_s s' = 2 \times \psi_s \sum_{i=1}^{n} \frac{p_0}{E_{si}}(z_i \bar{\alpha}_i - z_{i-1} + \bar{\alpha}_{i-1})$$
$$= 2 \times \psi_s \frac{p_0}{E_{s1}}(z_1 \bar{\alpha}_1 - 0)$$
$$= 2 \times 1.0 \times \frac{100 - 2 \times 20}{10} \times 6 \times 0.025 = 1.8 \text{mm}$$

答案：(A)

2-162 某独立基础平面尺寸 5m×3m，埋深 2.0m，基础底面压力标准组合值 150kPa。场地地下水位埋深 2m，地层及岩土参数见下表，问软弱下卧层②的层顶附加应力与自重应力之和最接近下列哪个选项？（ ）

地 层 土 的 参 数   题 2-162 表

层　号	层底埋深(m)	天然重度(kN/m³)	承载力特征值 f_{ak}(kPa)	压缩模量(MPa)
①	4.0	18	180	9
②	8.0	18	80	3

A. 105kPa   B. 125kPa   C. 140kPa   D. 150kPa

解 基底附加压力 $p_0 = p_k - p_c = 150 - 2 \times 18 = 114\text{kPa}$

模量比 $\dfrac{E_{s1}}{E_{s2}} = \dfrac{9}{3} = 3$，$\dfrac{z}{b} = \dfrac{2}{3} = 0.67 > 0.5$，扩散角取值 23°。

②的层顶附加应力 $= \dfrac{lb(p_k - p_c)}{(b + 2z\tan\theta)(l + 2z\tan\theta)} = \dfrac{5 \times 3 \times 114}{(3 + 2 \times 2 \times \tan 23°)(5 + 2 \times 2 \times \tan 23°)} = 54\text{kPa}$

②的层顶自重应力（有效应力） $= 2 \times 18 + 2 \times (8 - 10)$
$\qquad\qquad = 52\text{kPa}$

②的层顶附加应力与自重应力之和 $= 54 + 52 = 106\text{kPa}$

答案：(A)

2-163 土层剖面及计算参数见图。由于大面积抽取地下水，地下水位深度自抽水前的距地面 10m，以 2m/年的速率逐年下降。忽略卵石层及以下岩土层的沉降，问 10 年后地面沉降总量最接近于下列哪个选项的数值？（　　）

A. 415mm 　　　　B. 544mm
C. 670mm 　　　　D. 810mm

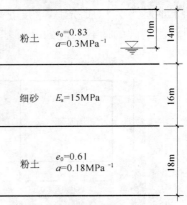

题 2-163 图

解 10 年水位降至 20m，即地面下 30m，水位下降施加于土层上的 Δp 如下表。

题 2-163 表

土层	埋深(m)	厚度(m)	水压力(MPa)	Δp(MPa)
粉土	14	4	0.04	$\dfrac{1}{2} \times 0.04 = 0.02$
细砂	30	16	0.2	$\dfrac{1}{2}(0.04 + 0.2) = 0.12$
粉土	38	18	0.2	0.2

粉土 $s_1 = \dfrac{a}{1 + e_0} \times \Delta p \times H = \dfrac{0.3}{1 + 0.83} \times 0.02 \times 4 = 0.0131\text{m} = 13.1\text{mm}$

细砂 $s_2 = \dfrac{\Delta p \times H}{E_s} = \dfrac{0.12 \times 16}{15} = 0.128\text{m} = 128\text{mm}$

粉土 $s_3 = \dfrac{0.18}{1 + 0.61} \times 0.2 \times 18 = 0.4025\text{m} = 402.5\text{mm}$

$s = s_1 + s_2 + s_3 = 13.1 + 128 + 402.5 = 543.6\text{mm}$

答案：(B)

2-164 [2012 年考题] 某独立基础，底面尺寸 $2.5 \times 2.0\text{m}$，埋深 2.0m，F 为 700kN，基础及其上土的平均重度 20kN/m³，作用于基础底面的力矩 $M = 260\text{kN·m}$，$H = 190\text{kN}$，求基础最大压应力？

解 根据《建筑地基基础设计规范》(GB 50007—2011) 5.2.2 得

(1) 基础及其上土重：$G = \gamma d l b = 20 \times 2 \times 2.5 \times 2 = 200\text{kN}$

(2) 基础底面的力矩：$M = M_1 + Hh = 260 + 190 \times 1.0 = 450\text{kN·m}$

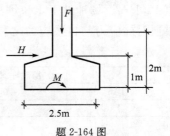

题 2-164 图

(3) 偏心距：$e = \dfrac{M}{F+G} = \dfrac{450}{700+200} = 0.5\text{m} > \dfrac{b}{6} = \dfrac{2.5}{6} = 0.417$ 大偏心

(4) $P_{k\max} = \dfrac{2(F_k+G_k)}{3la} = \dfrac{2\times(700+200)}{3\times 2.0\left(\dfrac{2.5}{2}-0.5\right)} = 400\text{kPa}$

2-165 ［2012年考题］ 大面积料场地层分布及参数如图所示，第②层黏土的压缩试验结果见下表，地表堆载120kPa，求在此荷载的作用下，黏土层的压缩量与下列哪个数值最接近？

测量放线的测量误差规定及检验表   题2-165表

P(kPa)	0	20	40	60	80	100	120	140	160	180
e	0.900	0.865	0.840	0.825	0.810	0.800	0.791	0.783	0.776	0.771

解 黏土层中点位置自重应力 $p_c = 17\times 2.0 + 18\times\dfrac{0.66}{2}$
$= 39.94\text{kPa}$

黏土层中点位置自重应力＋附加应力 $p = 39.94+120$
$= 159.94\text{kPa}$

查表得 $e_1 = 0.84, e_2 = 0.776$

$S = \dfrac{e_1-e_2}{1+e_1}\times h = \dfrac{0.84-0.776}{1+0.84}\times 660 = 23\text{mm}$

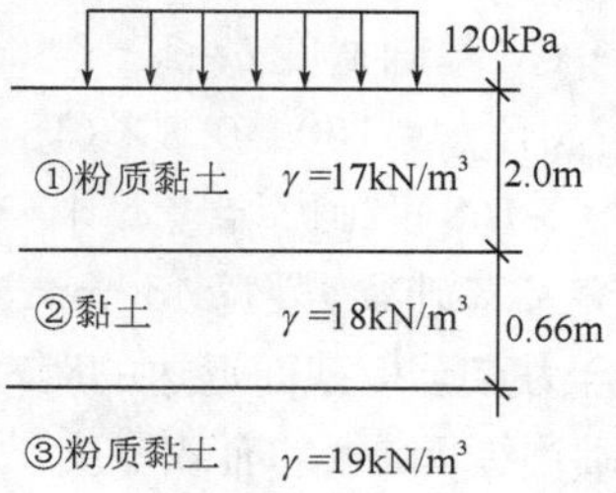

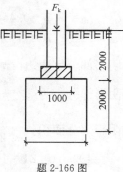

题2-165图

2-166 ［2012年考题］ 多层建筑物，条形基础，基础宽度1.0m，埋深2.0m。拟增层改造，荷载增加后，相应于荷载效应标准组合时，上部结构传至基础顶面的竖向力为160kN/m，采用加深、加宽基础方式托换，基础加深2.0m，基底持力层土质为粉砂，考虑深宽修正后持力层地基承载力特征值为200kPa，无地下水，基础及其上土的平均重度取22kN/m³，荷载增加后设计选择的合理的基础宽度为下列哪个选项？（   ）

A. 1.4m   B. 1.5m
C. 1.6m   D. 1.7m

解 $\dfrac{F_k+G_k}{A} \leqslant f_a, \dfrac{F_k+b\times 1.0\times\gamma\times 4.0}{b\times 1.0} \leqslant f_a$

$b \geqslant \dfrac{F_k}{f_a-\gamma\times 4.0} = \dfrac{160}{200-22\times 4.0} = 1.429$

选(B)

题2-166图

2-167 ［2012年考题］ 某高层住宅楼与裙楼的地下结构相互连接，均采用筏板基础，基底埋深为室外地面下10.0m。主楼住宅楼基底平均压力 $P_{k1}=260$kPa，裙楼基底平均压力 $P_{k2}=90$kPa，土的重度为18kN/m³，地下水位埋深8.0m，住宅楼与裙楼长度方向均为50m，其余指标如图所示，试计算修正后住宅楼地基承载力特征值最接近下列哪个选项？（   ）

A. 299kPa   B. 307kPa   C. 319kPa   D. 410kPa

解 根据《建筑地基基础设计规范》(GB 50007—2011)5.2.4条条文说明：

目前建筑工程大量存在着主裙楼一体的结构，对于主体结构地基承载力的深度修正，宜将基础底面以上范围内的荷载，按基础两侧的超载考虑，当超载宽度大于基础宽度两倍时，可将超载折算成土层厚度作为基础埋深,基础两侧超载不等时,取小值。

(1)基础埋深内,土的平均重度 $\gamma_m = \dfrac{18\times 8 + (18-10)\times 2}{10} = 16\text{kN/m}^3$

(2)主楼住宅楼宽 15m,裙楼宽 $35m > 2\times 15m$ 故基础埋深需计算超载折算为土层的厚度,裙楼折算成土层厚度 $d_1 = \dfrac{90}{16} = 5.63\text{m}$

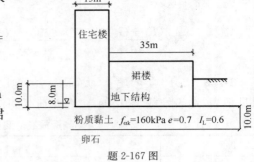

题 2-167 图

住宅楼另一侧土的埋深为 10m,取两者小值,计算埋置深度 $d = 5.63\text{m}$

(3)基础宽度 $b = 15\text{m} > 6\text{m}$,取 $b = 6\text{m}$,据 $e = 0.7$,$I_L = 0.6$,查表 5.2.4 得 $\eta_b = 0.3$,$\eta_d = 1.6$

(4)$f_a = 160 + 0.3\times(18-10)\times(6-3) + 1.6\times 16\times(5.63-0.5) = 298.53\text{kPa}$

2-168 [2012 年考题] 梁板式筏基,柱网 8.7m×8.7m,柱横截面 1450mm×1450mm,柱下交叉基础梁,梁宽 450mm,荷载基本组合地基净反为 400kPa,底板厚 1000mm,双排钢筋,钢筋合力点至板截面近边的距离取 70mm,按《建筑地基基础设计规范》(GB 50007—2011)计算距基础边缘 h_0(板的有效厚度)处底板斜截面所承受的剪力设计值?( )

    A. 4100kN   B. 5500kN

    C. 6200kN   D. 6500kN

解 根据《建筑地基基础设计规范》(GB 50007—2011)8.4.12 条得

$l_{n2} = l_{n1} = 8.7 - 0.45 = 8.25\text{m}$

$h_0 = 1000 - 70 = 930\text{mm} = 0.93\text{m}$

阴影部分底边边长 $a = l_{n2} - 2\times h_0 = 8.25 - 2\times 0.93 = 6.39\text{m}$

阴影部分高为 $\dfrac{l_{n1}}{2} - h_0 = \dfrac{8.25}{2} - 0.93 = 3.195$

阴影部分面积 $A = \dfrac{1}{2}\times 6.39\times 3.195 = 10.21\text{m}^2$

$V_s = 400\times 10.21 = 4084\text{kN}$

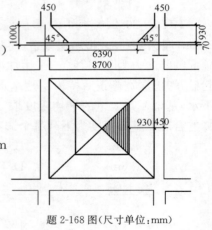

题 2-168 图(尺寸单位:mm)

答案:(A)

2-169 [2012 年考题] 天然地基上的桥梁基础,底面尺寸为 2m×5m,基础埋置深度、地层分布及相关参数见图示,地基承载力基本容许值为 200kPa,根据《公路桥涵地基与基础设计规范》(JTG D63—2007),计算修正后的地基承载力容许值最接近于下列哪个选项?( )

    A. 200kPa   B. 220kPa   C. 238kPa   D. 356kPa

解 根据《公路桥涵地基与基础设计规范》(JTG D63—2007)3.3.4 条得

(1)h 自一般冲刷线起算,$h = 3.5\text{m}$,$b = 2\text{m}$

(2)基底处于水面下,持力层不透水,取饱和重度 $\gamma_1 = 20\text{kN/m}^3$

(3)基底处于水面下,持力层不透水,取饱和重度的加权平均值

$$\gamma_1 = \frac{1.5 \times 18 + 1.5 \times 19 + 0.5 \times 20}{3.5} = 18.7 \text{kN/m}^3$$

(4)查表 3.3.4，$k_1=0, k_2=2.5$

(5)$[f_a]=[f_{a0}]+k_1\gamma_1(b-2)+k_2\gamma_2(h-3)=$
$200+0+2.5\times 18.71\times(3.5-3)=223.4\text{kPa}$

(6)按平均常水位至一般冲刷线的水深每米增大 10kPa

$[f_a]=223.4+10\times 1.5=238.4\text{kPa}$

答案：(C)

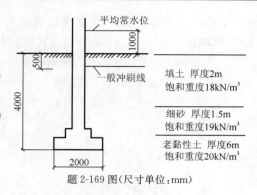

题 2-169 图(尺寸单位：mm)

2-170[2012年考题] 某高层建筑筏板基础，平面尺寸 20m×40m，埋深 8m，基底压力的准永久组合值为 607kPa，地面以下 28m 范围内为山前冲洪积粉土、粉质黏土，平均重度 19kN/m³，其下为密实卵石，基底下 20m 深度内的压缩模量当量值为 18MPa。实测筏板基础中心点最终沉降量为 80mm，问由该工程实测资料推出的沉降经验系数最接近下列哪个选项？（　　）

A. 0.15　　　　　　　　B. 0.20
C. 0.66　　　　　　　　D. 0.80

解 根据《建筑地基基础设计规范》(GB 50007—2011)5.3.5 条、附录表 K.0.1-2 得

(1)基底附加压力 $p_0=607-19\times 8=455\text{kPa}$

(2)$\frac{l}{b}=\frac{20}{10}=2, \frac{z}{b}=\frac{20}{10}=2$，角点平均附加压力系数 $\bar{\alpha}=0.1958$

(3)$s=4\times\frac{p_0}{E_s}\bar{\alpha}z=4\times\frac{455}{18}\times 0.1958\times 20=396\text{mm}$

(4)计算实测沉降与计算沉降的比值 $\frac{80}{396}=0.20$

答案：(B)

2-171[2012年考题] 某地下车库采用筏板基础，基础宽 35m，长 50m，地下车库自重作用于基底的平均压力 $p_k=70\text{kPa}$，埋深 10.0m，地面下 15m 范围内土的重度为 18kN/m³（回填前后相同），抗浮设计地下水位埋深 1.0m。若要满足抗浮安全系数 1.05 的要求，需用钢渣替换地下车库顶面一定厚度的覆土，计算钢渣的最小厚度接近下列哪个选项？（　　）

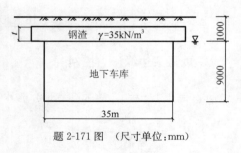

题 2-171 图 （尺寸单位：mm）

A. 0.22m　　　B. 0.33m　　　C. 0.38m　　　D. 0.70m

解 (1)基底平均压力 $p_k=70\text{kPa}$

(2)需覆盖钢渣的厚度假设为 t，则覆盖层平均压力 $p_t=35t+18\times(1-t)(\text{kPa})$

(3)地下室底面浮力 $p_f=9\times 10=90\text{kPa}$

抗浮安全性验算 $k_s=\frac{70+35t+18\times(1-t)}{90}=1.05, t=0.38\text{m}$

答案：(C)

2-172 [2012年考题] 某建筑物采用条形基础,基础宽度2.0m,埋深3.0m,基底平均压力为180kPa,地下水位埋深1.0m,其他指标如图所示,问软弱下卧层修正后地基承载力特征值最小为下列何值时,才能满足规范要求?( )

  A. 134kPa   B. 145kPa   C. 154kPa   D. 162kPa

解 根据《建筑地基基础设计规范》(GB 50007—2011)5.2.7条得:

(1) $\dfrac{E_{s1}}{E_{s2}} = \dfrac{12}{4} = 3, \dfrac{z}{b} = \dfrac{5-3}{2} = 1 > 0.5$,地基压力扩散角为23°

(2) $p_c = 19 \times 1 + (19-10) \times 2 = 37$kPa

(3) $p_z = \dfrac{2 \times (180-37)}{2 + 2 \times 2 \times \tan 23°} = 77.3$

(4) $p_{cz} = 1 \times 19 + 4 \times 9 = 55$kPa

(5) 总压力为: $p_z + p_{cz} = 77.3 + 55 = 132.3$kPa

答案:(A)

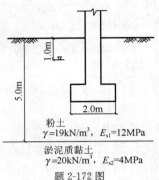

题 2-172 图

2-173 [2012年考题] 如图所示,某建筑采用条形基础,基础埋深2m,基础宽度5m。作用于每延米基础底面的竖向力为F,力矩M为300kN·m/m,基础下地基反力无零应力区。地基土为粉土,地下水位埋深1.0m,水位以上土的重度为18kN/m³,水位以下土的饱和重度为20kN/m³,黏聚力为25kPa,内摩擦角为20°。问该基础作用于每延米基础底面的竖向力F最大值接近下列哪个选项?( )

  A. 253kN/m   B. 1157kN/m   C. 1265kN/m   D. 1518kN/m

解 根据《建筑地基基础设计规范》(GB 50007—2011)5.2.2条、5.2.5条得

(1) 无零应力区,为小偏心,采用公式法计算承载力

$\varphi = 20°, M_b = 0.51, M_d = 3.06, M_c = 5.66$

$f_a = M_b \gamma b + M_d \gamma_m d + M_c c_k$

$= 0.51 \times (20-10) \times 5 + 3.06 \times \dfrac{18+10}{2} \times 2 + 5.66 \times 25 = 253$kPa

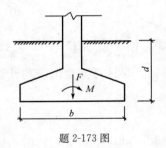

题 2-173 图

(2) 以最大边缘压力控制

$p_{max} = 1.2 f_a = 1.2 \times 253 = 303.6, W = \dfrac{1}{6} lb^2 = \dfrac{1}{6} \times 1 \times 5^2 = 4.16$

(3) $p_{max} = p + \dfrac{M}{W}, p = p_{max} - \dfrac{M}{W} = 303.6 - \dfrac{300}{4.16} = 231.48$ $F = 231.48 \times 5 = 1157.4$kN/m

答案:(B)

点评:此题偏心距 $e = \dfrac{M}{F} = \dfrac{300}{1157.4} = 0.26$m,不满足5.2.5条偏心距小于或等于0.033倍基础底面宽度(0.033×5=0.165m)的要求。

2-174 [2013年考题] 某建筑基础为柱下独立基础,基础平面尺寸为5m×5m,基础埋深2m,室外地面以下土层参数见下表,假定变形计算深度为卵石层顶面。问计算基础中点沉降时,沉降计算深度范围内的压缩模量当量值最接近下列哪个选项?( )

二、浅 基 础

题 2-174 表

土 层 名 称	土层层底埋深(m)	重度(kN/m³)	压缩模量 E_s(MPa)
粉质黏土	2.0	19	10
粉土	5.0	18	12
细砂	8.0	18	18
密实卵石	15.0	18	90

A. 12.6MPa   B. 13.4MPa   C. 15.0MPa   D. 18.0MPa

解

分层点	基底下层点深度 z(m)	$z/(b/2)$	l/b	层号	附录 K.0.1-2 $\bar{\alpha}_i$	$\bar{\alpha}_i z_i$	$A_i = \bar{\alpha}_i z_i - \bar{\alpha}_{i-1} z_{i-1}$
0	0	0	1			0	
1	3	1.2	1	①	0.2149	0.6447	0.6447
2	6	2.4	1	②	0.1578	0.9468	0.3021

压缩模量当量值 $\overline{E}_s = \dfrac{\sum A_i}{\sum \dfrac{A_i}{E_{si}}} = \dfrac{0.6447+0.3021}{\dfrac{0.6447}{12}+\dfrac{0.3021}{18}} = 13.43\text{MPa}$

答案：(B)

点评：注意基础埋深为 2m，因此压缩模量当量值不能计入上面的粉质黏土层。

2-175 [2013 年考题] 如图所示双柱基础，相应于作用的标准组合时，Z_1 的柱底轴力 1680kN，Z_2 的柱底轴力 4800kN，假设基础底面压力线性分布，问基础底面边缘 A 的压力值最接近下列哪个选项的数值？（基础及其上土平均重度取 20kN/m³）(   )

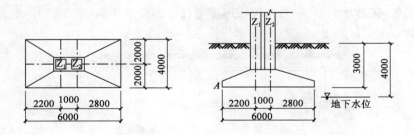

题 2-175 图 （尺寸单位：mm）

A. 286kPa   B. 314kPa   C. 330kPa   D. 346kPa

解 偏心距 $e = \dfrac{M}{N} = \dfrac{1680 \times 0.8 - 4800 \times 0.2}{1680+4800+4 \times 6 \times 3 \times 20} = \dfrac{384}{7920} = 0.0485\text{m} < \dfrac{b}{6} = 1\text{m}$

$p_{\max} = \dfrac{7920}{4 \times 6} \times \left(1 + \dfrac{6 \times 0.0485}{6}\right) = 346.0\text{kPa}$

答案：(D)

2-176 [2013年考题] 某墙下钢筋混凝土条形基础如图所示,墙体及基础的混凝土强度等级均为C30,基础受力钢筋的抗拉强度设计值 f_y 为 $300\text{N}/\text{mm}^2$,保护层厚度50mm,该条形基础承受轴心荷载,假定地基反力线性分布,相应于作用的基本组合时基础底面地基净反力设计值为200kPa。问:按照《建筑地基基础设计规范》(GB 50007—2011),满足该规范规定且经济合理的受力主筋面积为下列哪个选项?( )

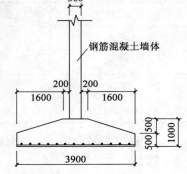

题 2-176 图 (尺寸单位:mm)

A. $1263\text{mm}^2/\text{m}$

B. $1425\text{mm}^2/\text{m}$

C. $1695\text{mm}^2/\text{m}$

D. $1520\text{mm}^2/\text{m}$

解 根据《建筑地基基础设计规范》(GB 50007—2011),配筋按下式计算,但不应小于8.2.1条第3款的构造要求的0.15%。

$$M_{\mathrm{I}} = \frac{1}{6} a_1^2 \left(2p_{\max} + p - \frac{3G}{A}\right) = \frac{1}{6} \times 1.8^2 \times (3 \times 200) = 324\text{kN} \cdot \text{m}/\text{m}$$

$$A_s = \frac{M}{0.9 f_y h_0} = \frac{324 \times 1000 \times 1000}{0.9 \times 300 \times (1000-50)} = 1263.16\text{mm}^2/\text{m}$$

按规范 8.2.1 条第三款,计算最小配筋量。

$0.15\% \times (1000-50) \times 1000 = 1425\text{mm}^2$

两者取大值,则 $A_s = 1425\text{mm}^2/\text{m}$

答案:(B)

2-177 [2013年考题] 某钢筋混凝土地下构筑物如图所示,结构物、基础底板及上覆土体的自重传至基底的压力值为 $70\text{kN}/\text{m}^2$,现拟通过向下加厚结构物基础底板厚度的方法增加其抗浮稳定性及减小底板内力。忽略结构物四周土体约束对抗浮的有利作用,按照《建筑地基基础设计规范》(GB 50007—2011),筏板厚度增加量最接近下列哪个选项的数值?(混凝土的重度取 $25\text{kN}/\text{m}^3$)( )

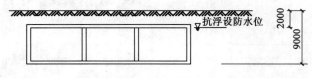

题 2-177 图 (尺寸单位:mm)

A. 0.25m   B. 0.40m   C. 0.55m   D. 0.70m

解 $\dfrac{G_k}{N_{w,k}} \geqslant K_w$

式中:G_k——建筑物自重及压重之和(kN);

$N_{w,k}$——浮力作用值(kN);

K_w——抗浮稳定安全系数,一般情况下可取1.05。

取单位面积(即 $1\text{m}\times1\text{m}$)为研究对象,$\dfrac{(70+25h)\times1\times1}{10\times1\times1\times(9-2+h)} = 1.05 \Rightarrow h = 0.241$

答案：(A)

2-178 [2013 年考题] 某多层建筑，天然地基，设计拟选用条形基础，基础宽度 2.0m，地层参数见下表，地下水位埋深 10m，原设计基础埋深 2m 时，恰好满足承载力要求。因设计变更，预估荷载将增加 50kN/m，保持基础宽度不变，根据《建筑地基基础设计规范》(GB 50007—2011)，估算变更后承载力要求的基础埋深最接近下列哪个选项？（　　）

题 2-178 表

层　号	基底埋深(m)	天然重度(kN/m³)	土 的 类 别
①	2.0	18	填土
②	10.0	18	粉土（黏粒含量为 8%）

A. 2.3m　　　B. 2.5m　　　C. 2.7m　　　D. 3.4m

解 地基承载力　$f_a = f_{ak} + \eta_b \gamma (b-3) + \eta_d \gamma_m (d-0.5)$

深度增加 Δd 引起的承载力增加量为 $\Delta f_a = \eta_d \gamma_m \Delta d$

深度增加 Δd 引起的基础与土混合重的增加量为 $20\Delta d$。

于是有：$\dfrac{50}{2} + 20\Delta d = \eta_d \gamma_m \Delta d$

查表知②层土的 $\eta_d = 2.0$，代入得 $\Delta d = 1.56$m，即埋深 3.56m。

答案：(D)

点评：如果不考虑埋深增加引起的基础与土混合重的增加，则会得到 $\dfrac{50}{2} = \eta_d \gamma_w \Delta d$，即 $\Delta d = 0.69$m。

2-179 [2013 年考题] 某正常固结的饱和黏性土层厚度 4m，饱和重度为 20kN/m³，黏土的压缩试验结果见下表。采用在该黏性土层上直接大面积堆载的方式对该层土进行处理，经堆载处理后土层的厚度为 3.9m，估算的堆载量最接近下列哪个数值？（　　）

SDH 体系的速率

题 2-179 表

p(kPa)	0	20	40	60	80	100	120	140
e	0.900	0.865	0.840	0.825	0.810	0.800	0.794	0.783

A. 60kPa　　　B. 80kPa　　　C. 100kPa　　　D. 120kPa

解 大面积堆载下土体处于侧限压缩状态，此时

$\dfrac{\Delta S}{H} = \dfrac{\Delta V}{V_1} = \dfrac{V_1 - V_2}{V_1}$

其中 V_1 为堆载前的体积，V_2 为堆载后的体积。

根据孔隙比定义，且考虑土颗粒体积本身不变化，有 $e_1 = \dfrac{V_{V1}}{V_S}$，$e_2 = \dfrac{V_{V2}}{V_S}$

于是 $V_1 - V_2 = (e_2 - e_1)V_S$

$V_1 = V_{V1} + V_S = (1+e_1)V_S$

可得　$\dfrac{\Delta S}{H} = \dfrac{e_2 - e_1}{1 + e_1}$

4m 厚度中点的天然重度为 $2 \times 20 = 40$kPa，对应 $e_1 = 0.84$，代入式得

$\dfrac{4-7.9}{4}=\dfrac{0.84-e_2}{1+0.84}$,即 $e_2=0.794$,查表对应 120kPa,堆载量 120−40=80kPa。

2-180 [2013 年考题] 柱下独立基础面积尺寸 2m×3m,持力层为粉质黏土,重度 $\gamma=18.5\text{kN/m}^3$,$c_k=20\text{kPa}$,$\varphi_k=16°$,基础埋深位于天然地面以下 1.2m,如图所示。上部结构施工结束后进行大面积回填土,回填土厚度 1.0m,重度 $\gamma=17.5\text{kN/m}^3$。地下水位位于基底平面处。作用的标准组合下传至基础顶面(与回填土顶面齐平)的柱荷载 $F_k=650\text{kN}$,$M_k=70\text{kN·m}$,按《建筑地基基础设计规范》(GB 50007—2011),计算基底边缘最大压力 $p_{\max}$ 与持力层地基承载力特征值 f_a 的比值 K 最接近以下何值?(   )

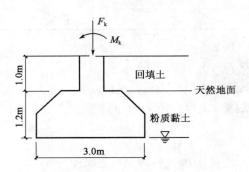

题 2-180 图

　　A. 0.85　　　　B. 1.0　　　　C. 1.1　　　　D. 1.2

解 $e=\dfrac{\text{力矩和}\sum M}{\text{总竖向力}\sum N}=\dfrac{70}{650+(1\times 20+1.2\times 20)\times 2\times 3}=\dfrac{70}{914}=0.077\text{m}<\dfrac{b'}{6}=0.5$

$p_{\max}=\dfrac{F_k+G_k}{A}\left(1+\dfrac{6e}{b'}\right)=\dfrac{899}{2\times 3}\times\left(1+\dfrac{6\times 0.0779}{3}\right)=173.2\text{kPa}$

$\varphi_k=16°$;$M_b=0.36$;$M_d=2.43$;$M_c=5$

$f_a=M_b\gamma b+M_d\gamma_m d+M_c c_k$
　 $=0.36\times 8.5\times 2.0+2.43\times 18.5\times 1.2+5\times 20=160.1\text{kPa}$

$K=\dfrac{173.2}{160.1}=1.1$

答案:(C)

点评:本题有三个要点需注意:

(1)在计算基底总竖向力时,回填土重度取 17.5kN/m³,而下部 1.2m 应取基础与土的混合重 20kN/m³,不能取 18.5kN/m³;

(2)计算 $p_{\max}$ 时,基础宽度 b' 是弯矩方向的基础边长,即 3m,而不是基础短边宽度。

(3)在计算地基承载力时,基础宽度 b 应为短边宽度,即 2m。深度 d 不应计入回填土对承载力的作用,另外水下部分取浮重度。

2-181 [2013 年考题] 如图所示甲、乙两相邻基础,其埋深和基底平面尺寸均相同,埋深 $d=1.0\text{m}$,底面尺寸均为 2m×4m,地基土为黏土,压缩模量 $E_s=3.2\text{MPa}$。作用的准永久组合下基础底面处的附加压力分别为 $p_{0e}=120\text{kPa}$,$p_{0z}=60\text{kPa}$,沉降计算经验系数取 $\psi_s=1.0$,根据《建筑地基基础设计规范》(GB 50007—2011),计算甲基础荷载引起的乙基础中点的附加沉

降量最接近下列何值？（　　）

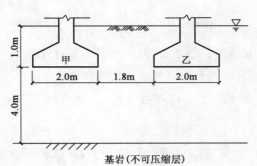

题 2-181 图-1

A. 1.6mm B. 3.2mm C. 4.8mm D. 40.8mm

解 如图，甲基础对乙基础的作用相当于 $2\times$（矩形 $ABCD$－矩形 $CDEF$）的作用。

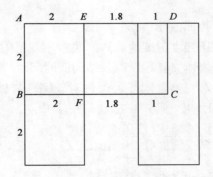

题 2-181 图-2

对于矩形 $ABCD$
$z/b=4/2=2, l/b=4.8/2=2.4$；查表 $\bar{\alpha}=0.1982$

对于矩形 $CDEF$
$z/b=4/2=2, l/b=2.8/2=1.4$；查表 $\bar{\alpha}=0.1875$

$$\Delta S_i = \varphi_s \frac{2P_0}{E_{Si}}(\bar{\alpha}Z_{ABCD}-\bar{\alpha}Z_{CDEF})$$

$$=1\times\frac{2\times120}{3.2}\times(0.1982\times4-0.1875\times4)$$

$$=3.21\text{mm}$$

答案：(B)

2-182 [2013年考题] 已知柱下独立基础底面尺寸 $2.0\text{m}\times3.5\text{m}$，相应于作用效应标准组合时传至基础顶面±0.00 处的竖向力和力矩为 $F_k=800\text{kN}$，$M_k=50\text{kN}\cdot\text{m}$，基础高度 1.0m，埋深 1.5m，如题 2-182 图所示。根据《建筑地基基础设计规范》(GB 50007—2011)

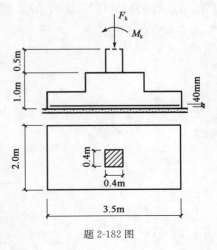

题 2-182 图

方法验算柱与基础交接处的截面受剪承载力时,其剪力设计值最接近以下何值?（　　）

A. 220kN　　　　　　　　B. 350kN
C. 480kN　　　　　　　　D. 500kN

解　根据《建筑地基基础设计规范》(GB 50007—2011)式（8.2.9）,柱与基础交接处的截面受剪承载力应为图中的阴影面积乘以基底平均净反力

$$\left(\frac{3.5}{2}-0.2\right)\times 2\times \frac{1.35\times 800}{2\times 3.5}=478.278$$

答案：(C)

2-183［2013 年考题］　某建筑位于岩石地基上,对该岩石地基的测试结果为:岩石饱和抗压强度的标准值为 75MPa,岩块弹性纵波速度为 5100m/s,岩体的弹性纵波速度为 4500m/s。问该岩石地基的承载力特征值为下列何值?（　　）

A. 1.50×10^4 kPa　　　　　　B. 2.25×10^4 kPa
C. 3.75×10^4 kPa　　　　　　D. 7.50×10^4 kPa

解　$f_a=\varphi_r f_{rk}$

式中：f_a——岩石地基承载力特征值(kPa)；

f_{rk}——岩石饱和单轴抗压强度标准值(kPa),可按本规范附录 J 确定；

φ_r——折减系数。根据岩体完整程度以及结构面的间距、宽度、产状和组合,由地方经验确定,无经验时,对完整岩体可取 0.5；对较完整岩体可取 0.2～0.5；对较破碎岩体可取 0.1～0.2。

$$K_v=\left(\frac{v_{pm}}{v_{pr}}\right)=\left[\frac{岩体弹性纵波速度（或压缩波速度）}{岩石弹性纵皮速度（或压缩波速度）}\right]^2=\left(\frac{4500}{5100}\right)^2=0.779$$

完整,则

$$f_a=\varphi_r f_{rk}=0.5\times 75=37.5\text{MPa}=3.75\times 10^4\text{kPa}$$

答案：(C)

2-184［2014 年考题］　柱下独立基础及地基土层如图所示,基础底面尺寸为 3.0m×3.6m,持力层压力扩散角 $\theta=23°$,地下水位埋深 1.2m。按照软弱下卧层承载力的设计要求,基础可承受的竖向作用力 F_k 最大值与下列哪个选项最接近?（基础和基础之上土的平均重度取 20kN/m³）（　　）

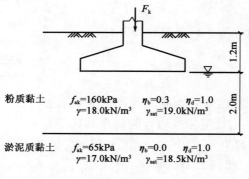

题 2-184 图

A. 1180kN B. 1440kN
C. 1890kN D. 2090kN

解法一 矩形基础软弱下卧层承载力验算公式为 $p_{cz}+p_z \leqslant f_{d+z}$
软弱下卧层承载力

$$f_{d+z} = f_{ak} + \eta_d \gamma_m (d-0.5)$$

$$= 65 + 1.0 \times \frac{20 \times 1.2 + (19-10) \times 2.0}{1.2+2.0} \times (1.2+2.0-0.5)$$

$$= 100.44 \text{kPa}$$

下卧层顶面土的自重

$$p_{cz} = 20 \times 1.2 + (19-10) \times 2.0 = 42 \text{kPa}$$

可以计算出下卧层可承受的附加应力 p_z 为

$$p_z = f_{d+z} - p_{cz} = 58.44 \text{kPa}$$

矩形荷载下附加应力 p_z 的计算式

$$p_z = \frac{ab(p_k - p_{c0})}{(a+2z\tan\theta)(b+2z\tan\theta)}$$

可以计算出可承受的基底压力

$$p_k = \frac{p_z(a+2z\tan\theta)(b+2z\tan\theta)}{ab} + p_{c0}$$

$$= \frac{58.44 \times (3.0+2 \times 2.0 \times \tan 23°)(3.6+2 \times 2.0 \times \tan 23°)}{3.0 \times 3.6} + 20 \times 1.2$$

$$= 158.58 \text{kPa}$$

又,由于 $p_k = \frac{F_k + G_k}{A}$,可以得到

$$F_k = p_k A - G_k = 158.58 \times 3.0 \times 3.6 - 20 \times 3.0 \times 3.6 \times 1.2 = 1453.5 \text{kN}$$

点评:该题难度不大。注意的要点之一是在计算加权平均重度 γ_m 时,地下水位以下用浮重度进行计算。另外,在计算 γ_m 和 p_{c0} 时,严格来说基底以上的土要采用其天然重度,但本题目中没有给出该参数,所以用混合重度 20kN/m^3 来代替计算。

解法二 根据《建筑地基基础设计规范》(GB 50007—2011)5.2.2条、5.2.4条、5.2.7条

$$p_k = \frac{F_k + G_k}{A} = \frac{F_k + 3.0 \times 3.6 \times 1.2 \times 20}{3.0 \times 3.6} = \frac{F_k}{10.8} + 24$$

$$p_c = 1.2 \times 18 = 21.6 \text{kPa}$$

$$p_{cz} = 1.2 \times 18 + 2.0 \times 9 = 39.6 \text{kPa}$$

$$p_z = \frac{3.0 \times 3.6 \times [(\frac{F_k}{10.8}+24)-21.6]}{(3.0+2 \times 2 \times \tan 23°)(3.6+2 \times 2 \times \tan 23°)} = 0.04F_k + 1.04$$

$$f_a = 65 + 1.0 \times \frac{1.2 \times 18 + 2.0 \times 9}{3.2} \times (3.2-0.5) = 98.4 \text{kPa}$$

令 $p_z + p_{cz} = f_a$,即:$0.04F_k + 1.04 + 39.6 = 98.4$
解得,$F_k = 1444.0 \text{kN}$
答案:(B)

2-185 [2014年考题] 柱下方形基础采用C15素混凝土建造,柱脚截面尺寸为0.6m×0.6m,基础高度0.7m,基础埋深$d=1.5$m,场地地基土为均质黏土,重度$\gamma=19.0$kN/m³,孔隙比$e=0.9$,地基承载力特征值$f_{ak}=180$kPa,地下水位埋藏很深。基础顶面的竖向力为580kN,根据《建筑地基基础设计规范》(GB 50007—2011)的设计要求,满足设计要求的最小基础宽度为哪个选项?(基础和基础之上土的平均重度取20kN/m³)( )

  A. 1.8m   B. 1.9m   C. 2.0m   D. 2.1m

解法一 根据规范(GB 50007—2011),查承载力修正系数表,该场地地基土为均质黏土且孔隙比$e>0.85$,可知修正系数为$\gamma_b=0$,$\gamma_d=1.0$。修正后的地基承载力特征值为:

$$f_a = f_{ak} + \eta_d \gamma_m (d-0.5) = 180 + 1.0 \times 19 \times (1.5-0.5) = 199\text{kPa}$$

由此估算基础底面尺寸为

$$A = \frac{F_k}{f_a - \gamma d} = \frac{580}{199 - 20 \times 1.5} = 3.43\text{m}^2$$

对于方形基础,可以得到边长 $a=1.85$m

由于$\eta_b=0$且边长$a<3$m,即无需根据边长进行承载力修正。上述尺寸即为最终结果,答案为B。

点评:该题的要点是不要漏掉对地基承载力特征值的修正。

解法二 根据《建筑地基基础设计规范》(GB 50007—2011)第5.2.1条、第5.2.4条、第8.1.1条

$$f_a = 180 + 0 + 1.0 \times 19.0 \times (1.5-0.5) = 199\text{kPa}$$

$$b^2 \geq \frac{F_k}{f_a - \gamma_G d} = \frac{580}{199 - 20 \times 1.5} = 3.43\text{m}^3, 解得 b=1.85\text{m},取 b=1.90\text{m}$$

验算素混凝土基础:$p_k = \frac{580}{1.90^2} + 1.5 \times 20 = 190.7$kPa,查表$\tan\alpha = 1$

$$H_0 = \frac{b-b_0}{2\tan\alpha} = \frac{1.90-0.6}{2 \times 1} = 0.65 < 0.70\text{m},满足要求。$$

答案:(B)

2-186 [2014年考题] 某拟建建筑物采用墙下条形基础,建筑物外墙厚0.4m,作用于基础顶面的竖向力为300kN/m,力矩为100kN·m/m,由于场地限制,力矩作用方向一侧的基础外边缘到外墙皮的距离为2m,保证基底压力均布时,估算基础宽度最接近下列哪个选项?( )

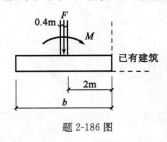

题 2-186 图

  A. 1.98m   B. 2.52m   C. 3.74m   D. 4.45m

解 基底压力为均匀分布时,基底压力合力的作用点位置应当在基础中线。

考虑竖向力的平衡,基底压力合力数值为 $P=F=300$kN/m

考虑力矩平衡,基底压力合力P与上部竖向力F之间的距离e为

$$e = \frac{M}{F} = \frac{100}{300} = 0.33\text{m}$$

考虑基底压力合力在基础中线这个条件，可以得到基础宽度
$$b = 2 \times (2 + 0.4/2 - e) = 2 \times (2.2 - 0.33) = 3.74\text{m}$$

点评：该题的要点是充分利用力矩平衡和力的平衡条件，比直接套公式要简洁很多。

答案：(C)

2-187 [2014 年考题] 某高层建筑，平面、立面轮廓如图。相应于作用标准组合时，地上建筑物平均荷载为 15kPa/层，地下建筑物平均荷载（含基础）为 40kPa/层。假定基底压力线性分布，问基础底面右边缘的压力值最接近下列哪个选项的数值？（　　）

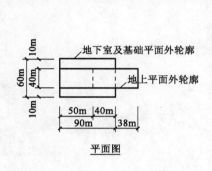
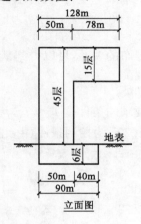

题 2-187 图

A. 319kPa　　　　B. 668kPa　　　　C. 692kPa　　　　D. 882kPa

解法一　计算上部荷载 N

$N = 15 \times 15 \times 128 \times 40 + (45-15) \times 15 \times 50 \times 40 + 6 \times 40 \times 90 \times 60$
　　$= 3348000\text{kN} = 3348\text{MN}$

计算上部荷载对基础中线的弯矩

$M = 1152 \times (128/2 - 90/2) - 900 \times (90/2 - 50/2)$
　　$= 21888 - 18000 = 3888\text{MN} \cdot \text{m}$

于是基础右边缘的压力值为

$$p = \frac{N}{A} + \frac{M}{W} = \frac{3348}{90 \times 60} + \frac{3888}{60 \times 90^2/6} = 0.668\text{MPa} = 668\text{kPa}$$

点评：由于考试时涉及偏心荷载下基底压力计算的可能性非常大，因此平时复习时要注意记住相关公式，尤其矩形截面抵抗矩的公式：$W = bh^2/6$。

解法二　根据《建筑地基基础设计规范》（GB 50007—2011）第 5.2.2 条

$F_k + G_k = 6 \times 90 \times 40 \times 60 + 45 \times 50 \times 15 \times 40 + 15 \times 78 \times 15 \times 40 = 334800\text{kN}$

$$e = \frac{M_k}{F_k + G_k} = \frac{15 \times 78 \times 15 \times 40 \times (78/2 + 5) - 45 \times 50 \times 15 \times 40 \times (45 - 50/2)}{3348000}$$

$= 1.16\text{m} < \frac{b}{6}$，属于小偏心

$$p_{kmax}=\frac{F_k+G_k}{A}(1+\frac{6e}{b})=\frac{3348000}{60\times 90}\times(1+\frac{6\times 1.16}{90})=668.0\text{kPa}$$

答案：(B)

2-188 [2014 年考题] 条形基础埋深 3.0m，相应于作用的标准组合时，上部结构传至基础顶面的竖向力 $F_k=200$kN/m，为偏心荷载。修正后的地基承载力特征值为 200kPa，基础及其上土的平均重度为 20kN/m³。按地基承载力计算条形基础宽度时，使基础底面边缘处的最小压力恰好为零，且无零应力区，问基础宽度的最小值接近下列何值？（　　）

  A. 1.5m   B. 2.3m   C. 3.4m   D. 4.1m

解法一 假定基础宽度为 b，作用在基底上的平均压力为

$$p_k=\frac{F_k+G_k}{A}=\frac{200+20\times 3.0\times b\times 1}{b\times 1}=\frac{200}{b}+60$$

根据三角形分布的关系，可以得到基础底面边缘最大压力值为

$$p_{kmax}=2p_k=\frac{400}{b}+120\text{kPa}$$

满足承载力要求的条件是 $p_k\leq f_a$，$p_{kmax}\leq 1.2f_a$

显然 $p_{kmax}\leq 1.2f_a$ 为控制条件，由此可以得到

$$\frac{400}{b}+120\leq 1.2\times 200$$

解得 $b\geq 3.33$m

点评：要充分利用三角形分布的特点。

解法二 根据《建筑地基基础设计规范》(GB 50007—2011) 第 5.2.1 条

$\frac{2(F_k+G_k)}{b}\leq 1.2f_a$，即 $2\times(\frac{200}{b}+3\times 200)\leq 1.2\times 200$，解得 $b\geq 3.33$m。

答案：(C)

2-189 [2014 年考题] 某既有建筑基础为条形基础，基础宽度 $b=3.0$m，埋深 $d=2.0$m，剖面如图所示。由于房屋改建拟增加一层，导致基础底面压力 p 由原来的 65kPa 增加至 85kPa，沉降计算经验系数 $\psi_s=1.0$。计算由于房屋改建使淤泥质黏土层产生的附加压缩量最接近以下何值？（　　）

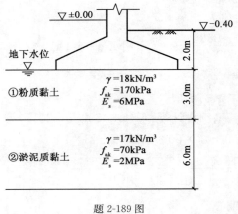

题 2-189 图

A. 9.0mm
B. 10.0mm
C. 20.0mm
D. 35.0mm

解析一 根据《建筑地基基础设计规范》(GB 50007—2011)第5.3.5条

题2-189表

z_i	l/b	z_i/b	$\bar{\alpha}_i$	$4z_i\bar{\alpha}_i$	$4(z_i\bar{\alpha}_i - z_{i-1}\bar{\alpha}_{i-1})$	E_{si}
0				0		
3.0	10	2	0.2018	2.4216	2.4216	6
9.0	10	6	0.1216	4.3776	1.956	2

$$\Delta s = \psi_s \sum_{i=1}^{n} \frac{\Delta p_0}{E_{si}}(z_i\bar{\alpha}_i - z_{i-1}\bar{\alpha}_{i-1}) = 1.0 \times (85-65) \times \frac{1.956}{2} = 19.56$$

解析二 除了按规范求解外，本题尚有以下3种方法可以解答。

方法一 如果能够直接查得条形面积中心点竖线上的平均附加应力系数，淤泥质黏土层附加沉降量可以用下式计算

$$s = \psi \frac{p_0}{E_s}(z_i\bar{\alpha}_i - z_{i-1}\bar{\alpha}_{i-1}),$$

淤泥质黏土层顶 $\frac{z_{i-1}}{b} = \frac{3}{3} = 1.0$，查表得 $\bar{\alpha}_{i-1} = 0.807$；

淤泥质黏土层底 $\frac{z_i}{b} = 9/3 = 3.0$，查表得 $\bar{\alpha}_i = 0.487$。

于是，附加沉降量为

$$s = 1.0 \times \frac{85-65}{2 \times 10^3} \times (9 \times 0.487 - 3 \times 0.807) = 0.0196 \text{m} = 19.6 \text{mm}$$

方法二 如果能够查得矩形面积角点的平均附加应力系数，把该条形基础中心点看成4个矩形基础的角点，此时矩形基础边长变为 $\frac{3}{2} = 1.5 \text{m}$，有

淤泥质黏土层顶 $\frac{z_{i-1}}{b} = \frac{3}{1.5} = 2.0$，查表得 $\bar{\alpha}_{i-1} = 0.2018 \times 4 = 0.8072$；

淤泥质黏土层底 $\frac{z_i}{b} = \frac{9}{1.5} = 6.0$，查表得 $\bar{\alpha}_i = 0.1216 \times 4 = 0.4864$。

于是，附加沉降量为

$$s = 1.0 \times \frac{85-65}{2 \times 10^3} \times (9 \times 0.4864 - 3 \times 0.8072) = 0.0196 \text{m} = 19.6 \text{mm}$$

方法三 如果按附加应力系数进行计算，淤泥质黏土层附加沉降量计算方法为

$$s = \psi \frac{(\alpha_i p_0 + \alpha_{i-1} p_0)/2}{E_s} H = \psi \frac{(\alpha_i + \alpha_{i-1})p_0}{2E_s} H$$

把该条形基础中心点看成4个矩形基础的角点，此时矩形基础边长变为 $\frac{3}{2} = 1.5 \text{m}$，有

淤泥质黏土层顶 $\frac{z_{i-1}}{b} = \frac{3}{1.5} = 2.0$，查表得 $\alpha_{i-1} = 0.137 \times 4 = 0.548$；

淤泥质黏土层底 $\frac{z_i}{b} = \frac{9}{1.5} = 6.0$，查表得 $\alpha_i = 0.052 \times 4 = 0.208$。

于是
$$s = 1.0 \times \frac{(0.548+0.208)(85-65)}{2\times 2\times 10^3} \times 6 = 0.0227\text{m} = 22.7\text{mm}$$

点评：该题要点在于熟练且正确地查表获得附加应力系数或平均附加应力系数，在《建筑地基基础设计规范》(GB 50007—2011))和一般的土力学教材中均有相应表格。复习时要注意核对系数的关系，做到准确无误。

答案：(C)

2-191 [2014 年考题] 柱下独立方形基础地面尺寸 2.0m×2.0m，高 0.5m，有效高度 0.45m，混凝土强度等级为 C20(轴心抗拉强度设计值 $f_t=1.1\text{MPa}$)，柱截面尺寸为 0.4m× 0.4m。基础顶面作用竖向力 F，偏心距 0.12m。根据《建筑地基基础设计规范》(GB 50007—2011)，满足柱与基础交接处受冲切承载力的验算要求时，基础顶面可承受的最大竖向力 F(相应于作用的基本组合设计值)最接近下列哪个选项？（ ）

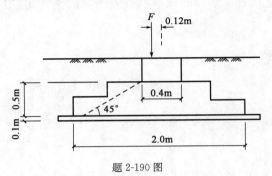

题 2-190 图

A. 980kN   B. 1080kN   C. 1280kN   D. 1480kN

解 根据《建筑地基基础设计规范》(GB 50007—2011)第 8.2.8 条

受冲切承载力：$0.7\beta_{hp} f_t a_m h_0 = 0.7 \times 1.0 \times 1100 \times (0.4+0.45) \times 0.45 = 294.5\text{kN}$

基底最大净反力：$F_l = p_{j\max} \cdot A_l$

$$= \frac{F}{2\times 2} \times \left(1+\frac{6\times 0.12}{2}\right) \times \left[\frac{2^2-(0.4+2\times 0.45)^2}{4}\right]$$
$$= 0.196F$$

令 $F_l = 0.7\beta_{hp} f_t a_m b_0$，得 $F = \dfrac{294.5}{0.196} = 1502.6\text{kN}$

答案：(D)

2-191 [2014 年考题] 某房屋，条形基础，天然地基。基础持力层为中密粉砂，承载力特征值 150kPa。基础宽度 3m，埋深 2m，地下水埋深 8m。该基础承受轴心荷载，地基承载力刚好满足要求。现拟对该房屋进行加层改造，相应于作用的标准组合时基础顶面轴心荷载增加 240kN/m。若采用增加基础宽度的方法满足地基承载力的要求。问：根据《建筑地基基础设计规范》(GB 50007—2011)，基础宽度的最小增加量最接近下列哪个选项的数值？（基础及基础上下土体的平均重度取 20kN/m³）（ ）

A. 0.63m   B. 0.7m   C. 1.0m   D. 1.2m

解法一 考虑地基承载力刚好满足承载力要求的条件，则在加宽前后均应当满足以下关系：

加宽前

$$\frac{F_k + G_k}{b} = f_a$$

加宽后

$$\frac{F'_k + F_k + G'_k}{b'} = f'_a$$

其中 b' 为加宽后的宽度；F'_k 为基础顶面增加的荷载，等于 240kN/m。

上述两式联立可以得到

$$b' = \frac{F'_k + F_k + G'_k}{f'_a} = \frac{F'_k + bf_a + G'_k - G_k}{f'_a}$$

查承载力修正系数表，可知 $\eta_b = 2.0$，$\eta_d = 3.0$，于是

$$f_a = f_{ak} + \eta_b \gamma (b-3) + \eta_d \gamma_m (d-0.5)$$

$$= 150 + 3.0 \times 20 \times (2-0.5) = 240 \text{ kPa}$$

$$f'_a = 150 + 2.0 \times 20 \times (b'-3) + 3.0 \times 20 \times (2-0.5)$$

$$= 240 + 40(b'-3) \text{ kPa}$$

由于宽度增加而引起的基础及基础以上混合重的增加为

$$G'_k - G_k = 20 \times 2 \times (b'-b) = 40(b'-3)$$

代入上式得

$$b' = \frac{240 + 3 \times 240 + 40 \times (b'-3)}{240 + 40 \times (b'-3)}$$

求解上述方程，可得 $b' = 3.69$ m

基础宽度增加量为 $3.69 - 3 = 0.69$ m

点评：该题的要点是宽度变化后，基础与地基的混合重以及地基承载力都发生了变化。另外，对于一元二次方程，最好直接利用公式求出相应的解，不要用备选答案试凑。因为试凑反而浪费时间，而且试凑的误差本身也不好把握。

解法二 根据《建筑地基基础设计规范》(GB 50007—2011)第5.2.1条、第5.2.4条

加层前：$f_a = f_{ak} + \eta_b \gamma (b-3) + \eta_d \gamma_m (d-0.5)$

$$= 150 + 2.0 \times 20 \times (3-3) + 3.0 \times 20 \times (2.0-0.5) = 240 \text{kPa}$$

$$p_k = \frac{F_k + G_k}{b} = f_a，得 F_k + G_k = 240 \times 3 = 720 \text{kN/m}$$

加层后：$f'_a = 240 + 2.0 \times 20 \times (b'-3) = 40b' + 120$

基底压力：$p'_k = \frac{F_k + G_k + 240 + (b'-3) \times 2 \times 20}{b'} = \frac{840}{b'} + 40$

令 $p'_k = f'_a$，解得 $b' = 3.69$m

则基础加宽量：$\Delta b = b' - b = 3.69 - 3.0 = 0.69$m

答案：(B)

2-192 [2014 年考题] 某墙下钢筋混凝土筏形基础,厚度 1.2m,混凝土强度等级为 C30,受力钢筋拟采用 HRB400 钢筋,主要保护层厚度 40mm。已知该筏板的弯矩(相应于作用的基本组合时的弯矩设计值)如图所示。问:按照《建筑地基基础设计规范》(GB 50007—2011),满足该规范规定且经济合理的筏板顶部受力主筋配置为下列哪个选项?(注:C30 混凝土抗压强度设计值为 14.3N/mm²,HRB400 钢筋抗拉强度设计值为 360N/mm²)(　　)

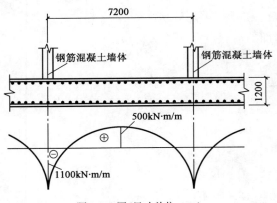

题 2-192 表

公称直径(mm)	不同根数钢筋的计算截面面积(mm²)								
	1	2	3	4	5	6	7	8	9
6	28.3	57	85	113	142	170	198	226	255
8	50.3	101	151	201	252	302	352	402	455
10	78.5	157	236	314	393	471	550	628	707
12	113	226	339	452	565	678	791	904	1017
14	154	307	461	615	769	923	1077	1231	1385
16	201	402	603	804	1005	1206	1407	1608	1809
18	255	509	763	1017	1272	1527	1781	2026	2290
20	314	628	942	1256	1570	1884	2199	2513	2827
22	380	760	1140	1520	1900	2281	2661	3041	3421
25	491	982	1473	1964	2454	2945	3436	3927	4418
28	616	1232	1847	2463	3079	2695	4310	4926	5542
32	804	1609	2413	3217	4021	4826	5630	6424	7238
36	1018	2036	3054	4072	5089	6107	7125	8143	9161
40	1257	2513	3770	5027	6283	7540	8796	10053	11310
50	1964	3928	5892	7856	9820	11784	13748	15712	17676

题 2-192 图(尺寸单位:mm)

A. $\Phi 18@200$ B. $\Phi 20@200$
C. $\Phi 22@200$ D. $\Phi 28@200$

解 根据《建筑地基基础设计规范》(GB 50007—2011)第 8.2.1 条、第 8.2.12 条

$$A_s = \frac{M}{0.9 f_y h_0} = \frac{500}{0.9 \times 360 \times 10^3 \times (1.2 - 0.04)} \times 10^6 = 1330.35 \text{mm}^2$$

按间距 200mm,每延米布置 1000/200=5 根钢筋,计算钢筋直径:

$5 \times \frac{\pi d^2}{4} = 1330.35$,解得 $d = 18.4$mm

取 $d = 20$mm,计算配筋率为:$\frac{5 \times \frac{3.14 \times 20^2}{4}}{1000 \times (1200-40)} \times 100\% = 13.5\% < 15\%$,不满足规范最小配筋率要求;

取 $d = 22$mm,计算配筋率为:$\frac{5 \times \frac{3.14 \times 22^2}{4}}{1000 \times (1200-40)} \times 100\% = 16.4\% > 15\%$,满足要求。

答案:(C)

2-193 [2014 年考题] 公路桥涵基础建于多年压实未经破坏的旧桥基础下,基础平面尺寸为 2m×3m,修正后地基承载力容许值 $[f_a]$ 为 160kPa,基底双向偏心受压,承受的竖向力作用位置为图中 o 点,根据《公路桥涵地基与基础设计规范》(JTG D63—2007),按基底最大压应力验算时,能承受的最大竖向力最接近下列哪个选项的数值?(　　)

A. 460kN B. 500kN
C. 550kN D. 600kN

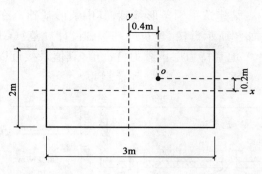

题 2-193 图

解 根据《公路桥涵地基与基础设计规范》(JTG D63—2007)第 3.3.6 条、第 4.2.2 条经多年压实未经破坏的旧桥基础,取 $\gamma_R=1.5$;

双向偏心受压:$p_{max}=\dfrac{N}{A}+\dfrac{M_x}{W_x}+\dfrac{M_y}{W_y}\leqslant\gamma_R[f_a]$;

即 $p_{max}=\dfrac{N}{2\times 3}+\dfrac{N\times 0.4}{\dfrac{2\times 3^2}{6}}+\dfrac{N\times 0.2}{\dfrac{3\times 2^2}{6}}\leqslant 1.5\times 160$,解得 $N=600\mathrm{kN}$。

答案:(D)

2-194 [2016 年考题] 某高度 60m 的结构物,采用方形基础,基础边长 15m,埋深 3m。作用在基础底面中心的竖向力为 24000kN。结构物上作用的水平荷载呈梯形分布,顶部荷载分布值为 50kN/m,地表处荷载分布为 20kN/m,如图所示。求基础底面边缘的最大压力最接近下列哪个选项的数值?(不考虑土压力的作用) ( )

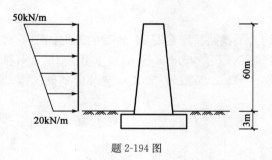

题 2-194 图

A. 219kPa B. 237kPa C. 246kPa D. 252kPa

解 $e=\dfrac{\sum M}{\sum N}=\dfrac{20\times 60\times\left(3+\dfrac{60}{2}\right)+\dfrac{1}{2}\times 30\times 60\times\left(3+\dfrac{2}{3}\times 60\right)}{24000}$

$=3.26>\dfrac{b}{6}=\dfrac{15}{6}=2.50$,故为大偏心。

$p_{kmax}=\dfrac{2(F_k+G_k)}{3la}=\dfrac{2\times 24000}{3\times 15\times\left(\dfrac{15}{2}-3.26\right)}=252\mathrm{kPa}$

答案:(D)

2-195［2016年考题］ 某建筑采用条形基础，其中条形基础 A 的底面宽度为 2.6m，其他参数及场地工程地质条件如图所示。按《建筑地基基础设计规范》(GB 50007—2011)，根据土的抗剪强度指标确定基础 A 地基持力层承载力特征值，其值最接近以下哪个选项？（　　）

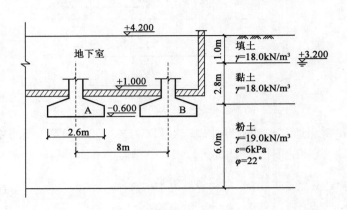

题 2-195 图

A. 69kPa B. 98kPa C. 161kPa D. 220kPa

解 《建筑地基基础设计规范》(GB 50007—2011)第5.2.5条。
粉土 $c_k=6$kPa，$\varphi_k=22°$，由表5.2.5得：
$M_b=0.61$，$M_d=3.44$，$M_c=6.04$
$$f_a=M_b\gamma b+M_d\gamma_m d+M_c c_k$$
$$=0.61\times 9\times 2.6+3.44\times\frac{0.6\times 8+1.0\times 9}{1.6}\times 1.6+6.04\times 6=98\text{kPa}$$

答案(B)

2-196［2016年考题］ 某铁路桥墩台基础，所受的外力如图所示，其中 $P_1=140$kN，$P_2=120$kN，$F_1=190$kN，$T_1=30$kN，$T_2=45$kN。基础自重 $W=150$kN，基底为砂类土，根据《铁路桥涵地基和基础设计规范》(TB 10002.5—2005)，该墩台基础的滑动稳定系数最接近下列哪个选项的数值？（　　）

A. 1.25 B. 1.30 C. 1.35 D. 1.40

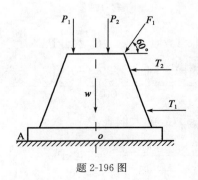

题 2-196 图

解 《铁路桥涵地基和基础设计规范》(TB 10002.5—2005)第3.1.2条。
$$K_c = \frac{f \sum P_i}{\sum T_i} = \frac{0.4 \times (150+140+120+190\sin 60°)}{30+45+190\cos 60°} = 1.35$$
答案：(C)

2-197 [2016年考题] 柱基 A 宽度 $b=2\mathrm{m}$，柱宽度为 $0.4\mathrm{m}$，柱基内、外侧回填土及地面堆载的纵向长度均为 $20\mathrm{m}$。柱基内、外侧回填土厚度分别为 $2.0\mathrm{m}$、$1.5\mathrm{m}$，回填土的重度为 $18\mathrm{kN/m^3}$，内侧地面堆载为 $30\mathrm{kPa}$，回填土及堆载范围如图所示。根据《建筑地基基础设计规范》(GB 50007—2011)，计算回填土及地面堆载作用下柱基 A 内侧边缘中点的地基附加沉降量时，其等效均布地面荷载最接近下列哪个选项的数值？( )

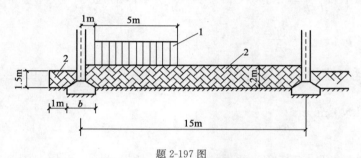

题 2-197 图
1-地面堆载；2-回填土

A. 40kPa　　　　B. 45kPa　　　　C. 50kPa　　　　D. 55kPa

解 《建筑地基基础设计规范》(GB 50007—2011)第7.5.5条、附录N。
$a=20\mathrm{m}, b=2\mathrm{m}$。
$$\frac{a}{5b} = \frac{20}{5 \times 2} = 2 > 1$$
由表 N.0.4 得：
$\beta_0=0.30, \beta_1=0.29, \beta_2=0.22, \beta_3=0.15, \beta_4=0.10, \beta_5=0.08$,
$\beta_6=0.06, \beta_7=0.04, \beta_8=0.03, \beta_9=0.02, \beta_{10}=0.01$
$$q_{eq} = 0.8 \left(\sum_{i=0}^{10} \beta_i q_i - \sum_{i=0}^{10} \beta_i p_i \right)$$
$= 0.8 \times [0.30 \times 36 + (0.29+0.22+0.15+0.10+0.08) \times 66 +$
$(0.06+0.04+0.03+0.02+0.01) \times 36] - 0.8 \times (0.30+0.29) \times 1.5 \times 18$
$= 57.6 - 12.7$
$= 44.9\mathrm{kPa}$

答案：(B)

2-198 [2016年考题] 某钢筋混凝土墙下条形基础，宽度 $b=2.8\mathrm{m}$，高度 $h=0.35\mathrm{m}$，埋深 $d=1.0\mathrm{m}$，墙厚 $370\mathrm{mm}$。上部结构传来的荷载：标准组合为 $F_1=288.0\mathrm{kN/m}, M_1=16.5\mathrm{kN \cdot m/m}$；基本组合为 $F_2=360.0\mathrm{kN/m}, M_2=20.6\mathrm{kN \cdot m/m}$；准永久组合为 $F_3=250.4\mathrm{kN/m}, M_3=14.3\mathrm{kN \cdot m/m}$。按《建筑地基基础设计规范》(GB 50007—2011)规定计算基础底板配筋时，基础验算截面弯矩设计值最接近下列哪个选项？(基础及其上土的平均重度为 $20\mathrm{kN/m^3}$) ( )

A. 72kN·m/m B. 83kN·m/m
C. 103kN·m/m D. 116kN·m/m

解 《建筑地基基础设计规范》(GB 50007—2011)第8.2.14条。

$$e=\frac{\sum M}{\sum N}=\frac{20.6}{360+1.35\times20\times1.0\times2.8\times1.0}=0.047<\frac{b}{6}=\frac{2.8}{6}=0.47$$

故为小偏心。

$$p=\frac{F+G}{A}=\frac{360+1.35\times20\times1.0\times2.8\times1.0}{2.8\times1.0}=155.6$$

$$p_m=\frac{F+G}{A}\left(1+\frac{6e}{b}\right)=155.6\times\left(1+\frac{6\times0.047}{2.8}\right)=171.3$$

$$M_I=\frac{1}{6}a_1^2\left(2p_{max}+p-\frac{3G}{A}\right)$$

$$=\frac{1}{6}\left(\frac{2.8}{2}-\frac{0.37}{2}\right)^2\left(2\times171.3+155.6-\frac{3\times1.35\times20\times1.0\times2.8\times1.0}{2.8\times1.0}\right)$$

$$=102.6\text{ kN·m/m}$$

答案:(C)

2-199 [2016年考题] 某场地两层地下水,第一层为潜水,水位埋深3m,第二层为承压水,测管水位埋深2m。该场地上的某基坑工程,地下水控制采用截水和坑内降水,降水后承压水水位降低了8m,潜水水位无变化,土层参数如图所示,试计算由承压水水位降低引起③细砂层的变形量最接近下列哪个选项? ( )

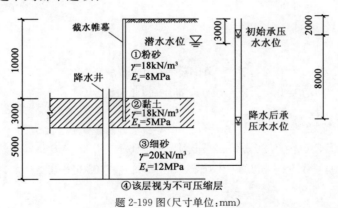

题2-199图(尺寸单位:mm)

A. 33mm B. 40mm C. 81mm D. 121mm

解 $s=\frac{\Delta P}{E_s}H=\frac{8\times10}{12}\times5=33.3\text{mm}$

答案:(A)

2-200 [2016年考题] 某铁路桥墩台为圆形,半径为2.0m,基础埋深4.5m,地下水位埋深1.5m,不受水流冲刷,地面以下相关地层及参数见下表。根据《铁路桥涵地基和基础设计规范》(TB 10002.5—2005),该墩台基础的地基容许承载力最接近下列哪个选

项的数值？ ( )

题 2-200 表

地层编号	地层岩性	层底深度 (m)	天然重度 (kN/m³)	饱和重度 (kN/m³)
①	粉质黏土	3.0	18	20
②	稍松砂砾	7.0	19	20
③	黏质粉土	20.0	19	20

A. 270kPa B. 280kPa C. 300kPa D. 340kPa

解 由《铁路桥涵地基和基础设计规范》(TB 10002.5—2005)表 4.1.2-3 得：$\sigma_0 = 200$kPa

根据表 4.1.3 得：$k_1 = 3 \times 0.5 = 1.5, k_2 = 5 \times 0.5 = 2.5$

根据第 4.1.1 条得：$b = \sqrt{F} = \sqrt{3.14 \times 2^2} = 3.5$m

$$\gamma_2 = \frac{1.5 \times 18 + 1.5 \times 10 + 1.5 \times 10}{4.5} = 12.7$$

$$[\sigma] = \sigma_0 + k_1 \gamma_1 (b-2) + k_2 \gamma_2 (h-3)$$
$$= 200 + 1.5 \times 10 \times (3.5-2) + 2.5 \times 12.7 \times (4.5-3)$$
$$= 270 \text{kPa}$$

答案：(A)

2-201 [2016 年考题] 某建筑场地天然地面下的地质参数如表所示，无地下水。拟建建筑基础埋深 2.0m，筏板基础，平面尺寸 20m×60m，采用天然地基，根据《建筑地基基础设计规范》(GB 50007—2011)，满足下卧层②层强度要求的情况下，相应于作用的标准组合时，该建筑基础底面处于的平均压力最大值接近下列哪个选项？ ( )

题 2-201 表

序号	名称	层底深度 (m)	重度 (kN/m³)	地基承载力特征值 (kPa)	压缩模量 (MPa)
①	粉质黏土	12	19	280	21
②	粉土，黏粒含量为 12%	15	18	100	7

A. 330kPa B. 360kPa C. 470kPa D. 600kPa

解 《建筑地基基础设计规范》(GB 50007—2011)第 5.2.4 条、5.2.7 条。

$\frac{E_{s1}}{E_{s2}} = \frac{21}{7} = 3, \frac{z}{b} = \frac{10}{20} = 0.5$，地基压力扩散角 θ 为 23°。

$$p_z = \frac{lb(p_k - p_c)}{(b + 2z\tan\theta)(l + 2z\tan\theta)}$$
$$= \frac{60 \times 20 \times (p_k - 2 \times 19)}{(20 + 2 \times 10\tan23°)(60 + 2 \times 10\tan23°)}$$
$$= 0.615 p_k - 23.370$$

$f_{az} = f_{ak} + \eta_d \gamma_m (d - 0.5) = 100 + 1.5 \times 19 \times (12 - 0.5) = 427.75$

$p_z + p_{cz} \leq f_{az}$

$0.615p_k - 23.370 + 19 \times 12 \leqslant 427.75$

解得：$p_k \leqslant 363 \text{kPa}$

答案：(B)

2-202 [2016年考题] 某高层建筑为梁板式基础，底板区格为矩形双向板，柱网尺寸为 $8.7\text{m} \times 8.7\text{m}$，梁宽为450mm，荷载基本组合地基净反力设计值为540kPa，底板混凝土轴心抗拉强度设计值为1570kPa，按《建筑地基基础设计规范》(GB 50007—2011)，验算底板受冲切所需的有效厚度最接近下列哪个选项？ （　　）

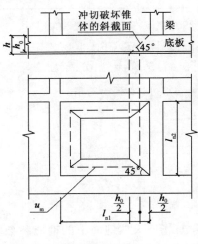

题 2-202 图

A. 0.825m　　　　B. 0.747m　　　　C. 0.658m　　　　D. 0.558m

解 《建筑地基基础设计规范》(GB 50007—2011)第 8.4.12 条。

$l_{n1} = l_{n2} = 8.7 - 0.45 = 8.25$

假设 $h \leqslant 800\text{mm}$，则 $\beta_{hp} = 1.0$；

$$h_0 = \frac{(l_{n1} + l_{n2}) - \sqrt{(l_{n1} + l_{n2})^2 - \frac{4p_n l_{n1} l_{n2}}{p_n + 0.7\beta_{hp} f_t}}}{4}$$

$$= \frac{(8.25 + 8.25) - \sqrt{(8.25 + 8.25)^2 - \frac{4 \times 540 \times 8.25 \times 8.25}{540 + 0.7 \times 1.0 \times 1570}}}{4} = 0.747\text{m}，假设成立。$$

$h_0 = 0.747 > \dfrac{8.25}{14} = 0.589$，且厚度大于 400mm。

答案：(B)

2-203 [2016年考题] 某建筑采用筏板基础，基坑开挖深度10m，平面尺寸为 $20\text{m} \times 100\text{m}$，自然地面以下土层为粉质黏土，厚度20m，再下为基岩，土层参数见下表，无地下水。根据《建筑地基基础设计规范》(GB 50007—2011)，估算基坑中心点的开挖回弹量最接近下列哪个选项？（回弹量计算经验系数取1.0）（　　）

二、浅基础

题 2-203 表

土 层	层底深度 (m)	重度 (kN/m³)	回弹模量(MPa)				
			$E_{0-0.025}$	$E_{0.025-0.05}$	$E_{0.05-0.1}$	$E_{0.1-0.2}$	$E_{0.2-0.3}$
粉质黏土	20	20	12	14	20	240	300
基岩	—	22	—				

A. 5.2mm　　　　B. 7.0mm　　　　C. 8.7mm　　　　D. 9.4mm

解　《建筑地基基础设计规范》(GB 50007—2011)第 5.3.10 条。

(1) 确定土的回弹模量

$p_c = \gamma h = 20 \times 10 = 200 \text{kPa}$

题 2-203 解表(1)

z_i	l/b	z/b	α_i	$p_z = 4\alpha_i p_0$	$p_{cz} = 20 \times (10.0+z)$	$p_{cz} - p_z$	E_{ci}
0		0	0.2500	200.0	200.0	0	—
5	$\frac{50}{10}=5$	0.50	0.2390	191.2	300.0	108.8	240
10		1.00	0.2040	163.2	400.0	236.8	300

(2) 计算回弹变形量

$\Delta s_i = \dfrac{4 p_c}{E_{ci}} (z_i \bar{\alpha}_i - z_{i-1} \bar{\alpha}_{i-1})$

题 2-203 解表(2)

z_i	l/b	z/b	$\bar{\alpha}_i$	$z_i \bar{\alpha}_i$	$z_i \bar{\alpha}_i - z_{i-1} \bar{\alpha}_{i-1}$	E_{ci}	Δs_i
0		0	0.2500	0	—	—	—
5	$\frac{50}{10}=5$	0.50	0.2470	1.235	1.235	240	4.12
10		1.00	0.2353	2.353	1.118	300	2.98

$s_c = \psi_c (4.12 + 2.98) = 1.0 \times (4.12 + 2.98) = 7.1 \text{mm}$

答案：(B)

三、深 基 础

3-1 某框架柱采用桩基础,承台下 5 根 $\phi=600\text{mm}$ 的钻孔灌注桩,桩长 $l=15\text{m}$,如图所示,承台顶面处柱竖向轴力 $F_k=3840\text{kN}$,$M_{yk}=161\text{kN}\cdot\text{m}$,承台及其上覆土自重设计值 $G_k=447\text{kN}$,试求基桩最大竖向力 $N_{\max}$。

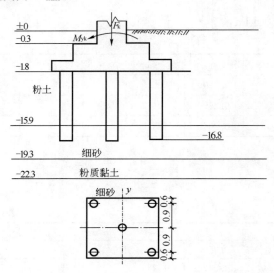

题 3-1 图(尺寸单位:m)

解 偏心荷载作用下,基桩竖向力 N_{ik} 为

$$N_{ik}=\frac{F_k+G_k}{n}\pm\frac{M_{xk}y_i}{\sum y_j^2}\pm\frac{M_{yk}x_i}{\sum x_j^2}$$

式中: F_k——荷载效应标准组合下,作用于承台顶面的竖向力;
G_k——桩基承台和承台上土自重标准值,对稳定的地下水位以下部分应扣除水的浮力;
N_{ik}——荷载效应标准组合偏心竖向力作用下,第 i 基桩或复合基桩的竖向力;
M_{xk}、M_{yk}——荷载效应标准组合下,作用于承台底面通过桩群形心的 x、y 轴的力矩;
x_i、x_j、y_i、y_j——第 i、j 基桩或复合基桩至 y、x 轴的距离;
n——桩基中的桩数。

$$N_{\max}=\frac{F_k+G_k}{n}+\frac{M_{yk}x_{\max}}{\sum x_j^2}=\frac{3840+447}{5}+\frac{161\times 0.9}{4\times 0.9^2}=902.1\text{kN}$$

3-2 群桩基础,桩径 $d=0.6\text{m}$,桩的换算埋深 $\alpha h\geqslant 4.0$,单桩水平承载力特征值 $R_{ha}=50\text{kN}$(位移控制)沿水平荷载方向布桩排数 $n_1=3$ 排,每排桩数 $n_2=4$ 根,距径比 $S_a/d=3$,承台底位于地面上 50mm,试按《建筑桩基技术规范》(JGJ 94—2008)计算群桩中复合基桩水平

承载力特征值。

解 群桩基础的基桩水平承载力特征值应考虑由承台、桩群、土相互作用产生的群桩效应，即
$R_h = \eta_h R_{ha}$

虽然 $\dfrac{s_a}{d} \leq 6$，但不考虑地震作用，群桩效应综合系数按下式计算：

$$\eta_h = \eta_i \eta_r + \eta_l + \eta_b$$

$$\eta_i = \dfrac{\left(\dfrac{s_a}{d}\right)^{0.015n_2+0.45}}{0.15n_1 + 0.10n_2 + 1.9}$$

$$\eta_l = \dfrac{m\chi_{0a} B'_c h_c^2}{2n_1 n_2 R_{ha}}$$

$$\chi_{0a} = \dfrac{R_{ha} v_x}{\alpha^3 EI}$$

式中：R_h——群桩中复合基桩水平承载力特征值；

R_{ha}——单桩水平承载力特征值；

η_h——群桩效应综合系数；

η_i——桩的相互影响效应系数；

η_r——桩顶约束效应系数（桩顶嵌入承台长度 50～100mm 时），按《建筑桩基技术规范》（JGJ 94—2008）取值；

η_l——承台侧向土抗力效应系数（承台侧面回填土为松散状态时取 $\eta_l=0$）；

s_a/d——沿水平荷载方向的距径比；

n_1、n_2——分别为沿水平荷载方向与垂直水平荷载方向每排桩中的桩数；

m——承台侧面土水平抗力系数的比例系数，当无试验资料时可按《建筑桩基技术规范》（JGJ 94—2008）取值；

χ_{0a}——桩顶（承台）的水平位移允许值，当以位移控制时，可取 $\chi_{0a}=10$mm（对水平位移敏感的结构物取 $\chi_{0a}=6$mm）；

B'_c——承台受侧向土抗力边的计算宽度（m），$B'_c = B_c + 1$，B_c 为承台宽度；

h_c——承台高度（m）。

$$\eta_i = \dfrac{\left(\dfrac{s_a}{d}\right)^{0.015n_2+0.45}}{0.15n_1 + 0.10n_2 + 1.9} = \dfrac{3^{0.51}}{2.75} = 0.6368$$

$\alpha h \geq 4.0$，位移控制 $\eta_r = 2.05$

承台位于地面以上 0.5m，$\eta_l = 0$，$\eta_b = 0$

$\eta_h = \eta_i \eta_r + \eta_l + \eta_b = 0.6368 \times 2.05 + 0 = 1.305$

$R_h = \eta_h R_{ha} = 1.305 \times 50 = 65.25$ kN

3-3 柱下桩基如图，承台混凝土抗拉强度设计值 $f_t = 1.7$MPa，按《建筑桩基技术规范》（JGJ 94—2008），试计算承台长边受剪承载力。

解 承台斜截面受剪承载力设计值为

$$V \leqslant \beta_{hs}\alpha f_t b_0 h_0$$
$$\alpha = \frac{1.75}{\lambda+1}$$
$$\beta_{hs} = \left(\frac{800}{h_0}\right)^{1/4}$$

式中：V——扣除承台及其上土自重后在荷载效应基本组合下，斜截面的最大剪力设计值；

f_t——混凝土轴心抗拉强度设计值；

b_0——承台计算截面处的计算宽度；

h_0——承台计算截面处的有效高度；

α——承台剪切系数；

λ——计算截面的剪跨比，$\lambda_x = \frac{a_x}{h_0}$，$\lambda_y = \frac{a_y}{h_0}$，此处，$a_x$、$a_y$ 为柱边（墙边）或承台变阶处至 y、x 方向计算一排桩的桩边的水平距离，当 $\lambda < 0.25$ 时，取 $\lambda = 0.25$，当 $\lambda > 3$ 时，取 $\lambda = 3$，λ 应满足 $0.25\sim3.0$ 的要求；

β_{hs}——受剪切承载力截面高度影响系数，当 $h_0 < 800mm$ 时，取 $h_0 = 800mm$，当 $h_0 > 2000mm$ 时，取 $h_0 = 2000mm$。

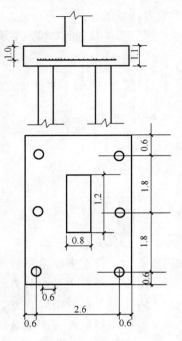

题3-3图（尺寸单位：m）

$a_x = 0.6m$，$\lambda_x = \frac{a_x}{h_0} = \frac{0.6}{1.0} = 0.6$，$\lambda$ 满足 $0.25\sim3.0$ 的要求。

$$\alpha = \frac{1.75}{\lambda+1} = \frac{1.75}{0.6+1} = 1.09$$

$$\beta_{hs} = \left(\frac{800}{h_0}\right)^{1/4} = \left(\frac{800}{1000}\right)^{1/4} = 0.946$$

$b_0 = 4.8m$，$f_t = 1.7MPa$，$h_0 = 1.0m$

$V = \beta_{hs}\alpha f_t b_0 h_0 = 0.946 \times 1.09 \times 1700 \times 4.8 \times 1.0 = 8414kN$

3-4 某钻孔灌注桩桩径 $d = 850mm$，桩长 $L = 22m$，如图所示，由于大面积堆载引起负摩阻力，试按《建筑桩基技术规范》（JGJ 94—2008）计算下拉荷载标准值（已知中性点为 $L_n/L_0 = 0.8$，淤泥质土负摩阻力系数 $\xi_n = 0.2$，负摩阻力群桩效应系数 $\eta_n = 1.0$）。

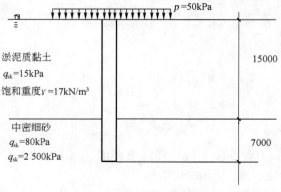

题3-4图（尺寸单位：mm）

解 已知 $L_n/L_0=0.8$,其中 L_n、L_0 分别为自桩顶算起的中性点深度和桩周软弱土层下限深度。

$L_0=15\text{m}$,中性点深 $L_n=0.8\times L_0=0.8\times 15=12\text{m}$

中性点以上单桩桩周第 i 层土负摩阻力标准值为

$$q_{si}^n = \xi_{ni}\sigma_i'$$

当地面分布大面积堆载时

$$\sigma_i' = p + \sigma_{ri}$$

$$\sigma_{ri} = \sum_{j=1}^{i=1}\gamma_j\Delta z_j + \frac{1}{2}\gamma_i\Delta z_i$$

式中:q_{si}^n——第 i 层土侧负摩阻力标准值,当计算的 q_{si}^n 值大于正摩阻力时,取正摩阻力进行设计;

ξ_{ni}——桩周第 i 层土负摩阻力系数;

σ_{ri}——由土自重引起的桩周第 i 层土平均竖向有效应力;桩群外围桩自地面算起,桩群内部桩自承台底算起;

σ_i'——桩周第 i 层土平均竖向有效应力;

γ_j、γ_i——分别为第 j 层土、第 i 层土重度(地下水位以下取浮重度);

Δz_j、Δz_i——第 j 层土、第 i 层土的厚度;

p——地面均布荷载。

$$\sigma_{ri}' = \sum_{j=1}^{i=1}\gamma_j\Delta z_j + \frac{1}{2}\gamma_i\Delta z_i = 0 + \frac{1}{2}\times(17-10)\times 12 = 42\text{kPa}$$

$$\sigma_i' = p + \sigma_{ri}' = 50 + 42 = 92\text{kPa}$$

$\phi_{ni}=0.2$,$q_{si}^n=0.2\times 92=18.4\text{kPa}$

$q_{si}^n > q_{sk}=15\text{kPa}$,取 $q_{si}^n=15\text{kPa}$。

基桩下拉荷载为

$$Q_g^n = \eta_n u\sum_{i=1}^{n}q_{si}^n l_i$$

式中:η_n——负摩阻力群桩效应系数,$\eta_n=1.0$;

n——中性点以上土层数;

l_i——中性点以上土层厚度。

$Q_g^n = 1.0\times 0.85\times\pi\times 15\times 12 = 480.4\text{kN}$

点评:注意桩侧负摩阻标准值不能大于正摩阻力。

3-5 某工程双桥静探资料见表,拟采用③层粉砂为持力层,采用混凝土方桩,桩断面尺寸为 $400\text{mm}\times 400\text{mm}$,桩长 $l=13\text{m}$,承台埋深为 2.0m,桩端进入粉砂层 2.0m,试按《建筑桩基技术规范》(JGJ 94—2008)计算单桩竖向极限承载力标准值。

题3-5表

层　序	土　名	层底深度	探头平均侧阻力 f_{si} (kPa)	探头阻力 q_c (kPa)
1	填土	1.5		
2	淤泥质黏土	13	12	600
3	饱和粉砂	20	110	12000

解 由双桥探头静力触探资料计算预制桩的单桩竖向极限承载力标准值为

$$Q_{uk} = u\sum l_i \beta_i f_{si} + \alpha q_c A_p$$

式中：f_{si}——第 i 层土的探头平均侧阻力；

q_c——桩端平面上、下探头阻力，取桩端平面以上 $4d$（d 为桩的直径或边长）范围内按土层厚度的探头阻力加权平均值，然后再和桩端平面以下 $1d$ 范围内的探头阻力进行平均；

α——桩端阻力修正系数，对于黏性土、粉土取 $2/3$，饱和砂土取 $1/2$；

β_i——第 i 层土桩侧阻力综合修正系数，按下式计算：

黏性土、粉土　$\beta_i = 10.04 f_{si}^{-0.55}$

砂土　$\beta_i = 5.05 f_{si}^{-0.45}$

(注：双桥探头的圆锥底面积为 $15cm^2$，锥角 $60°$，摩擦套筒高 $21.85cm$，侧面积 $300cm^2$。)

桩端入③层粉砂 $2.0m$

$4d = 4 \times 0.4 = 1.6m < 2.0m$，$q_c = 12000kPa$

$\alpha = \dfrac{1}{2}$，$A_p = 0.4 \times 0.4 = 0.16m^2$

黏性土　$\beta_i = 10.04 f_{si}^{-0.55} = 10.04 \times 12^{-0.55} = 2.56$

粉砂　$\beta_i = 5.05 f_{si}^{-0.45} = 5.05 \times 110^{-0.45} = 0.61$

$Q_{uk} = 0.4 \times 4 \times (11 \times 2.56 \times 12 + 2 \times 0.61 \times 110) + \dfrac{1}{2} \times 12000 \times 0.4^2 = 1715.4kN$

3-6 某端承型单桩基础，桩入土深度 $12m$，桩径 $d = 0.8m$，桩顶荷载 $Q_0 = 500kN$，由于地表进行大面积堆载而产生负摩阻力，负摩阻力平均值 $q_s^n = 20kPa$。中性点位于桩顶下 $6m$，试求桩身最大轴力。

解 由于桩顶荷载 Q_0 产生的桩身轴力为中性点位置最大，其值为 Q_0，Q_0 加负摩阻力的下桩荷载为桩身最大轴力。

$Q = Q_0 + Q_g^n$，$Q_g^n = \eta_n u \sum\limits_{i=1}^{n} q_{si}^n l_i$，单桩 $\eta_n = 1$

$Q = Q_0 + 1 \times \pi \times 0.8 \times 20 \times 6 = 801.44kN$

3-7 某一穿过自重湿陷性黄土端承于含卵石的极密砂层的高承台桩，有关土性参数及深度值如表所示。当地基严重浸水时，试按《建筑桩基技术规范》(JGJ 94—2008)计算负摩阻力产生的下拉荷载 Q_g^n 值（计算时取 $\xi_n = 0.3$，$\eta_n = 1.0$，饱和度为 80% 时的平均重度为 $18kN/m^3$，桩周长 $u = 1.884m$，下拉荷载累计至砂层顶面）。

解 第 i 层土负摩阻力标准值为

$q_{si}^n = \varphi_{ni} \sigma_i'$

对于自重湿陷性黄土

$\sigma_{ri}' = \sum\limits_{j=1}^{i} \gamma_j \Delta z_j + \dfrac{1}{2} \times \gamma_i \Delta z_i$

第一层土　$\sigma_{r1}' = 0 + \dfrac{1}{2} \times 18 \times 2 = 18kPa$

三、深 基 础

题3-7表

层底深度(m)	层厚(m)	自重湿陷系数 δ_{zs}	桩侧正摩阻力 (kPa)
2	2	0.003	15
5	3	0.065	30
7	2	0.003	40
10	3	0.075	50
13	3		80

第二层土　$\sigma'_{r2}=18\times2+\dfrac{1}{2}\times18\times3=36+27=63\text{kPa}$

第三层土　$\sigma'_{r3}=18\times2+18\times3+\dfrac{1}{2}\times18\times2=108\text{kPa}$

第四层土　$\sigma'_{r4}=18\times2+18\times3+18\times2+\dfrac{1}{2}\times18\times3=153\text{kPa}$

$$q^n_{s1}=\varphi_{n1}\sigma'_{r1}=0.3\times18=5.4\text{kPa}$$
$$q^n_{s2}=\varphi_{n2}\sigma'_{r2}=0.3\times63=18.9\text{kPa}$$
$$q^n_{s3}=\varphi_{n3}\sigma'_{r3}=0.3\times108=32.4\text{kPa}$$
$$q^n_{s4}=\varphi_{n4}\sigma'_{r4}=0.3\times153=45.9\text{kPa}$$

各土层的负摩阻力均小于正摩阻力。

下拉荷载为

$Q^n_g=\eta_n u\sum\limits_{i=1}^{n}q^n_{si}l_i=1.0\times1.884\times(5.4\times2+18.9\times3+32.4\times2+45.9\times3)=270\times1.884$

$=508.7\text{kN}$

3-8　某柱下桩基(柱截面为 $d_c=0.6\text{m}$)如图所示,桩径 $d=0.6\text{m}$,承台有效高度 $h_0=1.0\text{m}$,承台高度 $h=1.05\text{m}$,承台混凝土抗拉强度设计值 $f_t=1.71\text{MPa}$,作用于承台顶面的竖向力设计值 $F=7500\text{kN}$,试按《建筑桩基技术规范》(JGJ 94—2008)验算柱冲切承载力。

解　$b_p=0.8d=0.8\times600=0.48\text{m}$

$a_0=1.3-\dfrac{0.6}{2}-\dfrac{0.48}{2}=0.76\text{m}$

$\lambda=\dfrac{a_0}{h_0}=\dfrac{0.76}{1.0}=0.76$

$\beta_0=\dfrac{0.84}{\lambda+0.2}=\dfrac{0.84}{0.76+0.2}=0.875$

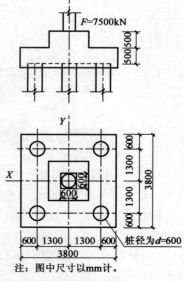

题3-8图(尺寸单位:m)

$$\beta_{hp} = 1 - \frac{h-800}{12000} = 1 - \frac{1050-800}{12000} = 0.979$$

$$u_m = 4(h_c + a_0) = 4 \times (0.6 + 0.76) = 5.44 \text{m}$$

$$\beta_{hp}\beta_0 u_m f_t h_0 = 0.979 \times 0.875 \times 5.44 \times 1710 \times 1.0 = 7969 \text{kN}$$

$$F_l = F - \sum Q_i = 7500 - \frac{7500}{5} = 6000 \text{kN}$$

$$F_l = 6000 \text{kN} < \beta_{hp}\beta_0 u_m f_t h_0 = 7969 \text{kN}，满足。$$

3-9 桩顶为自由端的钢管桩，桩径 $d=0.6\text{m}$，桩入土深度 $h=10\text{m}$，地基土水平抗力系数的比例系数 $m=10\text{MN/m}^4$，桩身抗弯刚度 $EI=1.7\times 10^5 \text{kN}\cdot\text{m}^2$，桩水平变形系数 $\alpha=0.59\text{m}^{-1}$，桩顶容许水平位移 $x_{0a}=10\text{mm}$，试按《建筑桩基技术规范》(JGJ 94—2008)计算单桩水平承载力特征值。

解 单桩水平承载力特征值为

$$R_{ha} = 0.75 \frac{\alpha^3 EI}{v_x} X_{0a}$$

式中：EI——桩身抗弯刚度，$EI=1.7\times 10^5 \text{kN}\cdot\text{m}^2$；

　　　α——水平变形系数，$\alpha=0.59\text{m}^{-1}$；

　　　v_x——桩顶水平位移系数，$\alpha h=0.59\times 10=5.9>4$，$\alpha h$ 取 4，桩顶自由，$v_x=2.441$。

$$R_{ha} = 0.75 \times \frac{0.59^3 \times 1.7 \times 10^5}{2.441} \times 10 \times 10^{-3} = 107.9 \text{kN}$$

3-10 如图所示，某泵房按丙级桩基考虑，为抗浮设置抗拔桩，荷载效应标准组合基桩上拔力为 600kN，桩型采用钻孔灌注桩，桩径 $d=550\text{mm}$，桩长 $l=16\text{m}$，桩群边缘尺寸为 $20\text{m}\times 10\text{m}$，桩数为 50 根，试按《建筑桩基技术规范》(JGJ 94—2008)计算群桩基础及基桩的抗拔承载力(抗拔系数 λ_i：对黏性土取 0.7，对砂土取 0.6，桩身材料重度 $\gamma=25\text{kN/m}^3$；群桩基础平均重度 $\gamma=20\text{kN/m}^3$)。

解 承受拔力的桩基，应同时验算群桩基础及其基桩的抗拔承载力。验算方法规定如下

$$N_k \leqslant \frac{T_{gk}}{2} + G_{gp}$$

$$N_k \leqslant \frac{T_{uk}}{2} + G_p$$

式中：N_k——按荷载效应标准组合计算的基桩拔力；

　　　T_{gk}——群桩呈整体破坏时基桩的抗拔极限承载力标准值；

　　　T_{uk}——基桩的抗拔极限承载力标准值；

　　　G_{gp}——群桩基础所包围体积的桩土总自重除以总桩数，地下水位以下取浮重度；

　　　G_p——基桩自重，地下水位以下取浮重度。

群桩基础及其基桩的抗拔极限承载力的确定规定如下：

(1)对于设计等级为甲级和乙级建筑桩基，基桩的抗拔极限承载力应通过现场单桩上拔静载荷试验确定。单桩上拔静载荷试验及抗拔极限

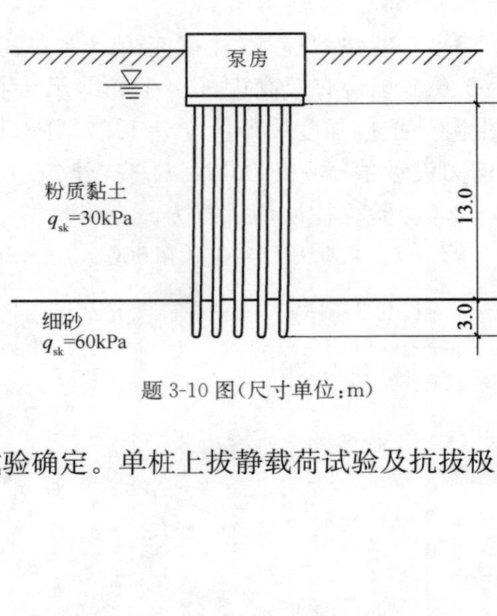

题 3-10 图(尺寸单位：m)

承载力标准值取值可按现行《建筑桩基检测技术规范》(JGJ 106—2003)进行;对于群桩的抗拔极限承载力应按下列公式计算。

(2)对于设计等级为丙级建筑桩基,如无当地经验时,群桩基础及基桩的抗拔极限载力取值可按下列公式计算。

①单桩或群桩呈非整体破坏时,基桩的抗拔极限承载力标准值可按下式计算

$$T_{uk} = \sum \lambda_i q_{sik} u_i l_i$$

式中:T_{uk}——基桩抗拔极限承载力标准值;

u_i——桩身周长,对于等直径桩取 $u = \pi d$;

q_{sik}——桩侧表面第 i 层土的抗压极限侧阻力标准值;

λ_i——抗拔系数。

②群桩呈整体破坏时,基桩的抗拔极限承载力标准值可按下式计算

$$T_{gk} = \frac{1}{n} u_l \sum \lambda_i q_{sik} l_i$$

式中:u_l——桩群外围周长。

基桩抗拔极限承载力标准值为

$$\begin{aligned} T_{uk} &= \sum \lambda_i q_{sik} u_i l_i \\ &= 0.7 \times 30 \times \pi \times 0.55 \times 13 + 0.6 \times 60 \times \pi \times 0.55 \times 3 = 658 \text{kN} \end{aligned}$$

基桩自重 $G_p = \frac{\pi}{4} \times 0.55^2 \times 16 \times 15 = 57 \text{kN}$

$\frac{T_{uk}}{2} + G_p = \frac{658}{2} + 57 = 386 \text{kN} < N_k = 600 \text{kN}$,不满足。

群桩呈整体破坏时基桩抗拔极限承载力标准值为

$$\begin{aligned} T_{gk} &= \frac{1}{n} u_l \sum \lambda_i q_{sik} l_i \\ &= \frac{1}{50} \times (20+10) \times 2 \times [0.7 \times 30 \times 13 + 0.6 \times 60 \times 3] = 457.2 \text{kN} \end{aligned}$$

$$G_{gp} = \frac{1}{50} \times 20 \times 10 \times 16 \times 10 = 640 \text{kN}$$

$$N_k = 600 \text{kN} \leqslant \frac{T_{gk}}{2} + G_{gp} = \frac{457.2}{2} + 640 = 868.6 \text{kN},满足。$$

3-11 某群桩基础的平面、剖面如图所示,已知作用于桩端平面处荷载效应准永久组合的附加压力为300kPa,沉降计算经验系数 $\psi = 0.7$,其他系数见表,试按《建筑桩基技术规范》(JGJ 94—2008)估算群桩基础的沉降量。

桩端平面下平均附加应力系数 $\bar{\alpha}(a=b=2.0\text{m})$ 题 3-11 表

z_i(m)	a/b	z_i/b	$\bar{\alpha}_i$ 角	$\bar{\alpha}_i = 4\bar{\alpha}_i$ 角	$z_i \bar{\alpha}_i$	$z_i \bar{\alpha}_i - z_{i-1} \bar{\alpha}_{i-1}$
0	1	0	0.25	1.0	0	
2.5	1	1.25	0.2148	0.8592	2.1480	2.1480
8.5	1	4.25	0.1072	0.4288	3.6448	1.4968

解 桩距 $s_a = 1.6\text{m} < 6 \times d = 6 \times 0.4 = 2.4\text{m}$,群桩基础最终沉降计算按等效作用分层总和法。

$$s = \psi \times \psi_e s' = \psi \times \psi_e \times \sum_{j=1}^{n} p_{0j} \frac{z_{ij}\bar{\alpha}_{ij} - z_{(i-1)j}\bar{\alpha}_{(i-1)j}}{E_{si}}$$

式中： s——桩基最终沉降量(mm)；
s'——按实体深基础分层总和法计算出的桩基沉降量(mm)；
ψ——桩基沉降经验系数；
ψ_e——桩基等效沉降系数；
p_{0j}——第 j 块矩形底面在荷载效应准永久组合下的附加压力(kPa)；
n——桩基沉降计算深度范围内所划分的土层数；
E_{si}——等效作用面以下第 i 层土的压缩模量(MPa)，采用地基土在自重应力至自重应力加附加压力作用时的压缩模量；
z_{ij}、$z_{(i-1)j}$——桩端平面第 j 块荷载作用面至第 i 层土、第 $i-1$ 层土底面的距离(m)；
$\bar{\alpha}_{ij}$、$\bar{\alpha}_{(i-1)j}$——桩端平面第 j 块荷载计算点至第 i 层土、第 $i-1$ 层土底面深度范围内平均附加应力系数。

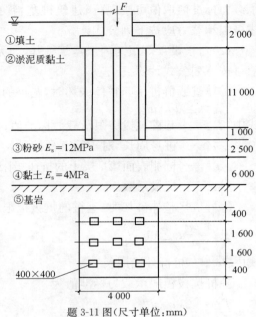

题 3-11 图(尺寸单位：mm)

桩基等效沉降系数 ψ_e 为

$$\psi_e = c_0 + \frac{n_b - 1}{c_1(n_b - 1) + c_2}$$

式中：n_b——矩形布桩时的短边布桩数；
c_0、c_1、c_2——根据群桩不同距径比 s_a/d、长径比 l/d 及基础长宽比 L_c/B_c 确定。

$$\frac{s_a}{d} = \frac{1.6}{0.4} = 4$$

$$\frac{l}{d} = \frac{12}{0.4} = 30$$

$$\frac{L_c}{B_c} = \frac{4}{4} = 1$$

查附录 E $c_0 = 0.055$, $c_1 = 1.477$, $c_2 = 6.843$

$$\psi_e = 0.055 + \frac{3-1}{1.477 \times (3-1) + 6.843} = 0.055 + 0.204 = 0.259$$

$$s' = \frac{300}{12} \times 2.1480 + \frac{300}{4} \times 1.4968 = 53.7 + 112.26 = 165.96 \text{mm}$$

桩基础中点沉降量

$$s = \psi \times \psi_e \times s' = 0.7 \times 0.259 \times 165.96 = 30 \text{mm}$$

3-12 某受压灌注桩桩径为 1.2m，桩端入土深度 20m，桩身配筋率 0.6%，桩顶铰接，在荷载效应标准组合下桩顶竖向力 $N = 5000$kN，桩的水平变形系数 $\alpha = 0.301 \text{m}^{-1}$，桩身换算截

面积 $A_n = 1.2\text{m}^2$,换算截面受拉边缘的截面模量 $W_0 = 0.2\text{m}^3$,桩身混凝土抗拉强度设计值 $f_t = 1.5\text{N/mm}^2$,试按《建筑桩基技术规范》(JGJ 94—2008)计算单桩水平承载力特征值。

解 桩身配筋率为 0.6%(小于 0.65%),水平承载力按桩身强度控制,单桩水平承载力特征值(±号根据桩顶竖向力性质确定,压力取"+",拉力取"−")为

$$R_{ha} = \frac{0.75\alpha\gamma_m f_t W_0}{\upsilon_m}(1.25 + 22\rho_g)\left(1 \pm \frac{\xi_N N}{\gamma_m f_t A_n}\right)$$

式中:R_{ha}——单桩水平承载力特征值;

α——桩的水平变形系数;

γ_m——桩截面模量塑性系数,圆形截面 $\gamma_m = 2$,矩形截面 $\gamma_m = 1.75$;

f_t——桩身混凝土抗拉强度设计值;

W_0——桩身换算截面受拉边缘的截面模量,圆形截面为:$W_0 = \frac{\pi d}{32}[d^2 + 2(\alpha_E - 1)\rho_g d_0^2]$,

方形截面为:$W_0 = \frac{b}{6}[b^2 + 2(\alpha_E - 1)\rho_g b_0^2]$,其中 d_0 为扣除保护层的桩直径,b_0 为扣除保护层的桩截面宽度,α_E 为钢筋弹性模量与混凝土弹性模量的比值;

υ_m——桩身最大弯矩系数,单桩基础和单排桩基纵向轴线与水平力方向相垂直的情况,按桩顶铰接考虑;

ρ_g——桩身配筋率;

A_n——桩身换算截面积,圆形截面为:$A_n = \frac{\pi d^2}{4}[1 + (\alpha_E - 1)\rho_g]$,方形截面为:$A_n = b^2[1 + (\alpha_E - 1)\rho_g]$;

ξ_N——桩顶竖向力影响系数,竖向压力取 $\xi_N = 0.5$,竖向拉力取 $\xi_N = 1.0$;

N——在荷载效应标准组合下桩顶的竖向力(kN)。

$\alpha = 0.301\text{m}^{-1}$,$\gamma_m = 2$,桩顶铰接 $\alpha h = 0.301 \times 20 = 6.02 > 4$,$\upsilon_m = 0.768$

$W_0 = 0.2\text{m}^2$,$A_n = 1.2\text{m}^2$,$f_t = 1500\text{kPa}$,$\xi_N = 0.5$

$$R_{ha} = \frac{0.75 \times 0.301 \times 2 \times 1500 \times 0.2}{0.768} \times (1.25 + 22 \times 0.006) \times \left(1 + \frac{0.5 \times 5000}{2 \times 1500 \times 1.2}\right)$$

$= 176.4 \times 1.382 \times 1.69 = 413.1\text{kN}$

3-13 某端承灌注桩桩径 1.0m,桩长 22m,桩周土性参数如图所示,地面大面积堆载 $p = 60\text{kPa}$,桩周沉降变形土层下限深度 20m,试按《建筑桩基技术规范》(JGJ 94—2008)计算下拉荷载标准值(已知中性点深度 $L_n/L_0 = 0.8$,黏土负摩阻力系数 $\xi_n = 0.3$,粉质黏土负摩阻力系数 $\xi_n = 0.4$,负摩阻力群桩效应系数 $\eta_n = 1.0$)。

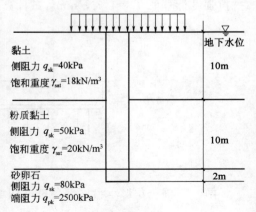

题 3-13 图

解 中性点深度 $L_n = 0.8L_0 = 0.8 \times 20 = 16\text{m}$

第一层土 $\sigma'_{r1} = \sum_{j=1}^{i-1}\gamma_j\Delta z_j + \frac{1}{2}\gamma_i\Delta z_i = \frac{1}{2} \times 8 \times 10$

$= 40\text{kPa}$

第二层土 $\sigma'_{r2}=8\times10+\dfrac{1}{2}\times10\times6=80+30=110\text{kPa}$

$\sigma'_1=p+\sigma'_{r1}=60+40=100\text{kPa}$

$\sigma'_2=p+\sigma'_{r2}=60+110=170\text{kPa}$

负摩阻力标准值

$q^n_{s1}=\xi_{n1}\sigma'_1=0.3\times100=30\text{kPa}<q_{sk}=40\text{kPa}$，取 $q^n_{s1}=30\text{kPa}$

$q^n_{s2}=\xi_{n2}\sigma'_2=0.4\times170=68\text{kPa}>q_{sk}=50\text{kPa}$，取 $q^n_{s2}=50\text{kPa}$

下拉荷载为

$Q^n_g=\eta_n u\sum\limits_{i=1}^n q^n_{si}L_i$，$\eta_n=1.0$，$u=\pi d=\pi\times1.0=3.14\text{m}$

$Q^n_g=1.0\times3.14\times(30\times10+50\times6)$

$\quad\quad=1884\text{kN}$

3-14 沉井靠自重下沉，若不考虑浮力及刃脚反力作用，则下沉系数 $K=Q/T$，式中 Q 为沉井自重，T 为沉井与土间的摩阻力 $[$假设 $T=\pi D(H-2.5)f]$，某工程地质剖面及设计沉井尺寸如图所示，沉井外径 $D=20\text{m}$，下沉深度为 16.5m，井身混凝土体积为 977m^3，混凝土重度为 24kN/m^3，试验算沉井在下沉到图示位置时的下沉系数 K。

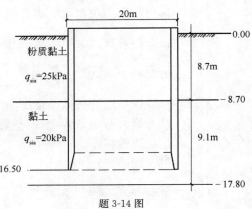

题 3-14 图

解 沉井侧阻力加权平均值为

$f=\dfrac{(8.7-2.5)\times25+7.8\times20}{8.7-2.5+7.8}=\dfrac{311}{14}=22.2\text{kPa}$

$T=\pi D(H-2.5)f=\pi\times20\times(16.5-2.5)\times22.2=19518\text{kN}$

$Q=V\times\gamma=977\times24=23448\text{kN}$

$K=\dfrac{Q}{T}=\dfrac{23448}{19518}=1.20$

3-15 某桩基三角形承台如图所示，承台厚度 1.1m，钢筋保护层厚度 0.1m，承台混凝土抗拉强度计算值 $f_t=1.7\text{N/mm}^2$，试计算底部角桩冲切承载力（$\theta_1=\theta_2=60°$）。

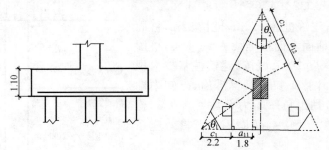

题 3-15 图（尺寸单位：m）

解 三桩三角形承台底部角桩冲切承载力为

$N_1\leqslant\beta_{11}(2c_1+a_{11})\beta_{hp}\tan\dfrac{\theta_1}{2}f_t h_0$

$$\beta_{11} = \frac{0.56}{\lambda_{11} + 0.2}$$

式中：N_1——不计承台及其上土重后，在荷载效应基本组合作用下角桩净反力设计值；

λ_{11}、λ_{12}——角桩冲跨比，$\lambda_{11}=a_{11}/h_0$，$\lambda_{12}=a_{12}/h_0$，其值应满足 $0.25\sim1.0$ 的要求；

a_{11}、a_{12}——从承台底角桩内边缘引 $45°$ 冲切线与承台顶面相交点至角桩内边缘的水平距离；当柱或承台变阶处位于该 $45°$ 线以内时，则取由柱边与桩内边缘连线为冲切锥体的锥线（题 3-15 图）。

$a_{11}=1.8\text{m}$，$\lambda_{11}=\dfrac{a_{11}}{h_0}=\dfrac{1.8}{1.1-0.1}=\dfrac{1.8}{1.0}=1.8>1.0$，取 $\lambda_{11}=1.0$，则 $a_{11}=1.0$

$$\beta_{11}=\frac{0.56}{\lambda_{11}+0.2}=\frac{0.56}{1.0+0.2}=0.467$$

$c_1=2.2\text{m}$，$\theta_1=60°$，$f_t=1.7\text{MPa}$，$h_0=1.0\text{m}$，$\beta_{hp}=0.975$

三桩三角承台底桩冲切承载力为

$$\beta_{11}(2c_1+a_{11})\beta_{hp}\tan\frac{\theta_1}{2}f_t h_0 = 0.467\times(2\times2.2+1.0)\times0.975\tan\frac{60°}{2}\times1700\times1.0=2413.3\text{kN}$$

3-16 某建筑物扩底抗拔灌注桩桩径 $d=1.0\text{m}$，桩长 12m，扩底直径 $D=1.8\text{m}$，扩底段高度 $h_c=1.2\text{m}$，桩周土性参数如图所示，试按《建筑桩基技术规范》（JGJ 94—2008）计算基桩的抗拔极限承载力标准值（抗拔系数：粉质黏土 $\lambda=0.7$，砂土 $\lambda=0.5$，自桩底起算的长度 $l_i=8d$）。

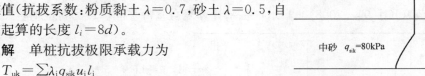

题 3-16 图（尺寸单位：m）

解 单桩抗拔极限承载力为

$$T_{uk}=\sum\lambda_i q_{sik}u_i l_i$$

根据《建筑桩基技术规范》（JGJ 94—2008），自桩底起算的长度 $l_i\leqslant(4\sim10)d$ 时，$u_i=\pi D$，l_i 对于软土取低值，对于卵石、砾石取高值，该桩扩底位于中砂层，取 $l_i=8d=8\times1.0=8\text{m}$，$u_i=\pi D=\pi\times1.8=5.65\text{m}$。

$$\begin{aligned}T_{uk}&=0.7\times40\pi d\times2+0.5\times60\pi d\times2+0.5\times60\times\pi\times D\times3+0.5\times80\pi D\times5\\&=56\times3.14+60\times3.14+90\times3.14\times1.8+200\times3.14\times1.8\\&=2003.3\text{kN}\end{aligned}$$

3-17 某桩基工程的桩型平面布置、剖面及地层分布如图所示，土层及桩基设计参数见图，作用于桩端平面处的荷载效应准永久组合附加压力为 400kPa，其中心点的附加压力曲线如图所示（假定为直线分布），沉降经验系数 $\psi=1$，地基沉降计算深度至基岩面，试按《建筑桩基技术规范》（JGJ 94—2008）验算桩基最终沉降量。

解 由于桩端平面下覆盖土层较薄，其下为不可压缩层的基岩，其沉降可用分层总和法单向压缩基本公式计算。

$$s'=\sum_{i=1}^n\frac{\Delta p_i}{E_{si}}H_i=\frac{(400+260)\times\frac{1}{2}}{20}\times(5-1.6)+\frac{(260+30)\times\frac{1}{2}}{4}\times5=237.4\text{mm}$$

距径比 $\dfrac{s_a}{d}=\dfrac{1.6}{0.4}=4$

长径比 $\dfrac{l}{d} = \dfrac{12}{0.4} = 30$

长宽比 $\dfrac{L_c}{B_c} = \dfrac{4}{4} = 1$，查《建筑桩基技术规范》(JGJ 94—2008)知

$c_0 = 0.055, c_1 = 1.477, c_2 = 6.843$

矩形布桩的短边布桩数 $n_b = 3$

桩基等效沉降系数

$$\psi_e = c_0 + \dfrac{n_b - 1}{c_1(n_b - 1) + c_2}$$

$$= 0.055 + \dfrac{3-1}{1.477 \times (3-1) + 6.843}$$

$$= 0.259$$

桩基中点沉降

$$s = \varphi \times \psi_e \times s' = 1.0 \times 0.259 \times 237.4$$

$$= 61.5 \text{mm}$$

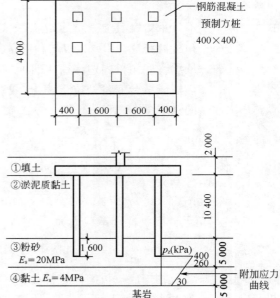

题 3-17 图(尺寸单位:mm)

3-18 某桩基工程的桩型平面布置、剖面和地层分布如图所示，土层及桩基设计参数见图，承台底面以下存在高灵敏度淤泥质黏土，其地基土极限承载力标准值 $f_{ak} = 90$kPa，试按《建筑桩基技术规范》(JGJ 94—2008)非端承桩桩基计算复合基桩竖向承载力特征值。

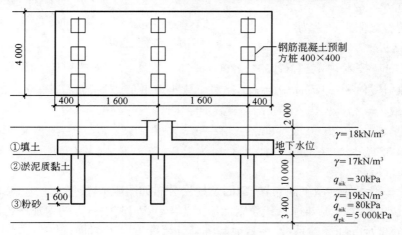

题 3-18 图(尺寸单位:mm)

解 考虑承台效应的复合基桩竖向承载力特征值可按下式确定

$$R = R_a + \eta_c f_{ak} A_c$$

当承台底为可液化土、湿陷性土、高灵敏度软土、欠固结土、新填土时，沉桩引起超孔隙水压力和土体隆起时，不考虑承台效应，取 $\eta_c = 0$。

承台下为高灵敏度软土，其 $\eta_c = 0$。

复合基桩极限承载力标准值为

$$Q_{uk} = Q_{sk} + Q_{pk} = u\sum q_{sik}l_i + q_{pk}A_p$$
$$= 4 \times 0.4 \times (30 \times 10 + 80 \times 1.6) + 5000 \times 0.4^2$$
$$= 1484.8 \text{kN}$$

复合基桩承载力特征值为

$$R = R_a + \eta_c f_{ak} A_c = \frac{Q_{uk}}{2} + 0 = \frac{1484.8}{2} = 742.4 \text{kN}$$

3-19 某建筑采用墙下单排桩基础，桩径 0.67m，桩长 20m，灌注桩混凝土强度等级 C30，桩间距 4.0m，荷载效应准永久组合桩顶荷载 $Q_j = 4000 \text{kN}$，土层分布为：0~5m 为淤泥质黏土，$\gamma = 18 \text{kN/m}^3$；5~20m 为粉土，$\gamma = 17.8 \text{kN/m}^3$；20~23.6m 为中砂，$\gamma = 19 \text{kN/m}^3$，$E_s = 70 \text{MPa}$；23.6m 以下为卵石，$\gamma = 20 \text{kN/m}^3$，$E_s = 150 \text{MPa}$。试求 0 号桩沉降 ($\alpha_j = 0.6, \psi = 1.0$)。

解 桩间距 $s_a = 4.0 \text{m} \geqslant 6d = 6 \times 0.67 = 4.02 \text{m}$，属疏桩基础，应考虑 $0.6l = 0.6 \times 20 = 12 \text{m}$ 范围邻桩桩径影响，共 6 根桩对 0 号桩的沉降有影响。

$\alpha_j = 0.6$，端承型桩，应考虑桩身弹性压缩 s_e

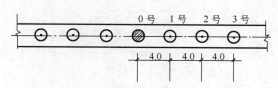

题 3-19 图(尺寸单位：m)

$s_e = \zeta_e \dfrac{Q_j l_j}{E_c A_{ps}}$，C30 混凝土，$E_c = 3.0 \times 10^4 \text{MPa} = 3 \times 10^7 \text{kPa}$

$$s_e = 1.0 \times \frac{4000 \times 20}{3 \times 10^7 \times 0.352} = 7.58 \text{mm}$$

承台底为淤泥质黏土，不考虑承台影响，$\sigma_{zci} = 0$，$Q_j = 4000 \text{kN}$，$l_j = 20 \text{m}$，$Q_j/l_j^2 = 4000/20^2 = 10 \text{kN/m}^2$。

$$s = \psi \sum_{i=1}^{n} \frac{\sigma_{zi} + \sigma_{zci}}{E_{si}} \Delta z_i + s_e = \psi \sum_{i=1}^{n} \frac{\Delta z_i}{E_{si}} \left\{ \sum_{j=1}^{m} \frac{Q_j}{l_j^2} [\alpha_j I_{p,ij} + (1-\alpha_j) I_{s,ij}] + \sum_{k=1}^{u} \alpha_{ki} p_{c,k} \right\} + s_e$$

桩身压缩量　　$s_e = \zeta_e \dfrac{Q_j l_j}{E_c A_{ps}}$

式中：m——计算水平向影响范围(0.6 倍桩长)内的基桩数；

　　　n——沉降计算深度范围内土层的计算分层数，分层数应结合土层性质，分层厚度不应超过计算深度的 0.3 倍；

　　　σ_{zi}——计算点影响范围内各基桩产生的桩端平面以下第 i 层土 1/2 厚度处附加竖向应力之和；

　　　σ_{zci}——承台压力对沉降计算点桩端平面以下第 i 计算土层 1/2 厚度处产生的应力；

　　　Δz_i——第 i 层计算土层厚度(m)；

　　　E_{si}——第 i 层计算土层的压缩模量(MPa)，采用土的自重应力至土的自重应力加附加应力作用时的压缩模量；

　　　Q_j——第 j 桩在荷载效应准永久组合作用下，桩顶的附加荷载(kN)，当地下室埋深超过 5m 时，取荷载效应准永久组合作用下的总荷载为考虑回弹再压缩的等代附加荷载；

　　　l_j——第 j 桩桩长(m)；

　　　A_{ps}——桩身截面面积；

　　　α_j——第 j 桩总桩端阻力与桩顶荷载之比，近似取极限总端阻力与单桩极限承载力之比；

基桩桩端平面以下附加竖向应力和自重应力计算

题 3-19 表 1

z (m)	Δz (m)	l/d	$m=z/l$	i/d	$n_0=0$			$n_1=4/20=0.2$				$n_2=8/20=0.4$				$n_3=12/20=0.6$				$\sum \sigma_{zi}$ (kPa)	σ_c (kPa)
					I_p	I_s	σ_{z1} (kPa)	I_p	I_s	σ_{z2} (kPa)		I_p	I_s	σ_{z3} (kPa)		I_p	I_s	σ_{z4}		
20.08	0.08	30	1.004	0.2	536.54	8.395	3252	0.111	0.686	3.41×2 =6.82		0.093	0.317	1.83×2 =3.66		0.078	0.182	1.2×2 =2.4	3264.9	357
21.6	1.52	30	1.08	0.2	30.085	2.422	195	0.448	0.67	5.37×2 =10.74		0.116	0.314	1.95×2 =3.9		0.081	0.183	1.22×2 =2.44	212.1	387.4
23.6	2.0	30	1.18	0.2	6.259	1.089	41.9	1.019	0.596	8.5×2 =17		0.185	0.306	2.33×2 =4.66		0.093	0.183	1.29×2 =2.58	66.2	425.4
26.0	2.4	30	1.30	0.2	2.316	0.641	16.5	1.01	0.474	7.95×2 =15.9		0.275	0.285	2.79×2 =5.58		0.118	0.180	1.43×2 =2.86	40.83	473.4
28	2.0	30	1.40	0.2	1.333	0.470	9.88	0.811	0.388	6.42×2 =12.84		0.31	0.262	2.91×2 =5.82		0.139	0.173	1.53×2 =3.06	31.6	513.4

$I_{p,ij}$、$I_{s,ij}$——分别为第 j 桩的桩端阻力和桩侧阻力对计算轴线第 i 层计算土层 $1/2$ 厚度处的应力影响系数;

E_c——桩身混凝土的弹性模量;

$p_{c,k}$——第 k 块承台底均布压力,$p_{c,k}=\eta_{c,k}f_{ak}$ 取值,其中 $\eta_{c,k}$ 为第 k 块承台底板的承台效应系数,f_{ak} 为承台底地基承载力特征值;

α_{ki}——第 k 块承台底角点处,桩端平面以下第 i 层计算土层 $1/2$ 厚度处的附加应力系数;

ζ_e——桩身压缩系数,端承型桩,$\zeta_e=1.0$,摩擦型桩,$\dfrac{l}{d} \leqslant 30$ 时,$\zeta_e=\dfrac{2}{3}$,$\dfrac{l}{d} \geqslant 50$ 时,$\zeta_e=\dfrac{1}{2}$;

ψ——沉降计算经验系数,无当地经验时,可取 1.0。

桩端平面以下附加应力和沉降计算见题 3-19 表 1 和题 3-19 表 2。

基 桩 沉 降 计 算　　　　　题 3-19 表 2

z (m)	分层厚度 Δz (m)	$\bar{\sigma}_{zi}$ (kPa)	$\bar{\sigma}_c$ (kPa)	$0.2\bar{\sigma}_c$ (kPa)	E_s (MPa)	Δs_i (mm)	$\sum \Delta s_i$ (mm)
21.6	1.60	1738.5	372.2	74.4	150	18.5	18.2
23.6	2.0	139.15	406.4	81.28	150	1.86	20.06
26.0	2.4	53.5	449.4	89.88	150	0.856	20.92
28	2.0	36.2	493.4	98.6	150	0.48	21.4

基桩沉降计算深度应满足应力比 $\sigma_{zi}=0.2\sigma_c$,z_n 为桩端平面以下 6.0m,$z_n=6.0$m,由桩顶起算为 26.0m。

所以 0 号基桩总沉降　　　　$s=20.92+7.58=28.5$mm

3-20　某高层为框架—核心筒结构,基础埋深 26m(7 层地下室),核心筒采用桩筏基础。外围框架采用复合桩基,基桩直径 1.0m,桩长 15m,混凝土强度等级 C25,桩端持力层为卵石层,单桩承载力特征值为 $R_a=5200$kN,其中端承力特征值为 2080kN,梁板式筏板承台,梁截面 $b_b \times h_b=2.0\text{m} \times 2.2\text{m}$,板厚 1.2m,承台地基土承载力特征值 $f_{ak}=360$kPa,土层分布:0~26m 土层平均重度 $\gamma=18$kN/m³;26~27.93m 为中砂⑦₁,$\gamma=16.9$kN/m³;27.93~32.33m 为卵石⑦层,$\gamma=19.8$kN/m³,$E_s=150$MPa;32.33~38.73m 为黏土⑧层,$\gamma=18.5$kN/m³,$E_s=18$MPa;38.73~40.53m 为细砂⑨₁ 层,$\gamma=16.5$kN/m³,$E_s=75$MPa;40.53~45.43m 为卵石⑨层,$\gamma=20$kN/m³,$E_s=150$MPa;45.43m~48.03m 为粉质黏土⑩层,$\gamma=18$kN/m³,$E_s=18$MPa;48.03~53.13m 为细中砂⑪层,$\gamma=16.5$kN/m³,$E_s=75$MPa。

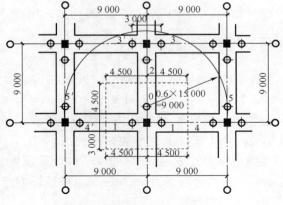

题 3-20 图(尺寸单位:mm)

桩平面位置如图所示，单桩荷载效应标准值 $F_K=18000kN$，准永久值 $F=17400kN$。试计算 0 号桩的最终沉降量。

解 基桩所对应的承台底净面积 A_c 为

$$A_c = \frac{A - nA_{ps}}{n}$$

A 为柱筏板的 1/2 跨距和悬臂边 2.5 倍筏板厚度所围成的面积。

$A = 9.0 \times 7.5\text{m} = 67.5\text{m}^2$

$A_c = \dfrac{67.5 - 3 \times 0.785}{3} = \dfrac{65.14}{3} = 21.7\text{m}^2$

单桩分担的承台自重

$G_k = (67.5 \times 1.2 + 9 \times 2 \times 1.0 + 3.5 \times 2 \times 1.0) \times \dfrac{24.5}{3} = 866\text{kN}$

复合基桩承载力特征值

$R = R_a + \eta_c f_{ak} A_c$

$s_a = \sqrt{\dfrac{A}{n}} = \sqrt{\dfrac{67.5}{3}} = 4.74\text{m}, \dfrac{s_a}{d} = \dfrac{4.74}{1.0} = 4.74$

$\dfrac{B_c}{l} = \dfrac{7.5}{15} = 0.5, \eta_c = 0.22$

$R = 5200 + 0.22 \times 360 \times 21.7 = 5200 + 1718.6 = 6918.6\text{kN}$

$N_k = \dfrac{F_k}{3} + G_k = \dfrac{18000}{3} + 866 = 6866\text{kN} < R = 6918.6\text{kN}$，满足要求。

计算沉降，采用荷载效应准永久值组合

$N = \dfrac{F}{3} + G_k = \dfrac{17400}{3} + 866 = 6666\text{kN}$

承台底土压力 $p_{ck} = \dfrac{6666 - 5200}{21.7} = 67.6\text{kPa}$

（若 p_{ck} 按 $\eta_{ck} f_{ak}$ 取值，则 $p_{ck} = 0.27 \times 360 = 97.2\text{kPa}$）

0 号桩沉降 s

$$s = \psi \sum_{i=1}^{n} \dfrac{\sigma_{zi} + \sigma_{zci}}{E_{si}} \Delta z_i + s_e = \psi \sum_{i=1}^{n} \dfrac{\Delta z_i}{E_{si}} \left\{ \sum_{j=1}^{m} \dfrac{Q_j}{l_j^2} [\alpha_j I_{p,ij} + (1-\alpha_j) I_{s,ij}] + \sum_{k=1}^{u} \alpha_{ki} p_{ck} \right\} + s_e$$

$\sigma_{zci} = \alpha_i P_{ck}$

$Q_j = 6666\text{kN}, l = 15\text{m}, m = 0.6l = 0.6 \times 15 = 9.0\text{m}, \alpha_j = \dfrac{2080}{5200} = 0.4$

$\dfrac{Q_j}{l_j^2} = \dfrac{6666}{15^2} = 29.6\text{kPa}$

0 号桩在 $0.6l = 0.6 \times 15 = 9.0\text{m}$ 范围内有 9 根桩对其附加应力有影响，分别为 1 和 $1'$ ($n_1 = 0.2$)，2 ($n_2 = 0.25$)，3 和 $3'$ ($n = 0.44$)，4 和 $4'$ ($n = 0.41$)，5 和 $5'$ ($n = 0.6$)

设侧阻沿桩均布，承台压力和各基桩产生桩端以下的附加应力计算如题 3-20 表1所示，0号基桩沉降计算如题 3-20 表2所示。

在满足应力比 $\sigma_{zi} = 0.2\sigma_{ci}$ 条件下，计算深度从桩端平面下，$z_n = 9.58\text{m}$，从承台底下为 24.58m，从自然地面下为 50.58m。由桩径影响产生的附加应力和承台引起的附加应力叠加后产生的 0 号桩沉降 $s = 37.1\text{mm}$。

三、深 基 础

桩端平面以下附加应力计算

题 3-20 表 1

z (m)	Δz_i (m)	土层	l/b	z/b	$4\alpha_i$	σ_{zci} (kPa)	l/d	$m=z/l$	$n_0=0$ I_p	I_s	σ_{z0} (kPa)	$n_1=0.2$ I_p	I_s	$2\times\sigma_{z1}$ (kPa)	$n_2=0.25$ I_p	I_s	σ_{z2} (kPa)	$n_3=0.44$ I_p	I_s	$2\times\sigma_{z3}$ (kPa)	$n_4=0.41$ I_p	I_s	$2\times\sigma_{z4}$ (kPa)	$n_5=0.6$ I_p	I_s	$2\times\sigma_{z5}$ (kPa)	$\sum\sigma_{zi}$ (kPa)	σ_{ci} (kPa)	$0.2\sigma_{ci}$ (kPa)
0	0.06		1.3	0	1.0	67.6	15	0																					
15.06		⑨	1.3	4.4	0.116	7.84	15	1.004	139.2	4.206	1722.8	0.111	0.689	27.10	0.105	0.566 5	11.31	0.089	0.277 5	11.96	0.093	13.46	0.078	0.182	8.31	1794.9	289.1	57.8
17.06	2.0	⑨	1.3	50	0.09	6.08	15	1.14	9.737	1.538	142.6	0.893	0.78	48.85	0.581	0.53	16.29	0.131	0.273 5	12.82	0.153	14.67	0.087	0.184	8.59	243.8	304.9	60.98
19.43	2.37	⑨	1.3	5.7	0.071 6	4.85	15	1.29	2.318	0.639	38.79	1.011	0.581	44.58	0.761	0.42	16.47	0.214	0.255 5	14.14	0.276	16.69	0.118	0.181	9.22	139.9	344.95	69
22.03	2.6	⑩	1.3	6.4	0.057 6	3.89	15	1.47	0.906	0.369	17.28	0.634	0.382	28.58	0.541	0.32	12.09	0.263	0.220	14.04	0.310	15.76	0.150	0.165 3	9.42	85.1	368.4	73.68
24.58	2.55	⑪	1.3	7.2	0.046	3.11	15	1.64	0.620	0.290	12.49	0.49	0.312	22.68	0.442	0.256	9.78	0.253	0.196	12.95	0.29	14.33	0.162	0.154	9.31	81.5	389.8	77.96

桩身弹性压缩沉降

$$s_e = \xi_e \frac{Q_j l_j}{E_c A_{pc}}$$

端承型桩 $\xi_e = 1.0$

$$s_e = 1.0 \times \frac{5200 \times 15}{2.8 \times 10^4 \times 0.785} = 3.55 \text{mm}$$

0号桩总沉降 $s = 37.1 + 3.55 = 40.65 \text{mm}$

0号桩沉降计算 题3-20 表2

z (m)	分层厚度 Δz (m)	σ_{zci} (kPa)	σ_{zi} (kPa)	$\sigma_{zci}+\sigma_{zi}$ (kPa)	附加应力平均 (kPa)	E_s (MPa)	Δs_i (mm)	$\sum \Delta s_i$ (mm)
15.06	0.06	7.84	1794.9	1802.7				
17.06	2.06	6.08	243.8	249.9	1026.3	150	14.1	14.1
19.43	2.37	4.85	139.9	144.8	197.4	150	3.12	17.2
22.03	2.6	3.98	85.1	89.0	116.9	18	16.9	34.1
24.58	2.55	3.11	81.5	84.6	86.8	75	2.95	37.1

3-21 某6层框架结构住宅，采用单桩单柱基础，桩型为 PC500(125)B 预应力管桩，C60 混凝土，桩长40m，桩端持力层为圆砾，基础埋深2.0m，承台尺寸为 0.6m×0.6m，柱荷载标准组合 $F_k=1100 \text{kN}$，准永久组合值 $F=1000 \text{kN}$，地下水位平地面，土层分布为：0～2.0m 为粉质黏土，$\gamma=18.6 \text{kN/m}^3$；2.0～28m 为淤泥，$\gamma=16.6 \text{kN/m}^3$；28～38m 为淤泥质黏土，$\gamma=17.2 \text{kN/m}^3$；38～50m 为圆砾，$\gamma=19.8 \text{kN/m}^3$，$E_s=150 \text{MPa}$；50m 以下为中风化熔结凝灰岩，$\gamma=20 \text{kN/m}^3$，$E_s=220 \text{MPa}$。经单桩静载荷试验，单桩承载力特征值 $R=1120 \text{kN}$，端阻力特征值 $R_p=300 \text{kN}$，试验算基桩轴心竖向力和基桩沉降。

解 (1) 基桩竖向力 N_k

$$N_k = \frac{F_k + G_k}{n} = \frac{1100 + 0.6 \times 0.6 \times 2 \times 10}{1.0} = 1107 \text{kN} < R = 1120 \text{kN}，满足。$$

(2) 基桩沉降 s

$$s = \psi \sum_{i=1}^{n} \frac{\sigma_{zi}+\sigma_{zci}}{E_{si}} \Delta z_i + s_e = 1.0 \times \sum_{i=1}^{n} \frac{\sigma_{zi}}{E_{si}} \Delta z_i + s_e$$

$$\frac{l}{d} = \frac{40}{0.5} = 80 > 30，摩擦型桩，\xi_e = \frac{1}{2}$$

$$s_e = \xi_e \times \frac{Q_j l_j}{E_c A_{Ps}}，Q_j = 1000 \text{kN}，l_j = 40 \text{m}，E_c = 3.6 \times 10^4 \text{MPa}$$

$$A_{ps} = 0.147 \text{m}^2$$

$$s_e = \frac{1000 \times 40}{2 \times 3.6 \times 10^7 \times 0.147} = 3.78 \text{mm}$$

桩径影响的附加应力引起的沉降计算如题3-22表所示。

$$\alpha_j = \frac{R_p}{R} = \frac{300}{1120} = 0.27，\frac{Q_j}{l^2} = \frac{1000}{40^2} = 0.625，设桩侧阻力沿桩身均布，则由 n = \frac{\rho}{l_i} = 0，\frac{l}{d} =$$

$40/0.5 = 80$，查《建筑桩基技术规范》(JGJ 94—2008) 表 F.0.2-2、表 F.0.2-3 得 I_p 和 I_s，满足

应力比 $\sigma_{zi} \leqslant 0.2\sigma_{ci}$ 条件，$z_n = 41.36$m，基桩沉降 $s = 1.02 + 3.78 = 4.8$mm。

桩径影响的沉降计算　　　　　　　　　　　　　　　　　　　　　题 3-21 表

z_i (m)	分层厚 Δz_i (m)	$\dfrac{l}{d}$	$m = \dfrac{z}{l}$	I_p	I_s	σ_{zi} (kPa)	σ_c (kPa)	$0.2\sigma_c$ (kPa)	E_{si} (MPa)	Δs_i (mm)	$\sum \Delta s_i$ (mm)
40.16	0.16	80	1.004	3076.3	21.35	528.86	292	58.4	150	0.564	0.564
40.76	0.6	80	1.02	451.66	9.365	80.49	297.9	59.6	150	0.322	0.886
41.36	0.6	80	1.034	182.92	5.931	33.57	303.8	60.75	150	0.134	1.02
41.96	0.6	80	1.05	89.104	4.128	16.92	309.6	61.93	150	0.068	1.088
42.56	0.6	80	1.064	55.0	3.155	110.72	315.5	63.1	150	0.043	1.13

3-22　某丙级桩基工程，其桩形平面布置、剖面及地层分布、土层物理力学指标如图所示，按《建筑桩基技术规范》(JGJ 94—2008)计算群桩呈整体破坏与非整体破坏时的基桩的抗拔极限承载力标准值比值 (T_{gk}/T_{uk})。

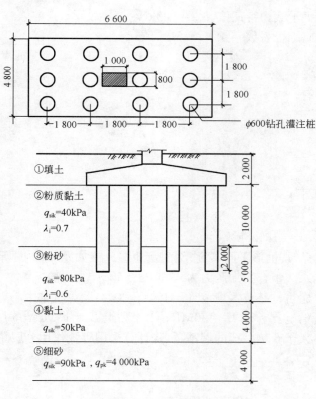

题 3-22 图(尺寸单位：mm)

解　(1)群桩呈整体破坏时，基桩抗拔极限承载力标准值为

$$T_{gk} = \dfrac{1}{n} u_i \sum \lambda_i q_{sik} l_i$$

式中：u_i——桩群外围周长。

$$u_i = (6 + 4.2) \times 2 = 20.4 \text{m}$$

$$T_{gk} = \frac{1}{12} \times 20.4 \times (0.7 \times 40 \times 10 + 0.6 \times 80 \times 2) = 639.2 \text{kN}$$

(2)群桩呈非整体破坏时,基桩抗拔极限承载力标准值为

$$T_{uk} = \sum \lambda_i q_{sik} u_i l_i$$

式中:u_i——桩身周长,$u_i = \pi d = \pi \times 0.6 = 1.884$m。

$$T_{uk} = (0.7 \times 40 \times 10 + 0.6 \times 80 \times 2) \times 1.884 = 708.3 \text{kN}$$

$$\frac{T_{gk}}{T_{uk}} = \frac{639.2}{708.3} = 0.902$$

3-23 某桩基工程,其桩形平面布置、剖面及地层分布如题 3-22 图所示,已知单桩水平承载力特征值为 100kN,试按《建筑桩基技术规范》(JGJ 94—2008)计算群桩基础的复合基桩水平承载力特征值,水平荷载为横向作用($\eta_r = 2.05$,$\eta_l = 0.3$,$\eta_b = 0.2$)。

解 群桩基础的基桩水平承载力特征值应考虑由承台、桩群、土相互作用产生的群桩效应

$$R_h = \eta_h R_{ha}$$

式中:R_{ha}——单桩水平承载力特征值,$R_{ha} = 100$kN;

η_h——群桩效应综合系数。

$$\eta_h = \eta_i \eta_r + \eta_l + \eta_b$$

式中:η_i——桩的相互影响效应系数。

$$\eta_i = \frac{\left(\frac{s_a}{d}\right)^{0.015n_2 + 0.45}}{0.15n_1 + 0.1n_2 + 1.9}$$

$n_1 = 3$,$n_2 = 4$,$\frac{s_a}{d} = \frac{1.8}{0.6} = 3$

$$\eta_i = \frac{3^{0.015 \times 4 + 0.45}}{0.15 \times 3 + 0.1 \times 4 + 1.9} = 0.6367$$

$$\eta_h = 0.6367 \times 2.05 + 0.3 + 0.2 = 1.805$$

$$R_h = 1.805 \times 100 = 180.5 \text{kN}$$

3-24 某桩基工程,其桩形平面布置、剖面及地层分布如题 3-22 图所示,已知作用于桩端平面处的荷载效应准永久组合附加压力为 420kPa,沉降计算经验系数 $\psi = 1.0$,地基沉降计算深度至第⑤层顶,按《建筑桩基技术规范》(JGJ 94—2008)验算桩基中心点处最终沉降量($c_0 = 0.09$,$c_1 = 1.5$,$c_2 = 6.6$,③层粉砂 $E_s = 30$MPa,④层黏土 $E_s = 10$MPa,⑤层细砂 $E_s = 60$MPa)。

解 桩中心距不大于 6 倍桩径的桩基,沉降计算采用等效作用分层总和法。

$$s = \psi \psi_e s' = \psi \psi_e \sum_{j=1}^{m} P_0 \sum_{1}^{n} \frac{z_{ij} \bar{\alpha}_{ij} - z_{(i-1)j} \bar{\alpha}_{(i-1)j}}{E_{si}}$$

$\frac{l}{b} = \frac{3.3}{2.4} = 1.375$,$\frac{z}{b} = \frac{z}{2.4}$,沉降计算见表。

等效沉降系数

$$\psi_e = c_0 + \frac{n_b - 1}{c_1(n_b - 1) + c_2} = 0.09 + \frac{3 - 1}{1.5 \times (3 - 1) + 6.6} = 0.298$$

$$s = 4 \times 420 \times \left(\frac{0.660}{30} + \frac{0.408}{10}\right) \times 1.0 \times 0.298 = 31.44 \text{mm}$$

题 3-24 表

土层名称	重度 γ (kN/m²)	压缩模量 E_a(MPa)	z (m)	z/b	α_i	$z_i\alpha_i$	$z_i\alpha_i - z_{i-1}\alpha_{i-1}$	E_{si}	$(z_i\alpha_i - z_{i-1}\alpha_{i-1})/E_{si}$
①填土	18								
②粉质黏土	18								
③粉砂	19	30	0	0	0.25	0			
④粘土	18	10	3	1.25	0.22	0.660			
⑤细砂	19	60	7	2.92	0.154	1.078			

3-25 某桩基工程,基桩形平面布置、剖面和地层分布如题 3-22 图所示,土层物理力学指标见表,按《建筑桩基技术规范》(JGJ 94—2008)计算复合基桩的竖向承载力特征值。

题 3-25 表

土层名称	f_{ak} (kPa)	q_{sik} (kPa)	q_{pik} (kPa)	土层名称	f_{ak} (kPa)	q_{sik} (kPa)	q_{pik} (kPa)
①填土				④黏土	150	50	
②粉质黏土	180	40		⑤细砂	350	90	4000
③粉砂	220	80	3000				

解 考虑承台效应的复合基桩竖向承载力特征值为

$$R = R_a + \eta_c f_{ak} A_c$$

式中:R_a——单桩承载力特征值;

f_{ak}——承台下 1/2 承台宽度且不超过 5m 深范围内各土层的地基承载力特征值按厚度加权的平均值;

A_c——计算基桩所对应的承台底净面积;

η_c——承台效应系数。

$$Q_{uk} = u\sum_1^n q_{sik} l_i + A_p q_{pk} = 1.884 \times (40 \times 10 + 80 \times 2) + 3000 \times 0.2826 = 1902.8 \text{kN}$$

$$R_a = \frac{Q_{uk}}{2} = \frac{1902.8}{2} = 951.4 \text{kN}$$

$$A_c = \frac{(6.6 \times 4.8 - 12 \times 0.2826)}{12} = 2.357$$

$\dfrac{s_a}{d} = \dfrac{1.8}{0.6} = 3, \dfrac{B_c}{l} = \dfrac{4.8}{12} = 0.4$,查《建筑桩基技术规范》(JGJ 94—2008)表 5.2.5 知 $\eta_c = 0.06 \sim 0.08$,取 $\eta_c = 0.08$。

$$R = R_a + \eta_c f_{ak} A_c = 951.4 + 0.08 \times 180 \times 2.357 = 985 \text{kN}$$

考虑承台效应的复合基桩竖向承载力特征值为985kN,单桩承载力特征值为951.4kN,考虑承台效应复合基桩承载力特征值增加3%。

3-26 某桩基工程,其桩形平面布置、剖面和地层分布如图所示,已知轴力 $F_k=12000$kN,力矩 $M_k=1000$kN·m,水平力 $H_k=600$kN,承台和填土的平均重度为20kN/m³,试计算桩顶轴向力最大值。

解 偏心竖向力作用下基桩的桩顶轴向力为

$$N_{ik}=\frac{F_k+G_k}{n}\pm\frac{M_{xk}y_i}{\sum y_j^2}\pm\frac{M_{yk}x_i}{\sum x_j^2}$$

式中: F_k——荷载效应标准组合下,作用于承台顶面的竖向力;

G_k——桩基承台和承台上土自重标准值,对稳定的地下水位以下部分应扣除水的浮力;

N_{ik}——荷载效应标准组合偏心竖向力作用下,第 i 基桩或复合基桩的竖向力;

M_{xk}、M_{yk}——荷载效应标准组合下,作用于承台底面,绕通过桩群形心的 x、y 主轴的力矩;

x_i、x_j、y_i、x_j——第 i、j 基桩或复合基桩至 y、x 轴的距离;

n——桩基中的桩数。

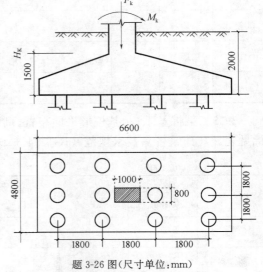

题3-26图(尺寸单位:mm)

$$M_{yk}=M_k+H_k\times 1.5=1000+600\times 1.5=1900\text{kN·m}$$

$$N_{ik}=\frac{12000+6.6\times 4.8\times 2\times 20}{12}+\frac{1900\times(0.9+1.8)}{6\times 0.9^2+6\times 2.7^2}=1211.2\text{kN}$$

3-27 某桩基的多跨条形连续承台梁净跨距均为7.0m,承台梁受均布荷载 $q=100$kN/m作用,试求承台梁中跨支座处弯矩 M。

解 根据《建筑桩基技术规范》(JGJ 94—2008)附录G,按倒置弹性地基梁计算砌体墙下条形桩基承台梁时,先求得作用于梁上的荷载,然后按普通连续梁计算其弯矩。

均布荷载下支座弯矩为

$$M=-q\times\frac{L_c^2}{12}$$

式中:q——承台深底面以上的均布荷载;

L_c——计算跨度,$L_c=1.05L=1.05\times 7=7.35$m。

$$M=-100\times\frac{7.35^2}{12}=-450.2\text{kN·m}$$

3-28 [2007年考题] 某钢管桩外径为0.9m,壁厚为20mm,桩端进入密实持力层2.5m,问桩端为十字形隔板比桩端开口的桩端极限承载力提高多少?

解 桩端为十字隔板,$n=4$

$$d_e = \frac{d}{\sqrt{n}} = \frac{0.9}{\sqrt{4}} = 0.45$$

$$\frac{h_b}{d_e} = \frac{2.5}{0.45} = 5.56 > 5$$

$$\lambda_p = 0.8$$

$$Q_{pk_1} = \lambda_p q_{pk} A_p = 0.8 q_{sk} A_p$$

开口桩 $\dfrac{h_b}{d} = \dfrac{2.5}{0.9} = 2.78 < 5$

$$\lambda_p = \frac{0.16 h_b}{d} = \frac{0.16 \times 2.5}{0.9} = 0.44$$

$$Q_{pk_2} = 0.44 q_{pk} A_p$$

$$\frac{Q_{pk_1}}{Q_{pk_2}} = \frac{0.8 q_{pk} A_p}{0.44 q_{pk} A_p} = 1.82$$

带十字隔板比开口桩极限端阻力提高 182%。

3-29 [2007年考题] 某5桩承台桩基,桩径为0.8m,作用于承台顶竖向荷载 $F_k = 10000$kN,弯矩 $M_k = 480$kN·m,承台及其上土重 $G_k = 500$kN,问基桩承载力特征值为多少方能满足要求(考虑地震作用效应)?

解 $N_{ek} = \dfrac{F_k + G_k}{n} = \dfrac{10000 + 500}{5} = 2100$kN

$N_{ek,\max} = \dfrac{F_k + G_k}{n} + \dfrac{M_{yk} x_i}{\sum x_j^2} = 2100 + \dfrac{480 \times 1.5}{4 \times 1.5^2}$
$= 2180$kN

考虑地震作用效应 $N_{ek} \leqslant 1.25 R$

$$R \geqslant \frac{N_{ek}}{1.25} = \frac{2100}{1.25} = 1680\text{kN}$$

$N_{ek,\max} \leqslant 1.5 R, R \geqslant \dfrac{2180}{1.5} = 1453$kN

基桩单桩承载力特征值 $R \geqslant 1680$kN。

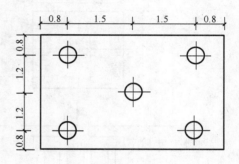

题 3-29 图(尺寸单位:m)

3-30 [2007年考题] 某灌注桩基础,桩入土深度为20m,桩径为1.0m,配筋率 $\rho = 0.68\%$,桩顶铰接,地基土水平抗力系数比例系数 $m = 20$MN/m⁴,抗弯刚度 $EI = 5 \times 10^6$kN·m²,问基桩水平承载力特征值 $R_{ha} = 1000$kN 时,桩在地面处的水平位移为多少?

解 $\alpha = \sqrt[5]{\dfrac{mb_0}{EI}}$

$b_0 = 0.9(1.5d + 0.5) = 0.9 \times (1.5 \times 1.0 + 0.5) = 1.8$m

$\alpha = \sqrt[5]{\dfrac{20 \times 10^3 \times 1.8}{5 \times 10^6}} = \sqrt[5]{0.0072} = 0.373$

$R_{ha} = 0.75 \times \dfrac{\alpha^3 EI}{v_x} x_{oa}$

桩顶铰接 $\alpha h = 0.373 \times 20 = 7.46 > 4, v_x = 2.441$

$x_{oa} = \dfrac{R_{ha} v_x}{0.75 \times \alpha^3 EI} = \dfrac{1000 \times 2.441}{0.75 \times 0.373^3 \times 5 \times 10^6} = 12.5$mm

3-31 [2007年考题] 某构筑物基础采用16根直径0.5m、桩长15m预应力管桩(见图),作用承台顶的荷载效应准永久组合 $F=3360$kN，试估算桩基础中心处的沉降（$\psi=1.0,\psi_e=0.321$）。

解 $p=\dfrac{F+G}{A}=\dfrac{3360+7\times7\times2\times20}{7\times7}=108.6$kPa

$p_0=p-\gamma h=108.6-19\times2=70.6$kPa

沉降计算如表所示。

题 3-31 表

z (m)	l/b	z/b	$\bar{\alpha}_i$	$z\bar{\alpha}_i$	$z_i\bar{\alpha}_i-z_{i-1}\bar{\alpha}_{i-1}$	E_s (MPa)	s'_i (mm)	$\sum s'_i$ (mm)
0	1.0	0	$4\times0.25=1.0$	0				
3.5	1.0	1.0	$4\times0.225=0.9$	3.15	3.15	20	11.1	11.1
7.0	1.0	2.0	$4\times0.1746=0.6984$	4.89	1.74	5	24.5	35.67

$$s=\psi\psi_e p_0\sum\dfrac{z_i\bar{\alpha}_i-z_{i-1}\bar{\alpha}_{i-1}}{E_{si}}=1.0\times0.321\times35.67=11.45\text{mm}$$

3-32 ［2007 年考题］ 某 4 桩承台，桩截面 $0.4\text{m}\times0.4\text{m}$，预制桩，承台混凝土强度等级 C35（$f_t=1.57$MPa），试计算角桩冲切承载力。

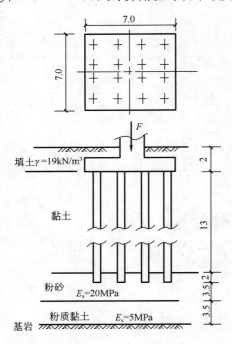

题 3-31 图（尺寸单位：m）

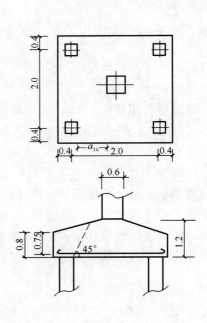

题 3-32 图（尺寸单位：m）

解 $N_l\leqslant\left[\beta_{1x}\left(c_2+\dfrac{a_{1y}}{2}\right)+\beta_{1y}\left(c_1+\dfrac{a_{1x}}{2}\right)\right]\times\beta_{hp}f_t h_0$

$\beta_{1x}=\dfrac{0.56}{\lambda_{1x}+0.2},\beta_{1y}=\dfrac{0.56}{\lambda_{1y}+0.2}$

$\lambda_{1x}=\dfrac{a_{1x}}{h_0},\lambda_{1y}=\dfrac{a_{1y}}{h_0}$

$a_{1x}=a_{1y}=0.5$m

$\lambda_{1x}=\lambda_{1y}=\dfrac{0.5}{0.75}=0.67$

$\beta_{1x}=\beta_{1y}=\dfrac{0.56}{0.67+0.2}=0.646$

$c_1=c_2=0.6$m, $h\leqslant 0.8$m, $\beta_{hp}=1.0$

$N_l=[0.646\times(0.6+0.5/2)+0.646\times(0.6+0.5/2)]\times 1.0\times 1570\times 0.75$
$\quad =1293$kN

3-33 ［2007 年考题］ 某浮式沉井浮运过程（落入河床前），所受外力矩 $M=40$kN·m，排水体积 $V=40$m³，浮体排水截面的惯性矩 $I=50$m⁴，重心至浮心的距离 $a=0.4$m（重心在浮心之上），试计算沉井浮体稳定性倾斜角。

解 根据《公路桥涵地基与基础设计规范》(JTG D63—2007)，沉井浮体稳定倾斜角 φ 为

$$\varphi=\tan^{-1}\dfrac{M}{\gamma_w V(\rho-a)}$$

式中：φ——沉井在浮运阶段的倾斜角，不得大于6°，并应满足 $\rho-a>0$；

M——外力矩；

V——排水体积；

a——沉井重心至浮心的距离，重心在浮心之上为正，反之为负；

ρ——定倾半径，即定倾中心至浮心的距离，$\rho=\dfrac{I}{V}$，I 为沉井浮体排水截面惯性矩；

γ_w——水重度。

$\rho=\dfrac{I}{V}=\dfrac{50}{40}=1.25$m

$\varphi=\tan^{-1}\dfrac{40}{10\times 40\times(1.25-0.4)}=\tan^{-1}0.1=6.7°$

3-34 如图所示，某桩基础承受荷载效应基本组合水平力设计值 $H_k=200$kN，试求桩的轴力。

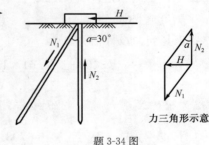

题 3-34 图

解 设斜桩轴力为 N_1，垂直桩轴力为 N_2。

$N_1\times\sin 30°=H=200$kN

$N_1\times\cos 30°=N_2$

$N_1=\dfrac{200}{\sin 30°}=\dfrac{200}{0.5}=400$kN（压）

$N_2=400\times\cos 30°=346.4$kN（拉）

3-35 某地下室采用单桩单柱预制桩，桩截面尺寸 0.4m×0.4m，桩长 22m，桩顶位于地面下 6m，土层分布：桩顶下 0～6m 淤泥质黏土，$q_{sik}=28$kPa；6～16.7m 黏土，$q_{sik}=55$kPa；16.7～22.8m 粉砂，$q_{sik}=100$kPa。试计算基桩抗拔极限承载力。

解 基桩抗拔极限承载力

$T_{uk}=\sum\lambda_i q_{sik}u_i l_i$

抗拔系数 λ_i，黏土 $\lambda_i=0.75$，砂土 $\lambda_i=0.6$。

$T_{uk}=0.75\times 28\times 1.6\times 6+0.75\times 55\times 1.6\times 10.7+0.6\times 100\times 1.6\times 5.3=1416.6$kN

3-36 某扩底灌注桩,要求单桩极限承载力达 $Q_{uk}=30000\text{kN}$,桩身直径 $d=1.4\text{m}$,桩的总极限侧阻力经尺寸效应修正后 $Q_{sk}=12000\text{kN}$,桩端持力层为密实砂土,极限端阻力 $q_{pk}=3000\text{kPa}$,由于扩底导致总极限侧阻力损失 $\Delta Q_{sk}=2000\text{kN}$,为了达到要求的单桩极限承载力,试确定扩底直径 [端阻尺寸效应系数 $\psi_p=\left(\dfrac{0.8}{D}\right)^{1/3}$]。

解 $\left(\dfrac{0.8}{D}\right)^{\frac{1}{3}}\times\dfrac{\pi}{4}\times D^2\times q_{pk}=Q_{uk}-Q_{sk}=30000-(12000-2000)$

$D^{\frac{5}{3}}\times 0.8^{\frac{1}{3}}\times\dfrac{\pi}{4}\times 3000=20000$

$D^{\frac{5}{3}}=\dfrac{20000}{2186.2}=9.148$

$D^5=9.148^3=765.6\Rightarrow D=3.77\text{m}$

3-37 某桥梁桩基,桩顶嵌固于承台内,承台底离地面 10m,桩径 $d=1\text{m}$,桩长 $L=50\text{m}$,桩水平变形系数 $\alpha=0.25\text{m}^{-1}$,试计算桩的压曲稳定系数。

解 根据《建筑桩基技术规范》(JGJ 94—2008)第 5.8.4 条,$h=40\geqslant 4/\alpha=4/0.25=16$

$L_c=0.5\times\left(l_0+\dfrac{4}{\alpha}\right)=0.5\times\left(10+\dfrac{4}{0.25}\right)=0.5\times(10+16)=13\text{m}$

$L_c/d=13/1.0=13$,桩压曲稳定系数 $\varphi=0.895$。

3-38 某 7 桩群桩基础,如图所示,承台 3m×2.52m,埋深 2.0m,桩径 0.3m,桩长 12m,地下水位在地面下 1.5m,作用于基础的竖向荷载效应标准组合 $F_k=3409\text{kN}$,弯矩 $M_k=500\text{kN}\cdot\text{m}$,试求各桩竖向力设计值。

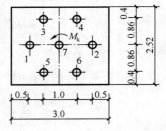

题 3-38 图(尺寸单位:m)

解 $N_i=\dfrac{F_k+G_k}{n}\pm\dfrac{M_y x_i}{\sum x_i^2}$

$G=3.0\times 2.52\times 1.5\times 20+3.0\times 2.52\times 0.5\times 10$
$\quad=264.6\text{kN}$

各桩竖向力设计值为:

1 号桩 $N_1=\dfrac{(3409+264.6)\times 1.35}{7}+\dfrac{500\times 1.35\times 1.0}{2\times 1.0^2+4\times 0.5^2}=933.5\text{kN}$

2 号桩 $N_2=708.5-225=483.5\text{kN}$

3 号和 5 号桩 $N_3=N_5=708.5+\dfrac{500\times 1.35\times 0.5}{2\times 1.0^2+4\times 0.5^2}=821\text{kN}$

4 号和 6 号桩 $N_4=N_6=708.5-112.5=596\text{kN}$

7 号桩 $N_7=708.5\text{kN}$

3-39 某挡土墙基础下设置单排 0.4m×0.4m 预制桩,桩长 5.5m,桩距 1.2m,地基土水平抗力系数的比例系数 $m=1.0\times 10^4\text{kN/m}^4$,桩顶铰接,水平位移 $x_{oa}=10\text{mm}$,试计算每根阻滑桩对每延米挡土墙提供的水平阻滑力的特征值($EI=5.08\times 10^4\text{kN}\cdot\text{m}^2$)。

解 $R_h=0.75\dfrac{\alpha^3 EI}{v_x}x_{oa}$

$$\alpha=\sqrt[5]{\frac{mb_0}{EI}}, b_0=1.5b+0.5=1.5\times0.4+0.5=1.1\text{m}$$

$$\alpha=\sqrt[5]{\frac{10^4\times1.1}{5.08\times10^4}}=\sqrt[5]{0.217}=0.737\text{m}^{-1}, \alpha h=0.737\times5.5=4.05$$

$v_x=2.441$

$$R_h=0.75\times\frac{0.737^3\times5.08\times10^4}{2.441}\times10\times10^{-3}=62.5\text{kN}$$

每根阻滑桩对每延米挡土墙提供阻滑力为

$$F=\frac{62.5}{1.2}=52.1\text{kN/m}$$

3-40 某预制桩截面尺寸 $0.35\text{m}\times0.35\text{m}$,桩长 12m,桩在竖向荷载 $Q_0=1200\text{kN}$ 作用下测得轴力为三角形分布,$L=0,Q_0=1200\text{kN},L=12\text{m},Q_0=0$,试计算桩侧阻力分布。

解 轴力沿桩身分布为

$$Q_z=Q_0\left(1-\frac{z}{L}\right)$$

桩侧阻力分布

$$q_z=\frac{-1}{u}\frac{\text{d}Q_z}{\text{d}z}=\frac{-1}{u}\times\left(-\frac{Q}{L}\right)=\frac{Q}{uL}=\frac{1}{0.35\times4}\times\frac{1200}{12}=71.4\text{kPa}$$

桩侧阻力沿桩身分布为矩形,$q_z=71.4\text{kPa}$。

3-41 某预制桩,截面尺寸 $0.3\text{m}\times0.3\text{m}$,桩长 12m,桩在竖向荷载 $Q=1000\text{kN}$ 作用下实测轴力分布如图所示,试计算桩侧阻力分布。

解 桩长 $0\sim7.2\text{m}$,轴力分布的方程为

$$Q_z=Q_0\left(1+\frac{z}{3l_0}\right)$$

$\begin{cases}当 z=0 时 & Q_z=Q_0=1000\text{kN}\\ 当 z=7.2\text{m} 时 & Q_z=1.2Q_0=1200\text{kN}\end{cases}$

$$q_z=\frac{-1}{u}\frac{\text{d}Q_z}{\text{d}z}=\frac{-1}{u}\frac{Q_0}{3l_0}=-\frac{1}{0.3\times4}\times\frac{1000}{3\times12}=-23.1\text{kPa}$$

桩长 $7.2\sim12\text{m}$,轴力分布方程为

$$Q_z=Q_0\left(1.2+\frac{7.2-z}{12}\right)$$

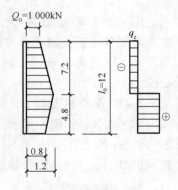

题 3-41 图(尺寸单位:m)

$\begin{cases}当 z=7.2\text{m} 时 & Q_z=1.2Q_0=1200\text{kN}\\ 当 z=12\text{m} 时 & Q_z=0.8Q_0=800\text{kN}\end{cases}$

$$q_z=-\frac{1}{u}\frac{\text{d}Q_z}{\text{d}z}=-\frac{1}{u}\times\left(-\frac{Q_0}{12}\right)=\frac{1}{u}\times\frac{Q_0}{12}=\frac{1}{0.3\times4}\times\frac{1000}{12}=69.4\text{kPa}$$

3-42 某 9 桩群桩基础如图所示,桩径 0.4m,桩长 16.2m,承台尺寸 $4.0\text{m}\times4.0\text{m}$,边桩中心距离承台边缘为 0.4m,地下水位在地面下 2.5m,土层分布为:①填土,$\gamma=17.8\text{kN/m}^3$;②黏土,$\gamma=1.95\text{kN/m}^3$,$f_{ak}=150\text{kPa}$,桩侧阻特征值 $q_{sik}=24\text{kPa}$;③粉土,$\gamma=19\text{kN/m}^3$,$f_{ak}=228\text{kPa}$,$q_{sik}=30\text{kPa}$,$E_s=8.0\text{MPa}$;④淤泥质黏土,$f_{ak}=75\text{kPa}$,$E_s=1.6\text{MPa}$。上部结构传来荷载效应标准值 $F_k=6400\text{kN}$,试验算软弱下卧层承载力。

解 桩端平面以下的第④层土

$f_{ak}=75\text{kPa}<\dfrac{228}{3}=76\text{kPa}$

软弱下卧层④承载力验算

$\sigma_z+\gamma_m z\leqslant f_{az}$

$\sigma_z=\dfrac{F_k+G_k-\dfrac{3}{2}\times(A_0+B_0)\sum q_{sik}l_i}{(A_0+2t\tan\theta)(B_0+2t\tan\theta)}$

$t=2.0\text{m},A_0=B_0=3.6\text{m},t\geqslant 0.5B_0=0.5\times 3.6=1.8$

$E_{s1}/E_{s2}=8/1.6=5,\theta=25°$

$G_k=4\times 4\times 1.5\times 20=480\text{kN}$

$\sum q_{sik}l_i=24\times 15+30\times 1.2=360+36=396\text{kN/m}$

$\gamma_m=\dfrac{19.5\times 1+9.5\times 14+9\times 3.2}{18.2}=9.96\text{kN/m}^3$

$z=18.2\text{m},\gamma_m z=9.96\times 18.2=181.3\text{kN/m}^2$

$\sigma_z=\dfrac{6400+480-\dfrac{3}{2}\times(3.6+3.6)\times 396}{(3.6+2\times 2\times\tan 25°)\times(3.6+2\times 2\times\tan 25°)}=87.1\text{kPa}$

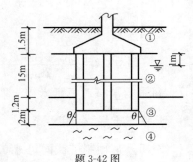

题 3-42 图

软弱下卧层经深度修正后地基承载力特征值为

$f_a=f_{ak}+\eta_d\gamma_m(d-0.5)=75+1.0\times 9.96\times(18.2-0.5)=251.3\text{kPa}$

$\sigma_z+\gamma_m z=87.1+9.96\times 18.2=268.4>f_a$,不满足要求。

点评:桩基软弱下卧层验算需要注意 3 个方面:
①平均重度 γ_m 计算时应计算承台底到软弱下卧层顶土层的平均重度(地下水位以下取浮重度);②传递至桩端平面的荷载,按扣除实体基础外表面总极限侧阻力的 3/4 而非 1/2;③软弱下卧层承载力只进行深度修正,且修正深度从承台底部算起,详见《建筑桩基技术规范》(JGJ 94—2008)5.4.1 条文说明。

3-43 某群桩基础,如图所示,承台尺寸 2.6m×2.6m,埋深 2.0m,桩群外缘断面尺寸 $A_0=B_0=2.3\text{m}$,作用于承台顶的竖向荷载 $F_k=5000\text{kN}$,土层分布:0~2m,填土 $\gamma=18\text{kN/m}^3$;2~15.5m 黏土,$\gamma=19.8\text{kN/m}^3$,桩侧阻力极限值 $q_{sik}=26\text{kPa}$;15.5~17m 粉土,$\gamma=18\text{kN/m}^3$,$E_s=9\text{MPa}$,$q_{sik}=64\text{kPa}$。试验算软弱下卧层的承载力。

解 $\sigma_z+\gamma_m z\leqslant f_{az}$

$\sigma_z=\dfrac{(F_k+G_k)-\dfrac{3}{2}(A_0+B_0)\sum q_{sik}l_i}{(A_0+2t\tan\theta)(B_0+2t\tan\theta)}$

$G_k=2.6^2\times 2\times 20=270.4\text{kN}$

$\dfrac{E_{s1}}{E_{s2}}=\dfrac{9}{1.8}=5$

$t=3\text{m}>0.5B_0=1.15\text{m}$

$\theta=25°$

$\sum q_{sik}l_i=26\times 13.5+64\times 1.5=447\text{kN/m}$

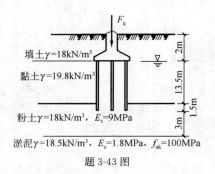

题 3-43 图

$$\sigma_z = \frac{5000 + 270.4 - \frac{3}{2} \times (2.3 + 2.3) \times 447}{(2.3 + 2 \times 3 \times \tan 25°) \times (2.3 + 2 \times 3 \times \tan 25°)} = 84.1 \text{kPa}$$

$$\gamma_m = \frac{9.8 \times 13.5 + 8 \times 4.5}{18} = 9.35 \text{kN/m}^3$$

$\sigma_z + \gamma_m z = 84.1 + 9.35 \times 18 = 252.4 \text{kPa}$

$f_{az} = f_{ak} + \eta_d \gamma_m (d - 0.5) = 100 + 1.0 \times 9.35 \times (18 - 0.5) = 263.6 \text{kPa}$

$\sigma_z + \gamma_m z = 252.4 \text{kPa} < f_{az} = 263.6 \text{kPa}$，满足。

3-44 某预制桩群桩基础，承台尺寸 $2.6\text{m} \times 2.6\text{m}$，高 1.2m，埋深 2.0m，承台下 9 根桩桩截面 $0.3\text{m} \times 0.3\text{m}$，间距 1.0m，桩长 15m，C30 混凝土，单桩水平承载力特征值 $R_{ha} = 32 \text{kN}$，承台底以下土为软塑黏土，其水平抗力系数的比例系数 $m = 5 \text{MN/m}^4$，承台底地基土分担竖向荷载标准值 $P_c = 213 \text{kN}$，试计算复合基桩不考虑地震作用下的水平承载力特征值（$x_{oa} = 10 \text{mm}$，$\alpha h > 4$）。

解 $R_{hl} = \eta_h R_{ha}$

$\eta_h = \eta_i \eta_r + \eta_l + \eta_b$

方桩换算成等面积圆桩，$d = 0.338 \text{m}$，$s_a/d = 1/0.338 = 2.96$，$n_1 = n_2 = 3$

$B'_c = B_c + 1 = 2.6 + 1 = 3.6 \text{m}$，$h_c = 1.2 \text{m}$，$\alpha h > 4$，$\eta_r = 2.05$

承台底与土间摩擦系数，软塑黏土 $\mu = 0.25$

$$\eta_i = \frac{(s_a/d)^{0.015 n_2 + 0.45}}{0.15 n_1 + 0.1 n_2 + 1.9} = \frac{(2.96)^{0.015 \times 3 + 0.45}}{0.15 \times 3 + 0.1 \times 3 + 1.9} = 0.645$$

$$\eta_l = \frac{m x_{oa} B'_c h_c^2}{2 n_1 n_2 R_h} = \frac{5000 \times 10 \times 10^{-3} \times 3.6 \times 1.2^2}{2 \times 3 \times 3 \times 32} = 0.45$$

$$\eta_b = \frac{\mu P_c}{n_1 n_2 R_h} = \frac{0.25 \times 213}{3 \times 3 \times 32} = 0.185$$

$\eta_h = \eta_i \eta_r + \eta_l + \eta_b = 0.645 \times 2.05 + 0.45 + 0.185 = 1.96$

$R_{hl} = \eta_h \times R_{ha} = 1.96 \times 32 = 62.6 \text{kN}$

3-45 某 6 桩群桩基础如图所示，预制方桩 $0.35\text{m} \times 0.35\text{m}$，桩距 1.2m，承台 $3.2\text{m} \times 2.0\text{m}$，高 0.9m，承台埋深 1.4m，桩伸入承台 0.050m，承台作用竖向荷载设计值 $F = 3200 \text{kN}$，弯矩设计值 $M = 170 \text{kN} \cdot \text{m}$，水平力设计值 $H = 150 \text{kN}$，承台 C20 混凝土，钢筋 HPB235，试验算承台冲切承载力、角桩冲切承载力、承台受剪承载力、受弯承载力和配筋（保护层厚度为 85mm）。

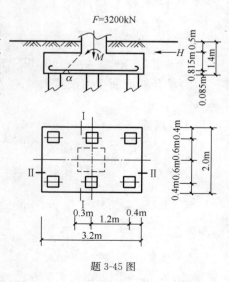

题 3-45 图

解 （1）柱边承台冲切承载力

$F_l \leqslant 2 [\beta_{0x}(b_c + a_{0y}) + \beta_{0y}(h_c + a_{0x})] \beta_{hp} f_t h_0$

$h_0 = 0.9 - 0.085 = 0.815 \text{m}$

$a_{0x} = 1.2 - 0.3 - \frac{0.35}{2} = 0.725 \text{m}$

$a_{0y} = 0.6 - 0.3 - \frac{0.35}{2} = 0.125 \text{m}$

$$\lambda_{0x} = \frac{a_{0x}}{h_0} = \frac{0.125}{0.815} = 0.89$$

$$\lambda_{0y} = \frac{a_{0y}}{h_0} = \frac{0.125}{0.815} = 0.153 < 0.25, 取 0.25, 则 a_{0y} = 0.204$$

$$\beta_{0x} = \frac{0.84}{0.89 + 0.2} = 0.77$$

$$\beta_{0y} = \frac{0.84}{0.25 + 0.2} = 1.87$$

C20 混凝土,$f_t = 1.1$MPa

β_{hp} 插值得 0.992

$$2[\beta_{0x}(b_c + a_{0y}) + \beta_{0y}(h_c + a_{0x})]\beta_{hp} f_t h_0$$
$$= 2 \times [0.77 \times (0.35 + 0.204) + 1.87 \times (0.35 + 0.725)] \times 0.992 \times 1100 \times 0.815$$
$$= 4334 \text{kN}$$

$F_l = F - \sum Q_i = 3200 - 0 = 3200$kN < 4233.1kN,满足。

(2) 角桩承台冲切承载力

$$N_l \leqslant \left[\beta_{1x}\left(c_2 + \frac{a_{1y}}{2}\right) + \beta_{1y}\left(c_1 + \frac{a_{1x}}{2}\right)\right] f_t h_0 \beta_{hp}$$

$$N_l = \frac{F}{n} + \frac{M_y x_i}{\sum x_i^2} = \frac{3200}{6} + \frac{(170 + 150 \times 0.9) \times 1.2}{4 \times 1.2^2} = 596.8 \text{kN}$$

$a_{1x} = 0.725$m, $a_{1y} = 0.125$m

$c_1 = c_2 = 0.4 + 0.175 = 0.575$m

$$\lambda_{1x} = \frac{a_{1x}}{h_0} = \frac{0.725}{0.815} = 0.89, \lambda_{1y} = \frac{a_{1y}}{h_0} = \frac{0.125}{0.815} = 0.153 < 0.25, 取 0.25$$

$$\beta_{1x} = \frac{0.56}{\lambda_{1x} + 0.2} = \frac{0.56}{0.89 + 0.2} = 0.51, \beta_{2x} = \frac{0.56}{\lambda_{1y} + 0.2} = \frac{0.56}{0.25 + 0.2} = 1.24$$

$$\left[\beta_{1x}\left(c_2 + \frac{a_{1y}}{2}\right) + \beta_{1y}\left(c_1 + \frac{a_{1x}}{2}\right)\right] f_t h_0 \beta_{hp}$$
$$= \left[0.51 \times \left(0.575 + \frac{0.125}{2}\right) + 1.24 \times \left(0.575 + \frac{0.725}{2}\right)\right] \times 1100 \times 0.815 \times 0.992$$
$$= 1320.7 \text{kN} > N_l = 596.8 \text{kN},满足。$$

(3) 承台斜截面受剪承载力

$V \leqslant \beta_{hs} \alpha f_t b_0 h_0$

I-I 斜截面：

$V = 2 \times 596.8 = 1193.6$kN

$$\lambda_{0x} = 0.89, \beta_{hs} = \left(\frac{800}{h_0}\right)^{1/4} = \left(\frac{800}{815}\right)^{1/4} = 0.995$$

$$\alpha = \frac{1.75}{\lambda + 1} = \frac{1.75}{0.89 + 1} = 0.926$$

$b_0 = 2.0$m, $h_0 = 0.815$m

C20 混凝土,$f_t = 1100$kPa

$\beta_{hs} \alpha f_t b_0 h_0 = 0.995 \times 0.926 \times 1100 \times 2 \times 0.815 = 1652$kN > 1193.6kN,满足

Ⅱ-Ⅱ斜截面

$V = \dfrac{3200}{6} \times 3 = 1600 \text{kN}$

$\lambda_{0y} = 0.25$

$\alpha = \dfrac{1.75}{0.25+1} = 1.4, b_0 = 3.2 \text{m}$

$\beta_{hs} \alpha f_t b_0 h_0 = 0.995 \times 1.4 \times 3.2 \times 0.815 \times 1100 = 3996 \text{kN} > 1600 \text{kN}$，满足。

3-46 截面 0.3m×0.3m 预制桩，桩长 15m，C30 混凝土，土层分布：0～13.5m 黏土，$q_{sik}=36\text{kPa}$；13.5m 以下粉土，$q_{sik}=64\text{kPa}$，$q_{pk}=2100\text{kPa}$。试计算单桩承载力特征值。

解 （1）由桩身轴向压力设计值确定的 R_a

$N \leqslant \varphi_c f_c A_{ps}$

预制桩 $\varphi_c=0.85$，C30 混凝土 $f_c=14.3 \text{N/mm}^2$

$N \leqslant 0.85 \times 14.3 \times 10^3 \times 0.3^2 = 1094 \text{kN}$

$R_a = \dfrac{N}{1.35} = \dfrac{1094}{1.35} = 810 \text{ kN}$

（2）单桩极限承载力（土对桩支承能力）确定的 R_a

$Q_{uk} = u \sum q_{sik} l_{si} + q_{pk} A_p = 0.3 \times 4 \times (36 \times 13.5 + 64 \times 1.5) + 2100 \times 0.3^2 = 887.4 \text{kN}$

$R_a = \dfrac{Q_{uk}}{k} = \dfrac{887.4}{2} = 443.7 \text{kN}$，两者取小值，$R_a = 443.7 \text{kN}$

3-47 某柱下桩基础为 9 根截面尺寸 0.4m×0.4m 预制桩，桩长 22m，间距 2m，承台底面尺寸 4.8m×4.8m，承台埋深 2.0m，传至承台底面附加压力 $p_0=400\text{kPa}$，桩端下 4.8m 土层 $E_s=15\text{MPa}$，4.8～9.6m 土层 $E_s=6\text{MPa}$，计算沉降压缩层厚度为桩端下 9.6m，试计算桩基的最终沉降（$\psi=1.5$）。

解 沉降计算见表。

沉 降 计 算　　　　　　　　　　　　　　　　　题 3-47 表

z (m)	l/b	z/b	$\bar{\alpha}_i$	$z\bar{\alpha}_i$	$z_i\bar{\alpha}_i - z_{i-1}\bar{\alpha}_{i-1}$	E_{si} (MPa)	s'_i (mm)	$\sum s'_i$ (mm)
0	1.0	0	4×0.25=1.0	0		—		
4.8	1.0	2.0	4×0.1746=0.6984	3.352	3.352	15	89.4	89.4
9.6	1.0	4.0	4×0.1114=0.4456	4.278	0.926	6	61.7	151.1

$\psi_e = c_0 + (n_b - 1)/[c_1(n_b - 1) + c_2]$

$n_b = 3, \dfrac{s_a}{d} = \dfrac{2}{0.4} = 5, \dfrac{l}{d} = \dfrac{22}{0.4} = 55$

$c_0 = 0.0335, c_1 = 1.6055, c_2 = 8.613$

$\psi_e = 0.0335 + (3-1)/[1.6055 \times (3-1) + 8.613] = 0.2026$

$s = \psi \times \psi_e \times \sum s'_i = 1.5 \times 0.2026 \times 151.1 = 45.9 \text{mm}$

3-48 某 9 桩承台基础，埋深 2m，桩截面 0.3m×0.3m，桩长 15m，承台底土层为黏性土，单桩承载力特征值 $R_a=538\text{kN}$（其中端承力特征值为 114kN），承台尺寸 2.6m×2.6m，桩间距

1.0m。承台顶上作用竖向力标准组合值 $F_k=4000$kN,弯矩设计值 $M_k=400$kN·m,承台底土 $f_{ak}=254$kPa,试计算复合基桩竖向承载力特征值和验算复合基桩竖向力。

解 （1）复合基桩竖向承载力特征值计算

$R=R_a+\eta_c f_{ak} A_c$

方桩换算成等面积圆形桩,$d=0.34$m

$\dfrac{s_a}{d}=\dfrac{1.0}{0.34}=2.94,\dfrac{B_c}{l}=\dfrac{2.6}{15}=0.17$

$\eta_c=0.06$

$A_c=\dfrac{(A-nA_{ps})}{n}=\dfrac{(2.6^2-9\times 0.09)}{9}=0.66\text{m}^2$

$R=538+0.06\times 254\times 0.66=538+10=548$kN

（2）复合基桩竖向力验算

$G_k=2.6^2\times 20\times 2=270.4$kN

$N_k=\dfrac{F_k+G_k}{n}=\dfrac{4000+270.4}{9}=474.5kN<R=548$kN,满足。

$N_{max}=N+\dfrac{M_y x_{max}}{\sum x_i^2}=474.5+\dfrac{400\times 1.0}{6\times 1.0^2}$

$=541.2$kN$<1.2R=1.2\times 548=657.6$kN,满足。

3-49 某预制桩,截面 $0.35\text{m}\times 0.35$m,桩长 10m,桩顶下土层分布:0～3m 粉质黏土 $w=30.7\%,w_L=35\%,w_P=18\%$;3.0～9.0m 粉土,$e=0.9$;9m 以下为中密中砂。试计算单桩竖向承载力特征值最小值。

解 $Q_{uk}=Q_{sk}+Q_{pk}=u\sum_1^n q_{sik}l_i+q_{pk}A_p$

粉质黏土 $I_P=w_L-w_P=0.35-0.18=0.17$

$I_L=\dfrac{w-w_P}{I_P}=\dfrac{0.307-0.18}{0.17}=0.75$

粉质黏土 $q_{sik}=55$kPa

粉土 $q_{sik}=46$kPa,中密中砂 $q_{sik}=54$kPa,$q_{pk}=5500$kPa

$Q_{uk}=0.35\times 4\times(3\times 55+6\times 46+1\times 54)+5500\times 0.35^2=1366.8$kN

单桩承载力特征值 $R_a=\dfrac{1366.8}{2}=683.4$kN

3-50 某灌注桩桩径 0.8m,桩长 20m,桩端入中风化花岗岩 2.0m,土层分布:0～2.0m 填土,$q_{sik}=30$kPa;2～12m 淤泥,$q_{sik}=15$kPa;12～14m 黏土,$q_{sik}=50$kPa;14～18m 强风化花岗岩,$q_{sik}=120$kPa;18m 以下为中风化花岗岩,$f_{rk}=6000$kPa。试计算单桩极限承载力。

解 根据《建筑桩基技术规范》(JGJ 94—2008)5.3.9 条,

嵌岩桩单桩极限承载力 Q_{uk}

$Q_{uk}=Q_{sk}+Q_{rk}$

$Q_{sk}=u\sum q_{sik}l_i,Q_{rk}=\xi_r f_{rk}A_p,f_{rk}=6$MPa,查表 5.3.9

$\dfrac{h_r}{d}=\dfrac{2}{0.8}=2.5,\xi_r=1.265$

$Q_{uk} = Q_{sk} + Q_{rk}$
$= \pi \times 0.8 \times (2 \times 30 + 10 \times 15 + 2 \times 50 + 4 \times 120) + 1.265 \times 6000 \times \pi \times 0.8^2/4$
$= 1985 + 3813 = 5798\text{kN}$

3-51 某群桩基础如图所示,5桩承台,桩径 $d=0.5\text{m}$,钢筋混凝土预制桩,桩长12m,承台埋深1.2m,土层分布:0~3m新填土,$q_{sik}=24\text{kPa}$;3~7m可塑状黏土,$0.25<I_L\leqslant0.75$;7m以下为中密中砂,$q_{sik}=64\text{kPa}$,$q_{pk}=5700\text{kPa}$。作用于承台的轴心荷载标准组合值 $F_k=5400\text{kN}$,$M_k=1200\text{kN·m}$,试验算该桩基础是否满足设计要求。

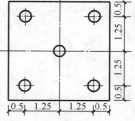

题3-51图(尺寸单位:m)

解 计算单桩承载力特征值
填土　$q_{sik}=24\text{kPa}$
可塑状黏土　$0.25<I_L\leqslant0.75$,$q_{sik}=66\text{kPa}$
中密中砂　$q_{sik}=64\text{kPa}$,$q_{pk}=5700\text{kPa}$
$Q_{uk}=u\sum_1^n q_{sik}l_i+q_{pk}A=1.57\times(24\times1.8+66\times4+64\times6.2)+5700\times0.196=2222.5\text{kN}$
$R_a=\dfrac{2222.5}{2}=1111.2\text{kN}$
$R=R_a+\eta_c f_{ak}A_c$
承台底为填土,$\eta_c=0$,不考虑承台效应
$R=1111.2\text{kN}$
$G_k=3.5^2\times1.2\times20=294\text{kN}$
轴心竖向力　$N_k=\dfrac{F_k+G_k}{n}=\dfrac{5400+294}{5}=1138.8\text{kN}>R=1111.2\text{kN}$,不满足。
偏心竖向力　$N_{max}=\dfrac{F_k+G_k}{n}+\dfrac{M_y x_{max}}{\sum x_i^2}=1138.8+\dfrac{1200\times1.25}{4\times1.25^2}=1138.8+240$
$=1378.8\text{kN}>1.2R=1.2\times1111.2=1333.4\text{kN}$,不满足。

3-52 某人工挖孔灌注桩桩径 $d=1.0\text{m}$,扩底直径 $D=1.6\text{m}$,扩底高度1.2m,桩长10.5m,桩端入砂卵石持力层0.5m,地下水位在地面下0.5m。土层分布:0~2.3m填土,$q_{sik}=20\text{kPa}$;2.3~6.3m黏土,$q_{sik}=50\text{kPa}$;6.3~8.6m粉质黏土,$q_{sik}=40\text{kPa}$;8.6~9.7m黏土,$q_{sik}=50\text{kPa}$;9.7~10m细砂,$q_{sik}=60\text{kPa}$;10m以下为砂卵石,$q_{sik}=60\text{kPa}$,$q_{pk}=5000\text{kPa}$。试计算单桩极限承载力。

解 根据《建筑桩基技术规范》(JGJ 94—2008)5.3.6条,
$Q_{uk}=Q_{sk}+Q_{pk}=u\sum\psi_{si}q_{sik}l_{si}+\psi_p q_{pk}A_p$
大直径桩侧阻和端阻尺寸效应系数为:

桩侧黏土和粉土　$\psi_{si}=\left(\dfrac{0.8}{d}\right)^{1/5}=\left(\dfrac{0.8}{1.0}\right)^{1/5}=0.956$

桩底为砂卵石　$\psi_p=\left(\dfrac{0.8}{D}\right)^{1/3}=\left(\dfrac{0.8}{1.6}\right)^{1/3}=0.794$

$Q_{uk}=3.14\times1.0\times(20\times2.3\times0.956+50\times4.0\times0.956+40\times1.0\times0.956)+$
$\qquad 0.794\times5000\times3.14\times0.8^2=8837\text{kN}$

3-53 条件和题3-52相同,要求单桩抗拔承载力标准值为700kN,试验算单桩抗拔承载力是否满足要求(自桩底起算的长度 $l_i=10d$,桩的重度为 $24kN/m^3$)。

解 $T_{uk}=\sum\lambda_i q_{sik} u_i l_i$

抗拔系数 λ_i:黏土、粉土 $\lambda=0.7\sim0.8$,$l/d=10.5/1.0=10.5<20$,λ 取小值,即 $\lambda=0.7$;砂土 $\lambda=0.5\sim0.7$,λ 取小值,即 $\lambda=0.5$。

查规范《JGJ 94—2008》表 5.4.6-1,l_i 取 $10d=10\times1.0=10m$,$u_i=\pi D=1.6\pi=5.02m$,其余 $0.5m$ 桩周长 $u_i=\pi d=3.14m$,桩体材料重度 $\gamma=10kN/m^3$,桩下段 10m 范围桩半径 0.8m。

$T_{uk}=\sum\lambda_i q_{sik} u_i l_i$
$=0.7\times20\times3.14\times(10.5-10.0)+0.7\times5.02\times(20\times1.8+50\times4.0+40\times2.3+50\times1.1)+0.5\times5.02\times60\times0.8=1488.3kN$

$G_p=\frac{\pi}{4}d^2\gamma'=3.14\times0.5^2\times0.5\times24+3.14\times0.8^2\times10\times14=290.8kN$

$N_k=700kN\leqslant T_{uk}/2+G_p=1488.3/2+290.8=1035kN$,满足。

3-54 某灌注桩桩径 1.0m,桩长 12m,C25 混凝土,配筋率 0.67%,该桩进行水平静载试验,得水平力 $H=500kN$,水平位移 $Y_0=5.96mm$,试计算地基土水平力系数的比例系数($EI=124\times10^4 kN\cdot m^2$)。

解 假设 $\alpha h>4$,则 $\nu_y>2.441$

$b_0=0.9\times(1.5D+0.5)=0.9\times(1.5\times1.0+0.5)=1.8m$

$m=\frac{(\nu_y\cdot H)^{\frac{5}{3}}}{b_0 Y_0^{\frac{5}{3}}(EI)^{\frac{2}{3}}}=\frac{(2.441\times500)^{\frac{5}{3}}}{1.8\times(5.96\times10^{-3})^{\frac{5}{3}}(124\times10^4)^{\frac{2}{3}}}=3.42\times10^4 kN/m^4$

$\alpha=\left(\frac{mb_0}{EI}\right)^{\frac{1}{5}}=\left(\frac{3.42\times10^4\times1.8}{124\times10^4}\right)^{\frac{1}{5}}=0.55m^{-1}$

$\alpha h=0.55\times12=6.6>4$,假设成立。

故,$m=3.42\times10^4 kN/m^4$

3-55 某打入式钢管桩外径 0.9m,壁厚 14mm,桩长 67m,入土深度 35m,试验算桩身局部压曲($f'_y=210MPa$,$E=2.1\times10^5 MPa$)。

解 根据《建筑桩基技术规范》(JGJ 94—2008)5.8.6 条

$d=900mm>600mm$

按式 $\frac{t}{d}\geqslant\frac{f'_y}{0.388E}$ 验算

$\frac{t}{d}=\frac{14}{900}=0.016$

$\frac{f'_y}{0.388E}=\frac{210}{0.388\times2.1\times10^5}=0.0026$

$\frac{t}{d}=0.016\geqslant\frac{f'_y}{0.388E}=0.0026$,满足。

$d=900mm$

还应按下式验算 $\frac{t}{d}\geqslant\sqrt{\frac{f'_y}{14.5E}}$

$\frac{t}{d}=\frac{14}{900}=0.016$

$$\sqrt{\frac{f'_y}{14.5E}} = \sqrt{\frac{210}{14.5 \times 2.1 \times 10^5}} = 0.0083$$

$\dfrac{t}{d} = 0.016 \geqslant \sqrt{\dfrac{f'_y}{14.5E}} = 0.0083$,满足。

3-56 某预制桩截面 0.4m×0.4m,桩长 12m,土层分布:0~2m 粉土,$q_{sik}=55$kPa;2.0~8.0m 粉细砂,$q_{sik}=25$kPa,在 4m、5m、6m 和 7m 处进行标贯试验,N 值分别为 9、8、13 和 12;8.0~12m 中粗砂,$q_{sik}=60$kPa,$q_{pk}=5500$kPa,在 9m、10m 和 11m 进行标贯试验,N 值分别为 19、21 和 30。地下水位于地面下 1.0m,8 度地震区,设计分组为第一组,试计算单桩极限承载力。

解 由标贯击数判断砂土液化

$$N_{cr} = N_0 \beta \left[\ln(0.6d_s + 1.5) - 0.1d_w \right] \sqrt{\frac{3}{\rho_c}}$$

8 度地震区,第一分组,$N_0=12$,$\beta=0.8$,砂土,$\rho_c=3$

$N_{cr4} = 12 \times 0.8[\ln(0.6 \times 4 + 1.5) - 0.1 \times 1] \times \sqrt{3/3} = 12.11 > 9$,液化

$N_{cr5} = 12 \times 0.8[\ln(0.6 \times 5 + 1.5) - 0.1 \times 1] \times \sqrt{3/3} = 13.48 > 8$,液化

$N_{cr6} = 12 \times 0.8[\ln(0.6 \times 6 + 1.5) - 0.1 \times 1] \times \sqrt{3/3} = 14.68 > 13$,液化

$N_{cr7} = 12 \times 0.8[\ln(0.6 \times 7 + 1.5) - 0.1 \times 1] \times \sqrt{3/3} = 15.75 > 12$,液化

$N_{cr9} = 12 \times 0.8[\ln(0.6 \times 9 + 1.5) - 0.1 \times 1] \times \sqrt{3/3} = 17.58 < 19$,不液化

$N_{cr10} = 12 \times 0.8[\ln(0.6 \times 10 + 1.5) - 0.1 \times 1] \times \sqrt{3/3} = 18.38 < 21$,不液化

$N_{cr11} = 12 \times 0.8[\ln(0.6 \times 11 + 1.5) - 0.1 \times 1] \times \sqrt{3/3} = 19.12 < 30$,不液化

2~4m 粉细砂,4 个标贯点 $N<N_{cr}$,产生液化;8~12m,3 个标贯点 $N>N_{cr}$ 不液化。

土层液化折减系数:4m 处,$\lambda_N = \dfrac{N}{N_{cr}} = \dfrac{9}{12.11} = 0.74$,$\psi_l = \dfrac{1}{3}$

5m 处,$\lambda_N = \dfrac{8}{13.48} = 0.59$,$\psi_l = 0$

6m 处,$\lambda_N = \dfrac{13}{14.68} = 0.89$,$\psi_l = \dfrac{2}{3}$

7m 处,$\lambda_N = \dfrac{12}{15.75} = 0.76$,$\psi_l = \dfrac{1}{3}$

不考虑液化单桩极限承载力

$Q_{uk} = 0.4 \times 4 \times (2.0 \times 55 + 6 \times 25 + 4.0 \times 60) + 5500 \times 0.4^2 = 1680$ kN

考虑土层液化的单桩极限承载力

$Q_{uk} = 0.4 \times 4 \times \left(2.0 \times 55 + 2.5 \times 25 \times \dfrac{1}{3} + 1.0 \times 25 \times 0 + 1.0 \times 25 \times \dfrac{2}{3} + 1.5 \times 25 \times \dfrac{1}{3} + 4.0 \times 60 \right) + 0.4^2 \times 5500 = 1520$ kN

考虑土层液化比不考虑液化,单桩极限承载力减少 10%。

3-57 条件同题 3-56,同时已知粉土水平抗力系数的比例系数 $m=5$MN/m^4,粉细砂 $m=10$MN/m^4,桩顶铰接,$x_{oa}=10$mm,试计算考虑土层液化时的水平承载力($EI=53$MN·m^2)。

解 根据《建筑桩基技术规范》(JGJ 94—2008)附录 C.0.4,在桩周 $2(d+1)$ 深度内有液化土层时,m 值应折减。方桩 $0.4m \times 0.4m$ 换算成等面积圆形桩,$d=0.45m$。

$h_m = 2(d+1) = 2 \times (0.45+1) = 2.9m$

粉细砂 $\psi_l = \frac{1}{3}, m_2 = 10 \times \frac{1}{3} = 3.33 MN/m^4$

m 综合计算值

$$m = \frac{m_1 h_1^2 + m_2(2h_1+h_2)h_2}{h_m^2} = \frac{5 \times 2^2 + 3.33 \times (2 \times 2+0.9) \times 0.9}{2.9^2} = 4.13 MN/m^4$$

$\alpha = \sqrt[5]{\frac{mb_0}{EI}}, b_0 = 1.5b+0.5 = 1.5 \times 0.4+0.5 = 1.1m$

$\alpha = \sqrt[5]{\frac{4.13 \times 1.1}{53}} = 0.61$

$\alpha h = 0.61 \times 12 = 7.4 > 4, v_x = 2.441$

单桩水平承载力特征值

$R_{ha} = 0.75 \frac{\alpha^3 EI}{v_x} x_{oa} = 0.75 \times \frac{0.61^3 \times 53000}{2.441} \times 10 \times 10^{-3} = 37.0 kN$

3-58 某 3 桩承台基础如图所示,桩径 0.8m,桩间距 2.4m,承台面积 $2.6m^2$,承台埋深 2.0m,作用竖向荷载 $F_k=2000kN$,弯矩 $M_x=50kN \cdot m$,试计算每根桩的竖向力。

解 $\tan 60° = \frac{h_1}{1.2}, h_1 = \tan 60° \times 1.2 = 1.73 \times 1.2 = 2.078m$

$\cos 30° = \frac{1.2}{h_2}, h_2 = \frac{1.2}{\cos 30°} = \frac{1.2}{0.866} = 1.386m$

$N_{ik} = \frac{F_k+G_k}{n} \pm \frac{M_x y_i}{\sum y_i^2}$

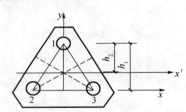

题 3-58 图

F_k、承台及其上土重对 x' 取矩

$N_1 \times h_1 = F_k \times (h_1-h_2) + G_k \times (h_1-h_2) + M_x$
$= (F_k+G_k) \times (h_1-h_2) + M_x$
$= (2000+2.6 \times 2 \times 20) \times (2.078-1.386) + 50$
$= 1506 kN \cdot m$

$N_1 = \frac{1506}{2.078} = 724.7 kN$

对过形心 x' 轴取矩

$(N_2+N_3) \times (h_1-h_2) = N_1 \times h_2 - M_x$

$N_2 + N_3 = \frac{724.7 \times 1.386 - 50}{h_1-h_2} = \frac{954.4}{2.078-1.386} = \frac{954.4}{0.692} = 1379.2 kN$

$N_2 = N_3 = \frac{1379.2}{2} = 689.6 kN$

当 $M_x=0$ 时

$N_1 = N_2 = N_3 = \frac{F_k+G_k}{n} = \frac{2104}{3} = 701.3 kN$

3-59 某桩基础如图所示,传至基础顶面的竖向荷载 $F_k=1512$kN, $M_k=46.6$kN·m, $H_k=36.8$kN,试计算基桩最大和最小竖向力标准值。

解 根据《建筑桩基技术规范》(JGJ 94—2008)5.1.1 条,

$M_{yk}=M_k-F_k\times e+H_k\times h$
$=46.6-1512\times 0.02+36.8\times 1.2$
$=60.52$kN·m

$G_k=2.7\times 2.7\times 1.5\times 20=218.7$kN

$N_{kmax}=\dfrac{F_k+G_k}{n}+\dfrac{M_{yk}x_i}{\sum x_j^2}=\dfrac{1512+218.7}{5}+\dfrac{60.52\times 0.85}{4\times 0.85^2}$
$=363.9$kN

$N_{kmin}=\dfrac{F_k+G_k}{n}-\dfrac{M_{yk}x_i}{\sum x_i^2}=346.1-17.8=328.3$kN

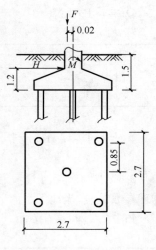

题 3-59 图(尺寸单位:m)

3-60 某工程采用直径 0.8m、桩长 21m 钢管桩,桩顶位于地面下 2.0m,桩端入持力层 3m,土层分布:2m~12m 为黏土,$q_{sik}=50$kPa;12m~20m 为粉土,$q_{sik}=60$kPa;20m~30m 为中砂,$q_{sik}=80$kPa,$q_{pk}=7000$kPa。试计算敞口带十字形隔板的单桩竖向极限承载力。

解 根据《建筑桩基技术规范》(JGJ 94—2008)5.3.7 条,

等效直径 $d_e=\dfrac{d}{\sqrt{n}}$,十字隔板 $n=4$

$d_e=\dfrac{0.8}{\sqrt{4}}=0.4$m,以 d_e 代替 d

$\dfrac{h_b}{d_e}=\dfrac{3}{0.4}=7.5\geqslant 5$

$\lambda_p=0.8$

$Q_{uk}=u\sum q_{sik}l_i+\lambda_p q_{pk} A_p$
$=3.14\times 0.8\times(50\times 10+60\times 8+80\times 3)+$
$0.8\times 7000\times 3.14\times 0.4^2=5878$kN

3-61 某工程采用预应力管桩基础,桩径 0.55m,桩长 16m,桩端持力层为泥质岩,其中一根工程桩进行静载荷试验,其竖向荷载和桩顶沉降数据见表,试分析该桩单桩极限承载力,计算单桩承载力特征值。

解 根据《建筑基桩检测技术规范》(JGJ 106—2003)第 4.4.2 条。

从图 Q-s 曲线看出,其曲线没有明显的陡降段,属缓变型的,可根据沉降量确定极限承载力,桩长 16m,可取 $s=40$mm 所对应的荷载为单桩极限承载力。

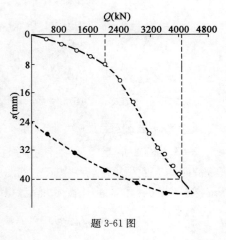

题 3-61 图

219

$Q_u = 4125\text{kN}$

题 3-61 表

Q(kN)		0	400	800	1200	1600	2000	2400	2800	3200	3400	3600	3800	4000	4200	4400
s(mm)	加	0	0.94	2.48	4.20	6.38	7.87	12.69	18.60	27.28	30.97	33.07	35.49	38.23	41.06	44.78
	卸	24	29.50	—	32.4	—	38.20	—	40.0	—	—	44.20	—	44.40	—	—

单桩承载力特征值

$$R_a = \frac{4125}{2} = 2062.5\text{kN}$$

3-62 [2002 年考题] 某预制桩截面 0.3m×0.3m,桩长 22m,桩顶位于地面下 2.0m,土层物理参数见表,当地下水由 2.0m 下降至 22.7m 时,试计算由于基桩负摩阻力产生的下拉荷载。

注:中性点深度比 l_n/l_0:黏性土 0.5,中密砂土 0.7。负摩阻力系数 ξ_n:饱和软土 0.2,黏性土 0.3,砂土为 0.4。

题 3-62 表

层序	土层名称	层底深度(m)	层厚(m)	$w(\%)$	$\gamma(\text{kN/m}^3)$	e	I_P	$c(\text{kPa})$	$\varphi(°)$	$E_s(\text{MPa})$	$q_{sik}(\text{kPa})$
①	填土	1.2	1.2		18						
②	粉质黏土	2.0	0.8	31.7	18	0.92	18.3	23		17	
④	淤泥质黏土	12.0	10.0	46.4	17	1.34	20.3	13		8.5	28
⑤₁	黏土	22.7	10.7	38	18	1.08	19.7	18		14	4.5	55
⑤₂	粉砂	28.8	6.1	30	19	0.78	—	5	29	15	100
⑤₃	粉质黏土	35.3	6.5	34	18.5	0.95	16.2	15		22	6
⑦₂	粉砂	40.0	4.7	27	20.0	0.70		2	34.5	30	

解 根据《建筑桩基技术规范》(JGJ 94—2008)5.4.4 条

在桩周范围压缩层厚度 $22.7 - 2 = 20.7\text{m}$

桩端持力层为粉砂 $\dfrac{l_n}{l_0} = 0.7, l_n = 0.7 l_0 = 0.7 \times 20.7 = 14.5\text{m}$

由地面起算中性点位置为 $14.5 + 2 = 16.5\text{m}$

$2 \sim 12\text{m}$

$$\sigma'_1 = p + \sigma'_{ri} = p + \sum_{e=1}^{i-1} \gamma_e \Delta z_e + \frac{1}{2} \gamma_i \Delta z_i = 0 + (18 \times 1.2 + 1.8 \times 0.8) + \frac{1}{2} \times 17 \times 10 = 121$$

$$q^n_{s1} = \xi_{n1} \sigma'_1 = 0.2 \times 121 = 24.2 < q_{s1k} = 28, \text{取 } q_{sk} = 24.2$$

$12 \sim 16.5\text{m}$

$$\sigma'_2 = p + \sum_{e=1}^{i-1} \gamma_e \Delta z_e + \frac{1}{2} \gamma_i \Delta z_i = 0 + (18 \times 1.2 + 18 \times 0.8 + 17 \times 10) + \frac{1}{2} \times 18 \times 4.5 = 246.5$$

$$q^n_{s2} = \xi_{n2} \sigma'_2 = 0.3 \times 246.5 = 74 > q_{s2k} = 55, \text{取 } q_{sk} = 55$$

$$Q^n_g = \eta_n u \sum_{i=1}^n q^n_{si} l_i = 1.0 \times 0.3 \times 4 \times (24.2 \times 10 + 55 \times 4.5) = 587.4\text{kN}$$

3-63 [2003 年考题] 某钻孔灌注桩,桩径 0.8m,桩长 10m,穿过软土层,桩端持力层为砾石,桩四周大面积填土,$p = 10\text{kPa}$,如图所示,试计算因填土产生的负摩阻力的下拉荷载($\xi_n = 0.2$)。

解 根据《建筑桩基技术规范》(JGJ 94—2008)5.4.4 条,

$$\frac{l_n}{l_0} = 0.9, l_0 = 10\text{m}, l_n = 0.9 \times 10 = 9\text{m}$$

中性点深度为 9m

$0\sim1.5$m

$\sigma'_1 = p + \sigma'_{ri} = p + 1/2\gamma_i\Delta z_i = 10 + 1/2\times17\times1.5 = 22.75$kPa

$q^n_{s1} = \xi_n\sigma'_1 = 0.2\times22.75 = 4.55$kPa

$1.5\sim9$m

$\sigma'_2 = p + \sigma'_{ri} = p + \sum\limits_{e=1}^{i-1}\gamma_e\Delta z_e + \frac{1}{2}\gamma_i\Delta z_i$

$\quad = 10 + 1.5\times17 + \frac{1}{2}\times9.5\times7.5 = 71.7$kPa

$q^n_{s2} = \xi_{n2}\sigma'_2 = 0.2\times71.1 = 14.2$kPa

$Q^n_g = \eta_n u \sum\limits_{i=1}^{n} q^n_{si} l_i$

$\quad = 1.0\times3.14\times0.8\times(4.55\times1.5 + 14.2\times7.5) = 285$kN

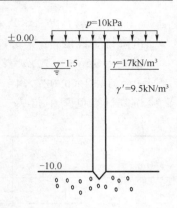

题 3-63 图

3-64 某灌注桩,桩径 0.8m,桩顶位于地面下 2m,桩长 8m,土层参数见图,当水位从 -2m 降至 -7m 后,试求单桩负摩阻力引起的下拉荷载(淤泥、淤泥质土负摩阻力系数 $\xi_n = 0.2$,黏土负摩阻力系数 $\xi_n = 0.3$)。

解 根据《建筑桩基技术规范》(JGJ 94—2008)5.4.4 条

$q^n_{si} = \xi_n\sigma'_i$

地下水位下降 $\sigma'_i = \sum\limits_{e=1}^{i-1}\gamma_e\Delta z_e + \frac{1}{2}\gamma_i\Delta z_i$

中性点深度 l_n

$l_n/l_0 = 0.9, l_n = 0.9 l_0 = 0.9\times8 = 7.2$m

$2\sim4$m 淤泥

$\sigma'_1 = 18\times2 + 20\times2/2 = 56$kPa,$q^n_{s1} = 0.2\times56 = 11.2$kPa

$4\sim7$m 淤泥质黏土

$\sigma'_2 = 18\times2 + 20\times2 + 20.2\times3/2 = 106.3$kPa,

$q^n_{s2} = 0.2\times106.3 = 21.3$kPa

$7\sim9.2$m 黏土

$\sigma'_3 = 18\times2 + 20\times2 + 20.2\times3 + 9\times2.2/2 = 146.5$kPa

$q^n_{s3} = 0.3\times146.5 = 44.0$kPa

下拉荷载 $Q^n_g = \eta_n \cdot u \sum q^n_{si} l_i$

单桩 $\eta_n = 1$,则

$Q^n_g = 3.14\times0.8\times(11.2\times2 + 21.3\times3 + 44.0\times2.2)$

$\quad = 460$kN

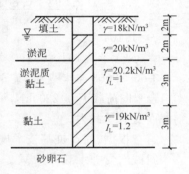

题 3-64 图

3-65 某 5 桩承台灌注桩基础如图所示,桩径 0.8m,桩长 15m,桩间距 2.4m,承台尺寸 4m×4m,荷载效应准永久组合下,作用于承台顶面的竖向力 $F_k = 5000$kN,试计算桩基础沉降($\psi_e = 0.196$)。

解 $p_k = \dfrac{F_k + G_k}{A} = \dfrac{5000 + 4\times4\times2\times20}{4\times4} = 352.5$kPa

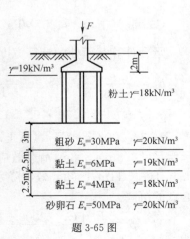

题 3-65 图

$p_0 = p_k - \gamma h = 352.2 - 2 \times 19 = 314.2 \text{kPa}$

沉降计算深度　　$\sigma_z = 0.2\sigma_c$

设 $z_n = 8\text{m}$，$\sigma_c = \sum\gamma h = 2\times 19 + 18\times 15 + 3\times 20 + 2.5\times 19 + 2.5\times 18 = 460.5\text{kPa}$

$\sigma_z = 314.2\times 0.027\times 4 = 33.9\text{kPa} \leqslant 0.2\sigma_c = 0.2\times 460.5 = 92.1\text{kPa}$，$z_n = 8\text{m}$，满足。

沉降计算见题 3-65 表。

沉降计算　　　　　　　　　　　　　　　　　　　　　　　　　题 3-65 表

z (m)	a/b	z/b	$4\bar{\alpha}_i$	$4z\bar{\alpha}_i$	$4(z_i\bar{\alpha}_i - z_{i-1}\bar{\alpha}_{i-1})$	E_{si} (MPa)	s'_i (mm)	$\sum s'_i$ (mm)
0	1.0	0	$4\times 0.25 = 1.0$	0	—	—	—
3.0	1.0	1.5	$4\times 0.1991 = 0.7964$	2.389	2.389	30	25	25
5.5	1.0	2.75	$4\times 0.1451 = 0.5804$	3.192	0.803	6	42.1	67.1
8.0	1.0	4.0	$4\times 0.1114 = 0.4456$	3.565	0.373	4	29.3	96.4

$$\bar{E}_s = \frac{\sum A_i}{\sum \dfrac{A_i}{E_{si}}} = \frac{3.565}{\dfrac{2.398}{30} + \dfrac{0.803}{6} + \dfrac{0.373}{4}} = 11.6\text{MPa}$$

$\psi = 1.104$

$s = \psi\psi_e s' = 1.104\times 0.196\times 96.4 = 20.9\text{mm}$

3-66［2003 年考题］　某 6 桩承台如图所示，C35 混凝土，作用基本组合竖向荷载 $F = 12200\text{kN}$，承台有效高度 $h_0 = 1.2\text{m}$，试计算柱边斜截面受剪承载力。

解　根据《建筑桩基技术规范》(JGJ 94—2008) 5.9.10 条，

斜截面受剪承载力　　$V \leqslant \beta_{hs}\alpha f_t b_0 h_0$

剪跨比　　$\lambda_x = \dfrac{a_x}{h_0} = \dfrac{1.0}{1.2} = 0.83$

$\alpha = \dfrac{1.75}{\lambda + 1} = \dfrac{1.75}{0.83 + 1} = 0.956$

C35 混凝土，$f_t = 1.57\text{MPa}$，$\beta_{hs} = \left(\dfrac{800}{h_0}\right)^{1/4} = \left(\dfrac{800}{1200}\right)^{1/4} = 0.90$

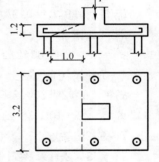

题 3-66 图(尺寸单位：m)

承台计算截面处的计算宽度

$b_0 = \dfrac{b_{y1}h_{01} + b_{y2}h_{02}}{h_{01} + h_{02}} = \dfrac{3.2\times 1.2 + 0}{1.2 + 0} = 3.2\text{m}$

$\beta_{hs}\alpha f_t b_0 h_0 = 0.90\times 0.956\times 1.57\times 10^3\times 3.2\times 1.2 = 5187\text{kN}$

3-67［2003 年考题］　软土地区采用 5 根桩群桩钻孔灌注桩基础如图所示，承台埋深 1.5m，承台尺寸 3.8m×3.8m，荷载效应准永久组合下，作用于承台顶面的竖向力 $F_k = 3000\text{kN}$，桩径 0.6m，桩长 11m，已知等效沉降系数 $\psi_e = 0.229$，沉降计算深度为桩端下 5m，试计算桩基础中心点的沉降。

解　$p_k = \dfrac{F_k + G_k}{A} = \dfrac{3000 + 3.8\times 3.8\times 1.5\times 20}{3.8\times 3.8} = 237.8\text{kPa}$

$p_0 = p_k - \gamma h = 237.8 - 20 \times 1.5 = 207.8 \text{kPa}$

$p_0 = 207.8 \text{kPa}$ 等效作用在桩端平面上，等效面积为 $3.8 \times 3.8 = 14.44 \text{m}^2$

沉降计算见下表。

沉降计算　　　　　　　　　　　　　　　　　　　　　　　　题 3-67 表

z (m)	a/b	z/b	$4\bar{\alpha}_i$	$4z\bar{\alpha}_i$	E_{si} (MPa)	$\Delta s'_i$ (mm)	$\sum \Delta s'_i$ (mm)
0	1.0	0	$0.25 \times 4 = 1.0$	—	—	—	—
2.5	1.0	1.32	$0.2085 \times 4 = 0.834$	2.085	16	27.1	27.1
5.0	1.0	2.63	$0.1493 \times 4 = 0.5972$	2.986	11	17.0	44.1

$$\bar{E}_s = \frac{\sum A_i}{\sum \dfrac{A_i}{E_{si}}} = \frac{2.986}{\dfrac{2.085}{16} + \dfrac{0.901}{11}} = 14.07 \text{MPa}$$

基础中心点沉降

$s = \psi \times \psi_e \sum \Delta s'_i$，$\psi = 0.956$

$s = 0.956 \times 0.229 \times 44.1 = 9.7 \text{mm}$

3-68［2003 年考题］　某工程单桩静力触探资料如图所示，桩端持力层为④层粉砂，桩为 $0.35 \text{m} \times 0.35 \text{m}$ 预制桩，桩长 16m，桩端入土深度 18m，试计算单桩竖向极限承载力标准值。

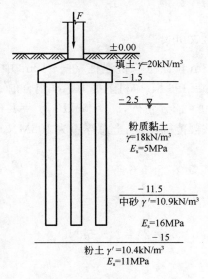

题 3-67 图

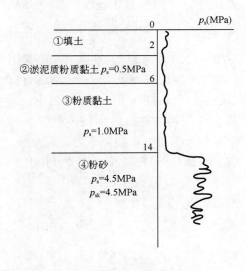

题 3-68 图

解　根据《建筑桩基技术规范》(JGJ 94—2008) 5.3.3 条

$8d = 0.35 \times 8 = 2.8 \text{m}$，$p_{sk1} = 4.5 \text{MPa}$，$p_{sk2} = 4.5 \text{MPa}$

$p_{sk1} = p_{sk2}$，$\beta = 1.0$，$p_{sk} = 4.5 \text{MPa}$

②层土　$q_{sk} = 15$

③层土　$q_{sk} = 50$

④层土　$q_{sk} = 90$

$\alpha = 0.76$

$$Q_{uk} = u\sum q_{sik}l_i + \alpha p_{sk}A_p$$
$$= 0.35 \times 4 \times (15 \times 4 + 50 \times 8 + 90 \times 4) + 0.76 \times 4500 \times 0.35 \times 0.35$$
$$= 1567\text{kN}$$

3-69 [2003年考题] 某直径为2.0m灌注桩,桩身配筋率为0.68%,桩长25m,桩顶允许水平位移0.005m,桩侧土水平抗力系数的比例系数 $m=25\text{MN/m}^4$,试计算桩顶铰接和桩顶固接的单桩水平承载力特征值($EI=2.149\times10^7\text{kN}\cdot\text{m}^2$)。

解 根据《建筑桩基技术规范》(JGJ 94—2008)5.7.5条,
桩身配筋率大于0.65%的灌注桩,单桩水平承载力设计值为
$$R_{ha} = 0.75\frac{\alpha^3 EI}{v_x} \times x_{oa}$$
$$\alpha = \sqrt[5]{\frac{mb_0}{EI}}; b_0 = 0.9(d+1) = 0.9 \times 3 = 2.7\text{m}$$
$$\alpha = \sqrt[5]{\frac{25 \times 10^3 \times 2.7}{2.149 \times 10^7}} = \sqrt[5]{\frac{67.5 \times 10^3}{2.149 \times 10^7}} = 0.3158\text{m}^{-1}$$
$$\alpha h = 0.3158 \times 25 = 7.895 > 4.0$$
查规范表5.7.2,桩顶铰接 $v_x = 2.441$
$$R_{ha} = 0.75 \times \frac{0.3158^3 \times 2.149 \times 10^7}{2.441} \times 0.005 = 1039.5\text{kN}$$
查规范表5.7.2,桩顶固接 $v_x = 0.94$
$$R_{ha} = 0.75 \times \frac{0.3158^3 \times 2.149 \times 10^7}{0.94} \times 0.005 = 2700\text{kN}$$

3-70 [2003年考题] 某地下车库采用 $0.3\text{m} \times 0.3\text{m}$ 预制桩为抗浮桩,桩长12m,中心距2.0m,桩群外围周长为 $4 \times 30\text{m} = 120\text{m}$,桩数 $n=14\times14=196$ 根,单桩上拔力标准组合值 $N_k=330\text{kN}$,土层分布:桩顶下 $0\sim10\text{m}$ 黏土,$q_{sik}=40\text{kPa}$;$10\sim12\text{m}$ 粉砂,$q_{sik}=60\text{kPa}$,$\gamma_s=1.65$。λ_i 对于黏土取0.7,粉砂取0.6,桩体重度 $\gamma=25\text{kN/m}^3$,桩群范围内桩、土总浮重为108MN,试验算群桩基础及基桩的抗拔承载力。

解 根据《建筑桩基技术规范》(JGJ 94—2008)5.4.5条、5.4.6条
群桩 $N_k \leqslant T_{gk}/2 + G_{gp}$
基桩 $N_k \leqslant T_{uk}/2 + G_p$
$$T_{gk} = \frac{1}{n}u\sum\lambda_i q_{sik}l_i = \frac{1}{196} \times 120 \times (0.7 \times 40 \times 10 + 0.6 \times 60 \times 2) = 215.5\text{kN}$$
$$G_{gp} = \frac{108 \times 10^3}{196} = 551\text{kN}$$
$$\frac{T_{gk}}{2} + G_{gp} = \frac{215.5}{2} + 551 = 658.8 > N_k = 330\text{kN},群桩满足。$$
$$T_{uk} = \sum\lambda_i q_{sik}u_i l_i = 0.7 \times 40 \times 1.2 \times 10 + 0.6 \times 60 \times 1.2 \times 2 = 422.4\text{kN}$$
$$G_p = 0.3 \times 0.3 \times 12 \times 15 = 16.2\text{kN}$$
$$\frac{T_{uk}}{2} + G_p = \frac{422.4}{2.0} + 16.2 = 227.4\text{kN} < N_k = 330\text{kN},基桩不满足。$$

3-71 某工程采用直径0.7m的钢管桩,壁厚10mm,桩端带隔板开口桩 $n=2$,桩长26.5m,承台埋深1.5m,土层分布:$0\sim3\text{m}$ 填土,$q_{sk}=25\text{kPa}$;$3\sim8.5\text{m}$ 黏土,$q_{sik}=50\text{kPa}$;$8.5\sim25.0\text{m}$ 粉土,$q_{sik}=65\text{kPa}$;$25\sim30\text{m}$ 中砂,$q_{sik}=75\text{kPa}$,$q_{pk}=7000\text{kPa}$。试计算钢管桩单桩竖向

极限承载力。

解 根据《建筑桩基技术规范》(JGJ 94—2008)5.3.7 条

$d_e = \dfrac{d}{\sqrt{n}}, d = 0.7\text{m}$

$d_e = \dfrac{0.7}{\sqrt{2}} = 0.495\text{m}, d_e$ 代替 $d, \dfrac{h_b}{d_e} = \dfrac{3}{0.495} = 6.06 > 5, \lambda_p = 0.8$

$Q_{uk} = u\sum l_i q_{sik} + \lambda_p q_{pk} A_p$
$= 3.14 \times 0.7 \times (1.5 \times 25 + 5.5 \times 50 + 16.5 \times 65 + 3 \times 75) +$
$\quad 0.8 \times 7000 \times 3.14 \times 0.7^2 / 4$
$= 5693\text{kN}$

3-72 某钻孔灌注桩桩身直径 $d = 1.0\text{m}$,扩底直径 $D = 1.4\text{m}$,扩底高度 1.0m,桩长 12.5m,土层分布:0~6m 黏土, $q_{sik} = 40\text{kPa}$;6~10.7m 粉土, $q_{sik} = 44\text{kPa}$;10.7m 以下中砂层, $q_{sik} = 55\text{kPa}, q_{pk} = 5500\text{kPa}$。试计算单桩承载力特征值。

解 根据《建筑桩基技术规范》(JGJ 94—2008)5.3.6 条,
$d = 1.8\text{m} > 0.8\text{m}$,属大直径桩。

$Q_{uk} = Q_{sk} + Q_{pk} = u\sum\psi_{si} q_{sik} l_i + \psi_p q_{pk} A_p$

桩侧为黏性土、粉土 $\psi_{si} = \left(\dfrac{0.8}{d}\right)^{1/5} = \left(\dfrac{0.8}{1.0}\right)^{1/5} = 0.956$

桩底为砂土 $\psi_p = \left(\dfrac{0.8}{D}\right)^{1/3} = \left(\dfrac{0.8}{1.4}\right)^{1/3} = 0.830$

$Q_{uk} = 3.14 \times 1.0 \times (0.956 \times 6 \times 40 + 1.0 \times 3.5 \times 44 \times 0.956) + 0.83 \times 3.14 \times 0.7^2 \times 5500$
$= 8206\text{kN}$

单桩承载力特征值 $R = \dfrac{8206}{2} = 4103\text{kN}$

3-73 某工程采用截面 0.4m×0.4m 预制桩,桩长 20m,抽取 4 根桩进行单桩静荷载试验,其单桩极限承载力分别为 850kN、900kN、1000kN 和 1100kN,试确定单桩极限承载力标准值。

解 根据《建筑基桩检测技术规范》(JGJ 106—2014)4.4.3 条,
4 根桩实测极限承载力平均值

$Q_{um} = \dfrac{1}{n}\sum Q_{ui} = \dfrac{1}{4} \times (850 + 900 + 1000 + 1100) = 962.5\text{kN}$

极差:$1100 - 850 = 250\text{kN} < 962.5 \times 0.3 = 288.8\text{kN}$

所以该工程单桩极限承载力标准值 $Q_{uk} = Q_{um} = 962.5\text{kN}$

3-74 某钢筋混凝土管桩外径 0.55m,内径 0.39m,混凝土强度等级为 C40,主筋为 HPB235,17⊈18,离桩顶 3.0m 范围箍筋间距 100mm,试计算桩身竖向承载力设计值。

解 根据《建筑桩基技术规范》(JGJ 94—2008)5.8.2 条、5.8.3 条,桩顶下 $5d = 2.75\text{m}$ 范围内,箍筋间距小于或等于 100mm,桩身受压强度设计值

预制管桩 $\psi_c = 0.85$,C40 混凝土,$f_c = 19.5\text{N/mm}^2$

$A_{ps} = \dfrac{0.55^2 \pi}{4} - \dfrac{0.39^2 \pi}{4} = \dfrac{3.14}{4} \times 0.1504 = 0.1181\text{m}^2$

HPB235，$f'_y=210\text{N/mm}^2$

$A'_s = 4324\text{mm}^2$

$N \leqslant \psi_c f_c A_{ps} + 0.9 f'_y A'_s = 0.85 \times 19.5 \times 0.118 \times 10^6 + 0.9 \times 210 \times 4324 = 2773\text{kN}$

3-75 某钻孔灌注桩工程，抽取 3 根桩进行单桩竖向静载荷试验，其极限承载力分别为 2500kN、2700kN 和 3000kN，试确定单桩竖向极限承载力标准值 Q_{uk}。

解 根据《建筑基桩检测技术规范》(JGJ 106—2014)4.4.3 条

$$Q_{um} = \frac{1}{n} \sum Q_{ui} = \frac{2500+2700+3000}{3} = 2733\text{kN}$$

极差 $3000-2500=500\text{kN}<0.3Q_{um}=0.3\times 2733=819.9\text{kN}$

$Q_{uk}=Q_{um}=2733\text{kN}$

3-76 由桩径 $d=0.8\text{m}$ 的灌注桩组成群桩，其横向和纵向桩距 $s_{ax}=s_{ay}=3d$，因大面积填土引起桩周产生负摩阻力，其平均负摩阻力标准值 $q_s^n=15\text{kPa}$，负摩阻区桩周土平均有效重度 $\gamma'_m=10\text{kN/m}^3$，试求桩群的负摩阻力群桩效应系数 η_n。

解 根据《建筑桩基技术规范》5.4.4 条

$$\eta_n = s_{ax} \times s_{ay} / \left[\pi d\left(\frac{q_s^n}{\gamma'_m}+\frac{d}{4}\right)\right] = \frac{3d\times 3d}{\pi d\left(\frac{15}{10}+\frac{d}{4}\right)} = \frac{9\times 0.8^2}{3.14\times 0.8\times\left(1.5+\frac{0.8}{4}\right)} = 1.35 > 1.0$$

取 $\eta_n=1.0$。

3-77 某钻孔灌注桩桩径 $d=0.8\text{m}$，扩底直径 $D=1.6\text{m}$，桩端持力层为硬塑黏土，试求大直径桩扩底和不扩底的单桩总极限端阻力比值。

解 根据《建筑桩基技术规范》(JGJ 94—2008)5.3.6 条，

设扩底极限端阻力为 Q_{pk}^D，不扩底极限端阻力为 Q_{pk}^d，则：

扩底 $\psi_p = \left(\dfrac{0.8}{D}\right)^{1/4} = \left(\dfrac{0.8}{1.6}\right)^{1/4} = 0.84$

$Q_{pk}^D = \psi_p q_{pk} A_p = 0.84 \times q_{pk} \times \dfrac{3.14\times 1.6^2}{4} = 1.69 q_{pk}$

不扩底 $\psi_p=1.0$

$Q_{pk}^d = \psi_p q_{pk} A_p = 1.0 \times q_{pk} \times \dfrac{3.14\times 0.8^2}{4} = 0.50 q_{pk}$

$\dfrac{Q_{pk}^D}{Q_{pk}^d} = \dfrac{1.69 q_{pk}}{0.50 q_{pk}} = 3.38$

3-78 某自重湿陷性黄土场地，采用人工挖孔端承桩，黄土浸水自重湿陷使桩产生负摩阻力，已知桩顶位于地下 3m，计算中性点位于桩顶下 3m，黄土 $\gamma=15.5\text{kN/m}^3$，$w=12.5\%$，$e=1.06$，试估算黄土对桩产生的负摩阻力。

解 单位体积土粒重度

$$\gamma_d = \frac{\gamma}{1+w} = \frac{15.5}{1+0.125} = 13.8\text{kN/m}^3$$

孔隙率 $n = \dfrac{e}{1+e} = \dfrac{1.06}{1+1.06} = 0.514$

饱和度 $S_r = \dfrac{V_w}{V_v}$

$$S_r \times n \times \gamma_w = \frac{V_w}{V_v} = \frac{V_v}{V} \times \gamma_w = \frac{V_w \times \gamma_w}{V} = \frac{G_w}{V} \quad (\text{单位体积水重})$$

饱和重度

$$\gamma_{sat} = \frac{\gamma_s + V_v \gamma_w}{V} = \frac{\gamma_s}{V} + \frac{V_v \gamma_w}{V} = \frac{\gamma_s}{V} + \frac{G_w}{V} \quad (\text{单位体积土粒重度} + \text{单位体积水重})$$

$S_r = 85\%$

黄土饱和重度

$$\gamma_{sat} = \gamma_d + S_r \times n \times \gamma_w = 13.8 + 0.85 \times 0.514 \times 10 = 18.15 \text{kN/m}^3$$

$q_{si}^n = \xi_n \times \sigma_i' = \xi_n \times \gamma_i \times z_i$,取 $\xi_n = 0.2$

土层中性点深度 $z = 3.0 \text{m}$

黄土湿陷对桩的负摩阻力

$$\sigma_i' = \sigma_{ri}' = \sum_{j=1}^{i-1}\gamma_j \Delta z_j + \frac{1}{2}\gamma_i \Delta z_i = 18.15 \times 3 + \frac{1}{2} \times 18.15 \times 3 = 81.7 \text{kPa}$$

$q_{si}^n = 0.2 \times 81.7 = 16.33 \text{kPa}$

3-79［2009年考题］ 某公路桥梁钻孔灌注桩为摩擦桩，桩径1.0m，桩长35m。土层分布及桩侧摩阻力标准值 q_{ik}、桩端处土的承载力基本容许值 $[f_{a0}]$ 如图所示。桩端以上各土层的加权平均重度 $\gamma_2 = 20 \text{kN/m}^3$，桩端处土的容许承载力随深度的修正系数 $k_2 = 5.0$。根据《公路桥涵地基与基础设计规范》(JGT D63—2007)，试问单桩轴向受压承载力容许值最接近下列哪个选项的数值？（取修正系数 $\lambda = 0.8$，清底系数 $m_0 = 0.8$）(　　)

A. 5620kN　　　　B. 5780kN
C. 5940kN　　　　D. 6280kN

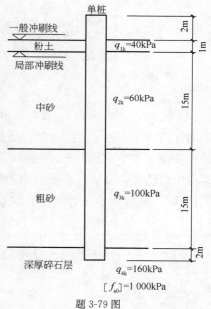

题 3-79 图

解　根据《公路桥涵地基与基础设计规范》(JTG D63—2007)第5.3.3条

$q_r = m_0 \lambda [(f_{a0}) + k_2 \gamma_2 (h-3)]$
　 $= 0.8 \times 0.8 \times [1000 + 5 \times (20-10) \times (33-3)]$
　 $= 1600 \text{kPa}$

$[R_a] = \frac{1}{2} u \sum q_{ik} l_i + A_p q_r$

　　　$= \frac{1}{2} \times 3.14 \times 1.0 \times (60 \times 15 + 100 \times 15 + 160 \times 2) + 1600 \times 3.14 \times 0.5^2$

　　　$= 5526.4 \text{kN}$

其中 h 由一般冲刷线起算，l_i 为局部冲刷线以下各土层厚。

答案：(A)

3-80［2009年考题］ 某柱下单桩独立基础采用混凝土灌注桩，桩径800mm，桩长30m。在荷载效应准永久组合作用下，作用在桩顶的附加荷载 $Q = 6000 \text{kN}$。桩身混凝土弹性模量 $E_c = 3.15 \times 10^4 \text{N/mm}^2$。在该桩桩端以下的附加应力（假定按分段线性分布）及土层压缩模量如图所示,不考虑承台分担荷载作用。根据《建筑桩基技术规范》(JGJ 94—2008),该单桩基础最终沉降量最接近于下列哪个选项的数值?(取沉降计算经验系数 $\psi=1.0$,桩身压缩系数 $\xi_e=0.6$)(　　)

  A. 55mm   B. 60mm   C. 67mm   D. 72mm

解　根据《建筑桩基技术规范》(JGJ 94—2008)第5.5.14条,单桩沉降由桩身弹性压缩和桩端以下土层的变形两者之和构成。

桩身弹性压缩

$$s_e = \xi_e \frac{Q_j l_j}{E_c A_{ps}} = \frac{6000 \times 30 \times 0.6}{3.15 \times 10^4 \times 10^3 \times 3.14 \times 0.4^2}$$

$$= 0.007\text{m} = 7\text{mm}$$

桩端下土层变形按分层总和单向压缩公式计算。

$$\psi \sum_{i=1}^{n} \frac{\sigma_{zi}}{E_{si}} \Delta z_i$$

$$= 1.0 \times \left[\frac{\frac{1}{2} \times (120+80)}{20000} \times 4 + \frac{\frac{1}{2} \times (80+20)}{5000} \times 4 \right]$$

$$= 0.06\text{m} = 60\text{mm}$$

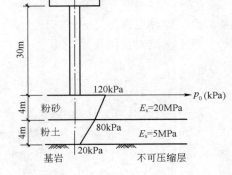

题 3-80 图

单桩沉降 $s = 7+60 = 67$mm

答案:(C)

3-81 [2009年考题]　某柱下6桩独立桩基,承台埋深3.0m,承台面积取 2.4m×4.0m,采用直径0.4m的灌注桩,桩长12m,距径比 $s_a/d=4$,桩顶以下土层参数如表所示。根据《建筑桩基技术规范》(JGJ 94—2008),考虑承台效应(取承台效应系数 $\eta_c=0.14$),试确定考虑地震作用时的复合基桩竖向承载力特征值与单桩承载力特征值之比最接近于下列哪个选项的数值?(取地基抗震承载力调整系数 $\zeta_a=1.5$)(　　)

题 3-81 表

层　序	土　名	层底埋深(m)	q_{sik}(kPa)	q_{pk}(kPa)
①	填土	3.0	—	—
②	粉质黏土	13.0	25	(地基承载力特征值 $f_{ak}=300$kPa)
③	粉砂	17.0	100	6000
④	粉土	25.0	45	800

  A. 1.05   B. 1.11   C. 1.16   D. 1.20

解　根据《建筑桩基技术规范》(JGJ 94—2008)5.3.5条、5.2.2条、5.2.5条

$$Q_{uk} = u\sum q_{sik} l_i + q_{pk} A_p$$

$$= 3.14 \times 0.4 \times (25 \times 10 + 100 \times 2) + 6000 \times \frac{3.14 \times 0.4^2}{4}$$

$$= 1318.8\text{kN}$$

$$R_a = \frac{1}{K} Q_{uk} = \frac{1}{2} Q_{uk} = \frac{1318.8}{2} = 659.4\text{kN}$$

考虑地震作用 $A_c = \dfrac{A-nA_{ps}}{n} = \dfrac{2.4\times 4 - 6\times \dfrac{3.14\times 0.4^2}{4}}{6} = 1.47$

$R = R_a + \dfrac{\xi_a}{1.25}\eta_c f_{ak} A_c = 659.4 + \dfrac{1.5}{1.25}\times 0.14\times 300\times 1.47 = 733.5\text{kN}$

$\dfrac{R}{R_a} = \dfrac{733.5}{659.4} = 1.11$

答案：(B)

3-82 [2009 年考题] 某工程采用泥浆护壁钻孔灌注桩，桩径 1200mm，桩端进入中等风化岩 1.0m，中等风化岩岩体较完整，饱和单轴抗压强度标准值为 41.5MPa，桩顶以下土层参数如表所示。按《建筑桩基技术规范》(JGJ 94—2008)，估算单桩极限承载力最接近下列哪个选项的数值？(取桩嵌岩段侧阻和端阻综合系数 $\zeta_r = 0.76$)(　　)

题 3-82 表

岩土层编号	岩土层名称	桩顶以下岩土层厚度(m)	q_{sik}(kPa)	q_{pk}(kPa)
①	黏土	13.70	32	—
②	粉质黏土	2.30	40	—
③	粗砂	2.00	75	—
④	强风化岩	8.85	180	2500
⑤	中等风化岩	8.00	—	—

A. 32200kN　　　　B. 36800kN　　　　C. 40800kN　　　　D. 44200kN

解 根据《建筑桩基技术规范》(JGJ 94—2008)5.3.9 条

$Q_{sk} = u\sum q_{sik} l_i = 3.14\times 1.2\times (32\times 13.7 + 40\times 2.3 + 75\times 2.0 + 180\times 8.85) = 8566.2\text{kN}$

$Q_{rk} = \zeta_r f_{rk} A_p = 0.76\times 41.5\times 10^3\times 3.14\times 0.6^2 = 35652.8\text{kN}$

$Q_{uk} = Q_{sk} + Q_{rk} = 8566.2 + 35652.8 = 44219\text{kN}$

答案：(D)

3-83 [2009 年考题] 某地下车库作用有 141MN 浮力，基础及上部结构和土重为 108MN。拟设置直径 600mm、长 10m 的抗拔桩，桩身重度为 25kN/m³。水的重度取 10kN/m³。基础底面以下 10m 内为粉质黏土，其桩侧极限摩阻力为 36kPa，车库结构侧面与土的摩擦力忽略不计。按《建筑桩基技术规范》(JGJ 94—2008)，估算群桩呈非整体破坏时需设置抗拔桩的数量至少应大于下列哪个选项？(取粉质黏土抗拔系数 $\lambda = 0.70$)(　　)

A. 83 根　　　　B. 89 根　　　　C. 108 根　　　　D. 118 根

解 根据《建筑桩基技术规范》(JGJ 94—2008)5.4.5、5.4.6 条，
群桩呈非整体破坏，基桩抗拔极限承载力标准值。

$T_{uk} = \sum \lambda_i q_{sik} u_i l_i = 0.7\times 36\times 3.14\times 0.6\times 10 = 474.8\text{kN}$

$N_k \leqslant 141\times 10^3 - 108\times 10^3 = 33000\text{kN}$

$G_P = \dfrac{\pi}{4} d^2 l \gamma'_{桩} = \dfrac{3.14}{4}\times 0.6^2\times 10\times 15 = 42.4\text{kN}$

$n \geqslant \dfrac{N_k}{\dfrac{T_{uk}}{2} + G_p} = \dfrac{33000}{\dfrac{474.8}{2} + 42.4} = 118$ 根

答案：(D)

3-84 [2009 年考题] 某柱下桩基采用等边三柱独立承台,承台等厚三向均匀配筋。在荷载效应基本组合下,作用于承台顶面的轴心竖向力为 2100kN,承台及其上土重标准值为 300kN。按《建筑桩基技术规范》(JGJ 94—2008),计算该承台正截面最大弯矩最接近下列哪个选项的数值？（　　）

  A. 531kN·m   B. 670kN·m
  C. 743kN·m   D. 814kN·m

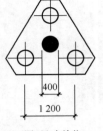

题 3-84 图(尺寸单位:mm)

解 等边三桩承台正截面最大弯矩

$s_a = 1.2m$，$c = 0.8d = 0.8 \times 0.4 = 0.32m$

$$M = \frac{N_{max}}{3}\left(s_a - \frac{\sqrt{3}}{4}c\right) = \frac{2100}{3} \times \left(1.2 - \frac{\sqrt{3}}{4} \times 0.32\right) = 743 \text{kN} \cdot \text{m}$$

答案：(C)

3-85 [2008 年考题] 如图所示,竖向荷载设计值 $F = 24000$kN,承台混凝土为 C40（$f_t = 1.71$MPa）,按《建筑桩基技术规范》(JGJ 94—2008),验算柱边 A—A 至桩边连线形成的斜截面的抗剪承载力与剪切力之比（抗力/V）最接近下列哪个选项？（　　）

  A. 1.05   B. 1.2
  C. 1.3   D. 1.4

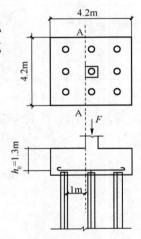

解 根据《建筑桩基技术规范》5.9.10 条

剪跨比 $\lambda_x = a_x/h_0 = 1.0/1.3 = 0.77$

$$\beta_{hs} = \left(\frac{800}{h_0}\right)^{1/4} = \left(\frac{800}{1300}\right)^{1/4} = 0.886$$

$$\alpha = \frac{1.75}{\lambda+1} = \frac{1.75}{0.77+1} = 0.989$$

$\beta_{hs}\alpha f_t b_0 h_0 = 0.886 \times 0.989 \times 1.71 \times 10^3 \times 4.2 \times 1.3 = 8181$kN

题 3-85 图

剪切力 $V = \dfrac{24000}{9} \times 3 = 8000$kN

两者之比为 $\dfrac{8181}{8000} = 1.02$

答案：(A)

3-86 [2008 年考题] 某一柱一桩（端承灌注桩）基础,桩径 1.0m,桩长 20m,承受轴向竖向荷载设计值 $N = 5000$kN,地表大面积堆载, $P = 60$kPa,桩周土层分布如图所示。根据《建筑桩基技术规范》(JGJ 94—2008),桩身混凝土强度等级选用下列哪一数值最经济合理(不考虑地震作用,灌注桩施工工艺系数 $\psi_c = 0.7$,负摩阻力系数 $\zeta_n = 0.20$)？（　　）

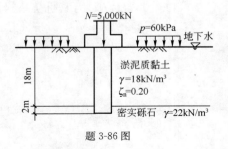

题 3-86 图

题 3-86 表

混凝土强度等级	C20	C25	C30	C35
轴心抗压强度设计值 f_c(N/mm²)	9.6	11.9	14.3	16.7

  A. C20   B. C25   C. C30   D. C35

解 根据《建筑桩基技术规范》(JGJ 94—2008)5.4.4 条、5.8 条，桩负摩阻力计算

$l_0 = 18\text{m}, l_n/l_0 = 0.9$，中性点深度 $l_n = 18 \times 0.9 = 16.2\text{m}$

$\sigma_{ri}' = \sum_{e=1}^{i-1}\gamma_e\Delta z_e + \frac{1}{2}\gamma_i\Delta z_i = \frac{1}{2} \times (18-10) \times 16.2 = 64.8\text{kPa}$

$\sigma_i' = p + \sigma_{ri}' = 60 + 64.8 = 124.8\text{kPa}$

负摩阻力标准值 $q_{si}^n = \zeta_n\sigma_i' = 0.2 \times 124.8 = 24.96\text{kPa}$

下拉荷载 $Q_g^n = \eta_n u \sum_{i=1}^{n} q_{si}^n l_i = 1.0 \times 3.14 \times 1.0 \times 24.96 \times 16.2 \times 1.35 = 1715\text{kN}$

$N + Q_g^n = 5000 + 1715 = 6715\text{kN}$

$N \leqslant \psi_c f_c A_{ps}$

$f_c \geqslant \dfrac{N}{\psi_c A_{ps}} = \dfrac{6715}{0.7 \times 3.14 \times 0.5^2} = 12220\text{kPa} = 12.22\text{MPa}$

答案：(C)

3-87〔2008 年考题〕 作用于桩基承台顶面的竖向力为 5000kN，x 方向的偏心距为 0.1m，不计承台及承台上土自重，承台下布置 4 根桩，如图所示。根据《建筑桩基技术规范》(JGJ 94—2008)，计算承台承受的正截面最大弯矩与下列哪个选项的数值最为接近？（ ）

  A. 1999.8kN·m   B. 2166.4kN·m
  C. 2999.8kN·m   D. 3179.8kN·m

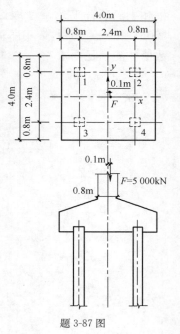

题 3-87 图

解 根据《建筑桩基技术规范》(JGJ 94—2008)第 5.1.1 条、第 5.9.2 条

$M_y = 5000 \times 0.1 = 500\text{kN·m}$

$N_{max} = \dfrac{F+G}{n} + \dfrac{M_y x_i}{\sum x_j^2} = \dfrac{5000+0}{4} + \dfrac{500 \times 1.2}{4 \times 1.2^2} = 1354.2\text{kN}$

承台弯矩计算截面取在柱边

$M_y = \sum N_i x_i = 2N_i \times (1.2-0.4) = 2 \times 1354.2 \times 0.8$
  $= 2166.7\text{kN·m}$

答案：(B)

3-88〔2008 年考题〕 一圆形等截面沉井，排水挖土下沉过程中处于如图所示状态，刃脚完全掏空，井体仍然悬在土中。假设井壁外侧摩阻力呈倒三角形分布，沉井自重 $G_0 = 1800\text{kN}$，问地表下 5m 处井壁所受拉力最接近下列何值（假定沉井自重沿深度均匀分布）？（ ）

  A. 300kN   B. 450kN   C. 600kN   D. 800kN

解 根据力的平衡

$\frac{1}{2} \times p_{max} \times 10 \times \pi D = 1800, D = 5.2 + 0.8 = 6.0 \mathrm{m}$

$p_{max} = \frac{1800}{30\pi} = 19.1 \mathrm{kPa}$

地面下 5m 处 p 为

$\frac{p}{p_{max}} = \frac{5}{10}, p = \frac{5 p_{max}}{10} = \frac{5 \times 19.1}{10} = 9.55 \mathrm{kPa}$

井体 5m 以下自重为 $\frac{1}{12} \times (12-7) \times 1800 = 750 \mathrm{kN}$

地面 5m 以下的侧阻力为

$\frac{1}{2} \times p \times 5 \times \pi D = \frac{1}{2} \times 9.55 \times 6 \times \pi \times 5 = 449.8 \mathrm{kN}$

地面下 5m 处井壁受拉力为 $750 - 449.8 = 300.2 \mathrm{kN}$

答案：(A)

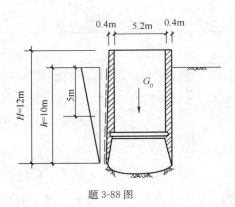

题 3-88 图

3-89 [2008 年考题] 某铁路桥梁桩基如图所示，作用于承台顶面的竖向力和承台底面处的力矩分别为 6000kN 和 2000kN·m。桩长 40m，桩径 0.8m，承台高度 2m，地下水位与地表齐平，桩基所穿过土层的按厚度加权平均内摩擦角为 $\bar{\varphi} = 24°$，假定实体深基础范围内承台、桩和土的混合平均重度取 $20 \mathrm{kN/m^3}$，根据《铁路桥涵地基和基础设计规范》(TB 10002.5—2005/J464—2005)，按实体基础验算，桩端底面处地基容许承载力至少应接近下列哪个选项的数值才能满足要求？( )

    A. 465kPa   B. 890kPa   C. 1100kPa   D. 1300kPa

解 根据《铁路桥涵地基和基础设计规范》(TB 10002.5—2005)

$\frac{N}{A} + \frac{M}{W} \leqslant [\sigma]$

$A = \left(2 \times 2.4 + 0.4 + 0.4 + 2 \times 40 \times \tan\frac{24°}{4}\right) \times$
$\quad\left(2.4 + 0.4 + 0.4 + 2 \times 40 \times \tan\frac{24°}{4}\right)$
$= 14.008 \times 11.608 = 162.6 \mathrm{m^2}$

$N = 6000 + A \times 42 \times (20-10)$
$\quad = 6000 + 162.6 \times 42 \times 10 = 74292 \mathrm{kN}$

$W = \frac{b^2 l}{6} = \frac{14.008^2 \times 11.608}{6} = 379.6 \mathrm{m^3}$

$[\sigma] \geqslant \frac{N}{A} + \frac{M}{W} = \frac{74292}{162.6} + \frac{2000}{379.6} = 462.2 \mathrm{kPa}$

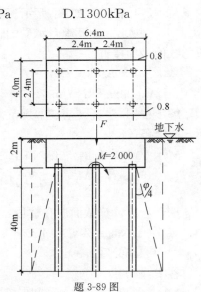

题 3-89 图

答案：(A)

3-90 [2008 年考题] 刚性桩穿过厚 20m 的未充分固结新近填土层，并以填土层的下卧层为桩端持力层，在其他条件相同情况下，下列哪个选项作为桩端持力层时，基桩承受的下拉荷载最大？并简述理由。( )

    A. 可塑状黏土   B. 红黏土   C. 残积土   D. 微风化砂岩

解 桩端土越好，$\dfrac{l_u}{l_0}$越大，如基岩$\dfrac{l_u}{l_0}=1.0$。

中性点位置越往下移，负摩阻力越大，下拉荷载越大。

答案：(D)

3-91 [2010年考题] 某灌注桩直径800mm，桩身露出地面的长度为10m，桩入土长度20m，桩端嵌入较完整的坚硬岩石，桩的水平变形系数α为0.520(1/m)，桩顶铰接，桩顶以下5m的范围内箍筋间距为200mm，该桩轴心受压，桩顶轴向压力设计值为6800kN，成桩工艺系数ψ_c取0.8，按《建筑桩基技术规范》(JGJ 94—2008)，试问桩身混凝土轴心抗压强度设计值应不小于下列何项数值？（　　）

  A. 15MPa   B. 17MPa   C. 19MPa   D. 21MPa

解 根据《建筑桩基技术规范》(JGJ 94—2008) 5.8.3条

$$N \leqslant \psi_c f_c A_{ps}$$

此为高承台基桩，应考虑压屈影响。

桩底嵌于岩石之中，桩顶铰接，$\alpha=0.520$。

$$h=20\text{m} > \dfrac{4}{0.520}=7.69, 故 l_c=0.7 \times (l_0+\dfrac{4}{\alpha})=0.7 \times (10+\dfrac{4}{0.520})=12.38\text{m}$$

$\dfrac{l_c}{d}=\dfrac{12.38}{0.8}=15.5$，查表5.8.4-2得，$\varphi=0.81$ $N=\phi\psi_c f_c A_{ps}$

代入得，$f_c \geqslant \dfrac{N}{\phi\psi_c A_{ps}}=\dfrac{6800}{0.81 \times 0.8 \times 3.14 \times 0.4^2}=20.9 \times 10^3 \text{kPa}=20.9\text{MPa}$

答案：(D)

3-92 [2010年考题] 群桩基础中的某灌注基桩，桩身直径700mm，入土深度25m，配筋率为0.60%，桩身抗弯刚度EI为$2.83 \times 10^5 \text{kN} \cdot \text{m}^2$，桩侧土水平抗力系数的比例系数$m$为$2.5\text{MN/m}^4$，桩顶为铰接，按《建筑桩基技术规范》(JGJ 94—2008)，试问当桩顶水平荷载为50kN时，其水平位移值最接近下列何项数值？（　　）

  A. 6mm   B. 9mm   C. 12mm   D. 15mm

解 根据《建筑桩基技术规范》(JGJ 94—2008)第5.7.5条、5.7.2条、5.7.3条

桩身计算宽度$b_0=0.9 \times (1.5d \times 0.5)=0.9 \times (1.5 \times 0.7+0.5)=1.395\text{m}$

根据规范式(5.7.5)，桩的水平变形系数

$$\alpha=\sqrt[5]{\dfrac{mb_0}{EI}}=\sqrt[5]{\dfrac{2.5 \times 10^3 \times 1.395}{2.83 \times 10^5}}=0.415\text{m}^{-1}$$

桩顶铰接，$\alpha h=0.415 \times 25=10.38 > 4$，查表5.7.2，取桩顶水平位移系数$\nu_x=2.441$；

根据式(5.7.3-5)计算桩顶水平位移值

$$\chi_{0a}=\dfrac{R_{ha}v_x}{\alpha^3 EI}=\dfrac{50 \times 2.441}{0.415^3 \times 2.83 \times 10^5}=0.006\text{mm}=6\text{mm}$$

答案：(A)

3-93 [2010年考题] 某软土地基上多层建筑，采用减沉复合疏桩基础，筏板平面尺寸为35m×10m，承台底设置钢筋混凝土预制桩共计102根，桩截面尺寸为200mm×200mm，间距2m，桩长15m，正三角形布置，地层分布及土层参数如图所示，试问按《建筑桩基技术规范》

(JGJ 94—2008)计算的基础中心点由桩土相互作用产生的沉降 s_{sp},其值与下列何项数值最为接近?( )

  A. 6.4mm   B. 8.4mm   C. 11.9mm   D. 15.8mm

解 根据《建筑桩基技术规范》(JGJ 94—2008)第5.6.2条

桩土相互作用产生的沉降为

$$s_{sp}=280\times\frac{\overline{q}_{su}}{\overline{E}_s}\times\frac{d}{\left(\frac{s_a}{d}\right)^2}$$

式中,桩身范围内按厚度加权的平衡桩侧极限摩阻力 $\overline{q}_{su}=\dfrac{40\times10+55\times5}{15}=45$ kPa。

平均压缩模量 $\overline{E}_s=\dfrac{1\times10+7\times5}{15}=3$ MPa

桩身直径 $d=1.27b=1.27\times200=254$ mm

等效距径比 $\dfrac{s_a}{d}=\dfrac{0.886\times\sqrt{A}}{\sqrt{n}b}=\dfrac{0.886\times\sqrt{35\times10}}{\sqrt{102}\times0.2}$

    $=8.21$

沉降 $s_{sp}=280\dfrac{\overline{q}_{su}}{\overline{E}_s}\dfrac{d}{\left(\dfrac{s_a}{d}\right)^2}=280\times\dfrac{45}{3\times10^3}\times\dfrac{254}{8.21^2}$

   $=15.83$ mm

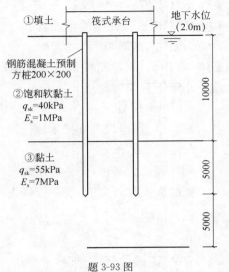

题 3-93 图
注:图中未注明尺寸以 mm 计

答案:(D)

3-94 [2010年考题] 柱下桩基承台如图所示,承台混凝土轴心抗拉强度设计值 $f_t=1.71$ MPa,试按《建筑桩基技术规范》(JGJ 94—2008),计算承台柱边 A_1—A_1 斜截面的受剪承载力,其值与下列何项数值最为接近?( )

  A. 1.00MN   B. 1.21MN   C. 1.35MN   D. 2.04MN

解 根据《建筑桩基技术规范》(JGJ 94—2008)第5.9.10条

$h_0=h_{10}+h_{20}=0.6$ m

$b_{y1}=2.0$ m,$b_{y2}=1.0$ m,$h_{10}=h_{20}=0.3$ m

$b_0h_0=b_{y1}h_{10}+b_{y2}h_{20}=2.0\times0.3+1.0\times0.3=0.9$

$h_0<800$ mm,取 $h_0=800$ mm,则 $\beta_{hs}=\left(\dfrac{800}{h_0}\right)^{\frac{1}{4}}=1$

剪跨比 $\lambda=\dfrac{a}{h_0}=\dfrac{1000}{600}=1.667$,则承台剪切系数 $\alpha=\dfrac{1.75}{\lambda+1}=0.656$,代入得

$\beta_{hs}\alpha f_t b_0 h_0=1.0\times0.656\times1.71\times0.9=1.01$ MN

答案:(A)

3-95 [2010年考题] 某泥浆护壁灌注桩桩径800mm,桩长24m,采用桩端桩侧联合后注浆,桩侧注浆断面位于桩顶下12m,桩周土性及后注浆桩侧阻力与桩端阻力增强系数如图所示。按《建筑桩基技术规范》(JGJ 94—2008)估算的单桩极限承载力最接近于下列何项数值?( )

  A. 5620kN   B. 6460kN   C. 7420kN   D. 7700kN

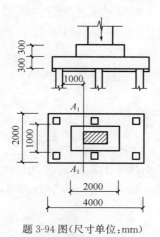

题 3-94 图(尺寸单位:mm)

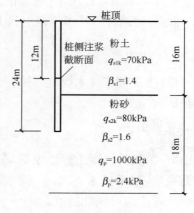

题 3-95 图

解 根据《建筑桩基技术规范》(JGJ 94—2008)5.3.10 条
$l_j=0, l_{g1}=16\text{m}, l_{g2}=8\text{m}$
$Q_{uk}=Q_{sk}+Q_{gsk}+Q_{gpk}=u\sum q_{sjk}l_j+u\sum \beta_{si}q_{sik}l_{gi}+\beta_p q_{pk}A_p$
$=3.14\times 0.8\times(1.4\times 70\times 16+1.6\times 80\times 8)+2.4\times 1000\times 3.14\times 0.4^2=7717\text{kN}$

答案:(D)

3-96 [2011 年考题] 桩基承台如图所示(尺寸 mm 计),已知柱轴力 $F=12000\text{kN}$,力矩 $M=1500\text{kN·m}$,水平力 $H=600\text{kN}$(F、M 和 H 均对应荷载效应基本组合),承台及其上填土的平均重度为 20kN/m^3。试按《建筑桩基技术规范》(JGJ 94—2008)计算图示虚线截面处的弯矩设计值最接近下列哪一数值?( )

  A. 4800kN·m   B. 5300kN·m
  C. 5600kN·m   D. 5900kN·m

解 首先应清楚该题属于桩基础承台结构的抗弯承载力验算。根据《建筑桩基技术规范》(JGJ 94—2008)第 5.9.1 条与第 5.9.2 条及公式(5.9.2-2)计算如下:

先计算右侧两基桩净反力设计值:

(1)右侧两根基桩的净反力:
$$N_{右}=\frac{F}{n}+\frac{M_y x_i}{\sum x_j^2}=\frac{12000}{6}+\frac{(1500+600\times 1.5)\times 1.8}{4\times 1.8^2}$$
$$=2333\text{kN}$$

(2)弯矩设计值:
$$M_y=\sum N_i x_i=2\times 2333\times(1.8-0.6)=5599\text{kN·m}$$

答案:(C)

3-97 [2011 年考题] 钻孔灌注桩单桩基础,桩长 24m,桩身直径 $d=600\text{mm}$,桩顶以下 30m 范围内均为粉质黏土,

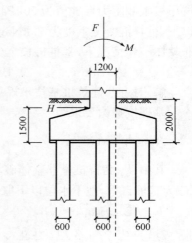

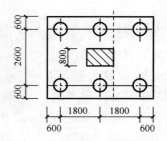

题 3-96 图 桩基承台示意图
(尺寸单位:mm)

在荷载效应准永久组合作用下,桩顶的附加荷载为 1200kN,桩身混凝土的弹性模量为 3.0×10^4MPa,根据《建筑桩基技术规范》(JGJ 94—2008),计算桩身压缩变形最接近于下列哪个选项?( )

  A. 2.0mm   B. 2.5mm   C. 3.0mm   D. 3.5mm

解 据《建筑桩基技术规范》(JGJ 94—2008)5.5.14 条

桩身压缩 s_e 为

$$s_e = \xi_e \frac{Q_j l_j}{E_c A_{ps}}$$

其中 E_c 为桩身混凝土弹性模量,A_{ps} 为桩身截面积,Q_j 为桩顶的附加荷载,l_j 为桩长,ξ_e 为桩身压缩系数,端承桩 ξ_e 取 1.0。摩擦型桩,当 $l/d\leq 30$ 时,取 $\xi_e=2/3$;$l/d\geq 50$ 时,取 $\xi_e=1/2$;介于两者之间可线性插值。

在本题中,$l/d=24/0.6=40$,介于 30 与 50 之间。插值可得 $\xi_e=(2/3+1/2)/2=0.5833$

于是 $s_e = 0.5833 \times \dfrac{1200\times 24\times 10^3}{3.0\times 10^4\times 10^3\times \pi \times (0.6/2)^2} = 1.98\text{mm}$

答案:(A)

点评:本题的要点是记住 ξ_e 的取值。

3-98[2011 年考题] 某抗拔基桩桩顶抗拔力为 800kN,地基土为单一的黏土,桩侧土的抗压极限侧阻力标准值为 50kPa,抗拔系数 λ 取 0.8,桩身直径为 0.5m,桩顶位于地下水位以下,桩身混凝土重度为 25kN/m³,按《建筑桩基技术规范》(JGJ 94—2008)计算,群桩基础呈非整体破坏情况下,基桩桩长至少不小于下列哪一个选项?( )

  A. 15m   B. 18m   C. 21m   D. 24m

解 按照《建筑桩基技术规范》(JGJ 94—2008)5.4.5 条,

基桩抗拔力要求为

$$N_k \leq \frac{T_{uk}}{2} + G_p$$

其中 T_{uk} 为群桩呈非整体破坏时基桩的抗拔极限承载力标准值,计算公式为 $T_{uk}=\lambda q_{sk} u l$。$G_p$ 为基桩自重,地下水位以下取浮重度。于是有

$$T_{uk} = \sum \lambda q_{sik} u_i l_i = 0.8 \times 50 \times \pi \times 0.5 \times l = 62.83 l$$

$$G_p = \frac{\pi d^2}{4}\gamma' l = \frac{3.14\times 0.5^2}{4} \times (25-10) \times l = 2.94 l$$

可以得到:$l = \dfrac{800}{62.8/2+2.94} = 23.3\text{m}$

答案:(D)

点评:本题的要点是地下水位以下桩的重度取浮重度。

3-99[2011 年考题] 某端承桩单桩基础桩身直径 $d=600$mm,桩端嵌入基岩,桩顶以下 10m 为欠固结的淤泥质土,该土有效重度为 8.0kN/m³,桩侧的抗压极限侧阻力标准值为 20kPa,负摩阻力系数 ξ_n 为 0.25,按《建筑桩基技术规范》(JGJ 94—2008)计算,桩侧摩阻力引起的下拉荷载最接近于下列哪一项?( )

  A. 150kN   B. 190kN   C. 250kN   D. 300kN

解 据《建筑桩基技术规范》(JGJ 94—2008)5.4.4 条，由于桩端为基岩，于是中性点深度为 $l_n/l_0=1.0$，即 $l_n=l_0=10\text{m}$。

负摩阻力标准值 $q_s^n=\xi_n\sigma'$，其中

$$\sigma'=\sigma'_\gamma=\frac{1}{2}\gamma\Delta z=\frac{8\times10}{2}=40\text{kPa}$$

于是

$$q_s^n=\xi_n\sigma'=0.25\times40=10\text{kPa}<20\text{kPa}，取 q_{s1}^n=10\text{kPa}$$

端承桩不考虑群桩效应，下拉荷载为

$$Q_g^n=q_s^n ul=10\times3.14\times0.6\times10=188.4\text{kN}$$

答案：(B)

点评：本题的要点是记住相应的计算公式。

3-100 [2011 年考题] 某混凝土预制桩，桩径 $d=0.5\text{m}$，桩长 18m，地基土性与单桥静力触探资料如图所示，按《建筑桩基技术规范》(JGJ 94—2008)计算，单桩竖向极限承载力标准值最接近下列哪一个选项？(桩端阻力修正系数 α 取为 0.8)(　　)

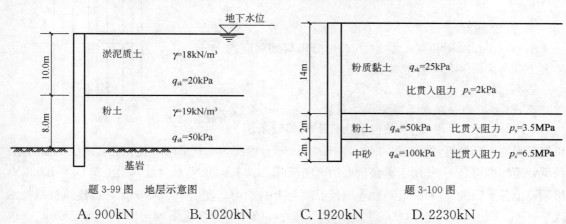

题 3-99 图　地层示意图　　　　　　　　题 3-100 图

A. 900kN　　　　B. 1020kN　　　　C. 1920kN　　　　D. 2230kN

解 该题考查内容为根据单桥静力触探原位测试资料计算单桩承载力。根据《建筑桩基技术规范》(JGJ 94—2008)第 5.3.3 条，计算如下：

(1) $p_{sk1}=\dfrac{3.5+6.5}{2}=5\text{MPa}，p_{sk2}=6.5\text{MPa}$

$p_{sk1}<p_{sk2}，p_{sk}=\dfrac{1}{2}(p_{sk}+\beta p_{sk2})$

$\dfrac{p_{sk2}}{p_{sk1}}=\dfrac{6.5}{5}=1.3<5$，查表 5.3.3-3，$\beta=1$

$p_{sk}=\dfrac{1}{2}\times(5+6.5)=5.75\text{MPa}=5750\text{kPa}$

(2) $Q_{uk}=Q_{sk}+Q_{pk}=u\sum q_{sik}l_i+\alpha p_{sk}A_p$
$=3.14\times0.5\times(14\times25+2\times50+2\times100)+0.8\times5750\times0.25\times3.14\times0.5^2$
$=1923.3\text{kN}$

答案：(C)

3-101 [2011年考题] 某柱下桩基础如图所示，采用5根相同的基桩，桩径$d=800$mm。地震作用效应和荷载效应标准组合下，柱作用在承台顶面处的竖向力$F_k=10000$kN，弯矩设计值$M_{yk}=480$kN·m，承台与土自重标准值$G_k=500$kN，根据《建筑桩基技术规范》(JGJ 94—2008)，基桩竖向承载力特征值至少要达到下列何值，该柱下桩基才能满足承载力要求？（　　）

A．1460kN　　　　　　B．1680kN
C．2100kN　　　　　　D．2180kN

解 据《建筑桩基技术规范》(JGJ 94—2008)5.1.1条、5.2.1条，在地震作用效应和荷载效应标准组合，偏心竖向力作用下，要求$N_{Ek}\leqslant 1.25R$，以及$N_{Ekmax}\leqslant 1.5R$。

$$N_{Ek}=\frac{F_k+G_k}{n}=\frac{10000+500}{5}=2100\text{kN}$$

$$N_{Ekmax}=\frac{F_k+G_k}{n}+\frac{M_{yk}x_i}{\sum x_j^2}=\frac{10000+500}{5}+\frac{480\times 1.5}{4\times 1.5^2}$$
$$=2180\text{kN}$$

由$N_{Ek}\leqslant 1.25R$和$N_{Ekmax}\leqslant 1.5R$，可分别得到对应的R为1680kN和1453kN，取大值。

答案：(B)

点评：本题的要点是正确运用规范。

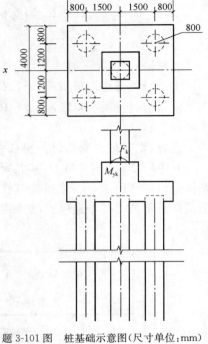

题3-101图　桩基础示意图(尺寸单位：mm)

3-102 [2011年考题] 某构筑物柱下桩基础采用16根钢筋混凝土预制桩，桩径$d=0.5$m，桩长20m，承台埋深5m，其平面布置、剖面、地层如图所示。荷载效应标准组合下，作用于承台顶面的竖向荷载$F_k=27000$kN，承台及其上土重$G_k=1000$kN，桩端以上各土层的$q_{sik}=60$kPa，软弱层顶面以上土的平均重度$\gamma_m=18$kN/m³，按《建筑桩基技术规范》(JGJ 94—2008)验算，软弱下卧层承载力特征值至少应接近下列何值才能满足要求？（取$\eta_d=1.0, \theta=15°$)（　　）

A．66kPa　　B．84kPa　　C．175kPa　　D．204kPa

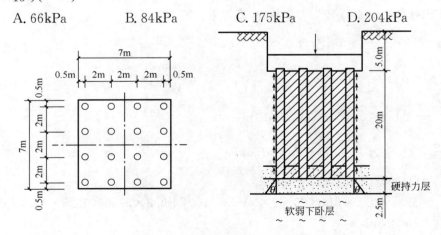

题3-102图　桩基础的平面与剖面图

三、深 基 础

解 据《建筑桩基技术规范》(JGJ 94—2008)5.4.1条,软弱下卧层承载力验算公式 $\sigma_z + \gamma_m z \leqslant f_{az}$。其中

$$\sigma_z = \frac{(F_k+G_k)-\frac{3}{2}(A_0+B_0)\sum q_{sik}l_i}{(A_0+2t\tan\theta)(B_0+2t\tan\theta)}$$

$$= \frac{(27000+1000)-1.5\times(6+0.5+6+0.5)\times 60\times 20}{(6+0.5+2\times 2.5\tan 15°)(6+0.5+2\times 2.5\tan 15°)} = 74.8\text{kPa}$$

于是得到

$$f_{az} \geqslant \sigma_z + \gamma_m z = 74.8 + 18\times(20+2.5) = 479.8\text{kPa}$$

由 $f_{az} = f_{ak} + \eta_d \gamma_m(z-0.5)$,可得软弱下卧层承载力特征值

$$f_{ak} = f_{az} - \eta_d \gamma_m(z-0.5) = 479.8 - 1.0\times 18\times(20+2.5-0.5) = 83.8\text{kPa}$$

答案(B)

点评:本题的要点是正确运用规范。比如 A_0 和 B_0 计算时要加上桩径,深度修正时 $z=22.5$m,而不是27.5m等。另外,答案C和D的数值本身已经不是软弱层的承载力特征值,对备选答案的初步判断可以缩小选择范围。

3-103 [2012年考题] 某甲类建筑物拟采用干作业钻孔灌注桩基础,桩径0.8m,桩长50.0m,拟建场地土层如图所示,其中土层②、③层为湿陷性黄土状粉土,这两层土自重湿陷量 $\Delta z_s = 440$mm,④层粉质黏土无湿陷性,桩基设计参数见表,请问根据《建筑桩基技术规范》(JGJ 94—2008)和《湿陷性黄土地区建筑规范》(GB 50025—2004)规定,单桩所能承受的竖向力 N_k 最大值最接近下列哪项数值?(　　)

(注:黄土状粉土的中性点深度比取 $l_n/l_0 = 0.5$)

A. 2110kN　　　　B. 2486kN
C. 2864kN　　　　D. 3642kN

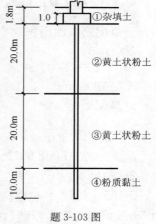

题 3-103 图

解 中性点深度比取 $l_n/l_0 = 0.5$,则中性点深度 $l_n = 0.5 l_0 = 0.5\times 40 = 20$m,根据《湿陷性黄土地区建筑规范》(GB 50025—2004)表4.4.7得 $\Delta z_s = 440$mm>70mm,为自重湿陷性场地。

根据《湿陷性黄土地区建筑规范》(GB 50025—2004)5.7.5条,在自重湿陷性场地,除不计湿陷性黄土层内的桩长按饱和状态下的正侧阻力外,尚应扣除桩侧的负摩擦力。根据表5.7.5得:$\Delta z_s > 200$mm,钻、挖孔灌注桩平均负摩擦力特征值为15kPa。

题 3-103 表

地层编号	地层名称	天然重度 γ (kN/m³)	干作业钻孔灌注桩	
			桩的极限侧阻力标准值 q_{sik}(kPa)	桩的极限端阻力标准值 q_{pk}(kPa)
②	黄土状粉土	18.7	31	
③	黄土状粉土	19.2	42	
④	粉质黏土	19.3	100	2200

根据《建筑桩基技术规范》(JGJ 94—2008)式(5.4.3-2)得

$$N_k \leqslant R_a - Q_g^n = \frac{1}{2}Q_{uK} - Q_g^n$$
$$= \frac{1}{2} \times [3.14 \times 0.8 \times (42 \times 20 + 100 \times 10) - 3.14 \times 0.4^2 \times 2200] - 3.14 \times 0.8 \times 15 \times 20$$
$$= 2110 \text{kN}$$

答案：(A)

3-104 [2012年考题] 某地下箱型构筑物，基础长50m，宽40m，顶面高程−3m，底面高程为−11m，构筑物自重(含上覆土重)总计 1.2×10^5 kN，其下设置100根 $\phi600$ 抗浮灌注桩，桩轴向配筋抗拉强度设计值为 300N/mm^2，抗浮设防水位为−2m，假定不考虑构筑物与土的侧摩阻力，按《建设桩基技术规范》(JGJ 94—2008)计算，桩顶截面配筋率至少是下列哪一个选项？（分项系数取1.35，不考虑裂缝验算，抗浮稳定安全系数取1.0）（　　）

A. 0.40%　　B. 0.50%　　C. 0.65%　　D. 0.96%

解 计算浮力
浮力 $= 50 \times 40 \times (11-3) \times 10 = 1.6 \times 10^5$ kN
计算桩预轴向拉力设计值
$$N = \frac{1.35(\text{浮力} - \text{自重})}{n} = \frac{1.35 \times (1.6 \times 10^5 - 1.2 \times 10^5)}{100} = 540 \text{kN}$$
计算配筋截面面积
$N \leqslant f_y A_s$
$540 \times 10^3 \leqslant 300 \times A_s$
$A_s \geqslant 1800 \text{mm}^2$
计算配筋率
$$\rho_g \geqslant \frac{1800}{3.14 \times 300^2}$$
$\rho_g \geqslant 0.00637 = 0.637\%$

答案：(C)

3-105 [2012年考题] 某公路桥(跨河)，采用钻孔灌注桩，直径为1.2m，桩端入土深度为50m，桩端为密实粗砂，地层参数见下表，桩基位于水位以下，无冲刷，假定清底系数为0.8，桩周土的平均浮重度 $\bar{\gamma} = 9.0$，根据《公路桥涵地基与基础设计规范》(JTG D63—2007)计算，施工阶段单桩轴向抗压承载力容许值最接近哪个？（　　）

题3-105表

土层厚度	岩性	q_{ik}	f_{s0}承载力基本容许值
35	黏土	40	
10	粉土	60	
20	粗砂	120	500

A. 6000　　B. 7000　　C. 8000　　D. 9000

解 根据《公路桥涵地基基础设计规范》(JGJ D63—2007)第5.3.3、3.3.4、5.3.7条得
$$\frac{l}{d} = \frac{50}{1.2} = 41.4, \text{查表5.3.3-2得} \lambda = 0.85$$
查表3.3.4得 $k_2 = 6.0$

计算桩端处土的承载力容许值(5.3.3条)q_r：
$q_r = m_0 \lambda \{[f_{a0}] + k_2 \gamma_2 (h-3)\}$；其中 λ 取 0.85，k_2 取 6.0，取 $h = 40$m
$q_r = 0.8 \times 0.85 \times [500 + 6.0 \times 9.0 \times (40-3)] = 1698.6(kPa)>1450$kPa，取 1450kPa
计算单桩轴向抗压承载力容许值(5.3.3条)
$[R_a] = \frac{1}{2} u \sum_{i=1}^{n} q_{ik} l_i + A_p q_r$

$[R_a] = 0.5 \times 3.14 \times 1.2 \times (40 \times 35 + 60 \times 10 + 120 \times 5) + 3.14 \times 0.6^2 \times 1450 = 6537.5$kN
计算单桩轴向抗压承载力：按 5.3.7规定，抗力系数取 1.25
单桩轴向抗压承载力 $= 1.25[R_a] = 8171.9$kN
答案：(C)

3-106 [2012年考题] 某钻孔灌注桩群桩基础，桩径为 0.8m，单桩水平承载力特征值为 $R_{ha} = 100$kN(位移控制)，沿水平荷载方向布桩排数 $n_1 = 3$，垂直水平荷载方向每排桩数 $n_2 = 4$，距径比 $\frac{s_a}{d} = 4$，承台位于松散填土中，埋深 0.5m，桩的换算深度 $ah = 3.0$m，考虑地震作用，按《建筑桩基技术规范》(JGJ 94—2008)计算群桩中复合基桩水平承载力特征值最接近下列哪个选项？（ ）

A. 134kN B. 154kN C. 157kN D. 177kN

解 据《建筑桩基技术规范》(JGJ 94—2008)第 5.7.3条
群桩基础的基桩水平承载力特征值应考虑由承台、桩群、土相互作用产生的群桩效应，即
$R_h = \eta_h R_{ha}$
考虑地震作用，且 $\frac{s_a}{d} = 4 < 6$，$\eta_h = \eta_i \eta_r + \eta_l$

$\eta_i = \frac{\left(\frac{s_a}{d}\right)^{0.015n_2+0.45}}{0.15n_1 + 0.10n_2 + 1.9} = \frac{4^{0.015 \times 4 + 0.45}}{0.15 \times 3 + 0.10 \times 4 + 1.9} = \frac{2.028}{2.75} = 0.737$

因为 $ah = 3.0$m，查表 5.7.3-1得 $\eta_r = 2.13$
承台位于松散填土中，所以 $\eta_l = 0$，所以 $\eta_h = 0.737 \times 2.13 + 0 = 1.57$
$R_h = \eta_h R_{ha} = 1.57 \times 100 = 157$kN
答案：(C)

3-107 [2012年考题] 某正方形承台下布端承型灌注桩 9根，桩身直径为 700mm，纵、横桩间距约为 2.5m，地下水位埋深为 0m，桩端持力层为卵石，桩周土 0~5m 为均匀的新填土，以下为正常固结土层，假定填土重度为 18.5kN/m³，桩侧极限负摩阻力标准值为 30kPa，按《建筑桩基技术规范》(JGJ 94—2008 考虑群桩效应时，计算基桩下拉荷载最接近下列哪个选项？（ ）

A. 180kN B. 230kN C. 280kN D. 330kN

解 据《建筑桩基技术规范》(JGJ 94—2008)5.4.4条，查表 5.4.4-2，桩端持力层为卵石
$\frac{l_n}{l_0} = 0.9$，$l_n = 0.9 \times 5 = 4.5$m

$\eta_0 = \frac{s_{ax} s_{ay}}{\left[\pi d\left(\frac{q_s^n}{\gamma_m} + \frac{d}{4}\right)\right]} = \frac{2.5 \times 2.5}{\left[3.14 \times 0.7 \times \left(\frac{30}{8.5} + \frac{0.7}{4}\right)\right]} = \frac{6.25}{3.14 \times 0.7 \times 3.7} = 0.768$

$$Q_{\mathrm{g}}^{\mathrm{n}}=\eta_0 u\sum_{i=1}^{n}q_{\mathrm{si}}^{\mathrm{n}}l_i=0.768\times 3.14\times 0.7\times 30\times 4.5=227.9\mathrm{kN}$$

答案：(B)

3-108 [2012年考题] 假设某工程中上部结构传至承台顶面处相应于荷载效应标准组合下的竖向力 $F_k=10000\mathrm{kN}$，弯矩 $M_k=500\mathrm{kN\cdot m}$，水平力 $H_k=100\mathrm{kN}$，设计承台尺寸为 $1.6\mathrm{m}\times 2.6\mathrm{m}$，厚度为 $1.0\mathrm{m}$，承台及其上土平均重度为 $20\mathrm{kN/m^3}$，桩数为5根。根据《建筑桩基技术规范》(JGJ 94—2008)，单桩竖向极限承载力标准值最小应为下列何值？（　　）

  A. 1690kN   B. 2030kN   C. 4060kN   D. 4800kN

解 据《建筑桩基技术规范》(JGJ 94—2008)第5.1、第5.2条得

计算承台及其上土自重标准值

$$G_k=20\times 1.6\times 2.6\times 1.8=150\mathrm{kN}$$

单桩轴心竖向力

$$N_k=\frac{F_k+G_k}{n}=\frac{10000+150}{5}=2030\mathrm{kN}$$

计算偏心荷载下最大竖向力

$$N_{k\max}=\frac{F_k+G_k}{n}+\frac{M_{yk}x_i}{\sum x_j^2}=2030+\frac{(500+100\times 1.8)\times 1.0}{4\times 1.0^2}$$
$$=2200$$

按照桩基规范5.2.1条要求

由 $N_k\leqslant R$，得 $R\geqslant 2030\mathrm{kN}$；

由 $N_{k\max}\leqslant 1.2R$，得 $R\geqslant\frac{1}{1.2}N_{k\max}=\frac{1}{1.2}\times 2200=1833\mathrm{kN}$

取 $R=2030\mathrm{kN}$

$$Q_{uk}=2R=2\times 2030=4060\mathrm{kN}$$

答案：(C)

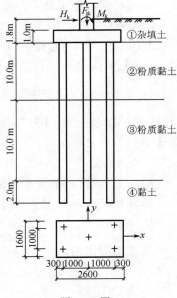

题 3-108 图

3-109 [2012年考题] 某多层住宅框架结构，采用独立基础，荷载效应准永久值组合下作用于承台底的总附加荷载 $F_k=360\mathrm{kN}$，基础埋深1m，方形承台，边长为2m，土层分布如图。为减少基础沉降，基础下疏布4根摩擦桩，钢筋混凝土预制方桩 $0.2\mathrm{m}\times 0.2\mathrm{m}$，桩长10m，单桩承载力特征值 $R_a=80\mathrm{kN}$，地下水水位在地面下 $0.5\mathrm{m}$，根据《建筑桩基技术规范》(JGJ 94—2008)，计算由承台底地基土附加应力作用下产生的承台中点沉降量为下列何值？（沉降计算深度取承台底面下3.0m)（　　）

  A. 14.8mm   B. 20.9mm   C. 39.7mm   D. 53.9mm

解 据《建筑桩基技术规范》(JGJ 94—2008)第5.6.2条得

桩端持力层为黏土，则 $\eta_p=1.3$

承台底净面积 $A_c=2\times 2-4\times 0.2\times 0.2=3.84$

假想天然地基平均附加压力 p_0

$$p_0=\eta_p\frac{F-nR_a}{A_c}=1.3\times\frac{360-4\times 80}{3.84}=13.54\mathrm{kPa}$$

$$B_c = \frac{B\sqrt{A_c}}{L} = 2 \times \frac{\sqrt{3.84}}{2} = 1.96$$

由 $\frac{2z}{B_c} = \frac{2 \times 3}{1.96} = 3.06 \approx 3$, $\frac{a}{b} = \frac{1}{1} = 1$

查附录 D,表 D.0.1-2 得

当 $\left[\frac{z}{b} = 3.0, \frac{a}{b} = 1\right]$ 时,$\bar{\alpha} = 0.1369$

$$s_s = 4p_0 \sum \frac{z_i \bar{\alpha}_i - z_{i-1}\bar{\alpha}_{i-1}}{E_{si}} = 4p_0 \frac{z_i \bar{\alpha}_i}{E_{si}} = 4 \times 13.54 \times \frac{3 \times 0.1369}{1.5 \times 10^3} = 0.0148 \text{m} = 14.8 \text{mm}$$

答案:(A)

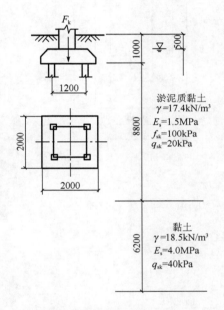

题 3-109 图(尺寸单位:mm)

3-110 [2013 年考题] 柱下桩基如图所示,若要求承台长边斜截面的受剪承载力不小于 11MN,按《建筑桩基技术规范》(JGJ 94—2008),计算承台混凝土轴心抗拉强度设计值 f_t 最小应为下列何值?( )

A. 1.96MPa B. 2.10MPa C. 2.21MPa D. 2.80MPa

解 $\lambda_x = \frac{a_x}{h_0} = \frac{0.6}{1} = 0.6$,满足要求。

$$a_x = \frac{1.75}{\lambda_x + 1} = \frac{1.75}{0.6 + 1} = 1.094$$

$11 \times 1000 = \beta_{hs} a_x f_t b_{0y} h_0 = 0.946 \times 1.094 \times f_t \times 4.8 \times 1$

$f_t = 2214.3 \text{kPa}$

答案:(C)

点评:此题习惯做法是把圆形桩换算成方形,但这样做并没有答案,建议按专家直接给出的剪跨计算。

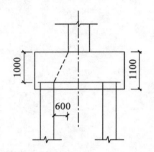

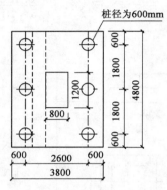

题 3-110 图 (尺寸单位:mm)

$$b_p = 0.8d = 0.48$$

$$\lambda_x = \frac{1.3 - 0.4 - 0.24}{1.0} = 0.66$$

$$a = \frac{1.75}{\lambda + 1} = \frac{1.75}{0.66 + 1} = 1.054$$

$$\beta_{hs} = \left(\frac{800}{h_0}\right)^{1/4} = \left(\frac{800}{1000}\right)^{1/4} = 0.946$$

$$f_t = \frac{V}{\beta_{hs} a b_0 h_0} = \frac{11000}{0.946 \times 1.054 \times 4.8 \times 1.0} = 2.30$$

3-111 [2013 年考题] 某承受水平力的灌注桩直径为 800mm,保护层厚度为 50mm,配筋率为 0.65%,桩长 30m,桩的水平变形系数为 0.360(1/m),桩身抗弯刚度为 6.75×10^{11} kN·mm²,桩顶固接且容许水平位移为 4mm,按《建筑桩基技术规范》(JGJ 94—2008),估算由水平位移控制的单桩水平承载力特征值接近下列哪个选项?(   )

A. 50kN B. 100kN C. 150kN D. 200kN

解 $\alpha h = 0.36 \times 30 = 10.8, v_x = 0.94$

$$R_{ha} = 0.75 \frac{\alpha^3 EI}{v_x} x_{0a} = 0.75 \times \frac{0.36^3 \times 6.75 \times 10^5}{0.94} \times 4 \times 10^{-3} = 100.5 \text{kN}$$

答案:(B)

3-112 [2013 年考题] 某多层住宅框架结构,采用独立基础,荷载效应准永久值组合下作用于承台底的总的附加荷载 $F_k = 360$kN,基础埋深 1m,方形承台,边长为 2m,土层分布如图所示。为减少基础沉降,基础下疏布 4 根摩擦桩,钢筋混凝土预制方桩 0.2m×0.2m,桩长 10m,根据《建筑桩基技术规范》(JGJ 94—2008),计算桩土相互作用产生的基础中心点沉降量

S_{sp},接近下列何值?( )

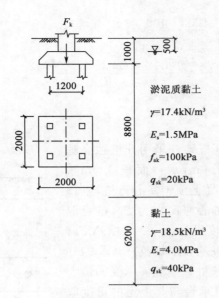

题 3-112 图(尺寸单位:mm)

A. 15mm　　　　　B. 20mm　　　　　C. 40mm　　　　　D. 54mm

解　$\overline{q}_{su} = \dfrac{20 \times 8.8 + 40 \times 1.2}{8.8 + 1.2} = 22.4$

$\overline{E}_z = \dfrac{8.8 \times 1.5 + 1.2 \times 4}{8.8 + 1.2} = 1.8$

$\dfrac{s_a}{d} = \dfrac{1.2}{1.27 \times 0.2} = 4.72$

$s_{sp} = 280 \dfrac{\overline{q}_{su}}{\overline{E}_s} \dfrac{d}{(s_a/d)^2} = 280 \times \dfrac{22.4}{1.8} \times \dfrac{1.27 \times 0.2}{4.72^2} = 39.73 \text{mm}$

答案:(C)

3-113　[2013年考题]　某公路桥梁河床表层分布有8m厚的卵石,其下为微风化花岗岩,节理不发育,饱和单轴抗压强度标准值为25MPa,考虑河床岩层有冲刷,设计采用嵌岩桩基础,桩直径为1.0m,计算得到桩在基岩顶面处的弯矩设计值为1000kN·m,问桩嵌入基岩的有效深度最小为下列何值?( )

A. 0.69m　　　　　B. 0.78m　　　　　C. 0.98m　　　　　D. 1.10m

解　圆形桩:$h = \sqrt{\dfrac{M_H}{0.0655 \beta f_{rk} d}} = \sqrt{\dfrac{1000}{0.0655 \times 1 \times 25 \times 1000 \times 1}} = 0.7815 \text{m}$

答案:(B)

3-114　[2013年考题]　某减沉复合疏桩基础,荷载效应标准组合下,作用于承台顶面的竖向力为1200kN,承台及其上土的自重标准值为400kN,承台底地基承载力特征值为80kPa,承台面积控制系数为0.60,承台下均匀布置3根摩擦型桩,基桩承台效应系数为0.40,按《建筑桩基技术规范》(JGJ 94—2008),计算单桩竖向承载力特征值最接近下列哪一个选项?

A. 350kN B. 375kN C. 390kN D. 405kN

解 $A_c = \xi \dfrac{F_k + G_k}{f_{ak}} = 0.6 \times \dfrac{1200 + 400}{80} = 12$

$3 = n \geqslant \dfrac{F_k + G_k - \eta_c f_{ak} A_c}{R_a} = \dfrac{1200 + 400 - 0.4 \times 80 \times 12}{R_a}$

$R_a \geqslant 405.3 \text{kN}$

答案：(D)

3-115 [2013年考题] 某框架柱采用6桩独立基础如图所示，桩基承台埋深2.0m，承台面积3.0m×4.0m，采用边长0.2m钢筋混凝土预制实心方桩，桩长12m承台顶部标准组合下的轴心竖向力为F_k，桩身混凝土强度等级为C25，抗压强度设计值$f_c = 11.9$MPa，箍筋间距150mm，根据《建筑桩基技术规范》(JGJ 94—2008)，若按桩身承载力验算，该桩基础能够承受的最大竖向力F_k最接近下列何值？（承台与其上土的重度取20kN/m³，上部结构荷载效应基本组合按标准组合的1.35倍取用）( )

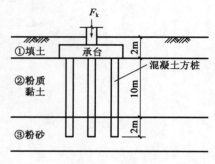

题 3-115 图

A. 1320kN B. 1630kN
C. 1950kN D. 2270kN

解 箍筋间距150mm>100mm，故 $N \leqslant \psi_c f_c A_{ps} = 0.85 \times 11.9 \times 10^3 \times 0.2^2 = 404.6$kN

$N_k = \dfrac{404.6}{1.35} = 299.7$kN

$N_k = \dfrac{F_k + G_k}{n} = \dfrac{F_k + 3 \times 4 \times 2 \times 20}{6} = 299.7$kN

$F_k = 1318.22$kN

答案：(A)

3-116 [2013年考题] 某承台埋深1.5m，承台下为钢筋混凝土预制方桩，断面为0.3m×0.3m，有效桩长12m，地层分布如图所示，地下水位位于地面下1m。在粉细砂和中粗砂层进行了标准贯入试验，结果如图所示。根据《建筑桩基技术规范》(JGJ 94—2008)，计算单桩极限承载力最接近下列何值？( )

A. 589kN B. 789kN C. 1129kN D. 1329kN

解 粉细砂 $N/N_{cr} = 9/14.5 = 0.621$，$d_i$ 为地面以下3~8m，故 $\psi_1 = 1/3$。

中粗砂 $N > N_{cr}$，不液化，或者取 $\psi_1 = 1$。

$Q_{uk} = Q_{sk} + Q_{pk} = u \sum q_{sik} l_i + q_{pk} A_p$

$= 4 \times 0.3 \times (15 \times 1.5 + \dfrac{1}{3} \times 50 \times 5 + 5.5 \times 70) + 6000 \times 0.3 \times 0.3$

$= 1129$kN

答案：(C)

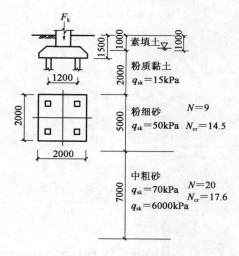

题 3-116 图 (尺寸单位:mm)

3-117 [2014年考题] 某桩基础采用钻孔灌注桩,桩径 0.6m,桩长 10.0m。承台底面尺寸及布桩如图所示,承台顶面荷载效应标准组合下的竖向力 $F_k=6300$kN。土层条件及桩基计算参数如表、图所示。根据《建筑桩基技术规范》(JGJ 94—2008),作用于软弱下卧层④层顶面的附加应力 σ_z 最接近下列何值?(承台及其上覆土的重度取 20kN/m³)( )

题 3-117 表

层序	土名	天然重度 γ (kN/m³)	极限侧阻力标准值 q_{sik} (kPa)	极限端阻力标准值 q_{pk} (kPa)	压缩模量 E_s (MPa)
①	黏土	18.0	35		
②	粉土	17.5	55	2100	10
③	粉砂	18.0	60	3000	16
④	淤泥质黏土	18.5	30		3.2

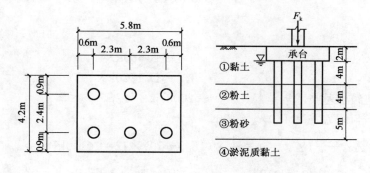

题 3-117 图

A. 8.5kPa B. 18kPa
C. 30kPa   D. 40kPa

解 根据《建筑桩基技术规范》(JGJ 94—2008)第5.4.1条

$G_k = 2 \times 4.2 \times 5.8 \times 20 = 974.4 \text{kN}$

$A_0 = 2.3 \times 2 + 0.6 = 5.2\text{m}, B_0 = 2.4 + 0.6 = 3.0\text{m}$

$E_{s1}/E_{s2} = 16/3.2 = 5.0, t = 3\text{m} > 0.5B_0 = 1.5\text{m}$，查表 $\theta = 25°$

$$\sigma_z = \frac{(F_k + G_k) - \frac{3}{2} \times (A_0 + B_0)\Sigma q_{sik}l_i}{(A_0 + 2t\tan\theta)(B_0 + 2t\tan\theta)}$$

$$= \frac{(6300 + 974.4) - \frac{3}{2} \times (5.2 + 3.0) \times (4 \times 35 + 4 \times 55 + 2 \times 60)}{(5.2 + 2 \times 3 \times \tan25°)(3.0 + 2 \times 3 \times \tan25°)} = 29.55 \text{kPa}$$

答案：(C)

3-118 [2014年考题] 某钻孔灌注桩单桩基础，桩径1.2m，桩长16m，土层条件如图所示，地下水位在桩顶平面处。若桩顶平面处作用大面积堆载 $p = 50$kPa，根据《建筑桩基技术规范》(JGJ 94—2008)，桩侧负摩阻力引起的下拉荷载 Q_g^n 最接近下列何值？(忽略密实粉砂层的压缩量)（　）

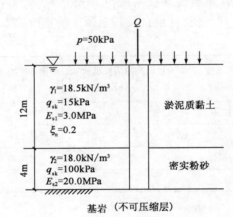

题 3-118 图

A. 240kN　　　　　　　　　　B. 680kN
C. 910kN　　　　　　　　　　D. 1220kN

解 根据《建筑桩基技术规范》(JGJ 94—2008)5.4.4条
持力层为基岩，取 $l_n/l_0 = 1.0, l_n = 12\text{m}$

$\sigma'_i = p + \sum_{e=1}^{i-1}\gamma_e\Delta z_e + \frac{1}{2}\gamma_i\Delta z_i = 50 + \frac{1}{2} \times (18.5 - 10) \times 12 = 101.0 \text{kPa}$

$q_{si}^n = \xi_{ni}\sigma'_i = 0.2 \times 101.0 = 20.2 \text{kPa} > q_{sk} = 15 \text{kPa}$，取 $q_{si}^n = 15 \text{kPa}$

$Q_g^n = \eta_n \cdot u \sum_{i=1}^{n} q_{si}^n l_i = 1 \times 3.14 \times 1.2 \times 15 \times 12 = 678.24 \text{kN}$

答案：(B)

三、深 基 础

3-119 [2014 年考题] 某桩基工程,采用 PHC600 管桩,有效桩长 28m,桩端闭塞,送桩 2m,桩端选用密实粉细砂作持力层,桩侧土层分布见下表,根据单桥探头静力触探资料,桩端全截面以上 8 倍桩径范围内的比贯入阻力平均值为 4.8MPa,桩端全截面以下 4 倍桩径范围内的比贯入阻力平均值为 10.0MPa,桩端阻力修正系数 $\alpha=0.8$,根据《建筑桩基技术规范》(JGJ 94—2008),计算单桩极限承载力标准值最接近下列何值?( )

题 3-119 表

序号	土 名	层底埋深(m)	静力触探 p_s(MPa)	q_{sik}(kPa)
1	填土	6.0	0.7	15
2	淤泥质黏土	10.0	0.56	28
3	淤泥质粉质黏土	20.0	0.70	35
4	粉质黏土	28.0	1.10	52.5
5	粉细砂	35.0	10.0	100

A. 3820kN　　　B. 3920kN　　　C. 4300kN　　　D. 4410kN

解 根据《建筑桩基技术规范》(JGJ 94—2008)第 5.3.3 条
有效桩长 28m,送桩 2m,即将桩顶打入地面下 2m,桩底埋深为 $28+2=30$ m
$p_{sk1}=4.8\text{MPa} < p_{sk2}=10.0\text{MPa}$
$p_{sk2}/p_{sk1}=10/4.8=2.1 < 5$,查表取 $\beta=1$
$p_{sk}=\dfrac{1}{2}(p_{sk1}+\beta \cdot p_{sk2})=\dfrac{1}{2}(4.8+1\times 10.0)=7.4\text{MPa}=7400\text{kPa}$
$Q_{uk}=u\sum q_{sik}l_i+\alpha p_{sk}A_p$
$\quad =3.14\times 0.6\times(4\times 15+4\times 28+10\times 35+8\times 52.5+2\times 100)+$
$\quad\quad 0.8\times 7400\times \dfrac{3.14\times 0.6^2}{4}=3825\text{kN}$

答案:(A)

3-120 [2014 年考题] 某铁路桥梁采用钻孔灌注桩基础,地层条件和基桩入土深度如图所示,成孔桩径和设计桩径均为 1.0m,桩底支承力折减系数 m_0 取 0.7。如果不考虑冲刷及地下水的影响,根据《铁路桥涵地基和基础设计规范》(TB 10002.5—2005),计算基桩的容许承载力最接近下列何值?( )

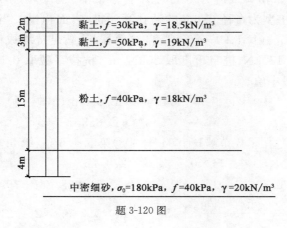

题 3-120 图

A. 1700kN B. 1800kN
C. 1900kN D. 2000kN

解 根据《铁路桥涵地基与基础设计规范》(TB 10002.5—2005)第 4.1.3 条、第 6.2.2 条

$h=24\text{m}>10d=10\text{m}$，查表得 $k_2=3$，$k'_2=\dfrac{3}{2}=1.5$

$\gamma_2=\dfrac{\sum\gamma_i h_i}{h}=\dfrac{2\times 18.5+3\times 19+15\times 18+4\times 20}{24}=18.5\text{kN/m}^3$

$[\sigma]=\sigma_0+k_2\gamma_2(4d-3)+k'_2\gamma_2\times 6d=180+3.0\times 18.5\times(4-3)+1.5\times 18.5\times 6=402\text{kPa}$

$[P]=\dfrac{1}{2}U\sum f_i l_i+m_0 A[\sigma]$

$=\dfrac{1}{2}\times 3.14\times 1.0\times(30\times 2+50\times 3+40\times 15+50\times 4)+0.3\times 3.14\times 0.5^2\times 402$

$=1806.6\text{kPa}$

答案：(B)

3-121 [2014 年考题] 某钢筋混凝土预制方桩，边长 400mm，混凝土强度等级 C40，主筋为 HRB335，12⌀18，桩顶以下 2m 范围内箍筋间距 100mm，考虑纵向主筋抗压承载力，根据《建筑桩基技术规范》(JGJ 94—2008)，桩身轴心受压时正截面受压承载力设计值最接近下列何值？(C40 混凝土 $f_c=19.1\text{N/mm}^2$，HRB335 钢筋 $f'_y=300\text{N/mm}^2$)( )

A. 3960kN B. 3420kN
C. 3050kN D. 2600kN

解 根据《建筑桩基技术规范》(JGJ 94—2008)第 5.8.2 条

$N\leqslant\Psi_c f_c A_{ps}+0.9 f'_y A'_s$

$=0.85\times 19.1\times 10^3\times 0.4^2+0.9\times 300\times 10^3\times 12\times\dfrac{3.14\times 0.018^2}{4}$

$=3421.7\text{kN}$

答案：(B)

3-122 [2014 年考题] 某位于季节性冻土地基上的轻型建筑采用短桩基础，场地标准冻深为 2.5m。地面以下 20m 深度内为粉土，土中含盐量不大于 0.5%，属冻胀土。抗压极限侧阻力标准值为 30kPa，桩型为直径 0.6m 的钻孔灌注桩，表面粗糙。当群桩呈非整体破坏时，根据《建筑桩基技术规范》(JGJ 94—2008)，自地面算起，满足抗冻拔稳定要求的最短桩长最接近下列何值？($N_G=180\text{kN}$，桩身重度取 25kN/m^3，抗拔系数取 0.5，切向冻胀力及相关系数取规范表中相应的最小值)( )

A. 4.7m B. 6.0m
C. 7.2m D. 8.3m

解 根据《建筑桩基技术规范》(JGJ 94—2008)第 5.4.6 条、第 5.4.7 条

$\eta_f q_f u z_0=0.9\times 1.1\times 60\times 3.14\times 0.6\times 2.5=279.77$

$T_{uk}=\sum\lambda_i q_{sik} u_i l_i=0.5\times 30\times 3.14\times 0.6\times(l-2.5)=28.26l-70.65$

$\dfrac{1}{2}T_{uk}+N_G+G_P=\dfrac{28.26l-70.65}{2}+180+3.14\times 0.3^2\times l\times 25=21.20l+144.68$

$\eta_{\mathrm{f}} q_{\mathrm{f}} u z_0 = 279.77 \leqslant \frac{1}{2} T_{\mathrm{uk}} + N_{\mathrm{G}} + G_{\mathrm{P}} = 21.20l + 144.68$

$l \geqslant 6.37 \mathrm{m}$

答案：(C)

3-123 [2014 年考题] 某公路桥梁采用振动沉入预制桩，桩身截面尺寸为 400mm×400mm，地层条件和桩入土深度如图所示。桩基可能承受拉力，根据《公路桥涵地基与基础设计规范》(JTG D63—2007)，桩基受拉承载力容许值最接近下列何值？（　　）

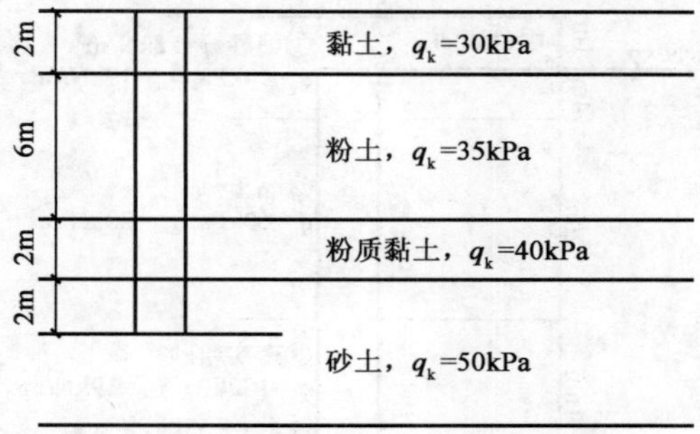

题 3-123 图

A. 98kN　　　　　　　　　　　B. 138kN
C. 188kN　　　　　　　　　　　D. 228kN

解 根据《公路桥涵地基与基础设计规范》(JTG D63—2007)第 5.3.8 条

$[R_{\mathrm{t}}] = 0.3u \sum_{i=1}^{n} \alpha_i l_i q_{ik}$
$= 0.3 \times 4 \times 0.4 \times (0.6 \times 2 \times 30 + 0.9 \times 6 \times 35 + 0.7 \times 2 \times 40 + 1.1 \times 2 \times 50)$
$= 187.7 \mathrm{kN}$

答案：(C)

3-124 [2016 年考题] 某打入式钢管桩，外径为 900mm。如果按桩身局部压屈控制，根据《建筑桩基技术规范》(JGJ 94—2008)，所需钢管桩的最小壁厚接近下列哪个选项？（钢管桩所用钢材的弹性模量 $E = 2.1 \times 10^5 \mathrm{N/mm^2}$，抗压强度设计值 $f'_y = 350 \mathrm{N/mm^2}$）（　　）

A. 3mm　　　　B. 4mm　　　　C. 8mm　　　　D. 10mm

解 《建筑地基处理技术规范》(JGJ 79—2012)第 5.8.6 条。

$d = 900 \geqslant 900$

$\dfrac{t}{d} \geqslant \dfrac{f'_y}{0.388E}$

$t \geqslant \dfrac{f'_y d}{0.388E} = \dfrac{350 \times 900}{0.388 \times 2.1 \times 10^5} = 3.9 \mathrm{mm}$

$\dfrac{t}{d} \geqslant \sqrt{\dfrac{f'_y}{14.5E}}$

$t \geqslant d \cdot \sqrt{\dfrac{f'_y}{14.5E}} = 900 \times \sqrt{\dfrac{350}{14.5 \times 2.1 \times 10^5}} = 9.6 \mathrm{mm}$

综上，$t \geqslant 9.6 \mathrm{mm}$。

答案：(D)

3-125 [2016 年考题]　某公路桥梁基础采用摩擦钻孔灌注桩，设计桩径为 1.5m，勘察报告揭露的地层条件，岩土参数和基桩的入土情况如图所示。根据《公路桥涵地基与基础设计规范》(JTG D63—2007)，在施工阶段时的单桩轴向受压承载力容许值最接近下列哪个选项？（不考虑冲刷影响：清底系数 $m_0=1.0$，修正系数 λ 取 0.85；深度修正系数 $k_1=4.0$，$k_2=6.0$，水的重度取 $10\mathrm{kN/m^3}$）　　　　　　　　　　　　　　　　　　　　　　　　（　　）

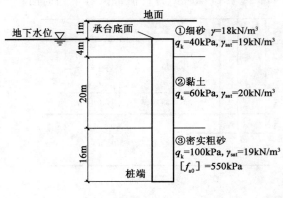

题 3-125 图

A. 9500kN　　　B. 10600kN　　　C. 11900kN　　　D. 13700kN

解　《公路桥涵地基与基础设计规范》(JTG D63—2007) 第 5.8.6 条。

$$\gamma_2=\frac{9\times4+10\times20+9\times16}{40}=9.5$$

$$q_r=m_0\lambda\{[f_{a0}]+k_2\gamma_2(h-3)\}$$

$$=1.0\times0.85\times[550+6.0\times9.5\times(40-3)]$$

$$=2260>1450$$

取 $q_r=1450\mathrm{kPa}$

$$[R_a]=\frac{1}{2}u\sum_{i=1}^{n}q_{ik}l_i+A_pq_r$$

$$=\frac{1}{2}\times3.14\times1.5\times(40\times4+60\times20+100\times16)+3.14\times0.75^2\times1450$$

$$=9531.9\mathrm{kN}$$

施工阶段，根据第 5.3.7 条，抗力系数取 1.25。

单桩轴向抗压承载力$=1.25[R_a]=1.25\times9531.9=11914.8\mathrm{kN}$

答案：(C)

3-126 [2016 年考题]　某工程勘察报告揭示的地层条件以及桩的极限侧阻力和极限端阻力标准值如图所示，拟采用干作业钻孔灌注桩基础，桩设计直径为 1.0m，设计桩顶位于地面下 1.0m，桩端进入粉细砂层 2.0m。采用单一桩端后注浆，根据《建筑桩基技术规范》(JGJ 94—2008)，计算单桩竖向极限承载力标准值最接近下列哪个选项？（桩侧阻力和桩端阻力的后注浆增强系数均取规范表中的低值）　　　　　　　　　　　　　　　　　　（　　）

三、深 基 础

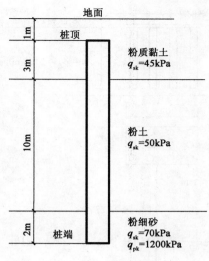

题 3-126 图

A. 4400kN B. 4800kN C. 5100kN D. 5500kN

解 《建筑地基处理技术规范》(JGJ 79—2012)第 5.3.6 条、5.3.10 条。

粉质黏土、粉土：$\psi_{si}=\left(\dfrac{0.8}{d}\right)^{\frac{1}{5}}=\left(\dfrac{0.8}{1.0}\right)^{\frac{1}{5}}=0.956$

粉细砂：$\psi_{si}=\psi_{pi}\left(\dfrac{0.8}{d}\right)^{\frac{1}{3}}=\left(\dfrac{0.8}{1.0}\right)^{\frac{1}{3}}=0.928$

$Q_{uk}=Q_{sk}+Q_{gsk}+Q_{gpk}=u\sum\psi_{sj}q_{sjk}l_j+u\sum\psi_{si}\beta_i q_{sik}l_{gi}+\psi_p\beta_p q_{pk}A_p$

$=3.14\times1.0\times(0.956\times45\times3+0.956\times50\times6)+3.14\times1.0\times0.956\times1.4\times50\times4+3.14\times1.0\times0.928\times1.6\times70\times2+0.928\times2.4\times0.8\times1200\times3.14\times0.5^2$

$=1305.8+840.5+652.7+1678.4$

$=4474.4$kN

答案：(A)

3-127［2016 年考题］ 某均匀布置的群桩基础，尺寸及土层条件见示意图。已知相应于作用准永久组合时，作用在承台底面的竖向力为 668000kN，当按《建筑地基基础设计规范》(GB 50007—2011)考虑土层应力扩散，按实体深基础方法估算桩基最终沉降量时，桩基沉降计算的平均附加应力最接近下列哪个选项？（地下水位在地面以下 1m） ( )

A. 185kPa B. 215kPa C. 245kPa D. 300kPa

解 《建筑地基基础设计规范》(GB 50007—2011)附录 R。

$A=\left(a_0+2l\tan\dfrac{\varphi}{4}\right)\times\left(b_0+2l\tan\dfrac{\varphi}{4}\right)$

$=\left(29.3+2\times30\times\tan\dfrac{32°}{4}\right)\times\left(59.3+2\times30\times\tan\dfrac{32°}{4}\right)$

$=2555.7$

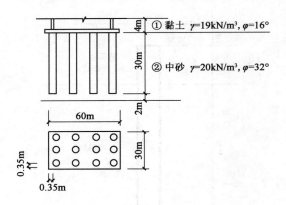

题 3-127 图

$$p_z = \frac{F_k + G_k}{A} - \sum \gamma h = \frac{668000}{2555.7} - (19 \times 1 + 9 \times 3) = 215.4 \text{kPa}$$

答案：(B)

3-128 [2016年考题] 某四桩承台基础，准永久组合作用在每根基桩桩顶的附加荷载为1000kN，沉降计算深度范围内分为两计算土层，土层参数如图所示，各基桩对承台中心计算轴线的应力影响系数相同，各土层1/2厚度处的应力影响系数见图示，不考虑承台底地基土分担荷载及桩身压缩。根据《建筑桩基技术规范》(JGJ 94—2008)，应用明德林解计算桩基沉降量最接近下列哪个选项？（取各基桩总端阻力与桩顶荷载之比 $\alpha=0.2$，沉降经验系数 $\psi_p=0.8$）

( )

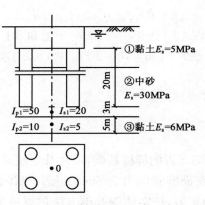

题 3-128 图

A. 15mm B. 20mm C. 60mm D. 75mm

解 《建筑桩基技术规范》(JGJ 94—2008)第 5.5.14 条。

$$\sigma_{zi} = \sum_{j=1}^{m} \frac{Q_j}{l_j^2} [\alpha_j I_{p,ij} + (1-\alpha_j) I_{s,ij}]$$

$$\sigma_{z1} = 4 \times \frac{1000}{20^2} \times [0.2 \times 50 + (1-0.2) \times 20] = 260$$

$$\sigma_{z2} = 4 \times \frac{1000}{20^2} \times [0.2 \times 10 + (1-0.2) \times 5] = 60$$

不考虑桩身压缩,沉降经验系数为 0.8,则

$$s=\psi\sum_{i=1}^{n}\frac{\sigma_{zi}}{E_{si}}\Delta_{zi}=0.8\times\left(\frac{260}{30}\times 3+\frac{60}{6}\times 5\right)=60.8\text{mm}$$

答案:(C)

3-129 [2016 年考题] 某基桩采用混凝土预制实心方桩,桩长 16m,边长 0.45m,土层分布及极限侧阻力标准值、极限端阻力标准值如图所示,按《建筑桩基技术规范》(JGJ 94—2008)确定的单桩竖向极限承载力标准值最接近下列哪个选项?(不考虑沉桩挤土效应对液化影响)   (   )

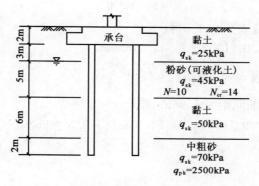

题 3-129 图

  A. 780kN   B. 1430kN   C. 1560kN   D. 1830kN

解 《建筑桩基技术规范》(JGJ 94—2008)第 5.3.12 条。

$$\lambda_N=\frac{N}{N_{cr}}=\frac{10}{14}=0.71$$

$0.6<\lambda_N=0.71\leqslant 0.8, d_L=5.0<10$,由表 5.3.12 得:$\psi_l=\frac{1}{3}$

$$Q_{uk}=Q_{sk}+Q_{pk}=u\sum q_{sik}l_i+q_{pk}A_p$$
$$=0.45\times 4\times\left(25\times 3+\frac{1}{3}\times 45\times 5+50\times 6+70\times 2\right)+2500\times 0.45^2$$
$$=1568\text{kN}$$

答案:(C)

3-130 [2016 年考题] 竖向受压高承台桩基础,采用钻孔灌注桩,设计桩径 1.2m,桩身露出地面的自由长度 l_0 为 3.2m,入土长度 h 为 15.4m,桩的换算埋深 $\alpha h<4.0$,桩身混凝土强度等级为 C30,桩顶 6m 范围内的箍筋间距为 150mm,桩与承台连接按铰接考虑,土层条件及桩基计算参数如图所示。按照《建筑桩基技术规范》(JGJ 94—2008)计算基桩的桩身正截面受压承载力设计值最接近下列哪个选项?(成桩工艺系数 $\psi_c=0.75$,C30 混凝土轴心抗压强度设计值 $f_c=14.3\text{N/mm}^2$,纵向主筋截面积 $A'_s=5024\text{mm}^2$,抗压强度设计值 $f'_y=210\text{N/mm}^2$)
                                         (   )

  A. 9820kN   B. 12100kN
  C. 16160kN   D. 10580kN

解 《建筑桩基技术规范》(JGJ 94—2008)第 5.8.2 条、5.8.4 条。

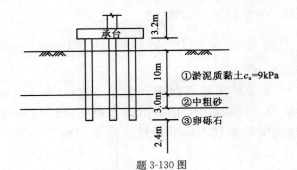

题 3-130 图

桩顶铰接，$\alpha h < 4.0$，查表 5.8.4-1 得：
$l_c = 1.0 \times (l_0 + h) = 1.0 \times (3.2 + 15.4) = 18.6\text{m}$

$\dfrac{l_c}{d} = \dfrac{18.6}{1.2} < 15.5$，查表 5.8.4-2 得：$\varphi = 0.81$

桩顶 6m 范围内的箍筋间距为 150mm，则
$N < \varphi \psi_c f_c A_{ps} = 0.81 \times 0.75 \times 14.3 \times 10^3 \times 3.14 \times 0.6^2 = 9820\text{kN}$

答案：(A)

四、地基处理

4-1 某粉土层厚度10m,进行堆载预压,$p=100$kPa,砂垫层厚度1.0m,试计算粉土层的最终压缩量以及固结度达80%时的压缩量和所需的预压时间。

解 (1)粉土层最终压缩量

$$s=\frac{\Delta p}{E_s}H=\frac{p+\gamma h}{E_s}H$$

$$E_s=\frac{1+e_0}{a}=\frac{1+1.2}{0.6}=3.67\text{MPa}$$

$$s_\infty=\frac{100+16\times1.0}{3.67}\times10=316.1\text{mm}$$

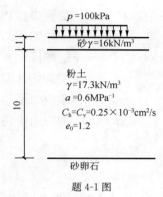

题4-1图

(2)固结度达80%时的压缩量s

$$U=\frac{s_t}{s_\infty}, s_t=Us_\infty=0.8\times316.1=252.9\text{mm}$$

(3)U达80%所需时间

$$\overline{U}_t=1-\alpha e^{-\beta t}, \alpha=\frac{8}{\pi^2}=0.81, \beta=\frac{\pi^2 C_v}{4H^2}$$

双面排水 $H=\frac{10}{2}=5$m

$$C_v=0.25\times10^{-3}\text{cm}^2/\text{s}=0.25\times10^{-3}\times10^{-4}\times86400\text{m}^2/\text{d}=0.00216\text{m}^2/\text{d}$$

$$\beta=\frac{\pi^2\times0.00216}{4\times5^2}=2.12\times10^{-4}/\text{d}$$

$$0.8=1-0.81e^{-2.12\times10^{-4}t}$$

$$t=\frac{\ln\left[\frac{1}{\alpha}(1-\overline{U})\right]}{-\beta}=\frac{\ln\left[\frac{1}{0.81}\times(1-0.8)\right]}{-2.12\times10^{-4}}=\frac{-1.40}{-2.12\times10^{-4}}=6604\text{d}=18\text{年}$$

点评:预压法是每年必考的题目,此部分概念较多,部分公式计算量较大,考试以考概念为主,复习时需要理解以下几方面内容:

(1)超静孔隙水压力、固结度的概念。

(2)固结度的两种计算方法——太沙基单向固结理论(见下式)和高木俊介法,前者见《建筑地基处理技术规范》(JGJ 79—2012)5.2.1条条文说明,后者见5.2.7条公式。

$$\overline{U}=1-\alpha e^{-\beta}$$

(3)分别计算竖向和径向固结度,再求总固结度,见如下公式:

$$U_{rz}=1-(1-U_r)(1-U_z)$$

(4)根据超静孔隙水压力及沉降值计算固结度。

(5)固结系数(见下式)、α、β计算公式,见《建筑地基处理技术规范》(JGJ 79—2012)表5.2.7

$$C_v=\frac{k(1+e_1)}{a\gamma_w}$$

4-2 某超固结黏土层厚 2.0m，先期固结压力 $p_c=300$kPa，由原位压缩曲线得压缩指数 $C_c=0.5$，回弹指数 $C_e=0.1$，土层所受的平均自重应力 $p_1=100$kPa，$e_0=0.70$，试计算下列条件下黏土层的最终沉降量。(1)建筑物荷载在土层中引起的平均竖向附加应力 $\Delta p=400$kPa；(2)建筑物荷载在土层中引起的平均竖向附加应力 $\Delta p=180$kPa。

解 (1)先期固结压力 $p_c=300$kPa，自重应力 $p_1=100$kPa$<p_c=300$kPa，属超固结土，$p_1+\Delta p=100+400=500$kPa$\geqslant p_c=300$kPa，土层固结沉降

$$s_{cn}=\frac{H}{1+e_0}\left[C_e\lg\left(\frac{p_c}{p_1}\right)+C_c\lg\left(\frac{p_1+\Delta p}{p_c}\right)\right]$$

式中：C_e、C_c——土层回弹指数和压缩指数；

p_c——土层先期固结压力；

H——土层厚度；

e_0——土层初始孔隙比；

p_1——自重应力平均值；

Δp——附加应力平均值。

$$s_{cn}=\frac{2}{1+0.7}\times\left[0.1\times\lg\left(\frac{300}{100}\right)+0.5\times\lg\left(\frac{100+400}{300}\right)\right]$$

$=1.176\times(0.1\times0.477+0.5\times0.222)=1.176\times0.1587=0.1866m=186.6$mm

(2) $p_1+\Delta p=100+180=280$kPa$\leqslant p_c=300$kPa

$$s_{cn}=\frac{H}{1+e_0}\left[C_e\lg\left(\frac{p_1+\Delta p}{p_1}\right)\right]=\frac{2}{1+0.7}\times\left[0.1\times\lg\left(\frac{100+180}{100}\right)\right]=1.176\times0.0447$$

$=0.0526$m$=52.6$mm

点评：土的应力历史不同，计算沉降的方法也不同。超固结土的沉降计算见《土力学》(陈仲颐等编著)P131 页。

4-3 某厚度为 8.0m 的黏土层，上下层面均为排水砂层，黏土 $e_0=0.8$，$a=0.25$MPa^{-1}，$K_v=6.3\times10^{-8}$cm/s，地表瞬间施加一无限分布均布荷载 $p=180$kPa。试计算：(1)加荷半年后地基的沉降；(2)土层达 50% 固结度所需时间。

解 (1)地基最终压缩量

$$s=\frac{\Delta p}{E_s}H, E_s=\frac{1+e_0}{a}=\frac{1+0.8}{0.25}=7.2\text{MPa}$$

$$s_\infty=\frac{180}{7.2\times10^3}\times8000=200\text{mm}$$

加载半年后地基达到的固结度

$$\overline{U}=1-\alpha e^{-\beta t}, \alpha=\frac{8}{\pi^2}=0.81$$

$$\beta=\frac{\pi^2 C_v}{4H^2}$$

$$C_v=\frac{K_v(1+e_0)}{a\gamma_w}$$

$K_v=6.3\times10^{-8}$cm/s$=6.3\times10^{-8}\times10^{-2}\times86400m/d=5.44\times10^{-5}$m/d

$$C_v = \frac{K_v(1+e_0)}{\alpha\gamma_w} = \frac{5.44\times 10^{-5}\times(1+0.8)}{0.25\times 10^{-3}\times 10} = 3.92\times 10^{-2}\,\text{m}^2/\text{d}$$

$$\beta = \frac{\pi^2\times 3.92\times 10^{-2}}{4\times 4^2} = 0.6\times 10^{-2}/\text{d}$$

$$\overline{U} = 1 - 0.81\times e^{-0.6\times 10^{-2}t} = 1 - 0.81\times e^{-0.6\times 10^{-2}\times 182.5} = 1 - 0.81\times 0.336$$
$$= 1 - 0.27 = 73\%$$

(2) 加荷半年沉降

$$s_t = \overline{U}s_\infty = 0.73\times 200 = 146\,\text{mm}$$

(3) U 达 50% 所需时间

$$t = \frac{\ln\left[\dfrac{\pi^2}{8}(1-U)\right]}{-\beta} = \frac{\ln[1.23\times(1-0.5)]}{-0.6\times 10^{-2}} = \frac{-0.486}{-0.6\times 10^{-2}} = 81\,\text{d}$$

4-4 某厚 10m 的饱和黏土层,地表面瞬时大面积堆载 $p_0=150$kPa,若干年后测得土层中 A、B、C、D、E 点的孔隙水压力分别为 51.6kPa、94.2kPa、133.8kPa、170.4kPa、198kPa,土层的 $E_s=5.5$MPa、$K=5.14\times 10^{-8}$cm/s,试计算:(1)黏性土固结度,此土已固结几年;(2)再经 5 年,土层的固结度达多少及 5 年间的压缩量。

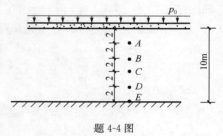

题 4-4 图

解 (1) t 时刻土层平均固结度

$$U_t = 1 - \frac{t\text{时刻超孔隙水压力图面积}}{\text{起始超孔隙水压力图面积}}$$

A、B、C、D、E 的静止水压力分别为 20kPa、40kPa、60kPa、80kPa、100kPa,A、B、C、D、E 的超孔隙水压力分别为 31.6kPa、54.2kPa、73.8kPa、90.4kPa 和 98kPa,t 时刻超孔隙水压力面积

$$A_t = \frac{1}{2}\times 31.6\times 2 + \frac{1}{2}\times(31.6+54.2)\times 2 + \frac{1}{2}\times(54.2+73.8)\times 2 +$$
$$\frac{1}{2}\times(73.8+90.4)\times 2 + \frac{1}{2}\times(90.4+98)\times 2$$
$$= \frac{1}{2}\times 2\times(31.6+85.8+128+164.2+188.4) = 598\,\text{kPa}\cdot\text{m}$$

起始超孔隙水压力面积
$$A = 150\times 10 = 1500\,\text{kPa}\cdot\text{m}$$

固结度
$$U_t = 1 - \frac{598}{1500} = 60.1\%$$

$$C_v = \frac{K(1+e_0)}{\alpha\gamma_w} = \frac{KE_s}{\gamma_w} = \frac{5.14\times 10^{-8}\times 10^{-2}\times 86400\times 5.5\times 10^3}{10}$$
$$= 2.44\times 10^{-2}\,\text{m}^2/\text{d}$$

$$\overline{U}_t = 1 - \alpha e^{-\beta t}$$

$$\beta = \frac{\pi^2 C_v}{4H^2} = \frac{\pi^2\times 2.44\times 10^{-2}}{4\times 10^2} = 6.0\times 10^{-4}/\text{d}$$

$$t = \frac{\ln\left[\frac{\pi^2}{8}(1-\overline{U})\right]}{-\beta} = \frac{\ln[1.23 \times (1-0.601)]}{-6.0 \times 10^{-4}} = \frac{-0.713}{-6.0 \times 10^{-4}} = 0.1187 \times 10^4 \mathrm{d} = 3.25 \text{ 年}$$

该土层已固结了 3.25 年。

(2) $\overline{U} = 1 - \alpha \mathrm{e}^{-\beta t}$, $\beta = 6.0 \times 10^{-4}/\mathrm{d} = 6.0 \times 365 \times 10^{-4}/\text{年} = 0.219/\text{年}$

$\overline{U} = 1 - 0.81 \times \mathrm{e}^{-0.219 \times (3.5+5)} = 1 - 0.81 \times 0.155 = 0.87$

再经过 5 年土层固结度达 87%。

$$s = \frac{pH}{E_s} = \frac{150 \times 10000}{5500} = 273 \text{mm}$$

$$s_t = s\overline{U} = 273 \times (0.87 - 0.601) = 73.4 \text{mm}$$

5 年土层产生的压缩量为 73.4mm。

4-5 某饱和软黏土地基厚度 $H = 10\mathrm{m}$，其下为粉土层。软黏土层顶铺设 1.0m 砂垫层，$\gamma = 19\mathrm{kN/m^3}$，然后采用 80kPa 大面积真空预压 6 个月，固结度达 80%，在深度 5m 处取土进行三轴固结不排水压缩试验，得到土的内摩擦角 $\varphi_{cu} = 5°$，假设沿深度各点附加压力同预压荷载，试求经预压固结后深度 5m 处土强度的增长值。

解 附加压力 $p_0 = 80 + 1.0 \times 19 = 99\mathrm{kPa}$

预压后地基土强度增长值按下式预估

$$\Delta \tau_t = \Delta p_0 U_t \tan \varphi_{cu}$$

式中：$\Delta \tau_t$——t 时刻土抗剪强度增长值；

Δp_0——预压荷载引起的该点的附加竖向压力；

U_t——固结度；

φ_{cu}——三轴固结不排水内摩擦角。

$\Delta \tau_t = 99 \times 0.8 \times \tan 5° = 6.9\mathrm{kPa}$

4-6 某软土地基采用砂井预压法加固地基，其土层分布为：地面下 15m 为高压缩性软土，往下为粉砂层，地下水位在地面下 1.5m。软土重度 $\gamma = 18.5\mathrm{kN/m^3}$，孔隙比 $e_1 = 1.10$，压缩系数 $a = 0.58\mathrm{MPa^{-1}}$，垂直向渗透系数 $k_v = 2.5 \times 10^{-8}\mathrm{cm/s}$，水平向渗透系数 $k_h = 7.5 \times 10^{-8}\mathrm{cm/s}$，预压荷载为 120kPa，在 4 个月内加上，然后预压时间 4 个月。砂井直径 33cm，井距 3.0m，等边三角形布井，砂井打至粉砂层顶面，试用太沙基单向固结理论和高木俊介法计算经预压后地基的固结度。

解 (1) 采用太沙基单向固结理论计算

竖向固结度计算

$$U_v = 1 - \frac{8}{\pi^2} \mathrm{e}^{-\frac{\pi^2}{4} \times \frac{C_v}{H^2} \times t}$$

式中：C_v——竖向固结系数；

H——单面排水土层厚度或双面排水时土层厚度之半；

t——固结时间，若加荷是逐渐施加的，则加荷历时的一半起算。

$$C_v = \frac{k_v(1+e_1)}{a\gamma_w} = \frac{2.5 \times 10^{-8} \times (1+1.1)}{0.58 \times 10^{-4}} = 9.05 \times 10^{-4} \mathrm{cm^2/s}$$

$$= 78.1 \times 10^{-4} \mathrm{m^2/d}$$

$$U_v = 1 - \frac{8}{\pi^2} e^{-\frac{\pi^2}{4} \times \frac{78.1 \times 1.0^{-4}}{7.5^2} \times 182.5} = 1 - 0.81 \times e^{-0.0624} \approx 1 - 0.81 \times 0.9395 = 0.24$$

径向固结度计算

$$U_h = 1 - e^{-\frac{8}{F_n} \times \frac{C_h}{d_e^2} \times t}$$

式中：C_h——径向固结系数；

F_n——与 n 有关的系数，$F_n = \frac{n^2}{n^2-1} \ln n - \frac{3n^2-1}{4n^2}$；

n——井径比，$n = d_e/d_w$，d_w 为竖井直径；

d_e——有效排水直径，等边三角形布桩时 $d_e = 1.05l$，l 为井距；

t——同前。

$l = 3.0\text{m}, d_e = 1.05l = 1.05 \times 3 = 3.15\text{m}, d_w = 0.33\text{m}$

$$n = \frac{d_e}{d_w} = \frac{3.15}{0.33} = 9.545$$

$$F_n = \frac{9.545^2}{9.545^2 - 1} \ln 9.545 - \frac{3 \times 9.545^2 - 1}{4 \times 9.545^2} = 1.011 \times 2.256 - 0.747 = 1.53$$

$$U_h = 1 - e^{-\frac{8}{1.53} \times \frac{78.1 \times 3 \times 10^{-4}}{3.15^2} \times 182.5} = 1 - e^{-2.25} = 1 - 0.105 = 0.895$$

地基总的平均固结度计算

$$U_{vh} = 1 - (1-U_v)(1-U_h) = 1 - (1-0.24) \times (1-0.895) = 1 - 0.76 \times 0.105 = 0.92$$

(2)采用高木俊介法计算平均固结度

高木俊介法计算地基平均固结度，就是《建筑地基处理技术规范》（JGJ 79—2002）规范式(5.2.7)

$$\overline{U}_t = \sum_{i=1}^{n} \frac{\dot{q}_i}{\sum \Delta p} \left[(T_i - T_{i-1}) - \frac{\alpha}{\beta} e^{-\beta t} (e^{\beta T_i} - e^{\beta T_{i-1}}) \right]$$

式中：$\dot{q}_i$——第 i 级荷载的加载速率；

$\sum \Delta p$——各级荷载的累加值；

T_{i-1}、T_i——分别为第 i 级荷载加载的起始和终止时间；

α、β——参数，竖向和径向排水固结时，$\alpha = \frac{8}{\pi^2}$，$\beta = \frac{8C_h}{F_n d_e^2} + \frac{\pi^2 C_v}{4H^2}$。

$\dot{q}_i = \frac{120}{120} = 1\text{kPa/d}, \sum \Delta p = 120\text{kPa}$

$T_i = 120\text{d}, T_{i-1} = 0, n = 9.545, F_n = 1.53, d_e = 3.15\text{m}, H = 7.5\text{m}$

$C_v = 78.1 \times 10^{-4} \text{m}^2/\text{d}, C_h = 234.3 \times 10^{-4} \text{m}^2/\text{d}$

$$\beta = \frac{8 \times 234.3 \times 10^{-4}}{1.53 \times 3.15^2} + \frac{\pi^2 \times 78.1 \times 10^{-4}}{4 \times 7.5^2} = 0.01235 + 0.00034 = 0.012691/\text{d}$$

$$\overline{U}_t = \frac{1}{120} \times \left[(120-0) - \frac{0.81}{0.01269} e^{-0.01269 \times 243} (e^{0.01269 \times 120} - e^0) \right]$$

$$= 1 - 0.532 e^{-3.08} (e^{1.54} - 1) = 1 - 0.532 \times 0.0459 \times 4.58 + 0.532 \times 0.0459 = 0.912$$

由此看出：

①太沙基单向固结理论计算的地基平均固结度为 92%，高木俊介法计算的为 93%，两种

方法的计算结果相近。

②在打砂井和塑料排水板情况下,竖向固结度较小,径向固结度是主要的,在该题的条件下径向固结度是竖向固结度的 3.7 倍。当砂井和塑料排水板间距很密时,竖向固结度可忽略。

4-7 两个软土层厚度分别为 $H_1=5\mathrm{m}$、$H_2=10\mathrm{m}$,其固结系数和应力分布相同,排水条件皆为单面排水,两土层欲达到同样固结度时,$H_1=5\mathrm{m}$ 土层需 4 个月时间,试求 $H_2=10\mathrm{m}$ 土层所需时间。

解 $U_{v1}=1-\dfrac{8}{\pi^2}e^{\frac{-\pi^2 C_{v1}}{4H_1^2}\times t_1}=1-0.81e^{\frac{-\pi^2 C_{v1}}{4\times 5^2}\times 4}=U_{v2}=1-0.81e^{\frac{-\pi^2 C_{v2}}{4\times 10^2}\times t_2}$

$\dfrac{C_{v1}}{5^2}\ln e=-\dfrac{C_{v2}}{4\times 10^2}\times t_2 \ln e$

$t_2=\dfrac{4\times 10^2}{5^2}=16$ 个月

所以厚度 $H_2=10\mathrm{m}$ 的土层欲达相同固结度需 16 个月时间。

4-8 某建筑物主体结构施工期为 2 年,第 5 年时其平均沉降量为 4cm,预估该建筑物最终沉降量为 12cm,试估算第 10 年时的沉降量(设固结度<53%)。

解 根据《土力学》(陈仲颐等编著)第四章第四节相关内容得:当固结度 $U<53\%$ 时,固结度和时间因数 T_v 关系可用下式表示

$T_v=\dfrac{1}{4}\pi U^2$,$T_v=\dfrac{C_v t}{H^2}$

$U^2=\dfrac{4C_v t}{\pi H^2}$

第 5 年固结度

$U=\dfrac{s_t}{s_\infty}=\dfrac{4}{12}$

$U_5^2=\left(\dfrac{4}{12}\right)^2=\dfrac{4t}{\pi}\times\dfrac{C_v}{H^2}$,$\dfrac{C_v}{H^2}=\dfrac{4^2}{12^2}\times\dfrac{\pi}{4t}=\dfrac{4\pi}{12^2}\times\dfrac{1}{t_5}=\dfrac{4\pi}{12^2\times 5}$

第 10 年固结度

$U_{10}^2=\dfrac{4t_{10}}{\pi}\times\dfrac{4\pi}{12^2\times 5}=\dfrac{4\times 10\times 4}{12^2\times 5}=0.222$,$U_{10}=0.471$

第 10 年建筑物沉降量

$s_{10}=U_{10}\times s_\infty=0.471\times 12=5.66\mathrm{cm}$

4-9 建筑甲在 3 年内沉降量为 4cm,其最终沉降约 12cm。建筑乙地基和压力增加情况与甲相同,但黏土层厚度比甲厚 20%,试估算建筑乙的最终沉降量和 3 年中的沉降量(设 $U<53\%$)。

解 根据《土力学》(陈仲颐等编著)第四章第四节相关内容得:当 $U<53\%$ 时

$T_v=\dfrac{C_v t}{H^2}=\dfrac{1}{4}\pi U^2$,$U_1^2=\dfrac{4C_v t_1}{\pi H_1^2}$,$U_1=\dfrac{4}{12}$

$H_1^2=\dfrac{4C_v\times 3\times 12^2}{\pi\times 4^2}$

四、地 基 处 理

$$U_2^2 = \frac{4C_v t}{\pi H_2^2} = \frac{4C_v \times 3}{\pi (1.2H_1)^2} = \frac{4C_v \times 3 \times \pi \times 4^2}{\pi \times 1.2^2 \times 4C_v \times 3 \times 12^2} = \frac{4^2}{1.2^2 \times 12^2}$$

$$U_2 = \frac{4}{1.2 \times 12}$$

因乙地基黏土层厚度比甲厚20%，所以乙最终沉降大20%，即

$$s_{\infty 2} = 1.2 s_{\infty 1} = 1.2 \times 12 = 14.4 \text{cm}$$

$$s_{t2} = U_2 \times s_{\infty 2} = \frac{4}{1.2 \times 12} \times 14.4 = 4 \text{cm}$$

可以看出，甲乙建筑在3年内的绝对沉降量相等。

4-10 某基础下为一厚度8.0m的饱和黏性土，往下为不透水层的坚硬土层，基础中心点下的附加应力分布近似为梯形，基础底为240kPa，饱和黏性土底为160kPa，在饱和黏性土的中点位置取土进行室内压缩试验，在自重压力下孔隙比为 $e_1 = 0.88$，自重压力和附加压力之和时的孔隙比为 $e_2 = 0.83$，土的渗透系数 $K = 0.6 \times 10^{-8}$ cm/s，试计算：(1)饱和黏性土固结度与时间关系；(2)基础沉降与时间关系。

解 计算基础由于饱和黏性土固结的最终沉降量

$$s_\infty = \xi \frac{e_1 - e_2}{1 + e_1} \times H = 1.1 \times \frac{0.88 - 0.83}{1 + 0.88} \times 800 = 23.43 \text{cm}$$

其中 ξ 为经验系数，取 $\xi = 1.1$

(1)饱和黏性土固结度与时间关系

压缩系数

$$a = \frac{\Delta e}{\Delta p} = \frac{0.88 - 0.83}{\frac{240 + 160}{2}} = 0.25 \text{MPa}^{-1}$$

土的渗透系数
$K = 0.6 \times 10^{-8} \times 0.31536 \times 10^8 = 0.189 \text{cm/年}$

土的固结系数

$$C_v = \frac{K(1 + e_m)}{a \gamma_w} = \frac{0.189 \left(1 + \frac{0.88 + 0.83}{2}\right)}{0.25 \times 10^{-4}} = 14023 \text{cm}^2/\text{年}$$

$$U_v = 1 - \frac{8}{\pi^2} e^{-\frac{\pi^2 C_v}{4H^2} t} = 1 - 0.81 e^{-\frac{\pi^2 \times 14023}{4 \times 800^2} \times t}$$

$$= 1 - 0.81 e^{-540 \times 10^{-4} \times t}$$

$1 - U_v = 0.81 e^{-540 \times 10^{-4} \times t}$，$\ln(1 - U_v) = \ln 0.81 - 540 \times 10^{-4} \times t$

$$= -0.21 - 540 \times 10^{-4} \times t$$

$$t = \frac{-\ln(1 - U_v) - 0.21}{540 \times 10^{-4}} \text{年}$$

(2) 基础沉降与时间关系

$U = \dfrac{s_t}{s_\infty}, s_t = U \times s_\infty = 23.43U$

由此基础沉降、固结度和时间关系见题 4-10 表。

题 4-10 表

U_v(%)	t(年)	s_t(cm)	U_v(%)	t(年)	s_t(cm)
0	0	0	75	21.8	17.6
25	1.4	5.8	80	25.9	18.7
50	8.9	11.7	90	38.7	21.1

4-11 条件同题 4-10，但坚硬黏土改为砂层，即双面排水，试计算基础沉降、固结度和时间关系。

解 双面排水时

$U = 1 - 0.81 e^{\frac{-\pi^2 \times 14023}{4 \times 400^2} \times t} = 1 - 0.81 e^{-2160 \times 10^{-4} \times t}$

$t = \dfrac{-\ln(1 - U_v) - 0.21}{2160 \times 10^{-4}}$

$s_t = U_v s_\infty = 23.43 U_v$

由此基础沉降、固结度和时间关系见题 4-11 表。

题 4-11 表

U_v(%)	t(年)	s_t(cm)	U_v(%)	t(年)	s_t(cm)
0	0	0	75	5.4	17.6
25	0.35	5.8	80	6.5	18.7
50	2.2	11.7	90	9.7	21.1

4-12 某饱和黏性土厚度 10m，初始孔隙比 $e_0 = 1$，压缩系数 $a = 0.3\text{MPa}^{-1}$，压缩模量 $E_s = 6.0\text{MPa}$，渗透系数 $k = 1.8\text{cm}/$年，该土层作用有大面积堆载 $p = 120\text{kPa}$，在单面和双面排水条件下求：(1)加载一年的固结度；(2)加载一年时的沉降量；(3)沉降 156mm 所需时间。

解 黏性土的最终沉降计算

$s = \dfrac{\Delta p}{E_s} H_i = \dfrac{120}{6 \times 10^3} \times 10^4 = 200\text{mm}$

黏性土的竖向固结系数计算

$C_v = \dfrac{K(1+e_0)}{a\gamma_w} = \dfrac{1.8 \times (1+1)}{0.3 \times 10^{-4}} = 12.0 \times 10^4 \text{cm}^2/$年

(1) 单面排水条件下

① 加载一年时的固结度

$U_v = 1 - \dfrac{8}{\pi^2} e^{\frac{-\pi^2 C_v}{4H^2} t} = 1 - 0.81 e^{\frac{-\pi^2 \times 12.0 \times 10^4}{4 \times 10^6} \times 1}$

$= 1 - 0.81 \times 0.74 = 0.4$

②加载一年的沉降量

$U_v = \dfrac{s_t}{s_\infty}$

$s_t = U_v s_\infty = 0.4 \times 200 = 80 \text{mm}$

③沉降 156mm 所需的时间

沉降 156mm 时的平均固结度

$U_v = \dfrac{s_t}{s_\infty} = \dfrac{156}{200} = 0.78$

$1 - U_v = 0.81 e^{-0.296t}$

$1 - 0.78 = 0.81 e^{-0.296t}, 0.272 = e^{-0.296t}$

$\ln 0.272 = -0.296t, t = \dfrac{-1.3}{-0.296} = 4.39 \text{ 年}$

(2) 双面排水条件下

①加载一年时的固结度

$U_v = 1 - 0.81 e^{-\frac{\pi^2 \times 12.0 \times 10^4}{4 \times 500^2} \times 1} = 1 - 0.81 e^{-1.18} = 1 - 0.81 \times 0.307 = 0.75$

②加载一年时的沉降量

$s_t = U_v s_\infty = 0.75 \times 200 = 150 \text{mm}$

③沉降 156mm 时所需的时间

$U_v = \dfrac{s_t}{s_\infty} = \dfrac{156}{200} = 0.78$

$1 - U_v = 0.81 e^{-1.18t}, 0.272 = e^{-1.18t}$

$\ln 0.272 = -1.18t, t = \dfrac{-1.31}{-1.18} = 1.1 \text{ 年}$

4-13 某淤泥质黏性土,厚度 20m,采用袋装砂井排水固结,砂井直径 $d_w = 7\text{cm}$,等边三角形布置,间距 $l = 1.4\text{m}$,砂井穿透黏土层,黏土底部为不透水层,黏土层固结系数 $C_h = C_v = 1.8 \times 10^{-3} \text{cm}^2/\text{s}$,预压荷载 $p = 100\text{kPa}$,分两级加载,第一级在 10d 之内加至 60kPa,预压 20d,然后在 10d 之内加至 100kPa,试计算 30d、80d 和 120d 时的固结度。

解 根据规范 JGJ 79—2012 第 5.2.7 条,地基平均固结度为

$\bar{U}_t = \sum\limits_{i=1}^{n} \dfrac{\dot{q}_i}{\sum \Delta p} \left[(T_i - T_{i-1}) - \dfrac{\alpha}{\beta} e^{-\beta t} (e^{\beta T_i} - e^{\beta T_{i-1}}) \right]$

(1) 30d 时平均固结度

$\dot{q}_1 = \dfrac{60}{10} = 6 \text{kPa/d}$

$\sum \Delta p = 100 \text{kPa}, T_i = 10\text{d}, T_{i-1} = 0, t = 30$

$\alpha = \dfrac{8}{\pi^2} = 0.81$

$\beta = \dfrac{8 C_h}{F_n d_e^2} + \dfrac{\pi^2 C_v}{4 H^2}$

$n = \dfrac{d_e}{d_w}, d_e = 1.05 l = 1.05 \times 1.4 = 1.47 \text{m}$

$$n=\frac{1.47}{0.07}=21$$

$$F_n=\frac{n^2}{n^2-1}\ln n-\frac{3n^2-1}{4n^2}=\frac{21^2}{21^2-1}\ln 21-\frac{3\times 21^2-1}{4\times 21^2}=3.047-0.749=2.3$$

$$\beta=\frac{8\times 1.8\times 10^{-3}}{2.3\times 147^2}+\frac{3.14^2\times 1.8\times 10^{-3}}{4\times 2000^2}=0.289\times 10^{-6}+0.0011\times 10^{-6}$$

$$=0.2901\times 10^{-6}/s=0.2901\times 86400/d=0.0251/d$$

$$\overline{U}_{30}=\frac{6}{100}\times\left[(10-0)-\frac{0.81}{0.0251}e^{-0.0251\times 30}\times(e^{0.0251\times 10}-e^0)\right]$$

$$=0.06\times[10-32.27\times 0.471\times(1.285-1)]$$

$$=0.34$$

(2) 80d 时平均固结度

$$\dot{q}_2=\frac{40}{10}=4\text{kPa/d}$$

$$\overline{U}_{80}=\frac{6}{100}\times\left[(10-0)-\frac{0.81}{0.0251}e^{-0.0251\times 80}(e^{0.0251\times 10}-e^0)\right]+\frac{4}{100}\times$$

$$\left[(40-30)-\frac{0.81}{0.0251}e^{-0.0251\times 80}(e^{0.0251\times 40}-e^{0.0251\times 30})\right]$$

$$=0.06\times(10-32.27\times 0.134\times 0.285)+0.04\times(10-32.27\times 0.134\times 0.6)$$

$$=0.06\times 8.77+0.04\times 7.405=0.526+0.296=0.822$$

(3) 120d 时平均固结度

$$\overline{U}_{120}=\frac{6}{100}\times\left[(10-0)-\frac{0.81}{0.0251}e^{-0.0251\times 120}(e^{0.0251\times 10}-e^0)\right]+\frac{4}{100}\times$$

$$\left[(40-30)-\frac{0.81}{0.0251}e^{-0.0251\times 120}(e^{0.0251\times 40}-e^{0.0251\times 30})\right]$$

$$=0.06\times(10-32.27\times 0.0492\times 0.285)+0.04\times(10-32.27\times 0.0492\times 0.61)$$

$$=0.06\times 9.549+0.04\times 9.0=0.57+0.36=0.93$$

4-14 某地基为饱和黏性土，水平渗透系数 $k_h=1\times 10^{-7}\text{cm/s}$，固结系数 $C_h=C_v=1.8\times 10^{-3}\text{cm}^2/\text{s}$，采用塑料排水板固结排水，排水板宽 $b=100\text{mm}$，厚度 $\delta=4\text{mm}$，渗透系数 $K_w=1\times 10^{-2}\text{cm/s}$，涂抹区土渗透系数 $k_s=0.2\times 10^{-7}\text{cm/s}$，取 $s=2$，塑料排水板等边三角形排列，间距 $l=1.4\text{m}$，深度 $H=20\text{m}$，底部为不透水层，预压荷载 $p=100\text{kPa}$，瞬时加载，试计算 120d 受压土层的平均固结度。

解 根据《建筑地基处理技术规范》(JGJ 79—2012) 第 5.2.8 条，考虑涂抹和井阻效应，地基径向平均固结度由下式计算

$$\overline{U}_r=1-e^{-\frac{8C_h}{Fd_e^2}t}, F=F_n+F_s+F_r$$

$$F_n=\ln n-\frac{3}{4}, F_s=\left(\frac{K_h}{K_s}-1\right)\ln s, F_r=\frac{\pi^2 H^2}{4}\times\frac{k_h}{q_w}$$

$$d_e=1.05l=1.05\times 1.4=1.47\text{m}$$

$$d_p=\frac{2(b+\delta)}{\pi}=\frac{2\times(100+4)}{3.14}=66.2\text{mm}$$

$$n = \frac{d_e}{d_p} = \frac{1.47}{0.0662} = 22$$

塑料排水板纵向通水量

$$q_w = k_w \times \frac{\pi d_p^2}{4} = 1.0 \times 10^{-2} \times 3.14 \times \frac{6.62^2}{4} = 0.344 \text{cm}^3/\text{s}$$

$$F_n = \ln n - \frac{3}{4} = \ln 22 - \frac{3}{4} = 3.09 - 0.75 = 2.34$$

$$F_s = \left(\frac{k_h}{k_s} - 1\right)\ln s = \left(\frac{1 \times 10^{-7}}{0.2 \times 10^{-7}} - 1\right)\ln 2 = 4 \times 0.693 = 2.77$$

$$F_r = \frac{\pi^2 H^2 k_h}{4 q_w} = \frac{3.14^2 \times 2000^2 \times 1 \times 10^{-7}}{4 \times 0.344} = 2.87$$

$$F = F_n + F_s + F_r = 2.34 + 2.77 + 2.87 = 7.98$$

$$\alpha = \frac{8}{\pi^2} = 0.81$$

$$\beta = \frac{8 C_h}{F d_e^2} + \frac{\pi^2 C_v}{4 H^2} = \frac{8 \times 1.8 \times 10^{-3}}{7.98 \times 147^2} + \frac{3.14^2 \times 1.8 \times 10^{-3}}{4 \times 2000^2} = 8.46 \times 10^{-8} (1/\text{s})$$

$$\overline{U}_r = 1 - \alpha e^{-\beta t} = 1 - 0.81 \times e^{-8.46 \times 10^{-3} \times 120 \times 24 \times 3600} = 0.66$$

4-15 某大面积饱和淤泥质黏土层,厚度 $H=10\text{m}$,其竖向和径向固结系数分别为 $C_v = 1.6 \times 10^{-3} \text{cm}^2/\text{s}$,$C_h = 3.0 \times 10^{-3} \text{cm}^2/\text{s}$,采用砂井堆载预压法进行处理,砂井直径 $d_w = 0.35\text{m}$,正三角形布置,间距 $l=2.0\text{m}$,砂井打到不透水层顶面,深 10m,堆载 $p=150\text{kPa}$,加荷时间 5d,试计算 60d 时的固结度。

解 根据《建筑地基处理技术规范》(JGJ 79—2012)5.2.7条,地基平均固结度为

$$\overline{U}_t = \sum_{i=1}^{n} \frac{\dot{q}_i}{\sum \Delta p}\left[(T_i - T_{i-1}) - \frac{\alpha}{\beta} e^{-\beta t}(e^{\beta T_i} - e^{\beta T_{i-1}})\right]$$

$$\dot{q} = \frac{150}{5} = 30 \text{kPa/d}, \sum \Delta p = 150 \text{kPa}$$

$$T_i = 5, T_{i-1} = 0, t = 60$$

$$\alpha = \frac{8}{\pi^2} = 0.81, \beta = \frac{8 C_h}{F_n d_e^2} + \frac{\pi^2 C_v}{4 H^2}$$

$$d_e = 1.05 l = 1.05 \times 2 = 2.1\text{m}, n = \frac{d_e}{d_w} = \frac{2.1}{0.35} = 6$$

$$F_n = \frac{n^2}{n^2 - 1}\ln n - \frac{3n^2 - 1}{4n^2} = \frac{6^2}{6^2 - 1}\ln 6 - \frac{3 \times 6^2 - 1}{4 \times 6^2} = 1.84 - 0.74 = 1.097$$

$$\beta = \frac{8 C_h}{F d_e^2} + \frac{\pi^2 C_v}{4 H^2} = \frac{8 \times 3.0 \times 10^{-3}}{1.097 \times 210^2} + \frac{3.14^2 \times 1.6 \times 10^{-3}}{4 \times 1000^2} = 5 \times 10^{-7} (1/\text{s})$$

$$\overline{U} = 1 - \alpha e^{-\beta t} = 1 - 0.81 \times e^{-5.0 \times 10^{-7} \times 60 \times 24 \times 3600} = 0.94$$

4-16 某淤泥质黏性土,厚度 $H=12\text{m}$,竖向和水平固结系数相同,$C_v = C_h = 1.0 \times 10^{-3} \text{cm}^2/\text{s}$,采用砂桩处理,砂桩直径 $d_w = 0.3\text{m}$,桩长 $l=12\text{m}$,正三角形布置,间距 $l=1.6\text{m}$,双面排水,在土层自重压力作用下,试计算地基在第 3 个月时的竖向、径向和平均固结度。

解 根据太沙基单向固结理论进行固结度计算

$$d_e = 1.05l = 1.05 \times 1.6 = 1.68 \text{m}$$

$$n = \frac{d_e}{d_w} = \frac{1.68}{0.3} = 5.6$$

$$F_n = \frac{n^2}{n^2-1}\ln n - \frac{3n^2-1}{4n^2} = \frac{5.6^2}{5.6^2-1}\ln 5.6 - \frac{3\times 5.6^2-1}{4\times 5.6^2} = 1.04$$

$$\alpha = \frac{8}{\pi^2} = 0.81$$

竖向

$$\beta = \frac{\pi^2 C_v}{4H^2} = \frac{3.14^2 \times 1.0 \times 10^{-3}}{4 \times 600^2} = 6.85 \times 10^{-9} (1/\text{s})$$

径向

$$\beta = \frac{8C_h}{F_n d_e^2} = \frac{8 \times 1.0 \times 10^{-3}}{1.04 \times 168^2} = 2.73 \times 10^{-7} (1/\text{s})$$

竖向固结度

$$\bar{U}_z = 1 - \alpha e^{-\beta t} = 1 - 0.81 \times e^{-6.85 \times 10^{-9} \times 3 \times 30 \times 24 \times 3600} = 0.23$$

径向固结度

$$\bar{U}_r = 1 - e^{-\beta t} = 1 - e^{-2.73 \times 10^{-7} \times 3 \times 30 \times 24 \times 3600} = 0.88$$

平均固结度

$$\bar{U}_{rz} = 1 - (1-\bar{U}_z)(1-\bar{U}_r) = 1 - (1-0.23) \times (1-0.88) = 0.91$$

4-17 某淤泥质黏性土,除砂井长度为 6m,未穿透受压土层,其余条件同题 4-16,试计算土层平均固结度。

解 因为砂井长度为原来的 0.5 倍,而题 4-16 双面排水,所以,砂井部分土层的平均固结度相等。砂井以下部分土层的竖向平均固结度与题 4-16 相等。

$$\bar{U}_{rz} = 0.91, \bar{U}_z = 0.23$$

$$Q = \frac{H_1}{H_1+H_2} = \frac{6}{6+6} = 0.5$$

$$\bar{U} = Q\bar{U}_{rz} + (1-Q)U'_z$$
$$= 0.5 \times 0.91 + (1-0.5) \times 0.23 = 0.57$$

4-18 厚度为 6m 的饱和黏土层,其下为不可压缩的不透水层,黏土层的竖向固结系数 $C_v = 4.5 \times 10^{-3} \text{cm}^2/\text{s}, \gamma = 16.8 \text{kN/m}^3$,黏土层上为薄透水砂层,地表瞬时施加无穷均布荷载 $p = 120 \text{kPa}$,分别计算下列几种情况:

(1)若黏土层已经在自重作用下完成固结,然后施加 p,求达到 50% 固结度所需的时间;

(2)若黏土层尚未在自重作用下固结,施加 p 后,求达到 50% 固结度所需时间。

解 (1) $\bar{U}_t = 1 - \alpha e^{-\beta t}, \alpha = \frac{8}{\pi^2}$

$$\beta = \frac{\pi^2 C_v}{4H^2}, C_v = 4.5 \times 10^{-3} \text{cm}^2/\text{s} = 4.5 \times 10^{-3} \times 10^{-4} \times 86400 \text{m}^2/\text{d} = 0.03888 \text{m}^2/\text{d}$$

$$\beta = \frac{\pi^2 \times 0.03888}{4 \times 6^2} = 0.00266/\text{d}$$

$$t = \frac{\ln\left[\frac{\pi^2}{8}(1-\overline{U})\right]}{-\beta} = \frac{\ln\left[\frac{\pi^2}{8}(1-0.5)\right]}{-0.00266} = \frac{-0.484}{-0.00266} = 182\text{d}$$

(2) 黏土尚未在自重作用下固结

$$\alpha = \frac{p_a}{p_b}$$

式中，p_a 为均布荷载，$p_a=120$kPa 作用，全部由孔隙水压力承担；$p_b = p_a + \gamma_w h = 120 + 10 \times 6 = 180$kPa。

$$\alpha = \frac{120}{180} = 0.67,\text{查 } U_t \text{ 和 } T_v \text{ 关系表}, \overline{U}_t = 50\% \text{ 时得 } T_v = 0.213$$

$$\overline{U}_t = 1 - \alpha e^{-\frac{\pi^2}{4}T_v}, T_v = \frac{C_v t}{H^2}, t = \frac{T_v H^2}{C_v} = \frac{0.213 \times 6^2}{0.03888} = 197\text{d}$$

4-19 某四层砖混结构的住宅楼，采用条形基础，基础宽1.2m，埋深1.0m，作用于基础上的荷载为120kN/m。土层分布：0～1.0m 粉质黏土，$\gamma=17.5$kN/m³；1.0～15m 淤泥质黏土，$\gamma=17.8$kN/m³，$f_{ak}=48$kPa；15m 以下的砂砾石。地下水距地表1.0m，试设计换填垫层法处理地基。

解 采用砂垫层换填厚1.6m，分层碾压夯实，干密度达16kN/m³，$\gamma=20$kN/m³
基底平均压力

$$p_k = \frac{F_k + G_k}{A} = \frac{120 + 1.2 \times 1 \times 20}{1.2 \times 1} = 120\text{kPa}$$

垫层底面处的附加压力

$$p_z = \frac{b(p_k - p_c)}{b + 2z\tan\theta} = \frac{1.2 \times (120 - 17.5 \times 1)}{1.2 + 2 \times 1.6 \tan 30°} = \frac{123}{3.0} = 41\text{kPa} \left(\frac{z}{b} = \frac{1.6}{1.2} = 1.33 \geqslant 0.5, \theta = 30°\right)$$

$$p_{cz} = 17.5 \times 1 + 10 \times 1.6 = 33.5\text{kPa}$$

垫层底地基承载力经深度修正

$$f_{az} = f_{ak} + \gamma_m \eta_d (d - 0.5) = 48 + \frac{17.5 \times 1 + 10 \times 1.6}{2.6} \times 1.0 \times (2.6 - 0.5)$$
$$= 48 + 27 = 75\text{kPa}$$

$p_z + p_{cz} = 41 + 33.5 = 74.5$kPa $< f_{az} = 75$kPa，满足。
砂垫层底宽度$= b + 2z\tan\theta = 1.2 + 2 \times 1.6 \times \tan 30° = 1.2 + 1.85 = 3.0$m

4-20 某饱和软土地基厚12m，其下为不透水层，采用砂井处理地基，井深 $H=12$m，间距 $l=1.5$m，三角形布置，井径 $d_w=0.3$m，$C_v=C_h=1.0\times10^{-3}$cm²/s，试计算堆载预压（$p=100$kPa）3个月地基平均固结度（不考虑涂抹和井阻影响）。

269

解 竖向平均固结度

$$\overline{U}_v = 1 - \frac{8}{\pi^2} e^{-\pi^2 C_v/4H^2 \cdot t} = 1 - 0.81 e^{\frac{-\pi^2 \times 1.0 \times 10^{-3}}{4 \times 1200^2} \times 90 \times 86400}$$

$$= 1 - 0.81 e^{-13.3 \times 10^{-3}} = 1 - 0.81 \times 0.987 = 1 - 0.799 = 0.2 = 20\%$$

水平向平均固结度

$$\overline{U}_r = 1 - e^{\frac{-8C_h}{F d_e^2} \times t}$$

$$d_e = 1.05 l = 1.05 \times 150 = 157.5 \text{cm}$$

$$n = \frac{d_e}{d_w} = \frac{157.5}{30} = 5.25$$

$$F = F_n = \frac{n^2}{n^2 - 1} \ln n - \frac{3n^2 - 1}{4n^2} = \frac{5.25^2}{5.25^2 - 1} \ln 5.25 - \frac{3 \times 5.25^2 - 1}{4 \times 5.25^2}$$

$$= 1.04 \times 1.66 - 0.741 = 0.985$$

$$\overline{U}_r = 1 - e^{\frac{-8 \times 1.0 \times 10^{-3}}{0.985 \times 157.5^2} \times 90 \times 86400} = 1 - e^{-2.54} = 1 - 0.079 = 0.92 = 92\%$$

3个月地基平均固结度

$$\overline{U} = 1 - (1 - \overline{U}_v)(1 - \overline{U}_r) = 1 - (1 - 0.2) \times (1 - 0.92) = 1 - 0.8 \times 0.08 = 0.936 = 93.6\%$$

4-21 某砂土地基 $d_s = 2.7$，$\gamma_{sat} = 19.0 \text{kN/m}^3$，$e_{max} = 0.95$，$e_{min} = 0.6$，地下水位位于地面，采用砂石桩法处理地基，桩径 $d = 0.6 \text{m}$，试计算地基相对密实度达80%时三角形布桩和正方形布桩的桩间距（取 $\xi = 1.0$）。

解 根据《建筑地基处理规范》（JGJ 79—2012）7.2.2条得：

$$e_1 = e_{max} - D_{r1}(e_{max} - e_{min}) = 0.95 - 0.8 \times (0.95 - 0.6) = 0.67$$

$$\gamma_{sat} = \frac{d_s + e_0}{1 + e_0} \gamma_w, e_0 = \frac{\gamma_{sat} - \gamma_w d_s}{\gamma_w - \gamma_{sat}} = \frac{19 - 10 \times 2.7}{10 - 19} = 0.89$$

三角形布桩

$$s = 0.95 \xi d \sqrt{\frac{1 + e_0}{e_0 - e_1}} = 0.95 \times 1.0 \times 0.6 \sqrt{\frac{1 + 0.89}{0.89 - 0.67}} = 0.57 \times \sqrt{\frac{1.89}{0.22}} = 1.67 \text{m}$$

正方形布桩

$$s = 0.89 \xi d \sqrt{\frac{1 + e_0}{e_0 - e_1}} = 0.89 \times 1.0 \times 0.6 \times 2.93 = 1.56 \text{m}$$

4-22 某场地用大面积堆载预压固结，堆载压力 $p_0 = 100 \text{kPa}$，土层厚4m，在某时刻测得孔隙水压力沿深度分布曲线如图所示。试求：(1)土层固结度沿深度分布曲线；(2)当 $s_\infty = 15 \text{cm}$ 时，此时刻的压缩量。

解 (1)孔隙水压力曲线方程为

$$u = \frac{40}{4} z = 10z$$

固结度为土层中超孔隙水压力的消散程度

$$U = \frac{u_0 - u}{u_0}$$

式中：u_0——初始孔隙水压力；
u——t时刻孔隙水压力。

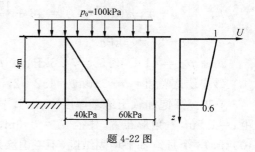

题 4-22 图

初始压力全由超静孔隙水压力承担 $u_0 = 100$

t 时刻某深度 $u = 10z$

$U = \dfrac{100 - 10z}{100} = 1 - \dfrac{1}{10}z$

当 $z=0, U=1, z=4\text{m}, U=0.6$

固结度沿深度为直线分布

(2) $\overline{U} = \dfrac{s_t}{s_\infty}, s_t = \overline{U} \times s_\infty = 0.8 \times 15 = 0.8 \times 15 = 12\text{cm}$

4-23 某两场地，土层厚度一样，如图所示，A 场地固结系数是 B 场地的 3 倍，在同样的堆载 p_0 条件下，试求 A、B 两场地达到相同竖向固结度的时间比。

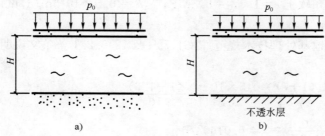

题 4-23 图

解 A、B 场地都完成固结，竖向固结时间因素 T_v 也一样。

$T_{vA} = \dfrac{C_{vA} \times t_A}{H_A^2} = \dfrac{C_{vB} \times t_B}{H_B^2}, C_{vA} = 3C_{vB}$

$\dfrac{3C_{vB} \times t_A}{\left(\dfrac{H_A}{2}\right)^2} = \dfrac{C_{vB} \times t_B}{H_B^2}$

$\dfrac{t_A}{t_B} = \dfrac{\left(\dfrac{H}{2}\right)^2}{3H^2} = \dfrac{1}{12}$

4-24 某淤泥质黏土，厚度 $H = 8.0\text{m}$，下卧层为不透水层，土层 $C_v = 1.5 \times 10^{-3}\text{cm}^2/\text{s}$，$C_h = 2.94 \times 10^{-3}\text{cm}^2/\text{s}$，采用砂井预压，砂井直径 $d_w = 30\text{cm}$，正方形布置，间距 2.0m，预压总压力 $p = 120\text{kPa}$，加载 5d，求加载开始后 60d 的平均固结度。

解 $d_e = 1.13 l = 1.13 \times 200 = 226\text{cm}$

$n = \dfrac{d_e}{d_w} = \dfrac{226}{30} = 7.53$

$F_n = \dfrac{n^2}{n^2 - 1} \ln n - \dfrac{3n^2 - 1}{4n^2} = \dfrac{7.53^2}{7.53^2 - 1} \ln 7.53 - \dfrac{3 \times 7.53^2 - 1}{4 \times 7.53^2}$

$\quad = 2.055 - 0.746 = 1.31$

$\alpha = \dfrac{8}{\pi^2} = 0.81$

$\beta = \dfrac{8C_h}{F_n d_e^2} + \dfrac{\pi^2 C_v}{4H^2} = \dfrac{8 \times 2.94 \times 10^{-3}}{1.31 \times 226^2} + \dfrac{\pi^2 \times 1.5 \times 10^{-3}}{4 \times 800^2}$

$\quad = 0.35 \times 10^{-6} + 0.0058 \times 10^{-6} = 0.356 \times 10^{-6}/\text{s} = 3.08 \times 10^{-2}/\text{d}$

$$\overline{U}_t = \sum_1^n \frac{\dot{q}_i}{\sum \Delta p}\left[(T_i - T_{i-1}) - \frac{\alpha}{\beta}e^{-\beta t}(e^{\beta T_i} - e^{\beta T_{i-1}})\right]$$

$T_{i-1} = 0, T_i = 5, \dot{q} = \frac{120}{5} = 24$

$$\overline{U}_t = \frac{24}{120} \times \left[5 - \frac{0.81}{3.08 \times 10^{-2}} \times e^{-3.08 \times 10^{-2} \times 60}(e^{3.08 \times 10^{-2} \times 5} - e^{3.08 \times 10^{-2} \times 0})\right]$$
$$= 0.2 \times [5 - 26.3 \times 0.158 \times (1.17 - 1.0)] = 0.2 \times 4.29 = 0.86 = 86\%$$

点评：在应用《建筑地基处理技术规范》(JGJ 79—2012)公式 5.2.7 计算固结度（高木俊介法）时，注意各级荷载单位要采用 kPa，β 单位要采用 1/d。

4-25 某软土地基采用预压排水固结加固，软土厚 10m，其层面和层底都是砂层，预压荷载一次瞬时施加，已知软土 $e = 1.6, a = 0.8\text{MPa}^{-1}, k_v = 0.5 \times 10^{-3}\text{m/d}$，试计算预压时间，其固结度达 80%。

解 根据《建筑地基处理技术规范》(JGJ 79—2012)5.2.1 条条文说明及表 5.2.7 得

$\overline{U} = 1 - \alpha e^{-\beta t}$

固结系数 $C_v = \frac{k_v(1+e)}{\alpha \gamma_w} = \frac{0.5 \times 10^{-3} \times (1+1.6)}{0.8 \times 10^{-3} \times 10} = 0.1625\text{m}^2/\text{d}$

$\beta = \frac{\pi^2 C_v}{4H^2} = \frac{\pi^2 \times 0.1625}{4 \times 5^2} = 0.01604/\text{d}$

$\alpha = \frac{8}{\pi^2} = 0.811$

$\overline{U}_t = 1 - \alpha e^{-\beta t}$

$t = \frac{\ln\left(\frac{1-\overline{U}_t}{0.811}\right)}{\beta} = \frac{\ln\left(\frac{1-0.8}{0.811}\right)}{-0.01604} = 87\text{d}$

点评：固结系数的计算属于基础知识，规范中并没有给出公式，属于应掌握的内容。

4-26 某港口堆料场，软土厚 15m，其下为粉细砂层，采用砂井加固。井径 $d_w = 0.4\text{m}$，井距 $s = 2.5\text{m}$，等边三角形布置，土的固结系数 $C_v = C_h = 1.5 \times 10^{-3}\text{cm}^2/\text{s}$，在大面积荷载作用下，试计算固结度达 80% 所需时间（忽略竖向固结）。

解 根据《建筑地基处理技术规范》(JGJ 79—2012)5.2.1 条条文说明及表 5.2.7 得

$\overline{U} = 1 - \alpha e^{-\beta t}$

$d_e = 1.055s = 1.05 \times 2.5 = 2.625\text{m}, d_e^2 = 6.89\text{m}^2$

$n = \frac{d_e}{d_w} = \frac{2.625}{0.4} = 6.56$

$F_n = \frac{n^2}{n^2-1}\ln n - \frac{3n^2-1}{4n^2} = \frac{43.03}{42.03}\ln 6.56 - \frac{128.1}{172.1} = 1.024 \times 1.88 - 0.744 = 1.181$

$C_h = 1.5 \times 10^{-3}\text{cm}^2/\text{s} = 0.013\text{m}^2/\text{d}$

$t = \frac{\ln(1-U_t)}{-8C_h} \times F_n \times d_e^2 = \frac{\ln(1-0.8)}{-8 \times 0.013} \times 1.181 \times 6.89 = \frac{-1.61}{-0.104} \times 8.1 = 125.4\text{d}$

4-27 某高压喷射注浆复合地基，要求复合地基承载力特征值达 250kPa，采用桩径 0.5m，桩身试块抗压强度标准值 $f_{cu} = 5.5\text{MPa}$，桩间土 $f_{ak} = 120\text{kPa}$，等边三角形布桩，试计算喷射桩的间距($\lambda=1.0, \beta=0.5$)。

解 $f_{cu} \geqslant 4\dfrac{\lambda R_a}{A_p}, \dfrac{\lambda R_a}{A_p} \leqslant \dfrac{f_{cu}}{4}$

$$m \geqslant \dfrac{f_{spk}-\beta f_{sk}}{\dfrac{\lambda R_a}{A_p}-\beta f_{sk}}=\dfrac{250-0.5\times 120}{\dfrac{5500}{4}-0.5\times 120}=0.144$$

$$s=\dfrac{d}{1.05\sqrt{m}}=\dfrac{0.5}{1.05\times\sqrt{0.144}}=1.25\text{m}$$

4-28 某饱和软黏土,厚$H=8$m,其下为粉土层,采用打塑料排水板真空预压加固,平均潮位与土顶面相齐,顶面分层铺设0.8m砂垫层($\gamma=19$kN/m³),塑料排水板打至软土层底面,正方形布置,间距1.3m,然后用80kPa真空预压6个月,按正常固结考虑,试计算最终固结沉降量(土层$\gamma=17$kN/m³,$e_0=1.6$,$C_c=0.55$,沉降修正系数取1.0)。

解 $p_0=\dfrac{\gamma' H}{2}=\dfrac{7\times 8}{2}=28$kPa

$\Delta p=80+0.8\times 19=80+15.2=95.2$kPa

$$s=\dfrac{C_c}{1+e_0}H\lg\left(\dfrac{p_0+\Delta p}{p_0}\right)=\dfrac{0.55}{1+1.6}\times 8\times\lg\left(\dfrac{28+95.2}{28}\right)=1.692\times 0.643=1.09\text{m}$$

4-29 某自重湿陷性黄土上建一座7层住宅,外墙基础底面边缘尺寸15m×45m,采用等边三角形布置灰土挤密桩,满堂处理其湿陷性,处理厚度4m,孔径0.4m,已知桩间土$\rho_{dmax}=1.75$t/m³,处理前土的$\rho_d=1.35$t/m³,要求桩间土经成孔挤密后的平均挤密系数达0.9,试计算所需桩孔数($\bar{\eta}_c=0.9$)。

解 桩孔中心距

$$s=0.95d\sqrt{\dfrac{\bar{\eta}_c\rho_{dmax}}{\bar{\eta}_c\rho_{dmax}-\rho_d}}=0.95\times 0.4\times\sqrt{\dfrac{0.9\times 1.75}{0.9\times 1.75-1.35}}=1.0\text{m}$$

拟处理地基面积
$A=(15+2\times 2)\times(45+2\times 2)=931\text{m}^2$
$d_e=1.05s=1.05\text{ m}$
$n=\dfrac{A}{A_e}=\dfrac{931}{\dfrac{3.14\times 1.05^2}{4}}=1076$ 根

4-30 某独立基础底面尺寸3.5m×3.5m,埋深2.5m,地下水位在地面下1.25m,作用于基础顶面的竖向力$F_k=1100$kN,采用水泥土桩复合地基,桩径0.5m,桩长8m,水泥土试块强度$f_{cu}=2400$kPa,单桩承载力发挥$\lambda=1.0$,$\eta=0.25$,$\beta=0.3$,单桩承载力特征值为145kN,桩间土$f_{ak}=70$kPa,试计算独立基础桩数(土的天然重度均采用18kN/m³)。

解:根据《建筑地基处理技术规范》(JGJ 79—2012)式7.3.3得:
$R_a=\eta f_{cu}A_p=0.25\times 2400\times 0.196=118$kN < 单桩承载力特征值145kN
取$R_a=118$kN。
根据《建筑地基处理技术规范》(JGJ 79—2012)式7.1.5-2得:

$$p_k = \frac{F_k + G_k}{A} = \frac{1100 + 3.5^2 \times 20 \times 1.25 + 3.5^2 \times 10 \times 1.25}{3.5^2} = 127.3 \text{kPa}$$

$$f_{spk} = \lambda \cdot m \frac{R_a}{A_p} + \beta(1-m) \cdot f_{sk} = 1.0m \times \frac{118}{0.196} + 0.3(1-m) \times 70$$

$$= 581m + 21$$

经修正后的复合地基承载力特征值：

$$f_a = f_{spk} + n_d \times \gamma_m \times (d - 0.5)$$

$$= 581m + 21 + 1.0 \times \frac{1.25 \times 18 + 1.25 \times 8}{2.5} \times 2.0$$

$$= 581m + 47$$

$$p_k = 127.3 \leqslant f_a = 581m + 47$$

$$m \geqslant 0.138$$

$$n = \frac{m \cdot A}{A_p} = \frac{0.138 \times 3.5^2}{0.196} = 8.6 \text{根，取 9 根。}$$

桩的布置如图所示。

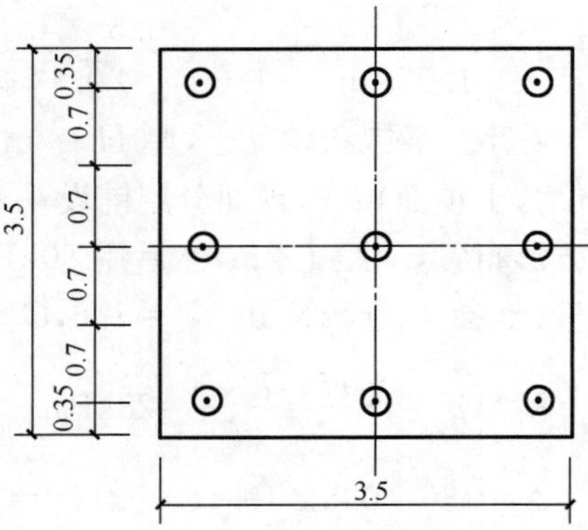

题 4-30 图（尺寸单位：m）

4-31 某 28 层住宅，地下 2 层，基础埋深 7m，作用于基底的附加压力 $p_0 = 316$ kPa，采用 CFG 桩复合地基，桩径 0.4m，桩长 21m，基础板厚 0.7m，尺寸 30m×35m。土层分布：0～7m 黏土；7～14m 粉质黏土，$E_s = 6.4$ MPa；14～28m 粉土，$E_s = 12$ MPa；28m 以下圆砾，$E_s = 60$ MPa。复合地基承载力特征值 339kPa，基础底面下土的承载力特征值 $f_{ak} = 140$ kPa，试计算基础中点沉降（$z_n = 25$m，$\varphi_s = 0.2$）。

解 $p_0 = 316$ kPa，$z_n = 25$ m，$\varphi_s = 0.2$

桩长范围复合土层压缩模量应将原来土层压缩模量乘以 ξ 系数，$\xi = \frac{f_{spk}}{f_{sk}} = \frac{339}{140} = 2.42$

沉降计算见题 4-31 表。

题 4-31 表

z_c(cm)	l/b	z/b	$\bar{\alpha}_i$	$z_i\bar{\alpha}_i$	$z_i\bar{\alpha}_i - z_{i-1}\bar{\alpha}_{i-1}$	E_a(MPa)	ξE_s(MPa)	$\Delta s'_i$(mm)	$\sum \Delta s'_i$(mm)
0	1.17	0	$4 \times 0.25 = 1$						
7	1.17	0.47	$4 \times 0.2463 = 0.9852$	6.896	6.896	6.4	15.49	14.07	14.07
21	1.17	1.4	$4 \times 0.2093 = 0.8372$	17.581	10.685	12	29.04	116.27	256.97
25	1.17	1.67	$4 \times 0.1963 = 0.7852$	19.63	2.049	60	60	10.791	267.76

基础中点沉降 $s = \varphi_s s' = 0.2 \times 267.76 = 53.6$ mm

4-32 某 7 层框架结构，上部荷载 $F_k = 80000$ kN，筏板基础 14m×32m，板厚 0.46m，基础埋深 2m，采用粉喷桩复合地基，$m = 26\%$，单桩承载力特征值为 237kN，桩体试块 $f_{cu} = 1800$ kPa，桩径 0.55m，桩长 12m，桩间土 $f_{sk} = 100$ kPa，$\gamma = 18$ kN/m³，试验算复合地基承载力是否满足要求（$\beta = 0.8$，$\eta = 0.23$）。

274

解 桩体承载力特征值

$R_a = \eta \cdot f_{cu} \cdot A_p = 0.23 \times 1800 \times 0.237 = 98\text{kN} < 237\text{kN}$

取 $R_a = 98\text{kN}$

复合地基承载力特征值

$$f_{spk} = \lambda \cdot m \cdot \frac{R_a}{A_p} + \beta(1-m) \cdot f_{sk}$$

$$= 1.0 \times 0.26 \times \frac{98}{3.14 \times 0.275^2} + 0.8 \times (1-0.26) \times 100$$

$$= 107.3 + 59.2 = 166.5\text{kPa}$$

深度修正后

$$f_{spa} = f_{spk} + \gamma_m \cdot (d - 0.5)$$

$$f_{spa} = 166.5 + 1.0 \times 18 \times (2 - 0.5) = 193.5\text{kPa}$$

$$p_k = \frac{F_k + G_k}{A} = \frac{80000 + 14 \times 32 \times 2 \times 20}{14 \times 32} = 218.6\text{kPa} > f_{spa} = 193.5\text{kPa},\text{不满足}。$$

4-33 某水泥搅拌桩复合地基,搅拌桩桩径 0.5m,单桩承载力特征值 250kN,桩间土 $f_{sk} = 100\text{kPa}$,复合地基 $f_{spk} = 210\text{kPa}$,试计算面积置换率($\lambda = 1.0, \beta = 0.6$)。

解 $f_{spk} = \lambda \cdot m \cdot \frac{R_a}{A_p} + \beta(1-m) \cdot f_{sk}$

$$m = \frac{f_{spk} - \beta \cdot f_{sk}}{\lambda \cdot \frac{R_a}{A_p} - \beta \cdot f_{sk}} = \frac{210 - 0.6 \times 100}{1.0 \times \frac{250}{3.14 \times 0.25^2} - 0.6 \times 100} = 0.12$$

4-34 某软土地基,$f_{sk} = 90\text{kPa}$,采用 CFG 桩地基处理,桩径 0.36m,单桩承载力特征值 $R_a = 340\text{kN}$,正方形布桩,复合地基承载力特征值 140kPa,试计算桩间距($\lambda = 0.9, \beta = 0.9$)。

解 $f_{spk} = \lambda \cdot m \cdot \frac{R_a}{A_p} + \beta(1-m) \cdot f_{sk}$

$$m = \frac{f_{spk} - \beta \cdot f_{sk}}{\lambda \cdot \frac{R_a}{A_p} - \beta \cdot f_{sk}} = \frac{140 - 0.9 \times 90}{0.9 \times \frac{340}{3.14 \times 0.18^2} - 0.9 \times 90} = 0.02$$

$$S = \sqrt{A_e} = \sqrt{\frac{A_p}{m}} = \sqrt{\frac{\pi}{4} \times 0.36^2 \div 0.02} = 2.25\text{m}$$

4-35 某软土地基采用砂井预压加固,分 4 级加载,加载情况如下:
第 1 级 40kPa,加载 14d,预压 20d,$U_z = 17\%$,$U_r = 88\%$;
第 2 级 30kPa,加载 6d,预压 25d,$U_z = 15\%$,$U_r = 79\%$;
第 3 级 20kPa,加载 4d,预压 26d,$U_z = 11\%$,$U_r = 67\%$;
第 4 级 20kPa,加载 4d,预压 28d,$U_z = 7\%$,$U_r = 46\%$;
试求地基土固结度。

解 $\overline{U}_{rz} = 1 - (1 - U_r)(1 - U_z)$

$U_{rz1} = 1-(1-0.17)(1-0.88) = 0.90$

$U_{rz2} = 1-(1-0.15)(1-0.79) = 0.82$

$U_{rz3} = 1-(1-0.11)(1-0.67) = 0.71$

$U_{rz4} = 1-(1-0.07)(1-0.46) = 0.50$

根据《港口工程地基规范》(JTS 147-1—2010)8.3.8 条公式

$$U_{rz} = \sum_{i=1}^{m} U_{rzi}\left(t - \frac{T_i^0 + T_i^f}{2}\right)\frac{P_i}{\sum P_i}$$

$$= 0.9 \times \frac{40}{110} + 0.82 \times \frac{30}{110} + 0.71 \times \frac{20}{110} + 0.50 \times \frac{20}{110}$$

$$= 0.77$$

4-36 某振冲桩复合地基,进行三台单桩复合地基平板载荷试验,$p_{max}=500$kPa,其 p-s 曲线皆为平缓光滑曲线,当按相对变形 $\frac{s}{b}=0.01$ 所对应的压力为承载力特征值时,$f_{a1}=320$kPa,$f_{a2}=300$kPa,$f_{a3}=260$kPa,试求复合地基承载力特征值。

解 $f_{a1} = 320 \geqslant \frac{p_{max}}{2} = \frac{500}{2} = 250$,取 250kPa;

$f_{a2} = 300 \geqslant \frac{p_{max}}{2} = \frac{500}{2} = 250$,取 250kPa;

$f_{a3} = 260 \geqslant \frac{p_{max}}{2} = \frac{500}{2} = 250$,取 250kPa;

$f_m = \frac{250+250+250}{3} = 250$

4-37 某水泥粉煤灰碎石桩(CFG 桩),桩径 0.4m,桩端入粉土层 0.5m,桩长 8.25m,土层分布为:0~4.5m 粉土,$q_{sa}=26$kPa;4.5~5.45m 粉质黏土,$q_{sa}=18$kPa;5.45~6.65m 粉土,$q_{sa}=28$kPa;6.65~7.75m 粉质黏土,$q_{sa}=32$kPa;7.75~12.75m 粉土,$q_{sa}=38$kPa,$q_{pa}=1300$kPa,试计算单桩承载力特征值。

解 $R_a = u\sum_{1}^{n} q_{si}l_i + \alpha_p \cdot q_p \cdot A_p$

$= 1.256 \times (26 \times 4.5 + 18 \times 0.95 + 28 \times 1.2 + 32 \times 1.10 + 38 \times 0.5) + 1.0 \times 0.1256 \times 1300$

$= 278.7 + 163.3 = 442$kN

4-38 某湿陷性黄土厚 8m,$\rho_d = 1150$kg/m³,$w=10\%$,地基土最优含水率为 18%,采用灰土挤密桩处理地基,处理面积 200m²,当土含水率低于 12% 时,应对土增湿,试计算需加水量 ($k=1.1$)。

解 根据《建筑地基处理技术规范》(JGJ 79—2012)式(7.5.3)条得:

$Q = V\bar{\rho}_d(w_{op} - \bar{w})k$

式中,V 为加固土体积,$V = 200 \times 8 = 1600$m³。

$\bar{\rho}_d = 1150$kg/m³,$w_{op} = 18\%$,$w=10\%$,$k=1.1$

需加水量

$Q = 1600 \times 1150 \times (0.18 - 1.10) \times 1.1 = 161920$kg $= 161.92$t

四、地 基 处 理

4-39 某湿陷性黄土地基采用强夯法处理,锤质量10t,落距10m,试估算强夯处理的有效加固深度($\alpha=0.5$)。

解 根据《建筑地基处理技术规范》(JGJ 79—2012)6.3.3条条文说明得：

$$z=\alpha\sqrt{QH}=0.5\times\sqrt{10\times10}=5\text{m}$$

有效加固深度约5m。

4-40 某6层住宅,采用筏板基础,埋深2.5m(半地下室),基础尺寸12m×60m,地下水位在地面下1.5m,荷载效应准永久组合的基底附加压力 $p_0=85$kPa,筏板下采用水泥土搅拌桩复合地基,桩径0.5m,桩长8m,正方形布桩,间距1.2m,置换率 $m=0.14$,复合地基承载力特征值与基础底面天然地基承载力特征值的比值 $f_{spk}/f_{ak}=5$,假设沉降计算深度 $z_n=20$m,试计算筏板中间剖面 A、B、C 三点的沉降($\psi_s=1.0$)。

解 根据《建筑地基处理技术规范》(JGJ 79—2012)7.3.3.7条及7.1.7条可知,水泥土搅拌桩复合地基沉降计算按《建筑地基基础设计规范》(GB 50007—2001)的相关规定执行,各复合土层的压缩模量按规定比例放大即可。复合土层及以下土层土体沉降计算见题4-40表1~表3。

A 点 沉 降 计 算   题4-40表1

z(m)	l/b	z/b	$\bar{\alpha}_i$	$z\bar{\alpha}_i$	$z_i\bar{\alpha}_i-z_{i-1}\bar{\alpha}_{i-1}$	E_s(MPa)	$\Delta s'_i$(mm)	$\sum\Delta s'_i$(mm)
0	2.50	0.00	2×0.25=0.50	0.00				
1	2.50	0.08	2×0.25=0.50	0.50	0.50	5×5=25	1.70	1.70
9	2.50	0.75	2×0.24=0.48	4.32	3.82	5×2.2=11	29.52	31.22
17	2.50	1.42	2×0.22=0.44	7.48	3.16	8.9	30.18	61.40
20	2.50	1.67	2×0.21=0.42	8.40	0.92	11	7.11	68.51

B 点 沉 降 计 算   题4-40表2

z(m)	l/b	z/b	$\bar{\alpha}_i$	$z\bar{\alpha}_i$	$z_i\bar{\alpha}_i-z_{i-1}\bar{\alpha}_{i-1}$	E_s(MPa)	$\Delta s'_i$(mm)	$\sum\Delta s'_i$(mm)
0	5.00	0.00	4×0.25=1	0.00				
1	5.00	0.17	4×0.25=1	1.00	1.00	5×5=25	3.40	3.40
9	5.00	1.50	4×0.22=0.88	7.92	6.92	5×2.2=11	53.47	56.87
11	5.00	1.83	4×0.21=0.84	9.24	1.32	2.2	51.00	107.87
17	5.00	2.83	4×0.18=0.72	12.24	3.00	8.9	28.65	136.52
20	5.00	3.33	4×0.16=0.64	12.80	0.56	11	4.33	140.85

C 点 沉 降 计 算　　　　　　　　　　　　　　　　题 4-40 表 3

$z(m)$	l/b	z/b	$\bar{\alpha}_i$	$z\bar{\alpha}_i$	$z_i\bar{\alpha}_i - z_{i-1}\bar{\alpha}_{i-1}$	E_s(MPa)	$\Delta s_i'$(mm)	$\sum \Delta s_i'$(mm)
0	2.50	0.00	2×0.25=0.50	0.00				
1	2.50	0.08	2×0.25=0.50	0.50	0.50	5×5=25	1.70	1.70
9	2.50	0.75	2×0.24=0.48	4.32	3.82	5×2.2=11	29.52	31.22
11	2.50	1.08	2×0.23=0.46	5.98	1.66	2.2	64.14	95.35
17	2.50	1.42	2×0.22=0.44	7.48	1.50	8.9	14.33	109.68
20	2.50	16.7	2×0.21=0.42	8.40	0.92	11	7.11	116.79

根据上述表格可知，A 点沉降量为 68.51mm，B 点沉降量为 140.85mm，C 点沉降量为 116.79mm。

点评：2012 版《建筑地基处理技术规范》(JGJ 79—2012)统一了复合地基的沉降计算方法，使水泥土搅拌桩复合地基与 CFG 桩复合地基的沉降计算方法完全一致。

4-41 某黄土地基厚 8m，$\rho_d = 1150 \text{kg/m}^3$，采用灰土挤密桩处理湿陷性，处理后要求 $\rho_{dmax} = 1600 \text{kg/m}^3$，灰土桩直径 0.4m，等边三角形布桩，试求桩间距（$\bar{\eta}_c = 0.93$）。

解　$s = 0.95d \sqrt{\dfrac{\bar{\eta}_c \bar{\rho}_{dmax}}{\bar{\eta}_c \bar{\rho}_{dmax} - \bar{\rho}_d}} = 0.95 \times 0.4 \times \sqrt{\dfrac{0.93 \times 1600}{0.93 \times 1600 - 1150}}$

　　　　$= 0.38 \times 2.10 = 0.80 \text{m}$

4-42 某工程采用水泥土搅拌法加固，桩径 0.5m，水泥掺入率 15%，土的密度 $\rho = 1740 \text{kg/m}^3$，试计算水泥掺量。

解　水泥用量＝水泥掺入率×土的密度×桩截面积＝15%×1740×0.196＝51.2kg/m

水泥掺量＝51.2/0.196＝261.2kg/m³

4-43 某软土地基 $f_{ak} = 70 \text{kPa}$，采用搅拌桩处理地基，桩径 0.5m，桩长 10m，等边三角形布桩，桩距 1.5m，桩周摩阻力特征值 $q_s = 15 \text{kPa}$，桩端阻力特征值 $q_p = 60 \text{kPa}$，水泥土无侧限抗压强度 $f_{cu} = 1.5 \text{MPa}$，试求复合地基承载力特征值（$\eta = 0.25, \alpha = 0.5, \beta = 0.85$）。

解　$m = \dfrac{d^2}{d_e^2} = \dfrac{0.5^2}{(1.05 \times 1.5)^2} = 0.1$

$R_a = u_p \sum_1^n q_{si} l_i + \alpha \cdot q_p \cdot A_p = 1.57 \times 15 \times 10 + 0.5 \times 0.196 \times 60 = 241.4 \text{kN}$

桩体承载力

$R_a = \eta \cdot f_{cu} \cdot A_p = 0.25 \times 1500 \times 0.196 = 73.5 \text{kN}$

取两者的小值：$R_a = 73.5 \text{kN}$

$f_{spk} = \lambda \cdot m \cdot \dfrac{R_a}{A_p} + \beta(1-m) \cdot f_{sk}$

　　　$= 1.0 \times 0.1 \times \dfrac{73.5}{0.196} + 0.85 \times (1 - 0.1) \times 70$

　　　$= 37.5 + 53.6 = 91.1 \text{kPa}$

4-44 采用砂石桩法处理黏性土地基，砂石桩直径 0.6m，置换率 0.28，试求等边三角形布桩和正方形布桩的桩间距。

解 一根砂石桩承担的处理面积

$$A_e = \frac{A_p}{m} = \frac{\pi d^2}{4m} = \frac{3.14 \times 0.6^2}{4} \times \frac{1}{0.28} = 1.0 \text{m}^2$$

等边三角形布桩

$$s = 1.08\sqrt{A_e} = 1.08\sqrt{1.0} = 1.08 \text{m}$$

正方形布桩

$$s = \sqrt{A_e} = \sqrt{1.0} = 1.0 \text{m}$$

4-45 采用振冲碎石桩法处理地基,桩径0.5m,等边三角形布桩,桩距1.5m,桩间土地基承载力特征值为80kPa,桩土应力比为3,试求复合地基承载力特征值。

解 根据《建筑地基处理技术规范》(JGJ 79—2012)式(7.1.5-1)得：

$$d_e = 1.05s = 1.05 \times 1.5 = 1.575 \text{m}$$

$$m = \frac{d^2}{d_e^2} = \frac{0.5^2}{1.575^2} = 0.1$$

$$f_{spk} = [1+m(n-1)]f_{sk} = [1+0.1 \times (3-1)] \times 80 = 96 \text{kPa}$$

4-46 某松散砂土地基,$e = 0.81$,室内试验得 $e_{max} = 0.9$,$e_{min} = 0.6$,采用砂石桩法加固,要求挤密后砂土地基相对密实度达0.8,砂石桩直径0.7m,等边三角形布置,试求砂石桩间距($\xi = 1.1$)。

解 挤密后砂土孔隙比

$$e_1 = e_{max} - D_{r1}(e_{max} - e_{min}) = 0.9 - 0.8 \times (0.9 - 0.6) = 0.66$$

$$s = 0.95\xi d \sqrt{\frac{1+e_0}{e_0-e_1}} = 0.95 \times 1.1 \times 0.7 \sqrt{\frac{1+0.81}{0.81-0.66}} = 2.54 \text{m}$$

4-47 振冲碎石桩桩径0.8m,等边三角形布桩,桩距2.0m,复合地基承载力特征值为200kPa,桩间土承载力特征值为150kPa,试求桩土应力比。

解
$$d_e = 1.05s = 1.05 \times 2 = 2.1 \text{m}$$

$$m = \frac{d^2}{d_e^2} = \frac{0.8^2}{2.1^2} = 0.145$$

$$f_{spk} = [1+m(n-1)]f_{sk}$$

$$200 = [1+0.145(n-1)] \times 150$$

$$\frac{200}{150} = 1 + 0.145n - 0.145$$

$$n = \frac{0.478}{0.145} = 3.29$$

4-48 某20m厚淤泥质土层,$K_h = 1.0 \times 10^{-7}$ cm/s,$C_v = C_h = 1.8 \times 10^{-3}$ cm^2/s,采用袋装砂井预压固结加固地基,砂井直径 $d_w = 70$mm,砂料渗透系数 $k_w = 2 \times 10^{-2}$ cm/s,涂抹区土的渗透系数 $k_s = \frac{1}{5}k_h = 0.2 \times 10^{-7}$ cm/s,涂抹区直径 d_s 与竖井直径 d_w 比值 $s = 2$,砂井等边三角形布置,间距1.4m,深度20m,砂井底部为不透水层,预压堆载第一级60kPa,加载10d,预压20d,第二级40kPa,加载10d,预压80d,试求平均固结度。

解 砂井纵向涌水量

$$q_w = K_w \times \frac{\pi d_w^2}{4} = 2 \times 10^{-2} \times 3.14 \times \frac{7^2}{4} = 0.769 \text{cm}^3/\text{s}$$

$$F_n = \ln n - \frac{3}{4}, \quad d_e = 1.05 \times 1400 = 1470 \text{mm}$$

$$n = \frac{d_e}{d_w} = 1470/70 = 21$$

$$F_n = \ln n - \frac{3}{4} = \ln 21 - \frac{3}{4} = 2.29$$

$$F_r = \frac{\pi^2 L^2}{4} \frac{k_h}{q_w} = \frac{3.14^2 \times 2000^2}{4} \times \frac{1.0 \times 10^{-7}}{0.769} = 1.28$$

$$F_s = \left(\frac{k_h}{k_s} - 1\right)\ln s = \left(\frac{1.0 \times 10^{-7}}{0.2 \times 10^{-7}} - 1\right)\ln 2 = 2.77$$

$$F = F_n + F_s + F_r = 2.29 + 1.28 + 2.77 = 6.34$$

$$\beta = \frac{8C_h}{F d_e^2} + \frac{\pi^2 C_v}{4H^2} = \frac{8 \times 1.8 \times 10^{-3}}{6.34 \times 147^2} + \frac{\pi^2 \times 1.8 \times 10^{-3}}{4 \times 2000^2}$$

$$= 1.06 \times 10^{-7}/\text{s} = 0.0092/\text{d}$$

$$\overline{U}_t = \sum \frac{\dot{q}_i}{\sum \Delta p}\left[(T_i - T_{i-1}) - \frac{\alpha}{\beta}e^{-\beta t}(e^{\beta T_i} - e^{\beta T_{i-1}})\right]$$

$$= \frac{6}{100} \times \left[(10-0) - \frac{0.811}{0.0092}e^{-0.0092 \times 120}(e^{0.0092 \times 10} - e^0)\right] +$$

$$\quad \frac{4}{100} \times \left[(40-30) - \frac{0.811}{0.0092}e^{-0.0092 \times 120}(e^{0.0092 \times 40} - e^{0.0092 \times 30})\right]$$

$$= 0.68 = 68\%$$

4-49 某20m厚淤泥质黏土，$C_v = C_h = 1.8 \times 10^{-3}$ cm^2/s，采用砂井和堆载预压加固，砂井直径 $d_w = 70$mm，等边三角形布置，间距1.4m，深20m，砂井底部为不透水层，预压荷载分2级施加，第一级 60kPa，10d 内加完，预压 20d，第二级 40kPa，10d 内加完，预加 80d，试求土层平均固结度。

解 加载速率

$$\dot{q}_1 = \frac{60}{10} = 6\text{kPa/d}$$

$$\dot{q}_2 = \frac{40}{10} = 4\text{kPa/d}$$

$$d_e = 1.05 \times 1400 = 1470 \text{mm}$$

$$n = \frac{d_e}{d_w} = \frac{1470}{70} = 21$$

$$\alpha = \frac{8}{\pi^2} = 0.811$$

$$\beta = \frac{8C_h}{F_n d_e^2} + \frac{\pi^2 C_v}{4H^2}$$

$$F_n = \frac{n^2}{n^2-1}\ln n - \frac{3n^2-1}{4n^2}$$

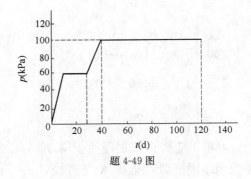

题 4-49 图

$$= \frac{21^2}{21^2-1}\ln 21 - \frac{3\times 21^2-1}{4\times 21^2}$$

$$= 3.051 - 0.749 = 2.3$$

$$\beta = \frac{8\times 1.8\times 10^{-3}}{2.3\times 147^2} + \frac{\pi^2\times 1.8\times 10^{-3}}{4\times 2000^2}$$

$$= 2.897\times 10^{-7} + 1.109\times 10^{-9}$$

$$= 2.908\times 10^{-7}/s = 0.0251/d$$

$$\overline{U}_t = \sum_1^n \frac{\dot{q}_i}{\sum \Delta p_i}\left[(T_i - T_{i-1}) - \frac{\alpha}{\beta}e^{-\beta t}(e^{\beta T_i} - e^{\beta T_{i-1}})\right]$$

$$= \frac{6}{100}\times \left[(10-0) - \frac{0.811}{0.0251}e^{-0.0251\times 120}(e^{0.0251\times 10} - e^0)\right] + \frac{4}{100}\times$$

$$\left[(40-30) - \frac{0.811}{0.0251}e^{-0.0251\times 120}(e^{0.0251\times 40} - e^{0.0251\times 30})\right]$$

$$= 0.06\times(10 - 32.3\times 0.049\times 0.285) + 0.04\times(10 - 32.3\times 0.049\times 0.606)$$

$$= 0.93$$

4-50 某厚度28m的淤泥质黏土层，$C_v = 1.1\times 10^{-3} cm^2/s$，$C_h = 8.5\times 10^{-4} cm^2/s$，$k_v = 2.2\times 10^{-7} cm/s$，$k_h = 1.7\times 10^{-7} cm/s$，黏土层底部为不透水层，采用塑料排水板(宽$b = 100mm$，厚$\delta = 4.5mm$)竖井，排水板为等边三角形布置，间距1.1m，用真空预压(80kPa)和堆载预压(120kPa)相结合方法，真空预压80kPa(瞬间加载)预压60d，堆载分2级，第一级 60kPa，10d 内加完，预压 60d，第 2 级 60kPa，10d 内加完，预压 60d，试求固结度。

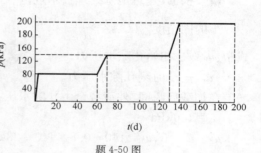

题 4-50 图

解 总加载量 $\sum \Delta p = 200kPa$

真空预压 $\dot{q}_1 = 80kPa/d$

堆载 $\dot{q}_2 = \dot{q}_3 = \frac{60}{10} = 6kPa/d$

总固结时间 200d

塑料排水板当量直径 $d_p = 2\times \frac{(b+\delta)}{\pi} = 2\times \frac{(100+4.5)}{\pi} = 66.5mm$

有效排水直径 $d_e = 1.05\times 1100 = 1155mm$

井径比 $n = \frac{d_e}{d_p} = \frac{1155}{66.5} = 17.4$

$$F_n = \frac{n^2}{n^2-1}\ln n - \frac{3n^2-1}{4n^2} = \frac{17.4^2}{17.4^2-1}\ln 17.4 - \frac{3\times 17.4^2-1}{4\times 17.4^2}$$

$$= 2.866 - 0.749 = 2.12$$

$$\beta = \frac{8C_h}{F_n d_e^2} + \frac{\pi^2 C_v}{4H^2} = \frac{8\times 8.5\times 10^{-4}}{2.12\times 115.5^2} + \frac{\pi^2\times 1.1\times 10^{-3}}{4\times 2800^2} = 2.4\times 10^{-7} + 3.45\times 10^{-10}$$

$$= 2.4\times 10^{-7}/s = 0.0207/d$$

$$\overline{U}_t = \sum_{i=1}^{n} \frac{\dot{q}_i}{\sum \Delta p} \left[(T_i - T_{i-1}) - \frac{\alpha}{\beta} e^{-\beta t} (e^{\beta T_i} - e^{\beta T_{i-1}}) \right]$$

$$= \frac{80}{200} \times \left[(1-0) - \frac{0.811}{0.0207} e^{-0.0207 \times 200} (e^{0.0207 \times 1} - e^0) \right] + \frac{6}{200} \times$$

$$\left[(70-60) - \frac{0.811}{0.0207} e^{-0.0207 \times 200} (e^{0.0207 \times 70} - e^{0.0207 \times 60}) \right] + \frac{6}{200} \times$$

$$\left[(140-130) - \frac{0.811}{0.0207} e^{-0.0207 \times 200} (e^{0.0207 \times 140} - e^{0.0207 \times 130}) \right]$$

$$= 0.4 \times (1 - 0.62 \times 0.021) + 0.03 \times (10 - 0.62 \times 0.796) + 0.03 \times (10 - 0.62 \times 3.39)$$

$$= 0.395 + 0.285 + 0.237 = 0.92 = 92\%$$

4-51 某淤泥土层进行堆载预压加固处理,总加载量 140kPa,假设受压土层中任意点的附加竖向应力与预压加载总量 140kPa 相同,三轴固结不排水(CU)压缩试验的内摩擦角 $\varphi_{cu}=4.5°$,预压 80d 后地基中 10m 深度处某点土的固结度 $U_t=80\%$,由于固结影响,该点土的抗剪强度增加多少?

解 根据《建筑地基处理技术规范》(JGJ 79—2002)5.2.11 条得:

土的固结度 $U_t = \dfrac{u_0 - u_t}{u_0}$

式中:u_0——初始孔隙水压力;

u_t——t 时刻孔隙水压力。

在加载后瞬间,外荷载全由孔隙水压力承担

$u_0 = 140$kPa

$u_e = u_0 - U_t u_0 = 140 - 0.8 \times 140 = 28$kPa

土中有效应力 $\sigma' = \sigma - u = 140 - 28 = 112$kPa

土抗剪强度增加 $\Delta\tau = \sigma' \tan\varphi = 112 \times \tan 4.5° = 112 \times 0.0787 = 8.8$kPa

4-52 某砖混结构条形基形,作用在基础顶面的竖向荷载 $F_k = 130$kN/m,土层分布:$0 \sim 1.3$m 填土,$\gamma = 17.5$kN/m³;$1.3 \sim 7.8$m 淤泥质土,$w = 47.5\%$,$\gamma = 17.8$kN/m³,$f_{ak} = 76$kPa。地下水位 0.8m,试设计换填垫层法处理地基。

解 设砂垫层厚 0.8m,压实系数 $\lambda_c = 0.95$,承载力特征值 $f_a = 150$kPa,条基宽度 $b \geq$

$\dfrac{F}{f_a - \gamma d} = \dfrac{130}{150 - 20 \times 0.8} = 0.97$m,取 $b = 1.0$m。

$$p_k = \frac{F_k + G_k}{A} = \frac{130 + 20 \times 1.0 \times 0.8}{1.0} = 146\text{kPa} \leq f_a = 150\text{kPa}$$

$$p_0 = p_k - \gamma h = 146 - 17.5 \times 0.8 = 132\text{kPa}$$

$$\frac{z}{b} = \frac{0.8}{1.0} = 0.8, \text{砂} \theta = 30°$$

$$p_z = \frac{b(p_k - p_c)}{b + 2z\tan\theta}, p_c = 17.5 \times 0.8 = 14\text{kPa}$$

$$p_z = \frac{1.0 \times (146 - 14)}{1.0 + 2 \times 0.8 \times \tan 30°} = \frac{132}{1 + 0.92} = 68.6\text{kPa}$$

$$p_{cz} = 0.8 \times 17.5 + 0.5 \times 7.5 + 0.3 \times 7.8 = 20.1\text{kPa}$$

垫层底面淤泥质土承力经深度修正后 f_a

$$f_a = f_{ak} + \eta_d \gamma_m (d-0.5)$$
$$= 76 + 1.0 \times (1.6-0.5) \times$$
$$\frac{17.5 \times 0.8 + 0.5 \times 7.5 + 0.3 \times 7.8}{1.6}$$
$$= 76 + 1.1 \times 12.5 = 89.8 \text{kPa}$$

$p_z + p_{cz} = 68.6 + 20.1 = 88.9 \text{kPa} \leqslant f_a = 89.8 \text{kPa}$，满足。

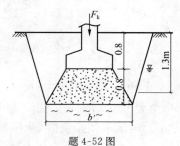

题 4-52 图

垫层宽度

$$b' = b + 2z\tan\theta = 1.0 + 2 \times 0.8 \times 0.577 = 1.92\text{m}$$

4-53 某场地采用预压排水固结加固软土地基，软土厚 6m，软土层面和层底均为砂层，经一年时间，固结度达 50%，试问经 3 年时间，地基土固结度能达多少？

解 $\overline{U}_t = 1 - \dfrac{8}{\pi^2} e^{-\alpha t}$

$0.5 = 1 - 0.81 e^{-\alpha \times 1} = 1 - 0.81 e^{-\alpha}$

$0.81 e^{-\alpha} = 1 - 0.5 = 0.5$

$e^{-\alpha} = 0.617, -\alpha \ln e = \ln 0.617$

$-\alpha = -0.482, \alpha = 0.482$

$\overline{U}_t = 1 - \dfrac{8}{\pi^2} e^{-\alpha t} = 1 - \dfrac{8}{\pi^2} e^{-0.482 \times 3} = 1 - 0.81 e^{-1.447}$

$\quad = 1 - 0.81 \times 0.235 = 1 - 0.191 = 0.81$

3 年后地基土固结度达 81%。

4-54 某湿陷性黄土厚 6～6.5m，平均干密度 $\rho_d = 1.25 \text{t/m}^3$，要求消除黄土湿陷性，地基治理后，桩间土最大干密度要求达 1.60t/m^3，现采用灰土挤密桩处理地基，桩径 0.4m，等边三角形布桩，试求灰土桩间距。

解 灰土桩间距

$$s = 0.95 d \sqrt{\dfrac{\overline{\eta}_c \rho_{dmax}}{\overline{\eta}_c \rho_{dmax} - \overline{\rho}_d}}, \overline{\eta}_c \text{ 取 } 0.93$$

$$s = 0.95 \times 0.4 \times \sqrt{\dfrac{0.93 \times 1.6}{0.93 \times 1.6 - 1.25}} = 0.95 \times 0.4 \times 2.5 = 0.95\text{m}$$

4-55 振冲法复合地基，填料为砂土，桩径 0.8m，等边三角形布桩，桩距 2.0m，现场平板载荷试验复合地基承载力特征值为 200kPa，桩间土承载力特征值 150kPa，试估算桩土应力比。

解 $f_{spk} = [1 + m(n-1)] f_{sk}$

$m = \dfrac{d^2}{d_e^2} = \dfrac{0.8^2}{(1.05 \times 2)^2} = 0.145, f_{spk} = 200\text{kPa}, f_{sk} = 150\text{kPa}$

$200 = [1 + 0.145(n-1)] \times 150$

$$200 = 150 + 21.75(n-1)$$

$$n-1 = \frac{50}{21.75} = 2.299, n = 3.3$$

4-56 某饱和黏土，厚 $H=6\text{m}$，压缩模量 $E_s=1.5\text{MPa}$，地下水位和地面相齐，上面铺设 80cm 砂垫层（$\gamma=18\text{kN/m}^3$）和设置塑料排水板，然后用 80kPa 大面积真空预压 3 个月，固结度达 85%，试求残余沉降（沉降修正系数取 1.0，附加应力不随深度变化）。

解 $U = \dfrac{s_t}{s_\infty} = 0.85$

$$s_\infty = \frac{p}{E_s} \times H = \frac{\gamma h + 80}{1500} \times H = \frac{18 \times 0.8 + 80}{1500} \times 6 = 0.378\text{m}$$

$$s_t = s_\infty \times 0.85 = 0.378 \times 0.85 = 0.32\text{m}$$

残余沉降

$$s_\infty - s_t = 0.378 - 0.32 = 0.057\text{m} = 57\text{mm}$$

4-57 某场地天然地基承载力特征值 $f_{ak}=120\text{kPa}$，设计要求砂石桩法地基处理后复合地基承载力特征值达 160kPa，桩径 0.9m，桩间距 1.5m 正方形布桩，试求砂石桩桩体单桩承载力特征值。

解 $m = \dfrac{d^2}{d_e^2} = \dfrac{0.9^2}{(1.13 \times 1.5)^2} = 0.282$

根据《建筑地基处理技术规范》(JGJ 79—2012) 式(7.1.5-1) 得

$$f_{spk} = [1 + m(n-1)]f_{sk}$$

$$n = 1 + \frac{\left(\dfrac{f_{spk}}{f_{sk}} - 1\right)}{m} = 1 + \frac{\dfrac{160}{120} - 1}{0.282} = 2.182$$

$$n = \frac{f_{pk}}{f_{sk}}$$

$$f_{pk} = n \cdot f_{sk} = 2.182 \times 120 = 261.8\text{kPa}$$

4-58 某松散砂土地基，处理前现场测得砂土孔隙比 $e=0.81$，砂土最大、最小孔隙比分别为 0.9 和 0.6，采用砂石法处理地基，要求挤密后砂土地基相对密实度达到 0.8，若桩径 0.7m，等边三角形布桩，试求砂石桩的间距（$\xi=1.1$）。

解 砂石桩间距

$$s = 0.95 \xi d \sqrt{\frac{1+e_0}{e_0-e_1}} = 0.95 \times 1.1 \times 0.7 \sqrt{\frac{1+0.81}{0.81-e_1}}$$

$$e_1 = e_{max} - D_{r1}(e_{max} - e_{min}) = 0.9 - 0.8 \times (0.9 - 0.6) = 0.66$$

$$s = 0.732 \times \sqrt{\frac{1.81}{0.81-0.66}} = 2.54\text{m}$$

4-59 某工程采用换填垫层法处理地基，基底宽度为 10m，基底下铺厚度 2.0m 的灰土垫层，为了满足基础底面应力扩散要求，试求垫层底面宽度。

解 根据《建筑地基处理技术规范》(JGJ 79—2012) 4.2.2 条、4.2.3 条得：

$$\frac{z}{b} = \frac{2}{10} = 0.2, \text{灰土} \theta = 28°$$

垫层底面宽度
$$b' \geqslant b + 2z\tan\theta = 10 + 2 \times 2 \times \tan 28° = 10 + 4 \times 0.53 = 12\text{m}$$

4-60 某工程采用振冲法地基处理，填料为砂土，桩径 0.6m，等边三角形布桩，桩间距 1.5m，处理后桩间土地基承载力特征值 $f_{sk}=120\text{kPa}$，试求复合地基承载力特征值（桩土应力比 $n=3$）。

解 根据《建筑地基处理技术规范》(JGJ 79—2012)7.1.5 条、7.2.2 条得：

$$m = \frac{d^2}{d_e^2} = \frac{0.6^2}{(1.05 \times 1.5)^2} = \frac{0.36}{2.48} = 0.145$$

复合地基承载力特征值

$$f_{spk} = [1 + m(n-1)]f_{sk} = [1 + 0.145 \times (3-1)] \times 120 = 154.8\text{kPa}$$

4-61 [2004 年考题] 某软土地基天然地基承载力 $f_{sk}=80\text{kPa}$，采用水泥土深层搅拌法加固，桩径 $d=0.5\text{m}$，桩长 $l=15\text{m}$，搅拌桩单桩承载力特征值 $R_a=160\text{kN}$，桩间土承载力发挥系数 $\beta=0.75$，要求复合地基承载力达到 180kPa，试计算面积置换率。

解 根据《建筑地基处理技术规范》(JGJ 79—2012)7.1.5 条、7.3.3 条得：

$$f_{spk} = \lambda m \frac{R_a}{A_p} + \beta(1-m)f_{sk}$$

$$m = \frac{f_{spk} - \beta f_{sk}}{\lambda R_a/A_p - \beta f_{sk}} = \frac{180 - 0.75 \times 80}{1.0 \times 160/\left(\frac{\pi \times 0.5^2}{4}\right) - 0.75 \times 80} = 0.159 = 15.9\%$$

点评：面积置换率的概念要清楚，要熟练掌握面积置换率的反算，题目未给出单桩承载力发挥系数时，λ 取 1。

4-62 [2004 年考题] 某工程场地为软土地基，采用 CFG 桩复合地基处理，桩径 $d=0.5\text{m}$，按正三角形布桩，桩距 $s=1.1\text{m}$，桩长 $l=15\text{m}$，要求复合地基承载力特征值 $f_{spk}=180\text{kPa}$，试求单桩承载力特征值 R_a 及桩体试块立方体抗压强度平均值 f_{cu}（取置换率 $m=0.2$，桩间土承载力特征值 $f_{sk}=80\text{kPa}$，$\beta=0.9$，$\lambda=0.9$）。

解 根据《建筑地基处理技术规范》(JGJ 79—2012)7.1.5 条得：

$$f_{spk} = \lambda m \frac{R_a}{A_p} + \beta(1-m)f_{sk}$$

$$R_a = \frac{A_p}{\lambda m}[f_{spk} - \beta(1-m)f_{sk}] = \frac{\pi \times \frac{0.5^2}{4}}{0.9 \times 0.2} \times [180 - 0.9 \times (1-0.2) \times 80]$$

$$= 133.5\text{kN}$$

$$f_{cu} \geqslant 4\frac{\lambda R_a}{A_p} = 4 \times \frac{0.9 \times 133.5}{0.196} = 2452\text{kPa}$$

点评：此类已知复合地基承载力特征值，反算单桩承载力的题目经常出现在考题中，应熟练掌握。题干未给出基础埋深，不进行深宽修正后的桩身强度验算。

4-63 [2004 年考题] 天然地基各土层厚度及参数见表，采用深层搅拌桩复合地基加固，桩径 $d=0.6\text{m}$，桩长 $l=15\text{m}$，水泥土试块立方体抗压强度平均值 $f_{cu}=2000\text{kPa}$，桩身强度折减系数 $\eta=0.25$，桩端端阻力发挥系数为 0.5，试求搅拌桩单桩承载力特征值。

题 4-63 表

土层序号	厚度	侧阻力特征值(kPa)	端阻力特征值(kPa)
1	3	7	120
2	6	6	100
3	18	8	150

解 根据《建筑地基处理技术规范》(JGJ 79—2012)7.1.5 条得：
土对桩的支承力 R_a

$$R_a = u_p \sum q_{si} l_p i + \alpha_p q_p A_p$$

$$= 0.6 \times 3.14 \times (7 \times 3 + 6 \times 6 + 8 \times 6) + 0.5 \times 150 \times \frac{3.14 \times 0.6^2}{4}$$

$$= 218.6 \text{kN}$$

桩体承载力 R_a

$$R_a = \eta f_{cu} A_p = 0.25 \times 2000 \times \frac{3.14 \times 0.6^2}{4} = 141.3 \text{kN}$$

两者取小值，所以搅拌桩单桩承载力特征值
$R_a = 141.3$ kN

点评：在计算搅拌桩复合地基单桩承载力时，注意土对桩的支承力与桩体承载力两者的小值。

4-64 [2004 年考题] 某地基 $f_{sk} = 100$ kPa，采用振冲挤密碎石桩复合地基，桩长 $l = 10$ m，桩径 $d = 1.2$ m，按正方形布桩，桩间距 $s = 1.8$ m，单桩承载力特征值 $f_{pk} = 450$ kPa，桩设置后，桩间土承载力提高 20%，试求复合地基承载力特征值。

解 根据《建筑地基处理技术规范》(JGJ 79—2012)7.1.5 条、7.2.2 条得：

$$m = \frac{d^2}{d_e^2}, d_e = 1.13s = 1.13 \times 1.8 = 2.034 \text{m}$$

$$m = \frac{d^2}{d_e^2} = \frac{1.2^2}{2.034^2} = 0.35$$

$$n = \frac{f_{pk}}{f_{sk} \times 1.2} = \frac{450}{120} = 3.75$$

$$f_{spk} = [1 + m(n-1)]f_{sk} = [1 + 0.35 \times (3.75 - 1)] \times 100 \times 1.2$$

$$= 235.5 \text{kPa}$$

点评：新规范删除了 $f_{spk} = mf_{pk} + (1-m)f_{sk}$ 的公式，但与式(7.1.5-1)本质相同，可以通过 $n = \frac{f_{pk}}{f_{sk}}$ 代入换算得，但是在计算桩土应力比时，必须采用提高后的地基承载力。

4-65 [2004 年考题] 在采用塑料排水板进行软土地基处理时需换算成等效砂井直径，现有宽 100mm 厚 3mm 的排水板，如取换算系数 $\alpha = 1.0$，试求等效砂井换算直径。

解 根据《港口工程地基规范》(JTS 147—2010)8.3.5.7 条式(7-38)，知

$$d_w = \alpha \frac{2(b+\delta)}{\pi} = 1.0 \times \frac{2 \times (100+3)}{3.14} = 65.6 \text{mm}$$

4-66 [2004年考题] 某场地中淤泥质黏土厚15m,下为不透水土层,该淤泥质黏土层固结系数 $C_h = C_v = 2.0 \times 10^{-3} \text{cm}^2/\text{s}$,拟采用大面积堆载预压法加固,采用袋装砂井排水,井径为 $d_w = 70 \text{mm}$,砂井按等边三角形布置,井距 $l = 1.4 \text{m}$,井深度15m,预压荷载 $p = 60 \text{kPa}$,一次匀速施加,时间为12d,试求开始加荷后100d的平均固结度[按《建筑地基处理技术规范》(JGJ 79—2002)计算]。

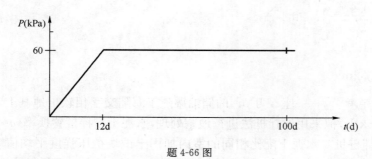

题 4-66 图

解 等边三角形布桩,等效排水直径
$d_e = 1.05l = 1.05 \times 1.4 = 1.47 \text{m}$

井径比 $n = \dfrac{d_e}{d_w}$

d_w 为竖井直径 $n = \dfrac{d_e}{d_w} = 1.47/0.07 = 21$

系数 $\alpha = \dfrac{8}{\pi^2} = 0.811$

$F_n = \dfrac{n^2}{n^2-1}\ln n - \dfrac{3n^2-1}{4n^2} = \dfrac{21^2}{21^2-1} \times \ln 21 - \dfrac{3 \times 21^2-1}{4 \times 21^2}$
$= 1.002 \times 3.044 - 0.749 = 2.3$

$\beta = \dfrac{8c_h}{F_n d_e^2} + \dfrac{\pi^2 c_v}{4H^2} = \dfrac{8 \times 2 \times 10^{-3}}{2.3 \times 147^2} + \dfrac{3.14^2 \times 2 \times 10^{-3}}{4 \times 1500^2} = 3.241^{-7}(1/\text{s}) = 0.028(1/\text{d})$

第 i 级荷载加载速率 $\dot{q}_i = 60/12 = 5 \text{kPa/d}$

$\overline{U}_t = \sum\limits_{i=1}^{n} \dfrac{\dot{q}_i}{\sum \Delta p}[(T_i - T_{i-1}) - \dfrac{\alpha}{\beta} e^{-\beta t}(e^{\beta T_i} - e^{\beta T_{i-1}})]$

$= \dfrac{5}{60} \times [(12-0) - \dfrac{0.811}{0.028} e^{-0.028 \times 100}(e^{0.028 \times 12} - e^{0.028 \times 0})]$

$= \dfrac{5}{60} \times [12 - 28.96 \times 0.061 \times (1.399-1)]$

$= \dfrac{5}{60} \times (12 - 0.705) = 0.94 = 94\%$

加载100d平均固结度达94%。

点评:计算过程中注意固结系数与等效直径以及竖向排水距离单位统一。

4-67 [2004年考题] 某炼油厂建筑场地,地基土为山前洪、坡积砂土,地基土天然承载力特征值为100kPa,设计要求复合地基承载力特征值为180kPa,采用振冲碎石桩处理,桩径为 0.9m,按正三角形布桩,桩土应力比为 3.5,试求桩间距。

解 根据《建筑地基处理技术规范》(JGJ 79—2012)7.1.5 条、7.2.2 条得:

$$f_{spk}=[1+m(n-1)]f_{sk}$$

$$m=\frac{1}{n-1}\left(\frac{f_{spk}-f_{sk}}{f_{sk}}\right)=\frac{1}{3.5-1}\times\left(\frac{180-100}{100}\right)=0.32$$

$$m=\frac{d^2}{d_e^2}$$

$$d_e=\frac{d}{\sqrt{m}}=\frac{0.9}{\sqrt{0.3^2}}=1.59\text{m}$$

$$d_e=1.05s=1.59$$

$$s=\frac{1.59}{1.05}=1.52\text{m}$$

4-68 [2004 年考题] 一座 5 万 m^3 的储油罐建于海陆交互相软土地基上,天然地基承载力特征值 $f_{sk}=75\text{kPa}$,拟采用搅拌桩法进行地基处理,水泥土搅拌桩置换率 $m=0.3$,搅拌桩桩径 $d=0.6$,与搅拌桩桩身水泥土配比相同的室内加固土试块抗压强度平均值 $f_{cu}=3445\text{kPa}$,桩身强度折减系数 $\eta=0.25$,桩间土承载力发挥系数 $\beta=0.4$,如由桩身材料计算的单桩承载力等于由土对桩支承能力提供的单桩承载力,试求复合地基承载力特征值。

解 根据《建筑地基处理技术规范》(JGJ 79—2012)7.1.5 条、7.3.3 条得:

桩体承载力特征值

$$R_a=\eta f_{cu}A_p=0.25\times3445\times\frac{\pi}{4}\times0.6^2=243.4\text{kN},R_a=R(\text{土对桩的支承力})$$

$$f_{spk}=\lambda m\frac{R_a}{A_p}+\beta(1-m)f_{sk}=1.0\times0.3\times\frac{243.4}{\frac{\pi}{4}\times0.6^2}+0.4\times(1-0.3)\times75$$

$$=279.4\text{kPa}$$

4-69 [2004 年考题] 一软土层厚 8.0m,压缩模量 $E_s=1.5\text{MPa}$,其下为硬黏土层,地下水位于软土层顶面,现在软土层上铺 1.0m 厚的砂土层,砂层重度 $\gamma=18\text{kN/m}^3$,软土层中打砂井穿透软土层,再采用 90kPa 压力进行真空预压固结,使固结度达到 80%,试求已完成的固结沉降量。

解 土的固结度为地基土在某一压力下,经历时间 t 所产生的固结变形与最终固结变形之比

$$U_t=\frac{S_t}{S_\infty}$$

$$S_\infty=\frac{\Delta p}{E_s}\times h=\frac{\gamma h+p}{E_s}\times h=\frac{18\times1.0+90}{1.5}\times8=576\text{mm}$$

$$S_t=U_t\times S_\infty=0.8\times576=460.8\text{mm}$$

点评:要熟悉固结理论,以及相关计算。

4-70 [2005 年考题] 某工程桩基的基底压力 $p=120\text{kPa}$,地基土为淤泥质粉质黏土,天然地基承载力特征值 $f_{ak}=75\text{kPa}$,用振冲桩处理后形成复合地基,按等边三角形布桩,碎石桩桩径 $d=0.8\text{m}$,桩距 $s=1.5\text{m}$,天然地基承载力特征值与桩体承载力特征值之比为 1:4,试求

振冲碎石桩复合地基承载力特征值。

解 根据《建筑地基处理技术规范》(JGJ 79—2012)7.1.5条、7.2.2条得：

$d_e = 1.05s = 1.05 \times 1.5 = 1.575\text{m}$

$m = \dfrac{d^2}{d_e^2} = \dfrac{0.8^2}{1.575^2} = 0.258, f_{pk} = 4f_{sk} = 4 \times 75 = 300$

$f_{spk} = [1 + m(n-1)]f_{sk} = [1 + 0.258 \times (4-1)] \times 75 = 133\text{kPa}$

4-71 [2005年考题] 拟对某湿陷性黄土地基采用灰土挤密桩加固，采用等边三角形布桩，桩距1.0m，桩长6.0m，加固前地基土平均干密度$\rho_d = 1.32\text{t/m}^3$，平均含水率$\omega = 9.0\%$，为达到较好的挤密效果，让地基土接近最优含水率，拟在三角形形心处挖孔预渗水增湿，场地地基土最优含水率$\omega_{op} = 15.6\%$，渗水损耗系数K可取1.1，试求每个浸水孔需加水量。

解 $d_e = 1.05s = 1.05 \times 1.0 = 1.05\text{m}$

一根灰土挤密桩所承载的处理面积

$A_e = \dfrac{\pi d_e^2}{4} = \dfrac{3.14 \times 1.05^2}{4} = 0.87\text{m}^2$

因为在三角形形心处挖浸水孔，则总的浸水孔是灰土挤密桩桩数的2倍。则一个浸水孔加湿的体积

$V = 0.5A_e l = 0.5 \times 0.87 \times 6 = 2.61\text{m}^3$

土颗粒的质量 $m_s = \rho_d V = 1.32 \times 2.61 = 3.45\text{t}$

增湿前含水的质量 $m_w = \omega m_s = 0.09 \times 3.45 = 0.31\text{t}$

增湿后含水的质量 $m_w' = \omega_{op} m_s = 0.156 \times 3.45 = 0.54\text{t}$

增湿加的水的质量 $Q = (m_w' - m_w)k = (0.54 - 0.31) \times 1.1 = 0.25\text{t}$

点评：要弄清楚浸水孔与挤密桩的数量关系。

4-72 [2004年考题] 某工程场地为饱和软土地基，并采用堆载顶压法处理，以砂井作为竖向排水体，砂井直径$d_w = 0.3\text{m}$，砂井长$h = 15\text{m}$，井距$s = 3.0\text{m}$，按等边三角形布置，该地基土水平向固结系数$c_h = 2.6 \times 10^{-2}\text{m}^2/\text{d}$，在瞬时加荷下，试求径向固结度达到85%所需的时间。

解 根据《建筑地基处理技术规范》(JGJ 79—2012)5.2.4条、5.2.5条、5.2.7条及5.2.1条文。

$d_e = 1.05l = 1.05 \times 3.0 = 3.15\text{m}$

$n = \dfrac{d_e}{d_w} = \dfrac{3.15}{0.3} = 10.5$

$F_n = \dfrac{n^2}{n^2-1}\ln(n) - \dfrac{3n^2-1}{4n^2} = \dfrac{10.5^2}{10.5^2-1}\ln(10.5) - \dfrac{3 \times 10.5^2-1}{4 \times 10.5^2} = 2.37 - 0.75 = 1.62$

$\overline{U} = 1 - \alpha e^{-\beta t}$

不计竖向固结度，则

$\overline{U}_r = 1 - e^{-\frac{8c_h}{F_n d_e^2}t}$，可得

$t = -\dfrac{F_n d_e^2 \ln(1-\overline{U}_r)}{8c_h} = -\dfrac{1.62 \times 3.15^2 \times \ln(1-0.85)}{8 \times 2.6 \times 10^{-2}} = 147\text{d}$

点评：计算过程中注意固结系数与等效直径单位统一。

4-73 ［2005 年考题］ 某建筑场地为松砂，天然地基承载力特征值为 100kPa，孔隙比为 0.78，要求采用振冲法处理后孔隙比为 0.68，初步设计考虑采用桩径为 0.5m，桩体承载力特征值为 500kPa 的砂石桩处理，按正方形布桩，不考虑振动下沉密实作用，试估计初步设计的桩距和此方案处理后的复合地基承载力特征值。

解 根据《建筑地基处理技术规范》(JGJ 79—2002)8.2.2 条、8.2.8 条和 7.2.8 条得：
正方形布桩

$$s = 0.89 \xi d \sqrt{\frac{1+e_0}{e_0-e_1}}$$

$e_0=0.78, e_1=0.68$，不考虑振动下沉密实作用 $\xi=1.0$

$$s = 0.89 \times 1.0 \times 0.5 \times \sqrt{\frac{1+0.78}{0.78-0.68}} = 0.445 \times 4.22 = 1.88 \text{m}$$

$$d_e = 1.13s = 1.13 \times 1.88 = 2.12 \text{m}$$

$$m = \frac{d^2}{d_e^2} = \frac{0.5^2}{2.12^2} = 0.0556$$

$$n = \frac{f_{pk}}{f_{sk}} = \frac{500}{100} = 5$$

$$f_{spk} = [1+m(n-1)]f_{sk} = [1+0.0556 \times (5-1)] \times 100$$
$$= 122.2 \text{kPa}$$

点评：看清楚砂石桩的布置方式，公式不要用错。

4-74 ［2005 年考题］ 某地基饱和软黏土层厚度 15m，软黏土层中某点土体天然抗剪强度 $\tau_{f0} = 20$kPa，三轴固结不排水抗剪强度指标 $c_{cu}=0, \varphi_{cu}=15°$，该地基采用大面积堆载预压加固，预压荷载为 120kPa，堆载预压到 120d 时，该点土的固结度达到 0.75，试求此时该点土体抗剪强度。

解 根据《建筑地基处理技术规范》(JGJ 79—2012)5.2.11 条得：
对正常固结饱和黏性土地基，某点某一时间的抗剪强度为

$$\tau_{ft} = \tau_{f0} + \Delta\sigma_z \cdot U_t \tan\varphi_{cu}$$

$$\tau_{ft} = \tau_{f0} + \Delta\sigma_z U_t \tan\varphi_{cu} = 20 + 120 \times 0.75 \times \tan15° = 20 + 90 \times 0.268 = 44.1 \text{kPa}$$

4-75 ［2005 年考题］ 某钢筋混凝土条形基础埋深 $d=1.5$m，基础宽 $b=1.2$m，传至基础底面的竖向荷载 $F_k+G_k=180$kN/m（荷载效应标准组合），土层分布如图所示，用砂夹石将地基中淤泥土全部换填，试按《建筑地基处理技术规范》(JGJ 79—2002)验算下卧层承载力。（垫层材料重度 $\gamma=19$kN/m³）

解 根据《建筑地基处理技术规范》(JGJ 79—2002)4.2.1 条、4.2.4 条、3.0.4 条得：
垫层底面处土的自重压力 $p_{cz} = \sum \gamma_i h_i = 18 \times 1.5 + (18-10) \times 1.5 = 39$kPa
基础底面处的平均压力 $p_k = \dfrac{F_k+G_k}{A} = \dfrac{180}{1.2 \times 1.0} = 150$kPa
基础底面处的自重压力 $p_c = \sum \gamma_i h_i = 18 \times 1.5 = 27$kPa

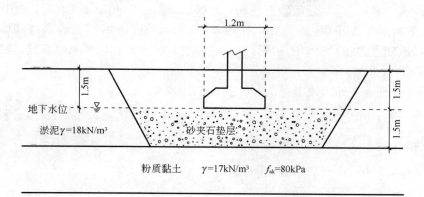

题 4-75 图

$\dfrac{z}{b} = \dfrac{1.5}{1.2} = 1.25 > 0.50$，取 $\theta = 30°$。

垫层底面处附加压力 $p_{z1} = \dfrac{b(p_k - p_c)}{b + 2z\tan\theta} = \dfrac{1.2 \times (150 - 27)}{1.2 + 2 \times 1.5 \times \tan 30°} = 50.3 \text{kPa}$

砂石垫层在垫层底面处附加压力 $p_{z2} = (\gamma' - \gamma)h = (19 - 18) \times 1.5 = 1.5 \text{kPa}$

垫层底面处经深度修正后的承载力特征值

$f_{az} = f_{ak} + \eta_d \gamma_m (d - 0.5) = 80 + 1.0 \times \dfrac{18 \times 1.5 + (18 - 10) \times 1.5}{3.0} \times (3 - 0.5) = 112.5 \text{kPa}$

下卧层验算

$p_{z1} + p_{z2} + p_{cz} = 50.3 + 1.5 + 39 = 90.8 \text{kPa} < f_{az} = 112.5 \text{kPa}$，满足要求。

点评：计算自重应力时一律用土的重度，计算承载力修正时也要用土的重度，规范在计算附加应力时没有考虑由于换填材料的重度增加而产生的附加应力。

4-76 [2006 年考题] 大面积填海造地工程平均海水深约 2.0m，淤泥层平均厚度为 10.0m，重度为 15kN/m^3，采用 e-$\lg p$ 曲线计算该淤泥层固结沉降，已知该淤泥层属正常固结土，压缩指数 $c_c = 0.8$，天然孔隙比 $e_0 = 2.33$，上覆填土在淤泥层中产生的附加应力按 120kPa 计算，试求该淤泥层固结沉降量。

解 计算正常固结沉降时，由压缩曲线确定的压缩指数 C_c 时，按下列公式计算固结沉降

$$s_c = \sum_{i=1}^{n} \dfrac{H_i}{1 + e_0} c_c \lg\left(\dfrac{p_{1i} + \Delta p_i}{p_{1i}}\right)$$

式中：p_{1i}——第 i 层土自重应力的平均值；

Δp_i——第 i 层土附加应力的平均值；

e_0——第 i 层土的初始沉降比。

$p_{1i} = \dfrac{\gamma' H}{2} = 5 \times \dfrac{10}{2} = 25 \text{kPa}, \Delta p_i = 120 \text{kPa}$

$s_c = \dfrac{10}{1 + 2.33} \times 0.8 \times \lg\left[\dfrac{\frac{1}{2} \times (15 - 10) \times 10 + 120}{\frac{1}{2} \times (15 - 10) \times 10}\right] = 2.4\lg 5.8 = 2.4 \times 0.76 = 1.83 \text{m}$

4-77 [2006年考题] 某松散砂土地基 $e_0=0.85$, $e_{max}=0.90$, $e_{min}=0.55$, 采用沉管砂石桩加固, 采用正三角形布置, 间距 $s=1.6\text{m}$, 孔径 $d=0.6\text{m}$, 桩孔内填料就地取材, 填料相对密实度和挤密后场地砂土的相对密实度相同, 不考虑振动下沉密实和填料充盈系数, 则每米桩孔内需填入松散砂($e_0=0.85$)多少方。

解 根据《建筑地基处理技术规范》(JGJ 79—2012)7.2.2条:
正三角形布桩

$$s = 0.95\xi d\sqrt{\frac{1+e_0}{e_0-e_1}}, \text{不考虑振动下沉密实作用}$$

$\xi = 1.0, s = 1.6\text{m}, d = 0.6\text{m}, e_0 = 0.85$

$$1.6 = 0.95 \times 0.6\sqrt{\frac{1+0.85}{0.85-e_1}}$$

$e_1 = 0.615$

$$\frac{V_0}{V_1} = \frac{1+e_0}{1+e_1}$$

$$V_0 = \frac{1+e_0}{1+e_1}V_1 = \frac{1+0.85}{1+0.615} \times 3.14 \times 0.3^2 = 0.323\text{m}^3$$

4-78 [2006年考题] 某建筑基础采用独立柱基, 柱基础尺寸为 $6\text{m} \times 6\text{m}$, 埋深 1.5m, 基础顶面的轴心荷载 $F_k = 6000\text{kN}$, 基础和基础上土重 $G_k = 1200\text{kN}$, 场地地层为粉质黏土, $f_{ak}=120\text{kPa}$, $\gamma=18\text{kN/m}^3$, 由于承载力不能满足要求, 拟采用灰土换填垫层处理, 当垫层厚度为 2.0m 时, 试采用《建筑地基处理技术规范》(JGJ 79—2012)计算垫层底面处的附加压力。

解 根据《建筑地基处理技术规范》(JGJ 79—2012)4.2.2条得:

$$p_k = \frac{F_k+G_k}{A} = \frac{6000+1200}{6\times 6} = 200\text{kPa}$$

$$p_c = \gamma h = 18 \times 1.5 = 27\text{kPa}$$

灰土, 压力扩散角 $\theta = 28°$

$$p_z = \frac{bl(p_k-p_c)}{(b+2z\tan\theta)(l+2z\tan\theta)} = \frac{6\times 6(200-27)}{(6+2\times 2\times \tan 28°)^2}$$

$$= 94.3\text{kPa}$$

4-79 [2006年考题] 采用水泥土搅拌桩加固地基, 桩径 $d=0.5\text{m}$, 等边三角形布置, 复合地基置换率 $m=0.18$, 桩间土承载力特征值 $f_{sk}=70\text{kPa}$, 桩间土承载力发挥系数 $\beta=0.50$, 现要求复合地基承载力特征值达到 160kPa, 问水泥土抗压强度平均值 f_{cu}。(90d龄期的折减系数 $\eta=0.25$, 单桩承载力发挥系数 $\lambda=1.0$)

解 根据《建筑地基处理技术规范》(JGJ 79—2012)7.1.5条7.3.3条得:

$$f_{spk} = \lambda m \frac{R_a}{A_p} + \beta(1-m)f_{sk}$$

$$R_a = [f_{spk} - \beta(1-m)f_{sk}] \times \frac{A_p}{\lambda m}$$

$$= [160 - 0.5\times(1-0.18)\times 70] \times \frac{3.14\times 0.5^2}{4} \div (0.18\times 1.0)$$

$$= 143\text{kPa}$$

$$f_{cu} = \frac{R_a}{\eta A_p} = \frac{143}{0.25 \times 0.196} = 2918 \text{kPa} = 2.918 \text{MPa}$$

4-80 [2006年考题] 某工程要求地基加固后承载力特征值达到155kPa,初步设计采用振冲碎石桩复合地基加固,桩径取$d=0.6$m,桩长取$l=10$m,正方形布桩,桩中心距为1.5m,经试验得桩体承载力特征值$f_{pk}=450$kPa,复合地基承载力特征值为140kPa,未达到设计要求。问在桩径、桩长和布桩形式不变的情况下,桩中心距最大为何值时才能达到设计要求。

解 根据《建筑地基处理技术规范》(JGJ 79—2012)7.2.2条、7.1.5得

$$d_{e_1} = 1.13 s_1 = 1.13 \times 1.5 = 1.695 \text{m}$$

$$m_1 = \frac{d^2}{d_{e_1}^2} = \frac{0.6^2}{1.695^2} = 0.125$$

$$n = \frac{f_{pk}}{f_{sk}}$$

$$f_{spk} = [1 + m(n-1)] f_{sk} = \left[1 + m \times \left(\frac{f_{pk}}{f_{sk}} - 1\right)\right] f_{sk} = (1-m) f_{sk} + m f_{pk}$$

$$\therefore \quad f_{sk} = \frac{f_{spk} - m f_{pk}}{(1-m)}$$

$$m = \frac{f_{spk} - f_{sk}}{f_{pk} - f_{sk}}$$

$$f_{sk} = \frac{f_{spk1} - m_1 f_{pk}}{1 - m_1} = \frac{140 - 0.125 \times 450}{1 - 0.125} = 95.7 \text{kPa}$$

$$m_2 = \frac{f_{spk2} - f_{sk}}{f_{pk} - f_{sk}} = \frac{155 - 95.7}{450 - 95.7} = 0.167$$

$$d_{e_2} = \frac{d}{\sqrt{m_2}} = \frac{0.6}{\sqrt{0.167}} = 1.47 \text{m}$$

$$s_2 = \frac{d_{e_2}}{1.13} = \frac{1.47}{1.13} = 1.3 \text{m}$$

点评:新规范对于散体材料桩计算进行了统一处理,但是老规范的公式是一样的。

4-81 某地基软黏土层厚18m,其下为砂层,土的水平向固结系数为$C_h = 3.0 \times 10^{-3} \text{cm}^2/\text{s}$,现采用预压法固结,砂井作为竖向排水通道打至砂层顶,砂井直径为$d_w = 0.3$m,井距2.8m,等边三角形布置,预压荷载为120kPa,在大面积预压荷载作用下按《建筑地基处理技术规范》(JGJ 79—2012)计算,试求预压150d时地基达到的固结度(为简化计算,不计竖向固结度)。

解 根据《建筑地基处理技术规范》(JGJ 79—2012)5.2.4条、5.2.5条、5.2.7条及5.2.1条文

$$d_e = 1.05 l = 1.05 \times 2.8 = 2.94 \text{m}$$

$$n = \frac{d_e}{d_w} = \frac{2.94}{0.3} = 9.8$$

$$F_n = \frac{n^2}{n^2 - 1} \ln(n) - \frac{3n^2 - 1}{4n^2} = \frac{9.8^2}{9.8^2 - 1} \ln(9.8) - \frac{3 \times 9.8^2 - 1}{4 \times 9.8^2} = 2.31 - 0.75 = 1.56$$

$$\overline{U} = 1 - \alpha e^{-\beta t}$$

不计竖向固结度,则

$$\overline{U}_r = 1 - e^{-\frac{8C_h}{F_n d_e^2} t} = 1 - e^{-\frac{8 \times 3.0 \times 10^{-3}}{1.56 \times 29^2} \times 150 \times 24 \times 60 \times 60} = 0.90 = 90\%$$

点评:掌握平均固结度的普遍表达式,计算过程中注意固结系数与等效直径单位统一。

4-82 [2006 年考题] 某软黏土地基天然含水率 $w = 50\%$,液限 $w_L = 45\%$,采用强夯置换法进行地基处理,夯点采用正三角形布置,间距 2.5m,成墩直径为 1.2m,根据检测结果,单墩承载力特征值为 $R_a = 800$kN,试按《建筑地基处理技术规范》(JGJ 79—2012)计算处理后该地基的承载力特征值。

解 $d_e = 1.05 s = 1.05 \times 2.5 = 2.625$

$$A_e = \frac{\pi}{4} d_e^2 = \frac{3.14}{4} \times 2.625^2 = 5.41$$

根据《建筑地基处理技术规范》(JGJ 79—2012)第 6.3.5 条及条文说明,对软黏土采用强夯置换法确定墩地基承载力时,不考虑墩间土作用。

$$f_{spk} = \frac{R_a}{A_e} = \frac{800}{5.41} = 147.9 \text{kPa}$$

点评:要熟悉考虑墩间土的作用与不考虑墩间土的作用的条件。

4-83 [2007 年考题] 某场地地基土层为二层,第一层为黏土,厚度为 5.0m,承载力特征值为 100kPa,桩侧阻力为 20kPa,端阻力为 150kPa;第二层为粉质黏土,厚度为 12m,承载力特征值 120kPa,侧阻力 25kPa,端阻力 250kPa,无软弱下卧层,采用低强度混凝土桩复合地基进行加固,桩径为 0.5m,桩长 15m,要求复合地基承载力特征值达到 320kPa,若采用正三角形布桩,试计算桩间距。(桩间土承载力发挥系数 $\beta = 0.8$,不考虑单桩承载力折减)

解 桩承载力特征值

$$R_a = U_p \sum q_{s_i} l_i + q_p A_p = 3.14 \times 0.5 \times (20 \times 5 + 25 \times 10) + 3.14 \times 0.25^2 \times 250$$
$$= 598.6 \text{kN}$$

$$m = \frac{f_{spk} - \beta f_{sk}}{\frac{R_a}{A_p} - \beta f_{sk}} = \frac{320 - 0.8 \times 100}{\frac{598.6}{0.196} - 0.8 \times 100} = 0.081$$

$$d_e = \frac{d}{\sqrt{m}} = \frac{0.5}{\sqrt{0.081}} = 1.76 \text{m}$$

$$s = \frac{d_e}{1.05} = \frac{1.76}{1.05} = 1.68 \text{m}$$

4-84 [2007 年考题] 某正常固结软黏土地基,厚度 8.0m,其下为密实砂层,地下水位与地面平,软黏土压缩指数 $c_c = 0.5$,$e_0 = 1.3$,$\gamma = 18 \text{kN/m}^3$,采用大面积堆载预压处理,预压荷载 120kPa,当平均固结度达 0.85 时,求地基固结沉降量。

解 $S_\infty = C_c \dfrac{H}{1+e_1} \lg\left(\dfrac{p_2}{p_1}\right)$

$$= 0.5 \times \frac{8.0}{1+1.3} \times \lg\left[\frac{\frac{1}{2} \times (18-10) \times 8 + 120}{\frac{1}{2} \times (18-10) \times 8}\right]$$

$=1.18m$

$S_t = U_t S_\infty = 0.85 \times 1.18 = 1.0m$

点评：要掌握固结度的概念，沉降与时间的关系以及压缩变形计算。

4-85［2007年考题］ 某地基采用深层搅拌桩复合地基，桩截面面积 $A_p=0.385m^2$，单桩承载力特征值 $R_a=200kN$，桩间土承载力特征值 $f_{sk}=60kPa$，要求复合地基承载力特征值 $f_{spk}=150kPa$，试求桩土面积置换率。（$\beta=0.6, \lambda=1.0$）

解 根据《建筑地基处理技术规范》(JGJ 79—2012)7.1.5条、7.3.3条得：

$$f_{spk} = \lambda m \frac{R_a}{A_p} + \beta(1-m)f_{sk}$$

$$m = \frac{f_{spk} - \beta f_{sk}}{\lambda \frac{R_a}{A_p} - \beta f_{sk}} = \frac{150 - 0.6 \times 60}{\frac{1.0 \times 200}{0.385} - 0.6 \times 60} = 0.236$$

4-86［2007年考题］ 某湿陷性黄土地基采用碱液法加固，已知灌注孔长度10m，有效加固半径0.4m，黄土天然孔隙率为50%，固体烧碱中NaOH含量为85%，要求配置碱液浓度100g/L，设充填系数 $\alpha=0.68$，工作条件系数 β 取1.1，试求每孔灌注固体烧碱量。

解 根据《建筑地基处理技术规范》(JGJ 79—2012)8.2.3条、8.3.3条得：

每孔碱液灌注量 V

$V = \alpha\beta\pi\gamma^2(l+r)n$

$= 0.68 \times 1.1 \times \pi \times 0.4^2 \times (10+0.4) \times 0.5 = 1.95m^3$

每 $1m^3$ 碱液中投入固体烧碱量 $G_s = 1000M/P$

M 为碱液浓度 $M=100g/L$

P 为固体烧碱中NaOH含量 $P=0.85$

$G_s = 1000 \times \frac{100}{0.85} = 117647g$

每孔需固体烧碱量 $117647 \times 1.95 = 229411g$

4-87［2007年考题］ 在100kPa大面积荷载作用下，3m厚的饱和软土层排水固结（如图），取软土进行常规固结试验，在100kPa压力下，达到90%固结度的时间为0.5h，计算厚3m软土达90%固结度的时间。

解 土的竖向固结时间因数 T_v

$T_v = c_v \times t/H^2$

$\dfrac{t_1}{t_2} = \left(\dfrac{H_1}{H_2}\right)^2$

$t_1 = \left(\dfrac{H_1}{H_2}\right)^2 \times t_2 = \left(\dfrac{3 \times 100}{1}\right)^2 \times 0.5$

$=45000h = 45000 \div 365 \div 24$ 年 $= 5.1$ 年

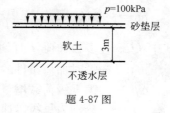

题 4-87 图

4-88［2007年考题］ 某砂土地基，$e_0=0.902, e_{max}=0.978, e_{min}=0.742$，该地基拟采用振冲碎石桩加固，正三角形布桩，挤密后要求砂土相对密度 $D_{r1}=0.886$，求碎石桩间距（$\xi=1.0$，桩径 0.4m)。

解 根据《建筑地基处理技术规范》(JGJ 79—2012)7.2.2 条,知

$$e_1 = e_{max} - D_{r1}(e_{max} - e_{min}) = 0.978 - 0.886 \times (0.978 - 0.742) = 0.769$$

$$s = 0.95\xi d\sqrt{\frac{1+e_0}{e_0-e_1}} = 0.95 \times 1.0 \times 0.4 \times \sqrt{\frac{1+0.902}{0.902-0.769}}$$

$$= 0.38 \times 3.782 = 1.44\text{m}$$

4-89 [2007 年考题] 某软土地基采用预压排水固结,瞬时加载条件下不同时间的平均固结度如表所示,第一次加载 30kPa,预压 30d 后,第二次再加载 30kPa,预压 30d 后,第三次再加载 60kPa,计算自第一次加载后至 120d 的平均固结度。

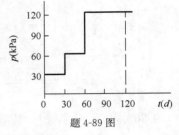

题 4-89 图

解 $\overline{U}_{120} = \frac{30}{120}\overline{U}_{120} + \frac{30}{120}\overline{U}_{90} + \frac{60}{120}\overline{U}_{60}$

$= 0.25 \times 0.96 + 0.25 \times 0.916 + 0.5 \times 0.821$

$= 0.88$

题 4-89 表

t(d)	10	20	30	40	50	60	70	80	90	100	110	120
U(%)	37.7	51.5	62.2	70.6	77.1	82.1	86.1	89.2	91.6	93.4	94.9	96.0

4-90 [2008 年考题] 某软黏土地基采用排水固结法处理,根据设计,瞬时加载条件下加载后不同时间的平均固结度见下表(表中数据可内插)。加载计划如下:第一次加载量(可视为瞬时加载,下同)为 30kPa,预压 20d 后第二次加载 30kPa,再预压 20d 后第三次加载 60kPa,第一次加载后到 80d 时观测到的沉降量为 120cm。问到 120d 时,沉降量最接近下列哪一选项?( )

题 4-90 表

t 天	10	20	30	40	50	60	70	80	90	100	110	120
U(%)	37.7	51.5	62.2	70.6	77.1	82.1	86.1	89.2	91.6	93.4	94.9	96.0

A. 130cm B. 140cm C. 150cm D. 160cm

解 根据《地基处理手册》(第三版),逐级加荷条件下地基固结度计算

$$\overline{U}_t = \sum_{1}^{n}\overline{U}_{rz}\left(t - \frac{t_n + t_{n-1}}{2}\right)\frac{\Delta p_n}{\sum \Delta p}$$

式中:$\overline{U}_t$——多级加荷,t 时刻平均固结度;

$\overline{U}_{rz}$——瞬时加荷条件的平均固结度;

Δp_n——第 n 级荷载增量;

t_{n-1}、t_n——分别为每级等速加荷的起点和终点时间,当计算某一级荷载加荷时刻 t 时刻的固结度时,t_n 改为 t。

$$\overline{U}_{80} = \frac{\Delta p_1}{\sum \Delta p}U_{80} + \frac{\Delta p_2}{\sum \Delta p}U_{60} + \frac{\Delta p_3}{\sum \Delta p}U_{40} = \frac{30}{120} \times 0.892 + \frac{30}{120} \times 0.821 + \frac{60}{120} \times 0.706 = 0.781$$

$$\overline{U}_{120}=\frac{\Delta p_1}{\sum p}\times U_{120}+\frac{\Delta p_2}{\sum p}U_{100}+\frac{\Delta p_3}{\sum p}U_{80}=\frac{30}{120}\times 0.96+\frac{30}{120}\times 0.934+\frac{60}{120}\times 0.892=0.920$$

$$S_c=\frac{S_{ct}}{\overline{U}}=\frac{S_{80}}{\overline{U}_{80}}=\frac{S_{120}}{\overline{U}_{120}}$$

式中：S_c——最终固结沉降；

S_{80}、S_{120}——分别为 80d 和 120d 时的固结沉降。

$$S_{120}=\frac{S_{80}}{\overline{U}_{80}}\times U_{120}=\frac{120}{0.781}\times 0.920=141\text{cm}$$

答案：(B)

4-91［2008 年考题］ 在一正常固结软黏土地基上建设堆场。软黏土层厚 10.0m，其下为密实砂层。采用堆载预压法加固，砂井长 10.0m，直径 0.30m。预压荷载为 120kPa，固结度达 0.80 时卸除堆载。堆载预压过程中地基沉降 1.20m，卸载后回弹 0.12m。堆场面层结构荷载为 20kPa，堆料荷载为 100kPa。预计该堆场工后沉降最大值将最接近下列哪个选项的数值？（不计次固结沉降）（ ）

  A. 20cm   B. 30cm   C. 40cm   D. 50cm

解 地基土在预压荷载 120kPa 作用下，最终沉降为

$$S_c=\frac{S_{ct}}{\overline{U}}=\frac{1200}{0.8}=1500\text{mm}$$

使用期间荷载和堆载预压荷载一样同为 120kPa。堆场工后沉降为 1500－1200＋120＝420mm。

答案：(C)

4-92［2008 年考题］ 某工业厂房场地浅表为耕植土，厚 0.50m；其下为淤泥质粉质黏土，厚约 18.0m，承载力特征值 $f_{ak}=70$kPa，水泥土搅拌桩侧阻力特征值取 9kPa。下伏厚层密实粉细砂层。采用水泥土搅拌桩加固，要求复合地基承载力特征值达 150kPa。假设有效桩长 12.00m，桩径 ϕ500，桩身强度系数 η 取 0.25，桩端端阻力发挥系数 α_p 取 0.50，水泥加固土试块 90 天龄期立方体抗压强度平均值为 2.0MPa，桩间土承载力发挥系数 β 取 0.75。单桩承载力发挥系数 $\lambda=1.0$，试问初步设计复合地基面积置换率将最接近下列哪个选项的数值？（ ）

  A. 13%   B. 18%   C. 22%   D. 25%

解 根据《建筑地基处理技术规范》(JGJ 79—2012)7.1.5 条、7.3.3 条得：

桩体承载力 R_a

$$R_a=\eta f_{cu}A_p=0.25\times 2000\times 0.196=98\text{kN}$$

土对桩支承力 R_a

$$R_a=u_p\sum q_{si}l_{pi}+\alpha_p q_p A_p=1.57\times 9\times 12+0.5\times 0.196\times 70=176.4\text{kN}$$

取桩体承载力 98kN 作为复合地基设计依据。

$$f_{spk}=\lambda m\frac{R_a}{A_p}+\beta(1-m)f_{sk}$$

$$m=\frac{f_{spk}-\beta f_{sk}}{\frac{\lambda R_a}{A_p}-\beta f_{sk}}=\frac{150-0.75\times 70}{\frac{1.0\times 98}{0.196}-0.75\times 70}=0.22=22\%$$

答案：(C)

4-93 [2008年考题] 采用单液硅化法加固拟建设备基础的地基，设备基础的平面尺寸为 $3m\times 4m$，需加固的自重湿陷性黄土层厚 $6m$，土体初始孔隙比为 1.0。假设硅酸钠溶液的相对密度为 1.00，溶液的填充系数为 0.70，问所需硅酸钠溶液用量（m^3）最接近下列哪个选项的数值？（　　）

  A. 30　　　　B. 50　　　　C. 65　　　　D. 100

解 根据《建筑地基处理技术规范》(JGJ 79—2012)第 8.2.2 条得：

$$Q=V\bar{n}d_{N1}\alpha$$

当加固设备基础地基时，加固范围应超出基础底面外缘不少于 $1.0m$。

$$V=(3+2\times 1)\times(4+2\times 1)\times 6=180m^3$$

$$\bar{n}=\frac{e}{1+e}=\frac{1}{1+1}=0.5, d_{N1}=1.0, \alpha=0.7$$

$$Q=180\times 0.5\times 1.0\times 0.7=63m^3$$

答案：(C)

点评：要熟悉单液硅化法加固的加固范围。

4-94 [2008年考题] 场地为饱和淤泥质黏性土，厚 $5.0m$，压缩模量 E_s 为 $2.0MPa$，重度为 $17.0kN/m^3$，淤泥质黏性土下为良好的地基土，地下水位埋深 $0.50m$。现拟打设塑料排水板至淤泥质黏性土层底，然后分层铺设砂垫层，砂垫层厚度 $0.80m$，重度 $20kN/m^3$，采用 $80kPa$ 大面积真空预压 3 个月（预压时地下水位不变）。问固结度达 85% 时的沉降量最接近下列哪一选项？（　　）

  A. 15cm　　　B. 20cm　　　C. 25cm　　　D. 10cm

解 根据单向压缩公式计算地基土最终沉降

$$S_c=\sum_{i=1}^{n}\frac{\Delta p_i}{E_{si}}H_i=\frac{0.8\times 20+80}{2.0}\times 5=240mm$$

固结度达 0.85 时的沉降

$$S_{ct}=S_c\times U=240\times 0.85=204mm$$

答案：(B)

4-95 [2008年考题] 某软土地基土层分布和各土层参数如图所示。已知基础埋深为 $2.0m$，采用搅拌桩复合地基，搅拌桩长 $14.0m$，桩径 $\phi 600mm$，桩身强度平均值 $f_{cu}=1.5MPa$，强度折减系数 $\eta=0.25$。按《建筑地基处理技术规范》计算，该搅拌桩单桩承载力特征值取下列哪个选项的数值较合适？（$\alpha_p=0.4$）（　　）

  A. 106kN　　　B. 140kN
  C. 160kN　　　D. 180kN

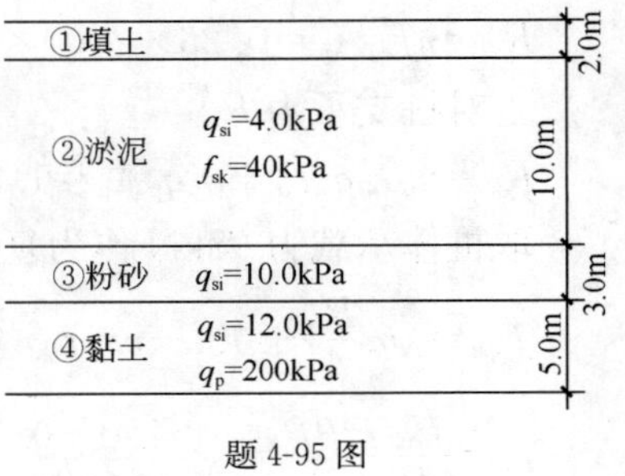

解 根据《建筑地基处理技术规范》(JGJ 79—2012) 7.1.5 条、7.3.3 条得：

土对桩支承力

题 4-95 图

土层	参数	厚度
①填土		2.0m
②淤泥	$q_{si}=4.0kPa$ $f_{sk}=40kPa$	10.0m
③粉砂	$q_{si}=10.0kPa$	3.0m
④黏土	$q_{si}=12.0kPa$ $q_p=200kPa$	5.0m

$$R_a = u_p \sum q_{si} l_{pi} + \alpha_p q_p A_p$$
$$= 0.6\pi(10 \times 4 + 3 \times 10 + 1 \times 12) + 0.4 \times 200 \times \frac{\pi}{4} \times 0.6^2$$
$$= 177 \text{kN}$$

桩体承载力

$$R_a = \eta f_{cu} A_p = 0.25 \times 1.5 \times 10^3 \times \frac{\pi}{4} \times 0.6^2 = 106 \text{kN}$$

两者取小值，$R_a = 106$ kN。

4-96 [2008年考题] 某软土地基土层分布和各土层参数如图所示。已知基础埋深为2.0m，采用搅拌桩复合地基，搅拌桩长10.0m，桩直径500mm，单桩承载力为120kN，要使复合地基承载力达到180kPa，按正方形布桩，问桩间距取下列哪个选项的数值较为合适（假设桩间土地基承载力发挥系数$\beta=0.5$）？（单桩承载力发挥系数$\lambda=1.0$）(　　)

A. 0.85m　　B. 0.95m　　C. 1.05m　　D. 1.1m

解 根据《建筑地基处理技术规范》（JGJ 79—2012）7.1.5条、7.1.3条得：

$$f_{spk} = \lambda m \frac{R_a}{A_p} + \beta(1-m) f_{sk}$$

$$m = \frac{f_{spk} - \beta f_{sk}}{\lambda \frac{R_a}{A_p} - \beta f_{sk}} = \frac{180 - 0.5 \times 40}{\frac{1.0 \times 120}{\frac{(\pi \times 0.5^2)}{4}} - 0.5 \times 40} = 0.27$$

$$d_e = \frac{d}{\sqrt{m}} = \frac{0.5}{\sqrt{0.27}} = 0.96$$

$$s = \frac{d_e}{1.13} = \frac{0.96}{1.13} = 0.85 \text{m}$$

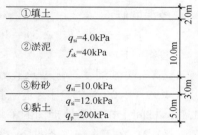

题 4-96 图

答案：(A)

4-97 [2009年考题] 某填方高度为8m的公路路基垂直通过一作废的混凝土预制场，在地面高程原建有30个钢筋混凝土地梁，梁下有53m深的灌注桩，为了避免路面的不均匀沉降，在地梁上铺设聚苯乙烯（泡沫）板块（EPS）。路基填土重度为18.4kN/m³，据计算，地基土在8m填方的荷载下，沉降量为15cm，忽略地梁本身的沉降和EPS的重力，已知EPS的平均压缩模量为$E_s = 500$kPa，为消除地基不均匀沉降，在地梁上铺设聚苯乙烯（泡沫）厚度应最接近于下列哪个选项的数值？（忽略填土本身沉降，其沉降由EPS产生）(　　)

A. 150mm　　B. 350mm　　C. 550mm　　D. 750mm

解 EPS顶的压力（设EPS厚h）

$$p_z = \gamma H = 18.4 \times (8-h)$$

$$p_z = E_s \times \varepsilon, \varepsilon = \frac{\Delta h}{h} = \frac{0.15}{h}$$

$$18.4 \times (8-h) = 500 \times \frac{0.15}{h} \Rightarrow h^2 - 8h + 4.1 = 0$$

$$\Rightarrow h = 0.546 \text{m}$$

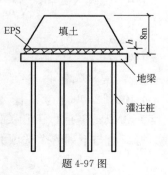

题 4-97 图

答案：(C)

4-98 [2009 年考题]　某高层住宅筏形基础，基底埋深 7m，基底以上土的天然重度为 20kN/m³，天然地基承载力特征值为 180kPa。采用水泥粉煤灰碎石（CFG）桩复合地基，现场试验测得单桩承载力特征值为 600kN。正方形布桩，桩径 400mm，桩间距为 1.5m×1.5m，桩间土承载力发挥系数 β 取 0.95，单桩承载力发挥系数 $\lambda=0.9$，试问该建筑物的基底压力不应超过下列哪个选项的数值？（　　）

　　　　A. 428kPa　　　　B. 531kPa　　　　C. 623kPa　　　　D. 641kPa

解　根据《建筑地基处理技术规范》(JGJ 79—2012)7.1.5 条、7.7.2 条、3.0.4 条得：

$$m=\frac{d^2}{d_e^2}=\frac{0.4^2}{(1.13\times 1.5)^2}=0.0557$$

$$f_{spk}=\lambda m\frac{R_a}{A_p}+\beta(1-m)f_{sk}=0.9\times 0.0557\times\frac{600}{0.1256}+0.95(1-0.0557)\times 180$$

$$=401\text{kPa}$$

经深度修正

$$f_a=f_{spk}+\eta_d\gamma_m(d-0.5)=401+1.0\times 20\times(7-0.5)=531\text{kPa}$$

答案：(B)

点评：要掌握复合地基承载力修正计算，仅进行深度修正，修正系数为 1.0。

4-99 [2009 年考题]　灰土挤密桩复合地基，桩径 400mm，等边三角形布桩，中心距为 1.0m，桩间土在地基处理前的平均干密度为 1.38t/m³。根据《建筑地基处理技术规范》(JGJ 79—2012)，在正常施工条件下，挤密深度内桩间土的平均干密度预计可以达到下列哪个选项的数值？（　　）

　　　　A. 1.48t/m³　　　　B. 1.54t/m³　　　　C. 1.61t/m³　　　　D. 1.68t/m³

解　根据《建筑地基处理技术规范》(JGJ 79—2012)7.5.2 条得：

$$s=0.95d\sqrt{\frac{\bar{\eta}_c\rho_{dmax}}{\bar{\eta}_c\rho_{dmax}-\bar{\rho}_d}}$$

$$\bar{\eta}_c=\frac{\bar{\rho}_{d1}}{\rho_{dmax}},\bar{\eta}_c\rho_{dmax}=\bar{\rho}_{d1}$$

$$1.0=0.95\times 0.4\times\sqrt{\frac{\bar{\rho}_{d1}}{\bar{\rho}_{d1}-1.38}}$$

解得 $\bar{\rho}_{d1}=1.61\text{t/m}^3$

答案：(C)

点评：要准确区分各种挤密系数、各种干密度。

4-100 [2009 年考题]　某工程采用旋喷桩复合地基，桩长 10m，桩直径 600mm，桩身 28d 强度为 3MPa，基底以下相关地层埋深及桩侧阻力特征值、桩端阻力特征值如图。单桩竖向承载力特征值与下列哪个选项的数值最接近？（$\alpha_p=1.0$）（　　）

　　　　A. 210kN　　　　B. 280kN　　　　C. 378kN　　　　D. 520kN

解 根据《建筑地基处理技术规范》(JGJ 79—2012)
7.1.5 条、7.1.6 条、7.4.3 条得：

土对桩支承力

$$R_a = u_p \sum_{i=1}^{n} q_{si} l_{pi} + \alpha_p q_p A_p$$
$$= \pi \times 0.6 \times (17 \times 3 + 20 \times 5 + 25 \times 2) + 1.0 \times 500 \times 0.2826$$
$$= 519.9 \text{kN}$$

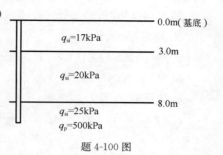

题 4-100 图

桩身承载力：$R_a \leqslant \dfrac{f_{cu} A_p}{4\lambda} = \dfrac{3 \times 10^3 \times 3.14 \times 0.3^2}{4 \times 1.0} = 212 \text{kN}$

两者取小者，单桩承载力特征值为 212kN。

答案：(A)

点评：新规范并设给出 λ 和 α_p 的取值，在题目未提供时，均取 1.0。

4-101 [2009 年考题] 某松散砂土地基，拟采用直径 400mm 的振冲碎石桩进行加固。如果取处理后桩间土承载力特征值 $f_{sk}=90$kPa，桩土应力比取 3.0，采用等边三角形布桩。要使加固后地基承载力特征值达到 120kPa，根据《建筑地基处理技术规范》(JGJ 79—2012)，振冲碎石桩的间距(单位：m)应为下列哪个选项的数值？(   )

    A. 0.85   B. 0.93   C. 1.00   D. 1.10

解 根据《建筑地基处理技术规范》(JGJ 79—2012)7.1.5 条、7.2.2 条得：

$$f_{spk} = [1 + m(n-1)] f_{sk}$$

$$m = \left(\dfrac{f_{spk}}{f_{sk}} - 1\right) / (n-1) = \dfrac{\left(\dfrac{120}{90} - 1\right)}{(3-1)} = 0.167$$

$$m = \dfrac{d^2}{d_e^2}, \quad d_e = \dfrac{d}{\sqrt{m}} = \dfrac{0.4}{\sqrt{0.167}} = 0.979$$

$$d_e = 1.05s \Rightarrow s = \dfrac{d_e}{1.05} = \dfrac{0.978}{1.05} = 0.93 \text{m}$$

答案：(B)

4-102 [2009 年考题] 某建筑场地地层如图所示，拟采用水泥粉煤灰碎石桩(CFG 柱)进行加固。已知基础埋深为 2.0m，CFG 桩长 14.0m，桩径 500mm，桩身强度 $f_{cu}=20$MPa，单桩承载力发挥系数 λ 取 0.9。桩间土承载力发挥系数取 0.9，桩端端阻力发挥系数 α_p 取 1.0。按《建筑地基处理技术规范》(JGJ 79—2012)计算，如果复合地基承载力特征值要求达到 180kPa(不修正)，则 CFG 桩面积置换率 m 应取下列哪个选项的数值？(   )

    A. 10%   B. 13%
    C. 15%   D. 18%

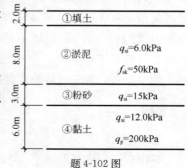

题 4-102 图

解 根据《建筑地基处理技术规范》(JGJ 79—2012)7.1.5 条、7.7.2 条得：
$$R_a = u_p \sum q_{si} l_{pi} + \alpha_p q_p A_p$$
$$= 0.5 \times 3.14 \times (6 \times 8 + 15 \times 3 + 12 \times 3) + 1.0 \times 200 \times \pi \times 0.25^2$$
$$= 241.8 \text{kN}$$

桩体承载力为
$$R_a = \frac{f_{cu} \times A_p}{4\lambda} = \frac{20 \times 10^3 \times 0.196}{4 \times 0.9} = 1089 \text{kN}，取小值 R_a = 241.8$$

$$m = \frac{f_{spk} - \beta f_{sk}}{\lambda R_a / A_p - \beta f_{sk}} = \frac{180 - 0.9 \times 50}{\frac{0.9 \times 241.8}{0.196} - 0.9 \times 50} = 12.67\%$$

答案：(B)

4-103 [2009 年考题] 某场地地层如图所示（同题 4-102 图）。拟采用水泥搅拌桩进行加固。已知基础埋深为 2.0m，搅拌桩桩径 600mm，桩长 14.0m，桩身强度 $f_{cu} = 1.0$MPa，桩身强度折减系数取 $\eta = 0.25$，桩间土承载力发挥系数 $\beta = 0.4$，桩端端阻力发挥系数 $\alpha_p = 0.4$，搅拌桩中心距为 1.0m，等边三角形布置。试问搅拌桩复合地基承载力特征值取下列哪个选项的数值合适？(λ 取 1.0)(　　)

  A. 80kPa   B. 95kPa   C. 100kPa   D. 110kPa

解 根据《建筑地基处理技术规范》(JGJ 79—2012)7.1.5 条、7.3.3 条得：
$$m = \frac{d^2}{d_e^2} = \frac{0.6^2}{(1.05 \times 1.0)^2} = 0.327$$

土对桩支承力 R_a
$$R_a = u_p \sum q_{si} l_{pi} + \alpha_p q_p A_p = \pi \times 0.6 \times (8 \times 6 + 3 \times 15 + 3 \times 12) + 0.4 \times 200 \times 0.2826$$
$$= 265.6 \text{kN}$$

桩体承载力 R_a
$$R_a = \eta f_{cu} A_p = 0.25 \times 1.0 \times 10^3 \times 0.2826 = 70.7 \text{kN}$$

$$f_{spk} = \lambda m \frac{R_a}{A_p} + \beta(1-m)f_{sk} = 1.0 \times 0.327 \times \frac{70.7}{0.2826} + 0.4 \times (1 - 0.327) \times 50$$
$$= 95 \text{kPa}$$

答案：(B)

4-104 [2009 年考题] 采用砂石桩法处理松散的细砂。已知处理前细砂的孔隙比 $e_0 = 0.95$，砂石桩柱径 500mm。如果要求砂石桩挤密后的孔隙比 e_1 达到 0.60，按《建筑地基处理技术规范》(JGJ 79—2012)计算（考虑振动下沉密实作用修正系数 $\xi = 1.1$），采用等边三角形布置时，砂石桩间距采取以下哪个选项的数值比较合适？(　　)

  A. 1.0   B. 1.2   C. 1.4   D. 1.6

解 根据《建筑地基处理技术规范》(JGJ 79—2012)7.2.2 条得：
$$s = 0.95 \xi d \sqrt{\frac{1+e_0}{e_0 - e_1}} = 0.95 \times 1.1 \times 0.5 \sqrt{\frac{1+0.95}{0.95 - 0.6}} = 1.23 \text{m}$$

答案：(B)

4-105 [2010 年考题] 为确定水泥土搅拌桩复合地基承载力，进行多桩复合地基静载实验,桩径 500mm,正三角形布置,桩中心距 1.20m,试问进行三桩复合地基载荷试验的圆形承压板直径应取下列何项数值?(　　)

　　　　A. 2.00m　　　　B. 2.20m　　　　C. 2.40m　　　　D. 2.65m

解　根据《建筑地基处理技术规范》(JGJ 79—2012)附录 B

$d_e = 1.05s = 1.05 \times 1.2 = 1.26\text{m}$

$3 \times \dfrac{\pi d_e^2}{4} = \dfrac{\pi D^2}{4}$

$D = \sqrt{3} d_e = \sqrt{3} \times 1.26 = 2.18\text{m}$

答案:(B)

点评:要掌握复合地基载荷试验的要点,熟练掌握单桩复合地基和多桩复合地基的承压板的计算。

4-106 [2010 年考题]　对于某新近堆积的自重湿陷性黄土地基,拟采用灰土挤密桩对柱下独立基础的地基进行加固,已知基础为 1.0m×1.0m 的方形,该层黄土平均含水率为 10%,最优含水率为 18%,平均干密度为 1.50t/m³。根据《建筑地基处理技术规范》(JGJ 79—2012),为达到最好加固效果,拟对该基础 5.0m 深度范围内的黄土进行增湿,试问最少加水量取下列何项数值合适?(　　)

　　　　A. 0.65t　　　　B. 2.6t　　　　C. 3.8t　　　　D. 5.8t

解　根据《建筑地基处理技术规范》(JGJ 79—2012)第 7.5.2 条、7.5.3 条得:

$Q = v\bar{\rho}_d(w_{op} - \bar{w})k = (1+2\times1) \times (1+2\times1) \times 5.0 \times 1.5 \times (18\% - 10\%) \times 1.05 = 5.7\text{t}$

答案:(D)

点评:要掌握灰土挤密桩的加固范围,会算加固土的体积。

4-107 [2010 年考题]　某黄土场地,地面以下 8m 为自重湿陷性黄土,其下为非湿陷性黄土层。建筑物采用筏板基础,底面积为 18m×45m,基础埋深 3.00m,采用灰土挤密桩法消除自重湿陷性黄土的湿陷性,灰土桩直径 φ400mm,桩间距 1.00,等边三角形布置。根据《建筑地基处理技术规范》(JGJ 79—2012)规定,处理该场地的灰土桩数量(根)为下列哪项?(　　)

　　　　A. 936　　　　B. 1245　　　　C. 1328　　　　D. 1592

解　根据《建筑地基处理技术规范》(JGJ 79—2002)第 7.5.2 条,采用整片处理时,超出基础底面外缘的宽度,每边不宜小于处理土层厚度的 1/2,并不应小于 2.00m,故处理的面积为

$A = \left(18 + \dfrac{8-3}{2} \times 2\right) \times \left(45 + \dfrac{8-3}{2} \times 2\right) = 1150\text{m}^2$

根数:$n = \dfrac{A}{A_e} = \dfrac{A}{\left(\dfrac{\pi d_e^2}{4}\right)} = \dfrac{1150}{\left[\dfrac{\pi \times (1.05 \times 1)^2}{4}\right]} = 1328$

答案:(C)

4-108 [2010 年考题]　某填海造地工程对软土地基拟采用堆载预压法进行加固,已知海水深 1.0m,下卧淤泥层厚度 10.0m,天然密度 ρ=1.5g/cm³,室内固结试验测得各级压力下的孔隙比如表所示,如果淤泥上覆填土的附加压力 p_0 取 125kPa,按《建筑地基处理技术规范》(JGJ 79—2012)计算该淤泥的最终沉降量,取经验修正系数为 1.2,将 10m 的淤泥层按一层计算,则最终沉降量最接近以下哪个数值?(　　)

各级压力下的孔隙比 题 4-108 表

p(kPa)	0	12.5	25.0	50.0	100.0	200.0	300.0
e	2.325	2.215	2.102	1.926	1.710	1.475	1.325

  A. 1.46m   B. 1.82m   C. 1.96m   D. 2.64m

解 根据《建筑地基处理技术规范》(JGJ 79—2012)式(5.2.12)计算。

重力加速度按 10 计算,则土的重度为 15kN/m^3。

淤泥层中部自重应力 $\sigma_c = \gamma_m d = (15-10) \times 5 = 25 \text{kPa}$

由表得,$e_{0i} = 2.102$。

$\sigma_c + p_0 = 150 \text{kPa}$,$e_{1i} = (1.710 + 1.475)/2 = 1.593$

则最终沉降量

$$s_f = \xi \sum_{i=1}^{n} \frac{e_{0i} - e_{1i}}{1 + e_{0i}} h_i = 1.2 \times \frac{2.102 - 1.593}{1 + 2.102} \times 10 = 1.97 \text{m}$$

答案:(C)

4-109 [2010 年考题] 拟对厚度为 10.0m 的淤泥层进行预压法加固。已知淤泥面上铺设 1.0m 厚中粗砂垫层,再上覆厚 2.0m 的压实填土,地下水位与砂层顶面齐平,淤泥三轴固结不排水试验得到的黏聚力 $c_{cu} = 10.0 \text{kPa}$,内摩擦角 $\varphi_{cu} = 9.5°$,淤泥面处的天然抗剪强度 $\tau_0 = 12.3 \text{kPa}$,中粗砂重度为 20kN/m^3,填土重度为 18kN/m^3,按《建筑地基处理技术规范》(JGJ 79—2012)计算,如果要使淤泥面处抗剪强度值提高 50%,则要求该处的固结度至少达到以下哪个选项?(   )

  A. 60%   B. 70%   C. 80%   D. 90%

解 根据《建筑地基处理技术规范》(JGJ 79—2012)式(5.2.11)

$\tau_{ft} = \tau_{f0} + \Delta \sigma_z \cdot U_t \tan \varphi_{cu}$

$1.5 \times 12.3 = 12.3 + [2 \times 18 + 1 \times (20-10)] \times U_t \times \tan 9.5°$,解得 $U_t = 80\%$

答案:(C)

4-110 [2010 年考题] 在软土地基上快速填筑了一路堤,建成后 70d 观测的平均沉降为 120mm;140d 观测的平均沉降为 160mm。已知如果固结度 $U_t \geq 60\%$,可按照太沙基的一维固结理论公式 $U = 1 - 0.811 e^{-at}$ 预测其后期沉降量和最终沉降量,试问此路堤最终沉降于下面哪一个选项?(   )

  A. 180mm   B. 200mm   C. 220mm   D. 240mm

解 由于 $U_t = \dfrac{S_t}{S}$,其中 S 为最终沉降量,由固结理论公式可得

$$\frac{S_t}{S} = 1 - 0.81 e^{-at}$$

即 $-at = \ln \left(1 - \dfrac{S_t}{S}\right) / 0.81$

于是 $\dfrac{t_1}{t_2} = \dfrac{\ln \left(1 - \dfrac{S_{t1}}{S}\right) / 0.81}{\ln \left(1 - \dfrac{S_{t2}}{S}\right) / 0.81}$

将 $t_1 = 70\text{d}$,$t_2 = 140\text{d}$,$S_{t1} = 120 \text{mm}$,$S_{t2} = 160 \text{mm}$ 代入上式,得

四、地 基 处 理

$$0.81 \times \left(1-\frac{160}{S}\right) = \left(1-\frac{120}{S}\right)^2$$

令 $x = 1-\frac{120}{S}$,则 $S = \frac{120}{1-x}$

由上式可得方程 $x^2 - 1.08x + 0.27 = 0$

解方程得 $x_1 = 0.687, S_1 = 383\text{mm}$

$x_2 = 0.393, S_2 = 198\text{mm}$

答案:(B)

点评: 该题并不复杂,但计算比较繁琐,最好象本答案这样解出所需解,如果把四个答案代入方程试算哪个合适,可能不好判断,不过,在大多数情况下,遇到解方程问题,可以把备选答案代入方程试算,可加快解题速度。

4-111 [2011年考题] 某建筑场地地层分布及参数(均为特征值)如图所示,拟采用水泥土搅拌桩复合地基。已知基础埋深2.0m,搅拌桩长8.0m,桩径600mm,等边三角形布置。经室内配比试验,水泥加固土试块强度为1.2MPa,桩身强度折减系数 $\eta = 0.25$,桩间土承载力发挥系数 $\beta = 0.4$,按《建筑地基处理技术规范》(JGJ 79—2012)计算,要求复合地基承载力特征值达到100kPa(修正前),则搅拌桩间距宜取下列哪个选项?( )

A. 0.9m B. 1.1m C. 1.3m D. 1.5m

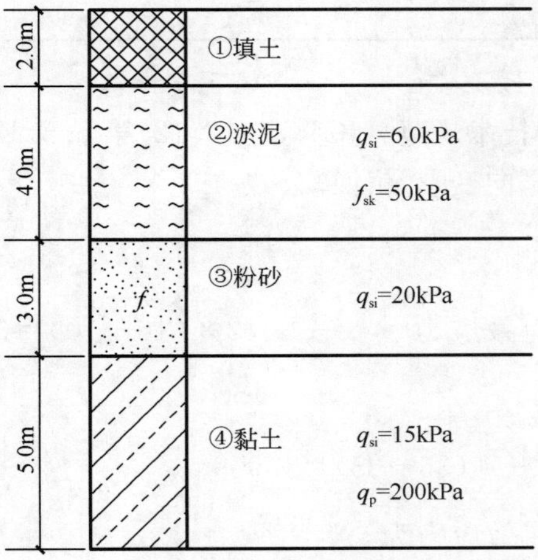

题 4-111 图 场地地层分布及参数

解 根据《建筑地基处理技术规范》(JGJ 79—2012)7.1.5 条、7.3.3 条得:

由桩周土和桩端土确定的单桩承载力

$$R_a = u_p \sum_{i=1}^{n} q_{si} l_{pi} + \alpha_p q_p A_p$$

$$= \pi \times 0.6 \times (6 \times 4 + 20 \times 3 + 15 \times 1) + (0.4 \sim 0.6) \times 200 \times \pi \times \frac{0.6^2}{4} = 209 \sim 220\text{kPa}$$

由桩身材料强度确定的单桩承载力:

$$R_a = \eta f_{cu} A_p = 0.25 \times 1.2 \times 1000 \times \pi \times \frac{0.6^2}{4} = 84.8\text{kN}$$

取两者中的小值,即 $R_a=84.81\text{kN}$

$$m=\frac{f_{\text{spk}}-\beta f_{\text{sk}}}{\frac{\lambda R_a}{A_p}-\beta f_{\text{sk}}}=\frac{100-0.4\times50}{\frac{1.0\times84.8}{0.2826}-0.4\times50}=0.286$$

面积置换率 $m=\dfrac{d^2}{d_e^2}$,等边三角形布置 $d_e=1.05s$,由此可以计算出桩间距

$$s=\frac{1}{1.05}\frac{d}{\sqrt{m}}=\frac{0.6}{1.05\sqrt{0.286}}=1.1\text{m}$$

答案:(B)

点评:本题的要点是记住相应的计算公式。另外,备选答案中数值比较接近,在计算过程中的有关数值应保留足够的有效位数,且单桩承载力要根据两种方式求出,并取较小值。

4-112 [2011年考题] 某工程,地面下淤泥层厚12.0m,淤泥层重度为 16kN/m^3。已知淤泥的压缩试验数据如表所示。地下水位与地面齐平。采用堆载预压法加固,先铺设厚1.0m的砂垫层,砂垫层重度为 20kN/m^3,堆载土层厚2.0m,重度为 18 kN/m^3。沉降经验系数 ξ 取1.1,假定地基沉降过程中附加应力不发生变化,按《建筑地基处理技术规范》(JGJ 79—2012)估算淤泥层的压缩量最接近下列哪个选项?(　　)

压 缩 试 验 数 据　　　　　　　　　　题4-112表

压力 p(kPa)	12.5	25.0	50.0	100.0	200.0	300.0
孔隙比 e	2.108	2.005	1.786	1.496	1.326	1.179

A. 1.2m　　　　B. 1.4m　　　　C. 1.7m　　　　D. 2.2m

解 根据《建筑地基处理技术规范》(JGJ 79—2012)第5.2.12条得:

预压荷载下地基的最终竖向变形量计算公式

$$s_f=\xi\sum_{i=1}^{n}\frac{e_{0i}-e_{1i}}{1+e_{0i}}h_i$$

自重下淤泥层的中点的有效应力 $p_0=\dfrac{1}{2}\times12\times(16-10)=36\text{kPa}$,从 e-p 曲线上查得对应的孔隙比为:

$$e_0=2.005+\frac{1.786-2.005}{50-25}\times(36-25)=1.909$$

加荷后淤泥层的中点的有效应力为

$$p_1=36+1.0\times20+2.0\times18=92\text{kPa}$$

从 e-p 曲线上查得对应的孔隙比为

$$e_1=1.786+\frac{1.496-1.786}{100-50}\times(92-50)=1.542$$

于是得到压缩量

$$s_f=1.1\times\frac{1.909-1.542}{1+1.909}\times12=1.67\text{m}$$

答案:(C)

点评:本题的要点是计算头绪较多,注意列出所有计算算式,这样不易算错,且容易校核。另外,计算中间结果也要保留足够的有效位数。

4-113 [2011年考题] 某独立基础底面尺寸为2.0m×4.0m,埋深2.0m,相应荷载效应标准组合时,基础底面处平均压力$p_k=150\text{kPa}$;软土地基承载力特征值$f_{sk}=70\text{kPa}$,天然重度$\gamma=18\text{kN/m}^3$;地下水位埋深1.0m;采用水泥土搅拌桩处理,桩径500mm,桩长10.0m;桩侧土承载力发挥$\beta=0.4$;经试桩,单桩承载力特征值$R_a=110\text{kN}$。则基础下布桩数量为多少根?( )

    A. 6   B. 8   C. 10   D. 12

解 根据《建筑地基处理技术规范》(JGJ 79—2012)7.1.5条、7.3.3条得:

水泥土搅拌桩复合地基承载力公式为:

$$f_{spk}=\lambda m \frac{R_a}{A_p}+\beta(1-m)f_{sk}$$

$$f_{spa} \geqslant p_k=150$$

进行深度修正后

$$f_{spa}=f_{spk}+\eta_d \gamma_m(d-0.5)$$

得 $f_{spk}=f_{spa}-\dfrac{1.0\times18+1.0\times8}{2}\times(2.0-0.5)=150-19.5=130.5$

由此可以得到满足要求的面积置换率

$$m=\frac{f_{spk}-\beta f_{sk}}{\dfrac{\lambda R_a}{A_p}-\beta f_{sk}}=\frac{130.5-0.4\times70}{\dfrac{1.0\times110}{3.14\times0.25^2}-0.4\times70}=0.19$$

由 $m=\dfrac{nA_p}{A}$,可得

$$n=\frac{mA}{A_p}=\frac{0.19\times2.0\times4.0}{3.14\times0.25^2}=7.7$$

答案:(B)

点评:本题的要点是掌握面积置换率的概念,灵活运用。

4-114 [2011年考题] 砂土地基,天然孔隙比$e_0=0.892$,最大孔隙比$e_{max}=0.988$,最小孔隙比$e_{min}=0.742$。该地基拟采用振冲碎石桩加固,按等边三角形布桩,碎石桩直径为0.50m,挤密后要求砂土相对密度$D_{r1}=0.886$,问满足要求的碎石桩桩距(修正系数ξ取1.0)最接近下面哪个选项?( )

    A. 1.4m   B. 1.6m   C. 1.8m   D. 2.0m

解 根据《建筑地基处理技术规范》(JGJ 79—2012)7.2.2条得:

等边三角形布置时桩间距与要求达到的孔隙比e_1的关系为

$$s=0.95\xi d\sqrt{\frac{1+e_0}{e_0-e_1}}$$

孔隙比e_1根据相对密度D_{r1}计算

$$e_1=e_{max}-D_{r1}(e_{max}-e_{min})=0.988-0.886\times(0.988-0.742)=0.770$$

于是

$$s=0.95\times1.0\times0.5\times\sqrt{\frac{1+0.892}{0.892-0.770}}=1.87\text{m}$$

答案：(C)

点评：本题的要点是记住孔隙比与相对密度的关系。

4-115 [2011 年考题] 某黄土地基采用碱液法处理，其土体天然孔隙比为 1.1，灌注孔成孔深度 4.8m，注液管底部距地表 1.4m，若单孔碱液灌注量 V 为 960L 时，按《建筑地基处理技术规范》(JGJ 79—2012)，计算其加固土层的厚度最接近于下列哪一选项？（　　）

  A. 4.8m   B. 3.8m   C. 3.4m   D. 2.9m

解 根据《建筑地基处理技术规范》(JGJ 79—2012)第 8.2.3 条得：

碱液加固土层的厚度

$$h = l + r$$

其中 l 为灌注孔长度，从注液管底部到灌注孔底部的距离，即 $l = 4.8 - 1.4 = 3.4$m。

由土的孔隙比可以计算出孔隙率为

$$n = \frac{e}{1+e} = \frac{1.1}{1+1.1} = 0.5238$$

有效加固半径

$$r = 0.6\sqrt{\frac{V}{nl \times 10^3}} = 0.6\sqrt{\frac{960}{0.5238 \times 3.4 \times 10^3}} = 0.44\text{m}$$

于是加固土层的厚度

$$h = l + r = 3.4 + 0.44 = 3.84\text{m}$$

答案：(B)

点评：本题的要点是正确运用规范。

4-116 [2011 年考题] 某饱和淤泥质土层厚 6.00m，固结系数 $C_v = 1.9 \times 10^{-2}$ cm²/s，在大面积堆载作用下，淤泥质土层发生固结沉降，其竖向平均固结度与时间因数关系见下表。当平均固结度 $\bar{U}_z$ 达 75% 时，所需预压的时间最接近于下列哪项？（　　）

平均固结度与时间因数关系　　　　　　题 4-116 表

竖向平均固结度 $\bar{U}_z$ (%)	25	50	75	90
时间因数 T_v	0.050	0.196	0.450	0.850

  A. 60d   B. 100d   C. 140d   D. 180d

解 $\bar{U}_z$ 达 75% 对应的时间因数为 $T_v = 0.450$。由公式 $T_v = \dfrac{C_v t}{H^2}$

可知对应时间为

$$t = \frac{T_v H^2}{C_v} = \frac{0.45 \times 600^2}{1.9 \times 10^{-2}} = 8.5263 \times 10^6 \text{s} = 98.7\text{d}$$

答案：(B)

点评：本题的要点是计算中单位换算要正确。

4-117 [2011 年考题] 某软土场地，淤泥质土承载力特征值 $f_a = 75$kPa；初步设计采用水泥土搅拌桩复合地基加固，等边三角形布桩，桩间距 1.20m，桩径 500mm，桩长 10.0m，桩间土承载力发挥系数 β 取 0.4，设计要求加固后复合地基承载力特征值达到 160kPa；经载荷试验，复合地基承载力特征值 $f_{spk} = 145$kPa，若其他设计条件不变，调整桩间距，下列哪个选项是满足设计要求的最适宜桩距？（　　）

A. 0.90m　　　　B. 1.00m　　　　C. 1.10m　　　　D. 1.20m

解 根据《建筑地基处理技术规范》(JGJ 79—2012)第 7.1.5 条、7.3.3 条得：
复合地基承载力

$$f_{spk} = \lambda m \frac{R_a}{A_p} + \beta(1-m)f_{sk}$$

桩间距 1.2m，等边三角形布置 $d_e = 1.05s = 1.05 \times 1.2 = 1.26$m。对应的面积置换率

$$m = \frac{d^2}{d_e^2} = \frac{0.5^2}{1.26^2} = 0.1575$$

根据载荷试验的复合地基承载力特征值，可以计算出

$$\frac{\lambda R_a}{A_p} = \frac{f_{spk} - \beta(1-m)f_{sk}}{m} = \frac{145 - 0.4 \times (1-0.1575) \times 75}{0.1575} = 760$$

与承载力 160kPa 对应的面积置换率为

$$m = \frac{f_{spk} - \beta f_{sk}}{\frac{\lambda R_a}{A_p} - \beta f_{sk}} = \frac{160 - 0.4 \times 75}{760 - 0.4 \times 75} = 0.178$$

由此计算出桩间距

$$s = \frac{1}{1.05} \frac{d}{\sqrt{m}} = \frac{0.5}{1.05\sqrt{0.178}} = 1.13\text{m}$$

答案：(C)

点评：本题的要点是系数 1.05 不要误写为 1.5，如果没有记住该系数，可以利用几何关系自行推导，虽然会耽误些时间。另外，本题备选答案数值彼此比较接近，本题计算又比较多，所以计算过程中的计算值应保留较多有效位数，避免因截断误差影响最终计算结果。

4-118 [2011 年考题] 某大型油罐群位于滨海均质正常固结软土地基上，采用大面积堆载预压法加固，预压荷载 140kPa，处理前测得土层的十字板剪切强度为 18kPa，由三轴固结不排水试验剪测得土的内摩擦角 $\varphi_{cu} = 16°$。堆载预压至 90d 时，某点土层固结度为 68%，计算此时该点土体由固结作用增加的强度最接近下列哪一选项？（　　）

A. 45kPa　　　　B. 40kPa　　　　C. 27kPa　　　　D. 25kPa

解 根据《建筑地基处理技术规范》(JGJ 79—2002) 5.2.11 条得
预压固结时某点某一时刻的抗剪强度计算公式为

$$\tau_{ft} = \tau_{f0} + \Delta\sigma_z U_t \tan\varphi_{cu}$$

由固结增加的强度为

$$\Delta\tau_f = \Delta\sigma_z U_t \tan\varphi_{cu} = 140 \times 0.68 \times \tan16° = 27.3\text{kPa}$$

答案：(C)

点评：本题的要点是看清所问的问题。

4-119 [2012 年考题] 某厚度 6m 的饱和软土层，采用大面积堆载预压处理，堆载压力 $P_0 = 100$kPa，在某时刻测得超孔隙水压力沿深度分布曲线如图所示，土层的 $E_s =$

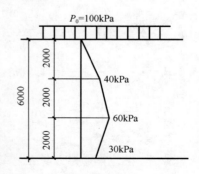

图 4-119 题(尺寸单位：mm)

$2.5\text{MPa}, k=5.0\times10^{-5}\text{cm/s}$,试求此时刻饱和软土的压缩量最接近下列哪个数值？（总压缩量计算经验系数取 1.0）

    A. 92mm   B. 118mm
    C. 148mm   D. 240mm

解 $U_t = 1 - \dfrac{\text{超静孔隙水压力图面积}}{\text{附加压应力图面积}}$

$$= 1 - \dfrac{\frac{1}{2}(40\times2) + \frac{1}{2}\times(60+40)\times2 + \frac{1}{2}(60+30)\times2}{100\times6} = 0.617$$

$$s_\infty = \dfrac{P_0 H}{E_s} = \dfrac{100\times6}{2.5\times10^3} = 0.24\text{m} = 240\text{mm}$$

$$s_t = U_t s_\infty = 0.617\times240 = 148\text{mm}$$

答案：(C)

点评：要掌握固结度的概念、沉降与时间的关系、一维压缩的计算。

4-120 [2012 年考题] 某场地地基为淤泥质粉质黏土，天然地基承载力特征值为 60kPa，拟采用水泥土搅拌桩复合地基加固，桩长 15.0m，桩径 600mm，桩周侧阻力 $q_s=10\text{kPa}$，端阻力 $q_p=40\text{kPa}$，桩身强度折减系数 η 取 0.25，桩端端阻力发挥系数 α_p 取 0.6，水泥加固土试块 90d 龄期立方体抗压强度平均值为 $f_{cu}=1.8\text{MPa}$，桩间土承载力发挥系数 β 取 0.6。试问要使复合地基承载力特征值达到 130kPa，用等边三角形布桩时，计算桩间距最接近下列哪项选项的数值？（ ）

    A. 0.5m   B. 0.8m   C. 1.2m   D. 1.6m

解 根据《建筑地基处理技术规范》(JGJ 79—2012)7.1.5 条、7.3.3 条，按桩身侧摩阻力及桩端阻力计算

$$R_a = u_p \sum q_{si} l_{pi} + \alpha_p q_p A_p$$
$$= 3.14\times0.6\times10\times15 + 0.4\times40\times\dfrac{3.14\times0.6^2}{4}$$
$$= 287.1\text{kN}$$

按桩身强度折减计算

$$R_a = \eta f_{cu} A_p = 0.25\times1.8\times10^3\times3.14\times0.3^2 = 127.2\text{kN}$$

以上两者取小值：$R_a = 152.6\text{kN}$

$$m = \dfrac{f_{spk} - \beta f_{sk}}{\dfrac{\lambda R_a}{A_p} - \beta f_{sk}} = \dfrac{130 - 0.6\times60}{\dfrac{1.0\times127.2}{3.14\times0.3^2} - 0.6\times60} = 0.227$$

$$d_e = \dfrac{d}{\sqrt{m}} = \dfrac{0.6}{\sqrt{0.227}} = 1.26\text{m}$$

$$S = \dfrac{d_e}{1.05} = \dfrac{1.26}{1.05} = 1.2\text{m}$$

答案：(C)

点评：在计算搅拌桩复合地基单桩承载力时，注意土对桩的支承力与桩体承载力两者的小值。面积置换率的反算要熟练掌握。

四、地 基 处 理

4-121 [2012年考题] 某软土地基拟采用堆载预压法进行加固,已知在工作荷载作用下软土地基的最终固结沉降量为248cm,在某一超载预压荷载作用下软土的最终固结沉降量为260cm。如果要求该软土地基在工作荷载作用下工后沉降量小于15cm,问在该超载预压荷载作用下软土地基的平均固结度应达到以下哪个选项?( )

  A. 80%   B. 85%   C. 90%   D. 95%

解 $s_t = 248 - 15 = 233$ cm

$$U_t = \frac{s_t}{s_\infty} = \frac{233}{260} = 0.896 = 89.6\%$$

答案:(C)

点评:要掌握固结度的概念、沉降与时间的关系。

4-122 [2012年考题] 某地基软黏土层厚10m,其下为砂层,土的固结系数为 $C_h = C_v = 1.8 \times 10^{-3}$ cm²/s。采用塑料排水板固结排水。排水板宽 $b = 100$mm,厚度 $\delta = 4$mm,塑料排水板正方形排列,间距 $l = 1.2$m,深度打至砂层顶,在大面积瞬时预压荷载 120kPa 作用下,按《建筑地基处理技术规范》(JGJ 79—2012)计算,预压 60d 时地基达到的固结度最接近下列哪个值?(为简化计算,不计竖向固结度,不考虑涂抹和井阻影响)( )

  A. 65%   B. 73%   C. 83%   D. 91%

解 根据《建筑地基处理技术规范》(JGJ 79—2012)5.2.3条、5.2.4条、5.2.5条、5.2.8条:

$$d_p = \frac{2(b+\delta)}{\pi} = \frac{2 \times (100+4)}{3.14} = 66.24 \text{mm}$$

$$d_e = 1.13l = 1.13 \times 1.2 = 1.356 \text{m} = 135.6 \text{cm} = 1356 \text{mm}$$

$$n = \frac{d_e}{d_w} = \frac{d_e}{d_p} = \frac{1356}{66.24} = 20.47 > 15$$

$$F_n = \ln(n) - \frac{3}{4} = \ln(20.47) - \frac{3}{4} = 2.27$$

不考虑涂抹及井阻,则

$$F = F_n = 2.27$$

不计竖向固结度

$$\overline{U}_r = 1 - e^{-\frac{8C_h}{Fd_e^2}t} = 1 - e^{-\frac{8 \times 1.8 \times 10^{-3}}{2.27 \times 135.6^2} \times 60 \times 24 \times 60 \times 60} = 0.83 = 83\%$$

答案:(C)

点评:首先要看清题目,不考虑的因素,计算过程中注意固结系数与等效直径单位统一。

4-123 [2012年考题] 某建筑松散砂土地基,处理前现场测得砂土孔隙率 $e = 0.78$,砂土最大、最小孔隙比分别为 0.91 和 0.58,采用砂石桩法处理地基,要求挤密后砂土地基相对密实度达到 0.85,若桩径 0.8m,等边三角形布置,试问砂石桩的间距为下列何项数值?(取修正系数 $\xi = 1.2$)( )

  A. 2.90m   B. 3.14m   C. 3.62m   D. 4.15m

解 根据《建筑地基处理技术规范》(JGJ 79—2012)7.2.2条得

$$e_1 = e_{max} - D_{r1}(e_{max} - e_{min}) = 0.91 - 0.85 \times (0.91 - 0.58) = 0.63$$

311

等边三角形布置

$$s = 0.95\xi d\sqrt{\frac{1+e_0}{e_0-e_1}} = 0.95 \times 1.2 \times 0.8 \times \sqrt{\frac{1+0.78}{0.78-0.63}} = 3.14\text{m}$$

答案：(B)

点评：此题相对简单，但要分清布置方式，使用正确的公式去计算。

4-124［2012年考题］ 拟对非自重湿陷性黄土地基采用灰土挤密桩加固处理，处理面积为22m×36m，采用正三角形满堂布桩，桩距1.0m，桩长6.0m，加固前地基土平均干密度 $\rho_d = 1.4\text{t/m}^3$，平均含水量 $w = 10\%$，最优含水量 $w_{op} = 16.5\%$，为了优化地基土挤密效果，成孔前拟在三角形布桩形心处挖孔预渗水增湿，损耗系数为 $k = 1.1$，试问完成该场地增湿施工需加水量接近下列哪个选项数值？（　　）

A. 289t　　　B. 318t　　　C. 410t　　　D. 476t

解　根据《建筑地基处理技术规范》(JGJ 79—2012)7.5.3条得：

处理面积　$A = 22 \times 36 = 792\text{m}^2$

$Q = v\overline{\rho_d}(w_{op} - \overline{w})k = 792 \times 6 \times 1.4 \times (16.5\% - 10\%) \times 1.1 = 476\text{t}$

答案：(D)

点评：题目中给出了加固面积，不要想当然的去算每个渗水孔的加水量，本题所求的是整个场地的需加水量。

4-125［2012年考题］ 某场地用振冲碎石桩复合地基加固，桩径0.8m，正方形布桩，桩距2.0m，现场平板载荷试验测定复合地基承载力特征值为200kPa，桩间土承载力特征值为150kPa。试问，估算的桩土应力比与下列何项数值最为接近？（　　）

A. 2.67　　　B. 3.08　　　C. 3.30　　　D. 3.67

解　根据《建筑地基处理技术规范》(JGJ 79—2012)7.1.5条、7.2.2条得：

$$m = \frac{d^2}{d_e^2} = \frac{0.8^2}{(1.13 \times 2)^2} = 0.125$$

由 $f_{spk} = [1 + m(n-1)]f_{sk}$ 得

$$n = \frac{\dfrac{f_{spk}}{f_{sk}} - 1}{m} + 1 = \frac{\dfrac{200}{150} - 1}{0.125} + 1 = 3.67$$

答案：(D)

点评：此题属于反算类题目，属于常考题目，要熟练掌握。

4-126［2012年考题］ 某堆载预压法工程，典型地质剖面如图所示，填土层重度为18kN/m³，砂垫层重度为20kN/m³，淤泥层重度为16kN/m³，$e_0 = 2.15$，$C_v = C_h = 3.5 \times 10^{-4}\text{cm}^2/\text{s}$。如果塑料排水板断面尺寸为100mm×4mm，间距为1.0m×1.0m，正方形布置，长14.0m，堆载一次施加，问预压8个月后，软土平均固结度 $\overline{U}$ 最接近以下哪个选项？（　　）

A. 85%　　　B. 91%　　　C. 93%　　　D. 96%

解　根据《建筑地理处理技术规范》(JGJ 79—2012)5.2.3条、5.2.4条、5.2.5条、5.2.7条

$$d_p = \frac{2(b+\sigma)}{\pi} = \frac{2 \times (100+4)}{3.14} = 66.24\text{mm}$$

$d_e = 1.13l = 1.13 \times 1.0 = 1.13\text{m} = 113\text{cm} = 1130\text{mm}$

$n = \dfrac{d_e}{d_w} = \dfrac{d_e}{d_p} = \dfrac{1130}{66.24} = 17.06$

$F_n = \dfrac{n^2}{n^2-1}\ln(n) - \dfrac{3n^2-1}{4n^2}$

$= \dfrac{17.06^2}{17.06^2-1}\ln(17.06) - \dfrac{3\times 17.06^2-1}{4\times 17.06^2}$

$= 2.85 - 0.75 = 2.10$

$\overline{U} = 1-\alpha e^{-\beta t} = 1-\dfrac{8}{\pi^2}e^{-\left(\dfrac{8C_h}{F_n d_e^2}+\dfrac{\pi^2 C_v}{4H^2}\right)t}$

$= 1-\dfrac{8}{3.14^2}\times e^{-\left(\dfrac{8\times 3.5\times 10^{-4}}{2.10\times 113^2}+\dfrac{3.14^2\times 3.5\times 10^{-4}}{4\times(12\times 100)^2}\right)\times 8\times 30\times 24\times 60\times 60}$

$= 1-\dfrac{8}{3.14^2}\times e^{-21.8} = 0.91 = 91\%$

答案：(B)

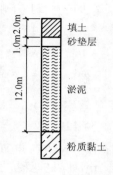

图 4-126 题

点评：掌握平均固结度的普遍表达式，计算过程中注意固结系数与等效直径以及竖向排水距离单位统一。

4-127 ［2013 年考题］ 拟对某淤泥土地基采用预压法加固，已知淤泥的固结系数 $C_h = C_v = 2.0\times 10^{-3}\text{cm}^2/\text{s}$，淤泥层厚度为 20.0m，在淤泥层中打设塑料排水板，长度穿过淤泥层，预压荷载 $p=100\text{kPa}$，分两级等速加载，如图 7 所示。按照《建筑地基处理技术规范》(JGJ 79—2012) 公式计算，如果已知固结度计算参数 $\alpha=0.8$，$\beta=0.025$，问地基固结度达到 90% 时预压时间为以下哪个选项？（　）

A. 110d　　　B. 125d
C. 150d　　　D. 180d

解 $\overline{U}_t = \sum_{i=1}^{n}\dfrac{\dot{q}_i}{\sum\Delta p}\left[(T_i-T_{i-1})-\dfrac{\alpha}{\beta}e^{-\beta t}(e^{\beta T_i}-e^{\beta T_{i-1}})\right]$

$= \dfrac{3}{100}\times\left[(20-0)-\dfrac{0.8}{0.025}e^{-0.025t}(e^{0.025\times 20}-e^0)\right]+\dfrac{2}{100}\times$

$\left[(70-50)-\dfrac{0.8}{0.025}e^{-0.025t}(e^{-0.025\times 70}-e^{-0.025\times 50})\right]$

$= 0.6-0.6228e^{-0.025t}+0.4-1.45e^{-0.025t}$

$= 1-2.073e^{-0.025t} = 0.9 \quad t = 121\text{ 天}$

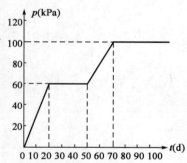

题 4-127 图

答案：(B)

4-128 ［2013 年考题］ 某建筑场地浅层有 6.0m 厚淤泥，设计拟采用喷浆的水泥搅拌桩法进行加固，桩径取 600mm，室内配比试验得出了不同水泥掺入量时水泥土 90d 龄期抗压强度值，如图所示，如果单桩承载力由桩身强度控制且要求达到 80kN，桩身强度折减系数取 0.3，问水泥掺入

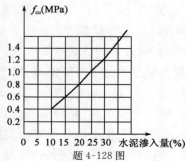

题 4-128 图

量至少应选择以下哪个选项?( )

    A. 15%   B. 20%

    C. 25%   D. 30%

解 由 $80 = R_a = \eta f_{cu} A_p = 0.3 \times f_{cu} \times \pi \times \left(\dfrac{0.6}{2}\right)^2$,可得 $f_{cu} = 943 \text{kPa} = 0.943 \text{MPa}$。

答案:(C)

4-129[2013 年考题] 已知独立柱基采用水泥搅拌桩复合地基如图所示,承台尺寸为 2.0m×4.0m,布置 8 根桩,桩直径 φ600mm,桩长 7.0m,如果桩身抗压强度取 0.8MPa,和桩端土承载力折减系数均为 0.4,不考虑深度修正,桩身强度折减系数 0.3,桩间土充分发挥复合地基承载力,则基础承台底最大荷载(荷载效应标准组合)最接近以下哪个选项?( )

    A. 475kN

    B. 630kN

    C. 710kN

    D. 950kN

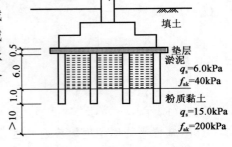

题 4-129 图(尺寸单位:m)

解 $R_a = u_p \sum\limits_{i=1}^{n} q_{si} l_i + \alpha q_p A_p$

$\qquad = 3.14 \times 0.6 \times (6 \times 6 + 15 \times 1) + 0.4 \times 200 \times 3.14 \times 0.3^2 = 118.692 \text{kPa}$

$R_a = \eta f_{cu} A_p = 0.3 \times 800 \times 3.14 \times 0.3^2 = 67.824 \text{kPa}$

R_a 取 67.824kPa

$m = \dfrac{8 \times 3.14 \times 0.3^2}{2 \times 4} = 0.2826$

$f_{spk} = m \dfrac{R_a}{A_p} + \beta (1-m) f_{sk}$

$\qquad = 0.2826 \times \dfrac{67.824}{3.14 \times 0.3^2} + 0.4 \times (1 - 0.2826) \times 40 = 79.3 \text{kPa}$

最大荷载 $8 \times 79.3 = 634.4 \text{kN}$

答案:(B)

4-130[2013 年考题] 某建筑地基采用 CFG 桩进行地基处理,桩径 400mm,正方形布置,桩距 1.5m,CFG 桩施工完成后,进行了 CFG 桩单桩静载试验和桩间土静载试验,试验得到:CFG 桩单桩承载力特征值为 600kN,桩间土承载力特征值为 150kPa。该地区的工程经验为:单桩承载力的折减系数取 0.9,桩间土承载力的折减系数取 0.8。问该复合地基的荷载等于复合地基承载力特征值时,桩土应力比最接近下列哪个选项的数值?( )

    A. 28   B. 32   C. 36   D. 40

解 根据题意"复合地基的荷载等于复合地基承载力特征值时,桩土应力比"意思为当桩土承载力完全发挥的时候的桩土应力比。

故桩完全发挥时桩上的应力

$$\frac{600\times 0.9}{3.14\times 0.2^2}=4299.36\text{kPa}$$

当土完全发挥时,土的应力为

$150\times 0.8=120$

故桩土应力比为

$4299.36/120=35.83$

答案:(C)

4-131 [2013年考题] 某场地湿陷性黄土厚度为10~13m,平均干密度为1.24g/cm³,设计拟采用灰土挤密桩法进行处理,要求处理后桩间土最大干密度达到1.60g/cm³。挤密桩呈正三角形布置,桩长为13m,预钻孔直径为300mm,挤密填料孔直径为600mm。问满足设计要求的灰土桩的最大间距应取下列哪个值?(桩间土平均挤密系数取0.93)(　　)

A. 1.2m B. 1.3m C. 1.4m D. 1.5m

解 根据《湿陷性黄土地区建筑规范》(GB 50025—2004)式(6.4.2)

$$S=0.95\sqrt{\frac{\eta_c\rho_{d\max}D^2-\rho_{d0}d^2}{\overline{\eta_c\rho_{d\max}}-\rho_{d0}}}=0.95\times\sqrt{\frac{0.93\times 1.6\times 0.6^2-1.24\times 0.3^2}{0.93\times 1.6-1.24}}=1.24$$

答案:(A)

点评:这个题目,公式当中的$\overline{\eta_c\rho_{d\max}}$才应该是题目中的1.6,此答案有待商榷。

4-132 [2013年考题] 某框架柱采用独立基础、素混凝土桩复合地基,基础尺寸、布桩如图所示。桩径为50mm,桩长为12m。现场静载试验得到单桩承载力特征值为500kN,浅层平板载荷试验得到桩间土承载力特征值为100kPa。充分发挥该复合地基的承载力时,依据《建筑地基处理技术规范》(JGJ 79—2002),《建筑地基基础设计规范》(GB 50007—2011),计算该柱的柱底轴力(荷载效应标准组合)最接近下列哪个选项的数值?(根据地区经验,桩间土承载力折减系数β取0.8,地基土的重度取18kN/m³,基础及其上土的平均重度取20kN/m³)(　　)

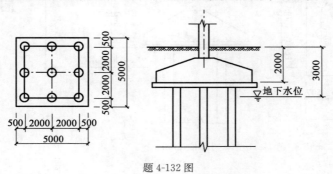

题 4-132 图

A. 7108N B. 6358kN C. 6025kN D. 5778kN

解 $m=\dfrac{9\times 3.14\times 0.25^2}{5\times 5}=0.07065$

$f_{spk}=m\dfrac{R_a}{A_p}+\beta(1-m)f_{sk}=0.07065\times\dfrac{500}{3.14\times 0.25^2}+0.8\times(1-0.07065)\times 100$

$=254.348\text{kPa}$

$f_a=f_{ak}+\eta_b\gamma(b-3)+\eta_d\gamma_m(d-0.5)=254.348+0+1\times 18\times(2-0.5)=281.348\text{kPa}$

轴心荷载作用时应满足

$$\frac{F_k+5\times5\times2\times20}{5\times5}=\frac{F_k+G_k}{A}=p_k\leqslant f_a=281.348,\text{故 }F_k\leqslant6033.7\text{kN}$$

答案：(C)

4-133 [2013年考题] 某厚度6m饱和软土，现场十字板抗剪强度为20kPa，三轴固结不排水试验 $c_{cu}=13\text{kPa}$，$\varphi_{cu}=12°$，$E_s=2.5\text{MPa}$。现采用大面积堆载预压处理，堆载压力 $p_0=100\text{kPa}$，经过一段时间后软土层沉降150mm，问该时刻饱和软土的抗剪强度最接近下列何值？（　　）

  A. 13kPa   B. 21kPa   C. 33kPa   D. 41kPa

解 $\tau_{ft}=\tau_{f0}+\Delta\sigma_z U_t\tan\varphi_c$

$$s=\frac{\Delta p}{E}h=\frac{100}{2.5\times1000}\times6=0.24\text{m}，\text{故固结度}U=\frac{150}{240}=0.625$$

$$\tau_{ft}=\tau_{f0}+\Delta\sigma_z U_t\tan\varphi_{cu}=20+100\times0.625\times\tan12°=33.28\text{kPa}$$

答案：(C)

4-134 [2014年考题] 某承受轴心荷载的钢筋混凝土条形基础，采用素混凝土桩复合地基，基础宽度、布桩如图所示。桩径400mm，桩长15m，现场静载试验得出的单桩承载力特征值400kN，桩间土的承载力特征值150kPa。充分发挥该复合地基的承载力时，根据《建筑地基处理技术规范》(JGJ 79—2012)，该条基顶面的竖向荷载（荷载效应标准组合）最接近下列哪个选项的数值？（土的重度取18kN/m³，基础和上覆土平均重度20kN/m³，单桩承载力发挥系数取0.9，桩间土承载力发挥系数取1.0）（　　）

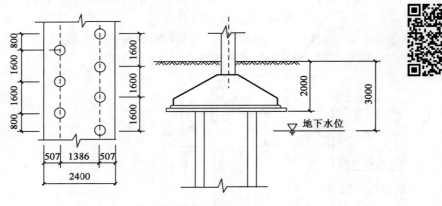

题4-134图（尺寸单位：mm）

  A. 700kN/m   B. 755kN/m
  C. 790kN/m   D. 850kN/m

解 根据《建筑地基处理技术规范》(JGJ 79—2012)第7.1.5条、第3.0.4条

$$\text{置换率}m=\frac{6\times\frac{3.14\times0.4^2}{4}}{2.4\times4.8}=0.065$$

$$f_{spk}=\lambda m\frac{R_a}{A_p}+\beta(1-m)f_{sk}=0.9\times 0.065\times\frac{400}{\frac{3.14\times 0.4^2}{4}}+1\times(1-0.065)\times 150$$

$$=326.6\text{kPa}$$

修正承载力 $f_a=326.6+1.0\times 18\times(2.0-0.5)=353.6\text{kPa}$

由 $\frac{F_k+G_k}{A}=f_a$，得 $F_k=353.6\times 2.4-\times 2\times 20\times 2.4=752.6\text{kN}$

答案：(B)

4-135 [2014 年考题] 某场地湿陷性黄土厚度 6m，天然含水量 15%，天然重度 14.5kN/m³。设计拟采用灰土挤密桩法进行处理，要求处理后桩间土平均干密度达到 1.5g/cm³。挤密桩等边三角形布置，桩孔直径 400mm，问满足设计要求的灰土桩的最大间距应取下列哪个值（忽略处理后地面标高的变化，桩间土平均挤密系数不小于 0.93）？（　　）

  A. 0.70m   B. 0.80m   C. 0.95m   D. 1.20m

解 参考《建筑地基处理技术规范》(JGJ 79—2012) 7.5.2 条，灰土挤密桩等边三角形布置时，桩间距计算公式为

$$s=0.95d\sqrt{\frac{\overline{\eta_c}\rho_{dmax}}{\overline{\eta_c}\rho_{dmax}-\rho_d}}$$

在本题中

$d=400\text{mm}=0.4\text{m}$

$\overline{\eta_c}\rho_{dmax}=1.5\text{g/cm}^3$

$\rho_d=\frac{14.5}{10\times(1+15\%)}=1.26\text{ g/cm}^3$

代入上式可得

$$s=0.95\times 0.4\times\sqrt{\frac{1.5}{1.5-1.26}}=0.95\text{m}$$

答案：(C)

4-136 [2014 年考题] 某松散粉细砂场地，地基处理前承载力特征值 100kPa，现采用砂石桩满堂处理，桩径 400mm，桩位如图。处理后桩间土的承载力提高了 20%，桩土应力比 3。问：按照《建筑地基处理技术规范》(JGJ 79—2012) 估算的该砂石桩复合地基的承载力特征值接近下列哪个选项的数值？（　　）

  A. 135kPa   B. 150kPa   C. 170kPa   D. 185kPa

解 根据《建筑地基处理技术规范》(JGJ 79—2012) 第 7.1.5 条

取一个正方形面积作为单元体计算置换率 m，单元体内有 1 个完整桩，4 个 $\frac{1}{4}$ 桩，总桩数为 2，得

$$m=\frac{2\times\frac{3.14\times 0.4^2}{4}}{2\times 0.6\times 2\times 0.8}=0.131$$

$$f_{spk}=[1+m(n-1)]f_{sk}=[1+0.131\times(3-1)]\times 1.2\times 100=151.4\text{kPa}$$

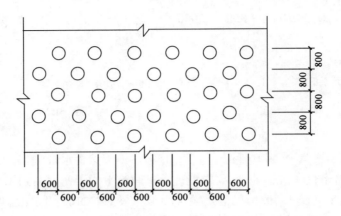

题 4-136 图(尺寸单位:mm)

答案:(B)

4-137 [2014 年考题] 某住宅楼基底以下地层主要为:①中砂~砾砂,厚度为 8.0m,承载力特征值 200kPa,桩侧阻力特征值为 25kPa;②含砂粉质黏土,厚度 16.0m,承载力特征值为 250kPa,桩侧阻力特征值为 30kPa,其下卧为微风化大理岩。拟采用 CFG 桩+水泥土搅拌桩复合地基,承台尺寸 3.0m×3.0m;CFG 桩桩径 ϕ450mm,桩长为 20m,单桩抗压承载力特征值为 850kN;水泥土搅拌桩桩径 ϕ600mm,桩长为 10m,桩身强度为 2.0MPa,桩身强度折减系数 $\eta=0.25$,桩端阻力发挥系数 $\alpha_p=0.5$。根据《建筑地基处理技术规范》(JGJ 79—2012),该承台可承受的最大上部荷载(标准组合)最接近以下哪个选项?(单桩承载力发挥系数取 $\lambda_1=\lambda_2=1.0$,桩间土承载力发挥系数 $\beta=0.9$,复合地基承载力不考虑深度修正)( )

  A. 4400kN   B. 5200kN
  C. 6080kN   D. 7760kN

解 根据《建筑地基处理技术规范》(JGJ 79—2012)第 7.1.5 条、第 7.9.6 条、第 7.9.7 条

(1)计算置换率

搅拌桩:$m_1 = \dfrac{A_{p1}}{s^2} = \dfrac{4 \times \dfrac{3.14 \times 0.6^2}{4}}{3^2} = 0.1256$

CFG 桩:$m_2 = \dfrac{A_{p2}}{s^2} = \dfrac{5 \times \dfrac{3.14 \times 0.45^2}{4}}{3^2} = 0.0883$

(2)计算搅拌桩 R_{a1}

按土对桩的承载力确定 R_{a1}:

$R_{a1} = u_p \sum\limits_{i=1}^{n} q_{si} l_{pi} + \alpha_p q_p A_p$

  $= 3.14 \times 0.6 \times (8 \times 25 + 2 \times 30) + 0.5 \times 250 \times \dfrac{3.14 \times 0.6^2}{4} = 525.2\text{kN}$

按桩身强度确定 R_{a1}:

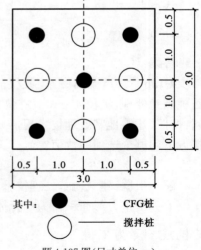

题 4-137 图(尺寸单位:m)

$$R_{a1} = \eta f_{cu} A_p = 0.25 \times 2.0 \times 10^3 \times \frac{3.14 \times 0.6^2}{4} = 141.3 \text{kN}$$

取小值，$R_{a1} = 141.3 \text{kN}$

$$f_{spk} = m_1 \frac{\lambda_1 R_{a1}}{A_{p1}} + m_2 \frac{\lambda_2 R_{a2}}{A_{p2}} + \beta(1 - m_1 - m_2) f_{sk}$$

$$= 0.1256 \times \frac{1.0 \times 141.3}{3.14 \times 0.6^2} + 0.0883 \times \frac{1.0 \times 850}{3.14 \times 0.45^2} + 0.90 \times (1 - 0.1256 - 0.0883) \times 200$$

$$= 676.45 \text{kPa}$$

$$F_k = f_{spk} \cdot A = 676.45 \times 3.0 \times 3.0 = 6088.05 \text{kN}$$

答案：(C)

4-138 [2014年考题] 某大面积软土场地，表层淤泥顶面绝对标高为3m，厚度为15m，压缩模量为1.2MPa。其下为黏性土，地下水为潜水，稳定水位绝对标高为1.5m。现拟对其进行真空和堆载联合预压处理，淤泥表面铺1m厚砂垫层（重度为18kN/m³），真空预压加载80kPa，真空膜上修筑水池储水，水深2m。当淤泥质层的固结度达到80%时，其固结沉降量最接近下列哪个值？（沉降经验系数取1.1）（　　）

  A. 1.00m   B. 1.10m   C. 1.20m   D. 1.30m

解 根据《建筑地基处理技术规范》(JGJ 79—2012)第5.2.34条

$$s_\infty = \psi \frac{\Delta p}{E_s} h = 1.1 \times \frac{80 + 1 \times 18 + 2 \times 10}{1.2} \times 15 = 1622.5 \text{mm}$$

$$s_t = U_t s_\infty = 0.8 \times 1622.5 = 1298 \text{mm}$$

答案：(D)

4-139 [2014年考题] 拟对某淤泥质土地基采用预压加固，已知淤泥的固结系数 $C_h = C_v = 2.0 \times 10^{-3} \text{cm}^2/\text{s}$，$k_h = 1.2 \times 10^{-7} \text{cm/s}$，淤泥层厚度为10m，在淤泥层中打袋装砂井，砂井直径 $d_w = 70 \text{mm}$，间距1.5m，等边三角形排列，砂料渗透系数 $k_w = 2 \times 10^{-2} \text{cm/s}$，长度打穿淤泥层，涂抹区的渗透系数 $k_s = 0.3 \times 10^{-7} \text{cm/s}$。如果取涂抹区直径为砂井直径的2.0倍，按照《建筑地基处理技术规范》(JGJ 79—2012)有关规定，问在瞬时加载条件下，考虑涂抹和井阻影响时，地基径向固结度达到90%时，预压时间最接近下列哪个选项？（　　）

  A. 120 天   B. 150 天

  C. 180 天   D. 200 天

解 根据《建筑地基处理技术规范》(JGJ 79—2012)第5.2.8条及条文说明

$$q_w = k_w \cdot \frac{1}{4} \pi d_w^2 = 2.0 \times 10^2 \times \frac{1}{4} \times 3.14 \times 7^2 = 0.769 \text{cm}^3/\text{s}$$

$$d_e = 1.05 \times 1500 = 1575 \text{mm}, \quad n = \frac{d_e}{d_w} = \frac{1575}{70} = 22.5$$

$$F_n = \ln(n) - \frac{3}{4} = \ln 22.5 - \frac{3}{4} = 2.36$$

$$F_r = \frac{\pi^2 L^2}{4} \cdot \frac{k_h}{q_w} = \frac{3.14^2 \times 1000^2}{4} \times \frac{1.2 \times 10^{-7}}{0.769} = 0.385$$

$$F_s = \left(\frac{k_h}{k_s} - 1\right) \ln s = \left(\frac{1.2 \times 10^{-7}}{0.3 \times 10^{-7}} - 1\right) \times \ln 2 = 2.079$$

$$F = F_n + F_s + F_r = 2.36 + 2.079 + 0.385 = 4.824$$

$$\beta = \frac{8C_h}{Fd_e^2} = \frac{8 \times 2.0 \times 10^{-3}}{4.824 \times 157.5^2} = 1.337 \times 10^{-7} s^{-1} = 0.01155 d^{-1}$$

径向固结 $U = 1 - e^{-\beta t}$，即 $0.90 = 1 - e^{-0.01155 \times t}$，解得 $t = 199.4$d。

答案：(D)

4-140 [2014年考题] 某公路路堤位于软土地区，路基中心高度为3.5m，路基填料重度为20kN/m³，填土速率约为0.04m/d。路线地表下0~2.0m为硬塑黏土，2.0~8.0m为硬塑状态软土，软土不排水抗剪强度为18kPa，路基地基采用常规预压方法处理，用分层总和法计算的地基主固结沉降量为20cm。如公路通车时软土固结度达到70%，根据《公路路基设计规范》(JTG D30—2004)，则此时的地基沉降量最接近下列哪个选项？（　　）

　　A. 14cm　　　　B. 17cm　　　　C. 19cm　　　　D. 20cm

解 根据《公路路基设计规范》(JTG D30—2004)第7.6.2条

$$m_s = 0.123\gamma^{0.7}(\theta H^{0.2} + VH) + Y$$
$$= 0.123 \times 20^{0.7} \times (0.9 \times 3.5^{0.2} + 0.025 \times 3.5) + 0$$
$$= 1.246$$

$$S_t = (m_s - 1 + U_t)S_c = (1.246 - 1 + 0.7) \times 20 = 18.92 \text{cm}$$

答案：(C)

4-141 [2014年考题] 某住宅楼一独立承台，作用于基底的附加压力 $P_0 = 600$kPa，基底以下土层主要为：①中砂～砾砂，厚度为8.0m，承载力特征值为200kPa，压缩模量为10.0MPa；②含砂粉质黏土，厚度16.0m，压缩模量8.0MPa，下卧为微风化大理岩。拟采用CFG桩+水泥土搅拌桩复合地基，承台尺寸3.0×3.0m，布桩如图所示，CFG桩桩径 ϕ450mm，桩长为20m，设计单桩竖向抗压承载力特征值 $R_a = 700$kN；水泥土搅拌桩直径为 ϕ600mm，桩长为10m，设计单桩竖向受压承载力特征值 $R_a = 300$kN，假定复合地基的沉降计算地区经验系数 $\psi_s = 0.4$。根据《建筑地基处理技术规范》(JGJ 79—2012)，问该独立承台复合地基在中砂～砾砂层中的沉降量最接近下列哪个选项？（单桩承载力发挥系数：CFG桩 $\lambda_1 = 0.8$，水泥土搅拌桩 $\lambda_2 = 1.0$；桩间土承载力发挥系数 $\beta = 1.0$）（　　）

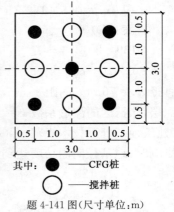

题4-141图(尺寸单位：m)

　　A. 68.0mm　　　　　　　　　　B. 45.0mm
　　C. 34.0mm　　　　　　　　　　D. 23.0mm

解 根据《建筑地基处理技术规范》(JGJ 79—2012)第7.9.6条~第7.9.9条
中砂～砾砂层中作用有两种桩：

搅拌桩　$m_1 = \dfrac{A_{p1}}{s^2} = \dfrac{4 \times \frac{3.14 \times 0.6^2}{4}}{3^2} = 0.1256$

CFG桩　$m_2 = \dfrac{A_{p2}}{s^2} = \dfrac{5 \times \frac{3.14 \times 0.45^2}{4}}{3^2} = 0.0883$

$$f_{spk} = m_1 \frac{\lambda_1 R_{a1}}{A_{p1}} + m_2 \frac{\lambda_2 R_{a2}}{A_{p2}} + \beta(1-m_1-m_2) f_{ak}$$

$$= 0.1256 \times \frac{1.0 \times 300}{3.14 \times 0.6^2/4} + 0.0883 \times \frac{0.8 \times 700}{3.14 \times 0.45^2/4} +$$

$$1.0 \times (1-0.1256-0.0883) \times 200$$

$$= 601.6 \text{kPa}$$

压缩模量提高系数：$\xi = \dfrac{f_{spk}}{f_{ak}} = \dfrac{601.6}{200} = 3.01$

处理后压缩模量：$E'_s = 3.01 \times 10 = 30.1 \text{MPa}$

$\dfrac{z}{b} = \dfrac{8.0}{3/2} = 5.33, \dfrac{l}{b} = 1$，查表 $\bar{\alpha} = 0.0888$

$s = \psi_s \sum\limits_{i=1}^{n} \dfrac{p_0}{E_{si}} (z_i \bar{\alpha}_i - z_{i-1} \bar{\alpha}_{i-1}) = 0.4 \times \dfrac{600}{30.1} \times 4 \times 8.0 \times 0.0888 = 22.7 \text{mm}$

答案：（D）

4-142 [2016年考题] 某场地为细砂层，孔隙比为0.9，地基处理采用沉管砂石桩，桩径0.5m，桩位如图所示（尺寸单位：mm），假设处理后地基土的密度均匀，场地标高不变，问处理细砂的孔隙比最接近下列哪个选项？（　　）

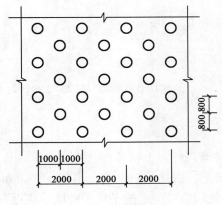

题 4-142 图

A. 0.667　　　　B. 0.673　　　　C. 0.710　　　　D. 0.714

解　《建筑地基处理技术规范》（JGJ 79—2012）第7.1.5条、7.2.2条。

$$m = \frac{2A_p}{2.0 \times 1.6} = \frac{2 \times 3.14 \times 0.25^2}{2.0 \times 1.6} = 0.1227$$

$$m = \frac{e_0 - e_1}{1 + e_0} = \frac{0.9 - e_1}{1 + 0.9} = 0.1227$$

解得：$e_1 = 0.667$

答案：（A）

4-143 [2016年考题] 某搅拌桩复合地基，搅拌桩桩长10m，桩径0.6m，桩距1.5m，正方形布置。搅拌桩湿法施工，从桩顶标高处向下的土层参数见下表。按照《建筑地基处理技术规范》（JGJ 79—2012）估算，复合地基承载力特征值最接近下列哪个选项？（桩间土承载力发挥

系数取 0.8，单桩承载力发挥系数取 1.0)(　　)

题 4-143 表

编号	厚度(m)	承载力特征值 f_{ak}(kPa)	侧阻力特征值 (kPa)	桩端端阻力发挥系数	水泥土 90d 龄期立方体抗压强度 f_{cu}(MPa)
①	3	100	15	0.4	1.5
②	15	150	30	0.6	2.0

A. 117kPa　　　B. 126kPa　　　C. 133kPa　　　D. 150kPa

解　《建筑地基处理技术规范》(JGJ 79—2012)第 7.1.5 条、7.3.3 条。

$$m = \frac{d^2}{d_e^2} = \frac{0.6^2}{(1.13 \times 1.5)^2} = 0.1253$$

桩身强度确定的单桩承载力：

$$R_a = \eta f_{cu} A_p = 0.25 \times 1500 \times 3.14 \times 0.3^2 = 106.0 \text{ kN}$$

根据地基土承载力计算的承载力：

$$R_a = u_p \sum_{i=1}^n q_{si} l_{pi} + \alpha_p q_p A_p$$

$$= 3.14 \times 0.6 \times (15 \times 3 + 30 \times 7) + 0.6 \times 150 \times 3.14 \times 0.3^2$$

$$= 505.9 \text{kN}$$

取二者小值作为单桩承载力 $R_a = 106.0\text{kN}$

$$f_{spk} = \lambda m \frac{R_a}{A_p} + \beta(1-m) f_{sk}$$

$$= 1.0 \times 0.1253 \times \frac{106.0}{3.14 \times 0.3^2} + 0.8 \times (1-0.1253) \times 100$$

$$= 117.0 \text{kPa}$$

答案：(A)

4-144[2016 年考题]　某湿陷性黄土场地，天然状态下，地基土的含水量为 15％，重度为 15.4kN/m³。地基处理采用灰土挤密法，桩径 400mm，桩距 1.0m，采用正方形布置。忽略挤密处理后地面标高的变化，问处理后桩间土的平均干密度最接近下列哪个选项？(重力加速度 g 取 10m/s²)(　　)

A. 1.50g/cm³　　　B. 1.53g/cm³　　　C. 1.56g/cm³　　　D. 1.58g/cm³

解　《建筑地基处理技术规范》(JGJ 79—2012)第 7.2.2 条。

$$\bar{\rho}_d = \frac{\rho_0}{1+0.01\omega} = \frac{1.54}{1+0.01 \times 15} = 1.34$$

正方形布桩：$s = 0.89 \xi d \sqrt{\frac{\bar{\eta}_c \rho_{dmax}}{\bar{\eta}_c \rho_{dmax} - \bar{\rho}_d}}$，$\bar{\eta}_c = \frac{\bar{\rho}_{d1}}{\rho_{dmax}}$

则，$s = 0.89 \xi d \sqrt{\frac{\bar{\rho}_{d1}}{\bar{\rho}_{d1} - \bar{\rho}_d}}$

$$1.0 = 0.89 \times 0.4 \times \sqrt{\frac{\bar{\rho}_{d1}}{\bar{\rho}_{d1} - 1.34}}$$

解得：$\bar{\rho}_{d1} = 1.53\text{g/cm}^3$

答案：(B)

4-145 [2016年考题] 某工程软土地基采用堆载预压加固(单级瞬时加载)，实测不同时刻 t 及竣工时 ($t=150$d) 地基沉降量 s 如下表所示。假定荷载维护不变。按固结理论，竣工后200d时的工后沉降最接近下列哪个选项？ ( )

题 4-145 表

时刻 t(d)	50	100	150(竣工)
沉降 s(mm)	100	200	250

A. 25mm B. 47mm C. 275mm D. 297mm

解 《建筑地基处理技术规范》(JGJ 79—2012)第5.4.1条条文说明。

$$s_\mathrm{f} = \frac{s_3(s_2-s_1)-s_2(s_3-s_2)}{(s_2-s_1)-(s_3-s_2)} = \frac{250\times(200-100)-200\times(250-200)}{(200-100)-(250-200)} = 300\mathrm{mm}$$

$$\beta = \frac{1}{t_2-t_1}\ln\frac{s_2-s_1}{s_3-s_2} = \frac{1}{100-50}\ln\frac{200-100}{250-200} = 0.01386$$

$$U_\mathrm{t} = 1-\alpha e^{-\beta t} = 1-0.811\times e^{-0.01386\times 350} = 0.99$$

竣工后200d的工后沉降为：

$$s = U_\mathrm{t} s_\mathrm{f} - s_3 = 0.99\times 300 - 250 = 47\mathrm{mm}$$

答案：(B)

4-146 [2016年考题] 已知某场地地层条件及孔隙比 e 随压力变化拟合函数如下表，②层以下为不可压缩层，地下水位在地面处，在该场地上进行大面积填土，当堆土荷载为30kPa时，估算填土荷载产生的沉降最接近下列哪个选项？(沉降经验系数 ξ 按1.0，变形计算深度至应力比为0.1处) ( )

题 4-146 表

土层名称	层底埋深(m)	饱和重度 γ(kN/m³)	e-lg$p$ 关系式
①粉砂	10	20.0	$e=1-0.05\lg p$
②淤泥粉质黏土	40	18.0	$e=1.6-0.2\lg p$

A. 50mm B. 200mm C. 230mm D. 300mm

解 《建筑地基处理技术规范》(JGJ 79—2012)第5.2.12条。

求沉降计算深度 z_n：

$$\frac{30}{[10\times 10+8\times(z_\mathrm{n}-10)]} = 0.1, z_\mathrm{n}=35\mathrm{m}$$

①粉砂层中点自重应力：$p_z = \sum\gamma h = 10\times\frac{10}{2} = 50$

粉砂层中点自重应力与附加应力之和：$p_z + p_0 = 30+50 = 80$

$e_{01} = 1-0.05\lg 50 = 0.915, e_{11} = 1-0.05\lg 80 = 0.905$

②淤泥质粉质黏土计算深度内中点自重应力：$p_z = \sum\gamma h = 10\times 10 + 8\times\frac{25}{2} = 200$

淤泥质粉质黏土计算深度内中点自重应力与附加应力之和：$p_z + p_0 = 30 + 200 = 230$

$e_{02} = 1.6-0.2\lg 200 = 1.140, e_{12} = 1.6-0.2\lg 230 = 1.128$

$$s_f = \xi \sum_{i=1}^{n} \frac{e_{0i}-e_{1i}}{1+e_{0i}} h_i$$
$$= 1.0 \times \left(\frac{0.915-0.905}{1+0.915} \times 10 \times 10^3 + \frac{1.140-1.128}{1+1.140} \times 25 \times 10^3\right)$$
$$= 192 \text{mm}$$

答案：(B)

4-147 [2016年考题] 某筏板基础采用双轴水泥土搅拌桩复合地基，已知上部结构荷载标准值 $F=140$kPa，基础埋深 1.5m，地下水位在基底以下，原持力层承载力特征值 $f_k=60$kPa，双轴搅拌桩面积 $A=0.71\text{m}^2$，桩间不搭接，湿法施工，根据地基承载力计算单桩承载力特征值(双轴)$R_a=240$kN，水泥土单桩抗压强度平均值 $f_{cu}=1.0$MPa，问下列搅拌桩平面图中，为满足承载力要求，最经济合理的是哪个选项？（桩间土承载力发挥系数 $\beta=1.0$，单桩承载力发挥系数 $\lambda=1.0$，基础及以上土的平均重度 $\gamma=20$kN/m³，基底以上土体重度平均值 $\gamma_{s,t}=18$kN/m³）（　　）

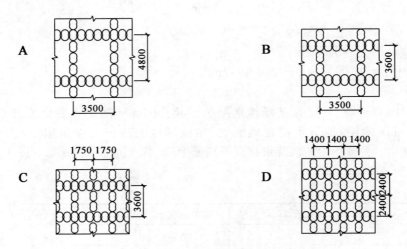

题4-147图(尺寸单位：mm)

解 《建筑地基处理技术规范》(JGJ 79—2012)第7.1.5条、7.3.3条。

桩身强度确定的单桩承载力：

$R_a = \eta f_{cu} A_p = 0.25 \times 1000 \times 0.71 = 177.5$kN

根据地基土承载力计算的承载力：

$R_a = 240$kN

取两者小值作为单桩承载力：$R_a = 177.5$kN

$f_{spk} = \lambda m \dfrac{R_a}{A_p} + \beta(1-m)f_{sk} = 1.0 \times m \times \dfrac{177.5}{0.71} + 1.0 \times (1-m) \times 60 = 60+190m$

$f_{spa} = f_{spk} + \eta_d \gamma_m (d-0.5) = 60+190m + 1.0 \times 18 \times (d-0.5) = 78+190m$

$F+G \leqslant f_{spa}, 140+1.5 \times 20 \leqslant 78+190m$

解得：$m \geqslant 0.48$

选项 A，$m = \dfrac{8 \times 0.71}{3.5 \times 4.8} = 0.34 < 0.48$，不满足；

选项 B, $m = \dfrac{7 \times 0.71}{3.5 \times 3.6} = 0.39 < 0.48$,不满足;

选项 C, $m = \dfrac{9 \times 0.71}{3.5 \times 3.6} = 0.51 > 0.48$,满足;

选项 D, $m = \dfrac{3 \times 0.71}{2.4 \times 1.4} = 0.63 > 0.48$,满足;

综上,最经济合理的为选项 C。

答案:(C)

4-148 [2016 年考题] 某松散砂石地基拟采用碎石桩和 CFG 桩联合加固,已知柱下独立承台平面尺寸为 2.0m×3.0m,共布设 6 根 CFG 桩和 9 根碎石桩(见图)。其中 CFG 桩直径为 400mm,单桩竖向承载力特征值 $R_a = 600\text{kN}$;碎石桩直径为 300mm,与砂土的桩土应力比取 2.0;砂土天然状态地基承载力特征 $f_{ak} = 100\text{kPa}$,加固后砂土地基承载力 $f_{ak} = 120\text{kPa}$。如果 CFG 桩单桩承载力发挥系数 $\lambda_1 = 0.9$,桩间土承载力发挥系数 $\beta = 1.0$,问该复合地基压缩模量提高系数最接近下列哪个选项?( )

A. 5.0 B. 5.6 C. 6.0 D. 6.6

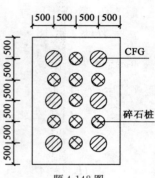

题 4-148 图

解 根据《建筑地基处理技术规范》(JGJ 79—2012)第 7.9.6 条、7.9.8 条。

CFG 桩置换率 m_1 : $m_1 = \dfrac{6 \times 3.14 \times 0.2^2}{2.0 \times 3.0} = 0.126$

碎石桩置换率 m_2 : $m_2 = \dfrac{9 \times 3.14 \times 0.15^2}{2.0 \times 3.0} = 0.106$

$$f_{spk} = m_1 \dfrac{\lambda_1 R_{a1}}{A_{p1}} + \beta[1 - m_1 + m_2(n-1)]f_{sk}$$

$$= 0.126 \times \dfrac{0.9 \times 600}{3.14 \times 0.2^2} + 1.0 \times [1 - 0.126 + 0.106 \times (2-1)] \times 120$$

$$= 659\text{kPa}$$

$\zeta_1 = \dfrac{f_{spk}}{f_{ak}} = \dfrac{659}{100} = 6.6$ 答案:(D)

4-149 [2016 年考题] 某直径 600mm 水泥土搅拌桩桩长 12m,水泥掺量(重量)为 15%,水灰比(重量比)为 0.55,假定土的重度 $\gamma = 18\text{kN/m}^3$,水泥比重为 3.0,请问完成一根桩施工需要配制的水泥浆体体积最接近下列哪个选项?($g = 10\text{m/s}^2$)( )

A. 0.63 B. 0.81 C. 1.15 D. 1.50

解 一根水泥土桩的水泥重量为:$m_1 = \dfrac{3.14 \times 0.3^2 \times 12 \times 18 \times 0.15}{10} = 0.92\text{ kg}$

水泥的体积:$V_1 = \dfrac{m_1}{\rho_1} = \dfrac{0.92}{3.0} = 0.31\text{m}^3$

水的体积:$V_2 = \dfrac{m_2}{\rho_2} = \dfrac{0.92 \times 0.55}{\rho_2} = 0.51\text{m}^3$

水泥浆体积:$V = V_1 + V_2 = 0.51 + 0.31 = 0.82\text{ m}^3$

答案:(D)

五、土工结构与边坡防护、基坑与地下工程

5-1 某挡土墙高5m，墙背垂直光滑，墙后填土为砂土，$\gamma=18\text{kN/m}^3$，$\varphi=40°$，$c=0$，填土表面水平，试比较静止、主动和被动土压力值大小。

解 (1)静止土压力

$$p=\gamma HK_0=18\times5\times(1-\sin40°)=32.4\text{kPa}$$

$$E_0=\frac{1}{2}Hp=\frac{1}{2}\times5\times32.4=81\text{kN/m}$$

(2)主动土压力

$$K_a=\tan^2\left(45°-\frac{\varphi}{2}\right)=\tan^2\left(45°-\frac{40°}{2}\right)=0.22$$

$$e_{a1}=0$$

$$e_{a2}=\gamma HK_a=18\times5\times0.22=19.8\text{kPa}$$

$$E_a=\frac{1}{2}e_{a2}H=\frac{1}{2}\times19.8\times5=49.5\text{kN/m}$$

(3)被动土压力

$$K_p=\tan^2\left(45°+\frac{\varphi}{2}\right)=\tan^2\left(45°+\frac{40°}{2}\right)=4.6$$

$$e_{p1}=0$$

$$e_{p2}=\gamma HK_p=18\times5\times4.6=414\text{kPa}$$

$$E_p=\frac{1}{2}e_{p2}H=\frac{1}{2}5\times414\times5=1035\text{kN/m}$$

$$E_p=1035\text{kN/m}>E_0=81\text{kN/m}>E_a=49.5\text{kN/m}$$

点评：土压力计算是本章的基础，必须熟练掌握。

5-2 ［2003年考题］ 锚杆挡墙肋柱高5m(见图)，肋柱宽$a=0.5\text{m}$，厚$b=0.2\text{m}$，三层锚杆，锚杆反力$R_n=150\text{kN}$，锚杆对水平方向的倾角$\beta_0=10°$，肋柱竖向倾角$\alpha=5°$，肋柱重度$\gamma=25\text{kN/m}^3$，试计算肋柱基底压应力σ(不考虑肋柱所受到的摩擦力和其他阻力)。

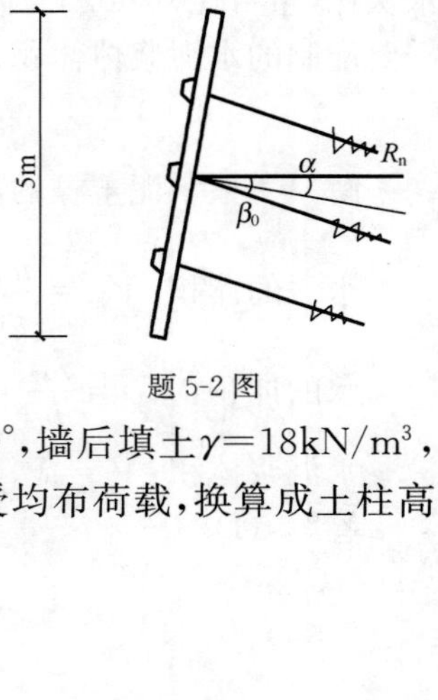

题5-2图

解
$$\begin{aligned}\sum N&=3\times R_n\sin(\beta_0-\alpha)+\gamma\times a\times b\times H\\&=3\times150\times\sin5°+25\times0.5\times0.2\times5\\&=51.72\text{kN}\end{aligned}$$

$$\sigma=\frac{\sum N}{a\times b}=\frac{51.72}{0.5\times0.2}=517.2\text{kPa}$$

5-3 ［2003年考题］ 某铁路路堤挡土墙高6m，墙背倾角$\alpha=9°$，墙后填土$\gamma=18\text{kN/m}^3$，$\varphi=40°$，$\delta=20°$，填土破裂角$\theta=31°08'$(见图)，填土表面水平且承受均布荷载，换算成土柱高

$h_0=3\text{m}$。试按库仑理论计算其墙背水平方向主动土压力 E_x。

解 $A_0=\dfrac{1}{2}H(H+2h_0)=\dfrac{1}{2}\times 6\times(6+2\times 3)=36.0$

$B_0=A_0\tan\alpha=36\times\tan 9°=5.7$

$\psi=40°+20°-9°=51°$

$E=\gamma(A_0\tan\theta-B_0)\dfrac{\cos(\theta+\varphi)}{\sin(\theta+\psi)}$

$\quad =18\times(36\times\tan 31°08'-5.7)\times\dfrac{\cos 71°08'}{\sin 82°08'}$

$\quad =94.3\text{kN/m}$

$E_x=E\cos(\delta-\alpha)=94.3\times\cos 11°=92.6\text{kN/m}$

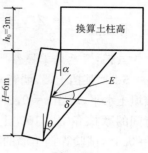

题 5-3 图

5-4 某沿河铁路路堤边坡受水冲刷地段进行护坡设计时,在主流冲刷及波浪作用强烈的路堤,试选用护坡方案。

解 根据《铁路路基设计规范》(TB 10001—2005)第 10.3.2 条规定,对沿河铁路受主流冲刷及波浪作用强烈处的路堤边坡采用浆砌片石护坡或混凝土护坡。

5-5 某铁路路堤边坡高度 $H=22\text{m}$,填料为细粒土,道床边坡坡率 $m=1.75$,沉降比 $C=0.015$,试确定路堤每侧应加宽的尺寸。

解 根据《铁路路基设计规范》(TB 10001—2005)第 7.3.3 条规定,路堤边坡高度大于 15m 时,应根据填料、边坡高度等加宽路基面,每侧加宽 Δb。

$\Delta b=CHm$

$\Delta b=0.015\times 22\times 1.75=0.58\text{m}$

5-6［2003 年考题］ 某重力式挡墙,墙重 $G=180\text{kN}$,墙后主动土压力水平分力 $E_x=75\text{kN}$,垂直分力 $E_v=12\text{kN/m}$,墙基底宽 $B=1.45\text{m}$,基底合力偏心距 $e=0.2\text{m}$,地基容许承载力 $[\sigma]=290\text{kPa}$,试计算地基承载力安全系数。

解 根据《铁路路基支挡结构设计规范》(TB 10025—2006)3.3.6 条

$e=0.2\text{m}<\dfrac{B}{6}=\dfrac{1.45}{6}=0.24\text{m}$

基底压力 $p=\dfrac{180+12}{1.45}\times\left(1+\dfrac{6\times 0.2}{1.45}\right)=242\text{kPa}$

$K=\dfrac{290}{242}=1.2$

5-7 如图所示,某挡土墙高 5m,墙背直立、光滑,填土面水平,填土 $c=10\text{kPa}$,$\varphi=20°$,$\gamma=18\text{kN/m}^3$。试求主动土压力及其作用点。

解 $K_a=\tan^2\left(45-\dfrac{\varphi}{2}\right)=\tan^2\left(45-\dfrac{20°}{2}\right)=0.49$

$z_0=\dfrac{2c}{\gamma\sqrt{K_a}}=\dfrac{2\times 10}{18\times 0.7}=1.59\text{m}$

$e_a=\gamma HK_a-2c\sqrt{K_a}$

$\quad =18\times 5\times 0.49-2\times 10\times\sqrt{0.49}=30.1\text{kPa}$

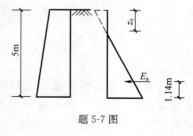

题 5-7 图

$$E_a = \frac{1}{2} \times 30.1 \times (5-1.59) = 51.3 \text{kN/m}$$

作用点 $\dfrac{H-Z_0}{3} = \dfrac{5-1.59}{3} = 1.14\text{m}$

点评：要熟练掌握黏性土朗肯土压力的计算。

5-8 某挡土墙，墙背垂直，墙体重度 $\gamma = 22\text{kN/m}^3$，墙填土水平，填土 $c=0, \varphi=33°, \gamma=18\text{kN/m}^3$，填土与墙背间的摩擦角 $\delta=10°$，土对挡土墙基底的摩擦系数 $\mu=0.45$，试验算挡土墙的稳定性。

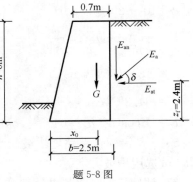
题 5-8 图

解 （1）主动土压力

$\alpha=90°, \beta=0, q=0, \varphi=33°, \delta=10°$

$$k_q = 1 + \frac{2q}{\gamma h} \frac{\sin\alpha\cos\beta}{\sin(\alpha+\beta)} = 1$$

$$K_a = \frac{\sin 90°}{\sin^2 90° \sin^2(90°-33°-10°)} \{K_q[\sin 90° \sin(90°-10°) + \sin(33°+10°)\sin 33°] +$$

$$0 - 2 \times [K_q \sin 90° \sin 33° \times K_q \sin(90°-10°)\sin(33°+10°)]^{\frac{1}{2}}\}$$

$$= \frac{1}{0.53} \times [0.98 + 0.68 \times 0.54 - 2 \times (0.54 \times 0.98 \times 0.68)^{\frac{1}{2}}]$$

$$= 0.28$$

$\psi_c = 1.1$（挡土墙高度 $5 \sim 8\text{m}$）

$$E_a = \psi_c \frac{1}{2}\gamma h^2 K_a = 1.1 \times \frac{1}{2} \times 18 \times 6^2 \times 0.28 = 99.8 \text{kN/m}$$

$$G = \left(0.7 \times 6 + 1.8 \times 6 \times \frac{1}{2}\right) \times 22 = 211.2 \text{kN/m}$$

$$x_0 = \frac{118.8 \times 1.2 + 92.4 \times 2.15}{211.2} = 1.62 \text{m}$$

（2）抗滑移稳定性

$$\frac{(G_n + E_{an})\mu}{E_{at} - G_t} = \frac{[211.2 + E_a\cos(90°-10°)]\mu}{E_a\sin(90°-10°)} = \frac{(211.2 + 99.8 \times 0.174) \times 0.45}{99.8 \times 0.98}$$

$$= 1.05 \leqslant 1.3，不满足。$$

（3）抗倾覆稳定性

$$\frac{Gx_0 + E_{az}x_f}{E_{ax}z_f} = \frac{211.2 \times 1.62 + E_a\cos(90°-10°) \times 2.5}{E_a\sin(90°-10°)z_f}$$

$$= \frac{211.2 \times 1.62 + 99.8 \times 0.174 \times 2.5}{99.8 \times 0.98 \times 2.4}$$

$$= \frac{342.14 + 43.4}{234.7} = 1.64 \geqslant 1.6，满足。$$

点评：重力式挡土墙的抗倾覆、抗滑移计算几乎年年考，《建筑边坡工程技术规范》与《建筑地基基础设计规范》都有相关的计算公式，但是后者配有图偏于理解。复习阶段此类题请参阅地基规范。关于土压力放大系数的问题一直比较有争议，在题目中没有给出按照《建筑地基基础设计规范》(GB 50007—2011)进行解答字样时,土压力计算时按照土压力理论不乘以放大系数。此题考虑了放大系数,仅供读者参考。

5-9 某挡土墙高 6m,填土 $\varphi=34°$,$c=0$,$\gamma=19\text{kN/m}^3$,填土面水平,顶面均布荷载 $q=10\text{kPa}$,试求主动土压力及作用位置。

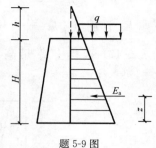

题 5-9 图

解 $K_a = \tan^2\left(45° - \dfrac{34°}{2}\right) = 0.283$

$e_{a1} = \gamma h K_a = q K_a = 10 \times 0.283 = 2.8\text{kPa}$

$e_{a2} = \gamma(h+H)K_a = (q+\gamma H)K_a$
$= (10 + 19 \times 6) \times 0.283 = 35.1\text{kPa}$

$E_a = \dfrac{e_{a1} + e_{a2}}{2} \times H = \dfrac{2.8 + 35.1}{2} \times 6 = 113.7\text{kN/m}$

作用点　$E_a \times z = 2.8 \times 6 \times 3 + \dfrac{1}{3} \times 6 \times \dfrac{1}{2} \times (35.1 - 2.8) \times 6 = 244.2$

$z = \dfrac{244.2}{113.7} = 2.15\text{m}$

点评:土压力计算几乎每年都考至少两个题目,考题的计算量也越来越大,此类有超载、砂土的应该在短时间内完成。

5-10 某挡土墙高 4m,墙背倾角 20°,填土面倾角 $\beta = 10°$,填土为中砂 $\gamma = 20\text{kN/m}^3$,$\varphi = 30°$,$c = 0$,填土与墙背摩擦角 $\delta = 15°$,试求主动土压力。

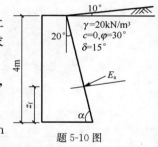

题 5-10 图

解 查《建筑地基基础设计规范》(GB 50007—2011)图 L.0.2—2,$\alpha = 70°$,$\beta = 10°$,$K_a \approx 0.56$,$\psi_c = 1.0 (h < 5\text{m})$

$E_a = \psi_c \times \dfrac{1}{2} \gamma h^2 K_a = 1.0 \times \dfrac{1}{2} \times 20 \times 4^2 \times 0.56 = 89.6\text{kN/m}$

5-11 某挡土墙,墙背填土为砂土,试用水土分算法计算主动土压力和水压力。

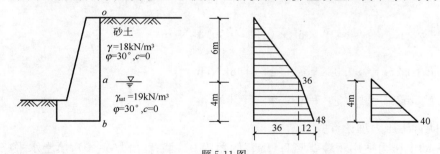

题 5-11 图

解 $K_a = \tan^2(45° - \varphi/2) = \tan^2\left(45° - \dfrac{30°}{2}\right) = 0.333$

O 点　$e_o = 0$

a 点　$e_a = \gamma h K_a = 18 \times 6 \times 0.333 = 36\text{kPa}$

b 点　$e_b = 36 + \gamma' h K_a = 36 + 9 \times 4 \times 0.333 = 48\text{kPa}$

$E_a = \dfrac{1}{2} \times 36 \times 6 + \dfrac{1}{2} \times (36 + 48) \times 4 = 276\text{kN/m}$

E_a 作用点　　$h = \dfrac{1}{276} \times \left(108 \times 6 + 36 \times 4 \times 2 + \dfrac{1}{2} \times 12 \times 4 \times \dfrac{4}{3}\right) = 3.51\text{m}$

水压力　　$E_w = \dfrac{1}{2} \times 40 \times 4 = 80\text{kN/m}$

E_w 作用点　　$h = \dfrac{4}{3} = 1.33\text{m}$

5-12　某挡土墙，墙高 5m，墙背倾角 10°，填土为砂，填土面水平 $\beta=0$，墙背摩擦角 $\delta=15°$，$\gamma=19\text{kN/m}^3$，$\varphi=30°$，$c=0$，试按库仑土压力理论和朗肯土压力理论计算主动土压力。

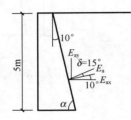 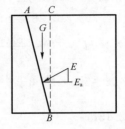

题 5-12 图

解　(1)按库仑土压力理论计算
$\alpha = 80°, \beta = 0, \delta = 15°, \eta = 0, \varphi = 30°, K_q = 1$

主动土压力系数

$$K_a = \dfrac{\cos^2(\varphi - \alpha)}{\cos^2\alpha \cdot \cos(\alpha + \delta) \left[1 + \sqrt{\dfrac{\sin(\varphi + \delta) \cdot \sin(\varphi - \beta)}{\cos(\alpha + \delta) \cdot \sin(\alpha - \beta)}}\right]^2}$$

$$= \dfrac{\cos^2(30° - 10°)}{\cos^2 10° \cdot \cos(10° + 15°) \left[1 + \sqrt{\dfrac{\sin(30° + 15°) \cdot \sin(30° - 0°)}{\cos(10° + 15°) \cdot \cos(10° - 0°)}}\right]^2} = 0.38$$

$E_a = \dfrac{1}{2}\gamma h^2 K_a = \dfrac{1}{2} \times 19 \times 5^2 \times 0.38 = 90.3\text{kN/m}$

$E_{ax} = E_a \cos 25° = 90.3 \times \cos 25° = 81.8\text{kN/m}$

$E_{ay} = E_a \sin 25° = 90.3 \times \sin 25° = 36.2\text{kN/m}$

(2)按朗肯土压力理论计算

朗肯主动土压力适用于墙背竖直(墙背倾角为 0)、墙背光滑($\delta=0$)、填土水平($\beta=0$)的情况。该挡土墙墙背倾角为 10°，$\delta=15°$，不符合上述情况。现从墙脚 B 作竖直线 BC，用朗肯主动土压力理论计算作用在 BC 面上的主动土压力。近似地假定作用在墙背 AB 上的主动土压力为朗肯主动土压力 E_a 与土体 ABC 重力 G 的合力。

作用在 BC 上的朗肯主动土压力

$E_a = \dfrac{1}{2}\gamma h^2 K_a = \dfrac{1}{2} \times 19 \times 5^2 \times 0.333 = 79.1\text{kN/m}$

土体 ABC 的重力

$$G = \frac{1}{2}\gamma h^2 \tan 10° = \frac{1}{2} \times 19 \times 5^2 \times 0.176 = 41.8 \text{kN/m}$$

作用在 AB 上的合力 E

$$E = \sqrt{E_a^2 + G^2} = \sqrt{79.1^2 + 41.8^2} = \sqrt{8004} = 89.5 \text{kN/m}$$

合力 E 与水平面夹角 θ

$$\theta = \arctan \frac{G}{E_a} = \arctan \frac{41.8}{79.1} = 27.8°$$

点评：要熟练掌握黏性土朗肯土压力、库伦土压力的适用条件及计算方法。

5-13 某拱桥，高 6m，土层分布和土指标如图所示，试计算墙背静止土压力和被动土压力（$K_0 = 0.5$）。

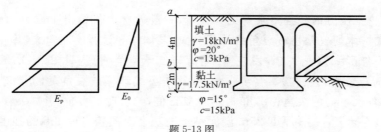

题 5-13 图

解 (1)静止土压力计算

a 点　　$p_0 = 0$

b 点　　$p_0 = K_0 \gamma h = 0.5 \times 18 \times 4 = 36 \text{kPa}$

b 点黏土顶面　　$p_0 = 0.5 \times 18 \times 4 = 36 \text{kPa}$

c 点　　$p_0 = 0.5 \times (\gamma_1 h_1 + \gamma_2 h_2) = 0.5 \times (18 \times 4 + 17.5 \times 2) = 53.5 \text{kPa}$

静止土压力　　$E_0 = \frac{1}{2} \times 36 \times 4 + \frac{1}{2} \times (36 + 53.5) \times 2 = 161.5 \text{kN/m}$

(2)被动土压力计算

$$K_p = \tan^2\left(45° + \frac{\varphi}{2}\right) = \tan^2\left(45° + \frac{20°}{2}\right) = 2.04$$

a 点　　$e_a = 2c\sqrt{K_p} = 2 \times 13 \times \sqrt{2.04} = 37.1 \text{kPa}$

b 点　　$e_b = \gamma h K_p + 2c\sqrt{K_p} = 18 \times 4 \times 2.04 + 2 \times 13 \times \sqrt{2.04} = 184 \text{kPa}$

b 点黏土层顶面　　$K_p = \tan^2\left(45° + \frac{15°}{2}\right) = 1.70$

$e_b = 18.0 \times 4 \times K_p + 2c\sqrt{K_p} = 18.0 \times 4 \times 1.70 + 2 \times 15 \times \sqrt{1.70} = 161.5 \text{kPa}$

c 点　　$e_c = (18 \times 4 + 17.5 \times 2) \times 1.70 + 2 \times 15 \times \sqrt{1.70} = 221 \text{kPa}$

被动土压力　　$E_p = \frac{1}{2} \times (37.1 + 184) \times 4 + \frac{1}{2} \times (161.5 + 221) \times 2 = 824.7 \text{kN/m}$

5-14 [2003 年考题]　位于干燥场地的重力式挡土墙，墙重 $G = 156 \text{kN}$，对墙趾的力臂 $z_w = 0.8 \text{m}$；主动土压力垂直分力 $E_v = 18 \text{kN}$，对墙趾的力臂 $z_v = 1.2 \text{m}$；水平分力 $E_x = 36 \text{kN}$，对墙趾的力臂 $z_x = 2.4 \text{m}$。试验算挡墙的倾覆稳定性（忽略被动土压力）。

解　据《建筑地基基础设计规范》(GB 50007—2011)第 6.7.5 条，抗倾覆稳定系数

$$K = \frac{Gx_0 + E_{az}x_f}{E_{ax}z_f} = \frac{156 \times 0.8 + 18 \times 1.2}{36 \times 2.4} = 1.69 > 1.6, 满足。$$

5-15 [2003年考题] 某铁路挡土墙墙背倾斜角 $\alpha=9°$,墙后填土,$\varphi=40°$,墙背与填土间摩擦角 $\delta=20°$,当墙后填土表面为水平连续均布荷载时,试按库仑理论计算破裂角 θ。

解 $\psi = 40° + 20° - 9° = 51°$
$$\tan\theta = -\tan\psi + \sqrt{(\tan\psi + \cot\psi) \times (\tan\psi + \tan\alpha)}$$
$$= -\tan51° + \sqrt{(\tan51° + \cot40°) \times (\tan51° + \tan9°)}$$
$$= -1.235 + 1.839 = 0.604$$
$\theta = 31°08'$

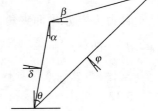

题 5-15 图

点评:因库伦土压力的破裂角求解比较繁琐,一般教材上仅给出土压力的计算公式,无破裂角的计算公式。本题仅给出破裂角的计算公式,具体推导过程参见论文《库伦土压力与破裂角公式的各种等价形式》(兑关锁,左晓宝. 南京理工大学学报. Vol. 23 NO. 3. 论文中标注有误,θ 应为破裂面与竖向的夹角)。需要注意,按题中公式计算破裂角是,θ 为破裂面与竖向的夹角,非破裂面与水平向的夹角;α 取值时仰斜取正值,俯斜时取负值。

5-16 [2003年考题] 某厚度 25m 淤泥黏土地基之上覆盖有厚 2m 的强度较高粉质黏土层,现拟在该地基上填筑路堤,路堤填料压实后 $\gamma=18.6 \text{kN/m}^3$,淤泥质黏土不排水抗剪强度 $C_u=8.5\text{kPa}$,试估算该路堤极限高度($N_s=5.52$,覆盖 h 厚粉质黏土等效于将路堤增高 $0.5h$)。

解 根据《铁路工程特殊岩土勘察规程》(TB 10038—2012)第 6.2.4 条条文说明
$$H_c = \frac{5.52 C_u}{\gamma} = \frac{5.52 \times 8.5}{18.6} = 2.52\text{m}$$
路堤极限高度 $H_0 = H_c + 0.5h = 2.52 + 0.5 \times 2 = 3.52\text{m}$

点评:此题属于送分题,但作为考生必须准备所有的规范,考试时不能由于规范不全而造成送分的题目拿不到。

5-17 [2003年考题] 某基坑土层为软土,基坑开挖深度 $h=5\text{m}$,支护结构入土深度 $l_d=5\text{m}$,坑顶地面荷载 $q_0=20\text{kPa}$,土重度 $\gamma=18\text{kN/m}^3$,$c=10\text{kPa}$,$\varphi=0°$,设 $N_c=5.14$,$N_q=1.0$,试计算坑底土抗隆起稳定安全系数。

解 根据《建筑基坑支护技术规程》(JGJ 120—2012) 4.2.4 条
$$\frac{\gamma_{m2}l_d N_q + cN_c}{\gamma_{m1}(h+l_d) + q_0} \geqslant K_b$$
$$\frac{18 \times 5 \times 1.0 + 10 \times 5.14}{18 \times (5+5) + 20} = 0.707$$

5-18 某挡土墙,填土为砂土,墙高 5m,试用《建筑地基基础设计规范》(GB 50007—2011)计算库仑主动土压力。

解 $\alpha=70°$,$\beta=20°$,查规范 GB 50007—2011 附录 L,挡土墙主动土压力系数 $K_a=0.69$,$\psi_c=1.1$,主动土压力
$$E_a = \frac{\psi_c}{2}\gamma h^2 K_a = \frac{1.1 \times 1}{2} \times 20 \times 5^2 \times 0.69 = 189.75\text{kN/m}$$

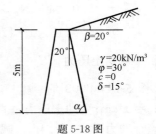

题 5-18 图

5-19 [2003年考题] 某悬臂支护结构如图所示,砂土的 $\gamma=18\text{kN/m}^3$,$c=0$,$\varphi=30°$,试验算支护结构抗嵌固稳定安全系数。

解 据《建筑基坑支护技术规程》(JGJ 120—2012)

4.2.1条

$$\frac{E_{pk}a_{p1}}{E_{ak}a_{a1}} \geqslant K_e$$

$$K_a = \tan^2\left(45°-\frac{\varphi}{2}\right) = \tan^2\left(45°-\frac{30°}{2}\right) = 0.333$$

$$K_p = \tan^2\left(45°+\frac{\varphi}{2}\right) = \tan^2\left(45°+\frac{30°}{2}\right) = 3.0$$

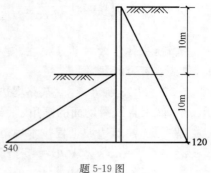

题 5-19 图

桩端主动土压力强度标准值

$$p_{ak} = \sigma_{ak}K_a = \gamma h_1 K_a = 18 \times 20 \times 0.333 = 120\text{kPa}$$

桩端被动土压力强度标准值

$$p_{pk} = \sigma_{pk}K_p = \gamma h_2 K_p = 18 \times 10 \times 3 = 540\text{kPa}$$

主动土压力标准值

$$E_{ak} = \frac{1}{2}p_{pk}h_1 = \frac{1}{2} \times 120 \times 20 = 1200\text{kN}$$

被动土压力标准值

$$E_{pk} = \frac{1}{2}p_{pk}h_2 = \frac{1}{2} \times 540 \times 10 = 2700\text{kN}$$

$$K_e \leqslant \frac{E_{pk}a_{p1}}{E_{ak}a_{a1}} = \frac{2700 \times \frac{10}{3}}{1200 \times \frac{20}{3}} = 1.125$$

点评:解答过程中必须注意《建筑基坑支护技术规程》(JGJ 120—2012)土压力由原来的矩形分布改为三角形分布,也就是郎肯土压力理论。

5-20 [2003年考题] 某基坑深 6.0m,采用悬臂桩桩长 12m,土层分布:0~2m 填土,$\gamma=18\text{kN/m}^3$,$c=10\text{kPa}$,$\varphi=12°$;2~7m 砂土,$\gamma=18\text{kN/m}^3$,$c=0\text{kPa}$,$\varphi=20°$;7~14m 黏土,$\gamma=18\text{kN/m}^3$,$c=20\text{kPa}$,$\varphi=30°$。试求黏土层以上基坑外侧主动土压力引起的支护结构水平荷载强度标准值的最大值。

解 $K_a = \tan^2\left(45°-\frac{\varphi}{2}\right) = \tan^2\left(45°-\frac{20°}{2}\right) = 0.49$

$e_{ajk} = \sigma_{ajk}K_{ai} - 2c_{ik}\sqrt{K_{ai}} = (18 \times 2 + 18 \times 5) \times 0.49 = 61.74\text{kPa}$

5-21 [2003年考题] 某砂岩边坡高 10m,砂岩密度 2.5g/cm^3,$\varphi=35°$,$c=16\text{kPa}$,试计算岩体等效内摩擦角。

解 根据《建筑边坡工程技术规范》(GB 50330—2002)条文 4.5.5,岩体边坡稳定性常用等效内摩擦角 φ_d 评价。

$$\theta = 45° + \frac{\varphi}{2}$$

$$\varphi_\mathrm{d} = \arctan\left(\tan\varphi + \frac{2c}{\gamma h \cos^2\theta}\right) = \arctan\left[\tan 35° + \frac{2\times 16}{25\times 10\times \cos^2\left(45° + \frac{35°}{2}\right)}\right] = 52.44°$$

点评:岩体等效内摩擦角在《建筑边坡工程技术规范》(GB 50330—2013)中没有相关公式,但读者可自行推导。

5-22 [2003 年考题] 某路堤边坡,高 10m,边坡坡率1∶1,填料 $\gamma=20\mathrm{kN/m^3}$,$c=10\mathrm{kPa}$,$\varphi=25°$,试求直线滑动面的倾角 $\alpha=32°$ 时,边坡稳定系数 K。

解 据《建筑边坡工程技术规范》(GB 50330—2013)附录 A 第 A.0.2 条

$\alpha=32°$,$\beta=45°$,$\angle AOB=45°-32°=13°$

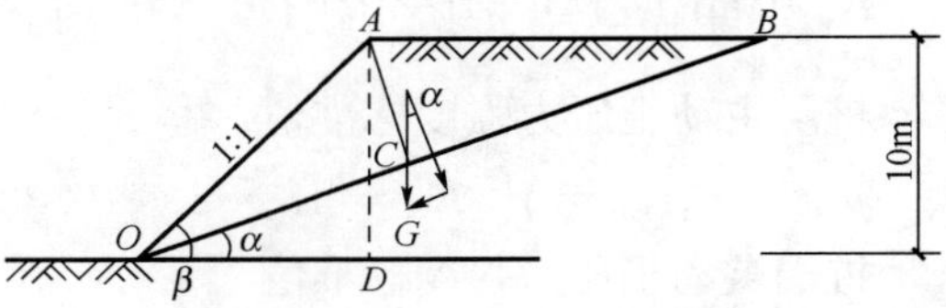

$AO = \dfrac{AD}{\sin 45°} = \dfrac{10}{0.71} = 14.1\mathrm{m}$

$AC = \sin 13°\times AO = 0.22\times 14.1 = 3.17\mathrm{m}$

$OC = \cos 13°\times AO = 0.97\times 14.1 = 13.74\mathrm{m}$

$\tan\alpha = \dfrac{AC}{CB}$,$CB = \dfrac{3.17}{\tan 32°} = 5.07\mathrm{m}$

题 5-22 图

滑块 AOB 重

$G = \dfrac{1}{2}(OC+CB)\times AC\times \gamma$

$\quad = \dfrac{1}{2}\times(13.74+5.07)\times 3.17\times 20 = 596.3\mathrm{kN}$

$K = \dfrac{G\cos\alpha\tan\varphi + c(OC+CB)}{G\sin\alpha}$

$\quad = \dfrac{596.3\times 0.848\times 0.466 + 10\times 18.81}{596.3\times 0.53} = \dfrac{423.74}{316.04} = 1.34$

点评:《建筑边坡工程技术规范》(GB 50330—2013)增加了滑体上有竖向附向荷载、滑体上有水平荷载、滑面有水以及滑块后缘陡倾有裂隙水等情况,采用了通用公式,考生可以把几种特例分开,考试时可加快做题速度。

5-23 某砂土土坡,高 10m,$\gamma=19\mathrm{kN/m^3}$,$c=0$,$\varphi=35°$,试计算土坡稳定安全系数 $K=1.3$ 时坡角 β 值,以及滑动面倾角 α 为何值时,砂土土坡安全系数最小。

解 (1)砂土土坡稳定安全系数

$K = \dfrac{\tan\varphi}{\tan\beta}$,$\tan\beta = \dfrac{\tan 35°}{K} = \dfrac{0.7}{1.3} = 0.54$,$\beta = 28.3°$

(2)滑动面为 OB,土坡稳定安全系数

$K = \dfrac{\tau_\mathrm{f}}{\tau} = \dfrac{\sigma\tan\varphi}{\tau} = \dfrac{\dfrac{G\cos\alpha}{OB}\tan\varphi}{\dfrac{G\sin\alpha}{OB}} = \dfrac{\tan\varphi}{\tan\alpha} \geqslant \dfrac{\tan\varphi}{\tan\beta}$

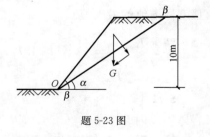

题 5-23 图

当 $\alpha=\beta$ 时土坡稳定安全系数最小,即土坡面上的土层最易滑动。

5-24 某挡土墙高 6m,用毛石和 M5 水泥砂浆砌筑,砌体重度 $\gamma=22\mathrm{kN/m^3}$,抗压强度 $f_\mathrm{y}=160\mathrm{MPa}$,填土 $\gamma=19\mathrm{kN/m^3}$,$\varphi=40°$,$c=0$,基底摩擦系数 $\mu=0.5$,地基承载力特征值

$f_a = 180 \text{kPa}$,试进行挡土墙抗倾覆、抗滑移稳定性、地基承载力验算。

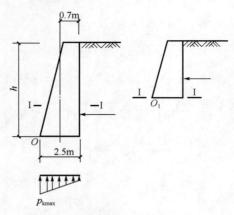

题 5-24 图

解 挡土墙主动土压力

$$E_a = \frac{1}{2}\gamma h^2 \tan^2\left(45° - \frac{\varphi}{2}\right)$$
$$= \frac{1}{2} \times 19 \times 6^2 \times \tan^2\left(45° - \frac{40°}{2}\right)$$
$$= 342 \times 0.217 = 74.4 \text{kN/m}$$

E_a 作用点离墙底 $\frac{1}{3} \times 6 = 2\text{m}$

挡土墙自重 $G = \frac{1}{2} \times (2.5 + 0.7) \times 6 \times 22$
$$= 211.2 \text{kN/m}$$

作用点离 O 点 1.62m。

(1) 抗倾覆稳定性

$$K_t = \frac{Gx_0}{E_a Z_f} = \frac{211.2 \times 1.62}{74.4 \times 2} = 2.29 \geqslant 1.6,\text{满足}。$$

(2) 抗滑移稳定性

$$K_f = \frac{G\mu}{E_a} = \frac{211.2 \times 0.5}{74.4} = 1.42 > 1.3,\text{满足}。$$

(3) 地基承载力验算

偏心距 $e = \dfrac{211.2 \times (1.62 - 1.25) - 74.4 \times 2}{211.2} = -0.33\text{m} < \dfrac{b}{6} = 0.417\text{m}$

$$p_k = \frac{F_k + G_k}{A} = \frac{211.2}{2.5 \times 1} = 84.5 \text{kPa} < f_a = 180 \text{kPa},\text{满足}。$$

$$p_{k\max} = \frac{F_k + G_k}{A} + \frac{M}{W} = 84.5 + \frac{211.2 \times 0.33}{\frac{1}{6} \times 2.5^2 \times 1}$$

$$= 151.4 \text{kPa} < 1.2 f_a$$
$$= 1.2 \times 180 = 216 \text{kPa},\text{满足}。$$

5-25 某挡土墙高度 $H = 8.0\text{m}$,墙背竖直、光滑,填土表面水平,墙后填土为中砂,$\gamma = 18.0 \text{kN/m}^3$,$\gamma_{sat} = 20 \text{kN/m}^3$,$\varphi = 30°$。试计算:(1) 总静止土压力 p_0,总主动土压力 p_a;(2) 墙后水位升至离墙顶 4.0m 时的总主动土压力 p_a 与水压力 p_w。

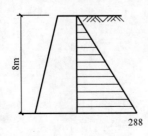 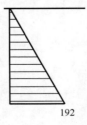 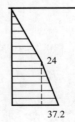 

题 5-25 图

解 (1) $p_0 = \frac{1}{2}\gamma H^2 K_0$

$K_0 \approx 1 - \sin\varphi = 1 - \sin30° = 1 - 0.5 = 0.5$

$p_0 = \frac{1}{2} \times 18 \times 8^2 \times 0.5 = 288\text{kPa/m}$

p_0 作用位置离墙底 $\frac{1}{3}H = 2.67\text{m}$。

$K_a = \tan^2\left(45° - \frac{30°}{2}\right) = 0.333$

$p_a = \frac{1}{2}\gamma H^2 K_a = \frac{1}{2} \times 18 \times 8^2 \times 0.333 = 192\text{kN/m}$

p_a 作用点离墙底 $\frac{1}{3}H = 2.67\text{m}$。

(2) 水位上升

水上 $p_{a1} = \frac{1}{2}\gamma H^2 K_a = \frac{1}{2} \times 18 \times 4^2 \times 0.333 = 48\text{kN/m}$

水下 $p_{a2} = \gamma H_1 K_a H_2 + \frac{1}{2}\gamma' H_2^2 K_a = 18 \times 4 \times 0.333 \times 4 + \frac{1}{2} \times 10 \times 4^2 \times 0.333 = 122.5\text{kN/m}$

总土压力 $p_a = p_{a1} + p_{a2} = 48 + 122.5 = 170.5\text{kN/m}$

总土压力作用点离墙底 2.84m。

水压力 $p_w = \frac{1}{2}\gamma_w H_2^2 = \frac{1}{2} \times 10 \times 4^2 = 80\text{kN/m}$

5-26 某挡土墙高 12m，材料参数和地下水位如图，试计算挡土墙所受的总压力。

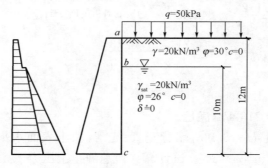

题 5-26 图

解 地下水位以上 $K_{a1} = \tan^2\left(45° - \frac{30°}{2}\right) = 0.333$

地下水位以下 $K_{a2} = \tan^2\left(45° - \frac{26°}{2}\right) = 0.39$

a 点土压力强度 $e_a = qK_{a1} = 50 \times 0.333 = 16.7\text{kPa}$

b 点上土压力强度 $e_{b1} = (q + \gamma_1 h_1)K_{a1} = (50 + 20 \times 2) \times 0.333 = 30\text{kPa}$

b 点下土压力强度 $e_{b2} = (q + \gamma_1 h_1)K_{a2} = (50 + 20 \times 2) \times 0.39 = 35.1\text{kPa}$

c 点土压力强度 $e_c = (q + \gamma_1 h_1 + \gamma_2' h_2) \times K_{a2} = (50 + 20 \times 2 + 10 \times 10) \times 0.39 = 74.1\text{kPa}$

c 点水压力强度 $e_{cw}=\gamma_w h=10\times10=100\text{kPa}$

土压力 $E_a=\dfrac{1}{2}\times(16.7+230)\times2+\dfrac{1}{2}\times(35.1+74.1)\times10=592.6\text{kN/m}$

水压力 $E_w=\dfrac{1}{2}\times100\times10=500\text{kN/m}$

总压力 $E=E_a+E_w=592.7+500=1092.7\text{kN/m}$

点评：工程实际中很少有单一的砂土层，因此地面有超载，分层土，黏性土水土压力计算必将成为将来考试的重点，应熟练掌握，并注意计算过程中的准确度。

5-27 如图，某挡土墙高 6m，材料参数如图所示，试计算墙所受到的主动土压力。

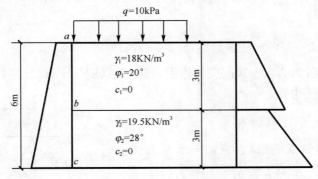

题 5-27 图

解 上面土层 $K_{a1}=\tan^2\left(45°-\dfrac{\varphi}{2}\right)=\tan^2\left(45°-\dfrac{20°}{2}\right)=0.49$

下面土层 $K_{a2}=\tan^2\left(45°-\dfrac{\varphi_2}{2}\right)=\tan^2\left(45°-\dfrac{28°}{2}\right)=0.36$

a 点土压力强度

$e_a=qK_a=10\times0.49=4.9\text{kPa}$

b 点上土压力强度

$e_{b1}=(q+\gamma_1 h_1)K_{a1}=(10+18\times3)\times0.49=31.36\text{kPa}$

b 点下土压力强度

$e_{b2}=(q+\gamma_1 h_1)K_{a2}=(10+18\times3)\times0.36=23.04\text{kPa}$

c 点土压力强度

$e_c=(q+\gamma_1 h_1+\gamma_2 h_2)K_{a2}=(10+18\times3+19.5\times3)\times0.36=44.1\text{kPa}$

土压力 $E=\dfrac{1}{2}\times(4.9+31.36)\times3+\dfrac{1}{2}\times(23.04+44.1)\times3$

$=155.1\text{kN/m}$

5-28 某混凝土挡土墙高 6m，分两层土，第一层土，$\gamma_1=19.5\text{kN/m}^3$，$c_1=12\text{kPa}$，$\varphi_1=15°$；第二层土 $\gamma_2=17.3\text{kN/m}^3$，$c_2=0$，$\varphi_2=31°$。试计算主动土压力。

解 临界深度 z_0

$K_{a1}=\tan^2\left(45°-\dfrac{15°}{2}\right)=0.59$

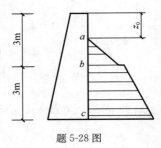

题 5-28 图

$$z_0 = \frac{2c_1}{\gamma_1 \sqrt{K_{a1}}} = \frac{2 \times 12}{19.5 \times \sqrt{0.59}} = 1.6\text{m}$$

b 点上土压力强度

$$e_{b1} = \gamma_1 h_1 K_{a1} - 2c_1\sqrt{K_{a1}}$$
$$= 19.5 \times 3 \times 0.59 - 2 \times 12 \times 0.768 = 16.1\text{kPa}$$

b 点下土压力强度

$$e_{b2} = \gamma_1 h_1' K_{a2} = 19.5 \times 3 \times 0.32 = 18.7\text{kPa}$$

c 点土压力强度

$$e_c = (\gamma_1 h_1 + \gamma_2 h_2)K_{a2} = (19.5 \times 3 + 17.3 \times 3) \times 0.32 = 35.3\text{kPa}$$

土压力

$$E = \frac{1}{2} \times 16.1 \times (3-1.6) + \frac{1}{2} \times (18.7+35.3) \times 3 = 92.3\text{kN/m}$$

5-29 某挡土墙高 7m，填土顶面局部作用荷载 $q=10\text{kN/m}^2$，试计算挡土墙主动土压力。

解法一 主动土压力系数

$$K_a = \tan^2\left(45° - \frac{\varphi}{2}\right) = \tan^2\left(45° - \frac{10°}{2}\right) = 0.70$$

从荷载两端点作两条辅助线，它们与水平面成 θ 角，$\theta = 45° + \frac{\varphi}{2} = 50°$，认为 b 点以上和 c 点以下土压力不受地面荷载影响，而 bc 间的土压力按均布荷载计算。

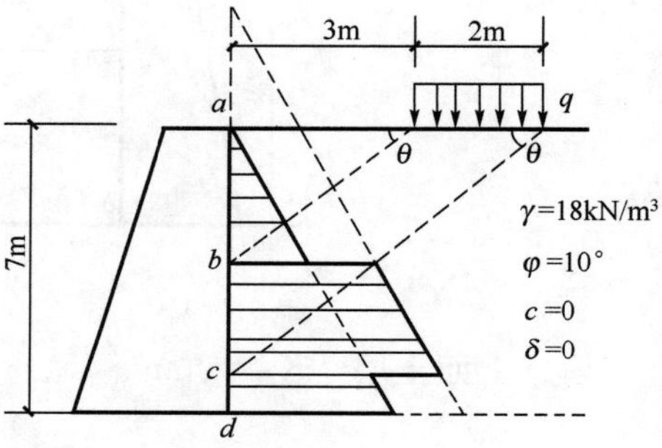

$$ab = 3\tan\theta = 3 \times \tan 50° = 3 \times 1.19 = 3.6\text{m}$$
$$ac = 5\tan\theta = 5 \times \tan 50° = 5 \times 1.19 = 5.95\text{m}$$

a 点　$e_a = 0$

b 点上　$e_{b1} = \gamma h K_a = 18 \times 3.6 \times 0.70 = 45.4\text{kPa}$

b 点下　$e_{b2} = (q+\gamma h)K_a = (10+18 \times 3.6) \times 0.7 = 52.36\text{kPa}$

c 点上　$e_{c1} = (q+\gamma h)K_a = (10+5.95 \times 18) \times 0.7 = 81.97\text{kPa}$

c 点下　$e_{c2} = \gamma h K_a = 18 \times 5.95 \times 0.70 = 74.97\text{kPa}$

d 点　$e_d = \gamma h K_a = 18 \times 7 \times 0.70 = 88.2\text{kPa}$

题 5-29 图

主动土压力

$$E_a = \frac{1}{2} \times 45.4 \times 3.6 + \frac{1}{2} \times (52.36+81.97) \times 2.35 + \frac{1}{2} \times (74.97+88.2) \times 1.05$$
$$= 325.2\text{kN/m}$$

解法二

$$K_a = \tan^2\left(45° - \frac{\varphi}{2}\right) = \tan^2\left(45° - \frac{10°}{2}\right) = 0.70$$

地面荷载 q 按照 θ 角单向扩散，$\theta = 45° + \frac{\varphi}{2} = 50°$

$$ab = 3\tan\theta = 3\tan 50° = 3.58$$

$ac = 5\tan\theta = 5\tan 50° = 5.96 < 7.0$

①土产生的土压力计算

$E_{a1} = \frac{1}{2}\gamma h^2 K_a = \frac{1}{2} \times 18 \times 7^2 \times 0.70 = 308.7 \text{ kN/m}$

②地面荷载 q 产生的土压力计算

$E_{a2} = qK_a(ac - ab) = 10 \times 0.7 \times (5.96 - 3.58) = 16.7 \text{ kN/m}$

$E_a = E_{a1} + E_{a2} = 308.7 + 16.7 = 325.4 \text{ kN/m}$

点评：局部荷载的扩散角问题，土力学教材和《建筑基坑支护技术规程》(JGJ 120—2012)有略微差别，如果题目中未给出按照《建筑基坑支护技术规程》(JGJ 120—2012)进行计算，一般应按照土力学教材计算。

5-30 某挡土墙高 7m，距墙背 3m 作用均布荷载 $q = 10 \text{kN/m}^2$，试计算主动土压力。

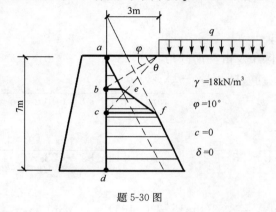

题 5-30 图

解 主动土压力系数

$K_a = \tan^2\left(45° - \frac{\varphi}{2}\right) = \tan^2\left(45° - \frac{10°}{2}\right) = 0.7$

从均布荷载起点作两条辅助线分别与水平面夹角为 φ 和 $\theta\left(\theta = 45° + \frac{\varphi}{2}\right)$，认为 b 点以上土压力不受地面荷载影响，c 点以下土压力受均布荷载影响，ef 用直线连接，土压力分布为阴影部分。

$ab = 3\tan\varphi = 3 \times 0.176 = 0.53\text{m}$

$ac = 3\tan\theta = 3\tan\left(45° + \frac{\varphi}{2}\right) = 3 \times 1.19 = 3.58\text{m}$

a 点土压力强度　$e_a = 0$

b 点土压力强度　$e_b = \gamma h K_a = 18 \times 0.53 \times 0.7 = 6.68\text{kPa}$

c 点土压力强度　$e_c = (q + \gamma h)K_a = (10 + 18 \times 3.58) \times 0.7 = 52.1\text{kPa}$

d 点土压力强度　$e_d = (q + \gamma h)K_a = (10 + 18 \times 7) \times 0.7 = 95.2\text{kPa}$

主动土压力

$E_a = \frac{1}{2} \times 6.68 \times 0.53 + \frac{1}{2} \times (6.68 + 52.1) \times 3.05 + \frac{1}{2} \times (52.1 + 95.2) \times 3.42$

$= 343.3\text{kN/m}$

点评：此类超载形式很多土力学教材中未列出，根据《建筑边坡工程技术规范》

(GB 50330—2002)附录B叠加可得。

5-31 某路基挡土墙高8.0m,路面宽7.0m,填土$\gamma=18kN/m^3$,$\varphi=35°$,$c=0$,$\delta=\frac{2}{3}\varphi$,伸缩缝间距10m,汽车为—20级,试用《公路桥涵地基与基础设计规范》(JTG D63—2007)计算主动土压力。

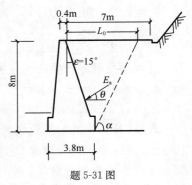

题 5-31 图

解 根据《公路桥涵地基与基础设计规范》(JTG D63—2007)对车辆荷载引起土压力按库仑土压力理论计算,将填土滑动楔范围内的车辆荷载用一个均布荷载代替,然后用库仑土压力计算方法计算。

(1)计算滑动楔体长度L_0

$$L_0 = H(\tan\varepsilon + c\tan\alpha)$$

式中:H——挡土墙高度;

ε、α——分别为墙背倾角及滑动面倾角。

填土面为水平($\beta=0$),墙背俯斜,$\varepsilon=15°>0$

$$\tan\alpha = -\tan(\varphi+\delta+\varepsilon) + \sqrt{[c\tan\varphi+\tan(\varphi+\delta+\varepsilon)][\tan(\varphi+\delta+\varepsilon)-\tan\varepsilon]}$$

$$= -\tan(35°+23.3°+15°) +$$

$$\sqrt{[c\tan35°+\tan(35°+23.3°+15°)][\tan(35°+23.3°+15°)-\tan15°]}$$

$$= 0.486$$

$$L_0 = H(\tan\varepsilon + c\tan\alpha) = 8 \times (\tan15° + 0.486) = 6.03m$$

(2)计算汽车荷载的等代均布土层厚度h_e

$$h_e = \frac{\sum G}{BL_0\gamma}$$

式中:γ——填土重度;

B——挡土墙计算长度,取10m;

$\sum G$——车辆轮上重力,按550kN计算。

$$h_e = \frac{550}{10 \times 6.03 \times 18} = 0.51m$$

(3)计算主动土压力系数

$$K_a = \frac{\cos^2(\varphi-\varepsilon)}{\cos^2\varepsilon\cos(\delta+\varepsilon)\left[1+\sqrt{\frac{\sin(\delta+\varphi)\sin(\varphi-\beta)}{\cos(\delta+\varepsilon)\cos(\varepsilon-\beta)}}\right]^2}$$

$$= \frac{\cos^2(35°-15°)}{\cos^215°\cos(23.3°+15°)\left[1+\sqrt{\frac{\sin(23.3°+35°)\sin(35°-0)}{\cos(23.3°+15°)\cos(15°-0)}}\right]^2}$$

$$= \frac{0.88}{0.93 \times 0.78 \times \left(1+\sqrt{\frac{0.85 \times 0.57}{0.78 \times 0.97}}\right)^2} = \frac{0.88}{0.725 \times 3.24} = 0.37$$

(4) 计算主动土压力

$$E_a = \frac{1}{2}\gamma H(H+2h_e)K_a = \frac{1}{2}\times 18\times 8\times(8+2\times 0.51)\times 0.37 = 240 \text{kN/m}$$

$$\theta = \delta + \varepsilon = 23.3 + 15 = 38.3°$$

$$E_{ax} = E_a\cos\theta = 240\times\cos 38.3° = 240\times 0.78 = 188 \text{kN/m}$$

$$E_{ay} = E_a\sin\theta = 240\times\sin 38.3° = 240\times 0.62 = 148.7 \text{kN/m}$$

E_a 作用点距挡土墙底 $Z = \dfrac{H}{3}\cdot\dfrac{H+3h_e}{H+2h_e} = \dfrac{8}{3}\times\dfrac{8+3\times 0.51}{8+2\times 0.51} = \dfrac{8}{3}\times\dfrac{9.53}{9.02} = 2.8\text{m}$

5-32 某挡土墙高 6m,墙背填料 $\gamma = 18\text{kN/m}^3$, $\gamma_{sat} = 20\text{ kN/m}^3$, $c = 0$, $\varphi = 30°$, 地下水位在地面下 2.0m, 试计算作用在墙上的总压力。

解 主动土压力系数

$$K_a = \tan^2\left(45° - \frac{\varphi}{2}\right) = \tan^2\left(45° - \frac{30°}{2}\right) = 0.333$$

水位处主动土压力强度

$$e_1 = \gamma h_1 K_a = 18\times 2\times 0.333 = 11.99 \text{kPa}$$

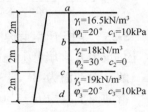

题 5-32 图

墙底处主动土压力强度

$$e_2 = (\gamma_1 h_1 + \gamma' h_2)K_a = (18\times 2 + 10\times 4)\times 0.333 = 25.3 \text{kPa}$$

墙底处水压力强度

$$e_w = \gamma_w h = 10\times 4 = 40 \text{kPa}$$

作用在墙上的总压力 $E_a = \dfrac{1}{2}\times 2\times 11.99 + \dfrac{1}{2}\times(11.99 + 25.3)\times 4 + \dfrac{1}{2}\times 40\times 4$

$$= 11.99 + 74.58 + 80 = 166.57 \text{kN/m}$$

5-33 挡土墙高 6m,填土由三层土组成,试计算主动土压力。

解 临界深度

$$K_{a1} = \tan^2\left(45° - \frac{\varphi_1}{2}\right) = \tan^2\left(45° - \frac{20°}{2}\right) = 0.49$$

临界深度

$$z_0 = \frac{2c}{\gamma\sqrt{K_a}} = \frac{2\times 10}{16.5\times\sqrt{0.49}} = 1.73\text{m}$$

b 点上土压力强度

$$e_{b1} = \gamma_1 h_1 K_{a1} - 2c_1\sqrt{K_{a1}} = 16.5\times 2\times 0.49 - 2\times 10\times\sqrt{0.49} = 2.17 \text{kPa}$$

$$K_{a2} = \tan^2\left(45° - \frac{\varphi}{2}\right) = \tan^2\left(45° - \frac{30°}{2}\right) = 0.333$$

b 点下土压力强度

$$e_{b2} = \gamma_1 h_1 K_{a2} = 16.5\times 2\times 0.333 = 11 \text{kPa}$$

c 点上土压力强度

$$e_{c1} = (\gamma_1 h_1 + \gamma_2 h_2)K_{a2} = (16.5\times 2 + 18\times 2)\times 0.333 = 23 \text{kPa}$$

$$K_{a3} = 0.49$$

c 点下土压力强度

$$e_{c2} = (\gamma_1 h_1 + \gamma_2 h_2)K_{a3} - 2c_3\sqrt{K_{a3}} = (16.5 \times 2 + 18 \times 2) \times 0.49 - 2 \times 10 \times \sqrt{0.49}$$
$$= 19.81 \text{kPa}$$

d 点土压力强度

$$e_d = (\gamma_1 h_1 + \gamma_2 h_2 + \gamma_3 h_3)K_{a3} - 2c\sqrt{K_{a3}}$$
$$= (16.5 \times 2 + 18 \times 2 + 19 \times 2) \times 0.49 - 2 \times 10\sqrt{0.49}$$
$$= 52.43 - 14 = 38.43 \text{kPa}$$

主动土压力

$$E_a = \frac{1}{2} \times 2.17 \times (2 - 1.73) + \frac{1}{2} \times (11 + 23) \times 2 + \frac{1}{2} \times (19.81 + 38.43) \times 2$$
$$= 0.293 + 34 + 58.24 = 92.5 \text{kN/m}$$

5-34 某边坡,坡角 $\beta = 60°$,坡面倾角 $\theta = 30°$,土的 $\gamma = 20\text{kN/m}^3$,$\varphi = 25°$,$c = 10\text{kPa}$,假设滑动面倾角 $\alpha = 45°$,滑动面长度 $L = 60\text{m}$,滑动块楔体垂直高度 $h = 20\text{m}$,试计算边坡的稳定安全系数。

解 楔体重 $G = \frac{1}{2}h\cos\alpha L\gamma = \frac{1}{2} \times 20\cos 45° \times 60 \times 20$
$$= 8485.3 \text{kN/m}$$

边坡稳定安全系数为抗滑力 T_f 与滑动力 T 之比

$$K = \frac{T_f}{T} = \frac{G\cos\alpha\tan\varphi + cL}{G\sin\alpha}$$
$$= \frac{8485.3\cos 45°\tan 25° + 10 \times 60}{8485.3\sin 45°} = 0.57$$

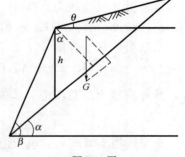

题 5-34 图

5-35 某挡土墙,假设滑动面为 BC,填土 $\varphi = 30°$,墙背与填土间摩擦角 $\delta = 20°$,试绘出滑动面 $\overline{BC}$ 上的反力 R 和墙背上土压力 E。

解 滑动面为 BC,土楔体 ABC 重 G,方向向下。

滑动面上反力 R 与 $\overline{BC}$ 的法线 N_1 的夹角为 $\varphi = 30°$,并位于 N_1 下侧。

墙背对楔体反力 E 与墙背法线 N_2 的夹角为 $\delta = 20°$,并位于 N_2 的下侧。

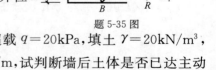

题 5-35 图

5-36 某挡土墙高 4m,墙背直立,填土面水平,并有超载 $q = 20\text{kPa}$,填土 $\gamma = 20\text{kN/m}^3$,$c = 5\text{kPa}$,$\varphi = 30°$,$K_0 = 0.55$,实测墙后土压力合力为 64kN/m,试判断墙后土体是否已达主动极限平衡状态。

解 $K_a = \tan^2\left(45° - \frac{\varphi}{2}\right) = \tan^2\left(45° - \frac{30°}{2}\right) = 0.333$

墙顶主动压力强度:

$e_{a顶} = qK_a - 2c\sqrt{K_a} = 20 \times 0.333 - 2 \times 5 \times \sqrt{0.333} = 0.89 \text{kPa}$

墙底主动压力强度：

$e_{a底} = (q+\gamma h)K_a - 2c\sqrt{K_a} = (20+20\times 4)\times 0.333 - 2\times 5 \times \sqrt{0.333} = 27.53 \text{kPa}$

$E_a = \frac{1}{2}(e_{a顶} + e_{a底})h = \frac{1}{2} \times (0.89+27.53) \times 4 = 56.84 < 64 \text{kN/m}$

故墙后土体未达到极限平衡状态。

5-37 按太沙基土体极限平衡理论，试求黏性土的直立坡极限高度。已知条件：黏性土，$\varphi=5°, c=10\text{kPa}, \gamma=19\text{kN/m}^3$（土体稳定性系数 $N_s=0.24$）。

解 $N_s = \frac{c}{\gamma h} \Rightarrow h = \frac{c}{\gamma N_s} = \frac{10}{19 \times 0.24} = 2.19\text{m}$

点评：本题中的 N_s 称为稳定系数，可根据坡角及土的内摩擦角查表得出，如果题目中未给出时，应当会查土力学中相关图表。

5-38 已知某土坡边坡坡比为 $1:1$，土的黏聚力 $c=12\text{kPa}, \varphi=20°, \gamma=18\text{kN/m}^3$，试求土坡极限高度（土体稳定性系数 $N_s=0.065$）。

解 边坡坡率为 $1:1, \beta=45°$

$h = \frac{c}{\gamma N_s} = \frac{12}{18 \times 0.065} = 10.26\text{m}$

5-39 土层参数和基坑深度如图所示，试计算主动土压力。

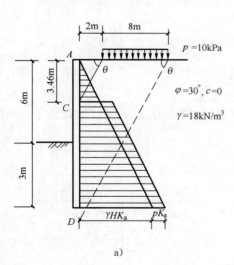
a)

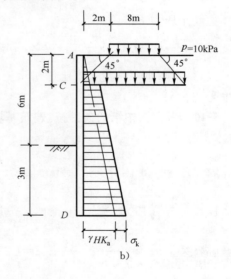
b)

题 5-39 图

解 （1）按照相关《土力学》教科书计算主动土压力[图 a]

$\theta = 45° + \frac{\varphi}{2} = 45° + 15° = 60°$

$AC = 2\tan 60° = 3.46\text{m}$

$AD = 10\tan 60° = 17.32\text{m}$

343

$$K_a = \tan^2\left(45° - \frac{\varphi}{2}\right) = \tan^2\left(45° - \frac{30°}{2}\right) = \tan^2 30° = 0.333$$

C、D 点主动土压力强度

C 点上：$e_{Ca} = \gamma h K_a = 18 \times 3.46 \times 0.333 = 20.74\text{kPa}$

C 点下：$e'_{Ca} = \gamma h K_a + p K_a = (\gamma h + p) K_a = (18 \times 3.46 + 10) \times 0.333 = 24.07\text{kPa}$

$\qquad e_{Da} = \gamma h K_a + p K_a = 18 \times 9 \times 0.3333 + 10 \times 0.333 = 57.28\text{kPa}$

主动土压力 E_a

$E_a = \frac{1}{2} \times 3.46 \times 20.74 + \frac{1}{2} \times 5.54 \times (24.07 + 57.28) = 261.2\text{kN}$

(2) 按《建筑基坑支护技术规程》(JGJ 120—2012)计算主动土压力[图 b]

$b_1 = 2\text{m} \leqslant z \leqslant 3b_1 + b = 3 \times 2 + 8 = 14\text{m}$

$\sigma_k = \dfrac{pb}{b + 2b_1} = \dfrac{10 \times 8}{8 + 2 \times 2} = \dfrac{80}{12} = 6.67\text{kPa}$

$z < b_1 = 2\text{m}, \sigma_k = 0$

C、D 点主动土压力强度

$\qquad e_{Ca} = \gamma h K_a = 18 \times 2 \times 0.33 = 11.9\text{kPa}$

$\qquad e'_{Ca} = (\sigma_k + \gamma h) K_a = (6.67 + 18 \times 2) \times 0.33 = 14.1\text{kPa}$

$\qquad e_{Da} = (\sigma_k + \gamma h) K_a = (6.67 + 18 \times 9) \times 0.33 = 55.7\text{kPa}$

主动土压力 E_a

$\qquad E_a = \frac{1}{2} \times 2 \times 11.9 + \frac{1}{2} \times 7 \times (14.1 + 55.7) = 11.9 + 244.3\text{kN} = 256\text{kN}$

点评：本题也可采用土产生的朗肯土压力与附加荷载产生的土压务叠加进行计算，可参考 5-29 给出的解法二。

5-40 根据图中给的条件按《建筑基坑支护技术规程》(JGJ 120—2012)计算主、被动土压力(水土分算)。

解 $K_a = \tan^2\left(45° - \dfrac{\varphi}{2}\right) = \tan^2\left(45° - \dfrac{20°}{2}\right) = 0.49$

$\qquad K_p = \tan^2\left(45° + \dfrac{\varphi}{2}\right) = \tan^2\left(45° + \dfrac{20°}{2}\right) = 2.04$

临界深度 $\quad z_0 = \dfrac{2c}{\gamma \sqrt{K_a}} = \dfrac{2 \times 8}{18 \times 0.7} = 1.27\text{m}$

$2\text{m} \leqslant z \leqslant (3 \times 2 + 8) = 14\text{m}$

$\sigma_k = \dfrac{pb}{b + 2b_1} = \dfrac{10 \times 8}{8 + 2 \times 2} = 6.67\text{kPa}$

$2\text{m} > z > 14\text{m}, \sigma_k = 0$

C 点主动土压力强度

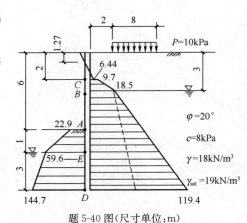

题 5-40 图(尺寸单位：m)

$e_{Ca} = \gamma h K_a - 2c\sqrt{K_a} = 18 \times 2 \times 0.49 - 2 \times 8 \times 0.7 = 6.44\text{kPa}$

$e'_{Ca} = (\sigma_k + \gamma h)K_a - 2c\sqrt{K_a} = (6.67 + 18 \times 2) \times 0.49 - 2 \times 8 \times 0.7 = 9.7\text{kPa}$

水位处 B 点主动土压力强度

$e_{Ba} = (6.67 + 18 \times 3) \times 0.49 - 2 \times 8 \times 0.7 = 29.7 - 11.2 = 18.5\text{kPa}$

D 点主动土压力强度

$e_{Da} = (\sigma_{ak} - u_a)K_a - 2c\sqrt{K_a} + u_a$
$= (6.67 + 18 \times 3 + 19 \times 7 - 10 \times 7) \times 0.49 - 2 \times 8 \times 0.7 + 10 \times 7 = 119.4\text{kPa}$

$E_a = \frac{1}{2} \times 6.44 \times (2.0 - 1.27) + \frac{1}{2} \times (9.7 + 18.5) \times 1.0 + \frac{1}{2} \times (18.5 + 119.4) \times 7.0$
$= 499.1\text{kN}$

A 点被动土压力强度

$e_{Ap} = \gamma h K_p + 2c\sqrt{K_p} = 2 \times 8 \times \sqrt{2.04} = 22.9\text{kPa}$

E 点被动土压力强度

$e_{Ep} = \gamma h K_p + 2c\sqrt{K_p} = 18 \times 1.0 \times 2.04 + 2 \times 8 \times \sqrt{2.04} = 59.6\text{kPa}$

D 点的被动土压力强度

$e_{Dp} = (\sigma_{pk} - u_p)K_p + 2c\sqrt{K_p} + u_p$
$= (18 \times 1 + 19 \times 3 - 10 \times 3) \times 2.04 + 2 \times 8 \times 1.43 + 10 \times 3 = 144.7$

$E_p = \frac{1}{2} \times (22.9 + 59.6) \times 1.0 + \frac{1}{2} \times (59.6 + 144.7) \times 3.0 = 347.7\text{kN}$

$E_p < E_a$，土压力不满足要求。

5-41 某止水帷幕如图所示，土的天然重度 $\gamma = 18\text{kN/m}^3$，一级基坑，试验算其稳定性。

根据《建筑基坑支护技术规程》(JGJ 120—2012)附录 C 得：

一级基坑 $K_f = 1.6$

$\frac{(2l_d + 0.8D_1)\gamma'}{\Delta h \cdot \gamma_w} = \frac{(2 \times 6 + 0.8 \times 8) \times 8}{8 \times 10}$

$= 1.84 > K_f = 1.6$

满足规范要求。

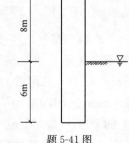

题 5-41 图

5-42 某基坑采用板桩作为支护结构，坑底采用集水池进行排水，板桩嵌固深度为 3m，试计算渗流稳定系数。

解 $i \leqslant \dfrac{i_c}{K_s}$

$K_s \leqslant \dfrac{i_c}{i}$

$i = \dfrac{4}{4+3+3} = 0.4$

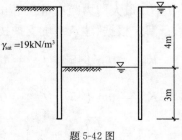

题 5-42 图

$$i_c = \frac{\gamma'}{\gamma_w} = \frac{19-10}{10} = 0.9$$

$$K_s = \frac{0.9}{0.4} = 2.25$$

5-43 某二级基坑深度为 6m,地面作用 10kPa 的均布荷载,采用双排桩支护,土为中砂,黏聚力为 0,内摩擦角为 30°,重度为 18kN/m³,无地下水。支护桩直径为 600mm,桩间距为 1.2m,排距为 2.4m,嵌固深度 4m。双排桩结构和桩间土的平均重度为 20kN/m³,试验算双排桩的嵌固稳定安全性。

解 根据《建筑基坑支护技术规程》(JGJ 120—2012)4.12.5 条

$$K_a = \tan^2\left(45° - \frac{\varphi}{2}\right) = \tan^2\left(45° - \frac{30°}{2}\right) = 0.333$$

$$K_p = \tan^2\left(45° + \frac{\varphi}{2}\right) = \tan^2\left(45° + \frac{30°}{2}\right) = 3.0$$

$$p_{a1} = qK_a = 10 \times 0.333 = 3.3\text{kPa}$$

$$p_{a2} = (q + \gamma H)K_a = (10 + 18 \times 10) \times 0.333 = 63.3\text{kPa}$$

$$E_a = \frac{1}{2}(p_{a1} + p_{a2})H = \frac{1}{2} \times (3.3 + 63.3) \times 10 = 333\text{kN}$$

$$p_p = \gamma H K_p = 18 \times 4 \times 3.0 = 216\text{kPa}$$

$$E_p = \frac{1}{2}p_p l_d = \frac{1}{2} \times 216 \times 4 = 432\text{kN}$$

$$G = \gamma V = 20 \times (2.4 + 0.6) \times 10 = 600\text{kN}$$

$$\frac{E_{pk}a_p + Ga_G}{E_{ak}a_a} = \frac{432 \times \frac{1}{3} \times 4 + 600 \times \frac{1}{2} \times (2.4 + 0.6)}{3.3 \times 10 \times \frac{1}{2} \times 10 + \frac{1}{2} \times (63.3 - 3.3) \times 10 \times \frac{1}{3} \times 10} = 1.27 \geqslant 1.2$$

5-44 某基坑深度 5m,2m 以上为杂填土,重度 $\gamma_1 = 18\text{kN/m}^3$,黏聚力为 $c_1 = 3.5\text{kPa}$,内摩擦角为 $\varphi_1 = 20$,2m 以下为淤泥质黏土,重度 $\gamma_2 = 17\text{kN/m}^3$,黏聚力为 $c_2 = 14\text{kPa}$,内摩擦角为 $\varphi_2 = 10$,采用重力式水泥土墙支护。水泥土墙为 6 排 $\phi 850@600$ 三轴搅拌桩,排与排搭接 250mm,嵌固深度为 7m,水泥土墙在基坑开挖时的轴心抗压强度设计值为 $f_{cs} = 800\text{kPa}$,水泥土的重度为 19kN/m³,基坑周边考虑 10kPa 地面荷载,基坑安全等级为三级。

(1)试验算其抗滑移、抗倾覆稳定性。

(2)最大弯矩距离桩顶下 10.3m,弯矩标准值为 550kN·m,试验算该截面处墙体拉应力、压应力;最大剪力距离桩顶下 6.2m,试验算该截面处墙体的剪应力(抗剪断系数 $\mu = 0.4$)。

解 根据《建筑基坑支护技术规程》(JGJ 120—2012)6.1 节

$$K_{a1} = \tan^2\left(45° - \frac{\varphi_1}{2}\right) = \tan^2\left(45° - \frac{20°}{2}\right) = 0.490$$

$$K_{a2} = \tan^2\left(45° - \frac{\varphi_2}{2}\right) = \tan^2\left(45° - \frac{10°}{2}\right) = 0.704$$

$$K_{p2} = \tan^2\left(45° + \frac{\varphi_2}{2}\right) = \tan^2\left(45° + \frac{10°}{2}\right) = 1.420$$

杂填土顶主动土压力强度

$p_{a1} = qK_{a1} - 2c_1\sqrt{K_{a1}} = 10 \times 0.490 - 2 \times 3.5 \times \sqrt{0.490} = 0 \text{kPa}$

杂填土底主动土压力强度

$p_{a2} = (q+\gamma_1 H_1)K_{a1} - 2c_1\sqrt{K_{a1}} = (10+18 \times 2) \times 0.490 - 2 \times 3.5 \times \sqrt{0.490} = 17.64 \text{kPa}$

淤泥质土顶主动土压力强度

$p_{a3} = (q+\gamma_1 H_1)K_{a2} - 2c_2\sqrt{K_{a2}} = (10+18 \times 2) \times 0.704 - 2 \times 14 \times \sqrt{0.704} = 8.89 \text{kPa}$

挡墙底主动土压力强度

$p_{a4} = (q+\gamma_1 H_1 + \gamma_2 H_2)K_{a2} - 2c_2\sqrt{K_{a2}}$
$= (10+18 \times 2 + 17 \times 10) \times 0.704 - 2 \times 14 \times \sqrt{0.704} = 128.57 \text{kPa}$

$E_a = \frac{1}{2} \times (p_{a1} + p_{a2}) \times H_1 + \frac{1}{2} \times (p_{a1} + p_{a2}) \times H_2$
$= \frac{1}{2} \times (0+17.64) \times 2 + \frac{1}{2} \times (8.89+128.57) \times 10 = 704.94$

基坑底被动土压力强度

$p_{p1} = 2c_2\sqrt{K_{p2}} = 2 \times 14 \times \sqrt{1.420} = 33.37 \text{kPa}$

挡墙底被动土压力强度

$p_{p2} = \gamma_2 l_d K_{a2} + 2c_2\sqrt{K_{a2}} = 17 \times 7 \times 1.420 + 2 \times 14 \times \sqrt{1.420} = 202.35 \text{kPa}$

$E_p = \frac{1}{2} \times (p_{p1} + p_{p2}) \times l_d = \frac{1}{2} \times (33.37+202.35) \times 7 = 825.02$

$G = \gamma V = 19 \times (5 \times 0.6 + 0.85) \times (5+7) = 877.80 \text{kN}$

抗倾覆验算

$\frac{E_{pk}a_p + Ga_G}{E_{ak}a_a} = \frac{33.37 \times 7 \times \frac{1}{2} \times 7 + \frac{1}{2} \times (202.35-33.37) \times 7 \times \frac{1}{3} \times 7 + 877.80 \times \frac{1}{2} \times (5 \times 0.6 + 0.85)}{\frac{1}{2} \times 17.64 \times 2 \times (10+\frac{1}{3} \times 2) + 8.89 \times 10 \times \frac{1}{2} \times 10 + \frac{1}{2} \times (128.57-8.89) \times 10 \times \frac{1}{3} \times 10}$

$= \frac{3887.33}{2627.33} = 1.48 \geqslant K_{ov} = 1.3$，满足规范要求。

抗滑移验算

$\frac{E_{pk} + G\tan\varphi_2 + c_2 B}{E_{ak}} = \frac{825.02 + 877.80 \times \tan 10° + 14 \times (5 \times 0.6 + 0.85)}{704.94} = \frac{1\,033.70}{704.94}$

$= 1.47 \geqslant K_{sl} = 1.2$，满足规范要求。

拉应力验算

$\frac{6M}{B^2} - \gamma_{cs}z = \frac{6 \times 0.9 \times 1.25 \times 550}{3.85^2} - 19 \times 10.3 = 54.8 \leqslant 0.15 f_{cs} = 0.15 \times 800 = 120$，

满足规范要求。

压应力验算

$\gamma_0 \gamma_F \gamma_{cs}z + \frac{6M}{B^2} = 0.9 \times 1.25 \times 19 \times 10.3 + \frac{6 \times 0.9 \times 1.25 \times 550}{3.85^2} = 470.6 \leqslant f_{cs} = 800$，

满足规范要求。

剪应力验算

6.2m 处的主动土压力强度

$p_{a5} = (q+\gamma_1 H_1+\gamma_2 \times 4.2)K_{a2}-2c_2\sqrt{K_{a2}} = (10+18\times 2+17\times 4.2)\times 0.704-2\times 14\times \sqrt{0.704}$
$= 59.16$

$E'_a = \frac{1}{2}\times(p_{a1}+p_{a2})\times H_1 + \frac{1}{2}\times(p_{a1}+p_{a5})\times 4.2$
$= \frac{1}{2}\times(0+17.64)\times 2 + \frac{1}{2}\times(8.89+59.16)\times 4.2 = 160.55\text{kN}$

6.2 处被动土压力强度

$p_{p3} = \gamma\times h\times K_{p2}+2c_2\sqrt{K_{p2}} = 17\times 1.2\times 1.420+2\times 14\times\sqrt{1.420} = 62.33\text{kPa}$

$E'_p = \frac{1}{2}\times(p_{p1}+p_{p3})\times h = \frac{1}{2}\times(33.37+62.33)\times 1.2 = 57.42$

$G' = \gamma\times V' = 19\times 6.2\times 3.85 = 453.53$

$\frac{E'_a-\mu G'-E'_p}{B} = \frac{160.55-0.4\times 453.53-57.42}{3.85} = -20.33 \leqslant \frac{1}{6}f_{cs} = 133.33$，满足规范要求。

点评：重力式水泥土墙在软土地区应用广泛，《建筑基坑支护技术规程》(JGJ 120—2012) 做了很大的修改。取消了按照圆弧滑动简单条分法确定嵌固深度，修改了墙体厚度的计算方法，调整了墙体拉应力计算，增加了墙体剪应力的计算。由于新规程取消了经典法的计算，弯矩不宜简单的求出，故本题给出了弯矩计算值。另外，考生也应该熟悉三轴搅拌桩的搭接形式，能够准确的算出墙厚。

5-45 [2004 年考题] 填土土堤边坡高 $H=4.0$m，填料重度 $\gamma=20\text{kN/m}^3$，内摩擦角 $\varphi=35°$，内聚力 $c\approx 0$，试求边坡坡角为多少时边坡稳定性系数最接近于 1.25。

解 $K_s = \frac{\gamma V\cos\theta\tan\varphi+Ac}{\gamma V\sin\theta}$

$c=0$, $K_s = \frac{\cos\theta\tan\varphi}{\sin\theta} = \frac{\tan\varphi}{\tan\theta}$

$\tan\theta = \frac{\tan\varphi}{K_s} = \frac{\tan 35°}{1.25} = 0.56, \theta=29.25°$

5-46 [2004 年考题] 某基坑剖面如图所示，按水土分算原则并假定地下水为稳定渗流，E 点处内外两侧水压力相等，试求墙身内外水压力抵消后作用于每米支护结构的总水压力净值（按图中三角形分布计算）（$\gamma_w=10\text{kN/m}^3$）。

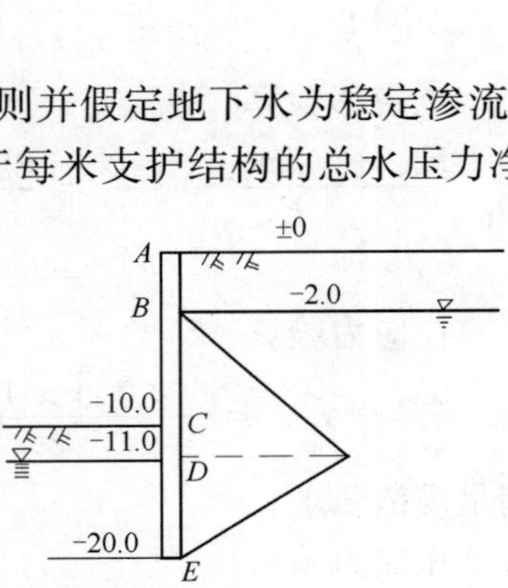

解 $i = \frac{\Delta h}{L} = \frac{11-2}{18+9} = \frac{1}{3}$

则 D 点孔隙水压力：

$u_D = \gamma_w \cdot h_D = 10\times(11-2)\times\left(1-\frac{1}{3}\right) = 60\text{kPa}$

$p_w = \frac{1}{2}u_D\times(20-2) = \frac{1}{2}\times 60\times 18 = 540\text{kN/m}$

题 5-46 图

5-47 [2004 年考题] 基坑坑底下有承压含水层，如图所示，已知不透水层土的天然重度 $\gamma=20\text{kN/m}^3$，水的重度 $\gamma_w=10\text{kN/m}^3$，如要求基坑底抗突涌稳定系数 K 不小于 1.1，试求基

坑开挖深度 h。

解 按《建筑基坑支护技术规程》(JGJ 120—2012)附录 C

$$\frac{D\gamma}{h_w \gamma_w} \geqslant K_h$$

$$\frac{(16-h) \times 20}{(16-2) \times 10} \geqslant 1.1$$

$$h \leqslant 8.3\text{m}$$

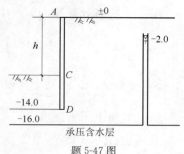

题 5-47 图

点评:《建筑基坑支护技术规程》(JGJ 120—2012)新增加了渗透稳定性计算的相关内容,应当引起重视。

5-48［2004 年考题］ 重力式挡墙如图所示,挡墙底面与土的摩擦系数 $\mu=0.4$,墙背与填土间摩擦角 $\delta=15°$,试求抗滑移稳定性系数。

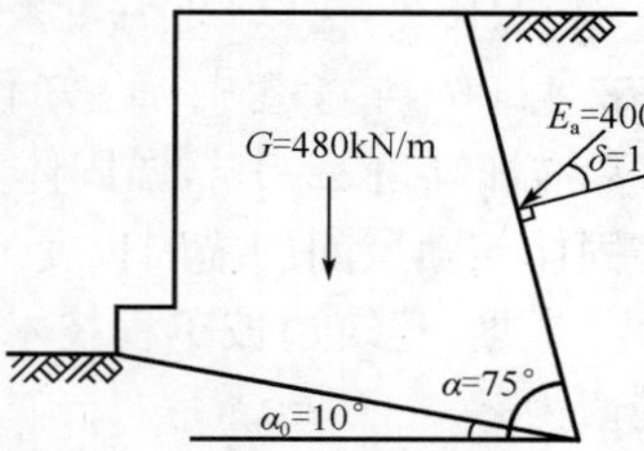

解 抗滑稳定性系数

$G_n = G\cos\alpha_0 = 480 \times \cos10° = 472.7\text{kN/m}$
$G_t = G\sin\alpha_0 = 480 \times \sin10° = 83.4\text{kN/m}$
$E_{at} = E_a \sin(\alpha - \alpha_0 - \delta) = 400 \times \sin(75° - 10° - 15°)$
$\qquad = 306.4\text{kN/m}$
$E_{an} = E_a \cos(\alpha - \alpha_0 - \delta) = 400 \times \cos(75° - 10° - 15°) = 257.1\text{kN/m}$

$$K = \frac{(G_n + E_{an})\mu}{E_{at} - G_t} = \frac{(472.7 + 257.1) \times 0.4}{306.4 - 83.4} = 1.31$$

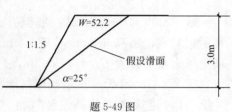

题 5-48 图

5-49［2004 年考题］ 用砂性土填筑的路堤,高度为 3.0m,顶宽 26m,坡率为 1∶1.5,采用直线滑动面法验算其边坡稳定性,$\varphi=30°$,$c=0.1\text{kPa}$,假设滑动面倾角 $\alpha=25°$,滑动面以上土体重 $W=52.2\text{kN/m}$,滑面长 $L=7.1\text{m}$,试求抗滑动稳定性系数 K。

解
$$K_s = \frac{\gamma V \cos\alpha \tan\varphi + Ac}{\gamma V \sin\alpha}$$

$$= \frac{52.2 \times \cos25° \tan30° + 7.1 \times 1 \times 0.1}{52.2 \times \sin25°}$$

$$= 1.27$$

题 5-49 图

5-50［2004 年考题］ 某 25m 高的均质岩石边坡,采用锚喷支护,侧向岩石压力合力水平分力修正值(即单宽岩石侧压力)为 2000kN/m,若锚杆水平间距 $s_{xj}=4.0\text{m}$,垂直间距 $s_{yj}=2.5\text{m}$,试求单根锚杆所受水平拉力标准值。

解 根据《建筑边坡工程技术规范》(GB 50330—2013)10.2.1 条、9.2.5 条。

$$e'_{ah} = \frac{E'_{ah}}{0.9H} = \frac{2000}{0.9 \times 25} = 88.9\text{kN/m}^2$$

$$H_{tk} = e'_{ah} s_{xj} s_{yj} = 88.9 \times 4.0 \times 2.5 = 889\text{kN}$$

5-51［2004 年考题］ 基坑剖面如图所示,已知土层天然重度为 20kN/m^3,有效内摩擦角 $\varphi'=30°$,有效黏聚力 $c'=0$,若不计墙两侧水压力,试按朗肯土压力理论分别计算支护结构底部 E 点内外两侧的被动土压力强度 e_p 及主动土压力强度 e_a(水的重度为 $\gamma_w=10\text{kN/m}^3$)。

349

解 土的有效黏聚力 $c'=0$

$$K_a = \tan^2\left(45°-\frac{\varphi}{2}\right) = \tan^2\left(45°-\frac{30°}{2}\right) = 0.33$$

$$K_p = \tan^2\left(45°+\frac{\varphi}{2}\right) = \tan^2\left(45°+\frac{30°}{2}\right) = 3.0$$

E 点主动土压力强度

$$e_a = \gamma H K_a = (20\times2+18\times10)\times0.33 = 72.6\text{kPa}$$

E 点被动土压力强度

$$e_p = \gamma H K_p = (1\times20+9\times10)\times3.0 = 330\text{kPa}$$

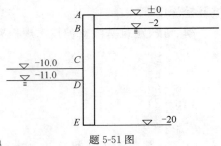

题 5-51 图

5-52［2004 年考题］ 已知作用于二级永久岩质边坡锚杆的水平拉力标准值 $H_{tk}=1140\text{kN}$，锚杆倾角 $\alpha=15°$，锚固体直径 $D=0.15\text{m}$，地层与锚固体的黏结强度 $f_{rbk}=1000\text{kPa}$，试求锚固体与地层间的锚固长度。

解 根据《建筑边坡工程技术规范》(GB 50330—2013) 8.2.1 条~8.2.3 条，锚杆轴向拉力标准值为

$$N_{ak} = \frac{H_{tk}}{\cos\alpha} = \frac{1140}{\cos15°} = 1180.2\text{kN}$$

$$l_a = \frac{KN_{ak}}{\pi D f_{rbk}} = \frac{2.4\times1180.2}{3.14\times0.15\times1000} = 6.0\text{m}$$

5-53［2004 年考题］ 某一墙面直立，墙顶面与土堤顶面齐平的重力式挡墙高 3.0m，顶宽 1.0m，底宽 1.6m，已知墙背主动土压力水平分力 $E_x=175\text{kN/m}$，竖向分力 $E_y=55\text{kN/m}$，墙身自重 $W=180\text{kN/m}$，试求挡墙抗倾覆稳定性系数。

解 据《建筑地基基础设计规范》(GB 50007—2011) 第 6.7.5 条

$$K = \frac{Gx_0+E_{az}x_f}{E_{ax}z_f}$$

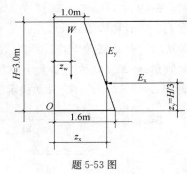

题 5-53 图

挡土墙重心至墙趾的水平距离

$$z_w = \frac{A_1\bar{y}_1+A_2\bar{y}_2}{A_1+A_2} = \frac{1\times3\times0.5+0.6\times3\times\frac{1}{2}\times\left(1+\frac{0.6}{3}\right)}{1\times3+0.6\times3\times\frac{1}{2}} = 0.66$$

$$K = \frac{wz_w+E_yz_x}{E_xz_y} = \frac{180\times0.66+55\times\left(1+\frac{2}{3}\times0.6\right)}{175\times\frac{1}{3}\times3} = 1.12$$

5-54［2004 年考题］ 某地段软黏土厚度超过 15m，软黏土重度 $\gamma=16\text{kN/m}^3$，内摩擦角 $\varphi=0$，内聚力 $c_u=12\text{kPa}$，假设土堤及地基土为同一均质软土，若采用泰勒稳定数图解法确定土堤临界高度［见《铁路工程特殊岩土勘察规程》(TB 10038—2012)］，试求建筑在该软土地基上

且加荷速率较快的铁路路堤临界高度 H_c。

解 根据《铁路工程特殊岩土勘察规程》(TB 10038—2012)条文说明 6.2.4

$$H_c = \frac{5.52c_u}{\gamma} = \frac{5.52 \times 12}{16} = 4.14\text{m}$$

5-55 ［2004 年考题］ 一均匀黏性土填筑的路堤存在如图圆弧形滑面，滑面半径 $R=12.5\text{m}$，滑面长 $L=25\text{m}$，滑带土不排水抗剪强度 $c_u=19\text{kPa}$，内摩擦角 $\varphi=0$，下滑土体重 $W_1=1300\text{kN}$，抗滑土体重 $W_2=315\text{kN}$，下滑土体重心至滑动圆弧圆心的距离 $d_1=5.2\text{m}$，抗滑土体重心至滑动圆弧圆心的距离 $d_2=2.7\text{m}$，试求抗滑动稳定系数。

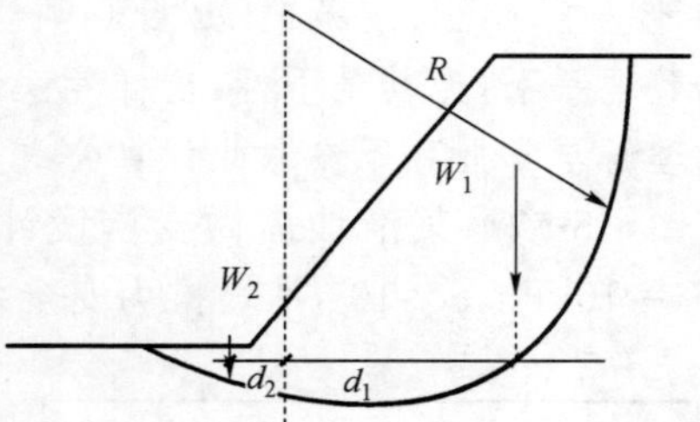

解 据《工程地质手册》第四版 P548(6-2.7)式，抗滑动稳定系数 K 为

$$K = \frac{W_2 d_2 + c_u LR}{W_1 d_1} = \frac{315 \times 2.7 + 19 \times 25 \times 12.5}{1300 \times 5.2} = 1.004$$

题 5-55 图

5-56 ［2004 年考题］ 根据勘察资料，某滑坡体正好处于极限平衡状态，且可分为 2 个条块，每个条块重力及滑面长度如题表所示，滑面倾角如题图所示，现设定各滑面内摩擦角 $\varphi=10°$，稳定系数 $K=1.0$，试用反分析法求滑动面黏聚力 c 值。

题 5-56 表

条 块 编 号	重力 G(kN/m)	滑动面长 L(m)
1	600	11.55
2	1000	10.15

解 根据《建筑地基基础设计规范》(GB 50007—2011) 6.4.3 条

第一块滑体的剩余下滑力
$$\begin{aligned}F_1 &= 0 + \gamma_t G_{1t} - G_{1n}\tan\varphi_1 - c_1 l_1 \\&= \gamma_t G_1 \sin\beta_1 - G_1 \cos\beta_1 \tan\varphi_1 - c_1 l_1 \\&= 1.0 \times 600 \times \sin 30° - 600 \times \cos 30° \times \tan 10° - c_1 \times 11.55 \\&= 208.4 - 11.55c_1\end{aligned}$$

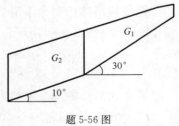

题 5-56 图

传递系数
$$\begin{aligned}\psi &= \cos(\beta_1 - \beta_2) - \sin(\beta_1 - \beta_2)\tan\varphi_2 \\&= \cos(30° - 10°) - \sin(30° - 10°)\tan 10° \\&= 0.88\end{aligned}$$

第二块滑体的剩余下滑力
$$\begin{aligned}F_2 &= F_1 \psi + \gamma_t G_{2t} - G_{2n}\tan\varphi_2 - c_2 l_2 \\&= F_1 \psi + \gamma_t G_2 \sin\beta_2 - G_2 \cos\beta_2 \tan\varphi_2 - c_2 l_2 \\&= (208.4 - 11.55c_1) \times 0.88 + 1.0 \times 1000 \times \sin 10° - 1000 \times \cos 10° \times \tan 10° - c_2 \times 10.15 \\&= 183.4 - 10.16c_1 - 10.15c_2\end{aligned}$$

令 $F_2 = 0$，则：

$183.4-10.16c_1-10.15c_2=0$

因为 $c_1=c_2$

解得：$c_1=c_2=9.03\text{kPa}$

点评：滑坡类题目应当属于特殊条件下的岩土工程，考试的几率比较高，考生可根据《建筑地基基础设计规范》(GB 50007—2011)把两块、三块滑体的剩余下滑力、传递系数的计算公式整理一下，尤其是下标，这样考试过程中可加快计算速度，避免计算错误，当然如果能够熟练的理解与掌握可不参考此计算公式。

5-57 某滑坡需做支挡设计，根据勘察资料滑坡体分 3 个条块，如题图、表所示，已知 $c=10\text{kPa}, \varphi=10°$，滑坡推力安全系数取 1.15，试求第 3 块滑体的下滑推力 F_3。

题 5-57 表

条块编号	条块重力 $G(\text{kN/m})$	条块滑动面长度 $L(\text{m})$
1	500	11.03
2	900	10.15
3	700	10.79

解 根据《建筑地基基础设计规范》(GB 50007—2011) 6.4.3 条

题 5-57 图

传递系数

$\psi_2 = \cos(\beta_1-\beta_2)-\sin(\beta_1-\beta_2)\tan\varphi_2$
$= \cos(25°-10°)-\sin(25°-10°)\tan 10° = 0.920$

$\psi_3 = \cos(\beta_2-\beta_3)-\sin(\beta_2-\beta_3)\tan\varphi_3$
$= \cos(10°-22°)-\sin(10°-22°)\tan 10° = 1.015$

第一块滑体的剩余下滑力

$F_1 = 0+\gamma_t G_{1t}-G_{1n}\tan\varphi_1-c_1 l_1$
$= \gamma_t G_1\sin\beta_1-G_1\cos\beta_1\tan\varphi_1-c_1 l_1$
$= 1.15×500×\sin25°-500×\cos25°×\tan10°-10×11.03 = 52.80$

第二块滑体的剩余下滑力

$F_2 = F_1\psi_2+\gamma_t G_{2t}-G_{2n}\tan\varphi_2-c_2 l_2$
$= F_1\psi_2+\gamma_t G_2\sin\beta_2-G_2\cos\beta_2\tan\varphi_2-c_2 l_2$
$= 52.80×0.920+1.15×900×\sin10°-900×\cos10°×\tan10°-10×10.15$
$= -29.48$

第二块滑体的剩余下滑力为负值，表明该滑体以上滑坡稳定，计算 F_3 时，取 $F_2=0$。

第三块滑体的剩余下滑力

$F_3 = F_2\psi_3+\gamma_t G_{3t}-G_{3n}\tan\varphi_3-c_3 l_3 = F_2\psi_3+\gamma_t G_3\sin\beta_3-G_3\cos\beta_3\tan\varphi_3-c_3 l_3$
$= 0×1.015+1.15×700×\sin22°-700×\cos22°×\tan10°-10×10.79 = 79.22$

5-58 [2005 年考题] 采用土钉加固一破碎岩质边坡，其中某根土钉有效锚固长度 $L=4.0\text{m}$，该土钉计算承受拉力 $E=188\text{kN}$，锚孔直径 $d=108\text{mm}$，锚孔壁对砂浆的极限剪应力 $\tau=0.25\text{MPa}$，钉材与砂浆间黏结力 $\tau_g=2.0\text{MPa}$，钉材直径 $d_b=32\text{mm}$（材质为 HRB335），试求该

土钉抗拔安全系数。

解 据《铁路路基支挡结构设计规范》(TB 10025—2006)9.2.6条进行土钉抗拔稳定性验算。

$F_{i1} = \pi d_h l_{ei} \tau = 3.14 \times 0.108 \times 4 \times 250 = 339.12 \text{kN}$

$F_{i2} = \pi d_b l_{ei} \tau_g = 3.14 \times 0.032 \times 4 \times 2000 = 803.84 \text{kN} > F_{i1} = 339.12 \text{kN}$

由 $\dfrac{F_i}{E_i} > K_2$,得

$K_2 < \dfrac{F_{i1}}{E_i} = \dfrac{339.12}{188} = 1.8$

点评:要看清题目,本题要求计算的是抗拔安全系数,而材料本身的计算属于筋材抗拉计算的范畴。

5-59 一锚杆挡墙肋柱的某支点处垂直于挡墙面的反力 $R_n = 250 \text{kN}$,锚杆对水平方向的倾角 $\beta = 25°$,肋柱的竖直倾角 $\alpha = 15°$,锚孔直径 $D = 108 \text{mm}$,砂浆与岩层面的极限剪应力 $\tau = 0.4 \text{MPa}$,计算安全系数 $K = 2.5$,当该锚杆非锚固段长度为 2.0m 时,试求锚杆设计长度。

解 根据《铁路路基支挡结构设计规范》(TB 10025—2006)6.2.7条,锚杆长度包括非锚固长度和有效锚固长度。非锚固长度应根据肋柱与主动破裂面或滑动面的实际距离确定。有效长度应根据锚杆拉力计算并验算锚杆与砂浆之间的容许黏结力(有效锚固长度在岩层中不宜小于4.0m,也不宜大于10m)。

$N_t = \dfrac{R_n}{\cos(\beta - \alpha)}$

$= \dfrac{250}{\cos 10°} = 253.9 \text{ kN}$

$L_a = \dfrac{K N_t}{\pi D f_{rb}}$

$= \dfrac{2.5 \times 253.9}{3.14 \times 0.108 \times 400} = 4.68 \text{m}$

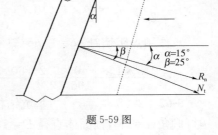

题 5-59 图

锚杆长度=非锚固长度+有效锚固长度
$= 2 + 4.68 = 6.68 \text{m}$

5-60 [2005年考题] 由两部分组成的土坡断面如图所示,假设破裂面为直线进行稳定性计算,已知坡高为8m,边坡斜率为1:1,两种土的重度均为 $\gamma = 20 \text{kN/m}^3$,黏土的内聚力 $c = 12 \text{kPa}$,内摩擦角 $\varphi = 22°$,砂土内聚力 $c = 0, \varphi = 35°, \theta = 30°$,试求直线滑裂面对应的抗滑稳定安全系数。

解 (1)滑裂面在黏土一侧

$K_s = \dfrac{\gamma V \cos\theta \tan\varphi + Ac}{\gamma V \sin\theta}$

$= \dfrac{20 \times 32(\cot 30° - 1)\cos 30° \tan 22° + 8 \times 12/\sin 30°}{20 \times 32(\cot 30° - 1)\sin 30°}$

$= 1.52$

(2)滑裂面在砂土一侧

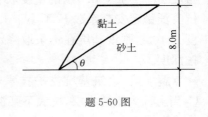

题 5-60 图

$$K_s = \frac{\tan\varphi}{\tan\theta} = \frac{\tan 35°}{\tan 30°} = 1.21$$

取小值 $K_s = 1.21$。

5-61 [2005年考题] 一重力式挡土墙底宽 $b=4.0\text{m}$，地基为砂土，如果单位长度墙的自重为 $G=212\text{kN}$，对墙趾力臂 $x_0=1.8\text{m}$，作用于墙背主动土压力垂直分量 $E_{az}=40\text{kN}$，力臂 $x_f=2.2\text{m}$，水平分量 $E_{ax}=106\text{kN}$（在垂直、水平分量中均已包括水的侧压力），力臂 $z_f=2.4\text{m}$，墙前水位与基底平，墙后填土中水位距基底 3.0m，假定基底面以下水的浮力为三角形分布，墙趾前被动土压力忽略不计，试求该墙绕墙趾倾覆的稳定安全系数。

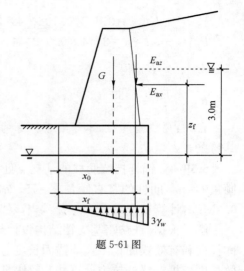

题 5-61 图

解 根据《建筑地基基础设计规范》(GB 50007—2011)第 6.7.5 条，进行挡土墙抗倾覆稳定性验算。

$$K = \frac{Gx_0 + E_{az}x_f}{E_{ax}z_f}$$

基底下水浮力为三角形分布。

$$F = \frac{1}{2}b\gamma_w h_w = \frac{1}{2}\times 4\times 10\times 3 = 60\text{kN}$$

F 作用点距墙趾 $z_w = \frac{2}{3}b = \frac{2}{3}\times 4 = 2.67\text{m}$

$$K = \frac{212\times 1.8 + 40\times 2.2 - 60\times 2.67}{106\times 2.4} = 1.22 \leqslant 1.6，不稳定。$$

5-62 [2005年考题] 基坑锚杆承载能力拉拔试验时，已知锚杆上水平拉力 $T=400\text{kN}$，锚杆倾角 $\alpha=15°$，锚固体直径 $D=150\text{mm}$，锚杆总长度为 18m，自由段长度为 6m，在其他因素都已考虑的情况下，试求锚杆锚固体与土层的平均摩阻力。

解 锚杆轴向拉力 $N = \dfrac{T}{\cos 15°} = \dfrac{400}{0.966} = 414.1\text{kN}$

锚固段长度 $L_a = 18-6 = 12\text{m}$

由 $N = \pi D L_a q_{sa}$ 知

$$q_{sa} = \frac{N}{\pi D L_a} = \frac{414.1}{\pi\times 0.15\times 12} = 73.3\text{kPa}$$

5-63 [2005年考题] 基坑剖面如图所示，已知黏土饱和重度 $\gamma_m=20\text{kN/m}^3$，水的重度取 $\gamma_w=10\text{kN/m}^3$，如果要求坑底抗突涌稳定安全系数 K 不小于 1.2，承压水层侧压管中水头高度为 10m，则该基坑在不采取降水措施的情况下，试求最大开挖深度。

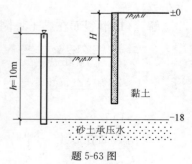

题 5-63 图

解 按《建筑基坑支护技术规程》(JGJ 120—2012)附录 C，当上部为不透水层，坑底下某深度处有承压水层时，坑底抗渗稳定性

$$\frac{D\gamma}{h_w \gamma_w} \geqslant K_h$$

$$\frac{(18-h) \times 20}{10 \times 10} \geqslant 1.2$$

$$h \leqslant 12\text{m}$$

5-64[2005年考题] 二级永久性岩层锚杆采用三根热处理钢筋,每根钢筋直径 $d=10\text{mm}$,抗拉强度设计值为 $f_y=1000\text{N}/\text{mm}^2$,锚固体直径 $D=100\text{mm}$,锚固段长度为 4.0m,锚固体与软岩的黏结强度标准值为 $f_{rbk}=0.6\text{MPa}$,钢筋与锚固砂浆间黏结强度设计值 $f_b=2.4\text{MPa}$,已知夹具的设计拉拔力 $y=1000\text{kN}$,当拉拔锚杆时,试计算锚杆轴向拉力设计值。

解 根据《建筑边坡工程技术规范》(GB 50330—2013)8.2.2条~8.2.4条
(1)按照钢筋强度计算锚杆轴向拉力

$$N_{ak} \leqslant \frac{f_y A_s}{K_b} = \frac{1000 \times 3 \times 3.14 \times 5^2 \times 10^{-3}}{2.0} = 117.8 \text{ kN}$$

(2)按锚固体与土层计算锚杆轴向拉力

$$N_{ak} \leqslant \frac{\pi \cdot D \cdot f_{rbk} \cdot l_a}{K} = \frac{3.14 \times 0.10 \times 600 \times 4.0}{2.4} = 314.0 \text{ kN}$$

(3)按锚杆杆体与砂浆计算锚杆轴向拉力

$$N_{ak} \leqslant \frac{n\pi d f_b l_a}{K} = \frac{3 \times 3.14 \times 0.01 \times 2400 \times 4.0}{2.4} = 376.8 \text{ kN}$$

(4)按夹具计算锚杆轴向拉力

$$N_{ak} \leqslant 1000$$

取小值,$N_{ak} = 117.8 \text{ kN}$

点评:锚杆计算新规范做了较大改变,由概率极限状态设计方法变为传统意义的安全系数法,应注意两个安全系数。

5-65[2005年考题] 某风化破碎严重的岩质边坡高 $H=12\text{m}$,采用土钉加固,水平与竖直方向均为每间隔 1m 打一排土钉,共 12 排,如图所示,按《铁路路基支挡结构设计规范》(TB 10025—2006)提出的潜在破裂面估算方法,试计算第2、4、6、8、10排土钉非锚固段长度 l。

解 根据《铁路路基支挡结构设计规范》(TB 10025—2006)9.2.4条,土钉锚固区与非锚固区分界面(潜在破裂面)距墙的距离可按下式计算

$h_i \leqslant \frac{1}{2}H$ 时,$l=(0.3 \sim 0.35)H$

$h_i > \frac{1}{2}H$ 时,$l=(0.6 \sim 0.7)(H-h_i)$

式中:h_i——第 i 层土钉距墙顶高度;
  l——潜在破裂面距墙面的距离,当坡体渗水较严重或岩体风化破碎严重、节理发育时,l 取大值。

第2排土钉

$h_2 = 10\text{m} > \frac{H}{2} = \frac{12}{2} = 6\text{m}$,风化破碎严重,系数取 0.7。

$l_2 = 0.7(H - h_i) = 0.7 \times (12 - 10) = 1.4\text{m}$

第 4 排土钉

$h_4 = 8\text{m} > \dfrac{H}{2} = \dfrac{12}{2} = 6\text{m}$

$l_4 = 0.7(H - h_i) = 0.7 \times (12 - 8) = 2.8\text{m}$

第 6 排土钉

$h_6 = 6\text{m} = \dfrac{H}{2} = \dfrac{12}{2} = 6\text{m}$

$l_6 = 0.35H = 0.35 \times 12 = 4.2\text{m}$

第 8 排土钉

$h_8 = 4\text{m} < \dfrac{H}{2} = \dfrac{12}{2} = 6\text{m}$

$l_8 = 0.35H = 0.35 \times 12 = 4.2\text{m}$

第 10 排土钉

$h_{10} = 2\text{m} < \dfrac{H}{2} = \dfrac{12}{2} = 6\text{m}$

$l_{10} = 0.35H = 0.35 \times 12 = 4.2\text{m}$

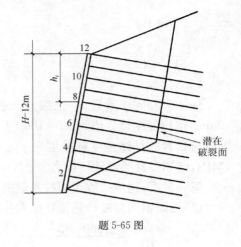

题 5-65 图

5-66 [2005 年考题] 某基坑开挖深度为 10m，地面以下 2.0m 为人工填土，填土以下 18m 厚为中砂、细砂，含水层平均渗透系数 $k = 1.0\text{m/d}$，砂层以下为黏土层，潜水地下水位在地表下 2.0m，已知基坑的等效半径为 $r_0 = 10\text{m}$，降水影响半径 $R = 76\text{m}$，要求地下水位降到基坑底面以下 0.5m，井点深为 20m，基坑远离边界，不考虑周边水体影响，试求该基坑降水的涌水量。

解 根据《建筑基坑支护技术规程》(JGJ 120—2012) 附录 E，当基坑远离边界时，涌水量按下式计算

$$Q = \pi k \times \dfrac{(2H - s_d)s_d}{\ln\left(1 + \dfrac{R}{r_0}\right)} = 3.14 \times 1.0 \times \dfrac{(2 \times 18 - 8.5) \times 8.5}{\ln\left(1 + \dfrac{76}{10}\right)} = 341.1\text{m}^3/\text{d}$$

点评：《建筑基坑支护技术规程》(JGJ 120—2012) 修改了降水计算的相关内容，但是涌水量的计算还是维持原规程，就是公式变了一下，但是规程中同时给出了井水位降深与设计降深。要注意区别，设计降深用于计算基坑涌水量，而水位降深用于计算影响半径。特别注意：计算影响半径时，当井水位降深小于 10m 时，取 10m。

5-67 [2005 年考题] 在加筋土挡墙中，水平布置的塑料土工格栅置于砂土中，已知单位宽度的拉拔力为 $T = 130\text{kN/m}$，作用于格栅上的垂直应力为 $\sigma_v = 155\text{kPa}$，土工格栅与砂土间摩擦系数为 $f = 0.35$，问当抗拔安全系数为 1.0 时，依据《铁路路基支挡结构设计规范》(TB 10025—2006)，试求该土工格栅的最小锚固长度。

解 根据《铁路路基支挡结构设计规范》(TB 10025—2006) 8.2.12、8.2.13 条，格栅拉筋拉力为

$S_{fi} = 2\sigma_{vi} a L_b f \geqslant K_s E_x = T$

$L_b \geqslant \dfrac{T}{2\sigma_{vi} a f} = \dfrac{130}{2 \times 155 \times 1.0 \times 0.35} = 1.2\text{m}$

5-68 [2005 年考题] 基坑剖面如图所示，板桩两侧均为砂土，$\gamma = 19\text{kN/m}^3$，$\varphi = 30°$，$c = 0$，基坑开挖深度为 1.8m，如果嵌固稳定安全系数 $K = 1.3$，试按嵌固稳定计算悬臂式板桩的最小

入土深度。

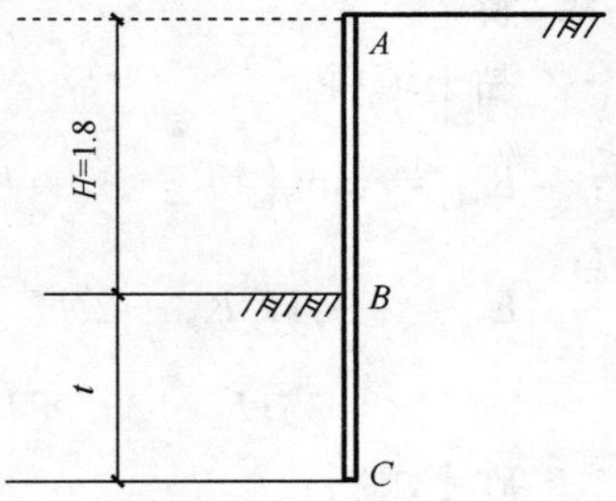

解 基坑被动土压力强度

$$e_p = \gamma h \tan^2\left(45° + \frac{\varphi}{2}\right) = 19 \times t \times \tan^2\left(45° + \frac{30°}{2}\right) = 57t$$

被动土压力

$$E_p = \frac{1}{2} e_p t = \frac{1}{2} \times 57t^2 = 28.5t^2$$

基坑主动土压力强度

$$e_a = \gamma h K_a = \gamma(H+t) \times \tan^2\left(45° - \frac{\varphi}{2}\right)$$
$$= 19 \times (1.8+t) \times \tan^2 30° = 11.4 + 6.27t$$

主动土压力

$$E_a = \frac{1}{2} e_a \times (1.8+t) = \frac{1}{2} \times (11.4 + 6.27t)(1.8+t)$$
$$= 10.26 + 5.64t + 5.7t + 3.14t^2$$
$$= 3.14t^2 + 11.34t + 10.26$$

$$\frac{E_{pk} a_{p1}}{E_{ak} a_{a1}} \geqslant K_e = 1.3$$

$$\frac{\frac{1}{3} t \times 28.5t^2}{\frac{1}{3} \times (t+1.8) \times (3.14t^2 + 11.34t + 10.26)} \geqslant 1.3$$

$$t \geqslant 2.0 \text{m}$$

题 5-68 图

5-69 [2006年考题] 有一岩石边坡,坡率1:1,坡高12m,存在一条夹泥的结构面,如图所示,已知单位长度滑动土体重力为740kN/m,结构面倾角35°,结构面内夹层$c=25$kPa,$\varphi=18°$,在夹层中存在静水头为8m的地下水,试求该岩坡的抗滑稳定性系数。

解 根据《铁路工程不良地质勘察规程》(TB 10027—2012)附录A

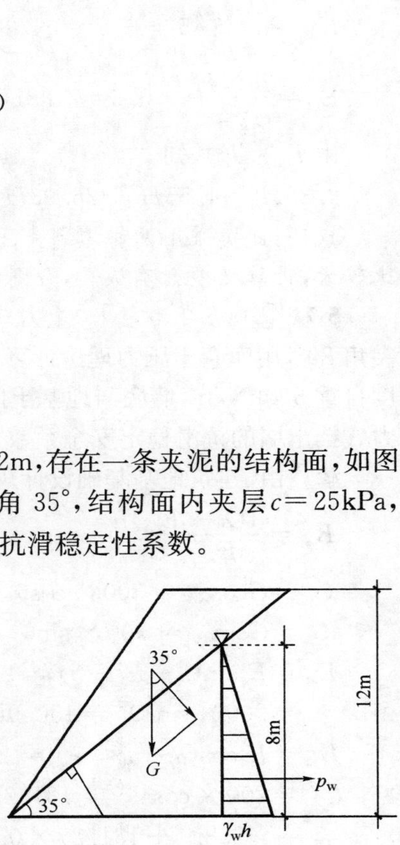

$$u = \frac{1}{2} \gamma_w Z_w (H-z) \frac{1}{\sin\beta}$$
$$= \frac{1}{2} \times 10 \times 8 \times (12-4) \times \frac{1}{\sin 35°} = 557.9 \text{kPa}$$

$$K_s = \frac{cA + (W\cos\beta - u - v\sin\beta)\tan\varphi}{W\sin\beta + v\cos\beta}$$
$$= \frac{25 \times 12/\sin 35° + (740\cos 35° - 557.9) \times \tan 18°}{740 \sin 35°}$$
$$= 1.27$$

题 5-69 图

点评:在有地下水的岩石边坡的稳定性分析计算时,可以参阅《铁路工程不良地质勘察规程》(TB 10027—2012)附录A的相关内容。图文并茂,便于理解。

5-70 [2006年考题] 有一重力式挡土墙墙背垂直光滑,无地下水,打算使用两种墙背填土,一种是黏土,$c=20$kPa,$\varphi=22°$,另一种是砂土,$c=0$,$\varphi=38°$,重度都是20kN/m³,试求墙高H等于多少时,采用黏土填料和砂土填料的墙背总主动土压力两者基本相等。

解

黏土填料：

$$K_{a1} = \tan^2\left(45° - \frac{\varphi}{2}\right) = 0.455$$

$$E_{a1} = \frac{1}{2}\gamma H^2 K_a - 2cH\sqrt{K_a} + \frac{2c^2}{\gamma} = \frac{H^2}{2} \times 20 \times 0.455 - 2 \times 20 \times \sqrt{0.455}H + \frac{2 \times 20^2}{20}$$
$$= 4.55H^2 - 26.98H + 40$$

砂土填料：

$$E_{a2} = \frac{\gamma H^2}{2}K_a$$

$$K_{a2} = \tan^2\left(45° - \frac{\varphi}{2}\right) = 0.238$$

$$E_{a2} = \frac{20 \times H^2}{2} \times 0.6 = 2.38H^2$$

由 $E_{a1} = E_{a2}$，知

$$2.38H^2 = 4.55H^2 - 26.98H + 40 \Rightarrow H = 10.7\text{m}$$

点评：此类采用两种填料土压力相等求墙高的题目考得次数比较多，此类题本身计算量就比较大，计算必须精确认真，否则花了时间拿不到分。

5-71 [2006年考题] 重力式挡土墙的断面如图所示，墙基底倾角6°，墙背面与竖直方向夹角20°，用库仑土压力理论计算得到单位长度的总主动土压力为 $E_a=200$kN/m，墙体单位长度自重300kN/m，墙底与地基土间摩擦系数为0.33，墙背面与土的摩擦角为15°，试计算该重力式挡土墙的抗滑稳定安全系数。

解 由《建筑地基基础设计规范》(GB 50007—2011) 6.7.5条，知

$$K_s = \frac{(G_n + E_{an})\mu}{E_{at} - G_t}$$

$$G_n = G\cos\alpha_0 = 300 \times \cos6° = 298.4\text{kN/m}$$

$$G_t = G\sin\alpha_0 = 300 \times \sin6° = 31.4\text{kN/m}$$

$$E_{at} = E_a\sin(\alpha - \alpha_0 - \delta) = 200 \times \sin(70° - 6° - 15°)$$
$$= 200 \times \sin49° = 150.9\text{kN/m}$$

$$E_{an} = E_a\cos(\alpha - \alpha_0 - \delta) = 200 \times \cos(70° - 6° - 15°)$$
$$= 200 \times \cos49° = 131.2\text{kN/m}$$

$$K_s = \frac{(298.4 + 131.2) \times 0.33}{150.9 - 31.4} = 1.19 < 1.3, \text{不安全。}$$

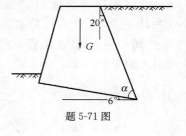

题 5-71 图

5-72 [2006年考题] 有一个水闸宽度10m，闸室基础至上部结构的每延米总自重为2000kN/m（不考虑浮力），上游水位 $H=10$m，下游水位 $h=2$m，地基土为均匀砂质粉土，闸底与地基土摩擦系数为0.4，不计上下游的水平土压力，验算其抗滑稳定安全系数。

解 水闸受的水压力

$$E_w = \gamma_w \times H \times \frac{H}{2} - \gamma_w \times h \times \frac{h}{2}$$

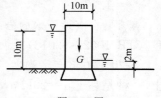

题 5-72 图

$$= 10 \times \left(\frac{10^2}{2} - \frac{2^2}{2}\right) = 480 \text{kN/m}$$

水闸受的水浮力

$$\left[2 \times 10 + \frac{1}{2} \times (10-2) \times 10\right] \times 10 \times 1 = 600 \text{kN/m}$$

$$K_s = \frac{(G-600) \times 0.4}{480} = \frac{(2000-600) \times 0.4}{480} = 1.17$$

5-73 [2006年考题] 在饱和软黏土地基中开挖条形基坑,采用8m长的板桩支护,地下水位已降至板桩底部,坑边地面无荷载,地基土重度为$\gamma=19\text{kN/m}^3$,通过十字板现场测试得地基土的抗剪强度为30kPa,按《建筑地基基础设计规范》(GB 50007—2011)规定,为满足入土深度底部抗隆起稳定性要求,试求基坑最大开挖深度。

解 据《建筑地基基础设计规范》(GB 50007—2011)附录V

$$K_D = \frac{N_c\tau_0 + \gamma t}{\gamma(h+t)+q}$$

$N_c = 5.14, \tau_0 = 30\text{kPa}$

$\gamma = 19\text{kN/m}^3, t = 8-h$

$q = 0$

$$K_D = \frac{5.14 \times 30 + 19 \times (8-h)}{19 \times 8 + 0} \geq 1.6$$

解得 $h \leq 3.3\text{m}$

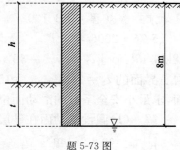

题5-73图

点评:《建筑地基基础设计规范》(GB 50007—2011)给出了两种抗隆起计算,也就是上海基坑规程所说的坑底抗隆起与墙底抗隆起验算,其实质也就是地基承载力验算。本题所采用的是普朗德尔算法。

5-74 [2006年考题] 某Ⅱ类岩石边坡坡高22m,坡顶水平,坡面走向N10°E,倾向SE,坡角65°,发育一组优势硬性结构面,走向为N10°E,倾向SE,倾角58°,岩体的内摩擦角为$\varphi=34°$,试按《建筑边坡工程技术规范》(GB 50330—2013)估算边坡坡顶塌滑边缘至坡顶边缘的距离L值。

解 根据《建筑边坡工程技术规范》(GB 50330—2013)第3.2.3条、6.3.4条

θ取外倾结构面的倾角58°。

边坡坡顶塌滑边缘至坡底边缘的距离

$$L_1 = \frac{H}{\tan\theta} = \frac{22}{\tan 58°} = 13.7 \text{ m}$$

边坡坡顶塌滑边缘至坡顶边缘的距离

$$L = L_1 - \frac{H}{\tan\alpha} = 13.7 - \frac{22}{\tan 65°} = 3.4 \text{ m}$$

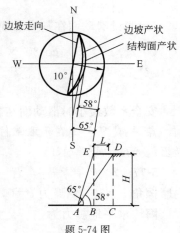

题5-74图

5-75 [2006年考题] 某岩石滑坡代表性剖面如图所示,由于暴雨使其后缘垂直张裂缝瞬间充满水,滑坡处于极限平衡状态(即滑坡稳定系数$K_s=1.0$),经测算滑面长度$L=52\text{m}$,张裂缝深度$d=12\text{m}$,每延米滑体自重为$G=15000\text{kN/m}$,滑面倾角$\theta=28°$,滑面岩体的内摩擦

角 $\varphi=25°$,试计算滑面岩体的黏聚力(假定滑动面未充水,水的重度可按 $10kN/m^3$ 计)。

解 根据《铁路工程不良地质勘察规程》(TB 10027—2012)附录 A
裂缝静水压力

$$v=\frac{1}{2}\gamma_w Z_w^2=\frac{1}{2}\times 10\times 12^2=720 kPa$$

$$K_s=\frac{cA+(w\cos\theta-v\sin\theta)\tan\varphi}{w\sin\theta+v\cos\theta}$$

$$c=\frac{K_s(w\sin\theta+v\cos\theta)-(w\cos\theta-v\sin\theta)\tan\varphi}{A}$$

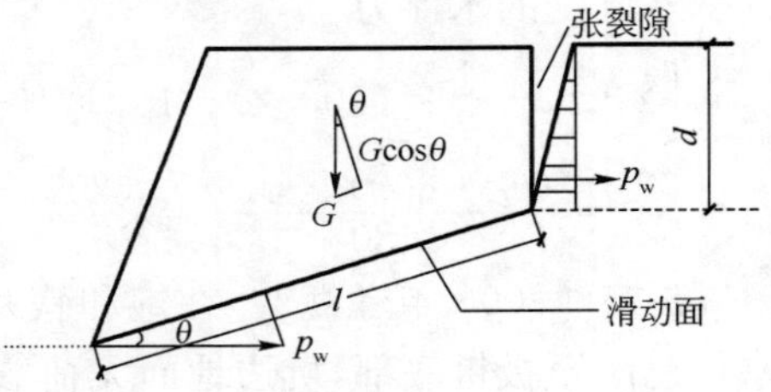

$$=\frac{1.0\times(15000\sin28°+720\cos28°)-(15000\cos28°-720\sin28°)\times\tan25°}{52\times 1}=31.9 kPa$$

题 5-75 图

点评:在存有张裂缝,并有地下水的岩石边坡的稳定性分析计算时,可以参阅《铁路工程不良地质勘察规程》(TB 10027—2012)附录 A 的相关内容。图文并茂,便于理解。

5-76 [2006 年考题] 无限长土坡如图所示,土坡坡角为 $30°$,砂土与黏土的重度都是 $18kN/m^3$,砂土 $c_1=0$, $\varphi_1=35°$,黏土 $c_2=30kPa$, $\varphi_2=20°$,黏土与岩石界面的 $c_3=25kPa$, $\varphi_3=15°$,如果假设滑动面都是平行于坡面,求最小安全系数的滑动面位置。

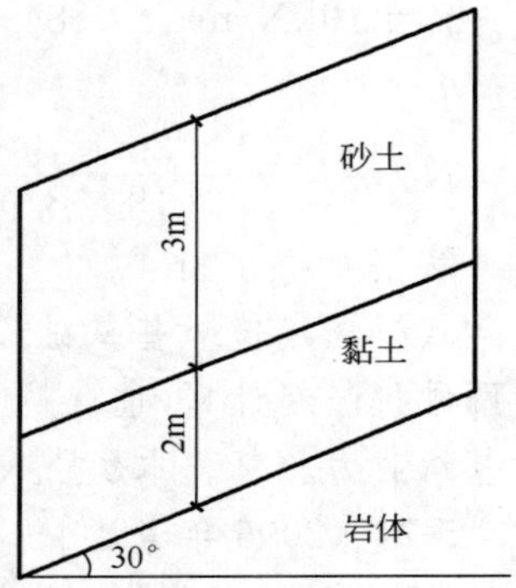

解 (1)假设滑动面在砂层

$$K_s=\frac{\tan\varphi}{\tan\theta}=\frac{\tan35°}{\tan30°}=1.21$$

(2)假设滑动面在黏土层

$$K_s=\frac{G\cos\theta\tan\varphi+d}{G\sin\theta}=\frac{18\times 3\times\cos30°\tan20°+30\times\frac{1}{\cos30°}}{18\times 3\times\sin30°}$$

$$=1.91$$

(3)假设滑动面在基岩界面

$$K_s=\frac{18\times 5\times\cos30°\times\tan15°+25\times\frac{1}{\cos30°}}{18\times 5\times\sin30°}$$

$$=1.11$$

题 5-76 图

安全系数最小时滑动面在黏土与岩石界面处。

点评:此题关键在于取单位长度的方法要与计算一致。只有垂直于坡面取单位长度时,滑动面的长度才是单位1。

5-77 [2006 年考题] 有一滑坡体体积为 $10000m^3$,滑体重度为 $20kN/m^3$,滑面倾角 $20°$,内摩擦角 $\varphi=30°$,黏聚力 $c=0$,水平地震加速度 $a=0.1g$ 时,试用静力法计算稳定系数 K_s。

解 水平地震力为

$$F_{Ek}=ma=\frac{\gamma}{g}\times V\times 0.1\times g$$

$$=\gamma\times V\times 0.1=20\times 10^4\times 0.1=2\times 10^4 kN$$

F_{Ek} 沿滑动面和垂直滑动面分解,其值为 $F_{Ek}\cos20°$ 和 $F_{Ek}\sin20°$。

$$K_s = \frac{(G\cos20° - F_{Ek}\sin20°)\tan\varphi + cl}{G\sin20° + F_E\cos20°}$$

$$= \frac{(2\times10^5\times0.94 - 2\times10^4\times0.342)\times0.577 + 0}{2\times10^5\times0.342 + 2\times10^4\times0.94}$$

$$= 1.198 \approx 1.2$$

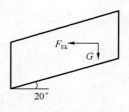

题 5-77 图

5-78 [2006 年考题] 浅埋洞室半跨 $b=3.0\mathrm{m}$，高 $h=8\mathrm{m}$，上覆松散体厚度 $H=20\mathrm{m}$，重度 $\gamma=18\mathrm{kN/m^3}$，黏聚力 $c=0$，内摩擦角 $\varphi=20°$，用太沙基理论求 AB 面上的均布压力。

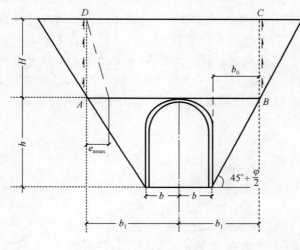

题 5-78 图

解法一 主动土压力系数

$$K_a = \tan^2\left(45° - \frac{\varphi}{2}\right) = \tan^2\left(45° - \frac{20°}{2}\right) = 0.49$$

土柱 ABCD 侧面的侧压力最大值为

$$e_{amax} = \gamma H K_a = 18\times20\times0.49 = 176.5\mathrm{kN/m^2}$$

土柱侧面总的夹制力即总的主动土压力为

$$E_a = \frac{1}{2}\times e_{amax}\times H = \frac{1}{2}\times176.5\times20 = 1765\mathrm{kN}$$

$$b_1 = b + h\times\tan\left(45° - \frac{\varphi}{2}\right) = 3 + 8\times0.7 = 8.6\mathrm{m}$$

$AB = 2\times8.6 = 17.2\mathrm{m}$

AB 面上的竖向均布压力 =（土柱自重压力 - 2 倍夹制力）/AB 面积，即

$$AB \text{ 均布压力 } \sigma = \frac{2b_1\gamma H - 2E_a\tan\varphi}{2b_1} = \frac{6192 - 1284.8}{17.2} = 285.3\mathrm{kPa}$$

解法二 根据太沙基理论得

$c=0, q=0$

$$p_v = \frac{b_1\gamma - c}{\lambda\tan\varphi}\left[1 - e^{\frac{-\lambda\tan\varphi}{b_1}H}\right] + qe^{\frac{-\lambda\tan\varphi}{b_1}H} = \frac{b_1\gamma}{\lambda\tan\varphi}\left[1 - e^{\frac{-\lambda\tan\varphi}{b_1}H}\right]$$

$$b_1 = b + h\tan\left(45° - \frac{\varphi}{2}\right) = 3 + 8\tan\left(45° - \frac{20°}{2}\right) = 8.6\text{m}$$

$$\lambda = \tan^2\left(45° - \frac{\varphi}{2}\right) = \tan^2\left(45° - \frac{20°}{2}\right) = 0.49$$

$$p_v = \frac{b_1\gamma}{\lambda\tan\varphi}\left[1 - e^{\frac{-\lambda\tan\varphi}{b_1}H}\right] = \frac{8.6 \times 18}{0.49 \times \tan 20°}\left[1 - e^{\frac{0.49\times\tan 20°\times 20}{8.6}}\right] = 295\text{kPa}$$

点评：老的考试大纲也就是 2006 年以前的考试大纲，在地下工程的部分有"了解硐室围岩稳定的影响因素及基本理论；了解太沙基理论的分析方法"，然而现行考试大纲改为"了解影响硐室围岩稳定的影响因素"，并没有太沙基理论的相关要求。但是此类题 2006 年、2007 年的考题都有出现。本题解法二公式摘自同济大学的《岩体力学》，供读者参考。

5-79［2006 年考题］　现需设计一个无黏性土的简单边坡，已知边坡高度为 10m，土的内摩擦角 $\varphi = 45°$，黏聚力 $c = 0$，试求边坡坡角 β 为何值，其安全系数 $K_s = 1.3$。

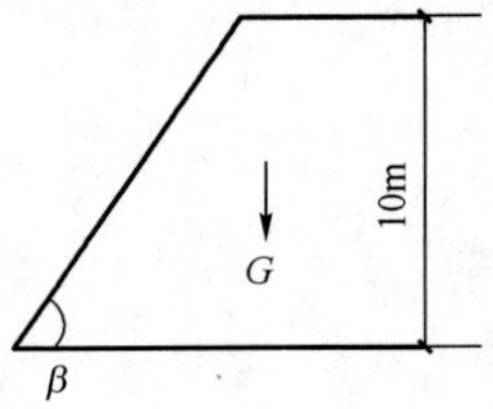

解　$F_s = \dfrac{\tan\varphi}{\tan\beta}$

$\tan\beta = \dfrac{\tan\varphi}{F_s} = \dfrac{\tan 45°}{1.3} = 0.769$

$\beta = 37.6°$

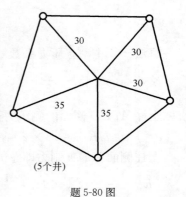

题 5-79 图

5-80［2006 年考题］　某基坑潜水含水层厚度为 20m，含水层渗透系数 $k = 4\text{m/d}$，平均单井出水量 $q = 500\text{m}^3/\text{d}$，井群的影响半径 $R_0 = 130\text{m}$，井群布置如图所示，试按行业标准《建筑基坑支护技术规程》(JGJ 120—2012)计算该基坑中心点水位降深 s。

解　根据《建筑基坑支护技术规程》(JGJ 120—2012)第 7.3.5 条，计算潜水完整井稳定流基坑中心点水位降深。

$$s_i = H - \sqrt{H^2 - \sum_{j=1}^{n}\frac{q_j}{\pi k}\ln\frac{R}{\gamma_{ij}}}$$

$$= 20 - \sqrt{20^2 - \frac{500}{3.14\times 4}\left(\frac{\ln 130}{30}\times 3 + \frac{\ln 130}{35}\times 2\right)} = 9\text{m}$$

题 5-80 图

5-81［2006 年考题］　在密实砂土地基中进行地下连续墙的开槽施工，地下水位与地面齐平，砂土的饱和重度 $\gamma_{sat} = 20.2\text{kN/m}^3$，内摩擦角 $\varphi = 38°$，黏聚力 $c = 0$，采用水下泥浆护壁施工，槽内的泥浆与地面齐平，形成一层不透水的泥皮，为了使泥浆压力能平衡地基砂土的主动土压力，使槽壁保持稳定，泥浆比重至少应达到多少？

解　槽底主动土压力强度

$$e_a = \gamma h K_a = \gamma h\tan^2\left(45° - \frac{\varphi}{2}\right) = 10.2h\tan^2\left(45° - \frac{38°}{2}\right) = 10.2\times 0.238h = 2.426h$$

槽底水压力　$p_w = \gamma_w h = 10h$

槽底总侧压力为 $2.426h+10h=12.426h$

泥浆压力为 $\gamma'h$

$\gamma'h=12.426h \Rightarrow \gamma'=12.426\text{kN/m}^3=1.24\text{g/cm}^3$

5-82［2006年考题］ 一个矩形断面的重力挡土墙,设置在均匀地基土上,墙高10m,墙前埋深4m,墙前地下水位在地面以下2m,如图所示,墙体混凝土重度 $\gamma_{cs}=22\text{kN/m}^3$,墙后地下水位在地面以下4m,墙后的水平方向的主动土压力与水压力的合力为1550kN/m,作用点距墙底3.6m,墙前水平方向的被动土压力与水压力的合力为1237kN/m,作用点距墙底1.7m,在满足抗倾覆稳定安全系数 $K_s=1.2$ 的情况下,求墙的宽度b。

解 根据《建筑基坑支护技术规程》(JGJ 120—2012)式(6.1.2)

$$\frac{E_{pk}a_p+(G-u_m B)a_G}{E_{ak}a_a} \geqslant K_{ov}$$

$$\frac{1237\times1.7+\left[(22\times10\times B\times1)-\frac{6+2}{2}\times10\times B\right]\times\frac{B}{2}}{1550\times3.6}=1.2$$

$B=7.14\text{m}$

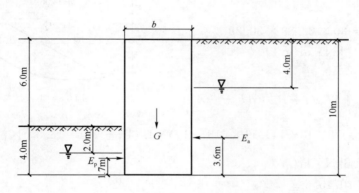

题 5-82 图

点评:重力式水泥土挡墙新旧基坑规程做了较大变化,要熟练掌握给出嵌固深度、满足抗倾覆的条件下求墙厚及给出墙厚满足抗倾覆的条件下求嵌固深度等计算,在计算嵌固深度后还应满足构造要求。

5-83［2006年考题］ 如图所示,某山区公路路基宽度 $b=20\text{m}$,下伏一溶洞,溶洞跨度 $b=8\text{m}$,顶板为近似水平厚层状裂隙不发育坚硬完整的岩层,现设顶板岩体的抗弯强度为4.2MPa,顶板总荷重为 $Q=19000\text{kN/m}$,试问在安全系数为2.0时,（设最大弯矩为 $M=\frac{1}{12}Qb^2$）计算溶洞顶板的最小安全厚度是多少?

解 根据《公路路基设计规范》(JTG D30—2004)第7.5.3条,路基基底溶洞顶板安全厚度按厚跨比法确定。

$\dfrac{H}{b}>0.8$

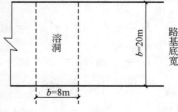

题 5-83 图

$H > 0.8b = 0.8 \times 8 = 6.4\text{m}$

点评：此题原题的计算方法在《公路路基设计规范》(JTJ 013—95)6.4.2.4条中，但此规范在考试当年已经废止，不清楚考题是不是出错，先按照《公路路基设计规范》(JTG D30—2004)给出解答。

5-84 [2007年考题] 饱和软黏土坡度1：2，坡高10m，不排水抗剪强度$c_u=30\text{kPa}$，土的天然重度为18kN/m^3，水位在坡脚以上6m，已知单位土坡长度滑坡体水位以下土体体积$V_B=144.11\text{m}^3/\text{m}$，与滑动圆弧的圆心距离为$d_B=4.44\text{m}$，在滑坡体上部有3.33m的拉裂缝，缝中充满水，水压力为p_w，滑坡体水位以上的体积为$V_A=41.92\text{m}^3/\text{m}$，圆心距为$d_A=13\text{m}$，用整体圆弧法计算土坡沿着该滑裂面滑动的安全系数。

解 滑动圆弧半径

$$R=\sqrt{11^2+(10+4+6)^2}=22.83\text{m}$$

圆弧长

$$L=\frac{\theta}{360°}\times 2\pi R=\frac{76.06°}{360°}\times 2\times 3.14\times 22.83$$
$$=30.29\text{m}$$

抗滑力矩

$$M_R=cLR=30\times 22.83\times 30.29$$
$$=20745.6\text{kN}\cdot\text{m/m}$$

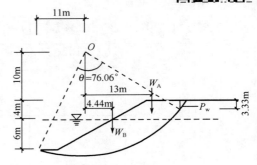

滑动力矩

$$M_T=W_A d_A+W_B d_B+P_w\times\left(h+\frac{2}{3}Z_w\right)$$

题5-84图（尺寸单位：m）

$$=41.92\times 18\times 13+144.11\times(18-10)\times 4.44+\frac{1}{2}\times 10\times 3.33^2\times\left(10+\frac{2}{3}\times 3.33\right)$$
$$=15605.6\text{kN}\cdot\text{m/m}$$

$$K_s=\frac{M_R}{M_T}=\frac{20745.6}{15605.6}=1.33$$

点评：注意地下水位以下应采用浮重度，分清哪些是抗滑力矩和滑动力矩。

5-85 [2007年考题] 某重力式挡墙高5.5m，墙体重$W=164.5\text{kN/m}$，W作用点距墙趾$x=1.29\text{m}$，挡墙底宽2.0m，墙背填土重度$\gamma=18\text{kN/m}^3$，$c=0$，$\varphi=35°$，基础为条形基础，不计被动土压力，试计算墙底最大压力。

解 主动土压力

$$K_a=\tan^2\left(45°-\frac{\varphi}{2}\right)=\tan^2\left(45°-\frac{35°}{2}\right)=0.271$$

$$E_a=\frac{1}{2}\gamma h^2 K_a=\frac{1}{2}\times 18\times 5.5^2\times 0.271=73.78\text{kN}$$

对底边中心求力矩

$$e=\frac{M}{N}=\frac{73.78\times 1.83-164.5\times\left(1.29-\frac{1}{2}\times 2\right)}{164.5}$$

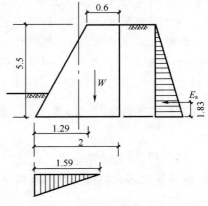

题5-85图（尺寸单位：m）

$=0.53\text{m}>\dfrac{b}{6}=0.33\text{m}$,属大偏心 $a=\dfrac{b}{2}-e$

基底压力的分布为三角形分布

$$p_{k\max}=\dfrac{2(F_K+G_K)}{3la}=\dfrac{2\times164.5}{3\times1\times\left(\dfrac{2}{2}-0.53\right)}=233.3\text{kPa}$$

5-86 [2007年考题] 某均匀黏土地基,基坑开挖深度15m,采用悬臂桩支护,已知 $\gamma=19\text{kN/m}^3$,$c=15\text{kPa}$,$\varphi=26°$,坑顶均布荷载 $q=48\text{kPa}$,试计算弯矩零点距坑底距离。

解 采用等值梁法,弯矩零点与土压力强度为0的点相同

$$K_a=\tan^2\left(45°-\dfrac{\varphi}{2}\right)=\tan^2\left(45°-\dfrac{26°}{2}\right)=0.39$$

$$K_p=\tan^2\left(45°+\dfrac{\varphi}{2}\right)=\tan^2\left(45°+\dfrac{26°}{2}\right)=2.56$$

设弯矩零点距坑底距离为 z

z 点主动土压力强度

$$e_{az}=19\times\left(\dfrac{q}{\gamma}+15+z\right)K_a-2c\sqrt{K_a}$$

$$=(48+285+19z)\times0.39-18.75$$

$$=7.41z+111.1$$

z 处被动土压力强度 e_{zp}

$e_{pz}=19\times z\times2.56+2\times15\times1.6=48.64z+48$

$e_{az}=e_{pz}\Rightarrow7.41z+111.1=48.64z+48$

$z=1.53\text{m}$

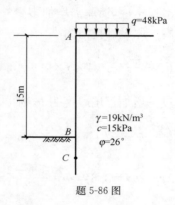

题 5-86 图

点评:本题属于经典法中等值梁法的相关内容,《建筑基坑支护技术规程》(JGJ 120—2012)删除了相关内容,而支挡式结构统一采用弹性抗力法,可参阅本规程 4.1.1 条文说明。

5-87 [2007年考题] 某土坝坝基由两层土组成,上层土为粉土,孔隙比 0.667,比重 2.67,层厚 3.0m,第二层土为中砂,土石坝上下游水头差为 3.0m,为保证坝基的渗透稳定,下游拟采用排水盖重层措施,如安全系数取 2.0,根据《碾压式土石坝设计规范》(DL/T 5395—2007),试计算排水盖重层(其重度为 18.5kN/m³)的厚度。

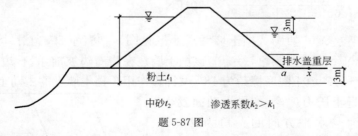

题 5-87 图

解 根据《碾压式土石坝设计规范》(DL/T 52395—2007)进行渗透稳定性验算。

$$J_{a\text{-}x}=\dfrac{水头差}{t_1}=\dfrac{3}{3}=1.0$$

$$n_1=\dfrac{e}{1+e}=\dfrac{0.667}{1+0.667}=0.4$$

$$\frac{(G_{s1}-1)(1-n_1)}{K}=\frac{(2.67-1)(1-0.4)}{2.0}=0.50<J_{a\text{-}x}=1.0$$

$$t=\frac{KJ_{a\text{-}x}t_1\gamma_w-(G_{s1}-1)(1-n_1)t_1\gamma_w}{\gamma}$$

$$=\frac{2\times1.0\times3\times10-(2.67-1)\times(1-0.4)\times3\times10}{8.5}=3.52\text{m}$$

5-88 [2007年考题] 重力式梯形挡土墙,墙高4.0m,顶宽1.0m,底宽2.0m,墙背垂直光滑,墙底水平,基底与岩层间摩擦系数 f 取为0.6,抗滑稳定性满足设计要求,开挖后发现岩层风化较严重,将 f 值降低为0.5进行变更设计,拟采用墙体墙厚的变更原则,若要达到原设计的抗滑稳定性,墙厚需增加多少?

解 原设计抗滑力

$$F=\frac{1+2.0}{2}\times4\times\gamma\times0.6=3.6\gamma$$

设需增加挡墙厚度为 b,则

$$\left(\frac{1+2.0}{2}+b\right)\times4\times\gamma\times0.5=3.6\gamma$$

$$3\gamma+2b\gamma=3.6\gamma\Rightarrow b=\frac{3.6-3}{2}=0.3\text{m}$$

5-89 [2007年考题] 在图示的铁路工程岩石边坡中,上部岩体沿着滑动面下滑,剩余下滑力为 $F=1220$kN,为了加固此岩坡,采用预应力锚索,滑动面倾角及锚索的方向如图所示,滑动面处的摩擦角为 $18°$,试计算锚索的最小锚固力。

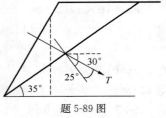

题 5-89 图

解 据《铁路路基支挡结构设计规范》(TB 10025—2006)第12.2.4条。

$$P_t=\frac{F}{\lambda\sin(\alpha+\beta)\tan\varphi+\cos(\alpha+\beta)}$$

$$=\frac{1220}{(1.0\times\sin65°\tan18°+\cos65°)}=1701\text{kN}$$

5-90 [2007年考题] 重力式挡土墙墙高8m(见图),墙背垂直、光滑,填土与墙顶平,填土为砂土,$\gamma=20$kN/m³,内摩擦角 $\varphi=36°$,该挡土墙建在岩石边坡前,岩石边坡坡脚与水平方向夹角为 $70°$,岩石与砂填土间摩擦角为 $18°$,试计算作用于挡土墙上的主动土压力。

解 按照朗肯土压力理论,如果滑动面发生在土层中,滑动面与水平方向的夹角为 $45°+\varphi/2=63°<70°$。即滑动面会切入岩石中,这是不可能发生的。进一步,岩石与砂土的摩擦角为 $18°$,小于土的内摩擦角,所以可能的滑动面为岩石与砂土之间的交界面。针对交界面以上的砂土

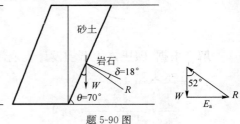

题 5-90 图

受力进行分析,可以得到作用于挡土墙上的土压力。

受力分析图如下,其中 W 为土的自重,E_a 为主动土压力的反作用力,大小与主动土压力相等,夹角 $\beta=70°-18°=52°$。于是主动土压力等于

$$E_a = W\tan\beta = \frac{1}{2}\times 20\times 8\times 8\tan(90°-70°)\times\tan52° = 298\text{kN/m}$$

5-91 [2007年考题] 一个采用地下连续墙支护的基坑的土层分布情况如图所示,砂土与黏土的天然重度都是 20kN/m^3,砂层厚 10m,黏土隔水层厚 1m,在黏土隔水层以下砾石层中有承压水,承压水头 8m。没有采取降水措施,为了保证抗突涌的渗透稳定安全系数不小于 1.1,试计算该基坑的最大开挖深度 H。

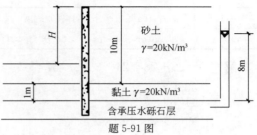

题 5-91 图

解 依据《建筑基坑支护技术规程》(JGJ 120—2012)附录 C

$$\frac{D\gamma}{h_w\gamma_w}\geqslant K_h$$

$$\frac{(11-H)\times 20}{8\times 10}\geqslant 1.1$$

$$H\leqslant 6.6\text{m}$$

5-92 [2007年考题] 10m 厚的黏土层下为含承压水的砂土层,承压水头高 4m,拟开挖 5m 深的基坑,重要性系数 $\gamma_0=1.0$。使用水泥土墙支护,水泥土重度为 20kN/m^3,墙总高 10m。已知每延米墙后的总主动土压力为 800kN/m,作用点距墙底 4m;墙前总被动土压力为 1200kN/m,作用点距墙底 2m。如果将水泥土墙受到的扬水压力从自重中扣除,计算满足抗倾覆安全系数为 1.2 条件下的水泥土墙最小厚度。

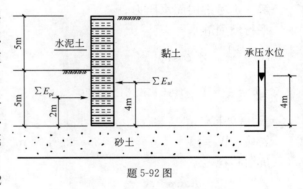

题 5-92 图

解 据《建筑基坑支护技术规程》(JGJ 120—2012)6.1.2 条

$$\frac{E_{pk}a_p+(G-u_mB)a_G}{E_{ak}a_a}\geqslant K_{ov}$$

$E_{pk}=1200\text{kN/m}, E_{ak}=800\text{kN/m}, a_p=2\text{m}$

$a_a=4\text{m}, a_G=\dfrac{B}{2}, G=\gamma V=20\times 10\times B=200B$

$u_m=\dfrac{r_w(h_{wa}+h_{wp})}{2}=10\times\dfrac{4+4}{2}=40$

$$K_{ov}\leqslant\frac{1200\times 2+(200B-40B)\times\dfrac{B}{2}}{800\times 4},\text{ 得出 }B^2=18,B=4.24\text{m}$$

5-93 [2007年考题] 某电站引水隧洞,围岩为流纹斑岩,其各项评分见表,实测岩体纵波速平均值为3320m/s,岩块的波速为4176m/s。岩石的饱和单轴抗压强度R_b=55.8MPa,围岩最大主应力σ_m=11.5MPa,试按《水利水电工程地质勘察规范》(GB 50487—2008)的要求进行围岩分类。

题5-93表

项目	岩石强度	岩体完整程度	结构面状态	地下水状态	主要结构面产状态
评分	20分	28分	24分	−3分	−2分

解 $T = 20 + 28 + 24 - 3 - 2 = 67 < 85$

$$K_v = \left(\frac{3320}{4176}\right)^2 = 0.63$$

$$S = \frac{R_b K_v}{\sigma_m} = \frac{55.8 \times 0.63}{11.5} = 3.1 < 4,\ \text{Ⅲ类围岩}$$

点评:围岩分类即属于地下工程的考试范畴,又属于岩土工程勘察的考试范畴,而且多本规范的方法并不一致,考试时注意选择合适的规范。

5-94 [2007年考题] 陡坡上岩体被一组垂直层面的张裂缝切割成长方形岩块(见示意图)。岩块的重度$\gamma = 25\text{kN/m}^3$。在暴雨水充满裂缝时,试求岩块最小稳定系数(包括抗滑动和抗倾覆两种情况的稳定系数取其小值)(不考虑岩块两侧阻力和层面水压力)。

解 不考虑层面水压力。
平行坡面静水压力

$$E_w = \frac{1}{2}\gamma_w Z_w^2 \cos\alpha$$
$$= \frac{1}{2} \times 4.6 \times 10 \times 4.6 \times \cos 20°$$
$$= 99\text{kN/m}$$

岩块 $W = \gamma V = 2.6 \times 4.6 \times 25 = 299\text{kN/m}$

抗滑移稳定系数

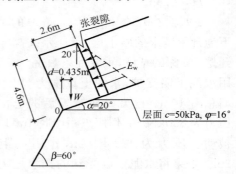

题5-94图

$$K_1 = \frac{rV\cos\theta\tan\varphi + A_c}{rV\sin\theta + E_w}$$
$$= \frac{299\cos 20° \times \tan 16° + 50 \times 2.6}{299\sin 20° + 99} = 1.05$$

抗倾覆稳定系数

$$K_2 = \frac{rVd}{E_w d_1} = \frac{299 \times 0.435}{99 \times 4.6/3} = 0.86$$

稳定系数最小值为0.86。

5-95 [2007年考题] 倾角为28°的土坡,由于降雨产生平行于坡面方向的渗流,利用圆弧条分法进行稳定分析时,其中第i条高度为6m,试计算作用在该条底面上的孔隙水压力。

解 取一单元体,如图所示。

$$h_w = \overline{ad} = \overline{ab}\cos\theta = (\overline{ac}\cos\theta)\cos\theta = 6\cos^2\theta = 6\cos^2 28° = 4.68\text{m}$$

孔隙水压力 $p_w = h_w r_w = 4.68 \times 10 = 46.8\text{kPa}$

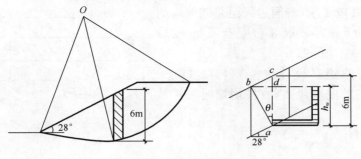

题 5-95 图

5-96 [2007 年考题] 某很长的岩质边坡受一组节理控制,节理走向与边坡走向平行,地表出露线距边坡顶边缘线 20m,坡顶水平,节理面与坡面交线和坡顶的高差为 40m,与坡顶的水平距离为 10m,节理面内摩擦角 35°,黏聚力 $c=70$kPa,岩体重度为 23kN/m³,试验算抗滑稳定安全系数。

解 滑动体体积

$$V = \frac{1}{2} \times 20 \times 40 = 400 \text{m}^3/\text{m}$$

滑动面长

$$L = \sqrt{30^2 + 40^2} = 50 \text{m}$$

$$K_s = \frac{\gamma V \cos\theta \tan\varphi + Ac}{rV\sin\theta} = \frac{23 \times 400 \times \frac{30}{50} \times \tan 35° + 50 \times 70}{23 \times 400 \times \frac{40}{50}}$$

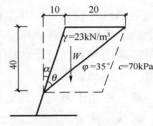

题 5-96 图(尺寸单位:m)

$$= \frac{3865 + 3500}{7360} = 1.0$$

5-97 [2007 年考题] 有一个宽 10m、高 15m 的地下隧道,位于碎散的堆积土中,洞顶距地面深 12m,堆积土的强度指标 $c=0$,$\varphi=30°$,天然重度 $\gamma=19$kN/m³,地面无荷载,无地下水,用太沙基理论计算,试计算作用于隧洞顶部的垂直压力(土的侧压力采用朗肯主动土压力系数计算)。

解 根据太沙基理论得
$c = 0$,$q = 0$

$$p_v = \frac{b\gamma - c}{\lambda \tan\varphi}[1 - e^{\frac{-\lambda \tan\varphi}{b}H}] + qe^{-\frac{\lambda \tan\varphi}{b}H} = \frac{b\gamma}{\lambda \tan\varphi}[1 - e^{\frac{-\lambda \tan\varphi}{b}H}]$$

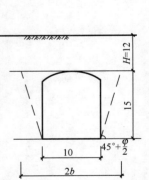

题 5-97 图(尺寸单位:m)

$$b = 5 + 15\tan\left(45° - \frac{\varphi}{2}\right) = 5 + 15\tan\left(45° - \frac{30°}{2}\right) = 13.7 \text{ m}$$

$$\lambda = \tan^2\left(45° - \frac{\varphi}{2}\right) = \tan^2\left(45° - \frac{30°}{2}\right) = 0.333$$

$$p_v = \frac{b\gamma}{\lambda \tan\varphi}[1 - e^{\frac{\lambda \tan\varphi}{b}H}] = \frac{13.7 \times 19}{0.333 \times \tan 30°}[1 - e^{-\frac{0.333 \times \tan 30° \times 12}{13.7}}] = 210 \text{ kPa}$$

5-98 [2007 年考题] 高速公路附近有一覆盖型溶洞(如图所示),为防止溶洞坍塌危及路基,按现行公路规范要求,溶洞边缘距路基坡脚的安全距离应为多少(灰岩 φ 取 37°,安全系数 K 取 1.25,土层稳定坡率 1∶0.7)。

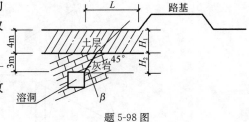

题 5-98 图

解 根据《公路路基设计规范》(JTG D30—2015),溶洞距路基的安全距离,宜按坍塌时的扩散角计算

$L = H_2 \cot\beta + H_1 \cot\theta + 5.0$

$\theta = 55°$

$\beta = \dfrac{1}{K}\left(45° + \dfrac{\varphi}{2}\right) = \dfrac{1}{1.25} \times \left(45° + \dfrac{37°}{2}\right) = 50.80°$。

$L = 3\cot 50.8° + 4\cot 55° + 5.0 = 2.45 + 2.80 + 5.0 = 10.25\text{m}$

点评:此类题主要考查考生能否在短时间内找到相关规范以及相关内容。

5-99 [2009 年考题] 有一分离式墙面的加筋土挡土墙(墙面只起装饰与保护作用,不直接固定筋材),墙高 5m,其剖面见附图。整体式钢筋混凝土墙面距包裹式加筋墙体的平均距离为 10cm,其间充填孔隙率 $n=0.4$ 的砂土。由于排水设施失效,10cm 间隙充满了水,此时作用于每延米墙面上的总水压力最接近于下列哪个选项的数值?(   )

A. 125kN　　　B. 5kN　　　C. 2.5kN　　　D. 50kN

解 作用于墙面水压力强度

墙顶 $p_w = 0$,墙底 $p_w = \gamma_w h = 10 \times 5 = 50\text{kPa}$

墙面作用总水压力为

$E_w = \dfrac{1}{2} \times 50 \times 5 = 125\text{kN}$

答案:(A)

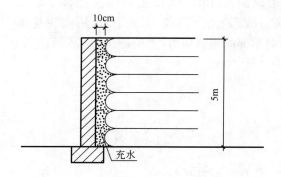

题 5-99 图

5-100 [2009 年考题] 山区重力式挡土墙自重 200kN/m,经计算,墙背主动土压力水平分力 $E_x = 200\text{kN/m}$,竖向分力 $E_y = 80\text{kN/m}$,挡土墙基底倾角 15°,基底摩擦系数 μ 为 0.65。问该墙的抗滑移稳定安全系数最接近于下列哪个选项的数值?(不计墙前土压力)(   )

五、土工结构与边坡防护、基坑与地下工程

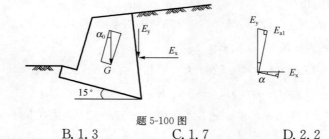

题 5-100 图

A. 0.9　　　　B. 1.3　　　　C. 1.7　　　　D. 2.2

解　根据《建筑地基基础设计规范》(GB 50007—2011)6.7.5 条，挡土墙抗滑移稳定系数 K_s：

$$K_s = \frac{(G_n + E_{an})\mu}{E_{at} - G_t}$$

将 G、E_x、E_y 投影到垂直基底方向和沿基底方向

$$\cos\alpha = \frac{E_{a1}}{E_y}, E_{a1} = E_y\cos\alpha, \sin\alpha = \frac{E_{a2}}{E_x}$$

$G_n = G\cos\alpha_0 = 200 \times \cos15° = 193.2\text{kN}$

$E_{an1} = E_y\cos\alpha_0 = 80 \times \cos15° = 77.3\text{kN}$

$E_{an2} = E_x\sin\alpha_0 = 200 \times \sin15° = 51.76\text{kN}$

$E_{at1} = E_x\cos\alpha = 200 \times \cos15° = 193.2\text{kN}$

$E_{at2} = E_y\sin\alpha = 80 \times \sin15° = 20.7\text{kN}$

$G_t = G\sin\alpha = 200 \times \sin15° = 51.76\text{kN}$

$$K_s = \frac{[(G_n + E_y)\cos\alpha + E_x\sin\alpha]\mu}{E_x\cos\alpha - (G + E_y)\sin\alpha} = \frac{(193.2 + 77.3 + 51.76) \times 0.65}{193.2 - (51.76 + 20.7)} = 1.73$$

答案：(C)

5-101［2009 年考题］　图示挡土墙，墙高 $H = 6\text{m}$。墙后砂土厚度 $h = 1.6\text{m}$，已知砂土的重度为 17.5kN/m^3，内摩擦角为 30°，黏聚力为零。墙后黏性土的重度为 18.5kN/m^3，内摩擦角为 18°，黏聚力为 10kPa。按朗肯主动土压力理论，试问作用于每延米墙背的总主动土压力 E_a 最接近下列哪个选项的数值？(　　)

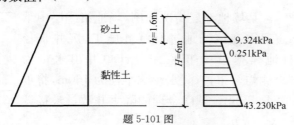

题 5-101 图

A. 82kN　　　　B. 92kN　　　　C. 102kN　　　　D. 112kN

解　(1)主动土压力系数

$$K_{a_1} = \tan^2\left(45° - \frac{\varphi_1}{2}\right) = \tan^2\left(45° - \frac{30°}{2}\right) = 0.333$$

$$K_{a_2} = \tan^2\left(45° - \frac{\varphi_2}{2}\right) = \tan^2\left(45° - \frac{18°}{2}\right) = 0.528$$

(2)主动土压力强度

砂土底 $e_1 = \gamma_1 h_1 K_{a1} = 17.5 \times 1.6 \times 0.333 = 9.324$

黏性土顶 $e_2 = \gamma_1 h_1 K_{a2} - 2c_2\sqrt{K_{a2}}$
$= 17.5 \times 1.6 \times 0.528 - 2 \times 10 \times \sqrt{0.528} = 0.251 \text{kPa}$

黏性土底 $e_3 = (\gamma_1 h_1 + \gamma_2 h_2) K_{a2} - 2c_2\sqrt{K_{a2}}$
$= (17.5 \times 1.6 + 18.5 \times 4.4) \times 0.528 - 2 \times 10\sqrt{0.58} = 43.230$

$E_a = \frac{1}{2} e_1 h_1 + \frac{1}{2}(e_2 + e_3) \times h_2 = \frac{1}{2} \times 9.324 \times 1.6 + \frac{1}{2} \times 43.481 \times 4.4 = 103.1 \text{kPa}$

答案：(C)

5-102 [2009年考题] 在饱和软黏土中基坑开挖采用地下连续墙支护,已知软土的十字板剪切试验的抗剪强度 $\tau = 34 \text{kPa}$；基坑开挖深度 16.3m，墙底插入坑底以下的深度 17.3m，设有两道水平支撑，第一道支撑位于地面高程，第二道水平支撑距坑底 3.5m，每延米支撑的轴向力均为 2970kN。沿着图示的以墙顶为圆心，以墙长为半径的圆弧整体滑动，若每延米的滑动力矩为 154230kN·m，则其安全系数最接近于下面哪个选项的数值？（　　）

A. 1.3　　B. 1.0　　C. 0.9　　D. 0.6

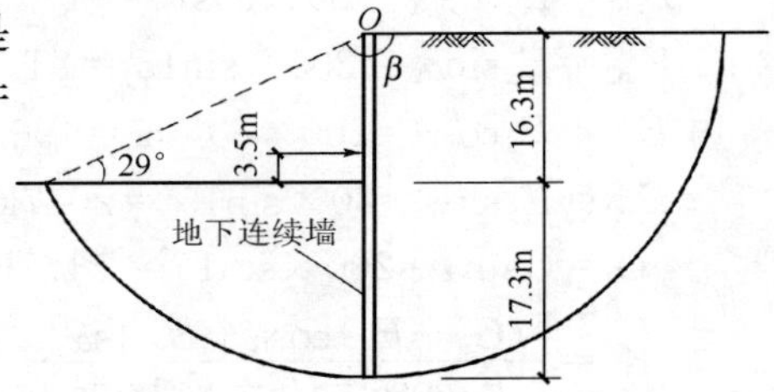

解 忽略被动土压力产生的抗滑力矩，抗滑力矩是由圆弧面土的剪切力 τ 产生的抗滑力矩和水平支撑产生的抗滑力矩。

对 O 点取矩,弧长为

$\frac{2\pi \times (16.3 + 17.3)}{360°} \times (61° + 90°) = 88.5\text{m}$

$M_1 = 88.5 \times 34 \times 33.6 = 101102.4 \text{kN·m}$

$M_2 = 2970 \times 12.8 = 38016 \text{kN·m}$

$K = \frac{M_1 + M_2}{154230} = \frac{101102.4 + 38016}{154230} = 0.9$

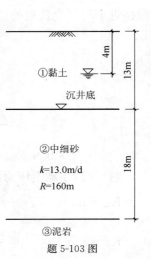

题 5-102 图

答案：(C)

5-103 [2009年考题] 某场地地层情况如图，场地第②层中承压水头在地面下 4.0m。现需在该场地进行沉井施工，沉井直径 20m，深 11.0m（深度自地面算起）。拟采用设计单井出水量为 50m³/h 的完整井沿沉井外侧均匀布置，降水影响半径为 160m，将承压水水位降低至沉井底面下 1.0m。试问合理的降水井数量最接近下列哪个选项中的数值？（　　）

A. 4　　B. 6　　C. 8　　D. 12

解 根据《建筑基坑支护技术规程》(JGJ 120—2012)，附录下的 E.0.3 条，均质含水层承压水完整井涌水量

$Q = 2\pi k \dfrac{MS_d}{\ln\left(1 + \dfrac{R}{r_0}\right)}$

题 5-103 图

$$= 2 \times 3.14 \times 13 \times \frac{18 \times (11-4+1)}{\ln\left(1+\frac{160}{10}\right)} = 4149.4 \, \text{m}^3/\text{d}$$

$$n = 1.1 \frac{Q}{q} = 1.1 \times \frac{4149.4}{50 \times 24} = 3.8, \text{取} \, n = 4$$

点评：计算时要分清是承压水还是潜水，是完整井还是非完整井，并注意计算涌水量时用设计降深。

答案：(A)

5-104 [2009年考题] 如图所示基坑，基坑深度5m，插入深度5m，地层为砂土，地层参数：$\gamma = 20 \, \text{kN/m}^3$，$c = 0$，$\varphi = 30°$，地下水位埋深6m，排桩支护形式，桩长10m。根据《建筑基坑支护技术规程》(JGJ 120—2012)，作用在每延米支护体系上的总的主动土压力标准值最接近下列哪个选项的数值？( )

  A. 210kN   B. 280kN   C. 307kN   D. 330kN

解 根据《建筑基坑支护技术规程》(JGJ 120—2012)。

$$K_a = \tan^2\left(45° - \frac{\varphi}{2}\right) = \tan^2\left(45° - \frac{30°}{2}\right) = 0.333$$

(1) 土压力

坑顶主动土压力强度

$p_{a1} = \gamma h K_a = 0$

水位处土压力强度

$p_{a2} = \gamma h_1 K_a = 20 \times 6 \times 0.333 = 40 \, \text{kPa}$

桩端土压力强度 $p_{a3} = (\gamma h_1 + \gamma' h_2) K_a = (20 \times 6 + 10 \times 4) \times 0.333 = 53.3 \, \text{kPa}$

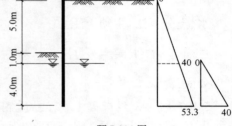

题 5-104 图

(2) 水压力

$$P_w = \frac{1}{2} r_w h_2^2 = \frac{1}{2} \times 10 \times 4^2 = 80 \, \text{kN}$$

$$E_a = \frac{1}{2}(p_{a1} + p_{a2}) \times h_1 + \frac{1}{2}(p_{a2} + p_{a3}) h_2 = \frac{1}{2} \times 40 \times 6 + \frac{1}{2} \times (40 + 53.3) \times 4 = 306.6 \, \text{kN}$$

总荷载 $= E_a + P_w = 306.6 + 80 = 386.6 \, \text{kN}$

答案：(D)

5-105 [2009年考题] 有一码头的挡土墙，墙高5m，墙背垂直、光滑；墙后为冲填的松砂（孔隙比 $e = 0.9$）。填土表面水平，地下水位与填土表面齐平。已知砂的饱和重度 $\gamma = 18.7 \, \text{kN/m}^3$，内摩擦角 $\varphi = 30°$。当发生强烈地震时，饱和松砂完全液化，如不计地震惯性力，液化时每延长米墙后的总水平压力最接近下列哪个选项？( )

  A. 78kN   B. 161kN   C. 203kN   D. 234kN

解 液化时，砂土 $\varphi = 0°$，$K_a = \tan^2\left(45° - \frac{\varphi}{2}\right) = 1$

主动土压力

$$E_a = \frac{1}{2} \gamma H^2 K_a = \frac{1}{2} \times 18.7 \times 5^2 \times 1 = 234 \, \text{kPa}$$

答案：(D)

5-106 [2009 年考题] 有一码头的挡土墙,墙高 5m,墙背垂直、光滑;墙后为冲填的松砂。填土表面水平,地下水位与墙顶齐平。已知砂的孔隙比 $e=0.9$,饱和重度 $\gamma_{sat}=18.7\text{kN/m}^3$,内摩擦角 $\varphi=30°$。强震使饱和松砂完全液化,震后松砂沉积变密实,孔隙比变为 $e=0.65$,内摩擦角变为 $\varphi=35°$。震后墙后水位不变。试问墙后每延长米上的主动土压力和水压力之总和最接近于下列哪个选项的数值?( )

  A. 68kN   B. 120kN   C. 150kN   D. 160kN

解 震后孔隙比由 0.9 减小至 0.65,其砂土高度减小 $\Delta H = \dfrac{0.9-0.65}{1+0.9} \times 5 = 0.658\text{m}$。

震后饱和砂土的重度 γ

$$5 \times 18.7 = (5-0.658) \times \gamma + 0.658 \times 10$$

$$\gamma = \frac{86.92}{4.342} = 20\text{kN/m}^3$$

$$K_a = \tan^2\left(45° - \frac{35°}{2}\right) = 0.27$$

水、土分算法,主动土压力

$$E_a = \frac{1}{2}\gamma H^2 K_a + \frac{1}{2}\gamma_w H_1^2 = \frac{1}{2} \times 10 \times 4.342^2 \times 0.27 + \frac{1}{2} \times 10 \times 5^2 = 150.4\text{kN/m}$$

答案:(C)

5-107 [2008 年考题] 有黏质粉土和砂土两种土料,其重度都等于 18kN/m^3,砂土 $c_1=0\text{kPa}$,$\varphi_1=35°$,黏质粉土 $c_2=20\text{kPa}$,$\varphi_2=20°$。对于墙背垂直光滑和填土表面水平的挡土墙,对应于下列哪个选项的墙高,用两种土料作墙后填土计算的作用于墙背的总主动土压力值正好是相同的。( )

  A. 6.6m   B. 7.0m   C. 9.8m   D. 12.4m

解 (1)砂土

墙底主动土压力强度

$$e_a = \gamma h K_a, \quad K_a = \tan^2\left(45° - \frac{\varphi}{2}\right) = \tan^2\left(45° - \frac{35°}{2}\right) = 0.27$$

主动土压力 $E_a = \dfrac{1}{2} \times 18 \times h^2 \times 0.27 = 2.43h^2$

(2)黏质粉土

$$z_0 = \frac{2c}{(\gamma\sqrt{K_a})}, \quad K_a = \tan^2\left(45° - \frac{20°}{2}\right) = 0.49$$

$$z_0 = \frac{2 \times 20}{18 \times 0.7} = 3.17\text{m}$$

墙底主动土压力强度

$$e_a = \gamma h K_a - 2c\sqrt{K_a} = 18h \times 0.49 - 2 \times 20 \times 0.7 = 8.82h - 28$$

主动土压力,$E_a = \dfrac{1}{2} \times (8.82h-28) \times (h-3.17) = 4.41h^2 - 14h - 13.98h + 44.38$

$$= 4.41h^2 - 27.98h + 44.38$$

$$2.43h^2=4.41h^2-27.98h+44.38 \Rightarrow 1.98h^2-27.98h+44.38=0$$

$$h^2-14.13h+22.4=0, h=\frac{14.13\pm\sqrt{(14.13)^2-4\times1\times22.4}}{2}=\frac{14.13\pm10.49}{2}=\frac{24.6}{2}=12.3\text{m}$$

答案：(D)

5-108 [2008年考题] 在饱和软黏土地基中开槽建造地下连续墙，槽深8.0m，槽中采用泥浆护壁。已知软黏土的饱和重度为16.8kN/m³，$c_u=12$kPa，$\varphi_u=0$。对于图示的滑裂面，问保证槽壁稳定的最小泥浆密度最接近于下列哪个选项？（　　）

  A. 1.00g/cm³   B. 1.08g/cm³   C. 1.12g/cm³   D. 1.22g/cm³

解 滑体重 W

$$W=\frac{1}{2}\times8\times\tan45°\times8\times16.8=537.6\text{kN/m}$$

由黏聚力产生的抗滑力

$$\frac{8}{\cos45°}\times12=135.7\text{kN/m}$$

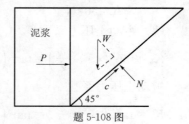

题 5-108 图

$$W\sin\alpha-135.7=537.6\sin45°-135.7=380-135.7=244.4\text{kN/m}$$

浆液产生的压力为 P

$$P=\frac{1}{2}\gamma h^2=\frac{1}{2}\gamma\times8^2=32\gamma$$

$$244.4=32\gamma\times\sin45°, \gamma=10.8\text{kN/m}^3$$

$$\rho=\frac{\gamma}{g}=\frac{10.8\times10^3(\text{N/m}^3)}{10(\text{m/s}^2)}=1.08\text{g/cm}^3$$

答案：(B)

5-109 [2008年考题] 图示的加筋土挡土墙，拉筋间水平及垂直间距 $S_x=S_y=0.4$m，填料重度 $\gamma=19$kN/m³，综合内摩擦角 $\varphi=35°$，按《铁路支挡结构设计规范》，深度4m处的拉筋拉力最接近下列哪一选项(拉筋拉力峰值附加系数取 $k=1.5$)？（　　）

  A. 3.9kN   B. 4.9kN

  C. 5.9kN   D. 6.9kN

解 由(TB 10025—2006)第8.2.8条及8.2.10条，墙后填料产生的水平土压力为

$$\sigma_{hli}=\lambda_i\gamma h_i$$

当 $h_i<6$m，$\lambda_i=\lambda_0\left(1-\frac{h_i}{6}\right)+\lambda_a\left(\frac{h_i}{6}\right)$

$$\lambda_0=1-\sin\varphi_0=1-\sin35°=0.426$$

$$\lambda_a=\tan^2\left(45°-\frac{\varphi_0}{2}\right)=\tan^2\left(45°-\frac{35°}{2}\right)=0.27$$

$$\lambda_i=\lambda_0\left(1-\frac{h_i}{6}\right)+\lambda_a\left(\frac{h_i}{6}\right)$$

$$=0.426\times\left(1-\frac{4}{6}\right)+0.27\times\left(\frac{4}{6}\right)$$

$$=0.142+0.18=0.322$$

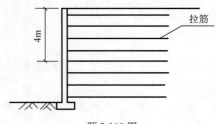

题 5-109 图

$\sigma_{hli}=\lambda_i\gamma h_i=0.322\times 19\times 4=24.47\text{kPa}$

拉筋拉力 T_i

$T_i=K\sigma_{hi}S_xS_y=1.5\times 24.47\times 0.4\times 0.4=5.87\text{kN}$

答案：(C)

5-110 [2008年考题] 在均匀砂土地基上开挖深度15m的基坑，采用间隔式排桩+单排锚杆支护，桩径1000mm，桩距1.6m，一桩一锚。锚杆距地面3m。已知该砂土的重度 $\gamma=20\text{kN/m}^3$，$\varphi=30°$，无地面荷载。按照《建筑基坑支护技术规程》(JGJ 120—1999)规定计算的锚杆水平力标准值 T_{c1} 最接近于下列哪个选项？（　　）

A. 450kN　　　　B. 500kN　　　　C. 550kN　　　　D. 600kN

解 主动土压力系数

$K_a=\tan^2\left(45°-\dfrac{\varphi}{2}\right)=\tan^2\left(45°-\dfrac{30°}{2}\right)=0.33$

被动土压力系数

$K_p=\tan^2\left(45°+\dfrac{\varphi}{2}\right)=\tan^2\left(45°+\dfrac{30°}{2}\right)=3$

基坑底主动土压力强度

$e_a=\gamma h K_a=20\times 15\times 0.33=99\text{kPa}$

主动土压力

$E_a=\dfrac{1}{2}e_a h=\dfrac{1}{2}\times 99\times 15=742.5\text{kN}$

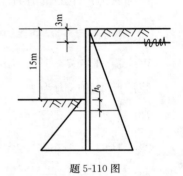

题 5-110 图

设土压力零点位置位于坑底下 h_0，$e_a=e_p\Rightarrow 99=\gamma h_0 K_p=20\times h_0\times 3=60h_0\Rightarrow h_0=\dfrac{99}{60}=1.65\text{m}$。

1.65m 处被动土压力强度。

$e_p=20\times 1.65\times 3=99\text{kPa}$

采用等值梁法，认为土压力零点和弯矩反弯点重合，h_0 处，主动土压力强度

$e_{h0}=\gamma\times(15+1.65)K_a=20\times 16.65\times 0.33=109.89\text{kPa}$

$T\times(12+1.65)=\dfrac{1}{2}\times 109.89\times 16.65\times \dfrac{1}{3}\times 16.65-99\times \dfrac{1.65}{3}\times 213.65T$

$=5077.3-108.9=4968.4\text{kN}$

$T=\dfrac{4968.4}{13.65}=363.9\text{kN}$

$363.9\times 1.6=582.24\text{kN}$，角根锚杆拉力为 582.24kN。

答案：(D)

点评：本题属于经典法中等值梁法的相关内容，《建筑基坑支护技术规程》(JGJ 120—2012)删除了相关内容，而支挡式结构统一采用弹性抗力法，可参阅本规程 4.1.1 条文说明。有些基坑地方标准仍然采用此方法，故保留本题仅供读者参考。

5-111 [2008年考题] 某基坑位于均匀软弱黏性土场地，土层主要参数如下：$\gamma=18\text{kN/m}^3$，固结不排水强度指标 $c_k=8\text{kPa}$，$\varphi_k=17°$，基坑开挖深度为4m，地面超载为20kPa。拟采用水泥

土墙支护,水泥土重度为 19kN/m³,挡土墙宽度为 2m。根据《建筑基坑支护技术规程》(JGJ 120—2012),满足抗倾覆稳定性的水泥土墙嵌固深度设计值最接近下列哪个选项的数值(注:抗倾覆稳定安全系数取 1.3)?(　　)

A. 5.6m　　　　B. 6.8m　　　　C. 7.5m　　　　D. 8.3m

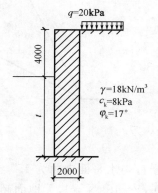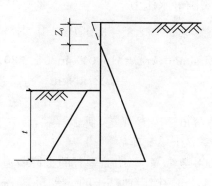

题 5-111 图

解 $K_a = \tan^2\left(45° - \dfrac{\varphi}{2}\right) = \tan^2\left(45° - \dfrac{17}{2}\right) = 0.548$

$K_p = \tan^2\left(45° + \dfrac{\varphi}{2}\right) = \tan^2\left(45° + \dfrac{17}{2}\right) = 1.826$

$Z_0 = \dfrac{\dfrac{2c}{\sqrt{K_a}} - q}{\gamma} = \dfrac{\dfrac{2 \times 8}{\sqrt{0.548}} - 20}{18} = 0.09$

$e_a = (\gamma H + q)K_a - 2c\sqrt{K_a} = [18(4+t) + 20] \times 0.548 - 2 \times 8 \times \sqrt{0.548} = 9.864t + 38.572$

$e_{p_1} = 2c\sqrt{K_p} = 2 \times 8 \times \sqrt{1.826} = 21.623$

$e_{p_2} = \gamma t K_p + 2c\sqrt{K_p} = 18 \times t \times 1.826 + 21.623 = 32.868t + 21.623$

$G = (4+t) \times 2 \times 19 = 38t + 152$

$K_{ov} = \dfrac{E_{pk}a_p + (G - \mu_m\beta)a_G}{E_a a_a} = \dfrac{21.613 \times \dfrac{1}{2}t^2 + 32.868 \times \dfrac{1}{6}t^3 + (38t + 152) \times 1}{(9.864t + 38.572) \times \dfrac{1}{6} \times (4 - 0.09 + t)^2}$

$= \dfrac{5.478t^3 + 10.812t^2 + 38t + 152}{1.644t^3 + 19.285t^2 + 75.406t + 98.281} = 1.3$

整理得: $3.341t^3 - 14.259t^2 - 60.028t + 24.235 = 0$

解此一元三次方程得 $t = 6.77$m,取 6.8m

答案:(B)

点评:因原考题按照 2012 版新规范计算时不能得到正确结果,此题在原题的基础上有所改动。按照 2012 版基坑支护规程抗倾覆稳定性要求计算水泥土墙的嵌固深度时,需要求解一元 3 次方程,比较繁琐。在考试时,可以采用代入法逐一验算各个答案选项,以得到正确的选项。

5-112 [2008 年考题] 在某裂隙岩体中,存在一直线滑动面,其倾角为 30°。已知岩体重力为 1500kN/m,当后缘垂直裂隙充水高度为 8m 时,试根据《铁路工程不良地质勘察规程》(TB 10027—2012)计算下滑力,其值最接近下列哪个选项?( )

  A. 1027kN/m   B. 1238kN/m   C. 1330kN/m   D. 1430kN/m

解 根据《铁路工程不良地质勘察规程》(TB 10027—2012)附录 A,裂隙静水压力

$$v=\frac{1}{2}\gamma_w Z_w^2 = \frac{1}{2}\times 10\times 8^2 = 320\text{kPa}$$

下滑力 $W\sin\beta + v\cos\beta = 1500\times\sin 30° + 320\times\cos 30°$
$= 1027\text{kN/m}$

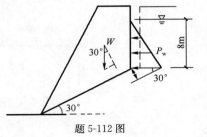

题 5-112 图

答案:(A)

点评:本题给出了参考规范,便于解答,但注意水压力的作用方向是垂直于接触面的。

5-113 [2008 年考题] 墙面垂直的土钉墙边坡,土钉与水平面夹角为 15°,土钉的水平与竖直间距都是 1.2m。墙后地基土的 $c=15\text{kPa}$,$\varphi=20°$,$\gamma=19\text{kN/m}^3$,无地面超载。在 9.6m 深度处的每根土钉的轴向受拉荷载最接近于下列哪个选项?( )($\eta_j=1.0$)

  A. 98kN   B. 102kN   C. 139kN   D. 208kN

解 根据《建筑基坑支护技术规程》(JGJ 120—2012)5.2.2 条、5.2.3 条,单根土钉轴向受抗荷载 N_{kj}

$$N_{kj}=\frac{1}{\cos\alpha_j}\xi\eta_j p_{akj} s_{xj} s_{zj}$$

$$\xi=\tan\frac{\beta-\varphi_m}{2}\cdot\frac{\dfrac{1}{\tan\dfrac{\beta+\varphi_m}{2}}-\dfrac{1}{\tan\beta}}{\tan^2\left(45°-\dfrac{\varphi_m}{2}\right)}$$

垂直边坡 $\beta=90°$,$\varphi_m=20°$

$$\xi=\left(\tan\frac{90°-20°}{2}\right)\times\frac{\dfrac{1}{\tan\dfrac{90°+20°}{2}}-\dfrac{1}{\tan 90°}}{\tan^2\left(45°-\dfrac{20°}{2}\right)}=\frac{0.7\times 0.7}{0.49}=1.0$$

9.6m 处边坡主动土压力强度

$$p_{ak}=\gamma z K_a - 2c\sqrt{K_a},\ K_a=\tan^2\left(45°-\frac{\varphi}{2}\right)=\tan^2\left(45°-\frac{20°}{2}\right)=0.49$$

$$p_{ak}=19\times 9.6\times 0.49 - 2\times 15\times\sqrt{0.49}=89.4-21=68.4\text{kPa}$$

$$N_{kj}=\frac{1}{\cos\alpha_j}\xi H_j p_{akj} s_{xj} s_{zj}=\frac{1}{\cos 15°}\times 1.0\times 1.0\times 68.4\times 1.2\times 1.2=101.97\text{kN}$$

答案:(B)

点评:《建筑基坑支护技术规程》(JGJ 120—2012)引入了土钉墙土压力调整系数,属于新东西,复习过程中应重视。公式中经验系数可取 0.6~1.0,当取 1.0 时,土压力不调整。

5-114 [2008 年考题] 在基坑的地下连续墙后有一 5m 厚的含承压水的砂层,承压水头

高于砂层顶面3m。在该砂层厚度范围内,作用在地下连续墙上单位长度的水压力合力最接近于下列哪个选项?（　　）

　　A. 125kN/m　　　　B. 150kN/m　　　　C. 275kN/m　　　　D. 400kN/m

解　砂层顶部水压力强度

$$p_{w顶}=\gamma_w h_1=10\times3=30\text{kPa}$$

砂层底部水压力强度

$$p_{w底}=\gamma_w h_1+\gamma_w h_2=10\times3+10\times5=80\text{kPa}$$

地下连续墙承受水压力

$$p=\frac{1}{2}(p_{w顶}+p_{w底})\times h=\frac{1}{2}(30+80)\times5=275\text{kN/m}$$

答案:(C)

5-115 [2008年考题]　基坑开挖深度为6m,土层依次为人工填土、黏土和砾砂,如图所示。黏土层,$\gamma=19.0\text{kN/m}^3$,$c=20\text{kPa}$,$\varphi=20°$。砂层中承压水水头高度为9m。基坑底至含砾粗砂层顶面的距离为4m。抗突涌安全系数取1.20,为满足抗承压水突涌稳定性要求,场地承压水最小降深最接近于下列哪个选项?（　　）

　　A. 1.4m　　　　B. 2.1m
　　C. 2.7m　　　　D. 4.0m

解　根据《建筑基坑支护技术规程》(JGJ 120—2012)附录C,坑底某深度处有承压水时,坑底抗渗流稳定性

$$\frac{D\gamma}{h_w\gamma_w}\geqslant K_h$$

$$h_w\leqslant\frac{D\gamma}{\gamma_w K_h}=\frac{4\times19}{10\times1.2}=6.3\text{m}$$

$$S=9-h_w=9-6.3=2.7\text{m}$$

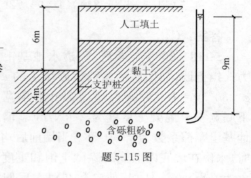

题 5-115 图

答案:(C)

5-116 [2008年考题]　下图为某地质图的一部分,图中虚线为地形等高线,粗实线为一倾斜岩面的出露界线。a、b、c、d 为岩面界线和等高线的交点,直线ab平行于cd,和正北方向的夹角为15°,两线在水平面上的投影距离为100m。下列关于岩面产状的选项哪个是正确的?（　　）

　　A. NE75°∠27°　　　B. NE75°∠63°　　　C. SW75°∠27°　　　D. SW75°∠63°

解　岩面产状要素由走向、倾向和倾角组成。直线$\overline{ab}$和$\overline{cd}$为走向线,和走向线垂直的方向为倾向。

90°−15°=75°,倾向为NE75°。

倾向和N方向夹角为倾角

$$\tan\alpha=\frac{200-150}{100}=0.5\Rightarrow\alpha=26.56°\approx27°$$

答案:(A)

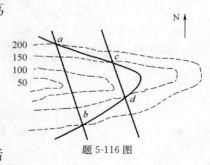

题 5-116 图

5-117 [2008年考题]　一墙背垂直光滑的挡土墙,墙后

填土面水平,如图所示。上层填土为中砂,厚 $h_1=2\text{m}$,重度 $\gamma_1=18\text{kN/m}^3$,内摩擦角为 $\varphi_1=28°$;下层为粗砂,$h_2=4\text{m}$,$\gamma_2=19\text{kN/m}^3$,$\varphi_2=31°$。问下层粗砂层作用在墙背上的总主动土压力为 E_{a2} 最接近于下列哪个选项?( )

  A. 65kN/m   B. 87kN/m   C. 95kN/m   D. 106kN/m

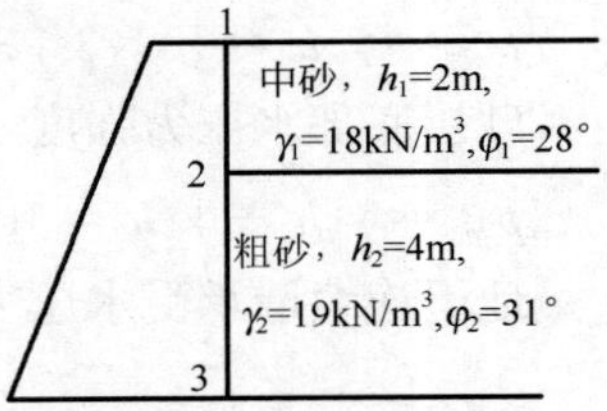

解 墙背光滑、直立、填土水平,符合朗肯土压力理论,2 点下主动土压力强度

$$K_{a2}=\tan^2\left(45°-\frac{\varphi_2}{2}\right)=\tan^2\left(45°-\frac{31°}{2}\right)=0.320$$

粗砂顶主动土压力强度
$$p_{a1}=\gamma_1 h_1 K_{a2}=18\times2\times0.320=11.52\text{kPa}$$

粗砂底主动土压力强度
$$p_{a2}=(\gamma_1 h_1+\gamma_2 h_2)K_{a2}=(18\times2+19\times4)\times0.320$$
$$=35.84\text{kPa}$$

$$E_{a2}=\frac{1}{2}(p_{a1}+p_{a2})\times h_2$$
$$=\frac{1}{2}(11.52+35.84)\times4=94.72\text{kN}$$

题 5-117 图

答案:(C)

5-118 [2008 年考题] 透水地基上的重力式挡土墙,如图所示。墙后砂填土的 $c=0$,$\varphi=30°$,$\gamma=18\text{kN/m}^3$。墙高 7m,上顶宽 1m,下底宽 4m,混凝土重度为 25kN/m³。墙底与地基土摩擦系数为 $f=0.58$。当墙前后均浸水时,水位在墙底以上 3m,除砂土饱和重度变为 $\gamma_{\text{sat}}=20\text{kN/m}^3$ 外,其他参数在浸水后假定都不变。水位升高后该挡土墙的抗滑移稳定安全系数最接近于下列哪个选项?( )

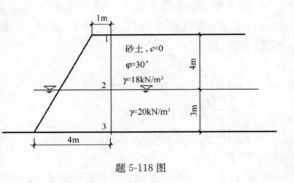

题 5-118 图

  A. 1.08   B. 1.40   C. 1.45   D. 1.88

解 $K_a=\tan^2\left(45°-\frac{\varphi}{2}\right)=\tan^2\left(45°-\frac{30°}{2}\right)=0.333$

2 点主动土压力强度
$$p_{a1}=\gamma_1 h_1 K_a=18\times4\times0.333=24\text{kPa}$$

3 点主动土压力强度
$$p_{a2}=(\gamma_1 h_1+\gamma_2' h_2)K_a=(18\times4+10\times3)\times0.333=34\text{kPa}$$

主动土压力
$$E_a=\frac{1}{2}\times p_{a1}\times h_1+\frac{1}{2}\times(p_{a1}+p_{a2})\times h_2=\frac{1}{2}\times24\times4+\frac{1}{2}\times(24+34)\times3=135\text{kN/m}$$

墙重 $W = \frac{1}{2} \times (1+2.714) \times 4 \times 25 + \frac{1}{2} \times (2.714+4) \times 3 \times 15 = 336.8 \text{kN/m}$

$K = \frac{336.8 \times 0.58}{135} = 1.45$

答案：(C)

点评：由于左侧也存在静水，所以作用在墙背上的水压力可以抵消。

5-119 [2008年考题] 一填方土坡相应于下图的圆弧滑裂面时，每延米滑动土体的总重力 $W = 250 \text{kN/m}$，重心距滑弧圆心水平距离为 6.5m，计算的安全系数为 $F_{su} = 0.8$，不能满足抗滑稳定要求，而要采取加筋处理，要求安全系数达到 $F_{sr} = 1.3$。按照《土工合成材料应用技术规范》(GB 50290—1998)，采用设计容许抗拉强度为 19kN/m 的土工格栅以等间距布置时，土工格栅的最少层数接近下列哪个选项？（　　）

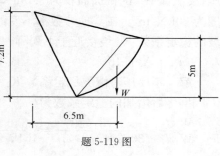

题 5-119 图

A. 5　　　　B. 6　　　　C. 7　　　　D. 8

解 根据《土工合成材料应用技术规范》(GB/T 50290—2014)第7.5.3条。

$T_s = (F_{sr} - F_{su}) \frac{M_D}{D}$

$F_{sr} - F_{su} = 1.3 - 0.8 = 0.5$

$D = 7.2 - \frac{5}{3} = 5.533 \text{m}$

$M_D = 250 \times 6.5 = 1625 \text{kN} \cdot \text{m/m}$

$T_s = 0.5 \times 1625/5.533 = 147 \text{kN/m}$

$n = 147/19 = 7.7 \approx 8$

答案：(D)

5-120 [2008年考题] 有一岩体边坡，要求垂直开挖。已知岩体有一个最不利的结构面为顺坡方向，与水平方向夹角为55°，岩体有可能沿此向下滑动。现拟采用预应力锚索进行加固，锚索与水平方向的下倾夹角为20°。问在距坡底10m高处的锚索的自由段设计长度应考虑不小于下列哪个选项（注：锚索自由段应超深伸入滑动面以下不小于1m）？（　　）

A. 5m　　　B. 7m　　　C. 8m　　　D. 9m

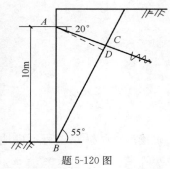

题 5-120 图

解 利用正弦定理

$\frac{AC}{\sin \angle ABC} = \frac{AB}{\sin \angle ACB}$

于是 $AC = \frac{\sin \angle ABC}{\sin \angle ACB} AB = \frac{\sin(90°-55°)}{\sin(180°-35°-70°)} \times 10 = 5.94 \text{m}$

自由段长度为 $5.94 + 1.0 = 6.94 \text{m}$

答案：(B)

5-121 [2009年考题] 某饱和软黏土边坡已出现明显变形迹象(可以认为在 $\varphi_u=0$ 的整体圆弧法计算中,其稳定系数 $K_1=1.0$)。假定有关参数如下:下滑部分 W_1 的截面面积为 $30.2m^2$,力臂 $d_1=3.2m$,滑体平均重度为 $17kN/m^3$。为确保边坡安全,在坡脚进行了反压,反压体 W_3 的截面面积为 $9.0m^2$,力臂 $d_3=3.0m$,重度为 $20kN/m^3$。在其他参数都不变的情况下,反压后边坡的稳定系数 K_2 最接近于下列哪一选项?(　　)

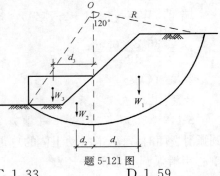

题 5-121 图

A. 1.15　　B. 1.26　　C. 1.33　　D. 1.59

解 不反压时滑坡稳定系数 $K_1=1.0$

反压后增加的稳定系数为

$$\frac{W_3 d_3}{W_1 d_1}=\frac{9\times 3\times 20}{30.2\times 3.2\times 17}=\frac{540}{1642.9}=0.33$$

反压后稳定系数 K_2

$K_2=K_1+0.33=1.0+0.33=1.33$

答案:(C)

点评:此题属于概念理解类题目,反压坡脚是提高边坡稳定性的有效方法,在实际工程中通常也用卸坡顶土。

5-122 [2010年考题] 岩质边坡由泥质粉砂岩与泥岩互层组成为不透水边坡,边坡后部有一充满水的竖直拉裂带,如图。静水压力 P_w 为 $1125kN/m$,可能滑动的层面上部岩体重量 W 为 $22000kN/m$,层面摩擦角 φ 为 $22°$,黏聚力 c 为 $20kPa$,试问其安全系数最接近于下列何项数值?(　　)

A. $K=1.09$　　B. $K=1.17$　　C. $K=1.27$　　D. $K=1.37$

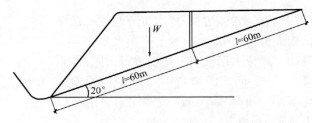

题 5-122 图

解 据《铁路工程不良地质勘察规程》(TB 10027—2012)附录 A

$$K_s=\frac{cA+(W\cos\beta-u-v\sin\beta)\tan\varphi}{W\sin\beta+v\cos\beta}$$

$$=\frac{20\times 60\times 1+(22000\cos 20°-1125\sin 20°)\tan 22°}{22000\sin 20°+1125\cos 20°}=1.10$$

答案:(A)

5-123 [2010年考题] 有一部分浸水的砂土坡,如图,坡率为 $1:1.5$,坡高 $4m$,水位在 $2m$ 处;水上、水下的砂土的内摩擦角均为 $\varphi=38°$;水上砂土重度 $\gamma=18kN/m^3$,水下砂土饱和

重度 $\gamma_{ast}=20kN/m^3$。用传递系数法计算沿图示的折线滑动面滑动的安全系数最接近于下列何项数值？（已知 $W_2=1000kN$，$P_1=560kN$，$\alpha_1=38.7°$，$\alpha_2=15.0°$。P_1 为第一块传递到第二块上的推力，W_2 为第二块已扣除浮力的自重）（　　）

A. 1.17　　　　B. 1.04　　　　C. 1.21　　　　D. 1.52

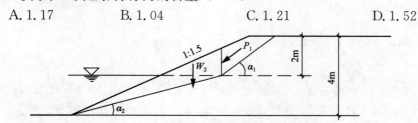

题 5-123 图

解　$K=\dfrac{[P_1\sin(\alpha_1-\alpha_2)+W_2\cos\alpha_2]\tan\varphi}{P_1\cos(\alpha_1-\alpha_2)+W_2\sin\alpha_2}$

$\qquad=\dfrac{[560\times\sin(38.7°-15°)+1000\times\cos15°]\tan38°}{560\times\cos(38.7°-15°)+1000\times\sin15°}=1.21$

答案：(C)

5-124［2010 年考题］　如图所示，重力式挡土墙和墙后岩石陡坡之间填砂土，墙高 6m，墙背倾角 60°，岩石陡坡倾角 60°，砂土 $\gamma=17kN/m^3$，$\varphi=30°$，砂土与墙背及岩坡间的摩擦角均为 15°，试问该挡土墙上的主动土压力合力 E_a 与下列何项数值最为接近？（　　）

A. 250kN/m　　　　　　　　B. 217kN/m
C. 187kN/m　　　　　　　　D. 83kN/m

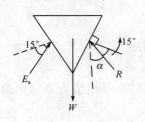 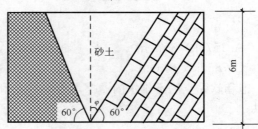

题 5-124 图

解　根据《建筑边坡工程技术规范》(GB 50330—2013)第 6.2.8 条

$$E_{ak}=\dfrac{1}{2}\gamma H^2 K_a$$

主动土压力系数：

$$K_a=\dfrac{\sin(\alpha+\beta)}{\sin(\alpha-\delta+\theta-\delta_R)\sin(\theta-\beta)}\times\left[\dfrac{\sin(\alpha+\theta)\sin(\alpha-\delta_R)}{\sin^2\alpha}-\eta\dfrac{\cos\delta_R}{\sin\alpha}\right]$$

式中，$\alpha=\theta=60°$，$\beta=0°$，$\delta=\delta_R=15°$，由于砂土 $c=0$，则 $\eta=0$，所以

$$K_a=\dfrac{\sin60°}{\sin90°\sin60°}\times\dfrac{\sin120°\sin45°}{\sin^260°}=0.816$$

则 $E_{ak}=\dfrac{1}{2}\times17\times36\times0.816=249.70kN/m$

该题也可采用以下解法：

楔体自重
$$W = \gamma V = 17 \times \frac{1}{2} \times 6 \times \frac{6}{\sin 60°} = 353 \text{kN}$$
$$\alpha = 90° - 15° - 30° = 45°$$
$$E_a = W\cos 45° = 353 \times \frac{\sqrt{2}}{2} = 250$$

答案:(A)

点评:此题题干没有给出按照《建筑地基基础设计规范》(GB 50007—2011),可按照《建筑边坡工程技术规范》(GB 50330—2013)进行解答,也可绘制力三角形进行解答。

5-125 [2010 年考题] 一个在饱和软黏土中的重力式水泥土挡土墙,土的不排水抗剪强度 $c_u = 30\text{kPa}$,基坑深度 5m,墙的埋深 4m,滑动圆心在墙顶内侧 O 点,滑动圆弧半径 $R = 10\text{m}$。沿着图示的圆弧滑动面滑动,试问每米宽度上的整体稳定抗滑力矩最接近于下列何项数值?（　　）

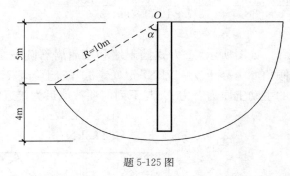

题 5-125 图

　　A. 1570kN・m/m　　　　　　　　B. 4710kN・m/m
　　C. 7850kN・m/m　　　　　　　　D. 9420kN・m/m

解 饱和软黏土的不排水内摩擦角为 0,在饱和不排水剪切的条件下,抗滑力矩完全由黏聚力提供。
$$\cos\alpha = \frac{5}{10} = 0.5 \Rightarrow \alpha = 60°$$
$$M_R = clR = 30 \times \frac{150}{180}\pi \times 10 \times 10 = 7850 \text{kN} \cdot \text{m/m}$$

答案:(C)

5-126 [2010 年考题]　拟在砂卵石地基中开挖 10m 深的基坑,地下水与地面齐平,坑底为基岩。拟用旋喷法形成厚度 2m 的截水墙,在墙内放坡开挖基坑,坡度为 1：1.5,截水墙外侧砂卵石的饱和重度为 19kN/m^3,截水墙内侧砂卵石重度 17kN/m^3,内摩擦角 $\varphi = 35°$(水上下相同),截水墙水泥土重度为 $\gamma = 20\text{kN/m}^3$,墙底及砂卵石土抗滑体与基岩的摩擦系数 $\mu = 0.4$。试问该挡土体的抗滑稳定安全系数最接近于下列何项数值?（　　）

　　A. 1.00　　　　B. 1.08　　　　C. 1.32　　　　D. 1.55

解　(1)水压力
$$p_w = \frac{1}{2}\gamma_w h^2 = \frac{1}{2} \times 10 \times 10^2 = 500\text{kN}$$

(2)土压力

$$E_a = \frac{1}{2}\gamma h^2 K_a = \frac{1}{2}\times 9\times 10^2\times \tan^2\left(45°-\frac{35°}{2}\right)=122\text{kN}$$

(3)自重

$$W=2\times 10\times 20+\frac{1}{2}\times 15\times 10\times 17=1675\text{kN}$$

(4)摩擦力

$$R=\mu W=1675\times 0.4=670\text{kN}$$

$$K_s=\frac{R}{E_a+p_w}=\frac{670}{122+500}=1.08$$

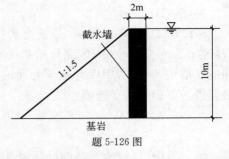

题 5-126 图

答案:(B)

点评:此题坑内留被动土,在实际工程中应用较广泛,计算过程中注意不要漏项也不要增项。

5-127[2010 年考题] 一悬崖上突出一矩形截面的完整岩体,长 L 为 8m,厚(高) h 为 6m,重度 γ 为 22kN/m³,允许抗拉强度 $[\sigma_t]$ 为 1.5MPa,试问该岩体拉裂崩塌的稳定系数最接近于下列何项数值?( )

A. 2.2   B. 1.8
C. 1.4   D. 1.1

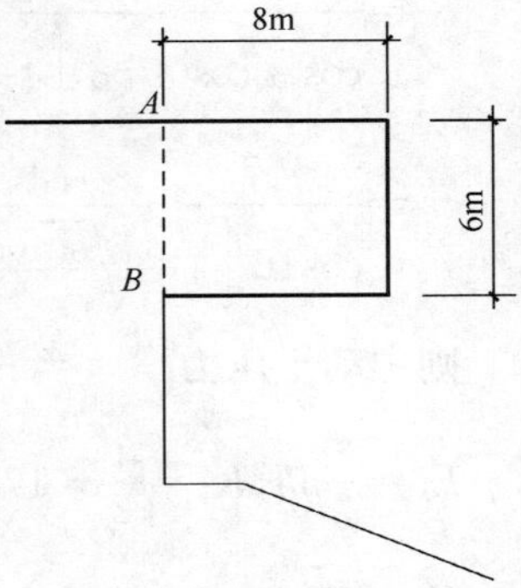

解 据《工程地质手册》(第四版)557 页

$$K=\frac{[\sigma_{拉}]}{[\sigma_{A拉}]},\text{取单位宽度}$$

$$M=\frac{l^2}{2}\gamma h=\frac{8^2}{2}\times 22\times 6=4224\text{kN}$$

$$\sigma_{A拉}=\frac{M_y}{I}=\frac{4224\times \frac{6}{2}}{6^3\times \frac{1}{12}}=704\text{kPa}$$

$$K=\frac{[\sigma_{拉}]}{[\sigma_{A拉}]}=\frac{1.5\times 10^3}{704}=2.13$$

题 5-127 图

答案:(A)

点评:危岩与崩塌类题目应当属于特殊条件下的岩土工程。可参阅《工程地质手册》进行解答,也可用基本的材料力学概念去解答。

5-128[2010 年考题] 一无黏性土均质斜坡,处于饱和状态,地下水平行坡面渗流,土体饱和重度 γ_{sat} 为 20kN/m³,$c=0$,$\varphi=30°$,假设滑动面为直线形,试问该斜坡稳定的临界坡角最接近于下列何项数值?( )

A. 14°   B. 16°   C. 22°   D. 30°

解 有沿坡渗流情况下,边坡安全系数:

$$F_s=\frac{\gamma'}{\gamma_{sat}}\frac{\tan\varphi}{\tan\alpha}$$

$$\tan\alpha = \frac{\gamma'}{\gamma_{sat}} \times \frac{\tan\varphi}{F_s} = \frac{10}{20} \times \frac{\tan 30°}{1} = 0.289$$

$$\alpha = 16.1°$$

答案：(B)

5-129 [2010 年考题] 某重力式挡土墙如图所示。墙重为 767kN/m，墙后填砂土，$\gamma=17kN/m^3$，$c=0$，$\varphi=32°$；墙底与地基间的摩擦系数 $\mu=0.5$；墙背与砂土间的摩擦角 $\delta=16°$，用库仑土压力理论计算此墙的抗滑稳定安全系数最接近于下面哪一个选项？（ ）

  A. 1.23   B. 1.83
  C. 1.68   D. 1.60

题 5-129 图

解 根据《建筑地基基础设计规范》(GB 50007—2011) 6.7.5 条

$$K_s = \frac{(G_n + E_{an})\mu}{E_{at} - G_t}$$

$$K_a = \frac{\cos^2(\varphi - \alpha)}{\cos^2\alpha \cos(\alpha + \delta)\left[1 + \sqrt{\frac{\sin(\varphi + \delta)\sin(\varphi - \beta)}{\cos(\alpha + \delta)\cos(\alpha - \beta)}}\right]^2}$$

（土力学教材）

$$= \frac{\cos^2 32°}{\cos 16°\left[1 + \sqrt{\frac{\sin(32° + 16°)\sin 32°}{\cos 16°}}\right]^2} = 0.278$$

则主动土压力

$$E_a = \frac{1}{2}\gamma h^2 K_a = \frac{1}{2} \times 17 \times 10^2 \times 0.278 = 236 \text{kN/m}$$

$$E_{at} = E_a \sin(\alpha - \alpha_0 - \delta) = 236\sin(90° - 0° - 16°) = 227 \text{kN/m};$$

$$E_{an} = E_a \cos(\alpha - \alpha_0 - \delta) = 236\cos(90° - 0° - 16°) = 65 \text{kN/m};$$

$$G_n = G\cos\alpha_0 = 767 \text{kN/m}$$

$$G_t = G\sin\alpha_0 = 0$$

解得，抗滑稳定安全系数 $K_s = \dfrac{(G_n + E_{an})\mu}{E_{at} - G_t} = \dfrac{(767 + 65) \times 0.5}{227 - 0} = 1.83$

答案：(B)

点评：计算中注意，土力学教材中墙背倾角是墙背与竖直线之间的夹角，而规范是墙背与水平线之间的夹角。

5-130 [2010 年考题] 设计一个坡高 15m 的填方土坡，用圆弧条分法计算得到的最小安全系数为 0.89，对应的滑动力矩为 36000kN·m/m，圆弧半径为 37.5m；为此需要对土坡进行加筋处理，如图所示。如果要求的安全系数为 1.3，按照《土工合成材料应用技术规范》(GB 50290—1998) 计算，1 延米填方需要的筋材总加筋力最接近于下面哪一个选项？（ ）

  A. 1400kN/m   B. 1000kN/m
  C. 454kN/m   D. 400kN/m

解 根据《土工合成材料应用技术规范》(GB/T 50290—2014)7.5.3条。

$$D = R - \frac{H}{3}$$

$$T_s = \frac{(F_{sr} - F_{su})M_D}{D}$$

$$= \frac{(1.3 - 0.89) \times 36000}{37.5 - \frac{15}{3}} = 454.2 \text{kN/m}$$

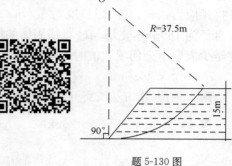

题 5-130 图

答案：(C)

5-131[2010 年考题] 如题图 a)所示的挡土墙，墙背竖直光滑，墙后填土水平，上层填 3m 厚的中砂，重度为 18kN/m^3，内摩擦角 $28°$；下层填 5m 厚的粗砂，重度为 19kN/m^3，内摩擦角 $32°$。试问 5m 粗砂砂层作用在挡墙下的总主动土压力最接近于下列哪个选项？(　　)

A. 172kN/m　　　　　　　　B. 168kN/m
C. 162kN/m　　　　　　　　D. 156kN/m

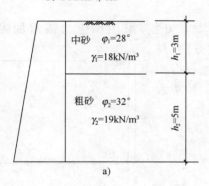 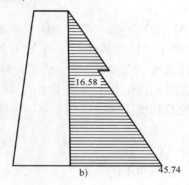

题 5-131 图

解 因墙背竖直、光滑，墙厚填土水平，符合朗肯主动土压力条件，可计算第二层粗砂层填土的压力强度为

$$K_{a2} = \tan^2\left(45° - \frac{\varphi_2}{2}\right) = \tan^2\left(45° - \frac{32°}{2}\right) = 0.307$$

粗砂顶主动压力强度
$$p_{a1} = \gamma_1 h_1 K_{a2} = 18 \times 3 \times 0.307 = 16.58 \text{kPa}$$

墙底处主动土压力
$$p_{a2} = (\gamma_1 h_1 + \gamma_2 h_2)K_{a2} = (18 \times 3 + 19 \times 5) \times 0.307 = 45.74 \text{kPa}$$

则第二层粗砂作用在挡土墙上的总主动土压力
$$E_a = \frac{1}{2} \times 5 \times (16.58 + 45.74) = 155.8 \text{kN/m}$$

答案：(D)

5-132 [2010 年考题] 某基坑侧壁安全等级为三级,垂直开挖,采用复合土钉墙支护,设一排预应力锚索,自由段长度为 5.0m。已知锚索水平拉力设计值为 250kN,水平倾角 20°,锚孔直径为 150mm,土层与砂浆锚固体的极限摩擦阻力标准值 $q_{sik}=46$kPa。试问锚索的设计长度至少应取下列何项数值时才能满足要求?( )

  A. 16.0m   B. 18.0m   C. 21.0m   D. 24.0

解 根据《建筑基坑支护技术规程》(JGJ 120—2012)3.1.6 条、3.1.7 条、4.7.2 条、4.7.4 条

$$N=\gamma_0\gamma_F N_k=\frac{250}{\cos 20°}=266\text{kN}$$

$$N_k=\frac{N}{\gamma_0\gamma_F}=\frac{266}{0.9\times 1.25}=236\text{kN}$$

$$\frac{R_k}{N_k}\geqslant K_t, R_k\geqslant K_t N_k=1.4\times 236=330\text{kPa}$$

$$R_k=\pi d\sum q_{sik}l_i$$

$$l_i=\frac{R_k}{\pi d q_{sik}}\geqslant\frac{330}{3.14\times 0.15\times 46}=15.2\text{m}$$

锚索设计长度 $15.2+5=20.2$m

答案:(C)

5-133 [2010 年考题] 有一个岩石边坡,要求垂直开挖,采用预应力锚索加固,如图 5-133 所示。已知岩体的一个最不利结构面为顺坡方向,与水平方向夹角 55°。锚索与水平方向夹角 20°,要求锚索自由伸入该潜在滑动面的长度不小于 1m。试问在 10m 高处的该锚索的自由段总长度至少应达到下列何项数值?( )

  A. 5.0m   B. 7.0m

  C. 8.0m   D. 10.0m

解 由三角形的关系

$$AC=\frac{AB}{\sin(20°+55°)}\times\sin(90°-55°)=\frac{10\times\sin 35°}{\sin 75°}=5.94\text{m}$$

自由的长度 $5.94+1=6.94$m

答案:(B)

题 5-133 图

5-134 [2010 年考题] 某基坑深 6.0m,采用悬臂排桩支护,排桩嵌固深度 6.0m,地面无超载,重要性系数 $\gamma_0=1.0$。场地内无地下水,土层为砾砂层 $\gamma=20$kN/m³, $c=0$kPa, $\varphi=30°$,厚 15.0m。按照《建筑基坑支护技术规程》(JGJ 120—2012),问悬臂排桩嵌固稳定安全系数 K_e( )

  A. 1.10   B. 1.20   C. 1.30   D. 1.40

解 根据《建筑基坑支护技术规程》(JGJ 120—2012)4.2.1 条

$$\frac{E_{pk}a_{p1}}{E_{ak}a_{a1}}\geqslant K_e$$

$$K_a=\tan^2\left(45°-\frac{\varphi}{2}\right)=\tan^2\left(45°-\frac{30°}{2}\right)=0.333$$

$$K_p=\tan^2\left(45°+\frac{\varphi}{2}\right)=\tan^2\left(45°+\frac{30°}{2}\right)=3.00$$

桩端主动土压力强度标准值

$p_{ak}=\sigma_{ak}K_a=\gamma h_1 K_a=20\times12\times0.333=79.92\text{kPa}$

桩端被动土压力强度标准值

$p_{pk}=\sigma_{pk}K_p=\gamma h_2 K_p=20\times6\times3=360\text{kPa}$

主动土压力标准值

$E_{ak}=\dfrac{1}{2}p_{ak}\times h_1=\dfrac{1}{2}\times79.92\times12=479.52\text{kN}$

被动土压力标准值

$E_{pk}=\dfrac{1}{2}p_{pk}\times h_2=\dfrac{1}{2}\times360\times6=1080\text{kN}$

$K_e=\dfrac{E_{pk}a_{p1}}{E_{ak}a_{a1}}=\dfrac{1080\times\frac{1}{3}\times6}{479.5\times\frac{1}{3}\times12}=1.13$

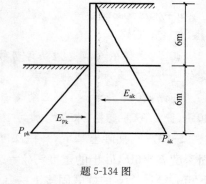

题 5-134 图

答案：(A)

5-135[2011 年考题] 某很长的岩质边坡的断面形状如图所示。岩体受一组走向与边坡平行的节理面所控制，节理面的内摩擦角为 35°，黏聚力为 70kPa，岩体重度为 23kN/m³。请验算边坡沿节理面的抗滑稳定系数最接近下列哪个选项？（　　）

A. 0.8　　B. 1.0　　C. 1.2　　D. 1.3

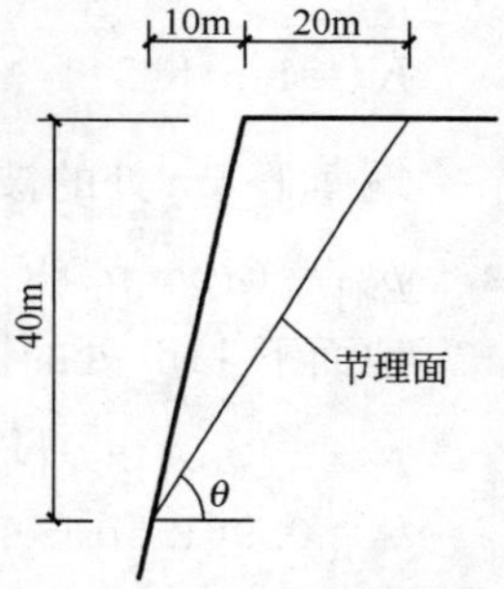

解 滑动面上土的自重

$W=\gamma V=23\times\dfrac{1}{2}\times20\times40=9200\text{kN/m}$

抗滑稳定系数

$K_s=\dfrac{G\cos\theta\tan\varphi+cl}{G\sin\theta}$

由几何关系，$l=\sqrt{30^2+40^2}=50\text{m}$，$\cos\theta=\dfrac{30}{50}=0.6$，$\sin\theta=\dfrac{40}{50}=0.8$。于是

$K_s=\dfrac{9200\times0.6\times\tan35°+70\times50}{9200\times0.8}=1.0$

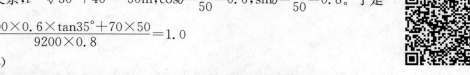

题 5-135 图　边坡断面示意图

答案：(B)

点评：本题比较简单。要点是注意不要漏项，尤其不要漏掉 $\tan\varphi$。

5-136[2011 年考题] 一个坡度为 28°的均质土坡，由于降雨，土坡中地下水发生平行于坡面方向的渗流，利用圆弧条分法进行稳定分析时，其中第 i 条块高度为 6m，作用在该条块底面上的孔隙水压力最接近于下面哪一数值？（　　）

A. 60kPa　　B. 53kPa
C. 47kPa　　D. 30kPa

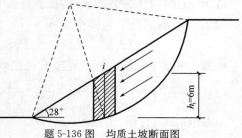

题 5-136 图　均质土坡断面图

解 渗流计算中等势线垂直于流线，该题中流线平行于坡面，所以等势线垂直于坡面。进一步，

利用坡面上孔隙水压力为 0 的条件,可以计算出条块底面上的孔隙水压力为
$$u=\gamma_w h_i \cos\alpha\cos\alpha=10\times 6\times\cos^2 28°=46.8\text{kPa}$$
答案:(C)

点评:本题的要点是水头等势线与流线垂直,在等势线上总水头相等,总水头等于位置水头与压力水头之和。其他主要是几何关系的换算。

点评:2011 年考题,土工结构与边坡防护、基坑与地下工程均采用了 2005 年至 2007 年的真题,此处不再重复,本书增加约 10 个新基坑规程及新边坡规范等新规范的题目供考生练习。

5-137 某砂土基坑,开挖深度 $H=5\text{m}$,采用悬臂桩支护,桩径 600mm,桩间距 1.2m,嵌固深度 $l_d=6\text{m}$,砂土的重度为 $\gamma=20\text{kN/m}^3$,黏聚力 $c=0$,内摩擦角为 30°,地下水位位于地面下 6m,经计算支护桩嵌固段上的基坑内侧土反力标准值为 500kN,根据《建筑基坑支护技术规程》(JGJ 120—2012),计算抗力安全系数最接近下列哪个数值?(抗力安全系数为挡土构件嵌固段上被动土压力标准值与土反力之比)

A. 1.41　　　　B. 1.69　　　　C. 1.99　　　　D. 2.09

解 根据《建筑基坑支护技术规程》(JGJ 120—2012)第 3.4.2 条、4.1.3 条、4.1.4 条。
$$K_p=\tan^2\left(45°+\frac{\varphi}{2}\right)=\tan^2\left(45°+\frac{30°}{2}\right)=3.0$$

地面下 6m 处的被动土压力强度标准值
$$p_{pk1}=(\sigma_{pk}-u_p)K_p+2c\sqrt{K_p}+u_p=20\times 1.0\times 3.0=60\text{kPa}$$

地面下 11m 处的被动土压力强度标准值
$$p_{pk2}=(\sigma_{pk}-u_p)K_p+2c\sqrt{K_p}+u_p=(20\times 6-10\times 5)\times 3.0+10\times 5=260\text{kPa}$$
$b_0=0.9(1.5d+0.5)=0.9(1.5\times 0.6+0.5)=1.26>1.2\text{m}$,$b_0$ 取 1.2m。
$$E_{pk}=\left[\frac{1}{2}p_{pk1}h_1+\frac{1}{2}(p_{pk1}+p_{pk2})h_2\right]\times 1.2$$
$$=\left[\frac{1}{2}\times 60\times 1.0+\frac{1}{2}\times(60+260)\times 5.0\right]\times 1.2=996$$
$$K_s=\frac{E_{pk}}{P_{sk}}=\frac{996}{500}=1.99$$
答案:(C)

5-138 某砂土边坡,采用扶壁式挡墙,挡墙高度 9m,砂土的重度为 $\gamma=20\text{kN/m}^3$,黏聚力 $c=0$,内摩擦角为 30°,立板厚度 400mm,墙趾板和墙踵板厚 1000mm,扶壁间距为 4m,扶壁厚 700mm,地面均布荷载 30kPa,根据《建筑边坡工程技术规范》(GB 50330—2013),计算墙面板的最大弯矩最接近下列哪个选项?

A. 7.2 kN·m　　　B. 8.4 kN·m　　　C. 50.2 kN·m　　　D. 63.4 kN·m

解 根据《建筑边坡工程技术规范》(GB 50330—2013)第 12.2.5 条。
$$K_a=\tan^2\left(45°-\frac{\varphi}{2}\right)=\tan^2\left(45°-\frac{30°}{2}\right)=\frac{1}{3}$$
$H=9.0-1.0=8.0\text{m}$
$l=4-0.7=3.3\text{m}$

$$e_{hk}=(q+\gamma h)K_a-2c\sqrt{K_a}=(30+20\times 8)\times\frac{1}{3}=63.33\text{kPa}$$

$$M_{max}=0.03e_{hk}Hl$$
$$=0.03\times 63.33\times 8\times 3.3=50.2\text{kN}\cdot\text{m}$$

答案：(C)

点评：本题为新增内容，但规范有误，请考生注意。

5-139 某砂土基坑，开挖深度 $H=5\text{m}$，采用悬臂桩支护，桩径 700mm，桩间距 1.4m，嵌固深度 $l_d=6\text{m}$，砂土的重度为 $\gamma=20\text{kN/m}^3$，黏聚力 $c=0$，内摩擦角为 30°，地下水位位于地面下 7m，经计算基坑底部的位移为 9mm，地面下 8m 处的位移为 2mm，根据《建筑基坑支护技术规程》(JGJ 120—2012)，计算地面下 8m 处的分布土反力最接近下列哪个选项？

  A. 110kPa   B. 117kPa   C. 240kPa   D. 250kPa

解 根据《建筑基坑支护技术规程》(JGJ 120—2012) 第 4.1.4 条～4.1.6 条。

$$m=\frac{0.2\varphi^2-\varphi+c}{v_b}=\frac{0.2\times 30^2-30}{10}=15\text{MN/m}^4$$

$$k_s=m(z-h)=15\times 10^3\times(8-5)=4.5\times 10^4\text{kN/m}^3$$

$$K_a=\tan^2\left(45°-\frac{\varphi}{2}\right)=\tan^2\left(45°-\frac{30°}{2}\right)=\frac{1}{3}$$

$$p_{s0}=(\sigma_{pk}-u_p)K_a+u_p=(20\times 3.0-10\times 1.0)\times\frac{1}{3}+10\times 1.0=26.67\text{kPa}$$

$$p_s=k_sv+p_{s0}=4.5\times 10^4\times 2\times 10^{-3}+26.67=116.7\text{kPa}$$

答案：(B)

5-140 某一级永久岩石边坡的断面如图所示，受一组走向与边坡平行的节理面所控制，节理面的内摩擦角为 35°，黏聚力为 70kPa，岩体重度为 25kN/m^3，采用岩石锚喷支护局部加固，锚杆与滑动面正交，锚杆水平间距 1.5m，试计算锚杆所受轴向拉力 N_{ak} 最小应为下列哪个选项？

  A. 429 kN   B. 643kN
  C. 943kN   D. 1414kN

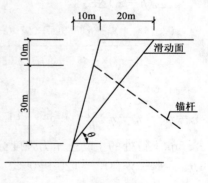

题 5-140 图

解：根据《建筑边坡工程技术规范》(GB 50330—2013) 第 8.2.8 条、第 10.2.4 条。

一级永久岩石边坡，$K_b=2.2$

$$K_b(G_t-fG_n-cA)\leqslant\sum N_{akti}+f\sum N_{akni}$$

$$G=\gamma V=25\times\frac{1}{2}(20\times 40)\times 1.5=15000\text{kN}$$

$$G_t=G\sin\theta=15000\times 0.8=12000\text{kN}$$

$$G_n=G\cos\theta=15000\times 0.6=9000\text{kN}$$

$$f=\tan\varphi=\tan 35°=0.70$$

$$N_{ak} \geqslant \frac{K_b(G_t - fG_n - cA)}{f} = \frac{2.2 \times (12000 - 0.70 \times 9000 - 70 \times 50 \times 1.5)}{0.70} = 1414 \text{kN}$$

答案：(D)

5-141 某砂土三级基坑，开挖深度5m，采用土钉墙支护，坡比1∶0.5，土钉与水平面夹角为10°，土钉的水平间距1.4m，垂直间距1.4m（第一道土钉垂直间距为1.4m），土钉采用1φ18二级钢筋，土钉锚固体直径为0.10m，长度均为6m。砂土参数 $\gamma = 20 \text{kN/m}^3$，$c=0$，$\varphi = 30°$，无地下水，地面均布附加超载标准值20kPa，土钉与砂土的极限黏结强度标准值为60kPa，试求2.8m深度处的单根土钉的轴向拉力标准值最接近下列哪个选项？（主动土压力调整系数 $\xi = 0.4$，经验系数 $\eta_b = 0.6$）

A. 16.4kN　　　B. 20.1kN　　　C. 21.4kN　　　D. 97.1kN

解　根据《建筑基坑支护技术规程》（JGJ 120—2012）第5.2.2条~5.2.4条。

$$K_a = \tan^2\left(45° - \frac{\varphi}{2}\right) = \tan^2\left(45° - \frac{30°}{2}\right) = 0.333$$

地面处主动土压力强度标准值

$$p_{ak1} = qK_a = 20 \times 0.333 = 6.67 \text{kPa}$$

2.1m处主动土压力强度标准值

$$p_{ak2} = (q + \gamma h_1)K_a = (20 + 20 \times 2.1) \times 0.333 = 20.67 \text{kPa}$$

3.5m处主动土压力强度标准值

$$p_{ak3} = (q + \gamma h_2)K_a = (20 + 20 \times 3.5) \times 0.333 = 30.00 \text{kPa}$$

5m处主动土压力强度标准值

$$p_{ak4} = (q + \gamma h_3)K_a = (20 + 20 \times 5.0) \times 0.333 = 40.00 \text{kPa}$$

$$\eta_a = \frac{\sum(h - \eta_b z_j)\Delta E_{aj}}{\sum(h - z_j)\Delta E_{aj}}$$

$$= \frac{(5 - 0.6 \times 1.4) \times \frac{1}{2}(6.67 + 20.67) \times 2.1 + (5 - 0.6 \times 2.8) \times \frac{1}{2}(20.67 + 30.00) \times 1.4 + (5 - 0.6 \times 4.2) \times \frac{1}{2}(30.00 + 40.00) \times 1.5}{(5 - 1.4) \times \frac{1}{2}(6.67 + 20.67) \times 2.1 + (5 - 2.8) \times \frac{1}{2}(20.67 + 30.00) \times 1.4 + (5 - 4.2) \times \frac{1}{2}(30.00 + 40.00) \times 1.5}$$

$$= 1.645$$

$$\eta_j = \eta_a - (\eta_a - \eta_b)\frac{z_j}{h} = 1.645 - (1.645 - 0.6) \times \frac{2.8}{5.0} = 1.06$$

2.8m土钉处的主动土压力强度标准值

$$p_{ak4} = (q + \gamma h_4)K_a = (20 + 20 \times 2.8) \times 0.333 = 25.33 \text{kPa}$$

$$N_k = \frac{1}{\cos\alpha}\xi\eta_j p_{ak} s_x s_z = \frac{1}{\cos 10°} \times 0.4 \times 1.06 \times 25.33 \times 1.4 \times 1.4 = 21.4 \text{kN}$$

答案：(C)

5-142 某正方形基坑，边长20m，拟在基坑四周中点处布置潜水完整井，潜水含水层厚度15m，共布置4口，降水井半径0.6m，降水井中心距离基坑边2m，含水层渗透系数 $k = 0.01 \text{cm/s}$，影响半径为100m，单井流量 $q = 200 \text{m}^3/\text{d}$，试计算井水位设计降深最接近下列哪个选项？

A. 3.8m　　　B. 2.7m　　　C. 2.0m　　　D. 1.8m

解　根据《建筑基坑支护技术规程》（JGJ 120—2012）第5.2.2条~5.2.4条。

$$k = 0.01 \text{cm/s} = 8.64 \text{m/d}$$

$$s_w = H - \sqrt{H^2 - \sum_{j=1}^{n} \frac{q_j}{\pi k} \ln \frac{R}{r_{jm}}}$$

$$= 15 - \sqrt{15^2 - \frac{200}{3.14 \times 8.64} \left(\ln \frac{100}{24} + 2\ln \frac{100}{12\sqrt{2}} + \ln \frac{100}{0.6} \right)}$$

$$= 15 - \sqrt{150.6} = 2.7 \text{m}$$

答案：(B)

5-143 某公路采用锚定板挡土墙，墙高 6m，填料采用细中砂，内摩擦角为 30°，填料重度为 18kN/m3，墙背竖直光滑，路面水平，不考虑人群荷载，不考虑作用于挡墙栏杆上的力，土压力增大系数按规范最大值选用，试计算恒载作用下墙底的水平土压应力最接近下列哪个选项？

  A. 40kPa   B. 43kPa   C. 50kPa   D. 60kPa

解 根据《公路路基设计规范》(JTG D30—2015)附录 H。

墙高 6m，q 取 15kN/m²

$$K_a = \tan^2\left(45° - \frac{\varphi}{2}\right) = \tan^2\left(45° - \frac{30°}{2}\right) = 0.333$$

$$E_{x1} = \frac{1}{2}\gamma K_a H^2 = \frac{1}{2} \times 18 \times 0.333 \times 6^2 = 108$$

$$E_{x2} = qK_a H = 15 \times 0.333 \times 6 = 30$$

$$\sigma_H = \frac{1.33 E_x}{H}\beta = \frac{1.33 \times 108}{6} \times 1.4 + \frac{1.33 \times 30}{6} = 40.2 \text{kPa}$$

点评：本题用 2015 版本规范进行解答，2004 版规范也有相关内容。解答时要用公路路基设计规范，用其他规范不得分。

5-144 某地下埋管降水工程，采用内径 80mm 外包薄层热黏型无纺土工织物的带孔塑料排水管。排水管间距为 4m，排水管长度 50m，日最大降水强度 0.15m/d，地基土为砂土，渗透系数为 5m/d，规定最高地下水位与排水管中心线的高差为 0.2m，试计算每根管的进水量和每根排水管分配到的降水量。

解 根据《土工合成材料应用技术规范》(GB/T 50290—2014)第 4.6.3 条。

$$r = 0.15 \text{m/d} = 1.736 \times 10^{-6} \text{m/s}$$

$$q_r = \beta r s L = 0.5 \times 1.736 \times 10^{-6} \times 4 \times 50 = 1.74 \times 10^{-4} \text{m}^3/\text{s}$$

$$k_s = 5 \text{m/d} = 5.787 \times 10^{-5} \text{m/s}$$

$$s = \sqrt{\frac{2k_s}{\beta r}} \cdot h = \sqrt{\frac{2 \times 5.787 \times 10^{-5}}{0.5 \times 1.736 \times 10^{-6}}} \times 0.2 = 2.309 \text{m}$$

$$q_c = \frac{2k_s h^2 L}{s} = \frac{2 \times 5.787 \times 10^{-5} \times 0.2^2 \times 50}{2.309} = 1.00 \times 10^{-4} \text{m}^3/\text{s}$$

5-145 某道路边坡防护工程，坡高 4m，坡角为 30°，采用土工膜袋进行防护，坡底膜袋长度为 6m，坡顶膜袋长度为 4m，膜袋与坡面间界面摩擦系数为 0.5，试计算其抗滑稳定性安全系数。

解 根据《土工合成材料应用技术规范》(GB/T 50290—2014)第 6.3.4 条。

$$L_2 = \frac{H}{\sin\alpha} = \frac{4}{\sin 30°} = 8\text{m}, L_3 = 6\text{m}$$

$$F_s = \frac{L_3 + L_2\cos\alpha}{L_2\sin\alpha} f_{cs} = \frac{6 + 8\cos 30°}{8\sin 30°} \times 0.5 = 1.62$$

5-146 某软土公路路基，路堤高 6m，要求消除过大的工后沉降，拟采用土工合成材料和砂砾构成的加筋网垫形成柱网支撑结构，桩采用直径 500mm 的水泥土搅拌桩，桩间距 2m，坡角为 26.6°，堤身填土的有效内摩擦角为 30°，试计算沿堤横断面要求桩分布的范围。

解 根据《土工合成材料应用技术规范》(GB/T 50290—2014)第 7.6.3 条。

$$\theta_p = 45° - \frac{\varphi_{em}}{2} = 45° - \frac{30°}{2} = 30°$$

$$n = \frac{1}{\tan 26.6°} = 2.0$$

$$L_p = H(n - \tan\theta_p) = 6 \times (2 - \tan 30°) = 8.5\text{m}$$

5-147 某软土路基，饱和软黏土厚度 6m，地基土的不排水抗剪强度为 15kPa，其下为密实砂层，地面有草根系覆盖，拟在上部修筑路堤，并在路堤底部铺设底筋，路堤高度 5m，坡角 30°，坡土重度为 18kN/m³，试验算地基承载力安全系数。（θ 取 25°）

解 根据《土工合成材料应用技术规范》(GB/T 50290—2014)第 7.4.4 条。

$$L = \frac{H}{\tan\alpha} = \frac{5}{\tan 30°} = 8.66\text{m} > D_s = 6\text{m}$$

$$F_s = \frac{2C_u}{\gamma D_s \tan\theta} + \frac{4.14 C_u}{\gamma H} = \frac{2 \times 15}{18 \times 6 \times \tan 25°} + \frac{4.14 \times 15}{18 \times 5} = 1.29$$

5-148 [2012 年考题] 如图所示岩质边坡高 12m，坡面坡率为 1:0.5，坡顶 BC 水平，岩体重度 $\gamma = 23\text{kN/m}^3$，滑动面 AC 的倾角为 $\beta = 42°$，测得滑动面材料饱水时的内摩擦角 $\varphi = 18°$，岩体的稳定安全系数为 1.0 时，滑动面黏聚力最接近下列（　　）数值？

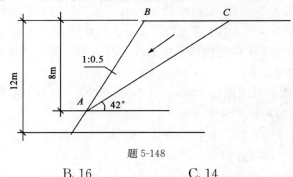

题 5-148

A. 18　　　　　B. 16　　　　　C. 14　　　　　D. 12

解 根据《建筑边坡工程技术规范》(GB 50330—2013)附录 A 第 A.0.2 条

坡面坡率 1:0.5，坡角 $\alpha = \arctan(\frac{1}{0.5}) = 63.43°$

取单位厚度

$$V = \frac{1}{2} \times AB \times AC \sin\angle BAC$$

$$= \frac{1}{2} \times \frac{8}{\sin 63.43°} \times \frac{8}{\sin 42°} \times \sin(63.43° - 42°) = 19.5\text{m}^3$$

由 $K_s = \dfrac{\gamma V \cos\beta \tan\varphi + Ac}{\gamma V \sin\beta}$ 得

$$c = \dfrac{K_s \gamma V \sin\beta - \gamma V \cos\beta \tan\varphi}{A}$$

$$= \dfrac{1.0 \times 23 \times 19.5 \times \sin42° - 23 \times 19.5 \times \cos42° \tan18°}{\dfrac{8}{\sin42°} \times 1.0} = 16\text{kPa}$$

点评：此类边坡稳定，反算黏聚力的题目经常出现在考题中，应重视。

5-149 [2012年考题] 有一重力式挡土墙，墙背垂直光滑，填土面水平，地表荷载 $q = 49.4\text{kPa}$，无地下水，拟使用两种墙后填土，一种是黏土 $c_1 = 20\text{kPa}, \varphi_1 = 12°, \gamma_1 = 19\text{kN/m}^3$，另一种是砂土 $c_2 = 0, \varphi_2 = 30°, \gamma_2 = 21\text{kN/m}^3$。问当采用黏土填料和砂土填料的墙总主动土压力两者基本相等时，墙高 H 最接近下列哪个选项？（　　）

  A. 4.0m   B. 6.0m   C. 8.0m   D. 10.0m

黏土填料：$K_{a1} = \tan^2\left(45° - \dfrac{\varphi_1}{2}\right) = \tan^2\left(45° - \dfrac{12°}{2}\right) = 0.656$

墙顶主动土压力：$e_{a1} = qK_{a1} - 2c_1\sqrt{K_{a1}} = 49.4 \times 0.656 - 2 \times 20 \times \sqrt{0.656} = 0$

墙底主动土压力：$e_{a2} = (q + \gamma_1 H)K_{a1} - 2c_1\sqrt{K_{a1}}$

$$= (49.4 + 19 \times H) \times 0.656 - 2 \times 20 \times \sqrt{0.656} = 12.464H$$

$$E_{a1} = \dfrac{1}{2}(e_{a1} + e_{a2})H = \dfrac{1}{2} \times (0 + 12.464H)H = 6.232H^2$$

砂土填料：$K_{a2} = \tan^2\left(45° - \dfrac{\varphi_2}{2}\right) = \tan^2\left(45° - \dfrac{30°}{2}\right) = 0.333$

墙顶主动土压力：$e'_{a1} = qK_{a2} = 49.4 \times 0.333 = 16.45\text{kPa}$

墙底主动土压力：$e'_{a2} = (q + \gamma_2 H)K_{a2} = (49.4 + 21H) \times 0.333 = 16.45 + 7H$

$$E'_{a1} = \dfrac{1}{2}(e'_{a1} + e'_{a2})H = \dfrac{1}{2} \times (16.45 + 16.45 + 7H)H = 16.45H + 3.5H^2$$

$E_{a1} = E'_{a1}$

$6.232H^2 = 16.45H + 3.5H^2$

$H = 6.0\text{m}$

点评：此类采用两种填料土压力相等求墙高的题目考得次数比较多，本题有地面超载，加大了计算量，计算必须精确认真，否则花了时间拿不到分。

5-150 [2012年考题] 某加筋土挡墙高7m，加筋土的重度 $\gamma = 19.5\text{kN/m}^3$，内摩擦角 $\varphi = 30°$，筋材与填土的摩擦系数 $f = 0.35$，筋材宽度为 $B = 10\text{cm}$，设计要求筋材的抗拔力为35kN，按《土工合成材料应用技术规范》(GB 50290—98)的相关要求，(墙顶下 3.5 处加筋材的有效长度接近下列哪个选项)？（　　）

  A. 6.5m   B. 7.5m   C. 9.5m   D. 11.5m

解 根据《土工合成材料应用技术规范》(GB/T 50290—2014)第7.3.5条。

$\sigma_v = \gamma h = 19.5 \times 3.5 = 68.25\text{kPa}$

$T = 2\sigma_v BL_e f$

$$L_e = \frac{T}{2\sigma_v Bf} = \frac{35}{2\times 68.25\times 0.1\times 0.35} = 7.3\text{m}$$

答案：(B)

5-151 [2012年考题] 某建筑浆砌石挡土墙重度 22kN/m^3，墙高 6m，底宽 2.5m，顶宽 1m，墙后填料重度 19kN/m^3，黏聚力 20kPa，内摩擦角 15°，忽略墙背与填土的摩阻力，地表均布荷载 25kPa，问该挡土墙的抗倾覆稳定安全系数最按近下列哪个哪项？(　　)

A. 1.5　　　　B. 1.8　　　　C. 2.0　　　　D. 2.2

解 $K_a = \tan^2(45° - \frac{\varphi}{2}) = \tan^2(45° - \frac{15°}{2}) = 0.589$

$Z_0 = \frac{2c}{\gamma\sqrt{K_a}} - \frac{q}{\gamma} = \frac{2\times 20}{19\times\sqrt{0.589}} - \frac{25}{19} = 1.43\text{m}$

墙底主动土压力

$e_a = (\gamma h + q)K_a - 2c\sqrt{K_a} =$
$\quad (19\times 6 + 25)\times 0.589 - 2\times 20\times\sqrt{0.589} = 51.17\text{kPa}$

$E_a = \frac{1}{2}e_a\times(h - Z_0) = \frac{1}{2}\times 51.17\times(6 - 1.43)$
$\quad = 116.9\text{kN/m}$

作用点距墙底高度：

$Z = \frac{h - Z_0}{3} = \frac{6 - 1.43}{3} = 1.52\text{m}$

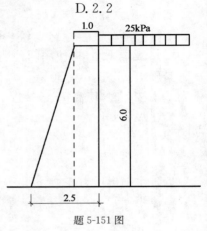

题 5-151 图

$K = \frac{Gx_0 + E_{az}x_f}{E_{ax}Z_f} = \frac{\frac{1}{2}\times 1.5\times 6\times 22\times\frac{2}{3}\times 1.5 + 1\times 6\times 22\times\left(1.5 + \frac{1}{2}\right)}{116.9\times 1.52} = 2.04$

答案：(C)

点评：此题计算量较大，在计算自重产生的抗倾覆力矩时尽量不要去先求形心，分别计算矩形和三角形产生的抗倾覆力矩，叠加即可。

5-152 [2012年考题] 某公路Ⅳ级围岩单线隧道，矿山法开挖，衬砌顶距地面 13m，开挖宽度 6.4m，衬砌结构高度 6.5m，围岩重度 24kN/m^3，计算摩擦角 50°。根据《公路隧道设计规范》，求围岩水平均布压力最小值？(　　)

解 根据《公路隧道设计规范》(JTG D70—2004) 6.2.3 条、附录 E，
$B = 6.4\text{m} > 5\text{m}$，取 $i = 0.1$
$w = 1 + i(B - 5) = 1 + 0.1\times(6.4 - 5) = 1.14$
$h = 0.45\times 2^{S-1}w = 0.45\times 2^{4-1}\times 1.14 = 4.104$
$h_q = \frac{q}{\gamma} = \frac{\gamma h}{\gamma} = h = 4.104\text{m}$

矿山法Ⅳ级围岩
$H_p = 2.5h_q = 2.5\times 4.104 = 10.26\text{m} < 13\text{m}$
属于深埋，垂直均分布压力
$q = \gamma h = 24\times 4.104 = 98.5\text{kPa}$

水平压力查表6.2.3 $e=(0.15\sim0.3)q$,$e_{\min}=0.15q=0.15\times98.5=14.8$kPa

点评:此题属于偏怪题,对于很多不熟悉此行业的人来说理解相对困难,规范也似乎有些不妥,如很多公式都是在已知深埋隧道的前提下。

5-153 [2012年考题] 某基坑深15m,二级基坑,采用桩锚支护桩直径800,间距1m形式,$\gamma=20$kN/m³,$c=15$kPa,$\varphi=20°$,第一道锚位于地面4.0m,锚固体直径150mm,倾角15°,该点轴向拉力标准值为200kN,土与锚之间摩擦力标准值为50kPa,锚杆设计长度最接近下列哪个数值?( )

  A. 18.0m   B. 21.0m   C. 22.5m   D. 24.0m

解 (1) $N_K=200$kN

$$\frac{R_K}{N_K}=K_t$$

二级基坑,$K_t=1.6$

$R_K=N_K K_t=200\times1.6=320$kN

由 $R_K=\pi d\sum q_{sk}il_i$ 得:

$$l_i=\frac{R_K}{\pi d q_{ck}}=\frac{320}{3.14\times0.15\times50}=13.6\text{m}$$

(2) $a_1=15-4=11$m

$$K_a=\tan^2(45°-\frac{\varphi}{2})=\tan^2(45°-\frac{20°}{2})=0.49$$

$$K_p=\tan^2(45°+\frac{\varphi}{2})=\tan^2(45°+\frac{20°}{2})=2.04$$

$\gamma(15+a_2)K_a-2c\sqrt{K_a}=\gamma a_2 K_p+2c\sqrt{K_p}$

$20\times(15+a_2)\times0.49-2\times15\times\sqrt{0.49}=20\times a_2\times2.04+2\times15\times\sqrt{2.04}$

$31a_2=83.2$

$a_2=2.7$m

(3) $l_f\geqslant\dfrac{(a_1+a_2-d\tan\alpha)\sin(45°-\frac{\varphi_m}{2})}{\sin\left(45°+\frac{\varphi_m}{2}+\alpha\right)}+\dfrac{d}{\cos\alpha}+1.5$

$=\dfrac{(11+2.7-0.8\times\tan15°)\sin\left(45°-\frac{20°}{2}\right)}{\sin(45°+\frac{20°}{2}+15°)}+\dfrac{0.8}{\cos15°}+1.5$

$=10.6\text{m}>5$m

锚杆设计长度$=10.6+13.6=24.2$m

点评:《建筑基坑支护技术规程》(JGJ 120—2012)在锚杆长度的计算与表述上比较混乱,可以说驴头不对马嘴。锚杆长度应当为自由段长度与锚固段长度之和。规程式4.7.5应该是自由段长度计算的公式,而此公式已经包含了4.7.9条第二款的穿过潜在滑动面不小于1.5m的规定,规程此处应删除。总之考试时将错就错吧。

5-154 [2012年考题]　如图所示,挡墙背直立、光滑,墙后的填料为中砂和粗砂,厚度分别为 $h_1=3{\rm m}$ 和 $h_2=5{\rm m}$,重度和内摩擦角见图示。土体表面受到均匀满布荷载 $q=30{\rm kPa}$ 的作用,试问载荷 q 在挡墙上产生的主动土压力接近下列哪个选项?(　　)

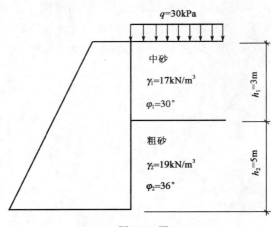

题 5-154 图

　　A. 49kN/m　　　　　B. 59kN/m　　　　　C. 69kN/m　　　　　D. 79kN/m

解　中砂:$K_{a1}=\tan^2\left(45°-\dfrac{\varphi_1}{2}\right)=\tan^2\left(45°-\dfrac{30°}{2}\right)=0.333$

粗砂:$K_{a2}=\tan^2\left(45°-\dfrac{\varphi_2}{2}\right)=\tan^2\left(45°-\dfrac{36°}{2}\right)=0.260$

载荷 q 产生的主动土压力

$\Delta E_a = qK_{a1}h_1+qK_{a2}h_2=30×0.333×3+30×0.260×5=69{\rm kN/m}$

点评:解答此题要看清题目,本次所求仅仅是超载 q 所产生的土压力。

5-155 [2012年考题]　某建筑旁有一稳定的岩石山坡,坡角60°,依山拟建挡土墙,墙高6m,墙背倾角75°,墙后填料采用砂土,重度20kN/m³,内摩擦角28°,土与墙背间的摩擦角为15°,土与山坡间的摩擦角为12°,墙后填土高度5.5m。问挡土墙墙背主动土压力最接近下列哪个选项?(　　)

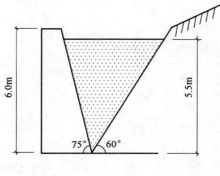

题 5-155 图 1

　　A. 160kN/m　　　　B. 190kN/m　　　　C. 220kN/m　　　　D. 260kN/m

解法一 根据《建筑边坡工程技术规范》(GB 50330—2013)6.2.8条

填料为砂土 $c=0$ 故 $\eta=\dfrac{2c}{\gamma H}=0$

$$K_a = \dfrac{\sin(\alpha+\beta)}{\sin(\alpha-\delta+\theta-\delta_R)\sin(\theta-\beta)} \times \left[\dfrac{\sin(\alpha+\theta)\sin(\theta-\delta_R)}{\sin^2\alpha} - \eta\dfrac{\cos\delta_R}{\sin\alpha}\right]$$

$$= \dfrac{\sin(75°+0°)}{\sin(75°-15°+60°-12°)\sin(60°-0°)} \times \dfrac{\sin(75°+60°)\sin(60°-12°)}{\sin^2 75°}$$

$$= \dfrac{\sin 75°}{\sin 108°\sin 60°} \times \dfrac{\sin 135°\sin 48°}{\sin^2 75°}$$

$$= 0.66$$

$E_{ak} = \dfrac{1}{2}\gamma H^2 K_a = \dfrac{1}{2}\times 20\times 5.5^2\times 0.66 = 199.65\text{kN/m}$

$1.1\times 199.65 = 220\text{kN/m}$

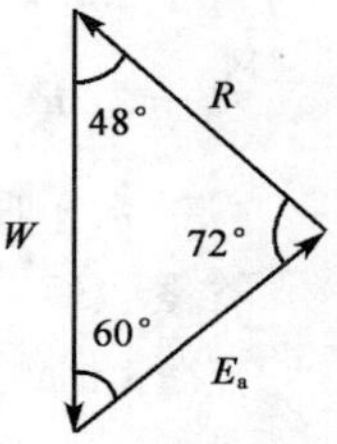

解法二

楔体自重 $W=\gamma V = 20\times\left(\dfrac{5.5}{\tan 60°}+\dfrac{5.5}{\tan 75°}\right)\times 5.5\times\dfrac{1}{2}=255.7\text{kN/m}$

$\dfrac{W}{\sin 72°}=\dfrac{E_a}{\sin 48°}$

$E_a=\dfrac{W\sin 48°}{\sin 72°}=\dfrac{255.7\times\sin 48°}{\sin 72°}=199.8\text{kN/m}$

题 5-115 图 2

点评：此题存有争议，看题目有"建筑"二字，是不是必须用《建筑地基基础设计规范》(GB 50007—2011)，超过5m就要考虑放大系数？但是《建筑边坡工程技术规范》(GB 50330—2013)也有"建筑"二字，此规范也是国家标准，也有放大系数。按照力三角形也没有放大系数。本题仅仅给出后两种解法，供读者参考。

5-156 [2012年考题] 如图所示，挡墙墙背直立、光滑，填土表面水平。填土为中砂，重度 $\gamma=18\text{kN/m}^3$，饱和重度 $\gamma_{sat}=20\text{kN/m}^3$，内摩擦角 $\varphi=32°$。地下水位距离墙顶3m，作用在墙上的总的水土压力（主动）接近下列哪个选项？（　　）

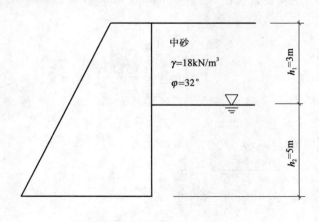

题 5-156 图

A. 180kN/m　　　B. 230kN/m　　　C. 270kN/m　　　D. 310kN/m

解 $K_a = \tan^2\left(45° - \dfrac{\varphi}{2}\right) = \tan^2\left(45° - \dfrac{32°}{2}\right) = 0.307$

3m处主动土压力强度：$e_{a1} = \gamma h_1 K_a = 18 \times 3 \times 0.307 = 16.58\text{kPa}$

8m处主动土压力强度：$e_{a2} = (\gamma h_1 + \gamma' h_2) K_a = (18 \times 3 + 10 \times 5) \times 0.307 = 31.93\text{kPa}$

总土压力

$$E_a = \dfrac{1}{2} \times e_{a1} \times h_1 + \dfrac{1}{2} \times (e_{a1} + e_{a2}) \times h_2 = \dfrac{1}{2} \times 16.58 \times 3 + \dfrac{1}{2} \times (16.58 + 31.93) \times 5$$
$$= 146.1\text{kN/m}$$

水压力 $P_w = \dfrac{1}{2} \gamma_w h_2^2 = \dfrac{1}{2} \times 10 \times 5^2 = 125\text{kN/m}$

总的水土压力 $= E_a + P_w = 146.1 + 125 = 271.1\text{kN/m}$

答案：(C)

点评：此题在求土压力的题目中属于相对简单的题目，仅仅有水，且是砂土，考试中绝对不能放过。

5-157 [2012年考题] 如图所示，某场地的填筑体的支挡结构采用加筋土挡墙。复合土工带拉筋间的水平间距与垂直间距分别为0.8m和0.4m，土工带宽10cm。填料重度18kN/m³，综合内摩擦角32°。拉筋与填料间的摩擦系数为0.26，拉筋拉力峰值附加系数为2.0。根据《铁路路基支挡结构设计规范》(TB 10025—2006)，按照内部稳定性验算，问深度6m处的最短拉筋长度接近下列哪一选项？（　　）

A. 3.5m　　　　B. 4.2m
C. 5.0m　　　　D. 5.8m

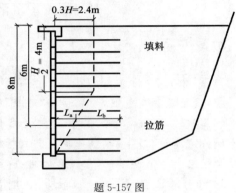

题5-157图

根据《铁路路基支挡结构设计规范》(TB 10025—2006)第8.2.7条、8.2.8条、8.2.10条、8.2.12条

$L_a = \dfrac{1}{2} \times 0.3H = \dfrac{1}{2} \times 0.3 \times 8 = 1.2\text{m}$

$h = 8\text{m} > 6\text{m}, \lambda_i = \lambda_a = \tan^2\left(45° - \dfrac{\varphi}{2}\right) = \tan^2\left(45° - \dfrac{32°}{2}\right) = 0.307$

6m处的水平土压应力：$\sigma_{hli} = \lambda_i \gamma h_i = 0.307 \times 18 \times 6 = 33.2\text{kPa}$

拉筋拉力：$T_i = K\sigma_{ni} S_x S_y = 2 \times 33.2 \times 0.8 \times 0.4 = 21.2\text{kN}$

6m处拉筋的垂直压力：$\sigma_{vi} = \gamma h_i = 18 \times 6 = 108\text{kPa}$

$L_b = \dfrac{S_{fi}}{2\sigma_{vi} a f} = \dfrac{21.2}{2 \times 108 \times 0.1 \times 0.26} = 3.8\text{m}$

拉筋长度：$L = L_a + L_b = 1.2 + 3.8 = 5.0\text{m}$

答案：(C)

点评：要熟练掌握加筋土挡土墙的锚固区与非锚固区的分界线，熟练掌握水平土压应力和垂直土压力的计算。

5-158[2012年考题] 某基坑开挖深度为8.0m,其基坑形状及场地土层见下图所示,基坑周边无重要构筑物及管线。粉细砂层渗透系数为$1.5×10^{-2}$cm/s,在水位观测孔中测得该层地下水水位埋深为0.5m。为确保基坑开挖过程中不致发生突涌,拟采用完整井降水措施(降水井管井过滤器半径设计为0.15m,过滤器长度与含水层厚度一致),将地下水水位降至基坑开挖面以下0.5m,试问,根据《建筑基坑支护技术规程》(JGJ 120—2012)估算本基坑降水井数量(口)为下列何项?(　　)

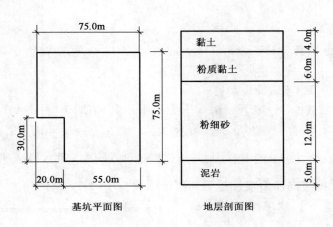

题 5-158 图

A. 2　　　　　　B. 3　　　　　　C. 4　　　　　　D. 5

解　根据《建筑基坑支护技术规程》(JGJ 120—2012)7.3节、附录E

$s_d = 8+0.5-0.5 = 8$m　　$k = 1.5×10^{-2}$cm/s $= 12.96$m/d

$r_0 = \sqrt{\dfrac{A}{\pi}} = \sqrt{\dfrac{75×75-20×30}{3.14}} = 40$m

$R = 10s_w\sqrt{k}$,当井水位降深小于10m时,取$s_w = 10$m

$R = 10×10×\sqrt{12.96} = 360$m

$Q = 2\pi k \dfrac{M s_d}{\ln\left(1+\dfrac{R}{r_0}\right)} = 2×3.14×12.96×\dfrac{12×8}{\ln\left(1+\dfrac{360}{40}\right)} = 3393$m³/d

$q_0 = 120\pi r_s l\sqrt[3]{k} = 120×3.14×0.15×12×\sqrt[3]{12.96} = 1593$m³/d

由 $q = 1.1\dfrac{Q}{n}$ 得

$n = 1.1\dfrac{Q}{q} = 1.1×\dfrac{3393}{1593} = 2.3$　取 $n=3$

答案:(B)

点评:此题仅仅是为考试而编,5000多平米的基坑仅仅用3口井是不可能把水降下去的,计算过程中注意两个降深。

5-159[2012年考题] 锚杆自由段长度为6m,锚固段长度为10m,主筋为两根直径25mm的HRB400钢筋,钢筋弹性模量为$2.0×10^5$N/mm²。根据《建筑基坑支护技术规程》(JTG120—2012)计算,锚杆验收最大加载至300kN时,其最大弹性变形值不应大于下列哪个

数值？（　　）

  A. 0.45cm   B. 0.89cm   C. 1.68cm   D. 2.37cm

解 本题《建筑基坑支护技术规程》(JGJ 120—2012)附录 A 未见最大理论伸长量的相关规定，按《建筑边坡工程技术规范》(GB 50330—2013)解答

$$\Delta S_{\max}=\frac{NL}{EA}=\frac{300\times10^3\times\left(6+\frac{10}{2}\right)\times10^3}{2.0\times10^5\times\frac{3.14\times25^2}{4}\times2}=16.8\text{mm}=1.68\text{cm}$$

答案：(C)

点评：对于经常做锚杆验算试验的人来说，此题属于送分题，但是由于规程中仅仅有文字描述，无相关的公式，导致很多考生无从下手。

（注：新规程出现错误，漏了最大伸长量计算）

5-160　[2012 年考题]　一地下结构置于无地下水的均质砂土中，砂土的 $\gamma=20\text{kN/m}^3$、$c=0$、$\varphi=30°$，上覆砂土厚度 $H=20\text{m}$，地下结构宽 $2a=8\text{m}$、高 $h=5\text{m}$。假定从洞室的底角起形成一与结构侧壁成$\left(45°-\frac{\varphi}{2}\right)$的滑移面，并延伸到地面（下图所示），取 ABCD 为下滑体。作用在地下结构顶板上的竖向压力最接近下列哪个选项？（　　）

  A. 65kPa   B. 200kPa

  C. 290kPa   D. 400kPa

解 根据《工程地质手册》（第四版）P676

$$a_1=a+h\tan\left(45°-\frac{\varphi}{2}\right)$$
$$=4+5\times\tan\left(45°-\frac{30°}{2}\right)$$
$$=6.89\text{m}$$

$$K_1=\tan\varphi\tan^2\left(45°-\frac{\varphi}{2}\right)$$
$$=\tan30°\tan^2\left(45°-\frac{30°}{2}\right)$$
$$=0.192$$

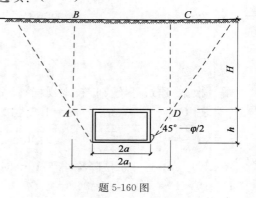

题 5-160 图

$$K_2=\tan\varphi\tan\left(45°-\frac{\varphi}{2}\right)=\tan30°\tan\left(45°-\frac{30°}{2}\right)=0.333$$

$$q_v=\gamma H\left[1-\frac{H}{2a_1}K_1-\frac{c}{a_1\gamma}(1-2K_2)\right]=20\times20\times\left(1-\frac{20}{2\times6.89}\times0.192-0\right)=288\text{kPa}$$

答案：(C)

点评：此题可按照《工程地质手册》解答，但是手册上公式有点小错误，如果不改正很难算对。也可以用太沙基理论的分析方法进行解答。

5-161　[2013 年考题]　某三级土质边坡采用永久锚杆支护，锚杆倾角为 15°，锚固体直径为 130mm，土体与锚固体黏结强度标准值为 65kPa，锚杆水平间距为 2m，排距为 2.2m，其主动土压力标准值的水平分量 e_{ahk} 为 18kPa。按照《建筑边坡工程技术规范》(GB 50330—2013)计算，以锚固体与地层间锚固破坏为控制条件，其锚固段长度宜为下列哪个选项？（　　）

A. 1.0m B. 5.0m C. 6.8m D. 10.0m

解

$$N_{ak} = \frac{H_{tk}}{\cos\alpha} = \frac{18 \times 2 \times 2.2}{\cos15°} = 82.0\text{kN}$$

$$l_a \geqslant \frac{KN_{ak}}{\pi D f_{rbk}} = \frac{2.2 \times 82}{3.14 \times 0.13 \times 65} = 6.8\text{m}$$

答案：(C)

5-162 [2013年考题] 某带卸荷台的挡土墙如图所示，$H_1=2.5\text{m}$，$H_2=3\text{m}$，$L=0.8\text{m}$，墙后填土的重度 $\gamma=18\text{kN/m}^3$，$c=0$，$\varphi=20°$。按朗肯土压力理论计算，挡土墙坡墙后 BC 段上作用的主动土压力合力最接近下列哪个选项？（　　）

A. 93kN B. 106kN C. 121kN D. 134kN

解 主动土压力分布如图

$$K_a = \tan^2\left(45° - \frac{\varphi}{2}\right) = 0.49$$

$$BE = BD \cdot \tan\left(45° + \frac{\varphi}{2}\right) = 1.143\text{m}$$

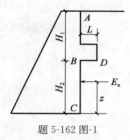

题 5-162 图-1　　题 5-162 图-2

由此得到 $A、D、E、C$ 处的土压力压强分别为：$0,22.05\text{kPa},32.13\text{kPa},48.51\text{kPa}$。累加 BC 段阴影部分的面积可得

$$E_{BC} = \frac{1}{2} \times 32.13 \times 1.143 + \frac{1}{2} \times (32.13 + 48.51) \times (3 - 1.143) = 93.2\text{kPa}$$

答案：(A)

点评：本题目本身并不难，要点在于看清题目。要求计算的是 BC 段上的主动土压力，而不是全部的主动土压力。

5-163 [2013年考题] 如图所示某碾压土石坝的地基为双层结构，表层土④的渗透系数 k_1 小于下层土⑤的渗透系数 k_2，表层土④厚度为4m，饱和重度为 19kN/m^3，孔隙率为0.45；土石坝下游坡脚处表层土④的顶面水头为2.5m，该处底板水头为5m。安全系数取2.0，按《碾压式土石坝设计规范》(DL/T 5395—2007)，计算下游坡脚排水盖重层②的厚度不小于下列哪个选项？（盖重层②饱和重度取 19kN/m^3）（　　）

A. 0m B. 0.7m C. 1.55m D. 2.65m

解 比重

$$G_s = \frac{100\rho - 0.01nS_r\rho_w}{(100-n)\rho_w} = \frac{100 \times 1.9 - 0.01 \times 0.45 \times 100 \times 1}{(100-45) \times 1} = 2.64$$

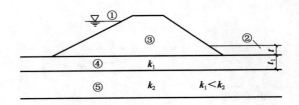

题 5-163 图

$$0.625 = \frac{5-2.5}{4} = J_{a-x} > \frac{(G_{s1}-1)(1-n_1)}{K} = \frac{(2.64-1)(1-0.45)}{2} = 0.451$$

$$t = \frac{[KJ_{a-x}t_1\gamma_w - (G_{s1}-1)(1-n_1)t_1\gamma_w]}{\gamma}$$

$$= \frac{\left[2 \times \frac{5-2.5}{4} \times 4 \times 10 - (2.64-1)(1-0.45) \times 4 \times 10\right]}{9} = 1.547\text{m}$$

答案：(C)

5-164 [2013 年考题] 某高填方路堤公路选线时发现某段路堤附近有一溶洞如图所示，溶洞顶板岩层厚度为 2.5m，岩层上覆土厚度为 3.0m，顶板岩体内摩擦角为 40°，对一级公路安全系数取为 1.25，根据《公路路基设计规范》(JTG D30—2015)，该路堤坡脚与溶洞间的最小安全距离 L 不小于下列哪个选项？（上覆土综合内摩擦角为 45°）（　　）

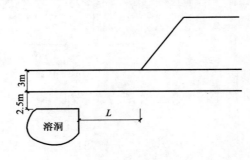

题 5-164 图

A. 4.0m　　　B. 5.0m　　　C. 6.0m　　　D. 10.0m

解 $\beta = \dfrac{45° + \dfrac{\varphi}{2}}{K} = \dfrac{45° + \dfrac{40°}{2}}{1.25} = 52$

$L' = H \times \cot\beta = 2.5 \times \cot52° = 1.95$

$L = 3 \times \cot45° + 1.95 + 5.0 = 9.95\text{m}$

答案：(B)

5-165 [2013 年考题] 两车道公路隧道采用复合式衬砌，埋深 12m，开挖高度和宽度分别为 6m 和 5m。围岩重度为 22kN/m³，岩石单轴饱和抗压强度为 35MPa，岩体和岩石的弹性纵波速度分别为 2.8km/s 和 4.2km/s。试问施作初期支护时拱部和边墙喷射混凝土厚度范围宜选用下列哪个选项？（单位：cm）（　　）

A. 5～8　　　　　　　　　　　B. 8～12
C. 12～15　　　　　　　　　　D. 15～25

解 根据《公路隧道设计规范》(JTG D70—2004)表 8.4.2-1,复合衬砌一节可知,喷射混凝土厚度与围岩类别有关:

$BQ = 90 + 3R_c + 250K_v$

$K_v = \left(\dfrac{V_{pm}}{V_{pt}}\right)^2 = \left(\dfrac{2.8}{4.2}\right)^2 = 0.444$

$90K_v + 30 = 90 \times 0.444 + 30 = 69.96$

$0.04R_c + 0.4 = 1.8$

$BQ = 90 + 3R_c + 250K_v = 90 + 105 + 111 = 306$

围岩类别为Ⅳ类

查表喷射混凝土厚度应为 12～15cm。

答案:(C)

5-166 [2013 年考题] 某基坑开挖深度为 6m,地层为均质一般黏性土,其重度 $\gamma=18.0\text{kN/m}^3$,黏聚力 $c=20\text{kPa}$,内摩擦角 $\varphi=10°$。距离基坑边缘 3m 至 5m 处,坐落一条形构筑物,其基底宽度为 2m,埋深为 2m,基底压力为 140kPa,假设附加荷载按 45°应力双向扩散、基底以上土与基础平均重度为 18kN/m^3,如图所示。试问自然地面下 10m 处支护结构外侧的主动土压力强度标准值最接近下列哪个选项?(　　)

A. 93kPa　　　　　　　　　　B. 112kPa
C. 118kPa　　　　　　　　　D. 192kPa

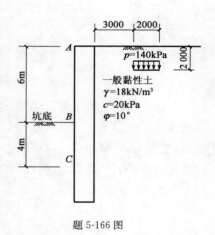

题 5-166 图

解 $5 = 2 + \dfrac{3}{\tan 45°} = d + \dfrac{a}{\tan\theta} \leqslant Z_a = 10$

$\leqslant d + \dfrac{(3a+b)}{\tan\theta} = 2 + \dfrac{(3\times 3 + 2)}{\tan 45°} = 13$

$\Delta\sigma_k = \dfrac{p_0 b}{b + 2a} = \dfrac{(140 - 2\times 18)\times 2}{2 + 2\times 3} = 26$

$\sigma_{ak} = \sigma_{ac} + \sum\Delta\sigma_{k,j} = 10 \times 18 + 26 = 206$

$p_{ak} = \sigma_{ak}\tan^2\left(45° - \dfrac{\varphi_i}{2}\right) - 2c_i\tan\left(45° - \dfrac{\varphi_i}{2}\right)$

$= 206\tan^2\left(45° - \dfrac{10°}{2}\right) - 2\times 20\tan\left(45° - \dfrac{10°}{2}\right)$

$= 111.48$

答案:(B)

5-167 [2013 年考题] 某二级基坑开挖深度 $H = 5.5\text{m}$,拟采用水泥土墙支护结构,其嵌固深度 $l_d = 6.5\text{m}$,水泥土墙体的重度为 19kN/m^3,墙体两侧主动土压力与被动土压力强度标准值分布如图 15 所示(单位:kPa)。按照《建筑基坑支护技术规程》(JGJ 120—2012),计算该重力式水泥土墙满足倾覆稳定性要求的宽度,其值最接近下列哪个选项?(　　)

A. 4.2m　　　　B. 4.5m　　　　C. 5.0m　　　　D. 5.5m

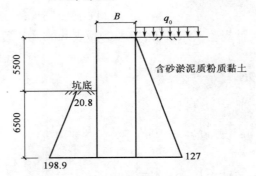

题5-167图(尺寸单位:mm)

解　$\dfrac{E_{pk}a_p+(G-u_mB)a_G}{E_{ak}a_a} \geqslant K_{ov}$

$\dfrac{20.8\times 6.5\times \dfrac{6.5}{2}+\dfrac{1}{2}\times(198.9-20.8)\times 6.5\times \dfrac{6.5}{3}+(6.5+5.5)\times B\times 0.5B\times 19}{\dfrac{1}{2}\times 127\times(6.5+5.5)\times \dfrac{(6.5+5.5)}{3}}=1.3$

解得　$B=4.46\text{m}$

答案:(B)

5-168［2013年考题］　某砂土边坡高4.5m,如图所示,原为钢筋混凝土扶壁式挡土结构,建成后其变形过大。再采取水平预应力锚索(锚索水平间距为2m)进行加固,砂土的$\gamma=21\text{kN/m}^3$,$c=0$,$\varphi=20°$。按朗肯土压力理论,锚索的预拉锁定值达到下列哪个选项时,砂土将发生被动破坏?(　　)

A. 210kN　　　　B. 280kN
C. 435kN　　　　D. 870kN

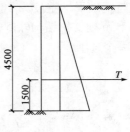

题5-168图

解　朗肯被动土压力压强

$P_p=\gamma z\tan^2\left(45°+\dfrac{\varphi}{2}\right)+2\cot\left(45°+\dfrac{\varphi}{2}\right)$

被动土压力分布如图。

墙底处压强　$P_{p1}=21\times 4.5\tan^2\left(45°+\dfrac{20°}{2}\right)=192.74\text{kPa}$

总的被动土压力　$E_p=\dfrac{1}{2}\times 192.74\times 4.5=433.7\text{kN/m}$

锚索预拉力　　$433.7\times 2=867.4\text{kN}$

点评:该题主要是看清题意。

答案:(D)

5-169［2013年考题］　某建筑岩质边坡如图所示,已知软弱结构面黏聚力$c_z=20\text{kPa}$,内摩擦角$\varphi_z=35°$,与水平面夹角$\theta=45°$,滑裂体自重$G=2000\text{kN/m}$,问作用于支护结构上每延米的

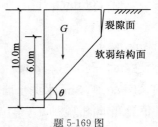

题5-169图

主动岩石压力合力标准值最接近以下哪个选项？（　　）

A. 212kN/m B. 252kN/m
C. 275kN/m D. 326kN/m

解 $E_{ak}=G\tan(\theta-\varphi_s)-\dfrac{c_sL\cos\varphi_s}{\cos(\theta-\varphi_s)}$

$=2000\times\tan(40°-35°)-\dfrac{20\times 6\sqrt{2}\times\cos 35°}{\cos(45°-35°)}=211.49\text{kN/m}$

答案：(A)

5-170 [2013 年考题] 一种粗砂的粒径大于 0.5mm 的颗粒的质量超过总质量 50% 的粗砂，细粒含量小于 5%，级配曲线如图所示。这种粗粒土按照铁路路基填料分组应属于下列哪组填料？（　　）

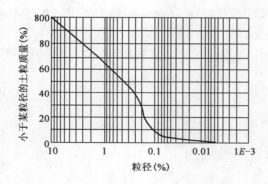

题 5-170 图

A. A 组填料 B. B 组填料 C. C 组填料 D. D 组填料

解 根据《铁路路基设计规范》(TB 10001—2005)表 5.2.2。

粒径大于 0.5mm 的颗粒质量超过总质量 50%，细粒含量大于 5%，从颗粒级配曲线图中可看出该土属于级配不良土，故分组为 B 类。

也可根据计算判定级配条件

$$C_u=\dfrac{d_{60}}{d_{10}}=\dfrac{0.7}{0.1}=7$$

$$C_c=\dfrac{d_{30}^2}{d_{10}d_{60}}=\dfrac{0.2^2}{0.1\times 0.7}=0.57$$

属于级配不良土。

答案：(B)

5-171 [2013 年考题] 如图所示河堤由黏性土填筑而成，河道内侧正常水深 3.0m，河底为粗砂层，河堤下卧两层粉质黏土层，其下为与河底相通的粗砂层，其中粉质黏土层①的饱和重度为 19.5kN/m³，渗透系数为 2.1×10^{-5}cm/s；粉质黏土层②的饱和重度为 19.8kN/m³，渗透系数为 3.5×10^{-5}cm/s，试问河内水位上涨深度 H 的最小值接近下列哪个选项时，粉质黏土层①将发生渗流破坏？（　　）

A. 4.46m B. 5.83m C. 6.40m D. 7.83m

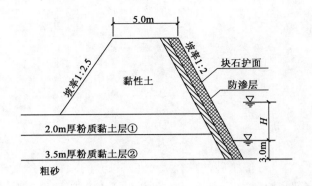

题 5-171 图

解 根据题意,黏土层①发生破坏,一种情况是①号层发生流土破坏,另一种情况是与②号层一起出现整体稳定性破坏。

第一种情况①号层发生流土破坏,即:渗透力=有效自重压力(kPa)

$\gamma_w i = \gamma'$

$10 \times \dfrac{\Delta h_1}{2} = 19.5 - 10$

解得 $\Delta h_1 = 1.9$m。

①层与②层接触位置流速(k_i)相等

$k_1 \dfrac{\Delta h_1}{h_1} = k_2 \dfrac{\Delta h_2}{h_2}$

$2.1 \times 10^{-5} \times \dfrac{1.9}{2} = 3.5 \times 10^{-5} \times \dfrac{\Delta h_2}{3.5}$

$\Delta h_2 = 1.995$

取②层底面为零势能面

$3 + H = 1.9 + 1.995 + 2 + 3.5$

$H = 6.395$

答案:(C)

点评:有人按整体稳定性计算 H

$\gamma_w (H+3) = 19.5 \times 2 + 19.8 \times 3.5$

解得 $H = 7.83$m

此法不对。

5-172 [2013 年考题] 某拟建场地远离地表水体,地层情况如下表,地下水埋深 6m,拟开挖一长 100m,宽 80m 的基坑,开挖深度 12m。施工中在基坑周边布置井深 22m 的管井进行降水,降水维持期间基坑内地下水水力坡度为 1/15,在维持基坑中心地下水位位于基底下 0.5m 的情况下,按照《建筑基坑支护技术规程》(JGJ 120—2012)的有关规定,计算的基底涌水量最接近于下列哪一个值?( )

题 5-172 表

深　　度	地　　层	渗透系数(m/d)
0～5	黏质粉土	—
5～30	细砂	5
30～35	黏土	—

A. $2528\text{m}^3/\text{d}$ 　　　　　　　　　　　　B. $3527\text{m}^3/\text{d}$
C. $2277\text{m}^3/\text{d}$ 　　　　　　　　　　　　D. $2786\text{m}^3/\text{d}$

解 此基坑降水属于潜水非完整井基坑涌水量的计算

$$h_\text{m}=\frac{H+h}{2}=\frac{24+17.5}{2}=20.75$$

$$r_0=\sqrt{\frac{A}{\pi}}=\sqrt{\frac{100\times80}{3.14}}=50.48\text{m}$$

基坑内水力坡度 1/15，故

$$l=22-12-0.5-\frac{1}{15}\times50.48=6.135\text{m}$$

潜水：$R=2s_\text{w}\sqrt{kH}=2\times10\times\sqrt{5\times24}=219.1\text{m}$

$$Q=\pi k\frac{H^2-h^2}{\ln\left(1+\frac{R}{r_0}\right)+\frac{h_\text{m}-l}{l}\ln\left(1+0.2\times\frac{h_\text{m}}{r_0}\right)}$$

$$=3.14\times5\frac{24^2-17.5^2}{\ln\left(1+\frac{219.1}{50.48}\right)+\frac{20.75-6.135}{6.135}\ln\left(1+0.2\times\frac{20.75}{50.48}\right)}$$

$$=3.14\times5\times\frac{269.75}{1.675+0.188}=2273.25\text{m}^3/\text{d}$$

答案：(C)

5-173 [2013 年考题] 某基坑的土层分布情况如图所示，黏土层厚 2m，砂土层厚 15m，地下水埋深为地下 20m，砂土与黏土天然重度均按 20kN/m^3 计算，基坑深度为 6m，拟采用悬臂桩支护形式，支护桩桩径 800mm，桩长 11m，间距 1400mm，根据《建筑基坑支护技术规程》(JGJ 120—2012)，支护桩外侧主动土压力合力最接近于下列哪一个值？（　　）

A. 248kN 　　　　　　　B. 267kN
C. 316kN 　　　　　　　D. 375kN

解 临界深度：

$$Z_0=\frac{2c}{\gamma\sqrt{K_\text{a}}}=\frac{2\times20}{20\tan\left(45°-\frac{18°}{2}\right)}=2.75\text{m}$$

故黏性土土压力为 0。

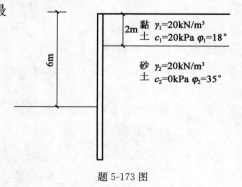

题 5-173 图

砂土顶面处土压力强度 $p_{ak}=\gamma h\tan^2\left(45°-\dfrac{\varphi_t}{2}\right)=20\times2\times\tan^2\left(45°-\dfrac{35°}{2}\right)=10.84\text{kPa}$

支护结构底土压力强度 $p_{ak}=\gamma h\tan^2\left(45°-\dfrac{\varphi_t}{2}\right)=20\times11\times\tan\left(45°-\dfrac{35°}{2}\right)=59.62\text{kPa}$

$E_a=\dfrac{1}{2}\times(10.84+59.62)\times9=317.07\text{kN}$

作用于支护结构上的土压力 $317.07\times1.4=443.898\text{kN}$

本题没有答案。

5-174［2014 年考题］ 某土坝的坝体为黏性土,坝壳为砂土,其有效空隙率 $n=40\%$,原水位(▽1)时流网如下图所示,根据《碾压式土石坝设计规范》(DL/T 5395—2007),当库水位骤降至 B 点以下时,坝内 A 点的孔隙水压力最接近以下哪个选项？D 点到原水位线的垂直距离为 3.0m。（　　）

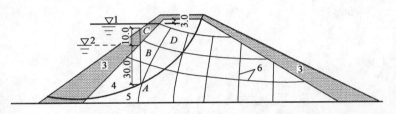

1—原水位；2—剧降后水位；3—坝壳(砂土)；4—坝体(黏性土)；5—滑裂面；6—水位降落前的流网；

题 5-174 图(尺寸单位：m)

A. 300kPa　　　　　　　　　　B. 330kPa
C. 370kPa　　　　　　　　　　D. 400kPa

解 根据《碾压式土石坝设计规范》(DL/T 5395—2007)附录 D 第 D.4.2 条
$u=\gamma_w[h_1+h_2(1-n_e)-h']$
$=10\times[30.0+10.0\times(1-0.40)-3.0]$
$=330\text{kPa}$

注：此题具体分析参见李广信《考题十讲》(第二版)。

答案：(B)

5-175［2014 年考题］ 某直立的黏性土边坡,采用排桩支护,坡高 6m,无地下水,土层参数为 $c=10\text{kPa},\varphi=20°$,重度为 18kN/m^3,地面均布荷载为 $q=20\text{kPa}$,在 3m 处设置一排锚杆,根据《建筑边坡工程技术规范》(GB 50330—2013)相关要求,按等值梁法计算排桩反弯点到坡脚的距离最接近下列哪个选项？（　　）

A. 0.5m　　　　　　　　　　B. 0.65m
C. 0.72m　　　　　　　　　　D. 0.92m

解 根据《建筑边坡工程技术规范》(GB 50330—2013)附录 F 第 F.0.4 条。
设反弯点到基坑地面的距离为 Y_n
$K_a=\tan^2\left(45°-\dfrac{20°}{2}\right)=0.49, K_p=\tan^2\left(45°+\dfrac{20°}{2}\right)=2.04$
$e_{ak}=qK_a+\gamma HK_a-2c\sqrt{K_a}$

$$= 20 \times 0.49 \times +18 \times (6+Y_n) \times 0.49 - 2 \times 10 \times \sqrt{0.49}$$
$$= 8.82 Y_n + 48.72$$
$$e_{pk} = \gamma H K_p + 2c\sqrt{K_p}$$
$$= 18 \times Y_n \times 2.04 + 2 \times 10 \times \sqrt{2.04}$$
$$= 36.72 Y_n + 28.57$$

由 $e_{ak} = e_{pk}$，即 $8.82Y_n + 48.72 = 36.72Y_n + 28.57$，解得 $Y_n = 0.72$m。

答案：(C)

5-176［2014 年考题］ 如图所示，某填土边坡，高 12m，设计验算时采用圆弧条分法分析，其最小安全系数为 0.88，对应每延米的抗滑力矩为 22000kN·m，圆弧半径 25.0m，不能满足该边坡稳定要求，拟采用加筋处理，等间距布置 10 层土工格栅，每层土工格栅的水平拉力均按 45kN/m 考虑，按照《土工合成材料应用技术规范》(GB 50290—1998)，该边坡加筋处理后的稳定安全系数最接近下列哪个选项？（　　）

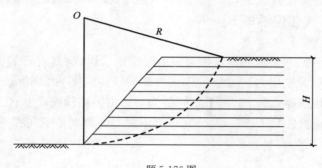

题 5-176 图

A. 1.15　　　　　　　　　　　　B. 1.20
C. 1.25　　　　　　　　　　　　D. 1.30

解 根据《土工合成材料应用技术规范》(GB 50290—98)6.4.2 条

$$M_0 = \frac{22000}{0.88} = 25000 \text{kN} \cdot \text{m}$$

$$T_s = 45 \times 10 = 450 \text{kN/m}$$

$$D = 25 - 12/3 = 21 \text{m}$$

$$T_s = (F_{sr} - F_{sa})\frac{M_0}{D}, \text{即} 450 = (F_{sr} - 0.88) \times \frac{25000}{21}, \text{解得} F_{sr} = 1.258。$$

答案：(C)

5-177［2014 年考题］ 图示路堑岩石边坡顶 BC 水平，已测得滑面 AC 的倾角 $\beta = 30°$，滑面内摩擦角 $\varphi = 18°$，黏聚力 $c = 10$kPa，滑体岩石重度 $\gamma = 22$kN/m³。原设计开挖坡面 BE 的坡率为 1∶1，滑面露出点 A 距坡顶 H = 10m。为了增加公路路面宽度，将坡率改为 1∶0.5。试问坡率改变后边坡沿滑面 DC 的抗滑安全系数 K_2 与原设计沿滑面 AC 的抗滑安全系数 K_1 之间的正确关系是下列哪个选项？（　　）

A. $K_1 = 0.8K_2$　　　　　　　　B. $K_1 = 1.0K_2$
C. $K_1 = 1.2K_2$　　　　　　　　D. $K_1 = 1.5K_2$

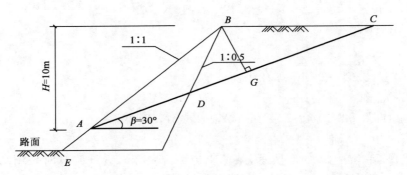

题 5-177 图

解 $K_s = \dfrac{\gamma V \cos\theta \tan\varphi + Ac}{\gamma V \sin\theta} = \dfrac{0.5\gamma hL\cos\theta\tan\varphi + cL}{0.5\gamma hL\sin\theta} = \dfrac{0.5\gamma h\cos\theta\tan\varphi + c}{0.5\gamma h\sin\theta}$

由此可见,K_s 与滑面长 L 无关,只与三角形滑体的高 h 相关,坡率由 1:1 改为 1:0.5,h 不变,可知抗滑安全系数也不变,即 $K_1 = K_2$。

答案:(B)

5-178[2014 年考题] 某水利建筑物洞室由厚层砂岩组成,其岩石的饱和单轴抗压强度 R_b 为 30MPa,围岩的最大主应力 σ_m 为 9MPa。岩体的纵波速度为 2800m/s,岩石的纵波速度为 3500m/s。结构面状态评分为 25,地下水评分为 -2,主要结构面产状评分 -5。根据《水利水电工程地质勘察规范》(GB 50487—2008),该洞室围岩的类别是下列哪一选项?(　　)

A. Ⅰ 类围岩   B. Ⅱ 类围岩
C. Ⅲ 类围岩   D. Ⅳ 类围岩

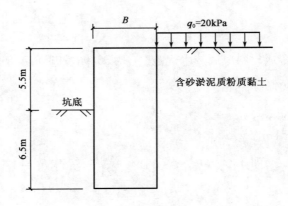

题 5-178 图

解 根据《水利水电工程地质勘察规范》(GB 50487—2008)附录 N
$R_b = 30$MPa,评分 $A = 10$,属软质岩;
$K_v = \left(\dfrac{2800}{3500}\right)^2 = 0.64$,查表插值 $B = 16.25$;
已知 $C = 25$,$D = -2$,$E = -5$,$A + B + C + D + E = 10 + 16.25 + 25 - 2 - 5 = 44.25$;

$$S=\frac{R_{b} \cdot K_{v}}{\sigma_{m}}=\frac{30\times0.64}{9}=2.13>2, 不修正, 查表围岩类别为Ⅳ类。$$

答案：(D)

5-179［2014年考题］ 某软土基坑，开挖深度 $H=5.5m$，地面超载 $q_0=20kPa$，地层为均质含砂淤泥质粉质黏土，土的重度 $\gamma=18kN/m^3$，黏聚力 $c=8kPa$，内摩擦角 $\varphi=15°$，不考虑地下水的作用，拟采用水泥土墙支护结构，其嵌固深度 $l_d=6.5m$，挡墙宽度 $B=4.5m$，水泥土墙体的重度 γ 为 $19kN/m^3$。按照《建筑基坑支护技术规程》（JGJ 120—2012）计算该重力式水泥土墙抗滑移安全系数，其值最接近下列哪个选项？（　　）

A. 1.0 B. 1.2
C. 1.4 D. 1.6

解 根据《建筑基坑支护技术规程》（JGJ 120—2012）第3.4.2条、第6.1.2条

$$K_a=\tan^2\left(45°-\frac{15°}{2}\right)=0.589, K_p=\tan^2\left(45°+\frac{15°}{2}\right)=1.698$$

$$z_0=\frac{\left(\frac{2c}{\sqrt{K_a}}-q\right)}{\gamma}=\frac{\left(\frac{2\times8}{\sqrt{0.589}}-20\right)}{18}\approx0$$

$$E_{ak}=\frac{1}{2}\gamma(H-z_0)^2K_a=\frac{1}{2}\times18\times(6.5+5.5)^2\times0.589=763.3kN/m$$

$$G=(6.5+5.5)\times4.5\times19=1026kN/m$$

$$E_{pk}=\frac{1}{2}\gamma h^2K_p+2ch\sqrt{K_p}=\frac{1}{2}\times18\times6.5^2\times1.698+2\times8\times6.5\times\sqrt{1.698}$$

$$=781.2kN/m$$

$$F_s=\frac{E_{pk}+(G-u_mB)\tan\varphi+cB}{E_{ak}}=\frac{781.2+1026\times\tan15°+8\times4.5}{763.3}=1.43$$

答案：(C)

5-180［2014年考题］ 图示某铁路边坡高 $8.0m$，岩体节理发育，重度 $22kN/m^3$，主动土压力系数为 0.36。采用土钉墙支护，墙面坡率 $1:0.4$，墙背摩擦角 $25°$。土钉成孔直径 $90mm$，其方向垂直于墙面，水平和垂直间距为 $1.5m$。浆体与孔壁间黏结强度设计值为 $200kPa$，采用《铁路路基支挡结构设计规范》（TB 10025—2006），计算距墙顶 $4.5m$ 处 $6m$ 长土钉 AB 的抗拔安全系数最接近于下列哪个选项？（　　）

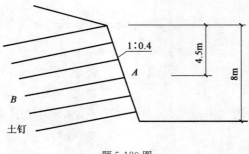

题 5-180 图

A. 1.1 B. 1.4
C. 1.7 D. 2.0

解 根据《铁路路基支挡结构设计规范》(TB 10025—2006)第9.2.4条、第9.2.6条

$h_i = 4.5\text{m} > \frac{1}{2}H = 4.0\text{m}$

节理发育,取大值 $l = 0.7(H - h_i) = 0.7 \times (8 - 4.5) = 2.45\text{m}$

$l_{ei} = 6.0 - 2.45 = 3.55\text{mm}$

$F_{i1} = \pi \cdot d_h \cdot l_{ei} \cdot \tau = 3.14 \times 0.09 \times 3.55 \times 200 = 200.6\text{kN}$

$h_i = 4.5\text{m} > \frac{1}{3}H = 2.7\text{m}$,墙背与竖直面间夹角 $\alpha = \arctan\left(\frac{0.4}{1}\right) = 21.8°$

$\sigma_i = \frac{2}{3}\lambda_a \gamma H \cos(\delta - \alpha) = \frac{2}{3} \times 0.36 \times 22 \times 8 \times \cos(25° - 21.8°) = 42.2\text{kPa}$

$E_i = \frac{\sigma_i S_x S_y}{\cos\beta} = \frac{42.2 \times 1.5 \times 1.5}{\cos 21.8°} = 102.3\text{kN}$

$\frac{F_{i1}}{E_i} = \frac{200.6}{102.3} = 1.96$

答案:(D)

5-181 [2014年考题] 某砂土边坡,高6m,砂土的 $\gamma = 20\text{kN/m}^3$、$c = 0$、$\varphi = 30°$。采用钢筋混凝土扶壁式挡土结构,此时该挡墙的抗倾覆安全系数为1.70。工程建成后需在坡顶堆载 $q = 40\text{kPa}$,拟采用预应力锚索进行加固,锚索的水平间距2.0m,下倾角15°,土压力按朗肯理论计算,根据《建筑边坡工程技术规范》(GB 50330—2013),如果要保证坡顶堆载后扶壁式挡土结构的抗倾覆安全系数不小于1.60,问锚索的轴向拉力标准值应最接近于下列哪个选项?( )

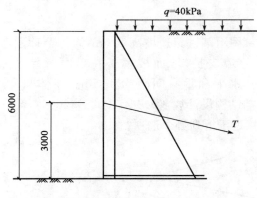

题5-181 图(尺寸单位:mm)

A. 136kN B. 272kN
C. 345kN D. 367kN

解 根据《建筑边坡工程技术规范》(GB 50330—2013)附录F第F.0.4条

$K_a = \tan^2\left(45° - \frac{\varphi}{2}\right) = \tan^2\left(45° - \frac{30°}{2}\right) = \frac{1}{3}$

$e_a = 1.1 \times (\gamma z K_a - 2c\sqrt{K_a}) = 1.1 \times 20 \times 6 \times \frac{1}{3} = 44 \text{kN/m}^2$

$E_a = \frac{1}{2} e_a h = \frac{1}{2} \times 44 \times 6 = 132 \text{kN/m}$

$F_{t1} = \frac{Gx_0 + E_{az}x_f}{E_{ax}z_f} = \frac{Gx_0}{132 \times \frac{1}{3} \times 6} = 1.7$,解得 $Gx_0 = 448.8 \text{kN}$

$\Delta E_a = 1.1 \times q K_a h = 1.1 \times 40 \times \frac{1}{3} \times 6 = 88 \text{kN/m}$

$E_{a1} = \frac{1}{2} e_a h = \frac{1}{2} \times 44 \times 6 = 132 \text{kN/m}$

$F_{t2} = \frac{Gx_0 + T\cos15° \times 3}{E_{ax}z_f} = \frac{448.8 + 2.90T}{132 \times 2 + 88 \times 3} = 1.6$,解得 $T = 136.6 \text{kN}$

锚索轴向拉力标准值为 $2T = 273.2 \text{kN}$。

答案:(B)

5-182 [2014年考题] 某浆砌块石挡墙高6.0m,墙背直立,顶宽1.0m,底宽2.6m,墙体重度 $\gamma = 24 \text{kN/m}^3$ 墙后主要采用砾砂回填,填土体平均重度 $\gamma = 20 \text{kN/m}^3$,假定填砂与挡墙的摩擦角 $\delta = 0°$,地面均布荷载取 15kN/m^3,根据《建筑边坡工程技术规范》(GB 50330—2013),问墙后填砂层的 综合内摩擦角 φ 至少应达到以下哪个选项时,该挡墙才能满足规范要求的抗倾覆稳定性?( )

A. 23.5   B. 32.5
C. 35.5   D. 39.5

解 根据《建筑边坡工程技术规范》(GB 50330—2013)第11.2.1条、第11.2.4条

$G = \gamma V = 24 \times 0.5 \times 1.6 \times 6.0 + 24 \times 1.0 \times 6.0 = 115.2 + 144 = 259.2 \text{kN}$

$e_{a1} = 1.1 q K_a = 16.5 K_a$

$e_{a2} = 1.1 \times (\sum \gamma_j h_j + q) K_a = 1.1 \times (20 \times 6 + 15) K_a = 148.5 K_a$

$F_t = \frac{Gx_0 + E_{az}x_f}{E_{ax}z_f}$

$= \frac{115.2 \times \frac{2}{3} \times 1.6 + 144 \times (1.6 + 0.5)}{16.5 K_a \times 6.0 \times 3.0 + 0.5 \times (148.5 - 16.5) K_a \times 6.0 \times \frac{1}{3} \times 6.0}$

$= \frac{425.28}{1089 K_a} = 1.6$

$K_a = 0.244 = \tan^2\left(45° - \frac{\varphi}{2}\right)$

$\varphi = 37.4°$

答案:(C)

5-183 [2014年考题] 某Ⅰ级铁路路基,拟采用土工格栅加筋土挡墙的支挡结构,高10m,土工格栅拉筋的上下层间距为1.0m,拉筋与填料间的黏聚力为5kPa,拉筋与填料之间的内摩擦角为15°,重度为 21kN/m^3。经计算,6m深度处的水平土压应力为75kPa,根据《铁

路路基支挡结构设计规范》(TB 10025—2006),深度 6m 处的拉筋的水平回折包裹长度的计算值最接近下列哪个选项?( )

  A. 1.0m   B. 1.5m   C. 2.0m   D. 2.5m

解 根据《铁路路基支挡结构设计规范》(TB 10025—2006)第 8.2.8 条、第 8.2.14 条

$$l_0 = \frac{D\sigma_{hi}}{2(c+\gamma h_i \tan\delta)} = \frac{1.0 \times 75}{2 \times (5+21 \times 6 \times \tan 15°)} = 0.97\text{m}$$

答案:(A)

5-184 [2014 年考题] 某安全等级为一级的建筑基坑,采用桩锚支护形式。支护桩桩径 800mm,间距 1400mm。锚杆间距 1400mm,倾角 15°。采用平面杆系结构弹性支点法进行分析计算,得到支护桩计算宽度内的弹性支点水平反力为 420kN。若锚杆施工时采用抗拉设计值为 180kN 的钢绞线,则每根锚杆至少需要配置几根这样的钢绞线?( )

  A. 2 根   B. 3 根   C. 4 根   D. 5 根

解 根据《建筑基坑支护技术规程》(JGJ 120—2012)第 3.1.7 条、第 4.7.3 条、第 4.7.6 条

$$N_k = \frac{F_h s}{b_a \cos\alpha} = \frac{420 \times 1.4}{1.4 \times \cos 15°} = 434.8\text{kN}$$

$$N = \gamma_0 \gamma_F N_k = 1.1 \times 1.25 \times 434.8 = 597.85\text{kN}$$

$$n = \frac{N}{T} = \frac{597.85}{180} = 3.3,\text{取 4 根}。$$

答案:(C)

5-185 [2014 年考题] 图示的某铁路隧道的端墙洞门墙高 8.5m,最危险破裂面与竖直面的夹角 $\omega=38°$,墙背面倾角 $\alpha=10°$,仰坡倾角 $\varepsilon=34°$,墙背距仰坡坡脚 $a=2.0$m。墙后土体重度 $\gamma=22\text{kN/m}^3$,内摩擦角 $\varphi=40°$,取洞门墙体计算条宽度为 1m,作用在墙体上的土压力是下列哪个选项?( )

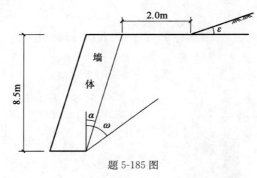

题 5-185 图

  A. 81kN   B. 119kN   C. 148kN   D. 175kN

解 根据《铁路隧道设计规范》(TB 10003—2005)附录 D
将仰坡线伸交于墙背,由所形成的小三角形几何关系(正弦定理)计算 h_0:

$$\frac{a}{\sin(90°-\alpha-\varepsilon)} = \frac{l_0}{\sin\varepsilon},\text{即} \frac{2.0}{\sin(90°-10°-34°)} = \frac{l_0}{\sin 34°}。\text{解得} l_0 = 1.55\text{m}$$

$$h_0 = l_0 \cos\alpha = 1.55 \times \cos 10° = 1.53\text{m}$$

$$H = 8.5 - 1.53 = 6.97\text{m}$$

$$\lambda = \frac{(\tan\omega - \tan\alpha)(1-\tan\alpha\tan\varepsilon)}{\tan(\omega+\varphi_c)(1-\tan\omega\tan\varepsilon)} = \frac{(\tan38°-\tan10°)(1-\tan10°\tan34°)}{\tan(38°+40°)(1-\tan38°\tan34°)} = 0.240$$

$$h' = \frac{a}{\tan\omega - \tan\alpha} = \frac{2.0}{\tan38° - \tan10°} = 3.306\text{m}$$

$$E = \frac{1}{2}\gamma\lambda[H^2 + h_0(h'-h_0)]b\xi$$
$$= \frac{1}{2} \times 22 \times 0.240 \times [6.97^2 + 1.53 \times (3.306-1.53)] \times 1.0 \times 0.6 = 81.3\text{kN}$$

答案：(A)

5-186 [2014年考题] 紧靠某长200m大型地下结构中部的位置新开挖一个深9m的基坑，基坑长20m，宽10m。新开挖基坑采用地下连续墙支护，在长边的中部设支撑一层，支撑一端支于已有地下结构中板位置，支撑截面为高0.8m，宽0.6m，平面位置如图虚线所示，采用C30钢筋混凝土，设其弹性模量 $E=30\text{GPa}$，采用弹性支点法计算连续墙的受力，取单位米宽度作计算单元，支撑的支点刚度系数最接近下列哪个选项？（　　）

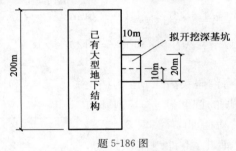

题5-186图

A. 72MN/m　　　B. 144MN/m　　　C. 288MN/m　　　D. 360MN/m

解 根据《建筑基坑支护技术规程》(JGJ 120—2012)第4.1.10条

$$k_R = \frac{\alpha_R E A b_a}{\lambda l_0 s} = \frac{1.0 \times 30 \times 10^3 \times 0.8 \times 0.6 \times 1.0}{1.0 \times 10 \times 10} = 144\text{MN/m}$$

答案：(B)

5-187 [2016年考题] 某悬臂式挡土墙高6.0m，墙后填砂土，并填成水平面。其 $\gamma=20\text{kN/m}^3$，$c=0$，$\varphi=30°$，墙踵下缘与墙顶内缘的连线与垂直线的夹角 $\alpha=40°$，墙与土的摩擦角 $\delta=10°$。假定第一滑动面与水平面夹角 $\beta=45°$，第二滑动面与垂直面的夹角 $\alpha_{cr}=30°$，问滑动土体 BCD 作用于第二滑动面的土压力合力最接近以下哪个选项？（　　）

A. 150kN/m　　　B. 180kN/m　　　C. 210kN/m　　　D. 260kN/m

解 参考《土力学》教材中无黏性土的主动土压力及坦墙的土压力理论计算。

解法一：

$$W_{BCD} = \gamma \times \frac{1}{2} \times h \times \left(h\tan\alpha_{cr} + \frac{h}{\tan\beta}\right)$$
$$= 20 \times \frac{1}{2} \times 6 \times \left(6\tan30° + \frac{6}{\tan45°}\right)$$
$$= 567.8$$

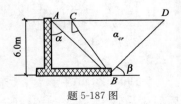

题5-187图

$$\frac{E'_a}{\sin(\beta-\varphi)} = \frac{W_{BCD}}{\sin[180°-(90°-\varphi-\alpha_{cr})-(\beta-\varphi)]}$$

$$E'_a = \frac{W_{BCD}\sin(\beta-\varphi)}{\sin[180°-(90°-\varphi-\alpha_{cr})-(\beta-\varphi)]}$$

$$= \frac{567.8\times\sin(45°-30°)}{\sin[180°-(90°-30°-30°)-(45°-30°)]}$$

$$= 207.8\text{kN/m}$$

解法二：

$$K_a = \tan^2\left(45°-\frac{\varphi}{2}\right) = \tan^2\left(45°-\frac{30°}{2}\right) = \frac{1}{3}$$

按朗肯土压力计算：

$$E_a = \frac{1}{2}\gamma H^2 K_a = \frac{1}{2}\times 20\times 6^2\times \frac{1}{3} = 120$$

由 B 点作 AD 垂线，垂足为 E 点。

$$W_{BCE} = \gamma\times\frac{1}{2}\times h\times h\tan\alpha_{cr} = 20\times\frac{1}{2}\times 6\times 6\tan30° = 207.8$$

$$E'_a = W_{BCE}\sin\alpha_{cr} + E_a\cos\alpha_{cr} = 207.8\times\sin30° + 120\times\cos30° = 207.8\text{kN/m}$$

答案：(C)

5-188 [2016 年考题] 海港码头高 5.0m 的挡土墙如图所示。墙后填土为冲填的饱和砂土，其饱和重度为 18kN/m^3，$c=0$，$\varphi=30°$，墙土间摩擦角 $\delta=15°$，地震时冲填砂土发生了完全液化，不计地震惯性力，问在砂土完全液化时作用于墙后的水平总压力最接近下面哪个选项？(　　)

A. 33kPa B. 75kPa
C. 158kPa D. 225kPa

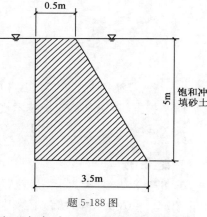

题 5-188 图

解 $E_w = \frac{1}{2}\gamma_{sat}H^2 = \frac{1}{2}\times 18.0\times 5^2 = 225\text{kN/m}$

答案：(D)

5-189 [2016 年考题] 一无限长砂土坡，坡面与水平面夹角为 α，土的饱和重度 $\gamma_{sat}=21\text{kN/m}^3$，$c=0$，$\varphi=30°$，地下水沿土坡表面渗流，当要求砂土坡稳定系数 K_s 为 1.2 时，α 角最接近下列哪个选项？(　　)

A. 14.0°　　B. 16.5°　　C. 25.5°　　D. 30.0°

解 参考《土力学》教材中有渗透水流的均质土坡相关知识计算。

$$F_s = \frac{\gamma'}{\gamma_{sat}}\frac{\tan\varphi}{\tan\alpha} = \frac{11}{21}\times\frac{\tan30°}{\tan\alpha} = 1.2$$

解得：$\alpha=14.1°$

答案：(A)

5-190 [2016 年考题] 如图所示，某河流梯级挡水坝，上游水深 1m，AB 高度为 4.5m，坝后河床为砂土，其 $\gamma_{sat}=21\text{kN/m}^3$，$c'=0$，$\varphi'=30°$，砂土中有自上而下的稳定渗流，$A$ 到 B 的水

力坡降 i 为 0.1,按朗肯土压力理论,估算作用在该挡土坝背面 AB 段的总水平压力最接近下列哪个选项?（　　）

  A. 70kN/m   B. 75kN/m
  C. 176kN/m   D. 183kN/m

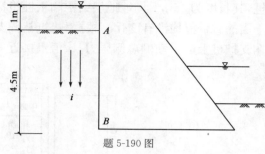

题 5-190 图

解 $i = \dfrac{\Delta h}{\Delta l} = \dfrac{\Delta h}{4.5} = 0.1$

$\Delta h = 0.45$m

A 点水压力：$p_{wA} = \gamma_w h_A = 10 \times 1.0 = 10$kPa

B 点水压力：$p_{wB} = \gamma_w (h_B - \Delta h) = 10 \times (5.5 - 0.45) = 50.5$kPa

AB 段总水压力：$E_w = \dfrac{1}{2}(p_{wA} + p_{wB})h_{AB} = \dfrac{1}{2} \times (10 + 50.5) \times 4.5 = 136.1$kN/m

$K_a = \tan^2\left(45° - \dfrac{\varphi}{2}\right) = \tan^2\left(45° - \dfrac{30°}{2}\right) = \dfrac{1}{3}$

AB 段土压力：

$E_a = \dfrac{1}{2}(\gamma' + j)K_a h_{AB}^2 = \dfrac{1}{2} \times (11 + 10 \times 0.1) \times \dfrac{1}{3} \times 4.5^2 = 40.5$kN/m

AB 段总水平压力：

$E_{AB} = E_w + E_a = 136.1 + 40.5 = 176.6$kN/m

答案：(C)

5-191［2016 年考题］ 在岩体破碎、节理裂隙发育的砂岩岩体内修建的两车道公路隧道,拟采用复合式衬砌。岩石饱和单轴抗压强度为 30MPa。岩体和岩石的弹性纵波速度分别为 2400m/s 和 3500m/s,按工程类比法进行设计。试问满足《公路隧道设计规范》(JTG D70—2004)要求时,最合理的复合式衬砌设计数据是下列哪个选项?（　　）

  A. 拱部和边墙喷射混凝土厚度 8cm;拱、墙二次衬砌混凝土厚 30cm
  B. 拱部和边墙喷射混凝土厚度 10cm;拱、墙二次衬砌混凝土厚 35cm
  C. 拱部和边墙喷射混凝土厚度 15cm;拱、墙二次衬砌混凝土厚 35cm
  D. 拱部和边墙喷射混凝土厚度 20cm;拱、墙二次衬砌混凝土厚 45cm

解 《公路隧道设计规范》(JTG D70—2004)第 3.6.3 条、3.6.5 条、8.4.2 条。

$K_v = \left(\dfrac{v_{pm}}{v_{pr}}\right)^2 = \left(\dfrac{2400}{3500}\right)^2 = 0.47$

$90K_v + 30 = 90 \times 0.47 + 30 = 72.3 > R_c = 30$,取 $R_c = 30$

$0.04R_c + 0.4 = 0.04 \times 30 + 0.4 = 1.6 > K_v = 0.47$,取 $K_v = 0.47$

$BQ = 90 + 3R_c + 250K_v = 90 + 3 \times 30 + 250 \times 0.47 = 297.5$

由表 3.6.5 可知,围岩级别为 Ⅳ 级。

由表 8.4.2-1 可知,拱墙和边墙喷射混凝土厚度宜选用 12～15cm,拱、墙二次初砌混凝土厚度为 35cm。因此选项 C 正确。

答案：(C)

5-192［2016 年考题］ 某基坑开挖深度为 10m,坡顶均布荷载 $q_0 = 20$kPa,坑外地下水位于地表下 6m，采用桩撑支护结构、侧壁落底式止水帷幕和坑内水。支护桩为 $\phi 800$ 钻孔灌注桩，其长度为 15m。场地地层结构和土性指标如图所示。假设坑内降水前后，坑外地下水位和土层的 c、φ 值均没有变化。根据《建筑基坑支护技术规程》(JGJ 120—2012)，计算降水后作用在支护桩上的主动侧总侧压力，该值最接近下列哪个选项(kN/m)？ ( )

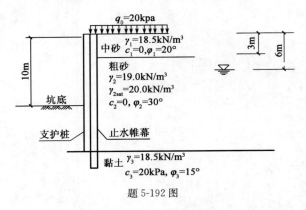

题 5-192 图

A. 1105   B. 821   C. 700   D. 405

解 《建筑基坑支护技术规程》(JGJ 120—2012)第 3.4.2 条。

中砂层：$K_{a1} = \tan^2\left(45° - \dfrac{\varphi_1}{2}\right) = \tan^2\left(45° - \dfrac{20°}{2}\right) = 0.490$

粗砂层：$K_{a2} = \tan^2\left(45° - \dfrac{\varphi_2}{2}\right) = \tan^2\left(45° - \dfrac{30°}{2}\right) = 0.333$

中砂顶土压力强度：$p_{ak1} = qK_{a1} = 20 \times 0.490 = 9.8$

中砂底土压力强度：$p_{ak2} = (q+\gamma h)K_{a1} = (20+18.5 \times 3) \times 0.490 = 37.0$

粗砂顶土压力强度：$p_{ak3} = (q+\gamma h)K_{a1} = (20+18.5 \times 3) \times 0.333 = 25.1$

水位处土压力强度：$p_{ak4} = (q+\gamma h)K_{a2} = (20+18.5 \times 3+19 \times 3) \times 0.333 = 44.1$

桩端处土压力强度：$p_{ak5} = (q+\gamma h)K_{a2} = (20+18.5 \times 3+19 \times 3+10 \times 9) \times 0.333$
$= 74.1$

桩端处水压力：$p_w = \gamma_w h_w = 10 \times 9 = 90$

主动侧总侧压力：

$E_a = \dfrac{1}{2}(p_{ak1}+p_{ak2}) \times 3 + \dfrac{1}{2}(p_{ak3}+p_{ak4}) \times 3 + \dfrac{1}{2}(p_{ak4}+p_{ak5}) \times 9 + \dfrac{1}{2}p_w h_w$

$= \dfrac{1}{2} \times (9.8+37.0) \times 3 + \dfrac{1}{2} \times (25.1+44.1) \times 3 + \dfrac{1}{2} \times (44.1+74.1) \times 9 +$

$\dfrac{1}{2} \times 90 \times 9$

$= 1110.9 \text{kN/m}$

答案：(A)

5-193 [2016 年考题] 如图所示某折线形均质滑坡，第一块的剩余下滑力为 1150kN/m，传递系数为 0.8，第二块的下滑力为 6000kN/m，抗滑力为 6600kN/m。现拟挖除第三块滑块，在第二块末端采用抗滑桩方案，抗滑桩的间距为 4m，悬臂段高度为 8m。如果取边坡稳定安全

系数 $F_{st}=1.35$，剩余下滑力在桩上的分布按矩形分布。按《建筑边坡工程技术规范》(GB 50330—2013)计算作用在抗滑桩上相对于嵌固段顶部 A 点的力矩最接近下列哪个选项？

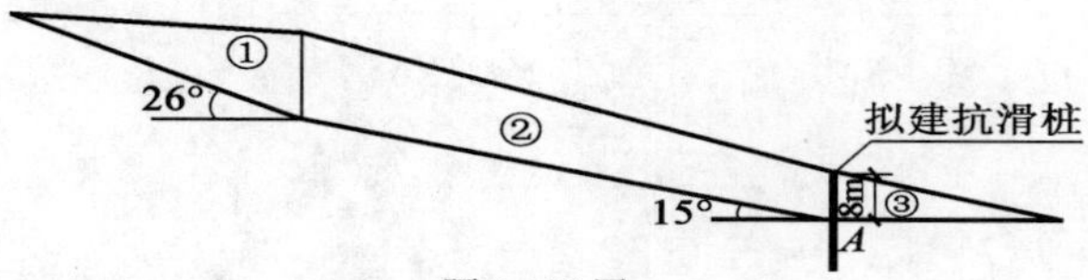

( )

题 5-193 图

A. 10595kN·m B. 10968kN·m C. 42377kN·m D. 43872kN·m

解 《建筑边坡工程技术规范》(GB 50330—2013)附录 A.0.3 条。

$P_n=0$

$$P_i = P_{i-1}\psi_{i-1} + T_i - \frac{R_i}{F_{st}} = 1150\times0.8 + 6000 - \frac{6600+F}{1.35} = 0$$

解得：$F=2742$ kN/m

$M = FLd\cos\alpha = 2742\times4\times4\cos15° = 42377$ kN·m

答案：(C)

5-194 [2016 年考题] 图示既有挡土墙的原设计为墙背直立、光滑，墙后的填料为中砂和粗砂，厚度分别为 $h_1=3$m 和 $h_2=5$m，中砂的重度和内摩擦角分别为 $\gamma_1=18$kN/m² 和 $\varphi_1=30°$，墙体自重 $G=350$kN/m，重心距和墙趾作用距 $b=2.15$m，此时挡墙的抗倾覆稳定系数 $K_0=1.71$，建成后又需要在地面增加均匀满布荷载 $q=20$kPa，试问增加 q 后挡墙的抗倾覆稳定系数的减少值最接近下列哪个选项？

( )

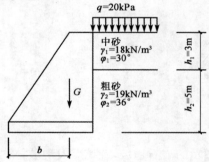

题 5-194 图

A. 1.0 B. 0.8 C. 0.5 D. 0.4

解 中砂层：$K_{a1} = \tan^2\left(45°-\frac{\varphi_1}{2}\right) = \tan^2\left(45°-\frac{30°}{2}\right) = \frac{1}{3}$

粗砂层：$K_{a2} = \tan^2\left(45°-\frac{\varphi_2}{2}\right) = \tan^2\left(45°-\frac{36°}{2}\right) = 0.26$

$K_0 = \frac{Gb}{E_a z_f} = 1.71$

$E_a z_f = \frac{Gb}{1.71} = \frac{350\times2.15}{1.71} = 440$

增加超载后：

$$K_1 = \frac{Gb}{E_a z_f + qK_{a1}h_1\left(h_2 + \frac{h_1}{2}\right) + qK_{a2}\frac{h_2^2}{2}}$$

$$= \frac{350 \times 2.15}{440 + 20 \times \frac{1}{3} \times 3 \times \left(5 + \frac{3}{2}\right) + 20 \times 0.26 \times \frac{5^2}{2}}$$

$$= 1.19$$

$\Delta K = K_0 - K_1 = 1.71 - 1.19 = 0.52$

答案：(C)

5-195 [2016 年考题] 图示的铁路挡土墙高 $H = 6\text{m}$，墙体自重 450kN/m，墙后填土表面水平，作用有均布荷载 $q = 20\text{kPa}$，墙背与填料间的摩擦角 $\delta = 20°$，倾角 $\alpha = 10°$。填料中砂的重度 $\gamma = 18\text{kN/m}^3$，主动压力系数 $K_a = 0.377$，墙底与地基间的摩擦系数 $f = 0.36$。试问，该挡土墙沿墙底的抗滑安全系数最接近下列哪个选项？（不考虑水的影响） （　　）

A. 0.91　　　　　B. 1.12　　　　　C. 1.33　　　　　D. 1.51

解 《铁路路基支挡结构设计规范》（TB 10025—2006）第 3.3.1 条。

地面处主动土压力强度：

$e_{a1} = qK_a = 20 \times 0.377 = 7.54$

6m 处主动土压力强度：

$e_{a2} = (q + \gamma h)K_a = (20 + 18 \times 6) \times 0.377 = 48.26$

主动土压力：

$E = \frac{1}{2}(e_{a1} + e_{a2})h = \frac{1}{2} \times (7.54 + 48.26) \times 6 = 167.4$

$$K_c = \frac{[\Sigma N + (\Sigma E_x - E_x') \cdot \tan\alpha_0] \cdot f + E_x'}{\Sigma E_x - \Sigma N \cdot \tan\alpha_0}$$

$$= \frac{[450 + 167.4\sin(10° + 20°)] \times 0.36}{167.4\cos(10° + 20°)}$$

$$= 1.33$$

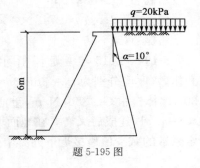

题 5-195 图

答案：(C)

5-196 [2016 年考题] 图示的岩石边坡，开挖后发现坡体内有软弱夹层形成的滑面 AC，倾角 $\beta = 42°$，滑面的内摩擦角 $\varphi = 18°$，滑体 ABC 处于临界稳定状态，其自重为 450kN/m。若要使边坡的稳定安全系数达到 1.5，每延米所加锚索的拉力 P 最接近下列哪个选项？（锚索下倾角为 $\alpha = 15°$） （　　）

A. 155kN/m　　　　　B. 185kN/m
C. 220kN/m　　　　　D. 250kN/m

解 $F_s = \dfrac{W\cos\beta\tan\varphi + cl}{W\sin\beta} = \dfrac{450\cos42°\tan18° + cl}{450\sin42°} = 1.0$

解得：$cl = 192.45$

$F_{s1} = \dfrac{[W\cos\beta + P\sin(\alpha + \beta)]\tan\varphi + cl + P\cos(\alpha + \beta)}{W\sin\beta}$

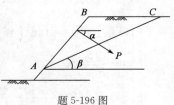

题 5-196 图

$$= \frac{[450\cos42°+P\sin(15°+42°)]\tan18°+192.45+P\cos(15°+42°)}{450\sin42°}$$
$$=1.5$$

解得：$P=184\text{kN/m}$

答案：(B)

5-197 [2016年考题] 某开挖深度为6m的深基坑，坡顶均布荷载$q=20\text{kPa}$，考虑到其边坡土体一旦产生过大变形，对周边环境产生的影响将是严重的，故拟采用直径为800mm钻孔灌注桩加预应力锚索支护结构，场地地层主要由两层土组成，未见地下水，主要物理力学性质指标如图所示。试问根据《建筑坑基支护技术规程》(JGJ 120—2012)，Prandtl极限平衡理论公式计算，满足坑底抗隆起稳定性验算的支护桩嵌固深度至少为下列哪个选项的数值？

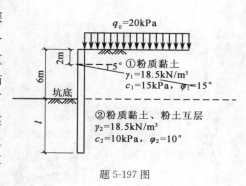

题 5-197 图

( )

A. 6.8m B. 7.2m C. 7.9m D. 8.7m

解 《建筑基坑支护技术规程》(JGJ 120—2012)第3.1.3条、4.2.4条。

基坑一旦变形对周边环境产生影响严重，则为二级基坑，抗隆起安全系数为1.6。

$$N_q = \tan^2\left(45°+\frac{\varphi}{2}\right)e^{\pi\tan\varphi} = \tan^2\left(45°+\frac{10°}{2}\right)e^{\pi\tan10°} = 2.47$$

$$N_c = \frac{N_q-1}{\tan\varphi} = \frac{2.47-1}{\tan10°} = 8.34$$

$$\frac{\gamma_{m2}l_d N_q + cN_c}{\gamma_{m1}(h+l_d)+q_0} \geq K_b$$

$$l_d \geq \frac{K_b q_0 + K_b \gamma_{m1} h - cN_c}{N_q \gamma_{m2} - K_b \gamma_{m1}} = \frac{1.6\times20+1.6\times18.5\times6-10\times8.34}{2.47\times18.5-1.6\times18.5} = 7.84\text{m}$$

答案：(C)

5-198 [2016年考题] 如图所示，某安全等级为一级的深基坑工程采用桩撑支护结构，侧壁落底式止水帷幕和坑内深井降水。支护桩为$\phi800$孔钻孔灌注桩，其长度为15m，支撑为一道$\phi6.9\times16$的钢管，支撑平面水平间距为6m，采用坑内降水后，坑外地下水位位于地表下7m，坑内地下水位位于基坑地面处，假定地下水位上、下粗砂层的c、φ值不变，计算得到的作用于支护桩上主动侧的总压力值为900kN/m，根据《建筑坑基支护技术规程》(JGJ 120—2012)若采用静力平衡法计算单根支撑轴力设计值，该值最接近下列哪个数值？ ( )

A. 1800kN B. 2400kN
C. 3000kN D. 3300kN

解 《建筑基坑支护技术规程》(JGJ 120—2012)第3.4.2条。

$$K_p = \tan^2\left(45°+\frac{\varphi}{2}\right) = \tan^2\left(45°+\frac{30°}{2}\right) = 3.00$$

桩端处：$p_{pk} = (\sigma_{pk}-u_p)K_p + 2c\sqrt{K_p} + u_p = (20\times5-10\times5)\times3+10\times5 = 200$

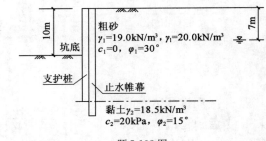

题 5-198 图

$$E_{pk} = \frac{1}{2} \times p_{pk} \times l_d = \frac{1}{2} \times 200 \times 5 = 500 \text{kN/m}$$

静力平衡，则：$E_{pk} + N_k = E_{ak}$
$N_k = E_{ak} - E_{pk} = 900 - 500 = 400 \text{kN/m}$
支撑间距为 6m，$N_k = sN_k = 6 \times 400 = 2400 \text{kN}$
$N = \gamma_0 \gamma_F N_k = 1.1 \times 1.25 \times 2400 = 3300 \text{kN}$

答案：(D)

5-199 [2016 年考题] 某基坑开挖深度为 6m，土层依次为人工填土、黏土和含砾粗砂，如图所示，人工填土层，$\gamma_1 = 17\text{kN/m}^3$，$c_1 = 15\text{kPa}$，$\varphi_1 = 10°$；黏土层，$\gamma_2 = 18\text{kN/m}^3$，$c_2 = 20\text{kPa}$，$\varphi_2 = 12°$。含砾粗砂层面顶面局基坑底的距离为 4m，砂层中承压水头高度为 9m，设计采用排桩支护结构和坑内深井降水。在开挖至基坑底部时，由于土方开挖运输作业不当，造成坑内降水井被破坏、失效。为保证基坑抗突涌稳定性、防止基坑底发生流土，拟紧急向基坑内注水。请根据《建筑坑基支护技术规程》(JGJ 120—2012)，基坑内注水深度至少应最接近下列哪个选项的数值？　　　　　　　　　　　　　　　　　　　　　　　　　　　　（　　）

A. 1.8m　　　　B. 2.0m　　　　C. 2.3m　　　　D. 2.7m

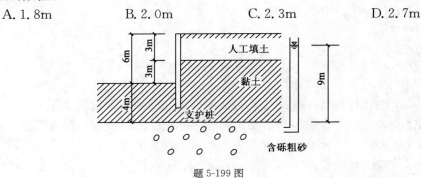

题 5-199 图

解　《建筑基坑支护技术规程》(JGJ 120—2012)附录 C.0.1 条。

$$\frac{D\gamma}{h_w \gamma_w} \geq K_h$$

$$\frac{\gamma_w \Delta h + 4 \times 18}{10 \times 9} \geq 1.1$$

解得：$\Delta h \geq 2.7\text{m}$

答案：(D)

六、特殊条件下的岩土工程

6-1 某粉土层，$\gamma=18\mathrm{kN/m^3}$，$e=0.78$，$a=0.2\mathrm{MPa^{-1}}$，地下水位为$-5.0\mathrm{m}$，当地下水位降至$-35\mathrm{m}$时，试计算地面沉降量（$35\mathrm{m}$以下为岩层）。

解 $-5.0\mathrm{m}$处水压力为零，水位下降至$-35\mathrm{m}$处的水压力为$0.01\times30=0.3\mathrm{MPa}$

水压力平均值 $\Delta p=\dfrac{0+0.3}{2}=0.15\mathrm{MPa}$

沉降量 $s=\dfrac{a}{1+e_0}\Delta p\times h=\dfrac{0.2}{1+0.78}\times0.15\times30=505.6\mathrm{mm}$

6-2 某市地处冲积平原，地下水位埋深在地面下$4\mathrm{m}$，由于开采地下水，地下水位下降速率为$1\mathrm{m/年}$，地层有关参数平均值见表，试求20年内该市地面总沉降量（第3层以下为岩层）。

题6-2表

层 序	地 层	厚度(m)	层底深度(m)	物理力学指标		
				e_0	$a(\mathrm{MPa^{-1}})$	$E_s(\mathrm{MPa})$
1	粉质黏土	5	5	0.75	0.3	
2	粉土	8	13	0.65	0.25	
3	细砂	11	24			15

解 第1层 $s_1=\dfrac{a}{1+e_0}\Delta p\times h=\dfrac{0.3}{1+0.75}\times\dfrac{1}{2}\times0.01\times(5-4)\times(5-4)=0.86\mathrm{mm}$

第2层 $s_2=\dfrac{0.25}{1+0.65}\times\left(0.01+\dfrac{1}{2}\times0.08\right)\times8=60.6\mathrm{mm}$

第3层 $s_3=\dfrac{\Delta ph}{E_s}=\dfrac{\left(0.09+\dfrac{1}{2}\times0.11\right)\times11}{15}=106.3\mathrm{mm}$

20年地面总沉降 $s=s_1+s_2+s_3=0.86+60.6+106.3=167.8\mathrm{mm}$

6-3 某城市地下水下降速率为$2\mathrm{m/年}$，现水位为地面下$10\mathrm{m}$，土层分布：$0\sim12\mathrm{m}$黏土，$e=0.86$，$a=0.332\mathrm{MPa^{-1}}$；$12\sim27\mathrm{m}$粉细砂，$E_s=12\mathrm{MPa}$；$27\sim52\mathrm{m}$粉土，$e=0.73$，$a=0.24\mathrm{MPa^{-1}}$；$52\sim59\mathrm{m}$中细砂，$E_s=28\mathrm{MPa}$；$59\sim77\mathrm{m}$粉质黏土，$e=0.61$，$a=0.133\mathrm{MPa^{-1}}$；$77\mathrm{m}$以下为岩层。试估算10年后地面沉降量。

解 地下水下降速率$2\mathrm{m/年}$，原水位$-10\mathrm{m}$，10年后水位为$-30\mathrm{m}$，水位下降施加于土层上的Δp见表。

题6-3表

土 层	埋深(m)	厚度(m)	水压力(MPa)	$\Delta p(\mathrm{MPa})$
黏土	10	0	0	
黏土	12	2	0.02	$\dfrac{1}{2}\times0.02=0.01$

续上表

土 层	埋深(m)	厚度(m)	水压力(MPa)	Δp(MPa)
粉细砂	27	15	0.17	$\frac{0.02+0.17}{2}=0.095$
粉土	30	3	$0.01\times20=0.2$	$\frac{0.17+0.2}{2}=0.185$
粉土	52	22	0.42—0.22	0.2
中细砂	59	7	0.49—0.29	0.2
粉质黏土	77	18	0.67—0.47	0.2

黏土　　$s_1 = \dfrac{a}{1+e_0}\Delta p \times h = \dfrac{0.332}{1+0.86}\times 0.01 \times 2.0 = 3.57\text{mm}$

粉细砂　$s_2 = \dfrac{\Delta p \times h}{E_s} = \dfrac{0.095\times 15}{12} = 118.8\text{mm}$

粉土　　$s_3 = \dfrac{0.24}{1+0.73}\times 0.185 \times 3 = 77\text{mm}$

粉土　　$s_4 = \dfrac{0.24}{1+0.73}\times 0.2 \times 22 = 610.4\text{mm}$

中细砂　$s_5 = \dfrac{0.2\times 7}{28} = 50\text{mm}$

粉质黏土　$s_6 = \dfrac{0.133}{1+0.61}\times 0.2 \times 18 = 297.4\text{mm}$

$s = s_1 + s_2 + s_3 + s_4 + s_5 + s_6 = 3.57 + 118.8 + 77 + 610.4 + 50 + 297.4 = 1157.2\text{mm}$

6-4 试按表中参数计算膨胀土地基的胀缩变形量。

题 6-4 表

层 序	层厚 h_i (m)	层底深度 (m)	第 i 层含水率变化 Δw_i	第 i 层收缩系数 λ_{si}	第 i 层在 50kPa 下的膨胀率 δ_{epi}
1	0.64	1.60	0.0273	0.28	0.0084
2	0.86	2.50	0.0211	0.48	0.0223
3	1.00	3.50	0.0140	0.35	0.0249

解　依《膨胀土地区建筑技术规范》(GB 50112—2013)3.2.6 条,分级变形量

$s_c = \psi_{es} \sum_{i=1}^{n}(\delta_{epi} + \lambda_{si}\times \Delta w_i)h_i$

$= 0.7\times[(0.0084\times 640 + 0.0223\times 860 + 0.0249\times 1000) +$

$(0.28\times 0.0273\times 640 + 0.48\times 0.0211\times 860 + 0.35\times 0.0140\times 1000)]$

$= 47.57\text{mm}$

6-5 在岩质边坡稳定评价中,多数用岩层的视倾角来分析。现有一岩质边坡,岩层产状的走向为 N17°E,倾向 NW,倾角 43°,挖方走向为 N12°W,在两侧开坡,如果纵横比例尺为 1∶1,试计算垂直于边坡走向的纵剖面图上岩层的视倾角。

六、特殊条件下的岩土工程

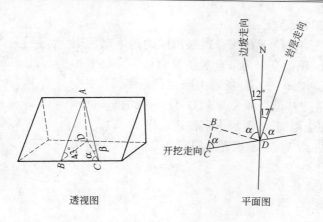

题 6-5 图

解 设岩层走向与开挖剖面夹角为 α，则 $\alpha = 90° - 17° - 12° = 61°$

直角 $\triangle ABD$ 中 $\tan 43° = \dfrac{AD}{BD}$

直角 $\triangle DCB$ 中 $\sin\alpha = \dfrac{BD}{CD} = \sin 61°$

直角 $\triangle ACD$ 中 $\tan\beta = \dfrac{AD}{CD}$

$AD = \tan 43° \times BD$

$BD = \sin 61° \times CD$

$\tan\beta = \dfrac{AD}{CD} = \dfrac{\tan 43° \times BD}{BD/\sin 61°} = \tan 43° \times \sin 61° = 0.933 \times 0.875 = 0.816$

$\Rightarrow \beta = 39.2°$

6-6 某铁路路基通过多年冻土区，地基为粉质黏土，$d_s = 2.7$，$\rho = 2.0 \text{g/cm}^3$，冻土总含水率 $w_0 = 40\%$，起始融沉含水率 $w = 21\%$，塑限 $w_P = 20\%$，试计算该段多年冻土融沉系数 δ_0 及融沉等级。

解 依《岩土工程勘察规范》(GB 50021—2001) 6.6.2 条及表 6.6.2，融沉系数

$\delta_0 = \dfrac{e_1 - e_2}{1 + e_1} \times 100\%$

$e = \dfrac{d_s(1+w)\rho_w}{\rho} - 1$

$e_1 = \dfrac{2.7 \times (1+0.4) \times 1.0}{2.0} - 1 = 0.89$

$e_2 = \dfrac{2.7 \times (1+0.21) \times 1.0}{2.0} - 1 = 0.634$

$\delta_0 = \dfrac{0.89 - 0.634}{1 + 0.89} \times 100\% = 13.5$

$w_0 = 40\% \geqslant w_P + 15\% = 20\% + 15\% = 35\%$

$w_0 = 40\% < w_P + 35\% = 20\% + 35\% = 55\%$

该冻土属Ⅳ级强融沉冻土。

**6-7 某公路路基位于石灰岩地层形成的地下暗河附近，暗河洞顶埋深8m，顶板基岩为节理裂缝发育得不完整散体结构，基岩面以上覆盖层厚2m，石灰岩内摩擦角 $\varphi=60°$，安全系数取1.25，按《公路路基设计规范》(JTG D30—2015)，试用坍塌时扩散角估算安全距离 L（覆盖土层稳定坡率 1∶1）。

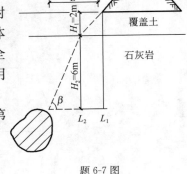

题6-7图

解 根据《公路路基设计规范》(JTG D30—2015) 第7.6.3条

$$\beta=\frac{45°+\varphi/2}{K}=\frac{45°+60°/2}{1.25}=60°$$

$$L_1=H_1\cot 45°=2\text{m}$$

$$L_2=H_2\cot\beta=6\cot 60°=3.46\text{m}$$

$$L=L_1+L_2+5.0=2+3.46+5=10.46\text{m}$$

6-8 某小流域山区泥石流沟，泥石流中固体物占80%，固体物密度 $2.7\times 10^3\text{kg/m}^3$，洪水设计流量 $100\text{m}^3/\text{s}$，泥石流沟堵塞系数2.0，试按《铁路工程地质手册》的雨洪修正法估算泥石流流量 Q_c。

解 泥石流流体密度

$$\rho_c=(1-0.8)\times 10^3+0.8\times 2.7\times 10^3=200+2160=2.36\times 10^3\text{kg/m}^3$$

$$Q_c=100\times\left(1+\frac{2.36-1.0}{2.7-2.36}\right)\times 2.0=100\times 5\times 2=1000\text{m}^3/\text{s}$$

6-9 某边坡高10m，边坡坡率1∶1，路堤填料 $\gamma=20\text{kN/m}^3$，$c=10\text{kPa}$，$\varphi=25°$，试求直线滑动面倾角为 $\alpha=32°$ 时的稳定系数。

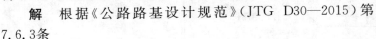

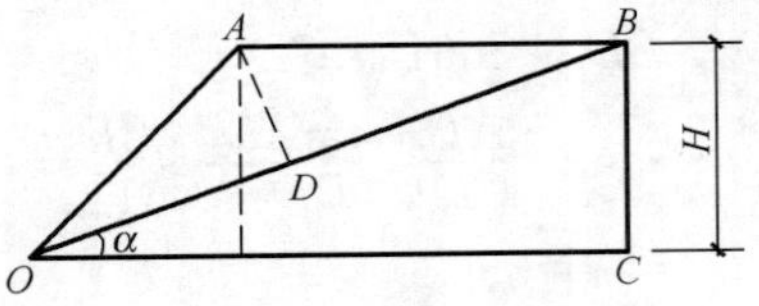

解 $OB=\dfrac{H}{\sin\alpha}=\dfrac{10}{\sin 32°}=\dfrac{10}{0.53}=18.87\text{m}$

$OA=\dfrac{H}{\sin 45°}=\dfrac{10}{0.71}=14.14\text{m}$

题6-9图

$AD=OA\times\sin(45°-\alpha)=14.14\times\sin(45°-32°)=3.182\text{m}$

滑体重 $W=\dfrac{1}{2}\times OB\times AD\times\gamma=\dfrac{1}{2}\times 18.87\times 3.182\times 20=600.4\text{kN/m}$

$$K=\frac{W\cos\alpha\tan\varphi+cl}{W\sin\alpha}=\frac{600.4\times\cos 32°\times\tan 25°+10\times 18.87}{600.4\times\sin 32°}$$

$$=\frac{600.4\times 0.848\times 0.466+188.7}{600.4\times 0.53}=1.34$$

6-10 某滑坡拟采用抗滑桩治理，桩布设在紧靠第6条块的下侧，滑面为残积土，底部为基岩，试按图示及下列参数计算对桩的滑坡水平推力 F_{6H}（$F_5=380\text{kN/m}$，$G_6=420\text{kN/m}$，$\varphi=18°$，$c=11.3\text{kPa}$，安全系数 $\gamma_t=1.15$）。

解 根据《建筑地基基础设计规范》(GB 50007—2011) 第6.4.3条，传递系数

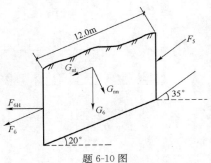

题6-10图

$$\psi = \cos(\beta_{n-1} - \beta_n) - \sin(\beta_{n-1} - \beta_n)\tan\varphi_n$$
$$= \cos(\beta_5 - \beta_6) - \sin(\beta_5 - \beta_6)\tan\varphi_n$$
$$= \cos(35° - 20°) - \sin(35° - 20°)\tan 18°$$
$$= 0.966 - 0.259 \times 0.325 = 0.882$$

第 6 块滑体的剩余下滑力
$$F_6 = F_5\psi + \gamma_t G_{nt} - G_{nn}\tan\varphi_n - c_n l_n$$
$$= 380 \times 0.882 + 1.15 \times G_6 \sin 20° - G_6 \cos 20° \times \tan 18° - 11.3 \times 12$$
$$= 335.16 + 1.15 \times 420 \times 0.342 - 420 \times 0.94 \times 0.325 - 135.6$$
$$= 236.4 \text{kN/m}$$

剩余下滑力对桩的滑坡水平推力
$$F_{6H} = F_6 \cos 20° = 236.4 \times 0.939$$
$$= 222.1 \text{kN/m}$$

6-11 如图所示，当地下水位下降 1.0m 后，试求地面沉降。

解 水位下降后土的自重应力增加。

下降前
$\sigma_1 = \gamma h = 18 \times 1 = 18$kPa
$\sigma_2 = 18 + 10 \times 2 = 38$kPa，$\sigma'_2 = 18 + 10 \times 1 = 28$kPa
$\sigma_3 = 38 + 9 \times 3 = 65$kPa

下降后
$\sigma'_1 = 18$kPa
$\sigma'_2 = 18 + 20 \times 1 + 10 \times 1 = 48$kPa
$\sigma'_2 = 18 + 20 \times 1 = 38$kPa
$\sigma'_3 = 48 + 9 \times 3 = 75$kPa

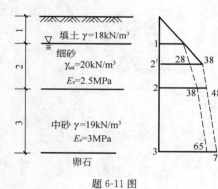

题 6-11 图

水位下降后自重应力增量

1 点　$\Delta\sigma_1 = 0$

2 点　$\Delta\sigma_2 = 48 - 38 = 10$kPa

2' 点　$\Delta\sigma'_2 = 38 - 28 = 10$kPa

3 点　$\Delta\sigma_3 = 75 - 65 = 10$kPa

地面沉降 $s = \sum \dfrac{\Delta p}{E_s} H = \dfrac{\dfrac{1}{2} \times 10 \times 1}{2.5} + \dfrac{10 \times 1}{2.5} +$

$\dfrac{10 \times 3}{3} = 16$mm

6-12［2003 年考题］ 陇东陕北地区自重湿陷性黄土挖深井取样的试验数据见图，拟建乙类建筑应消除土层的部分湿陷量并控制剩余湿陷量不大于 200mm，试确定从基底算起的地基处理厚度。

解 根据《湿陷性黄土地区建筑规范》(GB 50025—2004)第 4.4.4 条，陇东陕北地区 $\beta_0 =$

1.20。又基底埋深 2m。

计算最后 4m 土的剩余湿陷量：

$$\Delta_{s1} = \sum_{i=1}^{n} \beta \delta_{si} h_i = 1.0 \times 0.042 \times 1000 + 1.2 \times (0.040 + 0.050 + 0.016) \times 1000$$

$$= 169.2 \text{mm} < 200 \text{mm}$$

计算最后 5m 土的剩余湿陷量：

$$\Delta_{s2} = \sum_{i=1}^{n} \beta \delta_{si} h_i = 1.0 \times (0.042 + 0.043) \times 1000 + 1.2 \times (0.040 + 0.050 + 0.016) \times 1000$$

$$= 212.2 \text{mm} > 200 \text{mm}$$

故地基处理厚度为 9m。

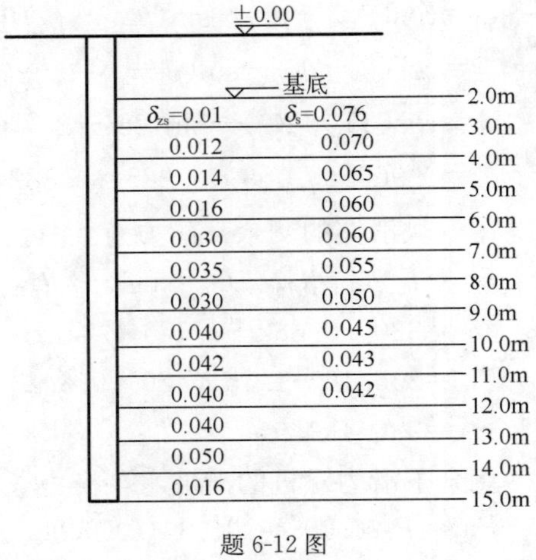

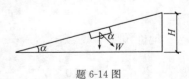

题 6-12 图

6-13 某黄土地基，采用探井取土样，取土深度分别为 2.0m、4.0m、6.0m，土样高度 $h_0 = 20$mm，对其进行实验室压缩浸水试验，试验结果见表，试判断黄土地基是否属于湿陷性黄土。

黄土压缩浸水试验结果（单位：mm） 题 6-13 表

试验编号	1	2	3
加 200kPa 后沉降	0.4	0.57	0.37
浸水后沉降	1.64	1.93	0.90

解 据《湿陷性黄土地区建筑规范》(GB 50025—2004) 4.3.3 条及 4.4.1 条。取土样深度分别为 2.0m、4.0m 和 6.0m，均小于 10.0m，试样压力均为 200kPa。

1 号试样湿陷系数 $\delta_{s1} = \dfrac{h_{p1} - h'_{p1}}{h_0} = \dfrac{(20 - 0.4) - (20 - 1.64)}{20} = 0.062 > 0.015$

2 号试样湿陷系数 $\delta_{s2} = \dfrac{(20 - 0.57) - (20 - 1.93)}{20} = 0.068 > 0.015$

3 号试样湿陷系数 $\delta_{s3} = \dfrac{(20 - 0.37) - (20 - 0.9)}{20} = 0.026 > 0.015$

三个土样均为湿陷性黄土。

6-14 某无限长土坡，土坡高 H，土重度 $\gamma = 19$kN/m³，饱和重度 $\gamma_{sat} = 20$kN/m³，滑动面土的抗剪强度 $c = 0$，$\varphi = 30°$，若安全系数 $F_s = 1.3$，试求坡角 α 值。

解 设滑体重为 W，坡角为 α，沿滑面下滑力为

$T = W \sin\alpha$

沿滑面抗滑力为

$R = W \cos\alpha \tan\varphi$

安全系数 $F_s = \dfrac{R}{T} = \dfrac{W \cos\alpha \tan\varphi}{W \sin\alpha} = 1.3$

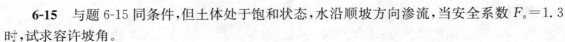

题 6-14 图

$\cot\alpha \times \tan30° = 1.3 \Rightarrow \cot\alpha = \dfrac{1.3}{0.577} = 2.25 \Rightarrow \alpha = 24°$

6-15 与题 6-15 同条件，但土体处于饱和状态，水沿顺坡方向渗流，当安全系数 $F_s = 1.3$ 时，试求容许坡角。

解 设土体 $c=0$，为无黏性土坡，土坡下滑力除土体本身重量外，还受到渗流力作用，渗流力为

$$J=\gamma_w i$$

式中：γ_w——水的重度；

i——水力梯度，当顺坡渗流时 $i=\sin\alpha$。

下滑力 $T+J=W\sin\alpha+\gamma_w i=(W+\gamma_w)\sin\alpha$

抗滑力 $R=W\cos\alpha\tan\varphi$

对于单位土体，土的自重 W 等于浮重度 γ'。

$$F_s=\frac{R}{T+J}=\frac{W\cos\alpha\tan\varphi}{(W+\gamma_w)\sin\alpha}=\frac{\gamma'\tan\varphi}{(\gamma'+\gamma_w)\tan\alpha}=\frac{\gamma'\tan\varphi}{\gamma_{sat}\tan\alpha}=1.3=\frac{10\tan30°}{20\tan\alpha}$$

$$\tan\alpha=\frac{10\times 0.577}{20\times 1.3}=0.222\Rightarrow \alpha=12.5°$$

比较以上两个例题，对于无黏性土土坡安全系数，当存在水的顺坡渗流时，其安全系数降低 $\gamma'/\gamma_{sat}\approx 0.5$。在同样的安全系数 $F_s=1.3$，有水渗流时，容许坡角小得多。

6-16 某基坑深 4.0m，土层分布为：0～6.0m 黏土，$\gamma_{sat}=18$kN/m³；6.0～10m 砂土，砂土层存在承压水，水压力 60kPa。地下水位与地面平，坑内水位平坑底，为保证基坑不产生流土，试计算坑外应降水的深度。

解 当水沿土渗流时所产生的渗流力 J 等于土的浮重度 γ' 时，土处于流动的临界状态，渗流力

$$J=i\gamma_w$$

式中：i——水力梯度；

γ_w——水的重度，本题取 10kN/m³。

$$i=\frac{\Delta h}{\Delta L}=\frac{h-2}{2}, J=i\gamma_w=\frac{h-2}{2}\gamma_w$$

$$\frac{h-2}{2}\times 10=\gamma'=8\Rightarrow h=3.6m$$

当坑外打水位观测井时，其水位高为

$$60=\gamma_w h'\Rightarrow h'=\frac{60}{10}=6m$$

所以需降水深 $6-3.6=2.4$m，坑底才不会产生流土。

6-17 某边坡，假定为平面型破坏，其坡角 $\alpha=55°$，坡高 $H=10$m，破裂面倾角 $\beta=35°$，土体 $\gamma=19$kN/m³，黏聚力 $c=5$kPa，内摩擦角 $\varphi=30°$，试求边坡稳定系数、临界坡高和当 $\alpha=90°$ 时的临界坡高。

解 （1）单位宽度滑体体积 V_{ABC}

$$V_{ABC}=\frac{H^2\sin(\alpha-\beta)}{2\sin\alpha\sin\beta}=\frac{10^2\sin(55°-35°)}{2\sin55°\sin35°}=\frac{34.2}{0.939}=36.2m^3$$

（2）单位宽度滑体重力 W

$$W=V_{ABC}\times\gamma=36.2m^2\times 19kN/m^3=692kN$$

（3）稳定系数 K_s

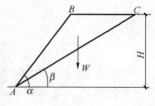

题 6-17 图

$$K_s = \frac{2 \times c \times \sin\alpha}{\gamma H \sin(\alpha-\beta)\sin\beta} + \frac{\tan\varphi}{\tan\beta} = \frac{2 \times 5 \times \sin55°}{19 \times 10 \times \sin(55°-35°)\sin35°} + \frac{\tan30°}{\tan35°} = 1.04$$

(4)临界坡高(即 $K_s=1$ 时的临界坡高) H_{cr}

$$H_{cr} = \frac{4 \times c \times \sin\alpha\cos\varphi}{\gamma[1-\cos(\alpha-\varphi)]} = \frac{4 \times 5 \times \sin55° \times \cos30°}{19 \times [1-\cos(55°-30°)]} = \frac{14.18}{1.78} = 7.96m$$

(5)坡角 $\alpha=90°$ 时的临界坡高 H_{cr}

$$H_{cr} = \frac{4 \times c}{\gamma}\tan\left(45° + \frac{\varphi}{2}\right) = \frac{4 \times 5}{19} \times \tan\left(45° + \frac{30°}{2}\right) = 1.82m$$

6-18 某一滑坡体,其参数见表,滑坡推力安全系数 $\gamma_t=1.05$,试计算推力 F_3。

题 6-18 表

块号	滑体重力 G(kN)	滑带长度 l(m)	倾角 β(°)	黏聚力 c(kPa)	摩擦角 φ(°)	传递系数 ψ
①	11000	50	40	20	20.3	0.733
②	53760	100	18	18	19	1.0
③	5220	20	18	18	19	

解 ①块体抗滑力:$R_i = G_i\cos\beta_i\tan\varphi_i + c_i l_i$

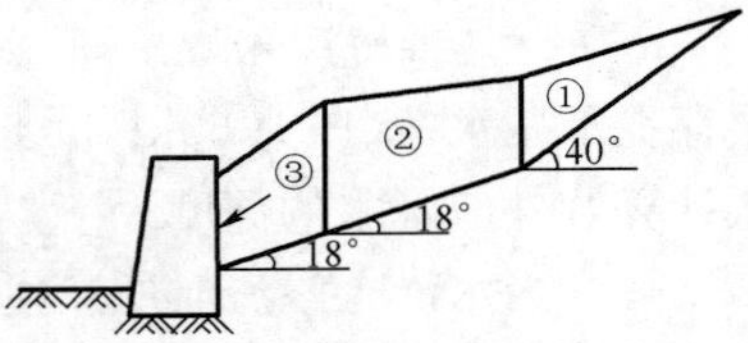

$R_1 = G_1\cos\beta_1\tan\varphi_1 + c_1 l_1 = 11000\cos40°\tan20.3° + 20 \times 50 = 4117.05kN$

$R_2 = G_2\cos\beta_2\tan\varphi_2 + c_2 l_2 = 53760\cos18°\tan19° + 18 \times 100 = 19405.06kN$

$R_3 = G_3\cos\beta_3\tan\varphi_3 + c_3 l_3 = 5220\cos18°\tan19° + 18 \times 20 = 2069.42kN$

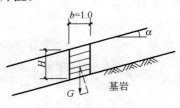

题 6-18 图

②块体下滑力:$T_i = G_i\sin\beta_i$

$T_1 = G_1\sin\beta_1 = 11000\sin40° = 7070.66kN$

$T_2 = G_2\sin\beta_2 = 53760\sin18° = 16612.75kN$

$T_3 = G_3\sin\beta_3 = 5220\sin18° = 1613.07kN$

③推力:$F_i = F_{i-1}\psi_i + \gamma_t T_i - R_i$

$F_1 = \gamma_t T_1 - R_1 = 1.05 \times 7070.66 - 4117.05 = 3307.14kN$

$F_2 = F_1\psi_1 + \gamma_t T_2 - R_2 = 3307.14 \times 0.733 + 1.05 \times 16612.75 - 19405.06 = 462.46kN$

$F_3 = F_2\psi_2 + \gamma_t T_3 - R_3 = 462.46 \times 1.0 + 1.05 \times 1613.07 - 2069.42 = 86.76kN$

6-19 一无限长土坡与水平面夹角为 α,土的饱和重度 $\gamma_{sat}=20.4kN/m^3$,$\varphi=30°$,$c=0$,地下水沿土坡表面渗流,试求土坡稳定系数 $K_s=1.2$ 时的 α 角容许值。

解 $\gamma_{sat}=20.4kN/m^3$

$\gamma' = \gamma_{sat} - \gamma_w = 20.4 - 10 = 10.4kN/m^3$

水力坡降 $i = \frac{\Delta h}{L} = \frac{b\tan\alpha}{\frac{b}{\cos\alpha}} = \sin\alpha$

单位渗透力 $j = \gamma_w i = 10\sin\alpha$

土柱渗透力 $J = Aj = H\gamma_w i = 10H\sin\alpha$

题 6-19 图

稳定系数 $K_s = \dfrac{G\cos\alpha\tan\varphi}{G\sin\alpha+J} = \dfrac{\gamma' H\cos\alpha\tan\varphi}{\gamma' H\sin\alpha+10H\sin\alpha}$

$= \dfrac{\gamma'}{\gamma'+\gamma_w} \times \dfrac{\tan\varphi}{\tan\alpha} = \dfrac{10.4\tan\varphi}{(10.4+10)\times\tan\alpha}$

$\tan\alpha = \dfrac{10.4\tan30°}{1.2\times(10.4+10)} = 0.24 \Rightarrow \alpha = 14°$

6-20 某路堤的地基土为薄层均匀冻土层,稳定融土层深度为 3.0m,融沉系数为 10%,融沉后体积压缩系数为 0.3MPa^{-1},$E_s = 3.33\text{kPa}$,基底平均总压力为 180kPa,试求该层的融沉压缩总量。

解 融沉压缩总量为

$$s = \sum_{i=1}^{n}(A_i + a_i p_i)h_i$$

式中:A_i——融沉系数;

a_i——压缩系数;

p_i——基底平均压力;

h_i——土层厚度。

$s = (0.1 + 0.3 \times 180 \times 10^{-3}) \times 300 = 46.2\text{cm}$

6-21 某组原状土样室内压力与膨胀率 δ_{ep}(%)的关系见表,试按《膨胀土地区建筑技术规范》(GB 50122—2013)计算膨胀力 p_c(可用作图或插入法近似求得)。

解 根据《膨胀土地区建筑技术规范》(GB 50122—2013)附录 E,由膨胀率和压力的关系曲线知,当膨胀率为零时所对应的压力为膨胀力 p_c(即曲线与横坐标的交点)。

根据 δ_{ep} 和 p 参数绘制 δ_{ep}-p 曲线,得 $\delta_{ep} = 0$ 时的 p_c 为 110kPa。

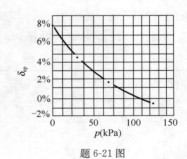

题 6-21 图

题 6-21 表

试验次序	膨胀率 δ_{ep}(%)	垂直压力 p(kPa)	试验次序	膨胀率 δ_{ep}(%)	垂直压力 p(kPa)
1	8	0	3	1.4	75
2	4.7	25	4	−0.6	125

6-22 对取自同一土样的五个环刀试样按单线法分别加压,待压缩稳定后浸水,由此测得相应的湿陷系数 δ_s 见表,试按《湿陷性黄土地区建筑规范》(GB 50025—2004)求湿陷起始压力值。

题 6-22 表

试验压力(kPa)	50	100	150	200	250
湿陷系数 δ_s	0.003	0.009	0.019	0.035	0.060

解 据规范 4.4.6 条,湿陷系数 $\delta_s = 0.015$,对应的压力为湿陷起始压力 p_{sh},由表知 p_{sh} 在 100~150kPa 之间,用插入法求 $p_{sh} = \dfrac{150-100}{0.019-0.009} \times (0.015-0.009) + 100 = 5000 \times 0.006 + 100 = 30 + 100 = 130\text{kPa}$。

6-23 某一滑动面为折线型的均质滑坡,其主轴断面及作用力参数如表所示,试求该滑坡的稳定性系数 K_s 值。

题 6-23 表

滑 块 编 号	下滑力 T_i(kN/m)	抗滑力 R_i(kN/m)	传递系数 ψ_j
①	3.5×10^4	0.9×10^4	0.756
②	9.3×10^4	8.0×10^4	0.947
③	1.0×10^4	2.8×10^4	

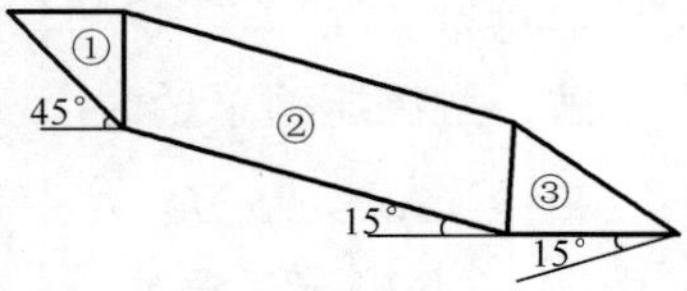

解 抗滑力 $R=\sum\limits_{i=1}^{n-1}(R_i\sum\limits_{j=i}^{n-1}\psi_j)+R_n$
$=9000\times0.756\times0.947+80000\times0.947+28000$
$=110203.4$ kN

下滑力 $T=35000\times0.756\times0.947+93000\times0.947+10000$
$=123128.6$ kN

滑坡稳定系数 $K_s=\dfrac{R}{T}=\dfrac{110203.4}{123128.6}=0.895$

题 6-23 图

6-24 某单层建筑位于平坦场地上,基础埋深 $d=1.0$m,按该场地的大气影响深度取胀缩变形的计算深度 $z_n=3.6$m,计算所需的数据列于题表,试按《膨胀土地区建筑技术规范》(GB 50122—2013)计算胀缩变形量。

题 6-24 表

层 号	分层深度 z_i (m)	分层厚度 h_i (mm)	膨胀率 δ_{epi}	第 i 层可能发生的含水率变化均值 Δw_i	收缩系数 λ_{si}
1	1.64	640	0.00075	0.0273	0.28
2	2.28	640	0.0245	0.0223	0.48
3	2.92	640	0.0195	0.0177	0.40
4	3.60	680	0.0215	0.0128	0.37

解 依规范第 5.2.14 条,胀缩变形量
$$s=\psi\sum_{i=1}^{n}(\delta_{epi}+\lambda_{si}\Delta w_i)h_i$$

式中:ψ——经验系数,取 $\psi=0.7$;
  δ_{epi}——第 i 层土膨胀率;
  λ_{si}——第 i 层土收缩系数;
  Δw_i——第 i 层土含水率变化平均值;
  h_i——第 i 层土厚度。

$s=0.7\times[(0.00075+0.28\times0.0273)\times640+(0.0245+0.48\times0.0223)\times640+$
$(0.0195+0.40\times0.0177)\times640+(0.0215+0.37\times0.0128)\times680]$
$=0.7\times62.75=43.9$ mm

6-25 调查确定泥石流中固体体积比为 60%,固体质量密度为 $\rho=2.7\times10^3$ kg/m³,试求该泥石流的流体密度(固液混合体的密度)。

解 水的质量密度 $\rho_w = 1000 \text{kg/m}^3$
固液混合体密度为
$$\rho = \frac{2.7 \times 10^3 \times 0.6 + 1000 \times 0.4}{0.6 + 0.4} = 2.02 \times 10^3 \text{kg/m}^3$$

6-26 在陕北地区一自重湿陷性黄土场地上拟建一乙类建筑,基础埋置深度为1.5m,建筑物下一代表性探井中土样的湿陷性成果见题6-26,试求场地湿陷量 Δ_s。

题 6-26 表

取样深度(m)	自重湿陷系数 δ_{zs}	湿陷系数 δ_s	取样深度(m)	自重湿陷系数 δ_{zs}	湿陷系数 δ_s
0.5	0.012	0.075	8.5	0.040	0.045
1.5	0.010	0.076	9.5	0.042	0.043
2.5	0.012	0.070	10.5	0.040	0.042
3.5	0.014	0.065	11.5	0.040	0.040
4.5	0.016	0.060	12.5	0.050	0.050
5.5	0.030	0.060	13.5	0.010	0.010
6.5	0.035	0.055	14.5	0.008	0.008
7.5	0.030	0.050			

解 根据《湿陷性黄土地区建筑规范》(GB 50025—2004),当场地自重湿陷量的计算值 $\Delta_{zs} > 70$mm 时为自重湿陷性场地。据规范4.4.4条

$$\Delta_{zs} = \beta_0 \sum_{i=1}^{n} \delta_{zsi} h_i$$

式中: δ_{zsi} ——第 i 层的自重湿陷系数;
　　h_i ——第 i 层土厚度;
　　β_0 ——因地区土质而异的修正系数,陕北地区 $\beta_0 = 1.20$。
其中 4m 以上和 14m、15m,$\delta_{zs} < 0.015$ 不参加累计。
$\Delta_{zs} = 1.2 \times (0.016 \times 1000 + 0.03 \times 1000 + 0.035 \times 1000 + 0.03 \times 1000 + 0.04 \times$
　　$1000 + 0.042 \times 1000 + 0.040 \times 1000 + 0.040 \times 1000 + 0.050 \times 1000)$
　$= 387.6$mm > 70mm

场地为自重湿陷性场地。
规范 4.4.5 条规定,湿陷量

$$\Delta_s = \sum_{i=1}^{n} \beta \delta_{si} h_i$$

式中: δ_{si} ——第 i 层土湿陷系数;
　　h_i ——第 i 层厚度;
　　β ——修正系数,基底下 $0 \sim 5$m,$\beta = 1.5$,$5 \sim 10$m,$\beta = 1.0$,10m 以下至非湿陷性黄土层顶面在自重湿陷性场地,取工程所在地区的 β_0 值。
在自重湿陷性场地,Δ_s 计算深度累计至非湿陷黄土层顶面为止,δ_s(10m 以下为 δ_{zs})小于 0.015 土层不累计。

$\Delta_s = 1.5\times0.076\times500+1.5\times0.070\times1000+1.5\times0.065\times1000+1.5\times0.06\times$
$1000+1.5\times0.06\times1000+1.5\times0.055\times500+1.0\times0.055\times500+1.0\times$
$0.05\times1000+1.0\times0.045\times1000+1.0\times0.043\times1000+1.0\times0.042\times$
$1000+1.0\times0.040\times500+1.2\times0.04\times500+1.2\times0.05\times1000$
$=792.25\text{mm}$

6-27 某一滑动面为折线型的均质滑坡,某主轴断面和作用力参数如图、表所示,取滑坡推力计算安全系数 $\gamma_t=1.05$,试求第③块滑体剩余下滑力 p_3。

题 6-27 表

滑块编号	下滑力 T_i(kN/m)	抗滑力 R_i(kN/m)	传递系数 ψ_j
①	3.5×10^4	0.9×10^4	0.756
②	9.3×10^4	8.0×10^4	0.947
③	1.0×10^4	2.8×10^4	

解 滑坡推力可按传递系数法计算。

$p_i = p_{i-1}+\gamma_t T_i - R_i$

$p_1 = p_{i-1}\psi_{i-1}+\gamma_t T_1 - R_1$
$= 1.05\times3.5\times10^4 - 0.9\times10^4$
$= 2.775\times10^4\text{kN/m}$

$p_2 = 2.775\times10^4\times0.756+1.05\times9.3\times10^4-8\times10^4$
$= (2.0979+9.765-8)\times10^4$
$= 3.863\times10^4\text{kN/m}$

$p_3 = 3.863\times10^4\times0.947+1.05\times1.0\times10^4-2.8\times10^4$
$= 1.91\times10^4\text{kN/m}$

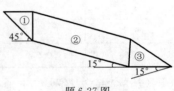

题 6-27 图

第 3 块剩余力 $p_3 = 1.91\times10^4\text{kN/m}$

6-28 根据勘察资料,某滑坡体正好处于极限平衡状态,滑坡推力安全系数为 1.0,其滑体参数:第 1 块,滑面倾角 $\beta=30°$,滑面长度 $L=11\text{m}$,滑块重 $G=696\text{kN/m}$,内摩擦角 $\varphi_1=14°$;第 2 块,滑面倾角 $\beta=10°$,滑面长 $L=13.6\text{m}$,滑块重 $G=950\text{kN/m}$,内摩擦角 $\varphi_2=11°$。试求滑动面的黏聚力 c(设 1、2 块滑体 c 值一样)。

解 根据《建筑地基基础设计规范》(GB 50007—2011),滑坡推力为

$F_n = F_{n-1}\psi+\gamma_t G_{nt} - G_{nn}\tan\varphi_n - c_n l_n$

$\psi = \cos(\beta_{n-1}-\beta_n) - \sin(\beta_{n-1}-\beta_n)\tan\varphi_n$

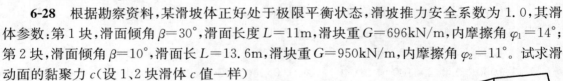

题 6-28 图

式中:F_n、F_{n-1}——第 n 块、第 $n-1$ 块滑体的剩余下滑力;

ψ——传递系数;

γ_t——滑坡推力安全系数;

G_{nt}、G_{nn}——分别为第 n 块滑体自重沿滑动面、垂直滑动面的分力。

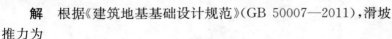

$\psi = \cos(\beta_{n-1}-\beta_n) - \sin(\beta_{n-1}-\beta_n)\tan\varphi_n$
$= \cos(30°-10°) - \sin(30°-10°)\tan11°$

$$= 0.94 - 0.342 \times 0.194 = 0.874$$

$$F_1 = 1.0 \times 696 \times \sin 30° - 696 \times \cos 30° \times \tan 14° - 11c$$
$$= 198 - 11c$$

$$F_2 = (198 - 11c) \times 0.874 + 1.0 \times 950 \times \sin 10° - 950 \times \cos 10° \times \tan 11° - 13.6c$$

极限平衡状态,下滑力=阻滑力,$F_2 = 0$,即

$$173.1 - 9.6c + 165 - 181.5 - 13.6c = 0$$

$$23.2c = 156.6 \Rightarrow c = 6.75 \text{kPa}$$

滑动面土层黏聚力为 6.75kPa。

6-29 某黄土试样进行室内双线法压缩试验,一个试样在天然湿度下压缩至 200kPa 压力稳定后浸水饱和,另一试样在浸水饱和状态下加荷至 200kPa,试验成果数据如表所示,试求黄土湿陷起始压力 p_{sh}。

题 6-29 表

压力 p(kPa)	0	50	100	150	200	200 浸水饱和
天然湿度下试样高度 h_p(mm)	20	19.81	19.55	19.28	19.01	18.64
浸水饱和状态下试样高度 h'_p(mm)	20	19.60	19.28	18.95	18.64	18.64

解 根据《湿陷性黄土地区建筑规范》4.3.3 条及 4.4.6 条,黄土室内双线法压缩试验是指在同一取土点的同一深度处取 2 个环刀试样,一个在天然湿度下逐级加荷,到最后一级荷载浸水饱和至变形稳定,另一个在天然湿度下加第一级荷载,下沉稳定后浸水,至湿陷稳定,再逐级加荷至变形稳定,绘制压力—湿陷系数(p-δ_s)关系曲线,$\delta_s = 0.015$ 对应的压力为湿陷起始压力 p_{sh}。

当压力 $p = 50$kPa 时 $\delta_s = \dfrac{h_p - h'_p}{h_0} = \dfrac{19.81 - 19.60}{20} = 0.0105$

当压力 $p = 100$kPa 时 $\delta_s = \dfrac{19.55 - 19.28}{20} = 0.0135$

当压力 $p = 150$kPa 时 $\delta_s = \dfrac{19.28 - 18.95}{20} = 0.0165$

$$p_{sh} = \frac{50}{0.0165 - 0.0135} \times (0.015 - 0.0135) + 100 = 25 + 100 = 125 \text{kPa}$$

该黄土的湿陷起始压力 $p_{sh} = 125$kPa。

6-30 在湿陷性黄土地区建设场地初勘时,在探井地面下 4.0m 取样,其试验成果为:天然含水率 w(%)为 14,天然密度 ρ(g/cm³)为 1.50,比重 d_s 为 2.70,孔隙比 e_0 为 1.05,其上覆黄土的物理性质与此土相同,对此土样进行室内自重湿陷系数 δ_{zs} 测定时,应在多大的压力下稳定后浸水(浸水饱和度取为 85%)。

解 根据《湿陷性黄土地区建筑规范》(GB 50025—2004)第 4.3.4 条室内试验时应加压至上覆土的饱和自重压力,即

$$p = \gamma H$$

式中:γ——土的饱和重度;

H——上覆盖土厚度,$H = 4.0$m。

$$\rho_d = \frac{\rho}{1+w} = \frac{1.5}{1+0.14} = 1.32 \text{g/cm}^3$$

$$\rho_s = \rho_d \left(1 + \frac{S_r e}{d_s}\right)$$

式中：ρ_s——土的饱和密度；

ρ_d——土的干密度；

S_r——土的饱和度，$S_r = 0.85$；

e——土的孔隙比；

d_s——土粒相对密度，$d_s = 2.7$。

$$\rho_s = 1.32 \times \left(1 + \frac{0.85 \times 1.05}{2.7}\right) = 1.32 \times 1.33 = 1.756 \text{g/cm}^3$$

$$p = \gamma H = \rho g H = 1.756 \times 9.81 \times 4 = 68.9 \text{kPa}$$

6-31 存在大面积地面沉降的某市，其地下水位下降平均速率为 1m/年，现地下水位在地面下 5m 处，主要地层结构及参数见表，试用分层总和法计算今后 15 年内地面总沉降量。

题 6-31 表

层 号	地 层 名 称	层厚 h(m)	层底埋深(m)	压缩模量 E_s(MPa)
1	粉质黏土	8	8	5.2
2	粉土	7	15	6.7
3	细砂	18	33	12
4	不透水岩石			

解 15 年后水位下降 15m，即地面下 20m 位置。

8m 处水压力变化为 0.03MPa；

15m 处水压力变化为 0.1MPa；

20m 处水压力变化为 0.15MPa；

20m 以下水压力变化保持 0.15MPa。

①层土沉降为

$$s_1 = \frac{\Delta p_1}{E_{s1}} h_1 = \frac{\frac{1}{2} \times (0+0.03) \times 10^3}{5.2} \times 3 = 8.65 \text{mm}$$

②层土沉降为

$$s_2 = \frac{\frac{1}{2} \times (0.03+0.1) \times 10^3}{6.7} \times 7 = 67.91 \text{mm}$$

③层土 15～20m 沉降为

$$s_3 = \frac{\frac{1}{2} \times (0.1+0.15) \times 10^3}{12} \times 5 = 52.08 \text{mm}$$

③层土 20～33m 沉降为

$$s_4 = \frac{0.15 \times 10^3}{12} \times 13 = 162.5 \text{mm}$$

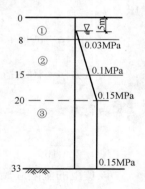

题 6-31 图

$$s = s_1 + s_2 + s_3 + s_4 = 8.65 + 67.91 + 52.08 + 162.5 = 291.14\text{mm}$$

6-32 对某路基下岩溶层采用灌浆处理,其灌浆的扩散半径 $R=1.5\text{m}$,灌浆段厚度 $h=5.4\text{m}$,岩溶裂隙率 $\mu=0.24$,有效充填系数 $\beta=0.85$,超灌系数 $\alpha=1.2$,岩溶裂隙充填率 $\gamma=0.1$,试估算单孔灌浆量。

解 灌浆量

$$Q = \pi R^2 h \mu \beta \alpha (1-\gamma) = \pi \times 1.5^2 \times 5.4 \times 0.24 \times 0.85 \times 1.2 \times (1-0.1) = 8.4\text{m}^3$$

6-33 [2006年考题] 关中地区某自重湿陷性黄土场地的探井资料如图所示,从地面下1.0m开始取样,取样间距均为 1.0m,假设地面标高与建筑物±0 标高相同,基础埋深为2.5m,当基底下地基处理厚度为 4.0m 时,试求下部未处理湿陷性黄土层的剩余湿陷量。

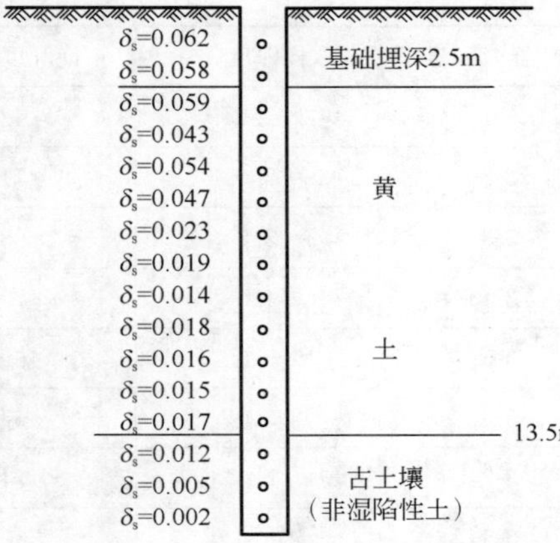

解 基底下处理深度 4.0m,据《湿陷性黄土地区建筑规范》(GB 50025—2004)4.4.5 条可知,4.0m 下湿陷量

$$\Delta_s = \sum_{i=1}^{n} \beta \delta_{si} h_i$$

式中:β——修正系数,基底下 $0\sim 5\text{m}$,$\beta=1.5$;$5\sim 10\text{m}$,$\beta=1.0$;10m 以下取 β_0,关东地区 $\beta_0=0.9$。

δ_s 小于 0.015 的土层不累计。

$$\begin{aligned}\Delta_s &= 1.5 \times (0.023 \times 10^3) + 1.0 \times (0.019 \times 10^3 + 0.018 \times 10^3 + 0.016 \times 10^3 + 0.015 \times 10^3) + 0.9 \times 0.017 \times 10^3 \\ &= 117.8\text{mm}\end{aligned}$$

题 6-33 图

6-34 [2006年考题] 某膨胀土场地有关资料如表所示,若大气影响深度为 4.0m,拟建建筑物为两层,基础埋深为 1.2m,按《膨胀土地区建筑技术规范》(GB 50122—2013)的规定,试算膨胀土地基胀缩变形量。

题 6-34 表

分层号	层底深度 z_i (m)	天然含水率 w (%)	塑限含水率 w_P (%)	含水率变化值 w_i	膨胀率 δ_{epi}	收缩系数 λ_{si}
1	1.8	23	18	0.0298	0.0006	0.50
2	2.5			0.0250	0.0265	0.46
3	3.2			0.0185	0.0200	0.40
4	4.0			0.0125	0.0180	0.30

解 根据(GB 50122—2013)第 5.2.7 条和 5.2.9 条知,当离地表 1.0m 处地基土的天然含水率大于 1.2 倍塑限含水率时,可按收缩变形量计算。

$1.2w_P = 1.2 \times 18\% = 21.6\% < w = 23\%$

收缩变形量

$$s_s = \psi_s \sum_{i=1}^{n} \lambda_{si} \Delta w_i h_i$$

式中：ψ_s——经验系数，ψ_s 取 0.8。

$$s_s = 0.8 \times (0.5 \times 0.0298 \times 0.6 \times 10^3 + 0.46 \times 0.025 \times 0.7 \times 10^3 + 0.4 \times 0.0185 \times 0.7 \times 10^3 + 0.3 \times 0.0125 \times 0.8 \times 10^3)$$
$$= 0.8 \times 10^3 \times (0.00894 + 0.00805 + 0.00518 + 0.003)$$
$$= 0.8 \times 10^3 \times 0.02517 = 20.14 \text{mm}$$

6-35 [2007年考题] 在关中地区某空旷地带，拟建一多层住宅楼，基础埋深为现地面下 1.50m。勘察后某代表性探井的试验数据如表所示。经计算黄土地基的湿陷量 $\Delta_s = 369.5$mm。为消除地基湿陷性，下列哪个选项的地基处理方案最合理？

题 6-35 表

土样编号	取样深度(m)	饱和度(%)	自重湿陷系数	湿陷系数	湿陷起始压力(kPa)
3-1	1.0	42	0.007	0.068	54
3-2	2.0	71	0.011	0.064	62
3-3	3.0	68	0.012	0.049	70
3-4	4.0	70	0.014	0.037	77
3-5	5.0	69	0.013	0.048	101
3-6	6.0	67	0.015	0.025	104
3-7	7.0	74	0.017	0.018	112
3-8	8.0	80	0.013	0.014	—
3-9	9.0	81	0.010	0.017	183
3-10	10.0	95	0.002	0.005	—

(1) 强夯法，地基处理厚度为 2.0m；
(2) 强夯法，地基处理厚度为 3.0m；
(3) 土或灰土垫层法，地基处理厚度为 2.0m；
(4) 土或灰土垫层法，地基处理厚度为 3.0m。

解 根据《湿陷性黄土地区建筑规范》4.4.4 条可知，自重湿陷量

$$\Delta_{zs} = \beta_0 \sum_1^n \delta_{zsi} h_i$$

关东地区 $\beta_0 = 0.9$，$\delta_{zs} < 0.015$ 土层不累计。

$\Delta_{zs} = 0.9 \times (1000 \times 0.015 + 1000 \times 0.017) = 28.8$mm < 70mm，场地为非自重湿陷（据规范 4.4.3 条）。

$\Delta_s = 369.5$mm $\geqslant 300$mm，$\Delta_{zs} = 28.8$mm $\leqslant 70$mm

据规范中表 4.4.7 知，场地湿陷等级为 Ⅱ 级（中等），场地 1.0m 以下土饱和度 $>60\%$，不宜用强夯；

采用土或灰土垫层法，处理厚度 3.0m，压实系数 $\lambda_0 = 0.95$，故选用方法（4）最合理。

6-36 [2007年考题] 位于季节性冻土地区的某城市市区内建设住宅楼，地基土为黏性土，标准冻深为 1.60m，冻前土 $w = 21\%$，$w_P = 17\%$，冻结期间地下水位埋深 $h_w = 3$m，试计算该

场地的设计冻深。

解 依《建筑地基基础设计规范》(GB 50007—2011)5.1.7 条及表 5.1.7 知,设计冻深
$z_d = z_0 \times \psi_{zs} \times \psi_{zw} \times \psi_{ze}$

标准冻深 $z_0=1.6$m,$\psi_{zs}=1.0$,冻前 $w=21\%>w_P+2=19\%$,$w\leqslant w_P+5=22\%$,$h_w=3-1.6=1.4$m,冻胀等级为Ⅲ级,冻胀 $\psi_{zw}=0.9$,城市 $\psi_{ze}=0.9$。

$z_d = 1.6 \times 1.0 \times 0.9 \times 0.9 = 1.3$m

6-37［2007 年考题］ 某拟建砖混结构房屋,位于平坦场地上,为膨胀土地基,根据该地区气象观测资料算得:当地膨胀土湿度系数 $\psi_w=0.9$。问当以基础埋深为主要防治措施时,一般基础埋深至少应达到多少?

解 根据《膨胀土地区建筑技术规范》(GB 50122—2013)第5.2.3条、第5.2.12～5.2.13条知,$\psi_w=0.9$,大气影响深度 $d=3.0$m,大气影响急剧层深度为 $3\times0.45=1.35$m。

6-38［2008 年考题］ 某黄土试样进行室内双线法压缩试验,一个试样在天然湿度下压缩至 200kPa,压力稳定后浸水饱和,另一个试样在浸水饱和状态下加荷至 200kPa,试验数据如下表。若该土样上覆土的饱和自重压力为 150kPa,其湿陷系数与自重湿陷系数最接近下列哪个选项的数据组合。( )

题 6-38 表

压力(kPa)	0	50	100	150	200	200 浸水饱和
天然湿度下试样高度 h_p(mm)	20.00	19.79	19.50	19.21	18.92	18.50
浸水饱和状态下试样高度 h'_p(mm)	20.00	19.55	19.19	18.83	18.50	—

A. 0.015,0.015 B. 0.019,0.017
C. 0.021,0.019 D. 0.075,0.058

解 根据《湿陷性黄土地区建筑规范》(GB 50025—2004)4.3.3 条,湿陷系数 δ_s

$$\delta_s = \frac{h_p - h'_p}{h_0}$$

式中:h_p——保持天然湿度和结构的试样,加至一定压力时,下沉稳定后的高度,$p=200$kPa 时,$h_p=18.92$mm;

h'_p——上述加压稳定后的试样,在浸水饱和作用下,附加下沉稳定后的高度,$h'_p=18.50$mm;

h_0——试样原始高度,$h_0=20$mm。

$$\delta_s = \frac{18.92-18.50}{20} = 0.021$$

依《湿陷性黄土地区建筑规范》4.3.4 条,自重湿陷系数 δ_{zs}

$$\delta_{zs} = \frac{h_z - h'_z}{h_0}$$

式中:h_z——保持天然湿度和结构的试样,加压至该试样上覆土的饱和自重压力时,下沉稳定后的高度,$p=150$kPa 时,$h_z=19.21$mm;

h'_z——上述加压稳定后的试样,在浸水饱和下的附加下沉稳定后的高度,$h'_z=18.83$mm;

h_0——试样原始高度,$h_0=20$mm。
$$\delta_{zs}=\frac{h_z-h'_z}{h_0}=\frac{19.21-18.83}{20}=0.019$$
答案:(C)

6-39[2008 年考题] 高速公路排水沟呈梯形断面,设计沟内水深 1.0m,过水断面积 $W=2.0\text{m}^2$,湿周 $\rho=4.10$m,沟底纵坡 0.005,排水沟粗糙系数 $n=0.025$。问该排水沟的最大流速最接近于下列哪个选项?(　　)

  A. 1.67m/s   B. 3.34m/s   C. 4.55m/s   D. 20.5m/s

解 根据相关教材(《水力学》,华北水利学院编)

水力半径 $R=\dfrac{W}{\rho}=\dfrac{2}{4.1}=0.488<1.0$m

$y=1.5\sqrt{n}=0.24$

流速系数 $C=\dfrac{1}{n}R^y=33.67$m/s

流速 $v=C\sqrt{Ri}=1.66$m/s

答案:(A)

6-40[2008 年考题] 以厚层黏性土组成的冲积相地层,由于大量抽汲地下水引起大面积地面沉降。经 20 年观测,地面总沉降量达 1250mm,从地面下深度 65m 处以下沉降观测标未发生沉降,在此期间,地下水位深度由 5m 下降到 35m。问该黏性土地层的平均压缩模量最接近下列哪个选项?(　　)

  A. 10.8MPa   B. 12.5MPa   C. 15.8MPa   D. 18.1MPa

解 水位由 5m 降至 35m 地面沉降。

5m 处水压力为 0

35m 处水压力为 $(35-5)\times 10=300$kPa

65m 处水压力为 300kPa

$$s=\frac{\Delta p_i}{E_i}H_i=\frac{0+300}{2}\times\frac{30}{E_i}+\frac{300}{E_i}\times 30=1250 \Rightarrow E_i=\frac{13500}{1250}=10.8\text{MPa}$$

答案:(A)

6-41[2008 年考题] 某场地基础底面以下分布的湿陷性砂厚度为 7.5m,按厚度平均分 3 层采用 0.50m^2 的承压板进行了浸水载荷试验,其附加湿陷量分别为 6.4cm、8.8cm 和 5.4cm。该地基的湿陷等级为下列哪个选项?(　　)

  A. Ⅰ(较微)   B. Ⅱ(中等)
  C. Ⅲ(严重)   D. Ⅳ(很严重)

解 根据《岩土工程勘察规范》(GB 50021—2001)(2009 年版)6.1.5 条

$$\Delta_s=\sum_{i=1}^n\beta\Delta F_{si}h_i$$

式中:Δ_s——湿陷性土总湿陷量;

   β——修正系数(cm^{-1}),压板面积为 0.5m^2,$\beta=0.014$;

   ΔF_{si}——第 i 层土浸水载荷试验的附加湿陷量(cm);

h_i——第 i 层土厚度,当 $\Delta F_{si}/b < 0.023$ 时不计入。

第一层土 $\dfrac{\Delta F_{si}}{b} = \dfrac{6.4}{70.7} = 0.091 > 0.023$

第二层土 $\dfrac{\Delta F_{si}}{b} = \dfrac{8.8}{70.7} = 0.124 > 0.023$

第三层土 $\dfrac{\Delta F_{si}}{b} = \dfrac{5.4}{70.7} = 0.076 > 0.023$

$\Delta_s = 0.014 \times (6.4 + 8.8 + 5.4) \times 250 = 72.1 \text{cm}$

湿陷土厚度为 $7.5\text{m} > 3\text{m}$,$\Delta_s = 72.1\text{cm} > 60\text{cm}$

湿陷等级为Ⅲ级。

答案:(C)

6-42 [2008 年考题] 某不扰动膨胀土试样在室内试验后得到含水率 w 与竖向线缩率 δ_s 的一组数据见下表,按《膨胀土地区建筑技术规范》(GB 50122—2013),该试样的收缩系数 λ_s 最接近下列哪能个数值?(　　)

题 6-42 表

试验次序	含水率 w(%)	竖向线缩率 δ_s(%)	试验次序	含水率 w(%)	竖向线缩率 δ_s(%)
1	7.2	6.4	4	18.6	4.0
2	12.0	5.8	5	22.1	2.6
3	16.1	5.0	6	25.1	1.4

　　A. 0.05　　　　B. 0.13　　　　C. 0.20　　　　D. 0.40

解 根据第 4.2.4 条,原状土在直线收缩阶段,含水率减少 1% 的竖向线缩率为 λ_i

$$\lambda_i = \dfrac{\Delta \delta_s}{\Delta_w}$$

式中:$\Delta \delta_s$——收缩过程中与两点含水率之差对应的竖向线缩率之差(%);

Δ_w——收缩过程中直线变化阶段两点含水率之差(%)。

从表中知含水率由 16.1% 变为 18.6%;18.6% 变为 22.1%;22.1% 变为 25.1% 时,其竖向线缩率均为 0.4。

$$\lambda_i = \dfrac{2.6 - 1.4}{25.1 - 22.1} = 0.4$$

答案:(D)

6-43 [2008 年考题] 根据泥石流痕迹调查测绘结果,在一弯道处的外侧泥位高程为 1028m,内侧泥位高程为 1025m,泥面宽度 22m,弯道中心线曲率半径为 30m。按现行《铁路工程不良地质勘察规程》(TB 10027—2012)公式计算,该弯道处近似的泥石流流速最接近下列哪一个选项的数值?(　　)

　　A. 8.2m/s　　　B. 7.3m/s　　　C. 6.4m/s　　　D. 5.5m/s

解 根据《铁路工程不良地质勘察规程》(TB 10027—2012)第 7.3.3 条的条文说明,泥石流流速

$$v_c = \sqrt{\frac{R_0 \sigma g}{B}}$$

式中：R_0——弯道中心线曲率半径，$R_0 = 30$m；

σ——两岸泥位高差，$\sigma = 1028 - 1025 = 3$m；

B——泥面宽度，$B = 22$m。

$$v_c = \sqrt{\frac{30 \times 3 \times 9.81}{22}} = 6.3 \text{m/s}$$

答案：(C)

6-44 [2009年考题] 某一滑动面为折线的均质滑坡，其计算参数如表所示。取滑坡推力安全系数为1.05。试问滑坡③条块的剩余下滑力最接近下列哪个选项的数值？（　　）

题6-44表

滑 块 编 号	下滑力(kN/m)	抗滑力(kN/m)	传 递 系 数
①	3600	1100	0.76
②	8700	7000	0.90
③	1500	2600	—

A. 2140kN/m　　B. 2730kN/m　　C. 3220kN/m　　D. 3790kN/m

解 根据《建筑地基基础设计规范》(GB 50007—2011)第6.4.3条，滑坡推力计算

$F_1 = 1.05 T_1 - R_1 = 1.05 \times 3600 - 1100 = 2680$kN/m

$F_2 = F_1 \psi_1 + 1.05 T_2 - R_2 = 2680 \times 0.76 + 1.05 \times 8700 - 7000 = 4171.8$kN/m

$F_3 = F_2 \psi_2 + 1.05 T_3 - R_3 = 4171.8 \times 0.90 + 1.05 \times 1500 - 2600 = 2730$kN/m

剩余下滑力　$F_3 = 2730$kN/m

答案：(B)

6-45 [2009年考题] 陇西地区某湿陷性黄土场地的地层情况为：0~12.5m为湿陷性黄土，12.5m以下为非湿陷性土。探井资料如下表。假设场地地层水平均匀，地面标高与建筑物±0.00标高相同，基础埋深1.5m。根据《湿陷性黄土地区建筑规范》(GB 50025—2004)规范，试判定该湿陷性黄土地基的湿陷等级应为下列哪个选项？（　　）

题6-45表

取样深度(m)	δ_s	δ_{zs}	取样深度(m)	δ_s	δ_{zs}
1.0	0.076	0.011	8.0	0.037	0.022
2.0	0.070	0.013	9.0	0.011	0.010
3.0	0.065	0.016	10.0	0.036	0.025
4.0	0.055	0.017	11.0	0.018	0.027
5.0	0.050	0.018	12.0	0.014	0.016
6.0	0.045	0.019	13.0	0.006	0.010
7.0	0.043	0.020	14.0	0.002	0.005

A. Ⅰ级(轻微)   B. Ⅱ级(中等)
C. Ⅲ级(严重)   D. Ⅳ级(很严重)

解 根据《湿陷性黄土地区建筑规范》(GB 50025—2004)第4.4.4条,自重湿陷量
$\Delta_{zs}=\beta_0\sum_1^n\delta_{zsi}h_i$

陕西地区,$\beta_0=1.5$。$\delta_{zsi}<0.015$的土层不累计。
$\Delta_{zs}=1.5\times(0.016+0.017+0.018+0.019+0.020+0.022+0.025+$
$\quad 0.027+0.016)\times1000=270$mm

湿陷量 $\Delta_s=\sum_{i=1}^n\beta\delta_{si}h_i$
β值:$0\sim5$m,$\beta=1.5$;$5\sim10$m,$\beta=1.0$;10m以下(深11.5~12.5m)$\beta=1.5$。
$\Delta_s=1.5\times(0.07+0.065+0.055+0.050+0.045)\times1000+$
$\quad 1.0\times(0.043+0.037+0.036+0.018)\times1000+1.5\times0.016\times1000=585.5$mm

查规范表4.4.7,$300<\Delta_s\leq700$,$70<\Delta_{zs}\leq350$,判为Ⅱ(中等)或Ⅲ(严重)等级,但$\Delta_s=585.5$mm<600mm,$\Delta_{zs}=270$mm<300mm,所以判为Ⅱ级。

答案:(B)

6-46 [2009年考题] 用简单圆弧条分法作黏土边坡稳定分析时,滑弧的半径$R=30$m,第i土条的宽度为2m,过滑弧的中心点切线、渗流水面和土条顶部与水平线的夹角均为30°。土条的水下高度为7m,水上高度为3m。已知黏土在水上、下的天然重度均为$\gamma=20$kN/m³,黏聚力$c=22$kPa,内摩擦角$\varphi=25°$,试问计算得出该条的抗滑力矩最接近于下列哪个选项的数值?( )

A. 3000kN·m   B. 4110kN·m
C. 4680kN·m   D. 6360kN·m

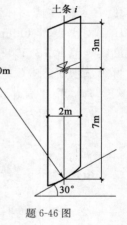

题6-46图

解 i土条的抗滑力为
$F=G_n\cos\alpha\tan\varphi_n+c_nl_n$
$G_n=(3\times20+7\times10)\times2=260$kN
$\varphi_n=25°$,$c_n=22$kPa,$l_n=\dfrac{2}{\cos30°}=2.31$m
$F=260\times\tan25°\times\cos30°+22\times2.31$
$\quad=104.9+50.82=155.7$kN

抗滑力矩 $M=F\times30=155.7\times30=4672$kN·m

答案:(C)

6-47 [2009年考题] 某湿陷性黄土试样取样深度为8.0m,此深度以上土的天然含水率为19.8%,天然密度为1.57g/cm³,土粒相对密度为2.70。在测定该土样的自重湿陷系数时施加的最大压力最接近下列哪个选项的数值?(其中水的密度ρ_w取1g/cm³,重力加速度g取10m/s²)( )

A. 105kPa   B. 126kPa   C. 140kPa   D. 216kPa

解 测定自重湿陷系数时,荷载应加至上覆土的饱和自重压力
孔隙比为e

$$e=\frac{G_s(1+w)\rho_w}{\rho}-1=\frac{2.7\times(1+0.198)\times10}{15.7}-1.0=1.06$$

饱和密度

$$\rho_{sat}=\frac{G_s+e}{1+e}\rho_w=\frac{2.7+1.06}{1+1.06}\times1.0=1.825\text{g/cm}^3$$

饱和自重压力

$$p_z=\gamma h=\rho_{sat}\times g\times h=1.825\times10\times8=146\text{kPa}$$

另一种算法：

$$\rho_d=\frac{\rho}{1+w}=\frac{1.57}{1+0.198}=1.31\text{g/cm}^3$$

$$\rho_{sat}=\rho_d\left(1+\frac{S_r\times e}{G_s}\right)=1.31\times(1+\frac{0.85\times1.06}{2.7})=1.74\text{g/cm}^3(S_r\text{ 取 }85\%)$$

$$p_z=1.74\times10\times8=139\text{kPa}$$

答案：(C)

6-48 [2009 年考题] 某采空区场地倾向主断面上，每隔 20m 间距顺序排列 A、B、C 三点，地表移动前测量的高程相同。地表移动后垂直移动分量，B 点较 A 点多 42mm，较 C 点少 30mm；水平移动分量，B 点较 A 点少 30mm，较 C 点多 20mm。试根据《岩土工程勘察规范》(GB 50021—2001)判定该场地的适宜性为下列哪个选项所述？(　　)

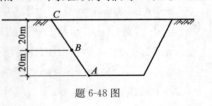

题 6-48 图

A. 不宜建筑的场地　　　　　　　　B. 相对稳定的场地
C. 作为建筑场地时，应评价其适宜性　　D. 无法判定

解　(1) AB (中点) 倾斜　$i=\frac{42}{20}=2.1\text{mm/m}$

BC 倾斜　$i=\frac{30}{20}=1.5\text{mm/m}$

(2) ABC 平均曲率　$K=\frac{2.1-1.5}{(20+20)\times0.5}=0.03\text{mm/m}^2$

(3) 地表水平变形　$\varepsilon_{AB}=\frac{30}{20}=1.5\text{mm/m}$

$$\varepsilon_{BC}=\frac{20}{20}=1.0\text{mm/m}$$

根据 GB 50021—2001 第 5.5.5 条，地表倾斜<3mm/m，地表曲率<0.2mm/m²，地表水平变形<2mm/m。

答案：(B)

6-49 [2009 年考题] 某一薄层状裂隙发育的石灰岩出露场地，在距地面 17m 深处以下有一溶洞，洞高 $H_0=2.0\text{m}$。若按溶洞顶板坍塌自行填塞法对此溶洞的影响进行估算，地面下不受溶洞坍塌影响的岩层安全厚度最接近于下列哪个选项的数值？(石灰岩松散系数 k 取 1.2)(　　)

A. 5m　　　　　　B. 7m　　　　　　C. 10m　　　　　　D. 12m

解　顶板坍塌后，塌落体积增大，当塌落至一定高度 H 时，溶洞自行填满，无需考虑对地基的影响，所需坍落高度 H'

$$H' = \frac{H_0}{k-1} = \frac{2.0}{1.2-1} = 10\text{m}$$

安全厚度 H

$$H = 17 - H' = 17 - 10 = 7\text{m}$$

答案：(B)

6-50 [2010年考题]　某膨胀土地区的多年平均蒸发量和降水量值见表。

题 6-50 表

项 目	月 份（月）											
	1	2	3	4	5	6	7	8	9	10	11	12
蒸发量(mm)	14.2	20.6	43.6	60.3	94.1	114.8	121.5	118.1	57.4	39.0	17.6	11.9
降水量(mm)	7.5	10.7	32.2	68.1	86.6	110.2	158.0	141.7	146.9	80.3	38.0	9.3

请根据《膨胀土地区建筑技术规范》(GB 50122—2013)确定该地区大气影响急剧层深度最接近下列哪个选项的数值？（　　）

A. 4.0m　　　　　　B. 3.0m　　　　　　C. 1.8m　　　　　　D. 1.4m

解　根据《膨胀土地区建筑技术规范》(GB 50122—2013)第 5.2.11～5.2.13 条

$a = (57.4+39.0+17.6+11.9+14.2+20.6)/14.2+20.6+43.6+60.3+94.1+$
　　$114.8+121.5+118.1+57.4+39.0+17.6+11.9)$
$= 0.22535$

$c = (14.2-7.5)+(20.6-10.7)+(43.6-32.2)+(94.1-86.6)+(114.8-110.2)+$
　　$(11.9-9.3) = 42.7$

代入数据得，土的湿润系数 $\psi_w = 1.152 - 0.726a - 0.00107c = 0.94$

根据表 6-5，大气影响深度为 3.0m，则大气影响急剧层深度为 $0.45 \times 3 \approx 1.4$m。

答案：(D)

6-51 [2011年考题]　某推移式均质堆积土滑坡，堆积土的内摩擦角 $\varphi = 40°$，该滑坡后缘滑裂面与水平面的夹角最可能是下列哪一选项？（　　）

A. 40°　　　　　　B. 60°　　　　　　C. 65°　　　　　　D. 70°

解　根据摩尔库仑强度理论，均质土处于极限平衡状态时，破裂面与最大主应力的作用面之间的夹角为 $45° + \frac{\varphi}{2}$。对于该推移式滑坡，牵引段的大主应力为自重应力，小主应力为水平压应力。其滑裂面与水平面的夹角 $\beta = 45° + \frac{\varphi}{2} = 45° + \frac{40°}{2} = 65°$。

答案：(C)

6-52 [2011年考题]　斜坡上有一矩形截面的岩体，被一走向平行坡面、垂直层面的张裂隙切割至层面(如题 6-52 图所示),岩体重度 $\gamma=24\mathrm{kN/m^3}$,层面倾角 $\alpha=20°$,岩体的重心铅垂延长线距 O 点 $d=0.44\mathrm{m}$,在暴雨充水至张裂隙顶面时,该岩体倾倒稳定系数 K 最接近下列哪一选项?(不考虑岩体两侧及底面阻力和扬压力❶)( )

  A. 0.78   B. 0.83   C. 0.93   D. 1.20

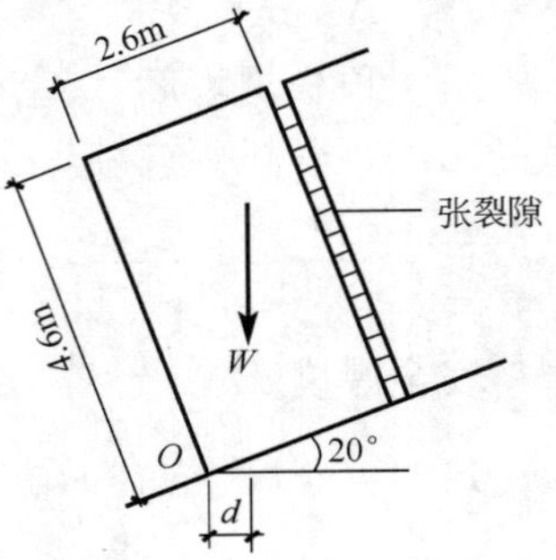

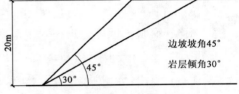

题 6-52 图   张裂隙切割岩体示意图

解   岩体的自重
$$W=24\times2.6\times4.6=287\mathrm{kN/m}$$

作用在岩体上的水压力:
$$F=\frac{1}{2}\times10\times4.6\cos20°\times4.6=99.4\mathrm{kN/m}$$

对 O 点取矩,可得抗倾倒稳定系数为
$$K=\frac{287\times0.44}{99.4\times4.6/3}=0.83$$

答案:(B)

点评:本题的要点是水压力的计算要正确,水压力垂直作用于岩体表面,分布长度为 4.6m,而不是 $4.6\cos20°=4.32\mathrm{m}$。

6-53 [2011 年考题]   如图所示,边坡岩体由砂岩夹薄层页岩组成,边坡岩体可能沿软弱的页岩层面发生滑动。已知页岩层面抗剪强度参数 $c=15\mathrm{kPa}$,$\varphi=20°$,砂岩重度 $\gamma=25\mathrm{kN/m^3}$。设计要求抗滑安全系数为 1.35,问每米宽度滑面上至少需增加多少法向压力才能满足设计要求?( )

  A. 2180kN   B. 1970kN
  C. 1880kN   D. 1730kN

题 6-53 图   岩体边坡示意图

解   沿页岩层面抗滑安全系数计算公式为
$$K=\frac{(W\cos\theta+\sigma)\tan\varphi+cl}{W\sin\theta}$$

式中:θ——页岩层面与水平面的夹角,30°;
   l——滑面长度 $l=20/\sin30°=40\mathrm{m}$;
   σ——需要增加的法向压力;
   W——砂岩的自重。

W 按下式计算
$$W=25\times\left(\frac{1}{2}\times20\times20\tan60°-\frac{1}{2}\times20\times20\tan45°\right)=3660.3\mathrm{kN/m}$$

---

❶扬压力指建筑物及其地基内的渗水,对某水平计算截面的浮托力与渗透压力之和。

六、特殊条件下的岩土工程

可以计算出需要增加的法向压力为

$$\sigma = \frac{KW\sin\theta - cl}{\tan\varphi} - W\cos\theta$$

$$= \frac{1.35 \times 3660.3 \times \sin30° - 15 \times 40}{\tan20°} - 3660.3 \times \cos30°$$

$$= 1969.8 \text{kN/m}$$

答案:(B)

点评:本题的要点是掌握抗滑安全系数的公式推导。另外涉及的计算比较琐碎,计算中不要出错。

6-54 [2011年考题] 某黄土试样的室内双线法压缩试验数据见表所示。其中一个试样保持在天然湿度下分级加荷至200kPa,下沉稳定后浸水饱和;另一个试样在浸水饱和状态下分级加荷至200kPa。按此表计算黄土湿陷起始压力最接近下列哪个选项的数据?(　　)

室内双线法压缩试验数据　　　　　　　　　　题6-54表

压力 p(kPa)	0	50	100	150	200	200 浸水饱和
天然湿度下试样高度 h_p(mm)	20.00	19.79	19.53	19.25	19.00	18.60
浸水饱和状态下试样高度 h_p'(mm)	20.00	19.58	19.26	18.92	18.60	—

A. 75kPa　　　　B. 100kPa　　　　C. 125kPa　　　　D. 150kPa

解 根据《湿陷性黄土地区建筑规范》(GB 50025—2004)第2.1.8条、4.3.5条及条文说明,湿陷起始压力下

$$\frac{h_p - h_p'}{h_0} = 0.015, \quad h_p - h_p' = 0.015 \times 20 = 0.3\text{mm}$$

当 $p = 100$kPa 时,$h_p - h_p' = 0.27$mm。当 $p = 150$kPa 时,$h_p - h_p' = 0.33$mm。

$$\frac{p_{sh} - 100}{0.3 - 0.27} = \frac{150 - 100}{0.33 - 0.27}, \quad p_{sh} = 125\text{kPa}$$

答案:(C)

6-55 [2011年考题] 某城市位于长江一级阶地上,基岩面以上地层具有明显的二元结构,上部0~30m为黏性土,孔隙比 $e_0 = 0.7$,压缩系数 $a_v = 0.35\text{MPa}^{-1}$,平均竖向固结系数 $C_v = 4.5 \times 10^{-3}\text{cm}^2/\text{s}$;30m以下为砂砾层。目前,该市地下水位位于地表下2.0m,由于大量抽汲地下水引起的水位年平均降幅为5m。假设不考虑30m以下地层的压缩量,问该市抽水一年后引起的地表最终沉降量最接近下列哪个选项?(　　)

A. 26mm　　　　B. 84mm　　　　C. 237mm　　　　D. 263mm

解 (1)采用分层总和法计算,公式为 $s = \sum_{i=1}^{n} \frac{a_i}{1+e_0}\Delta p_i H_i$

(2)将地层分为2层,2~7m为第一层,厚度5m;7~30m为第二层,厚度23m

(3)计算各层地面最终沉降量 s_∞

$$s_{1\infty} = \frac{a}{1+e_0}\Delta pH = \frac{0.35}{1+0.7} \times 25 \times 5 = 25.74\text{mm}$$

$$s_{2\infty} = \frac{a}{1+e_0}\Delta pH = \frac{0.35}{1+0.7} \times 50 \times 23 = 236.76\text{mm}$$

$s_\infty = 262.5\text{mm}$

答案：(D)

6-56 [2011年考题] 某季节性冻土地基冻土层冻后的实测厚度为2.0m，冻前原地面标高为195.426m，冻后实测地面标高为195.586m，按《铁路工程特殊岩土勘察规程》(TB 10038—2012)确定该土层平均冻胀率最接近下列哪个选项？（　　）

A. 7.1%　　　　B. 8.0%　　　　C. 8.7%　　　　D. 9.2%

解 根据《铁路工程特殊岩土勘察规程》(TB 10038—2012)

(1) 地表冻胀量 Δh：$\Delta h = 195.586 - 195.426 = 0.16\text{m}$

(2) 平均冻胀率 η：$\eta = \frac{0.16}{2.0-0.16} = 8.7\%$

答案：(C)

6-57 [2011年考题] 某单层住宅楼位于一平坦场地，基础埋置深度 $d=1\text{m}$，各土层厚度及膨胀率、收缩系数列于下表。已知地表下1m处的天然含水率和塑限含水率分别为 $w_1=22\%$，$w_p=17\%$。按此场地的大气影响深度取胀缩变形计算深度 $z_n=3.6\text{m}$。试问根据《膨胀土地区建筑技术规范》(GB 50122—2013)计算地基土的胀缩变形量最接近下列哪个选项？（　　）

土层分层指标　　　　　　　　　　　　　　　　　题6-57表

层号	分层深度 z_i (m)	分层厚度 h_i (mm)	各分层发生的含水率变化均值 Δw_i	膨胀率 δ_{epi}	收缩系数 λ_{si}
1	1.64	640	0.0285	0.0015	0.28
2	2.28	640	0.0272	0.0240	0.48
3	2.92	640	0.0179	0.0250	0.31
4	3.60	680	0.0128	0.0260	0.37

A. 16mm　　　　B. 30mm　　　　C. 49mm　　　　D. 60mm

解 1m处土的 $w=22\% > 1.2w_p = 1.2 \times 17\% = 20.4\%$

根据《膨胀土地区建筑技术规范》(GB 50122—2013)第5.2.7条，场地天然地表下1m处土的含水量大于1.2倍塑限含水量，可按收缩变形量计算。根据公式(5.2.9)，单层住宅楼 $\psi_s = 0.8$

$$s = \psi_s \sum_{i=1}^{n} \lambda_{si} \cdot \Delta w_i \cdot h_i$$
$$= 0.8 \times (0.28 \times 0.0285 \times 640 + 0.48 \times 0.0272 \times 640 + 0.31 \times 0.0179 \times 640 + 0.37 \times 0.0128 \times 680)$$
$$= 0.8 \times (5.11 + 8.36 + 3.55 + 3.22) = 16.2\text{m}$$

答案：(A)

6-58 [2012年考题] 图示的顺层岩质边坡内有一软弱夹层 $AFHB$，层面 CD 与软弱夹层平行，在沿 CD 顺层清方后，设计了两个开挖方案，方案1：开挖坡面 $AEFB$，坡面 AE 的坡率为1:0.5；方案2：开挖坡面 $AGHB$，坡面 AG 的坡率为1:0.75。比较两个方案中坡体 AGH 和

AEF 在软弱夹层上的滑移安全系数，下列哪个选项的说法是正确的？（　　）

A. 两者安全系数相同
B. 方案 2 坡体的安全系数小于方案 1
C. 方案 2 坡体的安全系数大于方案 1
D. 难以判断

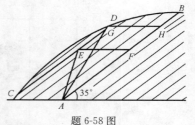

题 6-58 图

解 对于滑体 AEF，设其沿滑面高为 h，滑面 $AF=L$，重力 $W=\frac{1}{2}\gamma hL\times 1$

安全系数

$$K=\frac{W\cos\beta\tan\varphi+CL}{W\sin\beta}$$

$$=\frac{0.5\gamma hL\cos\beta\tan\varphi+CL}{0.5\gamma hL\sin\beta}$$

$$=\frac{0.5\gamma h\cos\beta\tan\varphi+C}{0.5\gamma h\sin\beta}$$

由此可见，K 与滑面长度 L 无关，因 $CD//AB$ 所示两个滑体的 h 相同、其他参数相同，故安全系数也相同。

答案：(A)

6-59 [2012年考题] 陡崖上悬出截面为矩形的危岩体（如图示），长 $L=7\mathrm{m}$，高 $h=5\mathrm{m}$，重度 $\gamma=24\mathrm{kN/m^3}$，抗拉强度 $[\sigma]=0.9\mathrm{MPa}$，A 点处有一竖向裂隙。问：危岩处于沿 ABC 截面的拉裂式破坏极限状态时，A 点处的张拉裂隙深度 a 最接近下列哪一个数值？（　　）

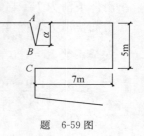

题 6-59 图

A. 0.3m　　　B. 0.6m
C. 1.0m　　　D. 1.5m

解 裂隙端点 B 处的拉应力　　$\sigma_{B拉}=\frac{3L^2\gamma h}{(h-a)^2}$

当岩体处于拉裂式崩塌极限平衡时　　$K=1$，则 $\frac{[\sigma_{拉}]}{\sigma_{B拉}}=1$，得

$$a=h-\sqrt{\frac{3L^2\gamma h}{[\sigma_{拉}]}}$$

$$=5-\sqrt{\frac{3\times 7^2\times 24\times 5}{0.9\times 10^3}}=0.573\mathrm{m}$$

答案：(B)

6-60 [2012年考题] 如图所示岩质边坡高 12m，坡面 AB 坡率为 1∶0.5，坡顶 BC 水平，岩体重度 $\gamma=23\mathrm{kN/m^3}$，滑动面 AC 的倾角为 $\beta=42°$，测得滑动面材料饱水时的内摩擦角 $\varphi=18°$，岩体的稳定安全系数为 1.0 时，滑动面黏聚力最接近下列哪个数值？

A. 18kPa　　　B. 16kPa　　　C. 14kPa　　　D. 12kPa

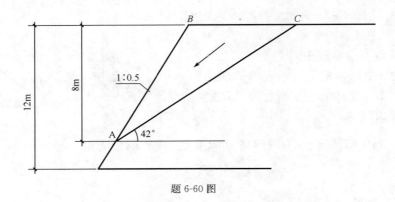

题 6-60 图

解

$AC = \dfrac{8}{\sin 42°} = 11.96\text{m}$，坡角 $\alpha = \tan^{-1}(1:0.5) = 63.43°$

$AB = \dfrac{8}{\sin 63.43°} = 8.94\text{m}$

滑体 ABC 的重力 W

$W = \dfrac{1}{2}\gamma AC AB \sin(\alpha - \beta)$

$\quad = 0.5 \times 23 \times 11.96 \times 8.94 \times \sin(63.43° - 42°) = 449.3\text{kN/m}$

滑体下滑力 $F = 449.3 \times \sin 42° = 300.6\text{kN/m}$

滑面抗滑力 $R = 449.3\cos 42° \tan 18° + 11.96c = 108.5 + 11.96c \text{kN/m}$

安全系数 $K = 1.0 = \dfrac{108.5 + 11.96c}{300.6}$

$c = \dfrac{300.6 \times 1.0 - 108.5}{11.96} = 16\text{kPa}$

答案：(B)

6-61［2012 年考题］ 有一 6m 宽的均匀土层边坡，$\gamma = 17.5\text{kN/m}^3$，根据最危险滑动圆弧计算得到的抗滑力矩为 3580kN/m。滑动力矩为 3705kN·m，为提高边坡的稳定性提出图示两种方案。卸荷土方量相同而卸荷部位不同，试计算卸荷前，卸荷方案 1、卸荷方案 2 的边坡稳定系数（分别为 K_0、K_1、K_2），判断三者关系为下列哪一选项？（假设卸荷后抗滑力矩不变）（　　）

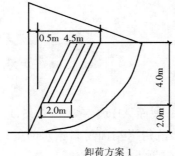
卸荷方案 1

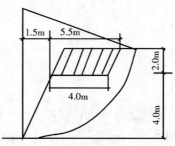
卸荷方案 2

题 6-61 图

A. $K_0=K_1=K_2$ B. $K_0<K_1=K_2$ C. $K_0<K_1<K_2$ D. $K_0<K_2<K_1$

解 (1)按下列公式近似计算边坡稳定系数 K,$K=\dfrac{抗滑力矩}{滑动力矩}$

(2)$K_0=\dfrac{3580}{3705}=0.97$

(3)卸载方案1中土的滑动力臂为:$0.5+\dfrac{1}{2}\times 4.5=2.75\mathrm{m}$

(4)$K_1=\dfrac{3580}{3705-2\times 4\times 17.5\times 2.75}=\dfrac{3580}{3320}=1.08$

(5)卸载方案2中土的滑动力臂为:$1.5+\dfrac{1}{2}\times 5.5=4.25\mathrm{m}$

(6)$K_2=\dfrac{3580}{3705-4\times 2\times 17.5\times 4.25}=\dfrac{3580}{3110}=1.15$

$K_0<K_1<K_2$

答案:(C)

注:用分析法也可得到正确答案:图示可知,方案二卸荷体重心至滑动圆心垂线的距离大于方案一的,所以,在同样的卸土方量下,其滑动力矩的减少量要大于方案一的,故 $K_0<K_1<K_2$。

6-62 [2012年考题] 某地面沉降区,观测其累计沉降120cm,预计后期沉降50cm,今在其上建设某工程,场地长200m,宽100m,要求填土沉降稳定后比原地面(未沉降前)高0.8m,黄土压实系数0.94,填土沉降不计,回填土料 $w=29.6$,$\gamma=19.6\mathrm{kN/m^3}$,$G_s=2.71$,最大干密度 $1.69\mathrm{g/cm^3}$,最优含水量20.5,求填料的体积?

解 (1)按题意,回填高度为消除累计沉降量损失1.2m,加后期预留量0.5m加填筑厚度0.8m,总计2.5m。故体积 $V_0=200\times 100\times(1.2+0.5+0.8)=50000\mathrm{m^3}$

(2)土料压实后的干重 $G=\lambda c 10\rho_{d\max}V_0=0.94\times 16.9\times 50000=794300(\mathrm{kN})$

(3)天然土料的干重度 $\gamma_d=\dfrac{\gamma}{1+0.01w}=\dfrac{19.6}{1+0.01\times 29.6}=15.1(\mathrm{kN/m^3})$

(4)天然土料的体积 $V_1=\dfrac{G}{\gamma_d}=\dfrac{794300}{15.1}=52603\mathrm{m^3}$

6-63 [2012年考题] 建筑物位于小窑采空区,小窑巷道采煤,煤巷宽2m,顶板至地面27m,顶板岩体重度 $22\mathrm{kN/m^3}$,内摩擦角 $34°$,建筑物横跨煤巷,基础埋深2m,基底附加压力250kPa。问:按顶板临界深度法近似评价地基稳定性为下列哪一选项?(　　)

A. 地基稳定   B. 地基稳定性差   C. 地基不稳定   D. 地基极限平衡

解 按题干要求的顶板临界深度法,顶板临界深度计算公式为:

$$H_0=\dfrac{B\gamma+\sqrt{B^2\gamma^2+4B\gamma p_0\tan\varphi\tan^2\left(45°-\dfrac{\varphi}{2}\right)}}{2\gamma\tan\varphi\tan^2\left(45°-\dfrac{\varphi}{2}\right)}$$

$$=\dfrac{2\times 22+\sqrt{2^2\times 22^2+4\times 2\times 22\times 250\times \tan 34°\times \tan^2\left(45°-\dfrac{34°}{2}\right)}}{2\times 22\times \tan 34°\times \tan^2\left(45°-\dfrac{34°}{2}\right)}=17.35\mathrm{m}$$

$H_0=17.35\text{m}, H=27-2=25\text{m}, 1.5H_0=1.5\times17.35=26\text{m}, H_0<H<1.5H_0$, 故选 B。

答案：(B)

6-64 [2013 年考题]　西南地区某沟谷中曾遭受过稀性泥石流灾害,铁路勘察时通过调查,该泥石流中固体物质比重为 2.6,泥石流流体重度为 13.8kN/m^3,泥石流发生时沟谷过水断面宽为 140m、面积为 560m^2,泥石流流面纵坡为 4.0%,粗糙系数为 4.9,试计算该泥石流的流速最接近下列哪一选项？（可按公式 $v_\text{m}=\dfrac{m_\text{m}}{\alpha}R_\text{m}^{2/3}I^{1/2}$ 进行计算）（　　）

　　A. 1.20m/s　　　　B. 1.52m/s　　　　C. 1.83m/s　　　　D. 2.45m/s

解　近似估算水力半径

$$R=\frac{\omega}{p}=\frac{560}{140}=4\text{m}$$

$$\varphi_\text{c}=\frac{\rho_\text{c}-1}{\rho_\text{H}-\rho_\text{c}}=\frac{1.38-1}{2.6-1.38}=0.311$$

$$v_\text{c}=\sqrt{\frac{\rho_\text{w}}{\rho_\text{H}\varphi_\text{c}+\rho_\text{w}}}\cdot\frac{1}{n}\cdot R^{\frac{2}{3}}\cdot I^{\frac{1}{2}}=\sqrt{\frac{1}{2.6\times0.311+1}}\times4.9\times4^{\frac{2}{3}}\times0.04^{\frac{1}{2}}$$

$$=0.744\times4.9\times2.52\times0.2=1.837$$

答案：(C)

6-65 [2013 年考题]　根据勘察资料,某滑坡体可分为两个块段,如图所示,每个块段的重力、滑面长度、滑面倾角及滑面抗剪强度标准值分别为：$G_1=700\text{kN/m}, L=12\text{m}, \beta=30°, \varphi_1=12°, c_1=10\text{kPa}; G_2=820\text{kN/m}, L_2=10\text{m}, \beta_2=10°, \varphi_2=10°, c_2=12\text{kPa}$,试采用传递系数法计算滑坡稳定安全系数 F_s 最接近下列哪一选项？

　　A. 0.94　　　B. 1.00　　　C. 1.07　　　D. 1.15

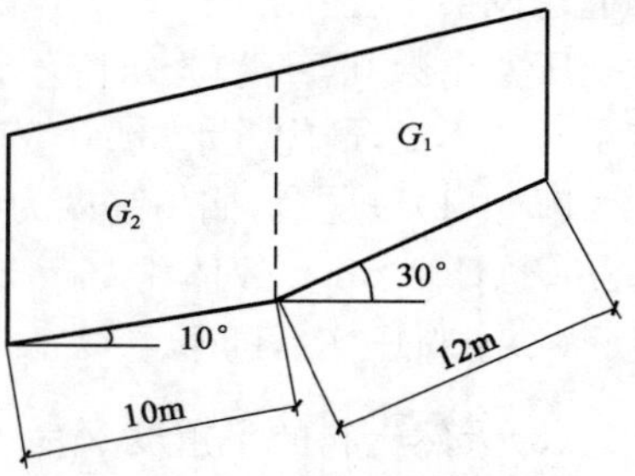

题 6-65 图

解

$$K_\text{s}=\frac{\sum R_i\psi_i\psi_{i+1}\cdots\psi_{n-1}+R_n}{\sum T_i\psi_i\psi_{i+1}\cdots\psi_{n-1}+T_n}\quad(i=1,2,3\cdots n-1)$$

$$\psi_i=\cos(\theta_i-\theta_{i+1})-\sin(\theta_i-\theta_{i+1})\tan\psi_{i+1}$$

$$=\cos(30°-10°)-\sin(30°-10°)\tan10°=0.879$$

$$K_\text{s}=\frac{R_1\psi_1+R_2}{T_1\psi_1+T_1}$$

$$=\frac{(10\times12+700\times\cos30°\times\tan12°)\times0.879+(12\times10+820\times\cos10°\times\tan10°)}{700\times\sin30°\times0.879+820\times\sin10°}$$

$$=1.069$$

答案：(C)

6-66 [2013 年考题]　岩坡顶部有一高 5m 倒梯形危岩,下底宽 2m,如图所示。其后裂缝与水平向夹角为 60°,由于降雨使裂缝中充满了水。如果岩石重度为 23kN/m^3,在不考虑两侧阻力及底面所受水压力的情况下,该危岩的抗倾覆安全系数最接近下列哪一选项？（　　）

　　A. 1.5　　　　B. 1.7　　　　C. 3.0　　　　D. 3.5

解 计算简图如图,水压力垂直作用于裂缝 AE 上,作用主位置为下三分点 B 处。

将梯形危岩分为一个矩形和三角形断面,分别计算其自重及对 O 点的力矩。

矩形断面自重 $G_1 = 2 \times 5 \times 23 = 230$ kN/m

对 O 点的力臂 $\frac{1}{2} \times 2 = 1$ m

三角形断面自重 $G_2 = \frac{1}{2} \times 5\tan30° \times 5 \times 23 = 165.99$ kN/m

对 O 点的力臂 $\frac{1}{3} \times 5\tan30° + 2 = 2.962$ kN/m

水压力 $E_w = \frac{1}{2} \times 10 \times 5 \times \frac{5}{\sin60°} = 144.34$ kN/m

对 O 点的力臂 $\frac{1}{3} \times \frac{5}{\sin60°} + 2 \times \cos60° = 2.925$ m

于是该危岩的抗倾覆安全系数为

$$K = \frac{230 \times 1 + 165.99 \times 2.962}{144.34 \times 2.925} = 1.71$$

答案:(B)

点评:该题目的要点是不要直接计算梯形断面危岩的合力大小和作用点位置,而是分成两部分直接对 O 点取矩,另外要掌握水压力作用大小和位置的计算方法。

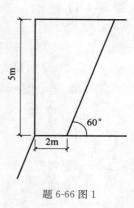

题 6-66 图 1

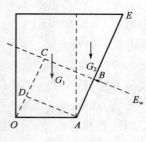

题 6-66 图 2

6-67[2013 年考题] 有四个黄土场地,经试验其上部土层的工程特性指标代表值分别见下表,根据《湿陷性黄土地区建筑规范》(GB 50025—2004),判定下列哪一个黄土场地分布有新近堆积黄土?( )

A. 场地一   B. 场地二   C. 场地三   D. 场地四

题 6-67 表

土的指标	e	a_{50-150} (MPa^{-1})	γ (kN/m³)	w (%)
场地一	1.120	0.62	14.3	17.6
场地二	1.090	0.62	14.3	12.0
场地三	1.051	0.51	15.2	15.5
场地四	1.120	0.51	15.2	17.6

解

$R = -68.45e + 10.98a - 7.16\gamma + 1.18w$

$R_0 = -154.80$

$R_1 = -68.45 \times 1.12 + 10.98 \times 0.62 - 7.16 \times 14.3 + 1.18 \times 17.6 = -151.48 > -154.80$

$R_2 = -68.45 \times 1.09 + 10.98 \times 0.62 - 7.16 \times 14.3 + 1.18 \times 12 = -156.03 < -154.80$

$R_3 = -68.45 \times 1.051 + 10.98 \times 0.51 - 7.16 \times 15.2 + 1.18 \times 15.5 = -156.88 < -154.80$

$R_4 = -68.45 \times 1.12 + 10.98 \times 0.51 - 7.16 \times 15.2 + 1.18 \times 17.6 = -159.13 < -154.80$

答案：(A)

6-68 [2013年考题] 某季节性冻土层为黏土层，测得地表冻胀前标高为160.67m，土层冻前天然含水率为30%，塑限为22%，液限为45%，其粒径小于0.005mm的颗粒含量小于60%，当最大冻深出现时，场地最大冻土层厚度为2.8m，地下水位埋深为3.5m，地面标高为160.85m，按《建筑地基基础设计规范》(GB 50007—2011)，该土层的冻胀类别为下列哪个选项？(　　)

　　A. 弱冻胀　　　B. 冻胀　　　C. 强冻胀　　　D. 特强冻胀

解 $\eta = \dfrac{\Delta z}{h - \Delta z} \times 100\% = \dfrac{160.85 - 160.67}{2.8 - (160.85 - 160.67)} = 0.0687$

式中：Δz——地表冻胀量(mm)；

　　　h——冻结土层厚度。

塑限+5＜含水量30≤塑限+9

冻结期间地下水位距冻结面的最小距离=3.5-2.8=0.7m＜2m，查表为强冻胀。

表中注，塑性指数45-22=23＞22 冻胀等级降低一级(塑性指数越大，黏粒含量越多，渗透系数越小，阻碍毛细水上升，冻胀性越低)。

答案：(B)

6-69 [2013年考题] 某红黏土的天然含水率51%，塑限35%，液限55%，该红黏土状态及复浸水特征类别为下列哪个选项？(　　)

　　A. 软塑，Ⅰ类　　B. 可塑，Ⅰ类　　C. 软塑，Ⅱ类　　D. 可塑，Ⅱ类

解 根据岩土工程勘察规范(GB 50021—2001)表6.2.2-3

$a_w = w/w_L = 51/55 = 0.927$，查表属于软塑；

$I_r = w_L/w_P = 55/35 = 1.57$　　$I_r' = 1.4 + 0.0066 w_L = 1.4 \times 0.0066 \times 55 = 1.763$

$I_r \leq I_r'$，类别为Ⅱ类

答案：(C)

6-70 [2013年考题] 膨胀土地基上的独立基础尺寸2m×2m×2m，埋深为2m，柱上荷载300kN，在地面以下4m内为膨胀土，4m以下为非膨胀土，膨胀土的重度$\gamma = 18 kN/m^3$，室内试验求得的膨胀率δ_{ep}(%)与压力p(kPa)的关系如下表所示，建筑物建成后其基底中心点下，土在平均自重压力与平均附加压力之和作用下的膨胀率δ_{ep}最接近下列哪个选项？(基础的重度按$20 kN/m^3$考虑)(　　)

题6-70表

膨胀率δ_{ep}(%)	垂直压力p(kPa)	膨胀率δ_{ep}(%)	垂直压力p(kPa)
10	5	4.0	90
6.0	60	2.0	120

　　A. 5.3%　　　B. 5.2%　　　C. 3.4%　　　D. 2.9%

解

方法一　基础底面位置处的附加应力

$\dfrac{300}{2 \times 2} - 18 \times 2 = 79 kPa$

基础底面以下2m处的附加应力：$z/b = 2/1 = 2$，$L/b = 1/1 = 1$。

查附加应力系数表格，$\alpha=0.084$。
$4\times 0.084\times 79=26.544$
基础底面以下 1m 附加应力的平均值为
$(79+26.544)/2=52.772$
基础底面中心点 1m 处的自重压力与附加应力之和为
$52.772+3\times 18=106.772$
$\dfrac{106.772-90}{120-90}=\dfrac{4-x}{4-2}\Rightarrow x=2.882$

方法二 用基础底面 1m（地面以下 3m，也就是层的中点）代替这个土层，计算基底以下 2m 这个范围的平均附加应力系数，在此深度范围内，附加应力呈矩形分布，再加上基础底面 1m 这个位置有自重应力，查表计算
$z/b=2/1=2$，$L/b=1/1=1$，查平均附加应力系数表格，$\bar{\alpha}=0.1746$。
基础底面中心点 1m 处的自重压力与附加应力之和为
$4\times 0.1746\times 79+3\times 18=109.17$
$\dfrac{109.17-90}{120-90}=\dfrac{4-x}{4-2}\Rightarrow x=2.722$

答案：(D)

6-71 ［2014 年考题］ 某岩石边坡代表性剖面如下图，边坡倾向 270°，一裂隙面刚好从坡脚出露，裂隙面产状为 270°∠30°，坡体后缘一垂直张裂缝正好贯通至裂隙面。由于暴雨，使垂直张裂缝和裂隙面瞬间充满水，边坡处于极限平衡状态（即滑坡稳定系数 $K_s=1.0$）。经测算，裂隙面长度 $L=30$m，后缘张裂缝深度 $d=10$m，每延米潜在滑体自重 $G=6450$kN，裂隙面的黏聚力 $c=65$kPa，试计算裂隙面的内摩擦角最接近下列哪个数值？（坡脚裂隙面有泉水渗出，不考虑动水压力，水的重度取 10kN/m³）（ ）

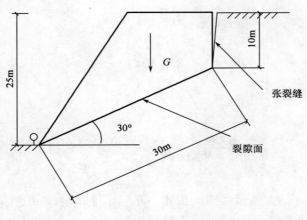

题 6-71 图

A. 13° B. 17° C. 18° D. 24°

解法一 边坡的隔离体受力分析如图
其中：

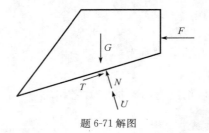

题 6-71 解图

G 为自重 $G=6450\text{kN}$

F 为后缘张裂缝中的水对隔离体的力的作用 $F=10\times10\times\dfrac{10}{2}=500\text{kN}$

U 为裂隙面上水对隔离体的作用 $U=30\times10\times\dfrac{(10+0)}{2}=1500\text{kN}$

根据隔离体沿裂隙面法向的力的平衡，可以得到下部岩体对隔离体的作用
$N=G\cos30°-U-F\sin30°=6450\times\cos30°-1500-500\times\sin30°=3835.86\text{kN}$
根据隔离体沿裂隙面方向的力的平衡，可以得到
$T=G\sin30°+F\cos30°=6450\times\sin30°+500\times\cos30°=3658.01\text{kN}$
由于极限平衡状态下，$T=cL+N\tan\varphi$，于是可以得到
$\varphi=\arctan[(T-cL)/N]=\arctan[(3658.01-65\times30)/3835.86]=24°$

点评：该题的要点是如何正确计算裂隙面上水对隔离体的作用 U。坡脚裂隙面有水出现，表明其与大气连通，因此此处孔压应当为0，在裂隙面顶端与张裂缝底部相接。张裂缝中的水近似处于静水状态，底部孔压为 $10\times10=100\text{kPa}$。因此在裂隙面上的孔压为倒三角形分布，合力为 $(0+100)\times\dfrac{30}{2}=1500\text{kN}$。

解法二 根据《铁路工程不良地质勘察规程》(TB 10027—2012)附录 A 第 A.1.2 条

$V=\dfrac{1}{2}\gamma_\text{w}z_\text{w}^2=\dfrac{1}{2}\times10\times10^2=500\text{kN/m}$

$u=\dfrac{1}{2}\gamma_\text{w}z_\text{w}(H-z)\csc\beta=\dfrac{1}{2}\times10\times10\times(25-10)\times\dfrac{1}{\sin30°}=1500\text{kPa}$

$K_\text{s}=\dfrac{(\gamma V\cos\beta-u-V\sin\beta)\tan\varphi+Ac}{\gamma V\sin\beta+V\cos\beta}$

即 $1=\dfrac{(6450\times\cos30°-1500-500\times\sin30°)\tan\varphi+30\times65}{6450\times\sin30°+500\times\cos30°}$，解得 $\varphi=24°$。

答案：(D)

6-72［2014 年考题］ 如图所示某山区拟建一座尾矿堆积坝，堆积坝采用尾矿细砂分层压实而成，尾矿的内摩擦角为 $36°$，设计坝体下游坡面坡度 $\alpha=25°$。随着库内水位逐渐上升，坝下游坡面下部会有水顺坡渗出，尾矿细砂的饱和重度为 22kN/m^3，水下内摩擦角 $33°$。试问坝体下游坡面渗水前后的稳定系数最接近下列哪个选项？(   )

　　A. 1.56，0.76　　　　　　　　　　　B. 1.56，1.39
　　C. 1.39，1.12　　　　　　　　　　　D. 1.12，0.76

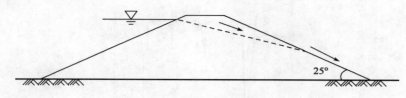

题 6-72 图

解 根据《土力学》(清华大学出版社)(第 2 版)7.2.1 节、7.2.2 节

下游坡面渗水前 $K_s = \dfrac{\tan\varphi_1}{\tan\beta} = \dfrac{\tan 36°}{\tan 25°} = 1.56$

下游坡面渗水后 $K_s = \dfrac{\gamma'}{\gamma_{sat}} \cdot \dfrac{\tan\varphi_1}{\tan\beta} = \dfrac{12}{22} \times \dfrac{\tan 33°}{\tan 25°} = 0.76$

点评:该题要点在于熟练掌握无黏性土边坡安全系数的计算原理和计算方法。实际上,由于渗水后安全系数会比渗水前要小,在计算出渗水前的安全系数 1.56 后,无需进一步计算渗水后的安全系数就可以在 A 和 B 选项中选出正确的答案来。

答案:(A)

6-73［2014 年考题］ 某民用建筑场地为花岗岩残积土场地,场地勘察资料表明,土的天然含水量为 18%,其中细粒土(粒径小于 0.5m)的质量百分含量为 70%,细粒土的液限为 30%,塑限为 18%,该花岗岩残积土的液性指数最接近下列哪个选项?(　　)

　　A. 0　　　　B. 0.23　　　　C. 0.47　　　　D. 0.64

解法一

液性指数:

$$I_L = \dfrac{w - w_p}{w_L - w_p}$$

假定残积土中粗粒中的含水量可以忽略,则细粒中的含水量为 $w = 0.18/0.7 = 25.7\%$。由此得到液性指数为

$$I_L = \dfrac{0.257 - 0.18}{0.3 - 0.18} = 0.64$$

答案选 D。

解法二 根据《岩土工程勘察规范》(GB 50021—2001)(2009 年版)6.9.4 条文说明

$w_f = \dfrac{w - 0.01 w_A P_{0.5}}{1 - 0.01 p_{0.5}} = \dfrac{18 - 0.01 \times 5 \times (100 - 70)}{1 - 0.01 \times (100 - 70)} = 23.6$

$I_p = w_L - w_p = 30 - 18 = 12$

$I_L = \dfrac{w_f - w_p}{I_p} = \dfrac{23.6 - 18}{12} = 0.47$

答案:(C)

6-74［2014 年考题］ 有一倾倒式危岩体,高 6.5m,宽 3.2m(见下图,可视为均质刚性长方体),危岩体的密度为 2.6g/cm³。在考虑暴雨使后缘张裂隙充满水和水平地震加速度值为 0.20g 的条件下,危岩体的抗倾覆稳定系数为下列哪个选项?(重力加速度取 10m/s²)(　　)

　　A. 1.90　　　　B. 1.76　　　　C. 1.07　　　　D. 0.18

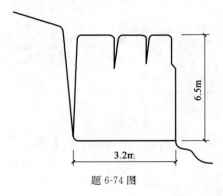

题 6-74 图

解法一 每延米岩体自重
$$G = 2.6 \times 10 \times 6.5 \times 3.2 = 540.8 \text{kN}$$
水平地震惯性力
$$F = 0.2 \times 540.8 = 108.16 \text{kN}$$
裂隙中的水压力
$$P = \frac{1}{2} \times 10 \times 6.5^2 = 211.25 \text{kN}$$
抗倾覆安全系数
$$K = \frac{540.8 \times 3.2}{2} + \frac{108.16 \times 6.5}{2} + \frac{211.25 \times 6.5}{3} = 1.07$$

点评:该题的要点是水压力的作用点在下三分点,惯性力的作用点位置在质心。抗倾覆稳定计算力矩时两者的力臂是不同的。

解法二 根据《工程地质手册》(第四版)第 556 页。
$$a = \frac{1}{2} \times 3.2 = 1.6 \text{m}, W = 3.2 \times 6.5 \times 2.6 \times 10 = 540.8 \text{kN/m}$$

裂隙充满水 $h_0 = 6.5 \text{m}$
水平地震力 $F = ma = 3.2 \times 6.5 \times 2.6 \times 0.20 \times 10 = 108.16 \text{kN/m}$
$$K = \frac{6Wa}{10h_0^3 + 3Fh} = \frac{6 \times 540.8 \times 1.6}{10 \times 6.5^3 + 3 \times 108.16 \times 6.5} = 1.07$$

答案:(C)

6-75〔2014 年考题〕 某铁路需通过饱和软黏土地段,软黏土的厚度为 14.5m,路基土重度 $\gamma = 17.5 \text{kN/m}^3$,不固结不排水抗剪强度为 $\varphi = 0°, c_u = 13.6 \text{kPa}$。若土堤和路基土为同一种软黏土,选线时采用泰勒(Taylor)稳定数图解法估算的土堤临界高度最接近下列哪一个选项?
( )

  A. 3.6m   B. 4.3m   C. 4.6m   D. 4.5m

解 根据《铁路工程特殊岩土勘察规程》(TB 10038—2012)6.2.4 条条文说明
$$H_c = \frac{5.52 c_u}{\gamma} = \frac{5.52 \times 13.6}{17.2} = 4.3 \text{m}$$

答案:(B)

6-76〔2014 年考题〕 某公路路堑,存在一折线形均质滑坡,计算参数如表所示,若滑坡推力安全系数为1.20。第一块滑体剩余下滑力传递到第二滑体的传递系数为0.85,在第三块滑体后设置重力式挡墙,按《公路路基设计规范》(JTG D30—2004)计算作用在该挡墙上的每延米作用力最接近下列哪个选项?(　　)

题6-76表

滑块编号	下滑力(kN/m)	抗滑力(kN/m)	滑面倾角
①	5000	2100	35°
②	6500	5100	26°
③	2800	3500	26°

A. 3900kN　　　　　　　　　　B. 4970kN
C. 5870kN　　　　　　　　　　D. 6010kN

解 根据《公路路基设计规范》(JTG D30—2004)第7.2.2条

$\psi_i = \cos(\alpha_{i-1} - \alpha_i) - \sin(\alpha_{i-1} - \alpha_i)\tan\varphi_i$

即 $0.85 = \cos(35° - 26°) - \sin(35° - 26°) \times \tan\varphi_i$,解得 $\tan\varphi_i = 0.88$

$\psi_2 = \cos(26° - 26°) - \sin(26° - 26°) \times 0.88 = 1.00$

$T_i = F_s W_i \sin\alpha_i + \psi_i T_{i-1} - W_i \cos\alpha_i \tan\varphi_i - c_i l_i$

$T_1 = 1.2 \times 5000 + 0 - 2100 = 3900$kN

$T_2 = 1.2 \times 6500 + 0.85 \times 3900 - 5100 = 6015$kN

$T_3 = 1.2 \times 2800 + 1.00 \times 6015 - 3500 = 5875.0$kN

答案:(C)

6-77 [2014年考题]　某三层建筑物位于膨胀土场地,基础为浅基础,埋深1.2m,基础的尺寸为2.0m×2.0m,湿度系数$\psi_w = 0.6$,地表下1m处的天然含水量$w = 26.4\%$,塑限含水量$w_p = 20.5\%$,各深度处膨胀土的工程特性指标如表所示。该地基的分级变形量最接近下列哪个选项?(　　)

题6-77表

土层深度	土性	重度γ(kN/m³)	膨胀率δ_{ep}(%)	收缩系数λ_i
0~2.5m	膨胀土	18.0	1.5	0.12
2.5~3.5m	膨胀土	17.8	1.3	0.11
3.5m以下	泥灰岩	—	—	—

A. 30mm　　　B. 34mm　　　C. 38mm　　　D. 80mm

解 根据《膨胀土地区建筑技术规范》(GB 50112—2013)第5.2.7条、第5.2.9条

$w > 1.2w_p$,按收缩变形量计算。

地表下4m深度内为基岩:$\Delta w_i = \Delta w_1$

$\Delta w_1 = w_1 - \psi_w w_p = 0.264 - 0.6 \times 0.205 = 0.141$

$s = \psi_s \sum_{i=1}^{n} \lambda_{si} \Delta w_i h_i$
$= 0.8 \times [0.12 \times 0.141 \times (2.5 - 1.2) + 0.11 \times 0.141 \times (3.5 - 2.5)]$
$= 0.03\text{m} = 30\text{mm}$

答案：(A)

6-78 ［2016 年考题］ 某水库有一土质岩坡，主剖面各分场面积如下图所示，潜在滑动面为土岩交界面。土的重度和抗剪强度参数如下：$\gamma_{天然}=19\text{kN/m}^3$，$\gamma_{饱和}=19.5\text{kN/m}^3$，$c_{水上}=10\text{kPa}$，$\varphi_{水上}=19°$，$c_{水下}=7\text{kPa}$，$\varphi_{水下}=16°$，按《岩土工程勘察规范》(GB 50021—2001)(2009版)计算，该岸坡沿潜在滑动面计算的稳定系数最接近下列哪一个选项？（水的重度取 $\gamma=10\text{kN/m}^3$）

A. 1.09　　　　B. 1.04　　　　C. 0.98　　　　D. 0.95

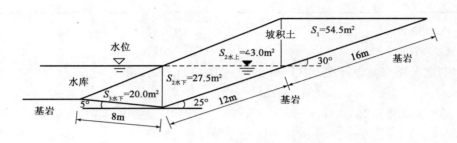

题 6-78 图

解　《岩土工程勘察规范》(GB 50021—2001)(2009 年版)第 5.2.8 条条文说明。

$\psi_1 = \cos(\theta_1-\theta_2)-\sin(\theta_1-\theta_2)\tan\varphi_2$
$= \cos(30°-25°)-\sin(30°-25°)\tan16°$
$= 0.971$

$\psi_2 = \cos(\theta_2-\theta_3)-\sin(\theta_2-\theta_3)\tan\varphi_3$
$= \cos(25°+5°)-\sin(25°+5°)\tan16°$
$= 0.723$

$R_1 = G_1\cos\theta_1\tan\varphi_1+c_1L_1 = 19\times54.5\times\cos30°\tan19°+10\times16 = 468.78$

$T_1 = G_1\sin\theta_1 = 19\times54.5\times\sin30° = 517.75$

$R_2 = G_2\cos\theta_2\tan\varphi_2+c_2L_2$
$= (19\times43.0+9.5\times27.5)\times\cos25°\tan16°+7\times12$
$= 364.22$

$T_2 = G_2\sin\theta_2 = (19\times43.0+9.5\times27.5)\times\sin25° = 455.69$

$R_3 = G_3\cos\theta_3\tan\varphi_3+c_3L_3 = (9.5\times20.0)\times\cos5°\tan16°+7\times8 = 110.27$

$T_3 = -G_3\sin\theta_3 = -(9.5\times20.0)\times\sin5° = -16.56$

$F_s = \dfrac{R_1\psi_1\psi_2+R_2\psi_2+R_3}{T_1\psi_1\psi_2+T_2\psi_2+T_3}$
$= \dfrac{468.78\times0.971\times0.723+364.22\times0.723+110.27}{517.75\times0.971\times0.723+455.69\times0.723-16.56}$
$= 1.04$

答案：(B)

6-79 ［2016 年考题］ 某泥石流沟调查时，制成代表性泥石流流体，测得样品总体积

$0.5m^3$，总质量730kg，痕迹调查测绘见堆积有泥球，在一弯道处两岸泥位高差为2m，弯道外侧曲率半径为35m，泥面宽度为15m。按《铁路工程不良地质勘察规程》(TB 10027—2012)，泥石流流体性质及变道处泥石流流速为下列哪个选项？（重力加速度 g 取 $10m/s^2$）（ ）

  A. 稀性泥流，6.8m/s   B. 稀性泥流，6.1m/s

  C. 黏性泥石流，6.8m/s   D. 黏性泥石流，6.1m/s

解 《铁路工程不良地质勘察规程》(TB 10027—2012)附录C、第7.3.3条条文说明。

$$\rho_c = \frac{m}{V} = \frac{730}{0.5} = 1.46 \times 10^3 \text{kg/m}^3$$

$1.3 \times 10^3 < \rho_c = 1.46 \times 10^3 < 1.5 \times 10^3$，堆积有泥球，由表C.0.1-5得，为稀性泥流。

$$v_c = \sqrt{\frac{R_0 \sigma g}{B}} = \sqrt{\frac{\left(35 - \frac{15}{2}\right) \times 2 \times 10}{15}} = 6.1 \text{m/s}$$

答案：(B)

6-80 [2016年考题] 某高速公路通过一膨胀土地段，该路段膨胀土的自由膨胀率试验成果如下表（假设可仅按自由膨胀率对膨胀土进行分级）。按设计方案，开挖后将形成高度约8m的永久路堑膨胀土边坡，拟采用坡率法处理。问：按《公路路基设计规范》(JTG D30—2015)，下列哪个选项的坡率是合理的？（ ）

题6-80表

试样编号	干土质量(g)	量筒编号	不同时间(h)体积读数(mL)					
			2	4	6	8	10	12
SY1	9.83	1	18.2	18.6	19.0	19.2	19.3	19.3
	9.87	2	18.4	18.8	19.1	19.3	19.4	19.4

注：量筒容积为50mL，量土标容积为10mL。

  A. 1：1.50   B. 1：1.75

  C. 1：2.25   D. 1：2.75

解 据《膨胀土地区建筑技术规范》(GB 50112—2013)附录D、第4.2.1条。

$9.87 - 9.83 = 0.04 < 0.1$

$$\delta_{ef1} = \frac{v_{w1} - v_{01}}{v_{01}} \times 100 = \frac{19.3 - 10}{10} \times 100 = 93$$

$$\delta_{ef2} = \frac{v_{w2} - v_{02}}{v_{02}} \times 100 = \frac{19.4 - 10}{10} \times 100 = 94$$

由《公路工程地质勘察规范》(JTG C20—2011)表8.3.4得，膨胀土为强膨胀土。

由《公路路基设计规范》(JTG D30—2015)表7.9.7-1得，8m边坡，边坡坡率为1：2.25。

答案：(C)

6-81 [2016年考题] 某多年冻土层为黏性土，冻结土层厚度为2.5m，地下水埋深为3.2m，地表标高为194.75m，已测得地表冻胀前标高为194.62m，土层冻前天然含水率 $w = 27\%$，塑限 $w_p = 23\%$，液限 $w_L = 46\%$，根据《铁路工程特殊岩土勘察规程》(TB 10038—2012)，该土层的冻胀类别为下列哪个选项？（ ）

  A. 不冻胀   B. 弱冻胀   C. 冻胀   D. 强冻胀

解 《铁路工程特殊岩土勘察规程》(TB 10038—2012)附录 D。

$$\eta = \frac{\Delta Z}{h - \Delta Z} = \frac{194.75 - 194.62}{2.5 - (194.75 - 194.62)} = 0.055 = 5.5\%, 3.5 < \eta = 5.5 \leqslant 6$$

$$w_p + 2 = 23 + 2 = 25 < w = 27 < w_p + 5 = 23 + 5 = 28$$

$$h_w = 3.2 - 2.5 = 0.7 < 2.0$$

由表 D.0.1 得:冻胀类别为冻胀。

因为 $w_p = 23 > 22$,冻胀性降低一级,为弱冻胀。

答案:(B)

6-82 [2016 年考题] 某膨胀土场地拟建 3 层住宅,基础埋深为 1.8m,地表下 1.0m 处地基土的天然含水量为 28.9%,塑限含水量为 22.4%,土层的收缩系数为 0.2,土的湿度系数为 0.7,地表下 15m 深处为基岩层,无热源影响。计算地基变形量最接近下列哪个选项?( )

A. 10mm   B. 15mm   C. 20mm   D. 25mm

解 1m 处的 $w = 28.9\% > 1.2 w_p = 1.2 \times 22.4\% = 26.9\%$,根据《膨胀土地区建筑技术规范》(GB 50112—2013)第 5.2.7 条,地基变形量可按收缩变形量计算。

湿度系数为 0.7,由表 5.2.12 得,大气影响深度为 4.0m。

$$\Delta w_1 = w_1 - \psi_w w_p = 0.289 - 0.7 \times 0.224 = 0.132$$

$$\Delta w_i = \Delta w_1 - (\Delta w_1 - 0.01) \frac{z_i - 1}{z_{sn} - 1}$$

$$= 0.132 - (0.132 - 0.01) \times \frac{\left(4.0 - \frac{4.0 - 1.8}{2}\right) - 1}{4.0 - 1}$$

$$= 0.055$$

$$s_s = \psi_s \sum_{i=1}^{n} \lambda_{si} \cdot \Delta w_i \cdot h_i = 0.8 \times 0.2 \times 0.055 \times 2200 = 19.4 \text{mm}$$

答案:(C)

6-83 [2016 年考题] 关中地区黄土场地内 6 层砖混住宅楼室内地坪标高为 0.00m,基础埋深为 −2.0m,勘察时,某探井土样室内结果如下表所示,探井井口标高为 −0.5m,按照《湿陷性黄土地区建筑规范》(GB 500255—2004),对该建筑物进行地基处理时最小处理厚度为下列哪一选项? ( )

A. 2.0m   B. 3.0mm   C. 4.0m   D. 5.0m

题 6-83 表

编号	取样深度 (m)	e	γ (kN/m³)	δ_s	δ_{zs}	P_{sh} (kPa)
1	1.0	0.941	16.2	0.018	0.002	65
2	2.0	1.032	15.4	0.068	0.003	47
3	3.0	1.006	15.2	0.042	0.002	73

续上表

编号	取样深度 (m)	e	γ (kN/m³)	δ_s	δ_{zs}	P_{sh} (kPa)
4	1.0	0.952	15.9	0.014	0.005	85
5	5.0	0.969	15.7	0.062	0.020	90
6	6.0	0.954	16.1	0.026	0.013	110
7	7.0	0.864	17.1	0.017	0.014	138
8	8.0	0.914	16.9	0.012	0.007	150
9	9.0	0.939	16.8	0.019	0.018	165
10	10.0	0.853	17.1	0.029	0.015	182
11	11.0	0.860	17.1	0.016	0.005	198
12	12.0	0.817	17.7	0.014	0.014	—

注：12m 以下为非湿陷性土层。

解 《湿陷性黄土地区建筑规范》(GB 50025—2004)第 4.4.4 条、4.4.5 条。

$$\Delta_{zs} = \beta_0 \sum_{i=1}^{n} \delta_{zsi} h_i$$
$= 0.9 \times (0.020 \times 1000 + 0.018 \times 1000 + 0.015 \times 1000) = 47.7\text{mm} < 70\text{mm}$，

为非自重湿陷性场地。

$$\Delta_s = \sum_{i=1}^{n} \beta \delta_{si} h_i$$
$= 1.5 \times (0.068 + 0.042 + 0.062 + 0.026) \times 1000 + 1.0 \times (0.017 + 0.019 + 0.029 + 0.016) \times 1000$
$= 378\text{mm}$

由表 4.4.7 得：湿陷等级为 Ⅱ 类。
由表 3.0.1 得：该建筑物为丙类建筑物。
由第 6.1.5 条第 2 款知：处理厚度不宜小于 2m，且下部未处理湿陷性黄土层的湿陷起始压力值不宜小于 100kPa。
故处理厚度为：6.0−2.0=4.0m
答案：(C)

6-84 [2016 年考题] 某场地中有一土洞，洞穴高度 3m，土体应力扩散角为 25°，当拟建建筑物基础埋深为 2.0m 时，若不让建筑物扩散到洞体上，基础外边缘距该洞的水平距离最小值接近下列哪个选项？ （ ）

  A. 4.7m   B. 5.6m   C. 6.1m   D. 7.0m

解 $d = (12 - 2 + 3)\tan 25° = 6.1\text{m}$
答案：(C)

七、地 震 工 程

7-1 某15层住宅基础为筏板基础,尺寸 30m×30m,埋深 6m,土层为中密中粗砂,$\gamma = 19\text{kN/m}^3$,地下水位平基础底,地基承载力特征值 $f_{ak} = 300\text{kPa}$,试确定地基抗震承载力。

解 地基承载力经深宽修正
$\eta_b = 3, \eta_d = 4.4$
$f_a = f_{ak} + \eta_b \gamma(b-3) + \eta_d \gamma_m(d-0.5)$
$\quad = 300 + 3 \times (19-10) \times (6-3) + 4.4 \times 19 \times (6-0.5) = 841\text{kPa}$
根据《建筑抗震设计规范》(GB 50011—2010),知 $\xi_a = 1.3$
地基抗震承载力
$f_{aE} = f_a \times \xi_a = 841 \times 1.3 = 1093\text{kPa}$

7-2 某高层建筑,采用管桩基础,桩径 0.55m,桩长 16m,土层分布:0~2m 粉质黏土,$q_{sa} = 10\text{kPa}$;2~4.5m 粉质黏土,$q_{sa} = 7.5\text{kPa}$;4.5~7.0m 黏土,$q_{sa} = 11\text{kPa}$;7.0~9.0m 黏土,$q_{sa} = 19\text{kPa}$;9.0~12.8m 粗砂,$q_{sa} = 20\text{kPa}$;12.8m 以下强风化岩,$q_{sa} = 32\text{kPa}$,$q_{pa} = 3100\text{kPa}$。试计算单桩抗震承载力特征值。(题中桩的侧阻力、端阻力均为特征值)

解 抗震承载力特征值
$R_a = u\sum q_{sia} l_i + q_{pa} A_p$
$\quad = 1.727 \times (10 \times 2 + 7.5 \times 2.5 + 11 \times 2.5 + 19 \times 2 + 20 \times 3.8 + 32 \times 3.2) +$
$\quad\quad 0.237 \times 3100 = 1222.7\text{kN}$
抗震单桩承载力特征值
$R_{aE} = R_a \times 1.25 = 1222.7 \times 1.25 = 1528.4\text{kN}$

7-3 某7层住宅楼基础为天然地基,基础埋深 2m,抗震设防烈度为 7 度,设计基本地震加速度值 0.1g,设计地震分组为第一组,地下水位深度 1.0m,地层条件见表,试计算场地液化指数。

题 7-3 表

成因年代	土层序号	土名	层底深度(m)	剪切波速(m/s)	标贯点深度(m)	N	黏粒含量 ρ_c (%)
Q_4	1	粉质黏土	1.5	90	1.0	2	16
	2	黏质粉土	3.0	140	2.5	4	12
	3	粉砂	6.0	160	4 5.5	5 7	2.0 1.5
Q_3	4	细砂	11.0	350	7.0 8.5 10.0	12 10 15	0.5 1.0 2.0
		岩层		750			

解 第 1 层土为黏性土,第 2 层土 $\rho_c > 10\%$,第 4 层土为 Q_3,均属不液化层。
第 3 层粉砂:
$d_s = 4\text{m}, N_0 = 7, \beta = 0.8, d_w = 1.0\text{m}, N_{cr} = 7.06 > N = 5$,液化。
$d_s = 5.5\text{m}, N_0 = 7, \beta = 0.8, d_w = 1.0\text{m}, N_{cr} = 8.22 > N = 7$,液化。
土层厚度 $d_1 = 1.75\text{m}, d_2 = 1.25\text{m}$
权函数 $W_1 = 10.0\text{m}^{-1}, W_2 = 9.75\text{m}^{-1}$
液化指数

$$I_l = \sum_{i=1}^{n}\left(1 - \frac{N_i}{N_{cri}}\right)d_i W_i$$

$$= \left(1 - \frac{5}{7.06}\right) \times 1.75 \times 10.0 + \left(1 - \frac{7}{8.22}\right) \times 1.25 \times 9.75 = 6.9$$

7-4 某预制桩,截面尺寸 $0.3\text{m} \times 0.3\text{m}$,桩长 15m,低桩承台为 C30 混凝土,土层为黏性土,桩端持力层为砾砂,水平抗力系数比例系数 $m = 24\text{MN/m}^4$,试求单桩抗震水平承载力($x_{oa} = 10\text{mm}, E_c = 3 \times 10^7 \text{kN/m}^2$,桩顶铰接)。

解 $b_0 = 1.5b + 0.5 = 1.5 \times 0.3 + 0.5 = 0.95\text{m}$

$$I_0 = \frac{bh^3}{12} = \frac{0.3 \times 0.3^3}{12} = 0.68 \times 10^{-3}\text{m}^4$$

$$EI = 0.85 E_c I_0 = 0.85 \times 3 \times 10^7 \times 0.68 \times 10^{-3} = 17340 \text{kN} \cdot \text{m}^2$$

$$\alpha = \sqrt[5]{\frac{mb_0}{EI}} = \sqrt[5]{\frac{24000 \times 0.95}{17340}} = 1.06/\text{m}$$

$\alpha h = 1.06 \times 15 = 15.874, \nu_x = 2.441$

$$R_h = \frac{0.75 \times \alpha^3 EI}{\nu_x}\chi_{oa} = \frac{0.75 \times 1.06^3 \times 17340}{2.441} \times 10 \times 10^{-3} = 63.5\text{kN}$$

根据《建筑抗震设计规范》(GB 50011—2010),抗震承载力可比非抗震承载力提高 25%,即
$R_{hE} = 63.5 \times 1.25 = 79.4\text{kN}$

7-5 某仓库地基,地面下 5~11m 为细砂层,地下水位埋深 3m,标准贯入试验平均击数 $N = 8$,试以临界标贯击数方法判断该土层各深度处在发生 7 度(设计地震分组为第一组)地震时是否发生液化,并计算场地液化指数 I_{lE}。

解 (1)标贯临界值计算

$$N_{cr} = N_0 \beta [\ln(0.6 d_s + 1.5) - 0.1 d_w]\sqrt{\frac{3}{\rho_c}}$$

7 度区,设计地震分组为第一组,$N_0 = 7, \beta = 0.8, d_w = 3\text{m}$,砂土 $\rho_c = 3$
$d_5 = 5\text{m}, N_{cr} = 7 \times 0.8 \times [\ln(0.6 \times 5 + 1.5) - 0.1 \times 3] \times 1 = 6.74 < 8$,不液化。
$d_6 = 6\text{m}, N_{cr} = 7 \times 0.8 \times [\ln(0.6 \times 6 + 1.5) - 0.1 \times 3] \times 1 = 7.44 < 8$,不液化。
$d_7 = 7\text{m}, N_{cr} = 7 \times 0.8 \times [\ln(0.6 \times 7 + 1.5) - 0.1 \times 3] \times 1 = 8.07 > 8$,液化。
$d_8 = 8\text{m}, N_{cr} = 7 \times 0.8 \times [\ln(0.6 \times 8 + 1.5) - 0.1 \times 3] \times 1 = 8.63 > 8$,液化。

$d_s=9m、10m、11m$ 时，N_{cr} 分别为 9.14、9.60 和 10.03，液化。

所以 6.5~11m 砂土发生液化。

(2) 标贯试验中点深度

7m 处 $d=\dfrac{7.5-6.5}{2}+6.5=7m$

8m 处 $d=\dfrac{8.5-7.5}{2}+7.5=8m$

9m 处 $d=\dfrac{9.5-8.5}{2}+8.5=9m$

10m 处 $d=\dfrac{10.5-9.5}{2}+9.5=10m$

11m 处 $d=\dfrac{11-10.5}{2}+10.5=10.75m$

(3) 计算影响权函数

$d=7m, W_1=8.67; d=8m, W_2=8.0; d=9m, W_3=7.33; d=10m, W_4=6.67; d=10.75, W_5=6.17$

深度 6.5~11m 范围，各计算土层厚度

$d_1=1m, d_2=1m, d_3=1m, d_4=1m, d_5=0.5m$

(4) 计算液化指数

$$I_{lE}=\sum_{i=1}^{n}\left(1-\dfrac{N_i}{N_{cri}}\right)d_i W_i$$

$=\left(1-\dfrac{8}{8.07}\right)\times 1\times 8.67+\left(1-\dfrac{8}{8.63}\right)\times 1\times 8+\left(1-\dfrac{8}{9.14}\right)\times 1\times 7.33+$

$\left(1-\dfrac{8}{9.6}\right)\times 1\times 6.67+\left(1-\dfrac{8}{10.03}\right)\times 0.5\times 6.17$

$=0.08+0.58+0.91+1.11+0.62=3.30$

液化等级为轻微液化。

7-6 某场地抗震设防烈度为 8 度，设计地震分组为第一组，根据图土层分布和标准贯入试验击数，试判定土层的液化等级。

解 (1) 计算土层的标贯击数临界值 N_{cr}

场地抗震设防烈度为 8 度，设计地震分组为第一组，标贯击数基准值 $N_0=12, \beta=0.8, d_w=1m$，砂土 $\rho_c=3$。

$-1.4m$ 处，$N_{cr}=12\times 0.8\times[\ln(0.6\times 1.4+1.5)-0.1\times 1]\times 1=7.2>2$，液化。

$-4m$ 处，$N_{cr}=12\times 0.8\times[\ln(0.6\times 4+1.5)-0.1\times 1]\times 1=12.11<15$，不液化。

$-5m$ 处，$N_{cr}=12\times 0.8\times[\ln(0.6\times 5+1.5)-0.1\times 1]\times 1=13.48>8$，液化。

$-6m$ 处，$N_{cr}=12\times 0.8\times[\ln(0.6\times 6+1.5)-0.1\times 1]\times 1=14.68<16$，不液化。

$-7m$ 处，$N_{cr}=12\times 0.8\times[\ln(0.6\times 7+1.5)-0.1\times 1]\times 1=15.75>12$，液化。

其中，$-4m$ 及 $-6m$ 处不液化，其他三处液化。

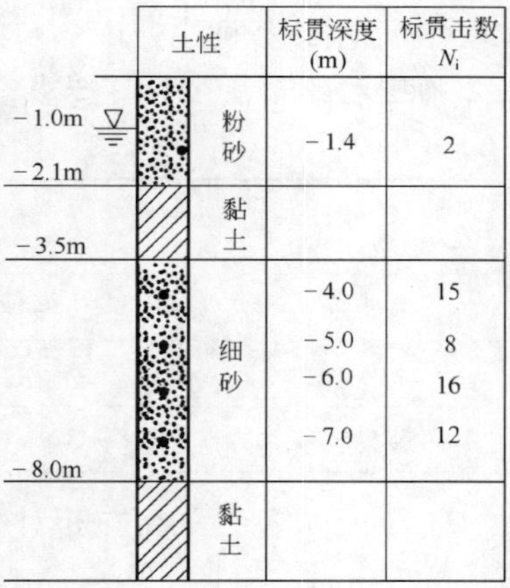

(2)计算产生液化的三处中点深度和土层厚度

-1.4m 处,$d_1=1.1$m,$Z_1=1.55$m

-5m 处,$d_3=1$m,$Z_3=5$m

-7m 处,$d_5=1.5$m,$Z_5=7.25$m

(3)计算各中点深度 Z_i 处所对应的影响权函数 W_i

当该层中点深度不大于 5m 时应采用 10,等于 20m 时应采用零值,5～20m 时应按线性内插法取值。

$W_1=10.0$,$W_3=10.0$,$W_5=8.50$。

(4)计算液化指数 I_{lE}

$$I_{lE}=\sum_{i=1}^{n}\left(1-\frac{N_i}{N_{cri}}\right)d_i W_i$$

$$=\left(1-\frac{2}{7.2}\right)\times 1.1\times 10+\left(1-\frac{8}{13.48}\right)\times 1\times 10+\left(1-\frac{12}{15.75}\right)\times 1.5\times 8.5$$

$$=15.04$$

题 7-6 图

(5)划分液化等级

查《建筑抗震设计规范》(GB 50011—2010)表 4.3.5,$6<I_{lE}\leq 18$ 为中等液化等级。该场地 $I_{lE}=15.04$,属于中等液化场地。

点评:请考生注意,2010 年新规范修改了液化等级判别表。

7-7 某建筑物按抗震要求为乙类建筑,设抗震防烈度为 7 度,基础为条形基础,基础埋深 2m,土层分布、土性指标、标准贯入试验击数临界值及液化指数见表和图,作用于基础顶面竖向荷载 $F_k=500$kN/m,试解答下列问题:

(1)地基持力层承载力特征值。
(2)地基抗震承载力。
(3)按抗震要求验算基础宽度。
(4)根据建筑物性质和对地基液化判别,应采取什么抗液化措施?
(5)对液化土层进行砂石桩法处理,砂石桩直径 0.4m,正方形布桩,要求将孔隙比 0.9 减少到 0.75,求砂石桩间距(ξ 取 1.15)。
(6)如要求全部消除液化沉陷,估算每孔的填料量。
(7)如要求部分消除液化沉陷,估算每孔填料量。

土层分布与计算参数 题 7-7 表 1

土性	土层厚度 (m)	γ (kN/m³)	e	I_L	f_{ak} (kPa)	标贯击数临界值 N_{cr}	液化指数 I_{lE}
黏性土	5	18.0	0.82	0.70	200		0
粉土	3	17.0	0.90		150	6.3	8
粉砂	2	17.5	0.90			8.2	5
细砂	3	18.0	0.90			9.5	3
黏土		18.5	0.75				0

(8) 采用砂石桩法处理地基以消除全部液化沉陷,如果处理后土层的标贯击数实测值见表2,则哪种组合满足设计要求?

处理后液化土层标贯击数实测值　　　　题7-7表2

组合\土层	(A)	(B)	(C)	(D)
粉土	6	7	6	9
粉砂	7	8	9	10
细砂	8	10	10	11

(9) 如已知粉砂的土粒相对密度为2.719,求经砂石桩法处理后粉砂的干密度。

解 (1)设基础宽度$b \leqslant 3\text{m}$,经深、宽修正后地基持力层承载力特征值为
$$f_a = f_{ak} + \eta_b \gamma (b-3) + \eta_d \gamma_m (d-0.5)$$
持力层为黏性土,$e=0.82$,$I_L=0.7$,根据《建筑地基基础设计规范》(GB 50007—2011)表5.2.4查得,$\eta_b=0.3$,$\eta_d=1.6$,则
$$f_a = 200 + 0 + 1.6 \times 18 \times 1.5 = 243.2\text{kPa}$$

(2)地基抗震承载力
$$f_{aE} = \xi_a f_a$$
式中:f_{aE}——地基抗震承载力;
ξ_a——地基抗震承载力调整系数,根据《建筑抗震设计规范》(GB 50011—2010)表4.2.3得$\xi_a=1.3$;
f_a——经修正后的地基承载力特征值。
$$f_{aE} = 1.3 \times 243.2 = 316.2\text{kPa}$$

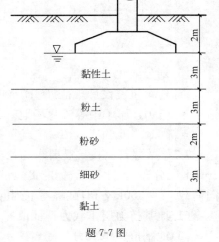

题7-7图

(3)基础宽度
$$b = \frac{F_k}{f_{aE} - d\gamma_G} = \frac{500}{316.2 - 2 \times 20} = 1.81\text{m}$$

(4)抗液化措施

根据《建筑抗震设计规范》(GB 50011—2010)表4.3.5,$I_{lE}=16$,判断为中等液化等级。

根据《建筑抗震设计规范》(GB 50011—2010)表4.3.6,当建筑抗震设防类别为乙类,地基液化等级为中等时,应全部消除液化沉陷,或部分消除液化沉陷且对基础和上部结构进行处理。

(5)采用砂石桩法处理液化地基应采用的桩间距

根据《建筑地基处理技术规范》(JGJ 79—2012)式(7.2.2),处理粉土、砂土地基,当砂石桩为正方形布置时,其砂石桩间距为
$$s = 0.89 \xi d \sqrt{\frac{1+e_0}{e_0 - e_1}}$$
式中:s——砂石桩间距;
d——砂石桩直径;

ξ——修正系数，砂石桩成孔采用振动沉管法对周围土有密实作用，ξ 取 1.15；

e_0——地基处理前砂土的孔隙比，$e_0 = 0.9$；

e_1——地基挤密后要求达到的孔隙比，$e_1 = 0.75$。

$$s = 0.89 \times 1.15 \times 0.4 \times \sqrt{\frac{1+0.9}{0.9-0.75}} = 0.409 \times 3.56 = 1.46 \text{m}$$

(6) 全部消除液化沉陷，每孔的填料量

根据《建筑抗震设计规范》(GB 50011—2012)规定，全部消除地基液化沉陷措施，当采用加密法，应处理至液化深度下界，所以桩长为基础底面下 11m，其中厚度为 3m 的黏性土为不液化土，但施工原因，砂石桩桩长不能按 8m 计算，而应按 11m 计算。

根据《建筑地基处理技术规范》(JGJ 79—2002)规定，砂石桩孔内填料量应通过现场试验确定，初步估算可按设计桩孔体积乘以充盈系数 β(1.2~1.4)。

每孔填料量为

$$S = \pi R^2 \times L \times \beta = 3.14 \times 0.2^2 \times 11 \times (1.2 \sim 1.4) = 1.66 \sim 1.93 \text{m}^3$$

(7) 部分消除液化沉陷，每孔的填料量

根据《建筑抗震设计规范》(GB 50011—2010)规定，处理深度应使处理后的地基液化指数不宜大于 5，对独立基础和条形基础，尚不应小于基础底面下液化土特征深度和基础宽度的较大值。所有粉土和粉砂皆应进行处理，桩长 5m，加上黏性土层 3m，桩长共 8m，所以每孔填料量为

$$S = \pi R^2 \times L \times \beta = 3.14 \times 0.2^2 \times 8 \times 1.3 = 1.3 \text{m}^3$$

(8) 满足设计要求的组合

根据《建筑抗震设计规范》(GB 50011—2010)规定，处理后地基的实测标贯击数（未经杆长修正）大于液化判别标贯击数临界值时，为已消除液化的可能，所以根据表 2，(D) 组合满足设计要求。

(9) 经处理后粉砂的干密度

$$\rho_d = \frac{d_s}{1+e}\rho_w$$

$d_s = 2.719 \text{g/cm}^3$，处理后 $e = 0.75$

$$\rho_d = \frac{2.719}{1+0.75} \times 1 = 1.55 \text{g/cm}^3$$

7-8 某场地抗震设防烈度 8 度，场地类别 Ⅱ 类，设计地震分组为第一组，建筑物 A 和建筑物 B 的结构自振周期：$T_A = 0.2$s，$T_B = 0.4$s，阻尼比 $\zeta = 0.05$，根据《建筑抗震设计规范》(GB 50011—2010)，如果建筑物 A 和 B 的地震影响系数分别以 α_A 和 α_B 表示，试求地震影响系数 α_A/α_B 的比值。

解 由《建筑抗震设计规范》(GB 50011—2010)图 5.1.5 地震影响系数曲线知：

当 $0.1\text{s} < T < T_g$ 时　　$\alpha = \eta_2 \alpha_{\max}$

当 $T_g < T < 5T_g$ 时　　$\alpha = \left(\frac{T_g}{T}\right)^\gamma \eta_2 \alpha_{\max}$

根据《建筑抗震设计规范》(GB 50011—2010)表 5.1.4-2，特征周期 $T_g = 0.35$s，则

$T_A = 0.2\text{s} < T_g$，$\alpha_A = \eta_2 \alpha_{\max}$

$T_B = 0.4\text{s} > T_g, \alpha_B = \left(\dfrac{T_g}{T_B}\right)^\gamma \eta_2 \alpha_{\max}$，阻尼比 $\xi = 0.05$，则 $\eta_2 = 1.0$

$$\dfrac{\alpha_A}{\alpha_B} = \dfrac{\eta_2 \alpha_{\max}}{\left(\dfrac{T_g}{T_B}\right)^\gamma \eta_2 \alpha_{\max}} = \dfrac{1}{\left(\dfrac{T_g}{T_B}\right)^\gamma} = \dfrac{1}{\left(\dfrac{0.35}{0.4}\right)^{0.9}} = 1.13$$

7-9 某场地抗震设防烈度 8 度，设计地震分组为第一组，地下水位深度 $d_w = 4.0\text{m}$，土层名称、深度、黏粒含量及标贯级数见表，按《建筑抗震设计规范》(GB 50011—2010)，采用标贯试验法进行液化判别，试判别表中哪几个标贯试验点属液化土。

土层分布和标贯试验结果　　　　　　　　　　　　　　　　　　题 7-9 表

土层名称	深度(m)	标准贯入试验			黏粒含量 ρ_c (%)
		编号	深度 d_s(m)	实测值 N	校正值 N	
③粉土	6.0~10.0	3-1	7.0	5	4.3	12
		3-2	9.0	8	6.6	10
④粉砂	10.0~15.0	4-1	11.0	11	8.8	8
		4-2	13.0	20	15.4	5

解　8 度地震区，第一组，$N_0 = 12, \beta = 0.8, d_w = 4\text{m}$，砂土 $\rho_c = 3$。

3-1 号　$N_{cr} = 12 \times 0.8 \times [\ln(0.6 \times 7 + 1.5) - 0.1 \times 4] \times \sqrt{\dfrac{3}{12}} = 6.43$

3-2 号　$N_{cr} = 12 \times 0.8 \times [\ln(0.6 \times 9 + 1.5) - 0.1 \times 4] \times \sqrt{\dfrac{3}{10}} = 8.05$

4-1 号　$N_{cr} = 12 \times 0.8 \times [\ln(0.6 \times 11 + 1.5) - 0.1 \times 4] \times \sqrt{\dfrac{3}{3}} = 16.24$

4-2 号　$N_{cr} = 12 \times 0.8 \times [\ln(0.6 \times 13 + 1.5) - 0.1 \times 4] \times \sqrt{\dfrac{3}{3}} = 17.57$

所以，除砂土 4-2 号不液化外，其余点均液化。

7-10　某场地地面下的黏土层厚 5m，其下为粉砂层，厚 10m，整个粉砂层在地震中可能产生液化，已知粉砂层的液化抵抗参数 $C_e = 0.7$，若采用摩擦桩基础，桩身穿过整个粉砂层范围，深入其下的非液化土中，试按《公路工程抗震规范》(JTG B02—2013)求通过粉砂层的桩长范围桩侧阻力总的折减系数。

解　当 $C_e = 0.7$ 时：

埋深 $d_s < 10\text{m}$，折减系数　$\psi_l = \dfrac{1}{3}$

$10\text{m} < d_s < 20$，折减系数　$\psi_l = \dfrac{2}{3}$

桩在粉砂层的上面 5m，$\psi_{l1} = \dfrac{1}{3}$；下面 5m，$\psi_{l2} = \dfrac{2}{3}$

总的侧阻力折减系数　$\psi_l = \dfrac{1}{2} \times \left(\dfrac{1}{3} + \dfrac{2}{3}\right) = \dfrac{1}{2}$

7-11 某承重墙条基埋深2m,基底下为6m厚粉土层,粉土黏粒含量为9%,其下为12m粉砂层,再往下为较厚的粉质黏土,近期内年最高地下水位在地表以下5m,该建筑场地抗震设防烈度为8度,设计地震分组为第一组,不同土层的标贯击数N值如图所示,试分析场地地基土层是否液化? 其液化指数I_{lE}是多少?

解 (1)地下15m深度范围内液化判别标准贯入击数临界值计算

根据《建筑抗震设计规范》(GB 50011—2010)得,8度区,第一组。

$N_0=12, \beta=0.8, d_w=5m$,粉土 $\rho_c=9$;砂土 $\rho_c=3$

$d_1=5m$,粉土

$N_{cr}=12\times0.8\times[\ln(0.6\times5+1.5)-0.1\times5]\times\sqrt{\dfrac{3}{9}}$

$=5.57>5$

$d_2=7m$,粉土

$N_{cr}=12\times0.8\times[\ln(0.6\times7+1.5)-0.1\times5]\times\sqrt{\dfrac{3}{9}}$

$=6.88>6$

$d_3=10m$,粉砂

$N_{cr}=12\times0.8\times[\ln(0.6\times10+1.5)-0.1\times5]\times\sqrt{\dfrac{3}{3}}$

$=14.54>8$

$d_4=13m$,粉砂

$N_{cr}=12\times0.8\times[\ln(0.6\times13+1.5)-0.1\times5]\times\sqrt{\dfrac{3}{3}}$

$=16.61>8$

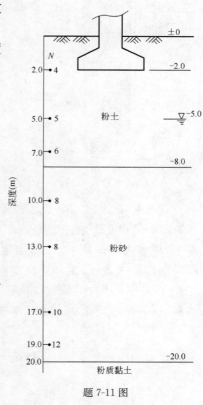

题 7-11 图

在d_1,d_2,d_3和d_4深度实测N值均小于N_{cr},判断为液化土层。

(2)计算标贯试验点中点深度

Z_i为第i点代表的土层中点深度,可取与该标贯试验点相邻上、下两标贯试验点深度差的一半,但上界不高于地下水位深度,下界不深于液化深度。

$d_1=5m$处,$Z_1=5.5m$

$d_2=7m$处,$Z_2=7m$

$d_3=10m$处,$Z_3=9.75m$

$d_4=13m$处,$Z_4=13.25m$

(3)计算影响权函数W_i

$d_1=5m$处,$Z_1=5.5m, W_1=9.67m^{-1}$

$d_2=7m$处,$Z_2=7m, W_2=8.67m^{-1}$

$d_3=10m$处,$Z_3=9.75m, W_3=6.83m^{-1}$

$d_4=13m$处,$Z_4=13.25m, W_4=4.50m^{-1}$

(4) 深度 5~15m 范围内,各计算土层厚度

第一层厚　6－5＝1.0m

第二层厚　8－6＝2.0m

第三层厚　11.5－8＝3.5m

第四层厚　15－11.5＝3.5m

(5) 计算液化指数

$$I_{lE}=\sum_{i=1}^{n}\left(1-\frac{N_i}{N_{cri}}\right)d_iW_i$$

$$=\left(1-\frac{5}{5.57}\right)\times1\times9.67+\left(1-\frac{6}{6.88}\right)\times2\times8.67+\left(1-\frac{8}{14.54}\right)$$

$$\times3.5\times6.83+\left(1-\frac{8}{16.61}\right)\times3.5\times4.5$$

$$=0.98+2.21+10.76+8.16=22.11$$

液化指数 $I_{lE}=22.11$,属于严重液化等级。

7-12 某水闸下游岸墙高 5m,挡土墙面与垂直面夹角 $\psi_1=20°$,墙后填料为粗砂,填土表面水平,粗砂内摩擦角 $\varphi=32°$,重度 $\gamma=20kN/m^3$,墙背与粗砂间摩擦角 $\delta=15°$,岸墙所在地区抗震设防烈度为 8 度,试计算在水平地震力作用下(不计竖向地震力作用)在岸墙上产生的地震主动土压力 F_E(地震系数角 θ_e 取 3°)。

解　根据《水电工程水工建筑物抗震设计规范》(NB 35047—2015)第 5.9.1 条。

$$Z=\frac{\sin(\delta+\varphi)\sin(\varphi-\theta_e-\psi_2)}{\cos(\delta+\psi_1+\theta_e)\cos(\psi_2-\psi_1)}$$

$$=\frac{\sin(15°+32°)\sin(32°-3°-0°)}{\cos(15°+20°+3°)\cos(0°-20°)}$$

$$=0.479$$

$$C_e=\frac{\cos^2(\varphi-\theta_e-\psi_1)}{\cos\theta_e\cos^2\psi_1\cos(\delta+\psi_1+\theta_e)(1+\sqrt{Z})^2}$$

$$=\frac{\cos^2(32°-3°-20°)}{\cos3°\cos^220°\cos(15°+20°+3°)(1+\sqrt{0.479})^2}$$

$$=0.490$$

不计竖向地震力作用,且无土表面荷载:

$$F_E=\frac{1}{2}\gamma H^2C_e$$

$$=\frac{1}{2}\times20\times5^2\times0.490$$

$$=122.5kN$$

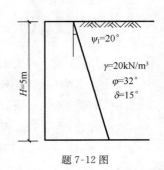

题 7-12 图

七、地震工程

7-13 某场地土层分布如下:0~1.5m 为填土,土层剪切波速 $v_s=80$m/s;1.5~7.5 为粉质黏土,$v_s=210$m/s;7.5~19m 为粉细砂,$v_s=243$m/s;19~26m 为砾石,$v_s=350$m/s;26m 以下为砾岩,$v_s>500$m/s。试判定该场地的类别。

解 (1)确定场地覆盖层厚度

按《建筑抗震设计规范》(GB 50011—2010)第 4.1.4 条规定,覆盖层厚度为地面至剪切波速大于 500m/s 的土层顶面的距离,所以该场地覆盖层厚度为 26m。

(2)计算等效剪切波速

$$v_{se} = \frac{d_0}{t}$$

$$t = \sum_{i=1}^{n}(\frac{d_i}{v_{si}})$$

计算深度 d_0 取覆盖层厚度和 20m 两者的较小值,故 $d_0=20$m。

$$t = \frac{1.5}{80} + \frac{6}{210} + \frac{11.5}{243} + \frac{1.0}{350} = 0.098\text{s}$$

$$v_{se} = \frac{d_0}{t} = \frac{20}{0.098} = 204\text{m/s}$$

覆盖层厚度 26m,v_{se} 在 140~250m/s 之间,场地类别为Ⅱ类。

7-14 某独立基础尺寸 2.0m×1.5m,埋深 1.5m,上部结构传来竖向力 $F_k=1000$kN,弯矩 $M_k=100$kN·m,作用地震竖向拉力 $F_1=60$kN,水平力 $H_k=190$kN,地基为密实中砂,承载力特征值 $f_{ak}=220$kPa,内摩擦角 $\varphi_k=30°$,重度 $\gamma=18$kN/m³,基底与土之间的摩擦系数 $\mu=0.18$,试验算地基抗震承载力。

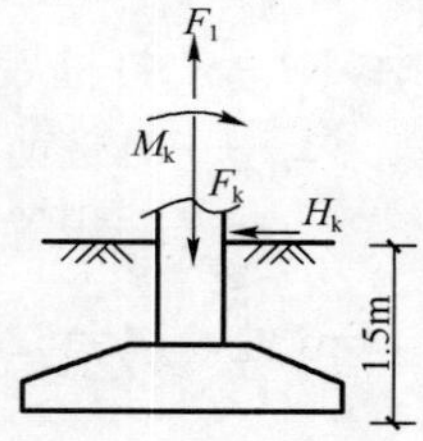

解 (1)经深、宽修正后的地基承载力特征值

根据《建筑地基基础设计规范》(GB 50007—2011)表 5.2.4 得 $\eta_b=3.0$,$\eta_d=4.4$。

$$f_a = f_{ak} + \eta_b\gamma(b-3) + \eta_d\gamma_m(d-0.5)$$
$$= 220 + 0 + 4.4 \times 18 \times 1.0 = 299.2\text{kPa}$$

题 7-14 图

(2)地基抗震承载力

$$f_{aE} = \xi_a f_a$$

根据《建筑抗震设计规范》(GB 50011—2010)表 4.2.3,地基土抗震承载力调整系数 $\xi_a=1.5$。

$$f_{aE} = 1.5 \times 299.2 = 448.8\text{kPa}$$

(3)验算竖向承载力

$$p_k = \frac{F_k - F_1 + G_k}{A} = \frac{1000 - 60 + 2 \times 1.5 \times 1.5 \times 20}{2 \times 1.5}$$

$$= 343.3\text{kPa} < f_{aE} = 448\text{kPa}$$

偏心距 $e = \frac{M}{N} = \frac{190 \times 1.5 - 100}{1030} = \frac{185}{1030} = 0.18\text{m} < \frac{b}{6} = \frac{2}{6} = 0.33\text{m}$

$$p_{max} = \frac{F_k - F_1 + G_k}{A} + \frac{M}{W} = \frac{1030}{2 \times 1.5} + \frac{185}{\frac{1}{6} \times 2^2 \times 1.5}$$

$= 343.3 + 185 = 528.3\text{kPa} \leqslant 1.2f_{aE} = 1.2 \times 448.8 = 538.6\text{kPa}$

$p_{\min} = 343.3 - 185 = 158.3\text{kPa} > 0$

考虑地震力作用时,基础底面压力满足要求。

7-15 某建筑物的土层分布:0~3m 黏土,承载力特征值 $f_{ak}=150\text{kPa}$;3~6m 粉砂,平均标贯击数 $N=6.5$;6~7.5m 粉土,粒径小于 0.005mm 的黏粒含量 14%;7.5~10m 粉砂,平均标贯击数 $N=10$。8 度地震区,设计地震分组为第一组,地下水位在地面下 1.5m,试判断粉砂层是否液化。若会液化,采用砂石桩法处理地基,要求复合地基承载力特征值 $f_{spk}=170\text{kPa}$,试设计砂石桩复合地基。

解 (1)计算液化判别标贯击数临界值

$N_{cr} = N_0 \beta [\ln(0.6d_s + 1.5) - 0.1d_w] \sqrt{3/\rho_c}$

8 度地震,设计地震分组为第一组,$N_0 = 12, \beta = 0.8$

$d_w = 1.5\text{m}$,粉砂,$\rho_c = 3$

6m 处粉砂,$N_{cr} = 12 \times 0.8 \times [\ln(0.6 \times 6 + 1.5) - 0.1 \times 1.5] \times \sqrt{\dfrac{3}{3}} = 14.2 > 6.5$

10m 处粉砂,$N_{cr} = 12 \times 0.8 \times [\ln(0.6 \times 10 + 1.5) - 0.1 \times 1.5] \times \sqrt{\dfrac{3}{3}} = 17.9 > 10$

(2)确定砂石桩面积置换率

砂石桩采用沉管挤密碎石桩对土有挤密作用,根据《建筑抗震设计规范》(GB 50011—2010),式 4.4.3 计算挤土桩面积置换率

$N_1 = N_p + 100m(1 - e^{-0.3N_p})$

式中:N_1——打桩后的标准贯入击数;

N_p——打桩前的标准贯入击数;

m——面积置换率。

6m 处 $14 = 6.5 + 100m(1 - e^{-0.3 \times 6.5}) \Rightarrow m = \dfrac{7.5}{85.8} = 0.087$

10m 处 $18 = 10 + 100m(1 - e^{-0.3 \times 10}) \Rightarrow m = \dfrac{8}{100 \times (1-0.05)} = 0.084$

(3)砂石桩设计

砂石桩,桩径 0.5m,桩长 10m,采用沉管挤密碎石桩,三角形布桩,$m=0.087$

$m = \dfrac{d^2}{d_e^2} = \dfrac{0.5^2}{(1.05s)^2} = \dfrac{0.25}{1.1s^2} = 0.087 \Rightarrow s = 1.62\text{m}$

估算桩体承载力特征值

$f_{spk} = mf_{pk} + (1-m)f_{sk}$

$f_{sk} = 150\text{kPa}$,要求复合地基承载力特征值 $f_{spk} = 170\text{kPa}$,即

$170 = 0.087f_{pk} + (1-0.087) \times 150 = 0.087f_{pk} + 137 \Rightarrow f_{pk} = 379\text{kPa}$

桩体承载力特征值应达 379kPa。

碎石桩复合地基竣工后应进行复合地基载荷试验,检验复合地基承载力是否满足设计要求;桩体应进行重型动力触探,检验密实度;桩间粉砂土层应进行标贯试验,检验标贯击数是否能达 N_1 值。

7-16 某预制方桩,截面尺寸 0.35m×0.35m,桩长 13.0m,桩顶离地面 6.0m,桩底离地面 19m,土层分布:0～8.0m 为粉质黏土,$q_{sik}=25$kPa;8.0～14.4m 为粉土,$q_{sik}=30$kPa,黏粒含量2.5%;14.4～18m 为粉砂,$q_{sik}=35$kPa;18m 以下为砾砂,$q_{sik}=50$kPa,$q_{pk}=3000$kPa。试回答:(1)粉土和粉砂不发生液化时的单桩竖向抗震承载力特征值;(2)粉土和粉砂发生液化,在 13m 处标贯击数 $N=11$,17m 处标贯击数 $N=18$,地下水位 2.5m,8 度地震区,第一组,试计算单桩竖向抗震承载力特征值。

解 (1)粉土和粉砂土层不发生液化时,单桩竖向抗震承载力特征值计算

单桩极限承载力标准值

$$Q_{uk} = 4 \times 0.35 \times (2.0 \times 25 + 6.4 \times 30 + 3.6 \times 35 + 1.0 \times 50) + 0.35^2 \times 3000$$
$$= 1.4 \times (50 + 192 + 126 + 50) + 367.5$$
$$= 585.2 + 367.5 = 952.7 \text{kN}$$

单桩承载力特征值

$R_a = 952.7/2 = 476.4$kN

按规范《建筑抗震设计规范》(GB 50011—2010)规定,非液化土中单桩竖向抗震承载力特征值可比非抗震设计时提高 25%。

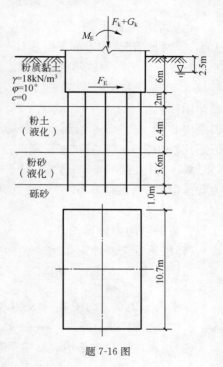

题 7-16 图

所以单桩竖向抗震承载力特征值为 $476.4 \times 1.25 = 595.9$kN。

(2)粉土和砂土层发生液化时,单桩竖向抗震承载力特征值计算

13m 处粉土　$N_{cr}=12 \times 0.8 \times [\ln(0.6 \times 13+1.5)-0.1 \times 2.5] \times \sqrt{3/3}=19.01>11$

$11/19.01=0.58<0.6$

17m 处粉砂　$N_{cr}=12 \times 0.8 \times [\ln(0.6 \times 17+1.5)-0.1 \times 2.5] \times \sqrt{3/3}=21.21>18$

$18/21.21=0.85$

①桩承受全部地震作用,根据规范 GB 50011—2010 表 4.4.3,土层液化影响折减系数 ψ_l,粉土 $\psi_l=1/3$,粉砂 $\psi_l=1.0$。

$$Q_{uk} = 1.25 \times [4 \times 0.35 \times (2.0 \times 25 + 4.4 \times 30 \times \frac{1}{3} + 3.6 \times 35 + 1.0 \times 50) + 0.35^2 \times 3000]$$
$$= 1.25 \times [1.4 \times (50+44+126+50) + 367.5] = 931.9$$

考虑液化时单桩竖向抗震承载力特征值为

$$R_a = \frac{Q_{uk}}{2} = \frac{931.9}{2} = 465.9 \text{kN}$$

②地震作用按水平地震影响系数最大值的 10%采用($\alpha=0.1\alpha_{max}$),这时单桩承载力应扣除液化土层的全部摩阻力和桩承台下 2.0m 深度范围内非液化土的桩周摩阻力。

$$Q_{uk} = 1.25 \times [4 \times 0.35 \times (2.0 \times 0 + 6.4 \times 0 + 3.6 \times 0 + 1.0 \times 50) + 0.35^2 \times 3000]$$
$$= 1.25 \times [70 + 367.5] = 546.9 \text{kN}$$

考虑液化时,单桩竖向抗震承载力特征值为

$$R_a = \frac{Q_{uk}}{2} = \frac{546.9}{2} = 273.4\text{kN}$$

当桩承台底面上、下分别有厚度不小于1.5m、1.0m的非液化土层时,桩的抗震验算取以上①、②两种情况,按不利情况设计。

7-17 某工程为桩箱基础,采用$0.35\text{m}\times0.35\text{m}$预制桩,桩长13m,桩顶离地面6.0m,总桩数330根,土层分布同题7-16,作用于箱基顶部竖向荷载$F_k+G_k=79200\text{kN}$,结构总水平地震作用标准值$F_{Ek}=13460\text{kN}$,由F_{Ek}作用产生的倾覆力矩标准值$M_{Ek}=38539\text{kN·m}$,已知边桩距中心轴$y_{max}=5.0\text{m}$,$\sum y_i^2=2633\text{m}^2$,8度地震区,II类场地,结构自振周期$T=1.1\text{s}$,土的阻尼比$\zeta=0.05$,试验算桩基础竖向抗震承载力。

解 根据题7-16知,考虑粉土和砂土液化:①桩承受全部地震作用时,单桩竖向地震承载力特征值$R_a=465.9\text{kN}$;②地震作用按$\alpha=0.1\alpha_{max}$时,单桩竖向地震承载力特征值$R_a=273.4\text{kN}$。

基桩的竖向力计算如下:
(1)桩承受全部地震作用时,边桩竖向力为

$$N_{Ekmax} = \frac{F_k+G_k}{n} + \frac{M_{Ek}y_{max}}{\sum y_i^2} = \frac{79200}{330} + \frac{38539\times5}{2633}$$
$$= 240 + 73.2 = 313.2\text{kN} < 1.5R_a$$
$$= 1.5\times465.9 = 698.9\text{kN}$$

(2)地震作用按水平地震影响系数最大值10%采用时

$$\alpha = \left(\frac{T_g}{T}\right)^\gamma \eta_2 \alpha_{max}$$

$\eta_2=1.0$,$\gamma=0.9$

根据《建筑抗震设计规范》(GB 50011—2010)表5.1.4-2,II类场地特征周期$T_g=0.35\text{s}$。

地震影响系数 $\alpha=\left(\dfrac{0.35}{1.1}\right)^{0.9}\alpha_{max}$和$\alpha=0.1\alpha_{max}$两者比值为

$$K = \frac{\left(\dfrac{0.35}{1.1}\right)^{0.9}\alpha_{max}}{0.1\alpha_{max}} = \frac{0.357}{0.1} = 3.57$$

因此,由地震作用引起的倾覆力矩标准值M_{Ek}应减小到原来的$1/3.57=0.28$倍。

$$M'_{Ek} = 38539\times0.28 = 10790.9\text{kN·m}$$

$$N_{Ekmax} = \frac{F_k+G_k}{n} + \frac{M'_{Ek}y_{max}}{\sum y_i^2}$$
$$= 240 + \frac{10790.9\times5.0}{2633}$$
$$= 240 + 20.5 = 260.5\text{kN} < 1.5R_a = 1.5\times273.4 = 410.1\text{kN}$$

7-18 和题7-17同条件,若粉质黏土的地基水平抗力系数的比例系数$m_1=15\text{MN/m}^4$,粉土$m_2=25\text{MN/m}^4$,粉土黏粒($<0.005\text{mm}$的颗粒)为2.5%,在深度8.8m处标贯试验击数

$N=10$,群桩效应综合系数 $\eta_h=1.0$,试验算桩基水平地震承载力。

解 (1)计算液化判别标准贯入击数临界值 N_{cr}

$$N_{cr}=N_0\beta[\ln(0.6d_s+1.5)-0.1d_w]\sqrt{\frac{3}{\rho_c}}$$

8度地震区,第一组,$N_0=12,\beta=0.8,d_s=8.8m,d_w=2.5m$

$N_{cr}=12\times0.8\times[\ln(0.6\times8.8+1.5)-0.1\times2.5]=15.97$

$\lambda_N=\dfrac{N}{N_{cr}}=\dfrac{10}{15.97}=0.63$

根据《建筑抗震设计规范》(GB 50011—2010)第4.4.3条,对液化土层的水平抗力应乘以液化折减系数 ψ_l。

从《建筑抗震设计规范》(GB 50011—2010)表4.4.3查得:$\lambda_N=0.63,d_s=8.8,\psi_l=\dfrac{1}{3}$。

(2)计算 m 值

根据《建筑桩基技术规范》(JGJ 94—2008)表5.7.5注第3条,当地基为可液化土层时,应将 m 值乘以表5.3.12中的折减系数(查表为 $\dfrac{1}{3}$);根据其附录C,分层土主要影响深度 $h_m=2\times(d+1)=2\times(0.395+1)=2.8m$ 范围内的 m 值计算。

$$m=\frac{m_1h_1^2+m_2(2h_1+h_2)h_2}{h_m^2}$$

$m_1=15MN/m^4,m_2=25\times\dfrac{1}{3}=8.3MN/m^4,h_1=2.0m,h_2=0.8m$

$m=\dfrac{15\times2.0^2+8.3\times(2\times2.0+0.8)\times0.8}{2.8^2}=\dfrac{60+31.87}{7.84}=11.7MN/m^4$

(3)计算水平变形系数

$\alpha=\sqrt[5]{\dfrac{mb_0}{EI}},EI=0.85E_cI_0$

$I_0=\dfrac{bh^3}{12}=\dfrac{0.35\times0.35^3}{12}=1.25\times10^{-3}m^4$

$b_0=1.5b+0.5=1.5\times0.35+0.5=1.025m$

C_{30} 混凝土,$E_c=3\times10^7kN/m^2,EI=0.85\times3\times10^7\times1.25\times10^{-3}=31875kN\cdot m^2$

$\alpha=\sqrt[5]{\dfrac{11.7\times1.025\times10^3}{0.85\times3\times10^7\times1.25\times10^{-3}}}=\sqrt[5]{\dfrac{11.99\times10^3}{31875}}=0.822m^{-1}$

(4)计算单桩水平承载力特征值

$\alpha h=0.822\times13=10.7>4$,由《建筑桩基技术规范》(JGJ 94—2008)表5.4.2知,桩顶水平位移系数 $\nu_x=2.44$(桩顶铰接)。

根据《建筑桩基技术规范》(JGJ 94—2008),预制桩水平承载力设计值为

$$R_h=0.75\times\frac{\alpha^3EI}{\nu_x}x_{oa}$$

式中:x_{oa}——桩顶容许水平位移,取10mm。

$R_h=0.75\times\dfrac{0.822^3\times31875}{2.44}\times10\times10^{-3}=54.4kN$

(5)计算群桩复合基桩水平承载力特征值

$R_{h1} = \eta_h R_h = 1.0 \times R_h = 1.0 \times 54.4 = 54.4 \text{kN}$

7-19 某工程的结构自振周期 $T=1.0\text{s}$，8 度地震区，设计地震分组为第一组，场地土层分布为：0～2.7m 填土，剪切波速 $v_s=160\text{m/s}$；2.7～5.5m 砂质黏土，$v_s=160\text{m/s}$；5.5～6.6 黏土，$v_s=180\text{m/s}$；6.6～12.6m 砂卵石，$v_s=280\text{m/s}$；12.6～18.0m 基岩，$v_s=600\text{m/s}$。试计算地震影响系数 α（阻尼比 $\zeta=0.05$）。

解 （1）确定场地覆盖层厚度

根据《建筑抗震设计规范》(GB 50011—2010)第 4.1.4 条关于建筑场地覆盖层厚度的确定，该场地覆盖层厚度为 12.6m。

（2）计算等效剪切波速

$v_{se} = \dfrac{d_0}{t}, t = \sum\limits_{i=1}^{n}\left(\dfrac{d_i}{v_{si}}\right)$

计算深度 d_0 取覆盖层厚度和 20m 两者较小值，故 $d_0=12.6\text{m}$。

$t = \dfrac{2.7}{160} + \dfrac{2.8}{160} + \dfrac{1.1}{180} + \dfrac{6}{280} = 0.062\text{s}$

$v_{se} = \dfrac{12.6}{0.062} = 203.2\text{m/s}$

根据覆盖层厚度和等效剪切波速，查《建筑抗震设计规范》(GB 50011—2010)表 4.1.6，场地类别为 Ⅱ 类。

（3）计算地震影响系数 α

根据《建筑抗震设计规范》(GB 50011—2010)表 5.1.4-1 和表 5.1.4-2，对于 8 度地震、Ⅱ 类场地和设计地震第一组，其水平地震影响系数最大值 $\alpha_{\max}=0.16$，特征周期 $T_g=0.35\text{s}$。

$T=1.0\text{s}$，故 $T_g<T<5T_g$。

根据《建筑抗震设计规范》(GB 50011—2010)图 5.1.5 地震影响系数曲线

$\alpha = \left(\dfrac{T_g}{T}\right)^\gamma \eta_2 \alpha_{\max}$

式中：γ——$T_g\sim 5T_g$ 曲线段衰减指数，取 0.9。

η_2——阻尼调整系数，$\xi=0.05$ 时，取 1.0。

$\alpha = \left(\dfrac{0.35}{1.0}\right)^{0.9} \times 1.0 \times 0.16$

$= 0.389 \times 0.16 = 0.062$

7-20 已知有如图所示属于同一设计地震分组的 A、B 两个土层模型，试判断其场地特征周期 T_g 的大小。

解 （1）分别求出地面至基岩面范围内的等效剪切波速

$v_{scA} = \dfrac{12}{\dfrac{9}{180} + \dfrac{3}{300}} = 200\text{m/s}$

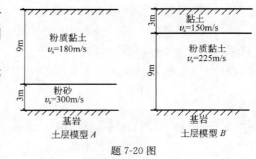

题 7-20 图

$$v_{scB} = \frac{12}{\frac{3}{150}+\frac{9}{225}} = 200\text{m/s}$$

(2)确定覆盖层厚度

A、B 模型均为 12m。

(3)按规范判别场地类型

场地类型均为 II 类。

由此得出,两个模型特征周期应相同。

7-21 建筑场地抗震设防烈度 8 度,设计地震分组为第一组,设计基本地震加速度值为 $0.2g$,基础埋深 2m,采用天然地基,场地地质剖面如图所示,地下水位于地面下 2m。为分析基础下粉砂、粉土、细砂液化问题,钻孔时沿不同深度进行了现场标贯试验,其位置标高及相应标贯试验击数如图所示,粉砂、粉土及细砂的黏粒含量百分率 ρ_c 也标明在图上,试计算该地基液化指数 I_{lE} 及确定它的液化等级(只需判断 15m 深度范围内的液化)。

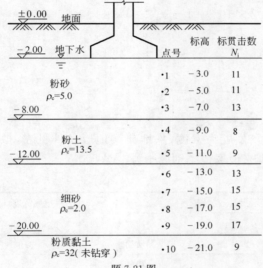

题 7-21 图

解 (1)计算各测点的标贯临界击数

$$N_{cr} = N_0 \beta [\ln(0.6d_s+1.5)-0.1d_w]\sqrt{\frac{3}{\rho_c}}$$

①计算粉砂层 N_{cr} 值。

8 度地震区,第一组,$N_0=12$,$\beta=0.8$,$d_w=2.0$m,砂土 $\rho_c=3$

点 1 $N_{cr1}=12\times0.8\times[\ln(0.6\times3+1.5)-0.1\times2]=9.54<11$,不液化。

点 2 $N_{cr2}=12\times0.8\times[\ln(0.6\times5+1.5)-0.1\times2]=12.52>11$,液化。

点 3 $N_{cr3}=12\times0.8\times[\ln(0.6\times7+1.5)-0.1\times2]=14.79>13$,液化。

②粉土层液化问题,根据《建筑抗震设计规范》(GB 50011—2010)条文 4.3.3 条规定,抗震设防裂度 8 度,粉土黏粒含量百分率大于 13,可判为不液化土,故不必计算 N_{cr} 值。

③细砂层 N_{cr} 计算。

点 6 $N_{cr6}=12\times0.8\times[\ln(0.6\times13+1.5)-0.1\times2]=19.49>13$,液化。
点 7 $N_{cr7}=12\times0.8\times[\ln(0.6\times15+1.5)-0.1\times2]=20.65>15$,液化。

因此基础为条基,满足《建筑抗震设计规范》(GB 50011—2010)4.2.1 条和 4.3.3 条规定,只需计算地面以下 15m 深度内的 N_{cr} 值。

(2)计算地基液化指数 I_{lE} 值

点 2 处,$d_2=2m,Z_2=5m,W_2=10m^{-1}$

点 3 处,$d_3=2m,Z_3=7m,W_2=8.67m^{-1}$

点 6 处,$d_6=2m,Z_6=13m,W_6=4.67m^{-1}$

点 7 处,$d_7=1m,Z_7=14.5m,W_7=3.67m^{-1}$

其中 Z_i 表示该点所代表土层中点深度。

$$I_{lE}=\sum_{i=1}^{n}\left(1-\frac{N_i}{N_{cri}}\right)d_iW_i$$

$$=\left(1-\frac{11}{12.52}\right)\times2\times10+\left(1-\frac{13}{14.79}\right)\times2\times8.67+\left(1-\frac{13}{19.49}\right)\times$$

$$2\times4.67+\left(1-\frac{15}{20.65}\right)\times1\times3.67$$

$$=2.43+2.10+3.11+1.0=8.63$$

该场地为中等液化场地。

7-22 某场地抗震设防烈度为 7 度,场地典型地层条件见表,拟建场地地下水位深度为 1.00m,试判断从建筑抗震来说场地类别属于哪一类?

题 7-22 表

成因年代	土层编号	土 名	层底深度(m)	剪切波速(m/s)
Q_4	1	粉质黏土	1.50	90
	2	黏质粉土	3.00	140
	3	粉砂	6.00	160
Q_3	4	细砂	11.0	350
—	—	岩层	—	750

解 根据上述地层条件,其覆盖层厚度为 11m。

相应等效剪切波速为

$$v_{se}=\frac{11}{\frac{1.5}{90}+\frac{1.5}{140}+\frac{3}{160}+\frac{5}{350}}=182m/s$$

查《建筑抗震设计规范》(GB 50011—2010),场地类别为Ⅱ类。

7-23 某建筑场地抗震设防烈度为 8 度,设计基本地震加速度值为 $0.20g$,设计地震分组为第一组。场地地基土层的剪切波速见表。按 50 年超越概率 63% 考虑,阻尼比为 0.05,结构基本自振周期为 0.40s,试计算地震水平影响系数。

七、地震工程

题 7-23 表

层　序	土层名称	层底深度(m)	剪切波速 v_{si}(m/s)
①	填土	5.0	120
②	淤泥	10.0	90
③	粉土	16.0	180
④	卵石	20.0	460
⑤	基岩	—	800

A. 0.14　　　　B. 0.15　　　　C. 0.16　　　　D. 0.17

解　④层 $v_s=460$m/s，为③层（$v_s=180$m/s）的 2.56 倍，且往下 $v_s>400$m/s 时，可取地面至该层顶面的距离为覆盖层厚，即 16.0m。

$$v_{se}=\frac{d_0}{t}=\frac{16}{\sum\frac{d_i}{v_{si}}}=\frac{16}{\frac{5}{120}+\frac{5}{90}+\frac{6}{180}}=\frac{16}{0.042+0.056+0.033}=122.6\text{m/s}$$

查《建筑抗震设计规范》(GB 50011—2010)表 4.1.6，场地类别为Ⅲ类。
查表 5.1.4-2，特征周期 $T_g=0.45$s
$T=0.4\text{s}<T_g=0.45\text{s}，0.1<T<T_g$
$\alpha=\eta_2\alpha_{\max}$
查表 5.1.4-1，8 度设防，$\alpha_{\max}=0.16$
阻尼比 $\zeta=0.05，\eta_2=1$
$\alpha=\alpha_{\max}\eta_2=0.16\times1.0=0.16$
答案：(C)

7-24　某场地覆盖厚 10m 的粉细砂，剪切波速 $v_s=150$m/s，场地抗震设防烈度 7 度，设计地震分组为第一组，今修建一高 100m、直径 8m 的烟囱，烟囱自振周期 $T=0.45+0.0011\times\frac{H^2}{d}$，试判断土的类型、场地类别、场地特征周期、最大水平地震影响系数、烟囱地震影响系数（阻尼比 $\xi=0.05$）。

解　根据《建筑抗震设计规范》(GB 50011—2010)表 4.1.3，$v_s=150$m/s，土的类型为软弱土。
根据表 4.1.6，场地类别为Ⅱ类场地。
根据表 5.1.4-2，场地特征周期 $T_g=0.35$s。
根据表 5.1.4-1，水平地震影响系数最大值 $\alpha_{\max}=0.08$。
烟囱基本自振周期

$$T=0.45+0.0011\times\frac{H^2}{d}=0.45+0.0011\times\frac{100^2}{8}=0.45+1.38=1.83\text{s}$$

地震影响系数
$\alpha=[\eta_2\times0.2^r-\eta_1(T-5T_g)]\alpha_{\max}$
$T=1.83>5T_g=5\times0.35=1.75\text{s}，\eta_1=0.02，\eta_2=1.0，r=0.9$
$\alpha=[1.0\times0.2^{0.9}-0.02\times(1.83-1.75)]\times0.08=0.0187$

7-25　某烟囱采用壳体基础，基础直径 14m，埋深 4m，地基持力层为稍密粉砂，$f_{ak}=$

$156\text{kPa}, \gamma = 18.5\text{kN/m}^3$，烟囱筒等效重力荷载 45000kN，若地震力作用于地面以上 60m 处，试验算地基承载力（地震影响系数 $\alpha = 0.018$）。

解 经深、宽修正后地基承载力特征值

$$f_a = f_{ak} + \eta_b \gamma (b-3) + \eta_d \gamma_m (d-0.5)$$

$$\eta_b = 2, \eta_d = 3$$

$$f_a = 156 + 2 \times 18.5 \times (6-3) + 3 \times 18.5 \times (4-0.5) = 156 + 305.3 = 461.3\text{kPa}$$

地震地基承载力特征值

$$f_{aE} = \xi_a f_a$$

$$\xi_a = 1.1$$

$$f_{aE} = 1.1 \times 461.3 = 507.4\text{kPa}$$

$$p_k = \frac{G_1 + G_k}{A} = \frac{45000 + \pi \times 7^2 \times 4 \times 20}{\pi \times 7^2} = \frac{45000 + 12308.8}{153.9} = 372.4\text{kPa} < f_{aE} = 507.4\text{kPa}$$

地震水平惯性力　$F_E = \alpha G_1 = 0.0187 \times 45000 = 841.5\text{kN}$

对基底力矩　$M = F \times (60+4) = 841.5 \times 64 = 53856\text{kN} \cdot \text{m}$

$$p_{max} = \frac{G_1 + G_k}{A} + \frac{M}{W}$$

$$W = \frac{\pi d^3}{32} = \frac{\pi \times 14^3}{32} = 269.4\text{m}^3$$

$$p_{max} = 372.4 + \frac{53856}{269.4} = 372.4 + 199.9 = 572.3\text{kPa} < 1.2 f_{aE} = 1.2 \times 507.4 = 608.9\text{kPa}$$

$$p_{min} = 372.4 - 199.9 = 172.5\text{kPa} > 0$$

7-26 [2004 年考题] 某建筑场地抗震设防烈度为 7 度，地基设计基本地震加速度为 $0.15g$，设计地震分组为二组，地下水位埋深 2.0m，未打桩前的液化判别等级如表所示，采用打入式混凝土预制桩，桩截面为 $400\text{mm} \times 400\text{mm}$，桩长 $l = 15\text{m}$，桩间距 $s = 1.6\text{m}$，桩数 20×20 根，置换率 $m = 0.063$，试求打桩后液化指数减了多少。

题 7-26 表

地质年代	土层名称	层底深度 (m)	标准贯入试验深度 (m)	实测击数	临界击数	计算厚度 (m)	权函数	液化指数
新近	填土	1						
Q_4	黏土	3.5						
			4	5	11	1.0	10	5.45
			5	9	12	1.0	10	2.5
Q_4	粉砂	8.5	6	14	13	1.0	9.3	
			7	6	14	1.0	8.7	4.95
			8	16	15	1.0	8.0	
Q_3	粉质黏土	20						

解 根据《建筑抗震设计规范》(GB 50011—2010)，对于打入式预制桩及其他挤土桩，当平均桩距为 $2.5 \sim 4.0$ 倍桩径且桩数不少于 5×5 时，可计入打桩对土的加密作用及桩身对液

化土变形限制的有利影响,打桩后桩间土的标贯击数可按下式计算

$$N = N_p + 100\rho(1 - e^{-0.3N_p})$$

式中:N——打桩后的标贯击数;

ρ——打入式预制桩的面积置换率;

N_p——打桩前的标贯击数。

由表中数据知,4m、5m 和 7m 处标贯击数小于临界标贯击数,粉砂会产生液化,6m 和 8m 处 $N > N_{cr}$,不液化。

打桩后 4m、5m 和 7m 处的标贯击数

4m 处　$N_4 = 5 + 100 \times 0.063 \times (1 - e^{-0.3 \times 5}) = 5 + 6.3 \times (1 - 0.223)$
$= 5 + 6.3 \times 0.777 = 9.89 < N_{cr} = 11$,液化。

5m 处　$N_5 = 9 + 100 \times 0.063 \times (1 - e^{-0.3 \times 9}) = 9 + 6.3 \times (1 - 0.067)$
$= 9 + 6.3 \times 0.933 = 14.88 > N_{cr} = 12$,不液化。

7m 处　$N_7 = 6 + 100 \times 0.063 \times (1 - e^{-0.3 \times 6}) = 6 + 6.3 \times (1 - 0.165)$
$= 6 + 6.3 \times 0.835 = 11.26 < N_{cr} = 14$,液化。

土层厚度 d 和中点深度 z

4m 处　$d_4 = \dfrac{4.5 - 3.5}{2} = 1.0$m,$z_4 = \dfrac{4.5 - 3.5}{2} + 3.5 = 4.0$m

7m 处　$d_7 = \dfrac{7.5 - 6.5}{2} = 1.0$m,$z_7 = \dfrac{7.5 - 6.5}{2} + 6.5 = 7.0$m

权函数

4m 处　$W = 10$m^{-1}

7m 处　$W = 8.67$m^{-1}

液化指数

$$I_{lE} = \sum_{i=1}^{n}\left(1 - \dfrac{N_i}{N_{cri}}\right)d_i W_i$$
$$= \left(1 - \dfrac{9.89}{11}\right) \times 1.0 \times 10 + \left(1 - \dfrac{11.26}{14}\right) \times 1.0 \times 8.67 = 1.01 + 1.70 = 2.71$$

未打桩土层液化指数

$I_{lE} = 5.45 + 2.5 + 4.95 = 12.9$

打桩后 I_{lE} 减少了 $12.9 - 2.71 = 10.19$,土层由中等液化等级变为轻微液化等级。

7-27 [2004 年考题] 某建筑场地土层条件及测试数据见表,试判断该场地类别。

题 7-27 表

土 层 名 称	层底深度(m)	剪切波速 v_s(m/s)	土 层 名 称	层底深度(m)	剪切波速 v_s(m/s)
填土	1.0	90	细砂	16	420
粉质黏土	3.0	160	黏质粉土	20	400
淤泥质黏土	11.0	110	基岩	>25	>500

解　细砂层的剪切波速($v_s = 420$m/s)为粉质黏土层($v_s = 160$m/s)的 2.6 倍,且其下土层 v_s 均不小于 400m/s,所以覆盖层厚度为 11.0m。

土层等效剪切波速

$$v_{se} = \frac{d_0}{t}$$

$$t = \sum_{i=1}^{n}\left(\frac{d_i}{v_{si}}\right) = \frac{1}{90} + \frac{2}{180} + \frac{8}{110} = 0.011 + 0.011 + 0.073 = 0.095\text{s}$$

$$v_{se} = \frac{d_0}{t} = \frac{11}{0.095} = 115.8\text{m/s}$$

场地类别属于Ⅱ类。

7-28 [2004年考题] 某一高层建筑物箱形基础建于天然地基上，基底标高−6.0m，地下水埋深−8.0m，地震设防烈度为8.0度，基本地震加速度为0.20g，设计地震分组为第一组，为判定液化等级进行标准贯入试验结果如图所示，试按《建筑抗震设计规范》(GB 50011—2010)计算液化指数并划分液化等级。

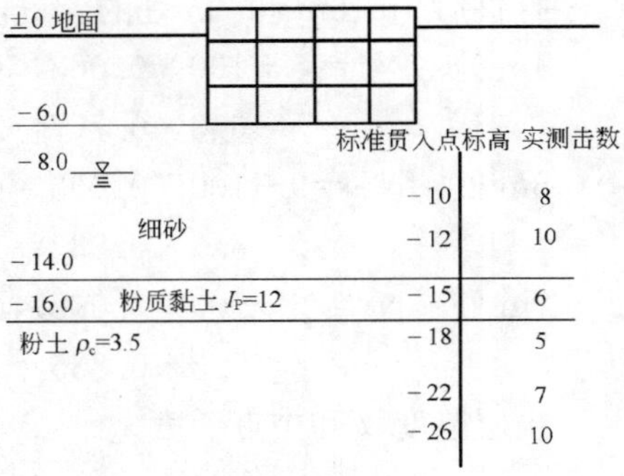

题 7-28 图

解 (1)临界标贯击数计算

此建筑为高层建筑，应判别20m范围内土层的液化。

$$N_{cr} = N_0\beta[\ln(0.6d_s + 1.5) - 0.1d_w]\sqrt{\frac{3}{\rho_c}}$$

8度地震区，第一组，$N_0=12$，$\beta=0.8$，$d_w=8\text{m}$，细砂 $\rho_c=3$，粉土 $\rho_c=3.5$。

−10m 处，$N_{cr}=12\times0.8\times[\ln(0.6\times10+1.5)-0.1\times8]=11.66>8$

−12m 处，$N_{cr}=12\times0.8\times[\ln(0.6\times12+1.5)-0.1\times8]=13.09>10$

−18m 处，$N_{cr}=12\times0.8\times[\ln(0.6\times18+1.5)-0.1\times8\times\sqrt{\frac{3}{3.5}}]=15.19>5$

三处的标贯击数均小于临界值，会产生液化。

(2)各点土层厚度，中点深度及影响权函数

−10m 处，$d_{10}=3\text{m}$，$Z_{10}=9.5\text{m}$，$W_{10}=7.0\text{m}^{-1}$

−12m 处，$d_{12}=3\text{m}$，$Z_{12}=12.5\text{m}$，$W_{12}=5.0\text{m}^{-1}$

−18m 处，$d_{18}=4\text{m}$，$Z_{18}=18\text{m}$，$W_{18}=1.33\text{m}^{-1}$

(3)地基液化指数

$$I_{lE} = \sum_{i=1}^{n}\left(1-\frac{N_i}{N_{cri}}\right)d_iW_i$$

$$= \left(1-\frac{8}{11.66}\right)\times3\times7 + \left(1-\frac{10}{13.09}\right)\times3\times5.0 + \left(1-\frac{5}{15.19}\right)\times4\times1.33$$

$$= 6.60 + 3.54 + 3.58 = 13.71$$

场地地基属中等液化等级。

7-29 [2004年考题] 某普通多层建筑,其结构自震周期 $T=0.5\text{s}$,阻尼比 $\zeta=0.05$,天然地基场地覆盖层厚度 30m,等效剪切波速 $v_{se}=200\text{m/s}$,抗震设防烈度为 8 度,设计基本地震加速度为 $0.2g$,设计地震分组为第一组,按多遇地震考虑,试求水平地震影响系数 α。

解 地基场地覆盖层厚度 30m,$v_{se}=200\text{m/s}$,场地类别为 Ⅱ 类,特征周期 $T_g=0.35\text{s}$,水平地震影响系数最大值 $\alpha_{max}=0.16$。

$T_g < T = 0.5\text{s} < 5T_g = 1.75\text{s}$

$$\alpha = \left(\frac{T_g}{T}\right)^{\gamma} \eta_2 \alpha_{max}$$

$\xi=0.05$,阻尼调整系数 $\eta_2=1.0$
$\xi=0.05$,曲线衰减指数 $\gamma=0.9$

$$\alpha = \left(\frac{T_g}{T}\right)^{0.9} \times \alpha_{max} = \left(\frac{0.35}{0.5}\right)^{0.9} \times 0.16 = 0.725 \times 0.16 = 0.116$$

7-30 拟在位于基本地震加速度为 $0.3g$,设计地震分组为第二组,特征周期为 0.45s 的场地上修建一桥墩,桥墩基础底面尺寸为 $8\text{m}\times10\text{m}$,基础埋深为 2m。某钻孔揭示地层结构如题图所示;勘察期间地下水位埋深 5.5m,近期内年最高水位埋深 4.0m;在地面下 3.0m 和 5.0m 处实测标准贯入试验锤击数均为 11 击,经初判认为需对细砂土进一步液化判别。若测标准贯入试验锤击数不随土的含水率变化而变化,试计算该钻孔的液化指数最接近下列哪项数值(只需判断 15m 内土层)?(　　)

A. 3.5　　B. 4.1　　C. 5.3　　D. 6.9

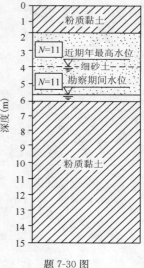

题 7-30 图

解 根据《公路工程抗震规范》(JTG B02—2013)第 4.3.2 条、第 4.3.3 条。

(1)确定液化土层深度范围

近期内年最高水位埋深 4.0m,液化土层范围为 4.0~6.0m。

(2)计算标准贯入锤击数的临界值

5.0m 处的标准贯入锤击数的临界值为

$$N_{cr} = N_0[0.9 + 0.1(d_s - d_w)]\sqrt{\frac{3}{\rho_c}}$$

$$= 15 \times [0.9 + 0.1 \times (5-4)] \times \sqrt{\frac{3}{3}} = 15$$

(3)计算液化指数

$$I_{lE} = \sum\left(1 - \frac{N_i}{N_{cri}}\right)d_i W_i = \left(1 - \frac{11}{15}\right) \times 2 \times 10 = 5.3$$

答案:(C)

7-31 按上题条件,如果水位以上各层土的重度均为 19.0kN/m^3;水位以下各层土的重

度为 20.0kN/m^3，细砂层的承载力基本容许值为 220kPa，试计算地基抗震承载力容许值最接近下列哪项答案？（　　）

  A．305kPa　　　　B．335kPa　　　　C．390kPa　　　　D．429kPa

解　根据《公路桥涵地基与基础设计规范》(JTG D63—2007)第3.3.4条

$$[f_a] = [f_{a0}] + k_1\gamma_1(b-2) + k_2\gamma_2(h-3)$$
$$= 220 + 0.75 \times 19 \times (8-2) + 1.5 \times 19 \times (3-3) = 305.5\text{kPa}$$

根据《公路工程抗震规范》(JTG B02—2013)第4.2.4条

$$f_{aE} = f_a = 305.5\text{kPa}$$

答案：(A)

7-32 [2005年考题]　某建筑场地土层分布及实测剪切波速如表所示，试求计算深度范围内土层的等效剪切波速。

题 7-32 表

层序	岩 土 名 称	层厚 d_i(m)	层底深度(m)	实测剪切波速 v_{si}(m/s)
1	填土	2.0	2.0	150
2	粉质黏土	3.0	5.0	200
3	淤泥质粉质黏土	5.0	10.0	100
4	残积粉质黏土	5.0	15.0	300
5	花岗岩孤石	2.0	17.0	600
6	残积粉质黏土	8.0	25.0	300
7	风化花岗岩	—	—	>500

解　根据实测剪切波速 v_{si} 值，场地覆盖层厚度为 25m，等效剪切波速计算深度 d_0 取覆盖层厚度和 20m 两者的较小者，同时 $v>500\text{m/s}$ 的孤石应视为周围的土层。

$$v_{se} = \sum_{i=1}^{n}\frac{d_0}{\dfrac{d_i}{v_{si}}} = \frac{20}{\dfrac{2}{150}+\dfrac{3}{200}+\dfrac{5}{100}+\dfrac{5}{300}+\dfrac{5}{300}}$$
$$= \frac{20}{0.013+0.015+0.05+0.017+0.017} = \frac{20}{0.112} = 178.6\text{m/s}$$

点评：注意孤石波速的处理，这是历年考试中容易出错之处。

7-33 [2005年考题]　某建筑场地抗震设防烈度为8度，设计基本地震加速度为 $0.30g$，设计地震分组为第二组，场地类别为Ⅲ类，建筑物结构自震周期 $T=1.65\text{s}$，结构阻尼比 ζ 取 0.05，当进行多遇地震作用下的截面抗震验算时，试求相应于结构自震周期的水平地震影响系数值。

解　根据《建筑抗震设计规范》(GB 50011—2010)，Ⅲ类场地，地震分组为第二组，其特征周期 $T_g=0.55\text{s}$，8度设防，多遇地震，地震加速度 $0.3g$，其水平地震影响系数最大值 $\alpha_{\max}=0.24$。

$$T_g < T = 1.65\text{s} < 5T_g = 5 \times 0.55 = 2.75\text{s}$$

$$\alpha = \left(\frac{T_g}{T}\right)^{\gamma}\eta_2\alpha_{\max}$$

$$\xi=0.05, \eta_2=1, r=0.9$$
$$\alpha=\left(\frac{0.55}{1.65}\right)^{0.9} \times 1 \times 0.24 = 0.372 \times 0.24 = 0.089$$

7-34 [2005年考题] 某建筑场地抗震设防烈度为7度,地下水位埋深为 $d_w=5.0$m,土层分布如表所示,拟采用天然地基,按照液化初判条件,建筑物基础埋置深度 d_b 最深不能超过多大临界深度时,方可不考虑饱和粉砂的液化影响?

题7-34表

层 序	土 层 名 称	层底深度(m)
1	Q_4^{al+pl}粉质黏土	6
2	Q_4^{al}淤泥	9
3	Q_4^{al}粉质黏土	10
4	Q_4^{al}粉砂	—

解 根据《建筑抗震设计规范》(GB 50011—2010),对天然地基,上覆非液化土层厚度和地下水位深符合下列条件之一时,可不考虑液化影响。

$$d_u > d_0 + d_b - 2 \tag{1}$$
$$d_w > d_0 + d_b - 3 \tag{2}$$
$$d_u + d_w > 1.5d_0 + 2d_b - 4.5 \tag{3}$$

式中: d_w——地下水位深;

d_u——上覆盖非液化土层,将淤泥和淤泥质土扣除;

d_b——基础埋置深度,不超过2m时按2.0m计;

d_0——液化土特征深度,砂土7度设防时 $d_0=7$m。

$d_u=10-3=7$m, $d_0=7$m

满足式(1)时

$d_b < d_u - d_0 + 2 = 7-7+2 = 2$m

满足式(2)时

$d_b < d_w - d_0 + 3 = 5-7+3 = 1.0$m

满足式(3)时

$$d_b < (d_u + d_w - 1.5d_0 + 4.5) \times \frac{1}{2} = (7+5-1.5\times 7+4.5) \times \frac{1}{2} = 3.0\text{m}$$

所以基础最深不能超过3.0m,方可不考虑饱和砂土的液化影响。

7-35 [2005年考题] 某建筑物按地震作用效应标准组合的基础底面边缘最大压力 $p_{max}=380$kPa,地基土为中密状态的中砂,问该建筑物基础深、宽修正后的地基承载力特征值 f_a 至少应达到多少,才能满足验算天然地基地震作用下的竖向承载力要求?

解 根据《建筑抗震设计规范》(GB 50011—2010)

$p_{max} \leq 1.2 f_{aE}$

$p \leq f_{aE}, f_{aE} = \xi_a f_a$

式中: f_{aE}——调整后地基抗震承载力;

f_a——经深度修正后的地基承载力特征值;

ξ_a——地基抗震承载力调整系数,持力层为中密中砂,$\xi_a=1.3$;

p——地震作用效应标准组合的基础底面平均压力;

p_{max}——地震作用效应标准组合的基础边缘最大压力。

$$f_{aE} \geqslant \frac{p_{max}}{1.2} = \frac{380}{1.2} = 316.7 \text{kPa}$$

$$f_{aE} = \xi_a f_a = 1.3 f_a = 316.7$$

$$f_a = \frac{316.7}{1.3} = 243.6 \text{kPa}$$

所以经修正后地基承载力特征值 f_a 达 243.6kPa,才能满足地震作用下竖向承载力要求。

7-36 [2006 年考题] 同一场地上甲乙两座建筑物的结构自震周期分别为 $T_{甲}=0.25$s,$T_Z=0.60$s,已知建筑场地类别为Ⅱ类,设计地震分组为第一组,若两座建筑的阻尼比都取 0.05,试求在抗震验算时甲、乙两座建筑的地震影响系数之比 $\left(\dfrac{\alpha_{甲}}{\alpha_Z}\right)$。

解 场地类别为Ⅱ类,设计地震分组为第一组,特征周期 $T_g=0.35$s。

甲建筑结构自震周期 $0.1 < T = 0.25s < T_g = 0.35s$

其地震影响系数 $\alpha_{甲} = \eta_2 \alpha_{max}$

乙建筑 $T=0.6s > T_g=0.35s, T=0.6s < 5T_g=1.75s$

其地震影响系数 $\alpha_Z = \left(\dfrac{T_g}{T}\right)^\gamma \eta_2 \alpha_{max}$

$$\frac{\alpha_{甲}}{\alpha_Z} = \frac{\eta_2 \alpha_{max}}{\left(\dfrac{T_g}{T}\right)^\gamma \eta_2 \alpha_{max}} = \frac{1}{\left(\dfrac{T_g}{T}\right)^\gamma}$$

$\gamma = 0.9$

$$\frac{\alpha_{甲}}{\alpha_Z} = \frac{1}{\left(\dfrac{0.35}{0.6}\right)^{0.9}} = \frac{1}{0.615} = 1.62$$

7-37 [2006 年考题] 已知某建筑场地土层分布如表所示,为了按《建筑抗震设计规范》(GB 50011—2010)划分抗震类别,测量土层剪切波速的钻孔应达到何种深度即可?并说明理由。

题 7-37 表

层 序	岩土名称和性状	层厚(m)	层底深度(m)
1	填土 $f_{ak}=150$kPa	5	5
2	粉质黏土 $f_{ak}=200$kPa	10	15
3	稍密粉细砂	15	30
4	稍密—中密圆砾	30	60
5	坚硬稳定基岩	—	—

解 划分场地类别,应根据土层等效剪切波速和场地覆盖层厚度按《建筑抗震设计规范》(GB 50011—2010)表4.1.6划分,等效剪切波速的计算深度,取覆盖层厚度和20m二者的较小值,由题 7-37 表土层分布,测量土层剪切波速至第3层稍密粉细砂即可,或检测至20m深。

7-38 [2006年考题] 在抗震设防烈度为8度的场区修建一座桥梁,场区地下水位埋深5m,场地土层:0～5m,非液化黏性土;5～15m,松散均匀的粉砂;15m以下为密实中砂。

按《公路工程抗震规范》(JTG B02—2013)计算判别深度为5～15m的粉砂层为液化土层,液化抵抗系数均为0.7,若采用摩擦桩基础,试求深度5～15m的单桩摩阻力的综合折减系数 α。

解 根据《公路工程抗震规范》(JTG B02—2013)第4.4.2条,当地基内有液化土层时,液化土层的桩侧阻力可根据液化抵抗系数 C_e 予以折减。

当 $0.6 < C_e \leqslant 0.8$ 时,埋深 $d_s \leqslant 10m$, $\alpha = \dfrac{1}{3}$; $10 < d_s \leqslant 20m$, $\alpha = \dfrac{2}{3}$。

所以5～10m的粉砂, $\alpha = \dfrac{1}{3}$; 10～15m的粉砂, $\alpha = \dfrac{2}{3}$。

α 的加权平均值为

$$\alpha = \frac{5 \times \dfrac{1}{3} + 5 \times \dfrac{2}{3}}{10} = \frac{5}{10} = 0.5$$

7-39 [2006年考题] 高层建筑高42m,基础宽10m,深、宽修正后的地基承载力特征值 $f_a = 300\text{kPa}$,地基抗震承载力调整系数 $\xi_a = 1.3$,按地震作用效应标准组合进行天然地基基础抗震验算,问下列哪一选项不符合抗震承载力验算的要求,并说明理由。

(1)基础底面平均压力不大于390kPa;
(2)基础边缘最大压力不大于468kPa;
(3)基础底面不宜出现拉应力;
(4)基础底面与地基土之间零应力区面积不应超过基础底面面积的15%。

解 根据《建筑抗震设计规范》(GB 50011—2010),天然地基基础抗震验算时,应采用地震作用效应标准组合,且地基抗震承载力应取地基承载力特征值乘调整系数 ξ_a。

$f_{aE} = \xi_a f_a$
$f_a = 300\text{kPa}, \xi_a = 1.3$
$f_{aE} = 300 \times 1.3 = 390\text{kPa}$

(1) $p_k \leqslant f_{aE} = 390\text{kPa}$,正确。
(2) $p_{k\max} \leqslant 1.2 f_{aE} = 1.2 \times 390 = 468\text{kPa}$,正确。
(3)高宽比大于4的高层建筑(该建筑高宽比为4.2),在地震作用下,基础底面不宜出现拉应力,正确。
(4)高、宽比4.2 > 4的高层不符合,不正确。

7-40 [2006年考题] 某土石坝坝址区抗震设防烈度为8度,土石坝设计高度30m,根据计算简图,采用瑞典圆弧法计算上游填坡的抗震稳定性,其中第 i 个滑动条块的宽度 $b = 3.2m$,该条块底面中点的切线与水平线夹角 $\theta_i = 19.3°$,该条块内水位高出底面中点的距离 $z = 6m$,条块底面中点孔隙水压力值 $u = 100\text{kPa}$,考虑地震作用影响后,第 i 个滑动条块沿底面的下滑力 $S_i = 415\text{kN/m}$,当不计入孔隙水压力影响时,该土条底面的平均有效法向作用力为583kN/m,根据以上条件按照不考虑和考虑孔隙水压力影响两种工况条件分别计算得出第 i 个滑动条块的安全系数 $K_i (= R_i/S_i)$(土石坝填料凝聚力 $c = 0$,内摩擦角 $\varphi° = 42°$)。

解 根据《水工建筑物抗震设计规范》(DL 5073—2000)附录 A,分析如下。

(1)不考虑孔隙水压力时

$$K_1 = \frac{抗滑力}{下滑力} = \frac{N_i \tan\varphi_i + cL}{T_i}$$

$$= \frac{583 \times \tan 42°}{415} = \frac{524.9}{415} = 1.26$$

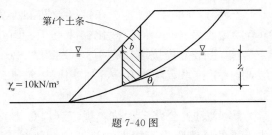

题 7-40 图

(2)考虑孔隙水压力时

$$K_2 = \frac{[法向力 - (u - \gamma_w z)b\sec\theta_i]\tan\varphi}{415} = \frac{\left[583 - (100 - 10 \times 6) \times 3.2 \times \frac{1}{\cos\theta}\right]\tan\varphi}{415}$$

$$= \frac{\left(583 - \frac{128}{\cos 19.3°}\right)\tan 42°}{415} = \frac{(583 - 135.6) \times 0.9}{415} = \frac{447.4 \times 0.9}{415} = 0.97$$

7-41 [2007 年考题] 某场地抗震设防烈度为 8 度,设计基本地震加速度为 $0.30g$,设计地震分组为第一组,土层等效剪切波速为 150m/s,覆盖层厚度 60m,相应于建筑结构自振周期 $T=0.40s$,试计算阻尼比 $\zeta=0.05$ 的水平地震影响系数 α。

解 根据《建筑抗震设计规范》(GB 50011—2010)表 5.1.4-1,$\alpha_{max}=0.24$

$$\eta_2 = 1 + \frac{0.05 - \zeta}{0.08 + 1.6\zeta} = 1 + \frac{0.05 - 0.05}{0.08 + 1.6 \times 0.05} = 1.0$$

$v_{se}=150$m/s,覆盖层厚度为 60m,查表 4.1.6,场地类别为 Ⅲ 类,查表 5.1.4-2,$T_g=0.45s > T$。

$$\alpha = \eta_2 \alpha_{max} = 1.0 \times 0.24 = 0.24$$

7-42 [2007 年考题] 某建筑场地土层分布如表所示,拟建 8 层建筑,高 23m。根据《建筑抗震设计规范》(GB 50011—2001),该建筑抗震设防类别为丙类。现无实测剪切波速,试判断该建筑场地的类别。

题 7-42 表

层 序	岩土名称和性状	层厚(m)	层底深度(m)
1	填土,$f_{ak}=150$kPa	5	5
2	粉质黏土,$f_{ak}=200$kPa	10	15
3	稍密粉细砂	10	25
4	稍密—中密的粗中砂	15	40
5	中密圆砾卵石	20	60
6	坚硬基岩	—	—

解 根据《建筑抗震设计规范》(GB 50011—2010)第 4.1.3 条,对于层数<10 层,高<24m 的丙类建筑,可根据土名称和性状,按表 4.1.3 划分土的类型,估算剪切波速,确定场地类别。

场地 20m 范围内属中软土,250m/s≥v_s>140m/s,覆盖层厚(v_s>500m/s)应大于 60m,故可判断该场地类别为 Ⅲ 类。

点评：根据《建筑抗震设计规范》(GB 50011—2010)，对于丙类建筑，层数不超过10层且高度不超过24m（旧规范为30m）才可以不测量土层剪切波速。规范强化要求之处应予注意。

7-43 [2007年考题]　高度为3m的公路挡土墙，基础的设计埋深1.80m，场区的抗震设防烈度为8度。自然地面以下深度1.50m为黏性土，深度1.50～5.00m为一般黏性土，深度5.00～10.00m为粉土，下卧地层为砂土层。根据现行《公路工程抗震规范》(JTG B02—2013)，在地下水位埋深至少大于何值时，可初判不考虑场地土液化影响？

解　根据现行《公路工程抗震规范》(JTG B02—2013)第4.3.2条

$d_0 = 7\text{m}, d_b = 2\text{m}, d_u = 5\text{m}$

$d_w \geq d_0 + d_b - 3 = 7 + 2 - 3 = 6\text{m}$

$d_w \geq 1.5 d_0 + 2 d_b - d_u - 4.5 = 1.5 \times 7 + 2 \times 2 - 5 - 4.5 = 5\text{m}$

所以，当地下水位 $d_w \geq 5.0\text{m}$ 时，可不考虑砂土液化。

7-44 [2007年考题]　土层分布及实测剪切波速如表所示，问该场地覆盖层厚度及等效剪切波速为多少？

题7-44表

岩 土 名 称	层厚 d(m)	层底深度(m)	实测剪切波速 v_{si}(m/s)
填土	2.0	2.0	150
粉质黏土	3.0	5.0	200
淤泥质粉质黏土	5.0	10.0	100
残积粉质黏土	5.0	15.0	300
花岗岩孤石	2.0	17.0	600
残积粉质黏土	8.0	25.0	300
风化花岗石	—	—	>500

解　覆盖层厚度25m和20m两者取小者，

$$v_{se} = \frac{d_0}{t} = \frac{d_0}{\sum_{i=1}^{n}\left(\frac{d_i}{v_{si}}\right)}$$

$$= \frac{20}{\frac{2}{150} + \frac{3}{200} + \frac{5}{100} + \frac{10}{300}} = 179.1\text{m/s}$$

点评：该题曾两次考过。

7-45 [2007年考题]　采用拟静力法进行坝高38m土石坝的抗震稳定性验算。在滑动条分法的计算过程中，某滑动体条块的重力标准值为4000kN/m。场区抗震设防烈度为8度。试计算作用在该土条重心处的水平向地震惯性力代表值 F_h。

解　根据《水电工程水工建筑物抗震设计规范》(NB 35047—2015)第5.5.9条、第6.1.4条。

$$\alpha_i = \frac{1.0 + 2.5}{2} = 1.75$$

$$E_i = \alpha_h \xi G_{Ei} \frac{\alpha_i}{g} = 0.2g \times 0.25 \times 4000 \times \frac{1.75}{g} = 350\text{kN/m}$$

7-46 [2009年考题] 下图为某工程场地钻孔剪切波速测试的结果,据此计算确定场地土层的等效剪切波速和该场地的类别。试问下列哪个选项的组合是正确的?(　　)

A. 173m/s,Ⅰ类　　　　　　　　　　B. 261m/s,Ⅱ类
C. 192m/s,Ⅲ类　　　　　　　　　　D. 290m/s,Ⅳ类

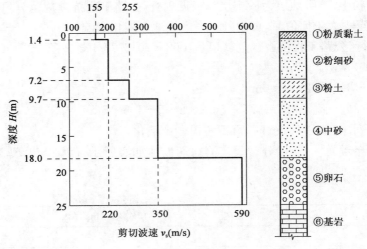

题 7-46 图

解 覆盖层厚度为 18m

$$v_{se} = \frac{d_0}{\sum \frac{d_i}{v_{si}}} = \frac{18}{\frac{1.4}{155} + \frac{5.8}{220} + \frac{2.5}{255} + \frac{8.3}{350}} = 261 \text{m/s}$$

查《建筑抗震设计规范》(GB 50011—2010)表 4.1.6,场地为Ⅱ类。
答案:(B)

7-47 [2009年考题] 某混凝土水工重力坝场地的设计地震烈度为8度,在初步设计的建基面标高以下深度15m范围内分布的地层和剪切波速列于下表。(　　)

题 7-47 表

层　序	地层名称	层底深度(m)	剪切波速 v_s (m/s)
①	中砂	6	235
②	圆砾	9	336
③	卵石	12	495
④	基岩	>15	720

已知该重力坝的基本自振周期为 0.9s,在考虑设计反应谱时,下列特征周期 T_g 和设计反应谱最大值的代表值 β_{max} 的不同组合中,哪个选项的取值是正确的?(　　)

A. $T_g = 0.20$s,$\beta_{max} = 2.50$　　　　B. $T_g = 0.20$s,$\beta_{max} = 2.00$
C. $T_g = 0.30$s,$\beta_{max} = 2.50$　　　　D. $T_g = 0.30$s,$\beta_{max} = 2.00$

解 根据《水工建筑物抗震设计规范》(DL 5073—2000),其覆盖层厚度为 12m,v_{sm} 为土层平均剪切波速,取建基面以下 15m 内且不深于场地覆盖层厚度的各层剪切波速,按土层厚

度加权平均

$$v_{sm}=\frac{235\times6+336\times3+495\times3}{12}=325.25\text{m/s}$$

属于中硬场地，场地类别为Ⅱ类，特征周期 $T_g=0.3\text{s}$。

设计反应谱最大值代表值 β_{max}，对于重力坝 $\beta_{max}=2.0$。

答案：(D)

7-48 [2009年考题] 在地震烈度为8度的场地修建采用天然地基的住宅楼，设计时需要对埋藏于非液化土层之下的厚层砂土进行液化判别。下列哪个选项的组合条件可初步判别为不考虑液化影响？（　　）

　　A. 上覆非液化土层厚5m，地下水位深度3m，基础埋深2.0m
　　B. 上覆非液化土层厚5m，地下水位深度5m，基础埋深1.0m
　　C. 上覆非液化土层厚7m，地下水位深度3m，基础埋深1.5m
　　D. 上覆非液化土层厚7m，地下水位深度5m，基础埋深1.5m

解 根据《建筑抗震设计规范》(GB 50011—2010)，8度设防区，液化特征深度 $d_0=8\text{m}$；基础埋置深度 $d_b=2.0\text{m}$（不超过2m，按2m计）。

　　A. $d_u>d_0+d_b-2, 5<8+2-2=8$
　　　　$d_w>d_0+d_b-3, 3<8+2-3=7$
　　　　$d_u+d_w>1.5d_0+2d_b-4.5, 5+3<1.5\times8+2\times2-4.5=11.5$
　　　　(A)液化

　　B. $d_u>d_0+d_b-2, 5<8+2-2=8$
　　　　$d_w>d_0+d_b-3, 5<8+2-3=7$
　　　　$d_u+d_w>1.5d_0+2d_b-4.5, 5+5<1.5\times8+2\times2-4.5=11.5$
　　　　(B)液化

　　C. $d_u>d_0+d_b-2, 7<8+2-2=8$
　　　　$d_w>d_0+d_b-3, 3<8+2-3=7$
　　　　$d_u+d_w>1.5d_0+2d_b-4.5, 7+3<1.5\times8+2\times2-4.5=11.5$
　　　　(C)液化

　　D. $d_u>d_0+d_b-2, 7<8+2-2=8$
　　　　$d_w>d_0+d_b-3, 5<8+2-3=7$
　　　　$d_u+d_w>1.5d_0+2d_b-4.5, 7+5<1.5\times8+2\times2-4.5=11.5$
　　　　(D)不液化

答案：(D)

7-49 [2009年考题] 某水利工程位于8度地震区，抗震设计按近震考虑。勘察时地下水位在当时地面以下的深度为2.0m，标准贯入点在当时地面以下的深度为6.0m。实测砂土（黏粒含量 $\rho_c<3\%$）的标准贯入锤击数为20击。工程正常运行后下列四种情况中哪个选项在地震液化复判中应将砂土判为液化土？（　　）

　　A. 场地普遍填方3.0m　　　　　　B. 场地普遍挖方3.0m
　　C. 地下水位普遍上升3.0m　　　　D. 地下水位普遍下降3.0m

解 根据《水利水电工程地质勘察规范》(GB 50487—2008)附录 P,填方和水位下降均致砂土液化可能性减小,排除选项 A 和选项 D。

选项 B 挖方 3m,$N_{cr}=N_0\times[0.9+0.1\times(d_s-d_w)]\sqrt{\frac{3\%}{\rho_c}}$,$\rho_c<3\%$,取 3%。

8 度设防,近震 $N_0=10$。

挖方 3m,水位地面淹没,$d_w=0$。

d_s 当标贯点在地面以下 5m 以内的深度时,应取 5m。

挖方 3m,标贯点深为 3m,按 5m 计,$d_s=5m$。

$N_{cr}=10\times[0.9+0.1\times(5-0)]=14$

工程正常运用时,标贯点和水位深度和开始不一样时,应对 N 作校正

$$N=N'\left(\frac{d_s+0.9d_w+0.7}{d'_s+0.9d'_w+0.7}\right)$$

式中:N'——实测标贯击数,$N'=20$;

　　d_s——工程正常运用时,标贯点在当时地面以下的深度,$d_s=3m$;

　　d_w——工程正常运用时,地下水在当时地面以下深度,$d_w=0$(淹没);

　　d'_s——标贯点在当时地面下深度,$d'_s=6m$;

　　d'_w——标贯时,地下水位在当时地面以下深度,$d'_w=2m$。

$N=20\times\left(\frac{3+0.9\times0+0.7}{6+0.9\times2+0.7}\right)=20\times\frac{3.7}{8.5}=8.7$

$N<N_{cr}$,液化

选项 C 地下水位上升 3m

$N_{cr}=N_0[0.9+0.1\times(d_s-d_w)]=10\times[0.9+0.1\times(6-0)]=15$

$N=N'\left(\frac{d_s+0.9d_w+0.7}{d'_s+0.9d'_w+0.7}\right)$,$d_s=3m,d_w=0,d'_s=6m,d'_w=2m$

$N=20\times\left(\frac{6+0+0.7}{6+0.9\times2+0.7}\right)=20\times\frac{6.7}{8.5}=15.8$

$N>N_{cr}$,不液化

答案:(B)

7-50 [2008 年考题] 某 8 层建筑物高 24m,筏板基础宽 12m,长 50m,地基土为中密—密实细砂,深宽修正后的地基承载力特征值 $f_a=250$kPa。按《建筑抗震设计规范》(GB 50011—2010)验算天然地基抗震竖向承载力。问在容许最大偏心距(短边方向)的情况下,按地震作用效应标准组合的建筑物总竖向作用力应不大于下列哪个选项的数值?(　　)

A. 76500kN　　B. 99450kN　　C. 117000kN　　D. 195000kN

解 地基抗震承载力

$f_{aE}=\zeta_a f_a$,$\zeta_a=1.3$

$f_{aE}=1.3\times250=325$kPa,$p_{max}\leqslant1.2f_{aE}=1.2\times325=390$kPa

$\dfrac{H}{b}=\dfrac{24}{12}=2$,基底面与地基土之间零应力区面积不应超过基底面面积的 15%。

竖向力＝基底压力×面积
$$=\dfrac{1}{2}p_{\max}\times 12\times 0.85\times 50=\dfrac{1}{2}\times 390\times 12\times 0.85\times 50=99450\text{kN}$$

答案:(B)

7-51 [2008 年考题] 某公路桥梁场地地面以下 2m 深度内为亚黏土,重度 18kN/m^3;深度 2~9m 为粉砂、细砂,重度 20kN/m^3;深度 9m 以下为卵石,实测 7m 深度处砂层的标贯值为 10。设计基本地震加速度为 $0.15g$,地下水位埋深 2m。已知特征周期为 0.35s,砂土黏料含量 $\rho_c=3\%$。按《公路工程抗震规范》(JTG B02—2013),7m 深度处砂层的修正液化临界标准贯入锤击数 N_{cr} 最接近的结果和正确的判别结论应是下列哪个选项?( )

  A. N_{cr} 为 10,不液化   B. N_{cr} 为 10,液化

  C. N_{cr} 为 11.2,液化   D. N_{cr} 为 11.2,不液化

解 根据《公路工程抗震规范》(JTG B02—2013)第 4.3.3 条

$$N_{cr}=N_0[0.9+0.1(d_s-d_w)]\sqrt{\dfrac{3}{\rho_c}}$$

$$=8\times[0.9+0.1\times(7-2)]\times\sqrt{\dfrac{3}{3}}=11.2$$

$N=10<N_{cr}=11.2$,故液化。

答案:(C)

7-52 [2008 年考题] 已知场地地震烈度 7 度,设计基本地震加速度为 $0.15g$,设计地震分组为第一组。对建造于 Ⅱ 类场地上,结构自振周期为 0.40s,阻尼比为 0.05 的建筑结构进行截面抗震验算时,相应的水平地震影响系数最接近下列哪个选项的数值?( )

  A. 0.08   B. 0.10   C. 0.12   D. 0.16

解 根据《建筑抗震设计规范》(GB 50011—2010)表 5.1.4-2,Ⅱ 类场地,设计地震分组第一组,特征周期为 0.35,结构自振周期 $T=0.4\text{s}$。

$$T_g<T=0.4<5T_g,0.35<T<1.75$$

$$\alpha=\left(\dfrac{T_g}{T}\right)^\gamma \eta_2 \alpha_{\max},7\text{ 度烈度,地震加速度 }0.15g,\alpha_{\max}=0.12$$

$\gamma=0.9$
$\eta_2=1.0$
$$\alpha=\left(\dfrac{0.35}{0.4}\right)^{0.9}\times 1.0\times 0.12=0.106$$

答案:(B)

7-53 [2008 年考题] 某 8 层民用住宅,高 25m。已知场地地基土层的埋深及性状如下表所示。问该建筑的场地类别可划分为下列哪个选项的结果?请说明理由?( )

题 7-53 表

层序	岩土名称	层底深度(m)	性　状	f_{ak}(kPa)
①	填土	1.0	—	120
②	黄土	7.0	可塑	160
③	黄土	8.0	流塑	100
④	粉土	12.0	中密	150
⑤	细砂	18.0	中密—密实	200
⑥	中砂	30.0	密实	250
⑦	卵石	40.0	密实	500
⑧	基岩	—	—	—

注：f_{ak} 为地基承载力特征值。

  A. Ⅱ类　　　　B. Ⅲ类　　　　C. Ⅳ类　　　　D. 无法确定

解 ⑦层卵石层：剪切波速 $v_s>500$m/s，覆盖层厚度为 30m，等效剪切波速的计算深度 d_0 取覆盖层厚和 20m 两者较小者。

20m 内除①层填土和③层流塑黄土($f_{ak}\leqslant 130$kPa)为软弱土外，其余为中软土，根据经验判断：①层 $v_s=150$m/s；②层 $v_s=180$m/s；③层 $v_s=100$m/s；④层 $v_s=200$m/s；⑤层 $v_s=250$m/s；⑥层 $v_s=300$m/s。

$$v_{se}=\frac{20}{\frac{1}{150}+\frac{6}{180}+\frac{1}{100}+\frac{4}{200}+\frac{6}{250}+\frac{2}{300}}=\frac{20}{0.1}=200\text{m/s}$$

查表 4.1.6，覆盖层厚 30m，$150<v_{se}\leqslant 250$，场地类别为Ⅱ类。

答案：(A)

7-54 [2008 年考题] 某建筑拟采用天然地基。场地地基土由上覆的非液化土层和下伏的饱和粉土组成。地震烈度为 8 度。按《建筑抗震设计规范》(GB 50011—2010)进行液化初步判别时，下列选项中只有哪个选项需要考虑液化影响？(　　)

题 7-54 表

选项	上覆非液化土层厚度 d_u(m)	地下水位深度 d_w(m)	基础埋置深度 d_b(m)
A	6.0	5.0	1.0
B	5.0	5.5	2.0
C	4.0	5.5	1.5
D	6.5	6.0	3.0

解 根据《建筑抗震设计规范》(GB 50011—2010)第 4.3.3 条，天然地基建筑满足下列条件之一时，可不考虑液化影响。

  (1) $d_u>d_0+d_b-2$

  (2) $d_w>d_0+d_b-3$

  (3) $d_u+d_w>1.5d_0+2d_b-4.5$

式中：d_w——地下水位深度；

d_u——上覆非液化土厚度，计算时将淤泥和淤泥质土层扣除；

d_b——基础埋深(m)，不超过2m(按2m计)；

d_0——液化土特征深度(m)，8度、粉土 $d_0=7$。

    A．(1)6<7+2-2，左边<右边，不满足。
        (2)5<7+2-3，左边<右边，不满足。
        (3)6+5>1.5×7-4.5，左边>右边，满足(3)，可不考虑液化

    B．(1)5<7+2-2，左边<右边，不满足。
        (2)5.5<7+2-3，左边<右边，不满足。
        (3)5+5.5>1.5×7+2×2-4.5，左边>右边，满足(3)，可不考虑液化

    C．(1)4>7+2-2，左边<右边，不满足。
        (2)5.5>7+2-3，左边<右边，不满足。
        (3)4+5.5>1.5×7+2×2-4.5，左边<右边，应考虑液化

    D．(1)6.5>7+3-2，左边<右边，不满足。
        (2)6>7+3-3，左边<右边，不满足。
        (3)6.5+6>1.5×7+2×3-4.5，左边>右边，满足(3)，不考虑液化

答案：(C)

7-55［2010年考题］ 某场地抗震设防烈度为8度，场地类别为Ⅱ类，设计地震分组为第一组，建筑物A和建筑B的结构基本自振周期分别为：$T_A=0.2s$ 和 $T_B=0.4s$，阻尼比均为 $\zeta=0.05$，根据《建筑抗震设计规范》(GB 50011—2010)，如果建筑物A和B的相应于结构基本自振周期的水平地震影响系数分别以 α_A 和 α_B 表示，试问两者的比值 $\left(\dfrac{\alpha_A}{\alpha_B}\right)$ 最接近于下列何项数值？（　　）

    A．0.83   B．1.23   C．1.13   D．2.13

解 根据《建筑抗震设计规范》(GB 50011—2010)第5.1.4条和第5.1.5条，查表5.1.4-2，该场地特征周期值 $T_g=0.35s$；

对于建筑物A，结构自振周期 $T_A=0.2s$，则 $\alpha_A=\eta_2\alpha_{max}=1\times\alpha_{max}=\alpha_{max}$

对于建筑物B，结构自振周期 $T_B=0.4s$，则

$$\alpha_B=\left(\frac{T_g}{T}\right)^\gamma \eta_2\alpha_{max}=\left(\frac{0.35}{0.4}\right)^{0.9}\eta_2\alpha_{max}=0.887\alpha_{max}$$

则 $\dfrac{\alpha_A}{\alpha_B}=\dfrac{\alpha_{max}}{0.87\alpha_{max}}=1.13$。

答案：(C)

点评：同类题2006年也考过。

7-56［2010年考题］ 某建筑场地抗震设防烈度7度，设计地震分组为第一组，设计基本地震加速度为 $0.10g$，场地类别Ⅲ类，拟建10层钢筋混凝土框架结构住宅。结构等效总重力荷载为137062kN，结构基本自振周期为0.9s(已考虑周期折减系数)，阻尼比为0.05。试问当

采用底部剪力法时,基础顶面处的结构总水平地震作用标准值与下列何项数值量为接近?( )

  A. 5875kN   B. 6375kN   C. 6910kN   D. 7500kN

解 根据《建筑抗震设计规范》(GB 50011—2010)第5.1.4条和第5.1.5条,查表5.1.4-1,水平地震影响系数最大值$\alpha_{max}=0.08$,查表5.1.4-2得特征周期值$T_g=0.45s$,则地震影响系数$\alpha=\left(\dfrac{T_g}{T}\right)^{\gamma}\eta_2\alpha_{max}=\left(\dfrac{0.45}{0.9}\right)^{0.9}\times 1\times 0.08=0.043$。

根据第5.2.1条,计算结构总水平地震作用标准值

$F_{Ek}=\alpha_1 G_{eq}=0.043\times 137062=5876$kN

答案:(A)

7-57[2010年考题] 在存在液化土层的地基中的低承台群桩基础,若打桩前该液化土层的标准贯入锤击数为10击,打入式预制桩的面积置换率为3.3%,按照《建筑抗震设计规范》计算,试问打桩后桩间土的标准贯入试验锤击数最接近于下列何项数值?( )

  A. 10击   B. 18击   C. 13击   D. 30击

解 根据《建筑抗震设计规范》(GB 50011—2010)第4.4.3条第3款,打桩后桩间土的标准贯入试验锤击数$N_1=N_p+100\rho(1-e^{-0.3N_p})=10+3.3\times(1-e^{-3})=13$(击)。

答案:(C)

7-58[2010年考题] 已知某建筑场地抗震设防烈度为8度,设计基本地震加速度为0.30g,设计地震分组为第一组。场地覆盖层厚度为20m,等效剪切波速为240m/s,结构自振周期为0.4s,阻尼比为0.4,在计算水平地震作用时,相应于多遇地震的水平地震影响系数值最接近于下列哪个选项?( )

  A. 0.24   B. 0.22   C. 0.14   D. 0.12

解 根据《建筑抗震设计规范》(GB 50011—2010)表4.1.6,场地类别为Ⅱ类。

根据第5.1.4条和第5.1.5条,水平地震影响系数最大值$\alpha_{max}=0.24$,特征周期值$T_g=0.35s$。

$$\gamma=0.9+\dfrac{0.05-\zeta}{0.3+6\zeta}=0.9+\dfrac{0.05-0.4}{0.3+6\times 0.4}=0.77$$

$$\eta_2=1+\dfrac{0.05-\zeta}{0.08+1.6\zeta}=1+\dfrac{0.05-0.4}{0.08+1.6\times 0.4}=0.514<0.55,\text{取}0.55。$$

则水平地震影响系数值

$$\alpha=\left(\dfrac{T_g}{T}\right)^{\gamma}\eta_2\alpha_{max}=\left(\dfrac{0.35}{0.4}\right)^{0.77}\times 0.55\times 0.24=0.12$$

答案:(D)

7-59[2011年考题] 某场地的钻孔资料和剪切波速测试结果见下表,按照《建筑抗震设计规范》(GB 50011—2010)确定的场地覆盖层厚度和计算得出的土层等效剪切波速v_{se}与下列哪个选项最为接近?( )

七、地震工程

波速测试结果 题7-59表

土层序号	土层名称	层底深度(m)	剪切波速(m/s)
①	粉质黏土	2.5	160
②	粉细砂	7.0	200
③$_{-1}$	残积土	10.5	260
③$_{-2}$	孤石	12.0	700
③$_{-3}$	残积土	15.0	420
④	强风化基岩	20.0	550
⑤	中风化基岩		

  A. 10.5m,200m/s   B. 13.5m,225m/s
  C. 15.0m,235m/s   D. 15.0m,250m/s

解 按《建筑抗震设计规范》第4.1.4条规定,取土层①、②、③$_{-1}$、③$_{-2}$、③$_{-3}$为覆盖层,厚度为15.0m。

将孤石③$_{-2}$视同残积土③$_{-1}$计算等效剪切波速,$v_{se} = 15.0/(2.5/160 + 4.5/200 + 5.0/260 + 3.0/420) = 232$m/s

将孤石③$_{-2}$视同残积土③$_{-3}$计算等效剪切波速,$v_{se} = 15.0/(2.5/160 + 4.5/200 + 3.5/260 + 4.5/420) = 240$m/s

取最接近选项C。

答案:(C)

7-60 [2011年考题] 某8层建筑物高25m,筏板基础宽12m,长50m。地基土为中密细砂层。已知按地震作用效应标准组合传至基础底面的总竖向力(包括基础自重和基础上的土重)为100MN。基底零压力区达到规范规定的最大限度时,该地基土经深宽修正后的地基土承载力特征值 f_a 至少不能小于下列哪个选项的数值,才能满足《建筑抗震设计规范》(GB 50011—2010)关于天然地基基础抗震验算的要求?( )

  A. 128kPa   B. 167kPa   C. 251kPa   D. 392kPa

解 (1)基础边缘最大压力计算

建筑物高宽比 $\frac{25}{12} = 2.1 < 4$,基础底面与地基土之间脱离区(零应力区)取15%,得

$$\frac{1}{2} p_{max} \times (1 - 0.15) \times 12 \times 50 = 100 \times 1000$$

$$p_{max} = \frac{2 \times 100000}{0.85 \times 12 \times 50} = 392 \text{kPa}$$

(2)按《建筑抗震设计规范》(GB 50011—2010)表4.2.3,地基土为中密细砂层,地基抗震承载力调整系数取 $\xi_a = 1.3$。

$$p_{max} \leq 1.2 f_{aE} = 1.2 \times 1.3 f_a$$

$$f_a \geq \frac{p_{max}}{1.2 \times 1.3} = \frac{392}{1.2 \times 1.3} = 251 \text{kPa}$$

(3) $p = f_{aE}$ 的验算

$$p=\frac{F}{A}=\frac{100\times1000}{12\times50}=167\text{kPa}$$

$$p\leqslant f_{aE}=1.3f_a$$

$$f_a\geqslant\frac{p}{1.3}=\frac{167}{1.3}=128\text{kPa}$$

综上：$f_a\geqslant251\text{kPa}$

答案：(C)

7-61 [2011年考题] 某建筑拟采用天然地基，基础埋置深度1.5m。地基土由厚度为d_u的上覆非液化土层和下伏的饱和砂土组成。地震烈度8度。近期内年最高地下水位深度为d_w。按照《建筑抗震设计规范》(GB 50011—2010)对饱和砂土进行液化初步判别后，下列哪个选项还需要进一步进行液化判别？（　　）

  A. $d_u=7.0\text{m}$；$d_w=6.0\text{m}$　　　　B. $d_u=7.5\text{m}$；$d_w=3.5\text{m}$
  C. $d_u=9.0\text{m}$；$d_w=5.0\text{m}$　　　　D. $d_u=3.0\text{m}$；$d_w=7.5\text{m}$

解 非液化土判别条件为符合下列条件之一：

$$d_u>d_0+d_b-2 \tag{1}$$

$$d_w>d_0+d_b-3 \tag{2}$$

$$d_u+d_w>1.5d_0+2d_b-4.5 \tag{3}$$

上式中，d_0为液化土特征深度，对于8度地震下饱和砂土，查表可知$d_0=8\text{m}$；d_b为基础埋置深度，本题目中埋深小于2m，因此$d_b=2\text{m}$。式(1)~(3)右边项分别为：8m、7m、11.5m。

根据4个备选答案比较上式。可知答案A满足式(3)；答案C满足式(1)和式(3)；答案D满足式(2)；答案B全不满足。

答案：(B)

点评：本题的要点是记住相应公式以及公式中各项的含义及取值规定。

7-62 [2011年考题] 如图所示，位于地震区的非浸水公路挡土墙，墙高5m，墙后填料的内摩擦角$\varphi=36°$，墙背摩擦角$\delta=\varphi/2$，填料的重度$\gamma=19\text{kN/m}^3$。抗震设防烈度为9度，无地下水。试问作用在该墙上的地震主动土压力E_a与下列哪个选项最接近？（　　）

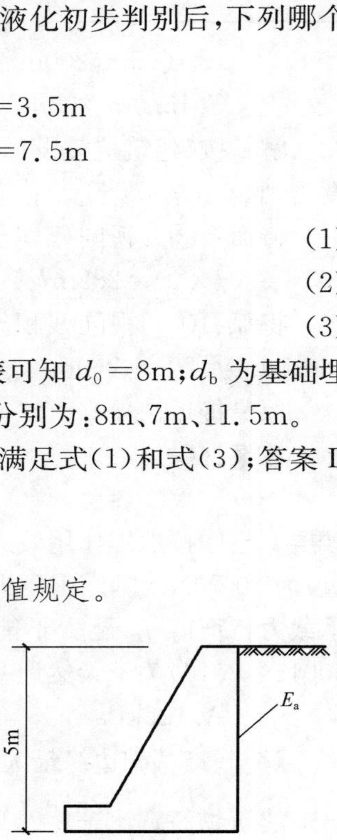

提示：库仑主动土压力系数基本公式

$$K_a=\frac{\cos^2\varphi}{\cos\delta\left(1+\sqrt{\dfrac{\sin(\varphi+\delta)\sin\varphi}{\cos\delta}}\right)^2}$$

题7-62图 挡土墙剖面示意图

  A. 180kN/m　　　　　　　　B. 150kN/m
  C. 120kN/m　　　　　　　　D. 70kN/m

解 根据《公路工程抗震规范》(JTG B02—2013)附录A，作用在该墙上的地震主动土压力E_a应按库仑理论计算。抗震设防烈度为9度时，由表A.0.1查得地震角为6°。按地震角修正后的参数为

$$\varphi_E=36°-6°=30°,\delta_E=18°+6°=24°$$

主动土压力系数为

$$K_{aE}=\frac{\cos^2\varphi_E}{\cos\delta_E\left[1+\sqrt{\frac{\sin(\varphi_E+\delta_E)\sin\varphi_E}{\cos\delta_E}}\right]^2}=\frac{\cos^230°}{\cos24°\left[1+\sqrt{\frac{\sin(30°+24°)\sin30°}{\cos24°}}\right]^2}=0.2954$$

$$E_{aE}=\frac{1}{2}K_{aE}\gamma_E H^2=\frac{1}{2}\times0.2954\times\frac{19}{\cos6°}\times5^2=70.54\text{kN/m}$$

答案：(D)

7-63 [2011年考题] 某场地设防烈度为8度，设计地震分组为第一组，地层资料见下表，问按照《建筑抗震设计规范》(GB 50011—2010)确定的特征周期最接近下列哪个选项？（ ）

地层资料 题7-63表

土　名	层底埋深(m)	土层厚度(m)	土层剪切波速(m/s)
粉细砂	9	9	170
粉质黏土	37	28	130
中砂	47	10	230
粉质黏土	58	11	200
中砂	66	8	350
砾石	84	18	550
强风化岩	94	10	600

A. 0.20s　　　B. 0.35s　　　C. 0.45s　　　D. 0.55s

解 土层等效剪切波速

$$v_{se}=\frac{d_0}{t}=\frac{20}{\left(\frac{9}{170}+\frac{11}{130}\right)}=145.4\text{m/s}$$

覆盖层厚度为66m，查《建筑抗震设计规范》(GB 50011—2010)表4.1.6得出场地类别为Ⅲ类，再查表5.1.4-2得出特征周期为0.45s。

答案：(C)

7-64 [2012考题] 公路桥梁抗震级别为A类，8度区地震基本峰值加速度为0.20g，设计桥台台身高度为8m，台后填土为无黏性土，填土 $\gamma=18\text{kN/m}^3$，$\varphi=33°$，求地震作用下桥台的主动土压力为何值？（ ）

A. 105　　　B. 176　　　C. 236　　　D. 286

解 根据《公路桥梁抗震设计细则》(JTG/T B02-01—2008)5.5.2条得：
非地震条件下作用于台背的主动土压力系数为(公式5.5.2-2)

$$K_A=\frac{\cos^2\varphi}{(1+\sin\varphi)^2}=\frac{\cos^233°}{(1+\sin33°)^2}=0.295$$

桥梁设防类别为A类，E_1地震作用，查表3.1.4-2，抗震重要性系数为 $C_i=1.0$
将以上及题干给定条件代入公式5.5.2-1

$$E_{ea}=\frac{1}{2}\gamma H^2 K_a\left(1+\frac{3C_i A}{g}\tan\varphi\right)$$

$$=\frac{1}{2}\times18\times8^2\times0.295\times\left(1+\frac{3\times1.0\times0.20g}{g}\tan33°\right)=236.13\text{kN/m}$$

答案：(C)

7-65 [2012年考题] 某水利工程场地勘察，在进行标准贯入试验时，标准贯入点在当时地面以下的深度为5m，地下水位在当时地面以下的深度为2m。工程正常运用时，场地已在原地面上覆盖了3m厚的填土。地下水位较原水位上升了4m。已知场地地震设防烈度为8度，比相应的震中烈度小2度，现需对该场地粉砂（黏粒含量$\rho_c=6\%$）进行地震液化复判。按照《水利水电工程地质勘察规范》(GB 50487—2008)，当时实测的标准贯入锤击数至少要不小于下列哪个选项的数值时，才可将该粉砂复判为不液化土？（　　）

A. 14　　　　B. 13　　　　C. 12　　　　D. 11

解 根据《水利水电工程地质勘察规范》(GB 50487—2008)附录P.0.4得

根据已知条件，$d_s=8.0$m，$d_w=1.0$m，$d'_s=5.0$m，$d'_w=2.0$m，$N_0=12$，$p_c=6\%$

按式(P.0.4-3)，$N_{cr}=12\times[0.9+0.1\times(8-1)]\times\sqrt{\dfrac{3}{6}}=13.6$

按式(P.0.4-2)，$N_{63.5}=N'_{63.5}\times\left(\dfrac{8+0.9\times 1+0.7}{5+0.9\times 2+0.7}\right)=1.28N'_{63.5}$

$N'_{63.5}>\dfrac{13.6}{1.28}=10.6$

答案：(D)

7-66 [2012年考题] 某Ⅲ类场地上的建筑结构，设计基本地震加速度0.30g，设计地震分组第一组，按《建筑抗震设计规范》(GB 50011—2010)规定，当有必要进行罕遇地震作用下的变形验算时，算得的水平地震影响系数与下列哪个选项的数值最为接近？（已知结构自振周期$T=0.75$s，阻尼比$\zeta=0.075$）（　　）

A. 0.55　　　　B. 0.62　　　　C. 0.74　　　　D. 0.83

解 根据《建筑抗震设计规范》(GB 50011—2010) 5.1.4、5.1.5条得

水平地震影响系数最大值α_{max}：按表5.1.4-1，$\alpha_{max}=1.20$

特征周期：按表5.1.4-2，$T_g=0.45+0.05=0.50$s

阻尼调整系数和衰减指数

$\gamma=0.9+\dfrac{0.05-\zeta}{0.3+6\zeta}=0.9+\dfrac{0.05-0.075}{0.3+6\times 0.075}=0.87$

$\eta_2=1+\dfrac{0.05-\zeta}{0.08+1.6\zeta}=1+\dfrac{0.05-0.075}{0.08+1.6\times 0.075}=0.875$

$T_g<T<5T_g$，水平地震影响系数α，按图5.1.5

$\alpha=\left(\dfrac{T_g}{T}\right)^\gamma \eta_2\alpha_{max}=\left(\dfrac{0.50}{0.75}\right)^{0.87}\times 0.875\times 1.2=0.74$

答案：(C)

点评：需要注意计算罕遇地震作用时，特征周期应增加0.05s。

7-67 [2012年考题] 8度地区地下水位埋深4m，某钻孔桩桩顶位于地面以下1.5m，桩顶嵌入承台底面0.5m，桩直径0.8m，桩长20.5m，地层资料见表，桩全部承受地震作用，问按《建筑抗震设计规范》(GB 50011—2010)的规定，单桩竖向抗震承载力特征值最接近于下列哪

七、地震工程

个选项？（　　）

题 7-67 表

土层名称	层底埋深(m)	土层厚度(m)	标准贯入锤击数 N	临界标准贯入锤击数 N_{cr}	极限侧阻力标准值(kPa)	极限端阻力标准值(kPa)
粉质黏土①	5.0	5	—		30	
粉土②	15.0	10	7	10	20	
密实中砂③	30.0	15	—	—	50	4000

A. 1680kN　　　　B. 2100kN　　　　C. 3110kN　　　　D. 3610kN

解 根据《建筑抗震设计规范》(GB 50011—2010)4.4.2、4.4.3 条,得

粉土②的 $\dfrac{N}{N_{cr}}=\dfrac{7}{10}=0.7$,查表 4.4.3,桩周摩阻力折减系数：$d_s<10\text{m}$,取 1/3

$10\text{m}<d_s<20\text{m}$,取 2/3

求折减后单桩竖向抗震极限承载力

$Q_{uk}=1.25\times[3.14\times0.8\times(3\times30+\dfrac{1}{3}\times5\times20+\dfrac{2}{3}\times5\times20+7\times50)+3.14\times0.4^2\times4000]$

$=4208\text{kN}$

单桩竖向抗震承载力特征值 $R_a=\dfrac{Q_{uk}}{2}=\dfrac{4208}{2}=2104\text{kN}$

答案：(B)

7-68 [2012 年考题] 某场地设计基本地震加速度为 0.15g,设计地震分组为第一组,地下水位深度 2.0m,地层分布和标准贯入点深度及锤击数见表。按照《建筑抗震设计规范》(GB 50011—2010)进行液化判别得出的液化指数和液化等级最接近下列哪个选项？（　　）

题 7-68 表

土层序号		土层名称	层底深度(m)	标贯深度 d_s(m)	标贯击数 N
①		填土	2.0		
②	②-1	粉土	8.0	4.0	5
	②-2	（黏粒含量为6%）		6.0	6
③	③-1	粉细砂	15.0	9.0	12
	③-2			12.0	18
④		中粗砂	20.0	16.0	24
⑤		卵石			

A. 12.0、中等　　B. 15.0、中等　　C. 16.5、中等　　D. 20.0、严重

解 根据《建筑抗震设计规范》(GB 50011—2010)4.3.4、4.3.5 条得

(1)液化判别

$N_0=10,\beta=0.8,d_w=2.0\text{m}$,粉土 $\rho_c=6\%$,砂土 $\rho_c=3\%$

4m 处：$N=N_0\beta[\ln(0.6d_s+1.5)-0.1d_w]\sqrt{\dfrac{3}{\rho_c}}$

$$= 10 \times 0.8 \times [\ln(0.6 \times 4 + 1.5) - 0.1 \times 2] \sqrt{\frac{3}{6}} = 6.57 > 5, 液化$$

6m 处：$N = 10 \times 0.8 \times [\ln(0.6 \times 6 + 1.5) - 0.1 \times 2] \sqrt{\frac{3}{6}} = 8.09 > 6, 液化$

9m 处：$N = 10 \times 0.8 \times [\ln(0.6 \times 9 + 1.5) - 0.1 \times 2] \sqrt{\frac{3}{3}} = 13.85 > 12, 液化$

12m 处：$N = 10 \times 0.8 \times [\ln(0.6 \times 12 + 1.5) - 0.1 \times 2] \sqrt{\frac{3}{3}} = 15.71 < 18, 不液化$

16m 处：$N = 10 \times 0.8 \times [\ln(0.6 \times 16 + 1.5) - 0.1 \times 2] \sqrt{\frac{3}{3}} = 17.66 < 24, 不液化$

所以，4m、6m、9m 处液化，其余不液化。

(2) 土层厚度及影响权函数值计算

根据 4.3.5 条得，W_i 计算时，当砂层中点厚度不大于 5m 时应采用 10，等于 20m 时应采用零值，5～20m 时应按线性内插法取值

$d_4 = 3\text{m}, z_4 = 2 + \frac{3}{2} = 3.5\text{m}, W_4 = 10$

$d_6 = 3\text{m}, z_6 = 8 - \frac{3}{2} = 6.5\text{m}, W_6 = 9.0$

$d_9 = 2.5\text{m}, z_9 = 8 + \frac{2.5}{2} = 9.25\text{m}, W_9 = 7.17$

(3) 液化指数 I_L

$$I_{lE} = \sum_{i=1}^{n}\left(1 - \frac{N_i}{N_{cri}}\right) d_i W_i$$

$$= \left(1 - \frac{5}{6.57}\right) \times 3 \times 10 + \left(1 - \frac{6}{8.09}\right) \times 3 \times 9.0 + \left(1 - \frac{12}{13.85}\right) \times 2.5 \times 7.17 = 16.52$$

根据 4.3.5 得中等液化，$I_L = 16.52$，选 (C)。

7-69 [2013 年考题] 某临近岩质边坡的建筑场地，所处地区抗震设防烈度为 8 度，设计基本地震加速度为 $0.30g$，设计地震分组为第一组。岩石剪切波速有关尺寸如图所示。建筑采用框架结构，抗震设防分类属丙类建筑，结构自振周期 $T = 0.40\text{s}$，阻尼比 $\zeta = 0.05$。按《建筑抗震设计规范》(GB 50001—2010) 进行多遇地震作用下的截面抗震验算时，相应于结构自振周期的水平地震影响系数值最接近下列哪一项？(   )

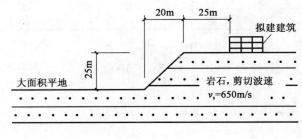

题 7-69 图

A. 0.13 B. 0.16
C. 0.18 D. 0.22

解 $L_1/H=25/25=1$,故 $\xi=1$;$H/L=25/20=1.25$,查表 $\alpha=0.4$
$\lambda=1+\xi\alpha=1+1\times0.4=1.4$
等效剪切波速650m/s,场地类别为 I_1 类,地震分组为第一组,特征周期0.25s。
设计基本地震加速度0.3g,多遇地震 $\alpha_{max}=0.24$
$T_g<T=0.4<5T_g$
$$\alpha=\left(\frac{T_g}{T}\right)^\gamma\eta_2\alpha_{max}=\left(\frac{0.25}{0.4}\right)^{0.9}\times1\times0.24=0.157$$
该场地的 $\alpha=1.4\times0.157=0.22$
答案:(D)

7-70〔2013年考题〕 某建筑场地设计基本地震加速度0.30g,设计地震分组为第二组,基础埋深小于2m。钻孔揭示的地层结构如图所示。勘察期间地下水位埋深5.5m,近期内年最高水位埋深4.0m;在地面下3.0m和5.0m处实测标准贯入试验锤击数均为3击,经初步判别认为需对细砂土进一步进行液化判别。若标准贯入锤击数不随土的含水率变化而变化,试按《建筑抗震设计规范》(GB 50011—2010)计算该钻孔的液化指数最接近下列哪一项?(只需判别15m深度范围以内的液化)( )

A. 3.9 B. 8.2
C. 16.4 D. 31.5

解 $I_{lE}=\sum_{i=1}^n\left(1-\frac{N_t}{N_{cri}}\right)d_iW_i$

可能液化的范围为4m至6m段,中点深度为5m,$W_i=10$

$N_{cr}=N_0\beta[\ln(0.6d_s+1.5)-0.1d_w]\sqrt{\frac{3}{\rho_c}}$

$=16\times0.95\times[\ln(0.6\times5+1.5)-0.1\times4]\sqrt{\frac{3}{3}}$

$=16.78$

$I_{lE}=\sum_{i=1}^n\left[1-\frac{N_i}{N_{cri}}\right]d_iW_i=\left(1-\frac{3}{16.78}\right)\times2\times10=16.42$

答案:(C)

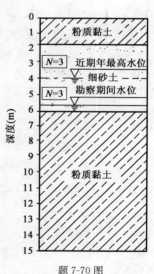

题 7-70 图

7-71〔2013年考题〕 抗震设防烈度为8度地区的某高速公路特大桥,结构阻尼比为0.05,结构自振周期(T)为0.45s;场地类型为 II 类,特征周期(T_g)为0.35s;水平向设计基本地震加速度峰值为0.30g,进行 E2 地震作用下的抗震设计时,按《公路桥梁抗震设计细则》(JTG/T B02-01—2008)确定竖向设计加速度反应谱最接近下列哪项数值?( )

A. 0.30g B. 0.45g C. 0.89g D. 1.15g

解 $S_{max}=2.25C_iC_sC_dA=2.25\times1.7\times1\times1\times0.3g=1.1475g$
阻力比为0.05,特征周期0.35m,自振周期0.45g,故

$$S=S_{\max}\frac{T_g}{T}=1.1475\times\left(\frac{0.35}{0.45}\right)=0.8925g$$

$T=0.45\mathrm{s}>0.3\mathrm{s}$,故 $R=0.5$,竖向设计加速度反应谱 $0.44625g$。

答案:(B)

7-72 [2013年考题] 某水工建筑物场地地层2m以内为黏土,2~20m为粉砂,地下水埋深1.5m,场地地震动峰值加速度0.2g。钻孔内深度 3m、8m、12m 处实测土层剪切波速分别为180m/s、220m/s、260m/s,请用计算说明地震液化初判结果最合理的是下列哪一项?(　　)

　　A. 3m处可能液化,8m、12m处不液化
　　B. 8m处可能液化,3m、12m处不液化
　　C. 12m处可能液化,3m、8m处不液化
　　D. 3m、8m、12m处均可能液化

解　$V_{\mathrm{st}}=291\sqrt{K_H\cdot Z\cdot r_d}$

3m 处 $V_{\mathrm{st}3}=291\sqrt{0.2\times3\times(1-0.01\times3)}=220.0>180\mathrm{m/s}$,可能液化

8m 处 $V_{\mathrm{st}8}=291\sqrt{0.2\times8\times(1-0.01\times8)}=353.1>220\mathrm{m/s}$,可能液化

12m 处 $V_{\mathrm{st}12}=291\sqrt{0.2\times12\times(1.1-0.02\times12)}=418.07>260\mathrm{m/s}$,可能液化

答案:(D)

7-73 [2013年考题] 某建筑场地设计基本地震加速度0.2g,设计地震分组为第二组,土层柱状分布及实测剪切波速如下表所示,问该场地的特征周期最接近下列哪个选项的数值?(　　)

题7-73表

层　序	岩土名称	层厚 d_i(m)	层底深度(m)	实测剪切波速 v_{si}(m/s)
1	填土	3.0	3.0	140
2	淤泥质粉质黏土	5.0	8.0	100
3	粉质黏土	8.0	16.0	160
4	卵石	15.0	31.0	480
5	基岩	—	—	>500

　　A. 0.30s　　　B. 0.40s　　　C. 0.45s　　　D. 0.55s

解　$480/160=3>2.5$,卵石以下剪切波速均大于400m/s,故覆盖层厚度为16m。

$$v_{\mathrm{se}}=\frac{d_0}{\sum_{i=1}^n(d_i/v_{si})}=\frac{16}{\frac{3}{140}+\frac{5}{100}+\frac{8}{160}}=131.76\mathrm{m/s}$$

根据《建筑抗震设计规范》(GB 50011—2010)表 4.1.6,场地类别为Ⅲ类,查表 $T=0.55\mathrm{s}$

答案:(D)

7-74 [2014年考题] 某乙类建筑位于建筑设防烈度8度地区,设计基本地震加速度值为0.20g,设计地震分组为第一组,钻孔揭露的土层分布及实测的标贯锤击数如下表所示,近期内年最高地下水埋深6.5m。拟建建筑基础埋深1.5m,根据钻孔资料下列哪个选项的说法是正确的?(　　)

七、地震工程

各深度处膨胀土的工程特性指标表　　　　　题 7-74 表

层　序	岩土名称和性状	层厚(m)	标贯试验深度(m)	实测标贯锤击数
1	粉质黏土	2	—	—
2	黏土	4	—	—
3	粉砂	3.5	8	10
4	细砂	15	13 16	23 25

  A. 可不考虑液化影响　　　　　　B. 轻微液化
  C. 中等液化　　　　　　　　　　D. 严重液化

解　根据《建筑抗震设计规范》(GB 50011—2010)第 4.3.3 条
液化初判：8 度区，砂土，查表 $d_0=8m$
$d_u=6m<d_0+d_b-2=8+2-2=8m$
$d_w=6.5m<d_0+d_b-3=8+2-3=7m$
$d_u+d_w=12.5m>1.5d_0+2d_b-4.5=1.5\times8+2\times2-1.5=11.5m$
初判可不考虑液化影响。
答案：(A)

7-75〔2014 年考题〕　某建筑场地位于建筑设防烈度 8 度地区，设计基本地震加速度值为 0.20g，设计地震分组为第一组。根据勘察资料，地面下 13m 范围内为淤泥和淤泥质土，其下为波速大于 500m/s 的卵石，若拟建建筑的结构自振周期为 3s，建筑结构的阻尼比为 0.05，则计算罕遇地震作用时，建筑结构的水平地震影响系数最接近下列选项中的哪一个？(　　)
  A. 0.023　　　　B. 0.034　　　　C. 0.147　　　　D. 0.194

解　根据《建筑抗震设计规范》(GB 50011—2010)第 4.1.4 条、第 4.1.6 条、第 5.1.4 条、第 5.1.5 条
覆盖层厚度 13m，且为淤泥和淤泥质土，查表判别场地类型为 Ⅱ 类；
Ⅱ 类场地，地震分组第一组，罕遇地震，查表 $T_g=0.35+0.05=0.40s$；
地震动加速度 0.2g，罕遇地震，查表 $\alpha_{max}=0.90$，则
$5T_g=2.0<T=3<6.0$
$$\alpha=[\eta_2 0.2^\gamma-\eta_1(T-5T_g)]\alpha_{max}$$
$$=[1\times0.2^{0.9}-0.02\times(3-5\times0.4)]\times0.90=0.193$$
答案：(D)

7-76〔2014 年考题〕　某场地地层结构如图所示。采用单孔法进行剪切波速测试，激振板长 2m，宽 0.3m，其内侧边缘距孔口 2m，触发传感器位于激振板中心；将三分量检波器放入钻孔内地面下 2m 深度时，实测波形图上显示剪切波初至时间为 29.4ms。已知土层②~④和基岩的剪切波速如图所示，试按《建筑抗震设计规范》(GB 50011—2010)计算土层的等效剪切波速，其值最接近下列哪项数值？(　　)
  A. 109m/s　　　　B. 131m/s　　　　C. 142m/s　　　　D. 154m/s

解　根据《建筑抗震设计规范》(GB 50011—2010)第 4.1.4 条、第 4.1.5 条

土层①剪切波速：$v_{s1} = \dfrac{\sqrt{(2+0.3/2)^2+2^2}}{0.0294} = 99.9\text{m/s}$

土层③剪切波速大于土层②的2.5倍，且大于400m/s，覆盖层厚度为6m，则

$$v_{se} = \dfrac{6}{\dfrac{2}{199.9}+\dfrac{4}{155}} = 130.9\text{m/s}$$

答案：(B)

7-77 [2014年考题] 某公路桥梁采用摩擦桩基础，场地地层如下：①0～3m为可塑状粉质黏土，②3～14m为稍密至中密状粉砂，其实测标贯击数 $N_1=8$ 击。地下水位埋深为2.0m。桩基穿过②层后进入下部持力层。根据《公路工程抗震规范》(JTG B02—2013)，计算②层粉砂桩长范围内桩侧摩阻力液化影响平均折减系数最接近下列哪一项？（假设②层土经修正的液化判别标贯击数临界值 $N_{cr}=9.5$ 击）(　　)

　　A. 1.00　　　　　　　　　　B. 0.83
　　C. 0.79　　　　　　　　　　D. 0.67

解 根据《公路工程抗震规范》(JTG B02—2013)第4.4.2条

$$C_e = \dfrac{N_1}{N_{cr}} = \dfrac{8}{9.5} = 0.84$$

查表分层采用加权平均：$\psi_l = \dfrac{7 \times \dfrac{2}{3} + 4 \times 1.0}{7+4} = 0.79$

答案：(C)

7-78 [2014年考题] 某场地设计基本地震加速度为 $0.15g$，设计地震分组为第一组，其地层如下：①层黏土，可塑，层厚8m，②层粉砂，层厚4m，稍密状，在其埋深9.0m处标贯击数为7击，场地地下水位埋深2.0m。拟采用正方形布置，截面为300mm×300mm预制桩进行液化处理，根据《建筑抗震设计规范》(GB 50011—2010)，问其桩距至少不少于下列哪一选项时才能达到不液化？(　　)

　　A. 800mm　　　　　　　　　B. 1000mm
　　C. 1200mm　　　　　　　　D. 1400mm

解 根据《建筑抗震设计规范》(GB 50011—2010)第4.3.4条、第4.4.3条

$N_{cr} = N_0\beta[\ln(0.6d_s+1.5)-0.1d_w]\sqrt{3/\rho_c}$
$\quad = 10 \times 0.8 \times [\ln(0.6 \times 9.0+1.5)-0.1 \times 2.0] \times \sqrt{3/3} = 13.85$

打桩后：$N_1 = N_p + 100\rho(1-e^{-0.3N_p})$

即 $13.85 = 7 + 100 \times \rho \times (1-e^{-0.3 \times 7})$，解得 $\rho = 0.078$

正方形布桩置换率：$\rho = \dfrac{d^2}{s^2} = \dfrac{0.3^2}{s^2} = 0.078$

解得 $s = 1.0742\text{m} = 1074.2\text{mm}$，选用小值1000mm。

答案：(B)

7-79 [2016年考题] 某建筑场地勘察资料见下表，按照《建筑震设计规范》(GB 50011—2010)的规定，土层的等效剪切波速最接近下列哪个选项？(　　)

七、地震工程

题 7-79 表

土层名称	层底埋深(m)	剪切波速(m/s)
粉质黏土①	2.5	180
粉土②	4.5	220
玄武岩③	5.5	2500
细中砂④	20	290
基岩⑤	—	>500

A. 250m/s　　　B. 260m/s　　　C. 270m/s　　　D. 280m/s

解　《建筑抗震设计规范》(GB 50011—2010)第 4.1.4 条,玄武岩为火山岩硬夹层,应从覆盖层中扣除,场地覆盖层厚度为 19m。

$$t=\sum_{i=1}^{n}\frac{d_i}{v_i}=\frac{2.5}{180}+\frac{2.0}{220}+\frac{14.5}{290}=0.073$$

$$v_{se}=\frac{d_0}{t}=\frac{19}{0.073}=260.3\text{m/s}$$

答案：(B)

7-80　[2016 年考题]　某建筑场地抗震设防烈度为 8 度,设计基本地震加速度为 0.30g,设计地震分组为第一组。场地土层及其剪切波速如下表。建筑结构的自震周期 $T=0.30$s,阻尼比为 0.05。请问特征周期 T_g 和建筑结构的水平地震影响系数 α 最接近下列哪一选项？(按多遇地震作用考虑)(　　)

题 7-80 表

层序	土层名称	层底埋深(m)	剪切波速(m/s)
①	填土	2.0	130
②	淤泥质黏土	10.0	100
③	粉砂	14.0	170
④	卵石	18.0	450
⑤	基岩	—	800

A. $T_g=0.35$s　$\alpha=0.16$　　　B. $T_g=0.45$s　$\alpha=0.24$
C. $T_g=0.35$s　$\alpha=0.24$　　　D. $T_g=0.45$s　$\alpha=0.16$

解　《建筑抗震设计规范》(GB 50011—2010)第 4.1.4 条。

$\frac{450}{170}=2.65>2.5$,可知场地覆盖层厚度为 14m。

$$t=\sum_{i=1}^{n}\frac{d_i}{v_i}=\frac{2}{130}+\frac{8}{100}+\frac{4}{170}=0.119$$

$$v_{se}=\frac{d_0}{t}=\frac{14}{0.119}=117.6\text{m/s}$$

由表 4.1.6 得：场地类别为 Ⅱ 类。
设计地震分组为第一组,由表 5.1.4-2 得：$T_g=0.35$s
抗震设防烈度为 8 度,设计基本地震加速度为 0.30g,由表 5.1.4-1 得：$\alpha_{max}=0.24$

$0.10 < T = 0.30 < T_g = 0.35$

由图 5.1.5 得：$\alpha = \eta_2 \alpha_{max} = 1.0 \times 0.24 = 0.24$

答案：(C)

7-81 [2016 年考题] 某高速公路单跨跨径为 140m，其阻尼比为 0.014，场地水平向设计基本地震动峰值加速度为 0.20g，设计地震分组为第一组，场地类别为Ⅲ类。根据《公路工程抗震规范》(JTG B02—2013)，试计算在 E1 地震作用下的水平设计加速度反应谱最大值 S_{max} 最接近下列哪个选项？（　　）

  A．0.16g   B．0.24g   C．0.29g   D．0.32g

解 由《公路工程抗震规范》(JTG B02—2013)第 3.1.1 条可知，桥梁抗震设防类别为 B 类。

由表 3.1.3 得：$C_i = 0.5$

场地类别为Ⅲ类，设计基本地震动峰值加速度为 0.20g，由表 5.2.2 得：$C_s = 1.2$

根据 5.2.4 条：$C_d = 1 + \dfrac{0.05 - \xi}{0.06 + 1.7\xi} = 1 + \dfrac{0.05 - 0.04}{0.06 + 1.7 \times 0.04} = 1.08$

$S_{max} = 2.25 C_i C_s C_d A_h = 2.25 \times 0.5 \times 1.2 \times 1.08 \times 0.2g = 0.29g$

答案：(C)

7-82 [2016 年考题] 某场地抗震设防烈度为 9 度，设计基本地震加速度为 0.40g，设计地震分组为第三组，覆盖层厚度为 9m。建筑结构自震周期 T=2.45s，阻尼比 ζ=0.05。根据《建筑抗震设计规范》(GB 50011—2010)，计算罕遇地震作用时建筑结构的水平地震影响系数值最接近下列哪个选项？（　　）

  A．0.074   B．0.265   C．0.305   D．0.335

解 由《建筑抗震设计规范》(GB 50011—2010)表 4.1.6 知：覆盖层厚度为 9m，场地类别为Ⅱ类。

9 度，罕遇地震，根据表 5.1.4-1 得：$\alpha_{max} = 1.4$

Ⅱ类场地，第三组，根据表 5.1.4-2：$T_g = 0.45s$；罕遇地震，$T_g = 0.45 + 0.05 = 0.50s$

$T = 2.45 < 5 T_g = 2.50$

$\alpha = \left(\dfrac{T_g}{T}\right)^\gamma \eta_2 \alpha_{max} = \left(\dfrac{0.50}{2.45}\right)^{0.9} \times 1.0 \times 1.40 = 0.335$

答案：(D)

7-83 [2016 年考题] 某建筑场地抗震设防烈度为 7 度，设计基本地震加速度为 0.15g，设计地震分组为第三组，拟建建筑基础埋深 2m。某钻孔揭示的底层结构，以及间隔 2m（为方便计算所做的假设）测试得到的实测标准贯入锤击数(N)如图所示。已知 20m 深度范围内基土均为全新世冲及底层，粉土、粉砂和粉质黏土层的黏粒含量(ρ_c)分别为 13%、11% 和 22%，近期内年最高地下水位埋深 1.0m。试按《建筑抗震设计规范》(GB 50011—2010)计算该钻孔的液化指数最接近下列哪个选项？（　　）

  A．7.0   B．13.2   C．18.7   D．22.5

解 由《建筑抗震设计规范》(GB 50011—2010)第 4.3.3 条知：液化土层为粉砂层。

设计基本地震加速度 0.15g，根据表 4.3.4 得：$N_0 = 10$；设计地震分组为第三组，$\beta = 1.05$

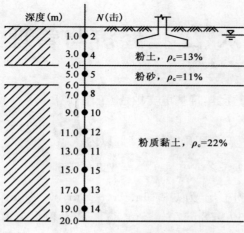

题 7-83 图

$N_{cr}=N_0\beta[\ln(0.6d_s+1.5)-0.1d_w]$
$=10\times1.05\times[\ln(0.6\times5+1.5)-0.1\times1.0]=14.74$

$I_{lE}=\sum_{i=1}^{n}\left[1-\dfrac{N_i}{N_{cri}}\right]d_iW_i=\left(1-\dfrac{5}{14.74}\right)\times2\times10=13.2$

答案:(B)

八、工程经济与管理

8-1 某住宅小区两幢高层建筑基坑支护,施工图预算 131 万元,试计算岩土工程设计概算符合正确性精度要求是多少?

解 岩土工程设计概算符合正确精度为 5% 以内。
$$\frac{x-131}{131}=0.05, x=131\times0.05+131=137.6 \text{ 万元}$$

8-2 某钻孔深 100m,Ⅰ类土为 0~16m、30~50m、60~70m,Ⅱ类土为 80~85m、95~100m,Ⅲ类土为 16~30m、50~58m、70~75m、85~90m,Ⅳ类土为 58~60m、75~80m、90~95m。试计算:(1)工程勘察费;(2)从地面下 2~100m,每 2m 进行一次单孔法波速测试收费;(3)地面和其下 22m 深处、地面和其下 100m 处分别同时测试场地微振动(频域和幅值域)收费。

解 (1)工程勘察收费

10m×46 元+6m×48 元+4m×147 元+10m×176 元+10m×82 元+10m×98 元+8m×277 元+2m×489 元+10m×121 元+5m×307 元+5m×542 元+5m×204 元+5m×335元+5m×592 元+5m×204 元=20280 元

(2)波速测试收费

(7×135+8×162+10×216+10×216×1.3+10×216×1.69+5×216×2.197)×1.22=16143 元

(3)场地微振动测试收费

[(7200+9900)×1.3+(7200+14400)×1.3]×1.22=50310×1.22=61378.2 元

8-3 某钻孔深度 20m,河水深 12m,土层分布:0~3m 为砂土,3~5m 为硬塑黏土,5~7m 为粒径≤50mm、含量大于 50%的卵石,7~10m 为软岩,10~20m 为较硬岩,0~10m 跟管钻进,试计算收费。

解 工程勘察实物收费

2m×71 元×3+3m×117 元×3+2m×207 元×3+3m×117 元×3+10m×301 元×2.5=11299元

工程勘察技术收费

11299×100%=11299 元

0~3m 砂土标贯 2 个,收费 144×2=288 元

总收费 (11299+288)×2=23174 元

九、岩土工程检测与监测

9-1 [2007年考题] 某自重湿陷性黄土场地混凝土灌注桩桩径为800mm,桩长为34m,通过浸水载荷试验和应力测试得到桩身轴力在极限荷载下(2800kN)的数据及曲线图如下,试计算桩侧平均负摩阻力值。

题 9-1 表

深度(m)	桩身轴力(kN)	深度(m)	桩身轴力(kN)
2	2900	16	2800
4	3000	18	2150
6	3110	22	1220
8	3160	26	670
10	3200	30	140
12	3265	34	70
14	3270		

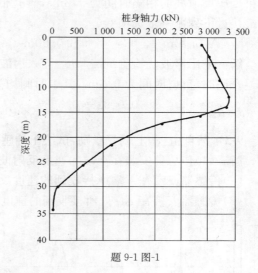

题 9-1 图-1

A. $-10.52\ \text{kPa}$ B. $-12.14\ \text{kPa}$
C. $-13.36\ \text{kPa}$ D. $-14.38\ \text{kPa}$

解 本题考查对中性点的理解。中性点是桩土剪切位移、摩阻力和桩身轴力沿桩身变化的特征点。在有负摩阻力的情况下,桩身中性点处的特性如下图:

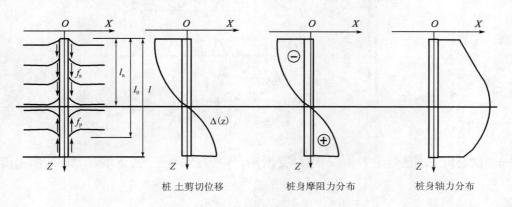

桩土剪切位移   桩身摩阻力分布   桩身轴力分布

题 9-1 图-2

由此可知,本题中桩身轴力由大变小深度处即为中性点处,即由自重湿陷性黄土引起的负摩阻力的计算范围为 $0\sim14\mathrm{m}$，根据《建筑桩基检测技术规范》（JGJ 106—2003）附录 A.0.14-4，平均负摩阻力为：

$$q_{si} = \frac{Q_i - Q_{i+1}}{ul_i}$$

代入数据：$q_{si} = \dfrac{2800-3270}{0.8\times 3.14\times 14} = -13.36\mathrm{kPa}$

9-2 ［2007年考题］ 采用声波法对钻孔灌注桩孔底沉渣进行检测，桩直径 1.2m，桩长 35m，声波反射明显。测头从发射到接受到第一次反射波的相隔时间为 8.7ms，从发射到接受到第二次反射波的相隔时间为 9.3ms，若孔低沉渣声波波速按 1000m/s 考虑，孔底沉渣的厚度最接近下列哪一个选项？（　　）

  A. 0.30m   B. 0.50m   C. 0.70m   D. 0.90m

解 采用声波法检测沉渣厚度，当入射波到达沉渣顶面时，反射时间为 8.7ms，当入射波到达孔底时，反射时间为 9.3ms，其中时间均为一个回程的时间，因此

$$H = \frac{t_2 - t_1}{2}c = \frac{0.0093 - 0.0087}{2}\times 1000 = 0.3\mathrm{m}$$

9-3 某自由杆，上端受激励，试绘出传感器安装于上、下端和 ΔL 处的速度反射波。

解 （1）传感器安装在上端的速度反射波如图 a）所示；

（2）传感器安装在下端所接收到的速度反射波如图 b）所示；

（3）传感器安装在 ΔL 处所接收到的速度反射波如图 c）所示。

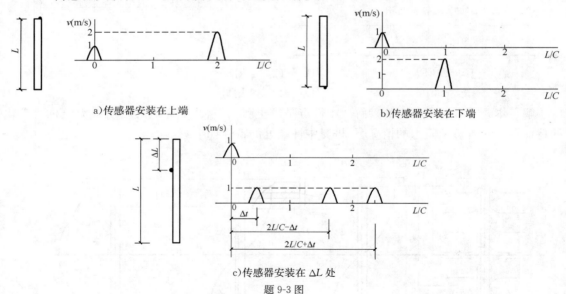

题 9-3 图

9-4 试绘出下端固定的自由杆，上端受激励，传感器安装于上、下端和 ΔL 处的速度反射波。

解 （1）传感器安装在上端的速度反射波如图 a）所示；

（2）传感器安装在下端所接收到的速度反射波为零如图 b）所示；

（3）传感器安装在 ΔL 处所接收到的速度反射波如图 c）所示。

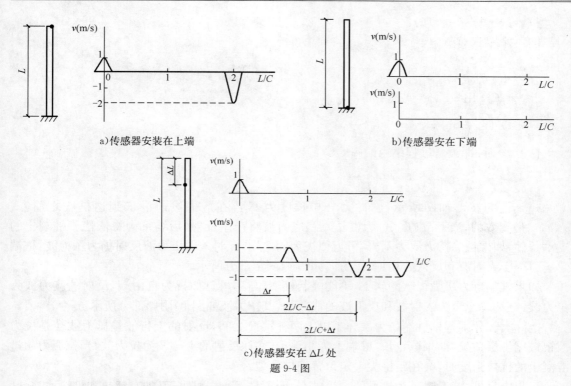

a)传感器安装在上端

b)传感器安在下端

c)传感器安在 ΔL 处

题 9-4 图

9-5 试分析打桩时应力波的传播规律。

解 打桩时,当锤重远小于桩重,锤对桩的作用可假定是半正弦压力脉冲,如下式

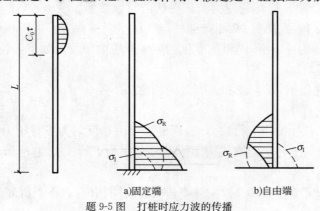

a)固定端 b)自由端

题 9-5 图 打桩时应力波的传播

$$F(t) = -F_0 \sin\left(\frac{\pi t}{\tau}\right)$$

式中:τ——脉冲力持续时间;

F_0——脉冲力峰值。

桩顶处应力

$$\sigma(0,t) = -\frac{F_0}{A}\sin\left(\frac{\pi t}{\tau}\right)$$

设下行压力波波速为 C_0,则下行应力波为

$$\sigma(z,t) = f(z - C_0 t)$$

桩顶处 $z=0$，则

$$\sigma(0,t) = f(-C_0 t) = -\frac{F_0}{A}\sin\left(\frac{\pi t}{\tau}\right) = \frac{F_0}{A}\sin\left[\frac{\pi}{C_0 \tau}(-C_0 t)\right]$$

上式 $-C_0 t$ 用 $z-C_0 t$ 代换后得

$$\sigma(z,t) = \frac{F_0}{A}\sin\left[\frac{\pi}{C_0 \tau}(z-C_0 t)\right]$$

在 $t=\tau$ 时，即锤击过程结束的瞬时

$$\sigma(z,\tau) = \frac{F_0}{A}\sin\left[\pi\left(\frac{z}{C_0 \tau}-1\right)\right]$$

$\sigma(z,\tau)$ 的波形如图所示，脉冲力分布长度为 $C_0 \tau$，在应力波前沿未到达桩底之前，式 $\sigma(z,\tau)$ 是有效的，当 $t=L/C_0$（L 为桩长）后，应力波将产生反射，后续行为将依赖于桩端土的支承条件，如果桩尖持力层为基岩，可近似视为固定端，此时入射压力波反射仍为压力波，桩端总应力等于入射波和反射波相加，压力波如图 a) 阴影部分所示。

如果桩端持力层为很软的软土，不能限制桩端位移，可近似视为自由端，反射的应力波为拉力波，桩端总应力为入射波和反射波的代数和，其拉力波如图 b) 阴影部分所示。

实际大部分工程桩桩端持力层介于以上两种情况之间，反射的上行波是压力波还是拉力波视桩端土层情况，如果桩较长，桩端土为黏性土，往往反射的上行波为拉力波，当拉应力超过混凝土的抗拉强度时，会在距桩尖一定位置把桩拉裂。

工程中打桩，一般锤重为桩重的一半左右，而不是远小于桩重，又加有锤垫和桩垫，实际脉冲力不是简单的半正弦脉冲，比半正弦要复杂得多。

9-6 试绘制桩身阻抗变化的应力波反射法的时域波形。

解 桩时域波形有：完整桩，截面突变桩，断桩，半断桩，缩颈、离析和夹泥桩，扩底桩，嵌岩桩，截面渐变桩等。以上几种不同阻抗变化的理想时域曲线绘制如下：

(1) 完整桩[图 a)]

完整桩仅有桩底反射，反射波和入射波同相位。

(2) 截面突变桩[图 b)]

桩身截面变小处反射波为上行拉力波，遇桩顶自由端反射为下行压力波（$t_1 = t_2 = 2\Delta L/C$）；桩身截面变大处反射为上行压力波，遇桩顶自由端反射为下行拉力波（$t_1 = t_2 = 2\Delta L/C$）。

(3) 断桩[图 c)]

在断桩处应力波产生多次反射，反射波和入射波同相位，看不到桩底反射。

(4) 半断桩[图 d)]

桩身缺口处的反射波和入射波同相位，桩底反射波和入射波同相位。

(5) 缩颈、离析和夹泥桩[图 e)]

缩颈桩和离析桩，开始部位的反射波和入射波同相位，缩颈和离析结束部位的反射波和入射波反相位，缩颈和离析不严重的桩，部分应力波发生透射传播，可看到桩底反射，反射波和入射波同相位。

(6) 扩底桩[图 f)]

扩底桩在扩底开始处的反射波和入射波反相位，扩底结束处的反射波和入射波同相位。

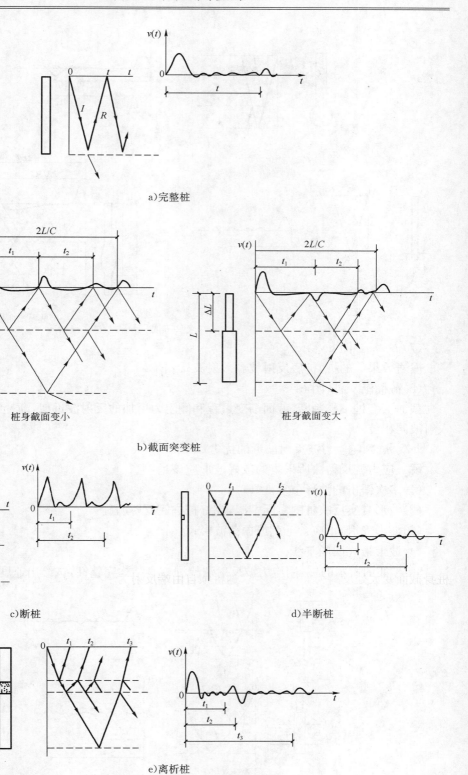

a) 完整桩

桩身截面变小　　　　　桩身截面变大

b) 截面突变桩

c) 断桩　　　　　d) 半断桩

e) 离析桩

题 9-6 图

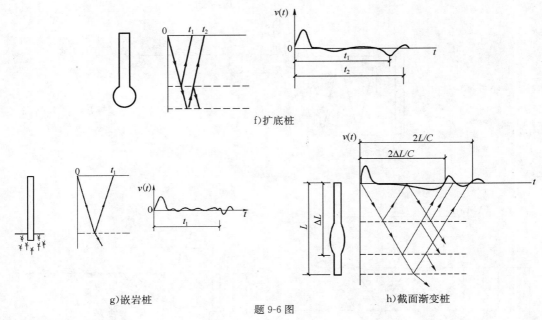

题 9-6 图

(7) 嵌岩桩 [图 g]

嵌岩效果好的桩,桩底反射波和入射波反相位。

(8) 截面渐变桩 [图 h]

截面渐变桩不易判断,截面渐变过程和侧阻力增加的反射波近似,渐变结束处的反射波和入射波同相位。

9-7 试判定应力波反射波形的优劣。

解 应力波反射法所采集的较好波形应该是:

(1) 多次锤击的波形重复性好;

(2) 波形真实反映桩的实际情况,完好桩桩底反射明确;

(3) 波形光滑,不应含毛刺或振荡波形;

(4) 波形最终回归基线。

9-8 如图所示的桩,用应力波反射法检测桩身结构完整性,试绘出速度响应波形。

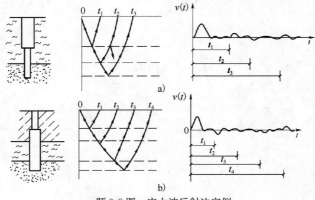

题 9-8 图 应力波反射法实例

解 如图 a)所示的桩,在 t_1 处桩身有截面变小的同相位反射波。土层由淤泥进入砂层,两层交界处有反相位反射波。桩底有同相位反射波。

如图 b)所示的桩,t_1 处有扩颈的反相位反射波。t_2 和 t_3 处,土层由好变差和由差变好,都产生阻力波的反射,即产生上行压力波,运动速度向上,与入射波反相位,桩底为同相位反射波。

9-9 试分析应力波反射法的浅层缺陷波形的特征。

解 对于桩身浅层缺陷,当敲击脉冲力较宽,使波长 $\lambda \geqslant L$(L 为缺陷深度)时,应力波传播不满足波动理论,而是质弹体系的刚体振动,其自振频率比应力反射波频率低得多,所以浅层缺陷的反射波常为频率很低、振幅大、周期长,常出现主频达 $100 \sim 200 \text{Hz}$ 的信号,或者高、低频信号混叠的波形,同时看不到桩底反射。图为浅层缺陷实测波形的例子。

波形 a)为桩径 0.6m 钻孔桩,0.5m 处夹泥。

波形 b)为桩径 0.5m 钻孔桩,0.6m 处混凝土离析。

波形 c)为桩径 0.4m 沉管灌注桩,1.0m 左右严重缩颈。

波形 d)为桩径 0.4m 沉管灌注桩,0.5m 左右混凝土松散。

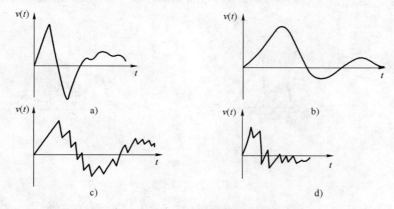

题 9-9 图 桩的浅层缺陷实测波形

9-10 根据混凝土桩实测波形试判断波形异常及其原因。

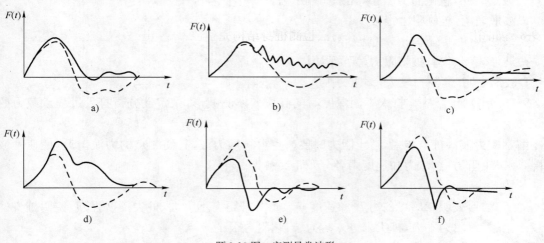

题 9-10 图 实测异常波形

解 图中 a)波形正常，b)、c)、d)、e)、f)波形异常。异常原因：

b)——力传感器未上紧，波形产生自振；

c)——波形信号不回零，表明靠近测点附近混凝土有塑性变形；

d)——波形峰值处力大于速度，表明靠近测点附近桩身有扩颈或有垫层和桩相连；

e)——波形峰值处速度大于力，表明靠近测点附近桩身有缩颈；

f)——波形峰值处速度大于力，力波不回零，表明测点附近桩身有裂缝，或传感器安在新接桩头上，接头连接没做好。

9-11 根据高应变动力试桩的实测波形，试分析土阻力的大致分布。

解 根据图中波形分析如下：

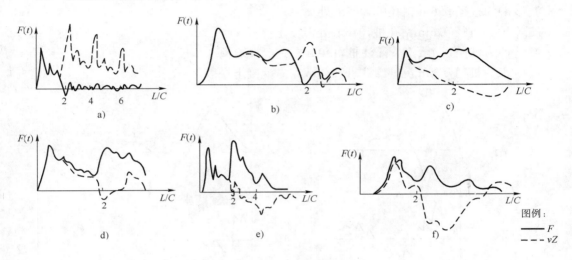

题 9-11 图　打桩实测波形

a)波形是在打桩期间进行测试的，桩很容易打入，从波形特征反映，几乎无桩侧、桩端阻力。

b)波形表明，桩侧阻力很小，几乎无端承力。

c)波形表明，桩侧阻力很大。

d)波形表明，侧阻力小，端阻力大。

e)波形表明，仅有桩端阻力，无侧阻力。

f)波形表明，侧阻力较大，端阻力很大。

9-12 根据预制桩在打入不同深度时的高应变实测波形，试定性分析打入过程承载力的变化情况。

解 应力波沿桩身传播，遇土阻力时要产生上行压力波，它使测点的力波上升，使速度波下降，所以土阻力愈大，力和速度两者分开距离愈大。

从图看出：

a)、b)波形表明，$2L/C$ 前力 F 和速度 v 波形分开距离不太大，桩尖反射强烈，说明桩身处于较差土层，侧阻力不大，桩尖未进入持力层，端阻力很小。

c)波形表明，桩已进入好土层，侧阻增大，端阻力在提高。

d) 波形表明，2L/C以后，速度波往下拉很多，桩已进好持力层，端阻力大大增加。

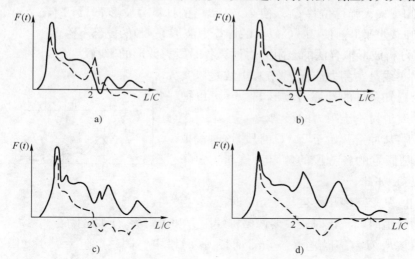

题9-12图　桩打入过程实测波形之一

9-13　根据预制桩打入过程的高应变实测波形，试分析桩身结构的完整性情况。

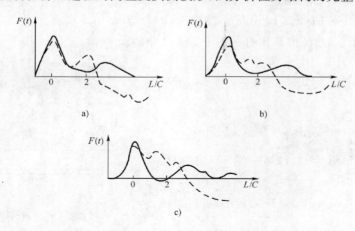

题9-13图　桩打入过程实测波形之二

解　打桩时，应力波沿桩身传播，遇桩身有缺陷时，反射为拉力波。上行拉力波到了测点，使速度波上升，力波下降。图中 a)波形表明桩身无缺陷；b)、c)波形的 2L/C 以前速度波位于力波的上面，表明桩身有严重缺陷，该缺陷可能是桩身产生裂缝。而且，裂缝随锤击数的增加而加大。

9-14　一根长度适中以侧阻为主的混凝土桩，试分析当增加土阻力 R_{uk}、最大弹性位移 Q_k、卸载水平 U_n 和减小卸载弹性位移 Q_{km} 时，对计算力波形有何影响。

解　根据土的理想弹塑性模型，知：

(1) 增加土阻力 R_{uk} 时，使 2L/C 前后的计算力波形 $F_c(t)$ 上升。

(2) 增加土的加载最大弹性位移 Q_k 值时，使计算的力波形，在 2L/C 以前下降，2L/C 以后上升。

(3)减小卸载最大弹性位移 Q_{km}，使 $2L/C$ 以后的计算力波形 $F_c(t)$ 下降。

(4)增加卸载水平 U_n，使 $2L/C$ 以后的计算力波形 $F_c(t)$ 的尾部下降。

9-15 试分析波形拟合法的土阻力对计算各时段力波形的影响。

解 图中实线是实测力波形 $F_m(t)$，虚线是以实测速度波形为已知条件的计算力波形 $F_c(t)$，可以把波形分为四个时段讨论土阻力的影响。

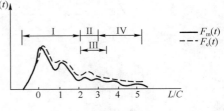

题 9-15 图　波形拟合法时段划分

(1)时段Ⅰ：从冲击开始至 $2L/C$ 时段，该时段拟合好坏，主要是假定的各分段的侧阻力值起主要作用，对于长桩更是如此。

(2)时段Ⅱ：从 $2L/C$ 开始至 t_r+3ms 时段（t_r 为冲击开始至力峰值时间），该时段主要调整桩端阻力和总阻力，使波形吻合。

(3)时段Ⅲ：从 $2L/C$ 开始至 t_r+5ms 时段，该时段主要调整总阻力大小和阻尼系数使波形吻合。

(4)时段Ⅳ：第Ⅱ时段结束位置延时 20ms 时段，该时段主要调整卸载参数：卸载最大弹性位移 Q_{km} 和卸载水平 U_n，使波形吻合。

9-16 已知自由杆的杆长 18m，应力波波速 $C=3600$m/s，于受激励一端测得速度波形为半正弦，幅值 $v=2$m/s。试推算出杆的另一端在 2.0ms、5.0ms、5.5ms 和 7.0ms 时的速度值（忽略一切阻尼）。

解 由图知，速度波从一端传至杆另一端的时间为

$$t=\frac{L}{C}=\frac{18}{3600}=5.0\text{ms},5+0.5=5.5\text{ms}$$

当 $t=2.0$ms、5.0ms 时，杆另一端 $v=0$（速度波还未到达杆另一端）；

当 $t=5.5$ms 时，$v=4$m/s（杆的自由端速度加倍）；

当 $t=7.0$ms 时，$v=0$（速度波离开杆端往回反射）。

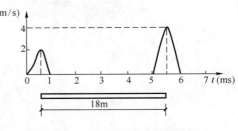

题 9-16 图　应力波传播算例

9-17 已知混凝土质量密度 $\rho=2450$kg/m³，实测应力波波速 $C=3600$m/s，试求混凝土的弹性模量。

解 根据波速和材料弹性模量关系，知

$$E=C^2\rho=3600^2\times 2450=31752\times 10^6=31752\text{MPa}$$

(注：1kg 质量物体产生 1m/s² 加速度所需的力为 1N。)

9-18 一均质自由杆，长度为 L，A 端受激励，产生一方形速度波，幅值 $v=1.0$m/s，试绘出杆两端 A、C 和中点 B 在 $0\sim 6L/C$ 之间的速度和位移时程曲线（忽略一切阻尼）。

解 (1)杆 A 端 $0\sim 6L/C$ 之间的速度和位移时程曲线如图 b)所示。

(2)杆 C 端 $0\sim 6L/C$ 之间的速度和位移时程曲线如图 c)所示。

(3)杆中点 B 从 $0\sim 6L/C$ 之间的速度和位移时程曲线如图 d)所示。

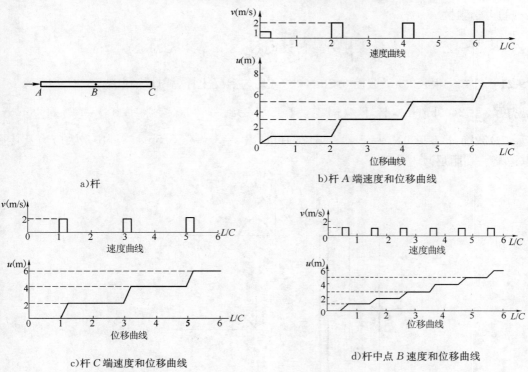

题 9-18 图

注:①速度波传至 A、C 自由端,速度值加倍;②将速度波积分一次为位移

9-19 已知灌注桩直径 1.0 m,纵波波速 $C=3500$ m/s,混凝土重度 $\gamma=24$ kN/m³,试求桩的力学阻抗。

解 桩身力学阻抗公式为

$$Z = \frac{EA}{C} = \rho AC$$

式中:Z——力学阻抗(kN·s/m);
　　　E——材料弹性模量(kN/m²),$E=c^2\rho$;
　　　A——桩截面面积(m²);
　　　C——波速(m/s);
　　　ρ——材料质量密度(kg/m³),$\rho=\dfrac{\gamma}{g}$;
　　　g——重力加速度,$g=9.81$ m/s²。

$$Z = \frac{EA}{C} = \frac{C^2\rho A}{C} = \rho AC = \frac{24}{9.81} \times 0.785 \times 3500 = 6721 \text{ kN·s/m}$$

9-20 已知钢管桩外径 0.8 m,内径 0.76 m,材料质量密度 $\rho=7800$ kg/m³,纵波波速 $C=5120$ m/s,试求出材料的弹性模量和桩的力学阻抗。

解 材料的弹性模量

$$E = C^2\rho = 5120^2 \times 7800 = 2.04 \times 10^{11} \text{N/m}^2 = 2.04 \times 10^5 \text{MPa}$$

桩的力学阻抗

$$Z = \frac{EA}{C} = 2.04 \times 10^{11} \times \frac{0.049}{5120} = 1952300 \text{N} \cdot \text{s/m} = 1952.3 \text{kN} \cdot \text{s/m}$$

9-21 已知一根长20m、截面0.2m×0.2m均匀混凝土杆,弹性模量$E=3.2\times10^{10}$N/m²,质量密度$\rho=2400$kg/m³,杆下端固定,杆上端受到一半正弦脉冲力$F(t)=F_0\sin\frac{\pi t_0}{\tau}$($0<t_0<\tau$)激励,$F_0=100$N,$\tau=5$ms。据此即可求出$t=3.0$ms、5.5ms时杆中最大应力及传播深度(忽略一切阻尼)。

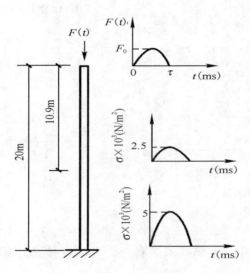

题9-21图 混凝土杆应力波传播算例

解 (1)由弹性模量公式求得应力波沿杆传播的波速C为

$$C = \sqrt{\frac{E}{\rho}} = \sqrt{\frac{3.2 \times 10^{10}}{2400}} = 3651 \text{m/s}$$

(2)当$t_1=3.0$ms时,应力波传播至深度z_1

$$z_1 = Ct_1 = 3651 \times 0.003 = 10.95\text{m}$$

此时杆中最大应力$\left(t_0 = \frac{\tau}{2}\right)$为

$$\sigma_1 = \frac{F_0}{A} = \frac{100}{0.2 \times 0.2} = 2500 \text{N/m}^2$$

当$t_2=5.5$ms时,应力波传播至深度z_2

$$z_2 = Ct_2 = 3651 \times 0.0055 = 20\text{m}$$

所以$t_2=5.5$ms,应力波正好传播至杆件的固定端端部,下行压力波传至固定端反射为压力波,应力加倍,此时杆中应力最大,$\sigma=2500\times2=5000$N/m²。

九、岩土工程检测与监测

9-22 某 PC600(110)A 型预应力管桩,桩长 40m,C60 混凝土,进行单桩静载荷试验,其 Q-s 曲线如图,试确定该桩的极限承载力标准值。

解 Q-s 曲线为缓变型,单桩极限承载力按沉降量确定,$s=40$mm 所对应的桩顶荷载为单桩极限承载力,$Q_{uk}=4000$kN。

9-23 某灌注桩,桩径 1.0m,桩长 50m,采用声波透射法检测桩身完整性,两根钢制声测管间距 0.9m,管外径 50mm,壁厚 2mm,测头直径 30mm,其中某截面声波传播时间 $t_i=0.2$ms,钢材波速为 5420m/s,水波速为 1481m/s,试计算桩身混凝土的声速(仪器系统延迟时间 $t_0=0$)。

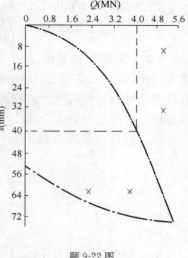

题 9-22 图

解 $t_{ci} = t_i - t_0 - t'$

$$t' = \frac{(50-46) \times 10^{-3}}{5420} + \frac{(46-30) \times 10^{-3}}{1481}$$

$$= 11.538 \times 10^{-6} \text{s}$$

$$= 11.538 \times 10^{-3} \text{ms}$$

两测管外壁间净距离 $l = 0.9 - 0.05 = 0.85$m

$t_{ci} = t_i - t_0 - t' = 0.2 - 0 - 11.538 \times 10^{-3} = 0.18846$ms

$v_i = \dfrac{l}{t_{ci}} = \dfrac{0.85}{0.18846 \times 10^{-3}} = 4510$ms

桩身混凝土声速为 4510m/s。

9-24 某多层住宅采用水泥土搅拌桩复合地基,桩径 0.5m,桩间距 1.5m,正三角形布桩,采用双桩复合静载荷试验检验复合地基承载力,试计算压板面积。

解 复合地基面积置换率

$$m = \frac{d^2}{d_e^2} = \frac{0.5^2}{(1.05 \times 1.5)^2} = 0.1 = 10\%$$

压板面积 $A_e = \dfrac{A_p}{m} \times 2 = 2 \times \dfrac{0.196}{0.1} = 3.92 \text{m}^2$

9-25 某场地原地下水位在地面下 0.5m,采用井点降水,场地某位置地面下 10m 处埋设孔隙水压力传感器,量测得到孔隙水压力测定值为 12kPa,计算该位置的水位降深。

解 场地水位降深

$$h = H - \frac{u}{\gamma_w} - 0.5 = 10 - \frac{12}{10} - 0.5 = 8.3 \text{m}$$

9-26 某场地土层分布为,填土,厚度 0.9m;黏土,厚度 2.6m;淤泥质黏土,厚度 5.0m。采用堆载预压地基处理,堆载 $p_0 = 100$kPa,地下水位地面下 0.9m,在淤泥质黏土层底埋设孔隙水压力传感器量测孔隙水压力变化情况,经过 2 个月预压,测得孔隙水压力 120kPa,试计算其淤泥质黏土固结度。

解 孔隙水压力传感器埋设地面下 8.5m 处,其静水压力为 $7.6 \times 10 = 76$kPa

堆载后瞬时 $u_0 = 100 + 76 = 176$ kPa

2个月后 $u = 120 - 76 = 44$ kPa

固结度 $v = 1 - \dfrac{u}{u_0} = 1 - \dfrac{44}{176} = 75\%$

9-27 某海上钢管桩，外径0.9m，壁厚$\delta = 22$mm，桩长59m，入土深度27m，该桩进行静载荷试验，最大加荷$Q_{max} = 9600$kN，相应沉降$s = 78.73$mm，单桩极限承载力$Q_u = 9000$kN，钢管桩表面黏贴电阻应变片进行内力测试，泥面下10～16m为硬塑黏土，在其顶和底标高位置测得桩身应变值分别为$702\mu\varepsilon$和$532\mu\varepsilon$，试计算黏土层的极限侧阻力。

解 钢管桩截面面积A

$A = \dfrac{\pi}{4}(0.9^2 - 0.856^2) = 0.06$m^2

$E = 2.1 \times 10^5$ MPa

$Q_1 = \sigma A = E \varepsilon A = 2.1 \times 10^8 \times 0.06 \times 702 \times 10^{-6} = 8845.2$ kN

$Q_2 = 2.1 \times 10^8 \times 0.06 \times 532 \times 10^{-6} = 6703$ kN

黏土层极限侧阻力q_{sik}

$q_{sik} = \dfrac{Q_1 - Q_2}{\pi d \times 6} = \dfrac{8845.2 - 6703}{\pi \times 0.9 \times 6} = 126$ kPa

9-28 某$0.45\text{m} \times 0.45\text{m}$预制桩，桩长20.5m，C40混凝土，配筋率为1‰。土层分布：填土，厚20m；黏土，厚0.8m；淤泥，厚15m；黏土，厚7m。对该桩进行单向多循环水平承载力试验，当泥面处桩水平位移$x_{oa} = 10$mm时，单桩水平承载力特征值为40kN，试计算桩侧土水平抗力系数比例系数m值。

解 预制桩水平承载力按变形控制。

单桩水平承载力特征值

$R_{ha} = 0.75 \times \dfrac{\alpha^3 EI}{v_x} x_{oa}, EI = 0.85 E_c I_0 = 0.85 E_c \times \dfrac{W_0 b_0}{2}$

$W_0 = \dfrac{b}{6}[b^2 + 2(\alpha_E - 1)\rho_g b_0^2]$

b_0为扣除保护层厚度的桩截面宽度，$b_0 = 0.39$m，$\rho_g = 1\%$，$v_x = 2.441$

$\alpha_E = \dfrac{E_s}{E_c} = \dfrac{2.0 \times 10^8}{3.25 \times 10^7} = 6.15$

$W_0 = \dfrac{0.45}{6} \times [0.45^2 + 2 \times (6.15 - 1) \times 0.01 \times 0.39^2] = 0.0164$m^3

$EI = 0.85 \times 3.25 \times 10^7 \times \dfrac{0.0164 \times 0.39}{2} = 88115.8$ kN·m^2

$\alpha = \sqrt[5]{\dfrac{mb_0}{EI}}$，桩身计算宽度$b_0 = 1.5b + 0.5 = 1.5 \times 0.45 + 0.5 = 1.175$

$\alpha = \sqrt[5]{\dfrac{m \times 1.175}{88115.8}} = m^{\frac{1}{5}} \times 0.1059$

$$40 = 0.75 \times \frac{m^{\frac{3}{5}} \times 0.1059^3 \times 88115.8}{2.441} \times 10 \times 10^{-3}$$

$$40 = m^{\frac{3}{5}} \times 32.16 \times 10^{-2}$$

$$m = 124.4^{\frac{5}{3}} = 3105 \text{kN/m}^4 = 3.1 \text{MN/m}^4$$

9-29 某灌注桩,桩径 1.5m,桩长 43m,桩顶下 25.2m 处扩颈 2.5m,桩端扩底直径 2.5m,土层分布依次为填土、粉质黏土、粉土、粉质黏土、粉砂和粉质黏土,对该桩进行竖向静载荷试验,单桩极限承载力 $Q_{uk}=22000$kN,其中端阻力占 17%,之后又进行抗拔试验,上拔荷载和上拔量关系曲线(v-δ)如图所示,试确定抗拔系数。

解 根据 v-δ 曲线,该桩抗拔极限承载力 $v_k=13200$kN

抗压端阻力 $q_{pk}=22000 \times 17\% = 3440$kN

抗拔系数 $\lambda = \dfrac{13200}{22000-3440} = 0.71$

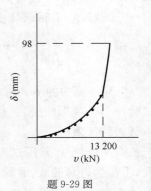

题 9-29 图

9-30 某人工挖孔灌注桩,桩端持力层强风化硬质岩,为了确定端阻力,分别在 3 个孔的孔底进行平板载荷试验,压板直径 0.3m,3 个点的承载力极限值分别为 7000kPa、7200kPa 和 6800kPa,试确定桩端阻力特征值。

解 根据《建筑地基基础设计规范》(GB 50007—2011)规定,对于单桩承载力很高的大直径端承型桩,可采用深层平板载荷试验确定桩端土的承载力特征值。

根据规范 GB 50007—2011 附录 H,将极限承载力除以 3 为岩石地基承载力特征值。3 个点的承载力特征值分别为 2333kPa、2400kPa 和 2266kPa,将其最小值作为岩石地基承载力特征值。

桩端阻力特征值 $q_{pa}=2266$kPa

9-31 某岩石地基,属较完整岩体,进行饱和单轴抗压强度试验,6 次的试验值分别为 39MPa、40MPa、42MPa、40.5MPa、39.5MPa、41MPa,试确定岩石地基承载力特征值,并说明试样尺寸大小和加荷速率。

解 试样尺寸一般为 ϕ50mm×100mm,在压力机上以每秒 500~800kPa 速率加荷。

平均值 $\mu = \dfrac{39+40+42+40.5+39.5+41}{6} = 40.33$MPa

标准差 $\sigma = \sqrt{\dfrac{\sum_{i=1}^{n}f_i^2 - nf_i^2}{n-1}} = \sqrt{\dfrac{39^2+40^2+42^2+40.5^2+39.5^2+41^2-6\times40.33^2}{5}}$

$= 1.22$

变异系数 $\delta = \dfrac{\sigma}{\mu} = \dfrac{1.22}{40.33} = 0.03$

回归修正系数 $\psi = 1 - \left(\dfrac{2.884}{\sqrt{n}} + \dfrac{7.918}{n^2}\right)\delta$

529

$$= 1-(1.177+0.2199)\delta = 1-1.397\times 0.03 = 0.958$$

$f_{rk} = \psi\times\mu = 0.958\times 40.33 = 38.64\text{MPa}$,较完整岩石,$\psi_r = 0.2$

岩石地基承载力特征值 $f_a = f_{rk}\times\psi_r = 38.6\times 0.2 = 7727\text{kPa}$

9-32 某软土地基进行十字抗剪切试验,板头尺寸 $50\text{mm}\times 100\text{mm}$($D=50\text{mm}$,$H=100\text{mm}$),十字板常数 $K=436.78\text{m}^{-2}$,钢环系数 $C=1.3\text{N}/0.01\text{mm}$,剪切破坏时扭矩 $M=0.02\text{kN}\cdot\text{m}$,试求软土的抗剪强度(顶面与底面在土体破坏时剪应力分布均匀,$a=2/3$)。

解 $\tau_f = \dfrac{2M}{\pi D^3\left(\dfrac{a}{2}+\dfrac{H}{D}\right)} = \dfrac{2\times 0.02}{\pi\times 0.05^3\times\left(\dfrac{2}{3}\times\dfrac{1}{2}+\dfrac{0.1}{0.05}\right)} = 44.0\text{kPa}$

9-33 图中的 p-s 曲线是黏性土典型的旁压试验压力—变形曲线,试根据 p-s 曲线确定地基承载力特征值。

解 黏性土旁压试验的 p-s 曲线,分为三段,Ⅰ段为较短曲线,Ⅱ段为直线段,其延伸线与纵轴有交点,s_0 为变形校正值,Ⅱ、Ⅲ段曲线交点(切点)对应的压力为 f_{ak},p_u 为土体破坏时的极限压力。

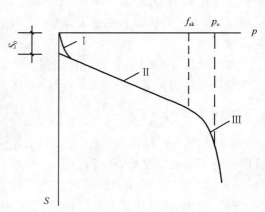

题 9-33 图

9-34 某灌注桩,桩径 1.0m,桩长 20m,C30 混凝土,土层分布:$0\sim 4\text{m}$ 淤泥质黏土,$4\sim 10\text{m}$ 为黏土。10m 之内每 2m 黏贴电阻应变片,量测桩身内力,在桩顶极限荷载 $Q_u = 1200\text{kN}$ 下,量测的混凝土表面应变值如表所示,试计算淤泥质黏土和黏土的极限侧阻力($E_c = 3.0\times 10^4\text{MPa}$)。

题 9-34 表

土层	淤泥质黏土	淤泥质黏土	黏土	黏土	黏土
测点深(m)	2	4	6	8	10
$\varepsilon\times 10^{-5}$(m)	4.61	4.076	1.783	0.457	0.0397

解 $0\sim 2\text{m}$ 土层

$\sigma = E_c\varepsilon = 3.0\times 10^7\times 4.61\times 10^{-5} = 1383\text{kPa}$

$Q = \sigma A = 1383\times 0.785 = 1086\text{kN}$

$q_{sik} = \dfrac{1200-1086}{\pi\times 1.0\times 2} = 18\text{kPa}$

$2\sim 4.0\text{m}$ 土层

$\sigma = 3.0\times 10^7\times 4.076\times 10^{-5} = 1223\text{kPa}$

$Q = \sigma A = 1223\times 0.785 = 960\text{kN}$

$q_{sik} = \dfrac{1086-960}{2\pi\times 1.0} = 20\text{kPa}$

淤泥质黏土极限侧阻力平均值 $q_{sik} = \dfrac{20+18}{2} = 19\text{kPa}$

4～6m 土层

$\sigma = 3.0 \times 10^7 \times 1.783 \times 10^{-5} = 535\text{kPa}$

$Q = \sigma A = 535 \times 0.785 = 420\text{kN}$

$q_{sik} = \dfrac{960-420}{2\pi \times 1.0} = 86\text{kPa}$

6～8m 土层

$\sigma = 3.0 \times 10^7 \times 0.457 \times 10^{-5} = 137\text{kPa}$

$Q = \sigma A = 137 \times 0.785 = 108\text{kN}$

$q_{sik} = \dfrac{420-108}{2\pi \times 1.0} = 50\text{kPa}$

8～10m 土层

$\sigma = 3 \times 10^7 \times 0.0397 \times 10^{-5} = 12\text{kPa}$

$Q = \sigma A = 12 \times 0.785 = 9\text{kN}$

$q_{sik} = \dfrac{108-9}{2\pi \times 1.0} = 16\text{kPa}$

黏土极限侧阻力平均值 $q_{sik} = \dfrac{86+50+16}{3} = 51\text{kPa}$

9-35 某直径 0.8m 的冲击成孔灌注桩，桩长 32m，桩端持力层为中风化岩，低应变反射波实测波形如图所示，试计算波速。

解 该桩从桩底反射波判断，有良好的嵌岩效果，波速 C 为

$$C = \dfrac{2 \times 32}{(20-2) \times 10^{-3}} = 3555\text{m/s}$$

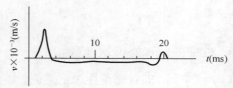

题 9-35 图

9-36 某钻孔灌注桩，桩径 1.0m，桩长 45m，C25 混凝土，配筋率 0.4%，采用钢弦式钢筋应力计量测桩身内力，其中 18～44m 为硬塑黏土，桩顶荷载达极限值时黏土顶、底标高处量测的钢筋应力分别为 186836kPa 和 12000kPa，试计算黏土层极限侧阻力和桩端极限阻力。

解 钢筋应变值：

黏土层顶　$\varepsilon_s = \dfrac{\sigma_s}{E_s} = \dfrac{186836}{2 \times 10^7} = 93168 \times 10^{-8}$

层底　$\varepsilon_s = \dfrac{12000}{2 \times 10^8} = 6000 \times 10^{-8}$

混凝土应力：

顶面　$\sigma_c = E_c \varepsilon_c = 1.2 \times 10^7 \times 93168 \times 10^{-8} = 11180.2\text{kPa}$

底面　$\sigma_c = 1.2 \times 10^7 \times 6000 \times 10^{-8} = 721.2\text{kPa}$

极限侧阻　$q_{sik} = \dfrac{11180.2 \times 0.785 - 721.2 \times 0.785}{26 \times 3.14 \times 1.0} = 100.56\text{kPa}$

极限端阻　$q_{pk} = 721.2 \times 0.785 = 566.1\text{kPa}$

9-37 某预制桩，截面 0.35m×0.35m，桩长 18m，桩端持力层为粉质黏土，土层经双桥探

头静力触探测试结果如下：$0 \sim 5.3 \text{m}$ 粉质黏土，$f_s = 28.87 \text{kPa}$；$5.3 \sim 11 \text{m}$ 淤泥质黏土，$f_s = 14.5 \text{kPa}$；$11 \sim 18 \text{m}$ 粉质黏土 $q_c = 1500 \text{kPa}$，$f_s = 61 \text{kPa}$。试确定单桩极限承载力。

解 $Q_{uk} = u \sum l_i \beta_i f_{si} + \alpha q_c A_p$

$= 4 \times 0.35 \times (5.3 \times 10.04 \times 28.87^{-0.55} \times 28.87 + 5.7 \times 10.04 \times 14.5^{-0.55} \times$

$14.5 + 7 \times 10.04 \times 61^{-0.55} \times 61) + \dfrac{2}{3} \times 1500 \times 0.35^2$

$= 1.4 \times (241 + 190.6 + 446.9) + 122.5$

$= 1229.9 + 122.5 = 1352.4 \text{kN}$

9-38 某预应力管桩 PHC500(100)，桩长 24m，2节桩每节 12m，经低应变反射波法检测，无桩底反射，但接头位置反射波如图所示，试判定波速。

解 $v = \dfrac{2l}{t} = \dfrac{2 \times 12}{6 \times 10^{-3}} = 4000 \text{m/s}$

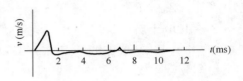

题 9-38 图

9-39 某沉管灌注桩，桩径 426mm，桩长 17m，低应变反射波法实测波形如图所示，试判断桩的完整性。

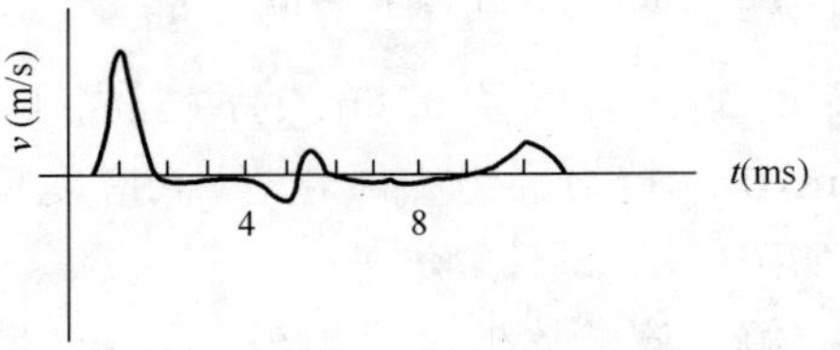

解 该桩波速

$v = \dfrac{2 \times 17}{9 \times 10^{-3}} = 3777 \text{m/s}$

桩身在 5ms 处扩颈，位置 $L' = \dfrac{vt'}{2} = 3777 \times 4 \times 10^{-3} = 7.55 \text{m}$，桩身完整性为 I 类桩。

题 9-39 图

9-40 某钻孔灌注桩，桩径 0.8m，桩长 50m，预埋声测管，采用单孔法检验桩身完整性，一发双收探头，两探头间距 300mm，当遇到孔底沉渣时，传播时间明显增长，第一个振子收到的时间为9.1ms，第二个振子收到的时间为 9.3ms，计算声波在沉渣中的传播速度。

解 $v = \dfrac{\Delta L}{t_2 - t_1} = \dfrac{300 \times 10^{-3}}{(9.3 - 9.1) \times 10^{-3}} = 1500 \text{m/s}$

9-41 某预应力管桩 PHC500(125)A 进行高应变动力试桩，在桩顶下 1.0m 处的桩两侧面安装应变式力传感器，锤重 40kN，锤落高 1.2m，由传感器量测桩身混凝土表面应变值 $\varepsilon = 2200 \mu \varepsilon$，计算作用在锤顶的锤击力。

解 PHC 型管桩为高强混凝土，强度等级 C80，弹性模量 $E_c = 3.8 \times 10^4 \text{MPa}$

桩截面积 $A_p = \dfrac{\pi}{4}(0.5^2 - 0.25^2) = 0.147 \text{m}^2$

$\sigma = \varepsilon E = 3.8 \times 10^7 \times 2200 \times 10^{-6} = 8360 \text{kPa}$

$F = \sigma A_p = 0.147 \times 8360 = 1228.9 \text{kN}$

9-42 某长螺旋钻孔灌注桩，桩径 0.8m，桩长 12.5m，采用瞬态机械阻抗法检验桩的完整性，其速度导纳曲线如图所示，试计算波速。

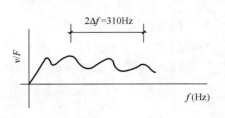

题 9-42 图

解 $v = 2L \times \Delta f = 2 \times 12.5 \times \dfrac{310}{2} = 3875 \text{m/s}$

9-43 某灌注桩进行高应变动力试桩,其力和速度波形如图所示,试定性分析该桩承载力大小。

解 高应变动力试桩成果为力 F 和速度乘以阻抗 vZ $\left(Z = \rho AC = \dfrac{EA}{C}\right)$ 波形,应力波沿桩土系统传播时,遇到桩侧阻力的反射波,使力波上升,速度波下降,F 和 vZ 波形两者拉开;在 $2L/C$ 前,两者拉开一定距离,说明侧阻力较大,$2L/C$ 以后 vZ 波形下拉很大,说明端阻力很大,桩承载力与桩土相对位移有关,位移滞后于速度,它的端阻力发挥滞后。

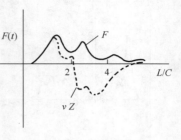

题 9-43 图

9-44 某钻孔灌注桩,桩径 1.2m,桩长 30m,埋设 3 根声测管进行声波透射法检测,3 个剖面的声速曲线如图所示,试分析该桩完整性。

解 从 3 个检测剖面的声速 v 和波幅 A 沿深度的波形图分析:

(1)桩顶下 2.0m 左右,3 个剖面的 v 和 A 皆超过临界值(虚线),说明灌注桩接近桩顶位置是隔水层和混凝土的混合物,形成低质混凝土,即浮浆层未剔除所致。

(2)桩身浮浆层往下 Ⅰ 剖面和 Ⅲ 剖面 v、A 正常。Ⅱ 剖面,在 20m 左右 v 偏低,小于临界值;幅值 A 下降,判断该处桩身有轻微缺陷。当桩头浮浆层剔除干净后,该桩为 Ⅱ 类桩。

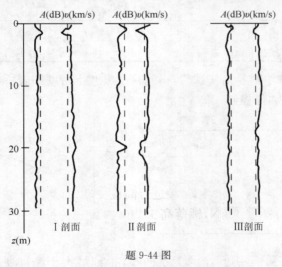

题 9-44 图

9-45 某海上钢管桩,外径 1.22m,壁厚 $\delta = 38$mm,桩长 95m,利用蒸汽锤作为锤击设备,实测力和速度波形如图所示,试定性分析桩承载力。

解 从实测 F 和 vZ 波形看出,桩顶下 70m 左右桩侧无侧阻力,主要是桩外露海水表面段+水深+泥面下 10 多米的淤泥层,往下桩进入较好土层,F 和 vZ 拉开较大距离,桩有较大侧阻力。该桩以侧阻为主,端阻占的比例不大。

9-46 某灌注桩,桩径 0.8m,桩长 50m,埋设 2 根声测管进行声波透射法检测,其声速和波幅曲线如图所示,试分析桩身完整性。

解 从 v 和 A 的深度曲线看出,v 的临界值 $v_0 = 4.2$km/s,A 的临界值 $A_0 = 125$dB,桩身

的 v 和 A 均未超过临界值,但近桩底 5.0m 时,其声速和波幅突然降低,说明该桩孔底沉渣较厚,厚度近 5.0m 左右,该桩采用正循环方法清孔,清孔时间仅 40min,造成沉渣太厚。

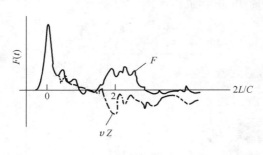

题 9-45 图

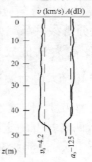

题 9-46 图

9-47 某粉质黏土天然地基进行平板载荷试验,压板面积 $0.5m^2$,各级荷载下的累计沉降如表所示。若按 $s/b=0.015$ 所对应的荷载为地基承载力特征值,试确定粉质黏土地基承载力特征值。

解 压板面积 $0.5m^2$,若为正方形,其边长 707mm,$s/b=0.015$,$s=707×0.015=10.61mm$。

$s=10.61mm$ 所对应的荷载为 117.1kPa,但该试验最大加载为 216kPa,216/2=108kPa。所以粉质黏土地基承载力特征值为 108kPa。

题 9-47 表

p(kPa)	54	81	108	135	162	189	216
s(mm)	2.15	5.01	8.95	13.9	21.05	30.55	40.35

9-48 某填土地基的填料经击实试验,得到含水率和干密度如表所示,填土采用羊角碾分层碾压,试问填料含水率如何控制。

题 9-48 表

w(%)	12.2	14.0	17.7	21.6
ρ_d(g/cm³)	1.2	1.33	1.45	1.48
w(%)	25.0	26.5	29.3	
ρ_d(g/cm³)	1.52	1.50	1.44	

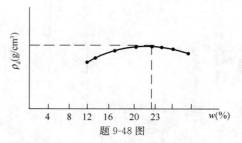

题 9-48 图

解 绘制含水率 w 和干密度 ρ_d 的关系曲线,得到最大干密度所对应的最优含水率为 22.5%,所以现场分层碾压时填料的含水率控制在 22.5%±2%,压实效果最好。

9-49 某场地土层分布:0~0.5m 填土,$\gamma=19kN/m^3$;0.5~1.2m 黏土,$\gamma=18kN/m^3$;1.2~6.0m 黏土($\rho_c=12\%$),$\gamma=17kN/m^3$。在粉土层进行平板载荷试验,压板面积 $0.5m^2$,试坑尺寸 2.2m×2.2m,地基承载力特征值 $f_{ak}=120kPa$,某多层建筑,基础采用条形基础,埋深 2.0m,条形基础的地基承载力特征值可采用多少?

解 平板载荷试验的压板面积 $0.5m^2$,边长 707mm。试坑尺寸 2.2m×2.2m,2.2m>3b=3×0.707=2.12m。试验结果的 f_{ak} 为无埋深的地基承载力特征值,当条形基础埋深 2.0m,地

基承载力特征值经深度修正后的 f_a 为

$$f_a = f_{ak} + \eta_d \gamma_m (d - 0.5)$$

$$\eta_d = 1.5$$

$$\gamma_m = \frac{0.5 \times 19 + 0.7 \times 18 + 0.8 \times 17}{2.0} = 17.85 \text{kN/m}^3$$

$$f_a = 120 + 1.5 \times 17.85 \times (2 - 0.5) = 120 + 40 = 160 \text{kPa}$$

9-50 [2009年考题] 某场地钻孔灌注桩桩身平均波速值为3555.6m/s,其中某根柱低应变反射波动力测试曲线如下图所示,对应图中时间 t_1、t_2 和 t_3 的数值分别为60.0、66.0和73.5ms。试问在混凝土强度变化不大的情况下,该桩桩长最接近下列哪个选项的数值?（ ）

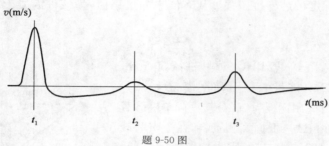

题 9-50 图

  A. 10.7m   B. 21.3m   C. 24.0m   D. 48.0m

解 本题关键是正确理解 t_1、t_2、t_3,因 t_3 处的反射幅值明显高于 t_2,且和 $t_2 - t_1 = 66 - 60 = 6$ 与 $t_3 - t_2 = 73.5 - 66 = 7.5$ 不相等,故 t_2 处是陷反射, t_3 处是桩底反射。因此,根据 t_3 便可轻易算出桩长,计算如下:

$$L = \frac{C\Delta t}{2} = \frac{3555.6 \times (73.5 - 60) \times 10^{-3}}{2} = 24\text{m}$$

答案:（C）

9-51 [2008年考题] 某人工挖孔嵌岩灌注桩桩长为8m,其低应变反射波动力测试曲线如下图所示。问该桩桩身完整性类别及桩身波速值符合下列哪个选项的组合?（ ）

  A. Ⅰ类桩,$C = 1777.8$m/s

  B. Ⅱ类桩,$C = 1777.8$m/s

  C. Ⅰ类桩,$C = 3555.6$m/s

  D. Ⅱ类桩,$C = 3555.6$m/s

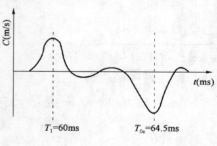

题 9-51 图

解 根据《建筑桩基检测技术规范》(JGJ 106—2014)8.4.1条,$C = \frac{2000L}{\Delta T} = \frac{2000 \times 8}{64.5 - 60} = 3555.6$m/s 桩身完整性类别为Ⅰ类。

答案:（C）

9-52 [2008年考题] 某钻孔灌注桩,桩长15m,采用钻芯法对桩身混凝土强度进行检测,共采取3组芯样,试件抗压强度(单位:MPa)分别为:第一组,45.4、44.9、46.1;第二组,42.8、43.1、41.8;第三组,40.9、41.2、42.8。问该桩身混凝土强度代表值最接近下列哪个选项?（ ）

A. 41.6MPa B. 42.6MPa C. 43.2MPa D. 45.5MPa

解 根据《建筑基桩检测技术规范》(JGJ 106—2014)第 7.6.1 条,混凝土芯样试件抗压强度代表值,应按一组三块试件强度的平均值确定:

$$P_{m1} = \frac{1}{3} \times (45.4 + 44.9 + 46.1) = 45.47 \text{MPa}$$

$$P_{m2} = \frac{1}{3} \times (42.8 + 43.1 + 41.8) = 42.57 \text{MPa}$$

$$P_{m3} = \frac{1}{3} \times (40.9 + 41.2 + 42.8) = 41.63 \text{MPa}$$

受检桩中不同深度的芯样抗压强度代表值中的最小值,为该桩混凝土芯样试件抗压强度代表值。

答案:(A)

9-53 [2010 年考题] 某 PHC 管桩,桩径 500mm,壁厚 125mm,桩长 30m,桩身混凝土弹性模量为 36×10^6 kPa(视为常量),桩底用钢板封口,对其进行单桩静载试验并进行桩身内力测试。根据实测资料,在极限荷载作用下,桩端阻力为 1835kPa,桩侧阻力如图所示,试问该 PHC 管桩在极限荷载条件下,桩顶面下 10m 处的桩身应变最接近于下列何项数值?(　　)

A. 4.16×10^{-4}
B. 4.29×10^{-4}
C. 5.55×10^{-4}
D. 5.72×10^{-4}

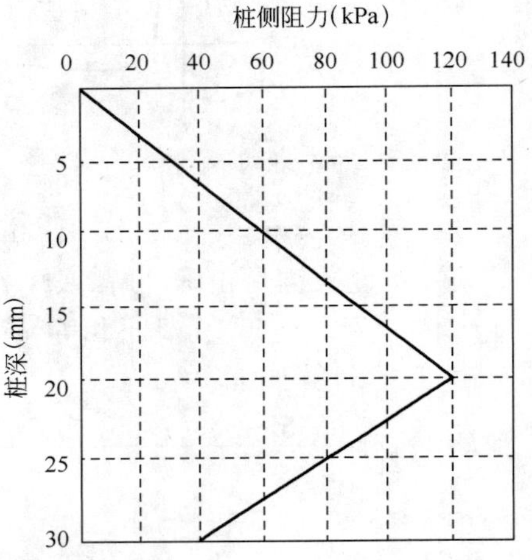

题 9-53 图

解 由于上部荷载未知,这里由下向上计算桩身受力,在桩顶面下 10m 处,桩的轴力为

总桩侧阻力

$$Q_{sk} = 3.14 \times 0.5 \times \left[20 \times \frac{120}{2} + 10 \times \frac{1}{2} \times (40 + 120) \right] = 3140 \text{kN}$$

总桩端阻力 $Q_{pk} = 3.14 \times 0.25 \times 0.25 \times 1835 = 360 \text{kN}$

总桩限荷载 $Q_{uk} = Q_{sk} + Q_{pk} = 3140 + 360 = 3500 \text{kN}$

100m 处轴力 $Q_i = Q_{uk} - uq_{sk1} = 3500 - 3.14 \times 0.5 \times 10 \times \frac{60}{2} = 3029 \text{kN}$

10m 处应变 $\varepsilon = \frac{Q_i}{E_i A_i} = \frac{3029}{36 \times 10^6 \times (3.14 \times 0.25 \times 0.25 - 3.14 \times 0.125 \times 0.125)} = 5.72 \times 10^{-4}$

答案:(D)

9-54 [2011 年考题] 某灌注桩,桩径 1.2m,桩长 60m,采用声波透射法检测桩身完整性,两根钢制声测管中心间距为 0.9m,管外径为 50mm,壁厚 2mm,声波探头外径 28mm。水位以下某一截面平测实测声时为 0.206ms,试计算该截面处桩身混凝土的声速最接近下列哪一选项?(　　)

注：声波探头位于测管中心；声波在钢材中的传播速度为 5420m/s，在水中的传播速度为 1480m/s；仪器系统延迟时间为 0s。

  A. 4200m/s   B. 4400m/s   C. 4600m/s   D. 4800m/s

解 根据《建筑基桩检测技术规范》(JGJ 106—2014)10.5.2 及 10.4.2 条文说明

(1)声波在钢管中的传播时间

$$t_{钢} = \frac{4 \times 10^{-3}}{5420} = 0.738 \times 10^{-6}\,\text{s}$$

(2)声波在水中的传播时间

$$t_{水} = \frac{(46-28) \times 10^{-3}}{1480} = 12.162 \times 10^{-6}\,\text{s}$$

(3)声波在钢管中和水中的传播时间之和

$$t' = t_{钢} + t_{水} = 12.900 \times 10^{-6}\text{s} = 12.900 \times 10^{-3}\text{ms}$$

(4)两个测管外壁之间的净距离

$$l = 0.9 - 0.05 = 0.85\text{m}$$

(5)声波在混凝土中的传播时间

$$t_{ci} = 0.206 - 0 - 12.900 \times 10^{-3} = 0.1931\text{ms} = 1.931 \times 10^{-4}\text{s}$$

(6)该截面混凝土声速

$$v_i = \frac{l}{t_{ci}} = \frac{0.85}{1.931 \times 10^{-4}} = 4402\text{m/s}$$

答案：(B)

9-55［2011 年考题］ 某住宅楼钢筋混凝土灌注桩桩径为 0.8m，桩长为 30m，桩身应力波传播速度为 3800m/s。对该桩进行高应变应力测试后得到下图所示的曲线和数据，其中 $R_x = 3\text{MN}$。判定该桩桩身完整性类别为下列哪一选项？( )

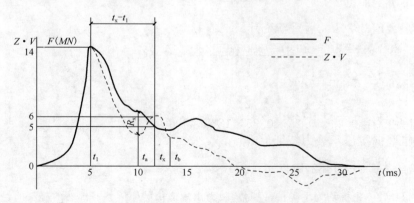

题 9-55 图　高应变测试曲线

  A. Ⅰ类   B. Ⅱ类   C. Ⅲ类   D. Ⅳ类

解 (1)根据《建筑基桩检测技术规范》(JGJ 106—2014)公式(9.4.11-1)计算桩身完整性系数 β

$$\beta = \frac{F(t_1) + F(t_x) + Z[ZV(t_1) - V(t_x)] - 2R_x}{F(t_1) - F(t_x) + Z[V(t_1) + V(t_x)]}$$

从题干和图中可知：$F(t_1)=14\text{MN}$，$ZV(t_1)=14\text{MN}$，$F(t_x)=5\text{MN}$，$ZV(t_x)=6\text{MN}$，$R_x=3\text{MN}$，代入上面公式计算得 $\beta=0.724$。

（2）按上述规范表 9.4.12 确定该桩桩身完整性类别

由于 $0.6 \leqslant \beta < 0.8$，因此该桩桩身完整性类别为Ⅲ类。

注：本题计算时严格按照公式代入数值，若按图中 $F(t_x)$ 与 $ZV(t_x)$ 的差值代入则计算结果为 0.852，即会误选为(B)。

答案：(C)

9-56 [2012 年考题] 某建筑工程基础采用灌注桩，桩径 $\phi600\text{mm}$，桩长 25m，低应变检测结果表明这 6 根基桩均为Ⅰ类桩。对 6 根基桩进行单桩竖向抗压静载试验的成果见下表，该工程的单桩竖向抗压承载力特征值最接近下列哪一选项？（　　）

题 9-56 表

试桩编号	1#	2#	3#	4#	5#	6#
Q_u(kN)	2880	2580	2940	3060	3530	3360

A. 1290kN　　　　　　　　B. 1480kN
C. 1530kN　　　　　　　　D. 1680kN

解 依据《建筑基桩检测技术规范》(JGJ 106—2014)第 4.4.3 条及条文说明。

（1）对全部 6 根进行统计：

$$Q_{n\text{平均值}} = \frac{2880+2580+2940+3060+3530+3360}{6} = 3058.3(\text{kN})$$

$$Q_{n\text{极差}} = 3530 - 2580 = 950(\text{kN})$$

$$\frac{Q_{u\text{极差}}}{Q_{u\text{平均值}}} = \frac{950}{3058.3} = 0.31，不符合规范要求$$

（2）删除最大值 3530kN 后重新统计：

$$Q_{n\text{平均值}} = \frac{2880+2580+2940+3060+3360}{5} = 2964(\text{kN})$$

$$Q_{n\text{极差}} = 3360 - 2580 = 780(\text{kN})$$

$$\frac{Q_{u\text{极差}}}{Q_{u\text{平均值}}} = \frac{780}{2964} = 0.26，符合规范要求$$

（3）求单桩竖向抗压承载力特征值 R_a：

$$R_a = \frac{Q_a}{2} = \frac{2964}{2} = 1482(\text{kN})$$

注：本题中已给出 6 根桩均为Ⅰ类桩，说明承载力出现低值的原因并非偶然的施工质量造成，故按照 4.4.3 条文说明，应依次去掉高值后平均。

答案：(B)

9-57 [2013 年考题] 某工程采用钻孔灌注桩基础，桩径 800mm，桩长 40m，桩身混凝土强度为 C30。钢筋笼上埋设钢弦式应力计量测桩身内力。已知地层深度 3～14m，范围内为淤泥质黏土。建筑物结构封顶后进行大面积堆土造景，测得深度 3m、14m 处钢筋应力分别为 30000kPa 和 37500kPa，问此时淤泥质黏土层平均侧摩阻力最接近下列哪个选项？（钢筋弹性

模量 $E_s=2.0\times10^5\text{N/mm}^2$，桩身材料弹性模量 $E=3.0\times10^4\text{N/mm}^2$）（　　）

  A. 25.0kPa   B. 20.5kPa
  C. −20.5kPa   D. −25.0kPa

解 计算负摩阻力的时候需要知道下拉荷载，这个下拉荷载是通过测量桩身应力增加得到的，首要计算桩身应力增加，但题目中给的是钢筋的应力，此题隐含着一个条件，就是钢筋的应变与混凝土的应变相同，通过这个条件换算下拉荷载，计算如下：

钢筋的应力混凝土的应变相同 $\dfrac{(37500-30000)\times10^{-3}}{2\times10^5}=\dfrac{桩身截面应力增量}{3\times10^4}$

桩身截面应力增量$=1125$kPa
故负摩阻力引起的下拉荷载为
$1125\times3.14\times0.4^2=565.2$kN

$565.2=Q_g^n=\eta_n\cdot u\sum\limits_{i=1}^{n}q_{si}^n l_i=1\times3.14\times0.8\times q_{si}\times(14-3)=20.45$kPa

平均摩阻力为负摩阻力。
答案：(C)

9-58［2013年考题］ 某工程采用灌注桩基础，灌注桩桩径为800mm，桩长30m，设计要求单桩竖向抗压承载力特征值为3000kN，已知桩间土的地基承载力特征值为200kPa，按照《建筑基桩检测技术规范》（JGJ 106—2003），采用压重平台反力装置对工程桩进行单桩竖向抗压承载力检测时，若压重平台的支座只能设置在桩间土上，则支座底面积不宜小于以下哪个选项？（　　）

  A. 20m²   B. 24m²
  C. 30m²   D. 36m²

解 根据《建筑基桩检测技术规范》（JGJ 106—2014）4.2.2条第一款，反力装置能提供的反力不得小于最大加载量的1.2倍；第五款施加于地基的压应力不宜大于地基承载力特征值的1.5倍。

根据上述规范第4.1.3条，最大加载量不得小于承载力特征值的2倍，故最大加载量为6000kN。

反力装置需要提供的反力最小值为
$6000\times1.2=7200$kN
地基承载力特征值可以放大1.5倍使用
$1.5\times200=300$kPa
$7200/300=24$m²
答案：(B)

9-59［2014年考题］ 某工程采用CFG桩复合地基，设计选用CFG桩桩径500mm，按等边三角形布桩，面积置换率为6.25%，设计要求复合地基承载力特征值 $f_{spk}=300$kPa，请问单桩复合地基载荷试验最大加载压力不应小于下列哪项？（　　）

  A. 2261kN   B. 1884kN
  C. 1131kN   D. 942kN

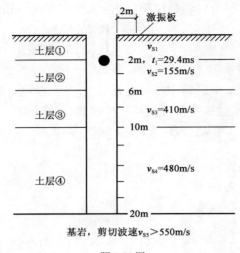

题 9-59 图

解 根据《建筑地基处理技术规范》(JGJ 79—2012)附录 B 第 B.0.2 条、第 B.0.6 条

$$R_a = \frac{f_{spk} \cdot A_p}{m} = \frac{300 \times \frac{3.14 \times 0.5^2}{4}}{0.0625} = 942 \text{kN}$$

最大加载压力不应小于设计要求承载力特征值的 2 倍,即 $2R_a = 2 \times 942 = 1884$ kN。

答案:(B)

9-60 [2014 年考题] 某桩基工程设计要求单桩竖向抗压承载力特征值为 7000kN,静载试验利用邻近 4 根工程桩作为锚桩,锚桩主筋直径 25mm,钢筋抗拉强度设计值为 360N/mm²。根据《建筑基桩检测技术规范》(JGJ 106—2014),试计算每根锚桩提供上拔力所需的主筋根数至少为几根?( )

  A. 18   B. 20   C. 22   D. 24

解 根据《建筑基桩检测技术规范》(JGJ 106—2014)第 4.1.3 条、第 4.2.2 条

加载量不应小于设计要求的单桩承载力特征值的 2.0 倍,加载反力装置能提供的反力不得小于最大加载量的 1.2 倍;

$$7000 \times 1.2 \times 2.0 = 4 \times n \times \frac{3.14 \times 25^2}{4} \times 360 \times 10^{-3}, \text{解得 } n = 23.8, \text{取 24 根}。$$

答案:(D)

9-61 [2016 年考题] 某高强度混凝土管桩,外径为 500m,壁厚为 125mm,桩身混凝土强度等级为 C80,弹性模量为 3.8×10^4 MPa,进行高应变动力检测,在桩顶下 1.0m 处两侧安装应变式力传感器,锤重 40kN,落锤高 1.2m,某次锤击,由传感器测的峰值应变为 350$\mu\varepsilon$,则作用在桩顶处的峰值锤击力最接近下列哪个选项?

  A. 1755kn   B. 1955kN   C. 2155kN   D. 2355kN

解 《建筑基桩检测技术规范》(JGJ 106—2014)第 9.3.2 条条文说明。

$$F = A \cdot E \cdot \varepsilon = 3.14 \times (0.25^2 - 0.125^2) \times 3.8 \times 10^7 \times 350 \times 10^{-6} = 1957.6 \text{kN}$$

答案:(B)

9-62 [2016年考题] 某建筑工程进行岩土地基荷载试验,共试验3点。其中1号试验点 p-s 曲线的比例界限为1.5MPa,极限荷载值为4.2MPa;2号试验点 p-s 曲线的比例界限为1.2MPa,极限荷载为3.0MPa;3号试验点 p-s 曲线的比例界限值2.7MPa,极限荷载为5.4MPa;根据《建筑地基基础设计规范》(GB 50007—2011),本场地岩石地基承载力特征值为哪个选项? ( )

  A. 1.0MPa   B. 1.4MPa   C. 1.8MPa   D. 2.1MPa

解 《建筑地基基础设计规范》(GB 50007—2011)附录 H.0.10 条。

1号试验点:$\dfrac{4.2}{3}=1.4<1.5$,取 1.5;

2号试验点:$\dfrac{3.0}{3}=1.0<1.2$,取 1.0;

3号试验点:$\dfrac{5.4}{3}=1.8<2.7$,取 1.8。

岩石地基承载力取3点小值,即 1.0MPa。

答案:(A)

附录 1

注册土木工程师(岩土)专业考试大纲(最新版)

一、岩土工程勘察

1.1 勘察工作的布置

熟悉根据场地条件、工程特点和设计要求,合理布置勘察工作。

1.2 岩土的分类和鉴定

掌握工程岩土的分类和鉴定,熟悉岩土工程性质指标及其工程应用。

1.3 工程地质测绘和调查

掌握工程地质测绘和调查的要求和方法;掌握各类工程地质图件的编制。

1.4 勘探与取样

了解工程地质钻探的工艺和操作技术;熟悉岩土工程勘察对钻探、井探、槽探、洞探的要求,熟悉岩石钻进中的 RQD 方法;熟悉各级土样的用途和取样技术;熟悉取土器的规格、性能和适用范围;熟悉取岩石试样和水试样的技术要求;了解主要物探方法的适用范围和工程应用。

1.5 室内试验

了解岩土试验的方法;熟悉岩土试验指标间的关系;熟悉根据岩土和工程特点提出对岩土试验和水分析的要求;熟悉岩土试验和水分析成果的应用;熟悉水和土对工程材料腐蚀性的评价方法。

1.6 原位测试

了解原位测试的方法和技术要求,熟悉其适用范围和成果的应用。

1.7 地下水

熟悉地下水的类型和运动规律;熟悉地下水对工程的影响;了解抽水试验、注水试验、压水试验的方法,掌握以上试验成果的应用。

1.8 岩土工程评价

掌握岩土力学在岩土工程评价中的应用;掌握岩土工程特性指标的处理和选用;熟悉场地稳定性的分析评价;熟悉地基承载力、变形和稳定性的分析评价;掌握勘察资料的整理和勘察报告的编写。

二、岩土工程设计基本原则

2.1 设计荷载

了解各类土木工程对设计荷载的规定及其在岩土工程中的选用原则。

2.2 设计状态

了解岩土工程各种极限状态和工作状态的设计方法。

2.3 安全度

了解各类土木工程的安全度控制方法；熟悉岩土工程的安全度准则。

三、浅 基 础

3.1 浅基础方案选用与比较

了解各种类型浅基础的传力特点、构造特点和适用条件；掌握浅基础方案选用和方案比较的方法。

3.2 地基承载力计算

熟悉不同类型上部结构的地基基础设计对工程地质条件及特殊性岩土的要求；熟悉确定地基承载力的各类方法；掌握地基承载力深宽修正与软弱下卧层强度验算的方法。

3.3 地基变形分析

了解各种建（构）筑物对变形控制的要求；掌握地基应力计算和沉降计算方法；了解地基、基础和上部结构的共同作用及其在工程中的应用。

3.4 基础设计

了解各种类型浅基础的设计要求和设计步骤；熟悉基础埋置深度与基础底面积的确定原则；掌握基础底面压力分布的计算方法；熟悉各种类型浅基础的设计计算内容；掌握浅基础内力计算的方法。

3.5 动力基础

了解动力基础的基本特点；了解天然地基动力参数的测定方法。

3.6 减小不均匀沉降对建筑物损害的措施

了解建筑物的变形特征以及不均匀沉降对建筑物的各种危害；了解产生不均匀沉降的原因；了解防止和控制不均匀沉降对建筑物损害的建筑措施和结构措施。

四、深 基 础

4.1 桩的类型、选型与布置

了解桩的类型及各类桩的适用条件；熟悉桩的设计选型应考虑的因素；掌握布桩设计原则。

4.2 单桩竖向承载力

了解单桩在竖向荷载作用下的荷载传递和破坏机理；熟悉单桩竖向承载力的确定方法；掌握桩身承载力的验算方法。

4.3 群桩的竖向承载力

了解竖向荷载作用下的群桩效应；掌握群桩竖向承载力计算方法。

4.4 负摩阻力

了解负摩阻力发生条件；掌握负摩阻力的确定方法。

4.5 桩的抗拔承载力

了解抗拔桩基的适用条件；掌握单桩及群桩的抗拔承载力计算方法。

4.6 桩基沉降计算

熟悉桩基沉降计算的基本假定和计算模式;掌握桩基沉降计算方法。

4.7 桩基水平承载力和水平位移

了解桩基在水平荷载作用下的荷载传递和破坏机理;熟悉桩基水平承载力的确定方法;了解桩基在水平荷载作用下的位移计算方法。

4.8 承台设计

熟悉承台形式的确定方法;掌握承台的受弯、受冲切和受剪承载力计算方法。

4.9 桩基施工

了解灌注桩、预制桩和钢桩的主要施工方法及其适用条件;了解桩基施工中容易发生的问题及预防措施。

4.10 沉井基础

了解沉井基础的应用条件;掌握沉井设计方法;了解沉井下沉施工方法和主要工序;了解沉井施工中常见的问题与处理方法。

五、地 基 处 理

5.1 地基处理方法

熟悉常用地基处理方法的机理、适用范围、施工工艺和质量检验方法。

5.2 复合地基

熟悉复合地基的形成条件;掌握常用复合地基承载力和沉降计算方法。

5.3 地基处理设计

了解各类软弱地基和不良地基的加固机理;熟悉地基处理方案的选用;掌握地基处理设计计算方法。

5.4 土工合成材料

了解常用土工合成材料的性质及其工程应用。

5.5 防渗处理

了解防渗处理技术及其工程应用。

5.6 既有工程地基加固与基础托换

了解既有工程地基加固要求和加固程序;了解常用加固技术、应用范围及加固设计方法;了解既有工程基础托换的常用方法和适用范围;了解建筑物迁移的常用方法。

六、土工结构与边坡防护

6.1 土工结构

熟悉路堤和堤坝的设计原则及方法;熟悉土工结构的防护与加固措施;了解土工结构填料的选用及填筑;熟悉土工结构施工质量控制及监测;熟悉不同土质及不同条件下土工结构的设计要求及方法。

6.2 边坡稳定性

了解边坡的坡体结构、影响稳定的因素与边坡破坏的类型;掌握边坡的稳定分析方法;熟悉边坡安全坡率的确定方法。

6.3 边坡防护

了解边坡防护的常用技术;熟悉不同防护结构的设计方法和施工要点;熟悉挡墙的结构形式及设计方法、施工要点;掌握边坡排水工程的设计方法和施工要点。

七、基坑工程与地下工程

7.1 基坑工程

了解基坑工程特点及方案选用原则;掌握常用支护结构的设计、计算方法;了解基坑施工对环境的影响及应采取的技术措施。

7.2 地下工程

了解影响洞室围岩稳定的主要因素;熟悉围岩分类及支护、加固的设计方法;熟悉新奥法的施工理念和技术要点;了解矿山法、掘进机法、盾构法的特点及适用条件;了解开挖前后岩土体应力应变测试方法及应用;了解地下工程施工中常见的失稳类型及预报和防护方法。

7.3 地下水控制

熟悉地下水控制的各种措施的适用条件,掌握其设计方法;了解地下水控制的施工方法;了解地下水控制对环境的影响及其防治措施。

八、特殊条件下的岩土工程

8.1 特殊性岩土

熟悉软土、湿陷性土、膨胀性岩土、盐渍岩土、多年冻土、风化岩和残积土等特殊性岩土的基本特征、勘察要求、试验方法和分析评价;掌握特殊性岩土的工程设计计算及工程处理方法。

8.2 岩溶与土洞

了解岩溶与土洞的发育条件和规律;了解岩溶的分类;了解岩溶与土洞的塌陷机理;掌握岩溶场地的勘察要求和评价方法;了解岩溶与土洞的处理方法。

8.3 滑坡、危岩与崩塌

了解滑坡、危岩与崩塌的类型和形成条件;掌握治理滑坡、危岩与崩塌的勘察及稳定性验算方法;掌握治理滑坡、危岩与崩塌的设计、施工及动态监测方法。

8.4 泥石流

了解泥石流的形成条件和分类;了解泥石流的计算方法;掌握泥石流的勘察和防治工程设计。

8.5 采空区

了解采空区地表移动规律、特征及危害;了解采空区地表移动和变形的预测;掌握采空区的勘察评价原则和处理措施。

8.6 地面沉降

了解地面沉降的危害及形成原因;了解地面沉降量的估算和预测方法;掌握地面沉降地区的评价方法;了解防止地面沉降的主要措施。

8.7 废弃物处理场地

了解废弃物处理工程的特点;了解尾矿处理和垃圾填埋场地的岩土工程勘察设计要点和评价方法。

8.8 地质灾害危险性评估

了解地质灾害危险性评估范围、内容和分级标准;掌握地质环境条件复杂程度分类、建设项目重要性分类及其内容。

了解地质灾害调查的重点、内容和要求;熟悉地质灾害危险性评估方法及评估报告编制要求。

九、地 震 工 程

9.1 抗震设防的基本知识

了解国家标准《中国地震动参数区划图》的基本内容;了解建筑抗震设防的三个水准要求;熟悉抗震设计的基本参数;了解土动力参数的试验方法;了解影响地震地面运动的因素。

9.2 地震作用与地震反应谱

了解设计地震反应谱;掌握地震设计加速度反应谱的主要参数的确定方法及其对勘察的要求。

9.3 建筑场地的地段与类别划分

熟悉各类建筑场地地段的划分标准;掌握建筑场地类别划分的方法;了解建筑场地类别划分对抗震设计的影响。

9.4 土的液化

了解土的液化机理及其对工程的危害;掌握液化判别方法;掌握液化指数的计算和液化等级的评价方法;熟悉抗液化措施的选用。

9.5 地基基础的抗震验算

熟悉地基基础需要进行抗震验算的条件和方法。

9.6 土石坝抗震设计

熟悉土石坝的抗震措施;掌握土石坝抗震稳定性计算的方法。

十、岩土工程检测与监测

10.1 岩土工程检测

了解岩土工程检测的要求;了解岩土工程检测的方法和适用条件;掌握检测数据分析与工程质量评价方法。

10.2 岩土工程监测

了解岩土工程监测(包括地下水监测)的目的、内容和方法;掌握监测资料的整理与分析;了解监测数据在信息化施工中的应用。

十一、工程经济与管理

11.1 建设工程项目总投资

了解现行建设工程项目总投资的构成及其所包含的内容。

11.2 建设工程程序与岩土工程技术经济分析

了解建设工程的程序;了解项目可行性研究的作用与内容;熟悉岩土工程勘察、设计、治理(施工)技术经济分析的主要内容和一般程序。

11.3 岩土工程概预算及收费标准

了解岩土工程设计概算和施工图预算、岩土工程治理(施工)预算的作用;了解其编制依据、步骤、方法及特点;掌握岩土工程勘察、设计、监测、检测、监理的收费标准。

11.4 岩土工程招标与投标

了解现行《中华人民共和国招标投标法》的主要内容;掌握投标报价的依据和基本方法;掌握岩土工程标书的编制。

11.5 岩土工程合同

了解岩土工程勘察、工程物探、岩土工程设计、治理、监测、检测、监理合同的主要内容。

11.6 岩土工程咨询和监理

了解岩土工程咨询和监理的内容、业务范围、基本特点和依据;熟悉主要工作目标和工作方法。

11.7 有关工程勘察设计咨询业的主要行政法规

了解工程勘察设计咨询业法规体系的有关内容。

11.8 现行 ISO9000 族标准

了解现行 ISO9000 族标准及其与国家标准的对应关系;熟悉八项质量管理原则的内容。

11.9 建设工程项目管理

了解建设项目法人的职责;了解总承包工程管理的组织系统;了解项目管理的基本内容、组织原则和项目动态管理信息系统。

11.10 注册土木工程师(岩土)的权利与义务

熟悉全国勘察设计行业从业公约和全国勘察设计行业职业道德准则;熟悉注册土木工程师(岩土)的权利和义务。

附录 2

全国注册岩土工程师执业资格专业考试
科目、分值、时间分配及题型特点

一、考 试 科 目

1. 岩土工程勘察
2. 岩土工程设计基本原则
3. 浅基础
4. 深基础
5. 地基处理
6. 土工结构与边坡防护
7. 基坑工程与地下工程
8. 特殊条件下的岩土工程
9. 地震工程
10. 岩土工程检测与监测
11. 工程经济与管理

以上各科目均为必答题。

二、考试时间分配及试题分值

全国勘察设计注册土木工程师（岩土）专业考试分为 2 天，第一天为专业知识考试，第二天为专业案例考试，考试时间每天上、下午各 3 小时。

第一天为知识概念性考题，上、下午各 70 题，前 40 题为单选题，每题分值为 1 分，后 30 题为多选题，每题分值为 2 分，试卷满分 200 分。第二天为案例分析题，上、下午各 30 题，实行 30 题选 25 题做答的方式，多选无效。如考生做答超过 25 道题，按题目序号从小到大的顺序对做答的前 25 道题计分及复评试卷，其他做答题目无效。每题分值为 2 分，满分 100 分。

三、题 型 特 点

考题由概念题、综合概念题、简单计算题、连锁计算题及综合分析题组成，连锁题中各小题的计算结果之间无关联。

附录 3

注册土木工程师(岩土)执业资格制度暂行规定

第一章 总 则

第一条 为加强对岩土工程专业技术人员的管理,保证工程质量,维护社会公共利益和人民生命财产安全,依据《中华人民共和国建筑法》、《建设工程勘察设计管理条例》等法律、法规和国家有关执业资格制度的规定,制定本规定。

第二条 注册土木工程师(岩土)执业资格制度纳入国家专业技术人员执业资格制度,由人事部、建设部批准建立。

第三条 本规定所称注册土木工程师(岩土),是指取得《中华人民共和国注册土木工程师(岩土)执业资格证书》和《中华人民共和国注册土木工程师(岩土)执业资格注册证书》,从事岩土工程工作的专业技术人员。

第四条 建设部、人事部、国务院各有关主管部门和省、自治区、直辖市人民政府建设行政部门、人事行政部门依照本规定对注册土木工程师(岩土)执业资格的考试、注册和执业进行指导、监督和检查。

第五条 全国勘察设计注册工程师管理委员会下设全国勘察设计注册工程师岩土工程专业管理委员会(以下简称岩土工程专业委员会),由建设部、人事部和国务院各有关部门及岩土工程专业的专家组成,具体负责注册土木工程师(岩土)执业资格的考试和注册等工作。

各省、自治区、直辖市的勘察设计注册工程师管理委员会,负责本地区注册土木工程师(岩土)执业资格的考试组织、取得资格人员的管理和办理注册手续等具体工作。

第二章 考试与注册

第六条 注册土木工程师(岩土)执业资格考试实行全国统一大纲、统一命题、统一组织的办法,原则上每年举行一次。

第七条 岩土工程专业委员会受建设部委托负责拟定岩土工程专业考试大纲和命题、编写培训教材或指定考试用书等工作,统一规划考前培训工作。全国勘察设计注册工程师管理委员会负责审定考试大纲、年度试题、评分标准与合格标准。

第八条 注册土木工程师(岩土)执业资格考试由基础考试和专业考试组成。

第九条 凡中华人民共和国公民,遵守国家法律、法规,恪守职业道德,并具备相应专业教育和职业实践条件者,均可申请参加注册土木工程师(岩土)执业资格考试。

第十条 注册土木工程师(岩土)执业资格考试合格者,由省、自治区、直辖市人事行政部门颁发人事部统一印制，人事部、建设部用印的《中华人民共和国注册土木工程师（岩土）执业资格证书》。

第十一条 取得《中华人民共和国注册土木工程师（岩土）执业资格证书》者，应向所在省、自治区、直辖市勘察设计注册工程师管理委员会提出申请，由该委员会向岩土工程专业委员会报送办理注册的有关材料。

第十二条 由岩土工程专业委员会向准予注册的申请人核发由全国勘察设计注册工程师管理委员会统一制作的《中华人民共和国注册土木工程师（岩土）执业资格注册证书》和执业印章，经注册后，方可在规定的业务范围内执业。

岩土工程专业委员会应将准予注册的注册土木工程师（岩土）名单报全国勘察设计注册工程师管理委员会备案。

第十三条 注册土木工程师（岩土）执业资格注册有效期为2年。有效期满需继续执业的，应在期满前30日内办理再次注册手续。

第十四条 有下列情形之一的，不予注册：
（一）不具备完全民事行为能力的；
（二）在从事岩土工程或相关业务中犯有错误，受到行政处罚或者撤职以上行政处分，自处罚、处分决定之日起至申请注册之日不满2年的；
（三）因受刑事处罚，自处罚完毕之日起至申请注册之日不满5年的；
（四）国务院各有关部门规定的不予注册的其他情形。

第十五条 岩土工程专业委员会依照本规定第十四条决定不予注册的，应自决定之日起15个工作日内书面通知申请人。如有异议，申请人可自收到通知之日起15个工作日内向全国勘察设计注册工程师管理委员会提出申诉。

第十六条 注册土木工程师（岩土）注册后，有下列情形之一的，由岩土工程专业委员会撤销其注册：
（一）完全丧失民事行为能力的；
（二）受刑事处罚的；
（三）因在岩土工程业务中造成工程事故，受到行政处罚或者撤职以上行政处分的；
（四）经查实有与注册规定不符的；
（五）严重违反职业道德规范的。

第十七条 被撤销注册人员对撤销注册有异议的，可自接到撤销注册通知之日起15个工作日内向全国勘察设计注册工程师管理委员会提出申诉。

第十八条 被撤销注册的人员在处罚期满5年后可依照本规定重新申请注册。

第三章 执 业

第十九条 注册土木工程师（岩土）的执业范围：
（一）岩土工程勘察；
（二）岩土工程设计；
（三）岩土工程咨询与监理；
（四）岩土工程治理、检测与监测；

(五)环境岩土工程和与岩土工程有关的水文地质工程业务;
(六)国务院有关部门规定的其他业务。

第二十条 注册土木工程师(岩土)必须加入一个具有工程勘察或工程设计资质的单位方能执业。

第二十一条 注册土木工程师(岩土)执业,由其所在单位接受委托并统一收费。

第二十二条 因岩土工程技术质量事故造成的经济损失,接受委托单位应承担赔偿责任,并可向签字的注册土木工程师(岩土)追偿。

第二十三条 注册土木工程师(岩土)执业管理和处罚办法由建设部会同有关部门另行规定。

第四章 权利和义务

第二十四条 注册土木工程师(岩土)有权以注册土木工程师(岩土)的名义从事规定的专业活动。

第二十五条 在岩土工程勘察、设计、咨询及相关专业工作中形成的主要技术文件,应当由注册土木工程师(岩土)签字盖章后生效。

第二十六条 任何单位和个人修改注册土木工程师(岩土)签字盖章的技术文件,须征得该注册土木工程师(岩土)同意;因特殊情况不能征得签字盖章的注册土木工程师(岩土)同意的,可由其他注册土木工程师(岩土)签字盖章并承担责任。

第二十七条 注册土木工程师(岩土)应履行下列义务:
(一)遵守法律、法规和职业道德,维护社会公众利益;
(二)保证执业工作的质量,并在其负责的技术文件上签字盖章;
(三)保守在执业中知悉的商业技术秘密;
(四)不得同时受聘于两个及以上单位执业;
(五)不得准许他人以本人名义执业。

第二十八条 注册土木工程师(岩土)应按规定接受继续教育,并作为再次注册的依据。

第五章 附 则

第二十九条 在实施注册土木工程师(岩土)执业资格考试之前,对已经达到注册土木工程师(岩土)执业资格条件的,可经特许或考核认定,获得《中华人民共和国注册土木工程师(岩土)执业资格证书》。

第三十条 经国务院有关部门同意,获准在中华人民共和国境内就业的外籍人员及港澳、台地区的专业人员,符合本规定要求的,也可按规定的程序申请参加考试、注册和执业。

第三十一条 本规定由建设部和人事部按职责分工负责解释。

第三十二条 本规定自发布之日起 30 日后施行。

中华人民共和国人事部
中华人民共和国建设部
二零零二年四月八日

附录 4

注册土木工程师(岩土)执业资格考试实施办法

(2002 年 4 月)

第一条 建设部、人事部共同负责注册土木工程师(岩土)执业资格考试工作。

全国勘察设计注册工程师管理委员会负责审定考试大纲、年度试题、评分标准与合格标准。

全国勘察设计注册工程师岩土工程专业管理委员会(以下简称岩土工程专业委员会)负责具体组织实施考试工作。

考务工作委托人事部人事考试中心负责。各地的考试工作,由当地人事行政部门会同建设行政部门组织实施,具体职责分工由各地协商确定。

第二条 考试分为基础考试和专业考试。参加基础考试合格并按规定完成职业实践年限者,方能报名参加专业考试。专业考试合格后,方可获得《中华人民共和国注册土木工程师(岩土)执业资格证书》。

第三条 符合《注册土木工程师(岩土)执业资格制度暂行规定》第九条的要求,并具备以下条件之一者,可申请参加基础考试:

(一)取得本专业(指勘察技术与工程、土木工程、水利水电工程、港口航道与海岸工程专业,下同)或相近专业(指地质勘探、环境工程、工程力学专业,下同)大学本科及以上学历或学位。

(二)取得本专业或相近专业大学专科学历,从事岩土工程专业工作满 1 年。

(三)取得其他工科专业大学本科及以上学历或学位,从事岩土工程专业工作满 1 年。

第四条 基础考试合格,并具备以下条件之一者,可申请参加专业考试:

(一)取得本专业博士学位,累计从事岩土工程专业工作满 2 年;或取得相近专业博士学位,累计从事岩土工程专业工作满 3 年。

(二)取得本专业硕士学位,累计从事岩土工程专业工作满 3 年;或取得相近专业硕士学位,累计从事岩土工程专业工作满 4 年。

(三)取得本专业双学士学位或研究生班毕业,累计从事岩土工程专业工作满 4 年;或取得相近专业双学士学位或研究生班毕业,累计从事岩土工程专业工作满 5 年。

(四)取得本专业大学本科学历,累计从事岩土工程专业工作满 5 年;或取得相近专业大学本科学历,累计从事岩土工程专业工作满 6 年。

(五)取得本专业大学专科学历,累计从事岩土工程专业工作满 6 年;或取得相近专业大学专科学历,累计从事岩土工程专业工作满 7 年。

(六)取得其他工科专业大学本科及以上学历或学位,累计从事岩土工程专业工作满8年。

第五条 符合下列条件之一者,可免基础考试,只需参加专业考试:

(一)1991年及以前,取得本专业硕士及以上学位,累计从事岩土工程专业工作满6年;或取得相近专业硕士及以上学位,累计从事岩土工程专业工作满7年。

(二)1991年及以前,取得本专业双学士学位或研究生班毕业,累计从事岩土工程专业工作满7年;或取得相近专业双学士学位或研究生班毕业,累计从事岩土工程专业工作满8年。

(三)1989年及以前,取得本专业大学本科学历,累计从事岩土工程专业工作满8年;或取得相近专业大学本科学历,累计从事岩土工程专业工作满9年。

(四)1987年及以前,取得本专业大学专科学历,累计从事岩土工程专业工作满9年;或取得相近专业大学专科学历,累计从事岩土工程专业工作满10年。

(五)1985年及以前,取得其他工科专业大学本科及以上学历或学位,累计从事岩土工程专业工作满12年。

(六)1982年及以前,取得其他工科专业大学专科及以上学历,累计从事岩土工程专业工作满9年。

(七)1977年及以前,取得本专业中专学历或1972年及以前取得相近专业中专学历,累计从事岩土工程专业工作满10年。

第六条 参加考试由本人提出申请,所在单位审核同意,到当地考试管理机构报名。考试管理机构按规定程序和报名条件审核合格后,发给准考证。应考人员在准考证指定的时间、地点参加考试。

国务院各部门所属单位和中央管理的企业的专业技术人员按属地原则报名参加考试。

第七条 考场原则上设在省会城市,如确需在其他城市设置,须经建设部、人事部批准。

第八条 坚持考试与培训分开的原则,参与命题及考试组织管理的人员不得参加考试培训工作。

第九条 严格执行考试考务工作的有关规章制度,做好试卷命题、印刷、发送过程中的保密工作,严格考场纪律,严禁弄虚作假。对违反规章制度的,按规定严肃处理。

参 考 文 献

[1] 圣才学习网. 注册土木工程师(岩土)专业案例考试过关必做50题(含历年真题)(2版)[M]. 北京:中国石化出版社,2011.

[2] 武威,高大钊,王平. 全国注册岩土工程师专业考试2011年试题解答及分析[M]. 北京:中国建筑工业出版社,2012.